FORTSCHRITTE
DER
CHEMISCHEN FORSCHUNG

HERAUSGEGEBEN VON

F. G. FISCHER
WÜRZBURG

H. W. KOHLSCHÜTTER
DARMSTADT

KL. SCHÄFER
HEIDELBERG

SCHRIFTLEITUNG:

H. MAYER-KAUPP
HEIDELBERG

2. BAND, 1. HEFT

MIT 72 TEXTABBILDUNGEN

SPRINGER-VERLAG BERLIN HEIDELBERG GMBH 1951

Fortschr.
chem. Forsch.

Preis DM 24.—

ISBN 978-3-540-78223-0   ISBN 978-3-540-47123-3 (eBook)

DOI 10.1007/978-3-540-47123-3

Die
„Fortschritte der chemischen Forschung"

erscheinen zwanglos in einzeln berechneten Heften, von denen je vier zu einem Band von etwa 50 Bogen vereinigt werden. Ihre Aufgabe liegt in der Darbietung monographischer Fortschrittsberichte über aktuelle Themen aus allen Gebieten der chemischen Wissenschaft. Hauptgesichtspunkt ist nicht lückenloses Zitieren der vorhandenen Literaturangaben, sondern kritische Sichtung der Literatur und Verdeutlichung der Hauptrichtungen des Fortschritts. Auch wenden sich die Fortschrittsberichte nicht ausschließlich an den Spezialisten, sondern an jeden interessierten Chemiker, der sich über die Entwicklung auf den Nachbargebieten zu unterrichten wünscht. Die Berichterstattung erstreckt sich vorläufig über den Zeitraum der letzten 10 Jahre. Beiträge nichtdeutscher Autoren können in englischer oder französischer Sprache veröffentlicht werden.

In der Regel werden nur angeforderte Beiträge veröffentlicht. Nicht angeforderte Manuskripte werden dem Herausgeberkollegium überwiesen, das über die Annahme entscheidet. Für Anregungen betreffs geeigneter Themen sind die Herausgeber jederzeit dankbar.

Anschriften:

Prof.Dr.F.G.Fischer, (13a) Würzburg, Röntgenring 11 (Organische Chemie und Biochemie).

Prof. Dr. H. W. Kohlschütter, (16) Darmstadt, Eduard-Zintl-Institut der T. H. (Anorganische Chemie).

Prof. Dr. Kl. Schäfer, (17a) Heidelberg, Plöck 55 (Physikalische Chemie).

Dr. H. Mayer-Kaupp, (17a) Heidelberg, Neuenheimer Landstraße 24 (Springer-Verlag).

Springer-Verlag
Heidelberg   **Berlin-Charlottenburg 2**
Neuenheimer Landstraße 24   Jebensstraße 1
Fernsprecher 24 40   Fernsprecher 32 20 70

Betriebsvertretungen des Verlages im Ausland:

Lange, Maxwell & Springer Ltd., 41—45 Neal Street, L o n d o n , W. C. 2
Lange, Maxwell & Springer A.G., B a s e l , Schützenmattstr. 43

Inhaltsverzeichnis.

2. Band   I. Heft
Seite

Fortschr. chem. Forsch. Bd. 2. S. 1—56 (1951)

Light Scattering in Solutions of Proteins and Other Large Molecules

Its Relation to Molecular Size and Shape and Molecular Interactions[1].

By

JOHN T. EDSALL and WALTER B. DANDLIKER.[2]

With 9 Figures.

Table of Contents.

---

[1] Part of the material in this review was presented in lectures given by J. T. EDSALL in Germany during the summer of 1948 while he was a member of the Unitarian Service Committee Medical Mission to Germany. The present review has been rewritten and expanded to take account of recent developments.

Some of the material in this review is also given, together with much other discussion, in the review by DOTY and EDSALL (1950).

[2] (Public Health Service Research Fellow of the National Institutes of Health, 1948—50).

Introduction.

The fundamental theory of the molecular scattering of light was given in 1871 by Lord RAYLEIGH, and its extension to solutions by means of the theory of fluctuation was carried out by EINSTEIN in 1910. From RAYLEIGH's equations it was apparent that the scattering of light by molecules of a gas could be used as a method for the determination of Avogadro's number[1]. It was also apparent, even at this time, that the intensity of light scattering from solutions of large molecules could be used as a method for determining their molecular weights. This conception was applied to proteins with valuable results by PUTZEYS and BROSTEAUX (1935, 1941) who determined the molecular weights of egg albumin, serum albumin and several hemocyanins, with results which were in general in excellent agreement with those obtained from ultracentrifuge measurements and from osmotic pressure. They determined molecular weights on a relative scale, choosing amandin as a standard protein and assuming its molecular weight to be 330,000. Important new developments received much of their impetus from the work of DEBYE (1944, 1947), and his conceptions and his experimental approach have been widely applied to solutions of high polymers and proteins. It is now increasingly apparent that light scattering gives important information, not only concerning molecular weights, but also concerning thermodynamic interactions in solutions of macromolecules. For molecules comparable in dimensions with the wavelength of the light employed, measurements of angular dissymmetry of scattering can be used to determine the absolute dimensions of the molecule. In this article we shall not attempt a comprehensive treatment, but shall emphasize

---

[1] The work in this field up to 1929 was surveyed in the excellent monograph by CABANNES. The later book by BHAGAVANTAM (1942) also contains much valuable material.

those aspects of the subject with which we have been most directly concerned. Valuable reviews have recently been given by several authors, including ZIMM, STEIN and DOTY (1945), MARK (1948) and OSTER (1948, 1950).

Studies of light scattering also proceeded independently in Germany during the war. STAUDINGER and HAENEL-IMMENDÖRFER (1943) determined the molecular weights of a series of glycogen preparations by turbidity measurements. SCHULZ (1944) — see also SCHULZ and HARBORTH (1948) — considered critically the nature of scattering from elongated molecules, and reported studies on polystyrene and other polymers. NEUGEBAUER (1943) dealt, in an important theoretical study, with the scattering from large elongated molecules. It is interesting to note the close parallelism of thought upon these problems among the workers in Germany and in the United States, at a time when they were cut off from direct contact with one another. The emphasis in this review, however, will be primarily on the study of proteins; apart from the work of PUTZEYS' laboratory in Belgium, this has centered largely in the United States. We shall also give some discussion of the important work of V. K. LAMER and his associates on scattering from monodispersed sols of spherical sulfur particles.

Rayleigh's Equations: Definition of Reduced Intensity and Turbidity.

Before discussing these recent developments, we must consider briefly certain fundamental relations, beginning with the work of RAYLEIGH. A light wave may be considered as an alternating electric field of very high frequency, the direction of the electric intensity varying periodically with the characteristic frequency of the light, while remaining always in a direction perpendicular to the direction of the propagation of the wave [1]. This oscillating electric field induces oscillations of the same frequency in the electrons of any molecule present. These induced electric oscillations set up secondary electromagnetic waves which scatter light, of the same frequency as the incident light, in all directions [2]. The amplitude of the scattered wave is proportional to the polarizability (α_0)

---

[1] There is of course a magnetic as well as an electric component in any electromagnetic wave, but the effects of the magnetic field are negligible as compared to those of the electric field with respect to the phenomena which we are considering.

[2] The scattering of light of different frequency from that of the incident light (Raman effect) is extremely weak in comparison with the RAYLEIGH scattering of unchanged frequency. We shall, therefore, neglect the Raman effect in this discussion, in spite of its profound importance, in other connections, for the understanding of molecular structure.

of the molecule, where α_0 is defined as the ratio of the induced electric moment (m) to the applied field strength (F). If the molecule is isotropic, α_0 and m are parallel. The intensity of the scattered light is proportional to the square of the amplitude and is therefore also proportional to α_0^2. If the molecule under consideration is small in all its dimensions in comparison to the wavelength (λ) of the light employed, we may consider that all parts of the molecule are scattering in phase. In this case the intensity of the scattering does not depend on the molecular shape; and, if the incident light is unpolarized, the scattered intensity is cylindrically symmetric about the primary beam. The scattered intensity, I_{ϑ}, from unit volume of the scattering medium, at an angle, ϑ, relative to the forward direction of the primary beam, of intensity I_0, is given by the equation

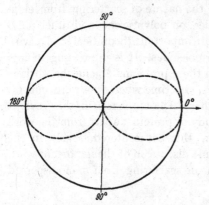

$$\frac{I_{\vartheta}}{I_0} = 8\,\pi^4\,\alpha_0^2\,(1 + \cos^2\vartheta)/\lambda^4\,b^2 \ . \ (1)$$

Here b is the distance from the center of scattering to the observer in the direction under consideration.

Fig. 1. Scattering from a Small Isotropic Molecule. The molecule is taken as located at the origin. The forward direction of the incident beam of unpolarized light is indicated by the arrow. The relative intensity of the light scattered in any direction in the plane of the paper is given by the intersection of the radius vector, drawn in that direction, with the two curves, each of which is symmetrical about the origin. The intensity of the vertical component (electric vector perpendicular to the plane of the paper) is independent of angle; hence the radius vector defining this component is a circle about the origin. The intensity of the horizontal component, proportional to $\cos^2\vartheta$, is given by the radius vector drawn to the dotted curve. It becomes equal to the vertical component at $\vartheta = 0°$ (direction of arrow) and vanishes at $\vartheta = 90°$.

If the plane defined by the light source, the scattering object and the observer is horizontal, and if the scattering molecules are small and isotropic, the light scattered at 90° to the incident beam is plane polarized with the electric vector vertical [1]. The intensity of this vertically polarized component is independent of angle. In other directions of scattering, there is also a horizontally polarized component, the intensity of which is proportional to $\cos^2\vartheta$, so that the total intensity of scattering at any angle is proportional to $1 + \cos^2\vartheta$, as indicated in equation (1) (see also the diagram of Fig. 1). If the incident light is vertically polarized, then only the vertical component is observed in the scattered light at any angle to the incident beam, in the horizontal plane.

---

[1] In the following discussion we shall use the term "vertically polarized" to describe plane polarized light in which the plane of vibration of the electric vector is vertical.

It is convenient to define a quantity which, following ZIMM (1948 b), we shall denote as the reduced intensity, namely $I_\vartheta b^2/I_0$. It is dependent only on the nature and state of the scattering material, the angle ϑ at which the scattering is observed, anc the wavelength of the light employed. The reduced intensity has the dimensions of a reciprocal length (note that it is defined per unit volume of the scattering medium). We shall employ the symbol V to denote the vertically polarized component of the reduced intensity and H to denote the horizontally polarized component. The symbol R will be employed to denote the total reduced intensity which is the sum of V and H. The subscript ϑ will be used to indicate that the scattering is observed at angle ϑ to the forward direction of the incident beam, and the subscripts u, v, and h to indicate respectively that the incident beam is unpolarized, vertically polarized, or horizontally polarized. Thus $R_{90,v}$ denotes the total reduced intensity for scattering at 90°, when the incident light is vertically polarized. There are certain well known relations between these quantities, often known as the RAYLEIGH reciprocity relations. These have been considered both theoretically and experimentally by KRISHNAN (see for instance KRISHNAN (1938) and the references there given), and have been treated in their most general form by PERRIN (.942). The most important of these relations for our purposes is that

$$H_{\vartheta,v} = V_{\vartheta,h} \tag{2}$$

PERRIN (1942) has shown that this relation holds for scattering from any medium which is macroscopically isotropic – although the individual particles of which it is composed may be anisotropic — and which does not show optical rotation [1].

A beam of unpolarized light of intensity I is equivalent to two plane polarized beams, each of intensity $I/2$, polarized in mutually perpendicular directions, and incoherent in phase. Therefore, for a vertically polarized incident beam of unit intensity, the scattered intensity at 90° in the horizontal plane is twice as great as for an unpolarized incident beam of the same total intensity; for in the latter case, only half the total intensity contributes to scattering in the horizontal plane at 90°. (For further discussion see SINCLAIR (1947).) For a system of small isotropic particles, there is of course no horizontal component in this direction; as will be seen later, this is true also for scattering from iso-

---

[1] All proteins are optically active; hence protein solutions shculd, in a rigorous treatment, be considered in terms of the more general equaticns given by PERRIN for optically active systems. However, the numerical value of the optical rotation in most of the protein systems studied by light scattering is small. Probably they obey equation (2) quite closely, but a critical examination of this point has not, to our knowledge, been undertaken. Investigation of the matter would be desirable.

tropic spheres in general, even when they are not small compared with the wavelength. This discussion may be summarized by the mathematical relations:

$$R_{90,v} = V_{90,v} = 2\,R_{90,u} = 2\,V_{90,u}\,. \tag{3}$$

The determination of the absolute value of the reduced intensity of scattering requires great care in defining the incident beam and the effective volume of liquid from which scattering is observed; several corrections must be made in the readings directly obtained, depending on the geometry of the system and the refractive indices of the scattering medium and its surroundings. These are discussed more fully in the section on Experimental Methods. Particularly careful measurements of the reduced intensity of benzene have recently been carried out by C. I. CARR ('949) in ZIMM's laboratory at Berkeley, California. These give, at $\lambda_0 = 5460$ Å, $R_{90,u} = 16.3 \cdot 10^{-6}$ cm^{-1} and, at $\lambda_0 = 4358$ Å, $R_{90,u} = 48.4 \cdot 10^{-6}$ cm^{-1} (see also OUTER, CARR and ZIMM, 1950). Numerous other values for the reduced intensities of many organic liquids are given by CABANNES (1929) and BHAGAVANTAM (1942). These are in general probably less accurate than those of CARR for benzene, but the relative values reported for different liquids are probably more reliable than the absolute values. For comparison, the reduced intensity $R_{90,u}$ of an isoionic solution of serum albumin (molecular weight 69,000) in water, at a concentration of 10 mg/ml and $\lambda_0 = 4358$ Å, is of the order of $4.5 \cdot 10^{-4}$, or a little less than ten times as great as the value for pure benzene.

If the total radiation of scattered intensity is integrated over all angles of scattering, the result gives the total rate of decrease of intensity of the incident beam as it progresses through the scattering medium. If dl denotes an infinitesimal element of length along the path of the incident beam, then the corresponding decrement in its intensity is:

$$dI = -I\tau\,dl\,. \tag{4}$$

The factor of decrement, τ, commonly known as the turbidity of the medium, is given by the integration already indicated [1]:

$$\left.\begin{aligned} \tau &= \int_0^\pi 2\,\pi\,R_{\vartheta,u}\sin\vartheta\,d\vartheta = 2\,\pi\,R_{90,u}\int_0^\pi (1+\cos^2\vartheta)\sin\vartheta\,d\vartheta \\ &= \frac{16\,\pi}{3}\,R_{90,u} = \frac{8\,\pi}{3}\,R_{90,v}\,. \end{aligned}\right\} \tag{5}$$

---

[1] It should be noted that the use of the integrand $(1+\cos^2\vartheta)\sin\vartheta$ in equation (5) applies only to small isotropic scatterers. It does not apply to liquid benzene, for instance, for which there is a large horizontal component in the scattered intensity at 90°; nor to systems of particles not small compared to λ.

The integration of equation (4) gives also for τ:

$$\tau = \frac{1}{l} \ln \frac{I_0}{I} \,. \tag{6}$$

It is apparent that the turbidity, like the reduced intensity, has the dimensions of reciprocal length and is conveniently expressed in cm^{-1}. Thus the turbidity, in measurements of scattering, is exactly equivalent to optical density in the measurement of light absorption, except that the equation defining it is expressed in terms of natural logarithms. We have assumed in writing equation (6) that all the decrease in intensity as light is propagated through the medium is due to scattering, and none to absorption. This assumption must, of course, always be independently verified before we are justified in directly interpreting turbidity measurements (as determined for instance in a spectrophotometer) as giving the intensity of light scattering in a given medium.

Scattering From a Dilute Gas.

For a gas containing ν molecules per cc. the turbidity due to scattering is found to be given by the formula (see for instance DEBYE, 1944)

$$\tau = \frac{8\pi}{3} \left(\frac{2\pi}{\lambda_0} \right)^4 \nu \, \alpha^2 \,. \tag{7}$$

Since it is clear that the scattered intensity must be proportional to the first power of ν, with dimensions cm^{-3}, and to the second power of α, with dimensions cm^3, it is immediately apparent that a factor inversely proportional to the fourth power of the wavelength must enter into the equation in order to obtain the turbidity with dimensions cm^{-1}.

The polarizability α is a molecular quantity, not directly given by experiment, and in order to correlate equation (7) with the results of experimental measurements, we make use of the relation between the refractive index (n) of the gaseous medium and the polarizability, α.

$$n - 1 = 2\pi\nu\alpha \tag{8}$$

We may now eliminate α between the two equations (7) and (8) and arrive at the relation

$$\tau = \frac{32\pi^3}{3} \frac{(n-1)^2}{\lambda_0^4} \frac{1}{\nu} \,. \tag{9}$$

All the quantities in equation (9) are susceptible of direct measurement except ν, the number of molecules per cc. This can, therefore, be deduced from measurements of refractive index and of turbidity, if the wavelength of the light employed is known.

In the case of a gas we have assumed that the intensity of scattering from ν molecules in a given volume is ν times as great as that from a single molecule enclosed in the same volume. This is justifiable for a dilute gas, since the molecules are moving at random and entirely independently of one another. Therefore, the scattering from different molecules is additive, since there is no systematic phase relation between the scattering of one molecule and that of another.

Scattering from Liquids and Solids: Concepts Derived from Fluctuation Theory.

In liquids and in solids these conditions no longer hold. The extreme opposite of the case of a perfect gas is that of an ideal crystal in which all the atoms are arranged with perfect regularity and are assumed to be at rest with respect to one another. Such an ideal crystal should scatter no light at all, for the light scattered by any given atom within the crystal will be cancelled by destructive interference with the scattering from another atom with a phase difference of half a wavelength between them. Since all the atoms in the crystal can be paired off in this manner (except for a few atoms at or near the surface of the crystal which are negligible in comparison with the total volume), the total intensity of scattering should be zero.

No actual crystal is ideal in the sense just described, and some light scattering is always observed, increasing in intensity as the temperature rises, with consequent increase in the intensity of thermal vibration of the atoms.

However, in the following discussion we shall not be primarily concerned with solids, but with liquids. The same conceptions apply to both, and the intensity of scattering in a condensed system may be calculated according to the principles first clearly enunciated by EINSTEIN ('9'0). From the microscopic point of view, the liquid is not a uniform medium. In any small local region fluctuations of density and concentration are constantly occurring, which cause the composition of any such local region to deviate from the mean value of the liquid as a whole. On the average, of course, the positive and negative fluctuations are equally frequent and the value for any small region, averaged over a considerable period of time, is the same as the mean value of the liquid as a whole. The probability of such a fluctuation is to be correlated with the change in the Gibbs free energy (F) of a macroscopic volume of the same fluid when it undergoes a similar concentration change. This probability is given by the equation

$$W = Ce^{-\Delta F/KT}. \tag{10}$$

From the optical point of view, on the other hand, the fluctuation gives rise to a change $\Delta\alpha$ in the polarizability of the liquid in the local region under consideration; and the intensity of the scattered light is proportional to the mean square value of $\Delta\alpha$, averaged over the entire volume of the liquid under consideration. The polarizability is an approximately linear function of the concentration over a small range. We may therefore write

$$\Delta \alpha = \frac{\partial \alpha}{\partial c} \Delta c. \tag{11}$$

The polarizability α of a volume v_0 of material exposed to an external radiation field is related to the refractive index n by the equations

$$\alpha_v = \frac{n^2 - 1}{4\pi} \tag{12 a}$$

$$\frac{\partial \alpha_v}{\partial c} = \frac{n}{2\pi} \left(\frac{\partial n}{\partial c} \right) \tag{12 b}$$

$$\overline{\Delta \alpha_v^2} = \frac{n^2}{4 n^2} \left(\frac{\partial n}{\partial c} \right)^2 \overline{\Delta c^2}. \tag{12 c}$$

This gives the equation correlating the mean square value of the fluctuation of polarizability with the corresponding fluctuation in the concentration. It is apparent that the proportionality factor relating these two quantities depends both on the square of the refractive index of the medium and on the square of the refractive increment of the solute. Details of the derivation may be found elsewhere (see for instance ZIMM, STEIN and DOTY, 1945). The final equation, as given by EINSTEIN, furnishes a direct correlation between the turbidity produced by the solute and the change of its osmotic pressure (P) with concentration.

$$\tau = \frac{32 \pi^3 n^2}{3 N_0 \lambda_0^4} \frac{(c \, \partial n/\partial c)^2}{\dfrac{c}{RT} \dfrac{\partial P}{\partial c}}. \tag{13}$$

Generally $\partial n/\partial c$ may be taken as a constant characteristic of the solute and independent of c over a considerable range in dilute solutions, so we may write $\partial n/\partial c = (n - n_0)/c$, where n_0 is the refractive index of the solvent. (N_0 is Avogadro's number, and c is expressed as g. solute/cc. solution.)

Two corrections must be made in equation (13) if it is to be strictly accurate, even for dilute solutions. If the solute consists of large molecules, the scattering due to their concentration fluctuations is large compared to that arising from the solvent. The latter, though small, is always finite, due to local density fluctuations in the solvent itself, the magnitude of which depends upon its compressibility. The theory of this effect has also been given by EINSTEIN (9 0); the experimental evidence for EINSTEIN's equations is given by CABANNES (1929) and BHAGAVANTAM (!942); see also MARK (948). The turbidity (τ_0) which arises from this source should be subtracted from the total turbidity of the solution, in order to determine the contribution due to the solute molecules.

Depolarization and Anisotropy.

The other correction involves the anisotropy of the scattering molecules. Up to this point we have assumed that the molecules are isotropic and therefore that the induced electric moment produced by the light beam is always parallel to the electric vector of the light wave. For anisotropic particles, however, the polarizability is different in different directions with respect to the molecular axes, and the induced moment is in general not parallel to the electric field intensity. In the most general case the polarizability of a molecule may be described by a polarizability ellipsoid with components, α_1, α_2, α_3 along the three principal axes of the ellipsoid. Since, in general, the molecules are oriented at random the horizontally and vertically polarized components of the scattered light must be calculated for an arbitrary orientation of the polarizability ellipsoid and the result then integrated by averaging over all possible orientations of the molecule. This calculation was carried out by RAYLEIGH (1918). If the incident light is unpolarized, then the depolarization, ϱ_u, of the light scattered at 90° is given by

$$\varrho_u = \frac{H_{90,\,u}}{V_{90,\,n}} = \frac{2\,(\alpha_1^2 + \alpha_2^2 + \alpha_3^2 - \alpha_1\,\alpha_2 - \alpha_1\,\alpha_3 - \alpha_2\,\alpha_3)}{4\,(\alpha_1^2 + \alpha_2^2 + \alpha_3^2) + \alpha_1\,\alpha_2 + \alpha_1\,\alpha_3 + \alpha_2\,\alpha_3}. \tag{14}$$

The reduced intensity at 90° may then be multiplied by the factor $(6 - 7\varrho)/(6 + 6\,\varrho)$ (see CABANNES, 1929) in order to obtain the "corrected" value of the reduced intensity, which is directly related to the molecular weight of the particles.

The depolarization of scattered light from pure gases and liquids consisting of small molecules has been extensively studied, as a means for obtaining information about molecular anisotropy [see for instance STUART (1934) and BHAGAVANTAM (1942)]. Some liquids, especially those composed of aromatic molecules, give very high values of ϱ_u; the value for benzene, for instance, is approximately 0.4, not far below the theoretical maximum value of 0.5 [1]. By contrast, the values of ϱ found for colloidal solutions of dielectric particles [2] are very low, even when the molecules are far from spherical in shape. Thus LOTMAR (1938 b) reported ϱ_u as 0.015 for solutions of myosin (actomyosin) and values below 0.01 for myogen, casein, hemoglobin, gelatin, and total serum proteins. His paper is to be particularly recommended for its careful

---

[1] This value is the upper limit possible for ϱ_u, as may be seen by substituting $\alpha_1 \neq 0$, $\alpha_2 = \alpha_3 = 0$ in equation (14); this represents the most extreme imaginable anisotropy.

[2] Much higher values may be found for conducting particles, such as metallic sols, especially if they are geometrically asymmetrical. For references concerning such systems, see LOTMAR (1938a). The discussion here will be restricted to dielectric particles.

and critical discussion of the sources of error in depolarization measurements. DOTY and KAUFMAN (1945) have reported depolarization ratios for the scattered light from solutions of several polymers

PUTZEYS and BROSTEAUX (1941) in connection with their molecular weight studies which are discussed further below reported depolarization values for several proteins. The extrapolated values at zero concentration of the protein were generally very low: 0.0095 for amandin, 0.0065 for HOMARUS, SEPIA and HELIX hemocyanins, and approximately 0.02 for serum albumins of three different species, prepared by an ammonium sulfate fractionation. An almost identical value has recently been obtained by us (EDSALL, EDELHOCH, LONTIE and MORRISON, 1950) for bovine serum albumin prepared by alcohol fractionation.

A careful study of depolarization in a protein solution has been made by LONTIE (1944) who studied the hemocyanin of HELIX POMATIA. The measured values of ϱ_u increased rapidly with decreasing wavelength — approximately as λ_0^{-4} — when measurements were made at moderate concentrations and with a light beam of large cross section (1.2 cm). With decrease in the aperture of the light beam (to 0.29 cm), and with decreasing protein concentration, the values of ϱ_u progressively decreased. The extrapolated values at zero protein concentration were 0.00396 at $\lambda_0 = 4358$ Å, and 0.00407 at $\lambda_0 = 5460$ Å, thus being independent of wavelength practically within the experimental error. LONTIE concluded, in agreement with the views of LOTMAR (.938 a, b), that the much higher values of the measured depolarization at higher concentrations (for instance $\varrho_u = 0.0553$ at 4358 Å, concentration 3.06 mg/cc, and incident light beam diameter 1.21 cm) were due chiefly to secondary scattering. Diminution of the path length of the scattered light by reducing the aperture of the beam, or diminution of the turbidity of the medium by lowering the protein concentration, both served to decrease the secondary scattering. As was to be expected, the secondary like the primary scattering increased as λ_0^{-4}. This produced the increase in the measured value of ϱ_u with decreasing wavelength, described above, which was found at finite concentrations and disappeared on extrapolation to zero concentration.

These studies emphasize how misleading it would be to draw conclusions concerning molecular anisotropy from the results of depolarization measurements on protein solutions, unless the measurements had been made with great care, and with due allowance for all possible sources of error.

DOTY and STEIN (1948) have found the very low value $\varrho_u = 0.0077$ for tobacco mosaic virus in solutions containing 0.003—0.009 g. virus per 100 ml.

Light Scattering and Osmotic Pressure.

Subject to corrections for scattering by the solvent and for depolarization, therefore, a measurement of light scattering by a solution containing large molecules (see equation 13) is fundamentally equivalent to a measurement of osmotic pressure, and the type of information to be defined by the two methods is essentially identical. It is apparent from the fundamental equations that the osmotic pressure for a given weight concentration of the solute is inversely proportional to the molecular weight, while the turbidity is directly proportional to it. Hence, to compare the two types of measurements it is convenient to transform equation (13) so that we express our measurements in terms of the reciprocal of the turbidity instead of the turbidity itself. Thus we may write (using the subscript 2 to denote the protein component):

$$\frac{H c_2}{\tau} = \frac{\partial}{\partial c_2}\left(\frac{P}{RT}\right) \tag{15}$$

where the quantity H is defined by the relation

$$H = \frac{32\,\pi^3}{3}\,\frac{n^2}{N_0\,\lambda_0^4}\left(\frac{n-n_0}{c_2}\right)^2. \tag{16}$$

Most colloidal solutions, including proteins, show marked deviation from VAN'T HOFF's law of osmotic pressure even at very low concentrations. However, in many fairly dilute solutions it is possible to express the osmotic pressure adequately by means of the two term equation

$$\frac{P}{RT c_2} = \frac{1}{M} + B c_2. \tag{17}$$

For the turbidity the corresponding relation is obtained by differentiation of (15), making use of (17) for the value of P/RT:

$$\frac{H c_2}{\tau} = \frac{1}{M} + 2\,B c_2. \tag{18}$$

Thus a plot of $H c_2/\tau$ against the concentration should give at low concentrations a straight line with intercept equal to the reciprocal of the molecular weight, and with a slope twice as great as that of the curve obtained from osmotic pressure measurements when $P/RT c_2$ is plotted against c_2. Thus light scattering measurements provide a means of measuring the molecular weight M and also of obtaining important information about the interaction between the solute molecules, which is a function of the slope term B. A large amount of information has now been derived by such measurements on high polymer solutions (see for instance MARK, 1948).

Polydispersed Systems: Number Average and Weight Average Molecular Weights.

If the molecules of the macromolecular solute are not of uniform size, the molecular weights determined by osmotic pressure and by light scattering are no longer identical. The measured value of P/RT, in the region where VAN'T HOFF's law applies, gives the total number of moles (or molecules) of non-diffusible substance per unit volume. Chemical analysis, on the other hand, yields the total mass per unit volume of all the non-diffusible components. Thus, if there are p non-diffusible components, we may define the weight fraction of all the non-diffusible material which is represented by the i'th component, as g_i. The weight concentration of this component, c_i, in g/cc, is then $g_i \sum_{i=1}^{p} c_i$, and its molecular weight is M_i. The contribution which this component makes to the osmotic pressure is, therefore, c_i/M_i and the total contribution of all components is $\sum (c_i/M_i)$. Thus, if we write the ratio $P/RT \sum c_i$, that is the ratio of the observed osmotic pressure to RT times the total weight concentration of the solute, we obtain what is known as a number average molecular weight, $\overline{M}_n$, given by the formula

$$\overline{M}_n = \frac{\sum c_i}{\sum (c_i/M_i)} = \frac{\sum m_i M_i}{\sum m_i} \ . \tag{19}$$

The chief contribution to the number average molecular weight is obviously made by the smallest molecules in the system to which the membrane is impermeable. One gram per liter of molecules of weight 40,000 contributes three times as much to the number average as one gram per liter of molecules of weight 120,000.

Light scattering measurements on polydispersed systems give another kind of average molecular weight, known as the weight average, $\overline{M}_w$. This is equal to the sum of the squares of the masses of the molecules divided by the total mass.

$$\overline{M}_w = \frac{\sum m_i M_i^2}{\sum m_i M_i} = \frac{\sum c_i M_i}{\sum c_i} \tag{20}$$

This may be readily seen by considering the limiting form assumed by equation (18) as the total concentration of solute, $\sum c_i$, approaches zero. In such extremely dilute systems we may write

$$\frac{H \sum c_i}{\tau} = \frac{\sum c_i}{\sum c_i M_i} \ . \tag{21}$$

The quantities on the left-hand side of the equation are experimentally determined, and the right-hand side gives the reciprocal of the weight average molecular weight. For a brief but more detailed discussion, see

ZIMM and DOTY (1944), and also BRINKMAN and HERMANS (1949), who consider also the higher coefficients in the light scattering equation.

Strictly speaking, the weight average to be used in a calculation from light scattering involves not merely the molecular weight of each component, but its molecular weight multiplied by the square of its refractive index increment. This distinction is not important in most polymers, for which the refractive increment per gram is essentially independent of molecular weight in any one preparation. However, it may be of real importance for a mixture of proteins, since the refractive increment per gram may differ significantly from one protein to another (see for instance ARMSTRONG, BUDKA, MORRISON and HASSON, 1947).

Molecular Weights of Proteins Determined by Light Scattering.

Comparatively few data on molecular weights are yet available, and only a few of the most recent have been determined on an absolute basis. The extensive data of PUTZEYS and BROSTEAUX (1941) are summarized in Table I. Amandin was taken as a standard protein, its molecular weight being assumed as 330,000 from sedimentation, diffusion and viscosity measurements, and the molecular weights of the other proteins were standardized with reference to it. These authors found that the turbidity/concentration ratio was a function of the concentration. For all the proteins they studied it could be described by an equation which in our notation may be written:

$$\frac{\tau}{Hc} = \left(\frac{\tau}{Hc}\right)_0 (1 - b\sqrt{c}) = M (1 - b\sqrt{c}) \tag{22}$$

where $(\tau/Hc)_0$ is the limiting value of the molecular weight calculated at zero concentration, and c is the concentration of protein in g/cc. The values of b ranged from 1.93 for amandin to approximately 2 for the albumins and 3.2 to 4 for hemocyanins. The range of c studied was from 0.008 to 0.080 for serum albumin, and somewhat lower for the proteins of higher molecular weight. The variation of turbidity with protein concentration, charge, and other factors is further discussed in the following section. The molecular weights given by PUTZEYS and BROSTEAUX in Table I are in very satisfactory agreement with other data obtained from sedimentation, diffusion, viscosity, osmotic pressure and other methods; for tabulation of these data see for instance SVEDBERG and PEDERSEN (1940) and COHN and EDSALL (1943).

BÜCHER (1947) studied a preparation of the crystalline mercury compound of the enzyme enolase, prepared in WARBURG's laboratory. He obtained a molecular weight of 66,000, using edestin as a standard protein and assuming its molecular weight to be 300,000. The value

Table 1. *Molecular Weights of Proteins Determined by Light Scattering.*
Molecular Weight in thousands from Scattering at λ_0

Protein	5780 Å	5461 Å	Calibration Method	Observers
Ovalbumin	38.2	37.6	A	1
Horse Serum Albumin	76.5	72.2	A	1
Bovine Serum Albumin	77.7	76.6	A	1
Pig Serum Albumin	72.1	71.9	A	1
Hemocyanins:				
Palinurus vulgaris	461	464	A	1
Homarus vulgaris (A)	630	617	A	1
,, ,, *(B)*	733	689	A	1
Sepia officinalis	3210	3150	A	1
Helix pomatia	6340	—	A	1
Excelsin	281	276	A	2
(Amandin)	(330)	(330)	A	2
Edestin*	335	—	A	1
Prunus seed globulins:				
*P. avium**	286—316	—	A	3
*P. cerasus**	295	—	A	3
*P. domestica**	290	—	A	3
Yeast Enolase	—	66	B	4
Rabbit Serum antibody (anti-p-azo-phenylarsonic)	—	158	C	5
Ovalbumin	—	45.7	D	6
β-Lactoglobulin	—	35.7	D	6
Lysozyme	—	14.8	D	6
Bovine Serum Albumin*	—	73.	D	6
Bovine Serum Albumin†	—	77.	E	7
Tobacco Mosaic Virus	—	40.000	F	8
Bushy Stunt Virus	—	9.000	F	9
Influenza Virus	—	322.000	F	9

* Denotes preparations which were somewhat unstable and showed a perceptible tendency to aggregate on standing.

† Value determined for wavelength $\lambda_0 = 4358$ Å.

Calibration Methods:

A. Molecular weights given relative to amandin as a standard protein which is taken as having a molecular weight of 330,000.

B. Calibration with reference to edestin as a standard protein; assumed molecular weight of edestin 300,000.

C. Calibration with reference to pure carbon disulfide as a standard.

D. Calibration made on an absolute scale; for details of calibration, see BRICE, HALWER and SPEISER (1950). Molecular weights reported in this reference were determined also at 4358 Å wiht results in close agreement with those at 5461 Å.

E. Calibration with reference to pure benzene as a standard scatterer; reduced intensity of benzene assumed as 48.4×10^{-6} at 4358 Å.

F. Reduced intensity measurements at 90° calibrated by direct turbidity measurements and corrected for angular dissymmetry of scattering.

Table 1, continued:
Observers:

1. Putzeys and Brosteaux (1941).
2. Beeckmans and Lontie (1946).
3. Putzeys and Beeckmans (1946).
4. Bücher (1947).
5. Campbell, Blaker and Pardee (1948).
6. Halwer, Nutting and Brice (1950).
7. Edsall, Edelhoch, Lontie and Morrison (1950).
8. Oster, Doty and Zimm (1947).
9. Oster (1948).

obtained by light scattering for enolase agreed well with the molecular weight calculated from the mercury content (one gram atom Hg per mol enolase).

Campbell, Blaker and Pardee (1948) studied preparations of a rabbit antibody against para-azo-phenylarsonic acid. They obtained a molecular weight of 140,000 by osmotic pressure and 158,000 by light scattering. They calibrated their measurements against carbon disulfide, which was taken as a standard material, its reduced intensity being taken as $4.4 \cdot 10^{-5}$ for light of wavelength 5460 Å.

The most careful determinations of molecular weight by light scattering on an absolute basis are probably those of Halwer, Nutting and Brice (1950). Their experimental methods are discussed later in this review. They give values of 35,000 for β-lactoglobulin, 15,000 for lysozyme, and 72,500 for bovine serum albumin, from measurements at 4358 Å, and essentially identical values from measurements at 5460 Å. The full report of their data on these proteins is now in preparation and is not yet available. Their data are in very good agreement with those determined from other methods. Investigations from our laboratory (Edsall, Edelhoch, Lontie and Morrison, 1950) on bovine serum albumin are discussed more fully in the following section. The molecular weight obtained for the particular preparation studied by us, measured with reference to standard liquids which had been calibrated on an absolute scale, was approximately 77,000. This is appreciably higher than the value of 69,000 given by the very careful osmotic pressure measurements of Scatchard, Batchelder and Brown (946), which were made on a different preparation. The material studied by us, however, showed a small shoulder in the ultracentrifuge sedimentation diagram, superimposed on the advancing side of the main sedimentation peak corresponding to 4.6 Svedberg units. This preparation, therefore, was not entirely homogeneous, and the fact that the value from light scattering was higher than that from osmotic pressure was to be expected.

Multicomponent Systems of Small Molecules: Effects of Net Charge and of Ionic Strength on Turbidity in Protein Solutions.

The previous discussion applies strictly only to two component systems, or to systems containing polydispersed solutes for which the interaction coefficient (B) is essentially independent of molecular weight. When three or more components are present, and when strong interactions between them occur, new phenomena arise. Such effects were strikingly revealed by the studies of EWART, ROE, DEBYE and McCARTNEY (1946). They studied, among other materials, a polystyrene preparation, which in pure benzene gave a limiting value of $Hc/\tau = 3 \cdot 10^{-6}$ at $c = 0$, but in a benzene-methanol mixture containing 15% methanol by volume gave a limiting value of Hc/τ near $1.4 \cdot 10^{-6}$. Moreover, the slope factor, B, was numerically much smaller in the latter medium than in the former. Benzene is of course a good solvent for polystyrene, whereas methanol acts as a precipitant at sufficiently high concentration. These authors explained their results in terms of selective adsorption of benzene by the polystyrene molecules, so that the solvent composition in the neighborhood of a large solute molecule is different from that in the bulk of the solution. They showed that this would lead to a change in the value of τ/c at infinite dilution, if the two components of the solvent had different refractive indices. If the refractive index of the two component solvent medium was essentially independent of composition — as was true for example for a butanone-isopropanol mixture — then the limiting value of Hc/τ was found to be independent of the composition of the solvent, even though one component of the solvent (in this case isopropanol) tended to act as a precipitant. By contrast it should be noted that the limiting value of the osmotic pressure/concentration ratio is independent of the composition of the solvent in any of these cases. The general correctness of the picture given by EWART, ROE, DEBYE and McCARTNEY is clear. However, a more general thermodynamic theory of light scattering in multicomponent systems, originally outlined by ZERNIKE many years ago, has recently been formulated by several authors. It is of particular importance in its application to protein solutions, because proteins are multivalent acids and bases which can acquire high net charge by the addition of hydrogen or hydroxyl ions to the solution, and can also bind other anions, cations and neutral molecules very strongly. Effects of net charge and of ionic strength in multicomponent systems containing proteins are therefore very marked. The definition of the components in a system containing charged proteins involves certain complexities which must be carefully considered. The discussion which follows is taken largely from the paper of EDSALL, EDELHOCH, LONTIE and MORRISON (1950).

Definition of Components.

We shall follow Scatchard (1946) in the definition of components, denoting the solvent as component 1, the protein — if only one is present — as component 2, the salt with diffusible ions — if only one is present — as component 3. Other protein components, if present, may be denoted by higher even numbers, and other diffusible components by higher odd numbers [1]. All components are taken as electrically neutral; hence we distinguish between the protein *ion* and the protein *component*. The valence (Z_2) of the protein ion is defined as the mean net proton charge per protein ion, Z_2 being zero for the isoionic protein. It is thus equal to the mols of "bound acid" $(Z_2$ positive) or "bound base" $(Z_2$ negative) per mol of protein, determined by a titration with the hydrogen or glass electrode, with suitable corrections (see for instance Cohn and Edsall, 1943, Chapter 20; Tanford, 1950). An albumin, soluble in water in the absence of salt, may be taken as approximately isoionic $(Z_2 = 0)$ after thorough electrodialysis has removed all diffusible ions except H^+ and OH^- from the solution [2]. If a neutral salt is added to such a solution, it remains isoionic by definition, although the salt addition may cause the electrophoretic mobility to become positive or negative, due to selective binding of cations or anions by the protein. The value of Z_2 is adjusted to positive or negative values by addition of strong acids or bases[3]. We shall consider later the effects of binding of other ions by

---

[1] The term "diffusible" in this connection, denotes ability to pass through a membrane impermeable to molecules as large as typical proteins.

[2] If the only ions present in this solution are H^+, OH^- and protein ions, it is clear that the mean net charge on the protein cannot be *exactly* zero unless the isoionic point happens to coincide with the p_H of neutrality. Thus, if the p_H of the electrodialyzed solution is 5, we have $[H^+] = 10^{-5} M$, $[OH^-]$ negligible, and the protein must carry a small negative charge to balance the excess of H^+ over OH^- ions. For a serum albumin solution, concentration $7 g./l. (10^{-4} M)$ this requires that Z_2, for the electrodialyzed solution, be $-0.1 (= -10^{-5}/10^{-4})$, instead of zero. The difference is well within the usual experimental error, but it can be corrected for if necessary. The correction obviously becomes more important, the more acid the isoionic point of the protein and the more dilute the protein solution.

Scatchard and Black (1949) define an isoionic material as one which gives no non-colloidal ions other than hydrogen and hydroxyl. Thus, by their definition, electrodialyzed albumin is isoionic when $Z_2 m_2 = (OH^-) - (H^+)$, m_2 being the molar concentration of protein ion; while we have defined it as isoionic when $Z_2 = 0$. In practice, the difference between the two definitions is generally negligible.

[3] The use of strong alkali may be avoided by addition of sodium bicarbonate to the protein solution, which is then frozen and dried from the frozen state *in vacuo*. Under these circumstances, CO_2 is evolved according to the reaction: $HCO_3^- \rightarrow CO_2(g) + OH^-$; and on redissolving the dried protein the p_H of the solution, and the value of Z_2, should be the same as if an equivalent amount of Na^+OH^-, instead of $Na^+HCO_3^-$, had been added in the first place.

the protein, which may make the effective net charge of the protein ion considerably different from Z_2.

The specification of molecular weight of the protein, in the definition of the protein component, is largely a matter of convenience. What is essential is that the mass and chemical nature of the protein component (or components) added to the system should be definitely specified. The value of Z_2 must, of course, always be expressed so that it is stoichiometrically correct; the mean number of protons bound to, or removed from, the isoionic protein, *per gram protein*, must obviously depend only on the stoichiometric composition of the system, not on the assumed molecular weight. For instance, EDSALL, EDELHOCH, LONTIE and MORRISON (1950) assumed the value of 69,000 for the molecular weight of their serum albumin preparations. The value of Z_2 which they employed, therefore, represented the mols of H^+ ion bound or removed, per gram protein, multiplied by the factor 69,000.

The protein component, like all the other components, is so defined as to be electrically neutral. If the protein is being added to the system as an ion of valence Z_2, we must add at the same time some diffusible ions of charge opposite in sign to Z_2, or remove some ions of the same sign of charge as Z_2, or do both of these things, in such a way that the total increment of net charge is zero. Certain amounts of the diffusible ions in the system are thus assigned to the protein component, the amounts being positive if the ion in question is added, negative if it is removed, when the protein ion is added to the system.

The protein component might be defined so as to contain one mole of protein ion and Z_2/Z_i moles of the diffusible ion of opposite charge to Z_2, where Z_i is the valence of this diffusible ion. This is perhaps the most obvious definition, but it has the serious disadvantage that the addition of one mole of protein component involves adding $1 + (Z_2/Z_i)$ moles of ions to the system; the resulting effect on the chemical potential of the solvent would be chiefly due to the diffusible ions added, not to the protein ion which primarily concerns us. Therefore, following SCATCHARD (1946), we choose another definition, which involves the net addition of only one mole of ions to the system per mole of protein component. If only two diffusible ions are present, and both are univalent, this requires adding $Z_2/2$ moles of the diffusible ion with sign of charge opposite to that of the protein, and *removing* $Z_2/2$ moles of the diffusible ion with the same sign of charge as Z_2, when we add one mole of protein ion to the system. Thus the net addition of moles of diffusible ions is zero, and the solution remains electrically neutral after the protein component is added.

Consider the specific case of serum albumin at a concentration of 10^{-4} molar (approximately 7 g./l.), in a solution to which $20 \cdot 10^{-4}$ moles/l of hydrochloric acid has been added, so that $Z_2 = +20$; 0.010 mol/l of sodium chloride has also been added to the solution. Thus the total concentration of diffusible ions in mol/l is $(Na^+) = 0.10$; $(Cl^-) = .012$. (The concentration of free hydrogen and hydroxyl ions is assumed to be negligible in comparison.) The first definition discussed in the preceding paragraph would include in component 2, per liter solution, 0.0001 mols protein ion (valence $+20$) and 0.0020 mols chloride ion. Component 3 (sodium chloride) would then contain .010 mols of both Na^+ and Cl^- ion. By the second definition, which we shall employ in the following discussion, component 2 includes 0.0001 mols protein ion, 0.001 mols Cl^- ion, and *minus* 0.001 mols Na^+ ion. Hence, by this definition, component 3 consists of 0.011 mols of both Na^+ and Cl^- ion. Obviously, when we add all the constituents of all the components together, the resulting sum must give correctly the actual composition of the system. It is clearly meaningless to ask whether (for example) any individual chloride ion, chosen at random, belongs to component 2 or component 3; but it is essential that the sum of the number of chloride ions assigned to these components, by any definition, should equal the number of chloride ions actually present.

Consider first the simple case in which there is only one protein component, and the mean valence of the protein ion is Z_2. Assume the solution to contain in addition to H^+ and OH^- ions (at negligible concentrations), only one other salt, containing only one kind of cation and one kind of anion (although one mol of salt may contain two or more mols of either cation or anion or both). Let m_2 be the molar concentration of protein; then $Z_2 m_2$ is its equivalent concentration as cation or anion, with the appropriate sign. Then the algebraic sum of the total molar concentrations in the solution of other cations and anions, multiplied by their valences, must be equal numerically, and opposite in sign, to $Z_2 m_2$. Some of these ions must be assigned to the protein component in order to satisfy the conditions for this component stated above. Let Z_c be the valence of the cations of the added salt, Z_a that of the anions. Let ν_{2c} be the number of diffusible cations per mol of protein component, and ν_{2a} the number of diffusible anions. These numbers may be calculated as follows. To fulfill the requirement that there shall be one mol of ions added to the system per mol of protein component, we must have:

$$\nu_{2c} = -\nu_{2a} \tag{23}$$

and to fulfill the requirement that the protein component is electrically neutral, the relation must hold that:

$$Z_c \nu_{2c} + Z_a \nu_{2a} = -Z_2 \tag{24}$$

combining with (23) above, we have:

$$\nu_{2c}(Z_c - Z_a) = -Z_2 \tag{25 a}$$

$$v_{2c} = \frac{-Z_2}{Z_c - Z_a} = \frac{-Z_2}{Z_c + |Z_a|} = -v_{2a}. \tag{25 b}$$

Thus, if the total molar concentration of diffusible cation in the solution is m_c, and the total molar concentration of anion is m_a, and if one mol of the salt (component 3) contains v_{3c} mols of cation and v_{3a} mols of anion, then the molar concentration of component 3 is:

$$m_3 = \frac{1}{v_{3c}} (m_c - v_{2c} m_2) = \frac{1}{v_{3a}} (m_a - v_{2a} m_2) = \frac{1}{v_{3a}} (m_a + v_{2c} m_2). \tag{26}$$

These equations imply nothing concerning the nature of the forces between the protein ion and the other ions in solution; they serve simply to define the components stoichiometrically. Other definitions of the components could of course be employed. From the definition given here, it is apparent (equation 25 a) that either v_{2c} or v_{2a} must be negative, except when both are zero. This system of definition is useful only when m_3 is fairly 'arge compared to $v_{2c} m_2$ (or $v_{2a} m_2$); some of the possible alternative definitions are discussed by SCATCHARD (1946).

If another salt, containing a cation X^+ and an anion Y^-, is added to the system, then the ions X^+ and Y^- are taken as forming a new component (component 5 according to our conventions). If they are present in equivalent concentrations in the solution, these ions are not considered as forming part of the protein component.

Thermodynamic Fluctuation Theory for Multicomponent Systems.

In a multicomponent system the mean square value of the fluctuation in refractive index $\overline{(\Delta n)^2}$, which determines the total turbidity, is a function of the concentrations, and refractive index increments, of each of the components of the system. It also involves cross terms, involving the correlation between the fluctuations of the concentrations of different components. For a given pair of components, i and j, the cross term is zero if the chemical potential of i is unaffected by a variation of the mass of j in the system; but if the chemical potentials are not independent in this manner the cross terms do not vanish.

The fundamental conceptions involved in the application of fluctuation theory to such systems were first advanced by ZERNIKE (1915, 1918). Recently they have been further developed independently by workers in three different laboratories: namely, BRINKMAN and HERMANS (1949), KIRKWOOD and GOLDBERG (1950), and STOCKMAYER (1950). The fundamental equations of all these authors lead to the same results.

The general equation, for the turbidity, τ, of systems at constant pressure and temperature, may be written

$$\tau = H'' \frac{\overset{i,j}{\Sigma} \Psi_i \Psi_j A_{ij}}{|a_{ij}|} \tag{27}$$

where

$$H'' = \frac{32000 \pi^3 \, n^2}{3 \, N_0 \lambda_0^4} \, . \tag{28}$$

The summation is taken over *all but one* of the components. Generally it is most convenient to omit the solvent from the summation; to compensate for this omission the complete equation should include a term for the turbidity of the pure solvent, arising from density fluctuations in it. This term is generally small, in systems containing large molecules, and for brevity it is omitted from (27). However, in practice, we have generally determined the turbidity of the pure solvent and subtracted it from that of the solution. Ψ_i denotes the *molar* refractive increment of component i; that is Δn per mol of solute per liter of solution (or per kg. solvent). The terms a_{ij}, in the determinant $|a_{ij}|$ denote the coefficients $a_{ij} = \dfrac{\partial \ln a_i}{\partial m_j} = \dfrac{\partial \ln a_j}{\partial m_i} = a_{ji}$; here the a's denote activities, and the m's denote concentrations in mol/l. The term A_{ij}, in the summation in the numerator, denotes the cofactor of the term a_{ij} in the determinant $|a_{ij}|$; that is the determinant derived from $|a_{ij}|$ by striking out the row and column in which the term a_{ij} occurs, and multiplying the resulting determinant of lower order by $+1$ if $i + j$ is even, and by -1 if $i + j$ is odd.

Our equation (27) differs from STOCKMAYER'S (1950) in that he defined the terms a_{ij} as $\partial \mu_i / \partial m_j$, where μ denotes chemical potential; whereas we have employed activities. Thus, his expression differs from ours by a factor RT in the denominator. This difference has been taken care of in the formulation given here, so that our working equations are essentially identical with those of STOCKMAYER. Also the volume factor V, appearing in STOCKMAYER'S equations, does not appear explicitly in equation (27), since the concentrations are here expressed in volume units.

Application to a Two Component System.

For a two component system, the summation in (27) involves only component 2. Hence $|a_{ij}| = a_{22} = \dfrac{\partial \ln a_2}{\partial m_2}$, and $A_{ij} = 1$. By definition of the activity (a_2) and the activity coefficient (γ_2):

$$\ln a_2 = \ln m_2 + \ln \gamma_2 = \ln m_2 + \beta_2 \tag{29 a}$$

$$a_{22} = \frac{\partial \ln a_2}{\partial m_2} = \frac{1}{m_2} + \frac{\partial \ln \gamma_2}{\partial m_2} = \frac{1}{m_2} + \beta_{22}. \tag{29 b}$$

Hence,

$$\tau = \frac{H'' \Psi_2^2}{a_{22}} = \frac{H'' \Psi_2^2}{\dfrac{\partial \ln a_2}{\partial m_2}} = \frac{H'' \Psi_2^2 \, m_2}{1 + \beta_{22} \, m_2} = \frac{H'' \, \Phi_2^2 \, M_2 \, c_2}{1000 \, (1 + \beta_{22} \, m_2)}. \tag{30}$$

Here $\Psi_2 = \partial n / \partial m_2 ; \Phi_2$, the refractive increment per g. component 2 per cc. solution, is $1000\,\Psi_2 / M_2$.

Rearranging (30) we may then write:

$$\frac{H'' \Phi_2^2 c_2}{1000\,\tau} = \frac{H c_2}{\tau} = \frac{1}{M_2}(1 + \beta_{22}\, m_2). \qquad (31)$$

Since $c_2 = \dfrac{m_2 M_2}{1000}$, this gives the slope factor B in equation (18) as:

$$B = \frac{1000\,\beta_{22}^{\circ}}{2\,M_2^2}. \qquad (32)$$

where β_{22}° is the limiting value of β_{22} at low values of m_2.

Systems of Three and More Components.

For multicomponent systems in general, we shall follow SCATCHARD's (1946) formulation of the expressions for the activities of the components and their derivatives with respect to the masses of the components — that is, the coefficients which enter into equation (27). We shall use the subscript K to denote any component made up of small molecules or ions [1], and i to denote a small ion which is a constituent of one or more components, but is not itself a component. Again denoting the protein as component 2, we have, following SCATCHARD:

$$\left. \begin{aligned} \ln a_2 &= \ln m_2 + \Sigma_i \nu_{2i} \ln m_i + \beta_2 \\ &= \ln m_2 + \Sigma_i \nu_{2i} \ln (\Sigma_J \nu_{Ji}\, m_J + \nu_{2i}\, m_2) + \beta_2 \end{aligned} \right\} \qquad (33)$$

$$\left. \begin{aligned} \ln a_K &= \Sigma_i \nu_{Ki} \ln m_i + \beta_K \\ &= \Sigma_i \nu_{Ki} \ln (\Sigma_J \nu_{Ji}\, m_J + \nu_{2i}\, m_2) + \beta_K \end{aligned} \right\} \qquad (34)$$

Here, by definition:

$$\beta_2 = \ln \gamma_2 \qquad (35)$$

$$\beta_K = \Sigma_i \nu_{Ki} \ln \gamma_K. \qquad (36)$$

In the special case of a three component system, in which component 3 is a salt composed of one anion and one cation, we have $\beta_3 = 2 \ln \gamma_3$.

From these relations, we derive the coefficients employed in equation (27), denoting $\dfrac{\partial \beta_2}{\partial m_2}$ as β_{22}, $\dfrac{\partial \beta_K}{\partial m_2} = \dfrac{\partial \beta_2}{\partial m_K}$ as β_{2K}, and so forth.

$$a_{22} \equiv \frac{\partial \ln a_2}{\partial m_2} = \frac{1}{m_2} + \Sigma_i \frac{\nu_{2i}^2}{m_i} + \beta_{22}, \qquad (37)$$

$$a_{2K} \equiv \frac{\partial \ln a_2}{\partial m_K} = \frac{\partial \ln a_K}{\partial m_2} = \Sigma_i \frac{\nu_{2i}\nu_{Ki}}{m_i} + \beta_{2K}, \qquad (38)$$

$$a_{KJ} \equiv \frac{\partial \ln a_K}{\partial m_J} = \frac{\partial \ln a_J}{\partial m_K} = \Sigma_i \frac{\nu_{Ji}\nu_{Ki}}{m_i} + \beta_{JK}. \qquad (39)$$

---

[1] A "small" component may be defined here as one which passes readily through membranes impermeable to proteins of molecular weight of the order of 30,000 or above.

Here J denotes any diffusible component other than K [1]. For the three component system containing one salt (component 3) with two ions, the summation denoted by Σ_i includes only one cation and one anion, and $\nu_{3c} = \nu_{3a} = 1$. From (25a) and (25b) we have $\nu_{2c} = -\nu_{2a} = -Z_2/(Z_c - Z_a)$, which becomes $-Z_2/2$ if the ions denoted by c and a are both univalent.

Then, using equation (26), we have:

$$m_c = m_3 - \frac{Z_2}{2}\, m_2 . \tag{40}$$

$$m_a = m_3 + \frac{Z_2}{2}\, m_2 . \tag{41}$$

From (37) we obtain:

$$a_{22} = \frac{1}{m_2} + \frac{Z_2^2}{4}\left(\frac{1}{m_3 - \frac{Z_2\, m_2}{2}} + \frac{1}{m_3 + \frac{Z_2\, m_2}{2}}\right) + \beta_{22} = \frac{1}{m_2} + \frac{Z_2^2}{2\, m_3\, \varepsilon} + \beta_{22} . \tag{42}$$

Here the factor ε is defined as:

$$\varepsilon = 1 - \left(\frac{Z_2\, m_2}{2\, m_3}\right)^2 . \tag{43}$$

The value of ε lies always between zero and unity, and it may be taken as unity when $Z_2 m_2 \ll 2\, m_3$ [2].

From (38), (40) and (41) we obtain:

$$a_{23} = \frac{\nu_{2c}}{m_c} + \frac{\nu_{2a}}{m_a} + \beta_{23} = -\frac{Z_2^2\, m_2}{2\, m_3^2\, \varepsilon} + \beta_{23} . \tag{44}$$

Finally for the effect of variation in the log of the activity of component 3 with variations in its own molarity we have, from (34), (40) and (41):

$$a_{33} = \frac{2}{m_3\, \varepsilon} + \beta_{33} . \tag{45}$$

The value of β_{33} is determined independently, from measurements of electromotive force, freezing point, or vapor pressure, in solutions of the pure salt.

Applied to the three component system just discussed, equation (27) becomes:

$$\tau = \frac{H''\,(\Psi_2^2\, a_{33} - 2\, \Psi_2\, \Psi_3\, a_{23} + \Psi_3^2\, a_{22})}{a_{22}\, a_{33} - a_{23}^2} . \tag{46}$$

For protein systems, the first term in the numerator of (46) is generally much the largest, and the second and third may often be neglected.

---

[1] For example, J may be sodium chloride and K magnesium sulfate.

[2] In the extreme case when the only diffusible ions present are those required to balance the net charge on the protein, ε becomes equal to zero. Under these circumstances, the application of our equations would become meaningless and a different definition of components should be adopted. The general treatment adopted in this paper implicitly assumes that ε is not very far from unity.

This point will be considered in terms of the system water-serum albumin-sodium chloride. The molar refractive increment, Ψ_2, of serum albumin, per liter solution, is, from the data of PERLMANN and LONGSWORTH (1948) and of ARMSTRONG, BUDKA, MORRISON and HASSON (1947), equal to 12.9 for the sodium D line, assuming a molecular weight of 69,000 [1]. The data for sodium chloride solutions, at the same wavelength (see for instance, GEFFCKEN (1929)) when extrapolated to infinite dilution, give $\Psi_3 = 9.5 \cdot 10^{-3}$. Thus Ψ_2^2 is greater than $2\Psi_2\Psi_3$ by a factor of 680, and exceeds Ψ^2 by a factor of nearly 2×10^6. On the other hand, we must consider the relative magnitude of the coefficients a_{22}, a_{23} and a_{33}.

A critical evaluation of these terms for the case of serum albumin solutions in sodium chloride and sodium thiocyanate solutions [EDSALL, EDELHOCH, LONTIE and MORRISON, (1950)] shows that the second and third terms in the numerator of equation (46) are ordinarily less than 1% of the first term. Hence it is justifiable as a good approximation, to neglect the two latter terms and the equation then becomes

$$\frac{\Psi_2^2 H''}{\tau} = a_{22} - (a_{23}^2/a_{33}). \qquad (47)$$

We shall consider here only the limiting condition in which $|Z_2 m_2|$ $<<2m_3$; hence $\varepsilon = 1$ to a close approximation, and $a_{23} \cong \beta_{23}$. Then (for notation compare equation (30):

$$\frac{\Psi_2^2 H''}{\tau} = \frac{\Phi_2^2 M_2^2 H''}{10^6 \tau} = \frac{1}{m_2} + \frac{Z_2^2}{2 m_3} + \beta_{22} - \frac{(\beta_{23})^2 m_3}{2 + \beta_{33} m_3} \qquad (48)$$

$$\frac{Hc_2}{\tau} = \frac{\Phi_2^2 H'' c_2}{1000 \tau} = \frac{1}{M_2} + \frac{1000}{M_2^2}\left(\frac{Z_2^2}{2 m_3} + \beta_{22} - \frac{\beta_{23}^2 m_3}{2 + \beta_{33} m_3}\right) c_2. \qquad (49)$$

Thus, *under these limiting conditions*, the slope $2B$ of the curve for Hc_2/τ as a function of c_2 becomes identical with the slope of the curve for osmotic pressure divided by concentration of protein as a function of c_2, given by SCATCHARD, BATCHELDER and BROWN (1946): see their equation (9).

Experimental Data for Serum Albumin.

These (EDSALL, EDELHOCH, LONTIE and MORRISON, 1950) show that to a close approximation the intercept of the curves obtained when Hc_2/τ is plotted against c_2 is equal to $1/M_2$, where M_2 has a slightly higher value than the figure of 69,000 which was obtained by SCATCHARD and his associates from osmotic pressure measurements. This was to be expected, since most preparations of bovine or human serum albumin contain

---

[1] From the equation given by PERLMANN and LONGSWORTH, the corresponding value for light of wavelength 4358 Å, at which most of our measurements were made, is 13.5. However, the calculations given here in the text are for the D line, since data for sodium chloride at $\lambda = 4358$ Å are not yet available.

small amounts of a heavier component which is shown in the ultra-centrifuge as a small shoulder on the advancing side of the peak which defines the main component. The experimental technique for determination of τ (or of R_{90}) is discussed in a later section of these notes. The light used was the mercury blue line ($\lambda_0 = 4358$ Å). The refractive index increment for albumin at this wavelength is given by PERLMANN and LONGSWORTH (1948) as 0.195 at 25° and the refractive index of pure water is 1.3403 under the same conditions. This gives DEBYE's factor $H = 1.040 \cdot 10^{-5}$.

Experimentally, good agreement was found between the slope factors obtained from osmotic pressure and from light scattering (see Fig. 2), at

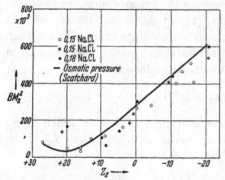

Fig. 2. Comparison of the Slope Factor B (equations 7 and 18) for Bovine Serum Albumin, from Osmotic Pressure and from Light Scattering Measurements. Slopes are expressed as $B M_2^2 / 1000$ where M_2 is the molecular weight of the protein. The abscissa gives Z_2, the net proton charge per molecule of albumin. Solid line from osmotic pressure data of SCATCHARD, BATCHELDER and BROWN. Points from light scattering measurements [EDSALL, EDELHOCH, LONTIE and MORRISON (1950)].

sodium chloride concentrations of 0.15 to 0.18 M, and Z_2 values from $+20$ to -20.

As predicted by equation (49) the slope of the curves for Hc_2/τ as a function of c_2 varies greatly with the ionic strength and the charge on the protein. As would be expected from the presence of the "Donnan term" [1] $Z_2^2/2m_3$ in equation (49) the slopes of the curves are small or zero when the valence Z_2 is near zero and become large and positive at ionic strength and high Z_2. Some typical curves are illustrated in Fig. 3 for various ionic strengths of sodium chloride from $< 10^{-4}$ to 0.15 and for $Z_2 = +25$. The limiting slope ($2 \, BM_2^2/1000$) in the absence of added salt is of the order of 10^5 at the lowest ionic strength ($< 10^{-4}$); it falls rapidly as salt is added, [2] and becomes practically zero at 0.15 M sodium chloride; however in all cases the extrapolated value of the molecular weight at $c_2 = 0$ is the same within the limits of error. At such high

[1] We shall refer to this as the "Donnan term" since it is formally identical with the term arising from the Donnan effect in the equations for osmotic pressure in these systems. If all activity coefficients were unity, it is the only term that would affect the slope factor, B.

[2] The increase of turbidity which occurs on adding salt, corresponding to a transition from a point on the top curve to one on the bottom curve of Fig. 3, occurs with extreme rapidity. The final steady state is attained certainly in less than a minute, the time taken for mixing albumin with salt solution and taking a reading in the light scattering apparatus.

values of Z_2, and at ionic strength below 0.001, measurements of scattering as a function of angle should reveal the "negative dissymmetry of scattering", studied by DOTY and STEINER (1949), and briefly discussed in a later section of this review. Under such conditions, the assumptions of fluctuation theory used in deriving equation (18) break down. EDSALL, EDELHOCH, LONTIE and MORRISON therefore confined their more intensive studies to solutions of ionic strength 0.003 and above, where the fluctuation theory is valid. They studied solutions of serum albumin at Z_2 values from +10 to —20, and at ionic strengths from 0.003 to 0.183 in sodium chloride, calcium chloride and sodium thiocyanate. The slope factors for sodium chloride, at four ionic strengths, are plotted as a function of Z_2 in the lower half of Fig. 4.

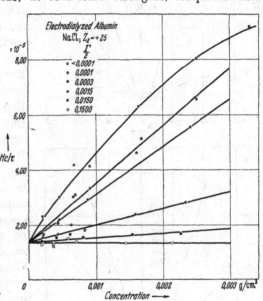

These curves are roughly of the parabolic form that would be expected from the Donnan term alone, but it is clear that other terms are important The absolute magnitudes of the slopes are less, often much less, than would be predicted from the Donnan term, so that other effects of opposite sign must enter in. The minimum of the curve is found to lie not at $Z_2 = 0$, but always at positive values of Z_2. Moreover, as the ionic

Fig. 3. Values of Hc_2/τ as a Function of c_2, for Bovine Serum Albumin with a net Proton charge of +25, at Several Different Concentrations of Sodium Chloride.

strength of the sodium chloride increases, the minimum shifts progressively over to the left in Fig. 4. It must be noted that Z_2 is calculated only in terms of the protons bound to or removed from the isoionic albumin molecule, and takes no account of the binding of other ions. If it is assumed that chloride ions are also bound, the progressive shift of the minimum with increasing ionic strength is readily interpretable. There is now a large mass of evidence from quite independent measurements that chloride ions are bound by serum albumin; other ions such as thiocyanate are even more strongly bound. The best quantitative evidence for such binding is probably that given by SCAT-

CHARD, SCHEINBERG and ARMSTRONG (1950). They have described their data in terms of the assumption that an albumin molecule contains 40 sites capable of binding Cl⁻ or CNS⁻ ions; 10 of these are assumed to be all alike, each with an intrinsic association constant (K) of 44 for Cl⁻, or 1000 for CNS⁻; the other 30 bind much more weakly, with K values of 1.1 for Cl⁻, and 25 for CNS⁻. These intrinsic binding constants must be corrected for electrostatic effects arising from the variable net charge on the protein; SCATCHARD, SCHEINBERG and ARMSTRONG found that they could be described by a simple spherical model for the albumin ion, using the DEBYE-HÜCKEL theory. Taking their values for chloride binding at different ionic strengths, we may calculate a new quantity, the total net charge on the albumin, denoted as Z_2^*, which is equal to $Z_2 - \bar{\nu}$, where $\bar{\nu}$ is the number of chloride ions bound per mole of albumin. When the slopes are plotted against Z_2^* as in the upper section of Fig. 4, the minima in the different curves are all brought nearly into coincidence and they lie very nearly at $Z_2^* = 0$. Conversely we could have used the displacements of the minima in the curves of the lower section of Fig. 4 as a measure of the number of chloride ions bound. Much greater shifts are found in thiocyanate than in chloride solutions, and here again the light scattering data give results in accord with the calculated number of ions bound by the protein, as deduced from the entirely independent measurements of SCATCHARD, SCHEINBERG and ARMSTRONG. Thus, light

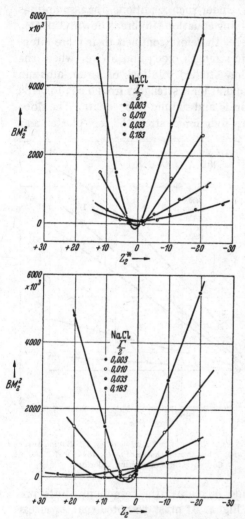

Fig. 4. Slope Factors for Bovine Serum Albumin, in Sodium Chloride Solutions at four different Ionic Strengths, as a Function of the Proton Net Charge $(Z_2$, lower diagram) and of the total net charge $(Z_2^*$, upper diagram).

scattering measurements are a useful tool for the study of specific ion binding by proteins. Studies on calcium chloride solutions indicated considerable binding of calcium by serum albumin, especially at negative Z_2 values, such as are found in the physiological p_H range [1].

Kinetics of Dimer Formation in Reaction of Serum Albumin with Mercurials.

It was shown by Hughes (1947) that human serum albumin is largely composed of a fraction which he has termed mercaptalbumin (Hughes, 1950). This was readily crystallized with mercuric chloride, the crystals containing one atom of mercury to two molecules of albumin. Ultra-centrifuge studies on solutions of this mercury derivative showed the presence of large amounts of a fast component of sedimentation constant $s_{20} = 6.7$ S, in addition to the normal albumin (4.3 S). The work of Hughes appears to have established clearly that the heavy component is a dimer, composed of two molecules of serum albumin linked by a mercury atom, and that the reactive group in the protein is a sulfhydryl group. The kinetics of the reaction have been studied in detail in our laboratory by light scattering measurements, although only preliminary reports have so far appeared (Lontie, Morrison, Edelhoch and Edsall, 1948; Hughes, Straessle, Edelhoch and Edsall, 1950). If we write the albumin with its sulfhydryl group as Alb-SH, then the sequence of reactions may be written as follows.

$$\text{Alb–SH} + \text{HgCl}_2 \underset{k_{-1}}{\overset{k_1}{\rightleftharpoons}} \text{Alb–S–HgCl} + \text{H}^+ + \text{Cl}^- \qquad\qquad \text{I}$$

$$\text{Alb–S–HgCl} + \text{Alb–SH} \underset{k_{-2}}{\overset{k_2}{\rightleftharpoons}} \text{Alb–S–Hg–SAlb} + \text{H}^+ + \text{Cl}^- \qquad \text{II}$$

$$\text{Alb–S–Hg–SAlb} + \text{HgCl}_2 \underset{k_{-3}}{\overset{k_3}{\rightleftharpoons}} 2\ \text{AlbS–HgCl} \qquad\qquad \text{III}$$

The results obtained hitherto on these reactions have been briefly summarized by Hughes, Straessle, Edelhoch and Edsall (1950).

From measurements of light scattering under various conditions it is inferred that

$$k_1 \gg k_{-1} \text{ and } k_1 \gg k_2$$

k_2 and k_{-2} are of the same order of magnitude. Reaction II is thus the rate-controlling step. Reaction III is too rapid to measure, being essentially complete in less than a minute at room temperature.

Measurements at three different temperatures indicated that the rate of reaction II is somewhat more than doubled by a 10° rise of

---

[1] An interesting theoretical treatment of light scattering in solutions of charged macromolecules has recently been given by J. J. Hermans (1950).

temperature; thus there is no indication of an unusually high energy of activation.

Viscosity measurements show that Alb–S–Hg–S–Alb is more asymmetric than Alb–SH, but shorter than 2 moles of Alb–SH joined end to end. This suggests that the two albumin molecules must be approximately in juxtaposition over a considerable area, involving a face of each monomer molecule of which the sulfhydryl group forms a part. Since reaction III is rapid, the mercury linkage must be readily accessible to small ions and molecules in the solvent, rather than being completely shielded by other portions of the protein. Added halide ions, or SH compounds, displace reaction II to the left, the effect being in the order RSH $>$ I$^-$ $>$ Br$^-$ $>$ Cl$^-$. Silver ion appears to compete with mercury for the SH group; all other metallic ions tested were without effect. Other mercury derivatives are now being studied in this reaction.

It seems plain that many association and dissociation reactions in protein solutions can be studied by light scattering more conveniently than by any other available method. Measurements can be made rapidly and at frequent intervals so that a hundred or more measurements may be made if desired in the time that would be required for a single sedimentation run in the ultracentrifuge. OSTER (1947) has given an interesting discussion of the uses of light scattering measurements in certain types of aggregating or dissociating systems of colloidal particles.

Scattering from Particles not Small
Compared to the Wave Length.

Up to this point it has been assumed that the scattering from a particle can be adequately represented by that from a single dipole. If the molecule is small enough, relative to the wave length of the incident light, there is no difficulty in this assumption. However, when the largest dimension of the particle becomes greater than about one-tenth to one-fifteenth the wave length, the phase and amplitude of the incident wave will be appreciably different in different parts of the particle at any one instant of time. These phase differences give rise to interference between the scattered waves originating in different parts of the particle and lead to an overall decrease in scattered intensity. The magnitude of the interference varies with ϑ, being greater for backward scattering than for forward scattering. Thus, for a large particle, we may expect the scattered intensity to be greatest at $\vartheta = 0$ and to decrease at larger angles in a manner determined by the particle size, shape and refractive index and by the wave length of the incident light. The diagram in Fig. 5 aids in visualizing the fundamental features of the situation and shows how the phase difference for light scattered from two points within the molecule varies with angle.

Scattering from Isotropic Spheres of Arbitrary Size and Refractive Index.

The general problem, for scattering from isotropic spheres of any radius and refractive index has been solved by MIE (1908); important contributions were also made by DEBYE (1909) and by RAYLEIGH (1910). BLUMER (1925, 1926) obtained numerical solutions for many particular cases, using MIE's general equations. LAMER and SINCLAIR (1943) have given an extended tabulation of scattered intensities for spheres having various values of m and α[1]. The

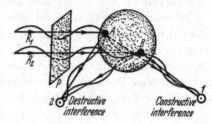

Fig. 5. Scattering from a large particle. [FROM ZIMM, STEIN and DOTY (1945).]

computations themselves were carried out by Dr. ARNOLD LOWAN of the National Bureau of Standards. The parameter m is the relative refractive index and $\alpha = 2\pi r/\lambda$ where r is the radius of the sphere and λ is the wave length of the light in the medium surrounding the particle.

The scattering diagram for a sphere with $\alpha = 2.5$ and $m = 1.33$ is shown in Fig. 6. Such a system corresponds, for instance, to spherical drops of water in air, the drops having a radius of 217 mμ if the wave length of the light *in vacuo* is 546 mμ. The function $P(\vartheta)$ represents *in general* the intensity distribution for an isolated particle of arbitrary size and shape. It gives (on a relative scale normalized to unity at $\vartheta = 0$) the scattered intensity of the vertical component in unpolarized incident light ($V_{\vartheta\,u}$) or equally well the sum of both components in the scattered light with vertically polarized incident light ($R_{\vartheta\,v}$) since $R_{\vartheta\,v} = 2\,V_{\vartheta\,u}$. The type of plot used here has proved to be advantageous for many cases. Of course,

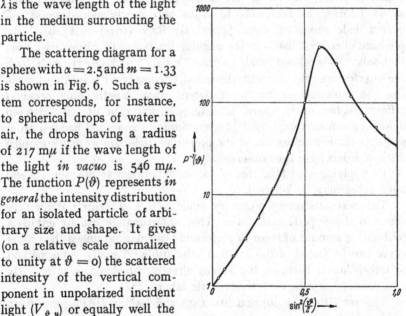

Fig. 6. Scattering diagram for a sphere (Mie theory) $m = 1.33$, $\alpha = 2.5$.

---

[1] The use of the symbol α to denote $2\pi r/\lambda$ should not be confused with the symbols $\alpha_0, \alpha_1, \alpha_2, \alpha_3$ employed earlier to denote molecular polarizabilities.

in instances where the range of intensities is sufficiently small, the reciprocal relative intensities can be plotted on a linear instead of a logarithmic scale. A polar plot of intensities has been used extensively in the literature on MIE theory and may be helpful occasionally.

The scattering diagram for a spherical particle considerably smaller than the one represented in Fig. 6, would be given by a continuously rising curve with no intensity minimum or for a much larger sphere by one with a series of maxima and minima. It may be noted qualitatively that an increase in either m or α shifts the first minimum to lower values of ϑ and increases the total number of intensity minima.

The calculations based on MIE theory have been verified experimentally by LaMER and his collaborators (1946, 1947, 1949) [1] using monodisperse sulfur hydrosols and also monodisperse aerosols as experimental objects. Sulfur sols made by the acidification of sodium thiosulfate solutions have been known to colloid chemists for a long while. As ordinarily prepared the sols are polydisperse and show only bluish or white scattering. By a careful control of conditions, however, LaMER has been able to make very nearly monodisperse sols over a wide range of sizes. Apparently RAY (1921) first noted the presence of colored bands in the angular scattering of white light from such sols. These colored bands (termed "orders" by LaMER) result from the interference effects already discussed. Obviously for a sphere of given size the intensity minima for different wave lengths must occur at different values of ϑ; where, for examp'e, the ratio of red scattered light to green scattered light is a maximum, there a red band or order will appear. For sulfur sols of the proper particle size as many as nine distinct orders have been observed.

In applying the MIE theory to an experimental problem several approaches may be followed.

The most satisfactory procedure would be to fit a theoretical intensity curve to the experimental data. This unfortunately usually entails a prohibitive amount of labor in performing calculations unless the proper curve can be found in the existing tabulations. Usually some method of interpolation between the values already calculated is sufficiently accurate and involves relatively little labor.

VAN DE HULST (1946) and SINCLAIR and LaMER (1949) have given curves which permit interpolation between different values of α to obtain, E, the ratio of the *scattering cross section* to the *geometric cross section*, i. e., the ratio of the energy lost by the incident wave to the energy of the beam that is geometrically obstructed. (This ratio is denoted as K_S by SINCLAIR and LaMER. See also LaMER and BARNES, 1947). The

---

[1] See LaMER and BARNES (1946), JOHNSON and LaMER 1947, and SINCLAIR and LaMER (1949).

geometric obstruction presented by a sphere is, of course, πr^2. The ratio, E, (supposing that the refractive index of the particle is known) allows determination of both size and concentration from transmission data. One could apply the method as follows. The turbidity τ, can be written

$$\tau = E \, \pi r^2 \, N \qquad (50)$$

as N, the number of particles per cc. approaches zero. By measuring τ as a function of wave length and plotting τ versus $1/\lambda$ one can compare the experimental curve with a plot of E as a function of α. Since the maxima in both curves occur at the same value of α, the value of r is readily determined. Once r is known, an absolute turbidity measurement suffices to find N from equation (50). Fig. 7 shows E as a function of α for several values of m. The values for $m = 1.33$ and $\alpha = 8$ and 12 were taken from STRATTON and HOUGHTON (1931). The remaining values are from LaMER and SINCLAIR, (1943).

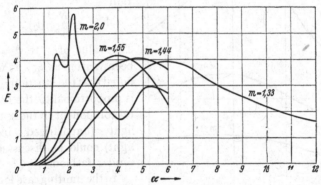

Fig. 7. Scattering from spheres having various values of m and α. The value of E approaches 2 for large α.

It is sometimes convenient to make use of the angular intensity distribution. We have already mentioned the occurrence of "orders" in the scattered light with white incident light. The location of these orders has been employed extensively by LaMER to find particle size. The position of "orders" can be calculated from MIE theory for various values of m and α. The sharpness of the "orders" may be used as a measure of polydispersity for systems which are nearly monodisperse (KERKER and LaMER, 1950). KENYON and LaMER (1949) have modified this appoach by measuring the angular distribution of intensity at two wave lengths (monochromatic light) and from these data calculating the positions of the "orders". By comparison with order positions calculated from MIE theory for the same two wave lengths one may then find the particle size.

Interpretation of the $P(\vartheta)$ curve itself is very convenient and has been applied by DANDLIKER (1950) to a latex of polystyrene which consists of uniform spheres about 2600 Å. in diameter (electron microscopy by Williams and Backus, 1949). The measurement consists in locating the angular position of minimum intensity in monochromatic light and is discussed more extensively in a succeeding section.

The particle size of spheres may be easily related also to absolute intensities. Methods of interpolation have been used between different values of either m or α, by Dandliker (ibid.). Fig. 8 shows how the intensity function i_1 at $\vartheta = 0$ changes with m and α. The function i_1 is proportional to the vertical component in the scattered light with unpolarized incident light and is to be found in the tables of Blumer and of LaMer and Sinclair. It is related to the scattered intensity by the equation

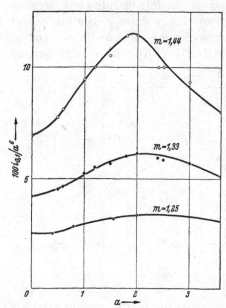

Fig. 8. The relation between forward scattering and size for different refractive indices.

$$V_{\vartheta,u} = \frac{N\lambda^2}{8\pi^2}(i_1) . \qquad (51)$$

The value of i_1 at $\vartheta = 0$ has been written as $i_{0,1}$. It may be noted that the function i_2 which is proportional to the horizontal component in the scattered light (unpolarized incident light) could be discussed in a similar fashion.

In the limiting case for small spheres the ratio of $i_{0,1}/\alpha^6$ approaches $[(m^2-1)/(m^2+2)]^2$. If we define φ as

$$\varphi = \frac{i_{0,1}}{\alpha^6}\bigg/\left(\frac{m^2-1}{m^2+2}\right)^2 \qquad (52)$$

we have a quantity which tells us how a large sphere of arbitrary m differs from a small particle in its scattered intensity at $\vartheta = 0$. Particle size can be calculated from the equation

$$\frac{2}{\varphi}\left[\frac{V_{0,u}}{c}\right]_{c\to,} = \frac{9\pi^2 M}{\lambda^4 N_0 d^2}\left(\frac{m^2-1}{m^2+2}\right)^2 \qquad (53)$$

where c is the concentration, λ the wave length in the medium, d the density of the particles and N_0 Avogadro's number.

For values of α not greater than about 2.5 the depolarization at $90°$ $(H_{90,u}/V_{90,u})$ is a single-valued function of α and may be used to determine the particle size (Sinclair and LaMer, 1949). Since i_2 is related to $H_{\vartheta,u}$ by the same factor that relates i_1 to $V_{\vartheta,1}$, the depolarization ratio is found from the tables by taking i_2/i_1, at a given value of ϑ. Graphical interpolations are readily made between the calculated values KERKER and LAMER (1950) have studied the effects of polydispersity on the depolarization.

Scattering from Particles of Various Shapes, When the Relative Refractive Index is Near Unity.

Calculations similar to those of MIE have not been made for non-spherical particles because of mathematical difficulties. However, the mathematical problem for large particles of spherical or other shape is greatly simplified if the refractive index of the particle is nearly equal to that of the medium ($m \approx 1$). In this case, the incident wave undergoes no appreciable change in either phase or amplitude as it traverses a particle so that the phase and amplitude of the induced dipoles and higher multipoles are readily determined. It is of particular importance that for exactly forward scattering, i. e., $\vartheta = 0$, there is no phase difference between the scattered fields coming from different parts of the particle and, therefore, of course, no interference. This leads to the important conclusion that equation (1) remains valid at $\vartheta = 0$ even for large particles. It may be rewritten in the more nearly general forms

$$\left[\frac{R_{\vartheta,v}}{c}\right]_{c \to 0} = \left[\frac{2\,V_{\vartheta,u}}{c}\right]_{c \to 0} = KMP(\vartheta) . \tag{54}$$

The factor $K = \dfrac{4\,\pi^2\,n^2\,(\partial n/\partial c)^2}{\lambda_0^4\,N_0}$ where n is the refractive index of the solvent, $(\partial n/\partial c)$ the refractive index increment and λ_0 the wave length in vacuo [1].

Applied to the turbidity, τ, equation (54) becomes

$$\left[\frac{\tau}{c}\right]_{c \to 0} = \pi K M \int_0^\pi (1 + \cos^2 \vartheta) \sin \vartheta\, P(\vartheta)\, d\vartheta . \tag{55}$$

The integral may be evaluated graphically from experimental data. If $P(\vartheta) = 1$ then the integral is $8/3$ and equation (55) is reduced to equation (18). The general condition for validity of this simplified theory is, for spheres, that $2\,\alpha\,(m - 1) << 1$ (VAN DE HULST, 1946). Analogous

---

[1] The use of the last equality sign in equation 54 implies a special form of relation between the specific refractive index increment of the solute, on the one hand, and the refractive indices of the pure solvent and pure solute, on the other. HELLER (1945) has derived the relation involved, and has shown that in general it is not exactly valid for systems in which a direct test can be aplied. In protein systems the direct test has not been applied; the refractive index of a pure anhydrous protein has never, to our knowledge, been measured, although in the blue-green region of the spectrum it must be fairly close to 1.60. For further discussion see DOTY and EDSALL (1950).

conditions defining a negligibly small phase shift in the incident wave may be expected to apply to other geometric shapes. For proteins in water ($m \approx 1.15$ to 1.20) a theory based on the above assumptions will be a reasonable approximation for many cases.

By a slight modification of the treatment given in SCHUSTER and NICHOLSON (1928) one can obtain the following expression for the intensity of forward scattering applicable at zero concentration to particles of arbitrary size and refractive index whenever $H_{0,\,v}/V_{0,\,v} = 0$

$$R_{0,\,v} = \frac{n^2\,c\,M}{\lambda_0^4\,N_0}\left[4\,\pi^2\left(\frac{\partial n}{\partial c}\right)^2 + \frac{\lambda_0^2}{4}\left(\frac{\tau}{c}\right)^2\right]. \tag{55a}$$

For all ordinary cases (e. g. a protein with a molecular weight of a few million or less) the second term in the bracket is negligible compared to the first and the equation reduces to equation (54). In general, however, for large refracting particles the second term cannot be neglected. Physically, the first term gives the intensity scattered in phase with the incident wave, while the second term gives the component scattered with a phase difference of 90° to the incident wave. Thus a negligible phase shift means that the second term can be ignored. We are indebted to Professor BRUNO H. ZIMM for pointing these relations out to us.

Equations (54) and (55) neglect the effects of depolarization which if appreciable must be allowed for. If the depolarization is due to anisotropy alone then the corrections discussed in a previous section can be applied. However, additional contributions to the depolarization arise from the effects of size alone, so that the use of the CABANNES factor for a large refracting particle would result in an overcorrection. For a discussion of these complications, see ZIMM, STEIN and DOTY (1945) and LOTMAR (1938 a, b). DOTY (1948) has given a helpful general discussion.

Since internal interference is important only when the ratio of particle size to wave length becomes appreciable, it is evident that the interference effects will be negligible at sufficiently long wave lengths. As we have seen, both the scattered intensity and the turbidity are proportional to $1/\lambda^4$ for small particles. If measurements can be made over a range of wave lengths into a region where the inverse fourth power law is obeyed, then equation (18) becomes applicable, and the problem can be treated as one of small particle scattering. It is important to note that in general both n and $\partial n/\partial c$ are functions of λ and that corrections must be applied to these factors in interpreting wave length dependence. PERLMANN and LONGSWORTH (1948) have reported data on the dispersion of several protein preparations.

This approach has been applied by OSTER (1946) in measuring the size of PR 8 influenza virus and also bushy stunt virus. Transmission measurements were made at a series of wave lengths and τ plotted as a function of $1/\lambda^4$. From the limiting slope (extrapolated to infinite λ) M was found to be $322 \cdot 10^6$ for influenza virus and $9.0 \cdot 10^6$ for bushy stunt. These values agree well with estimates by electron microscopy and by sedimentation and diffusion.

It should be possible to interpret wave length dependence data also in regions where $P(\vartheta)$ is different from unity by using equations (54) or (55). This has been done by comparison of experimental data with theoretical curves constructed on the basis of an assumed model, by DOTY and STEINER (1950).

Interference Functions for Specific Geometric Shapes: Sphere, Ellipsoid, Random Coil and Thin Rod.

The problem of finding the intensities scattered from a large rigid particle at angles other than zero is formally similar to that dealing with scattering of X-rays by atoms since, in this case, m is very near unity for all substances. The general solution obtained by DEBYE (1915) and by THOMSON (1916) for this problem may be given in the form

$$P(\vartheta) = \sum_i \sum_j \frac{\sin \varkappa s \, \varrho_{i,j}}{\varkappa s \, \varrho_{i,j}} \tag{56}$$

which gives the intensity distribution from an assembly of point scatterers held at fixed distances $\varrho_{i,j}$ from one another. $\varkappa$ stands for $2\pi/\lambda$ and s for $2 \sin \vartheta/2$. Now to evaluate $P(\vartheta)$ for a specific geometric shape reduces to the problem of determining the distribution function which will give the $\varrho_{i,j}$'s and then carrying out the summation.

Applied to spheres equation (56) gives (RAYLEIGH, 1914, DEBYE, 1947),

$$P(\vartheta) = \frac{9}{y^6} (\sin y - y \cos y)^2 , \tag{57}$$

$$y = s\alpha = \frac{2\pi D}{\lambda} \sin \frac{\vartheta}{2} \tag{58}$$

where D is the diameter of the sphere. This function has a series of minima at $y = \tan y$ and these can be located easily by plotting y versus $\tan y$. Numerical values are given by VAN DE HULST (1946). Since the first minimum occurs at $y = 4.4934$, we see that very roughly the minima will be separated by intervals of π on the y scale. Let us consider now the angular positions of minimum intensity $\vartheta_{\min}$ for different values of α. Since $\vartheta_{\min}$ is dependent on y alone we may write

$$\sin \frac{\vartheta_{\min}}{2} = k/\alpha \tag{59}$$

where k is a constant for a given order of interference. This equation holds fairly well for values of m even as high as 1.33, but in these cases

k will be a function of m also but, of course, can be evaluated from the tables for MIE theory. Equation (57) may be expanded for small values of y to give

$$P_{\vartheta}^{-1} = 1 + y^2/5 + 4\,y^4/175 + 47\,y^6/23625 + \cdots. \qquad (60)$$

The corresponding problem for an assembly of randomly oriented ellipsoids is somewhat more difficult and no simple closed expression has been found for $P(\vartheta)$. For discussions see GUINIER (1939) and ROESS and SHULL (1947). The first three terms of the solution have been derived by DEBYE (personal communication) as

$$\left. \begin{aligned} P(\vartheta) = 1 &- \frac{\varkappa^2\,s^2}{5}\left(\frac{a^2+b^2+c^2}{3}\right) + \frac{3\,\varkappa^4\,s^4}{175}\left\{\left(\frac{a^2+b^2+c^2}{3}\right)^2\right. \\ &+ \frac{2}{5}\left[\left(\frac{a^2-b^2}{3}\right)^2 + \left(\frac{b^2-c^2}{3}\right)^2 + \left(\frac{c^2-a^2}{3}\right)^2\right]\right\} \cdots \end{aligned} \right\} \qquad (61)$$

where a, b and c are the semi-axes of the ellipsoid.

Since this manuscript was written DEBYE (personal communication) has derived a formula for $P(\vartheta)$ which applies to a system of ellipsoids of revolution, with the ellipsoid axes distributed at random. Mathematically it is equivalent to a formula given by ROESS and SHULL (1947) which involves the use of hypergeometric functions. Debye's formula appears more readily adaptable to numerical computation. If the ellipsoid semi-axes are a, a, and c, and if p is defined by the relation, $p = (c^2 - a^2)/a^2$, then the formula is

$$\left. \begin{aligned} P(\vartheta) &= \sum_{n=0}^{\infty} (-1)^n\,3\cdot 4^n\,\frac{(2n+2)(2n+5)}{(2n+6)!}\,2^{2n}(\varkappa s a)^{2n} \\ &\sum_{r=0}^{n} \frac{n!}{r!\,(n-r)!\,(2r+1)}\,\frac{p^r}{\ } = 1 - \frac{(\varkappa s a)^2}{5}\left(1+\frac{p}{3}\right) + 3\,\frac{(\varkappa s a)^4}{175} \\ &\left(1+\frac{2p}{3}+\frac{p^2}{5}\right) - \frac{4(\varkappa s a)^6}{4725}\left(1+\frac{3p}{3}+\frac{3p^3}{5}+\frac{p^3}{7}\right) + \cdots \end{aligned} \right\} \qquad (61a)$$

This equation holds for all values of p from rods $(p = \infty)$ to discs $(p = -1)$.

Numerical data derived from (61a) are conveniently represented by the procedure of ZIMM (1948b) in which the reciprocal relative intensity, $P^{-1}(\vartheta)$ is plotted against $(\varkappa s a)^2$ — or, for a specific wavelength and a paticular molecule, against $\sin^2(\vartheta/2)$. For prolate ellipsoids of axial ratio 5.1 $(p = 25)$, the limiting slope, $dP^{-1}(\vartheta)/d\,(\varkappa s a)^2$ is 1 87. If the axial ratio is 10, the limiting slope is 6.86; if the axial ratio is 20, the slope is 26.86. Detailed computations show that the curves so plotted remain nearly linear up to fairly high values of $(\varkappa s a)^2$ — the higher terms in the summation rapidly become large as $\varkappa s a$ increases, especially for p values of 100 or more, but the net result of summing positive and negative terms deviates surprisingly little from the simpler linear relation.

Recently formula for $P(\vartheta)$ for structures of various shapes have been tabulated by FOURNET and GUINIER (1950).

The P function for a randomly coiled molecule, of great importance to the chemistry of synthetic high polymers, has been derived by DEBYE (1947) and by ZIMM, STEIN and DOTY (1945).

$$P(\vartheta) = \frac{2}{u^2}\left[e^{-u} - (1 - u)\right] \qquad u = \frac{8\pi^2 R^2}{3\lambda^2}\sin^2\frac{\vartheta}{2} \qquad (62)$$

where R^2 is the mean square length between the terminal segments of the coil. The literature concerning the use of this equation is very extensive.

For a thin rod, equation (56) becomes (NEUGEBAUER, 1943; ZIMM, STEIN and DOTY, 1945)

$$P(\vartheta) = \frac{1}{x}Si\,2x - \left(\frac{\sin x}{x}\right)^2$$

$$x = \frac{2\pi L}{\lambda}\sin\frac{\vartheta}{2} \quad (63)$$

where L is the length of the rod and Si is the integral sine function (JAHNKE and EMDE, 1945). An expansion of this equation (ZIMM, 1948 b) for small values of x results in

$$P^{-1}_{(\vartheta)} = 1 + x^2/9$$
$$+ 7\,x^4/2025$$
$$+ \cdots. \qquad (64)$$

For large values of x the function approaches

$$\frac{2}{\pi^2} + \frac{2x}{\pi} + \frac{1+\pi\sin 2x}{\pi^3 x} \qquad (65)$$

as a limit. In Fig. 9, $P^{-1}(\vartheta)$ is plotted as a function of the appropriate variable for spheres, rods, and random coils

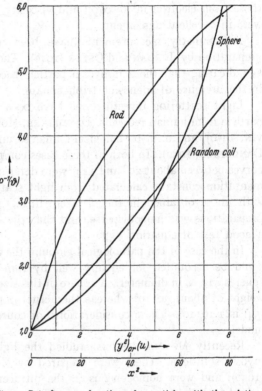

Fig. 9. Interference functions for particles with the relative refractive index near unity (See Equations 57, 62 and 63.)
$y = (2\,\pi D/\lambda)\sin\vartheta/2$ (sphere);
$u = (8\,\pi^2 R^2/3\lambda^2)\sin^2\vartheta/2$ (Random Coil);
$x = (2\,\pi L/\lambda)\sin\vartheta/2$ (Thin Rod).

Studies on Large Protein Molecules.

The rod equation has been applied to protein solutions in several instances. Studies on tobacco mosaic virus have been reported by OSTER,

DOTY and ZIMM (1947). These workers measured the turbidity by transmission and characterized the angular dependence by dissymmetry measurements. The dissymmetry is the ratio of the intensities scattered at two angles equidistant from 90°, the intensity at the smaller value of ϑ being made the numerator. By applying equations (63) and (55) to the dissymmetry and turbidity, both L and M can be found. The light scattering results ($M = 40 \cdot 10^6$; $L = 2700$ Å.) were compared with those from electron microscopy and viscosity on the same sample; all were in excellent agreement.

Dissymmetry measurements have been made on an actomyosin preparation by JORDAN and OSTER (1948). The results were interpreted as indicating that the actomyosin particle becomes more highly coiled in the presence of adenosine triphosphate.

Light scattering investigations have been made also on a rod-like particle from human red cells (DANDLIKER, MOSKOWITZ, ZIMM and CALVIN, 1950), and on a pathological human serum globulin [1] (EDSALL and DANDLIKER, 1950). In both of these cases complete angular dependence curves between about 20° and 144° were determined. Values of the sedimentation constant calculated from light scattering agreed fairly well with those obtained in the ultracentrifuge. Neither of these protein preparations was monodisperse, and thus the results do not constitute a good test of equation (63).

In the case of the pathological globulin the angular dependence data could be accounted for equally well by thin rods 563 Å. long or by spheres 414 Å. in diameter. A sphere of this size would have a molecular weight of about $30 \cdot 10^6$ whereas the actual molecular weight (equation (54) is $1.16 \cdot 10^6$. These considerations, of course, exclude the spherical model.

Recently MOMMAERTS has studied the light scattering of purified myosin solutions. These were prepared by MOMMAERTS and PARRISH (1950), and were homogeneous in the ultracentrifuge. The molecular weight from light scattering was about 850, 000, in very close agreement with the measurements of PORTZEHL (1950) in H. H. WEBER's laboratory at Tübingen, which gave 858,000 from sedimentation and diffusion, and 840,000 by osmotic pressure. The length of the molecule obtained from angular dissymmetry measurements by MOMMAERTS (1950) was about 1500 Å, while PORTZEHL obtained a greater length, 2000—2400 Å. The explanation of this discrepancy is not yet clear.

---

[1] This protein was obtained by Dr. A. S. McFARLANE from a patient whose normal globulin production was directed to the production of a pathological globulin which raised the blood viscosity to three times the normal value. The serum concentration of this globulin was about four times the albumin concentration.

PORTZEHL, SCHRAMM and WEBER (1950) have studied the turbidity of actomyosin, and found it to be greater than that of myosin (*L*-Myosin in their terminology) by a factor of nearly 10. The turbidity of actomyosin solutions at a given concentration was also found by MOMMAERTS to be much higher than for myosin; and the actomyosin solutions showed much greater angular dissymmetry of scattering. The effect of ATP on dissymmetry was found by MOMMAERTS to be variable, but it always reduced the total turbidity in agreement with the concept that ATP dissociates the actomyosin into actin and myosin.

Polydispersity.

We shall now consider the effects of polydispersity on the interpretation of light scattering measurements on solutions of large molecules. If a solution contains particles having differing weights and shapes, but all scattering independently, then the observed intensity is simply the sum of all the individual intensities:

$$R_{\vartheta,v} = K \sum_i c_i M_i P_i(\vartheta) . \tag{66}$$

Usually the only easily measurable quantities are $R_{\vartheta,v}$ and the total concentration $c = \Sigma c_i$ so that as actually applied the relation becomes

$$R_{\vartheta,v} = K c M P(\vartheta) \tag{67}$$

where $P(\vartheta)$ is just the experimental curve. These two equations define the weight average value of M (equation 20).

Similarly, if we apply equations (60), (6) or (64) to the limiting slope of $P^{-1}(\vartheta)$ plotted against $\sin^2 \vartheta/2$ we will obtain an average value of some characteristic molecular dimension. The nature of this average is discussed by ZIMM (1948 b) for the case of randomly coiled molecules. For the case of rods, which is thoroughly similar to that of random coils, it is easily shown that the average length, $\overline{L}$, obtained is

$$\overline{L}^2 = \frac{\sum_i c_i M_i L_i^2}{\sum_i c_i M_i} . \tag{68}$$

Since the weighting factor, $c_i M_i$, is the same as that in the expression for the Z-average molecular weight, we see that $\overline{L}^2$ is the Z-average of the square of the rod length [1]. If we assume that all the particles have

---

[1] The Z-average molecular weight for a polydispersed system is defined by the relation

$$\overline{M}_z = \frac{\Sigma m_i M_i^3}{\Sigma m_i M_i^2} = \frac{\Sigma c_i M^2}{\Sigma c_i M_i}$$

Compare the definitions of $\overline{M}_n$ and $\overline{M}_w$ in equations 19 and 20 respectively.

a uniform cross section then the molecular weight is proportional to the rod length and we can write equation (68) as

$$\overline{M}^2 = \frac{\Sigma\, c_i\, M_i^3}{\underset{i}{\Sigma}\, c_i\, M_i} \tag{69}$$

where $\overline{M}$ is the average molecular weight obtained from the average lenght, $\overline{L}$, and the molecular cross section. By introducing a molecular size distribution function we can find how this $\overline{M}$ compares with the more usual average values of M. A convenient function for this purpose used by ZIMM (1948 b) is

$$f(M)\, dM = \frac{Y^{Z+1}}{Z\,!}\, M^Z\, e^{-YM}\, dM\; ; \qquad \int\limits_0^\infty f(M)\, dM = 1 \tag{70}$$

where $f(M)dM$ is the weight fraction of material of molecular weight M in the range dM. Y and Z are adjustable parameters. The curve has a single maximum at $M = Z/Y = M_n$, the number average molecular weight. For large Z the system approaches monodispersity. The points of inflection occur at $M = (Z \pm \sqrt{Z})/Y$. Combining equations (69) and (70) we obtain

$$\overline{M}^2 = \frac{(Z+3)\,(Z+2)}{Y^2}\,. \tag{71}$$

The weight average (equations 20) for this same distribution is $(Z + 1)/Y$ so that

$$\frac{\overline{M}^2}{M_w^2} = \frac{(Z+3)\,(Z+2)}{(Z+1)^2}\,, \tag{72}$$

showing that $\overline{M} \geq M_w$. The effect of polydispersity on the sharpness of orders in the Tyndall spectra has been discussed by JOHNSON and LAMER (1947) and by KERKER and LAMER (1950). Analytical treatments of the problem for spheres have been given by ROESS and SHULL (1947) and by DANDLIKER (1950).

Effects of Intermolecular Interaction in Systems of Particles of Large Effective Volume.

We have previously considered the effects of net charge and of ionic strength on the slopes of the Hc_2/τ curves for proteins when plotted as a function of c_2. However, the discussion was limited to cases where the fluctuation theory, as developed by EINSTEIN, might be expected to apply; that is to solutions of ionic strength 0.003 or greater, when the net proton charge (Z_2) on the protein molecule is between $+25$ and -25 (for serum albumin). Under such conditions EINSTEIN's assumption that the fluctuations in neighboring volume elements are independent should still be approximately fulfilled. However, if the charge on the protein molecule is still further increased, and the ionic strength reduced to extremely low values, the repulsive forces between the protein ions become so great that the fluctuations are probably no longer independent. Studies of certain proteins and polyelectrolytes under such conditions have been undertaken by DOTY and STEINER (1949). In dilute solutions of serum albumin at Z_2 values near $+50$ (p_H 3.1 to 3.3) and with only enough other ions present to balance the charge on the protein, they observed a previously unrecognized phenomenon of "negative dissymmetry" of scattering; that is, the intensity of backward scattering was greater than that in the forward direction. Thus under these circumstances a solution containing 0.00172 g. albumin per cc. gave $R_{45°, v}/R_{135° v} = 0.835$. When the protein concentration was twice as great as this, however, the ratio of the two R values rose to 0.935, and at $c_2 = 0.007$ g./cc. it was unity. DOTY and STEINER interpreted their findings on the assumption that the effective distance of closest approach between the albumin molecules was much greater than the diameter of the actual molecules, because of the electrostatic repulsions. As an approach to a theoretical analysis of the data, they used a treatment analogous to that of DEBYE (1927) for intensity of X-ray scattering from gases, giving the equation

$$R_{\vartheta, v}/c_2 = KMP\left\{1 - (\Psi/V)\, \Phi\left(\frac{4\pi d}{\lambda} \sin\frac{\vartheta}{2}\right)\right\} \qquad (73)$$

Here Ψ is the excluded volume — the effective volume of the albumin molecules determined by their distance of closest approach; V is the total volume of the solution (Ψ/V must lie between zero and unity), and d is the distance of closest approach. The function $\Phi(X)$ is given by $\Phi(X) = 3\,X^{-3}(\sin X - X \cos X)$. In serum albumin — with dimensions approximately 150 by 38 Å (ONCLEY, SCATCHARD and BROWN, 1947) — $P(\vartheta)$ in equation (73) may be set equal to unity. Since Ψ increases with c, the equation predicts a rapid fall of $R_{\vartheta, t}/c_2$ with increase of c_2 in very dilute solutions, and also a greater value for $R_{135, v}$ than for $R_{45, v}$. Both these effects were actually observed. The values of d, the distance of closest approach, which had to be assumed to account for the magnitude of the observed effects, were of the order of 450—500 Å for $c_2 - .0005$ and of 230 Å for $c_2 = .002$ g./cc. Thus the "distance of closest approach" is not a rigidly defined quantity, but is very sensitive to the protein concentration and to the concentration of counter-ions needed to balance the charge on the protein. The negative dissymmetry of scattering vanished on addition of salt (approximately 0.002 M) or on diminishing the net charge on the protein.

In a series of later experiments the concentration of counter-ions was kept constant by diluting the protein with a sodium chloride solution of the same chloride ion concentration as that in the protein solution; the p_H of the sodium chloride solution being first adjusted to the same value as that of the protein solution, so that the charge on the protein ion remains constant on mixing (DOTY and STEINER, unpublished studies; see also the review by DOTY and EDSALL, 1950). Under these circumstances, the form of the curve for Hc_2/τ (or Kc_2/R_{90}) as a function of c_2 was essentially that which would be calculated on the assumption that the protein molecules are like hard spheres, with effective diameters determined by the electrostatic repulsions between them. At constant counter-ion concentrations, these diameters were practically independent of protein concentration.

Thus in this case intermolecular interference, like the intramolecular interference considered in the preceding section, diminished total intensity of scattered light; but unlike the latter it gave rise to a greater intensity of backward than of forward scattering. In systems of large molecules both intramolecular and intermolecular effects must be considered. OSTER, DOTY and ZIMM (1947) found the dissymmetry ratio $R_{42,5°}/R_{137,5°}$ for tobacco mosaic virus, which was 1.94 at infinite dilution ($\lambda_0 = 5460$ Å), to diminish rapidly with increasing virus concentration, especially if the ionic strength was very low. OSTER (1948) studied the variation of dissymmetry with concentration of the spherical influenza virus (strain PR 8) in water. He inferred (OSTER, 1950 a, b) an effective diameter of 4520 Å, although the actual diameter, from the dissymmetry at infinite dilution, was 1280 Å. Further considerations regarding molecular distributions in liquids, and their effect on scattering, are given by OSTER (·950 a, b).

ZIMM (1948 a) has carried out a theoretical investigation of the form of the concentration dependence of scattering to be expected from a dilute solution. The most important assumption made in the derivation is that when neighboring particles interact they do so at only one point at a time. Also the theory is not rigorous when either M or the second virial coefficient is too large.

The outstanding results of ZIMM's analysis are two-fold. First, the theory predicts that the initial slope (as $c \rightarrow 0$) of the $c/R_{\vartheta\ v}$ versus c curve is independent of ϑ. Second, the ratio of $c/R_{\vartheta\ v}$ should be a linear function of c at low concentrations. Moreover these quantities are also linear functions of $\sin^2(\vartheta/2)$ at small values of ϑ as one may see from equations (60), (61) and (64). On this basis ZIMM has proposed a bilinear method of plotting the experimental data. The ordinates are made $c/R_{\vartheta,v}$ and the abscissas $\sin^2 \vartheta/2 + k'c$ where k' is an arbitrary constant (e. g. $k' = 100, 2, 1/2$ etc.) chosen for convenience. Lines are then drawn through points of the same value of $\sin^2 \vartheta/2$ to extrapolate to infinite dilution. In the resulting plot the limiting slope of $P^{-1}(\vartheta)$ at $\vartheta = 0$

determines some characteristic dimension of the particle. For example. inspection of equation (64) shows that the limiting slope equals $4\pi^2 L^2/9\lambda^2$ so that the rod length can be found. This method of extrapolation has been used for a rod shaped protein particle by DANDLIKER, MOSKOWITZ, ZIMM and CALVIN (1950).

Experimental Methods.

We shall not attempt here to describe all details of experimental procedure, but only to indicate some of the major points, and to refer to a few of the most recent and most important papers.

Clarification of Liquids.

It is a prime condition for any satisfactory light scattering measurement that the liquid studied should be clear and free from dust particles Pure volatile liquids can be repeatedly distilled without boiling, in a sealed all-glass apparatus consisting of a reservoir bulb and an observation cell connected by a glass neck. Air can first be removed by pumping it off with a vacuum pump before the apparatus is sealed off. The observation cell is then cooled and the reservoir gently warmed; the liquid thus distills over into the former. The cell is then tilted, so that the liquid flows back into the reservoir, carrying most of the dust with it. The process is repeated several times until the liquid in the observation cell is clear when observed from the side in a strong beam of light. Involatile liquids, such as protein solutions, are clarified by filtration through carefully washed fine grain filter pads, or "fine" or "ultrafine" sintered glass filters; or by high speed centrifuging at 20,000 g or above; or by a combination of both procedures. Carefully distilled, dust-free water should be used in making up such solutions. Many proteins are easily denatured at surfaces, and the denatured molecules readily aggregate; hence precautions must be taken to minimize denaturation. When successive dilutions of a protein solution are made from one container into another, it may be desirable to moisten both the pipette used for transfer and the receiving vessel with dust-free water to minimize surface denaturation. However, with serum albumin, which is not as readily denatured at surfaces as some proteins, this precaution was not found necessary in our work. The presence of dust particles in the liquid is most readily detected by visual examination of the forward scattered light, fairly close to the incident beam.

Turbidity by Transmission Measurements.

The most direct method of measuring turbidity is by determination of incident and transmitted intensity, using a standard cell of known length containing the solution under study, in such an instrument as the Beckman spectrophotometer. It must be shown, however, that all the loss in transmitted intensity is due to scattering and none to true absorption. This is often difficult to prove; measurements at different wavelengths, as indicated in the preceding section, are almost essential in this connection; if the values vary as the inverse fourth power of the wavelength, the evidence is good that scattering is involved, rather than absorption. The angular divergence of the transmitted beam must be as small as possible, so that scattered light does not contribute significantly to the measured intensity. This direct method for turbidity is only applicable when the turbidity is fairly high, so that the ratio I_0/I_T differs from unity by a factor which is large enough to be determined accurately. Oster (1950 c) has made extensive use of direct turbidity measurements in the study of interactions in the solutions of tobacco mosaic virus. The advantages and limitations of such measurements have been very thoroughly treated by Doty and Steiner (1950).

Measurements of Reduced Intensity of Scattering.

The earlier investigators in the field all employed visual or photographic methods of measuring the scattered intensity; these are well discussed by Cabannes (1929) and Bhagavantam (1942); some of the more recent techniques of this class are also discussed by Mark (1948). The "visual turbidimeter", and visual apparatus for determination of angular dissymmetry, described by Stein and Doty (1946) may be cited as excellent examples of effective and relatively simple designs of such instruments. Nearly all recent instruments employ photoelectric cells as light detectors. Putzeys and Brosteaux (1935) were among the first to employ photocells in such studies. The recent development of the extremely sensitive photomultiplier tubes has marked a major advance in light scattering technique; it is now possible to work even with very dilute protein solutions and still obtain results of satisfactory accuracy. Also a very narrow beam of incident light may be used; this permits reduction in the size of the cell which contains the scattering liquid — an important consideration in the study of proteins, which often are available only in extremely small amounts.

One of the most satisfactory types of apparatus yet developed is that of Zimm (1948 b). In his arrangement, the cell containing the liquid under study is a small thin-walled glass bulb, immersed in an outer cell containing a liquid of approximately the same refractive index as that in the inner cell. The scattered light is received on a photomultiplier tube, while a portion of the incident beam falls on a phototube of much lower sensitivity. The currents produced in the two tubes are balanced in a precision potentiometer; at balance, the setting of the potentiometer shows the ratio of the currents. Details of the electronic circuit are given

by ZIMM. A similar circuit is now in use in this laboratory; in our apparatus the scattering cell is rectangular, 1 cm^2 in cross section, and is
adapted specifically for measurements at 90° to the incident beam. The
scattering at 90° from pure benzene ($R_{90, u} = 48.4 \cdot 10^{-6}$ at 4358 Å) is
readily measured to within 2 or 3% with this apparatus. BRICE, HALWER
and SPEISER (1950) have recently described in great detail the design
and calibration of an apparatus adapted for measurements of scattering
at 45°, 90° and 135°. The scattering cell is so designed that the cell
contents can be viewed normally at any of these angles, or at 0°. Experimental precautions, and the necessary corrections that must be made
to the experimental measurements, are treated with great thoroughness
in this paper.

Another type of apparatus, for angular intensity distribution measurements, has been described by P. P. DEBYE (1946); with a number of
modifications introduced by one of us (W. B. D.), it is now in use in
our laboratory. The scattered light is received on a mirror inclined at
45° to the vertical, and is thus reflected down on to a photomultiplier
tube situated beneath it. The mirror is attached to a head which moves
in an arc around the cell which contains the scattering liquid; by turning
a graduated dial, it may be set to receive scattered light at any angle
to the incident beam, between about 20° and 144°. The conical scattering cell, with a capacity of 12 cc. of liquid, is similar to that used by
ZIMM. It is immersed in a large rectangular cell, which contains a liquid
— usually dust-free water — of nearly the same refractive index as the
liquid inside the cell. The mirror is also immersed in this outer liquid;
thus bending of the path of the scattered light is minimized. The cell
is calibrated by taking readings as a function of angle, using a very
dilute fluorescein solution; the intensity of the fluorescent radiation from
this solution is independent of angle. The light source, as with almost
all types of apparatus now in use, is a high pressure mercury arc (General
Electric H 3); with suitable filters to isolate the blue (436 mμ), green
(546 mμ) or yellow (579 mμ) lines.

Corrections Required to Obtain Absolute Values of Reduced Intensity from Experimental Readings.

Determination of the absolute values of reduced intensity requires
precise determination of the effective volume of illuminated liquid which
supplies light to the detecting system. In most experimental arrange-
ments, the scattered light emerges from the liquid under study into air
on its way to the photocell. If the walls of the scattering cell are flat,
a beam of light diverging from a point in the center of the cell diverges
still more widely on emerging into a medium of lower refractive index.

There is also, owing to the refractive index change, a small alteration in the effective volume of liquid which serves as a source of light to the photocell. These problems were well known to Cabannes (1929) and other earlier authors; but their study has very recently been taken up again by several authors, because of the importance of placing light scattering measurements on an absolute basis. Carr (1949) has termed the two major corrections mentioned above the "refractive index" and the "volume" correction factors, respectively. The former is given by the factor Q_n (or by Q_n^2: see below):

$$Q_n = n \left[1 - \frac{\Delta r}{X} \left(\frac{n-1}{n} \right) \right] \tag{74}$$

where n is the refractive index of the scattering liquid, Δr is the distance from the center of the cell to the face at which the light emerges, and X is the distance from the center of the cell to the photocell detector. It is assumed, in deriving this equation, that the medium outside the cell is of refractive index unity (air). If $X >> \Delta r$, as is true with many types of apparatus, including our own, then $Q_n \cong n$; if the photocell is directly in contact with the scattering cell, or immersed in the scattering medium $Q_n = 1$. For a cylindrical scattering cell (circular cross section) Q_n is the factor by which the observed intensity reading is multiplied to give the true intensity which would have been determined in the absence of refraction. For a cell with a plane surface, the corresponding factor is Q_n^2; for a spherical cell, with the center of observed scattering at the center of the cell, the refractive index correction need not be made, since the rays all emerge normal to the surface of the sphere. Carr deduced these relations and verified them experimentally. Brice, Halwer and Speiser (950) independently treated these relations; they discussed also other minor but significant corrections that must be made to obtain precise results.

The "volume correction factor" of Carr is in general very small compared to the refractive index correction; we shall not discuss it here.

Both Carr and Brice, Halwer and Speiser have studied carefully the calibration of absolute intensity of scattering by comparison with the reflected intensity from diffusely reflecting surfaces, such as magnesium oxide or casein paint. Apparently none of these surfaces acts as an ideal diffuse reflector; there is always at least a small fraction of the light which undergoes specular reflection, and this must be allowed for in the calibration of light scattering measurements.

In Debye's laboratory at Cornell University, absolute turbidities have been determined by comparing the intensity of the scattered light with that of a small portion of the incident beam, the latter having been weakened in intensity by a known factor by means of several successive reflections (P. Debye, 1944, 1947; P. P. Debye, 1946).

The Use of Working Standards.

In making a series of light scattering measurements, it is important that the scattered intensity from the solutions under study be directly compared with that from a working standard material which has itself been calibrated in absolute terms. The ideal working standard should be stable and easy to handle; and it should give a reduced intensity comparable to that of the liquids with which it is to be used. It is more convenient to use a standard which gives a depolarization factor (ϱ_u) close to zero, and gives no angular dissymmetry of scattering, so that the relation between its turbidity (τ) and its reduced intensity ($R_{90, u}$) may be accurately given by equation (5). Preferably several such standards should be available, to cover the wide range of turbidities that may be encountered in practice. Many working standards have been employed, and none as yet appears completely satisfactory. We have employed pure dust-free benzene, in a sealed all-glass container connected to a reservoir bulb for distillation to remove dust. However the reduced intensity of benzene ($R_{90, u} = 48 \cdot 4 \cdot 10^{-6}$ at $\lambda_0 = 4358$ Å) is lower than that of most dilute protein solutions in water. We have also used toluene and p-xylene, with reduced intensities slightly greater than that of benzene. Carbon disulfide has been used by BLAKER, BADGER and GILMANN (1949); they report for it a value of $R_{90, u} = 151 \cdot 10^{-6}$ at 4358 Å and $47.8 \cdot 10^{-6}$ at 5461 Å. This is a very convenient value for a working standard; but the samples of carbon disulfide employed by us became noticeably yellow in a relatively short time after exposure to 4358 Å radiation. Possibly this is due to impurities in our material, since BLAKER, BADGER and GILMANN report one of their samples to have been stable for three years when used chiefly with light of 5461 Å. Benzene, toluene, xylene and carbon disulfide all have refractive indices much higher than that of water; the readings obtained from them must therefore be adjusted by the refractive index correction factor, discussed above, so as to make them comparable with those obtained from aqueous solutions. All these standard liquids have large values of ϱ_u; hence it is not legitimate to use equation (5) in calculating their turbidities from the reduced intensities given above.

A standard preparation of polystyrene, prepared by the Dow Chemical Company, has been distributed by P. DEBYE and A. M. BUECHE of Cornell University to many workers in the United States. The solid polystyrene is dissolved in toluene (5 g./l.); the solution is not very stable, and must be made up afresh at frequent intervals. Values for the turbidity (or reduced intensity) of this standard solution have been determined in several laboratories: for results, see BRICE, HALWER and SPEISER (1950), Table VI; also EDSALL, EDELHOCH, LONTIE and MORRISON (1950).

Solid blocks of plastics, of moderate turbidity, have been used as working standards, but their properties may change slowly with time. Zimm (1948 b) used a rectangular block made of polystyrene to which five percent of methyl acrylate had been added when the polymerization was half completed. This gave a convenient degree of turbidity, but the absolute value obtained was rather sensitive to temperature; Zimm stated that it was desirable to keep this standard thermostated.

Brice, Halwer and Speiser (1950) used working standards of opal glass, which was studied both as a transmitting and as a reflecting diffusor. This proved useful in practice but, particularly when used as a transmitting diffusor, gave values which had to be carefully corrected in terms of an absolute standard.

Determination of the scattered intensity from the pure solvent, which must be subtracted from the reading for the solution, involves experimental difficulties. For proteins the solvent is generally pure water or an aqueous salt solution. The readings obtained from pure dust free water are generally considerably higher than what would be expected from the reduced intensity of the water itself; they include some stray light also. This stray light contribution should, of course, also be subtracted from the reading for the protein solution, but its exact magnitude is difficult to determine. Every effort must be made to reduce stray light to a minimum, so that the correction becomes negligible.

Depolarization Measurements.

Visual methods of determining depolarization factors (Cornu method) are well described, with references, by Lotmar (1938 a, b) and Lontie (1944). Square Polaroid discs, cut so that one side of the square is parallel to the direction of the electric vector in the light transmitted by the polaroid, are convenient for insertion in front of a photocell which views the scattered light; the factor ϱ is then given from the readings with the square disc inserted to transmit horizontal and vertical vibrations respectively. Since the latter component is usually much the more intense, it may be desirable in reading it to introduce a neutral filter of known transmittance with the polaroid, so that the readings on the photocell are comparable for horizontal and vertical components. Many photomultiplier tubes show markedly different relative responses for polarized light of a given intensity, depending on the plane of the electric vector; the differences may be as great as 20 percent or more in some cases. This possibility must always be tested for, and the appropriate corrections applied to the measured readings, if necessary.

Refractive Index Increments.

In evaluating DEBYE's factor H (equation 16), the refractive index increment of the solute must be accurately known. This determination is conveniently carried out with the differential refractometer of P. P. DEBYE (1946), in which the solution is contained in a hollow glass prism of triangular cross section, immersed in a cell containing the pure solvent. The deflection of a light beam passing through the system is a nearly linear function of the refractive index difference $n - n_0$, which may thus be measured to about 0.000,003.

Bibliography

ARMSTRONG, S. H., jr., M. J. E. BUDKA, K. C. MORRISON and M. M. HASSON: Preparation and Properties of Serum and Plasma Proteins. XII. The Refractive Properties of the Proteins of Human Plasma and Certain Purified Fractions. J. Amer. chem. Soc. **69**, 1747—1753 (1947).

BEECKMANS, M. L. and R. LONTIE: Poids moléculaires et zones de stabilité des globulines végétales. II. L'edestine. Bull. Soc. Chim. Biol. **28**, 509—513 (1946).

BHAGAVANTAM, S.: Scattering of Light and the Raman Effect. Chemical Publishing Co., Inc., Brooklyn, N. Y. (1942).

BLAKER, R. H., R. M. BADGER and T. S. GILMANN: The Investigation of the Properties of Nitrocellulose Molecules in Solution by Light Scattering Methods. I. J. Phys.Colloid Chem. **53**, 794—803 (1949).

BLUMER, H.: Strahlungsdiagramme kleiner dielektrischer Kugeln. Z. Physik **32**, 119—134 (1925).

— Strahlungsdiagramme kleiner dielektrischer Kugeln. II. Z. Physik **38**, 304— 328 (1926).

— Die Zerstreuung des Lichtes an kleinen Kugeln. Z. Physik **38**, 920—947 (1926).

— Die Farbenzerstreuung an kleinen Kugeln. Z. Physik **39**, 195—214 (1926).

BRICE, B. A., M. HALWER and R. SPEISER: Photoelectric Light-Scattering Photometer for Determining High Molecular Weights. J. Opt. Soc. America, in press (1950).

BRINKMAN, H. C. and J. J. HERMANS: The Effect of Non-Homogeneity of Molecular Weight on the Scattering of Light by High Polymer Solutions. J. chem. Physics **17**, 574—576 (1949).

BÜCHER, T.: Über das Molekulargewicht der Enolase. Biochim. Biophys. Acta **1**, 467—476 (1947).

CABANNES, J.: La Diffusion Moléculaire de la Lumière. Presses Universitaires de France, Paris (1929).

CAMPBELL, D. H., R. H. BLAKER and A. B. PARDEE: The Purification and Properties of Antibody Against para-Azophenylarscnic Acid and Molecular Weight Studies from Light Scattering Data. J. Amer. chem. Soc. **70**, 2496—2499 (1948).

CARR, C. I.: Dissertation. University of California, Berkeley, California (1949). J. Chem. Physics (in press).

COHN, E. J. and J. T. EDSALL: Proteins, Amino Acids and Peptides. Reinhold Publishing Corp., New York (1943).

DANDLIKER, W. B.: Light Scattering Studies of a Polystyrene Latex. J. Amer. chem. Soc., **72**, 5110—5116 (1950).

DANDLIKER M. MOSKOWITZ, B. H. ZIMM and M. CALVIN: The Physical Pro-
perties of Elinin, A Lipoprotein from Human Erythrocytes. J. Amer.
chem. Soc., in press. (1950).
DEBYE, P.: Der Lichtdruck auf Kugeln von beliebigem Material. Ann. Physik 30,
57—136 (1909).
— Zerstreuung von Röntgenstrahlen. Ann. Physik 46, 809—823 (1915).
— Über die Zerstreuung von Röntgenstrahlen an amorphen Körpern. Physik.
Z. 28, 135—141 (1927).
— Light Scattering in Solutions. J. appl. Physics 15, 338—342 (1944).
— Molecular-Weight Determination by Light Scattering. J. Phys. Colloid
Chem. 51, 18—32 (1947).
DEBYE, P. P.: A Photoelectric Instrument for Light Scattering Measurements
and a Differential Refractometer. J. appl. Physics 17, 392—398 (1946).
DOTY, P. Depolarization of Light Scattered from Dilute Macromolecular So-
lutions. I. Theoretical Discussion. J. Polymer Sci. 3, 750—762 (1948).
— and EDSALL, J. T.: Light Scattering in Protein Solutions. Advances in
Protein Chemistry. G. in press. (1950).
— and H. S. KAUFMAN: The Depolarization of Light Scattered from Polymer
Solutions. J. Phys. Chem. 49, 583—595 (1945).
— and STEIN, S. J.: Depolarization of Light Scattered From Dilute Macromolecular Solutions. II. Experimental Results. J. Polymer Sci. 3, 763—771 (1948).
— and R. F. STEINER: Light Scattering from Solutions of Charged Macromolecules. J. Chem. Physics 17, 743—744 (1949).
— — Light Scattering and Spectrophotometry of Colloidal Solutions. J. Chem.
Physics, 18, 1211—1220 (1950).
EDSALL, J. T., and W. B. DANDLIKER: Light Scattering Studies on a Pathological Serum Globulin. (Unpublished.) (1950.)
— H. EDELHOCH, R. LONTIE and P. R. MORRISON: Light Scattering in Solutions
of Serum Albumin: Effects of Charge and Ionic Strength. J. Amer. chem.
Soc., 72, 4641—4656 (1950).
EINSTEIN, A.: Theorie der Opaleszenz von homogenen Flüssigkeiten und Flüssig-
keitsgemischen in der Nähe des kritischen Zustandes. Ann. Physik 33, 1275
bis 1298 (1910).
EWART, R. H., C. P. ROE, P. DEBYE and J. R. MCCARTNEY: The Determination
of Polymeric Molecular Weights by Light Scattering in Solvent-Precipitant
Systems. J. Chem. Physics 14, 687—695 (1946).
FOURNET, G., and A. GUINIER: L'Etat Actuel de la Theorie de la Diffusion des
Rayons X aux Petits Angles. J. Physique Radium, 11, 516—520 (1950).
GEFFCKEN, W.: The Dependence of Equivalent Refractivit y on the Concentration
of Strong Electrolytes in Solution. Z. physik. Chem. (B) 5, 81—123 (1929).
GUINIER, A.: La Diffraction Des Rayons X Aux Très Petits Angles; Application
a L'Etude De Phénomènes Ultramicroscopiques. Ann. Physique 12, 161
bis 237 (1939).
HALWER, NUTTING and BRUCE: Molecular Weight of Lactoglobulin, Ovalbumin,
Lysozyme and Serum Albumin by Light Scattering in press. (1950).
HELLER, W.: The Determination of Refractive Indices of Colloidal Particles by
Means of a New Mixture Rule or From Measurements of Light Scattering.
Physical Rev. 68, 5—10 (1945).
HERMANS, J. J.: Light Scattering by Charged Particles in Electrolyte Solutions.
Proc. Internatl. Colloquium on Macromolecules, Amsterdam, 1949. D. B.
Centen's Vitgivers-Maatschappij N. V., 238—249 (1950), Amsterdam. (Also
published in Rec. Trav. Chim. Pays-Bas. 68, 1137—1148 (1949).

HUGHES, W. L., jr.: Preparation and Properties of Serum and Plasma Proteins. XIV. An Albumin Fraction Isolated from Human Plasma as a Crystalline Mercuric Salt. J. Amer. chem. Soc. **69**, 1836 (1947).
— Protein Mercaptides. Cold Spring Harbor Symposia on Quantitative Biology **14**, 79—84 (1950).
— R. STRAESSLE, H. EDELHOCH and J. T. EDSALL: Equilibrium, Kinetics, and Formation of Intermediates in the Reaction of Human Mercaptalbumin with Mercury Compounds. Abstracts of Papers, 117th Meeting, American Chemical Society, pp. 51c—52c (1950).
JAHNKE, E., and F. EMDE: Tables of Functions, Dover (1945).
JOHNSON, I., and V. K. LA MER: The Determination of the Particle Size of Monodispersed Systems by the Scattering of Light. J. Amer. chem. Soc. **69**, 1184—1192 (1947).
JORDAN, W. K., and G. OSTER: On the Nature of the Interaction Between Actomyosin and ATP. Science **108**, 188—190 (1948).
KENYON, A. S., and V. K. LA MER: Light Scattering Properties of Monodispersed Sulfur Sols. I. Monochromatic Ultraviolet Angular Scattering. II. Effect of the Complex Index of Refraction Upon Transmittance. J. Colloid Sci. **4**, 163—184 (1949).
KERKER, M., and V. K. LA MER: Particle Size Distribution in Sulfur Hydrosols by Polarimetric Analysis of Scattered Light. J. Amer. chem. Soc., **72**, 3516—3525 (1950).
KIRKWOOD, J. G., and R. J. GOLDBERG: Light Scattering Arising from Composition Fluctuations in Multi-Component Systems. J. chem. Physics **18**, 54—57 (1950).
KRISHNAN, R. S.: Über die Dispersion der Depolarisation bei der Lichtstreuung in kolloiden Systemen. Eine Methode zum Nachweis molekularer Aggregation durch Lichtstreuung. Kolloid-Z. **84**, 2—15 (1938).
LA MER, V. K., and M. D. BARNES: Monodispersed Hydrophobic Colloidal Dispersions and Light Scattering Properties. I. Preparation and Light Scattering Properties of Monodispersed Colloidal Sulfur. J. Colloid Sci. **1**, 71—77 (1946).
— — A Note on the Symbols and Definitions Involved in Light Scattering Equations. J. Colloid Sci. **2**, 361—363 (1947).
— and D. SINCLAIR: Verification of Mie Theory. OSRD Report No. 1857 and Report No. 944, Office of Publications Board, U. S. Department of Commerce (1943).
LONTIE, R.: De depolarisatie van het licht vertstrooid door oplossingen van proteinen. — I. De invloed van de golflengte op de depolarisatie van Haemocyanine. Meded. van de Konink. Vlaamsche Acad. voor Wetenschappen (Belgie) **6**, 5—24 (1944).
— P. R. MORRISON, H. EDELHOCH and J. T. EDSALL: Light Scattering in Solutions of Serum Albumin and γ-Globulin. Abstracts of Papers, 114th Meeting, American Chemical Society, pp. 25c—26c (1948).
LOTMAR, W.: Über den Zusammenhang zwischen Depolarisationsgrad und Teilcheneigenschaften bei der Lichtstreuung in Kolloiden. Helv. Chim. Acta **21**, 792—812 (1938a).
— Über die Lichtstreuung in Lösungen von Hochmolekularen. Helv. Chim. Acta **21**, 953—984 (1938b).
MARK, H.: Light Scattering in Polymer Solutions. Frontiers in Chemistry. **V.** Chemical Architecture. Interscience Publishers, New York, p. 121 (1948).
MIE, G.: Beiträge zur Optik trüber Medien, speziell kolloidaler Metallösungen, Ann Physik **25**, 377—445 (1908).

54   JOHN T. EDSALL and WALTER B. DANDLIKER:

MOMMAERTS, W. F. H. M.: A Study of the Scattering of Light in Myosin Solutions. Federation Proceedings **9**, 207 (1950).
— — R. G. PARRISH:· J. biol. Chem. (in press) (1950).
NEUGEBAUER, T.: Berechnung durch Lichtzerstreuung von Fadenketten-Lösungen. Ann. Physik **42**, 509—533 (1943).
ONCLEY, J. L., G. SCATCHARD and A. BROWN: Physical-Chemical Characteristics of Certain of the Proteins of Normal Human Plasma. J. Phys. Colloid Chem. **51**, 184—198 (1947).
OSTER, G.: Molecular Weights and Other Properties of Viruses as Determined by Light Absorption. Science **103**, 306—308 (1946).
— Light Scattering from Polymerizing and Coagulating Systems. J. Colloid Sci. **2**, 291—299 (1947).
— The Scattering of Light and its Applications to Chemistry. Chem. Reviews **43**, 319—365 (1948).
— Scattering of Visible Light and X-Rays by Solutions of Proteins. Progress in Biophysics and Biophysical Chemistry **1**, 73—84 (1950a). (Butterworth's Scientific Publications, London; Academic Press, New York.)
— Visible Light and X-Ray Scattering by Concentrated Sclutions of Macromolecules. Proc. Internatl. Colloquium on Macromolecules, Amsterdam, 1949, D. B. Centen's Vitgivers-Maatschappij N. V., 224—237 Amsterdam. (1950b), Also in Rec. Trav. Chim. Pays-Bas **68**, 1123—1136 (1949).
— Two-phase Formation in Solutions of Tobacco Mosaic Virus and the Problem of Long-range Forces. J. Gen. Physiol **33**, 445—474 (1950c).
— P. M. DOTY and B. H. ZIMM: Light Scattering Studies of Tobacco Mosaic Virus. J. Amer. chem. Soc. **69**, 1193—1197 (1947).
OUTER, P., C. I. CARR and B. H. ZIMM: Light Scattering Investigation of the Structure of Polystrene. J. Chem. Physics **18**, 830—839 (1950).
PERLMANN, G. E., and L. G. LONGSWORTH: The Specific Refractive Increment of Some Purified Proteins. J. Amer. chem. Soc. **70**, 2719—2724 (1948).
PERRIN, F.: Polarization of Light Scattered by Isotropic Opalescent Media. J. chem. Physics **10**, 415—427 (1942).
PORTZEHL, H.: Masse und Maße des L-Myosins. Z. Naturforsch. **5b**, 75—78 (1950)
— G. SCHRAMM and H. H. WEBER: Aktomyosin und seine Komponenten, I. Mitt. Z. Naturforsch. **5b**, 61—74 (1950).
PUTZEYS, P., and M. L. BEECKMANS: Poids moléculaires et zones de stabilité des globulines végétales. I. Les globulines de réserve du genre Prunus. Bull. Soc. Chim. Biol. **28**, 503—509 (1946).
— and J. BROSTEAUX: The Scattering of Light in Protein Solutions. Trans. Faraday Soc. **31**, 1314—1325 (1935).
— — Light Scattering and the Molecular Weight of the Proteins. Mededeel Koninkl. Vlaam. Acad. Wetenschap. Belg. Klasse Wetenschap **3**, 3—23 (1941).
RAY, B.: On the Colour and Polarization of the Light Scattered by Sulphur Suspensions. Proc. Indian Assoc. Cultivation Sci. **7**, 1—12 (1921).
RAYLEIGH, LORD: On the Light from the Sky, its Polarization and Colour. Phil. Mag. **41**, 107—120, 274—279 (1871); On the Scattering of Light by Small Particles. Phil. Mag. **41**, 447—454 (1871): also in Scientific Papers, Vol. I, 87—110 (Cambridge University Press, 1899).
— The Incidence of Light upon a Transparent Sphere of Dimensions Comparable with the Wave Length. Proc. Roy. Soc. **84A**, 25—46 (1910).
— On the Diffraction of Light by Spheres of Small Refractive Index. Proc. Roy. Soc. (London) **90A**, 219—225 (1914).

RAYLEIGH On the Scattering of Light by a Cloud of Similar Small Particles ofany Shape and Oriented at Random. Phil. Mag. J. Sci. **35**, 373—381 (1918).

ROESS, L. C., and C. G. SHULL: X-Ray Scattering at Small Angles by Finely-Divided Solids. II. Exact Theory for Random Distributions of Spheroidal Particles. J. Appl. Physics **18**, 308—313 (1947).

SCATCHARD, G.: Physical Chemistry of Protein Solutions. I. Derivation of the Equations for the Osmotic Pressure. J. Amer. chem. Soc. **68**, 2315—2319 (1946).

— A. C. BATCHELDER and A. BROWN: Preparation and Properties of Serum and Plasma Proteins. VI. Osmotic Equilibria in Solutions of Serum Albumin and Sodium Chloride. J. Amer. chem. Soc. **68**, 2320—2329 (1946).

— and E. S. BLACK: The Effect of Salts on the Isoionic and Isoelectric Points of Proteins. J. Phys. Colloid Chem. **53**, 88—99 (1949).

— I. H. SCHEINBERG and S. H. ARMSTRONG, jr.: Physical Chemistry of Protein Solutions. IV. The Combination of Human Serum Albumin with Chloride. Ion. V. The Combination of Human Serum Albumin with Thiocyanate Ion J. Amer. chem. Soc. **72**, 535—546 (1950).

SCHULZ, G. V.: Absolute Molekülgrößenbestimmungen an makromolekularen Stoffen durch Messung der Intensität des Streulichtes. Z. physik. Chem. **194**, 1—27 (1944).

— and G. HARBORTH: Die Bestimmung des Molekulargewichts und der räumlichen Ausdehnung von Fadenmolekülen nach der Streulichtmethode. Die macromol. Chem., B II, 187—200 (1948).

SCHUSTER, A., and J. W. NICHOLSON: Theory of Optics 3rd. edition, p. 320. Edward Arnold and Co., London (1928).

SINCLAIR, D.: Light Scattering by Spherical Particles. J. Opt. Soc. Amer. **37**, 475—480 (1947).

— and V. K. LA MER: Light Scattering as a Measure of Particle Size in Aerosols. Chem. Rev. **44**, 245—267 (1949).

STAUDINGER, H. J., and I. HAENEL-IMMENDÖRFER: Molekulargewichtsbestimmung an Glykogenen durch Anwendung des RAYLEIGHschen Gesetzes. Die macromol. Chem. **1**, 185—196 (1943).

STEIN, R. S., and P. DOTY: A Light Scattering Investigation of Cellulose Acetate. J. Amer. chem. Soc. **68**, 159—167 (1946).

STOCKMAYER, W. H.: Light Scattering in Multicomponent Systems. J. chem. Physics **18**, 58—61 (1950).

STRATTON, J. A., and H. G. HOUGHTON: A Theoretical Investigation of the Transmission of Light Through Fog. Physic. Rev. **38**, 159—165 (1931).

STUART, H. A.: Molekülstruktur. Springer: Berlin 1934.

SVEDBERG, T., and K. O. PEDERSEN: Die Ultracentrifuge. Steinkopff-Leipzig. (1940).

TANFORD, C.: Preparation and Properties of Serum and Plasma Proteins. XXIII. Hydrogen Ion Equilibria in Native and Modified Human Serum Albumin. J. Amer. chem. Soc. **72**, 441—451 (1950).

THOMSON, J. J., CITED by COMPTON, A. N. and S. K. ALLISON: X-Rays in Theory and Experiment. D. van Nostrand Co., New York 1935. p. 134 (1916).

VAN DE HULST, H. C.: Optics of Spherical Particles. Astronomiques de L'Observatoire D'Utrecht, **XI**, Part 1, 1—87 (1946).

WILLIAMS, R. C., and R. C. BACKUS: Macromolecular Weights Determined by Direct Particle Counting. I. The Weight of the Bushy Stunt Virus Particle. J. Amer. chem. Soc. **71**, 4052—4057 (1949).

ZERNIKE, F.: L'Opalescence Critique, Dissertation, Amsterdam 1915.

Zernike, F.: "Etude Theorique et Experimentale de l'Opalescence Critique." Arch. Neerlandaises des Sciences Exactes et Naturelles, Series 3A, Vol. IV, 74—149 (1918).

Zimm, B. H.: The Scattering of Light and the Radial Distribution Function of High Polymer Solutions. J. chem. Physics 16, 1093—1099 (1948a).

— Apparatus and Methods for Measurement and Interpretation of the Angular Variation of Light Scattering; Preliminary Results on Polystyrene Solutions J. chem. Physics 16, 1099—1116 (1948b).

— and P. M. Doty: The Effect of Non-Homogeneity of Molecular Weight on the Scattering of Light by High Polymer Solutions. J. Chem. Physics 12, 203—204 (1944).

— R. S. Stein and P. Doty: Classical Theory of Light Scattering from Solutions. — A Review. Polymer Bulletin 1, 90—119 (1945).

(Completed in July, 1950.)

Prof. Dr. John T. Edsall, University Laboratory of Physical Chemistry, Related to Medicine and Public Health, Harvard University, Boston 15 (Mass. USA.).

Fortschr. chem. Forsch., Bd. 2, S. 57—91 (1951).

Anwendung des Elektronenmikroskops in der anorganischen Chemie.

Von

KURT BEYERSDORFER

Mit 20 Textabbildungen.

Inhaltsübersicht.

I. Einführung

Das Elektronenmikroskop hat uns in die Lage versetzt, etwa 100mal kleinere Bereiche sichtbar zu machen als dies mit dem Lichtmikroskop möglich ist und uns damit einen Einblick in Dimensionen gewährt, die dem menschlichen Auge bisher verschlossen waren. Wir können heute

Teilchen sehen, die nur aus wenigen Hundert Atomen aufgebaut sind. Ob es einmal gelingen wird, einzelne Atome abzubilden, ist noch ungewiß, jedoch schließen theoretische Überlegungen (*79*) die Möglichkeit einer Abbildung zumindest schwerer Atome keineswegs aus, wenn es gelingt, eine Auflösung von 1 bis 2 ÅE zu erreichen. Mit dem Feldelektronenmikroskop hat Müller (*67a*) bereits einzelne Atome und Moleküle sichtbar gemacht.

Wir verstehen unter dem Auflösungsvermögen eines Mikroskops den Abstand, den zwei Punkte im Objekt haben müssen, damit sie in der Abbildung eben noch getrennt wiedergegeben werden. Nach der Abbeschen Theorie ist die Auflösung durch die Wellenlänge der verwendeten Strahlung begrenzt. Sie liegt für das Lichtmikroskop bei $0,2\ \mu$. Das entspricht der halben Wellenlänge des blauen Lichts. Das Ultraviolett-Mikroskop hat lediglich eine Steigerung auf $0,1\ \mu$ gebracht. Ein entscheidender Fortschritt kann nur mit einer wesentlich kürzerwelligen Strahlung erzielt werden, die uns in den schnellen Elektronen zur Verfügung steht. Ihre Wellenlänge ist um eine Größenordnung kleiner als der Durchmesser der Atome.

II. Das Elektronenmikroskop.

1. Aufbau.

Der gesamte Weg der Elektronen befindet sich im Hochvakuum von 10^{-4} Torr. Der Strahlengang eines Elektronenmikroskops ist dem eines Projektions-Lichtmikroskops vergleichbar. An die Stelle der Glaslinsen im Lichtmikroskop treten im Elektronenmikroskop rotationssymmetrische elektrische oder magnetische Felder, die die Aufgabe der Linsen übernehmen und daher auch als solche bezeichnet werden. Die Elektronen werden an einer Glühkathode oder in einem Gasentladungsraum in Freiheit gesetzt, im elektrischen Feld von 30 bis 100 KV beschleunigt und durchsetzen das Objekt, das in zwei oder drei Stufen, dem Objektiv und den Projektiven, vergrößert und auf einen Leuchtschirm oder eine Photoplatte projiziert wird. Durch die auftreffenden Elektronen wird der Leuchtschirm zu sichtbarem Leuchten angeregt. Die photographische Platte wird durch die Elektronen unmittelbar „belichtet".

Zur Auswertung aller Einzelheiten, die eine hochaufgelöste elektronenmikroskopische Abbildung enthält, ist eine 100 000 bis 150 000 fache Gesamtvergrößerung nötig. Dies sei an einem Beispiel kurz erläutert:

Auf einer unter optimalen Bedingungen hergestellten Aufnahme eines sehr feinstrukturierten Objektes lassen sich noch Teilchen mit einem Abstand von 2.10^{-6} mm trennen. Das menschliche Auge trennt aber nur Bildpunkte mit einem Abstand von etwa 2.10^{-1} mm. Der Abstand der Teilchen muß also mindestens auf das 10^5fache vergrößert werden, damit sie mit dem Auge noch als getrennt angesehen werden. Die „förderliche Vergrößerung" ist in diesem Falle 100 000fach.

Eine derart hohe elektronenoptische Vergrößerung erfordert jedoch eine sehr große Intensität des Elektronenstrahls im Objekt, damit das Leuchtschirmbild zur Beobachtung und zum Einstellen des Mikroskops genügend hell erscheint, denn die Intensität der Objektbeleuchtung muß mit dem Quadrat des Vergrößerungsmaßstabes gesteigert werden, wenn die Helligkeit des Bildes gleich bleiben soll. Bei sehr intensiver Bestrahlung besteht die Gefahr, daß das Objekt durch übermäßige Erhitzung zerstört wird. Man begnügt sich deshalb im allgemeinen mit einer niedrigeren elektronenoptischen Vergrößerung und erzielt die förderliche Gesamtvergrößerung durch Betrachtung des Leuchtschirmbildes mit einem lichtstarken Beobachtungsmikroskop von 5 bis 20facher Vergrößerung. Auch die photographischen Aufnahmen können ohne wesentlichen Verlust an Bildgüte 5 bis 10fach nachvergrößert werden, wenn man feinkörnige Platten verwendet. Die geringere elektronenmikroskopische Vergrößerung bietet den weiteren Vorteil des größeren Gesichtsfeldes.

2. *Wechselwirkung zwischen Objekt und Elektronenstrahl.*

Die Elektronen werden beim Durchgang durch Materie gestreut und erleiden zum Teil diskrete Geschwindigkeitsverluste. Sie geben Energie an das Objekt ab, das sich hierbei erwärmt. Die Temperaturerhöhung ist um so größer, je intensiver der Elektronenstrahl und je dicker das Präparat ist. RUESS (*75*) hat die thermische Zersetzung von Graphitoxyd im Elektronenmikroskop beobachtet, die bei 270° C einsetzt, und KÖNIG (*53*) ist es — allerdings unter extremen Bedingungen — sogar gelungen, Kohlenstoff zu schmelzen.

Die elektronenmikroskopische Abbildung kommt durch die unterschiedliche Streuung der Elektronen an verschiedenen Objektpunkten zustande. Der gestreute Anteil ist um so größer, je dicker die Schicht und je größer das mittlere Atomgewicht und die Dichte der bestrahlten Substanz ist. Schweratomige Stoffe ergeben daher bei geringen Dickeunterschieden im Präparat größere Kontraste in der Abbildung als solche niedrigen Atomgewichts. Die größte noch durchstrahlbare Objektdicke hängt demnach in starkem Maße vom Atomgewicht der im Präparat enthaltenen Elemente ab. Sie liegt für Stoffe niedriger Ordnungszahl in der Größenordnung einiger Tausend ÅE und ist für die schwersten Elemente etwa 10mal kleiner. Die Werte gelten für 50 kV-Elektronen. Die Durchdringungsfähigkeit der Elektronen wächst mit ihrer Geschwindigkeit. Die Durchstrahlung eines gegebenen Objektes kann also durch Erhöhung der Geschwindigkeit der Elektronen erhöht werden. Es ist jedoch in jedem Fall zweckmäßig, die Objekte so dünn wie möglich zu präparieren, damit sich feine Strukturen nicht überlagern und damit unsichtbar werden. Der grundsätzliche Vorzug des Elektronenmikroskops besteht in seinem Auflösungsvermögen bei der Abbildung dünner Schichten. Andererseits kann man den Kontrast der Abbildung dünner Objekte, die aus leichten Elementen bestehen, durch die Wahl einer niedrigen Beschleunigungsspannung erhöhen.

3. Zusatzeinrichtungen.

Da das Elektronenmikroskop mit sehr kleiner Beleuchtungs- und Objektivapertur arbeitet — sie beträgt nur etwa 1/1000 derjenigen des Lichtmikroskops — ist die Abbildung sehr *tiefenscharf*. Objekte von einem μ Tiefenausdehnung erscheinen auch bei hoher Vergrößerung in allen Ebenen scharf. *Raumbildpaare*, die durch Aufnahme des Objektes unter verschiedenen Neigungswinkeln zum Strahl hergestellt werden, vermitteln auch von tief gestaffelten Objekten einen räumlichen Eindruck, da die Abbildung über den ganzen Objektbereich scharf ist. Man erhält die Raumbilder, indem man das Objekt für die erste Aufnahme bis zu 6 Grad nach der einen Seite, für die zweite Aufnahme um denselben Betrag nach der entgegengesetzten Seite neigt.

Die elektronenmikroskopische Abbildung allein sagt nicht immer Endgültiges über die stoffliche Zusammensetzung des Objektes aus, die für den Chemiker in erster Linie von Interesse ist. In derartigen Fällen kann das *Elektronenbeugungsdiagramm* eine wertvolle Ergänzung des Elektronenbildes sein. Es gibt Auskunft über die Krystallstruktur der Substanz, die Größe der Krystallite und ihre Orientierung, wodurch eine Analyse äußerst geringer Stoffmengen ermöglicht wird. Mit modernen Elektronenmikroskopen können Beugungsdiagramme von Objektbereichen mit wenigen μ Durchmesser aufgenommen werden, die der elektronenmikroskopischen Abbildung eindeutig zugeordnet werden können. Ein Beugungsdiagramm erhält man, wenn man die abbildenden Linsen ausschaltet. Die unter dem Objekt befindlichen Linsen müssen genügend weite Öffnungen besitzen, um die gebeugten Elektronen hindurchzulassen.

Zum Studium von *Schmelz-* und *Krystallisationsvorgängen*, sowie von Krystallumwandlungen bei erhöhter Temperatur hat v. Ardenne (*1*) einen heizbaren Objektträger entwickelt. Er besteht aus einem elektrisch geheizten Platinband mit einer Bohrung, über die eine temperaturbeständige Trägerfolie gespannt wird.

Zur Beobachtung von *chemischen Umsetzungen* im Elektronenmikroskop haben Ruska (*11*) und v. Ardenne (*2*) Reaktionskammern gebaut, die es ermöglichen, Gase von einem Druck bis etwa 30 Torr auf das Objekt einwirken zu lassen. In der Strahlrichtung ist die Ausdehnung der Kammern sehr gering, so daß das Gas dieAbbildungsgüte nur wenig beeinflußt. Die Kammer ist nach der einen Seite durch den Objektträger abgeschlossen, nach der anderen steht sie durch eine feine Blende mit dem hochevakuierten Mikroskopraum in Verbindung, die den Elektronenstrahl hindurchtreten läßt, aber das Eindringen zu großer Gasmengen verhindert.

III. Herstellung der Präparate.

1. Objektträger.

Da es für Elektronen völlig „durchsichtige" Stoffe nicht gibt, verwendet man als Objektträger im Elektronenmikroskop dünne, strukturlose Folien, die die Elektronen *möglichst wenig* streuen und bremsen. Filme von 100 bis 200 ÅE Dicke sind bereits genügend fest, da sie nur sehr kleine Flächen freitragend zu überspannen brauchen. Sie werden durch feinmaschige Drahtnetze oder Metallplättchen mit Bohrungen von 0,03 bis 0,1 mm gehalten.

Im allgemeinen werden Häutchen aus *Kollodium* verwandt, die nach dem Verfahren von TRENKTROG (*78*), (*84*) durch Spreiten einer Lösung von Kollodium in Amylacetat auf einer Wasseroberfläche einfach hergestellt werden können. Das Kollodium zersetzt sich zwar unter dem ionisierenden Einfluß des Elektronenstrahls, es bleibt jedoch ein Kohlenstofffilm zurück, der im Vakuum des Elektronenmikroskops sehr temperaturbeständig ist (*54*).

Neuerdings hat HAST (*36*) Trägerfolien von weniger als 100 ÅE Dicke durch Aufdampfen von *Beryllium auf Glycerin* im Hochvakuum hergestellt. Diese Filme sind im Elektronenmikroskop kaum mehr sichtbar, stören also die Abbildung noch weniger als Kollodiumfolien.

Strukturlose Folien aus *Aluminiumoxyd*, die an Luft temperaturbeständig sind, haben HASS und KEHLER (*34*) durch anodische Oxydation von aufgedampften Aluminiumschichten sehr glatter Oberfläche erhalten. Die Oxydation erfolgt in ca. 3%iger wäßriger Lösung von Ammoniumtartrat oder Ammoniumborat bei einer Spannung von 15 bis 25 V. Es entsteht dabei ein strukturloser, 100 bis 300 ÅE dicker Film. Innerhalb dieser Grenzen hängt die Dicke nur von der angelegten Spannung ab. Der Oxydfilm sperrt den Stromdurchgang, sobald er die Grenzdicke erreicht hat. Damit kommt die Oxydation von selbst zum Stillstand. Die Oxydschicht wird in gesättigter $HgCl_2$-Lösung vom Aluminium abgelöst, in 5%iger Salzsäure und schließlich in destilliertem Wasser gewaschen, aus dem sie mit einem Objektträger aufgefischt wird. Sie ist bis 600° C verwendbar.

Trägerfilme aus *Siliciumdioxyd* sind sogar bis 900° C strukturlos und beständig. Nach HASS und KEHLER (*35*) wird das sich aus einem Gemisch von Si und SiO_2 bei 1100 bis 1200° C bildende, dampfförmige

Siliciummonoxyd im Vakuum auf einer Steinsalzspaltfläche niedergeschlagen, von der der zusammenhängende SiO-Film in Wasser abgelöst werden kann. GRUBE und SPEIDEL (*29*) haben auf röntgenographischem Wege und KÖNIG (*55*) durch Elektronenbeugung an Aufdampfschichten festgestellt, daß SiO auch in festem Zustand zunächst beständig ist. Es wird jedoch in dünner Schicht an Luft vollständig zu SiO_2 oxydiert, wie HASS durch optische Messungen zeigen konnte. Der strukturlose SiO_2-Film rekrystallisiert erst bei $900°$ C.

2. *Präparation feindisperser Stoffe.*

Feindisperse Stoffe können auf den Objektträgerfilm aufgestäubt, Rauche können unmittelbar darauf aufgefangen werden. Suspensionen bringt man als Tröpfchen auf den Trägerfilm. Die Flüssigkeit läßt man eintrocknen (*78*). Schon eine sehr geringe Löslichkeit der suspendierten Stoffe kann dabei stören. Wenn sich der in Lösung gegangene Anteil beim Eintrocknen ausscheidet, entstehen Teilchen, die in der Ursubstanz nicht vorhanden waren. Welch geringe Stoffmengen im Elektronenmikroskop noch sichtbar gemacht werden können, möge das folgende Beispiel zeigen:

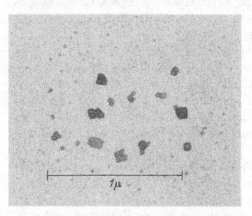

Abb. 1. Bariumsulfat-Krystalle, Eintrocknungsruckstand von gesattigter $BaSO_4$-Losung auf dem Objekttrager.

Ein Tröpfchen von $0,2$ mm³ einer gesättigten Lösung von Bariumsulfat, das etwa 5.10^{-10} g $BaSO_4$ enthält, hinterläßt beim Eintrocknen auf dem Objektträger größere oder kleinere Kryställchen. Abb. 1 zeigt ein Nest solcher Krystalle. Das Gesamtgewicht der abgebildeten Teilchen liegt in der Größenordnung von 10^{-14} g. Auch ein Tröpfchen einfach destillierten Wassers hinterläßt auf dem Objektträger schon sichtbare Rückstände.

Ebenso wie das Lichtmikroskop zum Nachweis kleiner Stoffmengen dient, kann das Elektronenmikroskop zu mikroanalytischen Zwecken benutzt werden. Systematische Untersuchungen über elektronenmikroskopische Analyse sind zwar noch nicht bekannt geworden, aber es besteht durchaus die Möglichkeit, 1000 mal kleinere Stoffmengen als mit dem Lichtmikroskop zu identifizieren.

Kolloide, die in wässriger Suspension negativ geladen sind, ballen sich infolge der elektrostatischen Abstoßung von der gleich geladenen

Kollodiumfolie beim Auftrocknen zusammen. Durch die Aggregation wird eine Abbildung der ursprünglichen Aufteilung sehr erschwert. ZBINDEN und HUBER (90) haben daher die Kollodiumfolie durch Eintauchen in Lösungen von Cinchoninchlorhydrat, Chininchlorhydrat und Methylenblau umgeladen, worauf sich Vanadinpentoxyd fein verteilt auftrocknen ließ.

Sehr feine Pulver, die zum Klumpen neigen, lassen sich gleichmäßig verteilen, wenn man sie in Kollodiumlösung dispergiert und einen Tropfen der Suspension auf einer Wasseroberfläche spreitet (56). Die Kollodiumfolie, in der die Teilchen eingebettet sind, wird mit einem Objektträger aufgefangen.

3. Oberflächenabbildung.

Oberflächen dicker Objekte lassen sich zwar unter sehr kleinen Winkeln streifend beobachten, die Abbildungen sind jedoch stark in einer Richtung verzeichnet und von geringer Auflösung (13). MAHL hat daher zur elektronenmikroskopischen Oberflächenabbildung den Weg über Abdruckfilme eingeführt, die im *Durchstrahlungsbild* die Oberflächenstruktur des Objektes wiedergeben. Im Abdruckfilm erscheinen Bereiche verschiedener Höhe und Neigung auf der abzubildenden Oberfläche als Bereiche verschiedener Dicke in der Durchstrahlungsrichtung. Hierdurch kommt ein plastisch wirkendes Bild zustande.

a) **Oxydabdruck.** MAHL (57) hat eine Methode zur Abbildung von Aluminium und dessen Legierungen entwickelt. Die abzubildende Oberfläche wird unter denselben Bedingungen oxydiert, die bereits für die Herstellung der Objektträgerfilme aus Aluminiumoxyd angegeben worden sind. Je dünner der Oxydfilm ist, desto mehr Feinheiten in der Struktur der Metalloberfläche gibt er wieder. Schichten, die dünner als 100 ÅE sind, lassen sich jedoch nur schwer zusammenhängend vom Metall lösen.

Der Oxydfilm ist an allen Stellen gleich dick und hat die Form der Metallschicht, auf der er entstanden ist (Abb. 2, I). In der Durchstrahlung kommt ein Reliefbild zustande, da die einzelnen Flächenelemente je nach ihrer Neigung zum Elektronenstrahl heller oder dunkler erscheinen. Je länger der Weg der Elektronen durch die Schicht ist, desto mehr Elektronen werden abgebeugt, um so dunkler wird also das Bild an dieser Stelle.

b) **Lackabdruck.** Der ebenfalls von MAHL in die Elektronenmikroskopie eingeführte Lackabdruck (57) ist allgemeiner anwendbar. Die Oberfläche, von der der Abdruck genommen werden soll, wird mit einer etwa 0,1%igen Lösung von Kollodium in Amylacetat übergossen. Überschüssiges Kollodium läßt man durch Neigen der Probe ablaufen. Der Rest trocknet zu einem 200 bis 300 ÅE dicken Film, der auf me-

chanischem oder chemischem Wege von der Unterlage abgelöst wird.
Der Lackfilm trägt auf der einen Seite die Prägung der Oberfläche, auf
der anderen Seite ist er weitgehend eingeebnet (Abb. 2, IIa). Ver-
tiefungen im Objekt zeichnen sich daher als Verdickung im Film ab,
Erhöhungen dagegen als dünne Stellen. In Amerika wird heute vielfach Formvar an Stelle von Kollodium verwendet, da es größere Festigkeit besitzen soll.

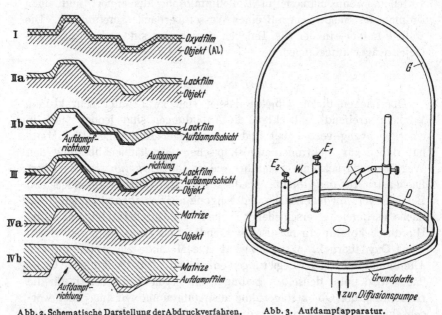

Abb. 2. Schematische Darstellung der Abdruckverfahren.
I = Oxydabdruck, II a = Lackabdruck, IIb = Bedampfter Lackabdruck, III = Aufdampfabdruck,
IV = Matrizenabdruck,
a = Lackmatrize auf dem Objekt, b = Matrize mit
selbsttragendem Aufdampffilm.

Abb. 3. Aufdampfapparatur.
G = Glasglocke, D = Dichtungsring (Gummi), E_1, E_2 = Elektroden zum Anschluß
des Heizdrahtes oder Schiffchens, E_1 isoliert und hochvakuumdicht nach außen
geführt, W = Wolframdraht mit zu ver-
dampfendem Metall P = Verstellbarer
Präparateträger.

c) **Bedampfter Lackabdruck.** Einfache Lackabdrucke vermögen
Oberflächenstrukturen nur mit einer Auflösung von der Größenordnung
der Dicke des Abdruckfilms wiederzugeben. Man kann die Kontraste
jedoch steigern, wenn man die Lackfolie auf der Seite, der das Oberflächenrelief aufgeprägt ist, unter einem Winkel von 20 bis 30° im Vakuum
mit einem Schwermetall bedampft (58) (Abb. 3). Die einzelnen Flächenelemente werden dabei je nach ihrer Neigung zur Dampfquelle, einem durch
elektrischen Stromfluß geheizten Wolframdraht, auf dem sich die zu ver-
dampfende Substanz befindet, verschieden dick belegt (Abb. 2, IIb).

Geeignet zur Schrägbedampfung sind Pt, Au, Pd, Cr sowie WO_3.
Letzteres läßt sich leicht aus Schiffchen von dünnem Wolframblech

verdampfen. Von Pt und Au genügt eine Auflage von 10 bis 20 ÅE, die wegen des hohen Atomgewichts und der großen Dichte dieser Metalle hinreichenden Kontrast liefert. Das Elektronenbild wirkt plastisch wie ein unter dem Aufdampfwinkel beleuchtetes Relief, zumal dann, wenn man das photographische Negativ betrachtet. Aus der Länge der Schatten können die Höhenunterschiede im Oberflächenrelief bestimmt werden (67).

d) Aufdampfabdruck. Bei der Abbildung sehr feiner Strukturen stört es manchmal, daß sich scharfe Kanten in dem nicht ganz starren Lackfilm durch die Oberflächenkräfte etwas abrunden, sobald der Film vom Objekt abgelöst ist. Auch ein bedampfter Lackfilm zeigt daher die scharfen Konturen des Objektes nicht mehr. Bedampft man dagegen die abzubildende Oberfläche selbst mit dem das Bild bestimmenden Schwermetallfilm (11), etwa Platin, in einer Dicke von 20 bis 30 ÅE und verstärkt diese Schicht nachträglich durch einen Kollodiumfilm (Abb. 2, III), so wirkt sich ein Verziehen der Lackfolie nicht mehr aus, da scharfe Kanten im Objekt durch scharf abgesetzte Dickenunterschiede in der Aufdampfschicht bereits festgelegt sind. Das Verfahren ist anwendbar, wenn sich die Doppelschicht auf chemischem Wege von der Unterlage ablösen läßt.

e) Matrizenabdrucke. Es gelingt nicht immer, die dünnen, durchstrahlbaren Abdruckfilme vom Objekt abzuheben. Dagegen lassen sich stärkere Lackmatrizen fast immer ohne Zerstörung abziehen oder durch Ätzmittel vom Objekt trennen. HEIDENREICH und PECK (38) verwenden für den Zwischenfilm *Polystyrol*, das gegen anorganische Reagenzien sehr widerstandsfähig ist. Auf die Matrize wird ein zusammenhängender Film aus *Siliciumdioxyd* oder *Siliciummonoxyd* schräg aufgedampft, der nach Auflösung des Polystyrols in Benzol freitragend abgebildet wird (Abb. 2, IV).

Von harten Objekten kann eine *Prägematrize* aus Aluminium hergestellt werden, von der ein Oxydabdruck genommen wird (81). Das Verfahren eignet sich besonders für metallographische Untersuchungen.

Die bisher veröffentlichten Präparationsmethoden sind zum größten Teil von Elektronenmikroskopikern entwickelt worden, die zunächst von sich aus nach Anwendungsgebieten für das Elektronenmikroskop gesucht und schließlich gemeinsam mit den jeweiligen Fachleuten Probleme aus deren Gebieten in Angriff genommen haben. Der Chemiker, der künftig das Elektronenmikroskop in seinen Dienst stellt, wird sich deshalb geeignete Präpariermethoden zum Teil selbst schaffen oder die bekannten Methoden seinen speziellen Bedürfnissen anpassen müssen.

IV. Beispiele untersuchter Stoffsysteme.

1. Vorbemerkung.

Die ersten für die praktische Anwendung reifen Übermikroskope wurden vor etwa einem Jahrzehnt in Deutschland gebaut. In der Zwischenzeit sind durch die Anwendung von Elektronenmikroskopen auf fast allen Gebieten der Naturwissenschaften viele neue Erscheinungen bekannt geworden. Es kann nicht mehr die Aufgabe eines einzelnen Berichtes sein, die chemischen Ergebnisse lückenlos aufzuzählen. Dagegen erscheint es zweckmäßig, solche Beispiele hervorzuheben, die wesentliche morphologische Erfahrungen enthalten und gegebenenfalls als Grundlage für systematische Untersuchungen dienen können. Dabei müssen die beobachteten *Stoffe* in den Vordergrund gestellt werden, und daraus wiederum ergibt sich eine natürliche Trennung der Untersuchungen auf den Gebieten der anorganischen und der organischen Chemie.

Abgrenzbare Körperformen, wie sie das Elektronenmikroskop abbildet, können für chemische Fragestellungen eine doppelte Bedeutung haben:

1. Sie können in Beziehung stehen zum inneren Aufbau, das heißt zur *Struktur* der Stoffe.

2. Sie können in Beziehung stehen zum *Reaktionsweg*, auf dem sich die Stoffe bildeten.

Beide Beziehungen sind Gegenstand einer Forschungsrichtung, die allgemein als chemische Morphologie bezeichnet wird (*49*).

In der anorganischen Chemie werden systematische Versuche zur Aufklärung der Zusammenhänge zwischen dem Ablauf chemischer Reaktionen einerseits und den sichtbaren Formen der Ausgangsprodukte oder der Zwischenprodukte oder der Endprodukte andererseits seit etwa 40 Jahren ausgeführt (*51*). Dafür stand zunächst nur das Lichtmikroskop zur Verfügung. Viele der mit seiner Hilfe gewonnenen Erfahrungen behalten ihre Gültigkeit auch in dem Bereich, den das Elektronenmikroskop neu erschließt. Einige dieser Erfahrungen müssen durch die Anwendung des Elektronenmikroskops verfeinert werden (*25*). Durch das höhere Auflösungsvermögen des Elektronenmikroskops wird die Spanne verringert, die zwischen den Bausteinen der Moleküle oder der Krystalle (den eigentlichen Zentren chemischer Vorgänge) und den sichtbaren Formen der Aggregationen besteht. Dadurch werden Rückschlüsse von den sichtbaren Formen auf Elementarvorgänge sicherer.

2. Kohlenstoff.

Feindisperser Kohlenstoff, der als Ruß wie auch als Aktivkohle in der Technik für viele Zwecke verwendet wird, wurde vor allem von

HOFMANN und Mitarbeitern eingehend untersucht. Bei diesen Arbeiten ergänzen röntgenographische Strukturbestimmung und elektronenmikroskopische Abbildung einander. Ruß ist nahezu reiner Kohlenstoff, der aus mehr oder weniger runden Teilchen von etwa 100 ÅE bis 5000 ÅE besteht. Die Teilchengröße hängt von den Entstehungsbedingungen ab. Ruße aus Gasflammen weisen in der Regel kleine Teilchen auf (Abb. 4), Ruße aus brennenden Flüssigkeiten (Flammruße) sind im allgemeinen grobteiliger und unterschiedlicher in der Korngröße. Ausgesprochen runde Teilchen verschiedener Größe er

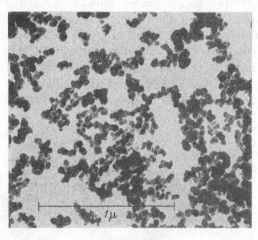

Abb. 4. Gasruß.

hält man bei der thermischen Zersetzung von Kohlenwasserstoffen (Abb. 5), während die in der Flamme bei höherer Temperatur entstandenen Ruße teilweise die Andeutung einer Sechseckstruktur zeigen, die auf eine angenäherte Orientierung der Graphitkrystalle hinweist (20). Charakteristisch für viele Ruße ist die Bildung langer, sehr stabiler Ketten.

Röntgenographisch wurde nachgewiesen (39), (42), (43), daß die Teilchen von Gas- und Flammrußen aus Graphitkrystallen von etwa 20 ÅE bestehen. Lediglich bei sehr hoher Temperatur durch Explosion von Ace

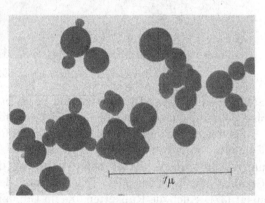

Abb. 5. Durch thermische Zersetzung von Kohlenwasserstoffen erzeugter Ruß.

tylen entstandener Ruß enthält größere Krystallite (6). Wie RAGOSS, HOFMANN und HOLST (70) durch Erhitzen von „Thermax", einem durch thermische Zersetzung von Erdgas erzeugten Ruß, zeigen konnten, setzt die Rekristallisation in den 4000 ÅE großen, runden Teilchen bei 1300° C ein. Bei 3000° C bestehen die Partikel aus nur mehr wenigen

Graphitkrystallen. Die fortschreitende Rekrystallisation gibt sich im Elektronenbild durch das Auftreten von kleinen Zacken am Rand der Teilchen zu erkennen, die mit steigender Temperatur in gerade, um 120 Grad gegeneinander geneigte Kanten übergehen. Das Teilchenvolumen wird dabei durch Ausheilung feinster Poren und Spalten kleiner, dagegen ändert sich das Adsorptionsvermögen und die katalytische Wirkung auf die Bildung von HBr aus H_2 und Br_2 nicht. Hofmann und Höper (40) schließen daraus, daß für diese Eigenschaften die *Basis*flächen der Graphitkrystalle an der Oberfläche der Teilchen verantwortlich zu machen sind, und daß die *Kanten* keine bevorzugte

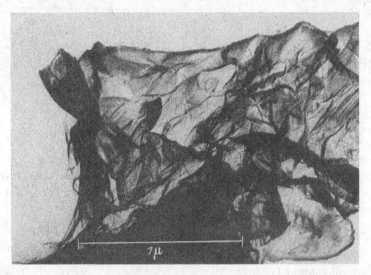

Abb. 6. Graphitoxydruß mit Pt schrag bedampft.

Stellung einnehmen. Die Spalten und Poren in nicht getempertem Ruß sind so fein, daß die innere Oberfläche nicht zur Wirkung kommt.

Zahlreiche technische Ruße sind im Hinblick auf ihre Eignung als Gummifüllstoffe vor allem auch in Amerika elektronenmikroskopisch untersucht worden. Dabei zeigte sich, daß die Zerreißfestigkeit des Gummis mit abnehmender Teilchengröße des beigemischten Rußes steigt (37). Auch die Rußketten, die im Gummi erhalten bleiben, haben einen Einfluß auf die Eigenschaften der fertigen Gummis.

Aktivkohlen zeigen im Elektronenmikroskop eine äußerst poröse Struktur. Sie sind aus Körnchen von 30 bis 50 ÅE aufgebaut, die untereinander zu einem lockeren räumlichen Netzwerk verbunden sind. Aus der elektronenmikroskopisch ermittelten Teilchengröße ergibt sich eine Oberfläche von 1000 m²/g, was mit Adsorptionsmessungen in Einklang steht. Die Lücken zwischen den Teilchen haben eine Weite von

30 bis 100 ÅE. Die Übereinstimmung der Oberflächenmessung aus der Teilchengröße und durch Ermittlung des Adsorptionsvermögens beweist, daß die gesamte innere Oberfläche zugänglich ist. Beim Erhitzen auf 2000° C rekrystallisieren zunächst die einzelnen Körnchen, die dann bei 3000° C zu größeren Krystallen zusammenwachsen (42), (80).

Graphitoxydruß, der durch spontane thermische Zersetzung von Graphitoxyd bei 250 bis 300° C im Vakuum gebildet wird, besteht im Gegensatz zu allen übrigen Rußen aus zerknitterten Folien mit einer Flächenausdehnung von 1 μ und darüber, wie RUESS (75), (76) zeigen konnte (Abb. 6). Die Folien werden aus Graphitschichtenpaketen gebildet, die nach röntgenographischen Messungen eine Dicke von einigen μ und eine Längsausdehnung der krystallinen Bereiche von zum Teil mehr als 500 ÅE besitzen. Im Elektronenmikroskop wird an bedampften Präparaten (12) die bevorzugte Anlagerung von Gold- oder Platinkörnern entlang von Stufen sichtbar, die gelegentlich über 1000 bis 2000 ÅE geradlinig verlaufen und miteinander Winkel von 60 oder 120° bilden. Nach dem Elektroneninterferenzbild eines Schüppchens von etwa 4 μ Durchmesser sind die krystallinen Bereiche nicht streng, jedoch nach einer Vorzugsrichtung orientiert. Die Dicke der Folien wurde aus der Länge der Bedampfungsschatten zu etwa 20 ÅE ermittelt, was etwa 6 C-Schichten im Graphitgitter entspricht.

3. Metalle und Legierungen.

Das elektronenmikroskopische Oberflächenbild vermag Feinheiten in der Gefügestruktur wiederzugeben, die mit dem Lichtmikroskop nicht mehr zu erfassen sind. Es gibt Aufschluß über feinste Ausscheidungen, wie sie Eutektika und zerfallene Mischkrystalle darstellen. Es ist deshalb auch zur Bestimmung von Phasengrenzen in Mehrstoffsystemen geeignet, wenn andere Methoden wegen der Kleinheit der auftretenden Effekte versagen.

a) Ätzstrukturen. Am eingehendsten sind die Ätzstrukturen von Aluminium und seinen Legierungen mit Hilfe des Oxydabdruck-Verfahrens untersucht worden. MAHL hat durch Ätzen von Reinstaluminium mit Salzsäure würfelförmige Oberflächenstrukturen erhalten (59). Auf Grund einer Abschätzung der energetischen Verhältnisse beim Abbau des kubisch-flächenzentrierten Al-Gitters wäre nach der Theorie von KOSSEL und STRANSKI für konkave Ätzfiguren eine Freilegung der Würfel- und Oktaederflächen, für konvexe Ätzfiguren eine abgerundete Form zu erwarten (64), (82). Solche Strukturen entstehen tatsächlich durch Ätzen mit trockenem HCl-Gas bei 300° C. Der Abbau längs der Würfelflächen kann dagegen durch die primäre Bildung einer monomolekularen Aluminiumoxydschicht in der wässrigen HCl-Lösung erklärt werden. Dabei muß die Oxydation des Aluminiums schneller verlaufen als die Auflösung des Oxyds, so daß die Oxydation und nicht der Angriff der Säure für die Abtragung des Aluminiums maßgebend ist.

Die Ätzfiguren zeigen häufig eine Feinzeichnung, die offenbar von geringen Verunreinigungen beeinflußt wird und auf eine Mosaikstruktur hinweist. Auf Abb. 7, die mit Salzsäure und Flußsäure geätztes Reinstaluminium darstellt, ist sie an einigen Blöcken zu erkennen, während die übrigen eine glattere Oberfläche zeigen. Daraus ergibt sich die Empfindlichkeit des elektronenmikroskopischen Nachweises von Verunreinigungen. Eine besonders regelmäßige Mosaikstruktur von 99,6%igen Aluminium, das mit siedender konzentrierter Salzsäure geätzt worden ist, zeigt Abb. 8. Die Blöckchen haben eine Kantenlänge von 700 bis 1000 ÅE.

Abb. 7. Reinst-Aluminium mit Salzsäure und Flußsäure geätzt, Oxydabdruck. Mosaikstruktur an einigen Blöckchen erkennbar.

Abb. 8. Al (99,6%) mit siedender konzentrierter Salzsäure geätzt, Oxydabdruck. Mosaikstruktur.

MAHL und PAWLEK (62) konnten nachweisen, daß sich in einer Legierung von Al mit 5,7% Mg (Hydronalium) bei Anlaßtemperaturen von 200 bis 300° C Al_3Mg_2 zunächst in fein verteilter Form an den Korngrenzen ausscheidet. Nach längerem Erhitzen werden die Ausscheidungen größer und treten auch in den Körnern selbst in regelloser Verteilung auf.

Bei Duraluminium (62) der Zusammensetzung 95,7% Al, 4% Cu, 0,3% Mg konnte die Ausscheidung von $CuAl_2$ sichtbar gemacht werden. Beim Anlassen der abgeschreckten Legierungen scheidet sich die Verbindung in Form von Stäbchen längs der Würfelebenen des Aluminiums aus, die bei längerem Tempern wachsen und eine Länge von mehr als 1 μ erreichen.

Wegen ihrer technischen Wichtigkeit sind die Kohlenstoffstähle mehrfach untersucht worden (38), (63), (66), (85), (89). Das Elektronenmikroskop läßt vor allem die feinstrukturierten Zerfallsgefüge erkennen, die beim Abkühlen und Anlassen der Stähle entstehen und mit dem

Lichtmikroskop nicht mehr aufgelöst werden können. Perlit, ein eutektoides Gemenge von α-Fe und Fe_3C, das beim Zerfall von Austenit entsteht, zeigt lamellare Struktur. Die Breite der Lamellen hängt von den Abkühlungsbedingungen und der Zusammensetzung des Stahls ab. Sehr feine Streifenstrukturen werden in abgeschreckten Stählen beim Zerfall des metastabilen Martensit beobachtet.

Zur Klärung der noch unbekannten Ausscheidungsvorgänge in Legierungen wird noch eine große Zahl von Untersuchungen notwendig sein. Oftmals ändert sich das elektronenmikroskopische Gefügebild innerhalb einer Probe von Korn zu Korn, während im Lichtmikroskop keine Unterschiede zu erkennen sind. Beim Vordringen in die kleineren Dimensionen treten zum Teil völlig neuartige Erscheinungen auf. Sicher werden auch neue Ätzmethoden herangezogen werden müssen, um die feineren Strukturen sichtbar zu machen, die das Elektronenmikroskop abzubilden vermag.

b) Aufdampfschichten. Dünne Metallschichten, wie sie durch Aufdampfen im Vakuum erhalten werden, sind der unmittelbaren Abbildung im Elektronenmikroskop und der Untersuchung durch Elektronenbeugung des abgebildeten Bereiches zugänglich. Ihre Struktur und die Größe der Krystallite hängt von den Aufdampfbedingungen sowie von der Beweglichkeit der Metallatome auf der Unterlage ab, auf der sie niedergeschlagen werden. Es bilden sich zunächst Inseln, die durch weitere Kondensation von Dampf zu einer zusammenhängenden Schicht verwachsen. Cadmium, das schon unterhalb 500° C einen hinreichenden Dampfdruck entwickelt, bildet auf Kollodium vorwiegend sechseckige Krystalle, die selbst dann noch weit auseinanderliegen, wenn sie eine Größe von mehreren 1000 ÅE erreicht haben (*88*).

Silber (*32*) kondensiert sich auf Kollodium- oder Aluminiumoxyd-Folien bis zu einer mittleren Dicke von 150 ÅE in Form von rundlichen, voneinander getrennten polykrystallinen Tröpfchen, die sich noch stärker zusammenziehen, wenn die Unterlage während der Bedampfung erwärmt wird. Schichten von 350 ÅE Dicke enthalten Krystalle von über 1000 ÅE linearer Ausdehnung. Auf Steinsalz-Spaltflächen aufgedampftes Silber bildet Krystalle, die zur Unterlage orientiert sind.

Aluminium (*32*) ergibt schon bei einer Dicke von etwa 200 bis 250 ÅE zusammenhängende Schichten. Die Krystalle sind von der Größenordnung der Schichtdicke. Sie sind nicht nach einer Vorzugsrichtung orientiert, wie HASS durch Elektronenbeugung nachweisen konnte.

Antimon (*32*) schlägt sich auf Kollodium zunächst in Form von hexagonalen Säulen nieder, die mit der (0001)-Fläche auf der Trägerfolie aufliegen, wie das Elektronenbeugungsdiagramm zeigt. Mit wachsender Schichtdicke geht diese Orientierung verloren.

Strukturlos erscheinende metallische Aufdampfschichten sind im Elektronenmikroskop bisher nicht beobachtet worden. Auch die bei hohen Temperaturen verdampfenden Metalle wie Cr, Pt oder W bilden zunächst Körner, die bei weiterer Stoffzufuhr miteinander verwachsen.

c) **Photographische Schichten.** Aus photographischen Emulsionen isolierte AgBr-Krystalle wurden von V. ARDENNE sowie von HALL und SCHOEN elektronenoptisch untersucht. Bei der sehr starken Einwirkung der Elektronen, die etwa 10^8 mal so groß ist wie die normale Belichtung, bilden sich an den Silberbromid-Krystallen jeweils mehrere Silberkörner, die schließlich als Hörner aus dem Krystall herauswachsen, bis das Silberbromid ganz aufgezehrt ist (*3*). Belichtetes und entwickeltes

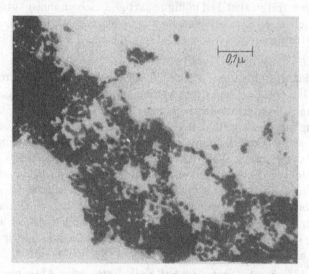

Abb. 9. Kolloidales Silber, Sol auf Kollodiumfolie eingetrocknet.

Silberbromid hinterläßt nach dem Fixieren Knäuel von dünnen Silber-fäden. Die etwa 300 ÅE großen AgBr-Krystalle der sehr feinkörnigen Lippmann-Emulsionen bilden einzelne Silberfäden, die etwa 5mal so lang sind wie das Korn, aus dem sie entstanden sind (*31*). Silberbromid, das durch Umsetzung einer aufgedampften Silberschicht mit Bromdampf erzeugt worden ist, zeigt dasselbe Verhalten bei der Bestrahlung mit Elektronen wie AgBr-Krystalle aus photographischen Emulsionen (*30*).

d) **Kolloide Metalle** (Ag, Au, Pt, Pd). Sole von Ag und Au (*14*), (*48*) sind häufig untersucht worden, da sich die feindispersen Metalle wegen ihres hohen Atomgewichts und damit ihres großen Streuvermögens für Elektronen gut zur Bestimmung der Auflösung von Elektronenmikro-skopen eignen. Silber wie Gold scheiden sich bei der Reduktion ihrer Salzlösungen in Teilchen aus, deren Größe zwischen 10 bis 30 ÅE und etwa 2000 ÅE schwankt (Abb. 9). Wahrscheinlich existieren noch kleinere Teilchen, die jedoch noch nicht mit Sicherheit beobachtet werden konnten. Bei Silber zeigen auch die großen Teilchen kugelige Gestalt, was mit der Struktur von Aufdampfschichten dieses Metalls in Einklang steht. Gold bildet in wäßriger Lösung auch Oktaeder, während es sich aus dem Glasfluß des Goldrubins in Würfeln ausscheidet, wie durch die Beobachtung isolierter Krystalle (9) und durch Oberflächen-abbildung von Bruchflächen (11) gezeigt werden konnte (Abb. 10).

Die Untersuchung von auf Asbest niedergeschlagenem Platin und Palladium hat ergeben, daß die Metalle in feinkörniger Form vorliegen und nicht gleichmäßige Überzüge auf Asbest bilden (4). Den auf einem

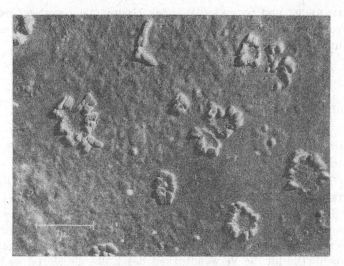

Abb. 10. Kolloidales Gold, würfelformige Krystalle in einer Bruchfläche von Goldrubinglas. Aufdampfabdruck, Negativkopie.

Träger abgeschiedenen Platin- und Palladium-Kolloiden kommt wegen ihrer Verwendung als Katalysatoren eine besondere Bedeutung zu.

Die Form der Teilchen wird immer abgerundet erscheinen, solange ihre Größe mit der Auflösung der Abbildung vergleichbar ist. Soll die wahre Gestalt eines Polygons erkannt werden, muß es um so größer sein, je höher seine Eckenzahl ist (14). Die großen, rund erscheinenden Kolloide dürften demnach polykrystalline Körper sein, die von vielen kleinen, stumpf aneinanderstoßenden Krystallflächen begrenzt werden.

Zur Bestimmung des Au-Gehalts von Goldsolen haben RIEDEL und RUSKA (73) die Sole mit NaCl und LiCl versetzt, die Lösung vernebelt und die Tröpfchen auf dem Objektträger niedergeschlagen. Beim Ein-trocknen hinterlassen die Tröpfchen Trocknungshöfe, aus deren Durch-messer das Tröpfchenvolumen abgeschätzt werden kann. Durch Auszählen und Ausmessen der Au-Teilchen innerhalb eines Trocknungshofes läßt sich die Konzentration des Sols ermitteln.

4. Hydroxyde und Oxyde 2-wertiger Metalle.

Die schwerlöslichen Hydroxyde scheiden sich bei der Fällung aus wäßriger Lösung in sehr feiner Verteilung ab. Das Studium ihrer Morphologie erfordert daher ganz besonders die Anwendung des Elektronenmikroskops. Die durch Entwässerung der Hydroxyde gebildeten Oxyde unterscheiden sich deutlich von den Oxydrauchen und -schichten, die durch thermische oder elektrolytische Oxydation der Metalle entstehen.

FEITKNECHT und STUDER (25) haben Hydroxyde 2-wertiger Metalle einer vergleichenden Betrachtung unterzogen. Ihre Präparate waren teils durch Bewässerung der Oxyde nach

$$MeO + H_2O \rightarrow Me(OH)_2$$

(Beispiele: $Ca(OH)_2$, $Mg(OH)_2$)

teils durch Fällung mit Laugen aus Salzlösungen nach

$$Me^{++} + 2\,OH^- \rightarrow Me(OH)_2$$

(Beispiele: $Mg(OH)_2$, $Ni(OH)_2$, $Co(OH)_2$, $Mn(OH)_2$, $Cd(OH)_2$, $Cu(OH)_2$) hergestellt.

Ca(OH)₂: Ältere kolloidchemische Untersuchungen von KOHL-SCHÜTTER und FEITKNECHT (52) hatten ergeben, daß im Kalkbrei und in der Kalkmilch kleinste „Primärteilchen" von Calciumhydroxyd zu „Sekundärteilchen" vereinigt sind und daß diese wiederum lockere Haufwerke bilden, die als lichtmikroskopisch abgrenzbare „Körner" erscheinen. Die für die Verwendbarkeit des Kalks als Mörtel wichtige Quellfähigkeit ist in den Eigenschaften der Sekundärteilchen verankert. Der Aufbau dieser Sekundärteilchen konnte jedoch mit dem Lichtmikroskop noch nicht sichtbar gemacht werden. FEITKNECHT und STUDER haben nun das Wasser im Kalkbrei und in der Kalkmilch durch Alkohol verdrängt und damit eine Entquellung und Dispergierung der Calciumhydroxyd-Aggregate erreicht. Die Sekundärteilchen wurden weitgehend abgebaut. Als Primärteilchen erschienen vorzugsweise längliche, 500 bis 1000 ÅE große Krystallplättchen, die teils sechseckige Formen zeigten, teils zu länglichen Aggregaten verwachsen waren. Die röntgenographisch ermittelte Teilchengröße stimmte angenähert mit der elektronenmikroskopisch gemessenen Teilchengröße überein. Dies deutet darauf hin, daß die Abbauprodukte der Sekundärteilchen wirklich schon Primärteilchen (Einkrystalle) waren. Die Versuche verdienen auch insofern allgemeineres Interesse, als sie zeigen, daß die Löslichkeit des präparierten festen Stoffes die Deutung des elektronenmikroskopischen Bildes erschweren kann. Verdünnte Kalkmilch hinterläßt beim Auftrocknen auf dem Objektträger Kugeln mit einem Durchmesser von 0,1 bis 1 μ, die möglicherweise durch Umlösung oder Quellung der Sekundärteilchen entstanden sein könnten (Abb. 11) (vgl. dazu das Beispiel Bariumsulfat, S. 62). Solche Formen haben RADCZEWSKI, MÜLLER und EITEL (*68*), (*69*) bei der Hydratation von Calciumoxyd in einer gesättigten wäßrigen Lösung von Butylalkohol und auch bei der Hydrolyse von Tricalciumsilikat beobachtet, die etwa nach $3\,CaO \cdot SiO_2 \xrightarrow{H_2O} 2\,CaO \cdot SiO_2 \cdot aqu. + Ca(OH)_2$ verläuft.

Mg(OH)₂: Durch Umsetzung von Magnesiumoxyd mit Wasser wurden schön ausgebildete $Mg(OH)_2$-Krystalle erhalten. Die sechsseitigen Plättchen hatten einen Durchmesser von rund 1500 ÅE, waren also größer als die oben beschriebenen $Ca(OH)_2$-Krystalle. Die Hydratation des Magnesiumoxyd-Präparates, das durch Erhitzen von basischem Carbonat auf 700° C hergestellt war, verlief offenbar so langsam, daß sich infolge geringer Übersättigung der Lösung an $Mg(OH)_2$ große Krystalle bildeten. Wenn $Mg(OH)_2$ aus Lösungen gefällt wurde, entstanden Krystallplättchen, die wesentlich kleiner waren.

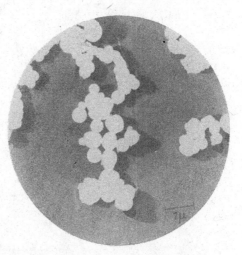

Abb. 11. Geloschter Kalk, Kalkmilch stark verdunnt auf Folie eingetrocknet, schrag bedampft. Negativkopie. (Aufnahme H. STUDER).

Die Hydroxyde Mg(OH)₂, Ni(OH)₂, Co(OH)₂, Mn-(OH)₂, Cd(OH)₂ bilden Krystallgitter vom Cadmiumjodid-Typus, d. h Schichtengitter hexagonaler Symmetrie (C6-Typ). Diese strukturelle Eigenschaft hat zur Folge, daß sie alle bei der Fällung mit Lauge aus Salzlösungen laminar ausgebildete Teilchen enthalten. Wenn die Teilchen auch nicht in allen Fällen sofort nach der Herstellung der Niederschläge elektronenmikroskopisch auflösbar sind und nicht sofort die hexagonale Symmetrie erkennen lassen, so tritt diese doch beim Altern der Niederschläge unter der Lösung deutlich hervor: Es entstehen sechseckig begrenzte Plättchen, die flach auf dem Objektträger aufliegen. Trotz der Ähnlichkeit der Krystallstrukturen hat jedes dieser Hydroxyde seine eigenen morphologischen Merkmale: bei vergleichbaren Fällungsbedingungen eine charakteristische Teilchengröße, eine charakteristische Größenverteilung der Teilchen und eine charakteristische Tendenz zur Abweichung von ideal ausgebildeten sechseckigen Plättchen. Diese Unterschiede lassen sich nicht auf zahlenmäßig faßbare Unterschiede etwa des Ionenradius der Kationen oder etwa des Löslichkeitsproduktes der Hydroxyde zurück-führen. Sie sind die Folgen komplexer Vorgänge bei der Fällung und bei der anschließenden Alterung. Ihre Ursachen müssen durch ein sorg-fältiges Einzelstudium ermittelt werden. Man wird deshalb auch den wirk-lichen Verhältnissen nicht völlig gerecht, wenn man die elektronenmikro-skopischen Befunde nur durch Angaben von Teilchengrößenund Teilchen-formen beschreibt. Die folgenden Angaben sind als Hinweise auf die ausführliche Beschreibung in den Originalmitteilungen aufzufassen.

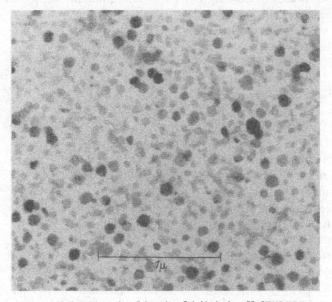

Abb. 12. Nickelhydroxyd, 5 Jahre altes Sol. (Aufnahme H. STUDER.)

*Ni(OH)*₂-Sole enthalten in frischem Zustand sehr dünne, elektronen-mikroskopisch nur schwer abzubildende Plättchen. Nach sechsstündigem Erwärmen des Sols auf 100° C bilden sich schöne, sechsseitige Plättchen (22), die auch in einem 5 Jahre alten Sol in weniger regelmäßiger Form beobachtet wurden (Abb. 12). Die Teilchengrößen von 280 bis 560 ÅE sind darin am häufigsten.

*Co(OH)*₂ wurde aus einer Lösung von $CoCl_2$ gefällt und nach der Umwandlung der instabilen blauen Modifikation in die stabile rosa Modifikation (C 6-Typ) untersucht. Im Sol und in dem mit Ultraschall aufgelockerten Bodenkörper wurden gleichgroße, sechseckige Plättchen beobachtet, die offenbar aus der instabilen Modifikation *über die Lösung* als stabile Modifikation entstanden waren. Ihr Durchmesser war rund

4mal größer als der Durchmesser der $Ni(OH)_2$-Plättchen. Daneben lag unregelmäßiges, feinlaminares Material vor, das wahrscheinlich durch topochemische Umsetzung des instabilen Hydroxyds entstanden war.

Die beiden in Frage kommenden Reaktionswege für die sekundäre Umwandlung des Co-Hydroxyds können formuliert werden:

1. Umwandlung über die Lösung

Co-Hydroxyd blau → Co-Hydroxyd → Co-Hydroxyd rosa
fest   gelost   fest

2. Topochemische (= ortsgebundene) Umwandlung

Co-Hydroxyd blau → Co-Hydroxyd rosa
fest   fest

Mn(OH)$_2$ *(72)* zeigt in frisch gefälltem Zustand rundliche bis ovale Scheiben. Auch das Röntgendiagramm entspricht diesem Habitus. Mit Laugenüberschuß gefälltes, gealtertes Hydroxyd weist sechsseitige, mehr oder weniger regelmäßige Plättchen auf. Beim Altern in $MnCl_2$-Lösung besteht die Tendenz zu Verwachsungen der Teilchen.

Cd(OH)$_2$-Fällungen *(21)*, *(71)* lassen die verschiedenen Reaktionswege erkennen, auf denen sich das Hydroxyd bilden kann. Die Fällung aus $CdCl_2$-Lösung führt über basische Chloride; ihre Reaktionsprodukte sind deshalb morphologisch schwerer zu übersehen. Einfacher ist die Fällung aus $Cd(NO_3)_2$-Lösung. Dabei entsteht zuerst sehr instabiles α-Hydroxyd. Dieses wandelt sich schon während der Fällung in stabiles Hydroxyd um. Infolgedessen wirkt das instabile Hydroxyd als Störsubstanz bei der Krystallisation des stabilen Hydroxyds: Reaktionsprodukte dieser gestörten Krystallisation sind miteinander verwachsene Plättchen; die Form der kleinen Aggregate weicht von der Form ideal ausgebildeter sechseckiger Pättchen ab. Die Umwandlung des instabilen Hydroxyds in das stabile Hydroxyd kann durch sehr schnelle Fällung überrannt werden. Dann besteht der Niederschlag zuerst nur aus dem instabilen Hydroxyd, und dieses wandelt sich nachträglich (wahrscheinlich über die Lösung) in das stabile Hydroxyd um: Reaktionsprodukt dieser nun ungestörten Krystallisation sind größere und regelmäßiger ausgebildete Plättchen (vgl. $Ni(OH)_2$, oben). Der Versuch enthält ein Beispiel für die chemische Deutung des Einflusses der Fällungsgeschwindigkeit auf die Form des Reaktionsproduktes.

Schematisch lassen sich die Unterschiede der schnellen und langsamen Fällung $Cd^{++} + 2OH^- \longrightarrow Cd(OH)_2$ beschreiben:

1. Schnelle Fällung

primär   sekundär

über die Lösung (?)

Cd-Hydroxyd, instabil ———————————→ Cd-Hydroxyd, stabil
fest   fest
                                               „ungestorte" Krystallisation

2. Langsame Fällung

$Cu(OH)_2$-Fällungen erfordern die Berücksichtigung von zwei Reaktionsstufen:

1. die Bildung des Hydroxyds über schwerlösliche basische Salze:

$$Cu^{++} \xrightarrow{\ OH^-\ } \underset{\text{fest}}{\text{bas. Salz}} \xrightarrow{\ OH^-\ } \underset{\text{fest}}{\text{Hydroxyd}}$$

2. Die spontane Entwässerung des Hydroxyds unter der Lösung:

$$\underset{\text{fest}}{Cu(OH)_2} \longrightarrow \underset{\text{fest}}{CuO} + H_2O$$

Die primäre Bildung basischer Salze führt unter sonst vergleichbaren Bedingungen zu krystallisierten Teilchen verschiedener Struktur, Form und Größe, je nachdem von Cu-Chlorid, -Bromid, oder -Nitrat ausgegangen wird. Dementsprechend sind auch die Teilchen des Hydroxyds, die sekundär aus den basischen Salzen entstehen, verschieden. Basisches Cu-*Chlorid* erscheint auf Grund der 3-dimensionalen Struktur seines Krystallgitters in isodiametrischen Kryställchen (*23*), es wandelt sich bei weiterem Laugenzusatz über die Lösung zu feinen isolierten Hydroxyd-Nadeln um. Basisches *Cu-Bromid* (oder -Nitrat) erscheint auf Grund seiner Schichtgitterstruktur in 0,1 bis 1 μ breiten Plättchen; es wandelt sich bei weiterem Laugenzusatz auch in Hydroxyd um, und zwar bei den kleineren Teilchen im wesentlichen über die Lösung unter Bildung von isolierten Hydroxyd-Nadeln (Abb. 13), bei den größeren Teilchen dagegen im Raum des basischen Salzes (topochemisch) unter Bildung von Aggregaten, die durch die ursprünglichen Kryställchen des basischen Bromids orientiert werden.

Die spontane Entwässerung des Hydroxyds unter der Lösung geht umso schneller vor sich, je feiner es krystallisiert ist. Größere Hydroxydkrystalle können sehr beständig sein. Da die Teilchengröße des Hydroxyds durch die Zwischenprodukte, die basischen Salze, bestimmt wird, wird also auch der Einfluß der Fällungsbedingungen für das Hydroxyd auf die Beständigkeit des Hydroxyds verständlich. Das entstandene Oxyd erscheint in spindel- oder kreuzförmigen Teilchen von der Größenordnung 1 μ, unter Umständen auch in faserigen Teilchen. Alle diese Formen deuten auf gestörte Krystallisation durch geringe Fremdstoffmengen hin. Aggregationen, die ihre Formen einem solchen chemischen Reaktionsmechanismus verdanken, werden als Somatoide bezeichnet. Nach Fricke, Gwinner und Feichtner (*27*) ergibt sich aus der Verbreiterung der Röntgeninterferenzen für die krystallinen Bereiche des

„aktiven" Oxyds ein Durchmesser von etwa 8o ÅE. Daneben liegt amorphes Material vor.

In den Fällungsprodukten aus Mischlösungen von $CuCl_2$ und $NiCl_2$ wurden vier verschiedene Krystallformen beobachtet (24): Nickelhydroxyd in sehr feindisperser Form, Nadeln oder lange Fasern von Kupferhydroxyd, Kupferoxyd als spindelförmige oder aus quadratischen Teilchen zusammengesetzte Somatoide und ein feindisperses Doppelhydroxyd der Zusammensetzung $NiCu(OH)_4$. Das Doppelhydroxyd

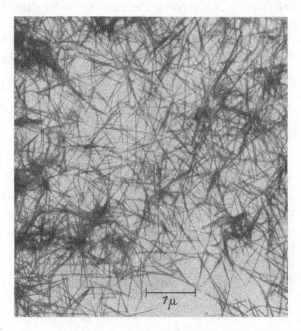

Abb. 13. Kupferhydroxyd, Fällung einer o,2-m-CuBr₂-Lösung mit überschussiger o,4-n NaOH. (Aufnahme H.TOBLER.)

konnte neben Kupferhydroxyd wegen der großen Ähnlichkeit der Röntgendiagramme nur elektronenmikroskopisch nachgewiesen werden.

Bei den vergleichenden Untersuchungen der Hydroxyde von 2-wertigen Metallen hat die elektronenmikroskopische Abbildung zur Aufklärung der Bildungsreaktionen der Hydroxyde beigetragen.

5. Hydroxyd und Oxyd des Aluminiums.

Frisches, in wäßriger Lösung gebildetes Aluminiumhydroxyd ist äußerst feindispers. Die Präparate sind röntgenamorph und zeigen im Elektronenmikroskop keinerlei Formen, die auf eine bestimmte Struktur schließen lassen. FEITKNECHT und Mitarbeiter (25) haben $4^1/_2$ Jahre lang gealtertes Hydroxyd untersucht, das durch anodische Auflösung von Aluminium in NaCl-Lösung erzeugt war. Dabei zeigte sich, daß

Gele, die in schwach saurem oder schwach alkalischem Medium aufbewahrt waren, Bayerit gebildet hatten. Die Röntgendiagramme und die im Elektronenmikroskop erkennbaren Formen der unter verschiedenen Alterungsbedingungen hergestellten Bayerit-Präparate wiesen Unterschiede auf. Neben kegelförmigen Somatoiden (vgl. Seite 78, Beispiel Kupferoxyd) wurden sechsseitige Plättchen in größerer oder geringerer Anzahl beobachtet. Im Gegensatz zu den Gelen, die sich in AlO(OH) umgewandelt hatten, schied sich aus den Solen in neutralem und schwach saurem Milieu Al(OH)$_3$ als Hydrargillit aus, der sechsseitige Plättchen verschiedener Dicke bildete.

Aluminiumhydroxyd wie auch feindisperses Aluminiumoxyd gehören zu den wirksamsten Adsorbentien. Schoon und Klette (*80*)

Abb. 14. Al$_2$O$_3$ aus gefälltem Bohmit durch Entwässern bei 800° C entstanden. (Praparat R. Fricke.)

haben im Elektronenmikroskop Aluminiumoxydhydrat mit Silicagel gleicher Adsorptionseigenschaften verglichen und an beiden Präparaten denselben porösen Aufbau aus netz- und wabenförmig angeordneten Platten festgestellt. Von Weitbrecht und Fricke (*86*) wurde γ-Al$_2$O$_3$, das durch Erhitzen von Böhmit [(AlO(OH)] hergestellt war, eingehend untersucht. Die äußere Krystallform eines im Autoklaven hergestellten Böhmits ändert sich durch die Entwässerung nicht, wohl aber werden die röntgenographisch bestimmten Kohärenzbereiche innerhalb der schön ausgebildeten, bis 8000 ÅE langen Prismen verkleinert. Gefällter Böhmit zeigt im Elektronenmikroskop lockere Anhäufungen von etwa 50 ÅE großen Teilchen. Beim Erhitzen wird die Struktur weiter aufgelockert und es entsteht ein schwammiges Netzwerk von Al$_2$O$_3$-Teilchen, die untereinander durch sehr feine, elektronenmikroskopisch kaum mehr erkennbare Brücken verbunden sind (Abb. 14). Die Teilchen rekrystallisieren bei Temperaturen bis 900° C kaum. Erst bei 1000° C setzt eine merkliche Teilchenvergrößerung unter gleichzeitiger Umwandlung in α-Al_2O_3 ein. Die übermikroskopisch bestimmte Weite der Poren ist von derselben Größenordnung wie die Teilchen selbst. Die sehr große aktive Oberfläche, die sich aus der schwammigen, äußerst feinteiligen Struktur ergibt, läßt die Eignung dieses Aluminiumoxyds als Katalysator und Katalysatorträger erkennen.

Als dünner, jedoch gleichmäßiger und sehr dichter Film bildet sich Aluminiumoxyd auf jeder metallischen Aluminiumoberfläche. Die Oxydschicht passiviert die Oberfläche des unedlen Metalls und macht es beständig gegen Luft und Wasser. Der Oxydfilm erreicht auf glatten, im Hochvakuum aufgedampften Aluminiumschichten an Luft bei Zimmertemperatur nach einem Monat seine Grenzdicke von weniger als 100 ÅE, wie Hass durch polarisationsoptische Messungen (*33*) nachweisen konnte. Oberhalb 400° C nimmt die Dicke der Oxydschicht stärker zu, oberhalb 450° C beginnt die Krystallisation des amorphen Films auf der Aluminiumunterlage, während sie an isolierten Oxydschichten erst oberhalb 680° C einsetzt, wie an Hand von Elektronenbeugungsdiagrammen nachgewiesen wurde. Mahl (*60*) hat den Aufbau von Oxydschichten, die durch Glühen von geätztem Reinstaluminium bei 550° C erzeugt waren, elektronenmikroskopisch und mittels Elektroneninterferenzen untersucht. Die von der Unterlage abgelöste Oxydhaut ist ein Abdruck der geätzten Aluminiumoberfläche. Das Oxyd kann daher den krystallographischen Flächen des Aluminiums zugeordnet werden, auf denen es gewachsen ist. Im Elektronenbild erscheinen auf den (100)-Ebenen Plättchen von wenigen 100 bis 3000 ÅE in regelloser Anordnung. Das Elektronenbeugungsdiagramm der Schicht zeigt eine teilweise Orientierung zur Unterlage an. An Ätzstrukturen mit abgerundeten Ecken und Kanten ist das zur (111)-Fläche des Aluminiums orientierte Wachstum größerer Al_2O_3-Krystalle zu beobachten. Offenbar findet die Oxydation an den Oktaederflächen des Aluminiums bevorzugt statt.

Elektrolytisch erzeugte Oxydschichten auf Aluminium sind wegen ihrer technischen Bedeutung mehrfach elektronenmikroskopisch untersucht worden. Sie sind alle mehr oder weniger wasserhaltig. Man muß dabei grundsätzlich zwei Arten unterscheiden: Die dichten, verhältnismäßig dünnen Ventilschichten und die dicken Schichten, wie sie nach dem Eloxalverfahren erzeugt werden.

Die *Ventilschichten* entstehen bei der anodischen Oxydation in Elektrolyten, die das Aluminiumoxyd nur wenig angreifen. Sie erscheinen in einer Dicke von 100 bis 300 ÅE im Elektronenmikroskop strukturlos und werden daher nach dem Vorschlag von Hass und Kehler (*34*) als Trägerfolien in der Elektronenmikroskopie verwandt (s. Abschn. III, 1). Das Elektronenbeugungsdiagramm dieser Schichten läßt einige diffuse Ringe erkennen, die dahingehend gedeutet werden, daß hier äußert feinkrystallines γ-Al$_2$O$_3$ mit regellos verteilten Fehlstellen vorliegt. Bei Temperaturen über 650° C krystallisieren die Schichten, das Beugungsdiagramm zeigt die scharfen Interferenzen von γ-Al$_2$O$_3$, und im elektronenmikroskopischen Bild werden die Oxydkrystalle sichtbar, die mit zunehmender Temperatur wachsen. Dickere Schichten entstehen durch Anlegen einer höheren Spannung und durch längere Dauer der Elektrolyse. Sie sind porös und erscheinen körnig (61).

· Die Ventilschichten sperren den Stromdurchgang, sobald sie eine von der Spannung abhängige Dicke erreicht haben. Elektrische Durchschläge erzeugen die Poren, die durch weitere Oxydation des Metalls an der Grenzfläche Metall-Oxyd geschlossen werden.

In Schwefelsäure- und Oxalsäure-Elektrolyten werden die Schichten wesentlich dicker und lockerer. Die Poren sind weiter und haben nach FISCHER und KURZ (26) einen Durchmesser von 150 bis 400 ÅE. Ihr Volumen macht nach elektronenmikroskopischen Messungen etwa 13% der gesamten Schicht aus. Durch Schrägbedampfung mit Wolframoxyd konnte WILSDORF (87) die Oberflächenstruktur dieser Oxydschichten im Elektronenmikroskop sichtbar machen. Die den Elektrolyten zugekehrte Seite ist weitgehend eben, die an das Metall grenzende Seite zeigt um die Poren herum kalottenförmige Erhebungen. WILSDORF deutet diesen Befund durch die Annahme, daß während der Elektrolyse in den Poren eine Gasentladung brennt, durch die Sauerstoff und Wasserstoff in Freiheit gesetzt wird. Die Gase stehen infolge von Kapillarkräften unter hohem Druck, und der Sauerstoff diffundiert von den Poren aus ins Metall. Die Oxydhaut auf dem Grund der Poren wird durch die Gasentladung immer wieder zerstört, so daß die Oxydation weiterlaufen kann. HUBER (44) hat den Querschnitt eines extrem dicken *Eloxalfilms* von 0,8 mm mit Hilfe eines Oberflächenabdrucks abgebildet. Danach verlaufen die Poren geradlinig in Richtung der Normalen zur Oberfläche, was sich mit den Anschauungen über ihre Entstehung deckt. Die übermikroskopischen Befunde bestätigen und ergänzen demnach die Vorstellungen über Bildung und Aufbau der elektrolytisch erzeugten Aluminiumoxydschichten, die mit Hilfe anderer Methoden gewonnen wurden.

6. Zinkoxyd.

Durch anodische Oxydation in Natronlauge entstehen auf Zink ähnliche Oxydfilme wie auf Aluminium. HUBER und BIERI (45) haben das Wachstum derartiger Schichten auf Zinkeinkrystallen mit dem Elektronenmikroskop und mit Elektroneninterferenzen untersucht. In einer Dicke von 100 bis 150 ÅE zeigt die Oxydhaut eine schuppige Struktur. Die Krystalle sind auf dem Metall mit ihrer hexagonalen Basisfläche orientiert aufgewachsen. In Schichten von 2000 bis 4000 ÅE geht die Orientierung mit zunehmendem Abstand vom Metall allmählich verloren. Die Filme zeigen Poren, die von elektrischen Durchschlägen herrühren. Die Röntgendiagramme von anodisch erzeugtem Zinkoxyd und von ZnO-Rauch entsprechen einander.

Pyrogen entstandenes ZnO, das als Pigment eine Rolle spielt, kommt in verschiedenen Krystallformen vor. Sie lassen sich im wesentlichen auf sechsseitige Tafeln und lange Nadeln zurückführen, die zu vierstrahligen Sternen verwachsen sind (7), (8). Die Gestalt der Krystalle hängt von den Entstehungsbedingungen ab. Die Zinkdampf- und Sauerstoffkonzentration dürfte dabei eine Rolle spielen. Die in Abb. 15 dargestellten ZnO-Nadeln sind durch Verbrennen von Zink an Luft bei etwa 800° C entstanden. Sie haben beim Aufsteigen in der Wärmeströmung verschiedene Wachstums-bedingungen durchlaufen. Auf diese Weise können die Absätze in den Nadeln erklärt werden.

Pyrogen entstandenes ZnO nimmt bei Anwesenheit von Feuchtigkeit reichlich Kohlensäure auf. Die ursprünglichen Krystalle werden dabei weitgehend zerstört. Das gebildete basische Karbonat ist feinkörniger und wird beim Glühen unter Abspaltung von CO_2 und H_2O

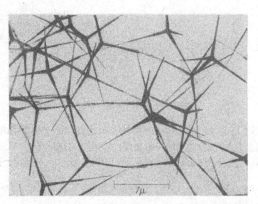

Abb. 15. ZnO-Rauch aus Verbrennung von Zn bei 800° C. Die dunklen Punkte in den Nadeln sind durch Beugung der Elektronen im Krystallgitter hervorgerufen.

in noch kleinere Teilchen von etwa 0,1 μ Durchmesser aufgespalten. Nach beendeter Kalzinierung liegt ZnO in Form sehr dünner, unregelmäßiger Plättchen vor (7). Dieser Vorgang ist ein typisches Beispiel für die Darstellung oberflächenaktiver Stoffe, die in ihren einzelnen Phasen elektronenmikroskopisch verfolgt werden kann.

7. Oxydische Rauche.

Ebenso wie Zink liefert auch Magnesium bei der Verbrennung an Luft einen Oxydrauch, der in gut ausgeprägten Würfeln krystallisiert (Abb. 16). Die Würfel sind zu Ketten aneinander gelagert, teilweise sind sie durch sehr dünne Brücken miteinander verbunden. Oxyde, die weniger zur Krystallisation neigen, liegen im Rauch als kugelige Gebilde vor, die sich zu Ketten zusammenlagern, wie z. B. Al_2O_3, das durch Verbrennung von Aluminium im elektrischen Lichtbogen erhalten wird (10).

Rundliche Gebilde entstehen auch durch Hydrolyse flüchtiger Siliciumverbindungen bei erhöhter Temperatur in der Gasphase. Diese Gebilde sind lockere Aggregate von 50 bis 70 ÅE großen Teilchen, wenn

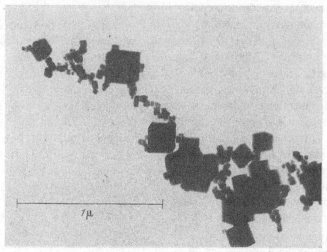

Abb. 16. MgO-Rauch aus Verbrennung von Magnesiumdraht.

$SiCl_4$-Dampf, der im Stickstoffstrom mitgeführt worden ist, bei 800° C in feuchter Luft zersetzt wird (Abb. 17). Dagegen weist SiO_2-Rauch deutlich strukturierte Teilchen auf, wenn er in der Flamme eines mit $SiCl_4$ beladenen Wasserstoffstroms gebildet wird (Abb. 18). Die Teilchen scheinen in diesem Falle von einer glatten glasigen Schicht umhüllt zu sein. Das Elektronenbeugungsdiagramm dieser Rauche zeigt den diffusen Ring der amorphen Kieselsäure.

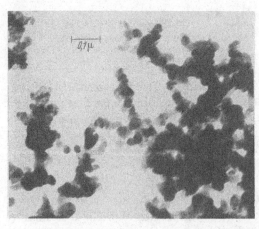

Abb. 17. SiO_2-Rauch aus Hydrolyse von $SiCl_4$-Dampf bei 800° C, lockere, rundliche Teilchen.

TiO_2-Rauch, der durch Hydrolyse von $TiCl_4$ bei 800° C gewonnen ist (28), besitzt ein ähnliches Aussehen.

Siliciumdioxydrauch wird in technischem Maßstab als Aerosol hergestellt; das aus der Gasphase niedergeschlagene Siliciumdioxyd liefert lockere, sehr voluminöse SiO_2-Präparate. Siliciumdioxydrauch entsteht auch bei der Elementaranalyse silico-organischer Verbindungen durch Verbrennung (*74*). Eine elektronenmikroskopische Aufnahme eines solchen Verbrennungsproduktes ist in Band 1, S. 50 dieser Zeitschrift abgebildet.

Anwendung der Hydrolyse von Siliciumtetrachlorid:

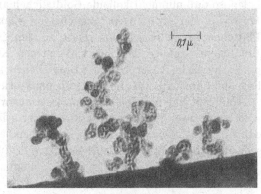

KOHLSCHÜTTER und MATTNER (*50*) haben $SiCl_4$ in Baumwollfasern eingeführt und nachträglich im Inneren der Fasern mit Wasserdampf zu Kieselsäure umgesetzt. Nach dem Verbrennen der mit Kieselsäure beladenen Fasern erhielten sie als anorganischen Rückstand

Abb. 18. SiO_2-Rauch aus Hydrolyse von $SiCl_4$-Dampf in Wasserstoff-Flamme, Teilchen mit Innenstruktur und gesinterter Außenhaut.

dünne SiO_2-Schichten, die elektronenmikroskopisch auflösbare Abdrucke der Lamellen in der ursprünglichen Faser ergaben (Abb. 19). Das Verfahren ist auch in anderen Stoffsystemen zur Abbildung *innerer* Oberflächen geeignet.

8. Tonmineralien.

Die Eigenschaften der Tone, ihre Plastizität und Quellfähigkeit sind bedingt durch die *Plättchen*struktur der meisten Tonmineralien. Die Krystalle sind submikroskopisch klein. Das Elektronenmikroskop wurde zu ihrer Analyse mit Erfolg herangezogen.

Kaolinit, dem die Formel $Al_2(OH)_4 \cdot Si_2O_5$ zukommt, krystallisiert vornehmlich in

Abb. 19. SiO_2-Abdruck von Lamellen innerhalb einer Baumwollfaser, gewonnen durch Hydrolyse von $SiCl_4$ in der Faser. (Präparat H. W. KOHLSCHÜTTER.)

sechsseitigen Plättchen (Abb. 20) von 200 bis 1000 ÅE Dicke, die EITEL und GOTTHARDT (*15*) an Schnaittenbacher Kaolin mittels elektronenmikroskopischer Stereoaufnahmen gemessen haben. Die Basisflächen der Krystalle sind negativ geladen. Sie adsorbieren nach THIESSEN (*83*) positive Silberjodidteilchen. Dagegen werden negativ geladene kolloide Goldpartikel nur an den Ecken und Kanten angelagert, wo durch Adsorption von Kationen eine Umladung der Oberfläche statt-findet (18). In BaCl₂-Lösung werden auch an den Basisflächen durch Kationenaustausch Ba^{2+}-Ionen adsorbiert (16), die die Flächen um-laden, so daß nunmehr kolloide Goldteilchen angelagert werden können. Muskowit, der ebenfalls in dünnen, von Elektronen durchstrahlbaren Plättchen krystallisiert, adsorbiert an den Basisflächen und Kanten Goldteilchen infolge der dort vorhandenen Kationen (83). Durch die unterschiedliche Adsorption von Goldteilchen kann Muskowit von Kao-linit und Sarospatit (41) im Elektronenmikroskop unterschieden werden.

Halloysit hat dieselbe Zusammensetzung wie Kaolinit, krystallisiert jedoch mit zwei Molekülen Wasser, das er sehr leicht abgibt. Er geht dabei in Metahalloysit über, dessen Röntgendiagramm dem des Kaolinit sehr ähnlich ist. Eine eindeutige Unterscheidung beider Mineralien ge-

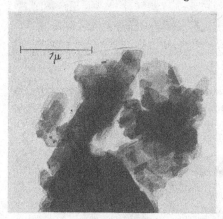

Abb. 20. Kaolinit.

lingt mit dem Elektronenmikro-skop, da Halloysit und der da-raus entstehende Metahalloysit im Gegensatz zum plättchen-förmigen Kaolinit in leisten-förmigen Krystallen (17), (47) vorkommt.

Die hohe Plastizität der Bentonite wird durch die Struk-tur ihres Hauptbestandteiles, des Montmorillonits (4 SiO_2 · Al_2O_3 · H_2O) verursacht, der aus äußerst dünnen Krystallplätt-chen besteht. Im Elektronen-mikroskop wurden noch Plätt-chen von 10 ÅE Dicke beobachtet (5), die aus einer einzigen Silicatschicht bestehen. Durch Kationenaustausch lassen sich die schweren Cs^+-, Ba^{2+}-und La^{3+}-Ionen anlagern (16). Die dünnen Plättchen heben sich dann wegen des großen Elektronenstreuvermögens der schweren Ionen im elektronenmikroskopischen Bild besser ab.

Die Montmorillonit-Kryställchen werden durch Kochen mit Salz-säure weitgehend zerstört. Al_2O_3 geht zum Teil in Lösung, und es hinter-bleibt ein schwammiges Gerüst mit Poren von etwa 200 ÅE Durch-messer (18). Mit Salzsäure aufgeschlossener Montmorillonit wird in der Technik unter dem Namen Bleicherde als Adsorbens verwendet.

Im Gegensatz zu den meisten Tonmineralien krystallisiert Attapulgit, ein Al-Mg-Silicat. in feinen Nadeln von 50 bis 250 ÅE Durchmesser (19). Er ist der Hauptbestandteil der amerikanischen Fullererde, die als technisches Bleichmittel dient. Die auf Grund von röntgenographischen Untersuchungen ausgesprochene Vermutung, daß Attapulgit eine kettenartige Krystallstruktur besitzt, konnte durch Abbildung der sehr dünnen Nadeln bestätigt werden.

V. Ausblick.

Das Elektronenmikroskop hat im Laufe weniger Jahre zur Beantwortung zahlreicher chemischer Fragen beigetragen. Mit seiner Hilfe wurde unsere Kenntnis der hochdispersen Stoffe wesentlich erweitert. In vielen Stoffsystemen, in denen Vorstellungen über Teilchengrößen und -formen bisher nur auf indirekten Wegen und mit kombinierten Untersuchungsmethoden erworben werden konnten, ist die Verbindung zu den Erfahrungen im Auflösungsbereich des Lichtmikroskops unmittelbar hergestellt worden.

Für die Beantwortung spezifisch chemischer Fragestellungen ist die bloße Feststellung von Teilchengrößen und -formen im allgemeinen nicht ausreichend. Jede natürliche Form eines Stoffes steht in Beziehungen zu seiner Struktur und zu den Bedingungen, unter denen er sich bildete. Es ist zu erwarten, daß diesen Beziehungen im Auflösungsbereich des Elektronenmikroskops in zunehmendem Maße *systematische* Untersuchungen gewidmet werden. Die für den Abschnitt IV dieses Berichtes ausgewählten Beispiele enthalten Erfahrungen, die vervollständigt werden müssen oder verallgemeinerungsfähig sind, auf die deshalb bei weiteren Untersuchungen auf dem Gebiet der anorganischen Chemie Bezug genommen werden kann.

Die Abbildung anorganischer Einzelmoleküle ist noch nicht gelungen. Wohl aber konnte die Anordnung der Benzolringe im Kupferphthalocyanin-Molekül mit dem Feldelektronenmikroskop dargestellt werden (*67a*). Organische Riesenmoleküle [Jodbenzoylglycogen (*46*), Haemocyanin (1)] wurden im Elektronenmikroskop abgebildet. Auch die kleineren Virusteilchen können als einzelne Riesenmoleküle aufgefaßt werden. Die bekannte Aufnahme des krystallisierten Tabaknecrose-Virus (*65*) gehört bisher zu den eindrucksvollsten Ergebnissen der Elektronenmikroskopie. Sie zeigt die regelmäßige Anordnung der Virusteilchen im Krystallgitter, das hier zum erstenmal abgebildet worden ist. Damit ist der Anschluß an die Strukturbestimmung durch Interferenz von Röntgen- und Elektronenstrahlen an Krystallgittern hergestellt, und die Abbildung anorganischer Molekülgitter rückt durchaus in den Bereich der Möglichkeit, falls es gelingt, das Auflösungsvermögen der Elektronenmikroskope weiter zu steigern.

Die Aufnahmen 11, 12 und 13 wurden mit dem Trüb-Täuber-Elektronenmikroskop, alle übrigen Aufnahmen mit dem elektrostatischen AEG-Zeiss-Elektronenmikroskop der SDL aufgenommen.

Literatur.

1. V. ARDENNE, M.: Elektronen-Übermikroskopie. Berlin: Springer 1940.

2. — Die Reaktionskammer-Übermikroskopie mit dem Universal-Elektronen-mikroskop. Z. Phyik. Chem. B. **52**, 61 (1942).

3. — Analyse des Feinbaues stark und sehr stark belichteter Bromsilberkörner mit dem Universal-Elektronenmikroskop. Z. angew. Phot. **2**, 14 (1940).

4. —, u. B. BEISCHER: Untersuchungen mit dem Universal-Elektronenmikro-skop. Angew. Chem. **53**, 103 (1940).

5. —, K. ENDELL u. U. HOFMANN: Untersuchungen feinster Fraktionen von Bentoniten und Tonböden mit dem Universal-Elektronenmikroskop. Ber. dtsch. keram. Ges. **21**, 209 (1940).

6. —, u. U. HOFMANN: Elektronenmikroskopische und röntgenographische Untersuchungen üb. die Struktur von Rußen. Z. phys. Chem. B. **50**, 1 (1941).

7. ARNOLD, H.: Über das Eindicken von Zinkweißemaillen, Farben, Lacke, Anstrichstoffe 1949, 2.

8. —, u. E. GÖLZ: ZnO-Untersuchungen I. Kautschuk **18**, 2 (1942).

9. BACHMANN, G. S., R. B. FISCHER u. A. E. BADGER: Beobachtung von Gold-teilchen in Glas mit dem Elektronenmikroskop. Glass Ind. **27**, 399, 416, 418, 420, 422 (1946).

10. BARNES, R. B., and C. I. BURTON: Metallic smokes as test objects in electron microscopy. Ind. Engng, Chem. News Edit. **19**, 965 (1941).

11. BEYERSDORFER, K.: Elektronenmikroskopische Oberflächenabbildung von Rubingläsern. Optik **5**, 557 (1949).

12. — Über die Struktur des Graphitoxydrußes. Optik (1950).

13. V. BORRIES, B.: Sublichtmikroskopische Auflösungen bei der Abbildung von Oberflächen im Übermikroskop. Z. Physik **116**, 370 (1940).

13a. V. BORRIES, B.: Die Übermikroskopie, Berlin 1948.

14. —, u. G. A. KAUSCHE: Übermikroskopische Bestimmung der Form und Größenverteilung von Goldkolloiden. Kolloid.-Z. **90**, 132 (1940).

15. EITEL, W., u. E. GOTTHARDT: Über die stereogrammetrische Dickenmessung kleinster Krystalle nach übermikroskopischen Aufnahmen. Naturwiss. **28**, 367 (1940).

16. —, u. O. E. RADCZEWSKI: Zur Kennzeichnung des Tonminerals Mont-morillonit im übermikroskopischen Bilde. Naturwiss. **28**, 397 (1940).

17. — — Zur Kenntnis des Metahalloysits. Preuß. Akad. d. Wiss., Math.-nat. Kl. (1943) Nr. 5 S. 3.

18. ENDELL, J.: Tonmineralien, Gestaltung und Struktur. Tonind.-Ztg. (1949), 2.

19. — Nachweis der, Faserstruktur von Fullererde im Elektronenmikroskop. Z. Naturforsch. **1**, 646 (1946).

20. ENDTER, F.: Zur Struktur der technischen Ruße. Z. anorg. allg. Chem. **263**, 191 (1950).

21. FEITKNECHT, W.: Laminardisperse Hydroxyde und basische Salze zwei-wertiger Metalle. Kolloid-Z. **92**, 257 (1940).

22. — Laminardisperse Hydroxyde und basische Salze zweiwertiger Metalle. Kolloid-Z. **93**, 66 (1940).

23. —, u. K. MAGET: Die Hydroxychloride des Kupfers. Helv. Chim. Acta **32**, 1639 (1949).

24. — — Über Mischfällungen von Kupfer-Nickelhydroxyd. Z. anorg. allg. Chem. **258**, 250 (1949).

25. —, u. H. STUDER: Elektronenmikroskopische Untersuchungen über die Größe und Form der Teilchen kolloider Metallhydroxyde. Kolloid-Z. **115**, 13 (1949).

26. FISCHER, H., u. F. KURZ: Übermikroskopisches Bild anodischer Oxydfilme auf Aluminium und ihr Wachstum. Korros. u. Metallschutz **18**, 42 (1942).

27. FRICKE, R., E. GWINNER u. CH. FEICHTNER: Über Wärmeinhalt und Gitterzustand verschieden aktiver Formen von CuO und über die Bildungswärme von Cu(OH)$_2$ Ber. dtsch. chem. Ges. **71**, 1744 (1938).

28. FRIESS, H., u. H. O. MÜLLER: Staube und Rauche im Übermikroskop. Gasmaske **11**, 1 (1939).

29. GRUBE, G., u. U. SPEIDEL: unveröff.

30. HAARDICK, H.: Über die Wechselwirkungen zwischen Aufdampfschichten und mikroskopischen Objekten. Optik **5**, 549 (1949).

31. HALL, C. E, and A. L. SCHOEN: Application of the electron microscope to the study of the photographic phenomena. J. opt. Soc. America **31**, 281 (1941).

32. HASS, G.: Untersuchungen über den Aufbau aufgedampfter Metallschichten mittels Übermikroskop und Elektroneninterferenzen. Kollcid-Z. **100**, 230 (1942).

33. — Über das Wachstum und die Struktur dünner Oxydschichten auf Aluminium. Z. anorg. allg. Chem. **254**, 96 (1947).

34. —, u. H. KEHLER: Über eine temperaturbeständige und haltbare Trägerschicht für Elektroneninterferenzaufnahmen und übermikroskopische Untersuchungen. Kolloid-Z. **95**, 26 (1941).

35. — — Über ein Verfahren zur Untersuchung unzusammenhängender dünner Schichten im Übermikroskop und zur Herstellung von Abdruckfilmen und Trägerfolien mittels Aufdampfen von Silizium-Monoxyd. Optik **5**, 48 (1949).

36. HAST, N.: Production of Extremly Thin Metal Films by Evaporation on to Liquid Surfaces. Nature **162**, 892 (1948).

37. HEERING, H., I. v. GIZYCKI u. A. KIRSECK: Rußuntersuchungen mit dem Übermikroskop. Kautschuk **17**, 55 (1941).

38. HEIDENREICH, R. D., and V. G. PECK: Fine structure of metallic surfaces with the electron microscope. J. appl. Physics **14**, 23 (1943).

39. HOFMANN, U.: Die Struktur und die technischen Eigenschaften des Kohlenstoffs. Wiener Chem. Z. **46**, 97 (1943).

40. —, u. W. HÖPER: Über die ,,aktiven Stellen'' bei der Katalyse. Naturwiss. **32**, 225 (1944).

41. —, A. JACOB u. H. LOOFMANN: Untersuchung der Tonfraktion der Böden mit dem Elektronenmikroskop. Bodenkunde u. Pflanzenernähr. **25**, 257 (1941).

42. —, A. RAGOSS, G. RÜDORFF, R. HOLST, W. RUSTON, A. RUSS u. G. RUESS: Die Struktur und die Graphitierung von Kohlenstoff. Z. anorg. allg. Chem. **255**, 195 (1947).

43. — — u. F. SINKEL: Die Struktur der Kolloide des feinkrystallinen Kohlenstoffs. Kolloid-Z. **96**, 231 (1941).

44. HUBER, K.: J. Colloid Science **3**, 197 (1948).

45. —, u. B. BIERI: Orientierte Abscheidung von Oxyden bei der anodischen Oxydation. Helv. physica Acta **21**, 375 (1948).

46. HUSEMANN, E., u. H. RUSKA: Die Sichtbarmachung des p-Jodbenzoylglykogens. Naturwiss. **28**, 534 (1940).

47. KEMPCKE, E., F. ENDTER u. U. HOFMANN: Der Halloysit von Bergnersreuth. Sprechsaal **82**, 1 (1949).

48. KOCH, H. W.: Teilchengröße und Teilchengestalt in Goldsolen. Z. Elektrochem. **47**, 717 (1941).

49. Kohlschütter, H. W.: Mitteilung an K. Beyersdorfer.

50. —, u. H. Mattner: Abscheidungen von Kieselsäure an Baumwollfasern Z. anorg. Chem. **262**, 122 (1950).

51. —, u. L. Sprenger: Die Entwicklung der Topochemie. Z. angew. Chem. **52**, 197 (1939).

52. — V., u. W. Feitknecht: Helv. Chim. Acta **6**, 377 (1923).

53. König, H.: Über das Schmelzen des Kohlenstoffs. Naturwiss. **34**, 108 (1947).

54. — Veränderung organischer Präparate im Elektronenmikroskop. Gött. Nachr. Math. Phys. Kl. 1946, 24.

55. — unveröff.

56. Krause, F.: Das magnetische Übermikroskop und seine Anwendung in der Biologie. Naturwiss. **25**. 817 (1937).

57. Mahl, H.: Ein plastisches Abdruckverfahren zur übermikroskopischen Untersuchung von Metalloberflächen. Metallwirtsch. **19**, 488 (1940).

58. — Über die Erzeugung und Ablösung dünner Oberflächenfilme im Hinblick auf das Abdruckverfahren. Korros. u. Metallschutz **20**, 225 (1944).

59. — Übermikroskopische Beobachtungen an Aluminium-Ätzstrukturen. Zbl. Mineral., Geol., Paläont., Abt. A **182** (1941).

60 — Über thermisch erzeugte Oxydfilme bei Aluminium. Kolloid-Z. **100**, 219 (1942).

61. — Übermikroskopische Untersuchungen an oxydischen Oberflächenfilmen. Korros. u. Metallschutz **17**, 1 (1941).

62. —, u. F. Pawlek: Übermikroskopische Untersuchungen an Aluminiumlegierungen. Z. Metallkunde **34**, 232 (1942).

63. — — Übermikroskopische Gefügeuntersuchungen an unlegierten Stählen. Arch. Eisenhüttenwes. **16**, 223 (1942).

64. —, u. I. N. Stranski: Über Ätzfiguren an Al-Krystalloberflächen I. Z. physik. Chem. B **51**, 319 (1942).

65. Martham, R., K. M. Smith, and R. W. G. Wyckoff: Electron microscopy of tabacco necrosis virus crystals. Nature **161**, 760 (1948).

66. Mehl, R. F.: The structure and rate of formation of pearlite. Trans. Amer. Soc. Metals **29**, 813 (1941).

67. Müller, H. O.: Die Ausmessung der Tiefe übermikroskopischer Objekte Kolloid-Z. **99**, 6 (1942).

67a. Müller, E. W.: Sichtbarmachung der Phthalocyaninmolekel mit dem Feldelektronenmikroskop, Naturwiss. **37**, 333 (1950),

68. Radczewski, O. E., H. O. Müller u. W. Eitel: Zur Hydratation des Tricalciumsilicats. Naturwiss. **27**, 807 (1939).

69. — — — Übermikroskopische Untersuchung der Hydratation des Kalkes. Zement **28**, 693 (1939).

70. Ragoss, A., U. Hofmann u. R. Holst: Die Graphitierung von Thermax-Ruß. Kolloid-Z. **105**, 118 (1943).

71. Reinmann, R.: Zur Chemie, Thermodynamik und Morphologie der basischen Cadmiumchloride und von Cadmiumhydroxyd. Diss. Bern 1948.

72. Ribi, E.: Über Hydroxyverbindungen des Mangans. Diss. Bern 1948.

73. Riedel, G., u. H. Ruska: Übermikroskopische Bestimmung der Teilchenzahl eines Sols über dessen aerodispersen Zustand. Kolloid-Z. **96**, 86 (1941).

74. Rochow, E. G.: An introduction to the chemistry of the silicones. New York: Wiley & Sons 1946.

75. Ruess, G.: Zur Objekterwärmung im Siemens-Elektronenmikroskop. Kolloid-Z. **109**, 149 (1944).

76. —, u. F. Vogt: Höchstlamellarer Kohlenstoff aus Graphitoxyhydroxyd. Mh. Chem. 78, 222 (1948).
77. Ruska, E.: Beitrag zur übermikroskopischen Abbildung bei höheren Drucken. Kolloid-Z. 100, 212 (1942).
78. Ruska, H.: Übermikroskopische Untersuchungstechnik. Naturwiss. 27, 287 (1939).
79. Scherzer, O.: Können Atome im Elektronenmikroskop sichtbar gemacht werden? Physik. Bl. 5, 460 (1949).
80. Schoon, T. H. u. H. Klette: Der Aufbau typischer Adsorbentien. Naturwiss. 29, 652 (1942).
81. Seeliger, R. u. J. Hunger: Das Prägeabdruckverfahren zur übermikroskopischen Oberflächenabbildung. Physik. Bl. 2, 15 (1946).
82. Semmler, E.: Übermikroskopische Beobachtungen an tiefgeätztem Aluminium und Hydronalium. Aluminium 9, 302 (1942).
83. Thiessen, P. A.: Wechselseitige Adsorption von Kolloiden. Z. Elektrochem. 48, 675 (1942).
84. Trenktrog, W.: Diss. Kiel 1923.
85. Trotter, I., D. Mc. Lean, and C. I. B. Clews: The Microstructure of a Water-Quenched Carburized Iron, Symposium on metallurgical Applications of the Electron Microscope, London Nov. 1949, Nr. 1199, S. 75.
86. Weitbrecht, G. u. R. Fricke: Die Teilchengröße, Störstruktur und Sekundarstruktur des γ-Al$_2$O$_3$ und seiner Ausgangsstoffe. Z. anorg. allg. Chem. 253, 9 (1945).
87. Wilsdorf, H.: Über das Wachstum elektrolytisch erzeugter poriger Aluminiumoxydschichten. Z. angew. Physik 2, 17 (1950).
88. Zworykin, Marton, Ramberg, Hillier, Vance: Electron Optics and the Electron Microscope. New York 1945, S. 392.
89. — V. K., and E. G. Ramberg: Surface studies with the electron microscope. J. appl. Physics 12, 692 (1941).
90. Zbinden, H. u. K. Huber: Experientia Vol. III/11, 1 (1947).

(Abgeschlossen im Mai 1950)

Dr. Kurt Beyersdorfer, (17a) Mosbach/Baden,
Süddeutsche Laboratorien.

Fortschr. chem. Forsch., Bd. 2, 92—145·(1951).

Organische Einschluß-Verbindungen.

Von

WILHELM SCHLENK jr.

Mit 32 Textabbildungen.

Inhaltsübersicht.

I. Definition der ,,Einschlußverbindungen''.

Während auf dem Gebiet der *anorganischen* Molekülverbindungen die Vorstellungen der von A. WERNER entwickelten Koordinationslehre für die Forschung eminent fruchtbar geworden sind und für die Systematik ein umfassendes Ordnungsprinzip geliefert haben, konnten für die *organischen* Verbindungen höherer Ordnung räumlicher Bau wie auch wirkende Bindungskräfte *nicht* unter gleich einfache und gleich einheitlich geltende Grundprinzipien eingeordnet werden. Der Fundamentalbegriff symmetrischer Lagerung um ein Koordinationszentrum existiert für die rein organischen Molekülverbindungen nicht; die Bindungskräfte lassen sich wohl manchmal, aber durchaus nicht immer auf die klassischen Vorstellungen der Elektronenvalenz zurückführen.

Ein Gesichtspunkt, der sich für die Erforschung der rein organischen Molekülverbindungen als fruchtbar erwiesen hat, ist die von PAUL PFEIFFER entwickelte „Lokalisationstheorie der Restaffinitätskräfte" (38). Nach dieser Auffassung kommt bestimmten funktionellen Gruppen oder Bezirken der zusammengelagerten Moleküle die entscheidende Bedeutung für den Zusammenhalt der Kombinationsprodukte zu. Implicite liegt diese Annahme auch der heute gebräuchlichen Systematik der rein organischen Molekülverbindungen zugrunde, welche die Additionsprodukte nach chemischer Ähnlichkeit in Gruppen zusammenfaßt und diese Gruppen dann nebeneinander aufreiht: die Gruppe der Chinhydrone, die Gruppe der Molekülverbindungen der Ketone, die Gruppe der Molekülverbindungen der Nitrokörper u. s. f.

Es gibt nun einige Molekülverbindungen — zum Teil sind sie seit langem bekannt, zum größeren Teil erst in jüngster Zeit entdeckt und bearbeitet worden —, die sich diesem System *nicht* einordnen lassen, da bei ihnen lokalisierte Bindungskräfte der PFEIFFERschen Art entweder überhaupt nicht angenommen werden können oder wenigstens nicht die ausschlaggebende Rolle spielen: Das erste gilt z. B. für die seit langem bekannten Hydrate der Paraffine und für die Desoxycholsäure-, Harnstoff- und Thioharnstoffaddukte der Paraffine; das zweite für die Desoxycholsäure-, Harnstoff-, Thioharnstoff- und Dinitrodiphenyladdukte anderer Körperklassen. Für die eingehende Erforschung derartiger Kombinationsprodukte haben nicht Erwägungen über die wirkenden Kräfte, sondern Studien über die räumliche Lage der Komponenten im Krystall den Ausgangspunkt gebildet; und es ist für all diese Produkte eine Art von krystallchemischer Verwandtschaft zutage getreten, die eine ungezwungene Zusammenfassung zu einer besonderen Gruppe erlaubt.

Das Gemeinsame der hier zu besprechenden Molekülverbindungen ist die gleichartige räumliche Lagerung der Komponenten im Molekülverbindungskrystall: Die eine der jeweiligen Verbindungskomponenten bildet ein invariables Grundgitter, welches Hohlräume birgt. In diesen Hohlräumen sind die Moleküle der anderen Komponenten eingelagert, manchmal mehr oder weniger beweglich, manchmal in definierten Punktlagen. Das betreffende Grundgitter bildet sich im allgemeinen nur in Berührung mit dem Verbindungspartner aus und ist nur in seiner Gegenwart stabil; in einigen Fällen ist partielle oder gänzliche Entfernung der eingelagerten Moleküle möglich, ohne daß das Hohlraumgitter kollabiert.

Einfache geometrische Überlegung ergibt, daß für die Gestalt der Gitterhohlräume grundsätzlich drei Möglichkeiten denkbar sind: Sie können erstens dreidimensional geschlossen, d. h. käfigartig sein; sie können zweitens nach einer Dimension offen, d. h. kanalförmig sein; und sie können drittens nach zwei Dimensionen offen, d. h. schichtförmig sein. Alle drei Möglichkeiten findet man verwirklicht; es wird also im folgenden von „Käfigverbindungen", „Kanalverbindungen" und „Schichtverbindungen" die Rede sein. Als Oberbegriff ist die Bezeichnung „Einschlußverbindungen" gewählt; der naheliegende Ausdruck „Einlagerungsverbindung" wird vermieden, da diesem Wort bereits vor langem von A. Werner ein anderer, spezieller Sinn unterlegt worden ist (*54*).

Wenn im vorliegenden Referat eine Zusammenfassung chemisch weit auseinanderliegender Verbindungsgruppen nach der Ähnlichkeit ihres Krystallbaues vorgenommen wird, so erhebt sich die Frage, ob ein solcher Gesichtspunkt nicht zu einer bloßen Anhäufung morphologischer Konvergenzerscheinungen führt. Im Verlauf der Einzelbesprechung der Verbindungsklassen wird sich ergeben, daß der architektonischen Gleichartigkeit weitgehende Ähnlichkeit der wirkenden Kräfte zugeordnet ist, d. h. zugrunde liegen dürfte, so daß sich auch vom dynamischen Gesichtspunkt aus die vorgenommene Zusammenfassung rechtfertigt.

II. Kanal-Einschlußverbindungen.

1. Harnstoffaddukte.

An die Spitze der Besprechung seien die 1940 von F. Bengen (*5*) entdeckten Harnstoffaddukte gestellt, weil diese Gruppe eine ganz besonders große Zahl von Verbindungen umfaßt, weil ferner in dieser Klasse die Dominanz der geometrischen Verhältnisse über valenzchemische Einflüsse besonders klar zum Ausdruck kommt, und weil hier die interessante und den herkömmlichen Anschauungen ungewohnte Tatsache nicht ganzzahliger Molverhältnisse bei gleichzeitiger strenger Gültigkeit des Gesetzes der konstanten Verbindungsgewichte aufgefunden wurde und sich als einfache Folge der geometrischen Verhältnisse deuten ließ (*47*).

Harnstoff bildet unter denkbar einfachen Versuchsbedingungen — meist genügt bloßes Mischen von gelöstem oder pulverisiertem Harnstoff mit dem betreffenden organischen Partner — mit einer erstaunlich großen Anzahl verschiedenartiger organischer Verbindungen krystallisierte, zum Teil recht beständige, Additionsverbindungen. Als befähigt zur Harnstoffaddition wurden bisher erkannt: Paraffin- und Olefinkohlenwasserstoffe, Alkohole, Äther, Ketone, Mono- und Dicarbonsäuren, Ester, Halogenide, Amine, Nitrile, Thioverbindungen. Die Addukte sind echte Verbindungen, wie durch Tensionsanalysen und durch Feststellung der Gültigkeit des Gesetzes der konstanten Verbindungsgewichte bewiesen wurde. Das Molverhältnis zwischen Harnstoff und Partner ist in der Regel nichtganzzahlig.

Es ergab sich, daß zur Harnstoffaddition vorzugsweise *geradkettige* aliphatische Verbindungen geeignet sind, daß sich verzweigte Aliphaten nur dann an Harnstoff anlagern, wenn die Moleküle verhältnismäßig lang und die Verzweigungsstellen nicht eng benachbart sind, und daß Aromaten nur dann Harnstoffaddukte bilden, wenn sie eine längere aliphatische Seitenkette tragen.

Sowohl die Nichtganzzahligkeit des Molverhältnisses trotz Gültigkeit des Gesetzes der konstanten Proportionen, wie auch die anderen aufgezählten Sonderbarkeiten erklärten sich in einfacher Weise aus der im folgenden zu beschreibenden Krystallstruktur.

a) Die Struktur der Harnstoffaddukte.

Bei Berührung mit additionsfähigen organischen Substanzen der besprochenen Art, z. B. Hexadecan, gruppieren sich die Moleküle des normalen, tetragonal krystallisierten Harnstoffs ($a = 5,73$; $c = 4,77$; Raumgruppe V_d^3; $Z = 2$ Moleküle) zu einem hexagonalen Gitter um ($a = 8,20$; $c = 11,1$; Raumgruppe D_6^3; $Z = 6$ Moleküle). Die Harnstoffmoleküle haben nunmehr ihren Platz im Krystall in den Längskanten regulärer sechsseitiger Prismen. Hierdurch entsteht ein wabenartiges Gefüge mit durchgehenden prismatischen Hohlräumen. In diese Kanäle des Grundgitters, das bei allen Addukten dieser Art dasselbe ist, lagern sich, in gestreckter Gestalt, die Partnermoleküle ein. Sie besetzen dabei, relativ zu den Harnstoffmolekülen, keine definierten, periodisch wiederkehrenden Punkte. Eine strenge Ordnung wird nur insoweit eingehalten, als die gestreckten Partnermoleküle sich linear aneinanderreihen und dabei einen bei allen Addukten sehr annähernd gleich großen statistischen Mittelabstand von etwa 2,4 Å „head to tale" einhalten.

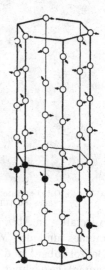

Abb. 1. Das Grundgitter der hexagonalen Harnstoff-addukte [nach C. HERMANN, cf. SCHLENK (47)].

Abb. 1 zeigt, schematisiert, das hexagonale Grundgitter. Der abgegrenzte untere Teil stellt die Elementarzelle, die Kreise stellen die in den Prismenkanten liegenden Sauerstoffatome der Harnstoffmoleküle dar, die Pfeile zeigen die Richtung der Ebenen O—C$\langle^N_N$ dieser Harnstoffmoleküle an. 6 schwarze Moleküle (das oberste und das unterste in der Abbildung ist nur halb zu zählen) sind als der Elementarzelle zugeordnet zu denken, die übrigen rechnen zu den umgebenden 6 Nachbarprismen. In der Abb. 2 sind die Harnstoffmoleküle maßstabtreu mit ihrer ungefähren Wirkungssphäre abgebildet; im Inneren des Prismas befinden sich zwei Moleküle n-Octan, im Abstand von 2,4 Å aneinanderstoßend.

Dieses Strukturbild erklärt zunächst die seltsame Tatsache, daß bevorzugt geradkettige, weniger leicht oder gar nicht dagegen verzweigte oder cyclische organische Moleküle zur Bildung von Harnstoffaddukten dieser Art neigen. Abb. 3 zeigt den Querschnitt des hexagonalen Gitters mit eingelagertem

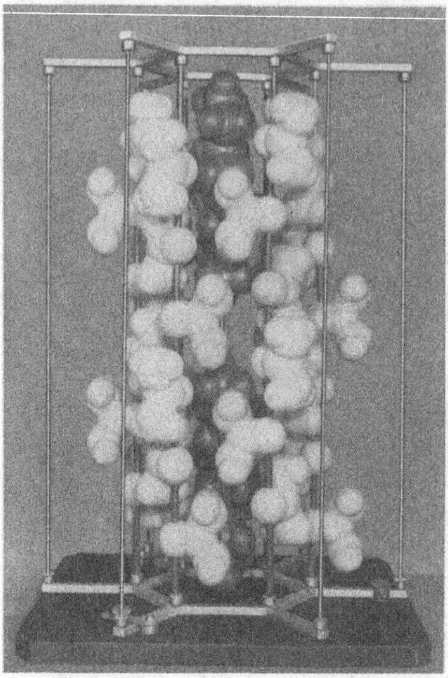

Abb. 2. n-Octan-harnstoff, in seitlicher Ansicht [nach SCHLENK (47)].

Abb. 3. n-Octan-harnstoff, in Richtung der c-Achse gesehen [nach SCHLENK (47)].

n-Octan In Abb. 4 ist nebeneinander der Querschnitt des Gitterhohlraumes und der Moleküle n-Octan (links), 3-Methylheptan (rechts), Benzol (oben) und 2,2,4-Trimethylpentan (unten) gezeichnet. Man sieht, daß das n-Octanmolekül leicht, das 3-Methylheptan- und das Benzolmolekül knapp, das 2,2,4-Trimethylpentanmolekül jedoch nicht mehr im Hohlraum unterzubringen ist, ohne daß es zu einer Überschneidung der Wirkungssphären kommt. Diesem Bild entsprechen genau die experimentellen Ergebnisse: n-Octan wirkt spontan adduktbildend, Verbindungen mit einfacher Methylverzweigung oder mit einem Benzolring lassen sich unter gewissen Bedingungen ebenfalls einlagern, bei stark verzweigten Verbindungen wie 2,2,4-Trimethylpentan gelingt dies dagegen *nicht*.

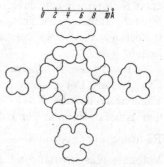

Abb. 4. Querschnitt des Gitterhohlraums und der Moleküle n-Octan, Benzol, 3-Methylheptan und 2,2,4-Trimethylpentan [nach SCHLENK (47)].

b) Das Molverhältnis.

Auch die beobachteten Molverhältnisse erklären sich aus der Krystallstruktur. Die pro Partnermolekül gebundene Harnstoffmenge erwies sich in allen untersuchten (mehr als 40 verschiedenen) Addukten dieser Art

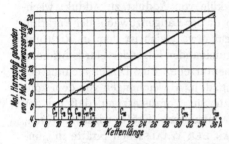

Abb. 5. Paraffin-harnstoff-addukte, Abhangigkeit der Zusammensetzung von der Kettenlänge [nach SCHLENK (47)].

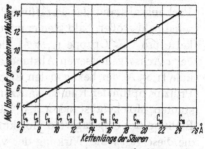

Abb. 6. Carbonsaure-harnstoff-addukte, Abhängigkeit der Zusammensetzung von der Kettenlänge [nach SCHLENK (47)].

als proportional zur Kettenlänge des Moleküls. Für zwei Verbindungsklassen, Paraffine und Paraffinmonocarbonsäuren, ist dieser Zusammenhang in Abb. 5 und Abb. 6 wiedergegeben. Angesichts der gestreckten Lage der Moleküle im Krystall ist der Sachverhalt unmittelbar plausibel. Gleichzeitig verliert die in den meisten Fällen beobachtete Nichtganzzahligkeit des Molverhältnisses ihre besondere Seltsamkeit. Die bereits erwähnte Tatsache, daß die eingelagerten Moleküle, unabhängig von ihrer eigenen Länge und Art, einen konstanten Abstand von 2,4 Å zwischeneinander einhalten, ergibt sich, wenn man die Länge der organischen Moleküle in Beziehung setzt zu derjenigen Kanalstrecke, welche durch die laut Analyse pro Partnermolekül gebundene Anzahl von Harnstoffmolekülen repräsentiert wird. Abb. 7 gibt diese Verhältnisse für die untersuchten Kohlenwasserstoffaddukte wieder. Man sieht, daß zwischen jeweils verfügbarer und effektiv belegter

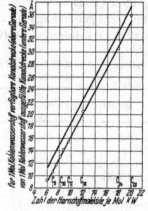

Abb. 7. Verfugbarer und ausgefüllter Hohlraum im hexagonalen Gitter der Harnstoff-addukte von Kohlenwasserstoffen [nach SCHLENK (47)].

Kanalstrecke für alle Addukte die gleiche Differenz (nämlich 2,4 Å) besteht. Für die Harnstoffaddukte der übrigen Verbindungsklassen gilt, mit geringfügigen Abweichungen, das nämliche.

Die Nichtganzzahligkeit der Molverhältnisse ist nun nichts als die einfache Konsequenz des Packungsprinzips der Aneinanderreihung der eingelagerten Moleküle unter konstanter Einhaltung des Abstandes 2,4 Å head to tale. Betrachtet man die Addukte der Glieder einer homologen Reihe, z. B. der Paraffine, so würde, wie eine einfache geometrische Überlegung ergibt, sprunghaft steigende *Ganz*zahligkeit des Molverhältnisses für jeden Einzelfall nur dann resultieren können, wenn der Packungsabstand der Paraffinmoleküle von Addukt zu Addukt wechselnd bald größer, bald kleiner wäre, da der Längenzuwachs der Paraffinkette pro CH_2-Gruppe (1,27 Å) nicht etwa gleich ist dem in Richtung der *c*-Achse gemessenen Abstand aufeinander folgender Harnstoffmoleküle (1,85 Å) der hexagonalen Elementarzelle. Eine Durchbrechung des Prinzips optimaler Raumausnützung, d. h. Abweichungen von dem konstanten Molekülabstand 2,4 Å, hätte zur Voraussetzung, daß bei der Bindung der eingelagerten Moleküle lokalisierte Kräfte wirksam wären, die diese *gegen* die Wirkung der van der Waalsschen Kräfte in „unökonomischer" Stellung zu halten vermöchten.

Daß dem offensichtlich *nicht* so ist, nimmt bei den Paraffinaddukten nicht Wunder. Daß auch bei den Carbonsäure- und sonstigen Addukten, bei denen auf Grund der relativ hohen Inkremente der Anlagerungswärme ihrer funktionellen Gruppen (s. S. 100) zweifellos das Mitwirken lokalisierter, spezifischer Bindungskräfte angenommen werden muß, *gleichfalls* der konstante Molekülabstand von 2,4 Å eingehalten wird und mithin nicht ganzzahlige Molverhältnisse resultieren, zwingt zu dem Schluß, daß die lokalisierten Kräfte in diesen Fällen nicht groß genug sind, um sich gegen die vom Gesamtmolekül ausgehenden van der Waalsschen Kräfte durchzusetzen.

Die Richtigkeit der aus der Strukturuntersuchung entwickelten Vorstellungen über den räumlichen Bau der Addukte und gleichzeitig die Richtigkeit der analytisch ermittelten Molverhältnisse wird durch die gute Übereinstimmung bestätigt, die sich bei der Gegenüberstellung der errechneten und gemessenen Dichtewerte der Addukte ergibt (Tabelle 1).

Tabelle 1. *Die Dichte von Harnstoffaddukten des Cetanharnstofftyps.*

Organische Komponente	d_4^{20}	
	ber.	gef.
n-Dodecan	1,205	1,203
Cetan.	1,205	1,200
Cetylalkohol	1,235	1,229
Laurinsäure	1,245	1,242
Laurinsäuremethylester . .	1,240	1,237
n-Dipropylketon	1,225	1,219
1-Chloroctan	1,235	1,241
4,4'-Dichlordibutyläther .	1,310	1,307

c) Die Gitterenergie

Die Bildung der Addukte ist ein exothermer Vorgang (Tabelle 2).

Man kann die Wärmetönung Q', die gemessen wird, wenn krystalliner, tetragonaler Harnstoff und eine flüssige organische Verbindung ein hexagonales Addukt miteinander bilden, als das Ergebnis von 3 Teilvorgängen auffassen:

1. Die im flüssigen Zustand miteinander im Verband stehenden Octanmoleküle werden unter Überwindung der Molkohäsion in Einzelmoleküle isoliert.

2. Die Harnstoffmoleküle und Octanmoleküle lagern sich aneinander.

3. Die Harnstoffmoleküle werden aus der Lage im tetragonalen Gitter in die des hexagonalen Gitters überführt.

Die bei Vorgang 1 zu leistende Arbeit kann angenähert gleich gesetzt werden der inneren Verdampfungswärme L der organischen Verbindung. Der Energiebedarf Q_3

Tabelle 2. *Wärmetönung der Bildung von Harnstoffaddukten.*

Organische Komponente	cal/Mol Harnstoff	cal/Mol organische Substanz
n-Octan.	1010	7160
n-Decan	1100	9120
n-Hexadecan	1240	14900
Methyläthylketon	1071	4285
Diäthylketon	1172	5500
Dipropylketon	1229	7370
n-Octanol	809	5420
n-Buttersäure	1365	5440
n-Buttersäuremethylester .	1034	5580

des Vorganges 3, der Gitterumwandlung des Harnstoffs, ist bei der Bildung aller Addukte gleich groß. Vorgang 2, die Aneinanderlagerung der Partnermoleküle, ist die energieliefernde Teilreaktion. Die Wärmetönung dieses Vorganges sei Q_2 genannt. Dann gilt für die Energiebilanz

$$Q_2 - Q_3 - L = Q'.$$

Es sei nun die Energiebilanz für die Harnstoffaddition eines kürzeren und eines längeren Kohlenwasserstoffs, z. B. des n-Octans und des n-Hexadecans, verglichen. Die Anlagerungswärme Q_2, auf die gleiche Menge Harnstoff, das heißt auf die gleiche Kanallänge bezogen, muß im Falle des Cetans größer sein als im Fall des Octans, da die zur Lieferung der Anlagerungswärme nichts beitragenden Leerstellen zwischen den Kohlenwasserstoffmolekülen im Addukt des kurzen Kohlenwasserstoffs zahlreicher sind als in dem des langen. Die Gitterumwandlungsenergie Q_3 hat dagegen in beiden Fällen den gleichen Wert. Da für beide Fälle der besetzte und der leere Kanalraum zahlenmäßig bekannt ist (10,4 Å besetzt und 2,4 Å leer pro Mol Octan; 20,5 Å besetzt und 2,4 Å leer pro Mol Hexadecan) lassen sich zwei Gleichungen mit zwei Unbekannten aufstellen:

$$10,4\,Q_2 - (10,4 + 2,4)\,Q_3 - L_{\text{Octan}} = Q'_{\text{Octan}}$$
$$20,5\,Q_2 - (20,5 + 2,4)\,Q_3 - L_{\text{Hexadecan}} = Q'_{\text{Hexadecan}}$$

Durch Einsetzung der bekannten Werte L für Octan und Hexadecan und der experimentell ermittelten Wärmetönungen Q' ergab sich, daß die Gitterumwandlungsenergie etwa 1000 cal pro Mol Harnstoff und die Anlagerungswärme für das g-Äquivalent der Methylengruppe etwa 2700 cal beträgt. Entsprechende Rechnungen für die Adduktbildung anderer Paraffinkohlenwasserstoffe bestätigten diese Zahlen. Die Inkremente der Anlagerungswärme anderer Gruppen (OH, CO, COOH, COO–) wurden aus entsprechenden Gleichungen errechnet, wobei die ermittelten

7*

Werte des CH_2-Inkrementes und der Gitterumwandlungsenergie eingesetzt wurden. In der Tabelle 3 sind die erhaltenen Werte zusammengestellt.

Man sieht, daß die Gruppen, bei denen eine spezifische Bindung, z. B. die Ausbildung einer Wasserstoffbrücke zum Harnstoff in Betracht zu ziehen ist, deutlich höhere Werte für die Anlagerungswärme aufweisen als die Methylengruppe. Dennoch überwiegt bei Verbindungen mit einigermaßen großem paraffinischem Bereich des Moleküls, z. B. Dipropylketon oder Stearinsäure, der Gesamtanteil der Methylengruppen an der Anlagerungsenergie bei weitem den spezifischen Anteil der polaren

Tabelle 3. *Die Inkremente der Anlagerungswärme bei der Harnstoff-Adduktbildung.*

Gruppe	Anlagerungswärme in cal	
	pro g-Äquival. der Gruppe	pro 1 Å Länge
CH_2	2 700	2150
$C=O$	7 900	6300
$-OH$ . . .	4 300	3000
$-COOH$ . .	13 600	5500
$-COO-$ . .	8 200	3400

Gruppen. Bei kurzen Molekülen und besonders bei Gegenwart *zweier* polarer Gruppen ist es umgekehrt. Es ist möglich, daß mit dem höheren prozentuellen Anteil polarer Bindungskräfte das abweichende Verhalten kurzkettiger sowie mancher bifunktioneller Verbindungen zusammenhängt: Die Tatsache zum Beispiel, daß das Addukt des ersten Homologen der Ketonreihe, des Acetons, ein von der Norm abweichendes Gitter aufweist; daß in der Reihe der Carbonsäuren erst von der Buttersäure an und in der Reihe der Dicarbonsäuren erst von der Sebacinsäure an Addukte vom hexagonalen Normaltyps gebildet werden. Im übrigen ist die geringere Tendenz kurzer Moleküle zur Bildung von Kanaleinschlußverbindungen dadurch bedingt, daß in solchen Fällen die zur Energielieferung nicht beitragenden Leerstellen prozentuell höher ins Gewicht fallen.

d) Dissoziation.

Im allgemeinen lassen sich definierte Schmelzpunkte für die organischen Harnstoffadditionsverbindungen nicht feststellen, da vor Erreichung der Schmelztemperatur Dissoziation eintritt. Bei gewöhnlicher Temperatur sind die Additionsverbindungen an der Luft praktisch unbegrenzt haltbar, sofern die organische Komponente so geringen Dampfdruck besitzt, wie z. B. Cetan oder Stearinsäure. Die Addukte flüchtiger Verbindungen, z. B. Heptan, Diäthylketon oder Buttersäure, haben dagegen auch bei Raumtemperatur schon merklichen Dampfdruck.

Zwischen Addukt und Gasphase stellt sich ein von beiden Seiten her erreichbares Gleichgewicht ein; es lassen sich also auch durch Einwirkung gasförmiger Verbindungen auf krystallisierten Harnstoff Addukte darstellen.

Für einige Addukte, z. B. Heptanharnstoff, wurde durch Tensionsanalysen der Charakter als „echte Verbindungen" bewiesen: nach partiellem Abpumpen der flüchtigen Komponente stellt sich, bis zum völligen Entzug, immer wieder der nämliche, charakteristische Dampfdruck ein. So entstehen also nicht etwa Addukte mit allmählich sinkendem Heptangehalt, sondern bis zum Schluß bleibt ursprüngliches 6,1 : 1 Addukt erhalten, während sich ein dem Heptanentzug äquivalenter Betrag in „leeren", tetragonalen Harnstoff verwandelt.

Auch in Berührung mit Lösungsmitteln dissozieren die Addukte unter Ausbildung eines Gleichgewichtszustandes in die Komponenten.

Dieser Umstand ist der Grund dafür, daß aus Gemischen die an sich zur Adduktbildung befähigten Komponenten im allgemeinen nicht restlos mittels Harnstoff abgetrennt werden können.

Da Temperaturerhöhung im Sinne steigender Dissoziation wirkt, ist ceteris paribus der erzielbare Trenneffekt bei tiefer Temperatur besser als bei höherer.

Nach den vorausgehenden energetischen Betrachtungen ist verständlich, daß die Dissoziationskonstante stark von der Molekülgröße der gebundenen organischen Komponente abhängt. Wie groß der Einfluß der Kettenlänge ist, zeigt folgendes Beispiel: 1 Mol Heptanaddukt dissoziiert in 100 Mol Benzol praktisch restlos in die Komponenten, 1 Mol Cetanaddukt in der gleichen Menge Benzol dagegen nur zu etwa 3%. Auf Grund der unterschiedlichen Bindungsfestigkeit lassen sich aus *Gemischen* von Adduktbildnern unter geeigneten Versuchsbedingungen die einzelnen Komponenten, gestuft nach ihrer Affinität zum Harnstoff, mehr oder weniger rein einzeln abtrennen; andererseits können aus Adduktgemischen — oder Mischaddukten — die einzelnen organischen Komponenten in entsprechender Weise fraktioniert extrahiert werden.

e) Harnstoffadditionsverbindungen von anderem Gittertyp.

Seit langem bekannt sind Additionsverbindungen des Harnstoffs mit einigen niedrigmolekularen Carbonsäuren. Ameisensäure bildet unter Wasserabspaltung Monoformylharnstoff; Essigsäure bildet eine Verbindung der Zusammensetzung $CO(NH_2)_2 \cdot 1\ CH_3COOH$; Bernsteinsäure und Adipinsäure bilden Verbindungen von der molekularen Zusammensetzung 1 Säure : 2 Harnstoff. In all diesen Fällen handelt es sich um molekular-stöchiometrische Verbindungen von salzartiger Natur. Es gibt aber auch eine Reihe von organischen Harnstoffaddukten, in denen mehr Harnstoff von der organischen Komponente gebunden wird, als valenzmäßig zu deuten ist, die in dieser Hinsicht also den Addukten vom Cetanharnstofftyp an die Seite zu stellen sind, die aber dennoch, wie die Röntgenogramme zeigten, abweichende Strukturen besitzen. Einige dieser Produkte sind in der folgenden Tabelle 4 aufgeführt:

Tabelle 4. *Harnstoff-Addukte von besonderer Struktur*

Organische Komponente	Molverhaltnis Harnstoff: org.Komponente	Gitter-struktur
1,4-Dichlorbutan	4,5	a
1,6-Dichlorhexan	6,0	a
1,6-Dibromhexan	5,2	b
1,6-Diaminopropan . . .	5,6	c
Korksäuredinitril	5,7	d
Aceton	2,8	e

Von keinem dieser Addukte ist bisher die Krystallstruktur näher untersucht worden [1], doch spricht einiges dafür, daß die Strukturen im Prinzip der des Cetanharnstoffs ähnlich sein könnten. Das Molverhältnis hat, unabhängig von den Bedingungen der Herstellung, jeweils einen konstanten Wert. Der Quotient ist in der Regel nichtganzzahlig; daß das Addukt des 1,6-Dichlorhexans hiervon eine prinzipielle Ausnahme macht, ist unwahrscheinlich, vielmehr weist der Umstand der Gitteridentität mit dem 1,4-Dichlorbutanaddukt darauf hin, daß die Ganzzahligkeit hier, wie bei den „ganzzahligen" Addukten des Cetanharnstofftyps, ein „Zufall" ist. Für die höheren Homologen des Acetons und des Korksäuredinitrils ist erwiesen, daß sie zum „Cetanharnstofftyp" gehören; daß das nämliche für die Addukte der Homologen der übrigen in der Tabelle 4 aufgeführten Verbindungen gilt, sofern der „paraffinische" Anteil der Moleküle nur einen genügend hohen Anteil ausmacht, kann als sehr wahrscheinlich gelten. Als besonders merkwürdig sei vermerkt, daß das Addukt des 1,5-Dibrompentans im Gegensatz zum 1,6-Dibromhexanaddukt die hexagonale Struktur des Cetanharnstoffs besitzt (das Molverhältnis ist 6,6 : 1) Zweifellos wird nicht nur das Ergebnis der Strukturuntersuchung der aufgeführten Addukte, sondern insbesondere das Studium derjenigen Homologen zu aufschlußreichen Erwägungen Anlaß geben können, die in dem Bereich liegen, in dem jeweils die Morphotropie in der homologen Reihe zu konstatieren ist.

Zum Schluß sei eine tabellarische Übersicht über einige der bisher untersuchten (*47*) Harnstoffaddukte vom hexagonalen Gittertyp gegeben (Tabelle 5)

2. Thioharnstoffaddukte.

Ebenso wie Harnstoff bildet auch Thioharnstoff mit zahlreichen organischen Verbindungen Additionsprodukte, die zum Typ der Einschlußverbindungen gehören. Die ersten Addukte dieser Art sind 1947 von B. Angla beschrieben worden (1), doch war damals das Bauprinzip (*48. 49*) noch unbekannt.

---

[1] C. Hermann und Mitarbeiter (Marburg/Lahn) sind mit einschlägigen Stukturuntersuchungen beschäftigt (Privatmitteilung).

Tabelle 5. *Harnstoff-Einschlußverbindungen vom hexagonalen Typ.*

Organische Komponente	Mol Harnstoff: 1 Mol org. Komponente	Organische Komponente	Mol Harnstoff: 1 Mol org. Komponente
Hexan	5,5	Octanol-1	6,9
Heptan	6,1	Decanol-1	8,1
Octan	7,0	Dodecanol-1	9,3
Nonan	7,7	Tetradecanol-1	10,6
Decan	8,3	Hexadecanol-1	12,3
Undecan	8,7		
Dodecan	9,7	Decanol-5	7,9
Hexadecan	12,2	Tridecanol-6	10,1
Tetraeicosan	18,0	Tetradecanol-7	10,7
Octaeicosan	21,4		
		1-Chloroctan	7,7
Octen-1	7,2	1-Chlordodecan	10,0
Decen-1	8,1	1-Chlortetradecan	11,6
		1-Bromoctan	7,2
Octadecylbenzol	16,0	1-Bromdecan	8,9
n-Buttersäure	4,0		
Valeriansäure	4,6	Buttersäure-methylester	5,4
Capronsäure	5,4	Caprylsäure-methylester	8,3
Oenanthsäure	6,0	Laurinsäure-methylester	10,5
Caprylsäure	6,7	Myristinsäure-methylester	12,3
Pelargonsäure	7,6	Palmitinsäure-methylester	13,3
Caprinsäure	8,2	Stearinsäure-methylester	14,9
Undecansäure	8,9	Adipinsäure-dimethylester	7,3
Laurinsäure	10,0	Sebacinsäure-dimethylester	10,1
Myristinsäure	11,6	Sebacinsäure-diäthylester	11,6
Palmitinsäure	12,8		
Stearinsäure	14,2	1,6-Difluorhexan	5,6
Methyläthylketon	4,0	4,4'-Dichlordibutyläther	7,8
Diäthylketon	4,8	1,5-Dibrompentan	6,6
Dipropylketon	6,0	Sebacinsäure	10,9

Wie bei der Harnstoffaddition, spielt auch bei der Thioharnstoffaddition die chemische Natur der Partner eine untergeordnete Rolle. Ausschlaggebend dafür, ob eine Verbindung von Thioharnstoff addiert wird, ist in erster Linie die Gestalt und Größe ihrer Moleküle. Interessanterweise sind nun aber die Maße, die die Moleküle aufweisen müssen, um von Thioharnstoff addiert werden zu können, verschieden von denen, die zur Harnstoffaddition befähigen. Der Thioharnstoff könnte in dieser Hinsicht geradezu als Antipode des Harnstoffs bezeichnet werden: Von Harnstoff werden die unverzweigten Aliphaten, nicht dagegen die verzweigten und nicht die cyclischen Verbindungen addiert. Beim Thioharnstoff ist es umgekehrt: Addiert werden vorzugsweise stark verzweigte Aliphaten sowie cyclische Verbindungen, nicht dagegen unverzweigte Aliphaten. Pulverdiagramme von Thioharnstoffaddukten mit Komponenten der verschiedensten Art erwiesen sich als identisch oder zeigten höchstens geringfügige Abweichungen voneinander. Daraus war der Schluß zu ziehen, daß analog wie bei den Harnstoffaddukten ein invariables, von den Molekülen des Thioharnstoffs gebildetes Grundgitter vorliegt, das Hohlräume aufweisen muß, die den Partnermolekülen Platz bieten. Die präparativen und analytischen Erfahrungen ließen hinsichtlich der Gestalt der Hohlräume keinen Zweifel daran, daß sie *kanal*förmig sein muß. Denn nur die Annahme in einer Dimension offener Hohlräume ist mit der Tatsache vereinbar, daß ohne Änderung des Grundgitters auch langgestreckte Moleküle eingelagert werden können. So werden z. B. 1,9-Dicyclohexylnonan, p-Dicyclohexylbenzol, Isododecylohexan addiert. Nichts spricht dafür, daß nicht

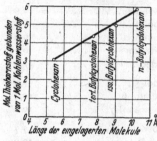

Abb. 8. Thioharnstoff-addukte von Cyclohexanhomologen, Abhangigkeit der Zusammensetzung von der Kettenlange.

auch Verbindungen mit noch längeren Molekülen addiert werden können. Die Strukturanalyse [C. Hermann und M. Renninger, cf. (*49*)] bestätigte aufs beste das auf Grund der präparativen und analytischen Erfahrungen entworfene Bild.

Wie bei den Harnstoffaddukten gilt das Gesetz der konstanten Verbindungsgewichte; die Thioharnstoffaddukte sind also nach herkömmlichem Brauch als echte Verbindungen zu bezeichnen. Die pro Mol des Partners gebundene Menge Thioharnstoff ist angenähert proportional zur Länge der Moleküle. Die auftretenden Molverhältnisse sind, wie bei den Harnstoffaddukten, häufig nichtganzzahlig. In Abb. 8 sind die Molverhältnisse für die Ad-

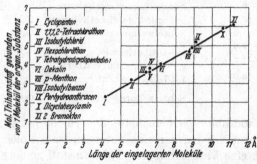

Abb. 9. Thioharnstoff-addukte von aliphatischen und cyclischen Verbindungen, Abhangigkeit der Zusammensetzung von der Kettenlange.

dukte des Cyclohexans und einiger Homologen gegen die Länge der betreffenden Moleküle aufgetragen. Abb. 9 gibt das Molverhältnis in Abhängigkeit von der Länge der Partnermoleküle für 11 weitere, verschiedenartige Addukte wieder. Man sieht, daß der funktionelle Zusammenhang der nämliche ist, wie für die Addukte der Cyclohexanhomologen.

Die Tatsache, daß es gerade von Harnstoff nicht addierbare „dicke" Moleküle, wie Tetramethylbutan, Trimethylpentan, Dicyclohexyl, Cyclooctan, Dekahydronaphthalin sind, die von Thioharnstoff addiert werden, führte zu dem Schluß, daß das Lumen der Hohlräume im Thioharnstoffgitter größer sein muß als das der Kanäle im Harnstoffadduktgitter.

Nun hätten, geometrisch betrachtet, in geräumigeren Kanälen dieser Art natürlich auch *unverzweigte* Aliphaten Platz. Warum bilden diese dennoch keine Thioharnstoffaddukte? Den Schlüssel zum Verständnis dieser Tatsache liefert eine einfache thermodynamische Überlegung. Energetisch wird sich bei der Thioharnstoffaddition zweifellos Analoges abspielen wie bei der Harnstoffaddition: Der Energiegewinn der Aneinanderlagerung der Thioharnstoff- und der Partnermoleküle muß die Umwandlung des Thioharnstoffgitters bestreiten. Betrachten wir den Vorgang der Einlagerung des Moleküls eines hochverzweigten Paraffins wie Tetramethylbutan mit dem, was bei der Einlagerung eines Moleküls n-Octan geschehen würde. Zur Wirkung kommen bei Einlagerungen dieser Art zweifellos nur VAN DER WAALSsche Kräfte. Es steht außer Zweifel, daß im ersten Fall, bei annähernd praller, allseitig gleichmäßiger Lumenausfüllung (Abb. 10 links) ein wesentlich größerer Energiebetrag frei wird, als im Fall der Einlagerung des schlanken Moleküls, das sich nur mit einer „Flanke" zur Kanalwand in den Abstand des Potentialminimums

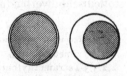

Abb. 10. Ausfüllung eines Lumens durch 2,2,4-Trimethylpentan (links) und n-Octan (rechts).

begeben kann (Abb. 10 rechts). Die frei werdende Energie ist hier also kleiner — offenbar zu klein, um die Gittertranslation des Thioharnstoffs bestreiten zu können. Auch rein statisch betrachtet ist plausibel, daß ein Gitter mit Hohlräumen, das in „ungefülltem Zustand" notorisch nicht beständig ist, sondern bei Entzug der eingelagerten Partnermoleküle kollabiert, einer einigermaßen „prallen" Füllung (Abb. 10 links) bedarf, um nicht zusammenzubrechen, dagegen durch eine „magere" Füllung (Abb. 10 rechts) *nicht* ausreichend stabilisiert ist.

Ebenso wie ein n-Paraffin ist auch Benzol zur spontanen Thioharnstoffaddition nicht befähigt. Möglicherweise ist der Grund der gleiche wie für das Versagen der unverzweigten Aliphaten: Ein ebenes Molekül gibt keine gute Ausfüllung eines prismatischen Lumens. Begierig werden dagegen Cyclohexan, Cyclohexen und Cyclohexadien-1,4 addiert; ebenso Cyclooctan und Cyclooctatetraen. Alle diese Verbindungen haben nichtebene Ringmoleküle. Gleichfalls addiert werden Cyclopentan und Cyclopenten; beide haben zwar ebene Ringe, aber die Wasserstoffatome liegen außerhalb der Ringebenen und machen so die Moleküle zu dreidimensionalen Gebilden. Cyclopentadien dagegen wird nicht addiert: Hier ragen nur die beiden Wasserstoffatome der Methylengruppe aus der Ringebene heraus, was offenbar nicht mehr genügt, um das Molekül hinreichend „füllig" zu machen.

Viele der Verbindungen, die zu spontaner Addition an Thioharnstoff unfähig sind, wie unverzweigte Paraffine und Benzol, können dennoch in das Hohlgitter eingelagert werden, wenn die Ausbildung und Stabilisierung von gleichzeitig anwesenden „echten" Adduktbildnern besorgt wird. Dieser Fall tritt ein, wenn man die indifferenten Verbindungen mit einem geeigneten additionswilligen Stoff, wie z. B. 2,2,4-Trimethyl-pentan, mischt, und auf das Gemisch Thioharnstoff einwirken läßt. Auf diese Weise können bis zu 30% und mehr n-Paraffin oder Benzol miteingeschleppt werden.

Verständlicherweise eignen sich als „Mitnehmer" solche Verbindungen relativ gut, deren Eigenadditionsbestreben nicht allzustark ist. Sehr additionsbegierige Verbindungen, wie z. B. Dicyclohexyl lassen den indifferenten Begleitern beim „Kampf um die Plätze" keine Chance.

In der Tabelle 6 ist eine Auswahl von bisher untersuchten Thioharnstoffeinschlußverbindungen zusammengestellt (49).

Tabelle 6. *Thioharnstoffaddukte vom Einschlußtyp.*

Organische Komponente	Organische Komponente
2,2,3-Trimethylbutan	Dicyclohexylmethan
2,2,3,3-Tetramethylbutan	Dicyclohexyläthan
2,2,4-Trimethylpentan	Dicyclohexylpropan
2,5-Dimethylhexan	Dicyclohexylpentan
2,2,4,6,6-Pentamethylheptan	p-Dimethylcyclohexan
2,7-Dimethyloctan	n-Butylcyclohexan
2,3,7-Trimethyloctan	Isobutylcyclohexan
Pinakolin	tert.-Butylcyclohexan
	Isododecylcyclohexan
Pivalinsäureisobutylester	p-Dicyclohexylcyclohexan
Isobutylchlorid	Cyclohexylcyclohexen
tert. Butylchlorid	
Isobutylbromid	Cyclohexanol
Isoamylbromid	α-Cyclohexylcyclohexanol
2-Bromoctan	Cyclohexylchlorid
	1,2-Dibromcyclohexan
Chloroform	
Tetrachlorkohlenstoff	Cyclohexanon
Bromoform	Cyclohexylidencyclohexanon
Tetrabromkohlenstoff	Isobutylbenzol
1,1,2-Trichloräthan	Cyclohexylbenzol
1,1,2,2-Tetrachloräthan	p-Dicyclohexylbenzol
1,1,1,2-Tetrachloräthan	Dicyclopentadien
Tetrachloräthen	Tetrahydrodicyclopentadien
Pentachloräthan	Camphen
Cyclopentan	Hydrocamphen
Cyclopenten	cis-Decahydronaphthalin
Cyclohexan	trans-Decahydronaphthalin
Cyclohexen	Methyldecalin
Cyclohexadien-1,4	Äthyldecalin
Cyclooctan	Dicyclohexylamin
Cyclooctatetraen	Benzylcyclohexylamin
Dicyclohexyl	Campher

3 Choleinsäuren.

Die grundlegenden Arbeiten über Choleinsäuren, in denen die Mannigfaltigkeit dieser Verbindungsklasse und ihre allgemeinen Eigenschaften beschrieben worden sind, liegen zum großen Teil weit zurück. Doch sei der Besprechung der neueren, vorwiegend der Strukturaufklärung gewidmeten Arbeiten eine kurze Zusammenfassung der älteren Erkenntnisse vorausgeschickt.

H. WIELAND und H. SORGE (*55*) erkannten im Jahr 1916, daß die lange vorher erstmals von LATSCHINOFF aus Galle isolierte Verbindung, die den Namen „Choleinsäure" führte, ein Kombinationsprodukt aus Desoxycholsäure (8 Mol) und Fettsäure (1 Mol) ist. Sie fanden weiterhin, daß sich Desoxycholsäure nicht nur mit der in der natürlichen Choleinsäure aus Galle aufgefundenen Palmitinsäure und Stearinsäure, sondern ebenso mit vielen anderen Fettsäuren zusammenlagern kann, und daß das Molverhältnis der Addukte von der Kettenlänge der Paraffincarbonsäuren abhängig ist. Auch mit Xylol, Naphthalin, Benzoesäure, Benzaldehyd, Campher, Phenol, Carvon, Salol, Cholesterin und anderen organischen Verbindungen stellten WIELAND und SORGE Desoxycholsäure-Additionsverbindungen dar. Seither wird der Name „Choleinsäure", der ursprünglich einen bestimmten Stoff aus Galle bezeichnete, für die ganze Klasse derartiger Additionsverbindungen verwendet; man spricht von Stearinsäure-, Xylol-, Campher-choleinsäure usw.

Unter den sonstigen, auf ihr Additionsvermögen untersuchten Gallensäuren erwies sich nur noch die Apocholsäure (3 α, 12 α-Dioxycholen-8,14-säure) als befähigt, den Desoxycholsäure-addukten analoge Verbindungen zu liefern (*7*). Die Apocholsäure-addukte weisen jeweils die gleichen Molverhältniszahlen der Komponenten auf, wie die der Desoxycholsäure.

In systematischer Arbeit wurden in der Folge von zahlreichen Forschern die verschiedensten Choleinsäuren dargestellt und auf das Mengenverhältnis der Komponenten untersucht; so in lückenloser Reihe die Addukte der Fettsäuren von der Essigsäure bis zur Cerotinsäure, zahlreiche Addukte von Olefincarbonsäuren, Dicarbonsäuren, Alkoholen, Estern, Ketonen und anderen Verbindungen. Vom valenzchemischen Standpunkt aus besonders interessant ist der Befund von RHEINBOLDT (*43*), daß selbst *Paraffine* von Desoxycholsäure und Apocholsäure addiert werden. Im Hinblick auf die später zu erörternde räumliche Anordnung der Komponenten im Krystall sei hervorgehoben, daß auch Cholesterin und andere großräumige Moleküle wie Anthracen, Phenanthren und Benzanthren Choleinsäuren bilden.

Für die mengenmäßige Zusammensetzung der untersuchten Produkte gilt das Gesetz der konstanten Proportionen. Das Molverhältnis scheint immer ganzzahlig zu sein; als Verhältniszahlen wurden die Quotienten 2:1, 3:1, 4:1, 6:1, 8:1, 10:1 und 12:1 festgestellt. Einige Verbindungen können in zwei verschiedenen Mengenverhältnissen addiert werden, so Campher im Molverhältnis 1:1 und 2:1; Buttersäure und Buttersäureäthylester im Molverhältnis 2:1 und 4:1. HUNTRESS und PHILLIPS (*22*) geben für die ganze Schar der von ihnen dargestellten Kohlenwasserstoffcholeinsäuren je zwei Verhältniszahlen an, eine für die bei gewöhnlicher Temperatur isolierten Verbindungen, die andere für Addukte, die einer Temperatur von 110° ausgesetzt waren. Es ist jedoch nicht möglich, auf Grund der mitgeteilten experimentellen Daten mit Sicherheit zu beurteilen, ob es sich bei den Werten der 110°-Reihe — der Kohlenwasserstoffgehalt ist bei diesen Produkten verringert gegenüber dem der Ausgangsaddukte — um echte Haltepunkte handelt.

In einigen Fällen wurde beobachtet, daß unter den Addukten von Stereoisomeren die der l-Formen etwas schwerer löslich sind als die der d-Formen (*51*).

Zur Keto-Enoldesmotropie befähigte Verbindungen, wie Acetessigsäure und Acetylaceton sind in Form der Desoxycholsäureaddukte total enolisiert, wie die sofort nach Auflösung der betreffenden Krystalle vorgenommene Untersuchung der Lösungen ergab (*52*).

Die Bindung zwischen den Komponenten ist in den Choleinsäuren fester als in den Harnstoff- und Thioharnstoffaddukten, was daran zu erkennen ist, daß die Addukte, wenigstens soweit sie einigermaßen langkettige Komponenten enthalten, charakteristische Schmelzpunkte zeigen, die höher sind als die der Komponenten, und daß sie stets geruchlos sind, also nur niedrige Dampfdrucke aufweisen. In Gegenwart von Lösungsmitteln stellen sich Dissoziationsgleichgewichte ein, wobei entweder Zerfall in die Komponenten erfolgt, oder, falls das betreffende Lösungsmittel seinerseits eine Choleinsäure zu bilden vermag, wie z. B. Xylol, Substitution der ursprünglichen Komponente, z. B. der Fettsäuren, stattfinden kann.

Während bei den Harnstoffaddukten bisher erst in zwei Fällen, nämlich beim Buttersäureharnstoff und beim Valeriansäureharnstoff, wahrscheinlich gemacht werden konnte, daß nicht nur im Krystall, sondern auch im gelösten Zustand eine gegenseitige Bindung der Komponentenmoleküle statt hat, bekundet sich bei den Choleinsäuren die Existenz starker Wechselwirkung zwischen den Verbindungspartnern auch in Lösung sehr deutlich. Schwerlösliche Natronseifen, ja Stoffe, die in Wasser gänzlich unlöslich sind, wie Naphthalin, Xylol, Cholesterin, können durch eine wässerige Lösung von Natriumdesoxycholat glatt in Lösung gebracht werden. Über die Art der gegenseitigen Bindung der Lösungsgenossen ist allerdings noch nichts sicheres bekannt. Kratky (*25*) äußerte die Vermutung, daß die Komplexe in Lösung analog gebaut sind, wie die Choleinsäuren im Krystall. Indessen wies Wieland schon 1916 darauf hin, daß die Lösungswirkung nicht dem in den krystallisierten Choleinsäuren gültigen Komponentenverhältnis adäquat ist. Es bedarf z. B. zur Auflösung von 1 Molekül Natriumpalmitat nur zweier Moleküle Natriumdesoxycholat, während das Molverhältnis im Krystall 1 : 8 beträgt. Wie Kuthy (*26*) fand, ist der Effekt der „Löslichmachung" wasserunlöslicher Stoffe nicht auf die beiden „Choleinsäurebildner", Desoxycholsäure und Apocholsäure, beschränkt, sondern in ungefähr der gleichen Stärke auch bei den Natriumsalzen der Cholsäure, Dehydrocholsäure, Glycocholsäure und Taurocholsäure anzutreffen: „es gibt keinen Zusammenhang zwischen Bildung von Choleinsäuren und Lösungsvermögen".

Gelöste Stearin-choleinsäure scheint nur teilweise in die Komponenten dissoziiert zu sein, da der Drehwert der Lösung kleiner ist als der vorhandenen Desoxycholsäure entspricht (*55*). Für Methanollösungen von Sebacincholeinsäure und Acetessigester-choleinsäure schloß dagegen Sobotka aus Molekulargewichtsbestimmungen bzw. Enoltitration auf weitgehende Dissoziation.

Die Krystallstruktur der Fettsäure-choleinsäuren.

Die Tatsache, daß bei den Choleinsäuren die gleichen Molverhältniszahlen zu beobachten sind, die bei den anorganischen Koordinationsverbindungen auftreten, hatte Rheinboldt (*44*) zu der Vermutung veranlaßt, daß die Choleinsäuren nach dem Wernerschen Prinzip aufgebaut

seien, dergestalt, daß sich die Gallensäuremoleküle um die Partnermoleküle als Koordinationszentren gruppieren. Schon die ersten Röntgenuntersuchungen [Go und KRATKY (*19*)] führten aber zu einem Resultat,
das mit der Annahme von Symmetriezentren, um die je nach der Koordinationszahl verschieden viele Moleküle gruppiert sind, unvereinbar war:
Die Pulverdiagramme von Fettsäurecholeinsäuren mit den Koordinationszahlen 3, 4, 6 und 8 waren praktisch identisch. KRATKY und
Mitarbeiter (*25*, *19*) entwarfen auf Grund ihrer Röntgenbefunde für die
Fettsäurecholeinsäuren ein Strukturbild, dessen Richtigkeit später von
GIACOMELLO (*16*) und CAGLIOTI und GIACOMELLO (*9*) durch Patterson-
und Fourieranalysen bestätigt wurde. Nach diesen Ergebnissen sind
die Addukte zu den *Kanaleinschlußverbindungen* zu rechnen. Bisher sind
nur Strukturuntersuchungen von Carbonsäure-choleinsäuren und einigen
analogen Esteraddukten (*21*) ausgeführt worden. Immerhin macht die
Ähnlichkeit der Eigenschaften, besonders der Zusammenhang zwischen
Molekülgröße der Partner und Molverhältniszahl in den Addukten, für
eine weitere Anzahl von Choleinsäuren, z. B. Paraffincholeinsäuren, die
Gültigkeit des gleichen Bauprinzips sehr wahrscheinlich.

Die untersuchten Produkte haben rhombische Symmetrie; Raumgruppe ist V 3. Die Elementarzelle enthält 4 Moleküle Desoxycholsäure.
Die Ergebnisse einiger Elementarkörperbestimmungen sind in der Tabelle 7 zusammengestellt.

Tabelle 7. *Die Elementarzelle einiger Fettsäurecholeinsäuren.*

	Molverhalt-niszahl der Partner	a in Å	b in Å	c in Å	V in Å³	Dichte d
Propio-choleinsäure . . .	3	25,79	13,57	7,23	2530	1,123
Butyro-choleinsäure . . .	4	25,80	13,49	7,23	2516	1,124
Heptylo-choleinsäure . .	4	25,77	13,52	7,22	2516	1,133
Caprylo-choleinsäure . .	4	25,75	13,49	7,21	2505	1,137
Laurin-choleinsäure . . .	6	25,77	13,48	7,21	2505	1,126
Palmitin-choleinsäure . .	8	25,92	13,45	7,23	2521	1,122
Stearin-choleinsäuie. . .	8	25,90	13,53	7,23	2534	1,126

Wie man sieht, zeigen die Wertetripel der Achsen nur so geringe Abweichungen, daß wahrscheinlich überhaupt keine reellen Unterschiede
vorhanden sind.

Die Gleichheit der beobachteten Translationsperioden, Auslöschungen
und Identitätsverhältnisse zwingt zu der Annahme, daß die in Rede
stehenden Choleinsäuren ein identisches, aus den Desoxycholsäuremolekülen gebildetes Grundgitter besitzen, in dem die Moleküle der Komponenten eingelagert sind. Bezüglich der Gestalt der Hohlräume und der
Lagerung der Fettsäuremoleküle schlossen KRATKY und Mitarbeiter,

daß die Hohlräume kanalförmig den Krystall in Richtung der c-Achse durchziehen und daß in ihnen die Fettsäuremoleküle geradlinig aneinander gereiht liegen müssen.

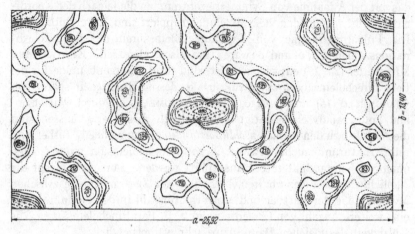

Abb. 11. Fourier-Analyse der Fettsäure-choleinsäuren, Projektion der Elementarzelle in Richtung der c-Achse [nach CAGLIOTI und GIACOMELLO (9)].

Die Abb. 11 gibt das Resultat der Fourieranalyse [CAGLIOTI und GIACOMELLO (9)] der Fettsäurecholeinsäuren in der Projektion längs der c-Achse wieder. Im Zentrum findet man den Querschnitt des senkrecht zur Papierebene zu denkenden Fettsäuremoleküls, in einigem Abstand umgeben von den annähernd sichelförmig gestalteten Querschnittsprojektionen zweier Desoxycholsäuremoleküle, deren Ringe ebenfalls senkrecht zur Papierebene zu denken sind. Die Maxima 212, 251, 182, 194, 83, 184, 150-bis gehören jeweils zu *einem* Molekül. Im Maximum 150 projeziert sich das Ende der Seitenkette eines zweiten Moleküls.

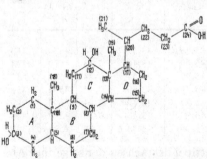

Abb 12. Desoxycholsäure.

Bezüglich der Gestalt des einzelnen Desoxycholsäuremoleküls (Abb. 12) ließen sich aus der Fourier-Analyse folgende Schlüsse ziehen: Die Ringe B und C sowie C und D sind in trans-Stellung miteinander verknüpft. Daraus folgt, daß die Ringatome von B, C und D um eine gemeinsame Mittelebene liegen. Die Ringe A und B sind in cis-Stellung verknüpft, ihre Mittelebenen bilden also einen Winkel. Das verursacht die in der Fourier-Abbildung zum Ausdruck kommende ausgebuchtete Form des Desoxycholsäuremoleküls. Diese Ergebnisse stehen in Übereinstimmung mit den Resultaten früherer Untersucher, insbesondere mit den röntgenographischen Befunden von BERNAL. Die in Stellung 3 stehende OH-Gruppe ist dem Innern der Bucht, also dem Fettsäuremolekühl zugekehrt. Es liegt nahe, ihr eine maßgebliche Beteiligung an der Bindung des Fett∼äuremoleküls zuzuschreiben. Die OH-Gruppe in Stellung 12 ist nach CAGLIOTI und GIACOMELLO der konkaven Seite des Moleküls abgewendet, ebenso die Methylgruppe in 10 und 13 und die Seitenkette in 17.

Wie sind nun mit diesen Befunden über den Krystallbau der Fettsäure-choleinsäuren die beobachteten Molverhältnisse vereinbar?

Wenn im Kanal eine die Fixierung des Fettsäuremoleküls veran-lassende Zone maximaler Feldstärke existiert, so muß sich diese Zone im Abstand der Identitätsperiode von 7,22 Å in Richtung der c-Achse periodisch wiederholen. Es sei in einem Kanal eine Zone von einem Fettsäuremolekül besetzt. Nun können zwei Fälle eintreten: entweder ist die auf diese Zone folgende nächste attraktive Zone frei und kann durch ein neues Fettsäuremolekül besetzt werden, oder sie ist noch durch das erste Fettsäuremolekül blockiert; diesfalls wird das zweite Fettsäuremolekül erst von der übernächsten Zone gebunden. Es leuchtet ein, daß der eine oder der andere Fall verwirklicht sein wird je nach der Länge der gebundenen Fettsäuremoleküle. Unterstellt man, daß die Fettsäuremoleküle in gestreckter Form im Kanal liegen, so haben die Moleküle die in Spalte 2 der Tabelle 8 eingetragenen Längen in Å. Für den Platzbedarf in den Kanälen ist zur geometrischen Länge der Moleküle noch der Abstand head to tale zwischen 2 Nachbarmolekülen zu addieren. Seine Größe kann nur geschätzt werden, dürfte aber 2 bis 3 Å betragen. Wenn der Wert von 2,4 Å, der bei den Harnstoffaddukten gefunden wurde, angenommen wird, so ergeben sich für die Platzbeanspruchung pro Fettsäuremolekül die Werte der Spalte 3 in der Tabelle 8. Nun sind der Kanalstrecke $c = 7,22$ Å in der Elementarzelle 2 Moleküle Desoxycholsäure zugeordnet (die gesamte Elementarzelle enthält 4 Moleküle Desoxycholsäure und 2 Kanalstrecken von 7,22 Å). So gehören also zu einer Kanalstrecke von

7,22 Å	2 Moleküle Desoxycholsäure	
7,22—14,44 Å	4 ,,	,,
14,44—21,6 Å	6 ,,	,,
21,6 —29,9 Å	8 ,,	,,
29,9 —36,1 Å	10 ,,	,,
36,1 —43,3 Å	12 ,,	,,
43,3 —50,5 Å	14 ,,	usf.

Die auf Grund dieser Überlegung von den Fettsäuremolekülen entsprechend ihrem Platzbedarf „geforderte" Anzahl Desoxycholsäure-

moleküle findet sich in Spalte 4. Spalte 5 endlich gibt die von Rheinboldt und anderen experimentell gefundenen Werte.

Tabelle 8. *Fettsäurecholeinsäuren, Molverhältnis und Raumbedarf der eingelagerten Komponenten.*

C-Atomzahl der Fettsäuren	Lange der Fett-sauremolekule in Å	Beanspruchte Kanalstrecke pro Fettsauremolekul in Å	Errechnete Anzahl Desoxy-chols.molekule pro Mol Fettsaure	Gefundene Anzahl Desoxy-chols.molekule pro Mol Fettsäure
3	5,07	7,47	4	3
4	6,32	8,72	4	4
5	7,57	9,97	4	4
6	8,87	11,27	4	4
7	10,17	12,57	4	4
8	11,43	13,83	4	4
9	12,67	15,07	6	6
10	13,97	16,37	6	6
11	15,32	17,72	6	6
12	16,47	18,87	6	6
13	17,82	20,22	6	6
14	19,00	21,40	6	6
15	20,25	22,65	8	8
16	21,5	23,90	8	8
17	22,75	25,15	8	8
18	24,07	26,47	8	8
19	25,32	27,72	8	8
20	26,57	28,97	8	8
21	27,82	30,22	10	8
22	29,07	31,47	10	8
23	30,32	32,72	10	8
24	31,57	33,97	10	8
25	32,82	35,22	10	8
26	34,07	36,47	12	8

Die Tabelle beginnt mit der Propionsäure. Es gibt zwar auch eine
Essigsäurecholeinsäure, diese lieferte aber ein abweichendes Röntgeno-
gramm und dürfte mithin eine andersartige Struktur besitzen. Das
Addukt der Cerotinsäure (C_{26}) ist die höchste bisher röntgenographisch
untersuchte Verbindung dieser Reihe.

Für den größten Teil der betrachteten Choleinsäuren stimmen die
aus den räumlichen Vorstellungen abgeleiteten Molverhältnisse (Spalte 4)
mit den gefundenen (Spalte 5) in eindrucksvoller Weise überein. Eine
Abweichung zeigt sich für die Propionsäure und vor allem für die höheren
Homologen von der Heneicosansäure an aufwärts: hier bleibt die Verhältniszahl trotz des Längerwerdens der Ketten konstant auf dem Wert 8
stehen, während Ansteigen auf den Wert 10 und 12 zu erwarten wäre.
Die Fettsäuremoleküle müssen hier also dichter gepackt sein als bei
maximaler Streckung der Moleküle und in linearer Aneinanderreihung
möglich ist.

Auffälligerweise wurden bis vor kurzem überhaupt niemals Choleinsäuren mit höherer Molverhältniszahl als 8 beobachtet, obwohl sich unter
den untersuchten Verbindungen auch solche befinden, die noch längere
Moleküle als Cerotinsäure enthalten, z. B. Myristinsäurehexadecylester
$C_{14}H_{27}O_2 \cdot C_{16}H_{33}$ [RHEINBOLDT (45)]. Die ersten und bisher einzigen Aus-
nahmen machen Arachinsäureäthylester, Stearinsäureoctylester und
Cerotinsäureäthylester, für die nach GIACOMELLO (17) die Molverhältnis-
zahlen 10 : 1 bzw. 12 : 1 gelten. Die Röntgenbefunde zeigten, daß diese
Verbindungen nach dem gleichen Prinzip aufgebaut sein müssen, wie
die Fettsäurecholeinsäuren. Für die Addukte des Arachinsäure- und
Stearinsäureäthylesters stimmen, wie Tabelle 9 zeigt, die gefundenen
Verhältniszahlen mit den aus dem Raumbedarf errechneten überein.
Für Stearinsäureoctylester dagegen wäre nach der Länge des Moleküls
die Verhältniszahl 12 statt 10 zu erwarten.

Tabelle 9. *Estercholeinsäuren, Molverhältnis und Raumbedarf der eingelagerten*
Komponenten.

	Länge der Estermoleküle in Å	Beanspruchte Kanalstrecke pro Mol Ester in Å	Geforderte Anzahl Desoxy-chols.molekule pro Mol Ester	Gefundene Mol-verhaltniszahl
$C_{20}H_{39}O_2 \cdot C_2H_5$	29,0	31,4	10	10
$C_{18}H_{35}O_2 \cdot C_8H_{17}$	34,0	36,4	12	10
$C_{26}H_{51}O_2 \cdot C_2H_5$	36,5	38,9	12	12

Während in diesen drei Fällen von den Estern *mehr* Desoxycholsäure
gebunden wird als von den mit ihnen isomeren, hinsichtlich der Länge
des Moleküls übereinstimmenden freien Carbonsäuren, ist bei zahlreichen
anderen Estern nach den Befunden von RHEINBOLDT (45) das Gegenteil
der Fall (Tabelle 10).

Tabelle 10. *Die Molverhältnisse der Choleinsäuren von Estern und isomeren Säuren.*

Desoxycholsäureaddukte von	Molverhaltnis im Ester-addukt	Molverhältnis im Saure-addukt
Laurinsäure-n-propylester, isomer Pentadecylsäure . .	6	8
Laurinsäure-n-butylester, ,, Palmitinsäure . . .	6	8
Laurinsäure-n-hexylester, ,, Stearinsäure . . .	6	8
Laurinsäure-n-octylester, ,, Arachinsäure . . .	6	8
Myristinsäure-n-methylester, ,, Pentadecylsäure . .	6	8
Myristinsäure-n-äthylester, ,, Palmitinsäure . . .	6	8
Myristinsäure-n-butylester, ,, Stearinsäure . . .	6	8
Myristinsäure-n-hexylester, ,, Arachinsäure . . .	6	8
Pelargonsäure-n-heptylester, ,, Palmitinsäure . . .	6	8

Die Unterschiede in den Molverhältniszahlen der Choleinsäuren dieser isomeren Verbindungen konnten bisher ebensowenig erklärt werden wie die Tatsache, daß in der Reihe der Carbonsäureaddukte die Molverhältniszahl auch bei den hohen Homologen den Wert 8 nicht überschreitet. Zur Auflösung dieser Unklarheiten, deren Gewichtigkeit von Kratky schon 1936 mit Nachdruck hervorgehoben wurde (25), bedarf es weiterer experimenteller Arbeit. Eine Frage, die nur durch weitere Krystallstruktur-untersuchungen gelöst werden kann, ist ferner, ob auch die Cholein-säuren anderer Körperklassen nach dem „Einschlußprinzip" aufgebaut sind, das für die Addukte der Carbonsäuren und Ester als gültig erkannt wurde.

Vergleicht man die bisher krystallchemisch untersuchten Cholein-säuren mit den Harnstoffaddukten, so ergeben sich, kurz zusammengefaßt, folgende Übereinstimmungen und Unterschiede.

Beiden Verbindungsklassen ist ein invariables Grundgitter eigen, hier gebildet von Desoxycholsäuremolekülen, dort von Harnstoffmolekülen.

Beide Grundgitter enthalten Kanäle, in denen annähernd gestreckt die Moleküle des Partners liegen.

Die Grundgitter bilden sich nur in Gegenwart der Addenden aus.

Für die Mengen der im Kanal eingelagerten Addenden sind zwei Faktoren maßgeblich; einerseits das Prinzip maximaler Raumausnützung, herrührend aus dem Bestreben maximaler gegenseitiger Absättigung aller wirkenden Anziehungskräfte zwischen Wirt- und Gastmolekülen; andererseits periodisch wiederkehrende Stellen maximaler Feldstärke im Kanal sowie in den Gastmolekülen.

Bei den Harnstoffaddukten überwiegt der erste Faktor so sehr den zweiten, daß unter Verzicht auf bevorzugte „spezifische" Lagerung der Gastmoleküle, auch wenn diese ausgezeichnete Stellen wie CO- oder COOH-Gruppen haben, der verfügbare Gitterhohlraum optimal ausgefüllt wird. Hiervon ist das *stetige* Ansteigen des Molverhältnisses sowie das Auftreten nichtganzzahliger Molverhältnisse die plausible Folge.

Bei den Fettsäure-choleinsäuren dagegen dominiert der zweite Faktor über den ersten. Hiervon ist die Folge das alleinige Auftreten ganzzahliger Molverhältnisse sowie der treppenförmige Anstieg der Molverhältniszahlen in der homologen Reihe der Addukte.

4. 4,4'-Dinitrodiphenyladdukte.

Aus der großen Anzahl bekannter Komplexverbindungen von Nitro-aromaten hebt sich eine Reihe von Addukten des 4,4'-Dinitrodiphenyls [Rapson, Saunder und Stewart (42)] durch die ungewöhnlichen Molverhältniszahlen 1 : 3, 2 : 7, 1 : 4 und 1 : 5 ab (Tabelle 11).

Tabelle 11. *Molekülverbindungen des 4,4′-Dinitrodiphenyls.*

Addend	Farbe	Schmelzpunkt	Mol-verhaltnis der Komponenten	Abgekurzte Bezeichnung der rontgeno-graphisch untersuchten Produkte
4,4′-Diacetoxydiphenyl . . .	creme	224—226°	5:1	
4-Acetoxydiphenyl	creme	191—221°	4:1	
N,N,N′,N′-Tetramethyl-benzidin	dunkelrot	233°	4:1	B
Benzidin	rot	240°	4:1	C
4,4′-Dimethoxydiphenyl . . .	kanariengelb	216—218°	7:2	
4-Joddiphenyl	fahlgelb	192—220°	7:2	E
4-Bromdiphenyl	creme	192—220°	7:2	F
4,4′-Dihydroxydiphenyl . . .	orangegelb	249—250°	3:1	D
4-Aminodiphenyl	orange	220°	3:1	A
4-Hydroxydiphenyl	gelb	228—230°	3:1	
Diphenyl.	creme	191—221°	3:1	

Röntgenuntersuchung der sechs durch römische Buchstaben gekennzeichneten Addukte hat eine weitgehende Übereinstimmung des Krystallbaues dieser Verbindungen ergeben (*46*); die für Produkt *A* vorgenommene detaillierte Strukturuntersuchung mittels Fourier-Analyse führte zu folgendem Bild (Abb. 13):

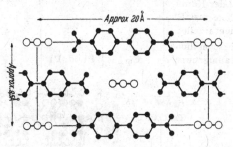

Jedes Dinitrodiphenylmolekül in der Abbildung repräsentiert mehrere solche Moleküle, die in einem Abstand von 3,7 Å parallel übereinander liegen. Bei einer fort-

Abb. 13. Idealisiertes Strukturbild der 4,4′-Dinitrodiphenyl-addukte [nach RAPSON, SAUNDER und STEWART (*42*)].

gesetzten Anordnung dieser Art entstehen kanalförmige Hohlräume (senkrecht zur Abbildungsebene). In diesen Kanälen haben die Partnermoleküle, hintereinander gereiht, ihren Platz. In der Abbildung sieht man den Querschnitt eines solchen Moleküls, wie er sich beim Durchblick durch den Kanal darstellt.

Die krystallographischen Daten der sechs untersuchten Produkte sind in Tabelle 12 zusammengestellt.

Man sieht, daß die Winkel β der vier monoklinen 3:1 und 7:2 Produkte fast gleich sind. Die Brechungsexponenten sind für diese 4 Addukte ebenfalls sehr ähnlich.

Bei den beiden 7:2 Addukten zeigen die Aufnahmen in Richtung der *c*-Achse eine Anomalie: nur die 0., 7. und 14. Schichtlinie ist scharf, die

Tabelle 12. *Krystallographische Daten der 4,4′-Dinitrodiphenyladdukte.*

	Addukt A	Addukt B	Addukt C	Addukt D	Addukt E	Addukt F
Molverhältnis .	3 : 1	4 : 1	4 : 1	3 : 1	7 : 2	7 : 2
Krystallsystem .	monoklin (100)(110) (001)	triklin (100)(010) (001)	monoklin (100)(110) (001)(101)	monoklin (100)(110)	monoklin (100)(110)	monoklin (100)(110)
Winkel	$\beta = 99°39'$	$\alpha = 127°0'$ $\beta = 103°39'$ $\gamma = 95°45'$	$\beta = 120°28'$	$\beta = 95°$	$\beta = 100°$	$\beta = 100°$
Opt. Achsen-winkel, 2 V .	45°	—	—	29°	34°	37°
Brechungs-indices . . α	1,59	—	—	1,62	1,62	1,60
β	1,64	—	—	1,63	1,65	1,64
γ	2,03	—	—	1,99	2,13	2,39
Dimensionen der Elementarzelle in Å . . . a	20,06	30,2	19,1	20,0	20,0	20,0
b	9,46	11,15	14,8	18,65	9,5	9,5
c	11,13	11,5	22,0	11,3	25,8	25,8
Dichte	1,43	1,43	1,44	1,45	1,56	1,52
Zahl der Komplexe pro Elementarzelle. .	2	2	4	4	2	2
Wahrscheinliche Raumgruppe .	C_m	P1 od. $\overline{P}1$	C_c	P_{2_1}/a	C_m	C_m

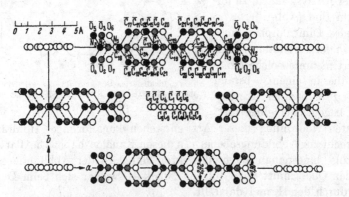

Abb. 14. Die Struktur des 4,4′-Dinitrodiphenyl-adduktes von 4-Oxydiphenyl, Projektion in Richtung c auf $a\,b$ [nach SAUNDER (46)].

übrigen sind in der b-Richtung auseinandergezogen. Diese Erscheinung ist wahrscheinlich auf periodische Fehler in der Krystallstruktur zurück-zuführen (24), soll hier aber nicht näher erörtert werden.

Abb. 14 gibt das exakte Strukturbild des Adduktes A. Das verein-fachte Bild 13 ist also dahingehend zu modifizieren, daß die Dinitrodiphenylmoleküle in der Richtung c nicht ganz genau senkrecht übereinander, sondern zu je drei periodisch etwas gegeneinander verschoben liegen. Dadurch erhalten die Kanäle, bildlich gesprochen, Knicke. Die eingelagerten Oxydiphenylmoleküle schmiegen sich diesen Knicken an, daher fallen ihre Moleküllängsachsen nicht genau in die c-Richtung, und infolgedessen bietet sich in Abb. 14 das eingelagerte Molekül in einem Querschnitt dar, der breiter ist als der Breite des Benzolringes entspricht. Die Abb. 15 veranschaulicht dies durch die schematische Wiedergabe eines Kanalstückes in Längsschnitt $a\,b$ senkrecht zur Richtung c. Die maßstabtreue Zeichnung läßt gleichzeitig die Molekülabstände, auf die es bei der Bindung zwischen den Partnern ankommt,

ferner die Abstände der Oxydiphenylmoleküle voneinander und schließlich die Abstände der Dinitrodiphenylschichten erkennen.

In Abb. 16 sind Projektionen der Strukturen der Komplexe B, C, D, E und F zusammengestellt.

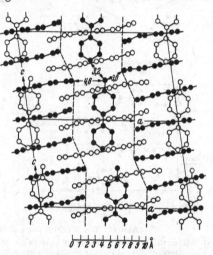

Komplex B: ähnlich, wie für die Oxydiphenylmoleküle des Komplexes A im vorausgehenden erläutert, liegen auch die Tetramethylbenzidinmoleküle etwas geneigt zur Längsachse der Kanäle und, entsprechend, die Dinitrodiphenylmoleküle nicht genau übereinander. Abstand der Dinitrodiphenylschichten $^{1}/_{8}\,a = 3{,}78$ Å.
Komplex C: die Benzidinmoleküle liegen längs b. Abstand der Dinitrodiphenylschichten $^{1}/_{4}\,b = 3{,}71$ Å.
Komplex D: Längsachse der Kanäle

Abb. 15. Die Struktur des 4,4'-Dinitrodiphenyladduktes von 4-Oxydiphenyl, Projektion in Richtung b auf $a\,c$ [nach SAUNDER (46)].

ist c, die Dioxydiphenylmoleküle liegen mit ihrer Längsachse etwas geneigt zu c. Abstand der Dinitrodiphenylschichten $^{1}/_{3}\,c = 3{,}76$ Å.

Komplex E und F: Die Struktur der beiden Komplexe stimmt innerhalb der Fehlergrenzen überein. Längsachse der Kanäle ist c; Abstand der Dinitrodiphenylschichten $^{1}/_{7}\,c = 3{,}69$ Å.

Das geschilderte Strukturbild läßt erwarten, daß die Anzahl Dinitrodiphenylmoleküle, die einem Partnermolekül zugeordnet ist, durch die Länge des Partnermoleküls bestimmt ist.

In der Tabelle 13 sind die Längen der eingelagerten Moleküle zuzüglich ihres mutmaßlichen zwischenmolecularen Abstandes (Spalte 2), ferner die Zahl der durch einen Abstand von 3,7 Å voneinander getrennten Dinitrodiphenylmoleküle, die rechnungsmäßig der Länge des jeweils eingelagerten Partners zuzuordnen wären (Spalte 3), und schließlich die tatsächlichen Molverhältniszahlen (Spalte 4) nebeneinander gestellt.

Die Übereinstimmung der für die Länge der eingelagerten Moleküle errechneten und der analytisch gefundenen Molverhältniszahlen ist, wie man sieht, im allgemeinen recht gut. Besonders hervorzuheben ist, daß in denjenigen Fällen, in denen aus der Raumbeanspruchung Molverhältnisse errechnet werden, die nennenswert von *ganzen* Zahlen abweichen, z. B. beim 4,4′-Dihydroxydiphenyl- und beim 4-Aminodiphenyladdukt dennoch *ganz*zahlige Molverhältnisse erzwungen werden. Somit ist also

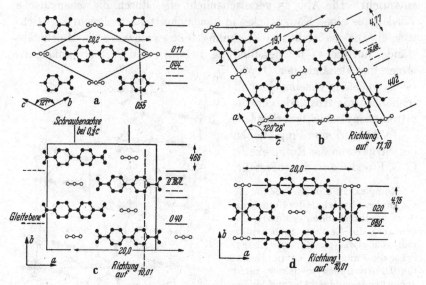

Abb. 16. Die Struktur der 4,4′-Dinitrodiphenyl-addukte von
a) Tetramethylbenzidin, Projektion langs *a* auf *b c*. b) Benzidin, Projektion làngs *b* auf *a c*.
c) 4,4′-Dıoxydiphenyl, Projektion langs *c* auf *a b*. d) 4-Jod- und 4-Bromdiphenyl, Projektion làngs *c* auf *a b*. [Nach SAUNDER (*46*)].

Tabelle 13. *Dinitrodiphenyladdukte, errechnetes und gefundenes Molverhältnis.*

Adduktkomponente	Lange des eingelagerten Molekuls in Å	Molverhältniszahl, rechnerisch der Lange des Partners entsprechend	Molverhaltniszahl, analytisch ermittelt
4-Hydroxydiphenyl (A)	11,9	3,2: 1	3: 1
N,N,N′,N′-Tetramethylbenzidin (B) .	15,3	4,1: 1	4: 1
Benzidin (C)	13,9	3,8: 1	4: 1
4,4′-Dihydroxydiphenyl (D)	12,5	3,4: 1	3: 1
4-Joddiphenyl (E)	13,1	7 : 2	7: 2
4-Bromdiphenyl (F)	12,8	7 : 2	7: 2
4,4′-Diacetoxydiphenyl	17—18	4,6—4,9: 1	5: 1
4-Acetoxydiphenyl	14—14,5	3,8—3,9: 1	4: 1
4,4′-Dimethoxydiphenyl	14,8—15,3	4,0—4,1: 1	4: 1
4-Aminodiphenyl.	12,2	3,3: 1	3: 1
Diphenyl	10,7	2,9: 1	3: 1

die Raumbeanspruchung für die Ausbildung des Molverhältnisses, wie bei den Choleinsäuren, zwar mitbestimmend, aber nicht, wie bei den Harnstoffaddukten, allein entscheidend; nichtganzzahlige Molverhältnisse werden offenbar vermieden. Die Verhältnisse 7 : 2 (Addukt E u. F) sind in diesem Sinn nicht als unganzzahlig — 3,5 : 1 — aufzufassen, da in der Elementarzelle jeweils eine *ganze* Molekülzahl, nämlich 2, des Addenden gebunden ist (s. Tabelle 12, zweite Zeile von unten).

Nach den Ergebnissen der Strukturuntersuchung betragen die kleinsten vorkommenden Abstände zwischen Wirt- und Gastmolekülen in den Addukten etwa 3,0 bis 3,6 Å; räumliche Anzeichen für das Vorliegen starker lokalisierter Bindungen fehlen also. So wird man der Wirkung VAN DER WAALSscher Kräfte einen wesentlichen Anteil an dem Zusammenhalt der Addukte zuzuschreiben haben. Andererseits liegt die Existenz schwacher Wasserstoffbrücken über einen Abstand von 3 Å im Bereich der Möglichkeit. Für die Vorstellung, daß beide Arten von Bindungskräften nebeneinander wirken dürften, spricht folgendes: Wenn Wasserstoffbrückenbindung *allein* maßgeblich wäre, so müßte man das Molverhältnis 1 : 1 erwarten, ein Zusammenhalt der Addukte im Molverhältnis 1 : 3, 2 : 7, 1 : 4 und 1 : 5 dagegen wäre unverständlich. Auf der anderen Seite bliebe bei der Annahme ausschließlicher Wirkung VAN DER WAALSscher Kräfte die Vermeidung *nicht*ganzzahliger Molverhältnisse — wie 3,4 : 1 und 3,3 : 1 beim Dihydroxydiphenyl- und Aminodiphenyladdukt, s. Tabelle 13 — unverständlich; und unerklärt bliebe ferner, daß bei der Adduktbildung Farbvertiefung eintritt und zwar intensitätsmäßig nach der Reihenfolge, die der Stärke der Elektronendonatorgruppe der eingelagerten Moleküle entspricht; und daß schließlich die Dinitrodiphenylverbindungen des Benzidins und Tetramethylbenzidins, welche die stärksten Donatorgruppen tragen, unter den untersuchten Verbindungen bei weitem die stabilsten sind.

5. Schardinger-Dextrin-Einschlußverbindungen.

Nach FREUDENBERG und CRAMER (*11, 15*) sind die in der älteren Literatur als s-Dextrin und r-Dextrin bezeichneten und früher für besondere Polysaccharide gehaltenen Abbauprodukte der Stärke Addukte von α- bzw. β-Dextrin mit einem höheren Alkohol, wahrscheinlich n-Hexanol. Dieser ist so fest gebunden, daß diese Additionsverbindungen als solche umkrystallisiert werden können. Durch Wasserdampfdestillation kann der Alkohol abgetrieben werden; unter diesen Versuchsbedingungen dissoziieren also die Addukte.

Die röntgenographische Untersuchung hat ergeben, daß das aus sechs in 1,4-Stellung miteinander verknüpften Glukanringen bestehende α-Dextrin und das aus sieben Glukanringen analog aufgebaute β-Dextrin eine Krystallstruktur der Art besitzen, daß die Makroringe — in der

Elementarzelle liegen deren zwei übereinander — ihrem Innenraum einen Kranz von Wasserstoffatomen zukehren. Innerhalb dieser Ringe sind die Alkoholmoleküle eingeschlossen.

6. Zeolithsorbate.

Bei gewissen wasserhaltigen Silikaten, den Zeolithen, fungieren als Gitterstrukturträger tetraedrische Alumokieselsäureanionen $(Al, Si)O_4$. Diese sind im Krystall so angeordnet, daß das Gitter von zusammenhängenden Kanälen durchzogen ist. In den Kanälen befinden sich Kationen (Na, Ca), welche die anionische Ladung absättigen, und außerdem Wassermoleküle.

Nach dem speziellen Aufbau des Gitters werden drei Typen von Zeolithen unterschieden:

1. Würfelzeolithe mit festen, dreidimensionalen Netzwerkstrukturen (Chabasit, Analcim);

2. Blätterzeolithe mit laminarer Netzwerkstruktur (Heulandit);

3. Faserzeolithe mit faseriger Netzwerkstruktur (Natrolit, Skolezit).

Die Struktur der laminaren und faserigen Zeolithe neigt dazu, bei der Entwässerung zu kollabieren. Die robuste Struktur des Analcims und des Chabasits dagegen gestattet, das eingelagerte Wasser reversibel zu entfernen oder auch durch andere neutrale Moleküle zu ersetzen.

Die Studien über die Sorption nichtpolarer Moleküle in den Kanälen führten zu höchst interessanten Ergebnissen. Barrer und Ibbitson (4) fanden, daß außer Edelgasen, Stickstoff, Sauerstoff und anderem auch Kohlenwasserstoffe eingelagert werden können, und zwar nur geradkettige, nicht dagegen verzweigte oder cyclische. Es ist also möglich, mittels Chabasit oder Analcim oder analoger, synthetisch gewonnener Produkte (2) durch selektive Sorption geradkettige Kohlenwasserstoffe von verzweigten und cyclischen zu trennen (3). Dieser verblüffend an die Selektivität der Harnstoffaddition erinnernde Befund ist nach Barrer und Ibbitson auf die einfache Tatsache zurückzuführen, daß die Querschnitte der nicht sorbierbaren Moleküle für das Lumen der Kanäle, das etwa 5 bis 6 Å betragen dürfte, zu groß sind.

Es zeigte sich, daß die freie Energie der Sorption, auch wieder in Analogie zu den bei der Harnstoffaddition gemachten Befunden, mit der Kettenlänge der Sorbenden wächst (Tabelle 14).

Tabelle 14. *Die freie Energie der Zeolithsorption von Kohlenwasserstoffen als Funktion der Kettenlänge.*

Sorbend	A_0 für Chabasit (cal/Mol Gas)	A_0 für Analcim (cal/Mol Gas)
CH_4 . . .	4 700	3800
C_2H_6 . . .	8 150	7400
C_3H_8 . . .	9 750	—
$n\text{-}C_4H_{10}$ . .	11 150	9300

Der Sättigungswert, ausgedrückt in ccm sorbiertem Gas (760 mm, 0°) pro g Sorbend, fällt mit steigender Molekülgröße (Tabelle 15). Auch hinsichtlich des „Molverhältnisses" gilt hier also die gleiche Regel wie bei den Harnstoffaddukten: je größer die Moleküle sind, desto geringer ist die Anzahl, die in das Grundgitter eingelagert werden kann.

Obwohl mit steigender Molekülgröße die Affinität der Anlagerung wächst, ist die *Geschwindigkeit* der Sorption bei größeren Molekülen geringer als bei kleineren. Bei einem Durchmesser der Moleküle bis zu etwa .4 Å können die Gase die Kanäle in einem Prozeß freier Diffusion ohne meßbare Aktivierungsenergie verhältnismäßig rasch füllen. Die Moleküle der n-Paraffine vom Propan ab

Tabelle 15. *Sättigungswerte der Sorption in Chabasit und Analcim als Funktion der Molekülgröße der Sorbenden.*

Gas	Länge der sorbierten Moleküle in Å	Sättigungswert für Chabasit cc (760 mm, 0°)/g	Sättigungswert für Analcim cc (760 mm, 0°)/g
H_2O	2,76	266	97
NH_3	3,60	193	72
H_2	3,74	186	69
Ar	3,84	181	67
O_2	3,83	181	67
N_2	4,08	170	63
CH_4	4,00	173	64
C_2H_6	5,54	125	46,4
C_3H_8	6,52	106	39,5
$n\text{-}C_4H_{10}$	7,78	89	33,1
$n\text{-}C_5H_{12}$	9,04	77	28,5
$n\text{-}C_6H_{14}$	10,34	67	25,0
$n\text{-}C_7H_{16}$	11,56	59	22,2

werden wesentlich langsamer aufgenommen. Die Einlagerung bedarf in diesem Fall einer erheblichen Aktivierungsenergie — Anwendung von Temperaturen von über 100° —, die nach BARRER und JBBITSON vermutlich dazu gebraucht wird, die großen Moleküle, die viel mehr dazu neigen, sich festzusetzen, längs der Kanäle von einer Stelle maximalen Sorptionspotentials zur nächsten weiter zu treiben.

Den zahlreichen frappanten Analogien der morphologischen und thermodynamischen Verhältnisse bei den Harnstoffeinschlußverbindungen und Zeolithsorbaten steht auch eine Reihe gewichtiger Unterschiede gegenüber.

Zunächst ist hervorzuheben, daß bei den Zeolithsorbaten und Harnstoffaddukten nur die Beziehungen zwischen Grundgitter und Einschlußkomponente vergleichbar sind, nicht dagegen der Aufbau der Grundgitter selbst: bei den Harnstoffaddukten — wie auch bei den übrigen, bisher besprochenen Einschlußkrystallverbindungen — besteht das Grundgerüst in einem Molekülgitter, bei den Zeolithen dagegen in einem Atomgitter.

Für die Harnstoffaddukte und sonstigen rein organischen Kanalverbindungen gilt das Gesetz der konstanten Verbindungsgewichte. Die Moleküladdukte der Zeolithe dagegen weisen zwar charakteristische Sättigungswerte auf, können im übrigen aber auch jede beliebige geringere Menge des Verbindungspartners enthalten, verhalten sich also wie Adsorbate.

Bei den Harnstoffaddukten sind die eingelagerten Komponenten wenn auch nicht Bausteine, so doch insofern integrierende Bestandteile des Gitters, als sich das Grundgitter nur in ihrer Anwesenheit ausbildet und bei Entfernung der Partnermoleküle durch Verdampfung oder Extraktion sofort collabiert. So gewiß diese Unterschiede hinsichtlich Zusammensetzung und Beständigkeit für die bisher bekannten Addukte beider Arten Geltung haben, so brauchen sie dennoch nicht eine unausfüllbare Kluft zu bezeichnen. Es wurde schon eingangs daran erinnert, daß es Zeolithe gibt, die die Entwässerung nicht vertragen, ohne zu kollabieren. Es macht keine Schwierigkeit, sich vorzustellen, daß man einen Zeolith finden oder synthetisieren könnte, der bei vollständiger Füllung der Kanäle mit Kohlenwasserstoffmolekülen beständig, dessen Gitter jedoch so empfindlich wäre, daß es bei partiellem Abpumpen des Kohlenwasserstoffs in adäquatem Maß zusammenbricht. In diesem Fall hätte man die Analogie zu den Harnstoffaddukten, es würde das Gesetz der konstanten Proportionen gelten. Auf der anderen Seite: es ist nicht unmöglich — entsprechende Versuche wurden bisher allerdings nicht durchgeführt —, daß bei extrem tiefen Temperaturen auch bei den Harnstoffaddukten eine Entfernung der kanalfüllenden Komponenten gelingt, *ohne* daß das hexagonale Grundgitter zusammenbricht. Für die betreffende Temperatur würde das Harnstoffaddukt dann den Charakter als stöchiometrische Verbindung verlieren und als organischer „Zeolith" gelten können.

III. Käfig-Einschlußverbindungen.

1. *Clathrate-compounds des Hydrochinons.*

Neben dem gewöhnlichen, trigonalen α-Hydrochinon ($F = 172,3°$, umkrystallisierbar aus Wasser, Äthanol oder Äther) und dem durch Sublimation erhältlichen monoklinen γ-Hydrochinon findet sich in der Literatur noch eine dritte, als β-Hydrochinon bezeichnete Form beschrieben, die man erhält, wenn man eine der beiden anderen Formen aus Methanol umkrystallisiert. D. Z. Palin und H. M. Powell fanden, daß es sich bei dem sogenannten β-Hydrochinon um eine Additionsverbindung $3\ C_6H_4(OH)_2 \cdot 1\ CH_3OH$ handelt und entdeckten, daß dieses Addukt, zusammen mit der seit 1859 bekannten Molekülverbindung von Hydrochinon und Schwefeldioxyd, der Molekülverbindung von Hydrochinon und Schwefelwasserstoff und einer Reihe weiterer Addukte dieser Art einen völlig neuen Typ von Molekülverbindungen repräsentiert (*31*), (*32*,) (*33*), (*34*), (*39*). Man findet hier die zweite der drei denkbaren Möglichkeiten der Einlagerung einer Molekülart in dem Grundgitter einer zweiten Molekülart verwirklicht: die allseitig geschlossene, käfigartige Umhüllung der Gastmoleküle. Der von Palin und Powell geprägte

Name clathrate-compounds ist abgeleitet aus $\varkappa\lambda\eta\vartheta\varrho\alpha$ oder clathri, das Tierkäfiggitter.

Die Krystallstruktur der verschiedenen Hydrochinon-Käfigverbindungen ist im Prinzip identisch; die detaillierte Untersuchung wurde am Beispiel des SO_2-Adduktes vorgenommen.

Der rhombischen Elementarzelle des Adduktes $3\ C_6H_4(OH)_2\cdot SO_2$ kommen die Achsen $a = 16,3$; $c = 5,81$ zu. Raumgruppe ist C_3^4–R 3. Für die Anordnung der Hydrochinonmoleküle im Krystall ergab die Patterson- und Fourier-Analyse das in der Abb. 17 schematisiert wiedergegebene Bild. Die kleinen Kreise bedeuten die durch Wasserstoffbrücken (kurze Verbindungslinien) den Zusammenhalt von Molekül zu Molekül besorgenden Sauerstoffatome der Hydrochinonmoleküle. Die Benzolringe selber sind der Übersichtlichkeit halber nicht gezeichnet, sondern werden durch die *längeren* Verbindungslinien von O-Atom zu O-Atom wiedergege-

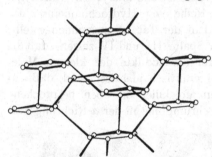
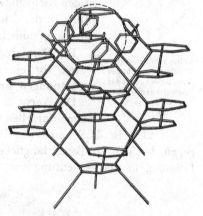

Abb. 17. Das Grundgitter der β-Hydrochinon-addukte. Teilbild von *einem* der beiden einander durchdringenden Netzwerksysteme [nach PALIN und POWELL (*32*)].

Abb. 18. Das Grundgitter der β-Hydrochinonaddukte. Gesamtbild von *beiden* einander durchdringenden Netzwerksystemen [nach PALIN und POWELL (*32*)].

ben. Es liegt also ein unendliches dreidimensionales Netzwerk von Hydrochinonmolekülen vor. In dieses weitmaschige Netzwerk ist nun ein identisches zweites Netzwerk so hineingestellt, daß seine horizontalen Hexagone in halber Höhe zwischen den Hexagonen des ersten Netzwerkes liegen. Abb. 18 verdeutlicht die relative Lage der zwei Netzwerksysteme, von denen jedes identisch mit dem in Abb. 17 gezeigten ist. In dem Gefüge der beiden ineinander gestellten Netzwerke gibt es nun Hohlräume, groß genug, um kleine Moleküle in einer Distanz zu umschließen, die den normalen Abständen zwischen nichtverbundenen Atomen entspricht, und zugleich eng genug umgittert, um ein Entweichen der eingeschlossenen Moleküle zu verhindern. Die besetzbaren Hohlräume machen etwa $7^1/_2\%$ des Totalvolumens aus.

Diese Hohlräume sind es, in denen die Schwefeldioxyd-, Methanoloder anderen Partnermoleküle eingeschlossen sind. In der Abb. 18 oben ist ein solcher Hohlraum andeutungsweise abgegrenzt, in der Abb. 19 schematisiert verdeutlicht.

Abb. 20 gibt eine Elektronendichtekarte in der (0001) Fläche. Im Zentrum befindet sich das SO_2-Molekül. Die Deutung der Elektronendichten durch Molekülbilder ist aus der Einzeichnung der Valenzstriche von 2 Hydrochinonmolekülen zu ersehen.

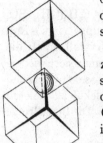

Eine eigentümliche Verzerrung des Gitters ist festzustellen, wenn Moleküle eingelagert sind, die eine gestreckte Form haben und etwas zu lang sind, um in den Hohlräumen der geschilderten „Normalform" des Grundgitters Platz zu finden. Das Gitter ist diesfalls in der Richtung c gedehnt unter gleichzeitiger Schrumpfung in der Richtung a. Abb. 21 gibt diese Verzerrung anschaulich wieder.

Abb. 19. Schema eines Hohlraums, gebildet durch zwei einander durchdringende Netzwerke [nach POWELL (*39*)].

Die röntgenographisch und analytisch ermittelten Daten für eine Reihe von Hydrochinoneinschlußverbindungen sind in der Tab. 16 zusammengestellt.

Die Werte der Spalte III und IV zeigen, daß die Elementarzellen für die Addukte der kleinen Moleküle HCl, HBr, H_2S und $HC \equiv CH$ praktisch identisch sind, daß dagegen bei den größeren, länglichen Molekülen die oben besprochene Dehnung in der c-Richtung und Schrumpfung in der a-Richtung auf

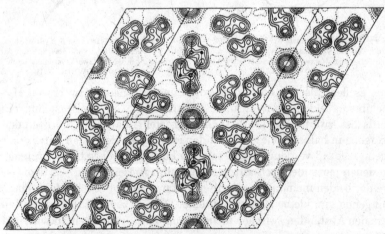

Abb. 20. Fourier-Analyse des SO_2-Hydrochinon-adduktes, Projektion auf (0001) [nach PALIN und POWELL (*32*)].

tritt. Beim Acetonitril scheint übrigens die Grenze der zulässigen Dehnung erreicht zu sein; denn es gelang nicht, ein analoges Addukt mit dem nur um weniges größeren CS_2-Molekül darzustellen.

Tabelle 16. *Hydrochinon-Einschlußverbindungen.*

Addierte Verbindung		Elementarzelle		Dichte	Theoretische Werte für die Idealformel 3 C$_6$H$_4$(OH)$_2$ · M		Werte aus der Röntgenuntersuchung			Werte aus chemischen Analysen	
Formel	Molgewicht	a Å	c Å		Molgewicht für 3·3[C$_6$H$_4$(OH)$_2$]·M	M %	Molgewicht der Elementarzelle	M %	Molverhältnis M : 3 C$_6$H$_4$(OH)$_2$	M %	Molverhältnis M : 3 C$_6$H$_4$(OH)$_2$
I	II	III	IV	V	VI	VII	VIII	IX	X	XI	XII
HCl	36,5	16,55	5,46	1,38	1100	9,97	1083	8,6	0,85	8,58	0,85
HBr	81	16,57	5,48	1,36	1233	19,7	1075	7,9	0,35	8,1	0,36
H$_2$S	34	16,58	5,49	1,34	1194	9,35	1060	6,55	0,69	6,2	0,64
C$_2$H$_2$	26	16,63	5,46	1,31	1068	7,31	1038	4,6	0,62	—	—
CH$_3$OH	32	16,56	5,55	1,35	1086	8,85	1078	8,1	0,92	8,6	0,97
HCOOH	46	16,42	5,65	1,37	1128	12,23	1096	9,7	0,79	10,2	0,82
SO$_2$	64	16,29	5,81	1,44	1182	16,25	1165	14,8	0,91	14,5	0,88
CO$_2$	44	16,17	5,82	1,36	1122	11,77	1087	8,9	0,74	8,9	0,74
CH$_3$CN	41	15,95	6,24	1,33	1113	11,06	1108	10,7	0,96	11,0	0,99

Wie schon gesagt wurde, sind jedem Hohlraum und damit jedem addierten Molekül 3 Moleküle Hydrochinon zugeordnet. In der Spalte X und XII müßte daher im Idealfall überall der Wert 1 erscheinen. Daß die gefundenen Zahlen immer *unter* diesem Wert bleiben, ist darauf zurückzuführen, daß immer ein gewisser, manchmal sogar recht erheblicher Prozent-

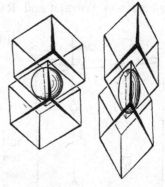

Abb. 21. Schema des normalen und des gedehnten Hohlraums von Hydrochinonaddukten [nach POWELL (*39*)].

satz der Hohlräume *unbesetzt* bleibt. Eigentümlicherweise wird der Idealwert 1 am nächsten erreicht beim Acetonitril, dem längsten der einlagerungsfähigen Moleküle. Warum? PALIN und POWELL deuten dies folgendermaßen: Die Dehnung führt einen Zustand so starker Spannung herbei, daß das Gitter nur dann genügend stabilisiert ist, wenn annähernd alle Hohlräume gefüllt sind. Daß im übrigen beim unverzerrten

Gitter beliebige Werte unter 1 auftreten (eine Überschreitung des Wertes 1 ist nie beobachtet worden) ist verständlich, da die „β-Struktur" auch für sich allein, d. h., gänzlich ohne Füllkörper, existenzfähig ist. Die *völlig* leere β-Struktur läßt sich allerdings nur schwierig herstellen; es ist offensichtlich, daß die eingeschlossenen Moleküle zur Stabilisierung des Grundgitters beitragen.

Vor kurzem gelang Powell und Guter auch die Herstellung einer Argon-Hydrochinon-Einschlußverbindung. Nach dem Ergebnis der Röntgenuntersuchung hat sie die nämliche Krystallstruktur wie die anderen, im vorausgehenden besprochenen Addukte (40).

2. Dicyano-ammin-benzolnickel.

Eine anorganisch-organische Käfigverbindung ist nach einer Mitteilung von Powell und Rayner (41) auch die vor langem erstmals von K. A. Hofmann dargestellte Verbindung $Ni(CN)_2 \cdot NH_3 \cdot C_6H_6$, das Dicyano-ammin-benzol-nickel. Dieses Produkt hatte man bisher als Koordinationsverbindung

$$\begin{array}{cc} CN & NH_3 \\ & Ni \\ CN & C_6H_6 \end{array}$$

mit gleichartig um das Nickelatom gruppierten Liganden gedeutet, ohne allerdings dieser Formulierung valenzchemisch einen Sinn unterlegen zu können.

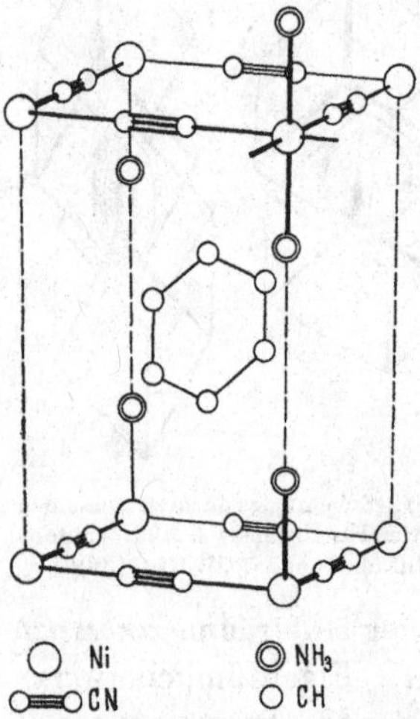

Die Röntgenuntersuchung enthüllte ein völlig anderes Strukturbild (Abb. 22).

Die Elementarzelle ist tetragonal, hat die Parameter $a = 7,2$; $c = 8,3$ und enthält die doppelte Anzahl der in der obigen Formel bezeichneten Atome. Das Grundgitter besteht in einem zweidimensionalen Netz von

○ Ni   ◎ NH₃
○══○ CN   ○ CH

Abb. 22. Die Struktur des Dicyano-ammin-benzol-nickels[nach POWELL und RAYNER (41)].

$-Ni-CN-Ni$-gruppen. Jedem zweiten Nickelatom sind in senkrechter Lage über und unter dem bezeichneten Netzwerk 2 NH_3-Moleküle zugeordnet. Die hierdurch umgrenzten Hohlräume enthalten die Benzolmoleküle.

Wahrscheinlich gehören auch die analogen, gleichfalls von K. A. Hofmann beschriebenen Verbindungen, die statt des Benzols Thiophen, Furan, Pyrrol, Anilin oder Phenol enthalten, zum gleichen Strukturtyp.

3. Wasser-Käfigverbindungen („*Feste Gas- und Flüssigkeitshydrate*").

Unter der Bezeichnung „Feste Gas- und Flüssigkeitshydrate" wird üblicherweise eine Reihe anorganischer und organischer Additionsverbindungen des Wassers zusammengefaßt, die folgende Merkmale gemeinsam haben. Nach der Bruttozusammensetzung treffen in der Regel sechs, manchmal mehr, aber niemals weniger Moleküle H_2O auf 1 Molekül des Verbindungspartners. Der Verbindungspartner besitzt stets hohe Flüchtigkeit, ist also entweder ein Gas oder eine niedrig siedende Flüssigkeit. Alle Addukte der Reihe krystallisieren im kubischen System. Sie sind nur bei verhältnismäßig tiefen Temperaturen beständig.

Eine Zeitlang sind die Hydrate dieser Art, deren erster Vertreter, das Chlorhydrat $Cl_2 \cdot 6\ H_2O$, schon vor 140 Jahren von DAVY dargestellt wurde, intensiv bearbeitet worden. In den letzten Jahrzehnten aber sind sie, von einigen wenigen Vertretern abgesehen, die ein gewisses Interesse für die Erdgasindustrie boten (20), (27), (56), so sehr in den Hintergrund getreten, daß es heute nicht mehr allgemein bekannt ist, wie außerordentlich mannigfaltig die Verbindungsgruppe, ihrer Zusammensetzung nach, ist. Sie umfaßt Edelgashydrate, Hydrate des Chlors, Chlordioxyds, Schwefeldioxyds, Kohlendioxyds, Stickstoffoxyduls, des Schwefelwasserstoffs, Selenwasserstoffs und anderer flüchtiger Hydride, ferner Hydrate von gesättigten und ungesättigten Kohlenwasserstoffen, wie Methan, Äthylen und Acetylen, von organischen Halogeniden, wie Methylchlorid, Äthylenchlorid, Chloroform, und viele andere. Hinzu kommt noch die Gruppe der Mischhydrate, in denen zwei verschiedene Partner mit dem Wasser verbunden sind. Von DE FORCRAND sind allein mehr als dreißig verschiedene Mischhydrate von Schwefelwasserstoff und halogenierten Kohlenwasserstoffen dargestellt worden.

Bis in die allerletzte Zeit ist die Konstitution dieser Hydrate ein vollkommenes Rätsel geblieben. Angesichts der offenkundigen Gleichartigkeit so heterogener Produkte, wie Edelgas-, Schwefeldioxyd- und Kohlenwasserstoffadditionsverbindungen, ist es klar, daß valenzchemische Überlegungen keinen Schritt weiter helfen konnten. Hier wie bei allen anderen in diesem Referat besprochenen Verbindungsgruppen ist es die Röntgenstrukturanalyse gewesen, die den wesentlichen Fortschritt der Erkenntnis gebracht hat. Etwa zur gleichen Zeit, als PALIN und POWELL die Natur des „β-Hydrochinons" aufklärten und den Begriff der „clathrate-compounds" schufen, hat v. STACKELBERG durch Röntgenanalyse die Struktur der bisher rätselhaften Gas- und Flüssigkeitshydrate als Käfigeinschlußverbindungen aufgeklärt und damit an einem anderen Objekt dasselbe neuartige Bauprinzip entdeckt (53).

Durch DEBYE-SCHERRER-Aufnahmen konnte zunächst die Gleichheit des Krystallbaues der verschiedenartigen Gas- und Flüssigkeitshydrate sichergestellt werden. Die Auswertung von Einkrystallaufnahmen des Hydrates $SO_2 \cdot 6 H_2O$ und des Mischhydrates $CHCl_3 \cdot 6 H_2O$ $\cdot H_2S \cdot 6 H_2O$ ergab folgendes Strukturbild:

Die kubische Elementarzelle (Gitterkonstante ~ 12 Å) enthält 48 Wassermoleküle und 8 Partnermoleküle. Die 8 Partnermoleküle brauchen nicht gleichartig zu sein. Das Präparat des untersuchten Mischhydrats von Chloroform und Schwefelwasserstoff wies z. B. die durchschnittliche Zusammensetzung von $2,5$ $CHCl_3 \cdot 5,5$ $H_2S \cdot 48$ H_2O, bezogen auf den Bereich der Elementarzelle, auf. Die 48 Wassermoleküle sind derart angeordnet, daß ein H_2O-Gerüst mit 8 Hohlräumen entsteht, deren jeder von 24 Wassermolekülen umgeben ist. Zwei von diesen acht angenähert kugelförmigen Hohlräumen sind so gestaltet, daß alle 24 umgebenden Wassermoleküle einen identischen Abstand von $4,2$ Å zum Zentrum haben. Zieht man von dieser Strecke als Radius des Wasser-

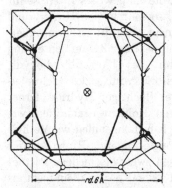

moleküls den Betrag von $1,2$ Å ab, so bleiben für den Radius des freien Hohlraumes $2,9$ Å, für den Durchmesser also $5,8$ Å. Die eingelagerten Moleküle der Gashydrate haben in der Regel Durchmesser von 5 bis 6 Å.

Abb. 23 zeigt einen Hohlraum dieser Art.

Die übrigen 6 Hohlräume der Elementarzelle sind ebenfalls von 24 Wassermolekülen umgeben, jedoch so, daß von ihnen 8 einen Zentralabstand von $3,7$ Å, 8 einen von $4,8$ Å und 8 einen von $5,2$ Å haben. Im Mittel beträgt der Radius der 6 freien Hohlräume dieser zweiten Art somit $3,3$ Å.

Abb. 23. Hohlraum 1. Art der Gashydrate. Die 24 H_2O-Moleküle liegen auf der Oberfläche eines Würfels (eingezeichnet) [nach v. STACKELBERG (53)].

Jedes Wassermolekül hat vier Nachbarn im Abstand von $2,6$ Å; dieser Abstand ist der gleiche wie im Eisgitter. Es ist erwähnenswert, daß bei den Harnstoffaddukten Analoges gilt: auch dort stimmen die Abstände und Koordinationszahlen der Moleküle im Adduktgitter mit denen des normalen Harnstoffgitters überein.

Aus der Tatsache, daß keine Unterschiede in den Intensitäten der Röntgenreflexe bei den verschiedenen Gashydraten festzustellen sind, ist der Schluß zu ziehen, daß die Gasmoleküle keine definierten Punktlagen einnehmen, also in ihren Käfigen rotieren können.

In der folgenden Tabelle 17 sind die ermittelten Gitterkonstanten, sowie die röntgenographisch errechneten und die pyknometrisch ermittelten Dichten für einige Gashydrate zusammengestellt.

Man sieht, daß bei einem Teil der Präparate die unter Zugrundelegung der Idealformel $8 M \cdot 48 H_2O$ berechneten Dichten übereinstimmen, daß

Tabelle 17. *Gitterkonstanten und Dichten einiger Wasser-Käfigverbindungen.*

Nr.	Hydrat von	Gitterkonstante in Å	Rontgen. Dichte, berechnet mit (m) Gasmolekeln im Elementarbereich	Pyknomet- rische Dichte	Molver- haltnis $H_2O : M$
1	SO_2	$12,03 \pm 0,05$	$1,31 \pm 0,02$ (8)	$1,23 \pm 0,03$	6 : 1
2	Cl_2	$11,98 \pm 0,05$	$1,37 \pm 0,02$ (8)	$1,29 \pm 0,02$	6 : 1
3	X	$11,90 \pm 0,03$	$1,88 \pm 0,02$ (8)		
4	CCl_4	$12,21 \pm 0,1$	1,21 (3); 1,35 (4) ⎫		
5	$CHCl_3$	$12,23 \pm 0,1$	1,11 (3); 1,22 (4) ⎪ $\pm 0,04$	1,10 (3)	~16 : 1
6	CH_2Cl_2	$12,20 \pm 0,1$	1,02 (3); 1,10 (4) ⎪		
7	C_2H_5Cl	$12,21 \pm 0,1$	0,96 (3); 1,01 (4) ⎭		
8	CCl_4-H_2S	⎫	1,30 ⎫	$1,272 \pm 0,01$	6 : 1
9	$CHCl_3-H_2S$	⎪	1,22 ⎪	$1,216 \pm 0,01$	6 : 1
10	$CH_2Cl_2-H_2S$	⎬ $12,25 \pm 0,1$	1,14 ⎬ $\pm 0,04$ (2,5 + 5,5)		6 : 1
11	$C_2H_5Cl-H_2S$	⎪	1,10 ⎪		6 : 1
12	$C_2H_5Br-H_2S$	$12,30 \pm 0,1$	1,18 ⎭		6 : 1

aber bei den Präparaten 4 bis 7 Übereinstimmung nur dann besteht, wenn
ganz erheblich weniger Gasmoleküle im Elementarbereich angenommen
werden, nämlich etwa 3 anstatt 8. Man stößt hier auf die gleiche Tatsache der nur teilweisen Hohlraumbesetzung, die von PALIN und POWELL
für die Hydrochinon-Einschlußverbindungen gefunden wurde. Durch
kleine Moleküle (H_2S) können die Leerstellen in den Wasser-Käfigverbindungen aufgefüllt werden (Bildung von Mischhydraten, Präparat 8
bis 12). Derartiger Auffüllung, z. B. durch He, Ne, A, O_2, N_2 kommt eine
stabilisierende Wirkung zu; einige Hydrate können ohne Anwendung
derartiger „Hilfsgase" überhaupt nicht dargestellt werden, z. B. das Jod-
hydrat. Die Annahme unbesetzter Hohlräume läßt als möglich erscheinen, daß partiell gefüllte Hydrate „zerdrückbar" sein könnten. Tatsächlich ist schon vor langem von TAMMANN und KRIGE festgestellt worden, daß beim Chloroformhydrat, bei dem nach dem Strukturbild
v. STACKELBERGS mehr als die Hälfte der Hohlräume unbesetzt sein
müssen, durch Druck die Zersetzungstemperatur herabgesetzt wird. Bei
den „prall gefüllten" Hydraten der kleineren Moleküle SO_2 und N_2O wird
dagegen die Dissoziation durch Druck *nicht begünstigt*, sondern, wie verständlich ist, zurückgedrängt.

Im allgemeinen ist die „ideale" Zusammensetzung $M \cdot 6\,H_6O$ bei denjenigen Hydraten anzutreffen, deren Einschlußkomponenten einen Mole-
küldurchmesser kleiner als 5,6 Å, ein Molvolumen (flüssig) kleiner als
55 ccm und ein Nullpunktsvolumen kleiner als 36 ccm haben. Molare
Adduktzusammensetzung $M \cdot 15$ bis 16 H_2O findet sich bei Molekülen mit
einem Durchmesser größer als 5,8 Å. Dieses Molverhältnis trifft für die
Flüssigkeitshydrate zu. Bei den Hydraten von Molekülen mit einem

Durchmesser von 5,6 bis 5,8 Å ist die Formel M·8 H₂O. Moleküle mit einem Maximaldurchmesser von mehr als 6,8 Å sind nach den bisherigen Erfahrungen zur Bildung von Käfighydraten nicht befähigt. Es scheint, daß bei den Verbindungen M·8 H₂O nur die 6 Hohlräume zweiter Art (s. S. 128), bei den ,,Flüssigkeitshydraten'' M·15 bis 16 H₂O nur die Hälfte der Hohlräume zweiter Art besetzt sind.

In der Abb. 24 sind die geschilderten Verhältnisse übersichtlich zum Ausdruck gebracht. Die Hydratbildner sind auf der rechten Seite der Moleküllängenskala eingetragen, auf der linken Seite sind einige Stoffe vermerkt, von denen H₂O-Käfigverbindungen bisher *nicht* dargestellt werden konnten. Dem Diagramm ist zu entnehmen, daß nicht nur zu große, sondern auch zu kleine Moleküle für die Adduktbildung ungeeignet sind. Das trifft z. B. für He, Ne, H₂, N₂, O₂, NO, CO zu. Doch sind diese Moleküle imstande, mit großen Molekülen zusammen Mischhydrate zu bilden. Neben der Größe ist auch die Form der Moleküle für die Stabilität der Gashydrate von Bedeutung: gedrungene Form ist der Hydratbildung günstig, schlanke abträglich. Methan, Äthan, Propan bilden Hydrate; das gestreckte Molekül des n-Butans vermag sich nur im Gemisch mit anderen Molekülen an einer Hydratbildung zu beteiligen; das Hydrat des gedrungenen Isobutanmoleküls dagegen ist besonders stabil. Man wird an das Verhalten der unverzweigten aliphatischen Verbindungen gegen Thioharnstoff erinnert. Infolge ihrer

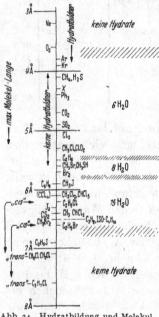

Abb. 24. Hydratbildung und Molekulgröße [nach v. STACKELBERG (*53*)].

Schlankheit vermögen sie das Adduktgitter allein nicht zu bilden und zu stabilisieren, wohl aber können sie durch gedrungenere Moleküle, die als Gitterstabilisatoren wirken, in das Addukt mitgenommen werden (s. S. 106). Eigentümlicherweise bildet der *Tetrachlorkohlenstoff* trotz idealer Form und geeigneten Moleküldurchmessers in ganz reiner Form anscheinend kein Hydrat. Aber die Gegenwart einer geringen Menge kleiner Moleküle, z. B. Luft, genügt, um die Hydratbildung zu initiieren. Es gilt die Regel, daß Gegenwart von polar gebundenem Wasserstoff die Bildung des Einschlußgitters verhindert. Z. B. sind Halogenwasserstoffe, Alkohole, Säuren, Amine, Amide, Ammoniak zur Hydratbildung ungeeignet. Das gleiche gilt für andere Verbindungen, die mit den Wassermolekülen Wasserstoffbrücken zu bilden vermögen, wie Aldehyde, Ketone, Nitrile.

Es sind also gerade hydrophile Stoffe, die zur Bildung der Wasser-Käfigverbindungen ungeeignet, und hydrophobe, die geeignet sind. Gegen die
Wirkung spezifischer Bindungskräfte ist, wie man sieht, das Wasser-Käfig-
gitter viel empfindlicher als das β-Hydrochinongitter. Stark polare Verbindungen bilden nicht nur selbst keine Hydrate, sondern sie greifen, mit
Hydraten in Berührung gebracht, deren Gitter an und lösen die Krystalle
auf. Man kann von dieser Erfahrung Gebrauch machen, um die in Erd-
gasleitungen bisweilen sich ausscheidenden und Verstopfung verursachenden Kohlenwasserstoffhydrate aufzulösen: Zusatz von Ammoniak zerstört bzw. verhindert derartige Trombosen.

In der Tabelle 18, die v. STACKELBERG aus den Ergebnissen früherer
und eigener Untersuchungen zusammengestellt hat, sind charakteristische Daten für einige Hydratbildner und ihre Addukte wiedergegeben.
Die Hydratbildner sind nach steigendem Siedepunkt geordnet. In der
gleichen Reihenfolge steigen, wie man sieht, die Werte für die Temperatur, bei der die Hydrate den Druck von 1 at entwickeln (Spalte III)
und sinken die Drucke, die bei 0° C entwickelt werden (Spalte IV).

Tabelle 18. *Die Gashydrate.*

Hydrat-Bildner	Kp.	Hydrat		kritischer Zersetzungs-punkt	H_2O-Molzahl
		Zersetzungstem-peratur bei 1 at	Dissoziations-druck bei 0°		
Ar	$-190°$	$-42,8°$	105 at		
CH_4	$-161°$	$-29,0°$	26,0	$+21,5°$	6
Kr	$-152°$	$-27,8°$	14,5	$+13°$	6
CF_4	$-130°$			$+20,4°$	
X	$-107°$	$-3,4°$	1,5	$+24°$	6
C_2H_4	$-102°$	$-13,4°$	5,5	$+18,7°$	6
C_2H_6	$-93°$	$-15,8°$	5,2	$+14,5°$	6
N_2O	$-89°$	$-19,3°$	10,0	$+12°$	6
PH_3	$-87°$	$-6,4°$	1,6	$+28°$	
C_2H_2	$-84°$	$-15,4°$	5,7	$+16°$	6
CO_2	$-79°$	$-24°$	12,3	$+10°$ (45 at)	6
CH_3F	$-78°$		2,1	$+18°$	6
H_2S	$-60°$	$+0,35°$	731 mm	$+29,5°$ (23 at)	
AsH_3	$-55°$	$+1,8°$	613	$+28,3°$	
C_3H_8	$-45°$	$0°$	760	$+8,5°$	
H_2Se	$-42°$	$+8,0°$	346	$+30°$	
CJ_3	$-34°$	$+9,6°$	252	$+28,7°$ (6 at)	6
C_2H_5F	$-32°$	$+3,7°$	530	$+22,8°$	6
C_2F_4	$-32°$				
CH_3Cl	$-24°$	$+7,5°$	311	$+21°$	6
SbH_3	$-17°$				
SO_2	$-10°$	$+7,0°$	297	$+12,1°$ (2,3 at)	6
$CH_3Br.$	$+4°$	$+11,1°$	187	$+14,5°$ (1,5 at)	8
CH_3SH	$+6°$	$+6°$			
ClO_2	$+10°$	$+15°$	160	$+18,2°$	6

(Forts. Tab. 18) *Die Flüssigkeitshydrate*.

Hydratbildner	Kp.	Hydrat-Dissoziationsdruck bei °	kritischer Zersetzungspunkt	H_2O Molzahl
C_2H_5Cl	$+13°$	201 mm	$+4,8°$ 590 mm	15
C_2H_5Br	$+38°$	(155)	$+1,4°$ 166 ,,	15
CH_2Cl_2	$+42°$	116	$+1,7°$ 160 ,,	15
CH_3J	$+43°$	74	$+4,3°$ 175 ,,	15
CH_3CHCl_2	$+57°$	(56)	$+1,5°$ (70) ,,	15
Br_2	$+59°$	45	$+6,2°$ 93 ,,	8 (bis 10)
$HCCl_3$	$+61°$	(45)	$+1,6°$	15
SO_2Cl_2	$+69°$			

Spalte V bringt die Temperaturwerte für die kritischen Zersetzungspunkte und für einige Addukte die zugehörigen Druckwerte. Der „kritische Zersetzungspunkt" bezeichnet diejenige Temperatur, oberhalb derer das Addukt auch unter beliebigem Druck, und denjenigen Druck, unterhalb dessen das Addukt auch bei beliebig tiefer Temperatur nicht beständig ist. Der kritische Zersetzungspunkt ergibt sich aus dem Zustandsdiagramm der Gashydrate als Schnittpunkt der Dampfdruckkurven des Hydrats und des wassergesättigten Hydratbildners (Abb. 25). Die Werte der Spalte V zeigen keinen einfachen Gang; vom Äthylchloridhydrat ab

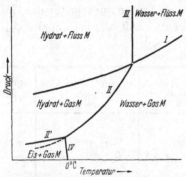

Abb. 25. Schema des Zustandsdiagramms der Gashydrate bei Überschuß an Hydratbildner *M* [nach v. STACKELBERG (*53*)].

ist die kritische Zersetzungstemperatur jedoch wesentlich niedriger als bei den vorausgehenden Addukten. Die Hydrate der höher siedenden Flüssigkeiten sind also nur in einem tieferen Temperaturbereich beständig als die der viel flüchtigeren Gase! Dieser zunächst überraschende Befund ist thermodynamisch so zu erklären, daß bei den in Rede stehenden Flüssigkeiten die Verdampfungswärmen wesentlich höher sind als bei den Gasen. Die Verdampfungswärme aber geht mit negativem Vorzeichen in die Berechnung der Affinität der Hydratbildung ein und ist somit, je größer sie ist, der Hydratbildung desto „abträglicher" (vgl. die Betrachtung für die Harnstoffaddition, S. 99). Nach einer Berechnung Euckens (s. bei *53*) ist zu erwarten, daß Stoffe, deren Verdampfungswärme größer als etwa 7500 cal/Mol ist, deren Siedepunkt also nach Trouton über 60° liegt, überhaupt keine Hydrate des obigen Typus bilden können.

Bildungswärmen von Gashydraten (Tabelle 19) sind teils kalorimetrisch bestimmt (Spalte II), teils aus der Temperaturabhängigkeit der Dissoziationsdrucke errechnet worden (Spalte III).

Tabelle 19. *Bildungswärmen von Gashydraten.*

I	II	III	IV	V
	W kalorimetrisch kcal	W berechnet kcal	Bildungswarme aus festen Komponenten kcal	Mol. H_2O pro Gastmolekul
CH_4		14,5		
C_2H_6		15,0		$5,8 \pm 0,5$
CO_2	14,9	14,4	+2	
N_2O	15,0	14,7	+1	
C_2H_2	15,4	15	+3	
C_2H_4	15,4	15,2	+4	
Kr		13,9	+3	
X		16,7	+5,6	
SO_2		$16,6 \pm 0,6$	+0,4	$6,1 \pm 0,6$
Cl_2	$16,9 \pm 0,5$	$15,5 \pm 0,5$	+0,5	$5,9 \pm 0,3$
Br_2		$19,6 \pm 0,8$	−2,9	$7,9 \pm 0,5$
CH_3Cl		$18,1 \pm 1$		
CH_3Br		19,5	+1	8,0
CH_3J		31,4	−0,5	17
CH_2Cl_2		29		
$CHCl_3$	31			
C_2H_5Cl		31,9	+1,5	16

Man sieht, daß die chemische Natur der Hydratbildner die Bildungswärme fast nicht beeinflußt. Die Hydrate der Formel $M \cdot 6\ H_2O$ haben Bildungswärmen von 15 bis 16 Cal, die der Formel $M \cdot 8\ H_2O$ Bildungswärmen von etwa 20 Cal, und die der Formel $M \cdot 15\ H_2O$ Bildungswärmen von ∼31 Cal. Die Gleichheit der Wärmetönung der Adduktbildung so heterogener Stoffe wie der Edelgase, des SO_2 und der Kohlenwasserstoffe ist ein deutlicher Hinweis darauf, daß bei der Einlagerung dieser Stoffe in das Gitter keine spezifischen, sondern lediglich VAN DER WAALSsche Kräfte am Werk sein können. Vergleicht man die Bildungswärmen der Hydrate mit der Summe der Verfestigungswärme von 1 Mol des betreffenden Hydratbildners und der Verfestigungswärme der betreffenden Anzahl Mole H_2O (6 bzw. 8 bzw. 15), so ergibt sich, daß die Beträge fast genau gleich groß sind; die Bildung der Hydrate aus den *festen* Komponenten weist also keine merkliche Wärmetönung auf.

Der Zusammenhang zwischen Bildungswärme und Molverhältniszahl der Hydrate läßt sich unter Verwendung eines einfachen Rechenansatzes zur Ermittlung der Zusammensetzung von Hydraten benutzen. Man bestimmt die Bildungswärme des betreffenden Hydrates aus flüssigem Wasser (Wa) und aus Eis (Wb). Dann ist die Differenz der beiden Werte

gleich der Krystallisationswärme der gebundenen n-Moleküle Wasser,
also gleich $n \cdot 1437$ cal. Es ist also $n = \dfrac{Wa - Wb}{1437}$.

Die Struktur der Gashydrate weist große Ähnlichkeit zur Struktur
der Boride Ca B_6, La B_6, Th B_6 auf. Hier liegt nach v. Stackelberg ein
dreidimensionales Gerüst von Boratomen vor, das Hohlräume birgt, in
denen sich die Metallatome befinden. Wie die Hohlräume der Wasser-
Käfigverbindungen von je 24 Molekülen Wasser, so sind die der Boride
von 24 Boratomen umgeben. Die genannten Boride krystallisieren ebenfalls im kubischen System. Die Gitterkonstante ist unabhängig (oder
fast unabhängig) von der Art der eingeschlossenen Metallatome.

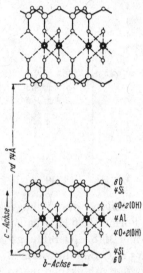

Abb. 26. Das Gitter des Montmorillonits [nach U. HOFMANN].

IV. Schicht-Einschlußverbindungen.

1. Tonmineralsorbate.

Die Tonmineralien Halloysit, $Al_2O_3 \cdot 2 SiO_2 \cdot 4$
H_2O und Montmorillonit $[Al_2O_3 \cdot 4 SiO_2 \cdot H_2O]$
$+ n H_2O$ zeigen Schichtstruktur folgender
Art: Ebene, krystalline, in sich durch Atombindung zusammengehaltene Silikatschichten
von etwa 10 Å Dicke liegen übereinander. Von
der parallelen Lagerung und vom konstanten
Abstand abgesehen, besteht keine periodisch
wiederkehrende Regelmäßigkeit in der relativen Lage der Silikateinzelschichten zueinander. Die Einzelschichten sind nur durch
verhältnismäßig schwache Kräfte miteinander
verbunden.

Im Halloysit $Al_2O_3 \cdot 2 SiO_2 \cdot 4 H_2O$ sind 2
von den 4 Molekülen Wasser der Bruttoformel
in Gestalt von etwa 3 Å dicken Zwischen-
schichten zwischen den etwa 10 Å dicken Silikatschichten eingelagert.
Das Schichtwasser ist verhältnismäßig locker gebunden und kann durch
gelinde Erwärmung oder durch Auswaschen mittels Dioxan entfernt wer-
den. Dabei geht der Halloysit in Metahalloysit über, $Al_2O_3 \cdot 2 SiO_2 \cdot 2 H_2O$.
Die Entquellung ist irreversibel.

Im Montmorillonit $[Al_2O_3 \cdot 4 SiO_2 \cdot H_2O] + n H_2O$ ist die in der Bruttoformel ausgeklammerte Menge Wasser gleichfalls schichtförmig zwischen
Silikateinzelschichten von 9,6 Å Dicke eingelagert (Abb. 26). Die Silikatschichten tragen negative Ladung, in den Zwischenschichten befindet
sich eine äquivalente Zahl von austauschbaren Kationen wie Na^+ und
Ca^{++}. Die Zwischenschichten können die Dicke von etwa 3, 6, 9 oder 12 Å
haben, das entspricht bei der van der Waalsschen „Dicke" 3 Å der

Wassermoleküle mono-, di-, tri- und tetramolekularen Wasserschichten. Für gewöhnlich sind diese verschieden dicken Wasserschichten in den Montmorillonitpräparaten gleichzeitig und in ungeregelter Folge enthalten. Wasserhaltiger Montmorillonit ist reversibel entquellbar.

Wie GIESEKING (18) und HENDRICKS (21) durch ausführliche Untersuchungen belegt haben, können die in den Zwischenschichten enthaltenen Kationen (Na+, Ca++ oder H+) des Montmorillonits nicht nur durch anorganische, sondern auch durch organische Kationen ausgetauscht werden. Es ergab sich, daß große organische Kationen wesentlich fester gebunden werden als die anorganischen Kationen, und daß die Sättigung mit diesen Kationen das Wasserbindevermögen des Montmorillonits schwächt oder völlig aufhebt. Die organischen Kationen in den Zwischenschichten nehmen die flachest-mögliche Stellung an: Ohne Zweifel sind an der Bindung nicht nur die COULOMBschen Kräfte, die von der ionogenen Gruppe ausgehen, sondern auch VAN DER WAALSsche Kräfte, die vom ganzen Molekül ausgehen, beteiligt.

Sehr große Moleküle, wie z. B. Brucin und Codein verdrängen trotz ihrer starken Basizität nur etwa $^2/_3$ der austauschbaren H+-Ionen des Montmorillonits. Der Grund liegt in der Raumbeanspruchung: das restliche Drittel der Wasserstoffionen wird durch die großflächigen Alkaloid moleküle zugedeckt und so dem Austausch entzogen. o-Phenylendiamin-Montmorillonit enthält monomolekulare, Benzidin-Montmorillonit di- molekulare Zwischenschichten. Manche Kationen bilden, je nach den Versuchsbedingungen, sowohl monomolekulare als dimolekulare Schichten.

Die röntgenographische Bestimmung der Zwischenschichtdicken gibt eine Möglichkeit zur Abschätzung der „VAN DER WAALSschen Dicke" einlagerungsfähiger Moleküle.

Es erwies sich z. B. Piperidin erwartungsgemäß „dicker" als aromatische Amine. Messungen der Montmorillonitsorbate von 2,5- und 2,7-Diaminofluoren machten, in Übereinstimmung mit den chemischen Erfahrungen und im Gegensatz zu dem Ergebnis der einzigen vorliegenden Krystallstrukturuntersuchung (23) coplanare Lage der Fluorenringe wahrscheinlich. Ebenso erwiesen sich Adenin und Guanin bei diesen Messungen als eben. Für Codein ergab sich eine Dicke des Moleküls, die gut mit der Strukturformel von GALLAND und ROBINSON vereinbar ist, nach der sich der N-Heterocyclus aus der Ebene der vier anderen, annähernd coplanaren Ringe erhebt (Abb. 27). Bei der Einlagerung der Nucleoside Guanosin und Adenosin (Abb. 28) scheinen sich, nach der Raumbeanspruchung zu schließen, die Ribofuranoseringe angenähert parallel zu den Ringen der Purinbasen einzustellen.

Die bisher besprochenen Sorbate sind Kationenaustauschprodukte und nehmen dem Verbindungscharakter nach eine eigentümliche Mittelstellung ein: ihrer Architektur nach sind sie typische Einschlußverbindungen, dem Bindungscharakter nach jedoch Salze.

Es lassen sich aber, wie Bradley (*8*) und McEwan (*29*) gezeigt haben, auch *nicht*-ionogene organische Verbindungen schichtförmig in Tonminerale einlagern. Hierbei findet ein Austausch gegen das Quellwasser, nicht aber gegen die vorhandenen anorganischen Kationen, die unverändert im Mineral bleiben, statt. Der Mechanismus der Bindung ist also bei diesen Sorbaten anders als bei den Amineinschlußprodukten. Dort sind am Zusammenhalt der Komplexe nebeneinander die in den Aminogruppen lokalisierten Coulombschen Kräfte und die vom Gesamtmolekül ausgehenden van der Waalsschen Kräfte beteiligt, hier dagegen sind die eingelagerten Moleküle am stöchiometrischen Ladungsausgleich der negativ geladenen Silikatschichten unbeteiligt, die lokalisierte elektrostatische Anziehung entfällt also. Völlig unpolar dürfen die Moleküle allerdings *nicht* sein, z. B. gelingt es nach McEwan nicht, aliphatische Kohlenwasserstoffe einzulagern.

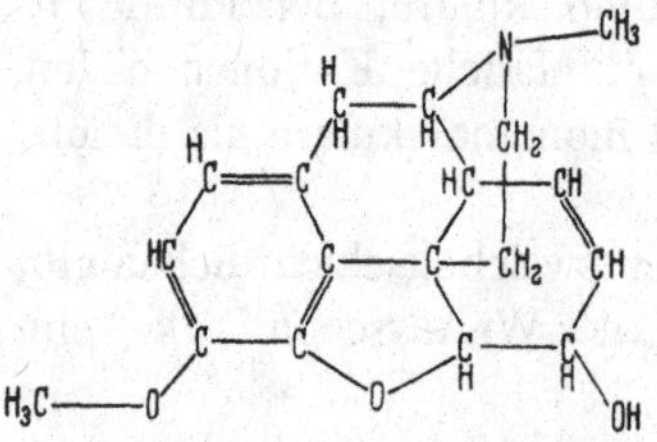

Abb. 27. Codein.

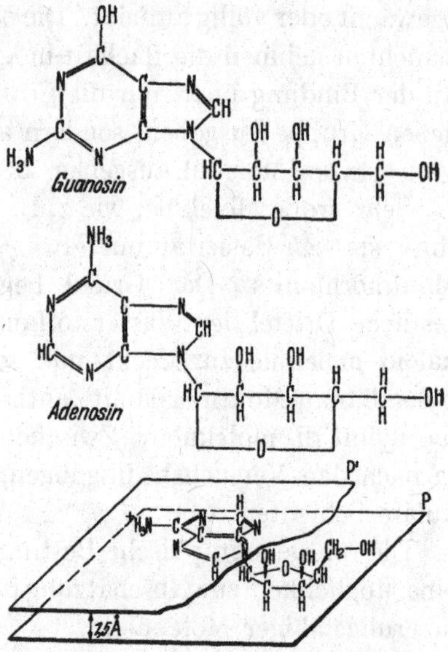

Abb. 28. Adenosin und Guanosin.

Als Verbindungspartner der letztgenannten Art wurden unter anderem insbesondere ein- und mehrwertige Alkohole sowie Äther untersucht.

Die organischen Komplexe des Montmorillonits können durch Einlagerung der organischen Partner in das bei 100° im Vakuum entwässerte Mineral oder aus dem wasserhaltigen Mineral durch direkte Verdrängung des gebundenen Wassers dargestellt werden. Für die Gewinnung der Organoaddukte des Halloysits (McEwan) ist nur der letztgenannte Weg gangbar, da die Entwässerung von Halloysit auch unter mildesten Bedingungen zu irreversiblem „Verkleben" der Silikatschichten führt. Lediglich Äthylenglykol vermag, in unvollständigem Maß, auch in entwässerten Halloysit noch einzudringen.

Strukturell wird durch die Einlagerung der organischen Komponenten nichts als der gegenseitige Abstand der parallelen Silikatschichten geändert. Dieser läßt sich genau wie bei den eingangs besprochenen organischen Montmorillonit*salzen* leicht aus der Identitätsperiode in der Richtung *c* aus Pulverdiagrammen ermitteln. Der im folgenden zur Kennzeichnung des freien Lumens benutzte Wert $\varDelta$ errechnet sich aus dem senkrechten Abstand zwischen den die Mittelpunkte der Oberflächensauerstoffatome oder Hydroxylgruppen enthaltenden, durch die Zwischenschicht getrennten Ebenen je zweier aufeinanderfolgender Silikatschichten, indem man zweimal den VAN DER WAALSschen Radius des Sauerstoffs in Abzug bringt. In der Abb. 29, die schematisch den Querschnitt durch Glykol-Halloysit wiedergibt, sind die randlichen Sauerstoffatome zweier Silikatschichten, die durch deren Atommittelpunkte bestimmten Ebenen (punktiert), das freie Lumen $\varDelta$ und zwei eingelagerte Glykolmoleküle gezeichnet.

Tabelle 20 gibt die Ergebnisse von McEwans Untersuchung über organische Montmorillonit- und Halloysitsorbate wieder.

Wenn man die ermittelten Werte für die Zwischenschichtlumina (Spalte I und V) mit dem einfachen oder verdoppelten Durchmesser der jeweils eingelagerten Moleküle vergleicht (Spalte III und VII), so ergibt sich in guter Annäherung, daß die organischen Partner entweder in monomolekularer oder in bimolekularer Schicht eingelagert sind (Spalte II und VI). Unter den einwertigen Al-

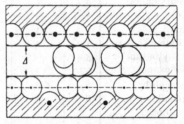

Abb. 29. Schematischer Querschnitt durch Halloysit mit eingelagertem Glykol [nach McEWAN (29)].

koholen bilden mit Halloysit lediglich Methanol und Äthanol Addukte, dagegen nicht die höheren Homologen (s. Spalte VI); mit Montmorillonit bilden Methanol und Äthanol doppelte, die höheren Homologen einfache Schichten. Hierfür gibt McEWAN folgende Interpretation. Die Oberflächen der Silikatschichten des Montmorillonits tragen negative Ladung und üben deshalb auf polare Moleküle in ihrer Umgebung einen Orientierungseffekt aus, dergestalt, daß die positiven Enden angezogen werden. Da *jede* Schicht in dieser Weise wirkt, besteht zwischen den beiden Silikatschichten a priori die Tendenz zur Ausbildung *bimolekularer* Zwischenschichten. Dieser Fall ist bei Methanol und Äthanol verwirklicht. Den schwächer polaren, höheren Alkoholen gegenüber wirken die Silikatschichten vorwiegend durch die VAN DER WAALSschen Kräfte anziehend, die keinen Orientierungseffekt ausüben, in diesen Fällen bilden sich daher nur monomolekulare Schichten aus. Beim Halloysit besteht überhaupt keine Tendenz zur Ausbildung bimolekularer Zwischenschichten, da die einander zugekehrten Silikatschichtoberflächen selber polar sind. Die Verhältnisse werden durch die Abb. 30 illustriert.

Tabelle 20. *Montmorillonit- und Halloysiteinschlußverbindungen nicht-jonogener organischer Substanzen.*

Organischer Adduktpartner	Anorganischer Adduktpartner						
	Montmorillonit				Halloysit		Δ berechnet aus Wirkungssphare und Zahl der Molekullagen
	Δ beobachtet	Zahl der Molekullagen in der Zwischenschicht	Δ berechnet aus Wirkungssphare und Zahl der Molekullagen	Kationen im Mineral	Δ beobachtet	Zahl der Molekullagen in der Zwischenschicht	
	I	II	III	IV	V	VI	VII
Methanol.	7,4	2	6,9	NH_4^+	3,4	1	
Äthanol	7,9	2	8,1	NH_4^+	2,8	1	
Propanol-1	4,5	1	4,5	NH_4^+	0,3	0	
Butanol-1	4,6	1	4,5	NH_4^+	0,3	0	
Pentanol-1	4,6	1	4,5	NH_4^+			
Hexanol-1	4,1	1	4,5	NH_4^+			
Heptanol-1. . . .	4,1	1	4,5	NH_4^+			
Hexadecanol-1 . .	4,1	1	4,5	NH_4^+			
Heptanol-4. . . .	3,7	1	4,5	NH_4^+			
Octanol-2	4,1	1	4,5	$Ca^{..}$			
2-Äthylbutanol-1 .	4,2	1	4,5	NH_4^+			
2-Methylbutanol-2	5,4	1	5,4	NH_4^+			
Cyclohexanol . . .	5,6	1	5,5	NH_4			
Äthylenglykol . .	7,6	2	7,3	$NH_4^+, Ca^{..}$	3,7	1	
Propandiol-1,3 . .	8,6	2	8,6	$NH_4^+, Ca^{..}$	4,4	1	4,5
Butandiol					4,0	1	4,5
Glycerin	8,3	2	8,3	$NH_4^+, Ca^{..}$	3,8	1	3,9
1,4-Dioxan. . . .	5,6	1	5,9	$Ca^{..}$			
Glykolmonomethyl-äther.					3,5	1	
Glykolmonoäthyl-äther					3,6	1	
Glykolmonobutyl-äther					3,6	1	
Diäthylenglykol .					3,6	1	
Triäthylenglykol .					3,5	1	
n-Hexan	1—2	0		$Ca^{..}$			
n-Heptan	0,6	0		NH_4^+			
Benzol.	4,6	2		NH_4^+			
Naphthalin. . . .	3,5			NH_4^+			
Tetrahydro-naphthalin . . .	4,6	2		NH_4^+			
Decahydronaphtha-lin.	0,6	0		NH_4			
Chloräthanol . . .	8,0	2	7,8	NH_4^+	3,6	1	
Äthylendiamin. .	4,3	1	4,4	$Ca^{..}$	4,5	1	4,4
Aceton.	8,2	2	8,1	$Ca^{..}$	3,9	1	
Acetaldehyd . . .					3,6	1	
Acetonitril	10,2	3	10,6	$Ca^{..}$	3,4	1	
Nitromethan . . .	10,4	3	10,5	NH_4	3,3	1	
Nitrobenzol. . . .	5,7	2					

Daß ganz unpolare Verbindungen, wie Paraffinkohlenwasserstoffe, zur Addition nicht befähigt sind, wird wohl so zu deuten sein, daß die Bildungsenergie rein VAN DER WAALSscher Additionskomplexe allein nicht ausreicht, um die Dilatation der Silikatschichten zu erzwingen, die beim Montmorillonit wie beim Halloysit durch relativ starke elektrostatische Kräfte zusammengezogen werden.

Polarität oder starke Polarisierbarkeit des Verbindungspartners ist unter den sonstigen bisher besprochenen Einschlußverbindungen nur noch bei den Addukten des 4,4'-Dinitrodiphenyls eine conditio sine qua non. Bei der Harnstoff-, Thioharnstoff- und Desoxycholsäureaddition ist Polarität des Partners nicht notwendig, verhindert aber andererseits Adduktbildung nicht. Bei den H_2O-Käfigverbindungen sind Moleküle mit polar gebundenem Wasserstoff zur Einlagerung ungeeignet.

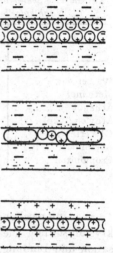

Abb. 30. Schematischer Querschnitt durch Montmorillonit-sorbate (oben und in der Mitte) und durch ein Halloysit-sorbat (unten) [nach McEWAN (*29*)].

2. Basische Zinksalze organischer Säuren.

Strukturelle Ähnlichkeit zu den Schichteinschlußverbindungen der Tonmineralien zeigen die von FEITKNECHT und Mitarbeitern (*12*) sowie von McEWAN und Mitarbeitern (*31*) beschriebenen Additionsverbindungen von Zinkhydroxyd und organischen Säuren. Basische Salze des α-Zinkhydroxyds besitzen nach FEITKNECHT eine Schichtstruktur der Art, daß in sich krystallin geordnete Schichten von $Zn(OH)_2$, getrennt durch Anionenhaltige Zwischenschichten, parallel und in konstantem Abstand, aber ohne sonstige periodisch wiederkehrende Orientierung zusammengelagert sind (*13*). Als Zwischenschichten können großflächige Moleküle organischer Säuren, wie Naphtholgelb

$$HO_3S.\diagdown\diagup^{OH}.NO_2$$
$$NO_2$$

und andere saure Farbstoffe eingelagert werden. Die Bruttoformel derartiger Addukte ist nach FEITKNECHT $4\ Zn(OH)_2\cdot Zn\cdot N^{II}$, wobei N^{II} das bivalente Anion des Farbstoffs bedeutet. Es ist wahrscheinlich, daß die Farbstoffmoleküle flach ausgebreitet in vierfacher Schicht zwischen den $Zn(OH)_2$-Schichten liegen.

Interessanterweise gelang es McEWAN und Mitarbeitern, in die FEITKNECHTschen Schichtkomplexe zusätzlich neutrale Verbindungen, wie Methanol, Äthanol, Glykol, Glycerin, Acetonitril und Propionitril einzulagern (*30*). Es werden hierbei definierte Sättigungswerte erreicht, die mit einer Dilatation der Zn(OH)$_2$-Schichtabstände auf charakteristische Beträge verknüpft sind. Der Eigenschichtabstand des Naphtholgelb-primärkomplexes ist 19,6 Å. Die für die einzelnen Mischeinschlußverbindungen beobachteten totalen Schichtabstände und die auf die neutralen Gastmoleküle entfallenden Teilbeträge der Schichtabstände sind in Tabelle 21 zusammengestellt.

Tabelle 21. *Sekundäre Schichtkomplexe von Naphtholgelb-Zinkhydroxyd.*

	d_{001} in Å	Δ in Å ($= d_{001} - 19{,}6$)
Wasser	30,7	11,1
Methanol	27,8	8,2
Äthanol	30,8	11,2
Äthylenglykol . . .	29,6	10,0
Glycerin	30,1	10,5
Acetonitril	23,7	4,1
Propionitril	25,1	5,5

Es fällt auf, daß die Δ-Werte (3. Spalte der Tabelle 21) keine ganzzahligen Vielfachen der Wirkungssphären der betreffenden Gastmoleküle sind, im Gegensatz zu den Δ-Werten der Tonmineralschichtsorbate (s. Tabelle 20 S. 138). Man kann sich daher von der Lagerung der neutralen Moleküle in den Zwischenschichten vorerst noch kein Bild machen.

3. *Pferde-Methämoglobin-Hydrat.*

Die Untersuchungen von Perutz (*35*), (*36*), (*37*) über die Struktur von krystallisiertem Pferde-Methämoglobin haben hinsichtlich der Lokalisation und Bindungsweise des eingelagerten Wassers zu einem Bild geführt, das in wesentlichen Zügen dem für die vorausgehend besprochenen Schichteinlagerungsverbindungen gültigen gleicht.

52,4% des Volumens normaler Pferde-Methämoglobinkrystalle besteht aus Flüssigkeit, je nach Gewinnungsweise aus Wasser oder Salzlösung variabler Konzentration. In den Krystallen wechseln parallel gelagerte Schichten von Methämoglobinmolekülen und Flüssigkeit. Quellung und Entquellung läßt die Dicke und die Struktur der Proteinschichten unberührt und verändert lediglich die Dicke der Flüssigkeitszwischenschichten sowie den Winkel β der monoklinen Elementarzelle. Nur ein kleiner Betrag, nämlich 0,3 g Wasser pro 1 g Protein, ist nicht als Schichtwasser reversibel entfernbar, sondern fester gebunden, möglicherweise unmittelbar auf der Oberfläche der einzelnen Methämoglobinmoleküle.

Die Quellung und Schrumpfung des Methämoglobinkrystalls erfolgt nicht kontinuierlich, sondern in definierten, reproduzierbaren Stufen, wobei die Dicke der Flüssigkeitszwischenschicht sich jeweils um einen Betrag von etwa 4 Å ändert. Dies läßt auf laminare Struktur der Zwischenschichten schließen.

Die Abb. 31 zeigt die Elementarzelle in verschiedenen Stufen des Quellungszustandes. Man sieht, daß die Quellung und Schrumpfung nur Änderungen in der Höhe der Elementarzelle hervorruft, wobei der Winkel β zwischen 84,5° in den sauer gequollenen Krystallen und 137,5° in den langsam getrockneten Krystallen stufenweise variiert. Der schraffierte Teil der Diagramme deutet die relative Dicke der eingelagerten Flüssigkeitsschicht an. Die Schichten der Proteinmoleküle werden je nach der Änderung des Winkels β parallel zueinander verschoben; doch ändert sich dabei weder ihre Dicke noch ihre innere Struktur.

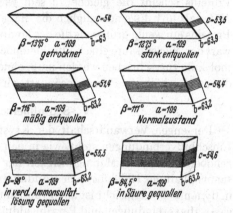

Abb. 31. Die Elementarzelle von Pferde-Methämoglobin in verschiedenem Quellungszustand [nach PERUTZ (35)].

In Abb. 32 ist das von PERUTZ auf Grund der röntgenographischen Untersuchungen für die Anordnung der Methämoglobinmoleküle und der Flüssigkeitsschichten im Krystall entworfene idealisierte Bild wiedergegeben. Die Zylinder, deren Höhe 34 Å und deren Durchmesser 57 Å beträgt, bedeuten die einzelnen Moleküle des Methämoglobins, Molekulargewicht 67 500.

Ob die für den Methämoglobinkrystall wahrscheinlich gemachte Art der schichtförmigen Wassereinlagerung ein Sonderfall ist oder auch für andere wasserhaltige Proteine gilt, ist noch ungewiß. Beim krystallisierten turnip yellow mosaic virus scheinen die Oberflächen der Moleküle durch sehr viel dickere Wasserschichten (78 Å dick) voneinander getrennt zu sein. Bei diesem Virus, das man in jüngster Zeit sowohl röntgenographisch wie elektronen-mikroskopisch näher zu untersuchen begonnen

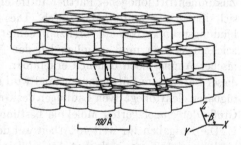

Abb. 32. Anordnung der Methämoglobinmoleküle im Krystall. Vorn rechts der Bereich einer Elementarzelle [nach PERUTZ (37)].

hat (6), (10), (28), läßt eine andere, sehr merkwürdige Beobachtung an die Möglichkeit denken, daß Architektur und kräftemäßiger Zusammenhalt des Krystalls durch gleichartige Erscheinungen bedingt sein könnten, wie man sie an den viel einfacheren Einschlußsystemen, die in dem vorliegenden Aufsatz besprochen wurden, kennen gelernt hat. Das turnip yellow mosaic virus besteht in reiner infektiöser Form aus einem Protein und einer Nucleinsäure. Das Protein konnte auch für sich allein, ohne die Nucleinsäure, die im virus 28% des Gewichtes ausmacht, krystallisiert erhalten werden. Die Krystallstruktur dieses (nicht-infektiösen) Proteins scheint die gleiche zu sein wie die des nucleinsäurehaltigen Materials (6)! Es sind lediglich die Maße der Elementarzelle des reinen Proteins ein wenig größer als die des kompletten Virus, so daß der Gegenwart der Nucleinsäure eine kontrahierende Wirkung auf die Proteinsäuremoleküle zugeschrieben werden muß, ohne daß die räumliche Anordnung die ;er Moleküle im Prinzip geändert wird.

V. Schlußbemerkung.

Der engen Verwandtschaft der Krystallstruktur der verschiedenen Einschlußverbindungen steht, wie in den einzelnen Abschnitten hervorgehoben worden ist, Mannigfaltigkeit der Kräfte gegenüber, die am Zusammenhalt der Moleküle in den Addukten mitwirken. Gemeinsam aber in dynamischer Hinsicht ist allen Einschlußverbindungen, von den Edelgas-Käfigverbindungen und Paraffinaddukten bis zu den Montmorillonitschichtverbindungen organischer Basen, daß am Aufbau in wesentlichem Ausmaß VAN DER WAALSsche Kräfte beteiligt sind. Das überall erkennbare Prinzip der optimalen Ausfüllung vorgegebener Hohlräume ist schwerlich anders zu deuten, denn als Manifestation der von den ganzen Molekülen ausgehenden Anziehungskräfte, die nach weitest möglicher Absättigung mit den von den Molekülen der vorgegebenen Grundgitter ausgehenden Kräften, d. h. nach einem Potentialminimum des Systems, streben. Geraten diese Kräfte mit lokalisierten Kräften, wie sie beim Zusammentritt ionogener Partner auftreten, in Widerstreit, so setzen sie sich dennoch in weitem Maß durch. Dies ist selbst bei derjenigen Verbindungsgruppe, die als Grenzfall echter Einschlußverbindungen bezeichnet werden muß, nämlich bei den Montmorillonitsorbaten organischer Amine, noch deutlich erkennbar. Das Komponentenverhältnis dieser Sorbate im Sättigungszustand wird nicht durch die Zahl der verfügbaren elektronegativen Ladungen des Grundgitters, sondern durch die Größe der eingelagerten Moleküle bestimmt.

Die Aufgaben für weitere Arbeit auf dem Gebiet der Einschlußverbindungen sind mannigfacher Art. Allein für die bisher bearbeiteten, zumeist erst in jüngster Zeit entdeckten Verbindungsgruppen harrt noch eine Fülle von Problemen der Lösung; unter anderem bedarf die Frage gründlicher Bearbeitung, ob die Verbindungspartner wenigstens einiger der Einschlußverbindungen auch im flüssigen Zustand Assoziate bilden, die als charakteristisch bezeichnet werden können und die über das hinausgehen, was man an beliebigen anderen zur Assoziation geneigten, jedoch *nicht* zur Bildung von krystallisierten Einschlußverbindungen befähigten Systemen bisher kennen gelernt hat. Man wird nach weiteren Additionsverbindungen vom Einschlußtyp suchen. Und man wird sicher manches von dem, was man an den bisher untersuchten Verbindungsgruppen gelernt hat, zur Vertiefung der Kenntnisse von den zwischenmolekularen Kräften im allgemeinen und vom krystallisierten Zustand der Materie im besonderen nützen können.

Von den technischen Anwendungsmöglichkeiten der Einschlußverbindungen wurde im vorliegenden Aufsatz kaum gesprochen. Aber es sei als günstiges Vorzeichen für die weitere Entwicklung dieses neuen Zweiges der Krystallchemie erwähnt, daß von seiten der Industrie dem Gebiet lebhaftes Interesse entgegengebracht wird, zunächst besonders im Hinblick auf die sich bietenden Möglichkeiten, Verbindungen oder Verbindungsgruppen auf dem Weg über Einschlußverbindungen aus Gemischen abzutrennen,

Unter welchem Gesichtspunkt immer man das Kapitel der Einschlußverbindungen betrachtet: zweifellos liegt hier ein Feld, das zu weiterer Durchforschung einlädt.

Literatur.

1. ANGLA, B.: Sur les complexes moléculaires fournis par la thiourée avec les composés organiques. C. R. hebd. Seances Acad. Sci. **224**, 402 (1947).
2. BARRER, R. M,: Synthesis of a Zeolitic Mineral with Chabazite-like Sorptive Pioperties. J. chem. Soc. (London) **1948**, 127.
3. — Fractionation of mixtures of hydrocarbons. USA.-Patentschrift 2 306 610 (1942).
4. —, u. D. A. IBBITSON: Occlusion of hydrocarbons by Chabazite and Analcite. Trans. Faraday Soc. **40**, 195 (1944).
5. BENGEN, F., u. W. SCHLENK jr.: Über neuartige Additionsverbindungen des Harnstoffs. Experientia **5**, 200 (1949).
6. BERNAL, J. D., u. C. H. CARLISLE: Unit-cell measurements of wet and dry cryst. turnip yellow mosaic virus. Nature (London) **162**, 139 (1948).
7. BÖDECKER, FR.: Zur Kenntnis ungesàttigter Gallensäuren. Ber. dtsch. chem. Ges. **53**, 1852 (1920).
8. BRADLEY, W. F.: Molecular associations between Montmorillonite and some polyfunctional organic liquids. J. Amer. chem. Soc. **67**, 975 (1945).
9. CAGLIOTI, V., u. G. GIACOMELLO: L'analisi strutturale ed i legami chimici. Gazz. chim. ital. **69**, 245 (1939).
10. COSSLETT, V. E., u. R. MARKHAM: Structure of turnip yellow mosaic virus crystals in the electron microscope. Nature (London) **161**, 250 (1948).
11. CRAMER, FRIEDRICH: Die Cyclodextrine aus Stàrke. Dissertation Heidelberg, 1949.
12. FEITKNECHT, W., u. H. BÜRKI: Basische Salze organischer Säuren mit Schichtstruktur. Experientia **5**, 154 (1949).
13. —, u. H. WEIDMANN: Zur Chemie und Morphologie der basischen Salze zweiwertiger Metalle. Helv. chim. Acta **26**, 1560, 1564 (1943).
14. — — Fällung und Alterung basischer Zinkverbindungen. Helv. chim. Acta **26**, 1911 (1943).
15. FREUDENBERG, K., u. F. CRAMER: Über die Schardinger-Dextrine aus Stàrke. Ber. dtsch. chem. Ges. **83**, 296 (1950).

16. Giacomello, G.: La struttura degli acidi coleinici determinate con l'analisi Patterson. Atti R. Accad. naz. Lincei, Rend. VI. **27**, 101 (1938).

17. —, u. E. Bianchi: Su alcuni composti molecolari fra l'acido desossicolico e gli esteri degli acidi grassi: relazione fra numero di coordinazione e lunghezza della molecola dell'estere. Gazz. chim. ital. **73**, 3 (1943).

18. Gieseking, J. E.: Der Mechanismus des Kationenaustausches in dem Montmorillonit-Beidellit-Nontronittyp von Tonmineralien. Soil Sci. **47**, 1 (1939).

19. Go, Y., u. O. Kratky: Röntgenographische Studien an Choleinsäuren. Z. Kristallogr. Mineral., Petrogr. Abt. A **92**, 310 (1935); Z. physik. Chem. Abt. B **26**, 439 (1934).

20. Hammerschmidt, E. G.: Formation of gashydrates in natural gastransmission lines. Ind. Engng. Chem. ind. Edit. **26**, 851 (1934).

21. Hendricks, St. B.: Base exchange of the clay mineral Montmorillonite for organic cations and its dependence upon adsorption due to van der Waals forces. J. phys. Chem. **45**, 65 (1941).

22. Huntress, E. H., u. R. Ph. Phillips: Alkane-choleic Acids. J. Amer. chem. Soc. **71**, 458 (1949).

23. Iball, J.: Die Krystallstruktur von kondensierten Ringverbindungen. IV. Fluoren und Fluorenon. Z. Kristallogr., Mineral., Petrogr. Abt. A **94**, 397 (1936).

24. James, R. W., u. D. H. Saunder: Some apparent periodic errors in the crystal lattice of the molecular complexes of 4,4'-dinitrodiphenyl with 4-Jodo- and 4-Bromodiphenyl. Proc. Roy. Soc. (London) (A) **190**, 518 (1947).

25. Kratky, O., u. G. Giacomello: Der Krystallbau der Paraffincarbon-Choleinsäuren. Mh. Chem. **69**, 427 (1936).

26. Kuthy, A. von: Zur Theorie der hydrotropischen Lösung. Biochem. Z. **244**, 308 (1932).

27. Mantell: Adsorption. New York 1945, S. 238.

28. Markham, R., R. E. F. Matthews u. K. M. Smith: Specific crystalline protein and nucleoprotein from a plant virus having insect vectors. Nature (London) **162**, 88 (1948).

29. McEwan, D. M. C.: Complex formation between Montmorillonite and Halloysite and certain organic liquids. Trans. Faraday Soc. **44**, 349 (1948).

30. — u. O. Talib-Udden: Adsorption complexes of α-Zink hydroxyde. Nature (London) **1949**, 177.

31. Palin, D. E., u. H. M. Powell: Hydrogen-bond linking of quinol molecules. Nature (London) **156**, 334 (1945).

32. — — Crystal structure of addition complexes of quinol with certain volatile compounds. J. chem. Soc. (London) **1947**, 208.

33. — — The clathrate compound of quinol and methanol. l. c. **1948**, 571.

34. — — The β-type clathrate compounds of quinol. l. c. **1948**, 816.

35. Perutz, M. F.: The composition and swelling properties of haemoglobin crystals. Trans. Faraday Soc. **42**, 187 (1946).

36. — An X-ray study of horse methaemoglobin. Proc. Roy. Soc. (London) (A) **195**, 474 (1949).

37. — X-ray studies of crystalline proteins. Research **2**, 52 (1949).

38. Pfeiffer, Paul: Lokalisation und spezifische Wirkung der Nebenvalenzkräfte. Z. anorg. allg. Chem. **137**, 275 (1924).

39. Powell, H. M.: Clathrate compounds. J. chem. Soc. (London) **1948**, 61.

40. —, u. M. Guter: An inert gas compound. Nature (London) **164**, 240 (1949).

41. —, u. J. H. RAYNER: Clathrate compound formed by benzene with an ammonia-nickel cyanide complex. Nature (London) **163**, 566 (1949).

42. RAPSON, W. S., D. H. SAUNDER u. E. THEAL STEWART: Some compounds formed by 4,4'-Dinitrodiphenyl. J. chem. Soc. (London) **1946**, 1110.

43. H. RHEINBOLDT: Choleinsäuren aliphatischer Kohlenwasserstoffe. J. prakt. Chem. N. F. **153**, 313 (1939).

44. — Organische Molekülverbindungen mit Koordinationszentren. Liebigs Ann. Chem. **451**, 256 (1927).

45. — O. KÖNIG u. R. OTTEN: Die Koordinationszahl der Fettsäurealkylester in den Choleinsäuren. Liebigs Ann. Chem. **473**, 249 (1929).

46. SAUNDER, D. H.: The crystal structure of some molecular complexes of 4,4'-Dinitrodiphenyl. Proc. Roy. Soc. (London) (A) **188**, 31 (1946); **190**, 508 (1947).

47. SCHLENK jr., W.: Die Harnstoffaddition der aliphatischen Verbindungen. Liebigs Ann. Chem. **565**, 204 (1949).

48. — Einschluß-Verbindungen des Thioharnstoffs. Experientia **6**, 292, (1950).

49. — Die Thioharnstoff-Addition organischer Verbindungen. Liebigs Ann. Chem. 1950 (im Druck).

50. SOBOTKA, H.: Choleic acids. Chem. Reviews **15**, 358—366 (1934).

51. —, u. A. GOLDBERG: Choleic acids. Biochem. J. **26**, 905 (1932).

52. —, u. S. KAHN: Keto-Enol tautomerism and coordination compounds. Biochem. J. **26**, 898 (1932).

53 STACKELBERG, M. v.: Feste Gashydrate. Naturwiss. **36**, 327; 359 (1949).

54. WERNER, ALFRED: Neuere Anschauungen auf dem Gebiet der anorg. Chem. 5. Aufl. Braunschweig 1923. S. 41.

55. WIELAND, H., u. H. SORGE: Zur Kenntnis der Choleinsäure. Hoppe-Seylers Z. physiol Chem. **97**, 1 (1916).

56. WILCOX, W. J., D. B. CARSON u. D. L. KATZ: Natural gas-hydrates. Ind. Engng. Chem. **33**, 662 (1941).

(Abgeschlossen im Mai 1950.)

Dr. WILHELM SCHLENK,
Badische Anilin- und Sodafabrik, Ludwigshafen a. Rh.

Fortschr. chem. Forsch. Bd. 2, S. 146—228 (1951)

Wuchsstoffe und mikrobiologische Stoffwechselanalyse.

Von

ERNST-FRIEDRICH MÖLLER.

Mit 11 Textabbildungen.

Inhaltsübersicht.

I. Einleitung.

Im Jahre 1901 wurde der bekannte Streit zwischen LIEBIG (*209*) und PASTEUR (*294*), (*295*), mit dem 1871/72 die Wuchsstoff-Forschung begann, durch WILDIERS (*435*) [im Pharmakologischen Institut der Universität *Löwen*, unter M. IDE (*437*)] völlig eindeutig zugunsten LIEBIGS entschieden. Der von WILDIERS benutzte Hefestamm zeigte bei kleiner Impfmenge in einem Nährmedium, das nur aus Glucose, Ammonsalz und Hefe-Asche bestand, weder normales Wachstum noch gute Gärung, wenn nicht winzige Mengen einer unbekannten, in der Natur weit verbreiteten organischen Substanz zugegeben wurden. Jedoch war die Zeit noch nicht reif, diese grundlegende Entdeckung zu würdigen. Die meisten Gärungsforscher, die damals ganz unter der Lehrmeinung von PASTEUR standen, konnten den Ausführungen von WILDIERS, die in ihrem klaren französischen Stil auch heute noch einen Genuß zu lesen bedeuten, keinen Glauben schenken. Es bedurfte noch langer Auseinandersetzungen, bis die WILDIERS-IDEschen Befunde allgemeine Anerkennung fanden [1]. Auch waren wohl die Chemiker vor dem ersten Weltkriege nicht in der Lage, die Anreicherung so kleiner

---

[1] Vgl. z. B. die ausführliche Darstellung der Geschichte des Bios-Problems bei KÖGL und TÖNNIS (*164*).

Substanzmengen, wie sie bei den Wuchsstoffen vorliegen, in Angriff zu nehmen. Es gelang erst im Jahre 1928 VERA EASTCOTT (79) in *Toronto*, das relativ wenig wirksame *Bios I* aus Teestaub zu isolieren und als *m-Inosit* zu identifizieren.

Die Erkenntnis der folgenden Jahre, daß verschiedene *Vitamine*, wie B_1 und B_2, auch Wuchsstoffe für Mikroorganismen sind, führte dann u. a. dazu, die langwierigen und kostspieligen Vitaminteste an Tieren weitgehend durch mikrobiologische Teste zu ersetzen und auch bei neuentdeckten Vitaminen danach zu suchen, ob sie nicht Wuchsstoffe bei bestimmten Mikroorganismen sind. So wurde z. B. an unserem Institut die Anreicherung der Pantothensäure, die zunächst nur als ein Wachstumsfaktor für Ratten („Filtratfaktor") bekannt war, ganz wesentlich beschleunigt, als es gelang, sie mit *Streptobacterium plantarum* auszutesten (*183*), (*252*), (*253*).

Gleichzeitig stellten namentlich Biologen mit den bei einigen wenigen Mikroorganismen als Wuchsstoffen erkannten Substanzen das *Wuchsstoffbedürfnis* zahlreicher weiterer Arten fest. Die biologischen Chemiker prüften an vielen Derivaten und Analogen aller Wuchsstoffe die *Konstitutionsspezifität*, die sich vielfach größer als bei den Vitaminen der höheren Tiere erwies. Solche Untersuchungen sind allmählich zur „Routine-Forschung" geworden (*161*), wie auch die *Isolierung neuer Wuchsstoffe*, besonders seit die eleganten Methoden der Mikrochemie, der Chromatographie, der Elektrophorese und der Gegenstromverteilung entwickelt wurden.

Als man erkannt hatte, daß einige Vitamine, bzw. Wuchsstoffe, in enger chemischer Beziehung zu bestimmten *Fermenten* stehen, begann eine äußerst fruchtbare Zusammenarbeit zwischen Enzym- und Wuchsstoff-Forschung. Wir wissen heute, daß fast alle Wuchsstoffe und Vitamine Vorstufen der sog. *Cofermente* sind, die in Bindung an spezifische Proteine, die sog. Apofermente, eine große Reihe von Stoffwechselreaktionen katalysieren. Die Wuchsstoffe sind deshalb bei *allen* Mikroorganismen von lebenswichtiger Bedeutung, und es hat sich nach und nach herausgestellt, daß alle untersuchten Mikroorganismen, die einen bestimmten Wuchsstoff zu ihrer Ernährung nicht benötigen, ihn im allgemeinen dennoch enthalten, d. h. die *Fähigkeit zu seiner Synthese besitzen*.

Die bisher studierten Wuchsstoffe sind demnach Stoffwechselkatalysatoren, haben also *direkt* mit dem Wachstum nichts zu tun, weder mit dem Massenwachstum der Einzelzelle noch mit der Teilung. Ob es überhaupt spezifische *Teilungsfaktoren* gibt, so wie spezifische *Streckungsfaktoren* für die Zellen höherer Pflanzen in den *Auxinen* bekannt sind, ist eine offene Frage.

In den letzten 10 Jahren ist es gelungen, die mikrobiologischen Methoden soweit auszubauen, daß mit ihnen allein bereits ungeahnte Einblicke in die Stoffwechsel-Funktionen der Wuchsstoffe, ja in ihren

Auf- und Abbau selbst möglich geworden sind. 3 Methoden haben sich
vor allem herausgebildet: 1. Die *Ersatz*analyse, 2. die *Hemmstoff*analyse,
3. die *genetische Blockierung*. Man kann sie unter dem Begriff: *Mikrobiologische Stoffwechselanalyse* zusammenfassen (*363*).

Die 1. Methode beruht auf den schon frühzeitigen Befunden, daß
sich manche Wuchsstoffe ersetzen lassen: nicht nur durch eines oder
mehrere ihrer Bruchstücke (z. B. Pantothensäure durch β-Alanin), sondern in bestimmten Fällen auch durch völlig *konstitutionsfremde* Substanzen (z. B. Biotin durch Asparaginsäure). Auf Grund seiner chemischen Natur und seines wirksamen Konzentrationsbereichs läßt sich
besonders unter Hinzuziehung der Hemmstoffanalyse entscheiden, ob
der Ersatzstoff 1. ein Vorläufer in der Synthese des Wuchstoffs, 2. ein
höheres Aufbauprodukt in der Reaktionsfolge zum zugehörigen Coferment, 3. ein Katalysator für irgend eine Zwischenstufe der Wuchsstoff-
oder Coferment-Bildung, 4. ein Zwischen- oder Endprodukt der letztlich durch den Wuchsstoff bedingten enzymatischen Reaktionsfolge ist.

Bei der 2. Methode hemmt man die Synthese der Wuchsstoffe oder
ihren weiteren Aufbau zu den Fermenten durch sog. *Antagonisten*.
Nachdem der erste Wuchsstoffantagonismus zwischen Sulfonamiden
und *p*-Aminobenzoesäure im Jahre 1940 von WOODS (*455*) entdeckt
worden war, hat man bei allen Wirkstoffen Antagonisten gefunden. Es
zeigte sich nämlich, daß geringfügige Änderungen am Molekül eines
Wuchsstoffs seine Wirkung nicht nur herabsetzen oder völlig annullieren,
sondern sogar in ihr Gegenteil umkehren können. Daneben sind auch
Antagonisten bekannt geworden, deren Konstitution in gar keiner Beziehung zu der des Wuchsstoffs steht. Wenn auch die große Hoffnung
der *Chemotherapie*, unter den Analogen der Wuchsstoffe weiterhin leicht
neue Heilmittel mit günstigen chemotherapeutischen Eigenschaften zu
finden, bisher nur zu einem geringen Grade in Erfüllung gegangen ist,
so wurde doch der reinen Forschung durch das Wechselspiel zwischen
Antagonist und Wuchsstoff (Ersatzstoff) ein äußerst variationsfähiges
Mittel zur Stoffwechselanalyse in die Hand gegeben.

Die 3. Methode endlich verwendet Wuchsstoff-bedürftige *Mutanten* au-
totropher Mikroorganismen. Man kann sie durch Bestrahlung oder chemische Mutationsauslösung gewinnen (*13*), (*14*), (*15*), (*15a*). Bei den Mutanten
wird — in der Regel durch den Ausfall eines einzigen Gens — auch ein einzelner durch dieses Gen gesteuerter Schritt in der Synthese des Wuchsstoffs unmöglich (Genetischer Block). Zunächst verwendete man die genetisch genauer analysierten Schimmelpilze, heute werden — nach Entwicklung der eleganten Penicillin-Methode — in steigendem Maße die mikrobiologisch günstigeren Bakterienmutanten benutzt (*64*). Wuchsstoff-
bedürftige Mutanten können zu denselben Stoffwechselanalysen herangezogen werden wie normale Wuchsstoff-bedürftige Mikroorganismen.

Ihre Verwendung bringt aber verschiedene Vorteile: Es lassen sich aus *einem* Originalstamm leicht viele Mutanten züchten, die sich immer nur durch *eine einzige* Eigenschaft unterscheiden. Bei normalen Stämmen ist man dagegen häufig gezwungen, auf ganz verschiedene Arten zurückzugreifen, die natürlich noch in sehr vielen anderen Eigenschaften voneinander abweichen können. Es liegt auf der Hand, daß man unter den Mutanten Stämme findet, die normalerweise in der Natur überhaupt nicht vorkommen, die aber allein geeignet sind, eine bestimmte Fragestellung zu beantworten.

Die mit rein mikrobiologischen Methoden gewonnenen Ergebnisse können durch andere biologisch-chemische, besonders *enzymatische* Untersuchungen erhärtet oder weiter ausgebaut werden. Die *Kombination* vom mikrobiologischen und enzymatischen Methoden verdient besondere Beachtung. So läßt sich die Beteiligung eines Wuchsstoffs an bestimmten enzymatischen Leistungen der Mikroorganismen leicht bestimmen, wenn man dabei 2 Kulturen miteinander vergleicht, die einmal mit dem betreffenden Wuchsstoff gerade optimal (bzw. sogar unteroptimal), das andere Mal mit einem Überschuß desselben ernährt worden sind. Experimenta crucis von besonderem Wert können schließlich angestellt werden, wenn man Wuchsstoffe oder Ersatzstoffe mit *radioaktiven* Atomen markiert (*142a*), (*430*).

II. Vitamin B$_1$.

Aneurin-Bedürfnis der Mikroorganismen. Aufbau von Aneurin aus den Komponenten ,,Pyrimidin'' und ,,Thiazol'', deren Vorläufer bei Mikroorganismen noch unbekannt sind. Abbau des Aneurins unter Erhaltung von ,,Pyrimidin'' und Zerstörung von ,,Thiazol'' (Schimmelpilze), Kopplung von Aneurin-Aufnahme (-Speicherung) und -Phosphorylierung (Hefe). Aneurinpyrophosphat als Coferment verschiedener Fermente des Kohlenhydrat-Stoffwechsels: Decarboxylierung und Carboxylierung (WOOD-WERKMAN-Reaktion) von Brenztraubensäure, ihre Oxydation zu Essigsäure und deren weitere Umwandlung. Antagonisten der Aneurin-Aufnahme: 2-Methyl-4-amino-5-*amino*methyl-pyrimidin und Pyrithiamin. Gründe für die großen quantitativen Unterschiede im Aneurinbedürfnis der Mikroorganismen. Bedeutung der Aneurin-sparenden und -ersetzenden Wirkung durch andere Wuchsstoffe und Stoffwechselprodukte.

Vitamin B$_1$ (Aneurin, Thiamin), das Anti-Beri-Beri-Vitamin wurde im Jahre 1926 von JANSEN und DONATH (*142*) aus Reiskleie in krystallisiertem Zustand isoliert. R. J. WILLIAMS (*436*) zeigte schon 1919, daß verschiedene Heferassen durch B$_1$-Konzentrate (aus Reiskleie oder Hefe) stark im Wachstum gefördert werden, konnte aber seine Befunde erst einwandfrei bestätigen (*440*), als ihm reines krystallisiertes Aneurin von JANSEN und DONATH zur Verfügung stand. Auch VERA READER (*317*), (*291*) fand, daß zum Wachstum eines Aktinomyceten (*Streptothrix corallinus*) B$_1$-Konzentrate erforderlich sind, aber diese behielten nach

Behandeln mit Alkali (bei 120° C) ihre Aktivität (*298*), was in den Vitaminversuchen bei höheren Tieren nicht der Fall war. DAVIS und MATTICK (*66*), (*67*) glaubten ebenfalls, Vitamin B_1 als Wuchsstoff, und zwar bei verschiedenen Milchsäurebakterien, erkannt zu haben, mußten aber ihre Ergebnisse widerrufen, als sie zu reineren Konzentraten übergingen (*65*). Dennoch benötigen viele Milchsäurebakterien Aneurin, wie später WOOD und Mitarb. (*450*), sowie MÖLLER (*253*) fanden. Daß auch Schimmelpilze ohne Aneurin nicht wachsen können, bewies zuerst BURGEFF (*41*) an einigen Symbionten der Orchideen mit einem krystallisierten natürlichen Präparat, und SCHOPFER (*338*), (*339*) bestätigte in demselben Jahre seine Befunde, später auch mit synthetischem Aneurin (*340*).

Eine zunächst rätselhafte Lage entstand durch den Befund SCHOPFERS (*351*), daß alkalisch autoklavierte Weizenkeimextrakte, die also kein Aneurin mehr enthalten, bei verschiedenen Mikroorganismen trotzdem B_1-aktiv sind (Faktor M). Hierin gehören möglicherweise auch die READERschen Ergebnisse bei *Streptothrix*. Des weiteren fand KNIGHT (*158*), (*159*), daß sich in seinen Wuchsstoffkonzentraten für *Staphylococcus aureus* nur Nicotinsäure nachweisen ließ, obwohl die Wirkung dieser Konzentrate erst durch Nicotinsäure *und* Aneurin ersetzbar war. Die Aufklärung erfolgte durch die wichtige Entdeckung KNIGHTs (*160*), daß Aneurin bei den Staphylokokken durch die *Mischung seiner Bruchstücke*, der „Thiazol"- und „Pyrimidin"-Komponente, ersetzbar ist. Die meisten Aneurin-bedürftigen Bakterien (s. Tab. 1) kommen schon mit dieser Mischung aus, nur wenige benötigen das „intakte" Aneurin, z. B. *Streptococcus salivarius* (*278*) und *Lactobacillus fermentum* 36 (*332*), (*97a*), (*52*), die deshalb für exakte Aneurinbestimmungen wichtig geworden sind.

Bei Schimmelpilzen, Hefen, Protozoen und Algen ist vielfach sogar *nur eine* Komponente des Aneurins zum Wachstum ausreichend, wie im einzelnen aus Tab. 1 hervorgeht. Hier sei der interessante Fall einer *künstlichen Symbiose*, wie sie z. B. SCHOPFER bereits vor Jahren gelang (*341*), mitgeteilt. Der Schimmelpilz *Mucor rammanianus* wächst bereits in Anwesenheit von „Thiazol", die farbige Hefe *Rhodotorula flava* benötigt nur „Pyrimidin", während die jeweils im Nährmedium nicht erforderliche Komponente synthetisiert wird. Impft man beide Mikroorganismen gleichzeitig in ein „Thiazol"- und „Pyrimidin"-freies Medium das natürlich auch kein Aneurin enthalten darf, so entwickeln sie zusammen lebhaftes Wachstum, indem offenbar jeweils der eine Stamm dem anderen diejenige Komponente, die er nicht synthetisieren kann, zur Verfügung stellt.

Erst in letzter Zeit hat man sich Gedanken darüber gemacht, daß zur *Vereinigung der beiden Kompononten* ebenfalls ein Faktor erforderlich

Tabelle 1. *Bedarf an Aneurin und seinen Komponenten beim Wachstum von Mikroorganismen.*

Mikroorganismen	Bedürfnis an				
	Aneurin	Thiazol + Pyrimidin	Thiazol	Pyrimidin	O
Bakterien:					
Lactobact. fermentum 36 . . .	+				
Streptococcus salivarius	+				
Andere Streptokokken . . .		+			
Staphylococcus aureus, albus . .		+			
Staphylococcus flavus					+
Streptobacterium plantarum 10 S (u. a.)		+	(+)		
Andere Milchsäurebakterien .	+?	+			
B. suboxydans	+				
Andere Essigbakterien	+?				
Propionsäurebakterien	+?	+			
B. subtilis					+
B. pyocyaneus					+
B. coli					+
B. proteus u. viele andere . .					+
Hefen:					
Saccharomyces cerevisiae . . .		+			+
,, ,, C L 1 .				+	
Torula (versch. Arten)		+			
,, , Rhodotorula (versch. Arten)				+	
Torula, Rhodotorula (and. Arten)					+
Schimmelpilze:					
Phytophtora (viele Arten) . .	+				
Trichophyton discoides	+				
Phycomyces Blakesleeanus . .		+			
Ustilago longissima		+			
Polyporus (viele Arten) . . .		+			
Mucor Rammanianus			+		
Ophiostoma pini u. a.			+		
Phytophtora (einige Arten) . .				+	
Polyporus adustus				+	
Ustilago nuda				+	
Ophiostoma (versch. Arten) . .				+	
Absidia glauca, Aspergillus niger und viele andere					+
Protozoen und Algen:					
Glaucoma piriformis	+				
Strigomonas (versch. Arten) .	+				
Euglena pisciformis		+			
Polytomella caeca		+			
Polytoma ocellatum			+		
Euglena viridis			+		
Polytoma obtusum u. a. . . .					+

Erläuterung: + vorhanden + ? fraglich; (+) erst höhere Konzentration wirksam.

152   E.-F MÖLLER:

sein könnte (s. Abb. 1, Schritt I), wofür VAN LANEN und Mitarb. (*412*) bei Hefe, KIDDER und DEWEY (*149*) bei Protozoen Anhaltspunkte gefunden haben. Stämme, die einen solchen Faktor nicht synthetisieren, müßten natürlich auf intaktes Aneurin angewiesen sein, selbst wenn sie „Pyrimidin" oder „Thiazol" oder sogar beide Komponenten synthetisieren. Wenn die synthetisierten Komponenten nicht zu Aneurin weiter-

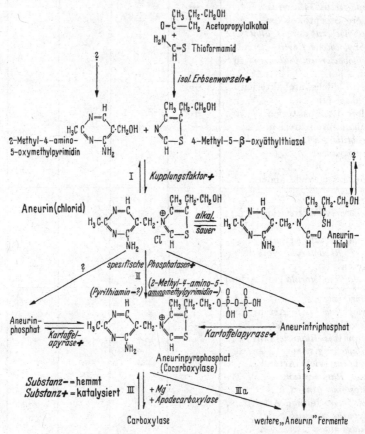

Abb. 1. Auf- und Abbau von Aneurin und „Aneurin"-Fermenten.

verarbeitet werden, könnte es ferner zu einer Anhäufung derselben kommen. Solche Verhältnisse sind tatsächlich bei *Neurospora*-Mutanten von TATUM und BELL (*402*) gefunden worden, wie aus Tab. 2 hervorgeht.

Die Biosynthese des Aneurins aus den beiden Komponenten dürfte nur streng bewiesen sein für Mikroorganismen, die beide Komponenten zum Wachstum benötigen. Besonders bei „Pyrimidin"-bedürftigen Stämmen sprechen viele Gründe dafür, daß auch sukzessiver Anbau von Thiazolspaltstücken an das „Pyrimidin" über Aneurinthiol (*478*),

(*479*) zum Aneurin führen könnte. Die mikrobiologische Synthese der *Komponenten* selbst liegt noch völlig im Dunkel. BONNER und BUCHMAN (*29*) konnten zwar nachweisen, daß isolierte Erbsenwurzeln ,,Thiazol" aus Thioformamid und Acetopropylalkohol aufbauen, aber bei keinem der untersuchten Mikroorganismen können diese Verbindungen ,,Thiazol" ersetzen.

Tabelle 2. *Biosynthese von Aneurin durch Neurospora-Mutanten* (nach TATUM und BELL [1946] (*402*)).

Mutante Nr.	Synthese von		Kupplung	Speicherung von	
	,,Thiazol"	,,Pyrimidin"		,,Thiazol"	,,Pyrimidin"
18 558	−	+	+	−	+
9 185	+	+	−	+	+
17 084	−	−	+	−	−
1 090	−	−	+	−	−

Die meisten Mikroorganismen vermögen Aneurin zum eigentlich wirksamen Aneurinpyrophosphat zu phosphorylieren (*368*). *Streptococcus salivarius* scheint diesen Schritt (Abb. 1, Schritt II) nicht schnell genug auszuführen, da das Pyrophosphat als Wuchsstoff etwa 40% aktiver ist als äquimolare Mengen Aneurin (*278*). Gonokokken sind überhaupt nicht in der Lage, die Phosphorylierung zu bewerkstelligen (*11*), (*191*). Für sie ist deshalb nur Aneurinpyrophosphat ein aktiver Wuchsstoff, Aneurin selbst erwies sich sogar als Hemmstoff (Kompetitiver Antagonist des Pyrophosphats).

Bei *Streptobacterium plantarum* [1] und *Phycomyces Blakesleeanus* (*369*) ist andererseits die Wirksamkeit von Aneurinpyrophosphat nach den üblichen Bebrütungszeiten 100- bis 1000mal geringer und gleicht sich erst in längeren Zeiten derjenigen des Aneurins an. SCHOPFER (*369*) nimmt deshalb an, daß viele Mikroorganismen gar nicht in der Lage sind, das Pyrophosphat als solches aufzunehmen, sondern daß sie es vorher erst in Aneurin spalten müssen.

Dies ist von großem Interesse, denn gerade die *Aufnahme des Aneurins* (jedenfalls durch Hefe) ist mit seiner *Phosphorylierung zu Aneurinpyrophosphat* gekoppelt. Die Aneurinaufnahme der Hefe ,,Rotebro" läßt sich nämlich nach SPERBER (*388*) durch dasselbe Pyrimidinanalogon, das 2-Methyl-4-amino-5-*amino*methyl-pyrimidin, hemmen, das auch die Dephosphorylierung des Aneurinpyrophosphats durch Hefephosphatase spezifisch hemmt; zudem vollziehen sich beide Vorgänge unter denselben p_H-Bedingungen. Die Aneurinaufnahme durch Hefe ist ferner mit Energie-liefernden Reaktionen gekoppelt, denn unter anaeroben Bedingungen verläuft sie nur in Gegenwart eines vergärbaren Sub-

---

[1] E.-F. MÖLLER, unveröffentlicht, s. MÖLLER und WEYGAND (*260*).

strats unter aeroben nur, wenn ein veratembares Substrat vorhanden ist (389).

Ein weiterer Antagonist, der die Aneurin-Aufnahme zu hemmen scheint (460), (346), (473), ist im *Pyrithiamin* gefunden worden, einem Analogon, in dem der Thiazolring durch einen entsprechend substituierten Pyridinring ersetzt ist[1]. WOLLEY und WHITE (466) zeigten, daß das Wachstum von Mikroorganismen, die das intakte Aneurin benötigen, am empfindlichsten gegenüber Pyrithiamin ist. „Thiazol‟- oder „Pyrimidin‟-Bildner werden erst bei höheren Konzentrationen, und Aneurinnichtbedürftige, also selbst-synthetisierende Stämme meist überhaupt nicht im Wachstum gehemmt. Wenn eine Hemmung vorliegt, wird sie immer durch höhere Aneurinkonzentrationen, gelegentlich auch durch die als Wuchsstoff wirksame Komponente aufgehoben. Jedoch kann die von den verschiedenen Mikroorganismen synthetisierte Aneurinmenge zumindest nicht der alleinige Grund für ihre Resistenz sein, da sie viel zu gering ist. Auch konnt WOOLLEY (460), (346) feststellen, daß ein künstlich resistent gemachter „Pyrimidin‟-bedürftiger Stamm sein Aneurin- bzw. „Pyrimidin‟-Bedürfnis gegenüber dem Ausgangsstamm nicht geändert, also auch nicht die Fähigkeit zur Aneurinsynthese gewonnen hatte. Er hatte aber die Fähigkeit angenommen, Pyrithiamin zu spalten, erkenntlich daran, daß er nunmehr Pyrithiamin als „Pyrimidin‟-Quelle verwerten konnte. Trotzdem lag darin nicht der Grund für seine Resistenz, denn in der Nährlösung fand sich immer noch viel mehr Pyrithiamin als zur Hemmung des Ausgangsstamms erforderlich gewesen wäre. Es blieb deshalb kaum eine andere Erklärung übrig, als anzunehmen, daß Pyrithiamin, die Aufnahme von Aneurin durch die Mikroorganismen unterbindet. Wenn Aneurin-Aufnahme und -Phosphorylierung ganz allgemein gekoppelt sind, so darf man sagen, daß Pyrithiamin Schritt II hemmt.

Im Jahre 1937 fand LOHMANN (215) hier am Kaiser-Wilhelm-Institut (Abt. MEYERHOF), daß Aneurinpyrophosphat das *Coferment der Carboxylase* ist. Diese ermöglicht bekanntlich eine der wichtigsten Teilreaktionen der alkoholischen Gärung, die Decarboxylierung der Brenztraubensäure.

$$CH_3 \cdot CO \cdot COOH \xrightarrow{B_1 \, (+ \, Mg^{++})} CO_2 + CH_3 \cdot C{\Large\langle}_O^H$$

---

[1] Die hier mitgeteilten Ergebnisse werden an sich nicht durch die Befunde von WILSON und HARRIS (448) [vgl. auch DORNOW und SCHACHT (74) und RAFFAUF (309)] berührt: Das von WOOLLEY und Mitarb., sowie anderen benutzte Präparat hat nämlich nicht die oben angegebene Struktur. EUSEBI und CERECEDO (92), die das richtige Pyrithiamin (Neo-pyrithiamin) einer mikrobiologischen Analyse unterzogen, konnten nicht entscheiden, ob es die Synthese oder die Funktion des Aneurins stört.

Aneurinpyrophosphat verbindet sich mit Mg^{++} und einem spezifischen Protein, der Apocarboxylase, zur Carboxylase (Abb. 1, Schritt III). Kürzlich wurde von VELLUZ und Mitarb. (*413*), (*414*), (*415*), s. a. (*421*) eine Aneurin*tri*phosphorsäure synthetisiert, die die Diphosphorsäure erst in 4- bis 5facher Konzentration zu 80% im Carboxylasetest vertreten kann. Die von KARRER und Mitarb. (*143a*) synthetisierte *Homo*-Aneurintriphosphorsäure ist etwas aktiver! Nach ROUX und CALLANDRE (*325a*) nimmt die Cocarboxylase-Aktivität linearer Aneurin*poly*phosphorsäuren mit steigender Kettenlänge stetig ab (bei P_5 z. B. auf ~30%). *Anorganische* Polyphosphate sind kompetitive (?) Antagonisten der Cocarboxylase.

Am blockierten Herzpräparat zeigt Aneurintriphosphorsäure jedoch pharmakologische Wirkungen, die weder das Pyrophosphat noch Adenosintriphosphorsäure auszuüben vermögen, und scheint damit für den Herzmuskel eine ähnliche Rolle zu spielen wie Adenosintriphosphorsäure für den quergestreiften Muskel. Es ist anzunehmen, daß in ihr ein neues B_1-Coferment vorliegt, dessen Substrat noch entdeckt werden muß.

Um bei Hefe maximale *Gärung* hervorzurufen, ist mehr Aneurin notwendig als zum Wachstum; man erkennt dies leicht durch die Gärungssteigerung, die Aneurin-Zusatz bei manchen (gerade Aneurin-optimal ernährten) Hefen hervorruft (*162*), (*355*), (*62*). Aneurin gehört deshalb zu den Bestandteilen des sogenannten *Faktor-Z-Komplexes* (v. EULER) (*91*). Bietet man Hefe in der Nährlösung noch weit größere Aneurin-Mengen an, so werden diese begierig von ihr unter Phosphorylierung aufgenommen und *gespeichert* [FINK und JUST (*96*)]. Die Speicherung, die 1700% und mehr der normalerweise in Hefe vorkommenden Aneurin-Menge ausmachen kann, erfolgt aber nach WESTENBRINK und VELDMANN (*429*) nicht in Form von Carboxylase, sondern unter Bindung an andere Proteine, da der Carboxylasegehalt gegenüber der Ausgangshefe nicht geändert ist.

Diese Proteine dürften die Apofermente von *weiteren Fermenten* sein, die ebenfalls Aneurinpyrophosphat als Coferment enthalten. Man hat sie aufgefunden, als man eine Förderung bestimmter Stoffwechselreaktionen beobachtete, die Aneurin bzw. sein Pyrophosphat (evtl. auch seine Komponenten) in Gegenwart Aneurin-arm ernährter Mikroorganismen hervorrufen. Diese Reaktionen gehen interessanterweise wieder von der Brenztraubensäure aus und können aerober oder anaerober Natur sein. Die wichtigsten sind die *Oxydation* von *Brenztraubensäure* zu Essigsäure (*366*), (*368*), (*11*), (*307*), (*398a*), die weiterhin über „Acetylphosphat" abgebaut wird (*212*), und die als WOOD-WERKMAN-Reaktion (*453*), (*449*) bekannte Carboxylierung der Brenztraubensäure zu Oxalessigsäure (*123*), (*371*), *367*).

$$HOOC \cdot CO \cdot CH_3 \xrightarrow{B_1 (+ B_2 + Mn^{++} oder\ Mg^{++})} CH_3 \cdot COOH$$

$$\underline{B_1} (+ Adenosintriphosphat + X) \xrightarrow{\quad} ,,Acetylphosphat`` \xrightarrow{\underline{B_1}?} (usw.\ s.\ S.\ 174)$$

$$HOOC \cdot CO \cdot CH_3 + CO_2 \xrightarrow{B_1 (+ Y)} HOOC \cdot CO \cdot CH_2 \cdot COOH$$

Es ist möglich, daß der vielfach diskutierte Mechanismus der durch Aneurin katalysierten biologischen Oxydationsreaktionen nun endlich durch KARRERS Entdeckung der Existenz des o-Dihydro-aneurins (*142c*) seine Aufklärung findet.

Sehr reizvolle Schlüsse lassen sich häufig aus einem einzigen, oft wenig bedeutungsvoll erscheinenden Tatbestand herausholen, wenn man ihn von verschiedenen Seiten bis in alle Einzelheiten konsequent zu begründen sucht. Dies ist ein charakteristisches Vorgehen der mikrobiologischen Analyse, und ich will deshalb den Befund, daß die für optimales Wachstum der einzelnen Mikroorganismen erforderlichen Aneurinkonzentrationen außerordentlich unterschiedlich sein können (Konzentrationsbereich 10^{-10} bis 10^{-4} g/cm³ s. Tab. 3), in dieser Weise betrachten.

Tabelle 3. *Die für optimales Wachstum notwendige Konzentration an Aneurin bei verschiedenen Mikroorganismen.*

	g Aneurin/cm³
Ustilago violacea	$4 \cdot 10^{-10}$
Strigomonas culicidarum	$1,7 \cdot 10^{-9}$
Polyporus abietinus . . . . ∶	$4 \cdot 10^{-9}$
B. radicicola	$6 \cdot 10^{-9}$
Saccharomyces cer. (Old Proc.)	$8 \cdot 10^{-9}$
Phycomyces Blakesleeanus 15° C . . .	$1 \cdot 10^{-8}$
Lactobacillus lycopersici	$1 \cdot 10^{-8}$
Sarcina flava	$5 \cdot 10^{-8}$
Streptobacterium plantarum 10 S	$5 \cdot 10^{-8}$
Trichophyton interdigitale	$2 \cdot 10^{-7}$
Polytomella Pascheri MOEWUS	$1 \cdot 10^{-6}$
Torula utilis (russ. Stamm)	$1 \cdot 10^{-5}$
Chlamydomonas	$1 \cdot 10^{-5}$
Brucella abortus	$2,5 \cdot 10^{-5}$
B. tuberculosis	$3,5 \cdot 10^{-3}$ (?)
Phycomyces Blakesleeanus 25° C . . .	10^{-6} bis 10^{-4}

Bei anderen Wuchsstoffen ist der wirksame Konzentrationsbereich viel kleiner und umfaßt etwa 2 Zehnerpotenzen. Er dürfte in der Hauptsache dadurch bedingt sein, daß sich die in einer Kultur maximal erzeugte Zellsubstanz bei den verschiedenen Mikroorganismen ebenfalls in einem Konzentrationsbereich dieser Größe bewegt. Es seien nun zunächst die theoretisch möglichen Ursachen für ein erhöhtes Aneurinbedürfnis während des Wachstums zusammengestellt:

1. Erhöhter Aneurinbedarf bei Stoffwechselvorgängen, die Vermehrung der Zellsubstanz bedingen.

2. Geschwindigkeit des Stoffwechsels von Aneurin selbst. a) Verlangsamte Aufnahme und Phosphorylierung, b) gesteigerte Ausscheidung, c) gesteigerter Abbau.

3. Fehlen anderer Wuchs- oder Nährstoffe im Nährmedium.

Die Punkte 1) und 2a) sind schon an früherer Stelle behandelt, über 2b) ist nichts bekannt. Der Einfluß von Punkt 1) kann mehr als eine Zehnerpotenz ausmachen, der von Punkt 2a) im Extremfalle (z. B. bei völlig fehlender Phosphorylierungsfähigkeit) bis zu vollkommener Inaktivität von Aneurin führen. Jedoch phosphorylieren die meisten Mikroorganismen Aneurin mit ausreichender Geschwindigkeit. Größere allgemeine Bedeutung für unser Problem kommt dem Abbau von Aneurin zu (Punkt 2c)), der nach BONNER und BUCHMAN (30) bei verschiedenen Schimmelpilzen mit relativ großer Geschwindigkeit verläuft. Bei *Phytophtora*- und *Phycomyces*-Arten kann der Abbau bereits nach eintägigem Wachstum einsetzen bzw. rascher als die Synthese verlaufen; nach 7 Tagen ist er vielfach schon beendet. Dabei kommt es zu einer vollkommenen Zerstörung des „Thiazols“, während das „Pyrimidin“ zum größten Teil erhalten bleibt. Der enzymatische Abbau in Schimmelpilzen ist also nicht vergleichbar mit dem durch die Thiaminase aus Fischorganen, die lediglich eine Spaltung in die beiden Komponenten hervorruft (176). Da der „Thiazol“-Abbau nur in Anwesenheit einer kleinen Menge „Pyrimidin“ oder verschiedener seiner Analoga erfolgt, die zwar keine Wuchsstoffaktivität mehr zu besitzen brauchen, aber noch dazu befähigt sein müssen, mit dem „Thiazol“ zu einer quaternären Ammoniumverbindung zu reagieren, ist dem „Pyrimidin“ die Rolle eines natürlichen Katalysators des „Thiazol“-Abbaus zuzuschreiben. Dieser verläuft also unter intermediärer Bildung von Aneurin. Der Abbau des „Thiazols“ ist temperaturabhängig. Wenn nun „Thiazol“-Abbau und Aneurinbedürfnis in einem ursächlichen Zusammenhang stehen, dann muß auch das Aneurinbedürfnis mit steigender Temperatur größer werden. BURKHOLDER und McVEIGH (45) fanden dann auch, daß *Phycomyces Blakesleeanus* bei 15° C schon mit 10^{-8} g Aneurin/cm³ optimales Wachstum erzeugt, während bei 25° C hierzu 10^{-6} bis 10^{-4} g/cm³ notwendig sind. Es ist ferner zu erwarten, daß in Wachstumsversuchen, auf Grund der raschen „Thiazol“-Zerstörung, nicht eine Mischung äquimolarer Mengen der Aneurinkomponenten, sondern solche mit einem Überschuß der „Thiazol“-Komponente am aktivsten ist, und daß die Wirkung suboptimaler Aneurinkonzentrationen durch Zugabe von „Thiazol“ gesteigert wird. BONNER und BUCHMAN (30) beobachteten tatsächlich, daß bei den von ihnen untersuchten Schimmelpilzen das wirksamste molare Verhältnis „Thiazol“/„Pyrimidin“ (bzw. Aneurin) $\geq$ 10 ist. Die Wirkung des „Thiazols“ kann man also als eine „Pyrimidin“(Aneurin)-sparende bezeichnen.

Aneurin-*Einsparungen* in der Größenordnung von Zehnerpotenzen werden mit anderen Wuchsstoffen und auch mit Aminosäuren erzielt. Dem Fehlen dieser Substanzen (Punkt 3) scheint die größte Bedeutung zuzukommen, um Befunde über ein abnorm hohes Aneurinbedürfnis zu erklären. Dies wird verständlich, wenn man bedenkt, daß besonders die anfänglichen Untersuchungen über das Aneurinbedürfnis von Mikroorganismen in sehr einfachen, zumindest unvollständigen Nährmedien durchgeführt worden sind. Nach KÖGL und VAN WAGTENDONK (*165*) setzt z. B. Biotin bei *Staphylococcus aureus* die zu optimalem Wachstum erforderliche Aneurinmenge von 10^{-6} auf 10^{-8} g/cm^3 herab. Der Effekt wird schon mit so kleinen Biotin-Konzentrationen erreicht, wie zum Wachstum anderer, Biotin unbedingt benötigender Mikroorganismen erforderlich ist ($5 \cdot 10^{-9}$ g/cm^3). Bei Mikroorganismen, die nur *Zuwachs* mit Aneurin oder anderen Wuchsstoffen zeigen, also diese in suboptimalen Mengen synthetisieren, sind sparende Effekte noch viel ausgeprägter; sie können dabei in vollständige *Ersetzbarkeit* selbst mehrerer Wuchsstoffe durch einen einzigen (evtl. in höherer Konzentration) übergehen. Diese sog. *Korrelationen* zwischen den Wuchsstoffen sind zuerst durch WILLIAMS und Mitarb. bei verschiedenen Heferassen (*439*) und bei *Trichophyton interdigitale* (*263*) studiert worden.

Vollständiger Ersatz von Aneurin wurde beobachtet bei *Lactobacillus mannitopoeus* und *L. lycopersici* durch Lactoflavin (*451*), bei *Sbm. plantarum* durch *l*-Tyrosin (*254*), bei anderen Milchsäurebakterien durch verschiedene Aminosäuren. Wir sind hiermit beim Aneurin auf das Problem der Ersatzstoffe gestoßen und der „Mikrostoffwechselanalytiker" würde heute sofort folgende Fragen formulieren: 1. Im Falle Aneurin/Lactoflavin: Kann das Bakterium seinen Stoffwechsel so umstellen, daß es einmal nur mit Aneurin, das andere Mal nur mit Lactoflavin auskommt, oder synthetisiert es in Anwesenheit von Aneurin Lactoflavin und umgekehrt in Anwesenheit von Lactoflavin Aneurin? 2. Im Falle Aneurin/Aminosäure: Ist Aneurin nur dazu da, einen bestimmten Schritt in der Reaktionsfolge zu katalysieren, deren Endprodukt die Aminosäure ist, oder ist die Aminosäure für irgend einen Teilschritt der Aneurinsynthese erforderlich oder gar ein Vorläufer des Aneurins? Diese Fälle sind noch nicht im Sinne der mikrobiologischen Stoffwechselanalyse ausgewertet worden; ein genau untersuchter Fall der letzten Art wird uns später beim Adermin beschäftigen.

III. Vitamin B$_2$.

Lactoflavin als Vitamin und Fermentbestandteil. Bedürfnis und Überproduktion von Lactoflavin bei Mikroorganismen. Aufbau aus 1-Ribitylamino-2-amino-4,5-dimethylbenzol und Alloxan (*Lactobacillus casei*). Abbau zu Lumichrom und Hemmung desselben durch Lactoflavinanaloga (*Pseudomonas riboflavinus*). Lactoflavinphosphorsäure und Flavindinucleotide als Wirkgruppen

der Gelben Fermente. Der Dinucleotid-Cyclus. Notatin und andere extrazellu-
läre Gelbe Fermente. Wirkungsmechanismus von B_2-Antagonisten: Dichlorlactoflavin, Lumilactoflavin, Phenazin- und Chinolin-Derivate, Atebrin, Chinin
(Anti-Malaria-Mittel).

Vitamin B_2 (*Lactoflavin, Riboflavin*) ist ein typisches Wachstumsvitamin und wurde im Jahre 1933 von KUHN, GYÖRGY und WAGNER-
JAUREGG (*179*) aus Molke in reiner, krystallisierter Form erhalten. Ein
Jahr vorher war bereits WARBURG und CHRISTIAN (*426*) die Reindarstellung eines Gelben Fermentes gelungen. Aus beiden Substanzen
wurde durch Bestrahlung ein und dasselbe Abbauprodukt erhalten.
Dies war ein historisches Ereignis in den Naturwissenschaften, da damit
zum erstenmal eine Beziehung zwischen einem Vitamin und einem
Enzym hergestellt wurde.

BÜNNING (*39*) sah zuerst den fördernden Einfluß von Lactoflavin
auf das Wachstum von Mikroorganismen, als er den Kulturen von
Aspergillus niger in einem synthetischen Medium hohe Konzentrationen
(1 mg%) des Vitamins zusetzte. Eingehender befaßte sich ORLA-
JENSEN (*290*) mit der Lactoflavin-Bedürftigkeit von *Milchsäurebakterien*. Die von ihm untersuchten, hauptsächlich an die Lactoflavin-reiche
Milch angepaßten Arten benötigten meist Lactoflavin zum Wachstum,
und zwar die Thermobakterien $0.5 \cdot 10^{-6}$ g/cm³, Milch-Streptokokken
eine ,,viel kleinere" Konzentration. ORLA-JENSENS Untersuchungen
wurden von WOOD, WERKMAN und Mitarb. (*450*) sowie von SNELL,
STRONG, PETERSON, TATUM u. a. (*386*), (*382*), (*177*) fortgesetzt und auf
andere Bakterien, besonders Propionsäurebakterien und pathogene Streptokokken ausgedehnt. Nach ihnen dürfte die optimal benötigte Lacto-
flavinkonzentration bei sonst optimalen Bedingungen $0.5 \cdot 10^{-7}$ g/cm³
nicht übersteigen. Des weiteren fand man Lactoflavin-bedürftige
Stämme unter Enterokokken und hämolysierenden Streptokokken
(*463*), (*464*) und kürzlich wurden von MÖLLER, WEYGAND und WACKER
(*261*) auch solche bei Staphylokokken beschrieben. Interessant ist die
Beobachtung von DOUDOROFF (*75*), daß für Wachstum und Atmung
von Leuchtbakterien wenig, für ihre Lumineszenz viel Lactoflavin erforderlich ist. Selten benötigen *Schimmelpilze* Lactoflavin: der Ulmen-
parasit *Ophiostoma ulmi* nur zusätzlich (*99*) und die pathogene Art
Trichophyton interdigitale nur in Abwesenheit bestimmter anderer
Wuchsstoffe (*263*). Lactoflavin-bedürftige *Hefen* sind bisher nicht angetroffen worden. Die Synthesefähigkeit für Lactoflavin scheint überhaupt nur bei wenigen Mikroorganismen zu fehlen.

Unter den Flavin-Bildnern fallen vielmehr einige auf, die *extrem
hohe Flavinmengen synthetisieren*. Zu ihnen gehören: *Eremothecium
Ashbyii* (*105*), (*313*), (*310*), (*311*), (*312*), (*246*), *Aspergillus niger* (*195*),
(*196*), *Clostridium acetobutylicum* (*474*), (*475*), ein *Torula*-Stamm (CHE-

VALIER)(*54*), verschiedene *Candida*-Hefen (*43*),(*44*), *Ashbya gossypii*(*431*), (*399*) und *Aerob. aerogenes* (*284*). Die produzierten Lactoflavinmengen sind so groß, daß es sogar zu Ausscheidung von Flavinkrystallen in der Nährlösung und auch in den Zellen (z. B. von *Eremothecium Ashbyii*) kommen kann. CHEVALIER (*54*) beschrieb, daß sich bei der Kultur seines *Torula*-Stamms ein grünlich-gelber Ring an der Oberfläche bildet, der offenbar eine gesättigte Lactoflavinlösung darstellt. Bei einer Stock olmer untergärigen Brauereihefe kann nach PETT (*300*), (*301*) die Flavinsynthese durch anaerobe Bedingungen, Cystein oder Pyridin und besonders durch Cyanid gesteigert werden. SCHOPFER zeigte, daß bei *Eremothecium Ashbyii* die Flavinsynthese durch Spurenelemente und eine unbekannte Substanz aus Pepton gefördert (*343*), (*349*), durch Gammexan (s. S. 202/203) stark gehemmt wird (*352*). KITAWIN (*156*), (*157*) erhöhte die Flavinproduktion von bestimmten *Aspergillus niger*-Stämmen durch kleine Mengen Hg-Salze, und MAYER (*225*), (*226*), (*227*), (*228*), (*229*) fand beträchtlich größere Mengen Flavin in Mykobakterien (besonders *Mycobact. smegmatis*) bei Zugabe von *p*-Aminobenzoesäure oder *p*-Aminosalicylsäure. Die Bedingungen für eine möglichst hohe Flavinausbeute sind in den letzten Jahren wegen der Bedeutung, die die mikrobiologische Flavinsynthese, besonders mit *Clostridium acetobutylicum* und *Eremothecium Ashbyii*, für die Technik erlangt hat, auch von industriellen Kreisen eingehend studiert worden und in einer großen Zahl von Patenten niedergelegt. Besonders wichtig ist die richtige Einstellung des Fe-Gehaltes natürlicher Nährböden, da schon geringe Überschreitung der kleinen für Wachstum und Flavinbildung unbedingt notwendigen Konzentration zu starker Hemmung der Flavinsynthese führt. Die höchste Ausbeute scheint bis heute die Firma Pfizer, Chas & Co. (*302*) bei *Eremothecium Ashbyii* erreicht zu haben mit einer Konzentration von 0,18%. Setzt man den mittleren Bedarf eines nicht synthetisierenden Stammes mit $3 \cdot 10^{-8}$ g Lactoflavin/cm³ an, so stellt die Menge von $0,18\% = 18 \cdot 10^{-4}$ g/cm³ eine 60 000fache Überproduktion dar.

Vorstufen der biologischen Flavinsynthese sind im 1-Ribitylamino-2-amino-4,5-dimethylbenzol und Alloxan bekannt geworden (Abb. 2, Schritt 1). SARETT (*331*) konnte nämlich die geringe Lactoflavinaktivität der Ribitylamino-Verbindung bei *Lactobacillus casei* durch Zugabe von Alloxan von 0,003 auf 0,35% erhöhen[1]. Daß verschiedene Aufbauwege existieren, mag daraus geschlossen werden, daß *Neurospora*-Mutanten aufgefunden wurden, die in einem bestimmten Temperaturbereich Lactoflavin benötigen, in einem anderen nicht (*247*). Wenn die Mutante bei höherer Temperatur Lactoflavin-bedürftig ist, könnte auch — ähnlich dem größeren Aneurinbedarf von *Phycomyces*

---

[1] Es ist nicht klar erwiesen, ob dies nicht durch rein chemische Reaktion der Komponenten im Nährmedium vorgetäuscht wird.

bei höheren Temperaturen — ein gesteigerter Abbau von Lactoflavin dafür verantwortlich sein. Ein Abbau des Lactoflavins durch verschiedene Hefen und Bakterien ist von PETT (*299*), (*300*), ROGOSA (*325*) und THOMPSON (*406*) festgestellt worden; FOSTER (*98*) hat ihn genauer bei *Pseudomonas riboflavinus* studiert. · Dabei entsteht durch vollkommene Aboxydation der Ribose-Seitenkette Lumichrom (s. Abb. 2,

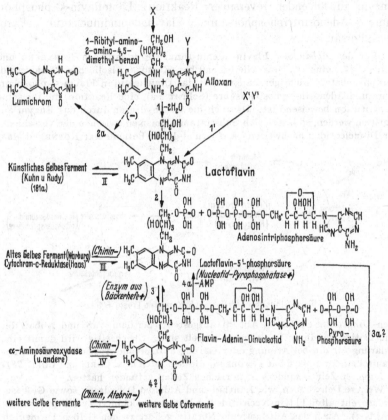

Abb. 2. Auf- und Abbau von Lactoflavin und „Lactoflavin"-Fermenten.

Schritt 2a). Der Abbau läßt sich durch verschiedene Lactoflavinanaloga stark hemmen, auch durch solche, die das Wachstum von *L. casei* (Lactoflavin-bedürftig) selbst in höchsten Konzentrationen nicht beeinflussen. Diese Hemmungen sollen durch weiteren Lactoflavinzusatz nicht aufhebbar sein.

Beim Eintritt in die Zelle wird Lactoflavin, genau wie Aneurin, phosphoryliert (Abb. 2, Schritt 2), und zwar zu Lactoflavin-5′-phosphorsäure (Flavinmononucleotid), der Wirkgruppe des sog. Alten Gelben Fermentes von WARBURG (*425*) und der Cytochrom c-Reduktase von

HAAS (*414*). Die prosthetische Gruppe anderer *Gelber Fermente*, wie Diaphorase, *d*-Aminosäure-oxydase und Fumarathydrase, ist ein Flavin-Adenin-Dinucleotid, das aus Flavinphosphorsäure und Adenosin-5-phosphorsäure durch pyrophosphatische Verknüpfung aufgebaut ist. Seine Synthese und Spaltung (Schritt 3) erfolgt nach SCHRECKER und KORNBERG (*354*) durch ein aus Bäckerhefe weitgehend angereichertes Enzym in folgender reversibler Reaktion: Lactoflavin-5′-phosphorsäure + Adenosintriphosphorsäure ⇌ Flavinadenindinucleotid + Pyrophosphorsäure.

Für den *Abbau* des Flavin-Adenin-Dinucleotids ist nach KORNBERG und PRICER (*171*) eine aus Hefe, Nieren und bes. Kartoffeln isolierbare Dinucleotid-pyrophosphatase wichtiger. Sie spaltet das Dinucleotid in Flavin-5′-phosphorsäure und Adenosin-5-phosphorsäure (Schritt 4 a), eine Reaktion, die für seine Konstitution beweisend ist. Da auch die Codehydrasen durch das Enzym angegriffen werden, so lassen sich Substratantagonismen zwischen den verschiedenen Dinucleotiden nachweisen. Auf Grund dieser Befunde hat KORNBERG (*168*)

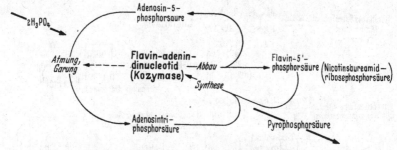

Abb. 3. Dinucleotid-Cyclus nach Kornberg [1950] (*168*).

einen *Dinucleotid-Cyclus* (s. Abb. 3) aufgestellt, bei dem Auf- und Abbau der Dinucleotide mit ihrer Funktion gekoppelt sind. Gleichzeitig wird damit eine Erklärung für die bei Atmung oder Gärung auftretende Anreicherung von anorganischem Pyrophosphat gewonnen, die schon OCHOA, CORI und CORI (*287*) vor längerer Zeit besonders in tierischen Zellen gefunden hatten.

Weitere Dehydrasen, wie Xanthin- und Aldehyd-Dehydrase, sowie Glucose-Oxydase, enthalten Flavin-Nucleotide mit bisher unbekannter Zusammensetzung (s. Abb. 2). Auch das Antibioticum Notatin gehört zu den Gelben Fermenten und stellt eine Glucose-Oxydase dar (*147*), (*148*). Es wird von *Penicillium notatum* erzeugt, der es in die Nährlösung ausscheidet (*58*). Die antibiotische Wirkung beruht offenbar darauf, daß bei der Oxydation von Glucose zu Gluconsäure — wie bei allen Dehydrierungen — Wasserstoffperoxyd entsteht, das ein starkes Zellgift ist (*218 a*). Katalase und andere Wasserstoffsuperoxyd-zerstörende Agenzien sind deshalb Antagonisten des Notatins. Kürzlich zeigten BENDER und KREBS (*20*), daß *Neurospora crassa*-Stämme Fermente in die Nährlösung ausscheiden, ein bisher selten exakt beobachtetes Phänomen. *l*-Aminosäure-Oxydase findet sich bis zu 80% in der Nährlösung, von der *d*-Oxydase jedoch nichts, was vielleicht damit zusammenhängt, daß die *l*-Oxydase, verglichen mit anderen Schimmelpilzen, eine 100fache Überproduktion zeigt. Ein sehr sonderbarer Befund besteht in der fast vollständigen Hemmung, die die Synthese der *l*-Oxydase in Anwesenheit von nur $5 \cdot 10^{-9}$ g Biotin/cm³ erleidet.

Da *Neurospora crassa* gleichzeitig Katalase in die Nährlösung ausscheidet, bildet sich im Gegensatz zu *P. notatum* kein Wasserstoffperoxyd.

Nach einer kürzlich erschienen Notiz von STICH und EISGRUBER (*393*), s. a. (*393a*), (*394*), soll Lactoflavin die Porphyrinsynthese und Häminproteid-Bildung in Hefe steuernd beeinflussen.

Der erste Antagonist des Lactoflavins wurde 1943 von KUHN, WEYGAND und MÖLLER (*182*) gefunden, als dessen benachbarte Methylgruppen durch 2 Chlor-Atome ersetzt wurden. Die Wachstumshemmung des Dichlorlactoflavins (s. Formel) wird durch Lactoflavin aufgehoben. Hemmung und Enthemmung vollziehen sich bei einer Reihe Lactoflavinbedürftiger wie -synthetisierender Bakterien-Stämme in streng kompetitiver Weise, jedenfalls in einem bestimmten Konzentrationsgebiet [1]. Dies äußert sich formal darin, daß man bei Steigerung der Dichlorlactoflavin-Konzentration auch die Konzentration des Lactoflavins um *denselben Faktor* erhöhen muß, damit gleiche Stärke des Wachstums erhalten bleibt. Das könnte bedeuten, daß Dichlorlactoflavin und Lactoflavin bei der Bildung von Lactoflavinphosphorsäure (Abb. 2, Schritt 2) um ein Protein des phosphorylierenden Fermentsystems konkurrieren, oder anders ausgedrückt, daß Lactoflavin von diesem Protein durch Dichlorflavin verdrängt wird. Es ist aber noch unklar, ob nicht (wie wir später beim Desoxyadermin sehen werden) zuerst eine Phosphorylierung des Hemmstoffs erfolgt, der sich vielleicht noch weiter aufbauende Reaktionsfolgen anschließen, die den Schritten II, 3—IV, 3—4—V analog sind. Die so letztlich entstehenden ,,falschen'' Gelben Fermente dürften die entsprechenden Dehydrierungen nicht mehr ausführen können, da sich ihre Redoxpotentiale entsprechend dem des Dichlorflavins (*182*) zu stark in positiver Richtung verschieben. Daß Dichlorlactoflavin das Wachstum von *Eremothecium Ashbyii* hemmt (*345*), ist im Hinblick auf die extrem hohen von ihm produzierten Lactoflavinmengen verwunderlich und läßt auf ein Eingreifen in weitere Reaktionsmechanismen schließen.

Konstitution von verschiedenen Lactoflavin-Analogen.

Lumiflavin.   Dichlorlactoflavin.

---

[1] E.-F. MÖLLER und F. WEYGAND: unveröffentlicht.

2,4-Diamino-7,8-dimethyl-
10-ribityl-5,10-dihydrophenazin.

Atebrin.

Woolley (*459*) fand im 2,4-Diamino-7,8-dimethyl-10-ribityl-5,10-dihydrophenazin (s. Formel) einen kompetitiven Antagonisten des Lactoflavins beim Wachstum von *Lactobacillus casei*, *L. arabinosus* und *Streptococcus haemolyticus* H 69 D. Während nach Sarett (*331*) zur Hemmung von Lactoflavin- und Flavin-Adenin-Dinucleotid-bedingtem Wachstum von *L. casei* gleiche Mengen dieses Phenazinderivats notwendig sind, genügen bei Lumilactoflavin (s. Formel), in Anwesenheit des Dinucleotides, bereits kleinere Konzentrationen als in Gegenwart von Lactoflavin. Daraus wird der etwas gewagte Schluß gezogen, daß Lactoflavin bereits vor der Cofermentbildung an die spezifische Eiweißkomponente eines Gelben Ferments gebunden wird, und daß Lumiflavin nur in die Bindung des Proteins an die 3-Imino-Gruppe von Lactoflavin und seinen Derivaten eingreift.

Bei anderen Lactoflavin-Antagonisten, bes. verschiedenen *Anti-Malaria*-Mitteln (*222*), (*131*), (*59*), (*60*), (*61*), kennen wir heute genau den gehemmten Schritt, da hier Fermentversuche vorliegen. So konnte Haas (*113*) mit weitgehend gereinigten Fermentpräparaten zeigen, daß im Enzymsystem der Glucose-6-phosphorsäure-Dehydrase Atebrin (s. Formel) und Chinin das Coferment der Cytochrom c-Reduktase vom spezifischen Fermentprotein (teilweise irreversibel) verdrängen, also Schritt III unterbinden. Hochgereinigte *d*-Alanin-oxydase wird nach Hellermann, Lindsay und Bovarnick (*120*) ebenfalls durch diese Substanzen gehemmt, stärker noch durch Auramin, gleich stark durch Plasmochin und andere Chinolinderivate, schwächer durch heterocyclische Sulfonamide, wobei *streng*-kompetitiver Antagonismus zu Flavinadenin-Dinucleotid zumindest bei Chinin auftritt. Hier ist also Schritt IV betroffen.

Wenn Karrer (*143*), (*328*) keine Hemmung der *d*-Alanin-oxydase und des Schardinger Enzyms durch Dichlorlactoflavin finden konnte, so dürfte dies z. T. daran liegen, daß er so rohe Enzympräparate wie Leberextrakt und Milch verwendet hat, die natürlich sehr reich an Flavinverbindungen sind. — Nach den

Untersuchungen der amerikanischen Autoren wäre zu erwarten, daß auch Dichlorlactoflavin direkt in die Schritte III, IV und vielleicht auch V eingreifen kann[1]. Das soll nicht besagen, daß nicht auch Phosphorylierung des Dichlorflavins usw. stattfinden könnte. Die dabei entstehenden „falschen" Cofermente wären möglicherweise auch aktiver in der Hemmung der Schritte III, IV und V.

IV. Vitamin B_6.

Adermin-Bedürfnis der Mikroorganismen, quantitative Unterschiede (Hefe, Milchsäurebakterien): Pyridoxal und Pyridoxamin. Ersatz durch Aminosäuren: Pyridoxalphosphat als Coferment der Transaminasen (Racemiase) und Aminosäure-Decarboxylasen; das Eingreifen von B_6 in den Auf- und Abbau von Tryptophan. B_6 als Schlüsselsubstanz zwischen Eiweiß- und Kohlenhydratstoffwechsel. Wirkungsmechanismus der B_6-Katalysen. Aufbau von B_6-Fermenten aus Adermin, und Wirkungsmechanismus des Wachstumsantagonisten 4-Desoxyadermin.

Vitamin B_6 (*Adermin, Pyridoxin*) wurde zuerst von GYÖRGY (*109*), (*23*) als ein Wachstumsfaktor bei Ratten erkannt, der gleichzeitig die bei seinem Mangel auftretende Pellagra-ähnliche Dermatitis zu heilen vermag. 1938 wurde es von KUHN und WENDT (*181*), s. a. (*110*), (*199*), (*337*) aus Hefe isoliert [2].

Kurze Zeit danach konnte MÖLLER (*251*) die Wuchsstoff-Natur krystallisierter Präparate aus Hefe und aus Reiskleie feststellen, und zwar bei *Streptobacterium plantarum*, bei verschiedenen anderen Milchsäurebakterien sowie bei einer untergärigen Hefe aus Sauerkraut. Später erwiesen sich auch synthetische Präparate als gleich aktiv (*262*). Die Wuchsstoffwirkung des Adermins bei Milchsäurebakterien wurde durch SNELL und PETERSON (*380*), (*188*), die bei verschiedenen Hefe-Arten und -Stämmen durch SCHULTZ, ATKIN und FREY (*356*) sowie EAKIN und WILLIAMS (*78*) im Jahre 1939 bestätigt. Weiterhin zeigten sich viele Enterokokken und Streptokokken als B_6-bedürftig (*132*), (*230*), (*293*), (*464*), (*357*), während manche *Staphylococcus albus-* (*420*) und wenige *Staphylococcus aureus-* (*261*) Stämme durch B_6 im Wachstum nur in geringem Ausmaß gefördert werden. Die ersten Beobachtungen über B_6-bedingte Zuwachseffekte bei Schimmelpilzen dürften von SCHOPFER (*342*) (*Ustilago violacea*) und von BENHAM (*21*) (*Pityrosporum ovale*) stammen. Später wurde erkannt, daß B_6-Bedürfnis be-

---

[1] Wie ganz kürzlich SINGER und KEARNY (*369a*) berichten, wird tatsächlich die Hemmung verschiedener Gelber Fermente durch Dichlorflavin bei weiterem Zusatz von Lactoflavinphosphorsäure bzw. Lactoflavin-Adenin-Dinucleotid aufgehoben. Bei der *l*-Aminosäure-Oxydase aus Schlangengift, die das Dinucleotid als prosthetische Gruppe enthält, sind aber die Hemmungen durch Lactoflavin-Analoga irreversibel. Bedeutungsvoll erscheint, daß in diesem Falle Dichlorlactoflavin schwach, Lactoflavin selbst aber am stärksten hemmt.

[2] Adermin war an sich schon früher als ein Nebenprodukt der B_1-Darstellung aus Reiskleie isoliert worden, von S. OHDAKE (*288*), der jedoch die biologische Bedeutung dieser Substanz damals nicht ahnte.

sonders unter den *Ophiostoma*-Arten stark verbreitet ist (*46*), (*321*), (*322*), (*100*).

CH₃ ... structures ...

4-Desoxyadermin.	Pyridoxin (Adermin)	Pyridoxamin (Superadermin).
Pyridoxal.	Pyridoxal-3-phosphat.	Pyridoxal-5-phosphat.

Die *Konzentrationen*, die an Adermin zu *optimalem* Wachstum von den verschiedenen Mikroorganismen benötigt werden, schwanken zwischen 10^{-8} und 10^{-6} g/cm³. Eine so hohe Konzentration, wie 10^{-6} g/cm³, die auch bei Milchsäurebakterien als notwendig gefunden wurde (*251*), erschien verdächtig. Möller erkannte später, daß die benötigte Adermin-Konzentration von der Zusammensetzung des Nährmediums abhängig ist. Wurden gar Adermin und Adermin-freies Nährmedium getrennt sterilisiert, so war die Wirksamkeit des Adermins verschwindend klein. Es mußte also während des Sterilisierens mit einem Bestandteil des Nährmediums reagiert haben, um erst die eigentliche Wirksubstanz zu bilden. Dieser Bestandteil erwies sich als *Ammoniak*. Nach Verbessern der Reaktionsbedingungen konnte die aktive Substanz als Pikrat und als Dichlorhydrat isoliert und bald darauf in ihrer Konstitution als ein Adermin-Derivat erkannt werden, in dem die CH_2OH-Gruppe in 4-Stellung durch eine CH_2NH_2-Gruppe ersetzt ist (s. Formel). Die neue Substanz wurde *Superadermin* genannt (*260*). Snell (*376*), der während des Krieges zu den gleichen Ergebnissen gekommen war, bezeichnete sie als *Pyridoxamin*. Weiterhin konnte er noch — fußend auf den Beobachtungen von Bohonos, Hutchings und Peterson (*26*), wonach Adermin bei Milchsäurebakterien umso aktiver wird, je aerober die Bedingungen sind — ein weiteres durch *Oxydation* gebildetes, hochaktives Derivat des Adermins, das *Pyridoxal* (s. Formel), erhalten. Die genaue Austestung der reinen Substanzen ergab, daß alle drei bei der Ratte und verschiedenen Hefen (10^{-8} g/cm³) gleich wirksam sind, während Milchsäure- und ähnliche Bakterien sehr unterschiedlich darauf ansprechen. Nun wurde es auch verständlich, warum die mikrobiologischen Teste mit Hefe recht gute, in Übereinstimmung mit den Rattentesten stehende Werte ergeben hatten, während Teste mit Milchsäurebakterien häufig völlig versagten, indem sie schwankende und viel zu hohe Ergebnisse zeigten [*Pseudopyridoxin (374)*]. RABINOWITZ und SNELL (*308*), (*333*) arbeiteten mit Hilfe von 3 Mikroorganismen die Bestimmung von Adermin, Pyridoxal und Pyridoxamin nebeneinander aus: *Saccharomyces carlsbergensis* erfaßt alle 3 Komponenten, *Streptococcus faecalis* R unter bestimmten Bedingungen Pyridoxal + Pyridoxamin, *Lactobacillus casei* nur Pyridoxal.

B_6 läßt sich nach STOKES und GUNNESS (*396*), (*221*) bei *Lactobacillus arabinosus* durch größere Konzentrationen verschiedener Aminosäuren, besonders durch *l*-Alanin, *l*-Threonin oder *l*-Lysin ersetzen. Noch interessanter ist, daß die sog. unnatürliche Aminosäure *d*-Alanin zu einem fast vollständigen Ersatz von B_6 bei *Streptococcus faecalis* R führt (*378*), (*379*). Das ließ darauf schließen, daß die Funktion des Adermins im Auf-, Um- und Abbau von Aminosäuren besteht. Tatsächlich wurde gefunden, daß ein phosphoryliertes Pyridoxal das Coferment verschiedener *Aminosäure-Desarboxylasen* (*107*), (*407*), (*336*), (*142b*), (*24a*) und der *Transaminasen* (*206*) ist. Ob es sich bei der Decarboxylase um das von KARRER (*144*), (*145*) synthetisierte 3-Phospho-pyridoxal oder um 5-Phospho-pyridoxal (s. Formel) handelt, war lange eine Streitfrage [GUNSALUS und UMBREIT (*108*), (*408*)], die nun im Sinne der amerikanischen Autoren entschieden ist. Auch beim Aufbau des Tryptophans aus Indol und Serin durch *Neurospora sitophila*, sowie beim Abbau dieser Aminosäure zu Indol, Brenztraubensäure und Ammoniak durch *E. coli* (CROOKs Stamm) ist nach GUNSALUS und Mitarb. (*409*), (*454*) ein Phospho-pyridoxal wirksam (s. a. S. 93ff). BROQUIST und SNELL (*37*), (*221*) fanden B_6 auch bei verschiedenen Milchsäurebakterien in die Synthese von Histidin aus Purinen (besonders aus Xanthin) verwickelt, indem es Imidazolbrenztraubensäure, die direkte Vorstufe des Histidins in dieser Reaktionsfolge, umaminiert.

Decarboxylierung und Transaminierung vollziehen sich nach folgenden Gleichungen:

$$
\begin{array}{ccccc}
\underset{\text{Aminosäure.}}{\overset{\overset{\displaystyle NH_2}{|}}{R \cdot CH \cdot COOH}} & \longrightarrow & \underset{\text{Amin.}}{\overset{\overset{\displaystyle NH_2}{|}}{R \cdot CH_2}} & + & \underset{\text{Kohlendioxyd.}}{CO_2}
\end{array}
$$

$$
\begin{array}{ccccccc}
\underset{\text{Aminosäure.}}{\overset{\overset{\displaystyle R \cdot CH \cdot COOH}{|}}{NH_2}} & + & \underset{\text{Ketosäure.}}{\overset{\overset{\displaystyle R' \cdot C\ COOH}{||}}{O}} & \rightleftharpoons & \underset{\text{,,Neue'' Ketosäure.}}{\overset{\overset{\displaystyle R \cdot C \cdot COOH}{||}}{O}} & + & \underset{\text{,,Neue'' Aminosäure.}}{\overset{\overset{\displaystyle R' \cdot CH \cdot COOH}{|}}{NH_2}}
\end{array}
$$

wobei R und R' die Reste verschiedener Amino- bzw. Ketosäuren darstellen. Das Charakteristische der Umaminierung besteht also formal darin, daß bei der Reaktion einer Keto- mit einer Aminosäure die Reste der beiden Säuren miteinander vertauscht werden. Die Bedeutung der Umaminierung ersieht man leicht daraus, daß bei intaktem Ablauf des

Kohlenhydratstoffwechsels, der außer den beiden schon erwähnten Ketosäuren, Brenztraubensäure und Oxalessigsäure, mindestens noch Keto-
glutarsäure liefert, durch Anwesenheit *einer* Aminosäure bereits die
Synthese von 3 weiteren Aminosäuren gewährleistet ist. B_6 stellt somit die wichtige Schlüsselsubstanz dar, die Kohlenhydrat- und Eiweißstoffwechsel miteinander verbindet.

Die *Katalyse durch Pyridoxalphosphat* können wir uns, in Anlehnung an
andere Umsetzungen der Aminosäuren mit Carbonylverbindungen [s. z. B.
Heyns (*122*)] etwa nach folgendem Schema vorstellen (Abb. 4): Es kondensiert

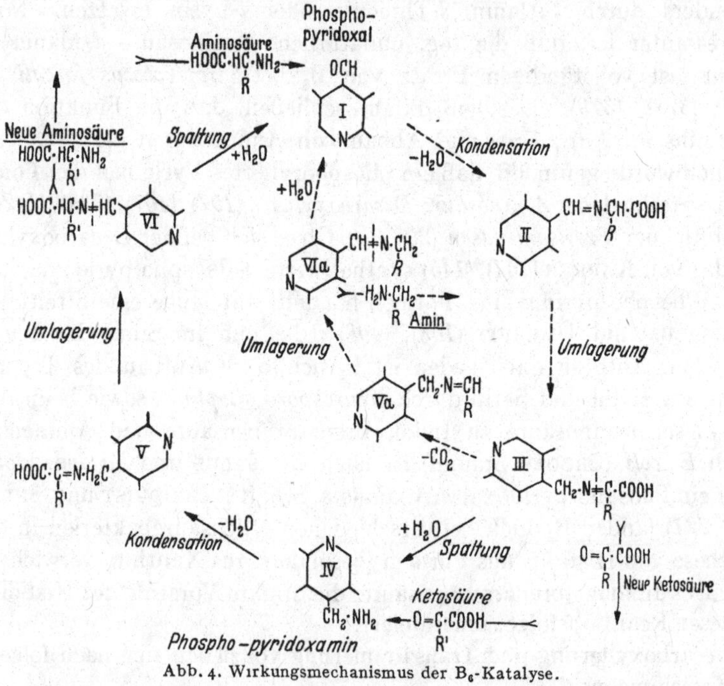

Abb. 4. Wirkungsmechanismus der B_6-Katalyse.

sich zuerst Phosphopyridoxal I mit der Aminosäure zur Schiffschen Base II,
die nach Verschiebung der Doppelbindung zu III in Phosphopyridoxamin IV
und die ,,Neue'' Ketosäure zerfällt. Phosphopyridoxamin reagiert nun mit der
zugesetzten Ketosäure zur Schiffschen Base V, die nach Umlagerung zu VI
unter Abspaltung der ,,Neuen'' Aminosäure wieder Phosphopyridoxal I zurück-
bildet, das den Kreislauf von neuem beginnen kann. Beim Mechanismus der
Decarboxylierung wird III nicht hydrolysiert, sondern decarboxyliert zu Va.
Durch Umlagerung von Va zu VI a kann das entsprechende Amin unter Rückbildung von Phospho-pyridoxal I entstehen. Für dieses Schema spricht der Befund von Snell und Rabinowitz (*381*), daß die Schiffschen Basen aus Pyridoxal und vielen Aminosäuren oder Aminen als Wuchsstoffe bei Milchsäurebakterien dieselbe molare Aktivität wie Pyridoxal besitzen[1].

---

[1] Weitere Erklärungsmöglichkeiten zum Mechanismus der B_6-Katalyse siehe
bei Karrer (*142c*).

Ein sehr schönes Beispiel, wie weit man bei erschöpfender Anwendung rein mikrobiologischer Methoden zu neuen Erkenntnissen vordringen kann, bietet die Ersetzbarkeit von Pyridoxal durch *d*-Alanin. SNELL und Mitarb. *(129)*, *(130)* legten sich die Frage vor: Ist *d*-Alanin ein Vorläufer des Pyridoxals oder ist Pyridoxal ein Katalysator bei der Synthese des *d*-Alanins? SNELL und GUIRARD *(379)* hatten anfänglich angenommen, daß die erste Alternative zutrifft, und wurden darin noch bestärkt, als die chemische Synthese des Adermins auf einem Wege gelang, bei dem Alanin eines der Ausgangsmaterialien ist *(55)*. Bedenklich stimmte aber bereits, warum nur *d*-Alanin und nicht das ,,natürliche'' *l*-Alanin die Vorstufe sein sollte. Die Bestimmung von Gesamt-B_6 mit *Saccharomyces carlsbergensis* ergab nun, daß *Lactobacillus casei* und *Streptococcus faecalis* R in Anwesenheit optimaler Mengen *d*-Alanin mindestens 15mal weniger B_6 enthalten als in Anwesenheit einer bereit *unter*-optimalen Pyridoxalkonzentration. In *Bact. coli* und *Aspergillus niger*, die B_6 selbst synthetisieren, wurde außerdem die B_6-Synthese durch *d*-Alanin nicht gesteigert. *d-Alanin kann also kein Vorläufer von B_6 sein.* Umgekehrt zeigten *d-Alanin*-Bestimmungen mit *Lactobacillus casei*, die mit einem großen Aufwand von Sicherheitsmaßnahmen erst neu ausgearbeitet werden mußten, daß in Anwesenheit von Pyridoxal große *d*-Alaninmengen gebildet werden. Gleichzeitige Bestimmungen von Gesamt-Alanin mit *Leuconostoc citrovorus* ließen in *Lactobacillus casei*, *Streptococcus faecalis* R, *L. arabinosus*, *Leuc. mesenteroides* 20—45% des Alanins als in seiner *d*-Form vorliegend erkennen. Da der Gesamt-Alaningehalt für *Streptococcus faecalis* R etwa 4% der Trockenmasse beträgt, ist die Menge von *d*-Alanin auf jeden Fall so groß, daß man ihm eine wichtige Rolle im Stoffwechsel zugestehen muß. Es ist auffallend, daß in Hefen, z. B. *Torula cremoris* kein *d*-Alanin nachzuweisen ist. SNELL vermutet, daß Pyridoxal bei der Bildung von *d*-Alanin die Rolle einer ,,Coracemiase'' spielen könnte, d. i. eines Coferments, das die Reaktion

$$l\text{-Aminosäure} \rightleftharpoons d\text{-Aminosäure}$$

katalysiert. Der Wirkungsmechanismus müßte durch eine spezielle Art der Umaminierung erklärt werden. Den Anschauungen SNELLS stehen die Befunde von LYMAN und KUIKEN *(220)* nicht entgegen, daß *d*-Aminosäuren von verschiedenen Milchsäurebakterien besser oder überhaupt erst verwertet werden, wenn das Medium größere Konzentrationen an B_6 enthält[1].

Über den *Mechanismus* der *B_6-Synthese* durch Mikroorganismen weiß man bisher sehr wenig. Nach EPPRIGHT und WILLIAMS *(88)* verstärkt Galaktose die Aderminsynthese bei verschiedenen Heferassen ganz erheblich, während sie durch Xylose stark herabgesetzt wird. Möglicherweise gibt es verschiedene Wege des B_6-Aufbaus, was man daraus schließen kann, daß nach STOKES *(395)* und Mitarb. eine Mutante von *Neurospora sitophila* B_6 bei $pH < 5,8$ zum Wachstum benötigt, bei größeren pH-Werten jedoch synthetisiert. Der *weitere Aufbau* zu den Cofermenten und Fermenten erfolgt dann nach folgendem Schema (Abb. 5).

---

[1] Vgl. ebenfalls die Verwertbarkeit von *d*-Methionin durch *Lactobacillus arabinosus* 17—5 in Gegenwart von Pyridoxal oder besser Pyridoxamin [CAMIEN und DUNN *(51)*] und diejenige von *allo*-Isoleucin (an Stelle von Isoleucin) durch denselben Bakterienstamm (nicht durch *Sc. faecalis* R oder *Leuc. mesenteroides* P-60) in Anwesenheit von viel Pyridoxamin (nicht von Pyridoxin) [HOOD und LYMAN *(130a)*].

Die Schritte 2 und 2a, also die Bildung von Pyridoxal und Pyridoxamin, dürften von Mikroorganismen, die Adermin an ihrer Stelle
nicht zum Wachstum verwerten können, nicht ausgeführt werden.
Jedoch muß das Funktionieren einer der beiden Schritte schon zur Aus-
wertbarkeit von Adermin führen, wenn die Bedingungen für Schritt I
gegeben sind. Für die Umwandlung von Pyridoxamin zu Pyridoxal
ist auf Grund von Versuchen mit ruhenden *Streptococcus faecalis*-Zellen
die Anwesenheit einer Ketosäure notwendig (*19*). Es ist allerdings nicht
auszuschließen, daß bei diesen Versuchen die Reaktion auch über die
Schritte 3a und II führte, da nur die Bildung von Phosphopyridoxal
nachgewiesen wurde. Als rein chemische Reaktion (bei höherer Tem-

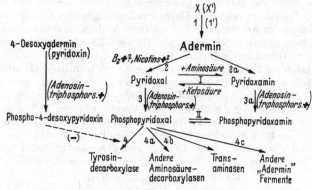

Abb. 5. Aufbau von Adermin und B$_6$-Fermenten (Mechanismus der
4-Desoxyadermin-Hemmung).

peratur) wurde der Schritt I übrigens in beiden Richtungen durch
SNELL (*377*) verwirklicht.

Die *Phosphorylierung* von Pyridoxal und Pyridoxamin (Schritte 3
und 3a) wird nach BELLAMY, UMBREIT und GUNSALUS (*19*) durch
wachsende *Streptococcus faecalis*-Zellen 10 bis 20mal rascher ausgeführt
als durch ruhende. In letzteren ist das Adenosintriphosphorsäure-
System weitgehend ausgeschaltet, so daß Zugabe von Adenosintriphosphorsäure reaktiviert, ein Effekt, der überhaupt erst zur Auffindung der phosphorylierten B$_6$-Derivate geführt hatte (*107*). *Lactobacillus helveticus*, *L. acidophilus* und *L. Delbrückii* ATCC 9649 können
die Phosphorylierungen nicht ausführen, denn zu ihrem Wachstum
fanden McNUTT und SNELL (*240*), (*241*) nur Phospho-Pyridoxal und
-Pyridoxamin befähigt, die erwartungsgemäß meist durch *d*-Alanin ersetzbar sind [KITAY und SNELL (*157a*)]. Warum die phosphorylierten
Verbindungen bei *Saccharomyces cerevisiae*, *Streptococcus faecalis* R und
Lactobacillus casei als Wuchsstoffe völlig inaktiv sind, ist noch nicht
näher analysiert (*308*).

Die Verknüpfung von Pyridoxalphosphat mit der Apodecarboxylase (Schritt 4) wird durch Phospho-4-desoxyadermin gehemmt, wie BEILER und MARTIN (*17*) sowie UMBREIT und WADDELL (*410*) im Enzymtest fanden (Tyrosin + *Streptococcus faecalis*-Apoenzym[1] + Pyridoxal-phosphat).

Bei verschiedenen B_6-bedürftigen Stämmen von Milchsäurebakterien wird das Wachstum aber bereits durch das unphosphorylierte Analogon gehemmt. Schon 1939 hatte MÖLLER (*251*) bei Prüfung der B_6-Spezifität an *Streptobacterium plantarum* (*105*) gefunden, daß 4-Desoxyadermin (s. Formel S. 166) in höherer Konzentration teilweise B_6-ersetzend wirkt (Niveau 30% desj. von Adermin), ohne daß man damals schon daran dachte, bei Wirkstoffanalogen nach Hemmstoffen zu suchen. UMBREIT und WADDELL (*410*) konnten nun den Wirkungsmechanismus der Wachstumshemmung durch 4-Desoxyadermin aufklären: Diese Substanz hemmt nicht Schritt 2, denn Pyridoxal wirkt nicht besser enthemmend als die beiden anderen aktiven B_6-Derivate; auch nicht Schritt 3, denn die Phosphorylierung von Pyridoxal mit ruhenden *Sc. faecalis*-Zellen unter Zugabe von Adenosintriphosphat wird nicht beeinflußt; und schließlich auch nicht Schritt 4, da die Tyrosindecarboxylierung mit *Sc. faecalis*-Apoenzym + Pyridoxalphosphat nicht gehemmt wird. Da 4-Desoxyadermin aber entsprechend Schritt 3 durch ruhende *Sc. faecalis*-Zellen + Adenosintriphosphat phosphoryliert wird, muß angenommen werden, daß die Wachstumshemmung so zustande kommt, daß sich erst Phospho-4-desoxyadermin bildet, das dann die Synthese der Tyrosindecarboxylase aus Co- und Apoferment (Schritt 4) hemmt.

V. Pantothensäure.

Pantothensäure als Wuchsstoff (Bioskomponente), Vitamin und Bestandteil von Coenzym A, dem Acetylierungscoferment: Acetylierung von Sulfonamiden zu Acetylsulfonamiden, von Cholin zu Acetylcholin, von Essigsäure zu Acetessigsäure und von Oxalessigsäure zu Citronensäure über ,,Acetylphosphat''. Dadurch Verbindung zum Fettstoffwechsel und zum Kohlenhydratstoffwechsel (Citronensäure-Cyclus). Aufbau von Pantothensäure aus den Komponenten: Pantoyltaurin und β-Alanin. Diskussion der Stoffwechselanalyse der Pantoylsäurebildung aus Valin und der β-Alaninbildung aus Asparaginsäure. Typen der Antagonisten: Sulfopantothensäure (Pantoyltaurin), β-Aminobuttersäure, Salicylsäure, Cysteinsäure u. a. Kompetitiver und nicht-kompetitiver Antagonismus. Andere Möglichkeiten der mikrobiologischen Pantothensäuresynthese. Kopplung von Pantothensäure-Abbau und Glycolyse (Streptokokken), Hemmung des Abbaus durch Pantoyltaurin. Pantothensäure-Conjugate (*L. bulgaricus*-Faktor).

---

[1] Um geeignete Präparate von Tyrosin-Apodecarboxylase aus *Streptococcus faecalis* zu erhalten, bedient man sich eines interessanten Kunstgriffes: Man verwendet nämlich einfach in *d*-Alanin gezüchtete Zellen (*18*), die ja nach SNELL und Mitarb. (*129*) arm an B_6, also auch an Pyridoxalphosphat sind.

Die bisher besprochenen Wuchsstoffe waren zuerst als Vitamine erkannt und isoliert worden; in der Pantothensäure begegnen wir zum ersten Mal einem Wirkstoff, der lange Zeit nur als Wuchsstoff für *Hefe* bekannt war. Ihre Existenz wurde von WILLIAMS und Mitarb. (*438*) in den Jahren 1931—33 erwiesen, als ihnen eine weitere Aufspaltung des Bioskomplexes gelang und die Anreicherung einer Substanz möglich wurde, die neben *m*-Inosit und Aneurin für den Zuwachs bei einigen Hefestämmen erforderlich war. Später wurde auch in *Trichophyton interdigitale* erstmals ein *Schimmelpilz* gefunden, dessen Wachstum durch Pantothensäure beschleunigt wird (*263*). Erst 1939 konnte im WILLIAMS-schen Arbeitskreis (*438*) durch hydrolytische Spaltung eine Komponente der Pantothensäure, das *β-Alanin*, erhalten werden. Der Zufall wollte es, daß diese Forscher schon 3 Jahre vorher β-Alanin als Wuchsstoff verschiedener Hefestämme erkannt hatten, ohne sofort zu ahnen, daß in ihm ein Bestandteil der Pantothensäure vorlag. Dies hing wohl zum Teil damit zusammen, daß es erst in viel höheren Konzentrationen als Pantothensäure wirksam ist. Die zweite Komponente wurde zur gleichen Zeit als eine Polyoxycarbonsäure angesehen; ihre genaue Struktur konnte aber erst 1940 als *α, γ-Dioxy-β,β-dimethylbuttersäure* (Pantoylsäure) aufgeklärt werden (*438*). In der Pantothensäure sind die beiden Komponenten peptidartig miteinander verknüpft, ihre Struktur ist somit die folgende:

$$HO \cdot CH_2 \cdot C(CH_3)_2 \cdot CH(OH) \cdot CO \cdot NH \cdot CH_2 \cdot CH_2 \cdot COOH.$$

Inzwischen hatten SNELL, STRONG und PETERSON (*383*), (*384*), (*385*), s. a. (*452*) die Identität ihres Säure- und Alkali-labilen Faktors für *Milchsäurebakterien* mit der Pantothensäure gezeigt [vgl. a. MÖLLER (*252*), (*253*)]. Die Pantothensäure konnte auch den Leberfaktor für hämolysierende Streptokokken von HUTCHINGS und WOOLLEY (*132*) ersetzen. Weiterhin stellten MUELLER und KLOTZ (*269*) fest, daß Pantothensäure das Wachstum gewisser Diphtherie-Stämme weit besser, d. h. in kleineren Konzentrationen, ermöglicht als β-Alanin, das diese Autoren bereits 1937 als Wuchsstoff bei *B. dysenteriae* erkannt hatten (*266*), (*268*). Schließlich wurden Fälle mitgeteilt, zuerst von WOOLLEY (*456*) bei einem Stamm von *Streptococcus haemolyticus*, in denen die Pantoylsäure Pantothensäure ersetzen kann. Meist müssen recht hohe Konzentrationen dieser Komponente angewendet werden, z. B. bei *Proteus morganii* (*133*), (*134*) 10 000mal mehr als von Pantothensäure, die im Konzentrationsbereich von 10^{-9} bis 10^{-8} g/cm³ optimales Wachstum bei den verschiedenen Mikroorganismen ermöglicht. Die Bedürftigkeit weiterer Mikroorganismen an Pantothensäure und ihre Ersetzbarkeit durch die Komponenten, die durchaus derjenigen beim Aneurin vergleichbar ist, kann aus Tab. 4 ersehen werden. — Bald nach der

Tabelle 4. *Bedarf von Mikroorganismen an Pantothensäure und ihren Komponenten.*

Mikroorganismen	Starke des Wachstums in Gegenwart von:				
	Panto-thensaure	Pantolacton + β-Alanin	Panto-lacton	β-Alanin	O
E. coli Proteus vulgaris Aerobacter aerogenes B. pyocyaneus B. subtilis	+++	+++	+++	+++	+++
Neurospora crassa (Wildstamm)	+++	+++	+++	+++	+++
Neurospora crassa (Mutante)	+++				O
Milchsäurebakterien	+++	O?	O	O	O
Propionsäurebakterien	+++				O
Streptokokken	+++	(+)	(+)	O	O
Pneumokokken	+++				O
Clostridien (einige Stämme)	+++				O
B. paradysenteriae (gewisse Flexner-Stämme)	+++				O
C. diphtheriae a)	+++	O	O	O	O
b)	+++	+++	O	+++	O
c)	+++	+++	+++	+++	+++
Saccharomyces cerevisiae . a)	+++	+++	O	++	O
b)	+++	+++	+(+)	+++	+(+)
c)	+++	+++	+++	+++	+++
Brucella suis 1662 u. a.	+++	++	+	+	+−
Brucella abortus, B. suis (andere Stämme)	+++				++
Clostridium septicum	+++	++	++	O	O
Acetobacter suboxydans ATTC 621	+++	++	++	O	O
Sc. haemolyticus H 69 D	+++	++	++	O	O
Proteus morganii	+++	+	+	O	O

Isolierung der Pantothensäure wurde auch ihr Vitamincharakter festgestellt; sie war identisch mit dem sog. Filtratfaktor bei Ratten, der als Wachstumsvitamin und Achromotrichiefaktor wirkt (*438*), (*358*), (*359*).

Nach SHIVE und Mitarb. (*362*) wird der Pantothensäure-Bedarf von *Proteus morganii* durch Citronen-, cis-Aconit-, α-Ketoglutar-, Oxalessig- und Brenztraubensäure mindestens auf den 10. Teil herabgesetzt (Pantothensäure-sparender Effekt). Da alle diese Substanzen dem Citronensäure-Cyclus angehören, wurde auf eine Beteiligung der Pantothensäure an der *Citronensäuresynthese* geschlossen. Ältere Befunde wiesen auf ein Eingreifen in die *Oxydation der Brenztraubensäure*. DORFMAN, BERKMAN und KOSER (*73*) sowie HILLS (*124*) konnten nämlich eine starke Erhöhung der Brenztraubensäure-Oxydation feststellen, wenn Pantothensäure-arm ernährten *Proteus morganii*-Zellen Pantothensäure zugefügt wurde. Nach LIPMANNs (*212*) Untersuchungen weiß man heute, daß diese Oxydation über Essigsäure und „Acetylphosphat" führt. Die Reaktion Essigsäure→„Acetylphosphat", die man als Acetylierung der Phosphorsäure auffassen kann, und viele andere *Acetylierungen*, z. B. von Sulfonamiden zu Acetylsulfonamiden. von Cholin zu Acetylcholin, werden durch das sog. *Coenzym A* katalysiert. LIPMANN und Mitarb. (*213*), (*214*) fanden nun kürzlich, daß dieses Coenzym neben Adenylsäure, Phosphorsäure, Cystein, Glutaminsäure und anderen Aminosäuren *11* bis *12%* *Pantothensäure* enthält [1]. Bei der Anreicherung waren Aktivität und Pantothensäuregehalt parallel miteinander gestiegen. Glutaminsäure und Cystein sind wahrscheinlich peptidartig mit der COOH-Gruppe der β-Alanin-Komponente verbunden, Adenylsäure dürfte über Phosphat mit einer der OH-Gruppen der Pantoylsäure-Komponente verknüpft sein. Die andere OH-Gruppe scheint für die Funktion des Coenzyms A wesentlich zu sein und deshalb frei vorzuliegen (Coenzym A läßt sich z. B. mit Acetylphosphat „verestern") (*214a*). Damit ist also in jüngster Zeit auch die Pantothensäure als Bestandteil eines Coferments erkannt worden, das nicht nur in den *Kohlenhydrat-*, sondern auch in den *Fettstoffwechsel* eingreift, denn eine Verknüpfung der beiden besteht durch die Reaktionsfolge:

Essigsäure $\xrightarrow{\text{Coenzym A (+ B}_1\text{ + Adenosintriphosphorsäure)}}$ „Acetylphosphat‘

$\xrightarrow{\text{Coenzym A}}$ Acetessigsäure (*387*) ──→ Triacetsäure ──→ Polyketofettsäuren

──→ Fettsäuren.

Es ist anzunehmen, daß die von SHIVE (*362*) vermutete Beteiligung der Pantothensäure an der „Citronensäure"-Synthese letzten Endes ebenfalls auf die Reaktion Essigsäure→„Acetylphosphat" zurückgeht. Ganz kürzlich zeigten in der Tat NOVELLI und LIPMANN (*283*), daß die Kondensation von Oxalessigsäure mit Acetat zu Citronensäure in Hefe durch Coenzym A + Adenosintriphosphat katalysiert wird. Bei *E.coli Werkmann Nr. 26* konnte Acetat + Adenosintriphosphat sogar durch *synthetisches* Acetylphosphat ersetzt werden, was weder bei der Citronensäuresynthese in Hefe und Taubenleber [s. z. B. STERN und OCHOA (*392*)], noch bei der Pyruvat-Synthese aus Acetat durch den benutzten *E.coli*-Stamm möglich ist [2]. Neben der Synthese der Acetessigsäure dürfte also

---

[1] Über zwei Formen von Coenzym A im Enzymkomplex der Leber-„Cyclophorase", die beide weniger Alkali-empfindlich sind als freie Pantothensäure (!), berichteten kürzlich NEILANDS, HIGGINS und STRONG (*271*).

[2] Weiteres über das Enzym-System der Citronensäure-Synthese in *E. coli*, *Cl. butylicum*, *Sc. faecalis*, *Azotobacter agilis*, *Mycobact. tuberculosis* und Hefe bei STERN, SHAPIRO und OCHOA (*392a*).

die Beteiligung am *Citronensäure-Cyclus* die *Hauptfunktion* des Coenzyms A darstellen.

SEVAG und GREEN (*361*) vermuten auf Grund der Ersetzbarkeit von Tryptophan durch Glucose + Pantothensäure beim Wachstum von 2 Staphylokokken-Stämmen, daß Pantothensäure auch in die Tryptophan-Synthese eingreift (s. S. 193 ff).

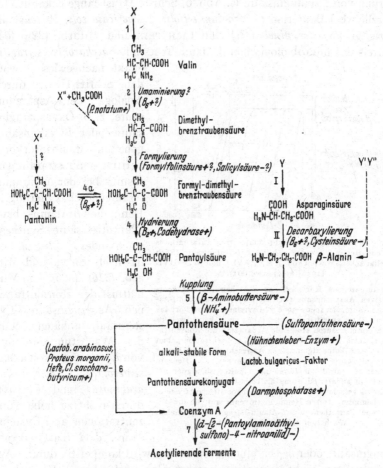

Abb. 6. Aufbau von Pantothensaure und Coenzym A.

Die Beteiligung der Pantothensäure an einer Acetylierung läßt sich einfach und eindeutig am folgenden mikrobiologischen Beispiel beweisen. Gewisse Stämme von *Streptobacterium plantarum* (*B. acetylcholini*) haben nach KEIL und Mitarb. (*146*), s. a. (*258*) die Fähigkeit, *Acetylcholin* zu bilden, eine Fähigkeit, die übrigens bis heute unter vielen untersuchten Mikroorganismen nur noch bei *Trypanosoma rhodesiense* (*38*) gefunden wurde. MARJORIE STEPHENSON (*391*), (*115*), (*326*) zeigte noch kurz vor ihrem Tode, daß die durch dieses Bakterium gebildete Acetylcholinmenge von der Pantothensäurekonzentration des Nährmediums abhängig ist, und daß ferner Pantothensäure-arm ernährte Zellen in Puffer + Glucose + Cholin viel mehr Acetylcholin bilden, wenn Pantothensäure zugegeben wird.

Über den *Mechanismus der Pantothensäure-Synthese* haben sich R. Kuhn und Th. Wieland (*184*) schon 1942 Gedanken gemacht. Die biologische Entstehung der *β-Alanin-Komponente* durch Decarboxylierung von Asparaginsäure (s. Abb. 6, Schritt II) ist lange bekannt und kürzlich bei Bakterien *(Rhizobium trifolii, Escherichia coli, Proteus vulgaris, Azotobacter vinelandii)* von Lichstein und Mitarb. (*22*), (*63*) mittels des mikrobiologischen β-Alanin-Tests mit *Saccharomyces fragilis* exakt nachgewiesen worden. Schritt II wird durch Analoge der Asparaginsäure, z. B. Oxyasparaginsäure oder *l*-Cysteinsäure gehemmt, offenbar im kompetitiven Substratantagonismus bei der Asparaginsäuredecarboxylierung.

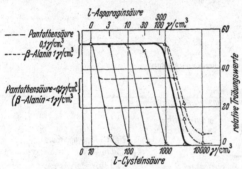

Abb. 7. Kompetitiver und nicht-kompetitiver Antagonismus bei der Hemmung von *E. coli* durch *l*-Cysteinsäure (nach tabellarischen Werten von J. M. RAVEL und W. SHIVE [1946] (*316*) erweitert).

Die ausgezogene Kurven-Schar zeigt deutlich den kompetitiven Antagonismus zwischen *l*-Cysteinsäure und *l*-Asparaginsäure. Bei 1000—3000 γ *l*-Cysteinsäure/cm³ hört das Gebiet ihrer spezifischen Hemmung auf: keine weitere Enthemmung durch steigende Asparaginsäure-Konzentrationen (fette Kurve). Bis zu diesem Konzentrationsgebiet erfolgt auch keine Hemmung in Anwesenheit schon *kleiner* Pantothensäure- (— — —) bzw. β-Alanin- (. . . .) Mengen. Erniedrigt man die letzteren noch weiter, so werden die Kurven in anderer Richtung als beim kompetitiven Antagonismus verschoben. Im Gebiet der spezifischen Cysteinsäurehemmung treten Hemmungsniveaus auf, da die zugegebene Pantothensäure-(β-Alanin-)Menge zu optimalem Wachstum nicht mehr ausreicht.

Denn die β-Alanin- bzw. Pantothensäure - Synthese wachsender *E. coli*-Stämme ist nach Shive und Mitarb. (*316*), (*363*) vom Verhältnis der Konzentrationen *l*-Asparaginsäure/*l*-Cysteinsäure abhängig, und die Wachstumshemmung von *E. coli, Leuconostoc mesenteroides, Lactobacillus arabinosus* und *L. casei* durch nicht zu hohe Konzentrationen an *l*-Cysteinsäure, d, l (para)-Oxysparaginsäure oder *m*-Diaminobernsteinsäure wird kompetitiv durch *l*-Asparaginsäure, nicht-kompetitiv durch β-Alanin oder besser Pantothensäure aufgehoben (*362*) (s. Abb. 7).

Zum näheren Verständnis der *nicht-kompetitiven* Hemmung bzw. Enthemmung diene die folgende Erläuterung: Rein äußerlich kommt die Erscheinung dadurch zum Ausdruck, daß schon eine sehr kleine Konzentration an Wuchsstoff, theoretisch gerade diejenige, die zu optimalem Wachstum bedürftiger Stämme erforderlich ist, die Hemmung beseitigt. Diese Wuchsstoff-Konzentration ist ausreichend, um auch die Wirkung über ein großes Konzentrationsgebiet ansteigender Hemmstoff-Konzentrationen zu kompensieren. Hemmstoff und Wuchsstoff stehen also nicht in einem konstanten Verhältnis. Eine Hemmung bei Wuchsstoff-bedürftigen Stämmen ist sinngemäß nicht zu erreichen, denn bei diesen muß, um überhaupt Wachstum zu erhalten, schon die enthemmende Konzentration an Wuchsstoff anwesend sein. Hemmung tritt deshalb nur bei Stämmen ein, die den Wuchsstoff synthetisieren. Hieraus muß der Schluß gezogen werden, daß bei nicht-kompetitiver Enthemmung die *Synthese* des Wuchsstoffs durch den Antagonisten gehemmt wird. Wenn bereits ein Vorläufer des Wuchsstoffs nicht-kompetitiv enthemmt, muß natürlich die Synthese dieses Vorläufers gehemmt werden. Betrachten wir den etwas schwierig erscheinenden Fall des nicht-kompetitiven Antagonismus nochmals von der umgekehrten Seite: Wenn Hemmung des Wachstums durch Hemmung der Synthese des Wuchsstoffs zustande kommt, dann kann unter Bedingungen, die seine Synthese überflüssig machen (Zuführung des Wuchsstoffs von außen) überhaupt keine Wachstumshemmung mehr auftreten.

Wäre die Decarboxylierung der *l*-Asparaginsäure der einzige Weg, auf dem β-Alanin mikrobiologisch gebildet werden kann, dann müßten alle Mikroorganismen, die keine *l*-Asparaginsäure-Decarboxylase enthalten, β-Alanin als Wuchsstoff benötigen. Unter den von Lichstein und Mitarb. (22), (63) als frei von *l*-Asparaginsäure-Decarboxylase gefundenen Stämmen: *Lactobacillus bulgaricus, L. casei, L. arabinosus, Streptococcus faecalis, Corynebacterium diphtheriae, Saccharomyces fragilis* u. a., *Micrococcus pyogenes aureus, Staph. aureus* und *Aerobacter aerogenes* kommen aber die untersuchten Stämme bei den beiden letzteren ohne Pantothensäure aus[1]. Einen weiteren Syntheseweg für β-Alanin könnte man vielleicht in der Hydrolyse des Anserins oder Carnosins erblicken. Das letztere ersetzt nach Mueller (267) in der Tat β-Alanin als Wuchsstoff bei *C. diphtheriae*, wenn auch erst in 10fach höherer Konzentration. Jedoch können diese beiden Substanzen in *l*-Asparaginsäure-Decarboxylase-freien Mikroorganismen nicht als Vorläufer des β-Alanins angesehen werden, da ihre Synthese kaum anders als aus den Bruchstücken *l*-Histidin bzw. *l*-Methylhistidin und β-Alanin(!) denkbar ist. Schließlich liegen in der Reaktion von C_3-Körpern der Glykolyse mit NH_3 noch verschiedene Bildungsmöglichkeiten des β-Alanins [Enders (87), Nielsen und Hartelius (274), (118)].

Für die *Synthese der Pantoylsäure-Komponente* der Pantothensäure nehmen Kuhn und Wieland (184) Valin als Muttersubstanz an, das

---

[1] Möglicherweise enthielten diese Stämme auch nur *so wenig l*-Asparaginsäure-Decarboxylase, daß sie sich der angewendeten Bestimmungsmethode entzog. Hierfür spricht, daß viele *Aerobacter*-Stämme Zuwachseffekte mit Pantothensäure zeigen [King u. Cheldelin (151 a)], manche Staphylokokken dieselbe sogar unbedingt benötigen [Möller, Weygand u. Wacker (261)], mithin das Synthesevermögen für Pantothensäure durch diese Bakterienarten nur gering sein dürfte. — Umgekehrt besteht übrigens völlige Klarheit: Alle *l*-Asparaginsäure-Decarboxylase-haltigen Bakterien (s. S. 176) hatten kein Wuchsstoffbedürfnis für Pantothensäure.

über Dimethylbrenztraubensäure[1] und Formyldimethylbrenztrauben-
säure in Pantoylsäure übergehen könnte. Nur der letzte Schritt (Abb. 6,
Schritt 4) ist biologisch verifiziert worden: gärende Hefe ist in der Lage,
diese Hydrierung auszuführen. Die KUHN-WIELANDsche Hypothese
gewann sehr an Wahrscheinlichkeit, als IVÁNOVICS (134) zeigen konnte,
daß die Pantothensäuresynthese von *Esch. coli* durch Caseinhydrolysat
auf das 8fache gesteigert wird. Weiterhin wird die spezifische Hemmung
durch *Salicylsäure*[2] bei *E. coli* nicht nur nicht-kompetitiv durch Pantothensäure oder höhere Konzentrationen Pantoylsäure aufgehoben,
woraus ersichtlich ist, daß die Synthese der Pantoylsäure gehemmt wird,
sondern auch durch verschiedene α-Aminosäuren, bes. Valin, Leucin,
Isoleucin und Lysin. Aus den 3 letzteren Aminosäuren könnten sich
analog dem KUHN-WIELANDschen Schema entsprechende Homologe
der Pantothensäure bilden, von denen auch bekannt ist, daß sie bei
gewissen Bakterien Pantothensäure mehr oder weniger gut ersetzen
(132), (434). Da Valin wahrscheinlich kompetitiv enthemmt, was man
aus den IVÁNOVICSschen Versuchen (135), (136), (137), (138), (139) nur
vermuten kann, dürfte die Valinsynthese nicht durch Salicylsäure gehemmt werden. Daß aber auch Schritt 4 für diese Hemmung nicht in
Frage kommt, zeigt die Enthemmbarkeit von Salicylsäure mit Pantonin $= \alpha$-Aminopantoylsäure, die nach ACKERMANN und SHIVE (2)
mit denselben Konzentrationen wie mit Pantoylsäure gelingt. Pantonin
kann zwar bei *Acetobacter suboxydans* (2) Pantoylsäure genau so wenig
ersetzen wie die entsprechende α-Aminopantothensäure die Pantothensäure bei *Streptobacterium plantarum* (432), aber es wird durch *E. coli*
leicht in Pantoylsäure umgewandelt (2) (Schritte 4a und 4). Da also
offenbar die Pantoylsäure der eigentliche Enthemmstoff ist[3], können
die zu dessen Bildung notwendigen Schritte nicht der Angriffspunkt
der Salicylsäurehemmung sein. Dies gilt sicher auch für Schritt 2, der
Schritt 4a analog ist (Ketosäure→Aminosäure). Als Angriffspunkt

---

[1] Dimethylbrenztraubensäure ist von HOCKENHULL, RAMACHANDRAN und
WALKER (124 a) kürzlich auch als Zwischenprodukt der Penicillinsynthese in
P. notatum erkannt worden (Vorstufe des Bausteins β-Oxyvalin). Es soll aus
Acetat gebildet werden. Die Säure ist übrigens schon 1935 durch den Japaner
GIDA [zitiert bei HOCKENHULL u. Mitarb. (124 a)] als normales Stoffwechsel-
produkt von *Aspergillus niger* aufgefunden worden.

[2] Eine ähnliche Wirkung besitzen *Mandelsäure* und *Phenylglyoxylsäure*
[PÉRAULT u. GREIB (297)], sowie *2-Chlor-4-aminobenzoesäure* [KING, STEARMAN
u. CHELDELIN (154)]. Die hemmende Wirkung nicht zu hoher Konzentrationen
der letzteren wird durch *p*-Aminobenzoesäure kompetitiv, durch Pantothensäure
nicht-kompetitiv aufgehoben [KING u. CHELDELIN (151 a)].

[3] Pantonin erscheint im WIELAND-KUHNschen Schema höchstens als *Neben-*,
nicht als Zwischenprodukt der Pantoylsäure-Synthese, für welch letzteres
ACKERMANN u. SHIVE (2) es halten. Sein natürliches Vorkommen [ACKERMANN
u. KIRBY (1)] dürfte nicht sicher erwiesen sein.

der Salicylsäurehemmung bliebe also nur Schritt 3 übrig, die Formy-
lierung der Dimethylbrenztraubensäure. Vielleicht wird diese durch
Formylfolinsäure ermöglicht, die nach SHIVE und Mitarb. *(104)* ein
Formylierungskatalysator bei der Synthese von Purinen sein soll.

Unter den von IVÁNOVICS *(134)* gefundenen Aminosäuren, welche die Salicylsäurehemmung aufzuheben vermögen, befinden sich auch solche, bei denen der
Aufbau nach dem KUHN-WIELANDschen Schema nicht zu aktiven Pantoylsäure-
Analogen führt. Da ihre Wirkung durch Methionin ganz erheblich verstärkt
wird, wäre zu erwägen, ob nicht auch ein anderer Weg der Pantoylsäuresynthese
möglich ist, bei dem Methionin die Einführung von Methylgruppen, vielleicht
in bestimmte Umwandlungsprodukte unverzweigter Aminosäuren besorgt
(*Transmethylierung*).

Die Vereinigung der beiden Komponenten (Schritt 5) gelingt nach
MÖLLER und WIELAND *(433)* mit einem Enzympräparat aus Hefe
(Rasse M). Dabei wirken $NH_4{}^+$-Ionen fördernd. Als Zwischenprodukt
wurde deshalb Pantoylsäureamid vermutet, das durch „Umamidierung"
mit β-Alanin Pantothensäure bilden könnte. Pantoylsäureamid erwies
sich jedoch als weniger aktiv als Pantolacton. KUHN und WIELAND *(184)*
nehmen an, daß die „Kupplung" auch schon bei früheren Teilschritten
einsetzen, daß also etwa Valylasparaginsäure die Muttersubstanz der
Pantothensäure sein könnte. Eine Hemmung der „Kupplung" müßte
theoretisch von 2 Seiten aus möglich sein, einmal durch Verdrängung
von β-Alanin, das andere Mal von Pantoylsäure. Die Wachstumshemmung von Hefe durch β-Aminobuttersäure, Taurin oder Serin *(272)*,
(273), *(275)*, *(276)*, *(117)*, und von Hefe und *Acetobacter suboxydans* durch
Propionsäure *(151)* läßt sich nur im Sinne einer β-Alaninverdrängung
erklären [1], denn bei den β-Alanin-benötigenden Hefen zeigt β-Alanin
kompetitive, Pantothensäure nicht-kompetitive Enthemmung. Beim
β-Alanin-synthetisierenden Acetobacter-Stamm wirken erst höhere Pro-
pionsäurekonzentrationen hemmend, und die enthemmenden β-Alanin-
Konzentrationen liegen ganz entsprechend höher. Für den zweiten Fall
ist mir bisher kein Beispiel bekannt geworden: die Hemmung durch
γ-Oxybuttersäure, die als Analogon der Pantoylsäure aufzufassen ist,
ist bei *Clostridium septicum* (Pantoylsäure-synthetisierende *und* -be-
nötigende Stämme) nicht sehr stark und deshalb wohl unspezifisch *(329)*
Für viele Pantothensäure-bedürftige *Neurospora*-Mutanten muß ebenfalls ein Mechanismus angenommen werden, der die Vereinigung der
beiden Komponenten behindert, und *keine* genetische Blockierung der
Synthese der Komponenten oder des „Kupplungs"-Enzyms, die sich
alle nach WAGNER *(423)*, *(424)* in ausreichender Konzentration in den
Extrakten solcher Mutanten nachweisen lassen. Da die oben genann-

---

[1] Siehe dagegen die Versuche mit Propionsäure an *E. coli*, *B. subtilis* und
Schimmelpilzen von WRIGHT und SKEGGS *(471)* und mit Taurin an *Cl. septicum*
von RYAN, SCHNEIDER und BALLENTINE *(329)*.

ten Hemmstoffe der „Kupplung" sämtlich normale Stoffwechselprodukte sind, ist es durchaus denkbar, daß der zu Pantothensäure-Bedarf führende Mutationsschritt eine Überproduktion solcher oder ähnlicher Substanzen auslöst.

Der *weitere Aufbau* der Pantothensäure zu Coenzym A schließlich (Schritt 6) kann nach NOVELLI und LIPMANN (*281*), (*282*) z. B. von *Lactobacillus arabinosus, Proteus morganii* und *Saccharomyces cerevisiae* ausgeführt werden. Bietet man Pantothensäure-bedürftigen Mikroorganismen einen Überschuß von Pantothensäure an, so wird diese vollständig zu Coenzym A umgewandelt und in dieser Form (?) gespeichert. Bei Pantothensäure-synthetisierenden Stämmen tritt jedoch keine Speicherung auf, sondern Ausscheidung der überproduzierten Menge in das Nährmedium, und zwar in Form von *freier* Pantothensäure. Nach COHEN, COHEN-BAZIRE und MINZ (*57*) kann Coenzym A durch *Clostridium saccharobutyricum* (GR$_4$), das Brenztraubensäure mit Hilfe dieses Coenzyms über Acetessigsäure (?) in Buttersäure umwandelt, aus Pantothensäure nur in Anwesenheit von Phosphat, Glucose und *Glutaminsäure* gebildet werden. Die letztere läßt sich durch keine andere Aminosäure ersetzen. Das kann dahin ausgelegt werden, daß Glutaminsäure ein integrierender Bestandteil von Coenzym A ist. Ein partieller Abbau des Coenzyms A gelingt mit *Leberextrakten* (*280*), wobei es in das sog. Pantothensäure-Conjugat übergeht, das schon CHELDELIN und Mitarb. (*152*), (*153*) aus Schweineherz isolieren konnten. und das wahrscheinlich nur noch Pantothensäure, Glutaminsäure und Phosphorsäure enthält. Ein weiteres enzymatisches Abbauprodukt ist vermutlich identisch mit der sog. alkali-stabilen Form der Pantothensäure von NEAL und STRONG (*270*). Obwohl das Conjugat keine Coenzym A-Aktivität mehr besitzt, ist es als Wuchsstoff, wie das Coenzym selbst z. B. bei *B. suboxydans*, mindestens 2 mal aktiver als Pantothensäure (auf gleiche Pantothensäuremengen umgerechnet), bei *L. arabinosus* und vielen anderen Milchsäurebakterien aber völlig inaktiv. Dagegen ist beim Wachstum von *L. arabinosus* die „alkalistabile Form" aktiver als Pantothensäure (*152*), (*153*), (*279*).

Coenzym A läßt sich durch Leberextrakt + Darmphophatase quantitativ zu Pantothensäure abbauen [s. z. B. LIPMANN (*214a*)]. Bei alleiniger Verwendung von Darmphophatase entsteht, wie SNELL und Mitarb. (*37a*) ganz kürzlich fanden, ein weiteres Pantothensäure-Derivat, das wahrscheinlich mit dem sog. *Lactobacillus bulgaricus*-Faktor von WILLIAMS, HOFF-JÖRGENSEN und SNELL (*446a*) identisch ist (s. Abb. 6)[1]. Dieser neue Wuchsstoff, der nur für einige Stämme von *L. bulgaricus* und *L. helveticus* notwendig ist, wird von vielen anderen Milchsäurebakterien, Hefen und Schimmelpilzen synthetisiert, vor allem von

---

[1] CHELDELINS Conjugat hat keine *L. bulgaricus*-Faktor-Aktivität (*37a*).

Ashbya gossypii NRRL-1056, die 3- bis 5 mal mehr als durchschnittlich Hefen erzeugt (*315a*). Aus letzteren wurde der Faktor in fast reinen Präparaten isoliert, die nach Verdauung mit Leberenzym den sehr hohen Pantothensäure-Gehalt von 65—75 % (mikrobiologisch) ergeben haben. Diese Ergebnisse und die bisher bekannten Tatsachen über CHELDELINs Faktor und die Konstitution von Coenzym A (s. S. 174) berechtigen dazu, im *L. bulgaricus*-Faktor ein Peptid der Pantothensäure mit Glutaminsäure (oder Cystein) zu erblicken. SNELL und Mitarb. (*37a*) sowie W. L. WILLIAMS (*241a*) zeigten des weiteren, daß Pantothensäure nicht nur *L. bulgaricus*-Faktor-sparende Wirkung besitzt, sondern daß sie (bzw. äquimolare Mengen Coenzym A) in sehr hohen Konzentrationen diesen Faktor ersetzen kann (bei bedürftigen *L. bulgaricus*- und *L. helveticus*-Stämmen). Somit dürfte also der *L. bulgaricus*-Faktor ein Zwischenprodukt der biologischen Coenzym A-Synthese aus Pantothensäure sein. Dagegen spricht nicht, daß er nur mittlere Pantothensäure-Aktivität für *L. casei*, schwache für *L. arabinosus*, gar keine für *Saccharomyces carlsbergensis* zeigt. Hieraus muß vielmehr geschlossen werden, daß in diesen Mikroorganismen nur wenig bzw. gar kein spaltendes Enzym vorkommt, und daß Pantothensäure nicht nur Vorstufe des *L. bulgaricus*-Faktors und des Coenzyms A ist, sondern noch andere Funktionen zu erfüllen hat.

Der Aufbau über die Pantothensäure-Stufe hinaus (Schritt 6) wird durch viele ihrer Analoga antagonistisch beeinflußt; sie wirken alle mehr oder weniger kompetitiv gegenüber dem Wuchsstoff. Interessant ist das Verhalten der *Oxypantothensäure* (*250*), die bei verschiedenen Milchsäurebakterien und Hefestämmen 1 bis 25 % der Wuchsstoffaktivität der Pantothensäure entfaltet, in höheren Konzentrationen aber „sich selbst" hemmt. — Das erste stark hemmende Analogon wurde in der *Sulfopantothensäure* = Pantoyltaurin fast gleichzeitig von SNELL (*372*), (*373*), KUHN, WIELAND und MÖLLER (*185*) und McILWAIN (*232*), (*233*) gefunden. In ihr ist β-Alanin durch sein Sulfonsäureanalogon, das natürlich vorkommende Taurin, ersetzt. Die Autoren erwarteten von ihr eine gute Hemmwirkung in Analogie zu dem damals gerade bekannt gewordenen Antagonismus zwischen Sulfonamiden und *p*-Aminobenzoesäure (*455*). (*259*). In Abb. 8a ist die Hemmung von *Streptobacterium plantarum* durch die beiden optischen Antipoden der Sulfosäure wiedergegeben. Man ersieht die besondere Spezifität dieser Hemmung daraus, daß nur derjenige optische Antipode nennenswert hemmt, der mit der optischen Konfiguration der natürlichen (+)-Pantothensäure übereinstimmt. Als Wuchsstoff hatte sich nämlich auch nur die (+)-Pantothensäure als aktiv erwiesen. Die Enthemmung ist über ein großes Konzentrationsgebiet streng kompetitiv, wie aus den Enthemmungskurven in Abb. 8b hervorgeht. Das konstante Verhältnis zwischen Sulfonsäure und Carbonsäure beträgt unter den vorliegenden Bedingungen etwa 2000:1 und wird als Bakteriostatischer Index bezeichnet [1]. Ganz kürzlich fanden KING und CHELDELIN (*151a*), daß Pantoyltaurin durch Pantothensäurekonjugat in nicht-kompetitiver Weise enthemmt wird, was darauf schließen läßt, daß das Konjugat in den Zellen aus Pantothensäure aufgebaut wird und entweder selbst ein Coferment oder die Vorstufe eines solchen (z. B. von Coenzym A) ist. — Von weiteren Analogen der Pantothensäure ist noch *Phenylpantothenon*

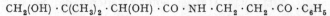

$$CH_2(OH) \cdot C(CH_3)_2 \cdot CH(OH) \cdot CO \cdot NH \cdot CH_2 \cdot CH_2 \cdot CO \cdot C_6H_5$$

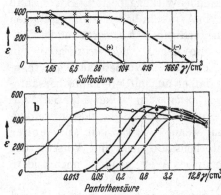

bemerkenswert, das ebenfalls in Anlehnung an einen *p*-Aminobenzoesäure-Antagonisten, und zwar das *p, p'*-Diaminobenzophenon von AUHAGEN (*5*), s. a. (*180*) durch WOLLEY und COLLYER (*462*) synthetisiert wurde. Es ist ein sehr wirksamer Antagonist der Pantothensäure und hemmt nicht nur Pantothensäure-bedürftige sondern auch viele Pantothensäure-synthetisierende Stämme (nicht jedoch *E. coli*). Der Befund, daß bei den letzteren eine Enthemmung mit Pantothensäure meist nicht gelingt, ist noch ungeklärt.

Abb. 8. Antagonismus zwischen Pantothensäure und Sulfopantothensäure bei *Streptobacterium plantarum* 10 S (nach R. KUHN, Th. WIELAND u. E. F. MÖLLER [1941] (*185*)).

a) Hemmung durch die beiden optischen Antipoden der Sulfosäure bei etwa optimaler Pantothensäure-Konzentration. b) Enthemmung steigender Konzentrationen der (+)-Sulfosaure durch Pantothensaure.

○ — — — ○　o γ (+)-Sulfosäure/cm³
● — — — ●　52 γ (+)-　,,　,,
△ — — — △　104 γ (+)-　,,　,,
× — — — ×　208 γ (+)-　,,　,,
+ — — — +　416 γ (+)-　,,　,,

Genau so wie der an der Pantothensäure beginnende Aufbau muß natürlich auch ihr *Abbau* durch Analoga hemmbar sein. Da aber die Verdrängung u. U. an einem anderen Fermentprotein erfolgt, kann die Wirksamkeit ein und desselben Analogons in beiden Fällen äußerst verschieden sein. In der Tat konnte McILWAIN (*234*), der die Beziehungen von Sulfopantothensäure zu Wachstum, Glykolyse, Pantothensäureaufbau und -abbau in einer Reihe umfangreicher Arbeiten besonders eingehend studiert hat, in der Sulfopantothensäure einen Hemmstoff finden, der den Pantothensäureabbau durch bestimmte Streptokokkenstämme schon bei einem Verhältnis Sulfonsäure/Carbonsäure = 10:1 um mindestens 80% hemmt. Der Abbau ist mit der Glykolyse gekoppelt, aber

---

[1] Man gibt ihn am besten als Quotienten der molaren Konzentrationen bei 50%iger Hemmung an.

nicht so eng, daß auch die Pantothensäure in diesen Stoffwechselvorgang eingreift. Über den Abbauweg ist bisher nichts bekannt geworden. Die Vereinigung des Coenzyms A mit seinem spezifischen Protein (Schritt 7) wird offenbar durch d-[2-(Pantoylamino)äthylsulfono]-4-nitroanilid gehemmt, daß sich nach COHEN und Mitarb. (56), (57) wie ein Analogon des Coenzyms A, nicht wie ein solches der Pantothensäure verhält. Denn die durch das Nitroanilid hervorgerufene Hemmung der Buttersäurebildung von *Clostridium saccharobutyricum* (GR 4) tritt noch in Anwesenheit physiologischer Coenzym-A-Konzentrationen auf. Da der Antagonist ein N-substituiertes Sulfosäureamid ist, glauben die Autoren, daß auch im Coenzym A eine amidartige Bindung vorliegt, und zwar zwischen der freien Carboxylgruppe der Pantothensäure und einem weiteren Baustein (Glutaminsäure?).

In der Tab. 5 (s. S. 184/85) sind die 6 bisher bekannt gewordenne Typen der Pantothensäure-Antagonisten, ihr charakteristisches mikrobiologisches Verhalten und die daraus gezogenen Schlüsse nochmals zusammengestellt.

VI. Biotin.

Biotin als Wuchsstoff (Bioskomponente) und Vitamin. Biotin-Analoga als Wuchs- und Hemmstoffe. Aufbau des Biotins aus Pimelinsäure und Cystein, des Desthiobiotins aus Pimelinsäure und α-Alanin; Hemmung einzelner Aufbaustufen durch Antagonisten. Wirkungsmechanismus des Avidins. Biotin als Bestandteil eines Coferments der WOOD-WERKMAN- und ähnlicher Reaktionen (Kohlenhydratstoffwechsel), verschiedener Aminosäuredesaminasen (Eiweißstoffwechsel) und sein Eingreifen in die Synthese der Ölsäure aus Acetat (Fettstoffwechsel).

Biotin stellt ein interessantes Beispiel dar für einen Wirkstoff, dessen biologische Bedeutung in ganz verschiedenen biologischen Testen gefunden wurde. Jahrelang blieb der Zusammenhang zwischen diesen verborgen, bis dann schlagartig mit der Entdeckung der Identität der „einzelnen" Faktoren eine ungeheure Bereicherung unserer Kenntnisse einsetzte. Eine ganz ähnliche Entwicklung nahm auch die Erforschung vieler erst in jüngster Zeit in den Mittelpunkt des Interesses gerückter Wirkstoffe, wie z. B. der Folinsäure und des Vitamins B_{12}.

BOAS (25) studierte schon 1927 eine Mangelkrankheit an Ratten, die durch eine an rohem Eiklar sehr reiche Diät entstand. Aber erst im Jahre 1940 wurde die Identität des Faktors, der diese Krankheit heilt (Vitamin H), mit Biotin durch GYÖRGY, MELVILLE, BURK und DU VIGNEAUD (111) bewiesen.

Ausgehend von den älteren Untersuchungen des LASH-MILLERschen Arbeitskreises [z. B. (194)] über die komplexe Natur des WILDIER-IDEschen Bios suchten KÖGL und TÖNNIS (164) den als Bios IIb bezeichneten, an Kohle adsorbierbaren Faktor anzureichern. Es gelang ihnen im Jahre 1935 mit Hilfe eines genau ausgearbeiteten Tests mit

Tabelle 5. Antagonisten der Pantothensäure.

Antagonisten	Hemmung	Enthemmung durch				Wirkungsmechanismus
		Pantothensäure	Pantolacton	β-Alanin	andere Substanzen	
d-(2-(Pantoylamino)-äthylsulfono)-4-nitroanilid	Cl. saccharobutyricum	—	—	—	+ kompetitiv Coenzym A	Hemmung der Vereinigung vom Coenzym A mit dem zugehörigen Apoenzym (durch Verdrängung von Coenzym A)
d-Sulfopantothensäure	nur bei Pantothensäure-bedürftigen (oder wenig synthetisierenden) Stämmen: Sbm. plantarum	+ kompetitiv	—	—	+ nicht-kompetitiv Pantothensäure-Konjugat	Hemmung des Aufbaus zu Coenzym A bzw. einer Vorstufe desselben (durch Verdrängung von Pantothensäure)
Phenylpantothenon	auch bei Pantothensäure-synthetisierenden Stämmen	+ kompetitiv (meist nur bei bedürftigen Stämmen)	—	—		
β-Aminobuttersäure (Propionsäure)	nur bei Stämmen, die β-Alanin-bedürftig sind (oder es wenig synthetisieren): Hefe (Acetob. suboxydans)	+ nicht-kompetitiv	—	+ kompetitiv		Hemmung der Synthese aus den Komponenten (durch Verdrängung von β-Alanin)

Salicylsäure	nur bei Stämmen, die Pantothensäure (Pantoylsäure) synthetisieren: Staphylokokken, B. coli, (Hefe)	+ nicht-kompetitiv	+ nicht-kompetitiv	—	+ kompetitiv (?) Valin, Lysin, Leucin, Isoleucin; anbes. in Kombination mit Methionin der Aminosäuren,	Hemmung der Synthese von Pantoylsäure
l-Cysteinsäure	nur bei Stämmen, die Pantothensäure (β-Alanin) synthetisieren: B. coli	+ nicht-kompetitiv	+ nicht-kompetitiv	+ nicht-kompetitiv	+ kompetitiv l-Asparaginsäure	Hemmung der Synthese von β-Alanin aus Asparaginsäure (durch Verdrängung von Asparaginsäure)

Hefe (Rasse M) eine krystallisierte Substanz aus chinesischem Enteneigelb zu gewinnen, deren Wirksamkeit im Bereich von 10^{-9} g/cm^3 lag und die sie nun *Biotin* nannten. Es ist der wichtigste Faktor des Bioskomplexes.

Etwa um dieselbe Zeit erkannten ALLISON, HOOVER und BURK (*4*) die Existenz einer hochaktiven Substanz — Coenzym R — die verschiedene Stämme der Knöllchenbakterien (*B. radicicola* = *Rhizobia*) zum Wachstum benötigen und die auch ihre Atmung steigert. Von *Azotobac·ter*-Stämmen wird sie jedoch reichlich synthetisiert (*3*). NILSON, BJÄLFVE und BURSTRÖM (*277*) sowie WEST und WILSON (*428*) zeigten dann 1939, daß sich Coenzym R quantitativ durch Biotin ersetzen läßt.

Die ersten Untersuchungen über das Biotinbedürfnis von *Schimmelpilzen* stammen von KÖGL und FRIES (*163*), solche über das von *Protozoen* von KIDDER und DEWEY (*150*). Danach sind noch bei zahlreichen weiteren Mikroorganismen Biotin-bedürftige Stämme gefunden worden, unter den *Bakterien* besonders bei Milchsäurebakterien, Brucellen, Clostridien, Streptokokken, weniger bei Staphylokokken, vereinzelt bei Proteus.

Die *Konstitution* des Biotins wurde von DU VIGNEAUD und Mitarb. (*416*) endgültig aufgeklärt (s. Formel). Bei den bis jetzt synthetisierten zahlreichen *Analogen* fällt besonders auf, daß sie nicht entweder Wuchsstoffe *oder* Antagonisten sind, gleichgültig welcher Mikroorganismus vorliegt, sondern daß ein Analogon für *einen* Stamm Wuchsstoff, für den *anderen* Hemmstoff sein kann. So hemmt z. B. *Biotinsulfon* (s. Formel) das Wachstum von *Lactobacillus casei*, *L. arabinosus*, *Staphylococcus aureus* und verschiedene Pneumokokken, während es bei *Saccharomyces cerevisiae* Biotin vertritt (*72*). Ein besonders interessanter Stoff ist das *Oxybiotin* (früher auch Heterobiotin genannt) (*127*), (*128*), (*8*), (*9*), (*178*), das bei Hefe in der doppelten, bei verschiedenen Milchsäurebakterien sogar in der gleichen Konzentration Biotin ersetzen kann; es wird aber durch Hefe, wie durch verschiedene Methoden exakt bewiesen wurde, nicht in Biotin übergeführt [s. dagegen (*327*)], muß also die Funktionen [1] des Biotins übernehmen können. Dies ist der erste Fall, daß eine

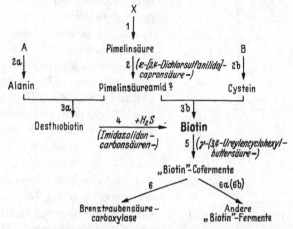

Abb. 9. Aufbau von Biotin und „Biotin"-Fermenten.

schwefelhaltige Verbindung nach Eliminierung des Schwefels noch ihre biologische Aktivität beibehält. Auch das *Desthiobiotin* (*70*) (s. Formel) ist bei Hefe als Wuchsstoff wirksam; es wird aber durch diese [2] quantitativ in Biotin übergeführt (*69*). Bei *L. casei* hemmt es, bei *L. pentosus* 124—2 verhält es sich indifferent [s. f. (*210*)].

Bisher sind *2* Wege des *Biotin-Aufbaus* in Mikroorganismen erkannt worden, die beide von der *Pimelinsäure* ausgehen (s. Abb. 9). Mit dieser

---

[1] Nach POTTER und ELVEHJEM (*305*) übernimmt Oxybiotin am wenigsten gut die Funktionen der Brenztraubensäurecarboxylase (s. S. 190), denn das Wachstum von *L. arabinosus in Abwesenheit von Asparaginsäure* erreicht mit Oxybiotin erst bei höheren p_H-Werten das mit Biotin erzielbare, wozu überdies mindestens 3mal mehr Oxybiotin als Biotin erforderlich ist. — Weitere Arbeiten über die Stoffwechselfunktion von Oxybiotin, sowie von Desthiobiotin, „Homobiotin" und „Norbiotin" siehe bei BELCHER und LICHSTEIN (*17a*), VILLELA und CURY (*419*) und WRIGHT (*468a*).

[2] Über die Umwandlung von Desthiobiotin in Biotin durch *andere* Hefen und Schimmelpilze s. LEONIAN und LILLY (*198*).

war bereits 1937 von MUELLER (264) ein aus Harn isolierter Wuchsstoff
für verschiedene Diphtherie-Stämme (Park 8, Allen) identifiziert worden. 1942 konnten DU VIGNEAUD und Mitarb. (417) beim Allen-Stamm
Pimelinsäure durch Biotin ersetzen, das sich (auf molarer Basis) nur bei
kleineren suboptimalen Konzentrationen wirksamer als Pimelinsäure
erwies. Die Synthese des Biotins aus Pimelinsäure läßt sich nicht nur
an Diphtherie-, sondern auch bei *Aspergillus niger*-Stämmen zeigen,
bei den letzteren besonders schön, da dieser Schimmelpilz weder Pimelinsäure noch Biotin zum Wachstum benötigt. EAKIN und EAKIN (76)
fanden, daß Zugabe von $2 \cdot 10^{-6}$ g Pimelinsäure/cm³ die Biotinsynthese
auf das mehr als 100fache erhöht. Bei beiden Mikroorganismen wird
diese noch durch *Cystein*, das als der 2. Biotinbaustein anzusehen ist,
gesteigert. — Bei der anderen Biotinsynthese wird der Schwefel erst
nachträglich eingebaut, sie geht also von schwefelfreien Bausteinen aus.
Die schwefelfreie Vorstufe erwies sich als Desthiobiotin, das sich nach
AUHAGEN (7) z. B. in *E. coli* anreichert. Eine solche Anreicherung ist
noch ausgesprochener in einer Mutante von *Penicillium chrysogenum*,
bei der Schritt 4 (Desthiobiotin → Biotin) genetisch blockiert ist (400).
Die Unterbindung dieser Reaktion ist auch durch einen Antagonisten
möglich, die 4-Imidazolidon(2)-capronsäure (s. untenstehende Formeln).

Konstitution von Biotin und von verschiedenen Biotin-Analogen.

4-Imidazolidon-(2)-
carbonsauren.

Desthiobiotin.

Biotin

Diaminothiophan-
carbonsaure.

Biotinsulfon.

(O-Heterobiotin)
Oxybiotin

γ-(3,4-Ureylen-
cyclohexyl)buttersäure

Denn das in Anwesenheit dieses Desthiobiotin-Analogons gehemmte
Wachstum von *E. coli* wird nach ROGERS und SHIVE (324), (71) durch

Desthiobiotin kompetitiv, durch Biotin nicht-kompetitiv enthemmt. Daß Pimelinsäure auch die Vorstufe von Desthiobiotin ist, folgt aus der weiteren Anhäufung dieser Substanz bei Zugabe von Pimelinsäure zu *Penicillium chrysogenum* (*400*). Der zweite Baustein müßte bei dieser Synthese *Alanin* an Stelle von Cystein sein. — In beiden Synthesen fehlt noch ein 3. Baustein, für den formal Ammoniak genügen würde. Es ist deshalb daran zu denken, daß dieser womöglich vorher eingebaut wird, und deshalb vielleicht Pimelinsäureamid als die direkte Vorstufe des Biotins bzw. Desthiobiotins anzusehen wäre (Schritte 3a, 3b). Ob die kürzlich von E. WORK (*467*) in Diphtherie-Bakterien entdeckte α, ε-Diaminopimelinsäure eine Vorstufe des Biotins ist, wurde noch nicht untersucht. Eine Hemmung der Biotinsynthese durch Verdrängung von Pimelinsäure mit verschiedenen ihrer Sulfonsäureanalogen und deren Amiden (Schritt 2, 3a, 3b) erscheint fraglich, da IVÁNOVICS und VARGHA (*140*) weder bei Pimelinsäure-bildenden noch -benötigenden Diphtherie-stämmen und auch nicht bei *E. coli*, Staphylokokken und Streptokokken Wachstumshemmung durch diese Substanzen beobachten konnten. Jedoch gelang ganz kürzlich WOOLLEY (*461*) eine Verdrängung der Pimelinsäure mit ε-[2,4-Dichlorsulfanilido]-capronsäure, die der Theorie entsprechend bei allen untersuchten Biotin-synthetisierenden Stämmen (*B. tenuis, Acetobacter suboxydans, Mycobacterium tuberculosis*) mit Ausnahme von *E. coli* Hemmung zeigt, Biotin-bedürftige Individuen jedoch unbeeinflußt läßt. Des weiteren ist die Enthemmung mit Pimelinsäre kompetitiv, mit Biotin nicht-kompetitiv (*B. tenuis*).

Es ist schon erwähnt worden, daß die Diät bei den Vitamin H-Testen eine auffallend große Menge rohes Eiklar enthält, was zu der Vermutung Anlaß gab, daß Biotin gar nicht in der Diät fehlt, sondern nur durch Bindung an Eiweiß inaktiviert ist. In der Tat konnten EAKIN, SNELL und WILLIAMS (*77*) einen mikrobiologischen Antagonisten des Biotins im Eiklar nachweisen. Diese Autoren, sowie WOOLLEY und LONGSWORTH (*465*) reicherten den Faktor aus Eiklar an und charakterisierten ihn als ein Albumin vom ungefähren Molekulargewicht 70 000. PENNINGTON, SNELL und EAKIN (*296*) gewannen ihn in krystallisierter Form und zeigten, daß er überdies noch eine Kohlenhydrat-Komponente enthält. *Avidin*[1], wie der Faktor genannt wurde, verbindet sich mit Biotin stöchiometrisch, im molaren Verhältnis 1:1, zu einem Proteid, das erst durch Erhitzen auf 100° unter Denaturierung der Eiweiß-komponente Biotin wieder abspalten kann. Avidin stellt also einen Antagonistentyp dar, den wir bisher noch nicht kennengelernt haben. —

---

[1] Kürzlich sind von FRAENKEL-CONRAT (*98a*) 2 verschiedene Avidine isoliert worden: das erste enthält eine Nucleinsäure-Komponente, das zweite ist völlig Nucleinsäure-frei. Mikrobiologisch verhalten sich beide quantitativ gleich.

Es hemmt nur solche Mikroorganismen, die Biotin zum Wachstum benötigen, wie *Saccharomyces cerevisiae* (*77*), *Clostridium butylicum* (*465*), *Lactobacillus casei*, *L. arabinosus* 17—5, *Streptococcus faecalis* R, verschiedene Staphylokokkenstämme, *Clostridium acetobutylicum* und einige Diphtherie- und Pneumokokken-Stämme (*189*), nicht solche, die es synthetisieren (*418*). Dies ist verständlich, denn zur Bindung von in der Zelle entstandenem Biotin müßte Avidin in diese eindringen, was bei seinem hohen Molekulargewicht unwahrscheinlich ist. Hiermit steht die Beobachtung von DU VIGNEAUD und Mitarb. (*417*), daß Diphtherie-Stämme nur in Gegenwart von Biotin, nicht von Pimelinsäure, durch Avidin gehemmt werden, in bestem Einklang: Aus Pimelinsäure muß sich erst in der Zelle Biotin bilden, und Pimelinsäure selbst hat keine Affinität zu Avidin. Es ist auch leicht einzusehen, daß der Antagonismus Avidin/Biotin dasselbe Bild ergeben muß wie der kompetitive Antagonismus bei der Konkurrenz von Wuchsstoff und Analogon um ein Fermentprotein: Bei Erhöhung der Avidin-Konzentration muß diejenige des Biotins um denselben Faktor erhöht werden, damit die Konzentration an freiem Biotin, die optimales Wachstum ermöglicht, nicht absinkt. Die Enthemmung von Avidin erfolgt nicht nur durch Analoga, die Biotin-aktiv sind, sondern nach DU VIGNEAUD und Mitarb. (*418*), s. a. (*472*) auch durch indifferente Analoga, bei denen der Harnstoffring intakt sein muß und die Seitenkette nicht zu sehr verändert sein darf (z. B. verschiedene Imidazolidoncarbonsäuren, s. Formel). Die Bindung an das Avidin dürfte sich also am Harnstoffring des Biotins vollziehen. Hier liegt wieder eine Verdrängungsreaktion vor, und die Ähnlichkeit mit dem schon bekannten kompetitiven Antagonismus ist noch größer: Der Wuchsstoff und ein inaktives Analogon konkurrieren um eine an sich indifferente Eiweißkomponente. — Avidin soll mit *Lysozym* und *Hyaluronidase* nahe verwandt sein [z. B. (*243*)].

Die ersten Hinweise, in welche Stoffwechselvorgänge Biotin eingreift, gehen auf die Untersuchungen von KOSER, WRIGHT und DORFMAN (*175*) zurück, die 1942 fanden, daß sich Biotin als Wuchsstoff für *Torula cremoris* teilweise durch Asparaginsäure ersetzen läßt, zum anderen auf die Beobachtungen von BURK und WINZLER (*42*), die annahmen, daß es an der CO_2-Fixierung beteiligt sein muß. STOKES, LARSEN und GUNNESS (*397*) wiesen dann auch bei vielen Milchsäurebakterien Ersetzbarkeit von Biotin durch Asparaginsäure nach, nicht aber durch andere Aminosäuren oder Wirkstoffe. Sie zeigten vor allem, daß in Gegenwart von Biotin Asparaginsäure synthetisiert wird. LARDY, POTTER und ELVEHJEM (*193*) konnten bei *L. arabinosus* Biotin außer durch Asparaginsäure auch durch Oxalessigsäure, nicht durch andere Säuren des Kohlenhydratstoffwechsels, ersetzen. Der Ersatz des Biotins durch diese Substanzen erwies sich aber nur in Gegenwart von CO_2 als möglich. Schließlich fanden Shive und Rogers (*364*), daß bei *L. arabinosus* der Bakteriostatische Index von γ-(3,4-Ureylencyclohexyl)-buttersäure (s. Formel), die ein kompetitiv wirkender Antagonist gegenüber Biotin ist, also die Bildung hypothetischer Biotin-Cofermente hemmen müßte (s. Abb. 9, Schritte 6 a u. 6 b), in Anwesenheit von Oxalessigsäure oder Asparaginsäure auf das 10fache erhöht ist. Dies kann so ausgelegt werden, daß die Bildung der beiden Säuren durch ein „Biotin-Coferment" katalysiert wird. Wenn man nämlich z. B. Oxalessigsäure zusetzt, müßte die Bildung dieses Coferments überflüssig werden. Der Antagonist würde jetzt nur noch auf die Bildung anderer „Biotincofermente" wirken, die allerdings schwerer zu hemmen sein müßte.

Eine Erhöhung des Bakteriostatischen Index ist vergleichbar einer wuchsstoffsparenden Wirkung. Nimmt der Bakteriostatische Index im Grenzfall den Wert ∞ an, d. h. hat der Hemmstoff überhaupt keine Wirkung mehr, dann geht der Effekt in den des nicht-kompetitiven Antagonismus über. Der Ersatzstoff übernimmt nicht nur einen Teil der enthemmenden Wirkung des Wuchsstoffs, sondern diese ganz, vergleichbar dem vollständigen Ersatz in hemmstofffreien Versuchen.

Damit war es sehr wahrscheinlich geworden, daß Biotin in die Wood-Werkman-Reaktion eingreifen muß, d. h. der Bestandteil eines Coferments der *Brenztraubensäure-Carboxylase* ist:

$$CO_2 + H_3C \cdot CO \cdot COOH \xrightarrow{B_1 + \text{Biotin}} HOOC \cdot CH_2 \cdot CO \cdot COOH \xrightarrow{B_6}$$
$$HOOC \cdot CH_2 \cdot CH(NH_2) \cdot COOH.$$

Lardy, Potter und Burris (*192*) krönten dann diese Untersuchungen durch Anwendung von Kohlensäure, die mit radioaktivem C^{14} markiert war: In Gegenwart von Asparaginsäure wurde keine, in Gegenwart von Biotin fast alle Radioaktivität in der aus den Zellen isolierten Asparaginsäure wiedergefunden. Ähnliche Untersuchungen mit „schwerem" C^{13} an *Micrococcus lysodeikticus* stammen von Wessman und Werkman (*427*). Damit war der endgültige Beweis für die Beteiligung des Biotins an der Wood-Werkman-Reaktion erbracht. Wahrscheinlich greift Biotin auch noch in eine ähnliche Carboxylierung ein, und zwar die Carboxylierung der α-Ketoglutarsäure:

$$\overset{\text{Biotin}}{HOOC \cdot CO \cdot CH_2 \cdot CH_2 \cdot COOH \rightleftarrows HOOC \cdot CO \cdot CH \cdot CH_2 \cdot COOH \cdot}$$
$$+ CO_2 \qquad\qquad\qquad\qquad COOH$$

α-Ketoglutarsäure $\qquad\qquad\qquad$ Oxalbernsteinsäure

die eine Teilreaktion des *Citronensäurecyclus* ist. Denn nach Shive und Rogers (*364*) wird bei *E. coli* die Konzentration des Desthiobiotin-Analogons 4-Imidazolidoncapronsäure, die zur Hemmung der Biotinsynthese erforderlich ist, durch α-Ketoglutarsäure (und die daraus leicht durch Umaminierung entstehende Glutaminsäure) auf das 3fache erhöht.— Die Vermutung von Burk und Winzler (*42*), daß der Mechanismus der CO_2-Fixierung durch ein „Biotincoferment" auf reversibler Abspaltung von CO_2 aus dem Harnstoffring des Biotins (s. Formel) beruht [1], wurde von MELVILLE, PIERCE und PARTRIDGE (242) nicht bestätigt: Biotin, dessen Harnstoff-C-Atom mit C^{14} markiert ist, verliert in CO_2-fixierenden Milchsäurebakterien seine Radioaktivität nicht und gibt auch keine an die mit seiner Hilfe synthetisierte Asparaginsäure ab. Biotin scheint in *E. coli* die umgekehrte WOOD-WERKMAN-Reaktion, die Decarboxylierung der Oxalessigsäure, zu katalysieren (207), (208) s. dagegen (303), in Form einer Bernsteinsäure-Codecarboxylase die Bildung der Propionsäure in Propionsäurebakterien zu bedingen (68) sowie in *E. coli* ein wesentlicher Faktor für die erste Stufe der Oxydation der Bernsteinsäure zu sein (2a).

V. R. WILLIAMS und FIEGER (442), (443), (444), (445) zeigten bei verschiedenen Milchsäurebakterien, SHULL, THOMA und PETERSON (365) bei *Clostridium sporogenes*, daß auch Lipoide, vor allem *Ölsäure*, Biotin, teilweise ersetzen können. Dabei kommt es zu keiner Biotinsynthese Das Wachstum von Milchsäurebakterien mit Ölsäure an Stelle von Biotin wird weiterhin erst durch sehr hohe Konzentrationen an Avidin gehemmt (36), (447). Biotin spielt also offenbar eine Rolle bei der *Synthese der Ölsäure*, die nach GUIRARD, SNELL und R. J. WILLIAMS (106) (bei Milchsäurebakterien) aus Acetat aufgebaut wird. Damit wäre es nicht ausgeschlossen, daß die Beteiligung des Biotins an der Ölsäure-Synthese letzten Endes auch auf die WOOD-WERKMAN- oder eine ähnliche Reaktion zurückgeht. Für die Ölsäurebildung ist etwa 10mal weniger Biotin notwendig als für die der Asparaginsäure, wie POTTER und ELVEHJEM (304) bei *Lactobacillus arabinosus* fanden, dessen Biotin-Bedürfnis (beim Wachstum) vollständig durch Ölsäure + Asparaginsäure gedeckt werden kann.

LICHSTEIN und UMBREIT (207), (208); s. a. (201), (203), (204), (205); s. dagegen (469) schreiben dem Biotin noch die Funktion einer *Codesaminase* bei verschiedenen Aminosäuren (Asparaginsäure, Serin, Threonin) zu. Doch wurde die Versuchstechnik von AXELROD, HOFMANN, PURVIS und MAYHALL (10) stark angegriffen [2]. — Die Asparaginsäure-

---

[1] Die Wuchsstoffwirkung der Diaminothiophancarbonsäure bei *Sacch. cerevisiae* 139 ist vom CO_2-Partialdruck abhängig.

[2] Es dürfte aber nunmehr gesichert sein, daß Biotin die *Vorstufe* der Codesaminasen ist. Der Ersatz dieser Cofermente durch Biotin + Adenylsäure ist bei verschiedenen Bakterien sehr unterschiedlich möglich und bei *E. coli* außerdem von den Züchtungsbedingungen abhängig [H. C. LICHSTEIN (202)]. Des weiteren läßt sich aus der Codesaminase nur durch sehr kräftige Hydrolyse (2-6n H_2SO_4) eine Biotin-aktive Substanz abspalten [CHRISTMAN und LICHSTEIN (54a)]. Andere Autoren haben im Hinblick auf die Säure-Empfindlichkeit des Biotins schonender hydrolysiert. — Ähnlich werden sich wohl u. a. die negativen Befunde (303) beim Ersatz der Oxalessigsäure-Codecarboxylase aus *Azotobacter vinelandii* durch Biotin erklären lassen.

Codesaminase aus *B. cadaveris* ist nach Lichstein, Christman und Boyd (*205*) nicht identisch mit dem *Biocytin*, einem Biotinkonjugat [1], das die vereinigten Arbeitskreise von Sharp und Dohme und von Merck und Co. (*470*) kürzlich aus Hefe in krystallisierter Form isolieren konnten (Einige mg aus 10 Tonnen Hefe!)

Als Wuchsstoff vermag übrigens Biocytin bei *Lactobacillus arabinosus, L. pentosus* und *Leuconostoc mesenteroides* P-60 Biotin nicht zu ersetzen, bei *L. casei, L. Delbrückii* LD 5, *L. acidophilus, Streptococcus faecalis* R, *Neurospora crassa* und *Saccharomyces carlsbergensis* ist es biotinaktiv (*470*), bei Hefen (*S. cerevisiae* 139 und Java) in kleineren Konzentrationen sogar wirksamer als eine äquivalente Menge Biotin (*205*).

VII. Nicotinsäure.

Nicotinsäure als Bestandteil der Codehydrasen, als Vitamin und als Wuchsstoff. Die Nicotinsäuresynthese in Neurosporamutanten (und anderen Mikroorganismen) aus Anthranilsäure über Indol, Tryptophan, Kynurenin und der weitere Aufbau zu den Codehydrasen. Verbindung der mikrobiologischen Nicotinsäuresynthese mit dem Tryptophanabbau in höheren Tieren (Kynurensäure, Xanthurensäure, Chinolinsäure) und der Gen-gesteuerten Bildung von Insektenfarbstoffen. Eingreifen von Hemm- und Wirkstoffen in die einzelnen Syntheseschritte. Der Tryptophancyclus. Andere Möglichkeiten des Nicotinsäure-Aufbaus. Strenge Kopplung von Abbau und Funktion der Nicotinsäure (Abnützung der Codehydrasen bei ihrer Wirkung). Hemmung des Abbaus.

Während bei allen bisher behandelten Wuchsstoffen zuerst die einfachen Verbindungen als biologisch wirksam erkannt wurden, und erst später ihre komplizierteren Derivate, war es bei der Nicotinsäure gerade umgekehrt. Durch Warburg und Mitarb. (*425*) wurde im Jahre 1935 gefunden, daß Nicotinsäure ein integrierender Bestandteil der beiden *Codehydrasen*: Cozymase (= Codehydrase I) und Codehydrase II, ist. Diese beiden Coenzyme, von denen die Cozymase schon seit 1906 durch Harden und Young (*116*) in ihrer Wirkung erkannt war, und später in zahlreichen Arbeiten der v. Eulerschen Schule studiert wurde, spielen eine fundamentale Rolle bei Atmung und Gärung: Sie fungieren zusammen mit den Gelben Fermenten als Wasserstoff-übertragende Katalysatoren bei vielen Hydrierungen und Dehydrierungen.

1936 fanden Lwoff und Lwoff (*217*), (*218*), daß sich der schon lange bekannte *V-Faktor*, ein Wuchsstoff für hämophile Bakterien, durch Codehydrase I oder II ersetzen läßt. Nun erst wurden die biologischen Eigenschaften der Nicotinsäure selbst erkannt: Knight (*158*), (*159*), (*160*) konnte einen Faktor seines Wuchsstoffkonzentrats für *Staphylococcus aureus* durch Nicotinsäure (oder besser ihr Amid) er-

---

[1] Über weitere gebundene Formen des Biotins (nieder- und hochmolekulare) vgl. György und Rose (*112*), Burk und Winzler (*42*), Bowden und Peterson (*33*) und Hofmann, Dickel und Axelrod (*126*).

setzen: MUELLER (265) isolierte einen Wuchsstoff für bestimmte Stämme von C. diphtheriae aus Harn und identifizierte ihn mit Nicotinsäure. Noch in demselben Jahre (1937) wurde auch die Vitamin-Natur der Nicotinsäure entdeckt: Sie ist nach ELVEHJEM und Mitarb. (84), (85) der „Antiblack-tongue"-Faktor bei Hunden, heilt die menschliche Pellagra und spielt auch bei anderen Mangelkrankheiten eine Rolle (86).

In der Folgezeit fand man viele Nicotinsäure-bedürftige Bakterien, z. B. verschiedene Proteus-Arten, zahlreiche Stämme der verschiedensten Milchsäurebakterien, einige von Propion- und Essigsäurebakterien, Streptokokken, Pneumokokken, Brucellen, Clostridien, Dysenteriebakterien, hämophilen Bakterien und einen einzelnen Stamm bei E. coli (398). Bei Hefen wurden zunächst keine Stämme bekannt, die auf Nicotinsäure ansprechen, bis KOSER und WRIGHT [1943] (174), s. a. (446) einen solchen bei Torula cremoris entdeckten. Ein Nicotinsäure-bedürftiger Schimmelpilz wurde erst ganz kürzlich von GEORG (102) in einem Stamm von Trichophyton equinum aufgefunden. Die meisten Hefen sind starke Nicotinsäurebildner (bis zu 0,1% der Trockensubstanz). Jedoch übertrifft B. tuberculosis bei weitem alle anderen Mikroorganismen in seiner Synthesefähigkeit für Nicotinsäure, da bestimmte Stämme nach BIRD (24) den Gehalt der Kultur (in 21 Tagen) von 0,07 auf $61 \cdot 10^{-6}$ g Nicotinsäure/cm³ steigern können, d. h. um das etwa 900fache.

Bei der Prüfung von Mikroorganismen auf Nicotinsäure-Bedürftigkeit muß beachtet werden, daß sich nach BOVARNICK (32) durch Erhitzen von Asparagin + Glutaminsäure kleine Mengen Nicotinsäureamid bilden. Sie sind immer noch größer, als für optimales Wachstum erforderlich ist (10^{-8} bis 10^{-6} g/cm³). Nährböden, die diese Bestandteile enthalten, müssen also entweder durch Filtration sterilisiert, oder es muß eine der beiden Aminosäuren getrennt hitzesterilisiert werden.

Ob die Natur auch einen so einfachen Weg der Nicotinsäure-Synthese, wie die eben genannte, beschreiten kann, ist bisher nicht bewiesen worden, aber durchaus nicht unwahrscheinlich. Jedenfalls nehmen ELLINGER und ABDEL-KADER (80), (82) Ornithin, Arginin oder Glutaminsäure als die wichtigsten Vorläufer der Nicotinsäure in B. coli und der Ratte an. Für die Synthese der Nicotinsäure aus Ornithin ist von WOPK und WORK (468) der umstehend dargestellte Mechanismus vorgeschlagen worden, bei dem B_2, Codehydrase, B_6 und Formylfolinsäure mitwirken könnten. Als direkte Vorstufe der Nicotinsäure ist das Guvacin = Tetrahydronicotinsäure angenommen, da es nach v. EULER, KARRER und Mitarb. (90) Nicotinsäure beim Wachstum von Staphyl. aureus und Proteus vulgaris bereits in wenig höherer Konzentration zu ersetzen vermag.

Exakt bewiesen wurde ein anderer, weit komplizierterer Weg, der von der Anthranilsäure ausgehend über Tryptophan in vielen einzelnen Schritten zur Nicotinsäure und darüber hinaus schließlich zu den Code-

Biologisch mögliche Synthese von Nicotinsäure aus Ornithin nach T. S. WORK und E. WORK [The Basis of Chemotherapy (1948) (*468*)].

$$
\begin{array}{ccccc}
CH_2NH_2 & & CH_2NH_2 & & CH_2NH_2 \\
| & & | & & | \\
CH_2 & & CH_2 & & CH_2 \\
| & (B_6 +\,?) & | & (B_2 +\,?) & | \\
CH_2 & \longrightarrow & CH_2 & \xrightarrow{(Codehydrase\,+\,?)} & CH_2 \longrightarrow \\
| & & \| & & | \\
CHNH_2 & & C = O & & CHOH \\
| & & | & & | \\
COOH & & COOH & & COOH \\
Ornithin & & & &
\end{array}
$$

$$
\begin{array}{ccc}
CH_2NH_2 & & \\
| & & \\
CH_2 & (Formylfolinsäure +\,?) & \\
| & \xrightarrow{\;+\,H_2CO,\;-\,H_2O\;} & \\
CH & & \\
\| & & \\
CH & & \\
| & & \\
COOH & & \\
\omega\text{-Amino-} & \text{Guvacin.} & \text{Nicotinsäure.} \\
\text{propyliden-} & & \\
\text{essigsaure} & &
\end{array}
$$

hydrasen führt (Abb. 10) So ist also eine Verknüpfung der Nicotinsäure-synthese mit dem *Auf-* und *Abbau* des Tryptophans vorhanden, welch letzterer in höheren Tieren unter Beteiligung von Vitamin B_6 die End-produkte Kynuren- und Xanthurensäure ergibt, die im Harn aus-geschieden werden. — Bis zur Nicotinsäure selbst (Schritt 1 bis 8 b) sind alle Schritte auf genetischem Wege, hauptsächlich mit Neurospora-Mutanten, verifiziert worden [BEADLE, BONNER, MITCHELL, TATUM und Mitarb. (*15*), s. spez. (*16*), (*28*), (*31*), (*121*), (*197*), (*248*), (*249*), (*286*), (*403*), (*404*), (*405*), (*476*), (*27*)]. Ist z. B. in einer Mutante das Schritt 6 steuernde Gen ausgefallen, so gibt sich das dadurch zu erkennen, daß die Mutante Kynurenin und alle seine Vorläufer bis zurück zur An-thranilsäure nicht mehr verwerten kann, also auf Oxykynurenin (oder natürlich auf alle dieser folgenden Verbindungen) als Wuchsstoff an-gewiesen ist. Außerdem könnte es zur Anhäufung von Kynurenin kommen, das ja nicht mehr weiter umgesetzt wird. Wie YANOFSKY und BONNER (*476*) ganz kürzlich nachwiesen, häuft sich zwar bei be-stimmten Mutanten von *Neurospora* nicht Kynurenin selbst an sondern α-N-Acetylkynurenin, das offenbar mit Hilfe von Coenzym A aus ersterem entsteht (Abb. 10, Schritt 6a). — Gleichzeitig führten die Untersuchungen von KÜHN und von BUTENANDT [z. B. (*49*), (*50*)] über die Gen-gesteuerte Pigmentbiidung aus Tryptophan bei Insekten (bes. *Drosophila melanogaster*) zu Teilschritten, die sich teilweise als identisch mit denen der mikrobiologischen Nicotinsäure-Synthese erwiesen. So kam es zu wechselseitigen Befruchtungen dieser beiden Arbeitsrich-tungen.

Nach neueren Untersuchungen von NYC, HASKINS und MITCHELL (*285*) mit *Neurospora*-Mutanten muß die Anthranilsäure aus einer

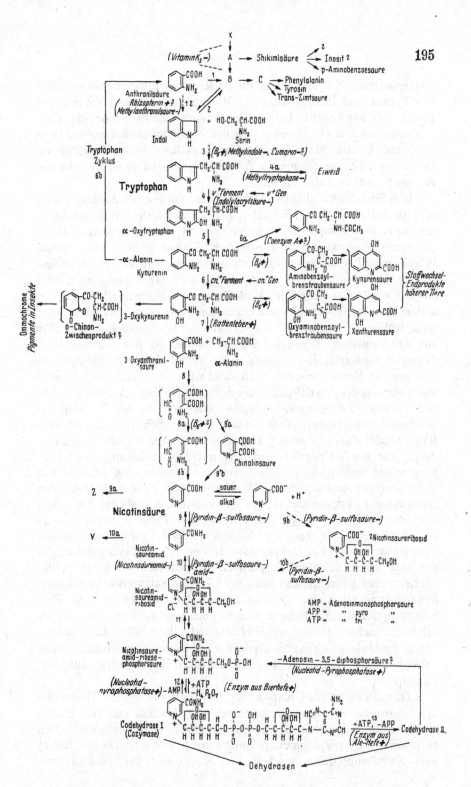

Abb. 10. Auf- und Abbau von Tryptophan, Nicotinsäure und Codehydrasen.

13*

Muttersubstanz X hervorgehen, die zugleich der gemeinsame Vorläufer von Tyrosin und Phenylalanin ist. Wie aus dem schönen Vortrag von DAVIS (64) hervorgeht, haben die Versuche dieses Autors an Coli-Mutanten auch noch die Synthese der p-Aminobenzoesäure auf jene noch unbekannte Muttersubstanz zurückführen können, wobei als Zwischenstufe Shikimi-Säure = Tetrahydrogallus-Säure (s. Abb. 10 und Formel S. 202) durchlaufen wird.

Nach SCHOPFER und BOSS (348) wird die Synthese der Anthranilsäure oder ihr Aufbau (Abb. 10, Schritt 1, 2) zu Indol durch 2-Methylnaphtho-chinon- (1,4) = Vitamin K_3 unterbunden, da das durch dieses Chinon gehemmte Wachstum von Phycomyces Blakesleeanus, Saccharomyces Willianus und Neurospora (Cholin⁻) in Anwesenheit von Nicotinsäure-(amid), Kynurenin, Tryptophan, Indol oder Anthranilsäure wieder möglich wird. Auf Grund der Konstitution des Hemmstoffs ist zu vermuten, daß die Synthese der Anthranilsäure, und zwar bereits bei einem recht frühen Schritt, etwa X → A oder A → B unterbrochen ist. Um aus Anthranilsäure den Indolring zu bilden, ist der Einbau einer C-Einheit notwendig, der möglicherweise wieder durch die katalytische Wirkung der Formylfolinsäure verursacht wird. An dieser Stelle könnte also (indirekt) der Angriffspunkt der Sulfonamide liegen, die nach SEVAG und GREEN (360) „oxydo-reduktive Schritte" in der Tryptophan-synthese durch Staphylococcus aureus hemmen. Schritt 1, 2 wird nach RYDON (330) durch 4- oder 5-Methylanthranilsäure betroffen, was eindeutig aus der Art der Enthemmung mit Anthranilsäure, Indol bzw. Tryptophan bei einem Anthranilsäure-synthetisierenden Stamm von E. typhosa hervorgeht, dessen Wachstum mit diesem Antagonisten gehemmt war. FILDES und RYDON (95) konnten in ähnlichen Versuchen auch die Schritte 3 (Tryptophanbildung aus Indol + Serin) und 4a (Tryptophan-Einbau bei der Eiweiß-Synthese) durch verschieden methylierte Indole bzw. Tryptophane stören. Ob Methylacrylsäure, in der man einen direkten Tryptophan-Antagonisten vermuten sollte, Schritt 3 oder 4 hemmt, also Indol oder Tryptophan verdrängt, ist noch nicht klar zu erkennen. Die von FILDES (93), (94) beobachtete Enthemmung durch Serin kann dies nicht entscheiden. Ganz unverständlich bleibt noch der Befund von UMBREIT und Mitarb. (409), daß Schritt 3 durch Pyridoxalphosphat katalysiert wird. Wenn eine Umaminierung vorliegen sollte, müßte er in mehr als zwei Einzelschritte aufgelöst werden.

ELLINGER und ABDEL-KADER (81), (83) beobachteten eine Hemmung der Nicotinsäuresynthese durch E. coli aus Ornithin mit verschieden methylierten Tryptophanen. Sie glauben aus ihren Versuchen schließen zu müssen, daß Tryptophan, jedenfalls bei E. coli (und bei der Ratte) kein Zwischenprodukt, sondern ein Katalysator der Nicotinsäure-

Synthese ist. Diese Annahme bekam für *Neurospora* erst Bedeutung, als Haskins und Mitchell (*119*) zeigen konnten, daß Tryptophan durch alle untersuchten Mutanten sehr rasch, hauptsächlich zu Anthranilsäure abgebaut wird [s. a. (*34*)]. Rein formal lag es natürlich nahe, in Analogie zur Oxyanthranilsäure-Bildung aus Oxykynurenin (Schritt 7) auch eine solche von Anthranilsäure aus Kynurenin anzunehmen. Dieser neue Schritt (6b) würde also einen Ring schließen, der von der Anthranilsäure über Indol, Tryptophan, α-Oxytryptophan und Kynurenin wieder zur Anthranilsäure zurückführt. Jedes Glied dieses Ringes, der als *Tryptophan-Cyclus* bezeichnet wird, müßte also als Katalysator der Nicotinsäure-Bildung wirken, so lange nicht ein Schritt innerhalb des Cyclus blockiert ist, und (in höherer Konzentration) Ersatzstoff der Nicotinsäure sein, selbst wenn Blockierung im Cyclus vorliegt. Während die Austrittsstelle am Cyclus eindeutig beim Kynurenin liegt, ist es wahrscheinlich, daß der Eintritt nicht bei der Anthranilsäure, die bisher als Ausgangssubstanz der Nicotinsäure angesehen wurde, sondern bei einer Substanz erfolgt, die zwischen Anthranilsäure und Indol eingeschoben werden muß. Dieses hypothetische Zwischenprodukt ist aus chemischen Gründen ohnedies anzunehmen. Der Tryptophan-Cyclus erlaubt verschiedene bis dahin nicht verständliche Befunde einzuordnen: z. B. die Enthemmung von Indolylacrylsäure beim Wachstum von *E. coli* durch Kynurenin, Indol, Anthranilsäure (*315*) oder Phenylalanin (*224*) und die Aufhebung der Hemmung, die das Wachstum dieses Bakteriums durch das dem Indol isostere Cumarin erleidet, durch *p*-Aminobenzoesäure oder *m*-Inosit (*314*).

Antagonistische Beeinflussungen der Schritte vom α-Oxytryptophan bis zur Nicotinsäure (5—8) scheinen bisher noch nicht studiert worden zu sein. Mit dem weiteren Aufbau von der Nicotinsäure bis zu den Codehydrasen (Schritte 9—12) hat man sich jedoch frühzeitig beschäftigt. So können die Mikroorganismen die Bildung des Nicotinsäureamids aus Nicotinsäure (Schritt 9) in verschiedenem Grade ausführen, was man leicht aus der Aktivität der beiden Substanzen als Wuchsstoffe

Tabelle 6. *Relativer Wuchsstoff-Effekt von Nicotinsäureamid und Nicotinsäure* [nach Koser und Mitarbeitern (*172*), ergänzt nach Koser und Kasai (*173*)].

Bakterien	Verhaltnis der Aktivitaten von Amid : Säure
Leuconostoc mesenteroides	0
C. diphtheriae	1 : 10
Proteus vulgaris	1 : 1
Staphylococcus aureus	5 : 1
Dysenterie-Bakterien	10 : 1
Verschiedene *Pasteurella*-Stämme	∞

ersehen kann. Tab. 6 zeigt, daß *Proteus vulgaris* Amid und Säure gleich gut verwertet, die Bildung des Amids also mindestens mit ausreichender Geschwindigkeit durchführt. Staphylokokken und Dysenterie-Bakterien bilden das Amid langsamer, und einige *Pasteurella*-Arten müssen diese Fähigkeit ganz verloren haben, da Nicotinsäure hier völlig inaktiv ist.

Bei diesen Versuchen muß beachtet werden, daß die Wirksamkeit der Nicotinsäure im Gegensatz zu ihrem Amid pH-abhängig ist. Roepke, Libby und Small (*323*) fanden bei *E. coli*-, Bonner und Beadle (*28*) bei *Neurospora*-Mutanten und Brueckner (*40*) bei *Staphylococcus aureus*, daß mit fallendem pH die zu optimalem Wachstum benötigte Nicotinsäurekonzentration kleiner wird, was bedeutet, daß nur die undissoziierte Säure aktiv, also das Ausgangsprodukt für die Amidierung ist.

Diese (Schritt 9) wird nach McIlwain (*231*) durch *Pyridin-β-sulfosäure* gehemmt. Denn Nicotinsäure-bedürftige Proteus- und Staphylokokkenstämme lassen sich durch die Sulfosäure im Wachstum hemmen, wobei steigende Nicotinsäurekonzentrationen kompetitiv enthemmen. Die Enthemmung mit Nicotinsäureamid dürfte nicht-kompetitiv sein, wenn auch ein hierbei auftretender sonderbarer Effekt die Interpretation erschwert. Die Sulfosäure zeigt sich nämlich nicht indifferent bei Nicotinsäureamid-bedingtem Wachstum, wie es theoretisch bei nicht-kompetitivem Antagonismus der Fall sein müßte, sondern ruft eine zusätzliche Wachstums*steigerung* hervor. Diese tritt auch bei Nicotinsäure-synthetisierenden Stämmen auf (*E.coli*), gleichgültig ob Nicotinsäureamid anwesend ist oder nicht. Läßt man schließlich letzteres auch bei den bedürftigen Stämmen weg, so ergibt die Sulfosäure noch zu einem gewissen Grade Wachstum, wenn auch dieses bei weitem nicht optimal wird. Die Sulfosäure kann also Nicotinsäure als Wuchsstoff teilweise ersetzen, wozu häufig außerordentlich hohe Konzentrationen erforderlich sind, wie von McIlwain (*231*) bei *Staphylococcus aureus* und *Proteus vulgaris*, von Lwoff und Querido (*219*) bei *Proteus* X 19 und von Möller und Birkofer (*256*) bei *Proteus vulg.* und *Sbm. plant.* festgestellt wurde. Zu einer völligen Umkehrung der Verhältnisse kommt es, wenn man nach Erlenmeyer und Mitarb. (*89*) zu den isosteren *Thiazol*-5-Analogen übergeht: Bei diesen erwies sich das Carbonsäureamid als Hemmstoff und die Sulfosäure als vollwertiger Wuchsstoff für die Nicotinsäure-bedürftigen Staphylokokken[1].

Ähnliche Erscheinungen sind auch bei anderen Sulfosäuren bekannt geworden. So führen nach Kuhn, Möller, Wendt und Beinert (*180*) sehr kleine Konzentrationen an Sulfonamiden, die unterhalb derjenigen liegen, die bei optimaler p-Aminobenzoesäure-Menge gerade hemmen, zu teilweisem Ersatz dieses Wuchsstoffs bei *Sbm. plantarum*. Gleiche Verhältnisse bestehen für Sulfopantothensäure bei *A. suboxydans* (*53*), für verschiedene Sulfosäure-Analoga des Oxybiotins und des Homooxybiotins bei *Saccharomyces cerevisiae* 139 und vor allem *Lactobacillus arabinosus* (*125*). Kleine Konzentrationen ε-(2,4-Dichlorsulfanilido)-capronsäure zeigen nach Woolley (*461*) schwache Biotinaktivität bei

---

[1] *6-Amino-nicotinsäure* und ihr Amid wirken nach Schmidt-Thomé (*336a*) bei Staphylokokken ebenfalls antagonistisch. Nicotinsäureamid enthemmt besser als Nicotinsäure.

B. tenuis und rufen — ähnlich der Pyridin-β-sulfosäure — in Anwesenheit von Biotin oder Pimelinsäure zusätzliche Wachstumssteigerung hervor. Bei *E. coli*, das von Sulfopantothensäure nicht gehemmt wird, bewirkt diese Enthemmung von Salicylsäure (*390*). Fördernde Wirkungen von Sulfonamiden auf das Wachstum von p-Aminobenzoesäure-synthetisierenden Bakterien in natürlichen Nährmedien sind z. B. von LEWIS und SNYDER (*200*) bei Milch- und Propionsäurebakterien, von MÖLLER (*255*) bei *Coli*-Stämmen und von LAMANNA (*187*) bei verschiedenen Bakterien und Hefen beobachtet worden. Ob die Sulfosäuren die natürlichen Wuchsstoffe wirklich ersetzen, d. h. ob sich aus ihnen aktive Cofermente, wenn auch sehr schwach wirksame, bilden können, ob eine Umwandlung von Sulfo- in Carbonsäure vorliegt, was chemisch sehr unwahrscheinlich ist, oder ob es endlich zu einer Umstellung des Stoffwechsels z. B. zu andersartiger Synthese der Cofermente kommt, sind hochinteressante Probleme, die noch der Aufklärung harren. (Die für Sulfopantothensäure genannten Fälle lassen sich vielleicht mit STANSLY und ALVERSON (*390*) durch eine Spaltung dieser Sulfosäure in Taurin und Pantoylsäure erklären, da hier schon die letztere als Wuchs- bzw. Enthemmstoff wirksam ist.)

Da Pyridin-β-sulfosäure in Gegenwart von Nicotinsäureamid keine Hemmung zeigt, wäre zu erwarten gewesen, daß auch in Anwesenheit von Cozymase keine Hemmung auftritt. Das durch Cozymase bedingte Wachstum von *Proteus vulgaris* wird aber nach MCILWAIN (*231*) noch stärker durch die Sulfosäure als das Nicotinsäure-bedingte gehemmt. Hierfür erscheint keine andere Erklärung möglich, als anzunehmen, daß über Nicotinsäureamid noch andere Wirkstoffe außer den bekannten Codehydrasen gebildet werden müssen (Y, Schritt 10a), und daß dazu ein Abbau der Cozymase nötig ist. Für wirksame Umwandlungsprodukte der Nicotin*säure* (Z, Schritt 9a) spricht auch das sonderbare Verhalten von Diphtherie-Bakterien, bei denen Nicotinsäure als Wuchsstoff 10mal wirksamer ist als ihr Amid, vor allem aber dasjenige einiger *Leuconostoc*-Stämme, bei denen überhaupt nur noch Nicotinsäure aktiv ist (s. Tab. 6). Allerdings könnten die beiden letzteren Fälle auch nach KOSER und KASAI (*173*) mit der Annahme erklärt werden, daß sich bei der Cozymase-Synthese durch diese Bakterien zuerst Ribosid- und dann Amidbildung vollziehen (Schritt 9b und 10b). Es gibt aber Leuconostoc-Stämme, bei denen auch die beiden Codehydrasen Nicotinsäure als Wuchsstoff nicht ersetzen können. Will man die Existenz wirksamer Nicotin*säure*-Derivate wiederum ausschließen, so wäre noch an das mögliche Vorkommen einer dritten Codehydrase zu denken, wobei zusätzlich anzunehmen ist, daß letztere durch die betreffenden Leuconostoc-Stämme nicht aus den Codehydrasen I und II gebildet werden dürfte. — Auf jeden Fall ist also das Vorhandensein eines weiteren Coferments gesichert; ob dasselbe aber Nicotinsäure oder ihr Amid als Baustein enthält, bedarf noch der Klärung [1].

---

[1] Ganz kürzlich wurden von CHAUDHURI und KODICEK in Weizenkleie Conjugate gefunden, die sich von der Nicotin*säure* ableiten (Nicotinsäurepeptide).

Pyridin-β-sulfonamid müßte die Ribosidbildung aus Nicotinsäureamid hemmen (Schritt 10). McIlwain (*231*) fand in Pyridin-β-sulfonamid auch einen kompetitiven Antagonisten des Nicotinsäureamids. Bei Nicotinsäure-bedingtem Wachstum ist die Hemmung aber geringer, was wiederum für die Möglichkeit des Umweges über Schritt 9b und 10b spricht. Leider ist die Enthemmung mit Nicotinsäureamidribosid, die nicht-kompetitiv sein müßte, noch nicht untersucht worden. — Wie schwierig die Verhältnisse auf dem Gebiete der Nicotinsäure(amid)-Antagonisten liegen, ist in einer Arbeit von Möller und Birkofer (*257*) diskutiert worden; diese Autoren fanden, daß die oben beschriebenen Antagonismen noch von solchen, bei denen Schwermetalle mitwirken, überlagert werden können.

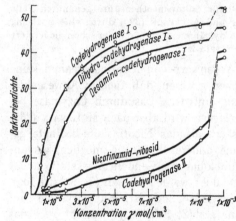

Abb. 11. Wirkung von Codehydrasen und ihren Abbauprodukten auf das Wachstum von *Haemophilus parainfluenzae* [nach GINGRICH u. SCHLENK [1944] (*103*)].

Der Übergang von Nicotinsäureamidribosid in Cozymase (Schritt 11 und 12) wird von vielen hämophilen Bakterien noch ausgeführt, da Schlenk und Gingrich (*335*), (*103*) fanden, daß bereits höhere molare Konzentrationen des Ribosids Cozymase beim Wachstum zu ersetzen vermögen. Der von den Autoren benutzte Stamm kann, wie aus Abb. 11 hervorgeht, Codehydrase II schlecht verwerten, im Gegensatz zu den früher von Lwoff und Lwoff (*217*), (*218*) untersuchten Stämmen, bei denen die beiden Codehydrasen gleichwertig waren. Vielleicht ist die Cozymase für *Haemophilus parainfluenzae* wichtiger als die Codehydrase II, und die Dephosphorylierung der letzteren (Schritt 13 in umgekehrter Richtung) verläuft bei diesem Stamm mit zu geringer Geschwindigkeit. Möglicherweise liegt aber auch hier ein gegenseitiger kompetitiver Antagonismus vor, wie er von McIlwain und Rodnight (*238*) beim Abbau der beiden Coenzyme im Zentralnervensystem gefunden wurde.

Offenbar erfolgt bei der Cozymasebildung aus dem Ribosid zunächst Phosphorylierung (Schritt 11), denn Kornberg (*167*), (*168*) reicherte z. B. aus Bierhefe ein Enzym an, das Nicotinsäureamidribosephosphorsäure mit Adenosintriphosphorsäure zu Cozymase und *anorganischer Pyrophosphorsäure* (reversibel) umsetzt (Schritt 12). Diesen neuen, sehr bemerkenswerten Reaktionstyp haben wir bereits bei der Bildung von Flavinadenindinucleotid angetroffen (s. S. 162). Auf ganz

ähnliche Weise vollzieht sich auch die Bildung der Codehydrase II
(*169*) (Schritt 13):

Cozymase + Adenosintriphosphorsäure $\xrightarrow{\text{Enzym aus Ale-Hefe}}$
Codehydrase II + *Adenosinpyrophosphorsäure.*

Ab- und Aufbau der Codehydrasen in Mikroorganismen sind in den
letzten Jahren, besonders von der quantitativen Seite, eingehend durch
McILWAIN und Mitarb. studiert worden. Schon die beiden LWOFFS
(*217*), (*218*) hatten in feinsinnigen Untersuchungen gefunden, daß ihr
Abbau mit ihrer Funktion gekoppelt sein muß, und deshalb von einer ,,Ab-
nutzung" der Codehydrasen während ihrer Wirkung gesprochen. Nach
McILWAIN und HUGHES (*237*) ist der Abbau von Cozymase durch
Staphylokokken, *E. coli, Proteus morganii* und *H. parainfluenzae* etwa
20mal rascher als ihr Aufbau, so daß diese Bakterien in etwa 4 Stdn.
ihren eigenen Cozymasegehalt völlig verbrauchen. Bei Milchsäurebakterien
ist der Abbau viel geringer (Halbwertszeit etwa 3 Tage und größer) und
ist deshalb hier weiter untersucht worden (*235*), (*237*), (*239*). *L. arabinosus,* der Nicotinsäure als Wuchsstoff benötigt, nimmt sie während des
Wachstums innerhalb eines Tages vollständig auf und führt sie zu 90%
in Cozymase über. Ist das Medium dann Substrat(Glucose)-frei, so
erfolgt in etwa 6 Tagen wieder langsame Abgabe an dasselbe, wohl
in Form des Ribosids oder der Ribosephosphorsäure, wobei der Ge-
samtnicotinsäure-Gehalt der Kultur immer gleich bleibt. Enthält
das Medium aber Glucose, so wird innerhalb und außerhalb der
Zelle der Gesamtnicotinsäuregehalt kleiner. Um 1 Mol Milchsäure zu
bilden, werden etwa $2\,\mu$ Mole Nicotinsäure verbraucht. Dieses Verhältnis ist konstant, unabhängig vom p_H und vor allem von der Reaktionsgeschwindigkeit, was eindeutig die Kopplung von Abbau und
Funktion der Nicotinsäure beweist. Der Abbau beider Codehydrasen
wird, wie erstmals MANN und QUASTEL (*223*) in tierischen Zellen beobachteten, durch Nicotinsäureamid blockiert. McILWAIN (*236*) fand im
5(4)-3'-Pyridylimidazol einen 10mal stärkeren Hemmstoff. Nach KORN-
BERG (*171*) wird die Nucleosidase, die eine Spaltung der Bindung zwischen Ribose und Nicotinsäureamid in den Codehydrasen hervorruft,
also auch Schritt 10, durch diese Substanzen spezifisch gehemmt. Auf
Grund der Abbau-Hemmung durch Nicotinsäureamid erkannte CAS-
MAN (*52*) dessen Cozymase-sparende Wirkung beim Wachstum von
Haemophilus influenzae.

Ein andersartiger Abbau der Codehydrasen erfolgt durch die
Dinucleotidpyrophosphatase von KORNBERG (*166*), (*170*), die zur Abspaltung von Nicotinsäureamidribosephosphorsäure führt. Bei Cozymase ist das zweite Spaltstück Adenosin-5-phosphorsäure, bei Codehydrase II wahrscheinlich Adenosin-3,5-phosphorsäure, jedenfalls nicht

Adenosinpyrophosphorsäure. Der Kornbergsche Dinucleotid-Cyclus (s. Abb. 3) ist in der gleichen Art wie beim Flavinadenin-Dinucleotid (s. S. 162) auch für Cozymase anzunehmen. Dabei kommt es nicht nur zu einer Kopplung zwischen Funktion und Abbau, sondern sogar zu einer solchen zwischen Funktion, Abbau, Aufbau und Pyrophosphatanreicherung.

VIII. m-Inosit.

m-Inosit als Vitamin und Wuchsstoff (Bioskomponente). Probleme der Beteiligung von m-Inosit an Stoffwechselvorgängen: Coferment der α-Amylase? Möglichkeit eines Antagonismus zwischen m-Inosit und Hexachlorcyclohexanen bzw. Streptomycin. Shikimi-Säure als mögliche Vorstufe des m-Inosits bei Mikroorganismen.

Obwohl *meso*-Inosit = *meso*-Hexaoxycyclohexan (s. Formel) der erste Wuchsstoff war, der isoliert wurde, ist seine *Vitamin*wirkung bei Mäusen (Anti-Alopecie-Faktor) erst 13 Jahre später (1941) von Woolley (*457*) entdeckt worden. Er ist außer bei *Hefen* noch bei einigen *Schimmel-*

Konstitution von Inosit und verwandten Verbindungen.

Inosit.　　　　　Gammexal.　　　　　Streptidin.　　　　　Shikimisäure.

pilzen Wuchsstoff (*48*), (*163*), (*343*), (*344*), (*350*). Während bei allen in der Natur vorkommenden Stämmen bisher nur mehr oder weniger starke Zuwachseffekte beobachtet wurden, hat Beadle (*12*), s. a. (*353*) eine *Neurospora*-Mutante isoliert, die m-Inosit unbedingt zum Wachstum benötigt. Diese Mutante ist also heute der Stamm der Wahl für mikrobiologische m-Inosit-Bestimmungen. m-Inosit-benötigende *Bakterien* sind noch nicht aufgefunden worden. Da aber m-Inosit nach Woolley (*458*) in Bakterien vorkommt, dürfte an seiner Bedeutung auch für den Stoffwechsel der Bakterien nicht gezweifelt werden.

Bis jetzt ist aber kein Stoffwechselvorgang mit Sicherheit erkannt worden, in den dieser Wuchsstoff eingreift. Zwar vermuteten R. J. Williams, Schlenk und Eppright (*441*) auf Grund mikrobiologischer Bestimmungen in hochgereinigten Amylase-Präparaten im m-Inosit die Wirkgruppe dieses Ferments, und Lane und Williams (*190*) bekräftigten diese Annahme, da sie reinste α-(nicht β-)Amylase durch das Kontaktinsekticid *Gammexan* = γ-Hexa*chlor*cyclohexan (s. Formel) hemmen und diese Hemmung durch m-Inosit wieder aufheben konnten.

FISCHER und BERNFELD (*97*) vermochten dagegen weder *m*-Inosit in *krystallisierter* α-Amylase aus Schweine-Pankreas oder Menschenspeichel nachzuweisen, noch auf diese einen Einfluß von Gammexan oder *m*-Inosit festzustellen. Nach KIRKWOOD und PHILLIPS (*155*) hemmen Hexachlorcyclohexane das Wachstum der *m*-Inosit-bedürftigen Gebr. Mayer-Hefe, aber nur die Hemmung durch das γ-Isomere, das auch am wirksamsten ist, wird durch *m*-Inosit aufgehoben. Ein *m*-Inosit-synthetisierender Hefestamm war entsprechend schwerer zu hemmen. Ganz ähnliche Ergebnisse erzielten BUSTON, JACOBS und GOLDSTEIN (*47*) bei *Nematospora gossypii*, die ebenfalls *m*-Inosit benötigt. Von SCHOPFER und Mitarb. (*347*), (*352*) wurde zwar gefunden, daß nur das *m*-Inosit-bedürftige *Eremothecium Ashbyii* von Gammexan gehemmt wird, während *m*-Inosit-nicht-bedürftige Schimmelpilze und Hefen resistent sind, aber eine Enthemmung mit *m*-Inosit war nicht eindeutig zu zeigen. Andere Autoren (*101*), (*306*), (*319*), (*320*), (*401*)[1], die allerdings nur *m*-Inosit-nicht-benötigende Bakterien untersuchten, konnten ebenfalls keinen Antagonismus feststellen, auch nicht für das bei diesen meist stärker hemmende δ-Isomere (*319*), (*320*). Nachdem v. VLOTEN, KRUISSINK, STRIJK und BIJVOET (*422*) Gammexan und *m*-Inosit auf Grund von WEISSENBERG-Diagrammen eindeutig von verschiedener sterischer Struktur fanden, im Gegensatz zu den früheren Angaben von SLADE (*370*), dürfte es wohl unwahrscheinlich sein, daß die beiden Substanzen in einem antagonistischen Verhältnis zueinander stehen. Vielleicht erklären sich die Ergebnisse der verschiedenen Autoren durch die Annahme, daß die verwendeten Gammexan-Präparate teilweise mit einem tatsächlich antagonistisch wirkenden Isomeren verunreinigt waren. Schließlich sind antagonistische Beziehungen zwischen *m*-Inosit und *Streptomycin* anzunehmen, da einer von dessen Bausteinen, das *Streptidin* (*186*), ein Cyclohexanderivat ist, das eindeutig *meso*-Struktur besitzt (s. Formel). Allerdings konnten PAINE jr. und LIPMANN [(*292*), s. a. (*289*)] im Gegensatz zu RHYMER und Mitarb. (*318*) keine Enthemmung durch verschiedene *m*-Inosithaltige Liposide bei *E. coli* beobachten, dessen Wachstum mit Streptomycin gehemmt war.

Daß aber tatsächlich Beziehungen zwischen *m*-Inosit und Streptomycin bestehen müssen, ergibt sich aus den höchst interessanten Befunden, daß bei der Züchtung Streptomycin-resistenter Bakterien häufig gleichzeitig Streptomycin (= Inosit ?)-*Bedürftigkeit* auftritt [s. z. B. (*141*), (*211*), (*244*), (*245*), (*477*)], und daß verschiedene Hefen (*Torula utilis, Hansenula anomala*) Streptomycin-*empfindlich* werden, wenn sie durch Adaptation die Fähigkeit zur Verwertung von *m*-Inosit an Stelle

---

[1] Weitere Literatur, bes. von CHAIX und Mitarb. s. bei FISCHER und BERNFELD (*97*).

von Glucose gewonnen haben (216). Die Streptomycin-Hemmung solcher adaptierter Hefen (und auch anderer, in der Natur vorkommender Streptomycin-empfindlicher Mikroorganismen) läßt sich durch Hexosen kaum, durch Hexosen + Fumarsäure mäßig, durch phosphorylierte Hexosen jedoch leicht aufheben. Es wäre also nicht abwegig, im Streptomycin einen Hemmstoff bei der Bildung phosphorylierter Hexosen zu vermuten [vgl. a. (334)]. Welche Rolle aber der m-Inosit dabei spielt, läßt sich aus den vorliegenden Versuchsergebnissen noch nicht übersehen.

Vielleicht darf man in der schon erwähnten Shikimi-Säure (s. Formel) eine Vorstufe des m-Inosits annehmen, obwohl Davis (64) bisher keine Anhaltspunkte dafür gefunden hat.

IX. Schlußwort.

Die mikrobiologische Stoffwechselanalyse bei den hier behandelten Wuchsstoffen zeigt deutlich, wie ein Stoffwechselvorgang in den anderen eingreift. Besonders reizvoll erscheint z. B., daß bestimmte Wuchsstoffe für die Synthese anderer notwendig sind. In noch größerem Maße bestehen solche Verflechtungen zwischen der Folinsäure (p-Aminobenzoesäure), dem Vitamin B_{12} und den Nucleinsäuren (Purinen, Pyrimidinen). Obwohl bereits ein überwältigendes Material über diese Stoffe vorliegt, sind viele Probleme noch nicht genügend geklärt, und die Forschung ist gerade hier noch in so lebhaftem Fluß, daß eine Besprechung im Augenblick noch nicht angezeigt erscheint und einem späteren Zeitpunkt vorbehalten bleiben soll.

X. Zusammenfassung.

Nach kurzer Besprechung der Geschichte der Wuchsstoff-Forschung wird an den Wuchsstoffen Aneurin, Lactoflavin, Adermin, Pantothensäure, Biotin, Nicotinsäure und m-Inosit gezeigt, wie die mikrobiologische Stoffwechsel-Analyse das Eingreifen der Wuchsstoffe als Bestandteile von Cofermenten in den intermediären Stoffwechsel und den Auf- und Abbau der Wuchsstoffe selbst aufklären kann. Hemmstoffe (Antagonisten) und Ersatzstoffe der Wuchsstoffe haben sich als Schlüssel erwiesen, die ein Eindringen bis in feinste Stoffwechselvorgänge gestatten. Dabei ist es gleichzeitig möglich geworden, den Mechanismus, auf Grund dessen die Antagonisten das Wachstum hemmen, zu erforschen. Die Wirkungsweise einiger Antiseptica, Chemotherapeutica und Anti-Biotica ist so festgelegt oder dem Verständnis näher gebracht worden.

Literatur.

1. ACKERMANN, W. W., and H. KIRBY: Evidence for the natural occurrence of α-amino-β,β-dimethyl-γ-hydrooxybutyric acid (pantonine). J. biol. Chem. **175**, 483 (1948).

2. —, and W. SHIVE: α-Amino-β,β-dimethyl-γ-hydroxybutyric acid precursor of pantoic acid. J. biol. Chem. **175**, 867 (1948).

2a. AJL, S. J., W. R. HART and C. H. WERKMAN: Biotin in succinic acid oxidation. Enzymologia (Den Haag) **14**, 1 (1950).

3. ALLISON, F. E., and S. R. HOOVER: An accessory factor for the root nodule bacteria of leguminoses. J. Bacteriol. **27**, 561 (1934).

4. — —, and D. BURK: A respiration coenzyme. Science (New York) **78**, 217 (1933).

5. AUHAGEN, E.: p-Aminophenylketone als Antagonisten der p-Aminobenzoesäure. Hoppe-Seyler's Z. physiol. Chem. **274**, 48 (1942).

7. — Über ein durch B. coli gebildetes Probiotin. Naturwiss. **33**, 221 (1946).

8. AXELROD, A. E., J. DE WOODY and K. HOFMANN: The differential effect of biotin sulfone and γ-(3,4-ureylencyclohexyl)-butyric acid on the microbiological activity of biotin and oxybiotin. J. biol. Chem. **163**, 771 (1946).

9. —, B. C. FLINN and K. HOFMANN: The metabolism of oxybiotin in yeast. J. biol. Chem. **169**, 195 (1947).

10. —, K. HOFMANN, S. E. PURVIS and M. MAYHALL: Action of biotin. J. biol. Chem **175**, 991 (1948).

11. BARRON. F. S. G., and C. M. LYMAN: Studies on biological oxidations XI. The metabolism of pyruvic acid by animal tissues and bacteria. J. biol. Chem. **127**, 143 (1939).

12. BEADLE, G. W.: An inositol-less mutant strain of Neurospora and its use in bioassays. J. biol. Chem. **156**, 683 (1944).

13. — Biochemical genetics. Chem. Reviews **37**, 15 (1945).

14. — Genetics and metabolism in Neurospora. Physiologic. Rev. **25**, 643 (1945).

15. — Physiological aspects of genetics. Annu. Rev. Biochem. **17**, 727 (1948).

15a. — Some recent developments in chemical genetics. Fortschr. Chem. org. Naturst. **5**, 20 (1948).

16. — H. K. MITCHELL and J. F. NYC: Kynurenine as an intermediate in the formation of nicotinic acid from tryptophan by Neurospora. Proc. nat. Acad. Sci. USA **33**, 155 (1947).

17. BEILER, J. M., and G. J. MARTIN: Inhibition of the action of tyrosine decarboxylase by phosphorylated desoxypyridoxine. J. biol. Chem. **169**, 345 (1947).

17a. BELCHER, M. R., and H. C. LICHSTEIN: Growth promotion and antibiotin effect of homobiotin and norbiotin. J. Bacteriol. **58**, 579 (1949).

18. BELLAMY, W. D., and I. C. GUNSALUS: Tyrosine decarboxylase II. Pyridoxine-deficient medium for apoenzyme production. J. Bacteriol. **50**, 95 (1945).

19. —, W. W. UMBREIT and I. C. GUNSALUS: The function of pyridoxine: conversion of members of the vitamin B_6-group into codecarboxylase. J. biol. Chem. **160**, 461 (1945).

20. BENDER, A. E., and H. A. KREBS: Amino-acid oxidase of Neurospora crassa. Biochem. J. **45**, XXI (1949).

21. BENHAM, R. W.: Cultural characteristics of Pityrosporum ovale — a lipophylic fungus. Nutrient and growth requirements. Proc. Soc. exp. Biol. Med. **46**, 176 (1941).

22. BILLEN, D., and H. C. LICHSTEIN: Studies on the aspartic acid decarboxylase of Rhizobium trifolii. J. Bacteriol. **58**, 215 (1949).

23. BIRCH, T. W., P. GYÖRGYI and L. J. HARRIS: The vitamin B_2-complex. Differentiation of the anti-black tongue and the P-P-factors from lactoflavin and vitamin B_6 (so called 'rat pellagra' factor). Biochem. J. **29**, 2830 (1935).

24. BIRD, O. D.: Vitamin content of tubercle bacilli. Nature (London) **159**, 33 (1947).

24 a. BLASCHKO, H.: Substrate specifity of amino acid decarboxylases. Biochem. Biophys. Acta **4**, 130 (1950).

25. BOAS, F.: The effect of desiccation upon the nutritive properties of egg white. Biochem. J. **21**, 712 (1927).

26. BOHONOS, N., B. L. HUTCHINGS and W. H. PETERSON: Pyridoxine nutrition of lactic acid bacteria. J. Bacteriol. **44**, 479 (1942).

27. BONNER, D.: Identification of a natural precursor of nicotinic acid. Proc. nat. Acad. Sci. USA **34**, 5 (1948).

28. —, and G. W. BEADLE: Mutant strains of Neurospora requiring nicotinamide or related compounds for growth. Arch. Biochem. **11**, 319 (1946).

29. BONNER, J., and E. R. BUCHMAN: Synthesis carried out in vivo by isolated pea roots. Proc. nat. Acad. Sci. USA. **24**, 431 (1938).

30. — — The synthesis and destruction of vitamin B_1 by Phycomyces. Proc. nat. Acad. Sci. USA **25**, 164 (1939).

31. BONNER, D. M., and C. YANOFSKY: Quinolinic acid accumulation in the conversion of 3-hydroxyanthranilic acid to niacin in Neurospora. Proc. nat. Acad. Sci. USA **35**, 576 (1949).

32. BOVARNICK, M. R.: Formation of a nicotinamide-like substance from various amino acids and related compounds. J. biol. Chem. **151**, 467 (1943).

33. BOWDEN, J. P., and W. H. PETERSON: Release of free and bound forms of biotin from proteins. J. biol. Chem. **178**, 533 (1949).

34. BRAUNSTEIN, A. JE., und JE. W. GORJATSCHENKOWA (T. Ss. PASSCHINA): Die enzymatische Bildung von Alanin aus l-Kynurenin und l-Tryptophan, sowie die Rolle des Vitamins B_6 bei diesem Prozeß. Biochimia **14**, 163 (1949) — Chem. Zbl. **1950** I, 884.

35. BREUSCH, F. L.: Verbrennung der Fettsäuren im tierischen Organismus. Angew. Chem. **62**, 66 (1950).

36. BROQUIST, H. P., and E. E. SNELL: The interaction of avidin and oleic acid. J. biol. Chem. **173**, 435 (1948).

37. — — Studies of the mechanisms of histidine synthesis in lactic acid bacteria. J. biol. Chem. **180**, 59 (1949). — Federation Proc. **8**, 188 (1949).

37 a. G. M. BROWN, J. A. CRAIG and E. E. SNELL: Relation of the *Lactobacillus bulgaricus*-factor to pantothenic acid and coenzyme A. Arch. Biochem. **27**, 473 (1950).

38. BÜLBRING, E., L. M. LOURIE and U. PARDOE: The presence of acetylcholine in Trypanosoma rhodesiense and its absence from Plasmodium gallinaceum. J. Pharmacol. **4**, 290 (1949).

39. BÜNNING, E.: Wachstum und N-Assimilation bei Aspergillus niger unter dem Einfluß von Wachstumsregulatoren und von Vitamin B_1. Ber. dtsch. bot. Ges. **52**, 423 (1934).

40. BRUECKNER, A. H.: Sulfonamide activity as influenced by variation in pH of culture media. Yale J. Biol. Med. **15**, 813 (1943).

41. BURGEFF, H.: Pflanzliche Avitaminose und ihre Behebung durch Vitaminzufuhr. Ber. dtsch. bot. Ges. **52**, 385 (1934).

42. BURK, D., and R. G. WINZLER: Heat-labile avidin-uncombinable species-specific and other vitamers of biotin. Science (New York) 97, 57 (1943).

43. BURKHOLDER, P. R.: Influence of some environmental factors upon the production of riboflavin by a yeast. Arch. Biochem. 3, 121 (1943).

44. — Synthesis of riboflavin by a yeast. Proc. nat. Acad. Sci. USA 29, 166 (1943).

45. —, and I. McVEIGH: Growth of Phycomyces Blakesleeanus in relation to various environmental conditions. Amer. J. Bot. 27, 634 (1940).

46. — — Synthesis of vitamins by intestinal bacteria. Proc. nat. Acad. Sci. USA 28, 285 (1942).

47. BUSTON, H. W., S. E. JACOBS and A. GOLDSTEIN: Cause of physiological activity of gammexane. Nature (London) 158, 22 (1946).

48. —, and S. KASINATHAN: The accessory factor necessary for the growth of Nematospora gossypii III. The preparation of concentrates of the second accessory factor. Biochem. J. 27, 1859 (1933).

49. BUTENANDT, A.: Über die Bildung der Insekten-Ommochrome. Forsch. u. Fortschr. 21/23, 54 (1947).

50. —, W. WEIDEL und H. SCHLOSSBERGER: 3-Oxykynurenin als cn+-Gen-ab-hängiges Glied des intermediären Tryptophanstoffwechsels. Z. Natur-forsch. 4 b, 242 (1949).

51. CAMIEN, M. N., and M. S. DUNN: The utilization of d-methionine by Lacto-bacillus arabinosus 17—5. J. biol. Chem. 182, 119 (1950).

52. Casman, E. P.: The inactivation of the V-factor by erythrocytes and the V-sparing property of nicotinamide. J. Bacteriol. 53, 561 (1947).

52 a. CHAUDHURI, D. K. and E. KODICEK: Purification of a precursor of nico-tinic acid from wheat bran. Nature (London) 165, 1022 (1950).

52 b. CHELDELIN, V. H., M. J. BENNET and H. A. KORNBERG: Modifications in the Lactobacillus fermenti 36 assay for thiamin. J. biol. Chem. 166, 799 (1946).

53. —, and C. A. SCHINK: Pantothenic acid studies I. Growth effect of panto-thenic acids analogs. J. Amer. chem. Soc. 69, 2625 (1947).

54. CHEVALIER, P.: Une torula productive de flavine. Bull. Soc. Chim. biol. 23, 421 (1941).

54 a. CHRISTMAN, J. F., and H. C. LICHSTEIN: The relationship of biotin to the coenzyme of certain amino acid deaminases. J. Bacteriol. 60, 107 (1950).

55. COHEN, A.: The synthesis of compounds related to pyridoxine (vitamin B$_6$). Festschr. EMIL BARELL 1946, 71.

56. COHEN, G. N.: Nature et mode de formation des acides volatiles trouvés dans les cultures de bactéries anaérobies strictes. Ann. Inst. Pasteur 77, 471 (1949).

57. —, G. COHEN-BAZIRE et B. MINZ: Synthèse biologique du coenzyme de la diastase acétylante (coenzyme A) à partir de pantothénate et de glut-amate par les suspensions lavées de Clostridium saccharobutyricum. C. R. hebd. Séances Acad. Sci. 229, 260 (1949).

58. COULTHARD, C. E., R. MICHAELIS, W. F. SHORT, G. SYKES, G. E. H. SKRIM-SHIRE, A. F. B. STANDFAST, J. H. BIRKINSHAW and H. RAISTRICK: Notatin, an antibacterial glucose-aerodehydrogenase from Penicillium notatum Westling and P. resticulosum spec. nov. Biochem. J. 39, 24 (1945).

59. CURD, F. H. S., M. I. DAVIS, E. C. OWEN, F. L. ROSE and G. A. P. TUCY: Synthetic antimalarials VI. Some 4-arylamino-2-aminoalkylamino-6-methylpyrimidines. J. chem. Soc. (London) 1946, 370.

60. CURD, F. H. S., C. G. RAISON, and F. L. ROSE: Synthetic antimalarials V. 2-Naphthylamino-4-aminoalkylamino-6-methylpyrimidines. J. chem. Soc. (London) **1946**, 366.

61. —, and F. L. ROSE: Synthetic antimalarials IV. 2-Phenylguanidino-4-aminoalkylamino-6-methylpyrimidines. J. chem. Soc. (London) **1946**, 362.

62. DAMMANN, E., O. Z. ROTINI und F. F. NORD: Enzymatische Umsetzungen durch Fusarium gramminearum (Schwabe) (Giberella Saubinettii), zugleich Beitrag zur Wirkungsweise der Blausäure und des Vitamins B_1 Biochem. Z. **297**, 184 (1938).

63. DAVID, W. E., and H. C. LICHSTEIN: Aspartic acid decarboxylase in bacteria. Proc. Soc. exp. Biol. Med. **73**, 216 (1950).

64. DAVIS, B. D.: Studies on nutrionally deficient bacterial mutants isolated by means of penicillin. Experientia **6**, 41 (1950).

65. DAVIS, J. G., and J. GOLDING: The question of the identity of a bacterial growth promoting factor with vitamin B_1. Biochem. J. **24**, 1503 (1930).

66. —, and A. T. R. MATTICK: J. Dairy Res. **1**, 50 (1929).

67. — — J. Dairy Res. **2**, 136 (1930).

68. DELWICHE, E. A.: Biotin function in succinic acid decarboxylation by Propionibacterium pentosaceum. J. Bacteriol. **59**, 439 (1950).

69. DITTMER, K., D. B. MELVILLE and V. DU VIGNEAUD: The possible synthesis of biotin from desthiobiotin by yeast and the anti-biotin effect of desthiobiotin for Lactobacillus casei. Science (New York) **99**, 203 (1944).

70. —, and V. DU VIGNEAUD: Antibiotins. Science (New York) **100**, 129 (1944).

71. — — Antibiotin activity of imidazilidone aliphatic acids. J. biol. Chem. **169**, 63 (1947).

72. — —, P. GYÖRGY and C. S. ROSE: A study of biotin sulfone. Arch. Biochem. **4**, 229 (1944).

73. DORFMAN, A., S. BERKMAN and ST. A. KOSER: Pantothenic acid in the metabolism of Proteus morganii. J. biol. Chem. **144**, 393 (1942).

74. DORNOW, A., und W. SCHACHT: Über eine Darstellung des Heterovitamins B_1. Chem. Ber. **82**, 117 (1949).

75. DOUDOROFF, M.: Lactoflavin and bacterial luminiscence. Enzymologia (Den Haag) **5**, 239 (1938).

76. EAKIN, R. E., and E. A. EAKIN: A biosynthesis of biotin. Science (New York) **96**, 187 (1942).

77. —, E. E. SNELL and R. J. WILLIAMS: The concentration and assay of avidin, the injury producing protein in raw egg white. J. biol. Chem. **140**, 535 (1941).

78. —, and R. J. WILLIAMS: Vitamin B_6 as a yeast nutrilite. J. Amer. chem. Soc. **61**, 1932 (1939).

79. EASTCOTT, E. V.: Wildier's Bios. The isolation and identification of "Bios I". J. physic. Chem. **32**, 1094 (1923).

80. ELLINGER, P., and M. M. ABDEL KADER: Die Bildung von Nicotinsäureamid durch B. coli. Biochem. J. **42**, IX (1948). — Chem. Zbl. **1948** II, 1309.

81. — — Role of tryptophan in the biosynthesis of nicotinamide. Nature (London) **163**, 799 (1949).

82. — — The nicotinamide-saving action of tryptophan and the biosynthesis of nicotinamide by the intestinal flora of the rat. Biochem. J. **44**, 285 (1949).

83. — — Nicotinamide biosynthesis by intestinal bacteria as influenced by methyltryptophanes. Biochem. J. **44**, 507 (1949).

84. ELVEHJEM, C. A., R. J.MADDEN, F. M. STRONG and D. W. WOOLLEY: Relation of nicotinic acid and nicotinic acid amide to canine black tongue. J. Amer. chem. Soc. **59**, 1767 (1937).

85. — — — — The isolation and identification of the anti-black tongue factor. J. biol. Chem. **123**, 137 (1938).

86. —, and L. J. TEPLY: The structure and estimation of natural products functionally related to nicotinic acid. Chem. Rev. **33**, 185 (1943).

87. ENDERS, D.: Eine neue Bildungsweise von β-Alanin. Naturwiss. **31**, 209 (1943).

88. EPPRIGHT, M. A., and R. J. WILLIAMS: Effect of certain limiting conditions on the synthesis of B-vitamins by yeast. J. gen. Physiol. **30**, 61 (1946).

89. ERLENMEYER, H., H. BLOCH und H. KIEFER: Über die Wirkung einiger Pyridin- und Thiazolderivate auf das Wachstum von Staphylococcus aureus. Helv. chim. Acta **25**, 1066 (1942).

90. v. EULER, H., B. HÖGBERG, P. KARRER, H. SALOMON und H. RUCKSTUHL: Tetrahydronicotinsäure und Hexahydronicotinsäure als Wachstumsfaktoren bei Staphylococcus aureus und Proteus vulgaris. Helv. Chim. Acta **27**, 382 (1944).

91. —, und F. PHILIPSON: Wasserlösliche Wachstumsfaktoren. Biochem. Z. **245**, 418 (1932).

92. EUSEBI, A. J., and L. R. CERECEDO: Anti-thiamine effect of oxythiamine and Neo-pyrithiamine. Science (New York) **110**, 162 (1949).

93. FILDES, P.: Inhibition of bacterial growth by indole acrylic acid and its relation to tryptophan; illustration of inhibitory action of substances chemically related to essential metabolites. Brit. J. exp. Pathol. **22**, 293 (1941).

94. — The biosynthesis of tryptophan by Bacterium typhosum. Brit. J. exp. Pathol. **26**, 416 (1945).

95. —, and H. N. RYDON: Inhibition of growth of Bacterium typhosum by methyl derivatives of indole and tryptophan. Brit. J. exp. Pathol. **28**, 211 (1947).

96. FINK, H., und F. JUST: Über den Vitamin B_1-Gehalt verschiedener Hefen und seine Beeinflussung. I.—VII. Mitt. Biochem. Z. **308**, 15 (1941); **309**, 1, 212, 219 (1941); **311**, 61, 285 (1942); **313**, 39 (1942).

97. FISCHER, E. H., und P. BERNFELD: Die Abwesenheit von Inosit in α-Amylase. Helv. chim. Acta **32**, 1146 (1949).

97 a. FITZGERALD, E. E., and E. B. HUGHES: Microbiological assay of aneurine; an improved employing Lactobacillus fermenti 36. Analyst **74**, 340 (1949).

98. FOSTER, J. W.: Microbiological effects of riboflavin I. Introduction, II. Bacterial oxidation of riboflavin to lumichrome. III. Oxidation studies with Pseudomonas riboflavina. J. Bacteriol. **47**, 27 (1944); **48**, 97 (1944).

98 a. FRAENKEL-CONRAT, H. L., W. H. WARD, N. S. SNELL and E. D. DUCAY: The nucleic acid of avidin. J. Amer. chem. Sec. **72**, 3826 (1950).

99. FRIES, N.: Adermin (Vitamin B_6) als Wachstumsfaktor für Ophiostoma ulmi (Buisman) Nannf. Naturwiss. **30**, 685 (1942).

100. — Vitamin B_1, Vitamin B_6 and biotin as growth substances for some ascomycetes. Nature (London) **152**, 105 (1943).

101. FROMAGEOT, C., et M. CONFINO: Hexachlorcyclohexène et méso-inosite. Biochim. Bicphys. Acta **2**, 142 (1948).

102. GEORG, L. K.: Conversion of tryptophan to nicotinic acid by Trichophyton equinum. Proc. Soc. exp. Biol. Med. **72**, 653 (1949).

103. GINGRICH, W., and F. SCHLENK: Codehydrogenase I and other pyridinium compounds as V-factor for Hemophilus influenzae and H. parainfluenzae. J. Bacteriol. **47**, 535 (1944).

104. GORDON, M., J. M. RAVEL, R. E. EAKIN and W. SHIVE: Formylfolic acid, a functional derivative of folic acid. J. Amer. chem. Soc. **70**, 878 (1948).

105. GUILLIERMOND, A., M. FONTAINE et A. RAFFY: Sur l'existence dans l'Eremothecium Ashbyii d'un pigment jaune, se rapportant au groupe des flavines. C. R. hebd. Séances Acad. Sci. **201**, 1077 (1935).

106. GUIRARD, B. M., E. E. SNELL and R. J. WILLIAMS: The nutritional role of acetate for lactic acid bacteria I. The response to substances, related to acetate. II. Fractionation of extracts of natural minerals. Arch. Biochem. **9**, 361, 381 (1946).

107. GUNSALUS, I. C., W. D. BELLAMY and W. W. UMBREIT: A phosphorylated derivative of pyridoxal as the coenzyme of tyrosine decarboxylase. J. biol. Chem. **155**, 685 (1944).

108. —, and W. W. UMBREIT: Codecarboxylase *not* the 3-phosphate of pyridoxale. J. biol. Chem. **170**, 415 (1947).

109. GYÖRGY, P.: Vitamin B_2 and the Pellagra-like dermatitis in rats. Nature (London) **133**, 498 (1934).

110. — Crystalline Vitamin B_6. J. Amer. chem. Soc. **60**, 983 (1938).

111. —, D. B. MELVILLE, D. BURK and V. DU VIGNEAUD: The possible identity of Vitamin H with biotin and coenzyme R. Science (New York) **91**, 243 (1940).

112. —, and C. S. ROSE: Distribution of biotin and avidin in hen egg. Proc. Soc. exp. Bicl. Med. **49**, 294 (1942).

113. HAAS, E.: Effects of atabrine and quinine on isolated respiratory enzymes. J. biol. Chem. **155**, 321 (1944).

114. —, B. L. HORECKER and T. R. HOGNESS: The enzymatic reduction of cytochrome. Cytochrome reductase. J. biol. Chem. **136**, 747 (1940).

115. HARRISON, K.: Isolation of acetylcholine as a salt (hexylate) of hexanitrodiphenylamine. J. gen. Microbiclogy **1**, 296 (1947).

116. HARDEN, A., and W. J. YOUNG: The coferment of yeast juice. Proc. Roy. Soc. (London) Ser. B **77**, 405 (1906); **78**, 369 (1906).

117. HARTELIUS, V.: Hemmung der Wirkung von β-Alanin auf die Atmung der Hefe durch β-Aminobuttersäuren. Naturwiss. **31**, 440 (1943).

118. —, und N. NIELSEN: Bildung von Hefewuchsstoff durch Erwärmung von Zucker mit Ammoniumhydroxyd. Biochem. Z. **307**, 333 (1941).

119. HASKINS, F. A., and H. K. MITCHELL: Evidence for a tryptophan cycle in Neurospora. Proc. nat. Acad. Sci. USA **35**, 500 (1949).

120. HELLERMANN, L., A. LINDSAY and M. R. BOVARNICK: Flavoenzym-catalysis-inhibition of *d*-amino acid-oxidase by competition with flavin-adenine-dinucleotide of atabrine, quinine and certain other compounds. J. biol. Chem. **163**, 553 (1946).

121. HENDERSON, L. N.: Quinolinic acid metabolism II. Replacement of nicotinic acid for the growth of the rat and Neurospora. J. biol. Chem. **181**, 677 (1949).

122. HEYNS, K.: Die Bedeutung der Transaminierung im Stoffwechsel. Angew. Chem. **61**, 474 (1949).

123. HILLS, G. M.: Aneurin (Vitamin B_1) and pyruvate metabolism by Staphylococcus aureus. Biochem. J. **32**, 383 (1938).

124. — Experiments on the function of pantothenate in bacterial metabolism. Biochem. J. **37**, 418 (1943).

124 a. HOCKENHULL, D. J. D., K. RAMACHANDRAN and T. K. WALKER: The bio-synthesis of penicillins. Arch. Biochem. **23**, 161 (1949).
125. HOFMANN, K., A. BRIDGEWATER and A. E. AXELROD: Furan and tetra-hydrofuran derivatives X. The synthesis of the sulfonic acids analogs of oxybiotin and homooxybiotin. J. Amer. chem. Soc. **71**, 1253 (1949).
126. —, D. F. DICKEL, and A. E. AXELROD: The preliminary characterisation of two biotin containing fractions in beef liver. J. biol. Chem. **183**, 481 (1950).
127. —, and P. WINNICK: The determination of oxybiotin in the presence of biotin. J. biol. Chem. **160**, 449 (1945).
128. — —, and A. E. AXELROD: The use of Raney Nickel in a differential assay for oxybiotin and biotin. J. biol. Chem. **169**, 191 (1947).
129. HOLDEN, J. T., C. FURMAN and E. E. SNELL: The vitamin B_6-group XVI. d-Alanin and the vitamin B_6 content of microorganisms. J. biol. Chem. **178**, 789 (1949).
130. —, and E. E. SNELL: The vitamin B_6-group XVII. The relation of d-alanin and vitamin B_6 to growth of lactic acid bacteria. J. biol. Chem. **178**, 799 (1949).
130a. HOOD, D. W., and C. M. LYMAN: The utilization of alloisoleucine by Lactobacillus arabinosus. J. biol. Chem. **186**, 195 (1950).
131. HULL, R., B. J. LOVELL, H. T. OPENSHAW, L. C. PAYMAN and A. R. TODD: Synthetic antimalarials III. Some derivatives of mono- and dialkyl-pyrimidines. J. chem. Soc. (London) **1946**, 357.
132. HUTCHINGS, B. L., und D. W. WOOLLEY: Growth of some hemolytic strepto-cocci on an chemically defined medium. Science (New York) **90**, 41 (1939).
133. IVÁNOVICS, G.: Der antiseptische Wirkungsmechanismus verschiedener Benzolderivate mit besonderer Rücksicht auf die Salicylat-Wirkung. Z. Immunitätsforsch. exp. Therap. **102**, 238 (1942).
134. — Das Salicylat-Ion, als spezifischer Hemmungsstoff der Biosynthese der Pantothensäure. Hoppe Seyler's Z. physiol. Chem. **276**, 33 (1942).
135. — Worin besteht die antiseptische Wirkungsweise der Salicylsäure? Klin. Wschr. **21**, 343 (1942).
136. — Mechanismus der antiseptischen Wirkung der Salicylsäure. Naturwiss. **30**, 104 (1942).
137. — The specifity of the antibacterial action of sodium salicylate. Schweiz. Z. Pathol. Bakteriol. **11**, 54 (1948) — Chem. Abstr. **42**, 4644 (1948).
138. — Antagonism between effects of p-aminosalicylic acid and salicylic acid on growth of Mycobacterium tuberculosis. Proc. Soc. exp. Biol. Med. **70**, 462 (1949).
139. —, J. CSÁBI and E. DICZFALUSY: Some observations on the antibacterial action of sodium salicylate. Hung. Acta Physiol. **1**, 171 (1948). — Chem. Abstr. **43**, 9146 (1949).
140. —, und L. VARGHA: Über die biologische Bedeutung und Synthese von Sulfonsäureanaloga der Pimelinsäure. Hoppe Seyler's Z. physiol. Chem. **281**, 157 (1944).
141. IVERSON, W. P., and S. A. WAKSMAN: Effect of nutrients on growth of streptomycin-dependent strains of Escherichia coli. Proc. Soc. exp. Biol. Med. **69**, 586 (1948).
142. JANSEN, B. C. P., und W. F. DONATH: Über die Isolierung des Anti-Beri-Beri-Vitamins. Kon. Akad. Wetensch. Amsterdam **35**, 923 (1926). — Chem. Zbl. **1927** I, 1851.

142 a. KAMEN, M. D.: Radioactive tracers in biology. Academic Press, New York (1948).

142 b. KARRER, P.: Aminosäuredecarboxylase. Schweiz. Z. Path. Bakt. **10**, 351 (1947).

142 c. — Einige Untersuchungen auf dem Vitamingebiet. Vortr. Ges. Dtsch. Chem. Hauptversammlung Frankf. 10.—15. 7. 1950. — Ref. Angew. Chem. **62**, 444 (1950); s. a. Helv. Chim. Acta **33**, 555 (1950).

143. —, (und H. RUCKSTUHL): Zur Frage der Ursache der antagonistischen Wirkung von Vitaminen und Antivitaminen. Bull. Schweiz. Akad. Med. Wiss. **1**, 236 (1945).

143a. —, R. SCHWYZER und A. KOSTIĆ: Über Cocarboxylase-Wirkung. Der Triphosphorsäure-Ester eines niedrigeren und eines höheren Thiamin-homologen. Helv. Chim. Acta **33**, 1482 (1950).

144. — und M. VISCONTINI: Synthetische krystallisierte Codecarboxylase. Helv. chim. Acta **30**, 52 (1947).

145. — —, und O. FORSTER: Pyridoxal-3-phosphat als Coferment der *l*-Amino-säure-Decarboxylase. Helv. chim. Acta **31**, 1004 (1948).

146. KEIL, W., und L. WEYRAUCH: Zur Pharmakologie und Chemie vergorener Nahrungsmittel V. Weitere Untersuchungen über das Acetylcholin-bildende Bacterium. Zbl. Bakteriol., Parasitenkunde, Infektionskrankh., Abt. II, **97**, 90 (1937).

147. KEILIN, D., and E. F. HARTREE: Prosthetic group of glucose-oxidase (notatin). Nature (London) **157**, 801 (1946).

148. — — Properties of glucose-oxidase (notatin). Biochem. J. **42**, 221 (1928).

149. KIDDER, G. W., and V. C. DEWEY: The biosynthesis of thiamine by nor-mally athiaminogenic microorganisms. Growth **6**, 405 (1942).

150. — — Biochemistry of Tetrahymena VII. Riboflavin, pantothen, biotin, niacin and pyridoxin in the growth of T. gelii W. Biologic. Bull. **89**, 229 (1945).

151. KING, T. E., and V. H. CHELDELIN: Pantothenic acid studies IV. Propionic acid and β-alanin utilization. J. biol. Chem. **174**, 273 (1948).

151 a. — — Pantothenic acid studies VIII. Growth of microorganisms and counteraction of antimetabolites with a pantothenic acid conjugate (PAC). J. Bacteriol. **59**, 229 (1950).

152. —, I. G. FELS and V. H. CHELDELIN: Pantothenic acid studies VI. A bio-logically active conjugate of pantothenic acid. J. Amer. chem. Soc. **71**, 131 (1949).

153. —, L. M. LOCHER and V. H. CHELDELIN: Pantothenic acid studies III. A pantothenic acid conjugate for Acetobacter suboxydans. Arch. Bio-chem. **17**, 483 (1948).

154. —, R. L. STEARMAN and V. H. CHELDELIN: Pantothenic acid studies V. Reversal of 2-chloro-4-aminobenzoic acid inhibition in Escherichia coli by pantothenic acid. J. Amer. chem. Soc. **70**, 3969 (1948).

155. KIRKWOOD, S., and P. H. PHILLIPS: The anti-inositol effect of γ-hexachloro-cyclohexane. J. biol. Chem. **163**, 251 (1946).

156. KITAWIN, G. S.: Gewinnung von krystallinischem Riboflavin durch Ein-wirkung von Quecksilbersalzen auf Aspergillus niger. C. R. (Doklady) Acad. Sci. URSS **28**, 517 (1940). — Ber. ges. Physiol. exp. Pharmakol. **123**, 640 (1941).

157. — Der Einfluß von Quecksilbersalzen auf die Säure- und Lactoflavin-bildung bei Aspergillus niger. Biochimia **4**, 283 (1939). — Ber. ges. Physiol. exp. Pharmakol. **124**, 94 (1941).

157 a. KITAY, E., and E. E. SNELL: Some additional nutritional requirements of certain lactic acid bacteria. J. Bacteriol. **60**, 49 (1950).

158. KNIGHT, B. C. J. G.: The nutrition of Staphylococcus aureus; nicotinic acid and vitamin B_1. Biochem. J. **31**, 731 (1937).

159. — The nutrition of Staphylococcus aureus. The activities of nicotinic amide, aneurine (vitamin B_1) and related compounds. Biochem. J. **31**, 966 (1937).

160. — Nicotinic acid and the growth of Staphylococcus aureus. Nature (London) **139**, 628 (1937).

161. — Growth factors in microbiology. Vitamins and Hormones **3**, 105 (1945).

162. KÖGL, F., und W. A. J. BORG: Hefewachstum, Gärung und Faktor Z-Wirkung. Hoppe Seyler's Z. physiol. Chem. **269**, 97 (1941).

163. —, und N. FRIES: Über den Einfluß von Biotin, Aneurin und meso-Inosit auf das Wachstum verschiedener Pilzarten. Hoppe Seyler's Z. physiol. Chem. **249**, 93 (1937).

164. —, und B. TÖNNIS: Über das Bios-Problem. Hoppe Seyler's Z. physiol. Chem. **242**, 43 (1936).

165. —, und W. J. VAN WAGTENDONK: Über die Bedeutung von Biotin für das Wachstum von Staphylococcus pyogenes aureus. Recueil Trav. chim. Pays-Bas **57**, 747 (1938).

166. KORNBERG, A.: Nucleotide pyrophosphatase and triphosphopyridine structure. J. biol. Chem. **174**, 1051 (1948).

167. — The participation of inorganic pyrophosphate in the reversible enzymic synthesis of diphosphopyridine nucleotide. J. biol. Chem. **176**, 1475 (1948).

168. — Reversible enzymatic synthesis of diphosphopyridine nucleotide and inorganic pyrophosphate. J. biol. Chem. **182**, 779 (1950).

169. — Enzymatic synthesis of triphosphopyridine nucleotide. J. biol. Chem. **182**, 805 (1950).

170. —, and O. LINDBERG: Diphosphopyridine nucleotide pyrophosphatase. J. biol. Chem. **176**, 665 (1948).

171. —, and W. E. PRICER jr.: Nucleotide pyrophosphatase. J. biol. Chem. **182**, 763 (1950).

172. KOSER, A. ST., S. BERKMAN and A. DORFMAN: Comparative activity of nicotinic acid and nicotinamide as growth factors for microorganisms. Proc. Soc. exp. Biol. Med. **47**, 504 (1941).

173. —, and G. J. KASAI: The growth response of Leuconostoc to nicotinic acid, nicotin amide and some related compounds. J. infect. Diseases **83**, 271 (1948).

174. —, and M. H. WRIGHT: Vitamin requirements of Torula cremoris. Proc. Soc. exp. Biol. Med. **53**, 249 (1943).

175. — —, and A. DORFMAN: Aspartic acid as a partial substitute for the growth stimulating effect of biotin on Torula cremoris. Proc. Soc. exp. Biol. Med. **51**, 204 (1942).

176. KRAMPITZ, L. O., D. W. WOOLLEY and A. G. C. WHITE: Manner of inactivation of thiamine by fish tissue. J. biol. Chem. **152**, 9 (1944).

177. KRAUSKOPF, E. J., E. E. SNELL and E. McCOY: Growth factors for bacteria XI. A survey of the pantothenic acid and riboflavin requirements of various groups of bacteria. Enzymologia (Den Haag) **7**, 327 (1939).

178. KRÜGER, K. K., and W. H. PETERSON: The nutritional requirements of Lactobacillus pentosus 124—2. J. Bacteriol. **55**, 683 (1948).

214   E.-F. MÖLLER:

179. KUHN, R., P. GYÖRGY und TH. WAGNER-JAUREGG: Über eine neue Klasse
     von Naturfarbstoffen. Ber. dtsch. chem. Ges. **66**, 317 (1933).
180. —, E. F. MÖLLER, G. WENDT und H. BEINERT: 4,4'-Diaminobenzophenon
     und andere schwefelfreie Verbindungen mit Sulfonamidwirkung. Ber.
     dtsch. chem Ges. **75**, 711 (1942).
180 a. —, und H. RUDY: Lactoflavin als Coferment; Wirkstoff und Träger. Ber.
     dtsch. chem. Ges. **69**, 2557 (1936).
181. —, und G. WENDT: Über das antidermatitische Vitamin der Hefe. Ber.
     dtsch. chem. Ges. **71**, 780, 1118, 1534 (1938).
182. —, F. WEYGAND und E. F. MÖLLER: Über einen Antagonisten des Lacto-
     flavins. Ber. dtsch. chem. Ges. **76**, 1044 (1943).
183. —, und TH. WIELAND: Über Dioxyacyl-derivate des β-Alanins und l-Leu-
     cins aus der Leber des Thunfisches. Ber. dtsch. chem. Ges. **73**, 962 (1940).
184. — — Zur Biogenese der Pantothensäure. Ber. dtsch. chem. Ges. **75**, 121
     (1942).
185. — —, und E. F. MÖLLER: Synthese des (α,γ-Dioxy-β,β-dimethyl-butyryl)
     taurins, eines spezifischen Hemmstoffs für Milchsäurebakterien. Ber.
     dtsch. chem. Ges. **74**, 1605 (1941).
186. KUEHL jr., F. A., R. L. PECK, CH. E. HOFFHINE jr., E. W. PEEL and K.
     FOLKERS: Streptomyces Antibiotics XIV. The position of the linkage
     of streptobiosamine to streptidine in streptomycin. J. Amer. chem. Soc.
     69, 1234 (1947).
187. LAMANNA, C.: Growth stimulation by sulfanilamide in low concentration.
     Science (New York) **95**, 304 (1942).
188. LANDY, M. and D. M. DICKEN: A microbiological assay method for six B-
     vitamins using Lactobacillus casei and a medium of essentially known
     composition. J. Lab. clin. Med. **27**, 1086 (1942).
189. — —, M. M. BICKING and W. R. MITCHELL: Use of avidin in studies of
     biotin requirements of microorganisms. Proc. Soc. exp. Biol. Med. **49**,
     441 (1942).
190. LANE, R. L., and R. J. WILLIAMS: Inositol, an active constituant of pancrea-
     tic (α) amylase. Arch. Biochem. **19**, 329 (1948).
191. LANKFORD, CH. E., and P. K. SKAGGS: Cocarboxylase as a growth
     factor for certain strains of Neisseria gonorrhoeae. Arch. Biochem. **9**,
     265 (1946).
192. LARDY, H. A., R. L. POTTER and R. H. BURRIS: Metabolic functions of
     biotin. I. The role of biotin in bicarbonate utilization by Lactobacillus
     arabinosus, studied with C^{14}. J. biol. Chem. **179**, 721 (1949).
193. — —, and C. A. ELVEHJEM: The role of biotin in bicarbonate utilization
     by bacteria. J. biol. Chem. **169**, 451 (1947).
194. LASH-MILLER, W., E. V. EASTCOTT and J. E. MACONACHIE: Wildiers' Bios:
     The fractionation of bios from yeast. J. Amer. chem. Soc. **55**, 1502
     (1933).
195. LAVOLLAY, J., et F. LABOREY: Caractérisation de la lactoflavine produite
     par Aspergillus niger van Tgh. partiellement carencé en magnésium.
     C. R. hebd. Séances Acad. Sci. **208**, 1056 (1939).
196. — — Sur les circonstances d'apparition de pigments jaunes dans le liquide
     de culture d'Aspergillus niger. C. R. hebd. Séances Acad. Sci. **206**, 1055
     (1938), s. a. Annales Fermentat. **6**, 129 (1941).
197. LEIN, J., H. K. MITCHELL and M. B. HOULAHAN: A method for selection
     of biochemical mutants in Neurospora. Proc. Nat. Acad. Sci. USA **34**,
     435 (1948).

198. LEONIAN, L. H., and V. G. LILLY: Conversion of desthiobiotin into biotin or biotin-like substances by some microorganisms. J. Bacteriol. 49, 291 (1945).
199. LEPKOVSKY, S.: The isolation of factor I in crystalline form. J. biol. Chem. 124, 125 (1938).
200. LEWIS, K. H., and J. E. SNYDER: The action of sulfanilamide in vitro on various species of Lactobacillus and Propionibacteria. J. Bacteriol. 39, 28 (1940).
201. LICHSTEIN, H. C.: Probable existence of a coenzyme form of biotin. J. biol. Chem. 177, 125 (1949).
202. — On the mode of action of biotin. J. biol. Chem. 177, 487 (1949).
203. —, and J. F. CHRISTMAN: The role of biotin and adenylic acid in amino acid deaminases. J. biol. Chem. 175, 649 (1948).
204. — — The nature of the coenzyme of aspartic acid, serine and threonine deaminases. J. Bacteriol. 58, 565 (1949).
205. — —, and W. L. BOYD: The comparitive effects of biocytin and a yeast extract concentrate on aspartic acid deaminase. J. Bacteriol. 59, 113 (1950).
206. —, I. C. GUNSALUS and W. W. UMBREIT: Function of the vitamin B_6-group: pyridoxal phosphate (codecarboxylase) in transamination. J. biol. Chem. 161, 311 (1945).
207. —, and W. W. UMBREIT: A function for biotin. J. biol. Chem. 170, 329 (1947).
208. — — Biotin activation of certain deaminases. J. biol. Chem. 170, 423 (1947).
209. LIEBIG, J.: Sur la fermentation et la source de la force musculaire. Ann. Chim. Phys. 4. Serie 23, 5 spez. 42 (1871).
210. LILLY, V. G., and L. H. LEONIAN: The anti-biotin effect of desthiobiotin. Science (New York) 99, 205 (1944).
211. LINZ, R., et J. LANE: Sur un variant de Micrococcus lysodeikticus dépendant de la streptomycine. C. R. Séances Soc. Biol. Filiales Associées 144, 441 (1950).
212. LIPMANN, F.: Acetyl phosphate. Advances Enzymol. 6, 231 (1946).
213. — On the chemistry and function of coenzyme A. 1. Internat. Congr. Biochem. Cambridge 1949, 230. — s. a. Federation Proc. 6, 272 (1947).
214. —, N. O. KAPLAN, G. D. NOVELLI, L. C. TUTTLE and B. M. GUIRARD: Coenzyme for acetylation, a pantothenic acid derivative. J. biol. Chem. 167, 869 (1947).
214 a. — — — — —: Isolation of coenzyme A. J. biol. Chem. 186, 235 (1950).
215. LOHMANN, K., und PH. SCHUSTER: Untersuchungen über die Cocarboxylase Biochem. Z. 294, 188 (1937).
216. LOO, Y. H., H. E. CARTER, N. KEHM and B. ANDERLIK: The effect of streptomycin on a variant of Torula utilis. Arch. Biochem. 26, 144 (1950).
217. LWOFF, A., et M. LWOFF: Sur le rôle physiologique des codehydrogénases pour Hemophilus parainfluenzae. C. R. hebd. Séances Acad. Sci. 203, 896 (1936).
218. — — Studies on codehydrogenases I. Nature of growth factor V. II. Physiological function of growth factor V. Proc. Roy. Soc. (London) Ser. B 122, 352, 360 (1937).
218 a. —, et M. MOREL: Bedingungen des Mechanismus der bactericiden Wirkung des Vitamin C. Die Rolle des Wasserstoffsuperoxyds. Ann. Inst. Pasteur 68, 323 (1942). — Chem. Zbl. 1942 II, 1814.

219. Lwoff, et A. Querido: Dosage de l'amide de l'acide nicotinique au moyen duteste Proteus. Principe de la methode. C. R. Séances Soc. Biol. Filiales Associées. **129**, 1039 (1938).
220. Lyman, C. M., and K. A. Kuiken: Federation Proc. **7**, 170 (1948).
221. — O. Moseley, S. Wood, B. Butler and F. Hale: The function of pyridoxine in lactic acid bacteria. J. biol. Chem. **162**, 173 (1946).
222. Madinaveitia, J.: Antagonism of some antimalarial drugs by riboflavin. Biochem. J. **40**, 373 (1946).
223. Mann, P. J. G., and J. H. Quastel: Nicotinamide, coenzyme and tissue metabolism. Biochem. J. **35**, 502 (1941).
224. Marnay, C.: Action de la phénylalanine sur la croissance du Coli-bacille inhibée par l'acide indole acrylique. C. R. hebd. Séances Acad. Sci. **229**, 1036 (1949).
225. Mayer, R. L.: Pigment production by tubercle bacillus in presence of p-aminobenzoic acid. Science (New York) **98**, 203 (1943).
226. — The influence of sulfanilamide upon the yellow pigment, formed by Mycobacterium tuberculosis from p-aminobenzoic acid. J. Bacteriol. **48**, 93 (1944).
227. — A yellow pigment formed from p-aminobenzoic acid in Mycobacterium tuberculosis var. hominis. J. Bacteriol. **48**, 337 (1944).
228. —, and C. Crane: A yellow pigment formed from p-aminobenzoic acid and p-aminosalicylic acid by various strains of Mycobacterium. Nature (London) **165**, 37 (1950).
229. —, and M. Rodbart: Production of riboflavin by Mycobacterium smegmatis. Arch. Biochem. **11**, 49 (1946).
230. McIlwain, H.: The nutrition of Streptococcus hemolyticus. Growth in a chemically defined mixture: need for vitamin B_6. Brit. J. exp. Pathol. **21**, 25 (1940).
231. — Pyridine-3-sulfonic acid and its amide as inhibitors of bacterial growth. Brit. J. exp. Pathol. **21**, 136 (1940).
232. — Amino-sulfonic acids analogs of natural aminocarboxylic acids. J. chem. Soc. (London) **1941**, 75.
233. — Bacterial inhibition by metabolites analogs; pantoyl taurine. Brit. J exp. Pathol. **23**, 95 (1942).
234. — Interrelations in microorganisms between growth and the metabolism of vitamin-like substances. Advances Enzymol. **7**, 409 (1947).
235. — Metabolic changes which form the bases of a microbiological assay of nicotinic acid. Proc. Roy. Soc. (London) Ser. B **136**, 12 (1949).
236. — Cozymase degradation and the control of carbohydrate metabolism in brain. Biochem. J. **44**, XXXIII (1949).
237. —, and D. E. Hughes: Decomposition and synthesis of cozymase by bacteria. Biochem. J. **43**, 60 (1948).
238. —, and R. Rodnight: Breakdown of the oxidized forms of coenzymes I and II by an enzyme from the central nervous system. Biochem. J. **45**, 337 (1949).
239. —, D. A. Stanley and D. E. Hughes: The behavior of Lactobacillus arabinosus towards nicotinic acid and its derivatives. Biochem. J. **44**, 153 (1949).
240. McNutt, W. S., and E. E. Snell: Phosphates of pyridoxal and pyridoxamine as growth factors for lactic acid bacteria. J. biol. Chem. **173**, 801 (1948).
241. — — Pyridoxalphosphate and pyridoxaminphosphate as growth factors for lactic acid bacteria. J. biol. Chem. **182**, 557 (1950).

241 a. McRORIE, R. A., P. M. MASLEY and W. L. WILLIAMS: Relationship of the Lactobacillus bulgaricus factor to pantothenic acid. Arch. Biochem. 27, 471 (1950).

242. MELVILLE, D. B., J. G. PIERCE and C. W. H. PARTRIDGE: The preparation of C^{14}-labeled biotin and the study of its stability during carbon dioxide fixation. J. biol. Chem. 180, 299 (1949).

243. MEYER, K.: The relationship of lysozyme to avidin. Science (New York) 99, 391 (1944).

244. MILLER, C. PH., and M. BOHNHOFF: Development of streptomycin-resistant variants of meningococcus. Science (New York) 105, 620 (1947).

245. — — Two streptomycin-resistant variants of Meningococcus. J. Bacteriol. 54, 467 (1947).

246. MIRIMANOFF, A., et A. RAFFY: Obtention de flavine à partir d'un ascomycète: Eremothecium Ashbyii. Helv. chim. Acta 21, 1004 (1938).

247. MITCHELL, H. K., and M. B. HOULAHAN: Neurospora IV. A temperature-sensitive riboflavinless mutant. Amer. J. Bot. 33, 31 (1946).

248. —, and J. LEIN: A Neurospora mutant deficient in the enzymic synthesis of tryptophane. J. biol. Chem. 175, 481 (1948).

249. —, and J. F. NYC: Hydroxyanthranilic acid as a precursor of nicotinic acid in Neurospora. Proc. nat. Acad. Sci. USA 34, 1 (1948).

250. —, E. E. SNELL and R. J. WILLIAMS: Pantothenic acid. IX. The biological activity of hydroxypantothenic acid. J. Amer. chem. Soc. 62, 1791 (1940).

251. MÖLLER, E. F.: Vitamin B_6 (Adermin) als Wuchsstoff für Milchsäurebakterien. Hoppe Seyler's Z. physiol. Chem. 254, 285 (1938).

252. — Das Wuchsstoff-System der Milchsäurebakterien. Hoppe Seyler's Z. physiol. Chem. 260, 246 (1939).

253. — Nährstoffe und Wuchsstoffe der Milchsäurebakterien. Angew. Chem. 53, 204 (1940).

254. — Tyrosin als Aneurinvertreter bei Bakterien. Biochem. Vortr. Veranst. (Verein Dtsch. Chem.) Berlin 1943 — Ref.: Chemie 56, 199 (1943).

255. — Kombination von Dibromsalicil mit Sulfonamiden. Klin. Wschr. 28, 314 (1950).

256. —, und L. BIRKOFER: Konstitutionsspezifität der Nicotinsäure als Wuchsstoff bei Proteus vulgaris und Streptobacterium plantarum. Ber. dtsch. chem. Ges. 75, 1108 (1942).

257. — — Gibt es Antagonisten der Nicotinsäure bei Proteus vulgaris und Streptobacterium plantarum? Ber. dtsch. chem. Ges. 75, 1118 (1942).

258. —, und R. FERDINAND: Untersuchungen über das Bacterium acetylcholini I. Über die Einheitlichkeit des Stoffwechsels verschiedener Stämme des Bacterium acetylcholini aus biologisch gesäuerten Gemüsen des Handels. Zbl. Bakteriol., Parasitenkunde Infektionskrankh. Abt. II, 97, 94 (1937).

259. —, und K. SCHWARZ: Der Wuchsstoff H', ein Antagonist der Sulfonamide bei Streptobacterium plantarum (Orla-Jensen); Wachstum von Streptobacterium plantarum in Nährlösungen aus chemisch genau definierten Verbindungen. Ber. dtsch. chem. Ges. 74, 1612 (1941).

260. —, und F. WEYGAND: Wuchsstoffe und ihre Antagonisten bei Mikroorganismen. Naturforschung und Medizin in Deutschland (FIAT-Ber.) R. KUHN: Biochemie IV, 121 (1947).

261. — —, und A. WACKER: Über die Ernährung der Staphylokokken; Lactoflavin und Pantothensäure als unbedingt notwendige Wuchsstoffe bei verschiedenen Staphylokokkenstämmen. Z. Naturforsch. 4b, 97 (1949).

262. MÖLLER, E. F., O. ZIMA, F. JUNG und TH. MOLL: Biologischer Vergleich von synthetischem und natürlichem Adermin. Naturwiss. **27**, 228 (1939).

263. MOSHER, W. A., D. H. SAUNDERS, L. B. KINGERY and R. J. WILLIAMS: Nutritional requirements of the pathogenic mold Trichophyton interdigitale. Plant. Physiol. **11**, 795 (1936).

264. MUELLER, J. H.: Pimelic acid as a growth acessory for the diphtheria bacillus. J. biol. Chem. **119**, 121 (1937).

265. — Nicotinic acid as a growth accessory for the diphtheria bacillus. J. biol. Chem. **120**, 219 (1937).

266. — Substitution of β-alanine, nicotinic acid and pimelic acid for meat extract in growth of diphtheria bacillus. Proc. Soc. exp. Biol. Med. **36**, 706 (1937).

267. — The utilization of carnosine by the diphtheria bacillus. J. biol. Chem. **123**, 421 (1938).

268. —, and S. COHEN: β-Alanine as a growth factor for the diphtheria bacillus. J. Bacteriol. **34**, 381 (1937).

269. —, and A. W. KLOTZ: Pantothenic acid as a growth factor for the diphtheria bacillus. J. Amer. chem. Soc. **60**, 3086 (1938).

270. NEAL, A. L., and F. M. STRONG: Microbiological determination of pantothenic acid. Ind. Engng. Chem., Analyt. Edit. **15**, 654 (1943).

271. NEILANDS, J. B., H. HIGGINS and F. M. STRONG: Concentration of bound pantothenic acid. Federation Proc. **8**, 232 (1949), s. a. J. biol. Chem. **185**, 335 (1950).

272. NIELSEN, N.: Aufhebung der Wuchsstoff-Wirkung des β-Alanins auf Hefe durch Zusatz von Taurin, β-Aminobuttersäure und anderen Substanzen. Naturwiss. **31**, 146 (1943).

273. — Über die Anti-Wuchsstoffwirkung von α-Aminosäuren auf Hefe. Naturwiss. **32**, 80 (1944).

274. —, und V. HARTELIUS: Wuchsstoffwirkung der Aminosäuren X. Bildung von Hefewuchsstoff durch Erwärmung von Zucker und Ammoniumhydroxyd. C. R. Trav. Lab. Carlsberg, Sér. physiol. **23**, 155 (1941).

275. — —, und G. JOHANSEN: Über die Anti-Wuchsstoffe der Pantothensäure und des β-Alanins. C. R. Trav. Lab. Carlsberg, Sér. physiol. **24**, 39 (1944).

276. — — Über die Wirkung verschiedener β-Alaninderivate als Wuchsstoff oder Anti-Wuchsstoff auf Hefe. Naturwiss. **31**, 235 (1943).

277. NILSSON, R., G. BJÄLFVE und D. BURSTRÖM: Biotin als Zuwachsfaktor für Bacterium radicicola. Naturwiss. **27**, 389 (1939).

278. NIVEN jr., CH. F., and K. L. SMILEY: Microbiological assay method for thiamine. J. biol. Chem. **150**, 1 (1943).

279. NOVELLI, G. D., R. M. FLYNN and F. LIPMANN: Coenzyme A, as a growth stimulant for Acetobacter suboxydans. J. biol. Chem. **177**, 493 (1949).

280. —, N. O. KAPLAN and F. LIPMANN: Liberation of pantothenic acid from coenzyme A. J. biol. Chem. **177**, 97 (1949).

281. —, and F. LIPMANN: Bacterial conversion of pantothenic acid into coenzyme A (acetylation) and its relation to pyruvic oxidation. Arch. Biochem. **14**, 23 (1947).

282. — — The involvement of coenzyme A in acetate oxidation in yeast. J. biol. Chem. **171**, 883 (1947).

283. — — The catalytic function of coenzyme A in citric acid synthesis. J. biol. Chem. **182**, 213 (1950).

284. NOWAK, A. F.: Synthesizing vitamins in stillage. US Pat. 2 447 814 (1948).

285. Nyc, J. F., F. A. Haskins and H. K. Mitchell: Metabolic relation between the aromatic amino acids. Arch. Biochem. 23, 161 (1949).

286. —, and H. K. Mitchell: Synthesis of a biologically active nicotinic acid precursor: 2-amino-3-hydroxybenzoic acid. J. Amer. chem. Soc. 70, 1847 (1948).

287. Ochoa, S., G. T. Cori and C. F. Cori in C. F. Cori: Symposium on respiratory enzymes. Madison (1942.)

288. Ohdake: Bull. Agric. chem. Soc. Japan 8, 11 (1932), zit. bei P. W. Wiardi: Crystalline vitamin B_6 (Adermin). Nature (London) 142, 1158 (1938).

289. Oginsky, E. L., P. H. Smith and W. W. Umbreit: The action of streptomycin. I. The nature of the reaction inhibited. J. Bacteriol. 58, 747 (1949).

290. Orla-Jensen, S., N. C. Otte and A. Snog-Kjaer: The vitamin und nitrogen requirements of the lactic acid bacteria. Kgl. danske Vidensk. Selsk. Skr., naturvidensk. math. Afdel. 9, VI, 5 (1936). — Zbl. Bakteriol., Parasitenkunde Infektionskrankh., Abt. II, 94, 434 (1936).

291. Orr-Ewing, J., and V. Reader: Streptothrix corrallinus in the estimation of vitamin B_1. Biochem. J. 22, 440 (1928).

292. Paine jr., T. F., and F. Lipmann: No anti-streptomycin activity shown by inositol phospholipides. J. Bacteriol. 58, 547 (1949).

293. Pappenheimer jr., A. M., and G. A. Hottle: Effect of certain purines and CO_2 on growth of strain of group A hemolytic streptococcus. Proc. Soc. exp. Biol. Med. 44, 645 (1940).

294. Pasteur, L.: Mémoire sur la fermentation alcoolique. Ann. Chim. Phys. 3. Serie 58, 323 spez. 385 (1860).

295. — Note sur un mémoire de M. Liebig, relative aux fermentations. Ann. Chim. Phys. 4. Serie 25, 145 (1872).

296. Pennington, D., E. E. Snell and R. E. Eakin: Crystalline avidin. J. Amer. chem. Soc. 64, 469 (1942).

297. Pérault, R. et E. Greib: Un inhibiteur de l'action antimicrobienne in vitro de l'acide mandélique: L'acide pantothénique. C. R. Séances Soc. Biol. Filiales Associées 138, 506 (1944).

298. Peters, R. A., H. W. Kinnersley, J. Orr-Ewing und V. Reader: The relation of vitamin B_1 to the growth promoting factor for a streptothrix. Biochem. J. 22, 445 (1928).

299. Pett, L. B.: Flavin transformation of bacteria. Nature (London) 135, 36 (1935).

300. — Lactoflavin in microorganisms. Biochem. J. 29, 937 (1935).

301. — Studies on yeast grown in cyanide. II. Biochem. J. 30, 1438 (1936).

302. Pfizer, Chas and Co. Inc.: Brit. Pat. 593 953 (1948).

303. Plaut, G. W. E., and H. A. Lardy: The oxalacetate decarboxylase of Acotobacter vinelandii. J. biol. Chem. 180, 13 (1949).

304. Potter, R. L., and C. A. Elvehjem: Biotin and the metabolism of Lactobacillus arabinosus. J. biol. Chem. 172, 531 (1948).

305. — — On the activity of oxybiotin. J. biol. Chem. 183, 587 (1950).

306. Poussel, H.: Sur les actions toxiques des isomères de l'hexachlorocyclohexane. C. R. hebd. Séances Acad, Sci. 228, 1533 (1949). — Gall. Biol. Acta 1, 114 (1948).

307. Quastel, J. H., and D. M. Webley: Vitamin B_1 and bacterial oxidations. I. Dependence of acetic acid oxidation on Vitamin B_1. II. The effect of magnesium, potassium and hexosediphosphate ions. Biochem. J. 35, 192 (1941); 36, 8 (1942).

308. RABINOWITZ, J. C., and E. E. SNELL: Vitamin B_6-group. XI. An improved method for assay of vitamin B_6 with Streptococcus fecalis. XII. Microbiological activity and natural occurence of pyridoxamine phosphate. J. biol. Chem. **169**, 631, 643 (1947).

309. RAFFAUF, R. F.: Neo-pyrithiamin. Helv. chim. Acta **33**, 102 (1950).

310. RAFFY, A.: Propriétés vitaminiques de la flavine d'Eremothecium Ashbyii. C. R. Séances Soc. Biol. Filiales Associées **126**, 875 (1937).

311. — Spectrographie de fluorescence de la flavine d'Eremothecium Ashbyii en solution et des cultures de ce champignon. C. R. Séances Soc. Biol. Filiales Associées **128**, 392 (1938).

312. — Production de flavine et vie anaerobie chez Eremothecium Ashbyii. C. R. hebd. Séances Acad. Sci. **209**, 900 (1939).

313. —, et M. FONTAINE: Dosage de la flavine au cour du développement dans les cultures d'Eremothecium Ashbyii. C. R. hebd. Séances Acad. Sci. **205**, 1005 (1937).

314. RAOUL, Y.: Toxicity of coumarin. Favorable antagonistic action of various vitamins and especially nicotinic acid using Escherichia coli as the test organism. Bull. Soc. chim. Biol. **29**, 518 (1947). — Chem. Abstr. **42**, 943 (1948).

315. —, J. CHOPIN et A. AYRAULT: Action sur Bac. coli de l'isostère naphthalénique au tryptophane et action de l'acide anthranilique. C. R. hebd. Séances Acad. Sci. **224**, 1309 (1947).

315 a. RASMUSSEN, R. A., K. L. SMILEY, J. G. ANDERSSON, J. M. VAN LANEN, W. L. WILLIAMS and E. E. SNELL: Microbial synthesis and multiple nature of Lactobacillus bulgaricus factor. Possible role in chick nutrition. Proc. Soc. exp. Biol. Med. **73**, 658 (1950).

316. RAVEL, J. M., and W. SHIVE: Biochemical transformations as determined by competitive analogue-metabolite growth inhibition. IV. Prevention of pantothenic acid. J. biol. Chem. **166**, 407 (1946).

317. READER, V.: The relation of the growth of certain microorganisms to the composition of the medium III. The effect of the addition of growth promoting substances to the synthetic medium on the growth of Streptothrix corrallinus. Biochem. J. **22**, 434 (1928).

318. RHYMER, I., G. I. WALLACE, L. W. BYERS and H. E. CARTER: The antistreptomycin activity of lipositol. J. biol. Chem. **169**, 457 (1947).

319. RIEMSCHNEIDER, R.: Zur Kenntnis der Kontaktinsektizide. Pharmazie Beiheft 9, Erg. 1 (1950).

320. —, und W. GERISCHER: Über den Einfluß von Halogenkohlenwasserstoffen auf Heferassen und Bakterien. I. Z. Naturforsch. **3 b**, 267 (1948).

321. ROBBINS, W. J., and R. MA: Specifity of pyridoxine for Ceratostomella ulmi. Bull. Torrey bot. Club **69**, 342 (1942).

322. — — Vitamin deficiences of twelve fungi. Arch. Biochem. **1**, 219 (1942/43).

323. ROEPKE, R. R., R. L. LIBBY and M. H. SMALL: Mutation or variation of Escherichia coli with respect to growth requirements. J. Bacteriol. **48** 401 (1944).

324. ROGERS, L. L., and W. SHIVE: Biochemical transformations as determined by competitive analogue-metabolite growth inhibitions. VI. Prevention of biotin synthesis by 2-oxo-4-imidazolidine caproic acid. J. biol. Chem. **169**, 57 (1947).

325. ROGOSA, M.: Synthesis of riboflavin by lactose-fermenting yeasts. J. Bacteriol. **45**, 459 (1943).

325 a. ROUX, H., et A. CALLANDRE: Sur l'action biochimique des esters amides polyphosphoriques de l'aneurine et des polyphosphates de sodium. Experientia **6**, 386 (1950).

326. ROWATT, E.: Relation of pantothenic acid to acetylcholine formation by a strain of Lactobacillus plantarum. J. gen. Microbiol. **2**, 25 (1948).

327. RUBIN, S. H., D. FLOWER, F. ROSEN and L. DREKTER: The biological activity of O-Heterobiotin. Arch. Biochem. **8**, 79 (1945).

328. RUCKSTUHL, H.: I. Guvacin und andere Wuchsstoffe. II. Lactaroviolin Diss. Zürich (1946).

329. RYAN, F. J., L. K. SCHNEIDER and R. BALLENTINE: The growth of Clostridium septicum and its inhibition. J. Bacteriol. **53**, 417 (1947).

330. RYDON, H. N.: Anthranilic acid as an intermediate in the biosynthesis of tryptophane by B. typhosum. Brit. J. exp. Pathol. **29**, 48 (1948).

331. SARETT, H. P.: The effect of riboflavin analogues upon the utilization of riboflavin and flavin adenine dinucleotide by Lactobacillus casei. J. biol. Chem. **162**, 87 (1946).

332. —, and V. H. CHELDELIN: Use of Lactobacillus fermentum 36 for thiamine assay. J. biol. Chem. **155**, 153 (1944).

333. SARMA, P. S., E. E. SNELL and C. A. ELVEHJEM: Vitamin B_6-group. VIII. Biological assay of pyridoxal, pyridoxamine and pyridoxine. J. biol. Chem. **165**, 55 (1946).

334. SCHAEFFER, P.: Influence of a deficiency of streptomycin on the anaerobic fermentation of glucose by a streptomycin-dependent strain of Escherichia coli. C. R. hebd. Séances Acad. Sci. **229**, 1032 (1949). — Ref.: Chem. Abstr. **44**, 3073 (1950).

335. SCHLENK, F., and W. GINGRICH: Nicotinamide-containing nutrilites for Hemophilus parainfluenzae. J. biol. Chem. **143**, 295 (1942).

336. —, and E. E. SNELL: Vitamin B_6 and transamination. J. biol. Chem. **157**, 425 (1945).

336 a. SCHMIDT-THOMÉ, J.: Über die antibakterielle Wirkung der 6-Aminonicotinsäure. Z. Naturf. **3 b**, 136 (1948).

337. VAN SCHOOR, A.: Über die Isolierung von Adermin aus Rinderleber und Melasse. Merck's Jber. **52**, 7 (1938).

338. SCHOPFER, W. H.: Les vitamines cristallisées B comme hormones de croissance chez un microorganisme (Phycomyces). Arch. Mikrobiol. **5**, 511 (1934).

339. — Die krystallisierten Vitamine B_1 als Wachstumshormone bei einem Mikroorganismus (Phycomyces). Arch. Mikrobiol. **6**, 139 (1935).

340. — Über die Wirkung des synthetischen Vitamin B_1 auf einen Mikroorganismus. Ber. dtsch. bot. Ges. **54**, 559 (1936).

341. — L'Aneurine et ses constituents, facteur de croissance de mucorinés (Parasitella, Absidia) et de quelques espèces de Rhodotorula. C. R. Séances Soc. Biol. Filiales Associées **126**, 842 (1937).

342. — Vitamine und Wachstumsfaktoren bei den Mikroorganismen mit besonderer Berücksichtigung des Vitamins B_1. Ergebn. Biol. **16**, 1 (1939).

343. — Recherches sur la spécifité d'action de la méso-inosite, facteur de croissance de microorganismes. Helv. Chim. Acta **27**, 468 (1944).

344. — La biotine, l'aneurine et le mésoinositol, facteurs de croissance pour Eremothecium Ashbyii Guilliermond. La biosynthèse de la riboflavine. Helv. Chim. Acta **27**, 1017 (1944).

345. — Recherches sur l'action antivitamine de la dichloro-flavine sur un micro-organisme producteur de lactoflavine (Eremothecium Ashbyii). Internat. Z. Vitaminforsch. **20**, 116 (1948).

346. SCHOPFER, W. H.: Pyrithiamine comme anti-vitamine B_1 (en microbiologie). Bull. Soc. Chim. Biol. **30**, 940 (1948).

347. —, und M. L. BEIN: Wirkung der isomeren Hexachlorcyclohexane auf das Wachstum von Erbsenwurzeln in steriler Kultur. Experientia **4**, 147 (1948).

348. —, et M. L. BOSS: Sur les relations tryptophane-acide nicotinique. Une avitaminose nicotinique déterminée par la vitamine K_3 chez un microorganisme. Helv. Physiol. Pharmacol. Acta **7**, C 20 (1949).

349. —, et M. GUILLOUD: La culture d'Eremothecium Ashbyii an milieu synthétique. Experientia **1**, 22 (1945).

350. — — Recherches expérimentales sur les facteurs de croissance et pouvoir de synthèse de Rhizopus Cohnii Berl. et de Toni (Rhizopus suinus Nielsen). Z. Vitaminforsch. **16**, 181 (1945).

351. —, et V. MÜLLER: Recherches sur la décomposition thermique de l'aneurine. C. R. Séances Soc. Biol. Filiales Associées **128**, 372 (1938).

352. —, TH. POSTERNAK et M. L. BOSS: Le gammexane (γ-hexachlorocyclohexane) est-il l'antivitamine du mésoinositol? Schweiz. Z. Pathol. Bakteriol. **10**, 443 (1947).

353. — — — Recherches sur la spécificité d'action du mésoinositol, facteur de croissance essentiel pour un mutant de Neurospora crassa. Internat. Z. Vitaminforsch. **20**, 121 (1948).

354. SCHRECKER, A. W., and A. KORNBERG: Reversible synthesis of flavine-adenine-dinucleotide. J. biol. Chem. **182**, 795 (1950).

355. SCHULTZ, A. S., L. ATKIN and CH. N. FREY: A fermentation test for vitamin B_1. J. Amer. chem. Soc. **59**, 948 (1937).

356. — — — Vitamin B_6 a growth promoting factor for yeast. J. Amer. chem. Soc. **61**, 1931 (1939).

357. SCHUMANN, R. L., and M. A. FARELL: A synthetic medium for the cultivation of Streptococcus fecalis. J. infect. diseases **69**, 81 (1941).

358. SCHWARZ, K.: Über die Wirkung der Pantothensäure auf das Wachstum der Ratte. Hoppe Seyler's Z. physiol. Chem. **275**, 232 (1942).

359. — Achromotrichie durch Pantothensäuremangel. Über die Verschiedenheit der funktionellen Aufgaben der Pantothensäure. Hoppe Seyler's Z. physiol. Chem. **275**, 245 (1942).

360. SEVAG, M. G., and M. N. GREEN: Metabolism of tryptophan by Staphylococcus aureus as a critical factor in relation to the mode of action of sulfonamides. Amer. J. med. Sci. **207**, 686 (1944).

361. — — The role of pantothenic acid in the synthesis of tryptophan. J. biol. Chem. **154**, 719 (1944).

362. SHIVE, W., W. W. ACKERMANN, J. M. RAVEL and J. E. SUTHERLAND: Biosynthesis involving pantothenic acid. J. Amer. chem. Soc. **69**, 2567 (1947).

363. —, and J. MACOW: Biochemical transformations as determined by competitive analogue-metabolite growth inhibitions. I. Some transformations involving aspartic acid. J. biol. Chem. **162**, 451 (1946).

364. —, and L. L. ROGERS: Involvement of biotin in the biosynthesis of oxalacetic acid and α-Ketoglutaric acid. J. biol. Chem. **169**, 453 (1947).

365. SHULL, G. W., R. W. THOMA and W. H. PETERSON: Amino acid and unsaturated fatty acid requirements of Clostridium sporogenes. Arch. Biochem. **20**, 227 (1949).

366. SILVERMAN, M., and C. H. WERKMAN: Vitamin B_1 in bacterial metabolism. Proc. Soc. exp. Biol. Med. **38**, 823 (1938).

367. SILVERMAN, M., and C. H. WERKMAN- Die Funktion des Vitamins B_1 beim anaeroben Bakterienstoffwechsel. Iowa State Coll. J. Sci. **13**, 107 (1939). — Chem Zbl. **1939** II, 4269.

368. — — Bacterial synthesis of cocarboxylase. Enzymologia (Den Haag) **5**, 385 (1939). — Proc. Soc. exp. Biol. Med. **40**, 369 (1939).

369. SINCLAIR, H. M.: Growth factors for Phycomyces. Nature (London) **140**, 361 (1937).

369 a. SINGER, Th. P., and E. B. KEARNY: The l-amino acid oxidases of snake venom I. Prosthetic group of the l-amino acid oxidase of Moccasin venom. Arch. Biochem. **27**, 348 (1950).

370. SLADE, R. E.: The γ-isomer of hexachlorocyclohexane (Gammexane). An insecticide with outstanding properties. Chem. and Ind. **64**, 314 (1945).

371. SMYTHE, D. H.: Vitamin B_1 and the synthesis of oxaloacetate by Staphylococcus. Biochem. J. **34**, 1598 (1940).

372. SNELL, E. E.: A specific growth inhibition reversed by pantothenic acid. J. biol. Chem. **139**, 975 (1941).

373. — Growth inhibition by N-(α,γ-dihydroxy-β,β-dimethylbutyryl) taurine and its reversal by pantothenic acid. J. Biol. Chem. **141**, 121 (1941).

374. — Effect of heat sterilisation on growth promoting activity of pyridoxine. for Streptococcus lactis R. Proc. Soc. exp. Biol. Med. **51**, 356 (1942).

375. — The vitamin activities of "pyridoxal" and "pyridoxamine". J. biol. Chem. **154**, 313 (1944).

376. — Vitamin B_6-group I. Formation of additional members from pyridoxine and evidence concerning their structure. J. Amer. chem. Soc. **66**, 2082 (1944).

377. — Vitamin B_6-group V. The reversible interconversion of pyridoxal and pyridoxamine by transamination reactions. J. Amer. chem. Soc. **67**, 194 (1945).

378. — The vitamin B_6-group VII. Replacement of vitamin B_6 for some microorganisms by d-alanine and an unidentified factor from casein. J. biol. Chem. **158**, 497 (1945).

379. —, and B. M. GUIRARD: Some interrelationships of pyridoxine, alanine and glycine in their effect on certain lactic acid bacteria. Proc. nat. Acad. Sci. USA **29**, 66 (1943).

380. —, and W. H. PETERSON: Growth factors for bacteria X. Additional factors required by certain lactic acid bacteria. J. Bacteriol. **39**, 273 (1940).

381. —, and J. C. RABINOWITZ: Microbiological activity of pyridoxylamino acids. J. Amer. chem. Soc. **70**, 3432 (1948).

382. —, and F. M. STRONG: The effect of riboflavin and of certain synthetic flavins on the growth of lactic acid bacteria. Enzymologia (Den Haag) **6**, 186 (1939).

383. — —, and W. H. PETERSON: Growth factors for bacteria VI. Fractionation and properties of an accessory factor for lactic acid bacteria. Biochem. J. **31**, 1789 (1937).

384. — — — Pantothenic acid and nicotinic acid as growth factors for lactic acid bacteria. J. Amer. chem. Soc. **60**, 2825 (1938).

385. — — — Growth factors for bacteria VIII. Pantothenic and nicotinic acids as essential growth factors for lactic and propionic acid bacteria. J. Bacteriol. **38**, 293 (1939).

386. —, E. L. TATUM and W. H. PETERSON: Growth factors for bacteria III. Some nutritive requirements of Lactobacillus Delbrückii. J. Bacteriol. **33**, 207 (1937).

387. Soodac, M., and F. Lipmann: Enzymic condensation of acetate to aceto-acetate in liver extracts. J. biol. Chem. **175**, 999 (1948).

388. Sperber, E.: Aneurin und Bäckerhefe II. Biochem. Z. **313**, 62 (1942).

389. —, und S. Renvall: Über die Aneurinaufnahme durch Bäckerhefe. Biochem. Z. **310**, 160 (1941).

390. Stansly, P. G., and C. M. Alverson: Antagonism of salicylate by pantoyl-taurine. Science (New York) **103**, 398 (1946).

391. Stephenson, M., and E. Rowatt: Production of acetylcholine by a strain of Lactobacillus plantarum. J. gen. Microbiol. **1**, 279 (1947).

392. Stern, J. R., and S. Ochoa: Enzymic synthesis of citric acid by condensation of acetate and oxalacetate. J. biol. Chem. **179**, 491 (1949).

392 a. —, B. Shapiro and S. Ochoa: Synthesis and breakdown of citric acid with crystalline condensing enzyme. Nature **166**, 403 (1950).

393. Stich, W.: Eine neue Funktion des Lactoflavins. Steuerung des biologischen Dualismus der Porphyrine und Katalyse der Häminsynthese. Naturwiss. **37**, 212 (1950).

393 a. — Die Bedeutung der B$_2$-Vitamine für den Dualismus der Porphyrine und den Aufbau von Häminproteiden. Dtsch. med. Wschr. **75**, 1217 (1950).

394. —, und H. Eisgruber: Steuerung der biologischen Porphyrinsynthese und Katalyse der Häminproteidbildung durch Lactoflavin. Klin. Wschr. **28**, 133 (1950).

395. Stokes, J. L., J. W. Foster and C. R. Woodward jr.: Synthesis of pyri-.doxine by a ,,pyridoxineless" X-ray mutant of Neurospora sitophila Arch. Biochem. **2**, 235 (1943).

396. —, and M. Gunness: Pyridoxamine and the synthesis of amino acids by lactobacilli. Science (New York) **101**, 43 (1945).

397. —, A. Larsen and M. Gunness: Biotin and the synthesis of aspartic acid. by microorganisms. J. biol. Chem. **167**, 613 (1947). — J. Bacteriol. **54**, 219 (1947).

398. Strauss, E., J. H. Dingle and M. Finland: Studies on the mechanism of sulfonamide bacteriostasis, inhibition and resistance. — Experiments with Staphylococcus aureus. Experiments with E. coli in a synthetic medium. J. Immunology **42**, 313, 331 (1941).

398a. Stumpf, P. K.: Pyruvic acid oxidase of Proteus vulgaris. J. biol. Chem. **159**, 529 (1945).

399. Tanner jr., F. W., C. Vojnovich and J. M. Van Lanen: Factors effecting riboflavin production by Ashbya gossipyi. J. Bacteriol. **58**, 737 (1949).

400. Tatum, E. L.: Desthiobiotin in the biosynthesis of biotin. J. biol. Chem. **160**, 455 (1945).

401. —, R. W. Baratt and V. M. Cutter jr.: Chemical induction of colonial paramorphs in Neurospora and Syncephalastrum. Science (New York) **109**, 509 (1949).

402. —, and T. T. Bell: Neurospora III. Biosynthesis of thiamine. Amer. J. Bot. **33**, 15 (1946).

403. —, and D. M. Bonner: Synthesis of tryptophane from indole and serine by Neurospora. J. biol. Chem. **151**, 349 (1943).

404 — — Indole and serine in the biosynthesis and breakdown of tryptophane. Proc. nat. Acad. Sci. USA **30**, 30 (1944).

405. — —, and G. W. Beadle: Anthranilic acid and the biosynthesis of indole and tryptophane by Neurospora. Arch. Biochem. **3**, 477 (1943/44).

406. THOMPSON, R. C.: The synthesis of B-vitamins by bacteria in pure culture. Univ. Texas Publ. No. 4237, 87 (1942).

407. UMBREIT, W. W., and I. C. GUNSALUS: The function of pyridoxine derivatives: Arginine and glutamic acid decarboxylases. J. biol. Chem. **159**, 333 (1945).

408. — — Codecarboxylase *not* pyridoxal-3-phosphate. J. biol. Chem. **179**, 279 (1949).

409. —, W. A. WOOD and I. C. GUNSALUS: Activity of pyridoxalphosphate in tryptophan formation by cell-free enzyme preparations. J. biol. Chem. **165**, 731 (1946).

410. —, and J. G. WADDELL: Mode of action of desoxypyridoxine. Proc. Soc. exp. Biol. Med. **70**, 293. (1949)

411. UTIGER, H., et W. H. SCHOPFER: Nouvelles Recherches sur la symbiose artificielle Rhodotorula rubra — Mucor Rammanianus. Le rôle des catalysateurs métalliques. C. R. Séances Soc. Physique Hist. natur. Genève **58**, 284 (1941).

412. VAN LANEN, J. M., H. P. BROQUIST, M. J. JOHNSON, I. L. BALDWIN and W. H. PETERSON: Synthesis of vitamin B_1 by yeast. Ind. Engng. Chem., ind. Edit. **34**, 1244 (1942).

413. VELLUZ, L., G. AMIARD et J. BARTOS: Acide thiamine-triphosphorique. C. R. hebd. Séances Acad. Sci. **226**, 735 (1948). — Bull. Soc. chim. France **1948**, 871.

414. — — — Thiaminetriphosphoric acid. Its relation to the thiamine pyrophosphate (Cocarboxylase of LOHMANN and SCHUSTER). J. biol. Chem. **180**, 1137 (1949).

415. —, R. JACQUIER et C. PLOTKA: Relations d'activité entre dérivés polyphosphoriques. C R. hebd. Séances Acad. Sci. **226**, 1855 (1948).

416. DU VIGNEAUD, V.: The structure of biotin. Science (New York) **96**, 455 (1942).

417. —, K. DITTMER, E. HAGUE and B. LONG: The growth stimulating effect of biotin for the diphtheria bacillus in the absence of pimelic acid. Science (New York) **96**, 186 (1942).

418. — —, K. HOFFMANN and D. B. MELVILLE: Yeast growth promoting effect of diaminocarboxylic acids derived from biotin. Proc. Soc. exp. Biol. Med. **50**, 374 (1942).

419. VILLELA, G. G., and A. CURY: Studies of the vitamin nutrition of Allescheria Boydii Shear. J. Bacteriol. **59**, 1 (1950).

420. VILTER, S. P., and D. T. SPIES: Vitamin B_6 as an accessory growth factor for Staphylococcus albus. Science (New York) **91**, 200 (1940).

421. VISCONTINI, M., G. BONETTI und P. KARRER: Zur Herstellung der Cocarboxylase und des Aneurintriphosphorsäureesters. Helv. chim. Acta **32**, 1478 (1949).

422. VAN VLOTEN, G. W., CH. A. KRUISSINK, B. STRIJK and J. M. BIJVOET: Crystal structure of 1,2,3,4,5,6-hexachlorocyclohexane (Gammexane). Nature (London) **162**, 771 (1948).

423. WAGNER, R. P.: The in vitro synthesis of pantothenic acid by pantothenicless and wild type Neurospora. Proc. nat. Acad. Sci. USA **35**, 185 (1949).

424. —, and B. M. GUIRARD: Gene-controlled reaction in Neurospora involving the synthesis of pantothenic acid. Proc. nat. Acad. Sci. USA **34**, 398 (1948).

425. WARBURG, O.: Wasserstoff-übertragende Fermente. Berlin: Dr. W. Saenger (1948.)

426. Warburg, O,, und W. Christian: Über ein neues Oxydationsferment und sein Absorp*ionsspektrum. Biochem. Z. **254**, 438 (1932).

427. Wessman, G. E., and C. H. Werkman: Biotin in assimilation of heavy carbon in oxalacetate. Arch. Biochem. **26**, 214 (1950).

428. West, P. M., and P. W. Wilson: Biotin as a growth stimulating factor of the root nodule bacteria. Enzymologia **8**, 152 (1940). — Science (New York) **89**, 607 (1939).

429. Westenbrink, H. G. K., and H. Veldmann: On the synthesis and decomposition of aneurine-pyrophosphate by living yeast. Enzymologia **10**, 255 (1942).

430. Weygand, F.: Anwendung der stabilen und radioaktiven Isotope in der Biologie. Angew. Chemie **61**, 285 (1949).

431. Wickerham, L. J., M. H. Flickinger and M. R. Johnston: The production of riboflavin by Ashbya gossypii. Arch. Biochem. **9**, 95 (1946).

432. Wieland, Th.: Ketopantothensäure und Aminopantothensäure. Chem. Ber. **81**, 323 (1948).

433. —, und E. F. Möller: Über eine biologische Synthese der Pantothensäure I., II. Hoppe Seyler's Z. physiol. Chem. **269**, 227 (1941); **272**, 232 (1942).

434. — — Über biologisch aktive Homologe der Pantothensäure; 2 diastereomere N-(α,γ-dioxy-β-methyl-β-äthyl-butyryl)-β-alanine. Chem. Ber. **81**, 316 (1948).

435. Wildiers, E.: Nouvelle substance indispensable au développement de la levure. La cellule **18**, 313 (1901).

436. Williams, R. J.: The vitamin requirement of yeast. A simple biological test for vitamins. J. Biol. Chem. **38**, 465 (1919); **42**, 259 (1920).

437. — Manille Ide, the discoverer of bios. Science (New York) **88**, 475 (1938).

438. — The chemistry and biochemistry of pantothenic acid. Adv. Enzymol. **3**, 253 (1943).

439. —, R. E. Eakin and E. E. Snell: The relationship of inositol, thiamine, biotin, pantothenic acid and vitamin B_6 to the growth of yeasts. J. Amer. chem. Soc. **62**, 1204 (1940).

440. —, and R. R. Roehm: The effect of antineuritic vitamin preparations on the growth of yeasts. J. biol. Chem. **87**, 581 (1930).

441. —, F. Schlenk and M. A. Eppright: Assay of purified proteins, enzymes etc. for B-vitamins. J. Amer. chem. Soc. **66**, 896 (1944).

442. Williams, V. R.: Growth stimulants in the Lactobacillus arabinosus biotin assay. J. biol. Chem. **159**, 237 (1945).

443. —, and E. A. Fieger: Growth stimulants for microbiological biotin assay. Ind. Engng. Chem., analyt. Edit. **17**, 127 (1945).

444. — — Oleic acid as a growth stimulant for Lactobacillus casei. J. biol. Chem. **166**, 335 (1946).

445. — — Lipide stimulation of Lactobacillus casei. J. biol. Chem. **170**, 399 (1947).

446. Williams, W. L.: Yeast microbiological method for the determination of nicotinic acid. J. biol. Chem. **166**, 397 (1946).

446 a. —, E. Hoff-Jörgensen and E. E. Snell: Determination and properties of an unidentified factor required by Lactobacillus bulgaricus. J. biol. Chem. **177**, 933 (1949).

447. —, H. P. Broquist and E. E. Snell: Oleic acid and related compounds as growth factors for lactic acid bacteria. J. biol. Chem. **170**, 619 (1947).

448. Wilson, A. N., and St. A. Harris: Synthesis and properties of Neopyrithiamine salts. J. Amer. chem. Soc. **71**, 2231 (1949).

449. Wood, H. G.: The fixation of carbon dioxide and the interrelationships of the tricarboxylic acid cycle. Physiologic. Rev. **26**, 198 (1946).

450. —, A. A. Anderson and C. H. Werkman: Nutrition of the propionic acid bacteria. J. Bacteriol. **36**, 201 (1938). — Proc. Soc. exp. Biol. Med. **36**, 217 (1937).

451. —, Ch. Geiger and C. H. Werkman: Nutritive requirements of the hetero fermentative lactic acid bacteria. Iowa State Coll. J. Sci. **14**, 367 (1940).

452. —, E. L. Tatum and W. H. Peterson: Growth factors for bacteria IV. An acid ether-soluble factor, essential for growth of propionic bacteria. J. Bacteriol. **33**, 227 (1937).

453. —, and C. H. Werkman: The utilization of CO_2 in the dissimilation of glycerol by the propionic acid bacteria. Biochem. J. **30**, 48 (1936).

454. Wood, W. A., I. C. Gunsalus and W. W. Umbreit: Function of pyridoxal-phosphate: Resolution and purification of the tryptophanase enzyme of Escherichia coli. J. biol. Chem. **170**, 313 (1947).

455. Woods, D. D.: The relation of p-aminobenzoic acid to the mechanism of the action of sulfanilamide. Brit. J. exp. Pathol. **21**, 74 (1940).

456. Woolley, D. W.: Biological responses to the constituent parts of pantothenic acid. J. biol. Chem. **130**, 417 (1939).

457. — Identification of the mouse anti-alopecia factor. J. biol. Chem. **139**, 29 (1941).

458. — Synthesis of inositol in mice. J. exp. Medicine **75**, 277 (1942).

459. — Production of riboflavin deficiency with phenazine analogues of riboflavin. J. biol. Chem. **154**, 31 (1944).

460. — Development of resistance to pyrithiamine in yeast and some observations on its nature. Proc. Soc. exp. Biol. Med. **55**, 179 (1944).

461. — A study of the basis of selectivity of action of anti-metabolites with analogues of pimelic acid. J. biol. Chem. **183**, 495 (1950).

462. —, and M. L. Collyer: Phenylpantothenone, an antagonist of pantothenic acid. J. biol Chem. **159**, 263 (1945).

463. —, and B. L. Hutchings: Some growth factors for hemolytic streptococci. J. Bacteriol. **38**, 285 (1939).

464. — —, Synthetic media for culture of certain hemolytic streptococci. J. Bacteriol. **39**, 287 (1941).

465. —, and L. G Longsworth: Isolation of an antibiotin factor from egg-white. J. biol. Chem. **142**, 285 (1942).

466. —, and A. G. C. White: Selective reversible inhibition of microbial growth with pyrithiamine. J. exp. Medicine **78**, 489 (1943).

467. Work, E.: A new naturally occuring amino acid. Nature (London) **165**, 74 (1950). — Biochem. J. **46**, V (1950); s. a. Bull. Soc. Chim. Biol. **31**, 138 (1949), Biochem. Biophys. Acta **3**, 400 (1949).

468. Work, T. S., and E. Work: The basis of chemotherapy. Oliver and Boyd, Ltd. London 1948.

468 a. Wright, L. D.: Oxybiotin in the bacterial deamination of aspartic acid. Proc. Soc. exp. Biol. Med. **74**, 588 (1950).

469. —, L. D., E. L. Cresson and H. R. Skeggs: Biotin in bacterial deamination of certain amino acids. Proc. Soc. exp. Biol. Med. **72**, 556 (1949).

470. — — —, T. R. Wood, R. L. Peck, D. E. Wolf and K. Folkers: Biocytin, a naturally occuring complex of biotin. J. Amer. chem. Soc. **72**, 1048 (1950). — 1. Internat. Congr. Biochem. Cambridge (1949).

471. Wright, L. D., and H. R. Skeggs: Reversal of sodium propionate inhibition of Escherichia coli with β-Alanin. Arch. Biochem. **10**, 383 (1946).
472. — —, and E. L. Cresson: Affinity of avidin for certain analogs of biotin. Proc. Soc. exp. Biol. Med. **64**, 150 (1947).
473. Wyss, O.: Antibacterial action of a pyridine analogue of thiamine. J. Bacteriol. **46**, 483 (1943).
474. Yamasaki, I.: Über Flavine, die bei Gärung von Aceton-Butylalkoholbakterien gebildet werden. (Gärungsflavine). I. Über Gärungsflavin aus Reis. Biochem. Z. **300**, 160 (1939).
475. —, und W. Yositome: Über die Bildung des Vitamin B_2-Komplexes aus Cerealien bei der Gärung von Aceton-Butylalkoholbakterien. Biochem. Z. **297**, 398 (1938).
476. Yanofsky, C., and D. M. Bonner: Evidence for the participation of kynurenine as the normal intermediate in the biosynthesis of niacine in Neurospora. Proc. nat. Acad. Sci. USA **36**, 167 (1950).
477. Yegian, D., and R. J. Vanderlinde: The biological characteristics of streptomycin-dependent Mycobacterium ranae. J. Bacteriol. **57**, 169 (1949).
478. Zima, O., K. Ritsert und Th. Moll: Über das Aneurindisulfid. Hoppe Seyler's Z. physiol. Chem. **267**, 210 (1941).
479. —, und R. R. Williams: Über ein antineuritisch wirksames Oxydationsprodukt des Aneurins. Ber. dtsch. chem. Ges. **73**, 941 (1940).

(Abgeschlossen im November 1950.)

Dr. Ernst-Friedrich Möller, Max Planck-Institut für Medizinische Forschung, Institut für Chemie, Heidelberg.

Ergebnisse der exakten Naturwissenschaften

Herausgegeben von

Professor Dr. S. FLÜGGE   und   Professor Dr. F. TRENDELENBURG

Marburg a. Lahn   Freiburg i. Br.

Unter Mitwirkung von

Professor Dr. W. BOTHE   Professor Dr. F. HUND

Heidelberg   Jena

Professor Dr. P. HARTECK

Hamburg

Vor kurzem erschien:

Dreiundzwanzigster Band

Mit 215 Abbildungen. IV, 416 Seiten. 1950. DMark 59.60

Inhaltsübersicht:

Die Sonnenkorona. Von Professor Dr. H. S i e d e n t o p f , Tübingen. Mit 23 Abbildungen. — **Experimentelle Schwingungsanalyse.** Von Dr. W. M e y e r - E p p l e r , Bonn. Mit 66 Abbildungen. — **Schallreflexion, Schallbrechung und Schallbeugung.** Von Dr. A. S c h o c h , Göttingen. Mit 39 Abbildungen. — **Seignetteelektrizität.** Von Dr. H. B a u m g a r t n e r , Dr. F. J o n a , Dr. W. K ä n z i g , Zürich. Mit 45 Abbildungen. — **Theorie der Supraleitung.** Von Dr. H. K o p p e , Göttingen. Mit 20 Abbildungen. — **Röntgenspektroskopie der Valenzelektronen — Bänder in Krystallen.** Von Dr. H. N i e h r s , Berlin. Mit 22 Abbildungen. Inhalt der Bände XI—XXIII. Namen- und Sachverzeichnis.

Anfang 1951 erscheint:

Vierundzwanzigster Band

Mit etwa 200 Abbildungen. Etwa 400 Seiten. Erscheint etwa Anfang 1951.

Inhaltsübersicht:

Spezifische Leuchtvorgänge im Bereich der mittleren Ionosphäre. Von Professor Dr. C. H o f f m e i s t e r , Sonneberg. — **Elektroneninterferenzen und ihre Anwendung.** Von Professor Dr. H. R a e t h e r , Paris. — **Die Erforschung der Struktur hochmolekularer und kolloidaler Stoffe mittels Kleinwinkelstreuung.** Von Dr. R. H o s e m a n n , Treysa, Bez. Kassel. — **Experimentelle Grundlagen der Spektroskopie des Zentimeter- und Millimetergebietes.** Von Dr. B. K o c h , Weil a. Rhein. — **Die Mikrowellenspektroskopie molekularer Gase und ihre Ergebnisse.** Von Dozent Dr. W. M a i e r , Freiburg i. Br. — **Spektroskopie der γ-Strahlen mit Krystallgittern.** Von Professor Dr. A. F a e s s l e r , Freiburg i. Br. — **Die genäherte Berechnung von Eigenwerten elastischer Schwingungen anisotroper Körper.** Von Dr. H. J. M ä h l y , Zürich. Inhalt der Bände XI—XXIV. Namenverzeichnis. — Sachverzeichnis.

Früher erschienen:

Einundzwanzigster Band

Mit 188 Abbildungen. III, 361 Seiten. 1945. DMark 48.—

Inhaltsübersicht:

Neuere Fortschritte der Theorie des inneren Aufbaues und der Entwicklung der Sterne. Von Dr. L. B i e r m a n n , Berlin-Babelsberg. — **Elektrische Leitfähigkeit der Metalle bei tiefen Temperaturen.** Von Professor Dr. E. G r ü n e i s e n , Marburg a. d. Lahn. — **Supraleitfähigkeit.** Von Regierungsrat Professor Dr. E. J u s t i , Berlin und Dr. K. H. K o c h , Wien. — **Anregungsstufen der leichten Atomkerne.** Von Dozent Dr. H. V o l z , Erlangen. — **Die elektronenmikroskopische Untersuchung von Oberflächen.** Von Dr.-Ing. H. M a h l , Berlin-Reinickendorf. — **Die Messung mechanischer und akustischer Widerstände.** Von Professor Dr. K. S c h u s t e r , Breslau.

Zweiundzwanzigster Band

Mit 195 Abbildungen. III, 332 Seiten. 1949. DMark 48.—

Inhaltsübersicht:

Transurane. Von Professor Dr. S. F l ü g g e , Marburg. — **Die Elektronenschleuder.** Von Professor Dr. H. K o p f e r m a n n , Göttingen. — **Die Entwicklung der Elektronenlawine in den Funkenkanal.** (Nach Untersuchungen in der Nebelkammer.) Von Professor Dr. H. R a e t h e r , Sceaux (Seine). — **Molekulare Schallabsorption und -dispersion.** Von Professor Dr. H. O. K n e s e r , Göttingen. — **Röntgenbestimmungen der Atomanordnung in flüssigen und amorphen Stoffen.** Von Professor Dr. R. G l o c k e r , Stuttgart. — **Ursprung und Eigenschaften der kosmischen Strahlung.** Von Professor Dr. E. B a g g e , Hamburg. — **Ionosphäre.** Von Professor Dr. J. Z e n n e c k , Althegnenberg (Obbay.). Inhalt der Bände 1 bis 22. Namen- und Sachverzeichnis.

SPRINGER-VERLAG / BERLIN · GÖTTINGEN · HEIDELBERG

Handbuch der analytischen Chemie

Herausgegeben von

W. FRESENIUS   und   **G. JANDER**
Wiesbaden   Greifswald

Soeben erschien:

Dritter Teil:
Quantitative Bestimmungs- und Trennungsmethoden
Band VIIa α
Elemente der siebenten Hauptgruppe
I
Wasserstoff (einschließlich Wasser). Fluor

Bearbeitet von

G. BÄHR   **F. HEIN**   **R. KLEMENT**

Mit 86 Abbildungen. XIII, 245 Seiten. 1950. DMark 38.—

Inhaltsübersicht:

Wasserstoff. Von Prof. Dr. F. H e i n , Jena, und Dr. G. B ä h r , Jena. Bestimmungsmöglichkeiten. — Bestimmungsmethoden. **1. Bestimmung von freiem Wasserstoff:** Chemische Verfahren. — Physikalisch-chemische Verfahren. — Physikalische Verfahren. — **2. Bestimmung von gebundenem Wasserstoff:** Bestimmung in Hydriden (außer Kohlenwasserstoffen). — Bestimmung in anorganischen und organischen Verbindungen. — **3. Sonderverfahren:** Bestimmung des „aktiven" Wasserstoffs. — Bestimmung von Deuterium. — Bestimmung des Wasserstoff-Ions (pH-Messung). — **Die quantitative Bestimmung des Wassers.** Von Prof. Dr. F. H e i n , Jena, und Dr. G. B ä h r , Jena. — Physikalische Verfahren. — Physikalisch-chemische Verfahren. — Chemische Verfahren. — Besonderheiten. — **Fluor.** Von Prof. Dr. R. K l e m e n t , München. — Bestimmungsmöglichkeiten. Bestimmungsmethoden. **1. Bestimmung als Calciumfluorid bzw. unter Abscheidung als Calciumfluorid:** Gewichtsanalytische Bestimmung. — Maßanalytische Bestimmung. **2. Bestimmung als Bleichlorofluorid bzw. unter Abscheidung als Bleichlorofluorid (oder als Bleibromofluorid):** Gewichtsanalytische Bestimmung des Fluors als Bleichlorofluorid. — Maßanalytische Bestimmung des Fluors nach Abscheidung als Bleichlorofluorid. — Polarographische Bestimmung des Fluors durch Abscheidung als Bleichlorofluorid. — Maßanalytische Bestimmung des Fluors nach Abscheidung als Bleibromofluorid. — **3. Bestimmung als Kaliumsilicofluorid:** Gewichtsanalytische Bestimmung. — Maßanalytische Bestimmung. — **4. Überführung in Siliciumfluorid bzw. in Silicofluorwasserstoffsäure bzw. in Kaliumsilicofluorid:** Gewichtsanalytische Bestimmung des Fluors unter Überführung in Siliciumfluorid. — Maßanalytische Bestimmung des Fluors nach Überführung über Siliciumfluorid und Silicofluorwasserstoffsäure in Kaliumsilicofluorid. — Maßanalytische Bestimmung des Fluors unter Überführung über Siliciumfluorid in Silicofluorwasserstoffsäure. — Gasvolumetrische Bestimmung des Fluors als Siliciumfluorid. — **5. Bestimmung des Fluors unter Umsetzung mit Farblacken des Zirkons bzw. des Thoriums:** Colorimetrische Methoden unter Anwendung von Zirkon. — Methoden unter Anwendung von Zirkonium und Thorium. — Methoden unter Anwendung von Thorium. — **6. Bestimmung des Fluors mittels EisenIII-salzen:** Maßanalytische Bestimmung unter Fällung mittels EisenIII-chlorids und Ermittlung des Überschusses. Colorimetrische Bestimmung unter Fällung mittels EisenIII-chlorids und Ermittlung des Überschusses. — Potentiometrische Bestimmung mittels EisenIII-chlorids und Ermittlung des Überschusses. — Colorimetrische Bestimmung mittels EisenIII-Acetylacetonats nach A r m s t r o n g. — Colorimetrische Bestimmung mittels 7-Jod-8-Oxychinolin-5-Sulfosäure („Ferron" oder „Yatren"). — Colorimetrische Bestimmung mittels EisenIII-salicylats. — **7. Colorimetrische Bestimmung des Fluors durch Entfärbung von Peroxotitanylsulfat.** — **8. Bestimmung des Fluors mittels der Salze dreiwertiger Erdmetalle.** — **9. Besondere Methoden.** — **10. Verfahren zur Bestimmung von elementarem Fluor.** — **11. Bestimmung des Fluors neben anderen Elementen.**

Vor kurzem erschien:

Band IVb
Elemente der vierten Nebengruppe
Titan · Zirkon · Hafnium · Thorium

Bearbeitet von

H. BODE   **A. CLAASSEN**   **B. JÜSTEL †**

Mit 25 Abbildungen. XVI, 524 Seiten. 1950. DMark 78.—

Inhaltsübersicht:

Titan. Von Dr. A. C l a a s s e n , Chef-Chemiker am Forschungslaboratorium der N. V. Philips' Gloeilampenfabrieken, Eindhoven, Niederlande. — **Zirkon und Hafnium.** Von Dr. A. C l a a s s e n , Chef-Chemiker am Forschungslaboratorium der N. V. Philips' Gloeilampenfabrieken, Eindhoven, Niederlande. — **Thorium.** Von Dr. B. J ü s t e l † und Professor Dr. H. B o d e , Hamburg.

SPRINGER-VERLAG / BERLIN · GÖTTINGEN · HEIDELBERG

Springer-Verlag / Berlin · Göttingen · Heidelberg. — K.B. 721/37/50 — (57 273/4022). — Printed in Germany.

FORTSCHRITTE
DER
CHEMISCHEN FORSCHUNG

HERAUSGEGEBEN VON

F. G. FISCHER
WÜRZBURG

H. W. KOHLSCHÜTTER
DARMSTADT

KL. SCHÄFER
HEIDELBERG

SCHRIFTLEITUNG:

H. MAYER-KAUPP
HEIDELBERG

2. BAND, 2. HEFT

MIT 41 TEXTABBILDUNGEN

SPRINGER-VERLAG BERLIN HEIDELBERG GMBH 1951

Fortschr.
chem. Forsch.

Preis DM 14.80

Die
„Fortschritte der chemischen Forschung"

erscheinen zwanglos in einzeln berechneten Heften, von denen je vier zu einem Band von etwa 50 Bogen vereinigt werden. Ihre Aufgabe liegt in der Darbietung monographischer Fortschrittsberichte über aktuelle Themen aus allen Gebieten der chemischen Wissenschaft. Hauptgesichtspunkt ist nicht lückenloses Zitieren der vorhandenen Literaturangaben, sondern kritische Sichtung der Literatur und Verdeutlichung der Hauptrichtungen des Fortschritts. Auch wenden sich die Fortschrittsberichte nicht ausschließlich an den Spezialisten, sondern an jeden interessierten Chemiker, der sich über die Entwicklung auf den Nachbargebieten zu unterrichten wünscht. Die Berichterstattung erstreckt sich vorläufig über den Zeitraum der letzten 10 Jahre. Beiträge nichtdeutscher Autoren können in englischer oder französischer Sprache veröffentlicht werden.

In der Regel werden nur angeforderte Beiträge veröffentlicht. Nicht angeforderte Manuskripte werden dem Herausgeberkollegium überwiesen, das über die Annahme entscheidet. Für Anregungen betreffs geeigneter Themen sind die Herausgeber jederzeit dankbar.

Anschriften:

Prof.Dr.F.G.Fischer, (13a) Würzburg, Röntgenring 11 (Organische Chemie und Biochemie).
Prof. Dr. H. W. Kohlschütter, (16) Darmstadt, Eduard-Zintl-Institut der T. H. (Anorganische Chemie).
Prof. Dr. Kl. Schäfer, (17a) Heidelberg, Plöck 55 (Physikalische Chemie).
Dr. H. Mayer-Kaupp, (17a) Heidelberg, Neuenheimer Landstraße 24 (Springer-Verlag).

Springer-Verlag
Heidelberg   **Berlin-Charlottenburg 2**
Neuenheimer Landstraße 24   Jebensstraße 1
Fernsprecher 24 40   Fernsprecher 32 20 70

Betriebsvertretung des Verlages im Ausland:

Lange, Maxwell & Springer Ltd., 41—45 Neal Street, L o n d o n , W.C. 2

Fortschr. chem. Forsch. Bd. 2. S, 229—272. (1951).

Die Maxima der polarographischen Stromstärke-Spannungs-Kurven.

Von

M. VON STACKELBERG.

Mit 33 Textabbildungen.

Inhaltsübersicht.

I. Einleitung.

Bekanntlich steigen die mit der Quecksilbertropfelektrode aufgenommenen Stromstärkespannungskurven oft erheblich über den Betrag der Diffusionsstromstärke an, um dann — meist plötzlich — auf diesen Betrag abzusinken (Abb.1). HEYROVSKÝ hat dieser Erscheinung die Bescheinung die Bezeichnung „polarographische Maxima" gegeben. Diese störende Verzerrung der Polarogramme durch die Maxima sucht der Praktiker durch Zusatz von „Maximadämpfern" zur Analysenlösung zu beseitigen. Was in dieser Hinsicht an Erfahrungsmaterial gesammelt worden ist, liegt im wesentlichen zeitlich schon weiter zurück und soll daher hier nicht behandelt werden.

Auch das Positive, das die Maxima dem analytischen Praktiker bieten, nämlich die Möglichkeit einer polarographischen Bestimmung auch nicht reduzierbarer aber grenzflächenaktiver Stoffe durch ihre maximadämpfende Wirkung, sei wegen der geringen Bedeutung der polarographischen „Adsorptionsanalyse" hier nicht weiter verfolgt.

Im Hinblick auf die Tatsache, daß ein Erscheinungsgebiet praktisch nur dann völlig beherrscht werden kann, wenn auch die Theorie der Phänomene klar ist, wird sich der vorliegende Bericht im wesentlichen

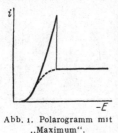

Abb. 1. Polarogramm mit „Maximum".

auf die Theorie der polarographischen Maxima, die gerade in der letzten Zeit mannigfache Bearbeitung erfahren hat, konzentrieren. Dies Interesse für die Maxima rührt daher, daß sie einerseits mit den Eigenschaften der elektrischen Doppelschicht an der Grenze Metall-Elektrolytlösung zusammenhängen müssen, und daß sich zum andern zunächst keine befriedigende Deutung der Maxima finden ließ.

Die Erscheinung war zunächst von HEYROVSKÝ (1941) näher untersucht worden und wurde von ihm auf *Adsorptionskräfte* zurückgeführt, die die reduzierbaren Molekeln oder Ionen („Depolarisatoren") verstärkt an die Elektrodenoberfläche heranführen sollten. Diese Theorie ist insbesondere von ILKOVIČ (1936) ausgebaut worden (vgl. auch HEYROVSKÝ 1936). Die Annahme von Adsorptionskräften, die über Strecken von etwa 10^{-3} cm wirksam werden müßten, widerspricht jedoch allen sonstigen Erfahrungen. Die Adsorptionskräfte dürften außerdem nur die Depolarisator-Molekeln oder -Ionen anziehen, nicht aber — oder nur schwächer — alle sonstigen Bestandteile der Lösung: Die Wassermolekeln, die Leitsalzionen, das Reduktionsprodukt des Depolarisators.

Eine neue Situation entstand, nachdem FRUMKIN und BRUNS (1934) und SEIDEL (1935) an großflächigen Quecksilberkathoden das spontane Auftreten von Strömungen festgestellt hatten, und bald darauf ANTWEILER (1938) sowie KRJUKOWA und KABANOW (1939) fanden, daß diese Strömungen auch an der Tropfkathode stets vorhanden sind, wenn ein Maximum vorliegt. Die überhöhte Stromstärke der Maxima konnte somit auf die Rührwirkung der Strömung zurückgeführt werden. Die Strömung ihrerseits ist nach der neuen Theorie durch Unterschiede in der Grenzflächenspannung an der flüssigen Kathode bedingt. Die Unterschiede in der Grenzflächenspannung an verschiedenen Orten der Kathodenoberfläche sind wiederum auf Unterschiede in der Stromdichte, die durch die Geometrie der Anordnung bedingt sind, zurückzuführen.

Diese *Grenzflächenspannungstheorie* ermöglichte es, die Erscheinung der Maxima ohne neuartige, zusätzliche Annahmen zu deuten. Nur der *Abbruch der Maxima* (und der Strömungen) bei Steigerung des Kathodenpotentials (s. Abb. 1) fand noch keine befriedigende Deutung und hat zu einer Reihe weiterer Arbeiten und — weiterer Zusatzhypothesen Anlaß gegeben. So sind z. B. von FRUMKIN und Mitarbeitern nacheinander drei Theorien aufgestellt worden, von denen aber auch die neueste (FRUMKIN und LEWITSCH 1945/47 Teil IV) nicht befriedigen kann. Auch der Verfasser muß frühere Spekulationen (v. STACKELBERG 1938) zurücknehmen. Wir glauben aber nun, eine Lösung auch dieses Problems geben zu können. (nachstehend im Kap. 6), und halten daher den Zeitpunkt für gegeben, zusammenfassend über die polarographischen Maxima zu berichten.

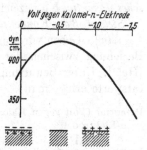

Abb. 2. Die Elektrokapillarkurve des Quecksilbers und die Doppelschicht beim positiven und negativen Ast.

Die beim Zustandekommen der Maxima entscheidend mitwirkende Grenzflächenspannung Quecksilber/Elektrolytlösung hängt bekanntlich vom Potential des Quecksilbers ab, wie dies durch die Elektrokapillarkurve wiedergegeben wird (Abb. 2). Da die diesbezüglichen Darstellungen in der Literatur vielfach nicht klar sind, sei hier das für uns Wichtigste kurz zusammengestellt [1].

Grenzflächenspannung und Potential einer Quecksilberelektrode.

Das Potential einer Hg-Elektrode steht einerseits in Beziehung zur Ladungsdichte Q der Doppelschicht (HELMHOLTZ). Das durch diese Ladungsdichte gegebene Elektrodenpotential des Quecksilbers sei als „*Kondensatorpotential*" E_Q bezeichnet. Beim elektrokapillaren Nullpotential (weiterhin kurz „Nullpotential") ist die Ladungsdichte Null. In indifferenter, nicht grenzflächenaktiver Elektrolytlösung liegt dieses Nullpotential bei —0,52 V gegen die Kalomelnormalelektrode. Hier liegt das Maximum der Elektrokapillarkurve. Bei positiveren Potentialen ist das Quecksilber positiv geladen, und die „äußere Belegung" der Doppelschicht besteht aus elektrostatisch angezogenen negativen Ionen. Bei negativeren Potentialen — umgekehrt (s. Abb. 2). Die Kapazität der Doppelschicht hat man beim positiven Ast zu etwa 20 Mikrofarad pro cm², beim negativen Ast zu etwa $40\,\mu$F/cm² gefunden. Bezeichnen wir diese Kapazität mit K und messen das Potential E_Q vom Nullpotential als Nullpunkt, so ist also

$$E_Q = Q/K.$$

Das Potential einer Hg-Elektrode ist aber andererseits durch die Konzentration (genauer Aktivität) der Hg-Ionen in der Lösung gegeben:

---

[1] Eine gute Besprechung der Elektrokapillarkurve ist von FRUMKIN (1928) gegeben worden.

$$E = E_0 + \frac{RT}{nF} \ln [\mathrm{Hg_2^{2+}}] \; .$$

Hierbei ist E_0 das Normalpotential $\mathrm{Hg/Hg_2^{2+}}$ ($E_0 = +0{,}52$ V gegen die Kalomelnormalelektrode $= 1{,}04$ V gegen das Nullpotential). Wir wollen das durch die Hg-Ionenaktivität $[\mathrm{Hg_2^{2+}}]$ bedingte Potential als *„Nernstsches Potential E_N* bezeichnen.

Stets muß das Kondensatorpotential E_Q gleich dem Nernstschen Potential E_N sein[1]. Gehen wir von dieser Voraussetzung aus, so ergibt sich eine Beziehung zwischen der Ladungsdichte Q und der Hg-Ionenaktivität $[\mathrm{Hg_2^{2+}}]$. Unter Benutzung der oben angegebenen abgerundeten Kapazitätswerte erhält man:

Potential (Volt gegen Kalomel-n-Elektrode)				
$+0{,}52$	± 0	$-0{,}52$	$-1{,}52$	$-2{,}52$

$[\mathrm{Hg_2^{2+}}]$ . . . . $\quad 1 \qquad 10^{-18} \qquad 10^{-34} \qquad 10^{-69} \qquad 10^{-103}$

Ladungsdichte $Q \cdot 10^6$
(Coulomb/cm^2) . . . . . . $\quad +42 \qquad +21 \qquad 0 \qquad -20 \qquad -40$

Wenn *zwei* Mechanismen ein Gleichgewicht einstellen, der eine aber an einem wesentlich längeren Hebelarm angreift, so ist der andere ohne Bedeutung. In diesem Sinne ist bei negativen Potentialen die Hg-Ionen-Aktivität bedeutungslos für das Potential, auch schon bevor sie physikalisch sinnlos wird. Bei negativen Potentialen kann man daher mit dem Lippmannschen Kapillarelektrometer, indem man das Potential des Doppelschicht-Kondensators einstellt, die Elektrokapillarkurve ohne jede Störung durch die Hg-Ionen bestimmen. Die Elektrode ist „ideal polarisierbar", da praktisch keine Ladungsträger vorhanden sind, die die Grenzfläche passieren können. Bei der Potentialeinstellung fließt nur ein Kapazitätsstrom, kein Faradayscher Strom.

Bei Potentialen aber, die positiver sind als etwa das der Kalomelelektrode, erhält die Hg-Ionen-Aktivität zunehmend den „längeren Hebelarm". Hier versagt das Lippmannsche Kapillarelektrometer. „Die

---

[1] Dies zu betonen scheint uns notwendig, weil in neueren Darstellungen der Theorie der Elektrokapillarkurve „die beiden Theorien" als gegensätzlich behandelt werden[2]. Wobei dann meist der Helmholtzschen Kondensatortheorie der Vorzug gegeben wird.

Hiermit im Zusammenhang stehen die ebenfalls mißverständlichen Behauptungen, man könne die Elektrokapillarkurve in positiver Richtung nur etwa bis zum Potential der Kalomelelektrode messen, und die Gegenwart von Hg-Ionen mache die Messung der Grenzflächenspannung unmöglich.

[2] N. K. Adam (1941) geht so weit, daß er die Positivierung, die das Hg-Potential durch Oxydationsmittel erfährt, zwar auf die Bildung von Hg-Ionen zurückführt, jedoch meint, diese befänden sich *ausschließlich im Metall* (an der Oberfläche), nicht in der Lösung. Sie sind aber in der Lösung analytisch nachweisbar, sobald ihre nach Nernst berechnete Konzentration dieses als möglich erscheinen läßt. Es liegt also kein Grund für eine Diskreditierung der Nernstschen Gleichung vor.

Hg-Ionen stören." Hier kann das Gleichgewicht nur eingestellt werden, indem man am längeren Hebelarm anfaßt, d. h. durch Einstellung der Hg-Ionen-Konzentration. Die Elektrokapillarkurve ist dann auch bis zu der höchst erreichbaren Hg-Ionen-Konzentration meßbar, z. B. nach der „Methode der flachen Tropfen" Bei dieser Methode kann ein Faradayscher Strom nicht fließen und kann die „unvollkommene Polarisierbarkeit" durch eine angelegte Spannung nicht stören[1].

Bei Anwesenheit von reversiblen Redoxsystemen (z. B. Chinon/Hydrochinon oder Cu^{2+}/Cu-Amalgam) werden die durch die Petersche Gleichung

$$E_R = E_0 + \frac{RT}{nF} \ln \frac{[Ox]}{[Red]}$$

gegebenen Redoxpotentiale E_R im Falle einer reversiblen Einstellung der Gleichgewichte ebenfalls gleich dem Kondensator- und dem Nernstschen Potential sein müssen:

$$E_Q = E_N = E_{R(1)} = E_{R\,(2)} \cdots \equiv E_K$$

Es müssen also an der Elektrodenoberfläche festliegende Beziehungen zwischen der Ladungsdichte Q, der Hg_2^{2+}-Aktivität und den Aktivitätsverhältnissen [Ox]/[Red] erfüllt sein.

Setzt man der Lösung, in der sich eine Hg-Elektrode befindet, ein Reduktionsmittel zu, z. B. $SnCl_2$, dann wird die Konzentration der Hg-Ionen in der Lösung entsprechend der Reduktionskraft herabgesetzt und das Potential der Hg-Elektrode entsprechend negativer. Hierbei werden freilich die wenigen Hg-Ionen diese Potentialeinstellung *nicht* bewirken können. Dies wird vielmehr durch den ungleich größeren Ladungsvorrat des Redoxsystems (Sn^{2+}/Sn^{4+}) geschehen. Insofern werden die Hg-Ionen bedeutungslos — in einer sehr durchsichtigen Weise.

---

[1] Daß die Elektrokapillarkurve eine realisierbare Fortsetzung auch zu Potentialen hat, die positiver als das der Kalomelelektrode sind, geht schon aus dem Funktionieren des „Ostwaldschen Herzens" hervor.

Die, wie erwähnt, häufig anzutreffende Ablehnung der Mitwirkung der Hg-Ionen, d. h. des Nernstschen Potentials bei der Potentialeinstellung des Quecksilbers hat zur Folge, daß keine Erklärung dafür gegeben werden kann, warum das Quecksilber in einer Elektrolytlösung „gewöhnlich ein positives Potential hat". Es ist natürlich der Luftsauerstoff, der gewöhnlich in einer Elektrolytlösung vorhanden ist und durch oxydative Bildung von Hg-Ionen das positive Potential veranlaßt.

Wie oben ausgeführt, haben z. B. die Hg_2^{2+}-Aktivitäten 10^{-18} und 10^{-34} der obigen Tabelle keine Bedeutung für die Potentialeinstellung des Kapillarelektrometers. Dennoch hat etwa für die Kalomelelektrode die Angabe $[Hg_2^{2+}] = 10^{-18}$ durchaus einen physikalischen Sinn. Die Gesamtkonzentration der Quecksilber enthaltenden Ionen ist wesentlich größer. Es werden hauptsächlich $HgCl_4^{2-}$-Ionen in der Lösung vorliegen. Der Abscheidungsdruck des gesamten gelösten Quecksilbers ist so groß, als ob in der Lösung $[Hg_2^{2+}] = 10^{-18}$ wäre. Bei noch wesentlich kleineren Zahlenwerten werden diese natürlich zu reinen Rechengrößen.

Für das Folgende sei hier ferner nachstehende Feststellung vorweggenommen: An der Hg-Elektrode sind insofern ideale Verhältnisse realisierbar, als alle ins Gewicht fallenden Widerstands- und Aktivierungs-
polarisationen[1] (Überspannung) vermeidbar sind, und nur reine Kon-
zentrationspolarisationen zur Auswirkung gelangen. Denn auf dieser
Basis läßt sich die Theorie der „idealen" polarographischen (Strom-
spannungs-)Kurve aufbauen (HEYROVSKÝ 1941, v. STACKELBERG 1939
und 1950). Und diese ideale Kurve ist sehr häufig verwirklicht. „Störungen" treten auf, wenn der Depolarisator kein reversibles Redoxpotential ergibt (Aktivierungspolarisation), und wenn z. B. durch ungeeignete Maximadämpfer störende Deckschichten gebildet werden
(Widerstandspolarisation). In diesen Fällen treten kinetische Effekte
auf. Bei den leicht realisierbaren idealen Verhältnissen ist *nur die Diffusion* als einzige kinetische Gegebenheit zu berücksichtigen.

II. Strömungen an großflächigen Quecksilberkathoden.

Bevor wir uns der Tropfelektrode zuwenden, seien in Kürze die
Strömungserscheinungen an großflächigen Hg-Elektroden besprochen.

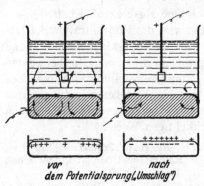

vor   nach
dem Potentialsprung(„Umschlag")

Abb. 3. Die Strömungen an großflächigen
Hg-Kathoden.

Tangentialströmungen an großflächigen Elektroden sind von
FRUMKIN und BRUNS (1934 und
1938) und von v. STACKELBERG,
ANTWEILER und KIESELBACH
(1938) näher untersucht worden.

Überschichtet man eine Quecksilberkathode z. B. mit einer 0,1
$nCuSO_4$-Lösung, die zweckmäßigerweise[2] mit NaCl gesättigt
ist, und der man etwas Kohlegrieß
zugefügt hat, um die Strömungen
sichtbar zu machen, so beobachtet
man beim Anlegen einer Spannung
zwischen Hg-Kathode und einer in die Lösung eingebrachten Anode die
in Abb. 3 links angegebenen Strömungen[3].

---

[1] Näheres über die Widerstands- und Aktivierungspolarisation s. bei
E. LANGE und Mitarbeitern (1946—1950).

[2] Vgl. hierzu v. STACKELBERG, ANTWEILER u. KIESELBACH 1938.

[3] Einfacher — ohne äußere Spannungsquelle — kann der Versuch aufgebaut
werden, wenn man an Stelle der Anode einen Eisenstift (Nagel) in die Lösung
stellt, der das Quecksilber berührt. Das Eisen geht dann in Lösung, während
sich das Kupfer am Quecksilber abscheidet. Der Eisenstift wird also zur Anode.
Um den „Umschlag" (s. weiter unten) zu erhalten, muß man statt Eisen ein
unedleres Metall, z. B. Zink, nehmen.

Deutung: Das Quecksilber hat hier zunächst eine positive Ladung. Die lösungsseitige Belegung der Doppelschicht an der Kathodenoberfläche besteht also aus negativen Ionen. Die Stromdichte ist direkt unter der Anode größer als an weiter entfernten Teilen der Kathodenoberfläche. Hier wird also die Cu^{2+}-Ionen-Konzentration stärker herabgesetzt und eine höhere Cu-Amalgam-Konzentration erreicht. Das Redoxpotential Cu^{2+}/Cu wird also unter der Anode stärker negativ als in Anodenferne. Dem muß das Kondensatorpotential folgen. Das entspricht aber bei Potentialen, die positiv gegenüber dem Nullpotential sind, einem Abbau der Ladungsdichte, einer Erhöhung der Grenzflächenspannung. Daher setzt sich die Grenzfläche von allen Seiten in Richtung unter die Anode in Bewegung. Der Sitz der Kraft befindet sich also *in der Grenzfläche*. Deren Bewegung verursacht dann sekundär die Strömung des Elektrolyten und des Quecksilbers.

Steigert man die angelegte Spannung, so werden die Strömungen zunächst immer heftiger und die Stromstärke steigt (s. Abb. 4). Das Kathodenpotential (gemessen mit einer Lugginschen Sonde) steigt dabei nur wenig, bleibt in der Nähe des Cu^{2}/Cu-Amalgam-Redoxpotentials, das in der angegebenen Lösung noch 0,2 Volt *positiver* ist als das Nullpotential.

Bei weiterer Steigerung der Spannung erfolgt plötzlich ein „*Umschlag*": Das Kathodenpotential springt plötzlich um fast 2 Volt vom Abscheidungspotential der Cu-Ionen auf das der Na-Ionen. Die Strom-

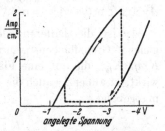

Abb. 4. Stromstärkespannungskurve mit großflächiger Hg-Kathode. Elektrolyt: 0,1 n-$CuSO_4$ an NaCl gesättigt.

stärke fällt auf einen Bruchteil ab (s. Abb. 4). Die Strömungsrichtung kehrt sich um (Abb. 3 rechts). Deutung: Wenn die Stromdichte so hoch gesteigert wird, daß die Cu-Ionenkonzentration an der Kathodenoberfläche fast auf Null herabgesetzt wird, ist die „Kapazität" des Cu-Redoxsystems erschöpft, daher springt das Potential auf das Potential des Na-Redoxsystems, also *über das Nullpotential hinaus*. Jetzt ist das Quecksilber negativ geladen, dem stärker negativen Potential unter der Anode entspricht daher jetzt eine größere Ladungsdichte und eine geringere Grenzflächenspannung als in Anodenferne. Daher richtet sich die Strömung jetzt nach außen. — Da eine besonders geringe Stromdichte im äußersten Winkel zwischen Glaswand und Hg-Meniskus herrscht, drängt die Strömung in diesen Winkel hinein und treibt die Lösung zwischen die Glaswand und das Quecksilber, wodurch eine Flüssigkeitshaut unter das Quecksilber gedrückt wird, von der Mitte des Gefäßbodens aus steigen Flüssigkeitstropfen durch das Quecksilber hoch.

Es sei schon hier gesagt, daß der plötzliche Abfall der Stromstärke beim „Umschlag" (Abb. 4) kein Analogon zu dem Abbruch der polarographischen Maxima darstellt entgegen unserer früheren Annahme: v. STACKELBERG, ANTWEILER und KIESELBACH 1938 [1].

Die tangentialen Potentialdifferenzen, die man zwischen anodennahen und anodenfernen Teilen einer großflächigen Kathode mißt, betragen bis zu 100 mV; bei der NaCl-gesättigten $CuSO_4$-Lösung sogar bis zu 300 mV, weil hier bei geeigneten Stromdichten in Anodennähe eine Reduktion zu Cu-Amalgam, in Anodenferne dagegen nur zu Cu (I) erfolgt. (Näheres siehe bei v. STACKELBERG, ANTWEILER und KIESELBACH 1938). Daher sind mit diesem Elektrolyten besonders starke Strömungen zu erzielen.

Bei einer Potentialdifferenz $\Delta E_K = 100$ mV ergeben sich die Kräfte, die die Grenzfläche in Bewegung setzen in Abhängigkeit vom Kathodenpotential zu:

Kathodenpotential E_K (gegen Kalomel-El.) $\pm$ 0   −0,5   −1,0   −1,5
$\Delta\gamma$ dyn/cm (bei $\Delta E = 0,1$ V) 15   0   10   16

$\Delta\gamma$ ist die Differenz der Grenzflächenspannung zweier Linien je gleicher Grenzflächenspannung auf der Grenzfläche. Für die *tangentiale Kraft* K_{tg}, die auf eine Flächeneinheit zwischen diesen beiden Linien wirkt, ist außer $\Delta\gamma$ auch die Entfernung y der beiden Linien voneinander maßgebend:

$$K_{tg} = \frac{\Delta\gamma}{y} \text{ dyn/cm}^2 . \tag{1}$$

An der kleinen Tropfelektrode wird zwar die Potentialdifferenz zwischen Tropfenhals und Tropfenscheitel kleiner sein (1 bis 5 mV) und damit auch $\Delta\gamma$ kleiner sein. Aber auch y, die Entfernung zwischen Hals und Scheitel, ist kleiner als an der großflächigen Elektrode.

Wenn wir vorhin sagten, die Quecksilberkathode habe unter der Anode ein *negativeres* Potential als an Orten geringerer Stromdichte, so muß dies berichtigt werden: Im Quecksilber muß wegen der guten Leitfähigkeit das Potential überall nahezu gleich sein. Die Unterschiede in der Ladungsdichte (Abb. 3) entsprechen ja gerade einem Potential-*ausgleich*. Richtiger wäre die Aussage: Unter der Anode hat die *Lösung* an der Kathodenoberfläche ein *positiveres* Potential (das Streben nach Potentialausgleich führt hier zur Strömung). Es wäre daher richtiger, in Abb. 2 als Abszisse nicht ein nach rechts negativer werdendes Hg-Potential, sondern ein positiver werdendes Lösungspotential anzugeben. Für die Grenzflächenspannungsunterschiede kommt es jedoch nur auf

---

[1] Der Umschlag entspricht vielmehr einem Übergang von einem positiven zu einem negativen Maximum. Die Stromstärke fällt hierbei ab, weil ein negatives Maximum schwächer als ein positives ist, wie im Kap. VD besprochen wird.

die Unterschiede im Potentialsprung Hg/Lösung an. Deshalb, und weil ein Abgehen von der üblichen Bezeichnungsweise der Elektrokapillarkurve („positiver und negativer Ast") zur Verwirrung führt, bleiben wir auch fernerhin bei der herkömmlichen Vorzeichengebung.

Die Bewegung einer Grenzfläche unter der Einwirkung einer Grenzflächenspannungsdifferenz wird durch folgenden von ANTWEILER (1949) angegebenen Versuch eindrucksvoll demonstriert: Überschichtet man in einem Becherglase verdünntes Zinkamalgam mit Wasser, taucht einen Glaszylinder einige Millimeter in das Amalgam ein (wodurch das Wasser also in einen Innen- und einen Außenraum getrennt wird) und gibt dann einige Kupfersulfatkrystalle auf die Amalgamoberfläche des Außenraumes, so setzt sich die Grenzfläche in Bewegung, und zwar fort von den $CuSO_4$-Krystallen. Diese bewegte Grenzfläche verursacht einen Lösungstransport a) längs der Becherglaswand hinab unter das Amalgam, von wo die Lösung dann in Tropfen durch das Amalgam hochsteigt, b) unter dem in das Amalgam eintauchenden Ende des Glaszylinders hindurch in den Innenraum, so daß dort der Flüssigkeitsspiegel immer höher steigt, bis der Außenraum trocken ist. Die Innenlösung enthält nachher nur Zinksulfat.

III. Elektrolytströmungen an der Tropfelektrode.

Der Nachweis von Elektrolytströmungen an der Tropfelektrode ist zuerst von ANTWEILER 1938[1,2] geführt worden.

Übersteigt die an eine Tropfkathode angelegte Spannung das Reduktionspotential eines in der Lösung befindlichen reduzierbaren Stoffes („Depolarisator"), so bildet sich an jedem Tropfen eine „Diffusionsschicht" von einigen 0,01 mm Dicke aus, in der die Konzentration des Depolarisators zur Elektrodenoberfläche hin auf Null abfällt, die also optisch weniger dicht als die übrige Lösung ist. ANTWEILER (1938[1,2]) zeigte, daß man diese Schicht mit der Töplerschen Schlierenmethode sichtbar machen kann, wenn die Konzentration des Depolarisators hoch (0,1 M) ist. Empfindlicher – bis etwa 0,01 M brauchbar — ist die Jaminsche interferometrische Methode, mit der ANTWEILER die Abb. 5 erhielt. Hier ist eine *ungestörte Diffusionsschicht* vorhanden.

Abb. 5. Die Diffusionsschicht an der Tropfkathode. Nach ANTWEILER.

Eine solche konnte stets beobachtet werden, wenn das „Maximum" bereits abgebrochen war, oder wenn durch die Gegenwart eines oberflächenaktiven „Maximadämpfers" das Maximum unterdrückt worden war. Im Zustand des Maximums jedoch, d. h. wenn eine überhöhte

Stromstärke vorlag, wurden Bilder erhalten, die eine heftige Durch-
wirbelung der Diffusionsschicht zeigen.

Die interferometrische Methode hat den Vorteil, daß sie die Diffusionsschicht und gegebenenfalls deren Bewegung sichtbar macht. Sie
zeigt aber nicht die Bewegung der sonstigen Lösung an. Diese Bewegung
kann man an Staubteilchen oder besser an suspendierten Kohle- oder
Graphitteilchen erkennen, besonders, wenn man bei seitlicher Bestrahlung mit der Lupe oder einem schwachen Mikroskop beobachtet, oder
wenn man das vergrößerte Bild des Tropfens auf einen Schirm projiziert.
Man kann hierbei beliebig verdünnte Depolarisatorlösungen untersuchen.

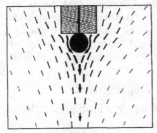

Diese Methode ist vor allem von den russischen Forschern [KRJUKOWA (1939 bis 45)]
benutzt worden.

Die Strömungen können oft sehr unregelmäßig und veränderlich sein, jedoch
schälen sich zwei Grenzfälle einer geordneten Strömung heraus, vor allem, wenn
man verdünnte (10^{-3} M) Depolarisatorlösungen verwendet:

a) Die Strömung verläuft vom Tropfenhalse *zum Tropfenscheitel* (Abb. 6 oben),
und zwar bei den schon früher von HEY-
ROVSKÝ als „*positiv*" bezeichneten Maxima,
d. h. wenn das Reduktions-(Halbstufen-)
Potential des Depolarisators positiver als
das elektrokapillare Nullpotential liegt.

b) Die Strömung verläuft *zum Tropfenhalse* (Abb. 6 unten), wenn ein „*negatives*

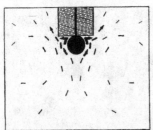

Abb. 6. Die Elektrolytstromung
beim positiven Maximum (oben) und
beim negativen Maximum (unten).

Maximum" vorliegt, d. h. bei Reduktions-
stufen, die negativer als das Nullpotential
liegen.

Diese einfachen klaren Strömungsverhältnisse beobachtet man stets
dann, wenn auch das Polarogramm das einfache Bild eines spitzen, scharf
abbrechenden Maximums zeigt.

Die *Deutung* dieser Maxima auf Grund der „Grenzflächenspannungs-
theorie" ist folgende: Am „Tropfenhalse" ist durch die abschirmende
Wirkung der Glaskapillare die Stromdichte geringer als an der sonstigen
Tropfenoberfläche[1]. Die Stellung der Anode spielt hier keine Rolle, weil

---

[1] Zum Beweis, daß die Abschirmung an der Kapillarenbasis für das Auftreten der Maxima verantwortlich ist, hat ANTWEILER (1950) folgenden Versuch
angegeben: Läßt man das Quecksilber nicht durch eine Glaskapillare, sondern
längs der Oberfläche eines Silberdrahtes in die Lösung einlaufen, so daß es am
Ende des Drahtes abtropft, so entsteht kein Maximum. An der Einlaufstelle des
Quecksilbers in die Lösung entsteht eine Strömung, nicht aber unten am Tropfen.

bei der Kleinheit der Kathodenoberfläche der Widerstand der Elektrolytlösung sich praktisch auf die nächste Nähe des Hg-Tröpfchens konzentriert, so daß nur in dieser nächsten Nähe eine radialsymmetrische Verteilung der Stromlinien behindert werden kann — z. B. durch Heranführen einer spitzen Anode [ANTWEILER (1938²)]. Die Kapillarenbasis
setzt also die Stromdichte am Tropfenhalse herab. Hier ist daher —
analog wie bei der großflächigen Kathode — das Hg-Potential etwas
positiver (richtiger: das Potential der Lösung etwas negativer) als an der
übrigen Kathodenoberfläche. Ist nun insgesamt das Kathodenpotential
positiver als das Nullpotential, so hat der Tropfenhals eine kleinere
Grenzflächenspannung als der Tropfenscheitel, die Strömung ist nach
unten zum Scheitel gerichtet: Positives Maximum. Das Umgekehrte ist
bei negativen Kathodenpotentialen der Fall: Negatives Maximum. Diese
einleuchtende Theorie hat allerdings noch eine Lücke, worauf wir im
Kap. VI zurückkommen werden.

Der Sitz der die Strömungen verursachenden Kraft ist also auch hier
in der Grenzfläche zu suchen. Ganz genau genommen: In der lösungsseitigen Belegung der Doppelschicht. Die Bewegung kommt letzten
Endes durch das tangentiale Expansionsbestreben dieser elektroadsorbierten Ionen zustande, deren Konzentration beim positiven Maximum
am Tropfenhalse, beim negativen Maximum am Tropfenscheitel größer
ist. Die metallseitige Belegung der Dop-
pelschicht wird keine unmittelbare tangentiale Kraftwirkung auf die Grenzfläche
ausüben, da diese Ladungen frei beweglich
sind[1].

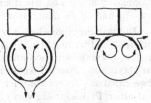

In der Grenzfläche ist daher die Strömungsgeschwindigkeit am größten, sie erreicht hier Beträge von mehreren Zenti-
metern pro Sekunde. Die benachbarte

Abb. 7. Die Strömungen im Quecksilber beim positiven und negativen
Maximum.

Lösung und das Quecksilber werden mitgerissen. Im Hg-Tropfen muß
daher eine sehr heftige innere Rotation stattfinden, wie dies Abb. 7
andeutet (für ein positives und ein negatives Maximum). Trotzdem tritt
eine sichtbare Deformation der Kugelform des Tropfens nicht ein, weil
ein so kleiner Tropfen der Deformation einen großen Widerstand ent-

---

[1] Diese Ladungen stoßen sich natürlich auch gegenseitig ab und haben
daher das Bestreben, sich über die ganze Oberfläche auszubreiten. Sie können
das aber nur tun, indem sie die elektroadsorbierten Gegenladungen mitschleppen.
Indirekt tragen sie daher auch zur Entstehung der tangentialen Bewegung der
Grenzfläche bei. Am besten ist es, die Doppelschicht als ganzes zu betrachten
und das Ausdehnungsbestreben der Ladungen darauf zurückzuführen, daß der
Energieinhalt eines Kondensators bei gegebener Gesamtbeladung und gegebener
Kapazität pro Flächeneinheit proportional der Ausdehnung des Kondensators
abnimmt.

gegensetzt. Bei größeren Tropfen — etwa 4 mm Durchmesser — kann man die Strömung im Innern des Tropfens durch die Ablenkung nachweisen, die ein Glasfaden erleidet, dessen Spitze man in den Tropfen einführt (W. HANS 1948). Bei noch größeren Tropfen wird die Deformation sichtbar, was in Kap. V E (S. 251) besprochen werden wird.

Es ist schon früher von HEYROVSKÝ (1931) darauf hingewiesen worden, daß die Reduktionsstufe der Cd^{2+}-Ionen, die beim Nullpotential liegt (Halbstufenpotential $E = -0.56$ V in Chloridlösung), kein Maximum hat.

Nach unserer Auffassung: weil hier ein kleiner Potentialunterschied zwischen Hals und Scheitel keinen Unterschied in der Grenzflächenspannung bedingt, oder: weil hier die Ladungsdichte überall nahezu gleich Null ist. — Durch Jodid-Zusatz zur Cd^{2+}-Lösung kann man das Nullpotential zu negativeren Werten verschieben und damit an der Cd-Stufe ein positives Maximum erzeugen. Andererseits kann man durch Komplexbildnerzusatz die Cd-Stufe zu negativeren Potentialen verschieben und hierdurch ein negatives Maximum erzeugen.

Im Einklang mit der Grenzflächenspannungstheorie der Maxima und im Widerspruch zur Adsorptionstheorie steht die Tatsache, daß Maxima nur an *flüssigen* Elektroden zu beobachten sind, z. B. an einer tropfenden Galliumelektrode (ANTWEILER 1938[3]). Das Tropfen ist hierbei bedeutungslos: Die Maximaströmung und die überhöhte Stromstärke treten auch auf, wenn man den Hg-Zufluß zu dem Tropfen abgestellt hat.

Die polarographischen Stufen, die man mit *starren* Elektroden, z. B. einer rotierenden Platinelektrode erhält, weisen, wie wir mit G. RODERBURG (1942) fanden, niemals ein Maximum auf — mit einer Ausnahme: Die Hg-Stufe zeigt ein Maximum. Hierbei wird aber flüssiges Quecksilber auf der Platinelektrode abgeschieden. Interessant ist, daß schon die Abscheidung von 10^{-6} cm^3 Hg (auf einer Pt-Elektrode von 0,2 cm^2 Oberfläche) genügt, um ein Maximum zu ermöglichen. Bekanntlich zieht sich das Quecksilber zu Tröpfchen zusammen. Nehmen wir 1000 Tröpfchen an, so hat jedes einen Durchmesser von 12 μ (etwa ebenso groß ist die Diffusionsschichtdicke). Trotz dieser Kleinheit der Tröpfchen ist aber ihre Oberfläche — und ihr Inneres — genügend beweglich, um ein Maximum zu erzeugen, das fast doppelt so hoch wie der Diffusionsstrom ist.

Maximadämpfer. Für die praktische Polarographie ist es von größter Bedeutung, daß man die Maxima durch Zusatz grenzflächenaktiver Stoffe (Gelatine, Farbstoffe, Alkaloide usw.) „dämpfen" und bei ausreichender Konzentration ganz unterdrücken kann, wozu bekanntlich meist schon z. B. 0,01% Gelatine in der Lösung ausreichen. Deutung: Die Adsorption dieser Stoffe ist mit einer Herabsetzung der Grenzflächenspannung verknüpft. Da nun die Strömung der Grenzfläche stets zu der Stelle der größten Grenzflächenspannung führt, wird der adsorbierte Stoff an dieser Stelle der Grenzfläche konzentriert, bis die Grenzflächenspannungsunterschiede ausgeglichen sind. Die Bewegung läuft sich also sofort tot.

Eine eingehende mathematische Behandlung des Problems der Hemmung tangentialer Grenzflächenbewegungen durch grenzflächenaktive Stoffe haben FRUMKIN und LEWITSCH (1947) durchgeführt. Hierbei wird die Kinetik der Adsorption dieses Stoffes und der Rückdiffusion (durch die Lösung und längs der Grenzfläche) zu der Stelle, von der er durch die Bewegung der Grenzfläche fortgeführt wird, berücksichtigt.

Da Spuren grenzflächenaktiver Verunreinigungen nur durch besondere Maßnahmen zu vermeiden sind (z. B. Ausglühen der benutzten Salze), sind die Maxima, die man gewöhnlich beobachtet, durchaus nicht ganz ungedämpft. Es genügt ja bekanntlich schon das Filtrieren einer Lösung durch Filtrierpapier, um das Sauerstoffmaximum zu unterdrücken.

Der Abbruch der Maxima. Ungeklärt bleibt durch die bisherige Theorie, warum bei weiterer Steigerung der Spannung die Strömungen plötzlich aufhören und eine ungestörte Diffusionsschicht ausgebildet wird, wobei gleichzeitig die Stromstärke auf den Wert des Diffusionsstromes absinkt.

Für den Abbruch der *positiven* Maxima ist verschiedentlich als Ursache die Annäherung des Potentials an das Nullpotential angesehen worden, wobei die Unterschiede in der Grenzflächenspannung aufhören. Dieser Umstand wird sicher beim Abbruch positiver Maxima mitwirken. Hierdurch wird aber nicht erklärt, warum diese Maxima nach Überschreiten des Nullpotentials nicht wieder aufleben (als negative Maxima).

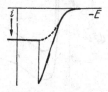

Abb. 8. Anodisches Maximum.

Für den Abbruch der *negativen* Maxima sind bisher mehrere Theorien gegeben worden, die aber alle, wie erwähnt, nicht haltbar sind.

Es sei ferner darauf hingewiesen, daß auch anodische Stufen Maxima zeigen, die in gleicher Weise abbrechen, wie die kathodischen. Abb. 8 zeigt das Maximum einer Oxydationsstufe von Cd-Amalgam.

Wir kommen auf das Problem des Abbruchs in den Kap. V und VI zurück, nachdem wir zunächst die *„nichtabbrechenden Maxima“* = „Maxima zweiter Art“ besprochen haben.

IV. Die „Maxima zweiter Art“.

Sehr wesentlich für die Aufklärung der Maxima war es, daß — vor allem durch FRUMKIN und seine Schule (FRUMKIN und LEWITSCH 1945/47, KRJUKOWA 1941^2, 1949) — eine zweite Ursache für eine überhöhte Stromstärke festgestellt wurde.

Beim polarographischen Arbeiten muß man bekanntlich der Depolarisatorlösung einen nicht reduzierbaren Zusatzelektrolyten, ein Leitsalz zusetzen. Setzt man keinen Dämpfer hinzu, so erhält man bei *hohen* Leitsalzkonzentrationen Stromstärken, die dauernd über dem Diffusionsstrom bleiben, also „nichtabbrechende Maxima"[1]. Als Ursache für diese überhöhte Stromstärke erkannten STREHLOW und v. STACKELBERG (1950) eine Strömung, die nicht durch Grenzflächenspannungsunterschiede, sondern durch den „*Spüleffekt*" des aus der Kapillare in den Hg-Tropfen einfließenden Quecksilbers verursacht wird. Die gleiche Deutung war kurz vorher auch schon von den russischen Forschern (l. c.) gefunden worden, und diese haben die Theorie auch bereits weiter ausgebaut.

Es ist bekannt — z. B. durch Messung von LINGANE (1946) — daß die Höhe der polarographischen Stufe nicht genau dem nach der Gleichung von ILKOVIČ berechneten Wert entspricht. Nach ILKOVIČ sollte für den Diffusionsstrom gelten

$$i_d = 607 \cdot v \cdot C \cdot D^{1/2} \cdot m^{2/3} \cdot \vartheta^{1/6}.$$

Hierbei ist C die Konzentration des Depolarisators in Millimol pro Liter, D sein Diffusionskoeffizient in $cm^2 \cdot sec^{-1}$, v die Zahl der Reduktionsäquivalente pro Mol, m die in einer Sekunde aus der Kapillare ausfließende Hg-Menge in Milligramm, ϑ die Tropfzeit in Sekunden.

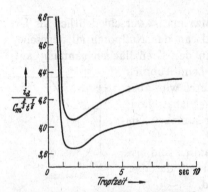

Hiernach müßte also die durch die „Kapillarenkonstante" $m^{2/3} \cdot \vartheta^{1/6}$ dividierte Stromstärke unabhängig von der Tropfzeit sein, falls man diese z. B. durch Änderung des Hg-Druckes über der Kapillare variiert. Man findet jedoch, wie Abb. 9 zeigt, einen Anstieg sowohl zu großen, wie auch zu kleinen Tropfzeiten. Der Anstieg zu großen Tropfzeiten ist nach STREHLOW und

Abb. 9. Die Abweichungen der Stromstärke von der ILKOVIČ-Gleichung bei großen und kleinen Tropfzeiten. [Obere Kurve: Für das $Zn(NH_3)_4^{2+}$-Ion. Untere Kurve: Für das Pb^{2+}-Ion.] Nach LINGANE.

v. STACKELBERG (1950) dadurch bedingt, daß die ILKOVIČsche Gleichung nur eine Näherungsgleichung ist, die die Krümmung der Tropfenoberfläche nicht berücksichtigt. Die von STREHLOW berechnete zweite Näherung zeigt, daß die ILKOVIČsche Gleichung durch den Faktor

$$(1 + 17 \, D^{1/2} \, m^{-1/3} \, \vartheta^{1/6})$$

zu ergänzen ist. Dieser Faktor ist, wie gesagt, rein geometrisch bedingt und braucht hier nicht weiter behandelt zu werden.

---

[1] Es ist zwar sinnwidrig, diese Erscheinung noch als Maximum zu bezeichnen, doch ist diese Bezeichnung kurz, und besonders in der von den Russen benutzten Gegenüberstellung — Maxima erster Art und zweiter Art — so bequem, daß wir sie hier beibehalten.

Dagegen ist der Anstieg der Kurve in Abb. 9 zu *kleinen* Tropfzeiten durch eine Rührung verursacht, die durch den „Spüleffekt" angetrieben wird. In Abb. 10 ist als Ordinate die Stromstärke (Stufenhöhe) dividiert durch den nach der STREHLOWschen Gleichung berechneten Wert aufgetragen: der Anstieg der Kurve zu großen Tropfzeiten ist verschwunden, zu kleinen Tropfzeiten steigt aber die Stromstärke ab einer *kritischen Tropfzeit* stark über den Wert des Diffusionsstromes an.

ANTWEILER (1938[3]) hat gezeigt, daß bei einem an einer Kapillare hängenden Wassertropfen eine durch die Kapillare zuströmende Farb-stofflösung in der in Abb. 11 angegebenen Weise bis zum Tropfenscheitel durchstößt. Das Gleiche ist auch für einen Hg-Tropfen anzunehmen, Die damit verbundene innere Rotation des Quecksilbers setzt auch die benachbarte Lösung in Bewegung, was

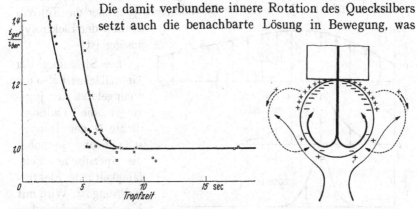

Abb. 10. Die Abweichungen der Stromstärke von der STREHLOWschen Gleichung bei kleinen Tropfzeiten. (Für drei verschiedene Kapillaren.)

Abb. 11. Der „Spüleffekt" des zufließenden Quecksilbers.

man durch suspendierte Kohleteilchen sichtbar machen kann. Derartige Untersuchungen hat insbesondere KRJUKOWA (1947) angestellt und folgendes gefunden.

Die Strömung findet auch bei *Abwesenheit eines Depolarisators* statt. Bestimmt man die Stärke der Strömung aus der Geschwindigkeit tropfennaher Kohleteilchen (einige Millimeter pro Sekunde), so ergibt sich, daß sie von dem Potential des Tropfens und von der Leitfähigkeit (Konzentration) des Elektrolyten abhängt, wie dies in Abb. 12 dargestellt ist. In sehr verdünnter (depolarisatorfreier) Elektrolytlösung findet eine Strömung nur dann statt, wenn das Potential des Tropfens in nächster Nachbarschaft des Nullpotentials liegt. Je konzentrierter die Lösung ist, um so mehr verbreitert sich der Potentialbereich, in dem Strömung stattfindet. Das Maximum der Strömungsgeschwindigkeit findet man bei *vollständig dämpferfreien* Lösungen stets beim Nullpotential.

Die *Theorie* zu diesen Beobachtungen von KRJUKOWA (Abb. 12) ist von FRUMKIN und LEWITSCH (1945/47, Teil IV) gegeben worden. Bei

Abwesenheit einer Doppelschicht, d. h. beim Nullpotential, kann sich die Strömung (der Spüleffekt) ungehindert auswirken. Ist aber eine Doppelschicht vorhanden, so wird deren äußere Belegung zum Tropfenhals hingespült, wodurch dort eine Erhöhung der Ladungsdichte und eine Erniedrigung der Grenzflächenspannung eintritt und somit eine Gegenkraft erzeugt wird, die eine Auswirkung der Strömung im Inneren des Tropfens auf die Grenzfläche und die Elektrolytlösung verhindert. Zugleich wird aber, je nach dem ob die äußere Belegung positive oder negative Ladungen trägt, der Tropfenhals zur Anode bzw. Kathode gegenüber dem Tropfenscheitel. Daher können die Ladungen der äußeren Belegung vom Tropfenhals über die Lösung zum Scheitel abströmen, und zwar um so leichter, je besser die Leitfähigkeit, je größer die Konzentration der Elektrolytlösung ist.

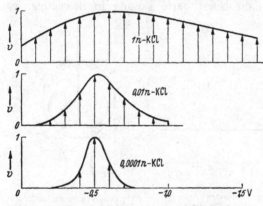

Die Strömung der Grenzfläche ist also um so ungehinderter, je geringer die Ladungsdichte Q der Doppelschicht und je höher die spezifische Leitfähigkeit $\varkappa$ der Elektrolytlösung ist. Wird mit V_0 die Geschwindigkeit der ungehemmten Grenzflächenbewegung beim Nullpotential bezeichnet, mit η und η'

Abb. 12. Die Geschwindigkeit der durch den Spüleffekt verursachten Strömung in Abhangigkeit vom Potential des Hg-Tropfens und von der Elektrolytkonzentration. Nach der Berechnung von Frumkin und Lewitsch.

die Viskosität des Quecksilbers bzw. der Elektrolytlösung, so ergibt sich nach der Ableitung von Frumkin und Lewitsch für die Geschwindigkeit V

$$V = V_0 \frac{2\,\eta + 3\,\eta'}{2\eta + 3\,\eta' + Q^2/\varkappa}.$$

Die experimentell gefundenen Kurven der Abb. 12 entsprechen dieser Beziehung gut[1].

---

[1] Nach Untersuchungen von Hadamard (1911) und Rybczynski (1911) fallen *flüssige*, kugelförmige Tropfen in einer Flüssigkeit schneller als gleich große und gleich schwere *starre* Kugeln, weil die Flüssigkeitstropfen innerlich „abrollen" können. Kleine Hg-Tröpfchen fallen in Wasser infolge dieses Effektes um 15% schneller als starre Kugeln. Eine Doppelschicht hemmt aber dieses Abrollen in der oben beschriebenen Weise um so mehr, je größer $Q^2/\varkappa$ ist. Bei genügend großer Ladungsdichte Q und kleiner Leitfähigkeit $\varkappa$ ist das Tröpfchen praktisch starr. Im Rahmen der Theorie dieser Erscheinung haben Frumkin und Lewitsch auch die oben angeführte Gleichung abgeleitet. Diese Gleichung

In Gegenwart eines Depolarisators bedingt der Spüleffekt durch die Rührung eine Erhöhung der Stromstärke über den Wert des Diffusionsstromes. Freilich treten hier auch die spontanen Bewegungen der Grenzfläche durch die Grenzflächenspannungsunterschiede (Maxima erster Art) auf, was mitunter zu komplizierten Überlagerungen führt. Auf einige solche Fälle kommen wir noch zurück. Ungestört treten die Maxima zweiter Art zutage, wenn die Tropfgeschwindigkeit groß und die Leitsalzkonzentration hoch ist, weil hierdurch die Maxima erster Art unterdrückt werden.

Die Bewegungsrichtung der Grenzfläche ist beim Maximum zweiter Art die gleiche, wie beim negativen Maximum erster Art. Dennoch sind beide leicht zu unterscheiden: Beim negativen Maximum erster Art konzentriert sich die Strömung auf den äußersten Winkel zwischen Kapillarenbasis und Tropfenhals, während beim Maximum zweiter Art die Strömung am Tropfenscheitel am stärksten ist und sich maximal bis zum Äquator des Tropfens ausdehnt (Abb. 13).

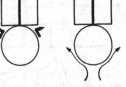

Durch *oberflächenaktive Stoffe* lassen sich Maxima zweiter Art in gleicher Weise und aus dem gleichen Grunde unterdrücken, wie Maxima erster Art.

Da das spurenweise Auftreten solcher Stoffe als Verunreinigungen nur durch besondere Maßnahmen zu vermeiden ist (vgl. S. 241), wird die

Abb. 13. Strömungsbild beim negativen Maximum erster Art (links) und beim Maximum zweiter Art (rechts).

maximale Strömungsgeschwindigkeit der Grenzfläche deshalb meist nicht beim Nullpotential, sondern bei 0,5 bis 1 Volt negativeren Potentialen auftreten. Die grenzflächenaktiven Stoffe (sofern es nicht Kationen sind) werden nämlich bei negativen Potentialen wieder desorbiert, wodurch die dämpfende Wirkung wieder aufgehoben wird und die Strömungsgeschwindigkeit und Stromstärke wieder zunehmen können (KRJUKOWA 1947[2]).

Abb. 14 zeigt Polarogramme, die KRJUKOWA und KABANOW (1941) mit 0,0005 M–PbCl$_2$ in KCl verschiedener Konzentration erhalten hat, *ohne* durch Ausglühen der Salze, besonders sorgfältige Destillation des Wassers usw. für vollständige Abwesenheit von grenzflächenaktiven Stoffen zu sorgen. Die obersten Kurven zeigen Maxima zweiter Art, wobei jedoch infolge der Anwesenheit von grenzflächenaktiven Verunreinigungen die Stromstärke und die durch Pfeile angegebene Strömungsgeschwindigkeit ihren Maximalwert zu negativen Potentialen verlagert haben. Man

---

berücksichtigt noch nicht, daß der Rückstrom der Ladungen vom Tropfenhals zum Scheitel durch den Elektrolyten eine Überführung bewirken wird, wodurch die hemmungsvermindernde Wirkung der Leitfähigkeit $\varkappa$ abgeschwächt wird (FRUMKIN u. LEWITSCH 1947[4], S. 1200).

erhält dadurch eine „falsche Stufe". Durch Zusatz von Gelatine verschwindet sie[1].

Die unterste Kurve der Abb. 14 zeigt ein reines Maximum erster Art, und zwar ein positives: Die Pfeile geben an daß die Strömungen nach unten, zum Tropfenscheitel gerichtet sind. (Die Pb-Stufe liegt kurz vor dem Nullpotential. Abszisse der Abb. 14 ist nicht das Tropfkathodenpotential, sondern die zwischen dieser und einer Hg-Bodenanode angelegte Spannung). — Die mittleren Kurven der Abb. 14 zeigen eine Überlagerung von Maxima erster und zweiter Art, was im Kap. V B besprochen werden wird.

In Abb. 15 und 16 bringen wir noch einige Beispiele „falscher Stufen" (nach Krjukowa). In Abb. 15 zeigt die Kurve 2 die richtige Diffusionsstromstärke, jedoch nur in dem Potentialbereich, in dem das zugesetzte Butanol an der Tropfelektrode

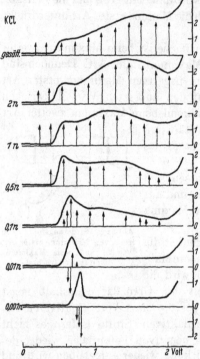

Abb. 14. Maxima erster und zweiter Art bei der Reduktion von 0,0005 m-Pb$_2$Cl in Abhangigkeit von der Leitsalzkonzentration. Die Pfeile geben Richtung und Starke der Stromung an.
Nach Krjukowa

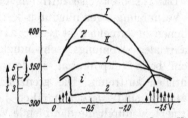

Abb. 15. Elektrokapillarkurven (I und II) und Polarogramme (1 und 2) von 3 · 10⁻⁴ n-HgCl$_2$ in 3n-KCl. Kurven I und 1 ohne, II und 2 mit Zusatz von 0,3 m-Butanol. Pfeile: Elektrolytströmungen bei Polarogramm 2. Nach Krjukowa.

adsorbiert ist, also — wie ein Vergleich der Elektrokapillarkurven I und II erweise — zwischen etwa —0,2 und —1,2 Volt (gegen die Kalomelnormalelektrode.)

Variiert man die *Tropfgeschwindigkeit*, so macht sich bemerkbar, daß das Maximum zweiter Art erst von einer gewissen „kritischen Tropf-

---

[1] Solche falsche Stufen fanden Kolthoff (1942) und Orleman (1942) beim Arbeiten mit konzentrierten Leitsalzlösungen. Sie glaubten, die Stufe auf eine „anomale Wasserreduktion" zurückführen zu können, und bezeichneten sie daher als *Wasserwelle* (water wave). Die für diese Ansicht vorgebrachten Argumente konnten von W. Hans (1950) widerlegt werden.

geschwindigkeit" an auftritt, um dann schnell zuzunehmen (s. Abb. 10).
Vielleicht ist das Auftreten einer kritischen Tropfzeit dadurch zu deuten,
daß eine gewisse Mindestkraft des Spüleffektes notwendig ist, um eine
Adsorptionsschicht grenzflächenaktiver Stoffe zusam-
menzuschieben und die Grenzfläche in Bewegung zu
setzen. Setzt man der Lösung einen Dämpfer (Gelatine) zu, so erniedrigt sich die kritische Tropfzeit: Sie
beträgt nach BUCKLEY und TAYLOR (1945) 5 Sekunden
ohne Gelatine und 1 Sekunde bei 0,01% Gelatine, beides für Cd²⁺ in 0,1 nKCl. Erwartungsgemäß sind nach
STREHLOW und v. STACKELBERG (1950) die kritischen
Tropfzeiten größer, wenn der Depolarisator sich im
Hg-Tropfen befindet, also bei Amalgampolarographie,
d. h. wenn der Tropfelektrode z. B. Cd-Amalgam zugeführt wird, wobei dann Cd²⁺ anodisch in Lösung
geht. Es ist verständlich, daß der Spüleffekt hierbei
besonders wirksam ist (vgl. Abb. 11).

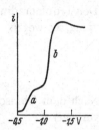

Abb. 16. „Falsche
Stufe": Cd²⁺-Polaro-
gramm in Gegenwart
von Hexanol. a) Cd-
Stufe, b) Anstieg zu
einem Maximum zwei-
ter Art infolge De-
sorption des Hexanols.
Nach KRJUKOWA.

V. Einige Eigenschaften der Maxima 1. Art.

A. Die Stromstärke-Zeit-Kurve eines Tropfens.

Bevor wir zur Theorie der Maxima erster Art zurückkehren (Kap. VI),
sei noch einiges von der Phänomenologie der Maxima berichtet.

Mit einem genügend trägheitsfreien Galvanometer oder einer Braun-
schen Röhre läßt sich die Stromstärke während des Wachstums der
Einzeltropfen verfolgen. Bei Vorliegen eines ungestörten Diffusions-
stromes ist die Stromstärke bekanntlich proportional der sechsten
Wurzel aus der Zeit seit Beginn des Tropfenwachstums: $i = a \cdot t^{1/6}$.
Beim Vorliegen eines Maximums erster Art dagegen fand ILKOVIČ (1936)
$$i = a \cdot t^{1/3}.$$
Zu Unrecht jedoch meint ILKOVIČ, hierin eine Stütze für seine
„Adsorptionstheorie" der Maxima sehen zu müssen. Denn dieser Zusammenhang zwischen i und t ergibt sich ganz unabhängig von der
genannten Theorie aus der Voraussetzung, daß die Stromstärke lediglich
durch den Ohmschen Widerstand bedingt ist. Und diese Voraussetzung
ist hier erfüllt: Durch die intensive Rührung der Maximaströmung ist
die Konzentrationspolarisation unterdrückt. Diese Rührung ist insofern intensiver als jede „künstliche" als sie bis an die Elektrodenoberfläche heranreicht, weil sie ja von dieser ausgeht. Da — wie eingangs
erwähnt — auch keine Aktivierungs- und Widerstandspolarisation vorliegt, so ist die Elektrode vollkommen unpolarisierbar. Dieser sonst nur
durch *Wechsel*spannung realisierbare Zustand bedingt, daß hier auch die
angewandte *Gleich*spannung eine Stromstärke ergibt, die unmittelbar
dem Ohmschen Gesetz entspricht.

Der Elektrolytwiderstand an einer kleinen kugelförmigen Elektrode (mit großer Gegenelektrode) ist aus rein geometrischen Gründen

$$W_i = \varrho/4\pi r \ ^1 \qquad (\varrho = \text{spezif. Widerstand}).$$

Der Tropfenradius r ist aber bei gleichförmigem Quecksilberstrom von m mg/sec wegen

$$\frac{4}{3}\pi r^3 = \frac{m \cdot t}{13{,}6 \cdot 1000}$$

$$r = 0{,}026 \ \sqrt[3]{m \cdot t}\,.$$

Nach dem Ohmschen Gesetz ist daher (wenn kein äußerer Widerstand vorliegt)

$$i = \frac{E}{W_i} = \frac{E \cdot 4\pi \cdot 0{,}026 \cdot (mt)\,\frac{1}{3}}{\varrho} = 0{,}325 \ \frac{E \cdot m^{1/3}}{\varrho}\, t^{1/3} = a \cdot t^{1/3}\,.$$

B. Der Einfluß der Leitsalzkonzentration und der Tropfgeschwindigkeit.

Im Zustand des Maximums ergibt sich daher für die mittlere Stromstärke $\bar{i}$, die ein träges Galvanometer anzeigt (mit $\vartheta = $ Tropfzeit):

$$\bar{i} = \frac{1}{\vartheta}\int_0^\vartheta a \cdot t^{1/3}\, dt = \frac{3}{4}\, a\, \vartheta^{1/3} = 0{,}244 \ \frac{E \cdot m^{1/3}}{\varrho}\, \vartheta^{1/3}\,.$$

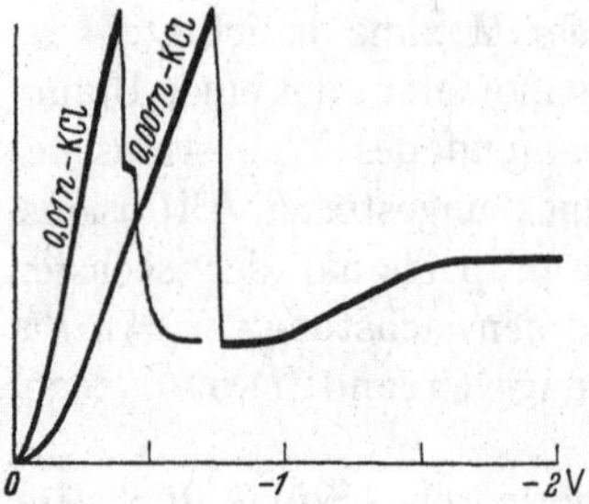

Hierbei ist E die angelegte Spannung, abzüglich der Zersetzungsspannung (Halbstufenpotential) des Depolarisators ($E = |E| - E_{1/2}$).

Die Stromstärke steigt also linear mit E an, um so steiler, je geringer der spezifische Widerstand der Elektrolytlösung (und gegebenenfalls ein zusätzlicher äußerer Widerstand) ist. Das Maximum wird also durch Erhöhen der Leitsalzkonzentration steiler, wie Abb. 17 zeigt. Erhöht man die Leitsalzkonzentration noch weiter, so macht sich der Spüleffekt bemerkbar, da, wie besprochen, ein Maximum zweiter Art durch gute Leitfähigkeit begünstigt wird. Andererseits ist für ein Maximum erster Art eine gute Leitfähigkeit nachteilig.

Abb. 17. O_2-Maximum mit 0,001 und 0,01n-KCl.

----

¹ Wegen $dW_i = \varrho\, dx/q$; $\qquad q = 4\pi x^2$

$$W_i = \int_r^\infty \frac{\varrho\, dx}{4\pi x^2} = \frac{\varrho}{4\pi r}\,.$$

Voraussetzung ist, daß der sonstige Widerstand im Stromkreis zu vernachlässigen ist. Falls neben dem „inneren" Widerstand W_i des Elektrolyten um den Tropfen noch ein merklicher äußerer Widerstand im Stromkreise vorhanden ist, nehmen die i-t-Kurven Formen an, wie sie Abb. 31 zeigt.

Denn die Potentialdifferenz zwischen Tropfenhals und -scheitel kann nur einen Bruchteil des gesamten Potentialabfalles $i \cdot W$ in der Lösung betragen und nimmt daher mit dem Widerstand W ab. Daher tritt in höchstkonzentrierter Leitsalzlösung nur noch ein nichtabbrechendes Maximum zweiter Art auf (vgl. Abb. 18). Man kann dies auch folgender maßen formulieren: Bei hoher Leitfähigkeit der Lösung werden sich Beladungsunterschiede zwischen Hals und Scheitel ausgleichen können. Hierdurch verschwindet: Für die Maxima erster Art der Antrieb, für die Maxima zweiter Art die Hemmung.

Bei mittleren Leitsalzkonzentrationen tritt eine Konkurrenz zwischen beiden Maxima-Arten auf. Im Falle eines negativen Maximums betrifft dies nur den Ort der Strömung (s. Abb. 13). Beim positiven Maximum erster Art erfolgt aber die Strömung in anderer Richtung als die durch den Spüleffekt verursachte. Dies kann nach KRJUKOWA (1947[2]) zu einer „*Inversion*" des positiven Maximums führen: Hierbei erzwingt der Spüleffekt eine Strömung zum Tropfenhalse.

Die dadurch dem Scheitel zugeführte frische, depolarisatorreichere Lösung macht das Potential des Scheitels (trotz der größeren Stromdichte) *positiver* und die Grenzflächenspannung hier *geringer* als am Tropfenhalse. Die invertierte Grenzflächenspannungsdifferenz unter-

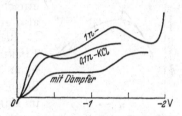

Abb. 18. O_2-Maximum mit 0,1 und 1n-KCl.

stützt also den Spüleffekt, und die Strömungen können viel stärker werden als durch den Spüleffekt allein. Die Strömungen sind aber schwächer als die eines nicht invertierten positiven Maximums.

Bei der linken Kurve der Abb. 17 tritt die Inversion beim plötzlichen Abfall der Stromstärke vom Maximum zur Zwischenstufe ein. Hier kehrt sich die Strömungsrichtung um. Man vergleiche hierzu auch die Abb. 14.

Der Antagonismus zwischen Maximum erster und zweiter Art führt nach KRJUKOWA (1947[2]) unter bestimmten Bedingungen dazu, daß die Tropfen abwechselnde Strömungsrichtung, der eine die Strömung nach unten (positives Maximum), der nächste die Strömung nach oben (invertiertes Maximum) aufweisen.

In gleicher Richtung wie eine Erhöhung der Leitsalzkonzentration, d. h. begünstigend für den Spüleffekt, wirkt eine Erhöhung der Tropfgeschwindigkeit.

C. Fälschung der Elektrokapillarkurve durch die Strömung.

Beim *positiven Maximum* wird vom Tropfen Elektrolytlösung nach unten abgeschleudert. Die Gegenkraft (der Rückstoß) muß eine *tragende*

Kraft auf den Tropfen ausüben. Dadurch werden die Tropfen größer als der Grenzflächenspannung, der tragenden Kraft am Tropfenhalse, entspräche. Bestimmt man die Elektrokapillarkurve aus dem Tropfengewicht, so wird die Kurve bei den Potentialen gefälscht, bei denen irgendein Depolarisator in der Lösung eine Maximaströmung verursacht. So sind die „Elektrokapillarkurven" zu erklären, die in lufthaltigen Lösungen erhalten worden sind (Abb.19). Beim Abbruch des Sauerstoffmaximums fällt die Kurve auf den richtigen Wert zurück.

Zu berücksichtigen ist aber ferner, daß im Maximazustand der Tropfen ein positiveres Potential hat als nach dem Abbruch des Maximums. Dem positiveren Potential entspricht beim positiven Maximum eine geringere Grenzflächenspannung und damit eine geringere Tragfähigkeit des Tropfenhalses. Dies wirkt der tragenden Kraft des Rückstoßes entgegen und kann diese mitunter überkompensieren. Beide Effekte sind einer Berechnung zugänglich. Die Tragkraft der Strömung erreicht bei sehr starken Maxima 1 Millipond, also etwa 10% des Tropfengewichtes.

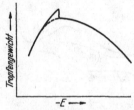

Abb. 19. Durch O₂-Maximum gefälschte Elektrokapillarkurve.

Beim *negativen Maximum* wirken beide Effekte umgekehrt wie beim positiven Maximum: Der Rückstoß der nach oben gerichteten Strömung zieht den Tropfen nach unten; die im Maximazustand erhöhte Grenzflächenspannung erhöht die Tragkraft des Tropfenhalses. Auch hier wirken also beide Effekte gegeneinander. Sie sind schwächer als beim positiven Maximum und kompensieren sich meist weitgehend.

D. Das Strömungsbild der positiven und negativen Maxima.

Durch die Bewegung suspendierter Kohleteilchen kann man feststellen, daß sich die Strömung bei einem *negativen* Maximum am heftigsten im spitzen Winkel zwischen Kapillarenbasis und Tropfen ausbildet. Dies beruht darauf, daß hier, am Tropfenhalse, ebenso wie bei der großflächigen Hg-Kathode an der Glaswand, die Stromdichte schnell auf Null absinkt, daher die Grenzflächenspannung hier den größten Gradienten besitzt. Die Strömung drängt sich in den Winkel hinein und kann sich hier nur stark behindert entwickeln.

Bei *positiven* Maxima wird dagegen eine Ausbreitung der Strömung beobachtet, mitunter bis zum Tropfenscheitel, obgleich auch hier der Sitz der Kraft zunächst im abgeschirmten Winkel anzunehmen ist. Aber die Ladungen bewegen sich hier fort vom Halse und verbreitern das Gebiet positiveren Potentials. Sind Dämpfer zugegen (eventuell Verunreinigungen), so sammeln sich diese am Tropfenscheitel und blockieren die Bewegung dort.

Beim positiven Maximum führt die Elektrolytströmung dem Tropfen-halse frische Depolarisatorlösung zu und macht das Potential dort noch positiver als es allein durch die geringere Stromdichte wäre. Diese Selbst-verstärkung bewirkt, daß die positiven Maxima im allgemeinen viel stärker sind als die negativen, bei denen die Zufuhr frischer Lösung zum Scheitel des Tropfens schwächend auf die Potentialdifferenz wirkt.

E. Der „Christiansen-Tropfen".

Vor Jahrzehnten hat C. CHRISTIANSEN (1903) folgende Beobach-tungen gemacht: Setzt man einen Hg-Tropfen etwa auf einem Uhrglase in eine KNO_3-Lösung zwischen zwei Platinelektroden, so bewegt sich der Tropfen *zur Kathode*. Auch zwischen zwei Elektroden frei fallende Hg-Tröpfchen werden von der lotrechten Bahn in Richtung zur Kathode abgelenkt.

Die Deutung ist bereits von CHRISTIANSEN auf Grund einer Grenzflächenspannungs-theorie gegeben worden: Der Tropfen ist hier Zwischenleiter, d. h. das eine, kathodenseitige Ende ist Anode, das andere — Kathode.

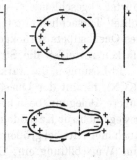

Am erstgenannten Ende (links in Abb. 20) gehen Hg-Ionen in Lösung, am anderen wer-den sie abgeschieden. Links hat also der Tropfen ein positiveres Potential als rechts [1]. Da der Tropfen in KNO_3-Lösung ein positives Potential hat, hat das rechte, anodennahe Ende eine höhere Grenzflächenspannung, wes-halb sich die Grenzfläche nach rechts in Be-

Abb. 20. Oben: Doppelschicht an einem positiv geladenen Queck-silbertropfen in einem stromdurch-flossenen Elektrolyten. Unten: Desgl. bei größerer Stromstarke.

wegung setzt [2] und die hier abgeschleuderte mitgerissene Lösung durch den Rückstoß den Tropfen nach links, zur Kathode treibt.

---

[1] Richtiger: Die *Lösung* hat am linken Ende ein negativeres Potential als am rechten Ende. Eine hohe Konzentration positiver Hg-Ionen in der Lösung bedingt ja einen Überschuß *negativer* Ionen in der lösungsseitigen Belegung der Doppelschicht.

[2] Die Bewegung der Grenzschicht kann auch ohne explizite Heranziehung der Grenzflächenspannung folgendermaßen erklärt werden: Im elektrischen Felde zwischen den Elektroden geraten die elektroadsorbierten negativen La-dungen der äußeren Belegung in Bewegung in Richtung zur Anode, und zwar wegen ihrer Ausrichtung leichter und sehr viel schneller als in der Elektrolyt-lösung, wie das bei einer Oberflächenleitfähigkeit der Fall ist. Diese Formulierung ist für den Fall des Christiansen-Tropfens sogar beson-ders geeignet, da sie verständlich macht, daß ein Depolarisator hier anscheinend gar nicht erforderlich ist. Wir glaubten [v. STACKELBERG (1939)] durch sorg-fältiges Entlüften der Elektrolytlösung (damit sich keine Hg-Ionen bilden können) die Bewegungen des Christiansen-Tropfens unterdrücken zu können, was aber nicht gelang. Anscheinend kann also bei vollständiger Abwesenheit eines

Die Erscheinung ist von W. Hans (1948) näher untersucht worden. Man kann die Strömung des Elektrolyten wiederum durch Kohle- oder Graphitpulver sichtbar machen. Daß auch eine Quecksilberströmung im Inneren des Tropfens stattfindet, kann bei etwas größeren Tropfen von etwa 10 mm Durchmesser an der Deformation erkannt werden: Bei kleinen angelegten Spannungen und somit Stromstärken nimmt der Tropfen im Grundriß zunächst nur eine elliptische Gestalt an. Bei über 0,05 Ampère (in 0,01n KNO_3) jedoch wird das anodennahe (rechte) Ende des Tropfens so stark negativiert, daß das Maximum der Elektrokapillarkurve überschritten wird und die größte Grenzflächenspannung nunmehr zwischen beiden Enden auf einem Gürtel des Tropfens vorliegt. Die Grenzfläche bewegt sich daher nun, wie das untere Bild in Abb. 20 zeigt, von beiden Enden zu diesem Gürtel. Die mitgerissene Lösung wird am Gürtel abgeschleudert, wodurch der Gürtel zusammengedrückt werden sollte. Tatsächlich entsteht jedoch ein Wulst, der nur auf die Strömung des Quecksilbers zurückgeführt werden kann. Bei noch größeren Stromstärken zerreißen die Strömungen den Tropfen.

In Lösungen, die stark reduzieren ($SnCl_2$) oder Hg-Ionen stark binden (KCN), nimmt der Quecksilbertropfen ein negatives Potential an. Die äußere Belegung besteht dann aus positiven Ionen, die Grenzschicht bewegt sich zur Kathode und der Tropfen erhält einen Impuls *zur Anode*. Auch hier tritt bei größeren Tropfen und Stromstärken über 0,05 Ampère eine Wulstbildung ein: Das kathodennahe Ende des Tropfens wird so stark positiviert, daß die Grenzflächenspannung wieder absinkt.

Ein Tropfen aus flüssiger Woodscher Legierung (bei 100°) hat wegen des Gehaltes an unedlen Metallen in allen Elektrolytlösungen ein negatives Potential und zeigt daher stets die Bewegungsrichtung, die Quecksilbertropfen in KCN-Lösung aufweisen.

F. Der Abbruch der Maxima.

Die Strömungserscheinungen am Christiansentropfen sind im Prinzip denen an einer großflächigen Hg-Elektrode vollkommen analog. Beide unterscheiden sich von denen an der Tropfelektrode dadurch, daß bei Steigerung der Spannung *kein Abbruch* der Strömungen erfolgt. Es erfolgt nur ein Umschlag der Strömungsrichtung. Zum Unterdrücken der Strömung ist ein grenzflächenaktiver Stoff, ein Dämpfer erforderlich.

Der Abbruch des Maximums bei einer Tropfelektrode erfolgt stets im Moment des Abfallens eines Tropfens. Der Grund hierfür soll im Kap. VI C, S. 261 besprochen werden.

Redoxsystems der Hg-Tropfen rein kapazitiv durch das elektrische Feld in der Elektrolytlösung polarisiert werden, derart, daß das kathodennahe Ende ein positiveres Potential als das annodennahe erhält. In einer derartigen depolarisatorfreien Lösung fließt also durch den Tropfen kein Strom, sondern nur an seiner Oberfläche.

Legt man eine Spannung, die höher ist als das Abbruchpotential des Maximums an einen bereits im Wachstum begriffenen Tropfen an, so setzt die Maximaströmung trotz der hohen Spannung ein, und erst der nächste Tropfen, der bei diesem Potential mit dem Wachstum beginnen mußte, zeigt eine ungestörte Diffusionsschicht.

Bei einer „rückwärts", mit fallender Spannung aufgenommenen polarographischen Kurve mit Maximum, erfolgt das Anspringen des Maximums bei einer etwas niedrigeren Spannung als das Abbrechen beim „Vorwärtspolarographieren". Es zeigt sich also eine *Hystereseerscheinung.* Dies beruht beim positiven Maximum auf folgendem: Wenn ein Tropfen ein Maximum aufweist, so wird er seinem Halse frische Lösung zuführen und dadurch beim Abfallen an der Oberfläche des zurückbleibenden neuen Tropfens eine hohe Depolarisatorkonzentration veranlassen, was — wie wir noch genauer diskutieren werden — den Maximazustand begünstigt. Hatte dagegen der vorhergehende Tropfen eine Diffusionsschicht (z. B. beim Rückwärtspolarographieren), so fehlt diese maximabegünstigende Wirkung.

Beim negativen Maximum führt die Strömung dem Tropfenhalse und damit dem nachfolgenden Tropfen *verarmte* Depolarisatorlösung zu, so daß der Maximazustand eines Tropfens einen Diffusionszustand des nachfolgenden Tropfens begünstigen wird. Dies führt nach ANTWEILER (1950) unter geeigneten Bedingungen dazu, daß ein Alternieren auftritt: Die Tropfen zeigen abwechselnd den Diffusions- und den (negativen) Maximazustand.

VI. Theorie der Maxima 1. Art[1].

A. Der Tangentialstrom und der „Austauscheffekt".

Die Grenzflächenspannungstheorie der Maxima erster Art hatte, wie erwähnt, bisher den Mangel, daß der „Abbruch" keine befriedigende Deutung gefunden hatte. Es erweist sich jedoch, daß die bisherige Theorie noch eine zweite Lücke besitzt. Die Schließung dieser Lücke ergibt zugleich die Deutung für den Abbruch.

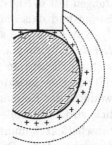

Um die Darstellung möglichst einfach halten zu können, fassen wir zunächst folgenden Spezialfall ins Auge: Die Tropfelektrode sei *Kathode,* der Depolarisator ein *Kation,* das Maximum ein *negatives.* Zudem sei *Leitsalz im Überschuß* vorhanden.

Es liegt am Tropfenscheitel wegen der höheren Stromdichte eine höhere Ladungsdichte (geringere Grenzflächenspannung) vor, wie schematisch in Abb. 21 dargestellt ist. Die Grenzfläche, deren äußere

Abb. 21. Doppelschicht und Äquipotentialflächen (punktiert) bei einem negativen Maximum.

Belegung *positive Überschuß*ladungen trägt, bewegt sich dann zum Tropfenhalse. Dies ist gleichbedeutend mit dem *Fließen eines positiven Stromes* längs den Tropfenmeridianen in der „Grenzschicht" von einigen

---

[1] Eine vorläufige Mitteilung über diese Theorie ist in den Naturwissenschaften (V. STACKELBERG 1950[2]) erschienen.

Å. Dicke dicht an der Tropfenoberfläche. An dieser Tatsache wird durch den Umstand, daß dieser positive Strom von einem negativen in der Quecksilberoberfläche begleitet wird, nichts geändert. Anscheinend hat sich noch niemand gefragt, wo der positive Tangentialstrom bleibt, wenn er am Tropfenhalse ankommt. Er kann *nicht* in die Lösung abbiegen, da die Äquipotentialflächen in der Lösung die in Abb. 21 durch punktierte Linien angedeuteten Lagen haben, so daß positiver Strom nur *in den toten Winkel hinein* fließen kann. Denn der Tropfenhals ist auch gegenüber dem Scheitel Kathode. Dieses wird leicht durch die Angabe, daß das Potential des Tropfenhalses positiver als das des Scheitels ist, verschleiert. Wir erwähnten aber schon, daß das Quecksilber überall praktisch das gleiche Potential haben muß, und daß es daher zweckmäßiger wäre zu sagen: die Lösung habe dicht am Tropfenhalse ein negativeres Potential als am Scheitel[1]. Es bleibt also nur die Möglichkeit, daß der positive Tangentialstrom am Halse in das Quecksilber einmündet[2]. Aber auch dies erweist sich als nicht ohne weiteres möglich.

Wir haben bisher nur von dem Wege des elektrischen *Stromes* (nicht von dem der Ladungsträger) gesprochen, um obige Aussagen klar herauszuschälen. Nun aber fassen wir ins Auge, daß der positive Tangentialstrom von überschüssigen Kationen getragen wird, und zwar — entsprechend dem Leitsalzüberschuß hauptsächlich durch *nichtreduzierbare* Leitsalzkationen. Der Tangentialstrom kann also im allgemeinen auch nicht in den Hals einmünden: Die zunächst am Scheitel größere Ladungsdichte (s. Abb. 21) wird nur zu einer Gleichverteilung der Ladungen auf der Oberfläche, einer Spreitung, nicht zu einem dauernden Strom und dauernder Strömung Anlaß geben können.

Nur wenn die der Grenzschicht benachbarte Lösung eine genügende Depolarisatorkonzentration aufweist, können die sich am Halse stauenden nichtabscheidbaren Leitsalzkationen durch elektroneutralen Austausch mit den Depolarisatorkationen der benachbarten Lösung ersetzt werden, wodurch das Einmünden des Tangentialstromes in den Tropfenhals möglich wird. Wir wollen dies kurz den „*Austauscheffekt*" nennen. Der Austauscheffekt kommt dadurch zustande, daß bei der Abscheidung der (wenigen) D-(= Depolarisator-)Kationen der Grenzschicht das Verteilungsgleichgewicht der D- und L-(= Leitsalz-)Kationen zwischen

---

[1] Wir bleiben trotzdem bei der üblichen Vorzeichenangabe, um keine Verwirrung anzustiften. Dann bedeutet z. B. die Aussage, daß das Kathodenpotential positiver wird, daß dies *relativ zur benachbarten Lösung geschieht*. Dies kann auch durch Negativwerden der Lösung erfolgen. — Für die Gleichgewichtskonzentrationen °C von Redoxsystemen ist ja nur dieses relative Elektrodenpotential maßgebend.

[2] Und zwar zusätzlich zu dem „normalen" Strom infolge Abscheidung von durch Diffusion anlangenden Depolarisator-Kationen.

Grenzschicht und benachbarter Lösung gestört wird, und daher D-Kationen in die Grenzschicht hinein und L-Kationen aus dieser hinaus wandern werden. Die L-Kationen werden infolge ihres durch die Anstauung bewirkten Konzentrationsgefälles *gegen* das elektrische Feld wandern, die D-Kationen mit diesem. Im ganzen ist der Austausch zwischen Grenzschicht und Nachbarlösung elektroneutral[1]. Wir kommen hierauf zurück und prüfen zunächst die Frage, ob dieser Austausch genügend schnell erfolgen kann.

Maßgebend für die Geschwindigkeit des Austausches ist die Wurzel des mittleren Verschiebungsquadrates der D- und L-Kationen. Es gilt bekanntlich

$$\sqrt{x^2} = \sqrt{2\,Dt} = 5 \cdot 10^{-3}\,\sqrt{t}\,,$$

wenn wir für den Diffusionskoeffizienten D der D- und L-Kationen den Wert $1 \cdot 10^{-5}$ cm$^2 \cdot$ sec^{-1} einsetzen. Damit ergibt sich

für t (in sec)	10^5 ($= 1$ Tag)	1	10^{-2}	10^{-4}
$\sqrt{x^2}$ (in cm)	1,4	0,005	0,0005	0,00005 ($= 5000$ Å)

Wir müssen einen Austausch in etwa 10^{-2} sec fordern. Dieser kann sich also auf eine Tiefe von höchstens 50 000 Å in die Nachbarlösung hinein erstrecken, also nur auf den oberflächennahen Teil der Diffusionsschicht, deren Dicke einige 100 000 Å beträgt. Die für den Austausch erforderliche ausreichende Konzentration an Depolarisator bezieht sich also nicht auf die Konzentration der Gesamtlösung ($*C$), sondern auf die an der Kathodenoberfläche ($^\circ C$)[2].

Wenn das Kathodenpotential das Halbstufenpotential überschreitet, so sinkt $^\circ C$ schnell ab, und aus diesem Grunde muß das Maximum abbrechen.

Wir werden diese Vorstellungen sogleich noch näher präzisieren. Zunächst formulieren wir als Voraussetzung für den Maximazustand die Bedingung

$$^\circ C > 0\,.$$

---

[1] Der Umsatz zwischen der Grenzschicht und dem Quecksilber des Tropfenhalses ist *nicht* elektroneutral, da hier *nur* D-Kationen in einer Richtung wandern (Einmündung des Tangentialstroms). — Außer diesen maximabedingten Vorgängen fließt der in Anm. 2, S. 254 erwähnte „normale" Strom, der *durch* die Grenzschicht fließt. Im Ganzen ist also der Strom, der aus der Grenzschicht in das Quecksilber fließt, um den Tangentialstrom (um etwa 10%) stärker als der Strom, der aus der benachbarten Lösung in die Grenzschicht am Halse eintritt.

[2] Wenn z. B. die Doppelschicht $20 \cdot 10^{-6}$ Coul/cm^2 enthält (was bei einem Kathodenpotential von $-1,5$ V gegen die Kalomelelektrode der Fall ist) und diese am Halse anlangenden, im wesentlichen nicht reduzierbaren Ladungen durch den Austausch fortgeschafft werden müssen, so ist bei einer 0,001 n-Depolarisatorlösung (die 10^{-6} Äquivalente pr. cm^3 enthält, eine Schichtdicke von $20 \cdot 10^{-6}/10^{-6} \cdot 96500 = 2 \cdot 10^{-4}$ cm $= 20000$ Å für den Austausch erforderlich.

B. *Die Deformation des Konzentrationsgefälles der Diffusionsschicht durch*
die Maximaströmung. Der ,,Unterströmungseffekt''.

Als Grundlage für das Folgende sei zunächst in Abb. 22 das Konzentrationsgefälle des Depolarisators in der Diffusionsschicht dargestellt.

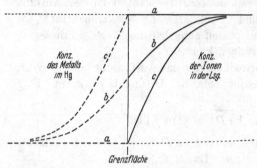

Konz.
des Metalls
im Hg

Konz.
der Ionen
in der Lsg.

Grenzfläche

Abb. 22. Konzentrationsgefälle des Depolarisators in der
Diffusionsschicht: a) Vor Erreichen der Diffusionsstufe.
b) Beim Halbstufenpotential. c) Nach Überschreiten der
Reduktionsstufe.

Vor Erreichen der Reduktionsstufe ist die Depolarisatorkonzentration an der Elektrodenoberfläche ($^{\circ}C$) ebenso groß wie die Konzentration $*C$ im Innern der Lösung (Kurve a). *Nach Überschreiten* der Reduktionsstufe ist $^{\circ}C$ = o geworden (Kurve c). *Beim Halbstufenpotential* ist $^{\circ}C = {}^{1}/_{2} *C$ (Kurve b).
Ist das Reduktionsprodukt ein Metall, so diffundiert dieses in das Quecksilber hinein. Dieses Konzentrationsgefälle ist in Abb. 22 nach links aufgetragen, und zwar wieder für die Fälle a, b und c. Ist das Reduktionsprodukt kein Metall, so diffundiert es in die Lösung nach rechts. (Die gezeichneten Kurven gelten bei Gleichheit des Diffusionskoeffizienten des Depolarisators und seines Reduktionsproduktes).

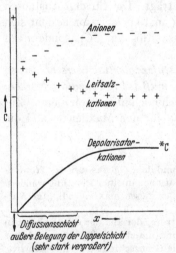

Anionen

Leitsalz-
kationen

Depolarisator-
kationen

$*C$

Diffusionsschicht
äußere Belegung der Doppelschicht
(sehr stark vergrößert)

$x \longrightarrow$

Abb. 23. Konzentrationsgefälle der Depolarisator- und Leitsalz-Kationen und der Anionen beim Diffusionsstrom.

Liegt eine ungestörte Diffusionsschicht vor, und ist das Reduktionspotential des Depolarisators überschritten, so ist demnach für $x =$ o (d. h. an der Elektrodenoberfläche) die Konzentration der D-Kationen gleich null und die Konzentration der L-Kationen gleich der der Gesamt-Anionen, wie dies Abb. 23 darstellt. Im Inneren der Lösung bewegen sich alle Kationen infolge des Potentialgefälles nach links, alle Anionen nach rechts. Im Gebiet der Diffusionsschicht kommt die Wirkung des Diffusionsgefälles dazu: Die D-Kationen bewegen sich mit vielfach verstärkter Geschwindigkeit nach links. Dagegen werden bei $x =$ o die L-Kationen und die Anionen ruhen. Im Inneren der Lösung beteiligen sich die D-Kationen am Stromtransport nur entsprechend ihrem Konzentrationsanteil. Bei $x = 0$ erfolgt der *Stromtransport ausschließlich durch die Depolarisatorkationen* [1].

Es sei nochmals betont, daß die Dicke der Diffusionsschicht etwa 10^4 bis 10^5 mal größer ist als die Dicke der „Grenzschicht", in der sich die (hier positiven) Überschußladungen befinden. Die Grenzschicht ist in Abb. 23 etwa 10 000 mal vergrößert dargestellt. Auf den Antransport des Depolarisators hat diese dünne Schicht im allgemeinen keinen Einfluß. — Ferner sei betont, daß die Leitfähigkeit der Lösung durch die Depolarisatorverarmung an der Elektrodenoberfläche praktisch nicht herabgesetzt wird, wenn Leitsalz im Überschuß vorhanden ist.

Das Diffusionsgefälle in der Diffusionsschicht ist gekrümmt. Doch wird für $x = 0$ der Krümmungsradius unendlich, denn hier ist $dC/dt = 0$, also nach dem Fickschen Gesetz auch $d^2C/dx^2 = 0$. Praktisch ist also *das Diffusionsgefälle einer ungestörten Diffusionsschicht bei $x = 0$ linear.* Dieses Konzentrationsgefälle wird aber durch die Maximaströmung deformiert.

Dieses wird in Abb. 24 dargestellt. Der obere Teil zeigt das Konzentrationsgefälle am Tropfenhalse, der untere — am Scheitel. Die ausgezogenen Kurven beziehen sich auf eine ungestörte Diffusionsschicht [2] bei einem Kathodenpotential in der Nähe von $E_{1/2}$: Am Halse ist $°C$ größer

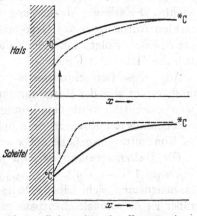

Abb. 24. Deformation des Konzentrationsgefalles am Tropfenhalse (oben) und Scheitel (unten) bei einem negativen Maximum. Ausgezogene Kurven: Ungestörtes Gefälle. Gestrichelte Kurven: Durch die Stromung deformiertes Gefälle (schematisch).

(positiveres Potential) als am Scheitel. Beim Vorliegen einer Maximaströmung ist die Bewegung der Grenzschicht am schnellsten, weil hier die Kraft ansetzt. Sowohl in die Lösung, wie in das Quecksilber hinein erfolgt ein Abfall der Geschwindigkeit. Wir kommen auf diesen Geschwindigkeitsgradienten zurück und stellen hier zunächst nur fest, daß durch ihn die durch die gestrichelten Kurven wiedergegebene Deformation des Konzentrationsgefälles erfolgt: Die schnellen, grenzflächennahen Schichten *unterströmen* die entfernteren und bringen vom Scheitel eine geringere

---

[1] Wenn neutrale Molekeln (oder Anionen) als Depolarisatoren vorliegen, erfolgt dieser Stromtransport bei $x = 0$ durch die rückläufige Diffusion der Reduktionsprodukte, die dann eine negative (bzw. erhöhte negative) Ladung tragen.

[2] Allerdings können im Diffusionszustande Potential- und $°C$-Differenz nicht aufrecht erhalten bleiben wegen der sofort eintretenden Spreitung der Ladungen über die ganze Tropfenoberfläche.

Konzentration $°C$ zum Halse. Dadurch wird das *Konzentrationsgefälle am Halse konvex gekrümmt und vergrößert*. Dies ist die formale Erklärung dafür, daß nunmehr am Halse mehr D-Kationen abgeschieden werden [1]. Es ist der zum normalen Antransport hinzukommende „Austauscheffekt". Physikalisch ermöglicht wird diese Mehrabscheidung von D-Kationen und die Aufrechterhaltung des gekrümmten Konzentrationsgefälles durch den tangentialen Antransport von D-Kationen durch die Maximaströmung. — Am Scheitel wird durch das tangentiale Abströmen von Lösung zum Halse ein radiales Heranströmen verursacht, wodurch ebenfalls ein Steilerwerden des Konzentrationsgefälles bedingt ist. Im ganzen ergibt sich also das Bild, daß die erhöhte Stromstärke und die erhöhte D-Kationen-Abscheidung beim Maximum durch einen verstärkten Antransport des Depolarisators aus dem Inneren der Lösung *zum Scheitel* erfolgt, daß jedoch die zusätzliche Abscheidung teilweise auch am Halse stattfindet.

Auch diese Betrachtungsweise, die den „Unterströmungseffekt" benutzt, ergibt, daß der Maximazustand nur möglich ist, wenn $°C > 0$ ist. Denn andernfalls würde eine Lösung der Konzentration null eine solche von ebenfalls der Konzentration null unterströmen, und eine Erhöhung des Konzentrationsgefälles bei $x = 0$ am Halse wäre nicht möglich.

Der Unterströmungseffekt wird um so wirksamer sein, je größer die Differenz $\Delta °C = °C_{Hals} - °C_{Scheitel}$ *ist*. Dies bedeutet aber, daß der Maximazustand sich selbst erhalten kann: Je größer $\Delta °C$ ist, um so größer ist die Grenzflächenspannungsdifferenz $\Delta \gamma$ und um so heftiger die Strömung, um so größer die Anforderungen, die an den Austauscheffekt gestellt werden. Aber dessen Ergiebigkeit, bedingt durch die Wirksamkeit des Unterströmungseffektes, ist ja gleichfalls bei großem $\Delta °C$ groß, denn je größer $\Delta °C$ ist, um so mehr kann das Konzentrationsgefälle dC/dx am Halse verstärkt werden, wie ein Blick auf Abb. 24 lehrt.

Die Wirkung des Unterströmungseffektes kann auch folgendermaßen diskutiert werden: Durch das Unterströmen kommt eine Grenzschicht mit negativerem Kondensatorpotential E_Q (mit höherer Ladungsdichte) unter eine benachbarte Lösung, deren Depolarisatorkonzentration einem positiveren Redoxpotential E_R entspräche. Der Ausgleich zu $E_Q = E_R$ kann nun a) durch eine Positivierung von E_Q (Herabsetzung der Kondensator-Ladungsdichte) oder b) durch eine Herabsetzung von $°C$ erfolgen.

(b) wird stattfinden, *wenn $°C$ klein ist*. Denn dann genügt eine kleine absolute Herabsetzung von $°C$, um eine genügende relative Herabsetzung zu erreichen. (Es ist ja $E_K = k \cdot \ln °C$, also $d °C/d E_K = k \cdot °C$). Die Herabsetzung von $°C$ erfolgt durch Abscheidung. Doch wird die

---

[1] Es ist paradox, daß diese verstärkte Depolarisatorabscheidung am Halse dadurch zustande kommt, daß die Konzentration $°C$ *herabgesetzt* wird.

Abscheidung einer nur geringen Depolarisatormenge die Kondensatorladung nur wenig ändern. Dies heißt aber, daß die am Halse anlangenden Überschußladungen nicht vernichtet werden, und daß daher der Maximazustand nicht möglich ist.

(a) wird stattfinden, *wenn $°C$ groß ist*, denn um E_R an E_Q anzugleichen, müßte eine große Depolarisatormenge abgeschieden werden, wodurch die Kondensatorladung stark abgebaut werden würde. Es wird sich also E_Q an E_R angleichen müssen. D. h. aber, daß *die am Halse ankommenden Überschußladungen vernichtet werden*. Sie werden also durch das gut „beschwerte" Redoxsystem ($°C$ groß) am Halse sozusagen „abgepumpt" (in das Quecksilber gedrückt)[1]. Der Maximazustand ist möglich.

C. Der Abbruch der negativen Maxima.

Die Wirksamkeit des Unterströmungseffektes ist vom Kathodenpotential abhängig und hat, wie folgende Überlegung zeigt, ein Maximum bei $E_K = E_{1/2}$.

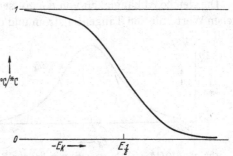

Sind $*C$ und $°C$ die Konzentrationen des Depolarisators im Inneren der Lösung, bzw. an der Kathodenoberfläche, so ist die Konzentration des Depolarisatorreduktionsproduktes (eventuell also die des gebildeten Amalgams) an der Kathodenoberfläche durch $*C - °C$ gegeben, wenn

Abb. 25. Depolarisatorkonzentration $°C$ an der Elektrodenoberfläche in Abhängigkeit vom Elektrodenpotential.

beide den gleichen Diffusionskoeffizienten haben, was aber auch durch größere Unterschiede dieser nicht wesentlich verändert wird. Dann gilt also

$$E_K = E_{1/2} + \frac{RT}{nF} \ln \frac{°C}{*C - °C} \quad [2].$$ (1)

Also ist $\dfrac{°C}{*C - °C} = \exp \dfrac{(E_K - E_{1/2})\,nF}{RT} \equiv e^p$, wenn wir diese Abkürzung einführen. Eine einfache weitere Umformung ergibt

---

[1] Beim Maximum *zweiter Art* werden die Überschußladungen der Grenzschicht durch den Spüleffekt zum Tropfenhalse *geschoben*, werden dort konzentriert und können bei ausreichender Leitfähigkeit der Lösung durch diese wieder zum Scheitel des Tropfens gelangen. Beim (negativen) Maximum *erster Art* müssen die Überschußladungen zum Halse *gezogen* werden, indem sie dort durch ein wirksames Redoxsystem „abgepumpt" werden.

[2] Bei reversibler Reduktion ist $E_{1/2}$ gleich dem Redoxnormalpotential. Die Gleichung gilt aber auch für irreversible Reduktionen (siehe z. B. v. STAKKELBERG 1939).

$$\frac{°C}{*C} = \frac{e^p}{e^p + 1} \quad \text{mit} \quad p \equiv \frac{(E_K - E_{1/2})\,nF}{RT} \tag{2}$$

Abb. 25 zeigt $°C/*C$ als Funktion von E_K. Die Kurve ist das Spiegelbild der polarographischen Stromspannungskurve.

Nun hatte sich ergeben (S. 258), daß die Wirksamkeit der Unterströmung durch den Betrag von $\Delta\,°C$ gegeben ist. Differentiation von Gl. (2) ergibt

$$d\,°C = *C\,\frac{nF}{RT} \cdot \frac{e^p}{(e^p + 1)^2}\,dE_K,$$

also annähernd

$$\Delta\,°C = 40\,*C\,\frac{e^p}{(e^p + 1)^2} \cdot \Delta\,E_K.$$

Hiernach ist $\Delta\,°C$ proportional der Steilheit der polarographischen Kurve und hat ein Maximum bei $p = 0$, d. h. bei $E_K = E_{1/2}$. Abb. 26 stellt diese Glockenkurve von $\Delta\,°C$ dar.

Die gleiche Abhängigkeit von E_K müssen aber auch die maximal möglichen Werte für den Tangentialstrom und die Strömungsgeschwindigkeit

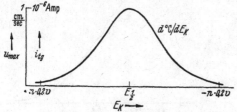

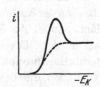

Abb. 26. $d°C/dE_K$ in Abhängigkeit vom Potential E_K als Maß für die mögliche Maximaintensität.

Abb. 27. Unkorrigierte theoretische Form eines Maximums.

zeigen. Und die polarographische Stromstärke müßte etwa der Abb. 27 entsprechen, was aber mit der bekannten Sägezahnform der Maxima im Widerspruch steht. Es sind jedoch noch folgende Dinge zu berücksichtigen:

In Abb. 26 und 27 ist als Abszisse das Kathodenpotential angegeben, während im Polarogramm die anliegende Spannung $-|E| = E_K - E_A - iW$ als Abszisse auftritt.

Ferner ist der abfallende Teil des in Abb. 27 dargestellten Maximums eine *fallende Charakteristik*, ist daher nicht realisierbar und muß übersprungen werden[1]: Sobald E_K negativer als $E_{1/2}$ wird, sinkt die Strom-

---

[1] Bei mittlerer Leitsalzkonzentration beobachtet man abgerundete Maxima, deren Form etwa der Abb. 27 entspricht (vgl. Abb. 14 und 18). Die hier allmählich abfallende Stromstärke ist jedoch keine fallende Charakteristik. Der allmähliche Abfall (der über die Tropfzeit gemittelten Stromstärke!) kommt vielmehr dadurch zustande, daß bei den Einzeltropfen im Laufe ihres Wachstums eine „Inversion" erfolgt, ein plötzlicher Abfall von der Stromstärke des Maximums erster Art zu der eines Maximums zweiter Art, wobei dieser Abfall bei jedem Tropfen um so früher erfolgt, je größer $|E|$ ist.

stärke i und damit der Spannungsabfall $i\,W$, wodurch E_K noch negativer, $°C$ noch kleiner wird, usw. bis die Polarisation so weit fortgeschritten ist, wie es die anliegende Spannung zuläßt. Im ganzen springt E_K um den Betrag $(i_{max} - i_{diff}) \cdot W$.

Schließlich ist zu berücksichtigen, daß die Tropfkathode im Maximazustand unpolarisierbar ist. Genauer gesagt: Eine Konzentrationspolarisation ist infolge der Rührwirkung der Strömung nur noch in sehr kleinem Umfang möglich. $°C$ bleibt fast gleich $*C$, und daher E_K positiver als $E_{1/2}$. Eine Steigerung der anliegenden Spannung erhöht $\varDelta\,E_K$, $\varDelta\,°C$, $\varDelta\,\gamma$, i_{tg}, die Strömungsgeschwindigkeit u und die Gesamtstromstärke i und damit auch $i\,W$, während E_K praktisch konstant bleibt. Die Stromstärke i als Funktion von E_K (s. Abb. 28 rechts) sollte daher bei $E_K = E_{1/2}$ ins Unendliche ansteigen, während i als Funktion von $|E|$ (Abb. 28 links) nach dem Ohmschen Gesetz linear ebenfalls ins Unendliche steigen sollte.

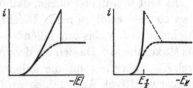

Jedoch ist der *negative Maximazustand labil*: Irgendeine wenn auch kurzfristige Unterbrechung der Strömung (Rührwirkung) würde i und damit $i\,W$ absinken, E_K negativer werden lassen, wodurch $E_{1/2}$

Abb. 28. Korrigierte Form eines Maximums. Links mit dem anliegenden Potential $|E|$ als Abszisse. Rechts mit dem Kathodenpotential E_K als Abszisse.

überschritten und nun wegen der fallenden Charakteristik der Sprung aus dem Maximazustand in den Diffusionszustand erfolgen würde. Nach Beseitigung der angenommenen kurzfristigen Strömungsbehinderung könnte das Maximum nicht wieder aufleben.

An der Tropfelektrode erfolgt der Abbruch des labilen Maximazustandes *im Moment des Abfallens eines Tropfens*. Mechanische Behinderung der Strömung mag vielleicht eine gewisse Rolle spielen, aber die entscheidende Ursache ist eine *Erhöhung der Stromdichte* im Moment des Abreißens des alten Tropfens, und zwar etwa auf das Dreißigfache

Approximieren wir den alten und den neuen Tropfen als kugelförmige Elektroden mit den Radien r_1 bzw. r_2 (die etwa im Verhältnis 100 : 1 stehen), so stehen die Widerstände W_1 und W_2 nach der Formel $W = \varrho/4\pi r$ (s. S. 248) im Verhältnis $r_2 : r_1$. Da die anliegende Spannung und im Moment des Abreißens auch das Kathodenpotential E_K einen unveränderten Wert haben (E_K wegen Pufferung durch die Kondensatorladung), so muß im ersten Moment auch $i\,W$ unverändert sein, also $i_2 W_2 = i_1 W_1$, folglich $i_2 : i_1 = W_1 : W_2 = r_2 : r_1$. Die Tropfenoberfläche hat aber im Verhältnis $(r_1 : r_2)^2$ abgenommen, also muß die Stromdichte im Verhältnis $r_1 : r_2$ zunehmen. Das Konzentrationsgefälle an der Tropfenoberfläche muß also um das Dreißigfache verstärkt werden, es erfolgt also ein rapides Absinken von $°C$ und ein entsprechendes Negativieren von E_K.

Würde die Stromdichte nunmehr wieder auf den Wert vor dem Abreißen sinken, so wäre die Stromstärke nun im Verhältnis $(r_2 : r_1)^2$ kleiner als vorher. Das hieße aber, daß der vor dem Abreißen vorhanden gewesene Spannungsabfall $i_1 W_1$ nunmehr fast ganz in Fortfall gekommen wäre und E_K um diesen Betrag negativiert wäre. In praktischen Fällen mag i_1 etwa 10^{-4} Amp. und W_1 etwa 300 Ohm betragen, was einem Sprung von E_K um $300 \cdot 10^{-4} = 0{,}030$ Volt gleichkommt. Das würde z. B. bei einem zweiwertigen Depolarisator einer Herabsetzung von $°C$ auf $1/10$ entsprechen. Die dieser Rechnung zugrundeliegende Annahme eines Absinkens der Stromdichte bis auf den Wert vor dem Abreißen wird nun natürlich abgefangen werden durch die damit gekoppelte Negativierung von E_K, so daß sich beide Vorgänge in der Mitte treffen werden. Der E_K-Sprung wird also nur etwa die Hälfte des eben berechneten Wertes, also etwa 15 mV betragen.

Es läßt sich überschlagen, daß dieser E_K-Sprung von etwa 15 mV in etwa 10^{-5} sec erfolgen wird. Reicht nun dieser Sprung aus, um E_K über $E_{1/2}$ hinaus, d. h. bis zur fallenden Charakteristik zu werfen, so bricht das Maximum ab. Da sich vor dem Abbruch des Maximums E_K asymptotisch $E_{1/2}$ nähert, wenn die anliegende Spannung $|E|$ und damit i gesteigert wird (vgl. Abb. 28), so wird bei einem bestimmten Betrage von $|E|$ und von i der beim Abfallen eines Tropfens stattfindende E_K-Sprung ausreichen, um das Maximum zusammenbrechen zu lassen[1]. Wir werden sehen, daß diese Überlegungen nur auf negative Maxima angewandt werden können.

Der nunmehr nach dem Abbruch des Maximums vorliegende Diffusionszustand ist stabil. Der Stromdichteunterschied zwischen Hals und Scheitel vermag keine Maximaströmung hervorzurufen, denn da nun eine Konzentrationspolarisation (Diffusionsschicht) vorliegt, ist an der ganzen Tropfenoberfläche $°C$ praktisch gleich null, eine Konzentrations-*differenz* $°C_{Hals} - °C_{Scheitel}$ ist nicht mehr möglich, und damit entfällt die Möglichkeit für den „Abpumpmechanismus“. Möglich wäre auch

---

[1] Sind neben dem zunächst hier allein in Betracht gezogenen Widerstand des Elektrolyten noch merkliche zusätzliche Widerstände im Stromkreis enthalten, so wird im Produkt iW der Faktor W zwar größer, i aber kleiner. Es sollte daher erwartet werden, daß der Abbruch bei Variation der äußeren Widerstände doch stets beim gleichen anliegenden Potential $|E|$ erfolgt. Jedoch sind die obigen Überlegungen nicht nur in geometrischer Hinsicht (Kugelform auch des beginnenden neuen Tropfens) stark idealisiert, sondern es blieben auch zahlreiche Nebenumstände unberücksichtigt: Die Strömungsverhältnisse in der Lösung, die Strömung im Quecksilber durch den „Spüleffekt“, die besonders bei hoher Leitsalzkonzentration wirksam sein wird [Maxima zweiter Art, anscheinend bei den Versuchen von LINGANE (1940)]. Bei geringer Leitsalzkonzentration kann andererseits eine Schicht erhöhten spezifischen Widerstandes an der Kathodenoberfläche entstehen. Dies und anderes kann den Abbruch modifizieren, doch glauben wir, daß die oben besprochene Stromdichtezunahme das Grundsätzliche trifft.

bei beliebig kleinem $°C$ ein von 1 abweichendes Konzentrations*verhältnis* $°C_H : °C_S$ und damit eine Potentialdifferenz. Doch kann dies nicht Anlaß zu einer Strömung geben und wird durch Spreitung ausgeglichen. Hinzu kommt, daß am Halse durch die Abschirmung zwar eine geringere Stromdichte vorliegen wird, daß jedoch auch die Herandiffusion des Depolarisators behindert sein wird, weshalb die Tendenz zur Ausbildung einer Konzentrations- und Potentialdifferenz vermindert ist.

Diese Überlegungen ermöglichen die Deutung eines interessanten, von HEYROVSKÝ angegebenen Versuches: Cd^{2+}-Ionen geben kein Maximum, weil sie beim elektrokapillaren Nullpotential reduziert werden. Überlagert man aber die in üblicher Weise steigende Gleichspannung mit 25% Wechselspannung (50 Hertz), so erhält man ein Polarogramm mit ausgeprägtem Maximum. Die Deutung ist folgende: Der zeitliche Spannungsverlauf ist infolge der Wechselkomponente so, wie dies der obere Teil von Abb. 29 zeigt. Die Wechselspannung vermag also eine Zeit lang die bereits über $E_{1/2}$ hinaus angestiegene Gleichspannung wieder bis $E_{1/2}$ zurückzuholen, was einen starken Anstieg von $°C$ bewirkt. Und nun führt die Wechselspannung *bevor ein Tropfenabfall erfolgt* das Tropfenpotential E_K wieder zu negativeren Werten, also fort vom Nullpotential, so daß nun die Maximaströmung anlaufen kann. — HEYROVSKÝ hat ferner angegeben, daß man auch mit einer intermittierenden Gleichspannung, d. h. bei Einschalten eines Unterbrechers mit einigen Hertz Frequenz, ein Cadmiummaximum erzeugen kann. Auch hier positiviert sich E_K bei jeder Unterbrechung, und es wird $°C > 0$.

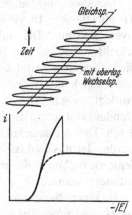

Abb. 29. Erzeugung eines Cadmium-Maximums durch eine überlagerte Wechselspannung (schematisch). Nach HEYROVSKÝ.

D. Verallgemeinerungen. Das positive Maximum.

Ein Maximum erster Art kann entweder ein positives oder negatives sein. Die Tropfelektrode kann entweder Kathode oder Anode sein. Als Depolarisatoren können Kationen, Anionen oder neutrale Molekeln vorliegen. Die Kombination dieser Möglichkeiten ergibt 12 Fälle, von denen bisher nur einer in Betracht gezogen wurde. Es ist jedoch leicht, diese Betrachtungen auf die anderen Fälle zu übertragen.

Liegen *Depolarisator-Anionen oder Molekeln* vor, so sind ihre Reduktionsprodukte stärker negativ geladen als sie selbst. Der positive Strom zu der Kathodenoberfläche kommt durch das Herandiffundieren des Depolarisators und das Fortdiffundieren der stärker negativ geladenen

Reduktionsprodukte zustande. Durch den Unterströmungseffekt wird das Diffusionsgefälle beider am Tropfenhalse steiler werden, indem es für den Depolarisator konvex, für das Reduktionsprodukt konkav gekrümmt werden wird. Beides ist wiederum nach Überschreiten der Reduktionsstufe, d. h. wenn E_K merklich negativer als $E_{\frac{1}{2}}$ ist, nicht mehr möglich, weshalb das Maximum abbrechen muß.

Ist die Tropfelektrode *Anode*, so muß bei einem positiven Maximum die Strömung zum Halse, bei einem negativen Maximum zum Scheitel verlaufen. Auch sonst müssen die beiden Maximaarten ihre Rollen vertauschen. Doch liegen hierüber noch keine Untersuchungen vor.

Genauer eingehen müssen wir auf die *positiven Maxima* (an einer Tropfkathode). In vieler Hinsicht besteht volle Analogie zu den negativen Maxima: Die äußere Belegung der Doppelschicht, die Grenzschicht, trägt bei den positiven Maxima negative Überschußladungen, die sich zum Scheitel bewegen und dort ,,abgepumpt" werden müssen. Auch hier kann dies nur geschehen, wenn ein wirksames Redoxpotential vorliegt, wenn $^{\circ}C > 0$ ist. Es unterströmt hier die ein positiveres Kondensatorpotential besitzende Grenzschicht eine Nachbarlösung, deren Depolarisatorkonzentration einem negativeren E_K entsprechen würde. Ist das Redoxsystem genügend beschwert, so kann es den Kondensator entladen, die am Scheitel ankommenden negativen Überschußladungen vernichten.

In einer Beziehung besteht jedoch ein grundlegender *Unterschied zwischen positiven und negativen Maxima*: Bei einem negativen Maximum, d. h., wenn E_K negativer als das Nullpotential ist, ist der Maximazustand labil, wie wir S. 261 auseinandersetzten. Umgekehrt ist *bei E_K positiver als das Nullpotential der Diffussionszustand labil.* Jede zufällige lokale Erhöhung von $^{\circ}C$ bewirkt an dieser Stelle ein Positiverwerden von E_K und damit eine *Erniedrigung* der Grenzflächenspannung, somit eine Dehnung der Grenzfläche an dieser Stelle, was mit einem Heranführen von Lösung und Depolarisator verknüpft ist und $^{\circ}C$ weiter steigert, was wiederum eine Dehnung der Grenzfläche veranlaßt usw., bis schließlich ein Umschlagen in den Maximazustand erfolgt. Hiermit hängt auch die bereits (S. 251) erwähnte Selbstverstärkung positiver Maxima zusammen. Ebenso auch die ,,Inversion" positiver Maxima: Der Spüleffekt verursacht eine Dehnung der Grenzfläche am Scheitel, daher ein Heranführen frischer Lösung, ein Positivieren von E_K, was bei starkem Spüleffekt eine Umkehrung der Strömungsrichtung bewirken kann.

Infolge des ,,autokatalytischen" Verhaltens positiver Maxima ist an der flüssigen Quecksilberelektrode ein Elektrodenpotential zwischen dem Halbstufenpotential des Depolarisators und dem (negativeren) Nullpotential labil. In diesem Potentialbereich wird jede Potentialungleichmäßigkeit das Anspringen der Maximaströmung und eine Depolarisation der Elektrode bis $E_{1/2}$ auslösen. Infolgedessen kann ein *positives Maximum nur abbrechen, wenn E_K beim Tropfenabfall bis zum Nullpotential negativiert wird.* Durch grenzflächenaktive Stoffe kann freilich die Tropfenoberfläche auch im genannten Potentialbereich stabilisiert werden, weshalb in Gegenwart von Dämpfern positive Maxima auch vor dem Nullpotential abbrechen oder ganz unterdrückt sein können.

E. Das Anspringen des Maximums.

Das Anspringen eines Maximums bei „Rückwärtspolarographieren" erfolgt im Moment des Abreißens eines Tropfens und soll uns hier nicht weiter beschäftigen. Legt man an einen bereits wachsenden Tropfen plötzlich eine geeignete Spannung an, so springt ein Maximum an, wobei die Stromstärke zunächst sehr groß ist — wegen des Depolarisatorvorrates an der Elektrodenoberfläche — um dann mit $t^{-1}/_2$ abzuklingen. Doch wollen wir uns hier mit dem Anspringen des Maximums aus dem Diffusionszustande befassen.

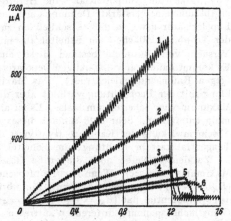

Von BRDIČKA (1936) ist folgende Beobachtung beschrieben worden: Schaltet man in den Tropfkathodenstromkreis einen hohen Widerstand von z. B. 10 000 Ohm ein, so erfolgt der Abbruch eines Maximums nicht plötzlich, sondern allmählich, wie Abb. 30 zeigt[1]. Die von BRDIČKA durchgeführte Untersuchung der Stromstärke-Zeit-Kurven der Einzeltropfen ergab folgendes: Bei Potentialen, die dem abfallenden

Abb. 30. Quecksilbermaximum bei verschiedenem Zusatz-Widerstand. Nach LINGANE (1940). (Nachgezeichnet.)

Kurve 1 bis 6: Null, 1000, 3000, 5000, 7000 bzw. 9000 Ohm. Innerer Widerstand (zeitlicher Mittelwert): 1200 Ohm. Lösung: 0,05 m-$Hg_2(NO_3)_2$—0,005 n-HNO_3.

Ast der Kurven 5 und 6 der Abb. 30 entsprechen, beginnt jeder Tropfen mit einem Stromstärkeanstieg, wie er einem Diffusionsstrom zukommt; dann aber erfolgt ein plötzliches Anspringen des Maximums, wie dies Abb. 31 zeigt. HEYROVSKY hat mit Hilfe einer Braunschen Röhre festgestellt, daß dieses Anspringen in 10^{-4} sec erfolgt.

Abb. 31. Anspringen eines Maximums während des Tropfenwachstums bei großem äußerem Widerstand. Nach BRDIČKA (1936).

Zweifellos kann die Maximaströmung nicht so schnell anlaufen. Wir werden sehen, daß hierfür etwa die hundertfache Zeit erforderlich ist. Dennoch ist eine Deutung der Erscheinung möglich. Zunächst — vor dem Anspringen — nimmt die

---

[1] Diese Abbildung ist einer Arbeit von LINGANE (1940) entnommen. Die anderen Polarogramme in dieser Arbeit von LINGANE zeigen wahrscheinlich keine reinen Maxima erster Art, da die Leitsalzkonzentrationen (0,1 n) etwas hoch sind.

Diffusionsstromstärke i_d in normaler Weise mit $t^{1/6}$ zu. Da der Widerstand des Stromkreises wegen des hohen Zusatzwiderstandes praktisch konstant ist, so nimmt auch der Spannungsabfall $i \cdot W$ im selben Maße zu [1], und das Tropfkathodenpotential muß entsprechend *positiver* werden [2]. Es ergibt sich nun, daß das Anspringen des Maximums in dem Moment erfolgt, in dem E_K positiver als das elektrokapillare Nullpotential wird. Dies steht im Einklang mit dem autokatalytischen Charakter der positiven Maxima, der Instabilität des Diffusionszustandes bei Potentialen, die positiver als das Nullpotential sind. Ausgelöst wird das Anspringen durch den Spüleffekt. Dieser bewirkt am Tropfenscheitel eine dauernde Dehnung der Grenzfläche (s. Abb. 11) und damit ein Heranführen von frischer Depolarisatorlösung, genauer: eine Vergrößerung des Konzentrationsgradienten. Hierdurch wird aber E_K am Scheitel positiver, was „links vom Nullpotential" eine Herabsetzung der Grenzflächenspannung ergibt und eine verstärkte Dehnung am Scheitel, verstärkte Heranführung von Depolarisator usw., so daß es schließlich zu einem tangentialen Überströmen der Tropfenoberfläche vom Scheitel aus mit frischer Lösung kommt. Beim Versuch von Brdička bestand diese aus 0,01 nHgNO$_3$ — 0,005 nHNO$_3$. Es kommt daher zur vollständigen Depolarisation des Tropfens: $E_K = + 0{,}45$ V (gegen Kalomelnormalelektrode). Das Maximum ist angesprungen. Im Einklang mit der Beobachtung verläuft aber die Strömung bei diesem positiven Maximum vom Scheitel zum Halse. Es ist also ein invertiertes positives Maximum entstanden. Sehr bald schlägt dieses aber zum normalen um, denn die Abschirmwirkung der Kapillare positiviert den Tropfenhals und erzeugt eine Tangentialkraft in Richtung zum Scheitel, die bald die Oberhand gewinnt.

Zu deuten bleibt noch die große Geschwindigkeit des Anspringens des Maximums (10^{-4} sec). Wenn der Tropfenscheitel frische Lösung an sich reißt ($E_K = + 0{,}45$ V, $\gamma = 250$ dyn/cm), die übrige Tropfenoberfläche aber noch das Nullpotential hat ($E_K = - 0{,}5$ V, $\gamma = 410$ dyn/cm), so können sehr große Grenzflächenspannungsdifferenzen auftreten, und die tangential auf die Grenzfläche wirkende Kraft kann die Größenordnung von $K_{tg} = 1000$ dyn/cm^2 erreichen. Trotzdem wird, wie eine Überschlagsrechnung zeigt, das volle Überfluten der ganzen Tropfenoberfläche mit frischer Lösung etwa 10^{-3} sec in Anspruch nehmen. Das volle Überfluten ist jedoch nicht erforderlich. Verlangt wird ja lediglich, daß die vor dem Anspringen diffusionsbegrenzte Stromstärke (von 50μA) in die dem Ohmschen Gesetz entsprechende übergehen kann. Dies sind bei 1,5 V anliegender Spannung und 10000 Ohm Widerstand 150μA [3]. Hierzu genügt es aber, wenn die Diffusionsschicht auch nur an einem kleinen Bruchteil der Tropfenoberfläche durchbrochen ist. Dazu muß allerdings das Kondensatorpotential des Tropfens in Einklang mit der vollen Hg-Ionen-Konzentration an der Tropfenoberfläche gebracht werden. Dies kann nur durch

---

[1] Ohne zusätzlichen Widerstand. d. h. wenn ein solcher nur im Elektrolyten um den Tropfen vorhanden ist, nimmt W mit wachsendem Tropfen aus geometrischen Gründen ab, und zwar stärker als i_d zunimmt, so daß $i_d \cdot W$ absinkt und E_K mit wachsendem Tropfen negativer wird.

[2] Brdička meint, daß diese Positivierung bis zu vollständigen Depolarisation führt. Es läßt sich jedoch berechnen, daß dies erst in Stunden erreicht würde (wenn der Tropfen nicht abfiele). Die Positivierung bis zum Nullpotential kann dagegen in einer der Beobachtung entsprechenden Zeit erfolgen.

[3] Aus der Tatsache, daß i von 50 auf 150μA springt, $i \cdot W$ also um $100 \cdot 10^{-6}$ Amp. mal 10000 Ohm = 1 Volt springt, folgt, daß tatsächlich E_K um etwa 1 Volt, d. h. von $-0{,}5$ V bis zur vollkommenen Depolarisation ($+0{,}45$ V) springt.

Abscheidung von Hg-Ionen geschehen. Um E_K vom Nullpotential bis $+0.45$ V umzuladen, sind pro Quadratcentimeter etwa $4 \cdot 10^{-5}$ Coul $= 4 \cdot 10^{-10}$ Äquivalente Hg-Ionen notwendig. Da die ganze Tropfenoberfläche umgeladen werden muß (nicht nur der Scheitel), und die Tropfenoberfläche etwa 0.01 cm² beträgt, sind $4 \cdot 10^{-12}$ Äquivalente Hg-Ionen, die in $4 \cdot 10^{-7}$ cm³ der 0.01 n-Lösung enthalten sind, in 10^{-4} sec zur Abscheidung zu bringen. Diese $4 \cdot 10^{-7}$ cm³ Lösung müssen also in 10^{-4} sec durch die Ausdehnung der Scheiteloberfläche so nah an die Oberfläche herangebracht werden, daß eine Abscheidung in 10^{-4} sec möglich ist. Dazu müssen alle Teile dieser Lösungsmenge näher als 5000 Å heran, denn die Wurzel des mittleren Verschiebungsquadrates in 10^{-4} sec beträgt für die Hg-Ionen 5000 Å $= 5 \cdot 10^{-5}$ cm (s. S. 255). Die Lösungsmenge müßte daher laminar auf eine Oberfläche von $4 \cdot 10^{-7} / 5 \cdot 10^{-5} = 0.8 \cdot 10^{-2}$ cm², d. h. über die ganze Tropfenoberfläche ausgebreitet sein. Dies ist aber, wie wir gesehen haben in 10^{-4} sec noch nicht erreicht. Es ist daher anzunehmen, daß die sehr heftige Bewegung des Auseinanderreißens der Scheiteloberfläche eine Turbulenz der Strömung hervorruft, durch die etwa 10mal mehr Lösung in genügende Nähe der Oberfläche gebracht wird, als durch laminare Strömung der Fall wäre. — Wir nehmen also an, daß die ganze zur Umladung der Helmholtz-Doppelschicht erforderliche Hg-Ionen-Menge sich am Scheitel abscheidet, und daß die positiven Ladungen der metallischen Seite der Doppelschicht sich durch elektrische Leitung über die ganze Oberfläche verbreiten. Dadurch kommt die Depolarisation des ganzen Tropfens schneller zustande, als dies durch eine tangentiale Überflutung der ganzen Oberfläche möglich ist. Die noch nicht überflutete Oberfläche wird nun beginnen, Hg-Ionen in Lösung zu schicken, um $°C$ dem neuen Kondensatorpotential anzugleichen. Am Scheitel muß noch zusätzlich ein Ersatz für diese in Lösung gehenden Hg-Ionen nachgeliefert werden. Aber die Depolarisation ist schon erreicht, bevor die ganze Diffusionslücke aufgefüllt ist.

F. Quantitative Abschätzungen.

Die *Potentialdifferenz* ΔE_K zwischen Tropfenhals und -scheitel kann nur ein Bruchteil des gesamten Potentialabfalles $i \cdot W$ in der Elektrolytlösung sein. Und zwar nur ein kleiner Bruchteil, da ja die Maximaströmung ausgleichend wirkt. Unter mittleren Bedingungen ist $i \cdot W$ von der Größenordnung 10 mV. Es wird dann ΔE_K von der Größenordnung $\Delta E_K = 1$ mV sein. Dem entspräche eine am Halse um $n \cdot 4\%$ höhere Depolarisatorkonzentration $°C$ als am Scheitel (bei zweiwertigem Depolarisator also um 8%). Wir werden sehen, daß auch bei starken Maxima ΔE_K nicht größer als etwa 5 mV ist.

Die *Grenzflächenspannungsdifferenz* $\Delta \gamma$ ist nach der Elektrokapillarkurve vom Kathodenpotential E_K abhängig. Für $\Delta E_K = 1$ mV ergeben sich für $\Delta \gamma$ die Angaben der zweiten Zeile der nachfolgenden Tabelle.

E_K (geg. n-Kalomelel.)		$+0.5$ (Hg-Max.)	0.0 (Cu-Max.)	-0.5 (Cd)	-1.0 (Zn-Max.)
für $\Delta E_K = $ 1mV	$\Delta \gamma$ in dyn/cm .	-0.5	-0.2	0.0	$+0.1$
	K_{tg} in dyn/cm² .	-5	-2	0	$+1$
	u_0 in cm/sec . .	-5	-2	0	$+1$

Die *Tangentialkraft* K_{tg}, die auf die Flächeneinheit der Grenzfläche wirkt, ist durch $d\gamma/dy$, d. h. durch den Gradienten von γ längs dem Tropfenmeridian gegeben. Bei gleichmäßigem Abfall von γ längs einem Meridian von 0,1 cm Länge wird $K_{tg} = 10 \cdot \varDelta\gamma$.

Bei einem sehr starken positiven Maximum (Hg-Maximum) haben wir mit O. MÄDRICH die tragende Kraft des Rückstoßes der abgeschleuderten Strömung auf den Tropfen (s. S. 249/50) zu 1 Millipond $=$ 1 dyn bestimmt. Da die Tropfenoberfläche 0,04 cm² betrug, ergibt sich hier der hohe Wert $K_{tg} = 25$ dyn/cm² und $\varDelta\gamma = 2,4$ dyn/cm. Trotzdem ist $\varDelta E_K$ nur 5 mV und $°C_{Hals}/°C_{Sch} = 1,5$.

Bei dem im vorigen Kapitel besprochenen Anspringen des Hg-Maximums nehmen wir sehr viel größere Kräfte an:

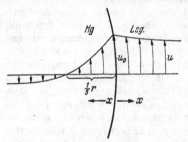

$K_{tg} = 1000$ dyn/cm², $\varDelta\gamma = 100$ dyn/cm und $\varDelta E_K =$ fast 1 Volt. Aber dieser Zustand dauert nur 10^{-3} sec.

Die *Geschwindigkeit* u_0, die die Grenzfläche unter der Einwirkung der Tangentialkraft im stationären Zustand annehmen wird, ist vor allem durch die Bremsung auf der Hg-Seite begrenzt, denn im engen Raum des Tropfens muß ja auch die Gegenströmung erfolgen. Schätzen wir, daß

Abb. 32. Die Geschwindigkeitsverteilung im und am Tropfen im stationären Zustand.

in einer Tiefe von $^1/_5$ des Tropfenradius r (s. Abb. 32), d. h. in etwa $x = 0,01$ cm Entfernung von der Tropfenoberfläche die Strömung bereits abgebremst ist, so gilt

$$u_0 = \frac{K_{tg} \cdot x}{\eta}.$$

Mit der Viskosität $\eta = 0,01$ Poise wird also u_0 (in cm/sec) $= K_{tg}$ (in dyn/cm²). In Übereinstimmung mit der Erfahrung ergibt sich also u_0 zu 1 bis 5 (bis 25) cm/sec.

Der Gradient du/dx ergibt sich daher mit z. B. $u_0 = 10$ cm/sec auf der Quecksilberseite zu 1000 $\frac{\text{cm/sec}}{\text{cm}}$. Auf der Lösungsseite wird der für den Unterströmungseffekt maßgebende Gradient du/dx etwa 10mal kleiner sein.

Für das *Anlaufen der Strömung* einer Flüssigkeit unter Einwirkung einer Tangentialkraft von K_{tg} dyn/cm² der unbegrenzten Oberfläche haben wir folgendes Differentialgleichungs-System abgeleitet (η ist die Viskosität und ϱ die Dichte der Flüssigkeit):

$$\left(\frac{\partial u}{\partial t}\right)_x = \frac{\eta}{\varrho}\left(\frac{\partial^2 u}{\partial x^2}\right)_t \qquad \text{mit } u = \text{o für } t = \text{o und alle } x$$
$$\qquad\qquad\qquad\qquad\qquad \text{und } u = \text{o für } x = \infty \text{ und alle } t,$$
$$\frac{\partial u}{\partial x} = \frac{K_{tg}}{\eta} \qquad\qquad\qquad \text{für } x = \text{o und } t > \text{o}.$$

Hiermit läßt sich das Anlaufen der Strömung des Quecksilbers einschließlich der Grenzfläche gegen das Wasser einigermaßen genau beschreiben, da die Trägheit (Dichte) des Wassers gegenüber der des Quecksilbers vernachlässigt werden kann. Diesen Fehler zu beseitigen erübrigt sich, so lange die Begrenzung und Krümmung der Grenzfläche unberücksichtigt bleiben.

Die Lösung der Differentialgleichung, die ich Herrn SCHLÖGL (Göttingen) verdanke, lautet

$$u = \frac{K_{tg}}{\eta}\left\{ x\left(1 - \frac{2}{\sqrt{\pi}}\int_0^{\frac{x}{2\sqrt{\eta\, t/\varrho}}} e^{-q^2}\cdot dq\right) - 2\sqrt{\frac{\eta t}{\pi\varrho}}\cdot e^{-\frac{x^2\varrho}{4\eta t}}\right\}$$

Für die Geschwindigkeit der Grenzfläche (für $x = 0$) ergibt sich (so lange noch keine seitliche Behinderung der Strömung eintritt) nach Einsetzen von $\varrho = 13,6$ und $\eta = 0,01$

$$u_0 = 3\, K_{tg}\sqrt{t}.$$

Abb. 33 zeigt die Geschwindigkeitsverteilung in der Nähe der Grenzfläche 10^{-4} und 10^{-3} Sekunden nach Einsetzen einer Kraft von $K_{tg} = 1$ dyn/cm². Der Verlauf der Kurve auf der Lösungsseite ist hierbei geschätzt, da er durch den obigen Ansatz nicht erfaßt wird.

Der für den Unterströmungseffekt maßgebende Gradient $(du/dx)_{x=0}$ ist zeitunabhängig. Nur die Tiefe, bis zu der er sich annähernd linear in die Lösung erstreckt, wird mit der Zeit zunehmen. Die Maxima-Stromstärke kann daher sehr viel schneller anlaufen als die Maxima-Strömung.

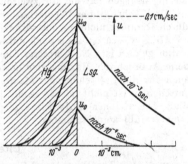

Abb. 33. Geschwindigkeitsverteilung an der Grenzschicht 10^{-4} und 10^{-3} Sekunden nach Anlaufen eines Maximums unter Wirkung einer Tangentialkraft $K_{tg} = 1$ dyn/cm².

Die *Deformation des Quecksilbertropfens* durch die Strömung ist außerordentlich gering. Selbst wenn die „innere Rotation" (Abb. 7) des Quecksilbers sehr heftig ist, wenn z. B. bei $u_0 = 10$ cm/sec die Grenzfläche den Weg von Pol zu Pol (0,1 cm) in $1/_{100}$ sec zurücklegt, ist die hierdurch bedingte eiförmige Deformation des Tropfens 10 mal kleiner als die Verlängerung des hängenden Tropfens durch sein eigenes Gewicht. Die Deformation durch die Strömung ist also mit dem Auge nicht beobachtbar.

Der Impuls $(K \cdot t)$ des am Scheitel (bei einem positiven Maximum) zur Umkehr nach oben gezwungenen Quecksilbers ist gleich der Bewegungsgröße $(m \cdot u)$. Die den Scheitel aufwölbende Kraft ist also $K = mu/t$. Für m können wir etwa die halbe Masse des ganzen Tropfens einsetzen: $m = 13,6\cdot {}^2/_3\,\pi\, r^3$. Dies ist die bis zur Tiefe $1/5\, r$ bewegte Hg-Masse (s. Abb. 32). Diese hat die mittlere Geschwindigkeit $1/2\, u_0$. Die Zeit t ist gleich der Meridianlänge dividiert durch $1/2\, u_0$. Also ist $K = {}^1/_6\cdot 13,6\cdot r^2\cdot u_0^2$. Ziehen wir zum Vergleich die Wirkung der Gravitationskraft $K_g = 13,6\cdot 981\cdot {}^4/_3\,\pi\, r^3$ heran, so ergibt sich $K/K_g = 4\cdot 10^{-5}\, u_0^2/r = 0,08$, wenn wir $u_0 = 10$ cm/sec und $r = 0,05$ cm setzen. Die aufwölbende Kraft der Strömung am Scheitel beträgt also hier 8% der Gravitationskraft. Eine gleich große aufwölbende Kraft ist am oberen Tropfenpol durch die summierte Wirkung der (schwachen) Rückströmung und der Ausdehnungskraft der Kondensatorladungen vorhanden. Schließlich tritt die gleiche Kraft infolge der mitbewegten Lösung auch noch als ,,Tragkraft'' auf.

G. Ungelöste Probleme.

Durch das Zusammenwirken von Stromdichte- und Potentialdifferenzen, von Spüleffekt und Adsorptionseffekten, mitunter auch von Ausfällungen an der Elektrodenoberfläche[1] können komplizierte Strömungsbilder und polarographische Kurven entstehen, deren Deutung oft schwierig ist. Wir haben uns hier bemüht, die Grundphänomene herauszuschälen.

Es sei aber noch auf folgende ungeklärte Frage hingewiesen: Warum geben manche Depolarisatoren auch bei sorgfältigem Ausschluß von Dämpfern kein Maximum? In vielen Fällen wird dies darauf beruhen, daß der Depolarisator oder sein Reduktionsprodukt selbst grenzflächenaktiv sind und als Dämpfer wirken. In manchen Fällen, wie z. B. den folgenden, kommt dies aber nicht in Frage. Die erste Sauerstoff-Reduktionsstufe gibt ein sehr starkes Maximum, die zweite Stufe aber, die der Reduktion $H_2O_2 \rightarrow H_2O$ entspricht, gibt kein Maximum. Bei der Cu^{2+}-Doppelstufe in ammoniakalischer oder chloridhaltiger Lösung dagegen hat nur die zweite Stufe ein Maximum.

Umgekehrt gibt es Depolarisatoren wie das Ca^{2+}-Ion, dessen Maximum auch durch Dämpfer nicht zu unterdrücken ist.

Hinzuweisen ist auch noch darauf, daß die Rolle der Leitsalzionen nicht restlos geklärt ist. Nach unserer Theorie spielen die nicht reduzierbaren Ionen beim Abbruch der Maxima eine entscheidende Rolle. Sind sie aber vielleicht auch für die Entstehung der Maxima verantwortlich? Dies experimentell zu entscheiden ist nicht leicht, da die Ionen des Wassers ja nicht zu vermeiden sind. Die H-Ionen-Stufe selbst zeigt bei völliger Abwesenheit von Leitsalz (Quarzgefäß) kein Maximum.

Literatur.

ADAM, N. K.: The Physics and Chemistry of Surfaces. 3. Aufl., London 1941, S. 344.

ANTWEILER, H. J.: Methoden zur Beobachtung der Diffusionsschicht bei der elektrolytischen Abscheidung. Z. Elektrochem. angew. physik. Chem. **44**, 719 (1938[1]).

— Strömungen des Elektrolyten bei der Reduktion an der Quecksilbertropfelektrode. Z. Elektrochem. angew. physik. Chem. **44**, 831, 888 (1938[2]).

— Elektrolytströmungen an Kathoden. I. Quecksilber- und Gallium-Tropfkathoden. Z. Elektrochem. angew. physik. Chem. **44**, 663 (1938[3]) (kurzes Vortragsreferat).

— Angew. Chem. **61**, 300 (1949) (kurzes Vortragsreferat).

— Tagungsbericht. Kongreß Mailand 1950.

BRDIČKA, R.: The Influence of Circuit Resistance on Maxima of Current-voltage Curves. Coll. Czech. Chem. Commun. **8**, 419 (1936).

---

[1] Depolarisatoren, die schwerlösliche Hydroxyde bilden (z. B. Ni^{2+}) geben in neutraler ungepufferter Lösung, wenn diese Sauerstoff enthält, kein Maximum. Dies beruht, wie KRJUKOWA (1939) festgestellt hat, darauf, daß die O_2-Reduktion OH-Ionen liefert, die $Ni(OH)_2$ an der Elektrodenoberfläche ausfällen. Der Tropfen umgibt sich mit einer Hydroxydhülle, die die Strömung unterbindet, dabei wächst der Tropfen, von dieser Hülle getragen, bis zu einem Mehrfachen seines normalen Gewichtes an.

BRUNS, B.:, A. FRUMKIN, L. VANYUKOVA, and S. ZOLOTAREVSKAJA: Maxima in Current-voltage Curves. Acta physicochim. URSS **9**, 359 (1938).

—, A. FRUMKIN, S. JOFA, L. WANJUKOWA, und S. SOLOTAREWSKAJA: Über die Abhängigkeit der Maxima der Stromkurve von der Spannung (russ.). Shurnal fis. Chim. (russ.) **13**, 786 (1939).

BUCKLEY, F., and J. K. TAYLOR: Application of the Ilkovič Equation to Quantitative Polarography. J. Research Nat. Bur. Standards **34**, 97 (1945).

CHRISTIANSEN, C.: Kapillarelektrische Bewegungen. Ann. Physik **11**, 1072 (1903).

FRUMKIN, A.: Die Elektrokapillarkurve. Ergebn. exakt. Naturwiss. **7**, 235 (1928).

—, und B. BRUNS. Über Maxima der Polarisationskurven von Quecksilberkathoden (deutsch). Acta physicochim. URSS **1**, 232 (1934).

—, und W. LEWITSCH: Die Bewegung fester und flüssiger metallischer Teilchen in Elektrolytlösungen (russ.).

    Teil I: Die Bewegung im elektrischen Felde. Shurnal fis. Chim. (russ.) **19**, 573 (1945).

    Teil II: Ströme fallender Tropfen. Daselbst **21**, 953 (1947).

    Teil III: Allgemeine Theorie. Daselbst **21**, 689 (1947).

    Teil IV: Maxima der Stromspannungskurve der Tropfelektrode. Daselbst **21**, 1335 (1947).

— — Über den Einfluß oberflächenaktiver Stoffe auf die Bewegung an der Grenze von Flüssigkeiten (russ.). Shurnal fis. Chim. (russ.) **21**, 1183 (1947).

HANS, W.: Untersuchungen polarographischer Maxima. Dissert. Bonn 1948.

—, und M. v. STACKELBERG: Untersuchungen polarographischer Maxima. 1. Mitt.: Das Tellurit-Maximum. 2. Mitt.: Untersuchung der Wasserwelle. Z. Elektrochem. angew. physik. Chem. **54**, 62 (1950).

HEYROVSKÝ, J.: Polarographie. In W. BÖTTGER: Physikalische Methoden der analytischen Chemie II. Leipzig 1936.

— Polarographie. Wien 1941.

—, und E. VASCAUTZANU: Disappearence of Adsorption Currents at the Electrocapillary Zero Potential. Coll. Czech. Chem. Commun. **3**, 418 (1931).

ILKOVIČ, D.: The Cause of Maxima on Current-Voltage Curves. Coll. Czech. Chem. Commun. **8**, 13 (1936).

KOLTHOFF, I. M., and E. F. ORLEMANN: Elimination of the Water Wave in Polarographic Work at Relatively High Indifferent Electrolyt. Concentrations. Industr. eng. Chem., Analyt. Ed. **14**, 321 (1942).

KRJUKOWA, T. A., und B. N. KABANOW: Entstehung und Abbruch einer Elektrolytbewegung an der Quecksilbertropfkathode (russ.). Shurnal fis. Chim. **13** 1454 (1939).

— Die Ursachen der Änderung der polarographischen Stufenhöhen von Kationen in Abhängigkeit von der Konzentration des indifferenten Elektrolyten (russ.). Sawodsakja Laboratorija **9**, 699 (1940).

—, und B. N. KABANOW: Über die Bewegung der Lösung an der Tropfkathode. II. Die Geschwindigkeit der Lösungsbewegung und die Erhöhung der Stromstärke der polarographischen Stromspannungskurven (russ.). Shurnal fis. Chim. **15**, 475 (1941).

    III. Die Bewegung in konzentrierten Lösungen von Fremdsalzen und die Entstehung falscher Stufen auf polarographischen Kurven (russ.). Shurnal obschtschei Chim. **15**, 294 (1945).

— Einfluß der Adsorption grenzflächenaktiver Substanzen auf die Tropfenbewegung durch Quecksilberzufluß an der Tropfelektrode (russ.). Shurnal fis. Chim. **20**, 1179 (1946). — Influence of Adsorption on the Surface motion of Dropping Mercury (engl.). Acta physicochim. USRS **22**, 381 (1947[1]).

KRJUKOWA, T. A., und B. N. KABONOW: Polarographische Maxima erster und zweiter Art (russ.). Shurnal fis. Chim. **21**, 365 (1947[2]).
— Die polarographischen Maxima zweiter Art und die Möglichkeiten ihrer Anwendung in der analytischen Chemie (russ.). Sawodskaja Laboratorija **14**, 511, 639 (1948). (Ein englisches Referat dieser beiden Arbeiten: G. S. SMITH: Chemistry and Industry **1949**, 619).

Lange, E. und Mitarbeiter:
FALK, G., und E. LANGE: Über den Widerstand und die Kapazität an den Grenzflächen elektrochemischer Elektroden. Z. Naturforsch. **1**, 338 (1946).
NAGEL, K.: Zur elektrochemischen Aktivierungspolarisation. Z. Naturforsch. **1**, 433 (1946).
LANGE, E., und K. NAGEL: Überlagerung von Aktivierungs- und Konzentrationspolarisation. Z. Elektrochem. angew. physik. Chem. **53**, 21 (1949).
FALK, G., und E. LANGE: Über die Widerstandspolarisation. Z. Elektrochem. angew. physik. Chem. **54**, 132 (1950).
LINGANE, J. J.: Influence of External Resistance in the Cell Circuit on the Maxima in Polarographic Current-Voltage Curves. J. Amer. chem. Soc. **62**, 1665 (1940).
—, and B. A. LOVERIDGE: Fundamental Studies with the Dropping Mercury Electrode. IV. Empirical Modification of the Ilkovic Equation. J. Amer. chem. Soc. **68**, 395 (1946).
ORLEMANN, E. F., and I. M. KOLTHOFF: The Anomalous Electroreduction of Water at the Dropping Mercury Electrode in Relatively Concentrated Salt Solutions. J. Amer. chem. Soc. **64**, 833 (1942).
RODERBURG, G.: Untersuchungen über elektrochemische Vorgänge an der rotierenden Platinelektrode. Dissert. Bonn 1942.
SEIDEL, W.: Studien mit dem Polarographen. Angew. Chem. **48** 463 (1935) (Vortragsreferat).
v. STACKELBERG, M.: Die wissenschaftlichen Grundlagen der Polarographie. Z. Elektrochem. angew. physik. Chem. **45**, 466 (1939).
— Polarographische Arbeitsmethoden. Berlin 1950[1]. de Gruyter.
— Zur Theorie der polarographischen Maxima. Der „Austauscheffekt". Naturwiss. **37**, 68 (1950[2]).
—, H. J. ANTWEILER und L. KIESELBACH: Strömungserscheinungen an Quecksilberkathoden. Z. Elektrochem. angew. physik. Chem. **44**, 663 (1938).
STREHLOW, H., und M. v. STACKELBERG: Zur Theorie der polarographischen Kurve. Z. Elektroch. **54**, 51 (1950).

(Abgeschlossen im Oktober 1950.)

Professor Dr. M. v. STACKELBERG, Bonn, Meckenheimer Allee 168.

Fortschr. chem. Forsch. Bd. 2. S. 273—310 (1951).

Neuere Untersuchungen über Metallhydroxyde und -Oxydhydrate.

Von

OSKAR GLEMSER.

Mit 8 Textabbildungen.

Inhaltsübersicht.

Einleitung.

Den Systemen Metalloxyd-Wasser, den Metallhydroxyden und -Oxydhydraten sind in der Vergangenheit bis in die neueste Zeit hinein zahlreiche Untersuchungen gewidmet worden. Dies hat seinen Grund u. a. darin, daß die Systeme für die Herstellung vieler Adsorbentien und Katalysatoren praktische Bedeutung haben und Einzelkenntnisse über Metallhydroxyde und -Oxydhydrate für die Aufklärung katalytischer Reaktionen notwendig sind. Nachdem 1935 WEISER (*104*) in seiner Monographie „The hydrous oxides and hydroxides" die vielen Arbeiten unter Berücksichtigung der kolloidchemischen Seite, in Sonderheit der Sole, zusammengefaßt hatte, gaben 1937 FRICKE und HÜTTIG (*44*) in ihrem Buche über „Hydroxyde und Oxydhydrate" eine praktisch erschöpfende Beschreibung dieses Gebiets. Seither wurden weitere wesentliche Fortschritte erzielt; viele neue Verbindungen wurden entdeckt und neue Kenntnisse der Eigenschaften dieser und schon bekannter Verbindungen gewonnen. Hierzu haben hauptsächlich die in steigendem Maße zur Anwendung kommenden physikalischen Arbeitsmethoden beigetragen, die eine immer bessere Charakterisierung von Metallhydroxyden und -Oxydhydraten erlauben.

Sehr viele Untersuchungen haben ausgesprochen chemischen oder kolloidchemischen Charakter. Sie beziehen sich in erster Linie auf die *Entstehung* von Metallhydroxyden und -Oxydhydraten und auf die Abhängigkeit der Eigenschaften solcher Verbindungen von den Reaktionsbedingungen. Bei der Beschreibung der *fertig gebildeten* Verbindungen müssen in vielen Fällen die folgenden grundsätzlichen Fragen aufgeworfen werden: Sind die Reaktionsprodukte amorph oder krystallin? Wieviel Mole des analytisch bestimmbaren Wassers sind an ein Mol Metalloxyd gebunden? Welcher Art ist die Bindung des Wassers?

1. Amorph oder krystallin? Diese Frage wird durch eine Debye-Scherrer-Aufnahme entschieden; erscheint das Präparat im Röntgendiagramm amorph, so bezeichnet man es neuerdings als röntgenamorph[1]. Röntgenamorph ist aber nicht gleichzusetzen mit dem Vorliegen einer nichtdefinierten Verbindung, wie schon früher beim Chrom (III)-hydroxyd und neuerdings von Glemser und Mitarbeitern[2] beim Kobalt (III)-hydroxyd nachgewiesen wurde. An Stelle der Röntgenstrahlen können auch Elektronenstrahlen verwendet werden; sie haben eine geringere Eindringtiefe als jene. Zweckmäßig ist es, neben dem Elektronenbeugungsdiagramm zusätzlich das elektronenmikroskopische Bild aufzunehmen, um Gestalt und Größe der Teilchen im *Präparat* festzustellen. Die Teilchengröße kann auch aus der sogenannten Halbwertsbreite der Röntgenreflexe bei Debye-Scherrer-Aufnahmen ermittelt werden (*46*); man gewinnt auf diese Weise die Primärteilchengröße, die mit der im Elektronenmikroskop erhaltenen Teilchengröße verglichen werden kann. Beide Größen brauchen nicht gleich zu sein, wie Fricke und Weitbrecht (*49*) bei α-FeOOH und γ-FeOOH beobachteten, wo die elektronenmikroskopisch gemessenen Teilchen größer, also Sekundärteilchen, d. h. keine Einkrystalle waren[3]. Interessant ist auch ein Vergleich der röntgenographisch und elektronenmikroskopisch bestimmten Teilchenform, worauf später (S. 290) eingegangen wird.

In den vergangenen fünfzehn Jahren sind eine Reihe von Metallhydroxyden gefunden worden, die ihrer Struktur nach einen Übergang zwischen dem amorphen und krystallinen Zustand bilden; sie sind nachstehend unter „Hydroxyde mit Einfach- und Doppelschichtengitter" aufgeführt. Dabei sind auch die bei diesen Hydroxyden in Erscheinung tretenden Gitterstörungen berücksichtigt, mit denen frisch gefällte, junge Präparate oft behaftet sind[4].

2. Wieviel Mole des analytisch bestimmten Wassers sind an ein Mol Metalloxyd gebunden? Diese Frage wird durch einen isobaren (*3*) (*65*) oder isothermen Abbau (*114*) beantwortet, der bei definierten Verbindungen eine treppenartige Kurve ergibt. Die anzuwendenden Methoden

---

[1] Ausführliche Darlegung über Begriff und Untersuchung des amorphen Zustandes bei R. Fricke (*46*).

[2] O. Glemser u. Mitarbeiter, nicht veröffentlicht.

[3] Röntgenographisch ermittelte Primärteilchengröße von γ-FeOOH in der a-, b-, c-Richtung: 109, 69, 96.Å; elektronenmikr. gemessene Dimensionen der betrachteten Nädelchen: Länge 1160—3100 Å, Breite 39—154 Å. Die Größe der Mosaikblöckchen der Realkrystalle, die seither zu 10^3—10^5 Å angenommen wurde, wird also hier wesentlich unterschritten.

[4] Vgl. die Zusammenfassung über Gitterstörungen bei R. Fricke (*46*).

sind eingehend und kritisch von FRICKE und HÜTTIG (*44*) geschildert worden. Es sei hervorgehoben, daß bei kontinuierlichem Verlauf der Abbaukurve nicht nur osmotisch oder kapillar gebundenes Wasser, sondern trotzdem eine definierte Hydratstufe vorliegen kann (*40*). Beispielsweise wird bei gegenseitiger Löslichkeit des Ausgangsmaterials und des Abbauprodukts die treppenartige Form der Kurve nicht entstehen, ebensowenig wenn eine kontinuierliche Reihe verschieden weit gealterter Hydroxyde nebeneinander oder in fester Lösung vorliegt, oder wenn eine fortlaufende Alterung während des Abbaus stattfindet u. a. m.

Den häufig benutzten „Extraktionsverfahren" liegt der Gedanke zugrunde, durch möglichst schonende Entwässerung das nicht konstitutiv gebundene Wasser zu entfernen. WILLSTÄTTER und Mitarbeiter (*111*) verwendeten Aceton, BILTZ und RAHLFS (*7*) flüssiges Ammoniak. Ein Erfolg ist aber nur dann denkbar, wenn ein Energiesprung von chemisch gebundenem zu adsorptiv und kapillar festgehaltenem Wasser besteht. Dies entfällt bei Übergängen zwischen den einzelnen Bindungsarten. Ist beispielsweise ein Produkt mit Aceton getrocknet worden, dann kann die Frage, ob der Rückstand nur chemisch gebundenes Wasser enthält, noch nicht als endgültig beantwortet gelten; die Methoden zum Nachweis des Konstitutionswassers sind also in diesem Falle die gleichen, wie bei den auf andere Weise getrockneten Präparaten. Hierher gehört auch das „Exluanverfahren" von EBERT (*17*), bei dem Dioxan als Entwässerungsmittel dient. Man bestimmt dabei nicht den restlichen Wassergehalt des behandelten Präparats, sondern mißt dielektrisch die Wasseraufnahme des Dioxans. Wie WILLSTÄTTER und Mitarbeiter, so glaubt auch BÜLL (*11*), mit Dioxan das Konstitutionswasser unversehrt zu lassen.

Ein anderer Weg, nämlich das bewegliche Wasser im Präparat selbst experimentell zu erfassen, ist von GLEMSER (*54*), (*55*) mit einer dielektrischen Methode beschritten worden. Die zu prüfenden Präparate werden in einem Kondensator in Paraffinöl suspendiert; die Dielektrizitätskonstante der Suspension wird in Abhängigkeit von der Temperatur von $+20$ bis etwa $-50°$ C gemessen. Ist bewegliches Wasser vorhanden, erhält man Kurven, die mit abnehmender Temperatur ein Absinken der Dielektrizitätskonstante zeigen, weil das Wasser in den Kapillaren allmählich ausgefroren wird und die Dielektrizitätskonstante des Wassers bei $20°$ 80,3, die des Eises 3,2 beträgt. Krystallwasserhaltige Stoffe wie Kupfersulfat oder Kaliumalaun geben dagegen eine dem Kondensatorgang (ohne Präparat, nur mit Paraffinöl gemessen) parallele Kurve, siehe Abb. 1. Bei wasserhaltigen Titandioxydniederschlägen (die nach der auf S. 278 erklärten Nomenklatur als Titandioxydaquate bezeichnet werden müssen) resultieren stark abfallende Kurven, die auf viel bewegliches Wasser hinweisen, vgl. Abb. 1.

Die dielektrische Methode hat den Vorzug, die Präparate praktisch nicht zu verändern; sie gestattet schnell eine Entscheidung herbeizuführen, ob bewegliches Wasser oder ortsfest gebundenes Wasser vorliegt. Es ist auch versucht worden, magnetische Messungen für die Frage der Wasserbindung heranzuziehen; die erzielten Ergebnisse sind aber noch unübersichtlich und in vielen Fällen unerklärbar (*44*). Es wäre hierzu noch weiteres Versuchsmaterial, besonders von physikalisch definierten Präparaten, erwünscht.

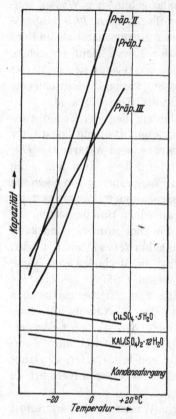

Abb. 1. Temperaturabhangigkeit der Kapazität der Suspensionen von Salzhydraten und Titandioxydaquaten in Paraffinol.

Titandioxydaquatpräparate:

I aus Kaliumtitanfluorid mit Ammoniak in der Siedehitze gefällt: 19,7% H_2O; Rontgendiagramm: verwaschene Anataslinien.

II aus Kaliumtitanfluorid mit Ammoniak bei $+5°$ gefallt: 27,36% H_2O; rontgenamorph.

III kaufl. „Titansaurehydrat" von Schering-Kahlbaum: 23,40% H_2O; Rontgendiagramm Anatas.

Statt der Dielektrizitatskonstante wurde auf der Ordinate die der Dielektrizitatskonstante proportionale Kapazitat eingetragen. Das Maß ist nicht eingezeichnet, um die Übersichtlichkeit der Kurven zu wahren. Nach GLEMSER (*54*)(*55*).

3. Welcher Art ist die Bindung des Konstitutionswassers? Die wichtigste Methode bei krystallisierten Verbindungen ist die Strukturermittlung mittels Röntgenstrahlen. Das einfache Debye-Scherrer-Verfahren benötigt die Substanz in Form eines mikrokrystallinen Pulvers, es ist aber nur in einfachen Fällen hoher Symmetrie anwendbar. Für die üblichen Methoden zur Krystallstrukturanalyse (Laue-Verfahren, Drehkrystall-Verfahren) sind kleine Kryställchen erforderlich, und diese erhält man bei gefällten Präparaten meistens nicht. Die Lage der Wasserstoffatome läßt sich mit Röntgenstrahlen nicht festlegen, sie ist aber aus der Lage der Sauerstoffatome ableitbar. Z. B. sind im Nickel(II)-hydroxyd alle Sauerstoffatome in gleicher Weise vertauschbar, was mit einer Struktur als Oxydhydrat nicht zu vereinbaren ist. Bei allen in ihrer Struktur aufgeklärten Verbindungen ist mit Sicherheit die Wasserbindung als OH-Gruppe abzuleiten; Hydrate von Metalloxyden sind nicht gefunden worden (vgl. auch Abschnitt III, Oxydaquate). Vielleicht ist die Lage der H-Atome bei den Metallhydroxyden mit Neutronen zu ermitteln, wie dies kürzlich WOLLAN und Mitarbeitern (*113*) beim Eis gelang.

Aus den Strukturdaten konnten (indirekt) nicht nur Angaben über die *Lage* von H-Atomen abgeleitet werden; auch Aussagen über *Bindungsarten* scheinen möglich. Bei manchen Hydroxyden, die einen kürzeren als den normalen O–O-Abstand ($<2,9$ Å) zeigen, wird Wasserstoffbindung angenommen. Das H-Atom befindet sich dann in Resonanz zwischen zwei O-Atomen, und man kann nach PAULING (*82*) die Gleichgewichtslage des H-Atoms in der O–H . . O-Gruppierung, deren O–O-Abstände von 2,5 bis 2,9 Å differieren (OH-Radius 1,45 Å) mit der Entfernung von 1 Å von dem einen und 1,5 bis 1,9 Å von dem anderen O-Atom beschreiben. Nach diesen Überlegungen ist Wasserstoffbindung vorhanden bei Hydrargillit ($Al(OH)_3$), Diaspor (α-AlOOH), Goethit (α-FeOOH), Lepidokrokit oder Rubinglimmer (γ-FeOOH), β-Be(OH)$_2$ und ε-Zn(OH)$_2$, Sc(OH)$_3$, In(OH)$_3$ und Y(OH)$_3$. Wasserstoffbindung liegt dagegen nicht vor bei LiOH und bei den Hydroxyden, die im C6-Typ krystallisieren, wie Ca(OH)$_2$, Mg(OH)$_2$, Mn(OH)$_2$, α-Zn(OH)$_2$, Co(OH)$_2$, Ni$_1$(OH)$_2$ Fe-(OH)$_2$ und Cd(OH)$_2$. Als Beispiel für die Wasserstoffbindung sei das Schichtengitter des Lepidokrokits (γ-FeOOH) angegeben, s. Abb. 2.

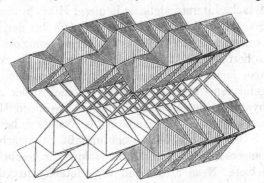

Abb. 2. Schichtenstruktur des γ-FeOOH nach EWING (*18*).

γ-FeOOH enthält zwei Arten von O-Atomen; die eine ist nur an Fe-Atome gebunden, die andere bildet zwei Wasserstoffbindungen. In der Abb. 2 sind die O-Atome in den Ecken, die Fe-Atome im Zentrum der Oktaeder zu denken; die Wasserstoffbindungen sind durch die Röhren gekennzeichnet. Der Zusammenhalt der Schichten dieses Gitters wird also durch die Wasserstoffbindungen bewerkstelligt.

BERNAL und MEGAW (*4*) halten allerdings eine Wasserstoffbindung bei Diaspor (α-AlOOH) und Goethit (α-FeOOH) nicht für wahrscheinlich, da bei den Krystallen im Ultrarot-Absorptionsspektrum eine Bande bei $3\,\mu$ erscheint. Es ist aber bekannt, daß die OH-Bande von $2,7\,\mu$ beim Auftreten der Wasserstoffbindung nicht verschwindet, wie BERNAL und MEGAW glauben, sondern nach längeren Wellen verschoben wird, was HOPPE (*63*). (*64*) in einer neueren Arbeit über die Struktur des Diaspors diskutiert. Diese Möglichkeit ist auch in einer Untersuchung über Eis (*8*) dargelegt worden.

Die früheren Messungen der Absorptionsbanden von Metallhydroxyden im Ultrarot durch COBLENTZ (*13*) und VAN ARKEL und FRITZIUS (*1*) zeigten z. B. für Hydrargillit, Goethit, Manganit und Diaspor eine für OH-Gruppen charakteristische Bande bei $3\,\mu$ (s. oben), dagegen fehlte die bei $1{,}7\,\mu$ gelegene Bande für freies Wasser und Krystallwasser. Duval und Lecomte (16) fanden zwar kürzlich keine so klaren Gesetzmäßigkeiten in den Ultrarot-Absorptionsspektren der Metallhydroxyde. Es sei aber hierzu bemerkt, daß derartige Messungen nur an einwandfrei definierten Präparaten durchgeführt werden sollten; die Formulierungen der Autoren für wasserhaltige Thoriumdioxydniederschläge als $Th(OH)_4$, oder für Kobalt(III)-hydroxyd als $Co(OH)_3$ ohne nähere Angaben lassen die Frage offen, ob solche Präparate tatsächlich in allen Fällen vorgelegen haben.

Für Präparate, die allein durch chemische Analyse gekennzeichnet wurden, dürfen ohne zusätzliche Anhaltspunkte keine Formeln aufgestellt werden, die auf definierte Verbindungen schließen lassen. Manche Literaturstelle ist in dieser Hinsicht unsicher, wenn nicht falsch. So glaubte kürzlich Muller (79) (80) bei der Reduktion von Kaliumpermanganat mit Oxalsäure in saurer Lösung die Verbindung $(MnO_2)_2 \cdot H_2O$ isoliert zu haben. Als Beleg diente nur die chemische Analyse. Es ist aber heute nach sorgfältigen und mit verschiedenen Methoden durchgeführten Untersuchungen als ziemlich sicher anzunehmen, daß Oxydhydrate bzw. Hydroxyde des vierwertigen Mangans nicht bestehen, sondern nur als Mangandioxyd + Wasser zu beschreiben sind.

Der vorliegende Bericht umfaßt hauptsächlich Arbeiten der vergangenen zwölf bis fünfzehn Jahre. Er beschränkt sich auf drei Teilgebiete: Neue Strukturen von Metallhydroxyden (I), Hydroxyde mit Einfach- und Doppelschichtengitter (II), Oxydaquate (III). Dabei wird erstmalig eine etwas veränderte Nomenklatur benützt.

Nomenklatur der Systeme Metalloxyd-Wasser.

Hydroxyde: Verbindungen der Systeme Metalloxyd-Wasser, die nach der Strukturanalyse die OH-Gruppe enthalten.

Hydroxydhydrate: Hydrate von Hydroxyden. Beispiel $LiOH \cdot H_2O$ Lithiumhydroxydmonohydrat.

Oxydaquate: Verbindungen, die aus Metalloxyd + Wasser bestehen. Beispiel $TiO_2 + xH_2O$ Titandioxydaquat.

Oxydhydrate: Echte Hydrate von Metalloxyden; auch allgemeine Bezeichnung von Verbindungen der Bruttoformel $Me_xO_y \cdot zH_2O$, wenn über die Bindung des Wassers nichts bekannt ist, oder noch nichts ausgesagt werden soll.

I. Neue Strukturen von Metallhydroxyden.

β-Be(OH)$_2$

Aus einer 30 bis 40 prozentigen Natronlauge, die in der Siedehitze mit amorphem Berylliumhydroxyd gesättigt wird, krystallisiert bei langsamem Erkalten im geschlossenen Gefäß zwischen 105 und 110° β-Be(OH)$_2$ aus (*39*), (*41*). Die Existenz dieses Hydroxyds ist schon länger durch isobaren Abbau des Wassers bekannt (*68*). Die Struktur wurde nun von Seitz, Rösler und Schubert (*88*) aufgeklärt. β-Be(OH)$_2$ ist isotyp mit ε-Zn(OH)$_2$, bildet also wie dieses kein Schichtengitter. Es krystallisiert orthorhombisch (enantiomorphe Hemiedrie). Die Projektion der Elementarzelle findet man in Abb. 3.

Die Anionen bilden ein verzerrtes Tetraeder, in dem sich das Be-Ion befindet; die Koordinationszahl des Berylliums ist also vier. Durch kleine Verschiebungen der OH-Ionen erreichen diese eine kubisch dichteste Kugelpackung: β-Be(OH)$_2$ wird deshalb zu der Klasse der Anionenpackungen gezählt. Während bei ε-Zn(OH)$_2$ der kleinste O–O-Abstand außerhalb des Tetraeders liegt, ist er hier eine Tetraederkante. Da man aber für jedes O-Atom noch zwei kurze O–O-Abstände findet, die nicht Tetraederkanten sind, so ist anzunehmen, daß in diesem Falle Wasserstoffbindungen vorliegen.

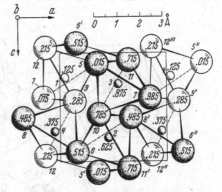

Abb. 3. Projektion der Elementarzelle von β-Be(OH)$_2$. (Die kleinen Kursivzahlen sind Nummern der Punktlagenaufzählung, die anderen sind y-Koordinaten in Vielfachen der b-Kante.)

Elementarzelle enthält 4 Moleküle. a = 4,61$_{1 \pm 5}$, b = 7,02$_5 \pm _8$, c = 4,52$_6 \pm _8$ Å; Raumgruppe D$_2^4$ — P 2$_1$2$_1$2$_1$. Von jeder Atomsorte wird die Atomlage (4a) besetzt. Die Parameter (auf ±0,005 genau) lauten für Be: x = 0,04$_7$, y = 0,12$_5$, z = 0,22$_6$; O$_I$: x = 0,34$_5$, y = 0,01$_5$, z = 0,09$_0$; O$_{II}$: x = 0,14$_0$, y = 0,28$_5$, z = 0,44$_6$. Nach Seitz. Rösler und Schubert (*88*).

$Sc(OH)_3$ und $In(OH)_3$

Das von Lehl und Fricke (*73*) aufgefundene In(OH)$_3$ wurde von Weiser und Milligan (*107*) in mehreren Untersuchungen bestätigt und durch isobare Abbaukurven belegt. Beim Scandium gelang es diesen Autoren, ScOOH nachzuweisen, das röntgenographisch mit Böhmit γ-AlOOH identisch war. Vermeßbare Kryställchen des Hydroxyds entstehen nach Fricke und Seitz (*51*), wenn das aus der Nitratlösung gefällte Hydroxyd einige Zeit in 12 n-Natronlauge im Silbertiegel bei 160° unter Ausschluß von CO$_2$ bzw. Carbonat im Autoklaven digeriert wird. Nach den isobaren Abbaukurven (*50*) zersetzt sich Sc(OH)$_3$ bei 250 bis 255°, In(OH)$_3$ bei etwa 207°. Eine Andeutung einer Stufe für ScOOH ist vorhanden, womit der Befund von Weiser und Milligan bestätigt ist; für InOOH wurden keine Hinweise erhalten.

Nach Schubert und Seitz (*87*) krystallisiert Sc(OH)$_3$ kubisch (paramorphe Hemiedrie). Die Elementarzelle ist in Abb. 4 dargestellt. Jedes

Sc-Ion ist oktaedrisch von sechs O-Ionen umgeben; jedes OH-Ion gehört gleichzeitig zu zwei Metallionen, wie im DO_7-Typ des Hydrargillits. $Sc(OH)_3$ ist ein gittermäßiges Analogon zur Netzstruktur des Hydrargillits. Nimmt man bei der Zusammensetzung A_3B Oktaeder als Koordinationskörper an, so entsteht bei gemeinsamen Kanten Netzstruktur, wie im Falle des Hydrargillits, oder bei gemeinsamen Ecken ein räumlicher Verband wie bei $Sc(OH)_3$. Die Struktur ist dem $DO_9(ReO_3)$-Typ eng verwandt.

Bei der $Sc(OH)_3$-Struktur fällt die Zusammenfassung von je 12 OH-Ionen als Dreiecke zu Ikosiedern auf, die von Fricke (52) der Wasser-

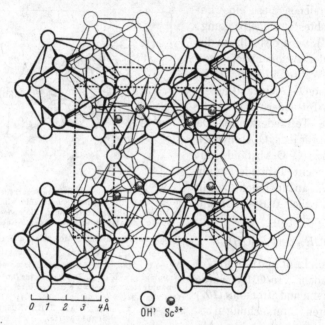

Abb. 4. Elementarzelle der Krystallstruktur von $Sc(OH)_3$. Enthält 8 Moleküle. $a = 7,88_2 \pm _5$ Å; Raumgruppe T_h^5 — Im 3. Sc besetzt die Lage 8 (c) und Sauerstoff die Lage 24 (g) mit den Parametern $y = 0,30_7 \pm _5$, $z = 0,18_2 \pm _5$.
Nach Schubert u. Seitz (87).

stoffbindung zwischen den einzelnen O-Ionen zugeschrieben wird[1]. $In(OH)_3$ ist dem $Sc(OH)_3$ isotyp $(a = 7,92_3 \pm _5)$.

Hydroxyde der seltenen Erden.

Nachdem Hüttig und Kantor (69) durch isobaren Abbau die Existenz von $La(OH)_3$ sichergestellt und die von LaOOH wahrscheinlich gemacht hatten, konnten Lehl und Fricke (73) durch Erhitzen der

---

[1] Auch bei UH_3 entsteht ein ikosiedrischer Koordinationskörper durch H-Bindungen. UH_3 krystallisiert nach Rundle (83) im kub. A_{15}-Typ.

Hydroxyde unter konzentrierter Natronlauge die Trihydroxyde von La, Pr, Sm, Gd, Y und Er herstellen und durch Röntgenaufnahmen bei allen diesen Hydroxyden gleiche Krystallstruktur ermitteln. WEISER und MILLIGAN (77), (107) nahmen mit frisch gefällten Hydroxyden von Pr, Nd, Sm und Y isobare Abbaukurven auf. Bei Y war weder röntgenographisch, noch durch Abbau ein definiertes Produkt zu finden, während bei Sm die Abbaukurve die Andeutung eines Trihydroxyds zuließ[1], obwohl röntgenographisch keine Reflexe erhalten wurden. Nur bei Pr und Nd resultierte eindeutig durch Röntgenaufnahme und isobaren Abbau das Trihydroxyd. Monohydroxyde waren schwach am Verlauf der Abbaukurve, nicht aber röntgenographisch zu erkennen. Wie schwierig es ist, aus diesen Untersuchungen an frisch gefällten, jungen Präparaten endgültige Schlüsse zu ziehen, zeigen neue Untersuchungsergebnisse von FRICKE und Mitarbeitern (50), (53), die Hydroxyde der seltenen Erden in Form von sichtbaren Kryställchen gewinnen konnten.

La, Pr, Nd, Sm, Gd, Dy, Er, Y und Yb wurden als Nitrate im Silbertiegel mit Natronlauge (2 g Nitrat in 2 ml H_2O + 7 g NaOH in 7 ml H_2O) im Druckrohr 25 Stunden bei 200° erhitzt. Nur bei Yb wurde 12 n-Natronlauge bei 325 bis 420° angewandt. Bemerkenswert ist die Zunahme der Krystallgröße mit steigender Ordnungszahl, woraus die Forscher eine zunehmende Laugenlöslichkeit der Hydroxyde mit zunehmender Lanthanidenkontraktion entnehmen, die auch experimentell nachgewiesen wurde.

Die isobaren Abbaukurven lassen bei allen Präparaten die Trihydroxyd- und Monohydroxydstufe erkennen. Die entsprechenden Zersetzungstemperaturen mit den Dimensionen der hexagonalen Elementarzelle sind in Tabelle 1 zusammengestellt; in Tabelle 2 sind nur die Zer-

Tabelle 1. *Zersetzungstemperaturen und Dimensionen der Elementarzelle der Trihydroxyde der seltenen Erden.*

Ordnungszahl	Hydroxyd	Zersetzungstemperatur °C	a in Å	c in Å	c/a
57	La(OH)$_3$	~ 260	6,29	3,55	0,565
59	Pr(OH)$_3$	~ 220	6,28	3,55	0,566
60	Nd(OH)$_3$	~ 210	6,27	3,52	0,561
62	Sm(OH)$_3$	~ 220	6,27	3,54	0,564
64	Gd(OH)$_3$	~ 210	6,26$_5$	3,54	0,566
39	Y(OH)$_3$	~ 190	6,27	3,55	0,565
66	Dy(OH)$_3$	~ 205	6,27	3,53	0,563
68	Er(OH)$_3$	~ 200	6,25$_5$	3,53	0,565
70	Yb(OH)$_3$	~ 190—200	6,22	3,50	0,503

[1] WEISER und MILLIGAN schließen aus dem Verlauf der Abbaukurve bei Sm nur auf Sm_2O_3 + H_2O, obwohl der Wendepunkt der Kurve bei 3 H_2O mindestens so deutlich zu erkennen ist, wie der Wendepunkt, aus dem sie selbst GaOOH ableiteten.

setzungstemperaturen der Monohydroxyde aufgenommen, da deren Struktur noch nicht geklärt werden konnte.

Tabelle 2. *Zersetzungstemperaturen der Monohydroxyde der seltenen Erden.*

Hydroxyd von	La	Pr	Nd	Sm	Gd	Y	Dy	Er	Yb
Zersetzungstemp. in °C	~380	~340	~320	~325	~310	~290	~310	~315	~320

Es ist augenscheinlich, daß $Y(OH)_3$ aus der Reihe fällt. Es macht sich bemerkbar, daß Y eben doch nicht zu den Lanthaniden gehört.

$Y(OH)_3$

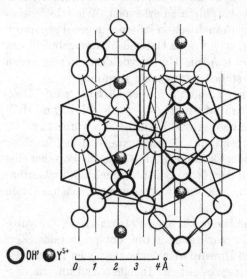

$Y(OH)_3$ ist nach Schubert und Seitz (*86*) in makroskopischen Nädelchen zu erhalten, wenn der aus der Nitratlösung mit 10 n-Natronlauge gefällte schleimige Niederschlag unter der Mutterlauge 24 Stunden auf 160° bei einem Druck von 6 at erhitzt wird.

$Y(OH)_3$ krystallisiert hexagonal (paramorphe Hemiedrie). Die Elementarzelle ist in Abb. 5 dargestellt. 9 OH-Ionen umgeben jedes Metall-Ion in erster Sphäre; davon sind 6 OH-Ionen besonders eng benachbart, sie bilden in zwei Gruppen zu je 3 OH-Ionen ein gleichseitiges Dreieck, das über

⭕ OH′ ⬤ Y^{5+} 0 1 2 3 4 Å

Abb. 5. Elementarzelle der Krystallstruktur von $Y(OH)_3$. Enthält 2 Moleküle.

$a = 6{,}24_2 \pm {}_5$, $c = 3{,}53_2 \pm {}_5$ Å, * Raumgruppe $C_6^2 h$—$C6_3/m$; Yttrium besetzt die Punktlagen 2 (d) und Sauerstoff die Punktlagen 6 (h) mit den Parametern $x = 0{,}287 \pm 0{,}004$ und $y = 0{,}382 \pm 0{,}004$. Nach Schubert u. Seitz (*86*).

und unter dem Metall-Ion liegt, derart daß ein trigonales, gegen die Achse verdrehtes Prisma entsteht. Die drei restlichen, etwas entfernteren OH-Ionen haben denselben Abstand wie die Metall-Ionen, jedes OH-Ion gehört aber einem anderen Dreieck an. Wie bei $Sc(OH)_3$ und $In(OH)_3$ ist aus der Zusammenfassung der OH-Ionen zu geschlossenen Gruppen auf das Vorhandensein von H-Bindungen zu schließen; der kürzeste O–O-Abstand beträgt 2,78 Å. Der $Y(OH)_3$-Typ ist verwandt mit dem D 52-Typ des $La(OH)_3$. Isotyp mit $Y(OH)_3$ sind alle in Tabelle 1 aufgeführten Trihydroxyde.

* Die genauen Werte von Schubert und Seitz für a und c weichen von den in Tabelle 1 für $Y(OH)_3$ gegebenen Werten nach Fricke u. Seitz ab.

Die Morphotropie der bis jetzt bekannten Trihydroxyd-Strukturen folgt einer einfachen Ionenbeziehung. Bei der Annahme eines OH-Radius von 1,45 Å errechnet man für das Verhältnis $\dfrac{r\text{Kation}}{r\text{Anion}}$ 0,4 oder 0,6 oder 0,8, wenn die Radien der Tabelle 3 benützt werden. Diese Werte fordern

Tabelle 3. *Kationenradien nach* V. M. GOLDSCHMIDT.

Hydroxyde vom Typus	Al(OH)₃	Sc(OH)₃	Y(OH)₃	
Kationenradius in Å . .	Al³⁺ 0,57	Sc³⁺ 0,83	Y³⁺ 1,06	Sm³⁺ 1,13
		In³⁺ 0,92	La³⁺ 1,22	Gd³⁺ 1,11
			Pr³⁺ 1,16	Dy³⁺ 1,07
			Nd³⁺ 1,15	Er³⁺ 1,04

nach GOLDSCHMIDT für Al(OH)₃ und Sc(OH)₃ eine Sechs-Koordination, für Y(OH)₃ jedoch eine höhere Koordination. Gefunden wurde eine Neun-Koordination. Die Erwartungen stimmen mit den experimentell gewonnenen Daten überein.

Monohydroxyde.

Von den Monohydroxyden wird nur für YOOH eine vorläufige Angabe der Krystallart von FRICKE und DÜRRWÄCHTER (53) gemacht. YOOH entsteht in kleinen Kryställchen, wenn das frisch gefällte Hydroxyd unter konzentrierter Lauge bei 160—220° (analog den Trihydroxyden) erhitzt wird. Die Röntgenaufnahmen wurden rhombisch mit $a = 10{,}39$, $b = 10{,}50$, $c = 7{,}05$ Å indiziert; in der Elementarzelle befinden sich 16 Moleküle

II. Hydroxyde mit Einfach- und Doppelschichtengitter.

Viele Hydroxyde krystallisieren in Schichtengittern, infolgedessen beobachtet man häufig Eigentümlichkeiten, die mit dem schichtartigen Aufbau zusammenhängen. Sind die Teilchen in der Schichtebene wesentlich ausgedehnter als in der Richtung senkrecht dazu, so liegen sie als Blättchen vor; sie werden laminardispers genannt. Diese Form ist unter dem Mikroskop oder bei sehr kleinen Teilchen im Elektronenmikroskop zu erkennen. Im Röntgendiagramm macht sich die Blättchenstruktur durch eine Verbreiterung der Basisreflexe bemerkbar. Liegen die Schichten nicht wie in normalen Krystallen in gesetzmäßiger Weise übereinander, sondern sind Schichtenpakete oder einzelne Schichten bei konstantem Abstand parallel gegeneinander verschoben, so entsteht eine Störstruktur, die ARNFELT-Struktur genannt wird (2). Im Röntgenbild der hexagonalen Krystallstrukturen sind dann z. B. die Pyramidenreflexe hkl in der Intensität geschwächt, oder sie fehlen ganz. Im Grenzfalle ist bei dieser Störstruktur auch der Schichtenabstand nicht mehr konstant — im Röntgendiagramm fallen dann die Basisreflexe fort — und man erhält nur noch Reflexe von den Netzebenen, die senkrecht zur Schichtebene stehen. Diese Reflexe können, als von einem ebenen Punktgitter herrührend, als Kreuzgitterinterferenzen betrachtet werden, wie es Hofmann und Wilm (62) bei laminardispersem Graphit getan haben. In diesem Falle liegt ein ungeordnetes Haufwerk zweidimensionaler Krystalle vor: es herrscht eine richtungsabhängige Röntgenamorphie (45), (46).

Neben diesen für Schichtengitter charakteristischen Gitterstörungen treten bei den nachstehend erwähnten Verbindungen unregelmäßige Gitterstörungen auf, die man durch Schwerpunktsverlagerungen von Atomen und Atomgruppen beschreiben und mit eingefrorenen Wärmeschwingungen vergleichen kann; sie werden oft als „aufgerauhte Netzebenen" bezeichnet (45), (46). Die Linienintensitäten der Röntgeninterferenzen weisen dann einen Abfall nach höheren Ablenkungswinkeln auf.

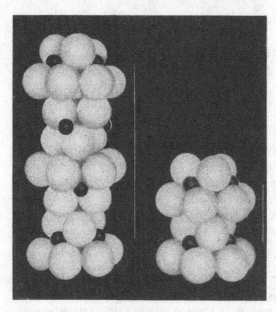

Abb. 6a und 6b. Schichtenstrukturen.
a C 19-Typ, b C 6-Typ; die eingezeichneten Geraden geben die Hohen der Elementarzellen an (3 bzw. 1 Schicht). (Nach Bijvoet, Kolkmeijer und Macgilavry. Röntgenanalyse von Krystallen.)

Verbindungen mit Schichtengitter zeigen außerdem die Fähigkeit, eigene oder Fremdsubstanzen zwischen die Schichten einzulagern. Dies ist seit langem, z. B. vom Graphit, bekannt und spielt bei den Metallhydroxyden eine beachtliche Rolle. Durch die Einlagerung werden die aus dem Röntgendiagramm vermeßbaren Schichtebenenabstände größer.

Zwei Schichtengittertypen treten bei den nachfolgend beschriebenen Hydroxyden immer wieder auf: Der C 6-Typ, auch PbJ_2-Typ genannt (Abb. 6b) und der C 19-Typ, auch CdCl$_2$-Typ genannt (Abb. 6a). Im C 6-Typ krystallisieren viele Hydroxyde der Formel Me(OH)$_2$. Wir sehen in Abb. 6b, daß Schichten von Metall-Ionen beiderseits von OH-Ionen umgeben sind. Jede Metall-Ionenschicht liegt senkrecht über der anderen[1]. Beim C 19-Typ sind die Metallhydroxydschichten in sich wie beim C 6-Typ gebaut, die Schichtenfolge ist aber so, daß erst jede vierte Metall-Ionenschicht wieder senkrecht über der ersten zu stehen kommt[2]. Aus diesem Grunde ist die Translationsgruppe beim C 19-Typ rhomboedrisch, beim C 6-Typ hexagonal.

Bauen die Metallhydroxyde Schichtengitter ohne *Zwischenlagerung anders gearteter Hydroxydschichten* auf, so bezeichnet man diese nach FEITKNECHT (*21*) als Einfachschichtengitter; sind gleiche oder fremde Hydroxyde eingelagert, so wird dieser Typus entsprechend als Doppelschichtengitter bezeichnet. Letzterer wird z. B. für zweiwertige Metalle vereinfacht formuliert als:

$$[x\ Me(OH)_2 \Longleftrightarrow y\ Me(OH)_2] .$$

Hauptschichten entsprechen $Me(OH)_2 \Longleftarrow$, Zwischenschichten entsprechen $\Longrightarrow Me(OH)_2$; sie sind meist ungeordnet zwischen die Hauptschichten eingefügt. Die Formel wird in eckige Klammern gesetzt, weil es sich hier um Festkörperverbindungen handelt.

Bei seinen ausgedehnten Studien über basische Salze und Metallhydroxyde gelang FEITKNECHT (*23*) der Nachweis für den engen strukturellen Zusammenhang beider Verbindungsklassen. Eine große Zahl wohldefinierter Verbindungen basischer Salze wurde durch röntgenographische Untersuchungen in ihrem Aufbau sichergestellt, und häufig wurde gefunden, daß daraus durch topochemische Reaktion gewonnene Hydroxyde die gleiche Struktur besitzen, ja der Ordnungszustand des Gitters durch den des Ausgangsmaterials, des basischen Salzes, mitbestimmt wird. Bei Doppelschichtengittern wird von beiden Verbindungsklassen die Konstitution

$$[4\ MeX_2 \Longleftrightarrow MeX_2]$$

(Me = zweiwertiges Metall; X = OH oder Halogen bzw. einwertiger Säurerest)

bevorzugt, doch finden sich auch andere Kombinationen.

Einfach- und Doppelschichtengitter vom C 6-Typ.

Rosafarbenes und blaues Kobalt(II)-hydroxyd.

Fällt man Kobalt(II)-hydroxyd mit Lauge, so entsteht zuerst ein blaues unbeständiges Hydroxyd (*21*), das sich schnell in rosafarbenes

---

[1] Das Gitter läßt sich auch beschreiben als eine hexagonal dichteste Kugelpackung von O-Atomen, bei der in Zwischenräumen zwischen je 6 O-Atomen ein Me-Atom eingelagert ist.

[2] Der C 19-Typ kann auch aufgefaßt werden als kubisch dichteste Packung von O-Atomen, in deren Lücken sich die Me-Atome zwischen 6 O-Atome schichtweise einlagern.

Hydroxyd umwandelt. Es gelingt aber nach Feitknecht (21). die blaue
Modifikation zu isolieren, wenn man bei 0° fällt, den Niederschlag aus-
friert, unter Zufügen von Alkohol auftaut und mit Alkohol und Aceton
auswäscht. Infolge der Luftempfindlichkeit des Niederschlages ist unter
Ausschluß von Luft zu arbeiten. Das Röntgendiagramm des Niederschlages weist nur die Reflexe 100, 110 und 200 (schwach) auf, die als
Kreuzgitterinterferenzen zu betrachten sind: Es liegt demnach ein Haufwerk zweidimensionaler Krystallite vor. Aus gealtertem basischem
grünem Kobaltchlorid, für das Feitknecht (23) die Formel

$$[4\ Co(OH)_2 \rightleftharpoons Co(OH)Cl]$$

aufstellte, gewinnt man mit Lauge blaues Hydroxyd von höherem Ordnungsgrad. Bei nicht gealterten basischen Salzen ist das entstandene
blaue Hydroxyd weniger geordnet, so daß Feitknecht auf einen streng
topochemischen Verlauf der Umsetzungsreaktion basisches Salz →
Hydroxyd schließt.

Die Indizierung des blauen Kobalt(II)-hydroxyds erfolgte nach dem
C 6-Typ (Dimensionen in Tabelle 3). Die Konstitutionsformel

$$[4\ Co(OH)_2 \rightleftharpoons Co(OH)_2]$$

wird aus dem topochemischen Umsatz des basischen Chlorids abgeleitet.
In der vergrößerten Elementarzelle des C 6-Typs ist also nicht wie im
Normalfall 1 $Co(OH)_2$, sondern sind 1 $Co(OH)_2 \cdot \frac{1}{4} Co(OH)_2$ unterzubringen. Dies gelingt, wenn man den ganzzahligen Anteil 1 $Co(OH)_2$
auf normale Gitterplätze setzt, während der nicht ganzzahlige Anteil
$\frac{1}{4} Co(OH)_2$ ungeordnet dazwischen eingefügt wird, da er keine Röntgeninterferenzen liefert. Man hat sich also vorzustellen, daß zwischen normal
gebauten $Co(OH)_2$-Schichten ungeordnete $Co(OH)_2$-Schichten eingelagert
sind: Es liegt ein Doppelschichtengitter vor. Beachtenswert ist die Abnahme des Abstandes a der Elementarzelle. Bei blauem Kobalt(II)-
hydroxyd findet man $a = 3{,}09$ Å, bei rosafarbenem $a = 3{,}173$ Å. Diese
Schrumpfung von a wird bei allen Doppelschichtengittern beobachtet
und wird nach Lotmar und Feitknecht (74) durch die stärkere Polarisation der OH-Gruppen der geordneten Schicht bei Einlagerung der
Zwischenschicht verursacht.

Tritt das blaue Hydroxyd in stark laminardisperser Form auf, so ist
im Gegensatz dazu das rosafarbene Kobalt(II)-hydroxyd immer besser
krystallisiert. Wird aber die Alterung des blauen Hydroxyds in glycerin-
haltiger Lösung durchgeführt, dann ist das daraus entstandene rosafarbene Hydroxyd ebenfalls laminardispers. In diesem Zusammenhang
ist zu erwähnen, daß neben mehrwertigen Alkoholen auch Mono-, Di-
und Trisaccharide, in geringer Menge den Kobaltsalzen zugesetzt, die
Aggregation stark beeinträchtigen und so das blaue Hydroxyd stabili-

sieren (*21*), (*101*). Die Fremdmoleküle werden von den Metallhydroxyden besonders an den Rändern der Hydroxyd-Schichten adsorbiert, wodurch diese an einer Zusammenlagerung gehindert werden. Für die präparative Isolierung von blauem Hydroxyd wird man deshalb zweckmäßigerweise einen Zusatz von Glucose oder anderen Sacchariden nehmen.

Das rosafarbene Kobalt(II)-hydroxyd mit $a = 3{,}173$, $c = 4{,}640$ Å enthält keine zwischengelagerten Schichten. Nach FEITKNECHT (*21*) liegt ein Einfachschichtengitter vor.

Doppelschichtengitter vom C 19-Typ.

Grünes Kobalt(II, III)-hydroxyd.

Wird durch gekühltes, frisch gefälltes blaues Kobalt(II)-hydroxyd ein rascher Sauerstoffstrom geleitet, dann oxidiert sich das Präparat und geht über eine grüne Zwischenverbindung (*22*) in braunes Kobalt(III)-hydroxyd über: $^1/_5$ des Kobalts wird schnell oxydiert. Mit Glucose gefällt, bleibt die Oxydation des blauen Hydroxyds stehen, wenn $^1/_5$ des Kobalts oxydiert ist; die resultierende grüne Zwischenverbindung ist also durch Oxydation der Zwischenschicht des blauen Hydroxyds entstanden und wird sinngemäß als

$$[4\ Co(OH)_2 \rightleftharpoons CoOOH]$$

formuliert. Die Struktur hat sich gegenüber dem blauen Hydroxyd insofern verändert, als der Schichtenabstand konstant geworden ist und die Schichtenfolge wie beim C 19-Typ eine rhomboedrische Elementarzelle ergibt. Rückschließend ergibt sich aus dieser Reaktion eine starke Stütze für die Formulierung des blauen Hydroxyds mit ungeordneter Zwischenschicht. Schützt man nicht mit Glucose, dann führt die Oxydation nach einigen Stunden zu braunem Kobalt(III)-hydroxyd mit Röntgeninterferenzen, die identisch sind mit dem seinerzeit von HÜTTIG und KASSLER (*66*) beschriebenen Präparat. Auch dieses Kobalt(III)-hydroxyd ist laminardispers und fehlgeordnet, was für einen topochemischen Verlauf der gesamten Oxydation spricht. Rosafarbenes Kobalt(II)-hydroxyd wird ebenfalls zu braunem Kobalt(III)-hydroxyd oxydiert, aber die Reaktion geht direkt und nicht über das grüne Kobalt(II, III)-hydroxyd, weil es kein Doppelschichtengitter besitzt. Wir sind also berechtigt, blaues Kobalt(II)-hydroxyd mit Doppelschichtenstruktur nach dem C 6-Typ als besondere Modifikation des Kobalt(II)-hydroxyds gegenüber dem rosafarbenen Kobalt(II)-hydroxyd vom normalen C 6-Typ abzuheben und es mit FEITKNECHT (*21*) als α-Form des Kobalt(II)-hydroxyds zu bezeichnen. Übrigens hat das grüne basische Kobaltchlorid, aus dem man blaues Hydroxyd darstellen kann, dieselbe Struktur wie grünes Kobalt(II, III)-hydroxyd, dessen Dimensionen der Elementarzelle in Tabelle 3 eingetragen sind.

Nickelhydroxyde.

Beim Nickel(II)-hydroxyd wurde die α-Form mit Doppelschichten-gitter noch nicht gefunden, doch ist gefälltes Nickel(II)-hydroxyd aus-gesprochen laminardispers und durch Aufrauhung der Netzebenen stark fehlgeordnet. Frisch gefälltes Hydroxyd bildet Blättchen, die eine Dicke von wenigen Netzebenen haben und die etwa 10^{-6} cm breit sind. Beim Lagern unter der Mutterlauge altert das Hydroxyd langsam; die Alterung wird durch Glucosezusatz verzögert; sie erfolgt schneller beim Erwärmen, aber auch solche Präparate sind noch mit Gitterstörungen behaftet (*74*). Die Verkürzung der Gitterkonstante eines extrem laminardispersen Hydroxyds von $a = 3{,}07$ bis $3{,}09$ Å, verglichen mit $3{,}117$ Å beim grob-dispersen Hydroxyd, ist auch von Hofmann und Wilm (*62*) bei extrem laminardispersem Graphit beobachtet worden.

Die höheren Nickelhydroxyde, bei denen, der Chemie des Kobalts entsprechend, Verbindungen mit Doppelschichtengitter auftreten, sind eingehend von Glemser und Einerhand (*57*), (*58*) erforscht worden. Diese führten zum Nachweis der Hydroxyde Versuche mit kalorimetri-

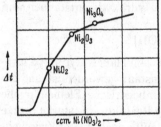

Abb. 7. Kalorimetrische Titration.
Nach Glemser und Einerhand (*57*).

scher Anzeige des Endpunkts der Re-aktion nach Mondain-Monval und Pa-ris (*78*) durch.

In einem großen Dewar-Gefäß be-findet sich ein zweites kleineres, das mit einem dreifach durchbohrten Stopfen versehen ist für Rührer, Beckmann-Ther-mometer und Bürettenspitze. In das innere Gefäß pipettiert man 100 bis 200 ml einer stark alkalischen Persulfatlösung, dann läßt man aus der Bürette Kubik-zentimeter um Kubikzentimeter einer Nickelnitratlösung bekannten Gehalts zufließen. Man wartet nach jeder Zugabe von 1 ml Lösung 1 Minute und liest dann am Beckmann-Thermometer ab. Die Aus-wertung erfolgt graphisch; auf der Abszissenachse trägt man das Vo-lumen der zugesetzten Nickelnitratlösung, auf der Ordinate die ab-gelesenen Temperaturgrade auf. In Abb. 7 ist das Ergebnis der Titration eingetragen: es resultieren 3 Knickpunkte. Um die Zusammensetzung der Präparate an den Knickpunkten zu erfahren, werden die Versuche mit den für die Knickpunkte nötigen Fällungsreagentien wiederholt, die abgeschiedenen Produkte rasch isoliert und analysiert. Die 3 Knick-punkte entsprechen den Oxydationsstufen NiO_2, Ni_2O_3 und Ni_3O_4.

Glemser und Einerhand konnten damit den Nachweis für die Stufen NiO_2 und Ni_2O_3, die Besson (*5*), (*6*) früher erhalten hatte, be-stätigen. Neben der Stufe Ni_3O_4 erkannten sie aber durch weitere Ver-suche den Ablauf der Reaktion. Das Primärprodukt der Fällung ist

$NiO_2 \cdot xH_2O$; es entsteht solange, bis alles Kaliumpersulfat verbraucht ist. Gibt man weiter Nickelnitrat zu, dann setzt sich das ausfallende Nickel-(II)-hydroxyd mit $NiO_2 \cdot xH_2O$ zu $Ni_2O_3 \cdot xH_2O$ um, bis nach vollständiger Umwandlung des Niederschlages in $Ni_2O_3 \cdot xH_2O$ eine weitere Reaktion mit Nickel(II)-hydroxyd zu $Ni_3O_4 \cdot xH_2O$ erfolgt.

Die Darstellung der höheren Nickelhydroxyde geschah durch anodische Oxydation bei verschiedenen Temperaturen, durch Fällung aus Nickelnitratlösung mit Brom und Kalilauge bei verschiedenen Temperaturen, durch Fällung aus $K_2[Ni(CN)_4]$-Lösung mit Kaliumpersulfat und durch Hydrolyse von $NaNiO_2$ bzw. $KNiO_2$. Folgende Verbindungen wurden gefunden: Blauschwarzes Nickel(II, III)-hydroxyd, α-NiOOH, β-NiOOH, γ-NiOOH und $Ni_3O_2(OH)_4$.

Blauschwarzes Nickel(II, III)-hydroxyd ist nach GLEMSER und EINERHAND (57), (58) isomorph mit grünem Kobalt(II, III)-hydroxyd. Es wird erhalten bei der anodischen Oxydation einer $7.^1/_2$prozentigen, mit Natriumacetat gepufferten Nickelsulfatlösung bei 70 bis 80°. Die Zusammensetzung schwankt von $NiO_{1,22} \cdot 1{,}53\,H_2O$ bis $NiO_{1,07} \cdot 2{,}03\,H_2O$. Das Röntgendiagramm kann nach dem C 19-Typ indiziert werden, wobei wie beim grünen Kobalt(II, III)-hydroxyd in der rhomboedrischen Elementarzelle 1 $Ni(OH)_2 \cdot {}^1/_4$ NiOOH unterzubringen sind. $^1/_4$ NiOOH ist ungeordnet zwischen die normal ausgebauten $Ni(OH)_2$-Schichten eingelagert. Die unter dieser Annahme errechnete Röntgendichte 2,96 stimmt mit der experimentell ermittelten Dichte 2,95 gut überein. Ebenso gehen die gefundenen und mit dem Parameter $u = 0{,}370$ berechneten Intensitäten in befriedigender Weise konform. Der Homogenitätsbereich der Verbindung wird wahrscheinlich durch vermehrte Einlagerung von NiOOH verursacht, da der Gitterabstand c mit zunehmendem Oxydationsgrad wächst. Das blauschwarze Nickel(II, III)-hydroxyd ist somit als Doppelschichtengitter

$$[4\ Ni(OH)_2 \rightleftharpoons NiOOH]$$

zu formulieren; die Abmessungen der Elementarzelle findet man in Tabelle 3.

Eine weitere Doppelschichtenstruktur nach dem C 19-Typ existiert bei γ-NiOOH. Es wird durch Schmelzen von Nickel mit Natriumperoxyd und anschließender Hydrolyse des $NaNiO_2$ erhalten. Hier sind auf Grund der Zusammensetzung der röntgenographisch und pyknometrisch bestimmten Dichte 1 NiOOH $\cdot {}^1/_3$ NiOOH in der rhomboedrischen Elementarzelle unterzubringen. Die Konstitutionsformel ist also

$$[3\ NiOOH \rightleftharpoons NiOOH].$$

Zwischen geordnete Schichten von NiOOH sind ungeordnete Schichten von NiOOH eingelagert. Während beim Nickel(II, III)-hydroxyd der

Abstand Ni–O zu 1,97 Å errechnet wurde, beträgt er bei γ-NiOOH nur 1,87 Å. Der verringerte Abstand ist auf die größere Polarisation bei γ-NiOOH zurückzuführen.

β-NiOOH, durch anodische Oxydation wie blauschwarzes Nickel(II, III)-hydroxyd, aber bei Zimmertemperatur niedergeschlagen[1], hat im Röntgendiagramm Interferenzen, die den C 6-Typ mit Arnfelt-Struktur ergeben. Das Gitter ist als Einfachschichtengitter zu betrachten und krystallisiert mit $a = 2,81$, $c = 4,84$ Å. Die laminardisperse Struktur wurde durch elektronenmikroskopische Bilder belegt. Der bei β-NiOOH oft beobachtete, über $NiO_{1,5}(Ni_2O_3)$ hinausgehende Sauerstoffgehalt wird durch eine feste Lösung von $NiO_2 \cdot xH_2O$ in β-NiOOH erklärt, wie das Foerster (36) aus dem Verlauf der Entladekurve einer hochoxydierten Nickelhydroxydanode entnahm.

Ein dem β-NiOOH im Aufbau ähnliches Hydroxyd α-NiOOH fällten Glemser und Einerhand (57), (58) aus $K_2[Ni(CN)_4]$-Lösung mit alkalischer Persulfatlösung bei 70°. Die Auswertung der Röntgenaufnahmen ergibt ein Doppelschichtengitter nach dem C 6-Typ mit der Konstitutionsformel

$$[4\ NiOOH \rightleftharpoons NiOOH]\ .$$

Die Gitterkonstante a ergibt sich zu 2,81 Å, c ist schwankend und wird zu etwa 8 Å angenommen.

Schließlich gelang es noch, bei der anodischen Oxydation zwischen 40 und 60° $Ni_3O_2(OH)_4$ zu isolieren, das hexagonal mit $a = 3,04$, $c = 14,6$ Å krystallisiert. Das Einfachschichtengitter ist extrem laminardispers, das zeigen elektronenmikroskopische Aufnahmen. Bei dieser Verbindung ist der Bau der Hydroxydschichten wie bei den beschriebenen Nickelhydroxyden anzunehmen, doch ist die Schichtenfolge eine andere. Nickel(III, II)-hydroxyd $Ni_3O_2(OH)_4$ ist bei Zimmertemperatur in Gegenwart von Wasser und Natronlauge, im Gegensatz zu $NiO_2 \cdot xH_2O$ und β-NiOOH, beständig. Beim Kochen mit Wasser oder Natronlauge zerfällt es wie die beiden genannten Verbindungen und geht in $NiO_{1.16} \cdot xH_2O$ über, das noch nicht näher untersucht worden ist. Durch Oxydationsmittel kann man aus $Ni_3O_2(OH)_4$ leicht β-NiOOH erhalten.

Der Sauerstoffgehalt von $Ni_3O_2(OH)_4$ kann in weiten Grenzen von $NiO_{1,33}(Ni_3O_4)$ bis $NiO_{1,5}(Ni_2O_3)$ schwanken. Aus den Röntgenaufnahmen ist keine einwandfreie Erklärung für dieses Verhalten zu entnehmen Glemser und Einerhand (59) gelang die Deutung durch Anwendung einer elektrochemischen Methode. Auf einer Platinnetzdoppelelektrode wird an der Anode in der schon erwähnten Weise bei 50° $Ni_3O_2(OH)_4$ mit dem Oxydationsgrad $NiO_{1,40}$ abgeschieden. Nach Abschalten des

---

[1] β-NiOOH ist das wirksame Prinzip an der Anode des Edison-Akkumulators, vgl. Glemser und Einerhand (59).

Stromes wird der Niederschlag ausgewaschen, die Doppelnetzelektrode in 2,8 n-Kalilauge gestellt und die Entladung der Kette Nickelhydroxyd/ Kalilauge/Platin mit 0,001 Ampère vorgenommen. Alle 5 Minuten wird das Einzelpotential gegen die Normalkalomelelektrode gemessen; die Werte sind in Abb. 8 dargestellt. Zum Vergleich ist eine Entladekurve von β-NiOOH beigefügt. Die erste Entladestufe entspricht β-NiOOH, die zweite $Ni_3O_2(OH)_4$; letztere tritt nur bei schwachen Entladestromstärken auf. Man bemerkt auf Abb. 8, daß das Präparat der Oxydationsstufe $NiO_{1,40}$ die gleiche Entladekurve wie β-NiOOH gibt. Der Sauerstoffgehalt, der über $NiO_{1,33}(Ni_3O_4)$ hinausgeht, ist hauptsächlich durch Beimengung von ß-NiOOH bedingt. Im Falle einer festen Lösung von β-NiOOH in $Ni_3O_2(OH)_4$ könnte der Kurvenzug von β-NiOOH nicht parallel zur Abszissenachse verlaufen, sondern müßte mit fortschreitender Entladung absinken. Der kontinuierliche Abfall der Kurve auf das Potential des β-NiOOH ist, wie schon angegeben, von FOERSTER (*36*) durch eine feste Lösung von $NiO_2 \cdot xH_2O$ in β-NiOOH erklärt worden, so daß der schwankende Sauerstoffgehalt von $Ni_3O_2(OH)_4$ auch noch durch $NiO_2 \cdot xH_2O$ verursacht sein kann.

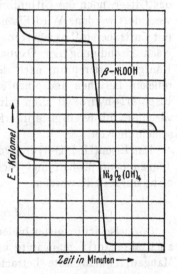

Abb. 8. Entladung von β-NiOOH und $Ni_3O_2(OH)_4$.

Nach GLEMSER u. EINERHAND (*57*).

Eisenhydroxyde.

Eisen(II)-hydroxyd kann mit Nickel-(II)-hydroxyd verglichen werden. Es krystallisiert auch im C6-Typ; sein Krystallisationsvermögen ist aber größer. FEITKNECHT und KELLER (*34*), (*71*) korrigierten die von NATTA und CASAZZA (*81*) gegebenen Gitterkonstanten von $a = 3,24$, $c = 4,47$ Å mit den größeren Werten $a = 3,28$, $c = 4,64$ Å. Ein frisch gefälltes Eisen(II)-hydroxyd ist nach dem Auswaschen und Trocknen mindestens so gut durchkrystallisiert wie ein Nickel(II)-hydroxyd, das längere Monate unter der Mutterlauge lagerte. Es ist wie dieses laminardispers und hat ARNFELT-Struktur. Beim Fällen in Gegenwart von Glucose bleiben die Teilchen klein. Sie sind laminardispers und wenige Netzebenen dick. Mannit- und Borsäurezusatz wirken noch stärker: man erhält nur noch Blättchen von monomolekularer Dicke. Wie Nickel-(II)-hydroxyd bildet auch Eisen(II)-hydroxyd kein Doppelschichtengitter. Interessant ist, daß die schon von FRICKE und RIHL (*48*) beobachtete Oxydation des $Fe(OH)_2$ durch Wasser von FEITKNECHT und KELLER (*34*), (*71*) bestätigt wird. Je kleiner die Teilchen, desto empfindlicher ist das $Fe(OH)_2$ gegenüber Wasser. Der Eisen(III)-Gehalt stieg von 1 bis 2% bei einem normal gefällten Präparat auf 4,3% nach Zusatz von 2% Glucose.

Bei der Oxydation des mit Lauge gefällten und in der Lauge suspendierten Eisen(II)-hydroxyds mit Luftsauerstoff wird das Präparat grün (15), (72), wobei die Dispersität erhalten bleibt. Sind etwa 10% des Fe^{2+} in Fe^{3+} überführt, dann tritt plötzlich neben der grünen Verbindung braunes Eisen(III)-hydroxyd auf, das am Schluß der Oxydation allein vorliegt. Wahrscheinlich sind in dem grünen Oxydationsprodukt Fe^{2+} und Fe^{3+}, OH^- und O^{2-} statistisch über das C 6-Gitter verteilt, da weder das Gitter, noch die Gitterdimensionen des Ausgangsmaterials $Fe(OH)_2$ verändert werden. Wird Eisen(II)-hydroxyd mit 5% Mannit gefällt und mit Luftsauerstoff oxidiert, dann bleibt die grüne Farbe länger erhalten. Nach Beendigung der Oxydation liegt braunes FeOOH vor, dessen Röntgeninterferenzen, nach dem C 6-Typ indiziert, nur aus Prismenreflexen bestehen und einen a-Wert von 2,94 Å ergeben. Dieses neue Eisen(III)-hydroxyd kann mit α-NiOOH verglichen werden. Es weist wie dieses nur Kreuzgitterinterferenzen auf, vermutlich hat es ein Doppelschichtengitter.

Ein Eisen(II, III)-hydroxyd mit Doppelschichtengitter, den Verbindungen beim Kobalt und Nickel entsprechend, konnte bis jetzt noch nicht dargestellt werden.

Manganhydroxyde.

Doppelschichtengitter bilden nach FEITKNECHT und MARTI (28), (29) auch Mangan(II)-manganite und manche Fremdmetallmanganite. Als Mangan(II)-manganite betrachtet man Verbindungen, deren Oxydationsgrad schwankend ist und im Mittel etwas unter MnO_2 liegt. Vor einiger Zeit untersuchten SARKAR und DHAR (84) die bei der Manganbestimmung nach VOLHARD (100) und WOLFF (112) durch Zusatz von Ca-, Ba- oder Zn-Salzen gefällten Manganite und fanden darin vierwertiges Mangan, bei wechselndem Verhältnis von Metalloxyd zu Mangandioxyd. Mangan(II)-manganite sind nach FEITKNECHT und MARTI (28), (29) auf vielerlei Wegen darstellbar; alle Produkte besitzen praktisch das gleiche Röntgendiagramm, sie unterscheiden sich nur bezüglich der Fehlordnung. Präparate vom Oxydationsgrad $MnO_{1,74}$ bis $MnO_{1,82}$ werden erhalten beim Fällen von Mangan(II)-salzlösungen mit Lauge unter gleichzeitigem Einleiten von Sauerstoff, bei der Oxydation von ammoniakalischen Mangan(II)-salzlösungen mit Sauerstoff und beim Fällen von peroxydhaltigen Mangan(II)-salzlösungen mit Lauge. Höher oxydierte Präparate mit dem Oxydationsgrad $MnO_{1,89}$ bis $MnO_{1,96}$ werden gefällt bei der Reaktion essigsaurer Mangan(II)-chloridlösungen mit Kaliumpermanganat bei 60 bis 70°, bei der Reaktion von Kaliumpermanganat mit Wasserstoffperoxyd bei 85° und bei der Oxydation von Mangan(II)-chlorid in ammoniakalischer Lösung mit Brom.

Das für Mangan(II)-manganit charakteristische Röntgendiagramm wurde auch bei Fremdmetallmanganiten gefunden. Sie wurden aus Mangan(II)-chloridlösungen gefällt, die einen großen Überschuß von Fremdmetallsalz enthielten (Ca^{2+}-, Mg^{2+}-, Zn^{2+}-, Cu^{2+}-, Al^{3+}-, Fe^{3+}-Ionen). Bei Siedehitze wurde Kaliumpermanganat zu den Mangan(II)-chlorid-lösungen bis zur bleibenden Färbung zugesetzt; anschließend wurden die Lösungen noch 5 Minuten beim Sieden gehalten. Bei Aluminium-manganiten ist ein Verhältnis $Al : Mn = 1 : 4$ oder $2 : 3$ vorteilhaft. Die Oxydation erfolgt nach dem Zusatz von Lauge mit Sauerstoff; ein solches Präparat ist besser durchkrystallisiert als ein mit Kaliumpermanganat aufoxydiertes Präparat, das nur 2 Röntgenreflexe liefert. Die Indizierung der Röntgendiagramme erfolgte mit der Annahme, daß Doppelschichten-struktur nach dem C 6-Typ vorliegt, wobei sich Gitterstörungen nach ARNFELT bemerkbar machen. Zwischen geordneten Schichten von MnO_2 liegen ungeordnete Schichten von $Mn(OH)_2$. Die Abmessungen der Elementarzelle sind $a = 2,85$, $c = 7,45$ Å. Der gegenüber den normalen C 6-Hydroxyden verkleinerte c-Abstand ist durch die höhere Wertigkeit des Mangans und den Ersatz der OH^--Ionen durch die O^{2-}-Ionen bedingt. Nimmt man als mittleren Oxydationsgrad $MnO_{1,8}$ an, so ergibt sich die Idealformel

$$[4\ MnO_2 \Longleftrightarrow Mn(OH)_2]\ .$$

Bei Verbindungen mit niedrigerem Oxydationsgrad kann ein Teil der Mn^{4+}-Ionen der Hauptschichten durch Mn^{3+}-Ionen und ein Teil der O^{2-}-Ionen durch OH^--Ionen ersetzt sein. Dies wäre gegebenenfalls durch magnetische Messungen zu erhärten. Bei höherem Oxydationsgrad als $MnO_{1,8}$ werden die Zwischenschichten oxydiert sein. Bei den Fremd-metallmanganiten ist in der Zwischenschicht das Fremdmetallhydroxyd, das teilweise durch $Mn(OH)_2$ ersetzt sein kann.

Beim Erwärmen mit verdünnter Salpetersäure wandeln sich die Manganite in γ-MnO_2 (56) um, dessen Diagramm auch Zink- und Kupfer-manganite zeigen, wenn die Versuchsbedingungen entsprechend variiert werden. Ebenso kann es aus WELDON-Schlamm entstehen. FEITKNECHT und MARTI (28), (29) fanden zwei Formen des γ-MnO_2 (a und b) und vermuten, daß ihnen dasselbe verwandte Bauprinzip wie den Hydroxyden zugrunde liegt. Der a-Form des γ-MnO_2 soll die α-Form der Hydroxyde, der b-Form des γ-MnO_2 der normale C 6-Typ entsprechen. Die hexa-gonale Indizierung des γ-MnO_2 scheint noch etwas unsicher, da der Beleg durch eine Dichtemessung fehlt. Ob die interessante Annahme gültig ist, daß das Sauerstoffdefizit von γ-MnO_2 und der wechselnde Oxy-dationsgrad auf dem Ersatz der O^{2-}-Ionen durch OH^--Ionen und von

Mn^{4+}-Ionen durch Mn^{3+}-Ionen beruht, müssen weitere Experimente dartun.

Im Gegensatz zu den Mangan(II)-manganiten, die ein Doppelschichtengitter nach dem C 6-Typ bilden, entsteht bei der Oxydation von ammoniakalischen Mangan(II)-salzlösungen ($p_H = 9,3$) als erstes Fällungsprodukt Mangan(II, III)-hydroxyd mit Doppelschichtengitter nach dem C 19-Typ. Die Zusammensetzung ist nicht konstant; der niederste Oxydationsgrad kommt der Formel

$$[4\,Mn(OH)_2 \rightleftharpoons MnOOH]$$

nahe. Bei höher oxydierten Präparaten wird ein Teil des Mn^{2+} in der Hauptschicht zu Mn^{3+} oxydiert sein. Mit $a = 3,20$, $c = 23,1$ Å ist dieses Hydroxyd isotyp mit Kobalt(II, III)-hydroxyd.

Zink- und Cadmiumhydroxyde.

Während viele stabile Formen von Hydroxyden zweiwertiger Metalle im C 6-Schichtengittertyp krystallisieren, ist dies beim reinen Zinkhydroxyd nicht der Fall. Die Ursache des Ausbleibens des C 6-Typs beim Zink ist wohl auf die stärker polarisierende Wirkung des Zink-Ions zurückzuführen (21). Das stabile ε-$Zn(OH)_2$ krystallisiert rhombisch, wobei jedes Zinkatom von 4 OH^--Ionen umgeben ist. Die Bindung ist vorwiegend homöopolar (4), (14), (21). Die Struktur der weiter noch existierenden β-, γ- und δ-Modifikation ist noch nicht bekannt, hingegen gelang es Feitknecht (19). (30), eine α-Form von $Zn(OH)_2$ zu isolieren, die als Doppelschichtengitter der Idealformel

$$[4\,Zn(OH)_2 \rightleftharpoons Zn(OH)_2]$$

anzusehen ist. Allerdings wurde dazu festgestellt, daß diese Form des Zinkhydroxyds nur beständig ist, wenn ein Teil der OH^--Ionen der ungeordneten Zwischenschicht durch fremde Anionen ersetzt ist. Beispielsweise ergibt sich bei einem α-$Zn(OH)_2$, das aus Zinkchloridlösung gefällt wird, daß ein Verhältnis von 15 bis 20 Molekülen Hydroxyd auf ein Molekül Chlorid besteht. Die Störstruktur solcher gefällten Präparate ist unterschiedlich je nach Wahl des Zinksalzes. Hydroxyde aus nitratund carbonathaltigen Lösungen weisen einen relativ konstanten Schichtenabstand auf; für carbonathaltige Produkte beträgt er 8 Å, für die nitrathaltigen 9,5 Å. Aus sehr verdünnten Nitrat- oder Chloridlösungen werden nur Produkte mit schwankendem Schichtenabstand erhalten. Bei vollständigem Auslaugen der Fremdanionen hinterbleibt röntgenamorphes Zinkhydroxyd. Der Metall-Ionenabstand der besser krystallisierenden Verbindungen ist, wie das immer bei Doppelschichtengittern ermittelt wurde, kürzer als der des Einfachschichtengitters (hier errechnet) und beträgt $v = 3,11$ Å.

Das blättrig krystallisierende β-Zn(OH)$_2$ besitzt nach FEITKNECHT(*32*) ebenfalls ein Schichtengitter. Morphologische und röntgenographische Untersuchungen lassen zwei Modifikationen erkennen: β_1-Zn(OH)$_2$ (das in annähernd neutraler Lösung) β_2-Zn(OH)$_2$ (das in alkalischer Lösung) aus amorphem Zinkhydroxyd gewonnen wird. Aus dem blättrigen Krystallhabitus schließt FEITKNECHT auf Schichtengitterstruktur. Die Röntgendiagramme lassen für beide Formen einen Schichtenabstand von 5,67 Å berechnen. Wahrscheinlich sind die Schichten ähnlich wie beim C 6-Typ gebaut, doch ist eine Deformation nicht ausgeschlossen.

Auch beim Cadmiumhydroxyd begegnet man einem Doppelschichtengitter nach dem C 6-Typ. Diese Struktur bildet sich aber nur, wenn man vom Cadmiumnitrat ausgeht und unter Zusatz von Glucose fällt. Das resultierende α-Hydroxyd hat schwankenden Schichtenabstand und ist sehr feindispers mit laminarem Charakter. Aus Cadmiumhalogeniden bildet sich die α-Form nicht. Der Grund liegt in der Tatsache, daß basische Cadmiumhalogenide nur in einem Einfachschichtengitter auftreten und das Hydroxyd offenbar sekundär aus den primär gebildeten basischen Salzen entsteht. Ohne Glucosezusatz fällt stabiles Cadmiumhydroxyd in laminardisperser Form aus. Die Alterung zum wohlausgebildeten Gitter schreitet aber sehr rasch vorwärts.

Magnesiumhydroxyd.

Magnesiumhydroxyd krystallisiert nur im Einfachschichtengitter. Seine laminare Struktur ist schon früher durch präzise Untersuchungen von FRICKE, SCHNABEL und BECK (*43*) an Präparaten erkannt worden, die durch Wiederbewässerung von MgO* und durch Fällung entstanden waren. Die von ihnen ermittelte Blättchendicke von 90 Å (im Mittel) bei einer Blättchenbreite von 250 Å (im Mittel) konnte bei gefällten Präparaten bis auf eine Blättchenbreite von 1250 Å gesteigert werden. Die Präparate zeigten typische Störstruktur nach ARNFELT. FEITKNECHT (*23*) wies bei frisch gefällten Hydroxyden wesentlich kleinere Teilchen nach, besonders hinsichtlich der Blättchendicke; auch ARNFELT-Struktur war vorhanden. Beim Erhitzen auf 70° verschwindet letztere; die Laminardispersität ist aber unverändert. Die erwähnten Teilchengrößen sind aus Röntgeninterferenzen errechnet worden. Sie stimmen mit denen überein, die MARX und WEHNER (*76*) mit dem Elektronenmikroskop fanden [vgl. auch (*31*)].

Eine Regel für das Auftreten von laminardispersen Teilchen mit Störstruktur ist bei abschließender Betrachtung über die krystallisierten Hydroxyde nicht aufzustellen.

---

* Der chemischen Bindung des Wassers geht die adsorptive Anlagerung voraus, FRICKE u. BÜCKMANN (*47*).

Doppelhydroxyde.

Kobalt, Nickel und Mangan bilden Hydroxyde der Formel

$$[4 \text{ Me(OH)}_2 \rightleftarrows \text{MeOOH}]$$

(abgekürzt auch als Me_4A_1 bezeichnet).

Es ist zu erwarten, daß beim Ersatz des zwei- oder dreiwertigen Metall-Ions durch Fremdmetall-Ionen ähnliche Strukturen auftreten. Dies ist von Feitknecht (*23*) bestätigt worden. Hydroxyde dieses Typus können als *Doppelhydroxyde* bezeichnet werden.

Entsprechende Präparate werden aus Salzlösungen erhalten, die Metall-Ionen meist im Verhältnis 4 : 1, der am häufigsten vorkommenden (Ideal)zusammensetzung bei Doppelschichtengittern, enthalten. Es sei vorweggenommen, daß Doppelhydroxyde mit zwei zweiwertigen Metallen in Doppelschichtengittern nach dem C 6-Typ auftreten, während Doppelhydroxyde aus zwei- und dreiwertigen Metallen öfters Doppelschichtengitter nach dem C 19-Typ bevorzugen. Es werden nur die isolierten und definierten Verbindungen näher besprochen; eine Zusammenstellung aller bis jetzt nachgewiesenen Hydroxyde mit Doppelschichtengitter (neben denen mit Einfachschichtengitter) enthält Tabelle 4.

Nickel-Zink-Doppelhydroxyd: Aus Mischungen von Nickel- und Zinksalzlösungen entsteht beim Fällen Nickel-Zink-Doppelhydroxyd, dessen Zusammensetzung, bezogen auf Zn(OH)_2, zwischen 25 und 65% schwankt. Es liegt ein Doppelschichtengitter mit $a = 3{,}07$, $c = 8{,}2$ Å nach dem C 6-Typ vor. Bei jungen Präparaten ist der Schichtabstand nicht definiert; alte Präparate, oder bei höherer Temperatur gefällte Präparate zeigen dagegen verbreiterte Basisreflexe. Aus den Atomabständen der Hauptschichten wird geschlossen, daß sie größtenteils aus Ni(OH)_2 bestehen; in den ungeordneten Zwischenschichten befindet sich Zn(OH)_2. Die schwankende Zusammensetzung muß man sich so vorstellen, daß einmal ein Ersatz des Ni^{2+} durch Zn^{2+} in den Hauptschichten erfolgt, andererseits auch der Hydroxydgehalt der ungeordneten Schicht variabel ist. Die Idealformel soll daher als

$$[4 \text{ (Ni, Zn) (OH)}_2 \rightleftarrows \text{Zn(OH)}_2]$$

festgelegt werden.

Kobalt-Zink-Doppelhydroxyd: Beim Ersatz von Nickel durch Kobalt macht sich eine viel geringere Ordnung der Verbindungen bemerkbar: der Schichtenabstand ist variabel. Bemerkenswert ist die Entdeckung von Feitknecht (*23*), daß bei gleichem Röntgendiagramm eine blaue und rosafarbene Modifikation möglich ist. Erstere bildet sich immer als Primärprodukt bei der Fällung und wandelt sich in wenigen Stunden in die rosafarbene Modifikation um. Feitknecht deutet die Farbverschiedenheit durch den Austausch des Hydroxyds der ungeordneten Schicht. Hat das blaue Doppelhydroxyd die Struktur

$$[4\,(Zn,\,Co)\,(OH)_2 \Longleftrightarrow Co(OH)_2]$$

mit ungeordneter $Co(OH)_2$-Zwischenschicht, so wird bei der Alterung diese $Co(OH)_2$-Schicht durch $Zn(OH)_2$ ersetzt. Am Ende hat man dann rosafarbenes Hydroxyd der Formel

$$[4\,(Co,\,Zn)\,(OH)_2 \Longleftrightarrow Zn(OH)_2]\,.$$

Die Dimensionen der Elementarzelle befinden sich in Tabelle 4.

Magnesium-Zink-Doppelhydroxyd: Nimmt man statt Kobalt Magnesium, dann ändert sich nicht viel. Das Doppelschichtengitter nach dem C 6-Typ enthält in den Hauptschichten $Mg(OH)_2$ (*23*), und in den Zwischenschichten hat man $Zn(OH)_2$ ungeordnet anzunehmen. Die Idealformel lautet

$$[4\,Mg(OH)_2 \Longleftrightarrow Zn(OH)_2]\,.$$

Der Schichtenabstand ist nicht konstant. (Dimensionen der Elementarzelle in Tabelle 4.)

Magnesium-Aluminium-Doppelhydroxyd: Magnesium-Aluminium-Doppelhydroxyd mit einem Doppelschichtengitter nach dem C 19-Typ (vgl. auch Tabelle 4) wird nach FEITKNECHT und GERBER (*25*) und FEITKNECHT und HELD (*27*) aus den Salzlösungen mit geringem Natronlaugeüberschuß bei einem Mischungsverhältnis von Mg : Al zwischen 1,5 und 4 gefällt. Die Hauptschichten bildet sicherlich das $Mg(OH)_2$, die ungeordneten Zwischenschichten bilden $Al(OH)_3$ oder $AlOOH$. Die Idealformel ist

$$[4\,Mg(OH)_2 \Longleftrightarrow AlOOH]\;(bzw.\;mit\;Al(OH)_3)\,.$$

Dabei kann ausgeprägte ARNFELT-Struktur nachgewiesen werden. Etwas schwer zu verstehen ist der ausgedehnte Homogenitätsbereich von 30 bis 80 Mol% $Mg(OH)_2$ (vgl. dasselbe beim Nickel-Zink-Doppelhydroxyd), obwohl die Abstände der Schichten praktisch nicht verändert werden. Von den Autoren wird die Ähnlichkeit der Ionenradien von Mg^{2+} und Al^{3+} zur Erklärung herangezogen; bei Präparaten mit höherem Aluminiumgehalt wird an eine Vertretung von Mg^{2+} durch Al^{3+} und von OH' durch O^{2-} gedacht. Die Zusammensetzung wird deshalb formuliert:

$$[(x\,Mg(OH)_2,\;y\,AlOOH) \Longleftrightarrow AlOOH]\,.$$
$$(x + y = 4)$$

Als aluminiumreichster Vertreter wird

$$[(1{,}67\,Mg(OH)_2,\;2{,}33\,AlOOH) \Longleftrightarrow AlOOH]$$

angegeben. Bei Magnesiumgehalten, die höher sind als dem Verhältnis $x\,Mg + y\,Al = 4$ entspricht, wird ein Einbau von $Mg(OH)_2$ in die Zwischenschicht angenommen; als Grenzzusammensetzung soll hier

$$[4 \text{ Mg(OH)}_2 \rightleftharpoons (0{,}63 \text{ AlOOH, } 0{,}37 \text{ Mg(OH)}_2)]$$

auftreten. Angesichts der Tatsache, daß bei 90 Mol% Mg(OH)$_2$ im Röntgenbild die Linien von Mg(OH)$_2$, bei 20 Mol% Mg(OH)$_2$ Bayeritlinien beobachtet werden, legen die Autoren den Homogenitätsbereich in vorsichtiger Weise zwischen 30 und 80 Mol% Mg(OH)$_2$ fest. Es ist aber durchaus möglich, daß der Homogenitätsbereich noch wesentlich geringer ist, da bei derartig feinteiligen Präparaten die Röntgenanalyse mit großer Unsicherheit arbeitet.

Auf demselben Wege wie Magnesium–Aluminium-Doppelhydroxyd kann man Doppelhydroxyde von Kobalt–Aluminium und Nickel–Aluminium gewinnen. Beide bilden Doppelschichtengitter nach dem C 19-Typ und zeigen blättchenförmige Teilchen mit starker Störstruktur nach Arnfelt. (Dimensionen der Elementarzelle in Tabelle 4.)

Calcium-Aluminium-Doppelhydroxyd: Eine neue, eigenartige Doppelschichtenstruktur beschreiben erstmalig Tilley, Megaw und Hey (*99*) bei einem von ihnen Hydrocalumit genannten Mineral der Formel 4 CaO, Al$_2$O$_3 \cdot$ 12 H$_2$O = 2 Ca(OH)$_2$, Al(OH)$_3 \cdot$ 2 H$_2$O. In dem monoklinpseudohexagonalen Gitter nehmen sie normal gebaute Schichten des Ca(OH)$_2$ wie im C 6-Typ an; aus der starken Verkleinerung des Abstandes *a* im Vergleich mit normalem Ca(OH)$_2$ wird geschlossen, daß jedes dritte Calcium durch H$_2$O ersetzt ist. Zwischen den Ca(OH)$_2$-Schichten ist ungeordnet Al(OH)$_3$ nebst dem restlichen Wasser angeordnet. Durch die parallele Verschiebung der Schichten resultiert keine hexagonale, sondern eine monokline Struktur (wie bei Hydrargillit). Feitknecht und Mitarbeiter (*12*) (*24*), (*33*) vergleichen dieses natürlich vorkommende Calciumaluminathydrat mit den sogenannten Calciumaluminathydraten, die beim Abbinden des Zements auftreten (*10*). Bei letzteren können zwei Gruppen strukturverwandter Verbindungen mit plättchenförmigem Habitus unterschieden werden: Calciumaluminathydrate und Calciumaluminathydroxysalze. Aus Untersuchungen, die in chemischer, morphologischer und röntgenographischer Richtung an einer großen Zahl von Hydroxysalzen und Calciumaluminathydraten durchgeführt wurden, finden Feitknecht und Mitarbeiter auf Grund des Strukturvorschlags von Tilley, Megaw und Hey folgendes Bauprinzip für diese Verbindungen. Sie krystallisieren in Doppelschichtengittern. Die Hauptschichten bestehen aus Calciumhydroxyd, in denen jedes dritte Ca-Ion fehlt. Die Zwischenschichten enthalten die Al-Ionen, die Hydroxyl- bzw. andere Anionen und die Wassermolekeln. Die allgemeine Formel ist nach Feitknecht und Mitarbeitern

$$\text{Ca}_2(\text{OH})_6\text{AlX}(\text{H}_2\text{O})\text{m} * .$$

---

* Vgl. auch die Untersuchungen von Wells und Mitarbeitern (*110*) über Calciumaluminate.

X kann statt der OH-Gruppe ein beliebiges ein- oder zweiwertiges Anion sein. Während der Abstand der Ca-Ionen in den Hauptschichten bei allen Verbindungen praktisch gleich ist, ändert sich der Schichtenabstand mit dem Raumbedarf des Anions und dem Wassergehalt.

Die sogenannten Tetracalciumaluminathydrate der Formel $4 CaO$, $Al_2O_3 \cdot nH_2O$ sind nach FEITKNECHT und BUSER (33) als Dicalciumaluminiumhydroxyde (Doppelhydroxyde) zu betrachten und als

$$Ca_2(OH)_6Al(OH)(H_2O)m \quad bzw. \quad 2\,Ca(OH)_2, \; Al(OH)_3 \cdot mH_2O$$

zu formulieren. Je nach dem Wassergehalt in den Zwischenschichten beobachtet man folgende definierte Schichtenabstände (12) (bei $a = 5,74$ Å).

$$2\,Ca(OH)_2, \; Al(OH)_3 \qquad\qquad\qquad c = 5,66 \text{ Å}$$
$$2\,Ca(OH)_2, \; Al(OH)_3, \; 2,5\,H_2O \qquad c = 7,58 \text{ Å}$$
$$2\,Ca(OH)_2, \; Al(OH)_3, \; 3\text{—}3,5\,H_2O \; c = 8,21 \text{ Å}$$

Die von FORSÉN (38) benutzte Formulierung der Tetracalciumaluminate als Hydroxokomplexe $[Al(OH)_4]^-$ bzw. $[Al(OH)_6]^{3-}$ ist also nicht richtig, worauf auch BRANDENBERGER (10) schon hingewiesen hatte.

Das sogenannte Dicalciumaluminathydrat $2\,CaO$, $Al_2O_3 \cdot nH_2O$ ist nach FEITKNECHT und BUSER (33) ein Hydroxydoppelsalz, bei dem in der allgemeinen Formel für $X = Al(OH)_4$ eingesetzt werden muß. Sie bezeichnen es als Dicalciumaluminiumhydroxyaluminat der Formel $Ca_2(OH)_6Al[Al(OH)_4](H_2O)m$ ($a = 5,74$, $c = 10,5$ Å), weil die Umwandlung des Aluminats in das Hydroxyd umkehrbar und streng topochemisch nach der Gleichung

$$Ca_2(OH)_6Al[Al(OH)_4](H_2O)m + OH^- \rightleftharpoons Ca_2(OH)_6Al(OH)(H_2O)m$$
$$+ [Al(OH)_4]^-$$

verläuft. Zu diesen Verbindungen gehören nach FEITKNECHT und BUSER auch die sogenannten Calciumferrithydrate und die Calciumeisen·hydroxysalze (s. auch (75)).

Die beschriebenen Verbindungen mit plättchenförmigem Habitus müssen unterschieden werden von Verbindungen mit nadeligem Habitus. Diese haben die Zusammensetzung $3\,CaO$, Al_2O_3, $3\,CaX_2 \cdot nH_2O$ bzw. nach FEITKNECHT $6\,Ca(OH)_2$, $Al_2X_6 \cdot nH_2O$ [vgl. JONES (70)]. FLINT und WELLS (35) beschreiben ein nadeliges Calciumaluminiumhydrat der Zusammensetzung $6\,CaO$, $Al_2O_3 \cdot 33\,H_2O$, das ein mit dem Ettringit ($3\,CaO$, Al_2O_3, $3\,CaSO_4 \cdot 31$ bis $33\,H_2O$) fast identisches Röntgendiagramm ergibt. Allerdings ist es bis jetzt FEITKNECHT und BUSER (33) nicht gelungen, den von FLINT und WELLS angegebenen Hydroettringit, der nach FEITKNECHT als $3\,Ca(OH)_2$, $Al(OH)_3 \cdot 12\,H_2O$ zu formulieren ist, herzustellen.

In Tabelle 4 sind alle Doppelhydroxyde und die zugehörigen einfachen Hydroxyde aufgenommen. Zn^{2+} und La^{3+}-Ionen fallen durch Besonderheiten (Lanthanhydroxyd ist in Tabelle 4 nicht vermerkt) auf: La^{3+}, bildet keine Doppelhydroxyde; Zn^{2+} ist nur mit Aluminium imstande

Tabelle 4. *Hydroxyde mit Doppelschichtengittern.*

(*Die Hydroxyde der zwei-wertigen Metalle sind mit aufgenommen; die Me^{2+}-Ionen sind nach steigendem Ionenradius geordnet.*)

Verbindungen	Formel	Gitterdimensionen in Å		Gittertyp	Lit.
		a	c		
$Ni(OH)_2$	$Ni(OH)_2$	3,117	4,60	C 6	(74)
Ni–Zn DH	$[4(Ni,Zn)(OH)_2-Zn(OH)_2]$	3,07	8,2	Ähnlich C 6	(23)
Ni–Al DH	$[4Ni(OH)_2-AlOOH]$	3,05	23,4	,, C 19	(26)
Ni^2–Ni^3 DH	$[4Ni(OH)_2-NiOOH]$	3,07	23,2	,, C 19	(57,58)
Ni^3–Ni^3 DH (α-NiOOH)	$[4NiOOH-NiOOH]$	2,81	7,7—8,0	,, C 6	(57,58)
Ni_1^3–Ni^3 DH (γ-NiOOH)	$[3NiOOH-NiOOH]$	2,82	20,65	,, C 19	(57,58)
$Mg(OH)_2$	$Mg(OH)_2$	3,14	4,76	C 6	(23)
Mg–Zn DH	$[4Mg(OH)_2-Zn(OH)_2]$	3,09	∼8	Ähnlich C 6	(23)
Mg–Al DH	$[4Mg(OH)_2-AlOOH]$	3,09	23,7	,, C 19	(25)
Mg–Fe DH	Me_4A_1	3,13	23,4	,, C 19	(26)
Mg–Mn DH	Me_4A_1	3,07	23,4	,, C 19	(26)
$Co(OH)_2$	$Co(OH)_2$	3,173	4,64	C 6	(74)
Co–Zn DH	$[4(Co,Zn)(OH)_2-Zn(OH)_2]$	3,08	∼8	Ähnlich C 6	(23)
Co–Al DH	$[4Co(OH)_2-AlOOH]$	3,12	23,7	,, C 19	(26)
Co^2–Co^3 DH	$[4Co(OH)_2-CoOOH]$	3,06	23,4	,, C 19	(22)
Co–Fe^3 DH	Me_4A_1	3,10	23,1	,, C 19	(26)
Co^2–Co^2 DH	$[4Co(OH)_2-Co(OH)_2]$	3,09	∼8	,, C 6	(21)
$Zn(OH)_2$	$Zn(OH)_2$	(3,19)	(4,65)		(19,30)
Zn^2–Zn^2 DH	$[4Zn(OH)_2-Zn(OH,X)_2]$	3,11	7,8	,, C 6	(19,30)
Zn–Al DH	Me_4A_1	3,10	23,4	,, C 19	(26)
$Mn(OH)_2$	$Mn(OH)_2$	3,34	4,68	C 6	(26)
Mn–Al DH	Me_4A_1	3,18	22,95	Ähnlich C 19	(26)
Mn–Fe DH	Me_4A_1	3,20	23,9	,, C 19	(26)
Mn^2–Mn^3 DH	$[4Mn(OH)_2-MnOOH]$	3,20	23,1	,, C 19	(28)
Mangan (II)-manganite	$[4MnO_2-Mn(OH)_2]$	2,85	7,45	,, C 6	(29)
$Cd(OH)_2$	$Cd(OH)_2$	3,49	4,69	C 6	(23)
Cd–Cd DH	—	3,36	—	Ähnlich C 6	(21)
Cd–Al DH	Me_4A_1	3,30	22,6	,, C 19	(26)
Cd–Cr^3 DH	Me_4A_1	3,32	23,7	,, ?	(26)
$Ca(OH)_2$	$Ca(OH)_2$	3,58	4,90	C 6	(26)
Ca–Al DH	$[2Ca(OH)_2-Al(OH)_3]$	5,74	5,66	Ähnlich C 6	(24)
Ca–Al DH	$2Ca(OH)_2-Al(OH)_3$ · $2,5H_2O$	5,74	7,58	,, C 6	(12)
Ca–Al DH	$2Ca(OH)_2-Al(OH)_3$ · $3-\varepsilon,5_2H_2O$	5,74	8,21	,, C 6	(12)
Ca–Fe DH	$[2Ca(OH)_2-Fe(OH)_3]$	3,42	8,0	,, C 6	(26)
Ca–Cr DH	C_2A_1	3,39	7,9	,, C 6	(26)

Erklärung zur Tabelle: DH = Doppelhydroxyd; Me_4A_1 bzw. C_2A_1 bedeutet, daß die gefällten Präparate nur röntgenographisch untersucht wurden, aber dem Konstitutionstyp $[4Me(OH)_2$-MeOOH] bzw. $[2Me(OH)_2$-$Me(OH)_3]$ entsprechen. Ob die Formulierung als Trihydroxyd (z. B. $Fe(OH)_3$) nicht besser durch MeOOH ersetzt wurde, kann nach den vorhandenen experimentellen Daten allein nicht entschieden werden.

eine Doppelhydroxydverbindung einzugehen, bei allen anderen Kombinationen fällt es als ZnO aus. FEITKNECHT (26) glaubt, daß das abweichende Verhalten des Zinks die abgeschlossene 18-Schale zur Ursache hat, und daß dadurch die Bildung von Verbindungen mit Vier-Koordination bevorzugt wird. Durch die Zwischenlagerung von Schichten soll dann die polarisierende Wirkung der Zn^{2+}-Ionen so abgeschwächt sein, daß Schichten mit Sechs-Koordination (C 6- bzw. C 19-Typ) möglich werden. Die verschiedenen Koordinationen folgen bei den Hydroxyden zweiwertiger Metalle nicht einfachen Ionenbeziehungen, wie dies bei den Trihydroxyden (vgl. Tabelle 3) der Fall ist.

FEITKNECHT (26) macht darauf aufmerksam, daß für die Beständigkeit der Doppelhydroxyde aus zwei- und dreiwertigen Metallen der mit dem Ionenradius nicht immer symbat gehende saure Charakter des dreiwertigen Hydroxyds wichtig ist. Bei den zweiwertigen Metallen sind die Doppelhydroxyde mit stark basischem Charakter des Metall(II)-hydroxyds die stabilsten, wie aus der Beständigkeit des Calcium-Aluminiumhydroxyds gefolgert wird. Da Zinkhydroxyd (abgesehen von Aluminiumhydroxyd) saurer als das Hydroxyd eines dreiwertigen Metalls ist, sind die meisten Zinkdoppelhydroxyde mit dreiwertigen Metallen nicht beständig; experimentell gewonnen wurde bis jetzt nur das Zink-Aluminium-Doppelhydroxyd.

Bei den Metall(II)-Metall(III)-Doppelschichtengittern kristallisiert die Mehrzahl im Me_4A_1- und C_2A_1 (Abkürzung für 2 $Ca(OH)_2 \cdot Al(OH)_3 \cdot$ nH_2O)-Konstitutionstyp (26), der Rest tritt in anderen Typen auf. Bei kleinem Radius des Metall(II)-Ions wird der Me_4A_1-Typ, bei großem Radius der C_2A_1-Typ bevorzugt; bei mittleren Radien sind Übergangstypen zu beobachten. Dies gilt für Mangan, wo auf Grund von Überstrukturlinien im Röntgendiagramm des Mangan-Aluminium-Doppelhydroxyds die zwischengelagerten Schichten geordneter als bei den anderen Doppelhydroxyden eingefügt sind. Auch ist die Kontraktion der Hauptschichten der Mangan-Doppelhydroxyde stärker als bei den anderen Doppelhydroxyden (s. Tabelle 4).

Die in der Tabelle 4 weiter vermerkten Doppelhydroxyde mit geordneten Schichten höherwertiger Metall-Ionen, z. B. Ni^{3+} und Mn^{4+}, ordnen sich zwanglos in die Reihe ein, da diese Hauptschichten immer noch das Bauprinzip des C 6- bzw. C 19-Typs wahren, wenn auch die OH-Gruppen ganz oder teilweise durch O^{2-} ersetzt sind.

III. Oxydaquate.

Titandioxydaquate.

GUTBIER und Mitarbeiter (61) untersuchten verschieden hergestellte Fällungsprodukte analytisch, röntgenographisch und durch Aufnahme isobarer Abbaukurven. Die bei 0°, 20° und 100° aus $TiOCl_2$ mit Ammoniak bzw. Natronlauge erhaltenen Präparate waren röntgenamorph; erst beim thermischen Abbau trat das Anatasgitter auf. Die isobaren Abbaukurven verliefen vollkommen kontinuierlich; die Autoren folgerten aus der Gültigkeit der osmotischen Gleichung nach Hüttig eine osmotische Bindung des Wassers. Dieses Ergebnis wurde von Weiser und Milligan (103) bestätigt. Dagegen folgern Hüttig und Mitarbeiter (67) aus der Nichtgültigkeit der Gleichung der spezifischen Wärmen, daß eine lockere, mehr kapillare Wasserbindung vorherrsche, selbst für Präparate die bei 0° gewonnen waren. Wie schon dargelegt wurde, sind die Folgerungen, die aus dem kontinuierlichen Verlauf der Abbaukurve bezüglich der Wasserbindung gemacht werden, nicht immer eindeutig. Eine definierte Verbindung $TiO_2 \cdot 2\,H_2O$ beschreiben Schwarz und Richter (85) als Orthotitansäure; sie wurde bei 0° gefällt und mit Aceton getrocknet.

Goodeve (60) lehnt die Formulierung eines Hydroxyds $Ti(OH)_4$ als Endprodukt oder als Zwischenprodukt ab, da nach Spektralaufnahmen ein Niederschlag aus Titansalz mit Ammoniak, der weniger als eine Sekunde alt war, als identisch mit TiO_2 befunden wurde. Tatsächlich konnte Glemser (55) zeigen, daß bei den in üblicher Weise gefällten Präparaten Oxydaquate und keine Hydroxyde vorhanden sind. Seine Präparate wurden aus Kaliumtitanfluoridlösungen in der Siedehitze und bei $+5°\,C$ mit Ammoniak gefällt und nach dem Auswaschen und Trocknen in einem Kondensator in Paraffinöl suspendiert. Die Kapazität des Kondensators mit der Suspension wurde in Abhängigkeit von der Temperatur gemessen. In Abb. 2 (S. 276) ist der Kurvenverlauf der Präparate und ihre Charakteristik eingetragen. Die Neigung der Kurven entspricht viel beweglichem Wasser; weitere Messungen lassen den Schluß zu, daß bis auf einen geringen Rest, der ortsfest (adsorptiv) gebunden ist, alles Wasser in beweglicher Form vorliegt, das System demnach aus Titandioxyd + Wasser besteht.

Thoriumdioxydaquate.

Im System ThO_2/H_2O sind bis jetzt keine definierten Verbindungen nachgewiesen worden. Hüttig und Mitarbeiter (67) bauten verschieden hergestellte Präparate isobar ab und wandten die osmotische Gleichung, außerdem die entsprechende Gleichung der spezifischen Wärmen an; aus dem kontinuierlichen Verlauf der Abbaukurve und aus der Gültigkeit der osmotischen Gleichung folgern sie eine osmotische Bindung des Wassers. Etwas später veröffentlichten Bourion und Beau (9) magnetochemische Messungen die die Existenz definierter Verbindungen ausschließen. Glemser (55) bestätigte diese Ergebnisse mit der dielektischen Methode.

Untersuchte Präparate:

1. ,,*Thoriumhydroxyd*'' von Schering-Kahlbaum. 18,15% H_2O; Röntgenbild: ThO_2.

2. Aus $ThCl_4$ mit Ammoniak unter CO_2-Ausschluß bei Siedehitze gefällt. 10,0% H_2O; Röntgenbild: verbreiterte ThO_2-Linien.

3. Aus $ThCl_4$ mit Ammoniak bei Zimmertemp. gefällt. 45,92% H_2O; röntgenamorph.

4. Aus Präp. 3 im CO_2-freien N_2-Strom bei 150° gewonnen. 9,66% H_2O; röntgenamorph.

Die Temperaturabhängigkeit der Kapazität eines Kondensators, der mit Suspensionen der vier Präparate in Paraffinöl beschickt war, entsprach dem Vorhandensein von viel beweglichem Wasser. Wie bei den Titandioxydaquaten ist auch hier ein geringer Rest des Wassers ortsfest (adsorptiv) gebunden.

Mangandioxydaquate.

SIMON und FEHÉR (*89*) fanden bei Präparaten des Systems MnO_2/H_2O kontinuierlichen Verlauf der Abbaukurve; die Gültigkeit der osmotischen Gleichung bis $+130°$ [1] veranlaßte sie, das Wasser als osmotisch gebunden zu betrachten. Hingegen isolierten BILTZ und RAHLFS (*7*) bei der Behandlung eines aus Mangansulfat mit Kaliumpermanganat gewonnenen Präparates mit flüssigem Ammoniak ein Ammoniakat, dessen Formel $MnO_2 \cdot H_2O \cdot NH_3$ durch isobaren Abbau bewiesen wurde. Sie fassen die Verbindung als saures Ammoniummanganit auf und halten die manganige Säure H_2MnO_3 bei der Temperatur des flüssigen Ammoniaks für beständig. Sie vermuten aber, daß der kontinuierliche Verlauf der isobaren Abbaukurven von SIMON und FEHÉR durch eine Art Umlagerung des H_2MnO_3 zu $MnO_2 + H_2O$ verursacht sei, die neben der Wasserabgabe einhergeht (bei dem thermischen Abbau herrschte relativ hohe Temperatur).

Daß bei Zimmertemperatur nur Mangandioxydaquate vorliegen, ist dielektrischen Messungen von GLEMSER zu entnehmen (*55*).

Untersuchte Präparate:

1. Aus Mangansulfat in salpetersaurer Lösung mit Ammoniumpersulfat in der Siedehitze gefällt, $MnO_{1,93} + 5,87\%$ H_2O.

2. Aus Mangansulfat- und Kaliumnitratlösung mit Kaliumpermanganat in der Siedehitze gefällt, $MnO_{1,84} + 7,75\%$ H_2O.

3. Durch Zersetzung von Permangansäure erhalten, $MnO_{1,76} + 12,98\%$ H_2O. Röntgenbild von 1., 2., 3.: γ-MnO_2 (*56*).

4. Pyrolusit; $MnO_{1,93} + 1,75\%$ H_2O.

Alle diese Präparate gaben die für bewegliches Wasser charakteristischen Kurven. Meßergebnisse an Präparaten, die aus den genannten Präparaten durch Erhitzen erhalten wurden, zeigen eindeutig, daß in den untersuchten Präparaten bis auf einen kleinen Rest alles Wasser in

---

[1] Oberhalb 130° tritt eine rasche Veränderung des Präparats (z. B. durch Alterung) ein.

beweglicher Form gebunden ist, die Bezeichnung Mangandioxydaquate also zu Recht besteht.

Auffällig ist der stets von $MnO_{2,00}$ abweichende Sauerstoffgehalt. Feitknecht (29) erklärt das Sauerstoffdefizit und den wechselnden Oxydationsgrad durch Ersatz der O^{-2}-Ionen durch OH^--Ionen und durch Ersatz der Mn^{4+}-Ionen durch Mn^{3+}-Ionen; dadurch ist ein Übergang zu den in ihrer Struktur geklärten Mangan(II)-manganiten gegeben, die Doppelschichtenstruktur aufweisen und im Abschnitt II behandelt wurden. Es ist noch erwähnenswert, daß Feitknecht bei einem nach Simon und Fehér (89) hergestellten Präparat im Röntgenbild die Linien des Mangan(II)-manganits fand, so daß alle Präparate dieser Herstellungsart unter die Mangan(II)-manganite einzureihen sind.

Eisen(III)-oxydaquate.

Über die braunen Produkte, die aus Eisen(III)-salzlösungen mit Ammoniak bzw. Natronlauge gefällt werden, liegt ein umfangreiches Versuchsmaterial vor [1]. Frisch gefällte Präparate sind röntgenamorph wie Weiser und Milligan (105), (106), (108) erneut zeigen konnten. Diese röntgenamorphen Präparate gaben aber das Elektronenbeugungsdiagramm des $\alpha\text{-}Fe_2O_3$ [*]. Bei dem Versuch, $Fe(OH)_3$ nachzuweisen, wurden ohne Erfolg Röntgen- und Elektronenbeugungsdiagramme aufgenommen. Weiser und Milligan nehmen deshalb an, daß diese braunen Produkte kein Hydroxyd [2] darstellen, sondern aus sehr kleinen Kryställchen von $\alpha\text{-}Fe_2O_3$ aufgebaut sind. Für die Formulierung sprechen (wenn auch nicht so klar, wie bei den Titandioxyd-, Thoriumdioxyd- und Mangandioxydaquaten) dielektrische Messungen von Glemser (54). Die Kurven, welche die Abhängigkeit der Dielektrizitätskonstanten von der Temperatur für Suspensionen der Präparate in Paraffinöl wiedergegeben, sind auch dadurch bemerkenswert, daß sie um so steiler verlaufen, je älter die Präparate im Zeitpunkt der Messung waren. Das bedeutet, daß der Wassergehalt der Präparate mehr und mehr die Eigenschaften von frei beweglichem Wasser erreicht. Die gemessenen Präparate wurden aus Eisen(III)-salzlösung mit Ammoniak bei 20° gefällt; sie waren 1 Tag bis 8 Wochen alt.

Die dielektrischen Messungen, die Elektronenbeugungsdiagramme und der kontinuierliche Verlauf der Abbaukurven schließen eine konstitutive Bindung des Wassers im Augenblick der Fällung nicht aus; die Alterung zu Oxyd + Wasser setzt aber schnell ein: ein 6 Tage altes

---

[1] Ausführliche Literatur bei Fricke-Hüttig (44).

[*] Das Elektronenbeugungsdiagramm von Fordham und Tyson (37) entspricht nicht einer Eisenverbindung, sondern rührt von NaCl her, da die Verff. ihr Präparat nicht ausgewaschen haben.

[2] Weiser und Milligan (108) nennen es „frequently misnamed ferric hydroxide".

Gel weist bereits die charakteristische Kurve für bewegliches Wasser auf. Man kann deshalb ein junges Gel als ein Eisen(III)-oxyd mit großer Oberfläche betrachten, das Wasser adsorptiv und kapillar gebunden enthält, und dieses als Oxydaquat bezeichnen.

Die Beschreibung der Ergebnisse der dielektrischen Messungen an Eisen(III)-oxydaquaten gibt Anlaß, an Versuche zu erinnern, die THIESSEN und KÖPPEN (92), (97) vor längerer Zeit mitgeteilt haben. Bei der vorsichtigen Hydrolyse von Eisen(III)-äthylat in absolut alkoholischer Lösung entstanden Niederschläge, die sich durch isobaren Abbau als zehn verschiedene Eisenoxydhydrate differenzieren ließen: $Fe_2O_3 \cdot 3 H_2O$, $Fe_2O_3 \cdot 2 H_2O$, $Fe_2O_3 \cdot H_2O$, $2 Fe_2O_3 \cdot 5 H_2O$, $2 Fe_2O_3 \cdot 3 H_2O$, $2 Fe_2O_3 \cdot H_2O$, $Fe_2O_3 \cdot 5 H_2O$, $Fe_2O_3 \cdot 4 H_2O$, $2 Fe_2O_3 \cdot 9 H_2O$, $2 Fe_2O_3 \cdot 7 H_2O$. Die Existenz dieser Verbindungen ist deshalb interessant, weil sie nach FRICKE und SEVERIN (42) wahrscheinlich echte Hydrate sind. Analoge Untersuchungen von THIESSEN und KÖRNER (95) über die Hydrolyse von Zinnäthylat führten zu der Annahme von: $2 SnO_2 \cdot 5 H_2O$, $SnO_2 \cdot 2 H_2O$, $4 SnO_2 \cdot 7 H_2O$, $2 SnO_2 \cdot 3 H_2O$, $SnO_2 \cdot H_2O$, $2 SnO_2 \cdot H_2O$. Untersuchungen von THIESSEN und KÖRNER über die Hydrolyse von Siliciumäthylat (91), (93), (94), (96) führten zu der Annahme von: $SiO_2 \cdot 2 H_2O$, $2 SiO_2 \cdot 3 H_2O$, $SiO_2 \cdot H_2O$, $2 SiO_2 \cdot H_2O$, $2 SiO_2 \cdot 5 H_2O$. WEISER und MILLIGAN (102) wiederholten die Versuche mit Zinnäthylat, ohne die angegebenen Hydrate zu erhalten, weil sie, wie THIESSEN und KÖPPEN (98) in einer Entgegnung mit Recht bemerkten, nicht unter denselben Versuchsbedingungen arbeiteten. Aber auch SOLANA und MOLES (90) konnten bei der Hydrolyse des Siliciumäthylats kein $SiO_2 \cdot 2 H_2O$ isolieren. In neuen, präzisen Experimenten arbeiteten WEISER, MILLIGAN und COPPOC (109) unter den gleichen Bedingungen wie THIESSEN und Mitarbeiter. Außer beim System SiO_2/H_2O, wo vielleicht aus der isothermen Abbaukurve die Existenz eines $SiO_2 \cdot H_2O$ abgelesen werden kann, konnten keinerlei Anzeichen für Hydrate gefunden werden. WEISER, MILLIGAN und COPPOC bezweifeln deshalb die Ergebnisse von THIESSEN und Mitarbeitern und nehmen an, daß in allen untersuchten Fällen (also bei Eisen, Zinn und Silicium) keine besonderen Hydrate bestehen. Nach ihren Untersuchungen kann die Existenz der „THIESSENschen Oxydhydrate" meines Erachtens nicht mehr als gesichert betrachtet werden.

Literatur.

1. ARKEL, VAN A. E., und C. P. FRITZIUS: Die Ultrarotabsorption von Hydraten. Rec. Trav. chim. Pays-Bas **50**, 1035 (1931).
2. ARNFELT, H.: Über die Bildung von Schichtgittern. Ark. Mat., Astronom. Fysik **23B**, 1 (1932).
3. BEMMELEN, VAN J. M., und E. A. KLOBBIE: Über das amorphe, wasserhaltige Eisenoxyd, das krystalline Eisenoxydhydrat, das Kaliumferrit und das Natriumferrit. J. prakt. Chem. **46**, 497 (1892).

4. Bernal, I. D., und H. D. Megaw: The function of hydrogen in intermolecular forces. Proc. Roy. Soc. **151**, 384 (1935).

5. Besson, J.: Etudes calorimetriques. C. R. hebd. Séances Acad. Sci. **222**, 390 (1946).

6. — Nickel sesquioxyde. C. R. hebd. Séances Acad. Sci. **220**, 2 (1945).

7. Biltz, W., und O. Rahlfs: Über die manganige Säure. Nachr. Ges. Wiss. Gött., Math.-Phys. Kl. **1930**, 189.

8. Bosschieter, G., und J. Errera: Spectres d'absorption infrarouges de l'eau liquide, solide et en solution. C. R. hebd. Séances Acad. Sci. **205**, 560 (1937).

9. Bourion, F., und D. Beau: Etude magnetique de la thorine hydratée. C. R. hebd. Séances Acad. Sci. **198**, 916 (1934).

10. Brandenberger, E.: Krystallstruktur und Zementchemie. Grundlagen einer Stereochemie der Krystallverbindungen in den Portlandzementen. Schweizer Arch. angew. Wiss. Techn. **2**, 45 (1936).

11. Büll, R.: Versuche über die Wasserbindung anorganischer Stoffe. Angew. Chem. **49**, 145 (1936).

12. Buser, H. W.: Beitrag zur Chemie und Konstitution der Calcium-Aluminium-Hydroxo-Doppelsalze und -Doppelhydroxyde. Dissertation Bern 1950.

13. Coblentz, W. W.: Krystallwasser und Konstitutionswasser. Jahrb. Radioakt. u. Elektronik **3**, 397 (1907).

14. Corey, R. B., und R. W. G. Wyckoff: The crystal structure of zinc hydroxide. Z. Krystallogr. (A) **86**, 8 (1933).

15. Deiss, E., und G. Schikorr: Über das Ferrohydroxyd (Eisen(II)-hydroxyd). Z. anorg. allg. Chem. **172**, 38 (1928).

16. Duval, Cl., und J. Lecomte: Spectres d'absorption infrarouge d'hydroxydes metalliques. Bull. Soc. chim. France [5] **8**, 713 (1941).

17. Ebert, L.: Über physikalische Methoden im chemischen Laboratorium. XXI. Neue Anwendungen dielektrischer Untersuchungen für techn. und analyt. Messungen. Angew. Chem. **47**, 305 (1934).

18. Ewing, F. J.: The crystal structure of lepidocrocite. J. chem. Physics **3**, 420 (1935).

19. Feitknecht, W.: Die Struktur des α-Zinkhydroxyds. Z. Krystallogr. (A) **84**, 173 (1932).

20. — Farbe und Konstitution der Verbindungen des zweiwertigen Kobalts. Helv. chim. Acta **20**, 651 (1937).

21. — Über die α-Form der Hydroxyde zweiwertiger Metalle. Helv. chim. Acta **21**, 766 (1938).

22. — Topochem. Umsetzungen von Hydroxyden und basischen Salzen. Angew. Chem. **52**, 202 (1939).

23. — Laminardisperse Hydroxyde und basische Salze zweiwertiger Metalle. Kolloid-Z. **92**, 257 (1940); **93**, 66 (1940).

24. —, und M. Gerber: Zur Kenntnis der Doppelhydroxyde und basischen Doppelsalze. II. Über Mischfällungen aus Calcium- und Aluminiumsalzlösungen. Helv. chim. Acta **25**, 106 (1942).

25. — — Zur Kenntnis der Doppelhydroxyde und basischen Doppelsalze. III. Über Magnesium-Aluminium-Doppelhydroxyd. Helv. chim. Acta **25**, 171 (1942).

26. — Über die Bildung von Doppelhydroxyden aus zwei- und dreiwertigen Metallen. Helv. chim. Acta **25**, 555 (1942).

27. —, und F. Held: Über Magnesium-Aluminium-Doppelhydroxyd und -Hydroxyddoppelchlorid. Helv. chim. Acta **27**, 1495 (1944).

28. FEITKNECHT, W., und W. MARTI: Über Manganite und künstlichen Braunstein. Über die Oxydation von Mangan(II)-hydroxyd mit molekularem
Sauerstoff. Helv. chim. Acta **28**, 129 (1945).

29. — — Über Manganite und künstlichen Braunstein. Helv. chim. Acta
28, 149 (1945).

30. —, und H. WEIDMANN: Nicht veröffentlicht.

31. —, und H. STUDER: Elektronenmikroskopische Untersuchungen über die
Größe und Form der Teilchen kolloider Metallhydroxyde. Kolloid-Z.
115, 13 (1949).

32. — Zur Kenntnis des β-Zinkhydroxyds. Helv. chim. Acta **32**, 2294 (1949).

33. —, und H. W. BUSER: Zur Kenntnis der nadeligen Calcium-Aluminiumhydroxysalze. Helv. chim. Acta **32**, 2298 (1949).

—, — Über den Bau der plättchenförmigen Calciumaluminathydrate.
Chimia **4**, 261 (1950).

34. —, und G. KELLER: Über die dunkelgrünen Hydroxyverbindungen des
Eisens. Z. anorg. allg. Chem. **262**, 61 (1950).

35. FLINT, E. P., u. L. S. WELLS: Analogy of hydradet Calciumaluminate
to hydradet Calcium aluminate sulfate. J. Res. Nat. Bur. Standards,
33, 471 (1945) [RP 1623].

36. FOERSTER, FR.: Die Vorgänge im Eisen-Nickelsuperoxydsammler. I. Über
Nickelsuperoxydelektroden. Z. Elektrochem. angew. physik. Chem.
13, 414 (1907).

37. FORDHAM, ST., und J. T. TYSON: The structure of semipermeable membranes of inorganic salts. J. chem. Scc. London **1937**, 483.

38. FORSÉN, L.: Über die chemische Wirkung von Gips und anderen Abbinde-
verzögerer auf Portlandzementklinker. Zement **19**, 1130 (1930).

39. FRICKE, R.: Die Krystallisation einiger Oxydhydrate. Z. anorg. allg. Chem.
166, 244 (1927).

40. — Einige Gesichtspunkte zu den Wandlungen der Oxydhydrate. Kolloid-Z. **49**, 238 (1929).

41. —, und H. HUMME: Über die beiden Formen des krystallisierten Beryllium-
hydroxyds und über das System BeO–Na$_2$O–H$_2$O. Z. anorg. allg. Chem.
178, 400 (1929).

42. —, und H. SEVERIN: Über die Zersetzungsdrucke krystallisierter Hydroxyde, insbesondere von Aluminium und Beryllium. Z. anorg. allg. Chem.
205, 287 (1932).

43. —, R. SCHNABEL und K. BECK: Oberfläche und Wärmeinhalt beim krystallisierten Magnesiumhydroxyd. Z. Elektrochem. angew. physik.
Chem. **42**, 881 (1936).

44. —, und G. F. HÜTTIG: Hydroxyde und Oxydhydrate. Band IX des Hand-
buchs d. allg. Chemie, herausgegeben von P. WALDEN. Leipzig 1937.

45. — Aktive Zustände der festen Materie und ihre Bedeutung für die anorganische Chemie. Angew. Chem. **51**, 863 (1938).

46. — Handbuch der Katalyse, herausgegeben von G. M. SCHWAB. Band IV,
Heterogene Katalyse I, S. 13ff.; Wien 1943.

47. —, und H. BÜCKMANN: Weitere Untersuchungen an aktiven Stoffen mit
der Emaniermethode OTTO HAHNs. Ber. dtsch. chem. Ges. **72**, 1199
(1939).

48. —, und S. RIHL: Eigenschaften, Verbrennungswärme und Beständigkeit
von Eisen(II)-hydroxyd. Z. anorg. allg. Chem. **251**, 414 (1943).

49. —, und G. WEITBRECHT: Dimensionen der Primär- und Sekundärteilchen
bei einigen krystallisierten Eisen(III)-hydroxyden. Z. anorg. allg. Chem.
251, 424 (1943).

50. Fricke, R., und A. Seitz: Krystalline Hydroxyde der seltenen Erden. Z. anorg. allg. Chem. **254**, 107 (1947).

51. — — Krystalline Hydroxyde des Indiums und Scandiums. Z. anorg. allg. Chem. **255**, 13 (1948).

52. — Zur Krystallstruktur krystalliner Hydroxyde. Z. Naturforsch. **3a**, 62 (1948).

53. —, und W. Dürrwächter: Weitere Untersuchungen über krystalline Hydroxyde der seltenen Erden. Z. anorg. allg. Chem. **259**, 305 (1949).

54. Glemser, O.: Über das dielektrische Verhalten des Wassers in den Hydroxyden, Oxydhydraten und Oxyden des Eisens, Berylliums und Magnesiums. Z. Elektrochem. angew. physik. Chem. **44**, 341 (1938).

55. — Zur Bindung des Wassers in Mangandioxyd-, Titandioxyd- und Thoriumdioxydhydraten. Z. Elektrochem. angew. physik. Chem. **45**, 825 (1939).

56. — Über eine neue Modifikation des Mangandioxyds. Ber. dtsch. chem. Ges. **72**, 1879 (1939).

57. —, und J. Einerhand: Über höhere Nickelhydroxyde. Z. anorg. allg. Chem. **261**, 26 (1950).

58. —, — Die Struktur höherer Nickelhydroxyde. Z. anorg. allg. Chem. **261**, 43 (1950).

59. —, — Die chemischen Vorgänge an der Nickelhydroxydanode des Edisonakkumulators. Z. Elektrochem. angew. physik. Chem. **54**, 302 (1950).

60. Goodeve, C. F.: Diskussionsbemerkung bei Weiser, H. B. und W. O. Milligan (106).

61. Gutbier, A., B. Ortenstein, E. Leuthäusser, K. Lossen und F. Allam: Kolloidsynthesen mit Hilfe von Titan(III)-chlorid. I. Über die Hydrolysen- und Oxydationsprodukte von Titan(III)-chlorid. Z. anorg. allg. Chem. **162**, 87 (1927).

62. Hofmann, U., und D. Wilm: Über die Krystallstruktur von Kohlenstoff. Z. Elektrochem. angew. physik. Chem. **42**, 504 (1936).

63. Hoppe, W.: Über die Krystallstruktur von α-AlOOH (Diaspor) und α-FeOOH (Nadeleisenerz). Z. Krystallogr. (A) **103**, 73 (1940).

64. — Über die Krystallstruktur von α-AlOOH (Diaspor) II. Z. Krystallogr. (A) **104**, 11 (1942).

65. Hüttig, G. F.: Apparat zur gleichzeitigen Druck- und Raummessung von Gasen (Tensi-Eudiometer). Z. anorg. allg. Chem. **114**, 161 (1920).

66. — und R. Kassler: Beiträge zur Kenntnis der Oxydhydrate. XVII. Zur Kenntnis des Systems Kobalt(III)-oxyd-Wasser. Z. anorg. allg. Chem. **184**, 279 (1929).

67. —, S. Magierkiewicz und J. Fichmann: Zur Kenntnis der spezif. Wärmen und Dampfdrucke von Systemen, die aus Wasser und den Oxyden des Zirkons, Thoriums und Zinns bestehen. Z. physik. Chem. (A) **141**, 1 (1929).

68. —, und K. Toischer: Beiträge zur Kenntnis der Oxydhydrate. XXVII. Das System Berylliumoxyd-Wasser. Z. anorg. allg. Chem. **190**, 364 (1930).

69. —, und M. Kantor: Das System Lanthan(III)-oxyd-Wasser. Z. anorg. allg. Chem. **202**, 421 (1931).

70. Jones, F. E.: Die komplexen Calciumaluminatverbindungen. Proc. Symp. Chemistry of Cements, Stockholm 1938.

71. Keller, G.: Über Hydroxyde und basische Salze des zweiwertigen Eisens und deren dunkelgrüne Oxydationsprodukte. Dissertation Bern 1948.

72. Krause, A.: Über die Oxydation des Ferrohydroxyds an der Luft. Z. anorg. allg. Chem. **174**, 145 (1928).

73. LEHL, H., und R. FRICKE: erwähnt bei (44), S. 428.

74. LOTMAR, W., und W. FEITKNECHT: Über die Änderungen der Ionenabstände in Hydroxydgittern. Z. Krystallogr. (A) 93, 368 (1936).

75. MALQUORI, G., und V. CIRILLI: Die Calciumferrithydrate und die aus dem Tricalciumferrit durch Assoziation mit verschiedenen Calciumsalzen entstehenden Komplexe. Ric. Sci. Progr. Tecn. Econ. naz. 11, 316 (1940).

76. MARX, TH., und G. WEHNER: Übermikroskopische Abbildung der Lamellenstruktur des Magnesiumhydroxyds. Kolloid-Z. 105, 226 (1943).

77. MILLIGAN, W. O., und H. B. WEISER: Direct examination of sols by X-ray diffraction Methods. J. Amer. chem. Soc. 59, 1095 (1937).

78. MONDAIN-MONVAL, P., und R. PARIS: Etude thermique des reactions en solution. 1. Méthode, cas typiques de reactions. Bull. Soc. chim. France [5] 5, 1641 (1938).

79. MULLER, M. J. A.: Sur la préparation d'un hydrate de bioxyde de manganèse, stable dans l'air sec, à la temperature ordinaire. Bull. Soc. chim. France [5] 5, 1166 (1938).

80. — und E. PEYTRAL: Sur la réduction du permangate de potassium, en milieux aqueux, par l'acide oxalique. Bull. Soc. chim. France [5] 5, 1168 (1938).

81. NATTA, G., und A. CASAZZA: Atti R. Accad. naz. Lincei, Rend. 5, 803 (1927).

82. PAULING, L.: The nature of the chemical bond, 2. Aufl., S. 289. New York u. London 1948.

83. RUNDLE, R. E.: The structure of uranium hydride and deuteride. J. Amer. chem. Soc. 69, 1719 (1947).

84. SARKAR, P. B., und N. R. DHAR: Bestimmung von Mangan durch Permanganat und Untersuchung verschiedener Manganite. Z. anorg. allg. Chem. 121, 135 (1922).

85. SCHWARZ, R., und H. RICHTER: Zur Kenntnis der Kieselsäuren. Ber. dtsch. chem. Ges. 62, 31 (1929).

86. SCHUBERT, K., und A. SEITZ: Krystallstruktur von Y(OH)$_3$. Z. anorg. allg. Chem. 254, 116 (1947).

87. — — Krystallstruktur von Sc(OH)$_3$ und In(OH)$_3$. Z. anorg. allg. Chem. 256, 226 (1948).

88. SEITZ, A., U. RÖSLER und K. SCHUBERT: Krystallstruktur von β-Be(OH)$_2$. Z. anorg. allg. Chem. 261, 94 (1950).

89. SIMON, A, und F. FEHÉR: Beiträge zur Kenntnis von Hydrogelen. X. Mitt. Über Mangandioxydhydrate. Kolloid-Z. 54, 49 (1931).

90. SOLANA, L., und E. MOLES: Kieselsäureester und Kieselsäuren. An. Soc. españ. Fisica Quim. 28, 171 (1930).

91. THIESSEN, P. A., und O. KÖRNER: Ortho- und Pyrokieselsäure. Z. anorg. allg. Chem. 182, 343 (1929).

92. —, und R. KÖPPEN: Ferrioxydhydrate definierter Zusammensetzung. Z. anorg. allg. Chem. 189, 113 (1930).

93. —, und O. KÖRNER: Höhere und niedere Kieselsäuren definierter Zusammensetzung. Z. anorg. allg. Chem. 189, 168 (1930).

94. —, — Kieselsäuren definierter Zusammensetzung. Z. anorg. allg. Chem 189, 174 (1930).

95. —, — Zinnsäureester und Zinnsäuren. Z. anorg. allg. Chem. 195, 83 (1931).

96. —, — Bildungswärmeñ der Kieselhydrate. Z. anorg. allg. Chem. 197, 307 (1931).

97. —, und R. KÖPPEN: Ein krystallisiertes Ferrioxyd-4-hydrat. Z. anorg. allg. Chem. 200, 18 (1931).

98. Thiessen, P. A., und O. Körner: Grundsätzliche Bedingungen für die Darstellung von Oxydhydraten aus Äthylaten und für den Nachweis der Hydrate durch Aufnehmen von *p-x*-Kurven. Z. anorg. allg. Chem. **228**, 57 (1936).

99. Tilley, C. E., H. D. Megaw und M. H. Hey: Hydrocalumite a new mineral from Scawt Hill, Co. Antrim. Mineral Mag. J. mineral. Soc. **23**, 607 (1934).

100. Volhard, J.: Scheidung und Bestimmung des Mangans. Liebigs Ann. **198**, 318 (1879).

101. Weiser, H. B., und W. O. Milligan: The transformation of blue into red cobalt hydroxyde, J. physic. Chem. **36**, 722 (1932).

102. —, — X-ray studies on the hydrous oxides. J. chem. Physic. **36**, 3030 (1932).

103. —, — X-ray studies on the hydrous oxides, Titanium dioxide. J. chem. Physic. **38**, 513 (1934).

104. — Inorganic colloid chemistry. II. The hydrous oxides and hydroxides. New York and London 1935.

105. —, und W. O. Milligan: Constitution of hydrous oxide sols from X-ray diffraction studies. J. chem. Physic. **40**, 1 (1936).

106. —, — Constitution of hydrous oxide gels and sols. Trans. Faraday Soc. **32**, 358 (1936).

107. —, — Hydrous oxides of some rarer elements. J. chem. Physic. **42**, 673 (1938).

108. —, — Electron diffraction study of hydrous oxides amorphous to X-rays. J. chem. Physic. **44**, 1081 (1940).

109. —, — und W. J. Coppoc: Constitution of the alleged ,,Thiessen hydrates". J. chem. Physic. **43**, 1109 (1939).

110. Wells, L. S., W. F. Clarke und H. F. McMurdie: The system CaO-Al_2O_3-H_2O at temperatures of 21° and 90°. Journ. Res. Nat. Bur. Standards **30** (1943), 367 [R. P. 1539.]

111. Willstätter, R., H. Kraut und O. Erbacher: Über isomere Hydrogele der Tonerde. VII. Mitt. Über Hydrate und Hydrogele. Ber. dtsch. chem. Ges. **58**, 2448 (1925).

112. Wolff, N.: Modifizierte Volhard'sche Methode. I. Permanganatmethode. Stahl u. Eisen **11**, 377 (1891).

113. Wollan, E. O., W. L. Davidson und C. G. Shull: Neutron diffraction study of the structure of ice. Physic Rev. **75**, 1348 (1949).

114. Zsigmondy, R.: Kolloidchemie, 5. Auflage. I. Allg. Teil. Leipzig 1925.

(Abgeschlossen im Dezember 1950.)

Professor Dr. Oskar Glemser, Aachen, Templergraben 57.

Fortschr. chem. Forsch. Bd. 2. S. 311—374 (1951).

Die Oxosynthese.

Von

CURT SCHUSTER.

Inhaltsübersicht.

I. Allgemeiner Teil.

Oxoverfahren oder Oxosynthese ist die Bezeichnung für ein synthetisches Verfahren der organischen Chemie, das, seit seiner Auffindung in den Jahren 1938/39 in deutschen Industrielaboratorien bearbeitet, infolge der Zeitverhältnisse zunächst nur in kleinen Kreisen bekannt geworden ist, seit 1945 aber mehr und mehr allgemeines Interesse findet.

A. Definition der Oxosynthese.

Man versteht darunter die gleichzeitige Anlagerung von Kohlenoxyd und Wasserstoff an olefinische Doppelbindungen unter Bildung von „Oxoverbindungen", d. h. von Aldehyden und Ketonen. Nach neueren Feststellungen (1) ist diese Begriffsbestimmung einzuschränken, da die Bildung von Ketonen, die man zuerst für eine stets in mehr oder minder großem Umfang eintretende Nebenreaktion hielt, nur in einzelnen Fällen vorkommt, so daß es sich im wesentlichen um eine „Aldehydsynthese" handelt. In den letzten Jahren ist die Bezeichnung „Carbonylierung" (2) eingeführt worden für die Umsetzungen von Acetylenen und Olefinen mit Kohlenoxyd und Stoffen mit beweglichen Wasserstoffatomen, die unter dem katalytischen Einfluß von Metallcarbonylen und Metallcarbonylwasserstoffen verlaufen. Danach kann die Oxoreaktion als eine besondere Form der Carbonylierung betrachtet werden. Auch die Bezeichnung Formylierung (3) oder Hydroformylierung (4) wird für die Bildung von Aldehyden aus Olefin und Kohlenoxyd-Wasserstoff — den Komponenten des Formaldehyds — angewandt. In dieser Darstellung wird nur die Bezeichnung Oxoreaktion und Oxierung gebraucht. Es sei erwähnt, daß vielfach die Alkohole, die durch Reduktion aus den Primärprodukten der Oxosynthese, den Aldehyden, erhalten werden, mit dem Namen „Oxoalkohole" bezeichnet werden, eine Benennung, die der exakten Namengebung der organischen Chemie nicht entspricht.

Otto Roelen, der sich in den Laboratorien der Ruhrchemie A.-G. seit längerer Zeit schon mit eingehenden Forschungsarbeiten über die Fischer-Tropsch-Synthese befaßt hatte, fand dort im Jahre 1938, daß olefinische Doppelbindungen unter bestimmten Bedingungen gleichzeitig Kohlenoxyd und Wasserstoff anzulagern vermögen (5). Es sei hier diese Reaktion in der einfachsten Form am Äthylen veranschaulicht:

$$CH_2 = CH_2 + CO + H_2 \longrightarrow CH_3 - CH_2 - C\diagup^{H}_{\diagdown O}$$

Man erkannte sehr bald den weiten Anwendungsbereich dieser Reaktion sowohl in bezug auf Ausgangsstoffe, wie Endprodukte, die ja als Verbindungen mit Carbonylgruppen vielseitiger Umsetzungen fähig sind. Dazu kam die Erkenntnis, daß die Reaktion unter geeigneten Bedingungen mit sehr hoher Geschwindigkeit und guten Ausbeuten verläuft, und daß ihre praktische Durchführung auch in großem Maßstab keine besonderen Schwierigkeiten erwarten ließ. Es war anzunehmen, daß es sich um ein Verfahren von großer technischer Bedeutung handelte, und dieser Umstand erklärt auch den Weg, den die Bearbeitung der Oxoreaktion zunächst genommen hat.

B. Geschichte der Auffindung der Oxoreaktion.

Es sei einleitend ein Überblick über diesen Weg gegeben, und dabei auch der Gang der technischen und wissenschaftlichen Entwicklung in großen Zügen geschildert, der zu der Auffindung der Oxoreaktion geführt hat. Denn die Erkenntnis dieses Weges und dieser Zusammenhänge besitzt mehr als nur historisches Interesse, da sie, wie übrigens so oft in der Chemie, einen Einblick gestattet, der zum Verständnis der Reaktion selbst und ihrer Bedeutung wesentlich beiträgt, darüber hinaus aber auch die Stellung und Beziehung klarlegt, die der Oxoreaktion in dem großen Gesamtgebiet der katalytischen Synthese auf der Grundlage des Kohlenoxyds zukommt, d. h. ihren Zusammenhang mit der Fischer-Tropsch-Synthese, mit der Alkoholsynthese nach dem Synolverfahren und mit der Carbonylierung nach REPPE.

Im Jahre 1913 hatte die BASF in Ludwigshafen die Synthese des Ammoniaks aus den Elementen nach dem Haber-Bosch-Verfahren technisch durchgeführt. Aus dem gleichen Jahre 1913 rührt auch das grundlegende Patent (6) der BASF, in dem zum erstenmal die katalytische Hydrierung des Kohlenoxyds mit Wasserstoff unter hohem Druck und bei hoher Temperatur beschrieben wird mit dem Ergebnis, daß dabei andere Verbindungen als Methan erhalten werden, das bei SABATIERS Arbeiten über katalytische Hydrierung von Kohlenoxyd (7) bei gewöhnlichem Druck das einzige Reaktionsprodukt gewesen war. Es ist bemerkenswert, wieweit MITTASCH und SCHNEIDER bei dieser ersten Bearbeitung der eigentlichen Synthesereaktionen auf der Basis Kohlenoxyd-Wasserstoff schon in der Erkenntnis gelangt waren, daß bei diesen Reaktionen der Auswahl der Katalysatoren ausschlaggebende Bedeutung zukommt. Denn als Katalysatoren werden zwar ,,die verschiedensten Elemente, deren Oxyde und Verbindungen" vorgeschlagen, wobei Ce, Cr, Co, Mn, Os, Pd und Zn besonders genannt werden; in den zwei Ausführungsbeispielen, die die Beschreibung enthält, werden aber bezeichnenderweise zwei Metalle besonders hervorgehoben, Co und Zn. Das sind gerade diejenigen, die später bei der praktischen Durchführung der Kohlehydrierung die größte Bedeutung bekommen sollten, das Zink in der Methanolsynthese der BASF, das Kobalt in der Kohlenwasserstoffsynthese nach Fischer-Tropsch und damit, wie sich zeigen wird, auch in der *Oxosynthese*. Die von MITTASCH und SCHNEIDER angewandten Bedingungen sind 100—200 Atm. Druck und Temperaturen von 300—420°. Von besonderem Interesse ist die Beschreibung der erhaltenen Reaktionsprodukte, weil darin gewissermaßen bereits der ganze Umfang von Stoffen enthalten ist, die später durch spezifisch ausgearbeitete, gelenkte Verfahren in Einzelprozessen gewonnen wurden. Es sind teils Kohlenwasserstoffe, die je nach der angewandten Gasmischung bis zu etwa $1/3$ Olefine enthalten, teils sauerstoffhaltige Produkte, die teilweise wasserlöslich sind, Alkohole, Aldehyde, Ketone, Säuren. Die mit diesen Arbeiten angebahnte Entwicklung wurde durch den Krieg 1914—1918 zunächst zum Stillstand gebracht, sehr bald darnach aber wieder aufgenommen. Im Jahre 1923 wurde von der BASF die Synthese des Methanols durch weitgehend selektive Hochdruckhydrierung des Kohlenoxyds durchgeführt. Katalysatoren sind dabei Gemische schwer reduzierbarer Oxyde, besonders Zinkoxyd und Chromoxyd.

Im gleichen Jahre 1923 berichten auch F. Fischer und Tropsch (8), daß man aus Kohlenoxyd und Wasserstoff unter hohem Druck und unter der Einwirkung von Eisen-Pottasche Katalysatoren bei Temperaturen um 400° und 200 Atm. ein an sauerstoffhaltigen Verbindungen, besonders an höheren Alkoholen sehr reiches Produkt erhalten könne. Fischer, dessen Ziel in erster Linie die Gewinnung von Treibstoffen, besonders von Benzin-Kohlenwasserstoffen war, führte sein ,,Synthol" genanntes Primärprodukt durch thermische Nachbehandlung in ein Kohlenwasserstoffgemisch ,,Synthin" über, kam aber in der weiteren Entwicklung seiner Arbeiten direkt zu Produkten, die nur noch geringe Mengen sauerstoffhaltiger Verbindungen enthielten; und zwar wurde diese Lenkung der Reaktion erzielt einerseits durch Herabsetzung der Drucke, anderseits durch Veränderung der Katalysatoren. So konnten im Jahre 1926 Fischer und Tropsch (9) mitteilen, daß es möglich ist, aus Kohlenoxyd und Wasserstoff mit besonders präparierten Eisen-, Nickel- und Kobaltkatalysatoren bei gewöhnlichem Druck und beim Arbeiten in einem engen Temperaturbereich um 200° flüssige Kohlenwasserstoffe von teilweise olefinischem Charakter herzustellen, das sog. Cogasin. Auch bei dieser Form der Kohlenoxydhydrierung treten aber im Reaktionsprodukt noch geringe Mengen sauerstoffhaltiger Produkte auf, unerwünscht in diesem Fall, da sie die Treibstoffqualität ungünstig beeinflussen. Bei der Durchführung der Synthese in Dauerversuchen ergab sich, daß das Kobalt den Vorzug vor allen anderen Metallen als Synthesekontakt verdient und daß es sich durch Zusätze namentlich in bezug auf die Lebensdauer stark aktivieren läßt. Der nach diesen Erfahrungen für die Verwendung im technischen Maßstab hergestellte Katalysator besteht aus Kobalt, das mit Thoriumoxyd und Magnesiumoxyd aktiviert ist, auf Kieselgur.

Mit diesem Katalysator wurden auch die ersten Beobachtungen über die Oxoreaktion gemacht. (Näheres darüber in dem Abschnitt Katalysatoren.) Leitet man über diesen Katalysator unter Atmosphärendruck, oder bei wenig erhöhtem Druck (10 at), und bei einer Temperatur von 180 bis 200° ein Kohlenoxyd-Wasserstoffgemisch vom Volumenverhältnis 1 : 2 (Synthesegas) so werden daraus pro 1 m³ Gas etwa 130 bis 150 g flüssige und feste Produkte erhalten, bei einer theoretisch möglichen Gesamtausbeute von 208 g/m³ (10). Die Tabelle 1 zeigt die durchschnittliche Zusammensetzung des Reaktionsproduktes.

Tabelle 1 (11).
Produkte der Synthese bei Normaldruck.

Fraktion	Siede-temperatur	Gewichts-%	Volumen-% Olefine
1 C_3 —C_4	— 50°	8	55
2 C_5 —C_9	50—150°	46	45
3 C_{10}—C_{12}	150—200°	14	25
4 C_{13}—C_{18}	200—350°	22	10
5 >C_{18}	—	10	—

In den Fraktionen 1 bis 4 sind beträchtliche Mengen von Olefinen enthalten, und zwar fällt der Olefinanteil fortschreitend von 1 bis 4 ziemlich stark, wie aus Spalte 4 hervorgeht. Diese Olefine aus der Fischer-Synthese sind, worauf hier schon hingewiesen sei, als Ausgangsmaterial für die Oxosynthese von Bedeutung.

Die sauerstoffhaltigen Verbindungen, die in den Syntheseprodukten gefunden werden, enthalten Alkohole, Aldehyde, Ketone, Carbonsäuren u. a.

Da für die Verwendungsmöglichkeit der Syntheseprodukte die Gegenwart dieser sauerstoffhaltigen Anteile, der Olefingehalt und der Verzweigungsgrad von großer Bedeutung sind, ist es klar, daß sich das Interesse der experimentellen Forschung und der Theorie der Fischer-Tropsch-Synthese besonders der Aufgabe zuwandte, aus dem verwickelten Gesamtkomplex der Synthese jene Teil-, Zwischen- und Nebenreaktionen herauszufinden, die zur Bildung der oben gekennzeichneten Produkte führen. So ergab sich die Frage, ob diese sauerstoffhaltigen Verbindungen Primär- oder Sekundärprodukte der Synthese sind, ob im Reaktionsprozeß ungesättigte Körper von Radikal- oder Olefincharakter als Zwischenstufen auftreten, die mit Synthesegas weiter zu reagieren vermögen.

Eine solche Fragestellung lag auch den Versuchen von SMITH, HAWK und GOLDEN (*12*) zugrunde. Sie beobachteten, daß Äthylen unter den Temperatur- und Druckbedingungen der Fischer-Synthese über einem Co–Cu-Katalysator mit Synthesegas (1 Vol. CO · 2 Vol. H_2) in der Weise reagiert, daß Kohlenwasserstoffe und sauerstoffhaltige Verbindungen gebildet werden. In dem Abschnitt Äthylen wird darauf näher eingegangen.

ROELEN (*13*) fand, über die Beobachtung von SMITH, HAWK und GOLDEN weit hinausgehend, daß ganz allgemein Stoffe mit olefinischen Doppelbindungen bei Gegenwart von bestimmten Hydrierungskatalysatoren mit Kohlenoxyd und Wasserstoff unter Bildung von sauerstoffhaltigen Produkten, vorzugsweise von Aldehyden reagieren, daß diese Reaktion durch Anwendung von höherem Druck stark beschleunigt wird, und daß dabei die olefinischen Doppelbindungen gleichzeitig 1 Mol CO und 1 Mol H_2 anlagern. Diese Reaktion wurde *Oxoreaktion* genannt.

Die weitere Bearbeitung der Oxoreaktion in wissenschaftlicher und technischer Hinsicht geschah von 1940 an gemeinsam durch die Ruhrchemie und die I. G. Farbenindustrie A.-G. Die erste großtechnische Anwendung sollte die Oxoreaktion zur Herstellung höherer Alkohole für Waschmittel finden, und es wurde dafür in Holten im Ruhrgebiet eine Anlage mit einer Produktionsmöglichkeit von 10 000 Jahrestonnen errichtet.

Zur selben Zeit, in der in den Laboratorien der Ruhrchemie die Forschungs- und Entwicklungsarbeiten über die Fischer-Synthese den oben gekennzeichneten Verlauf nahmen, waren in Ludwigshafen die umfassenden Arbeiten REPPES über Carbonylierung (*14*) im Gange, die sich aus den Acetylenarbeiten entwickelt hatten.

Während bei der bis dahin bekannten Synthese des Butadiens über das 1,3-Butylenglykol die 4 C-Atome des Butadiens dem Acetylen entstammen, führt die neue Äthinylierungssynthese nach Reppe nur die Hälfte der C-Atome über das verhältnismäßig teuere Acetylen ein, während die anderen beiden dem billigeren Kohlenoxyd entnommen werden, indem 1 Molekül Acetylen mit 2 Molekülen Formaldehyd vereinigt wird. Der Gedanke, bei derartigen Synthesen die Stufe des Methanols und Formaldehyds zu überspringen und das Kohlenoxyd ebenso wie das Acetylen unmittelbar in die Synthese einzuführen, hatte schon deswegen etwas verlockendes, weil beim Carbidprozeß, der das Acetylen liefert, in großen Mengen Kohlenoxyd als Nebenprodukt anfällt, da nach der Reaktionsgleichung

$$CaO + 3\,C = CaC_2 + CO$$

auf jedes entstandene Mol Carbid, also auf 1 Mol Acetylen, auch 1 Mol Kohlenoxyd entsteht.

Bei den Äthinylierungsreaktionen, bei denen Acetylen unter Erhaltung der dreifachen Bindung an ein Kohlenstoffatom des Reaktionspartners tritt, hatten sich die Schwermetallacetylide, insbesondere das Kupferacetylid, als Acetylenüberträger ausgezeichnet bewährt (15). Auch das Kohlenoxyd bildet Schwermetallverbindungen, wenn auch ganz anderer Art, in den Metallcarbonylen und Metallcarbonylwasserstoffen, und in der Tat erwiesen sich diese beiden Verbindungsklassen, die besonders bei Eisen, Kobalt und Nickel vorkommen, als sehr wirksame Kohlenoxydüberträger, sowohl in stöchiometrischer als auch in katalytischer Arbeitsweise.

Unter Einwirkung dieser Verbindungen erhält man aus Acetylen, Kohlenoxyd und Alkoholen die Ester der Acrylsäure nach folgendem Formelschema:

$$C_2H_2 + CO + ROH \longrightarrow CH_2 = CH - COOR.$$

Diese Reaktion wurde von Reppe in zweifacher Richtung ausgeweitet, indem einerseits an Stelle von Alkohol allgemein Verbindungen mit beweglichem Wasserstoffatom wie Wasser, Amine, Mercaptane, Carbonsäuren angewandt wurden, wobei die entsprechenden Acrylsäurederivate entstehen, andererseits an Stelle von Acetylen Olefine eingeführt wurden. Auf diese Weise werden aus Olefinen, Kohlenoxyd und Wasser unter dem katalytischen Einfluß der oben gekennzeichneten Verbindungen Carbonsäuren erhalten nach folgendem Schema für Äthylen:

$$CH_2 = CH_2 + CO + H_2O \longrightarrow CH_3 - CH_2 - COOH\,.$$

Während demnach bei den Reppeschen Synthesen ganz allgemein an Acetylen und Olefine Kohlenoxyd angelagert wird, gleichzeitig mit solchen Verbindungen, die unter den Reaktionsbedingungen aktive Wasserstoffatome enthalten, hat die Oxoreaktion speziell die Anlagerung von Kohlenoxyd und Wasserstoff als solchem an ungesättigte Verbindungen zum Gegenstand,

Entsprechend dem im vorstehenden geschilderten Verlauf der Auffindung und Bearbeitung der Oxoreaktion ist die Kenntnis davon zunächst auf die technischen und wissenschaftlichen Laboratorien der chemischen Industrie beschränkt geblieben. Die neuen Erkenntnisse sind in Deutschland in werksinternen Berichten oder in noch nicht bekanntgemachten Anmeldungen niedergelegt und nur zum geringen

Teil in Auslandspatenten veröffentlicht worden. Die internen Berichte sind mit den übrigen technischen und wissenschaftlichen Erfahrungen Deutschlands seit dem Mai 1945 im Ausland bekannt geworden (*16*). Außerdem sind dort die bisher nicht bekanntgemachten deutschen Patentanmeldungen veröffentlicht worden. Seitdem wandte sich im Ausland, besonders in Amerika, an verschiedenen Stellen das Interesse der Oxoreaktion zu, wovon wissenschaftliche Veröffentlichungen, Patente und Ankündigungen der Industrie Zeugnis geben.

C. Beschreibung des Oxoverfahrens.

In ihrer einfachsten Form wird die Oxoreaktion durch das Schema der Reaktionsgleichung S. 312 für Äthylen wiedergegeben.

Das primäre Reaktionsprodukt ist dabei Propionaldehyd. Ersetzt man im Äthylen ein Wasserstoffatom durch einen Rest R, so erhält man

$$R - CH = CH_2 + CO + H_2 \quad
\begin{cases}
R - CH_2 - CH_2 - C\diagup_H^{\diagup O} & A \\[2mm]
R - \underset{CH_3}{CH} - C\diagup_H^{\diagup O} & B
\end{cases}$$

zwei Möglichkeiten, da das Kohlenoxyd sowohl an das C_1-Atom, wie an C_2 treten kann. Im ersten Fall erfolgt Aldehydbildung unter geradliniger Kettenverlängerung, im zweiten Fall unter α-Methylverzweigung. Beide Reaktionen treten im allgemeinen nebeneinander ein, wenn es sich um ein Olefin der Struktur $R - CH = CH_2$ handelt. Liegen ungesättigte Verbindungen anderer Art vor, z. B. solche, in denen der Rest R eine sauerstoffhaltige Gruppe ist, so hängt es weitgehend von der Art des Substituenten R ab, ob die beiden Reaktionsformen verwirklicht werden, und in welchem Maße Reaktion nach Schema *A* und nach *B* eintritt. Auf diese Verhältnisse wird in dem speziellen Teil jeweils eingegangen.

Vereinzelt, so beim Äthylen, tritt auch Reaktion nach folgendem Schema ein:

$$2\ R - CH = CH_2 + CO + H_2 \rightarrow R - CH_2 - CH_2 - CO - CH_2 - CH_2 - R$$

indem zwei Moleküle Olefin mit je einem Molekül Kohlenoxyd und Wasserstoff unter Bildung eines Ketons reagieren, beim Äthylen des Diäthylketons. Man hat zuerst die Bildung der Ketone mit der C-Atomzahl $2n + 1$ aus dem Olefin der C-Zahl n für eine in allen Fällen neben der Aldehydbildung in mehr oder weniger großem Maßstab verlaufende Nebenreaktion gehalten, die man für die Bildung der bei der Oxoreaktion auftretenden hochsiedenden Nebenprodukte verantwortlich machte. Es hat sich indes gezeigt, daß diese hochsiedenden Anteile ihre Entstehung sekundären Reaktionen der primär entstandenen Aldehyde verdanken.

1. Anwendungsbereich.

Ausgangsmaterial der Oxoreaktion sind Verbindungen mit olefinischen Doppelbindungen. Es liegen wohl auch einige Angaben über Versuche mit Acetylen und Verbindungen mit Acetylenbindung vor, jedoch geben diese noch kein klares Bild über den Verlauf der Anlagerung. Im Gegensatz dazu ist die Carbonylierung im weiteren Sinne nach Reppe am Acetylen besonders eingehend und erfolgreich bearbeitet worden. Es kommen demnach als Ausgangsmaterial (13) für die Oxoreaktion in Betracht, zunächst die eigentlichen Olefinkohlenwasserstoffe aliphatischer Natur, von Äthylen beginnend bis zu den hochmolekularen Homologen der Reihe wie Ceten und Oktadecen, und zwar sowohl solche mit endständiger als auch mit nicht endständiger Doppelbindung, ferner Aralkylene, wie Styrol und Vinylnaphthalin, hydroaromatische Olefine wie Cyclohexen, die partiellen Hydrierungsprodukte des Naphthalins, soweit sie noch olefinische Doppelbindungen enthalten, wie Dihydronaphthalin und Oktahydronaphthalin, dann auch Terpenkohlenwasserstoffe, wie das Pinen. Der Oxoreaktion zugänglich sind ferner Stoffe mit mehreren olefinischen Doppelbindungen im Molekül, seien sie konjugiert oder isoliert, wie Butadien und Isopren, Dicyclopentadien und Dipenten, Dicyclohexen, Cyclooctatetraen u. a.

Die Oxoreaktion kann auch ausgeführt werden mit mannigfachen sauerstoffhaltigen ungesättigten Stoffen. Solche sind z. B. Äther, wie Vinyläther, ungesättigte Alkohole, wie Allylalkohol, und deren Ester, wie Vinylacetat, Säuren wie Acrylsäure, Fumarsäure oder Ölsäure, und deren Ester.

Ungeklärt ist bis jetzt der Reaktionsverlauf an einigen ungesättigten Heterocyclen wie Pyrrol, Dihydrofuran und Dihydropyran. Ungesättigte Halogenverbindungen wie Vinylchlorid lassen sich nach den bis jetzt vorliegenden Befunden nicht oxieren. Aromaten haben sich bis jetzt als unzugänglich für die Oxoreaktion erwiesen. Das im einzelnen sehr verschiedene Verhalten der in dieser Übersicht angeführten Körperklassen wird im speziellen Teil behandelt.

2. Ausführung der Reaktion und Feststellung des Erfolgs.

Die Ausführung der Reaktion geschieht in der Weise, daß eine olefinische Komponente der im vorstehenden gekennzeichneten Art für sich oder zusammen mit einem Lösungs- oder Verdünnungsmittel bei Gegenwart eines Katalysators mit einem Kohlenoxyd-Wasserstoffgemisch bei höherer Temperatur und erhöhtem Druck in Berührung gebracht wird. Dies geschieht in Hochdruckautoklaven, die mit Einrichtungen zum

Rühren, Schütteln oder Drehen versehen sind. Eine Arbeitsmethode, die für Laboratoriumszwecke geeignet ist, hat ADKINS beschrieben (17).

Bei kontinuierlicher Arbeitsweise kann man die Berührung zwischen Gas und Flüssigkeit auch in Hochdruckrohren im strömenden System bewerkstelligen, indem man große Grenzflächen durch Berieselung von Füllkörpern mit großen Oberflächen schafft, oder indem man in die strömende Flüssigkeit den Gasstrom so einbläst, daß lebhafte Bewegung erzeugt wird, oder auf andere Weise.

Der Erfolg der Oxoreaktion besteht in der Bildung von Verbindungen mit Carbonylgruppen. Er wird daher zunächst gemessen durch Bestimmung der sogenannten Carbonylzahl im Reaktionsprodukt. Diese Bestimmung beruht auf der Reaktion der Carbonylverbindungen gemäß folgender Gleichung mit Hydroxylamin-Chlorhydrat:

$$R \cdot C \overset{O}{\underset{H}{\diagdown}} + NH_2OH \cdot HCl \longrightarrow R \cdot C \overset{NOH}{\underset{H}{\diagdown}} + H_2O + HCl \,.$$

Die freigesetzte Salzsäure wird titrimetrisch bestimmt (18).

Diese Methode verdient den Vorzug vor der umständlicheren Bestimmung nach KITT (19), bei der mit salzsaurem Phenylhydrazin erwärmt und nach Oxydation des Überschusses an Phenylhydrazin mit Fehlingscher Lösung der entwickelte Stickstoff volumetrisch bestimmt wird. Da unter den Reaktionsbedingungen der Oxosynthese häufig auch in gewissem Umfang eine Hydrierung der Aldehyde zu Alkoholen eintreten kann, wird die Bestimmung der Carbonylzahl zweckmäßig durch eine Bestimmung der Hydroxylzahl im Reaktionsprodukt ergänzt. Chromatographische Untersuchung und Trennung von aldehydischen Reaktionsprodukten der Oxosynthese mit Hilfe der 2,4-Dinitrophenylhydrazone beschreibt ADKINS (20).

Nach Abtrennung des Katalysators wird im allgemeinen das Reaktionsprodukt durch Destillation isoliert. In manchen Fällen ist mit der Bildung von dimeren und trimeren Aldehyden zu rechnen. An Nebenprodukten, die in höhersiedenden Fraktionen auftreten und im allgemeinen leicht abtrennbar sind, können vorliegen: Acetale, Ketone, Aldolisierungs- und Crotonisierungsprodukte und Ester, die durch eine Umlagerungspolymerisation aus Aldehyden gebildet werden. (Näheres darüber im speziellen Teil.)

3. Kohlenoxyd und Wasserstoff als Reaktionskomponenten.

Bei der Oxoreaktion kommen Kohlenoxyd und Wasserstoff stets gleichzeitig zur Einwirkung, und man kann daher das Gemisch dieser beiden Gase als die zweite Reaktionskomponente betrachten. Zwar findet bei der Synthese selbst, soweit die eigentliche primäre Reaktion unter Aldehydbildung vor sich geht, ein Verbrauch von jeweils 1 Molekül Kohlenoxyd und 1 Molekül Wasserstoff auf eine Doppelbindung statt. Das Volumverhältnis der beiden Gase kann aber in den angewandten Gasgemischen innerhalb weiter Grenzen schwanken. Amerikanische Bearbeiter beschreiben die Bildung von Propionaldehyd aus Äthylen mit Gasgemischen von Äthylen: Kohlenoxyd: Wasserstoff 1 : 1 : 1 bis 1 . 1 : 4, und Roelen hat noch normale Anlagerung von Kohlenoxyd und Wasserstoff an die Doppelbindung erzielt mit einem Gemisch von 6% CO und 80% H$_2$, wobei allerdings statt der Aldehyde größtenteils die Alkohole erhalten werden (10). Mit dieser Möglichkeit ist bei wasserstoffreichen Gemischen stets zu rechnen. Wo diese sekundäre Reaktion nicht erwünscht ist, kann man ihr durch Änderung der übrigen Versuchsbedingungen, besonders der Temperatur, entgegenwirken.

Bei Arbeiten im Laboratorium oder bei technischen Arbeiten im kleineren Maßstab kann man entweder die gewünschten Mischungen von Kohlenoxyd und Wasserstoff in einem druckfesten Behälter mit Hilfe von Vorratsstahlflaschen herstellen. Wo dies nicht möglich ist, bringt man zweckmäßig zuerst in die Versuchsapparatur Kohlenoxyd bis zu dem gewünschten Druck ein, preßt dann die nötige Menge Wasserstoff auf und heizt dann auf. Durch Nachpressen von Kohlenoxyd und Wasserstoff kann der Druck wieder auf die Anfangshöhe gebracht werden, solange noch Druckabnahme erfolgt.

Für die technische Anwendung steht im Wassergas ein Gasgemisch zur Verfügung, das der Zusammensetzung Kohlenoxyd : Wasserstoff 1 : 1 nahezu entspricht

$$C + H_2O \longrightarrow CO + H_2.$$

Die Durchschnittsanalyse von Wassergas ist: 50% H$_2$, 40% CO, 5% CO$_2$ und 4—5% Stickstoff und Methan. Es liegen auch zahlreiche Versuchsergebnisse vor, die zeigen, daß das technische Wassergas für die Oxosynthese mit Erfolg verwendet werden kann. Auch das Synthesegas, d. i. das Gasgemisch wie es für die Fischer-Synthese verwendet wird, Kohlenoxyd : Wasserstoff 1 : 2, unter bestimmten Verhältnissen auch 1 : 1,5, kann zur Oxierung dienen. Man erhält es aus Wassergas durch Zusatz von Wasserstoff, der durch Konvertierung gewonnen werden kann nach der Gleichung

$$CO + H_2O \longrightarrow CO_2 + H_2.$$

Ferner können Gasgemische geeigneter Zusammensetzung von Kohlenoxyd und Wasserstoff aus Kohlenwasserstoffen niedriger C-Atomzahl durch die verschiedenen Spaltprozesse gewonnen werden, die durch nachstehende Formeln angedeutet sind:

$$CH_4 + H_2O \longrightarrow CO + 3H_2$$
$$CH_4 + \tfrac{1}{2}O_2 \longrightarrow CO + 2H_2$$
$$CH_4 + CO_2 \longrightarrow 2CO + 2H_2.$$

Für diese Reaktionen, in entsprechender Weise auch auf andere Kohlenwasserstoffe als Methan angewandt, sind die verschiedensten Ausführungsformen besonders auch hinsichtlich der anzuwendenden Katalysatoren vorgeschlagen worden (22).

Hinsichtlich der Reinheit der verwendeten Gase ist zu sagen, daß ein Gehalt von etwa 5% Inertgas (Stickstoff, Methan), wie er im technischen Wassergas vorhanden ist, die Anlagerungsreaktion nicht stört. Durch einen CO_2-Gehalt von über 1% wird die Reaktionsgeschwindigkeit herabgesetzt und die Bildung von Nebenprodukten gefördert (23). Es ist bemerkenswert, daß die Oxoreaktion im Gegensatz zu der Kohlenwasserstoffsynthese nach Fischer-Tropsch und im Gegensatz zu den Hydrierreaktionen mit metallischen Katalysatoren nicht schwefelempfindlich ist (24). Die Entfernung des Schwefels im Synthesegas, der in Form von Schwefelwasserstoff und von schwefelhaltigen organischen Verbindungen vorliegt, ist bei der Fischer-Synthese von entscheidender Bedeutung, da als maximaler Schwefelgehalt nur 0,2 g in 100 m³ Synthesegas zulässig sind, wenn der Katalysator nicht bald in seiner Wirksamkeit nachlassen soll. Für die Ausführung der Oxoreaktion mit Wassergas oder Synthesegas ist eine derartige Entschwefelung nicht nötig.

4. Druck.

Die Oxoreaktion ist in der praktischen Ausführung stets eine Druckreaktion, wenn auch ihr Eintreten nicht in allen Fällen unbedingt von der Anwendung von höherem Druck abhängt. Sie verläuft mit manchen Olefinen und mit wirksamen Kontakten (10) in Spuren schon bei gewöhnlichem Druck, merklich, wenn auch noch äußerst langsam bei 2 bis 3 at., bei 50 at. schon mit vollständigem Umsatz und schnell bei 100 bis 200 at. In den grundlegenden Patenten werden in den praktischen Beispielen Drucke zwischen 20 und 300 at. angewandt, wobei jedoch die Anwendung höherer oder niedrigerer Drucke nicht ausgeschlossen wird. Später wurde die Durchführung der Reaktion in niedrigeren und höheren Druckbereichen besonders beschrieben. So findet NATTA (25) auf Grund reaktionskinetischer Untersuchungen, daß bei starker Durchmischung des Gases mit der Flüssigkeit hochmolekulare olefinische Verbindungen auch noch bei Drucken zwischen 10 und 20 at. mit technisch hinreichender Geschwindigkeit reagieren, da bei Olefinen hohen Molekulargewichts oder Verbindungen olefinischer Natur von geringer Flüchtigkeit die Reaktionsgeschwindigkeit weniger vom Gasdruck als von der Diffusionsgeschwindigkeit des Gases aus der Gasphase in die Flüssigkeit und von dort in die feste Phase des Katalysators abhängig ist. Es werden entsprechende Versuche mit Oktadecylen, ferner mit ungesättigten höheren Fettsäuren und deren Derivaten beschrieben. Andererseits haben GRESHAM und BROOKS (26) Arbeiten über die Oxosynthese bei Drucken über 300 at. durchgeführt. Bei Anwendung von Drucken zwischen 300 und 1500 at. wird die Reaktionsgeschwindigkeit und die Raumzeitausbeute bedeutend erhöht und die Ausbeute an primären Produkten wesentlich gesteigert unter gleichzeitiger Verminderung der Nebenprodukte.

In der folgenden Tabelle 2 (26) ist dargestellt, wie bei der Gewinnung von Propionaldehyd aus Äthylen, Kohlenoxyd und Wasserstoff die Ausbeute an Propionaldehyd ansteigt, während die Bildung von Diäthylketon gänzlich unterbleibt, wenn man den Arbeitsdruck von 125 at. auf 500 at. steigert.

Eine Reaktionslenkung ist auch beim Propylen festzustellen. Dort bewirkt die Anwendung von Drucken von 500 bis 700 at. eine bevor-

Tabelle 2. *Wirkung hoher Drucke bei der Oxoreaktion mit Aethylen.*

$H_2 : CO : C_2H_4$	Reaktionszeit Min.	Druck at	Umsatz %	Propionaldehyd % im fluss. Austrag	Diaethylketon %
1 : 1 : 1	6,8	125	70	50	22
1 : 1 : 1	0,5	500	34	92	—

zugte Bildung von n-Butyraldehyd unter Zurückdrängung der Bildung von Isobutyraldehyd (s. spezieller Teil).

Auch können durch hohe Drucke nach Gresham und Brooks manche Verbindungen zur Reaktion mit Kohlenoxyd und Wasserstoff gebracht werden, mit denen bei niedrigeren Drucken überhaupt keine Oxosynthese möglich ist. So nennt Adkins (*4*), der mit 100 bis 150 at. CO und 100 bis 150 at. H_2 arbeitete, das Furan unter den Verbindungen, die mit Kohlenoxyd und Wasserstoff unter den von ihm gewählten Arbeitsbedingungen (125°, Dikobalt-oktacarbonyl als Katalysator) nicht reagierten. Trotzdem gelingt es nach Gresham und Brooks aus Furan, Kohlenoxyd und Wasserstoff bei Steigerung der Temperatur bis 205° und bei Drucken von 550 bis 740 at. ein Gemisch von Aldehyden und Alkoholen zu erhalten, unter denen Tetrahydrofurfuralkohol nachgewiesen wurde.

5. Temperatur.

Die Temperaturen, bei denen die Oxoreaktion mit praktisch annehmbarer Geschwindigkeit verläuft, liegen zwischen 50 und 200° C (*10*). Sie sind bis zu einem gewissen Grad abhängig von der Aktivität des Katalysators und von der Art der angewandten olefinischen Verbindung. Mit sehr wirksamen Katalysatoren läßt sich eine Reaktion auch schon bei Temperaturen unter 50° beobachten, so mit Äthylen bei 40°. Für die Fischer-Synthese mit dem Kobalt-Kieselgur-Katalysator liegt der optimale Temperaturbereich zwischen 180 und 230°, meist bei 190 bis 200°; der gleiche Katalysator bewerkstelligt die Oxosynthese optimal bei einer rund um 100° niedrigeren Temperatur, also in einem Temperaturbereich, in dem eine Reaktion zwischen Kohlenoxyd und Wasserstoff allein noch nicht eintritt. Die optimale Temperatur liegt im Fall des Äthylens bei 100 bis 115°, von höheren Olefinen bei 130 bis 140°. Bei der Wahl der Arbeitstemperatur ist auch zu berücksichtigen, daß mit der Steigerung der Temperatur in zunehmendem Maße Hydrierung des primär gebildeten Aldehyds zum Alkohol eintreten kann. Es kommt also bei der Einstellung der Arbeitstemperatur darauf an, ob man auf die Gewinnung von Aldehyden oder von Alkoholen hinarbeitet. Die

Hydrierwirkung des Kobaltkatalysators ist in dem Bereich von 90 bis 130° noch gering, sowohl gegenüber der Olefin-Doppelbindung als auch gegenüber dem Aldehyd, wenn auch etwas Alkohol schon von 120° ab auftritt. Vollständige Hydrierung der Aldehyde zum Alkohol mit dem Kobaltkatalysator erfordert eine Steigerung der Temperatur auf 180 bis 200° und darüber. Bei dieser Temperatur wird aus Äthylen, Kohlenoxyd und Wasserstoff unmittelbar Propylalkohol erhalten.

6. Katalysator.

a) *Kobalt in verschiedener Form.* Wie die Hydrierung der Kohlenstoffdoppelbindung ist auch die Anlagerung von Kohlenoxyd-Wasserstoff abhängig von der Gegenwart eines Katalysators. Das für die Oxoreaktion typische Katalysatormetall ist das Kobalt. Das Eintreten der Reaktion ist zwar nicht unbedingt an die Gegenwart von Kobalt gebunden, da eine gewisse Wirkung als Oxo-Katalysatoren offenbar den hydrierend wirkenden Metallen der VIII. Gruppe allgemein zukommt, außer dem Kobalt besonders dem Eisen. Auch sind einzelne Versuche beschrieben worden, bei denen weder Kobalt noch ein anderes Metall der VIII. Gruppe zugegen war und doch eine Anlagerung von Kohlenoxyd und Wasserstoff an die Doppelbindung erfolgte. Von ihnen wird später noch die Rede sein. Abgesehen davon aber ist die weitaus überwiegende Zahl aller Untersuchungen mit Kobaltkatalysatoren ausgeführt worden. Eine besondere Bedeutung kommt dabei den Kobaltkatalysatoren der Fischer-Tropsch-Synthese zu, da mit Katalysatoren dieser Art die zuerst bekannt gewordenen Beobachtungen über die Oxoreaktion gemacht und weiterhin eingehende Arbeiten besonders technischer Art ausgeführt worden sind (*13*).

Bei der Entwicklung der Fischer-Tropsch-Synthese hatten langjährige Untersuchungen und Erfahrungen schließlich über die zuerst angewandten Eisen- und Nickel-Katalysatoren hinaus zu dem Kobaltkatalysator geführt, der dann in Deutschland in größtem Umfang verwendet wurde. Er wurde in den Katalysatorfabriken der Synthesewerke in Mengen von mehreren tausend Tonnen im Jahre hergestellt. Seine Zusammensetzung war:

100 Teile Kobalt, 5 Teile Thoriumoxyd, 8 Teile Magnesiumoxyd, 200 Teile Kieselgur.

oder 32% Co, 1,5% ThO$_2$, 2,5% MgO, 64% Kieselgur.

Der wirksame Bestandteil in der Kohlenwasserstoffsynthese wie in der Oxosynthese ist dabei das Kobalt, während Thoriumoxyd und Magnesiumoxyd die Wirkung von Aktivatoren haben, die sowohl die Beständigkeit der Katalysatoren, wie auch die Art und Menge der Syntheseprodukte erwünscht beeinflussen. Dabei erhöht das Magnesiumoxyd be-

sonders die mechanische Festigkeit der Kontakte, während das Thoriumoxyd einen günstigen Einfluß auf die Paraffinausbeute hat. Die Kieselgur ist Kontaktträger und Verdünnungsmittel, womit jedoch nicht gesagt ist, daß sie gänzlich ohne Einfluß auf den eigentlichen katalytischen
Vorgang ist. Vielmehr ist aus vielen Untersuchungen über Adsorption
und Katalyse bekannt, daß die Trägeroberfläche entscheidend bei den
Vorgängen der Adsorption und Desorption der Reaktionsteilnehmer mit-
wirkt. In dieser Richtung können sich die Eigenschaften der Kieselgur,
ihre Vorbehandlung durch Calcinieren oder mit Säuren, bei der Synthese
auswirken. Ein Eisengehalt kann unter Umständen selbst katalytisch
wirken und zu verstärkter Methanbildung führen.

Der Katalysator, über dessen praktische Herstellung im folgenden
Abschnitt über Arbeitsverfahren einiges mitgeteilt wird, liegt als mehr
oder weniger fein verteiltes, pyrophores Pulver oder in gekörnter Form
vor. Bei der Fischer-Synthese wird er in der körnigen Form in den
Ofenraum eingefüllt, der von dem Synthesegasgemisch durchströmt und
durch ein Röhrensystem mit Druckwasser auf der richtigen Synthese-
temperatur gehalten wird. In dieser Form ist der Katalysator auch bei
der Oxosynthese angewandt worden, dort wo man im kontinuierlichen
Verfahren mit einem Gasstrom z. B. von Äthylen, Kohlenoxyd und
Wasserstoff gearbeitet hat. Anderseits kann das Katalysatorpulver auch
als Aufschlämmung in olefinischen Flüssigkeiten verteilt werden. (Näheres siehe bei Arbeitsverfahren.)

Im Fischer-Tropsch-Katalysator ist das wirksame Kobaltmetall in
reduzierter Form auf einem Träger fein verteilt. Wirksame Kobaltmetallkatalysatoren für die Oxosynthese können auch auf mannigfache andere
Weise, wie sie in der katalytischen Praxis üblich sind, hergestellt werden.
So arbeiten ADAMS und BURNLEY mit einem Kobaltkatalysator auf Kieselgel (27), GRESHAM und BROOKS wenden Sinter- und Schmelzkontakte
aus Kobalt an (26). Besondere Erwähnung verdient unter den Anwen-
dungsformen des aktiven Kobalts das Legierungs- oder Raney-Kobalt.
Seine Herstellung und Anwendung geschieht in der beim Nickel bekannten Weise. Untersuchungen darüber sind von verschiedenen Seiten
durchgeführt worden, die von SCHRÖTER (28) zusammenfassend dargestellt sind. Dabei handelt es sich allerdings meist um katalytische Hydrierung; FRANZ FISCHER hat jedoch auch für die Kohlenwasserstoffsynthese bereits Legierungs-Kobalt angewandt (29). Die Verwendbarkeit
bei der Oxosynthese ist durch vielfache Erfahrung erwiesen.

Bei der Anwendung von metallischem Kobalt besonders in Form von
fest angeordneten Kobalt-Katalysatoren auf Trägern im kontinuierlichen
Gas- oder Flüssigkeitsstrom hat es sich gezeigt, daß die Wirksamkeit der
Katalysatoren dauernd abnimmt und zwar nicht dadurch, daß der Katalysator vergiftet oder strukturell verändert wird, sondern dadurch, daß

ihm durch den Gas- oder Flüssigkeitsstrom immer mehr Kobalt entzogen wird, das in den kobalthaltigen Austrägen erscheint. Man kann diesen Verlust an Kobalt ausgleichen und im Reaktionsraum einen konstanten Kobaltspiegel und damit konstanten Umsatz erzielen, indem man dem Reaktionsraum ständig Kobalt zuführt. Beim Arbeiten mit flüssigen olefinischen Komponenten kann dies in der Weise geschehen, daß man geeignete Kobaltverbindungen in dem Ausgangsmaterial löst und diese Lösung dem Reaktionsraum zuführt. Solche Kobaltverbindungen sind z. B. die Salze des Kobalts mit den höheren Fettsäuren und den Naphthensäuren, die Kobaltseifen und seifenartigen Verbindungen, wie sie auch in Ölen gelöst als Trockenstoffe Anwendung finden, ferner die Salze mit den sog. Vorlauffettsäuren (das sind diejenigen Alkylcarbonsäuren der C-Atomzahlen C_6—C_{12}, die bei der Paraffinoxydation den Destillationsvorlauf bilden), ferner Kobaltsalze der Perhydroarylcarbonsäuren, wie Hexahydrobenzoesäure u. a. m. Durch Umsetzung mit Kobaltacetat und Abdestillieren des Eisessigs im Vakuum werden die Salze dieser Säuren erhalten.

b) *Kobaltcarbonyl.* Die Abnahme des Kobalts im Reaktionsraum bei der kontinuierlichen Arbeitsweise und das Auftreten von Kobalt im Reaktionsrohprodukt sind darauf zurückzuführen, daß unter den Bedingungen des hohen Druckes und der erhöhten Temperatur aus dem feinverteilten, reduzierten Metall im Kohlenoxyd-Wasserstoffstrom flüchtige und in organischen Medien lösliche Verbindungen, nämlich Kobaltcarbonyl und Kobaltcarbonylwasserstoff entstehen

Es sei hier eine kurze Übersicht über die Bildungsbedingungen und die Eigenschaften der Kobaltcarbonylverbindungen eingeschaltet, soweit sie bei der Oxosynthese in Betracht kommen (*30*).

Aus fein verteiltem Kobaltmetall, wie es durch Reduktion des Oxyds bei der Herstellung des Katalysators entsteht, bildet sich unter der Einwirkung von Kohlenoxyd bei erhöhtem Druck und erhöhter Temperatur Kobalttetracarbonyl $Co(CO)_4$. Die Minimalbedingungen für die Bildung des Tetracarbonyls sind 7,4 Atm. CO und Temperaturen über 50°; für eine rasche und weitgehende Umsetzung des Kobalts in Tetracarbonyl sind höhere Kohlenoxyddrucke von 30—40 Atm. bei 150° notwendig. Kobalttetracarbonyl bildet orangefarbene Krystalle. Es ist in organischen Lösungsmitteln löslich (z. B. in Alkoholen, in Äther, Benzol und Cyclohexan) und liegt in diesen Lösungen in dimerer Form als Dikobaltoktacarbonyl $Co_2(CO)_8$ vor. Es ist nur in einer Kohlenoxydatmosphäre beständig und zersetzt sich außerhalb einer solchen schon wenig über 50° (Schmelzp. 51°) unter Abgabe von Kohlenoxyd und Bildung des schwarzen Kobalt-tricarbonyls $Co(CO)_3$ bzw. des tetrameren $Co_4(CO)_{12}$, das ebenfalls, wenn auch in geringem Maße, in organischen Lösungsmitteln löslich ist. Findet die Einwirkung von Kohlenoxyd auf feinverteiltes Kobalt bei gleichzeitiger Gegenwart von Wasserstoff oder von wasserstoffabgehenden Verbindungen statt, so entsteht Kobaltcarbonylwasserstoff $CoH(CO)_4$, und nach den Untersuchungen von HIEBER und von REPPE entsteht diese Form der Carbonylverbindungen des Kobalts besonders leicht. Ihre Entstehung ist durch die Elektronenkonfiguration des Kobaltatoms begünstigt. Die Bildung des Tetracarbonyls und des Kobaltcarbonylwasserstoffs sowie die Beziehung dieser beiden Verbindungen untereinander sind durch die folgenden Gleichungen veranschaulicht:

$$1. \quad 2\,Co + 8\,CO \longrightarrow [Co(CO)_4]_2$$
$$2. \quad 2\,Co + 8\,CO + H_2 \longrightarrow 2\,CoH(CO)_4$$
$$3. \quad [Co(CO)_4]_2 + H_2 \rightleftharpoons 2\,CoH(CO)_4 \,.$$

Kobaltcarbonylwasserstoff gehört zu der Klasse der einkernigen Carbonylverbindungen und ist als solche in einem Kohlenoxyd-Wasserstoffstrom leicht flüchtig im Gegensatz zu den schwer- oder nicht flüchtigen mehrkernigen eigentlichen Kobaltcarbonylen $[Co(CO)_4]_2$ und $[Co(CO)_3]_4$.

Die Bildungsbedingungen für Kobalttetracarbonyl und für Kobaltcarbonylwasserstoff sind bei der Oxoreaktion gegeben. Hieber nennt zwar für die Totalsynthese des Kobaltcarbonylwasserstoffs aus Kobaltmetall Drucke von 50 at. für Wasserstoff und 200 at. für Kohlenoxyd und eine Temperatur von 200°. Da aber die Bildung von Tetracarbonyl schon bei viel milderen Bedingungen einsetzt und aus Tetracarbonyl schon bei Anwesenheit von Spuren wasserstoffhaltiger Substanzen Kobaltcarbonylwasserstoff entsteht, ist im Oxierungsreaktionssystem zweifellos stets Kobaltcarbonylwasserstoff vorhanden. In Form dieser Carbonylverbindungen wird demnach dem Katalysator im strömenden System dauernd Kobaltmetall entzogen. Es verläßt den Reaktionsraum mit dem Gasstrom oder mit dem flüssigen Produkt.

Es liegt nahe, daß man zuerst versucht hat, die Abwanderung des Kobalts zu vermindern oder ganz zu vermeiden, indem man der Neigung zur Bildung der Carbonylverbindungen entgegen wirkte, nachdem sich Katalysatoren aus nicht carbonylbildenden Metallen als nicht oder zu wenig wirksam erwiesen hatten. Von den Arbeiten zur technischen Gewinnung von Kobaltcarbonyl her ist bekannt, daß oxydierende Gase, wie Sauerstoff, Kohlendioxyd, Wasserdampf einen hemmenden Einfluß auf die Bildung von Kobaltcarbonyl aus Metall und Kohlenoxyd ausüben (*30*c), da durch sie eine Passivierung des Kobaltmetalls bewirkt wird. Ein Kohlendioxydgehalt des bei der Oxosynthese verwendeten Gasgemisches von einigen Prozent wirkt der Carbonylbildung deutlich entgegen, setzt aber gleichzeitig die Reaktionsgeschwindigkeit erheblich herab, ein Ergebnis, das in Übereinstimmung steht mit den Erkenntnissen, zu denen inzwischen die Arbeiten über die Oxo-Katalysatoren geführt hatten. Denn aus den Untersuchungen Reppes in Ludwigshafen über die katalytische Wirkung der Metallcarbonyle hatte sich ergeben, daß das eigentlich katalytisch wirksame Agens bei der Oxoreaktion nicht das Kobaltmetall als solches ist, sondern das Kobalt in Form der Carbonylverbindungen, daß daher die Bildung von Kobaltcarbonyl bei der Oxoreaktion nicht nur unvermeidbar, sondern sogar für die Ingangsetzung und Durchführung der Reaktion notwendig ist. Es kann allerdings nicht unbeachtet bleiben, daß in manchen Fällen auch Anlagerung von Kohlenoxyd und Wasserstoff an Olefin erfolgt, ohne daß eine intermediäre Bildung von Metallcarbonyl anzunehmen ist. Es sind dies einerseits die Beobachtungen, bei denen mit nicht carbonylbildenden Metall- katalysatoren Aldehydbildung erzielt wurde (31), und anderseits die Fälle, bei denen zwar carbonylbildende Metalle anwesend sind, aber die Anlagerungsreaktion unter Bedingungen erfolgt, die erfahrungsgemäß außerhalb des Bereiches der Carbonylbildung liegen, z. B. bei normalem Druck mit Äthylen (12).

Auch NATTA und Mitarbeiter (32) haben das Eintreten der Oxoreaktion mit verschiedenen Olefinen beobachtet unter solchen Bedingungen des Druckes und der Temperatur (5—10 at. CO und 130—150°), bei denen nach ihrer Ansicht eine Bildung von Kobaltcarbonylwasserstoff nicht zu erwarten war.

Kobalttetracarbonyl, in Lösung hergestellt und der flüssigen olefinischen Komponente vor dem Versuch zugesetzt, vermag die Oxoreaktion zu katalysieren. ROELEN hat die Aldehydsynthese mit Lösungen von Kobalttetracarbonyl schon bei 20—40 at. durchgeführt (10) und ADKINS beschreibt die Ausführung der Oxosynthese mit einer größeren Zahl ungesättigter Verbindungen, wobei Kobalttetracarbonyl gelöst in Äther, Benzol oder Cyclohexan als Katalysator zur Anwendung kam (17).

Kobalt kann auch in Form von Verbindungen angewandt werden, die im Reaktionsraum unter Bildung aktiven Kobalts zersetzt werden, z. B. als basisches Kobaltcarbonat, das, aufgeschlämmt in Leichtbenzin, mit Wassergas bei 50—150 at. und 130—170° zu 70—90% in Kobalttetracarbonyl übergeht (10). Neutrales Kobaltcarbonat ist weder zur Carbonylherstellung noch zur Aldehydsynthese brauchbar.

Es sind in den letzten Jahren verschiedene Bildungsweisen von Metallcarbonylen aus Verbindungen der betreffenden Metalle in flüssigen Medien bekannt geworden. So entsteht Kobaltcarbonyl und Kobaltcarbonylwasserstoff durch Einwirkung von Kohlenoxyd auf eine wäßrig ammoniakalische Lösung von Kobaltchlorid (2). Die sich dabei abspielenden Vorgänge werden in ihrer Gesamtheit durch folgende Formel wiedergegeben:

$$2\ Co(NH_3)_6Cl_2 + 11\ CO + 6\ H_2O \longrightarrow$$

$$\longrightarrow 2\ Co(CO)_4H + 4\ NH_4Cl + 3\ (NH_4)_2CO_3 + 2\ NH_3 .$$

Es ist anzunehmen, daß auch bei der oben erwähnten Anwendung von Lösungen der Kobaltsalze organischer Säuren unter der Einwirkung von Kohlenoxyd und Wasserstoff bei höherem Druck und höherer Temperatur im Reaktionsraum erst die eigentlich katalytisch wirksamen, mehr oder weniger labilen Verbindungen des Kobalts entstehen.

c) *Adsorption und Katalyse an Kobalt.* Auch wenn man die katalytische Wirkung des Kobalts bei der Oxoxynthese ganz auf seine Fähigkeit zur Bildung von Carbonylverbindungen und auf die besonderen komplexbildenden und labilen Eigenschaften dieser Verbindungen zurückführt, so müssen doch auch diejenigen Versuchsergebnisse erwähnt werden, die bei der Untersuchung fein verteilten Kobalts nach anderen Methoden gewonnen wurden. Die Oberflächenentwicklung und die Adsorptionseigenschaften eines Katalysators sind in der heterogenen Katalyse von größter Bedeutung; sie können auch hier bei der Bildung der Zwischenverbindungen wirksam werden, da der Bildung von Kobaltcarbonylverbindungen jedenfalls auch die Adsorption des Kohlenoxyds vorausgeht.

SCHÜTZA (*33*) schließt aus nicht veröffentlichten Untersuchungen nach chemischen, röntgenographischen und elektronenoptischen Methoden, daß die Kobaltteilchen im Fischer-Kontakt in einer Größenordnung von 100 Å und darunter vorliegen. Daraus ergibt sich eine Oberfläche von ca. 70 m²/g, was in Übereinstimmung steht mit dem Befund SPENGLERS (*34*), der für die innere Oberfläche eines Co-Kontaktes die Größenordnung 100 m²/g nennt. Messungen der Oberfläche am gleichen Katalysator nach der Methode von BRUNAUER und EMMETT wurden gleichzeitig mit Aktivitätsvergleich von ANDERSON und Mitarbeitern im Bureau of Mines durchgeführt. Die Untersuchungen sind noch nicht abgeschlossen (*35*). Über das Adsorptionsvermögen des Kobalts liegen, im Gegensatz zum Nickel, nur wenige Befunde vor. Metallisches Kobalt, dargestellt durch Reduktion des Oxyds bei 400°, adsorbiert bei 25° 7,35 Vol. CO, 1,7 Vol. H_2, 0,35 Vol. Äthylen, 2 Vol. CO_2. Das Kobalt besitzt demnach ein besonders ausgeprägtes Adsorptionsvermögen gegenüber Kohlenoxyd, wobei eine Abhängigkeit von der Vorbehandlungstemperatur insofern besteht, als das bei 600° reduzierte Metall nur 1,55 Vol. CO aufnimmt (*36*). Auch SPENGLER hat gefunden, daß CO von Kobalt adsorptiv stärker gebunden wird als H_2. NATTA und Mitarbeiter (*37*) haben ein nicht näher bezeichnetes Temperaturgebiet aktivierter Adsorption des Kohlenoxyds beobachtet; nach SPENGLER liegt das Temperaturgebiet der Fischer-Synthese im Übergangsbereich von physikalischer zu aktivierter Adsorption. Äthylen wird in aktivierter Adsorption von Kobalt gebunden, wenn auch weniger als CO (*37*). Diese Adsorption des Äthylens ist irreversibel.

Der Einfluß der Reduktionstemperatur ist auch bei der katalytischen Aktivität der festen Kobaltkatalysatoren sehr deutlich. HÜTTIG und KASSLER haben bei der Untersuchung des Ameisensäurezerfalles HCOOH $\rightarrow CO_2 + H_2$ an Kobaltkatalysatoren gefunden, daß die katalytische Wirksamkeit in erster Linie durch die Temperatur bedingt ist, bei der die Reduktion zu metallischem Kobalt erfolgte. Bei Reduktionstemperaturen zwischen 300° und 500° ist ein Einfluß kaum wahrnehmbar, eine Erhöhung der Reduktionstemperatur auf 1000° und darüber setzt die katalytische Wirksamkeit erheblich herab (*38*). Für die Synthese-Reaktion besteht jedoch zweifellos eine größere Empfindlichkeit des Kobaltkatalysators auch bei tieferen Temperaturen. Die Reduktion muß daher so ausgeführt werden, daß in möglichst kurzer Zeit und bei möglichst niedriger Temperatur (350°—450°) der größte Teil des Kobalts reduziert wird. Zur Erzielung höchster Aktivität ist völlige Reduktion des Kobaltoxyds nicht nötig; vielmehr ist es am günstigsten, wenn die Erhitzung unterbrochen wird, sobald die Reduktion bis zu dem Gehalt von etwa 60—70% freien Metalls fortgeschritten ist. TEICHNER (*39*) hat nach 18 stündiger Reduktion im Wasserstoffstrom bei 450° eine Oberfläche von 86 m²/g gemessen (durch Adsorption von Stickstoff bei niedriger Temperatur), gegenüber 28 m²/g vor der Reduktion. Diese Oberflächenvergrößerung wird mit der Bildung von hydratisierten Co-Al-silikaten in Zusammenhang gebracht.

d) *Aktivierung.* Seit den grundlegenden Arbeiten und Erkenntnissen von MITTASCH und Mitarbeitern ist die Anwendung von Mischkatalysatoren und Aktivatoren ganz allgemein in die katalytische Praxis übergegangen. Als aktivierende Zusätze für die Oxosynthese erwähnt ROELEN besonders die Oxyde und Hydroxyde der Alkalimetalle, ferner von Cr, Mn, Al, Th und Mg (*10*). Dagegen hat NATTA eine ungünstige Wirkung des Mangans festgestellt, und amerikanische Bearbeiter der Oxoreaktion legen eine gewisse Betonung auf Alkalifreiheit der von ihnen angewandten Kobaltschmelzkatalysatoren, vermutlich im Hinblick auf die Vermeidung von Sekundärreaktionen der Aldehyde. Eine eingehende Prüfung spezifischer Wirkungen derartiger Zusätze liegt für die Oxosynthese nicht vor.

Im vorangehenden Abschnitt über die Anwendung des Fischer-Synthese-Katalysators bei der Oxosynthese wurde schon erwähnt, welche spezifischen Wirkungen den Aktivatoren Thoriumoxyd und Magnesiumoxyd bei der Benzinsynthese im technischen Betrieb zugeschrieben wird. Ein Einfluß des Thoriumoxyds auf den Ablauf der katalytischen Vorgänge könnte dadurch zustande kommen, daß es die Oberfläche des Katalysators vergrößert. LEWIS und TAYLOR haben gefunden, daß ein Kupfer-Katalysator, der durch Calcinieren und Reduktion aus Kupfernitrat hergestellt war, eine Oberfläche von 0,74 m²/g besaß, während bei Gegenwart von 0,01 Mol Thoriumnitrat auf 1 Mol Kupfernitrat die Oberfläche 2,86 m²/g betrug, obwohl bei einer um 40° höheren Temperatur reduziert wurde (*40*). Es ist anzunehmen, daß bei den Kobaltkatalysatoren die Wirkung des Thoriumoxyds eine ähnliche ist.

Für die Herstellung von Mischkatalysatoren kommen besonders Eisen und Kupfer in Betracht. Über Eisen in der Oxosynthese wird im nächsten Abschnitt gesprochen werden.

Kupfer wird in Mengen von einigen Prozenten vielfach angewandt. Bei der technischen Herstellung der Carbonyle hat sich die Anwesenheit mancher Metalle besonders von Kupfer als vorteilhaft erwiesen, und es könnte vermutet werden, daß der günstige Einfluß eines Zusatzes von Kupfer zu den Kobaltmetallkatalysatoren mit der durch Kupfer bewirkten Erleichterung der Carbonylbildung zusammenhängt.

Im Zuge der Acetylen-Arbeiten hatte Reppe gezeigt, daß die Carbonylierungsreaktionen ganz allgemein, besonders aber die Acrylestersynthese aus Acetylen, Kohlenoxyd und Alkoholen durch die Halogenide und Sulfide der carbonylbildenden Metalle katalysiert werden. Da bei den Carbonylierungsreaktionen die Synthese über primär vorhandene oder intermediär gebildete Metallcarbonyle oder Metallcarbonylwasserstoffverbindungen verläuft, wird hier die intermediäre Bildung von Metallhalogencarbonylen, z. B. des $NiCOBr_2$, angenommen. Aus den Arbeiten Hiebers (*30*b) ist bekannt, daß die Bildung der Metallcarbonyle aus den Jodiden oder bei Gegenwart von Jod sehr erleichtert ist, so daß man von einer katalytischen Wirkung des Jods bei der Carbonylbildung sprechen kann. Sie wird von Hieber folgendermaßen formuliert:

$$Co + J_2 + CO \longrightarrow CoJ_2 \cdot CO \xrightarrow{CO} [Co(CO)_4]_2 + J_2 .$$

Natta und Mitarbeiter (*32*) haben beobachtet, daß auch bei der Oxoreaktion ein Zusatz von Kobaltjodid einen reaktionsfördernden Einfluß ausübt, indem die häufig auftretende Verzögerung im Einsetzen der Reaktion ganz oder teilweise beseitigt und der Ablauf der Reaktion beschleunigt wird.

Hier ist auch einiges über die Rolle des Schwefels bei den Synthese-Reaktionen am Kobalt-Katalysator zu sagen.

Schon in dem Abschnitt über die Herstellung der Kohlenoxyd-Wasserstoffgemische für die Oxoreaktion wurde erwähnt, daß zum Unterschied von der Fischer-Synthese die Oxoreaktion nicht schwefelempfindlich ist. Während die Hydrierwirkung des metallischen reduzierten Kobaltkatalysators durch Schwefel und schwefelhaltige Verbindungen leidet, tritt eine Verminderung der katalytischen Wirkung für die Anlagerung von Kohlenoxyd und Wasserstoff offenbar nicht oder zum mindesten in erheblich geringerem Maße ein. Es ist daher schon versucht worden, die Hydrierwirkung und damit die Bildung manchmal unerwünschter Neben- oder Folgeprodukte der Oxoreaktion, z. B. der Alkohole, durch die Zugabe schwefelhaltiger Verbindungen, z. B. CS_2, zurückzudrängen und dadurch die Gewinnung der unveränderten Aldehyde zu erleichtern (*24*).

Adkins (*4*) hat bei seinen Versuchen mit Dikobaltoktacarbonyl in Äther, Cyclohexan oder Benzol Diphenylsulfid zugesetzt und dabei festgestellt, daß die Gegenwart einer schwefelhaltigen Verbindung die katalytische Wirkung des Katalysators nicht nachteilig beeinflußte. Die Anlagerung von Kohlenoxyd-Wasserstoff an die Doppelbindung verlief ebenso schnell und annähernd mit der gleichen Ausbeute an Aldehyd. Es ist bemerkenswert, daß die Kobaltcarbonyl-Katalysatoren in Lösung in manchen Fällen, besonders bei α, β-ungesättigten Aldehyden, Ketonen und Carbonsäureestern, überwiegend oder ausschließlich hydrierende und nicht oxierende Wirkung ausübten, so daß aus Methylvinylketon bis zu 90% Methyl-äthylketon erhalten wurde. Auch diese Hydrierwirkung des benzollöslichen Kobaltcarbonyl-Katalysators wurde durch die Zugabe von Diphenylsulfid nicht gehemmt.

Es ist bekannt, daß die Gegenwart von Schwefel bei der Bildung von Kobalt-carbonyl eine technisch bedeutsame Rolle spielt (*41*). Bereits Spuren von Schwefel oder von schwefelhaltigen Verbindungen wie H_2S oder CoS heben die hemmende Wirkung z. B. von CO_2 oder H_2O auf und erhöhen die Bildungsgeschwindigkeit des Carbonyls. Die Carbonylbildung erfolgt sogar besonders leicht aus fein suspendierten Sulfiden oder schwefelhaltigen Verbindungen der Metalle in flüssigen Medien. Es wäre denkbar, daß die Verträglichkeit der Oxoreaktion mit Schwefelverbindungen damit in Zusammenhang steht, wenn auch ein eigentlich fördernder Einfluß solcher Verbindungen bis jetzt nicht bekannt geworden ist, vielmehr nur ein Ausbleiben der Vergiftung.

e) *Katalytische Wirkung anderer Metalle.* Aus dem bisher Gesagten geht hervor, daß dem Kobalt bei der Oxosynthese ebenso wie bei der Fischer-Synthese eine ganz besondere Stellung als Katalysator zukommt Das Kobalt ist aber ein relativ seltenes Metall. Schon aus diesem Grund ist es verständlich, daß man ebenso wie bei der Fischer-Synthese von Anfang an danach gestrebt hat, es durch andere Metalle ganz oder mindestens teilweise zu ersetzen. Die Bemühungen zur Durchführung der Fischer-Synthese mit *Eisenkatalysatoren* sind so alt wie die Fischer-Synthese selbst, sie setzten verstärkt ein zu dem Zeitpunkt des Übergangs in den Großbetrieb. Ihr Ziel war die Auffindung von Arbeitsbedingungen, bei denen die Eisenkontakte den Kobaltkontakten nach Wirkung und Lebensdauer gleichwertig sind. In den Jahren 1938—1944 wurden in den deutschen Synthesewerken Eisenkatalysatoren entwickelt, die bei entsprechenden Bedingungen der Gaszusammensetzung und Gasführung, der Temperatur (200 bis 300°) und des Druckes (10 bis 20 at.) gute Ergebnisse lieferten. Es waren Eisen-Fällungs- und Schmelzkontakte mit basischen Zuschlägen. Je nach den Arbeitsbedingungen kann bei der Fischer-Synthese mit Eisen eine größere Abwandlung der Produkte erzielt werden als mit Kobalt, sowohl hinsichtlich der Molekülgröße als auch hinsichtlich Olefin- und Alkoholgehalt. Ersterer kann zwischen 30 und 80%, letzterer zwischen 2 und 60% betragen. Da, wie schon erwähnt, die Syntheseolefine als Ausgangsmaterial für die Oxosynthese wichtig sind, muß auf diese Verhältnisse hier hingewiesen werden. Eine

Übersicht über diese Synthesearbeiten mit Eisenkontakten geben STORCH und WEIL und LANE (42). Die Arbeiten werden heute in Amerika besonders in Richtung auf Anwendung des Wirbelschichtverfahrens fortgeführt, in dem sogenannten „fluidized bed process", der eine Anwendung des Prinzips des Winkler-Generators darstellt.

Hinsichtlich der Oxosynthese liegen keine sehr umfangreichen Erfahrungen mit Eisenkatalysatoren vor. Eisen vermag die Anlagerungsreaktion zu katalysieren, ist aber weniger wirksam als Kobalt, auch wenn die Temperatur auf 180° erhöht wird (10). Nach ROELEN bewirkt Eisenpentacarbonyl ebenso wie Kobaltcarbonyl in gelöster Form die Aldehydsynthese bei den gleichen Temperaturen und mit den gleichen Ausbeuten wie das feste Metall, jedoch schon bei niedrigeren Drucken. Es ist bemerkenswert, daß Eisen ebenso wie Kobalt eine Carbonylwasserstoffverbindung von der Formel $FeH_2(CO)_4$ bilden kann, wenn auch die Bildungstendenz dieser Verbindung weit geringer ist als die des Kobaltcarbonylwasserstoffs. Eisen kann mit Kobalt zusammen in Mischkatalysatoren angewandt werden, und zwar kann es sowohl in Mengen von wenigen Prozenten als Aktivator wirken, wie auch in größeren Mengen (z. B. 35%) das Kobalt vertreten (25). Ein spezifischer Effekt des Eisens ist nicht bekannt. Es ist zu beachten, daß beim Arbeiten mit Kobaltkatalysatoren in Eisengefäßen unter der Einwirkung von Kohlenoxyd unter Druck eine Verkobaltung der Gefäßwand eintreten kann, die der Oberfläche eine gewisse, unter Umständen länger andauernde, katalytische Wirkung verleiht.

Das *Nickel* hat sich als Katalysator für die Oxosynthese als nicht brauchbar erwiesen (10). Dies ist verständlich, wenn man sich die vergleichenden Beobachtungen über die Wirkung von Eisen, Kobalt und Nickel bei der Fischer-Synthese vergegenwärtigt. In der Reihenfolge Eisen, Kobalt, Nickel nimmt die Hydrieraktivität zu, der Olefingehalt und der Gehalt an sauerstoffhaltigen Verbindungen im Syntheseprodukt unter vergleichbaren Bedingungen ab. Während das Kobalt eine für die Anlagerung von Kohlenoxyd-Wasserstoff günstige Mittelstellung einnimmt, ist beim Nickel die Neigung zur Hydrierung der Doppelbindung und zur Methanbildung bereits zu ausgeprägt. Es ist auch möglich, daß bei der mangelnden Fähigkeit des Nickels, die Oxosynthese zu katalysieren, der Umstand eine Rolle spielt, daß Nickel im Gegensatz zu Kobalt und Eisen nicht befähigt ist eine Carbonylwasserstoffverbindung zu bilden. Dies ist nach HIEBER und SEEL (30b) so zu erklären, daß in den Verbindungen

$$FeH_2(CO)_4, \quad CoH(CO)_4, \quad Ni(CO)_4$$

jeweils eine stabile 18 Elektronenschale ausgebildet ist. Sie kommt beim Eisen zustande aus $8 + 2 + 8$ Elektronen, beim Kobalt aus $9 + 1 + 8$, ist aber beim Nickel mit 10 + 8 ohne Eintritt von Wasserstoff schon vollständig.

Mit *Ruthenium* sind bei der Fischer-Synthese ausgedehnte Versuche angestellt worden, die gezeigt haben, daß es als Katalyssatormetall sehr bemerkenswerte Eigenschaften besitzt. So werden mit Ruthenium besonders hochmolekulare Paraffine erhalten. Ruthenium bildet mit Kohlenoxyd (allerdings erst bei wesentlich höheren Drucken als Eisen, Kobalt und Nickel) Carbonyle: ein flüchtiges Pentacarbonyl $Ru(CO)_5$, das sehr leicht in das zweikernige Enneacarbonyl $Ru_2(CO)_9$ übergeht. Eine Carbonylwasserstoffverbindung ist nicht bekannt. Es ist anzunehmen, daß Ruthenium auch für die Oxosynthese interessant wäre, es sind aber bis jetzt keine derartigen Versuche beschrieben worden.

Schließlich sind noch diejenigen Beobachtungen zu erwähnen, bei denen Oxoreaktion mit Katalysatoren eintrat, die keines der für die Oxoreaktion typischen Metalle, Kobalt oder Eisen, enthielten, z. B. mit *Kupfermolybdat* (*26*). Allerdings gehört *Molybdän* zu den carbonylbildenden Metallen, und auch mit Kupfer ist unter besonderen Bedingungen Carbonylbildung erzielt worden (*44*). Gänzlich außerhalb der Gruppe der carbonylbildenden Metalle aber liegen die Katalysatoren *Calcium, Magnesium, Zink*, mit denen GERALD WHITMAN Anlagerung von Kohlenoxyd und Wasserstoff an Cyclohexen zu Hexahydrobenzaldehyd ausführen konnte. Die Metalle werden in Form von Spänen bei Drucken von 400 bis 500 at. angewandt. Als ein Vorteil wird angeführt, daß mit derartigen Katalysatoren nur Oxierung und keine unerwünschte Hydrierung eintritt. Cyclohexen wird daher, soweit es nicht oxiert ist, unverändert zurückerhalten (*31*).

7. Praktische Ausführung der Oxosynthese.

Im folgenden Abschnitt wird die Ausführung der Oxosynthese an einigen Beispielen aus der Praxis erläutert. Dabei ist zu unterscheiden zwischen der Arbeitsweise im Laboratorium und in technischen Versuchs- oder Produktionsanlagen. Die Synthese kann in diskontinuierlicher und kontinuierlicher Form ausgeführt werden, wobei die diskontinuierliche Form in erster Linie für das Laboratorium, die kontinuierliche für die Technik in Betracht kommt.

a) *Im Laboratorium*. Für Arbeiten im Laboratorium sind Edelstahl-Autoklaven (Höchstdruck 300 Atm.) und Kohlenoxyd und Wasserstoff unter Druck nötig.

Versuche in Autoklaven werden zweckmäßig mit Katalysatoren vom Typ der Fischer-Tropsch-Synthese-Katalysatoren (Kobalt auf Kieselgur), mit Raney-Kobalt oder mit gelöstem Kobalt ausgeführt.

Die Herstellung eines geeigneten Katalysators der erstgenannten Art kann in folgender Weise geschehen (*45*):

Die anzuwendenden Mengen der Komponenten werden so gewählt, daß der fertige Katalysator folgende Zusammensetzung hat:

100 Teile Co (31,5%), 6 Teile ThO_2 (1,8%), 12 Teile MgO (3,7%) und 200 Teile Kieselgur (63%). Die Kieselgur wird durch Behandeln mit kalter verdünnter Salpetersäure und Salzsäure und sorgfältiges Auswaschen vorbehandelt. Die Lösungen von Kobaltnitrat (40 g Co in 1 Ltr.) und Thoriumnitrat (2,4 g ThO_2 in 1 Ltr.) werden vermischt und zum Sieden erhitzt. Dann werden die berechneten Mengen Magnesiumoxyd und Kieselgur unter lebhaftem Rühren eingetragen, gleichzeitig wird rasch die zur Fällung des Kobalts und Thoriumoxyds nötige Menge Sodalösung (88 g Na_2CO_3 in 1 Ltr.) zugegeben. Unter fortgesetztem starken Rühren wird 2 Minuten zum Sieden erhitzt, schnell abgesaugt, der Filterkuchen mit heißem destilliertem Wasser salzfrei gewaschen und bei 110° getrocknet.

Der Katalysator wird in einer Birne oder Röhre im Wasserstoffstrom reduziert. Für die Reduktion von ca. 100 cm³ $\doteq$ 26,6 g = 6,7 g Co ist ein Strom von ca. 500—600 Ltr. Wasserstoff pro Stunde bei einer Temperatur von 390 bis 405° anzuwenden. Nach 2 Stunden läßt man im Wasserstoffstrom erkalten. Wenn der Katalysator nicht sofort benutzt wird, muß er unter Kohlensäure aufbewahrt werden.

Nonylalkohol aus Octylen.

In einen Hochdruckdrehautoklaven aus V_2A-Stahl von 5 Ltr. Inhalt werden eingefüllt (75):

2 Ltr. = 1467 g C_8-Olefin, Kp_{760}: 120—123°, Jodzahl (nach Kaufmann) 226. Jodzahl durch Hydrierung 215. Die entsprechenden Daten für n-Octylen sind Kp_{760}: 121—122°, Jodzahl 227.

Der Flüssigkeit werden unter einer CO_2-Atmosphäre 130 g reduzierter Fischer-Tropsch-Katalysator zugesetzt. Nach Aufpressen von 75 at CO und 75 at H_2 wird auf 130° aufgeheizt. Die Druckabnahme setzt schon während des Aufheizens ein, sie wird durch Nachpressen von CO und H_2 zu gleichen Teilen jeweils wieder auf 150 at ergänzt. Wenn nach etwa 7 Stunden die Gasaufnahme nur noch sehr langsam fortschreitet, werden Heizung und Aufpressen abgebrochen. Die Druckabnahme beträgt insgesamt ca. 500 at.

Nach Abblasen des CO–H_2-Gemisches setzt man dem Autoklaveninhalt 50 g Raney-Nickel zu und hydriert bei 180° und 200 at H_2. Nach beendigter Wasserstoffaufnahme wird der Autoklaveninhalt vom Katalysator abgesaugt und destilliert. Man erhält durch wiederholte Destillation:

				OHZ	% d. Th.
Vorlauf	Kp_{758}:	bis 125°	98 g		7,5
Fraktion I	Kp_5:	90—100°	1075 g	385	57,0
Fraktion II	Kp_5:	185—215°	418 g	194	23,6
Fraktion III	Kp_5:	bis 262°	103 g	112	

Der Vorlauf besteht aus Paraffinen C_8H_{18}.

Die Fraktion I ist ein Gemisch isomerer Nonylalkohole $C_8H_{20}O$, OHZ 390. (n-Nonylalkohol Kp_{12}: 98—101°).

Fraktion II besteht aus Oktadecylalkoholen $C_{18}H_{38}O$, OHZ 208. (n-Oktadecylalkohol Kp_{15}: 210°).

Die Anwendung von Raney-Legierungs-Kobalt geschieht in derselben Weise; über seine Herstellung siehe unter dem Abschnitt Katalysator.

Mit gelöstem Kobalt (Kobaltcarbonyl) kann nach folgendem Beispiel verfahren werden (17):

In eine Hochdruckschüttelbombe aus V_2A-Stahl von 270 cm³ Inhalt werden 8 g Raney-Kobalt und 145 cm³ Äther gebracht. Bei einem Kohlenoxyddruck von 200 at wird dann 5—6 Stunden bei 150° geschüttelt. Der Druck steigt zuerst auf etwa 300 at, nimmt dann ab und beträgt nach Erkalten der Bombe noch ca. 140 at. Das ungelöste Metall wird durch Zentrifugieren abgetrennt. Die dunkelrotbraune klare Lösung enthält 8,9 g Dikobaltoktacarbonyl.

Weitere Einzelheiten über Handhabung und Aufbewahrung der Lösung sind bei ADKINS nachzulesen.

Formyl-buttersäureäthylester.

In eine Hochdruckschüttelbombe aus V_2A-Stahl (270 cm³) werden 50 g Crotonsäureäthylester und 0,6 g Dikobaltoktacarbonyl in 70 cm³ Benzol gebracht und 120 at CO und 120 at H_2 aufgepreßt. Unter Schütteln wird auf 125° erhitzt. Innerhalb von 80 Minuten nimmt der Druck um ca. 150 at bei 125° ab. Nach dem Erkalten wird zentrifugiert, unter vermindertem Druck das Lösungsmittel abgetrieben und das Produkt mit einer Vigreux-Kolonne (1 cm Durchmesser, 15 cm Länge) destilliert. Das Produkt (50,1 g) geht bei 30 mm 96—100° über. Die Ausbeute an reinem β-Formyl-buttersäureäthylester $Kp_{0,01}$: 58—59° beträgt 71%.

Die Chromatographie des Dinitrophenylhydrazons (F: 67—68°) ergab, daß ein einheitliches Produkt vorlag und keine Isomerenbildung eingetreten war.

b) *Arbeitsmethoden der Technik.* In der technischen Praxis kann das vorstehend beschriebene Verfahren mit suspendiertem Katalysator vom Typ Kobalt auf Kieselgur im diskontinuierlichen Chargenbetrieb auch im großen in Hochdruckautoklaven von ca. 1,5 m³ ausgeführt werden. Dabei wird der eingepreßte Gasstrom, der unter Umständen im Kreislauf geführt wird, dazu benutzt, die Flüssigkeit in Bewegung zu halten und ein Absetzen des Katalysators zu verhindern. Gleichzeitig wird durch den Gaskreislauf die Reaktionswärme abgeführt, wenn dies nicht durch Ausstattung der Hochdruckgefäße mit entsprechenden Kühlvorrichtungen geschieht. Wenn es sich um Olefine handelt, die unter den Arbeitsbedingungen gasförmig sind, wird eine Katalysatorsuspension (2 bis 3% Katalysator) in einer indifferenten Hilfsflüssigkeit wie Toluol oder Dieselöl hergestellt und das Olefin z. B. mit dem Kohlenoxyd-Wasserstoffstrom in geeignetem Verhältnis zugeführt. Die Oxoreaktion verläuft unter den dem betreffenden Olefin angepaßten Bedingungen rasch bis zu einem Punkt, bei dem die Druckabnahme nur noch langsam fortschreitet. Das Reaktionsprodukt, das durch gelöste Kobaltcarbonylverbindungen dunkel gefärbt ist, kann nun entweder direkt zu Aldehyden aufgearbeitet werden, oder es kann unmittelbar anschließend ohne Isolierung der Aldehyde zu den Alkoholen hydriert werden. Die Isolierung der Aldehyde kann durch Destillation oder über Bisulfitverbindungen oder andere Umwandlungsprodukte erfolgen. Das gelöste Kobalt läßt sich den Reaktionsprodukten leicht und ohne Veränderung der Aldehyde entziehen, durch Behandeln mit verdünnten Säuren z. B. mit 5%iger Schwefelsäure, mit Kaliumbisulfat, auch mit CO_2 und Wasser unter Druck bei 40° (*10*).

Wo die Gewinnung der Aldehyde mit Verlusten verbunden ist und für die praktische Anwendung die Alkohole gebraucht werden, zieht man die an die Oxosynthese direkt anschließende Hydrierung der Aldehyde vor. Zu diesem Zweck wird zunächst das Kohlenoxyd-Wasserstoffgasgemisch aus dem Reaktionsgefäß entfernt und durch Wasserstoff ersetzt.

Während die Oxoreaktion mit dem Kobaltkatalysator im Temperaturbereich von 100 bis 150° stattfindet, ist die Hydrieraktivität des gleichen Katalysators in dem Bereich von 150 bis 200° noch genügend groß, um eine vollständige Hydrierung der Aldehyde zu den Alkoholen zu bewirken, so daß es im allgemeinen nicht nötig ist, frischen Hydrierkatalysator zuzusetzen. Die Hydrierung verläuft meist schnell und vollständig bis zum Alkohol. Bei zu hohen Temperaturen und zu langer Dauer kann die Reduktion weiter bis zum Kohlenwasserstoff gehen.

Auch mit Wassergas kann in manchen Fällen die Reduktion zu Alkoholen bei entsprechender Drucksteigerung durchgeführt werden. Zweckmäßig wendet man auch bei der Hydrierung höhere Drucke von 50 bis 200 at. bei Temperaturen von 180 bis 200° an. Unter diesen Bedingungen findet völlige Reduktion der Kobaltcarbonylverbindungen zu metallischem Kobalt statt, das sich in feinster Verteilung auf der Kieselgur niederschlägt. Dabei entsteht Methan und Wasser gemäß folgender Gleichung:

$$Co(CO)_x + 3\,x\,H_2 = Co + xCH_4 + xH_2O.$$

Es hängt jedoch zu einem gewissen Grad von den Reaktionsbedingungen ab, ob die Reduktion quantitativ bis zum Methan geht, oder ob noch Kohlenoxyd als Zersetzungsprodukt des Carbonyls übrig bleibt, das unter Umständen besonders bei Arbeiten mit Gaskreislauf die Hydrierung hemmen kann und entfernt werden muß.

Nach Beendigung der Wasserstoffaufnahme wird das flüssige Reaktionsprodukt durch Filtration von dem Katalysatorschlamm getrennt. Es ist farblos und kobaltfrei. Der Katalysator muß auf dem Filter vor Luftzutritt bewahrt werden, da er pyrophore Eigenschaften besitzt. Er kann anschließend sofort wieder mit frischem Olefin angerührt zu neuer Verwendung kommen, und dieser Vorgang läßt sich mehrfach wiederholen. Da allerdings durch die wiederholte Überführung in Kobaltcarbonyl und Abscheidung als Metall ein immer größerer Anteil des Katalysators in feinste Verteilung übergeht, bereitet die Filtration der Suspension bei der Wiederholung manchmal einige Schwierigkeiten.

Die Arbeitsweise mit suspendiertem Katalysator, die in ihren technischen Einzelheiten besonders von der Ruhrchemie ausgestaltet worden ist, wurde in Leuna zu einem kontinuierlichen Verfahren bis zur großtechnischen Reife ausgebildet, wobei die besonderen Erfahrungen im Bewegen von Suspensionen bei hohen Gasdrucken, die dort bei der Kohlehydrierung gewonnen worden waren, ausgewertet wurden. Diese Arbeitsweise ist durch folgende Einzelheiten gekennzeichnet, die in zahlreichen deutschen Patentanmeldungen aus den Jahren 1940—44 niedergelegt sind (*46*).

1. Sumpffahrweise mit aufgeschwemmtem Katalysator (Co auf Kieselgur).

2. Ausführung der Oxoreaktion in zwei Stufen mit geringem Temperaturunterschied.

3. Abführung der Reaktionswärme durch Kühlereinbauten und durch Kreisgas.

4. Auswaschen des Co-Carbonyls aus dem Kreisgas und Abgas mit Hilfe von Frischolefin und Rückführung der Co-carbonylhaltigen Waschflüssigkeit in den Zulauf.

5. Ausführung der Hydrierung unmittelbar anschließend mit dem gleichen Katalysator in Sumpffahrweise in 2 Stufen.

6. Entfernung des Kohlenoxyds aus dem Hydrierkreislauf durch Methanisierung.

7. Filtration des Austrages durch Tonfilter und Wiederverwendung des Katalysators mit Frischolefin.

Das Verfahren ist eingehend beschrieben in dem Fiatbericht (*16b*). Weitere Einzelheiten im speziellen Teil S. 362.

In der katalytischen Praxis der Technik sind diejenigen Verfahren aus verschiedenen Gründen besonders zweckmäßig und bevorzugt, bei denen über einen Katalysator, der eventuell auf einem Trägermaterial im Reaktionsraum fest angeordnet ist, die Reaktionskomponenten im Gasstrom geführt oder in flüssiger Form gerieselt und mit den gasförmigen Komponenten im Gleich- oder Gegenstrom in Berührung gebracht werden.

Ein solches Verfahren, auf die Oxoreaktion angewandt, stößt auf die schon früher angedeuteten Schwierigkeiten infolge der Carbonylbildung. Daher wurden Verfahren entwickelt, die es ermöglichen, dem Reaktionsraum dauernd Kobalt zuzuführen.

Eine Arbeitsweise, die auf der Anwendung gelöster Kobaltverbindungen beruht, wurde in den Jahren 1941—1943 von Schuster und Eilbracht in Ludwigshafen ausgebildet (*46*) und bei der Oxierung von Gemischen von Olefinen und Paraffinen der C-Atomzahlen C_5—C_{12} im technischen Versuchsbetrieb angewandt. In dem Olefin-Paraffingemisch wird Kobaltsalz der Vorlauffettsäuren in solcher Menge gelöst, daß etwa 0,1% Kobaltmetall in der Lösung enthalten sind. Die Lösung bringt man in einem mit Füllkörpern (z. B. Kieselgel) ausgestatteten Reaktionsrohr bei 130—150° und 150—200 at mit einem Kohlenoxyd-Wasserstoffstrom in intensive Berührung, indem man das Flüssigkeitsgemisch über den Füllkörper rieseln läßt und das Gasgemisch im Kreislauf führt. Man kann diese Arbeitsweise auch mit der Anwendung feststehender Katalysatoren kombinieren. Die gesamte Reaktionswärme wird durch den Gaskreislauf, der mit entsprechenden Kühlvorrichtungen ausgestattet ist, aus dem Reaktionsraum abgeführt, so daß die Einhaltung der geeigneten Reaktionstemperatur gesichert ist. Die das Hochdruckrohr verlassende Flüssigkeit wird in einem unmittelbar anschließenden Arbeitsgang vom mitgeführten, gelösten Kobalt befreit. Zu diesem Zweck wird sie durch ein zweites Hochdruckrohr, das ebenfalls Füllkörper enthält, mit Wasserstoff im Gegenstrom bei 100° und 25 at geschickt. Dabei werden die Kobaltcarbonylverbindungen ebenso wie die noch vorhandenen Kobaltsalze der Carbonsäuren unter Abscheidung von fein verteiltem metallischem Kobalt zersetzt, das sich auf den großen Oberflächen der Füllkörper niederschlägt. Sobald sich eine größere Menge Kobalt angesammelt hat, führt man durch das Entkobaltungsrohr nach Umschaltung oder Unterbrechung des Zulaufs von Oxierungsprodukt einen Kohlenoxydstrom von 100 at bei 150° bei gleichzeitigem Zulauf des Ausgangsmaterials, des Fettsäuregemisches oder eines anderen geeigneten Lösungsmittels. Das auf dem Füllmaterial niedergeschlagene fein verteilte Kobald geht auf diese Weise in Kobalttetracarbonyl (Di-kobalt-oktacarbonyl) bzw. in Verbindungen über, die sich in der zugeführten Flüssigkeit lösen. Diese Lösung wird dem Ausgangsmaterial — z. B. dem flüssigen Olefin-Paraffingemisch — in entsprechender Menge vor dem Eintritt in den Oxierungsraum zugeführt. Man erzielt durch dieses Verfahren einerseits ein kobaltfreies Produkt, andererseits eine sehr weitgehende Wiedergewinnung des Kobalts.

Da bei der technischen Anwendung der Oxosynthese im allgemeinen das Ziel nicht die Gewinnung der Aldehyde selbst ist, sondern die der entsprechenden Alkohole, so bedeutet es keine Störung, wenn schon in der Oxierungsstufe und in der Entkobaltung ein geringer Teil der Aldehyde zu den Alkoholen hydriert wird. Das vom Kobalt befreite Reaktionsprodukt wird anschließend in einer Hydrierungsapparatur bei etwa 180° und 200 Atm. über einem Kupfer-Chrom-Katalysator mit Wasserstoff behandelt. Verschiedene Maßnahmen sind vorgeschlagen worden, um noch vorhandenes Kohlenoxyd, das die Hydrierung durch Schädigung der Katalysatoren stören konnte, zu entfernen, z. B. durch Überführung in Methan mit Hilfe eines in den Gaskreislauf eingeschalteten Eisenkontaktes.

Bei der oben beschriebenen kontinuierlichen Arbeitsweise mit suspendiertem Katalysator (Leuna) wird der Gasstrom, der mit Kobaltcarbonyl beladen den Reaktionsraum verläßt, mit Frischolefin gewaschen. Die kobaltcarbonylhaltige Waschflüssigkeit wird mit dem Zulaufstrom des Frischolefins vereinigt. Einen ähnlichen Weg beschreiten Adams und Burnley (27) bei Standard Oil Co., die ebenfalls dem Reaktionsraum mit Frischolefin Kobaltcarbonyl zuführen.

Seit 1947 wurde in Ludwigshafen von Häuber, Hagen und Nienburg (47) eine Arbeitsweise ausgebildet, bei der durch Leiten eines Kohlenoxyd-Wasserstoffgemisches über Kobalt oder geeignete Kobaltverbindungen flüchtige Kobaltcarbonylverbindungen erzeugt werden, die mit dem Gasgemisch der Umsetzung mit den olefinischen Verbindungen zugeführt werden [1].

8. Bemerkungen zur Reaktionskinetik und Thermodynamik der Oxoreaktion.

Die Oxoreaktion, so wie sie sich nach dem Schema der Formel S. 312 darstellt, ist eine trimolekulare Reaktion, bei der pro 1 Mol olefinischer Verbindung je 1 Mol Kohlenoxyd und 1 Mol Wasserstoff gebunden wer-

---

[1] Unabhängig davon vgl. a. N. V. de Bataafsche Petroleum Maatschappij F. P. 965 313.

den, so daß — falls sich die Reaktion völlig im Gasraum abspielt, bei einem Volumverhältnis der Komponenten 1 : 1 : 1 — eine Druckverminderung um $^2/_3$ des Anfangsdruckes eintritt. Die Reaktionsgeschwindigkeit wird durch Steigerung des Druckes von Kohlenoxyd-Wasserstoff im allgemeinen stark erhöht, worüber auf S. 321 schon gesprochen wurde. Sie ist außerdem abhängig von der jeweils vorliegenden olefinischen Verbindung und von dem Mengenverhältnis Katalysator zu Olefin, so daß der Endpunkt der Reaktion je nach den Verhältnissen in Sekunden oder auch erst in Stunden erreicht wird. NATTA hat Untersuchungen (48) zur Aufklärung der Reaktionskinetik ausgeführt. Methyloleat ist eine olefinische Komponente von so hohem Siedepunkt, daß ihr Partialdruck unter den Reaktionsbedingungen zu vernachlässigen ist und die Reaktion sich ausschließlich in der flüssigen Phase abspielt. Es wurde mit Kobaltkieselgur-katalysator bei Temperaturen von 100 bis 130° und bei Drucken von 40 bis 210 at. in Schüttelautoklaven oxiert, wobei durch intensives Rühren der sonst geschwindigkeitsbestimmende Einfluß der Diffusion der Gase aus der Gasphase durch die flüssige Phase an den Katalysator ausgeschaltet wurde. Die Anlagerungsreaktion verläuft unter Bildung von Formyl-stearinsäuremethylester. Es ergab sich, daß die Reaktionsgeschwindigkeit zwischen 70 und 210 at. vom Druck unabhängig ist, daß dagegen in dem Druckbereich unter 40 at. sich ein Druckeinfluß bemerkbar macht. Aus dem Temperaturkoeffizienten der Reaktionsgeschwindigkeit ergibt sich eine Aktivierungswärme von 11,5 Kcal.

Bei einer Untersuchung über die Bildung von Propionaldehyd aus Äthylen, Kohlenoxyd und Wasserstoff in Dekalin wurde beobachtet, daß bei Drucken unter 10 at. die Bildung von) Propionaldehyd beim Einpressen des Gemisches der drei gasförmigen Komponenten im Dekalin zunächst quantitativ verläuft, daß sie aber zum Stillstand kommt, sobald die Konzentration des Propionaldehyds im Dekalin eine gewisse Höhe erreicht hat. Daraus wird der Schluß gezogen, daß es sich bei der Oxoreaktion um eine reversible Gleichgewichtsreaktion handelt. Über Versuche, das Gleichgewicht von reinem Propionaldehyd ausgehend, einzustellen, wird nicht berichtet.

NATTA berechnete auch die Temperaturabhängigkeit der Änderung der freien Energie bei der Oxosynthese des Propionaldehyds für die Gasphase zwischen 50 und 200° C bei 1 at. und 100 at. Die ΔF-Werte sind von 130° C an aufwärts positiv, also für den Ablauf der Reaktion ungünstig. Daß die Oxoreaktion trotzdem eintritt, ist eine Folge der spezifischen Wirkung des Katalysators auf die Reaktionsgeschwindigkeit, die letzten Endes mit Hilfe der stark bevorzugten Adsorption des Kohlenoxyds zustande kommt.

In mehreren Fällen wurde bei der Oxierungsreaktion eine Induktionsperiode beobachtet, die auf Sauerstoffspuren in dem angewandten Gas zurückgeführt wird, die den Katalysator hemmen. Dabei ist daran zu erinnern, daß Sauerstoff auch in Spuren die Bildung von Kobaltcarbonyl hemmen kann.

Natta vergleicht die Wärmetönung Q und die Änderung der freien Energie ΔF bei der Oxoreaktion mit den entsprechenden Werten bei der Hydrierung. Für Äthylen und Propylen sind die Werte bei $T = 298°$ und $400°$ in folgender Tabelle enthalten:

Tabelle 3. *Änderung der freien Energie bei der Hydrierung und bei der Oxoreaktion.*

	Hydrierung ΔF (298°)	Oxo-Synthese	
		ΔF (400°)	Q
Äthylen → Äthan	—22608	—20151	31000 cal.
Propylen → Propan	—20040	—	—
Äthylen → Propionaldehyd	—11100	—	23000 cal.
Propylen → Isobutyraldehyd	—15090	—	—

In einer späteren Arbeit (*48*) nennt Natta für Q 28 000 cal. als ungefähre Größenordnung und zwar für die olefinische Doppelbindung ganz allgemein mit geringen Änderungen je nach Art der olefinischen Verbindung. Für ΔF ($T = 298°$) bei niederen Olefinen wird —10 600 cal. angegeben. Aus den oben ersichtlichen Werten für ΔF geht hervor, daß die Hydrierung der Olefine thermodynamisch stärker begünstigt ist als die Oxoreaktion. Es ist auf die spezifische Wirkung des Katalysators zurückzuführen, daß trotzdem die Oxoreaktion eintritt und mit großer Geschwindigkeit und hohem Umsatz zu Aldehyd verläuft. Unter technischen Bedingungen werden bei Berechnung der Maßnahmen zur Konstanthaltung der Temperatur im Reaktionsraum im allgemeinen für die Reaktionswärme 30 Kcal. pro Mol Doppelbindung zugrunde gelegt.

9. Reaktionsmechanismus.

Schon bei der Besprechung der Katalysatoren für die Oxoreaktion haben sich einige Hinweise auf die Fragen des Reaktionsmechanismus ergeben und auf die Vorstellungen, die man sich heute auf Grund des experimentellen Materials davon machen kann. Da dieses Material fast ausschließlich bei Arbeiten mit Kobaltkatalysatoren gewonnen ist, beziehen sich diese Vorstellungen auch zunächst nur auf solche Katalysatoren. Die heute allgemein geltende Anschauung ist die, daß die Oxoreaktion über Metallcarbonyl- und Metallcarbonylwasserstoffverbindungen, die als unbeständige Überträger auftreten, verläuft.

Adkins formuliert diese Vorgänge in folgender Weise (*17*):

1. $2\,Co + 8\,CO \underset{150°}{\rightleftarrows} [Co(CO)_4]_2$

2. $[Co(CO)_4]_2 \underset{125°}{\overset{H_2}{\rightleftarrows}} 2\,Co(CO)_3CO \cdot H$

3. $4\,Co(CO)_3CO \cdot H + 4\,CH_2 = CH_2 \xrightarrow[125^\circ]{H_2} 4\,CH_3 \cdot CH_2\,CHO + [Co(CO_3)]_4$

4. $[Co(CO)_3]_4 + 4\,CO \underset{125^\circ}{\rightleftarrows} 2\,[Co(CO)_4]_2$.

Im ersten Reaktionsschritt wird metallisches Kobalt in Dikobalt-octacarbonyl übergeführt, eine Reaktion, die eine höhere Temperatur erfordert und langsamer fortschreitet als die folgenden.

Aus Dikobaltoctacarbonyl entstehen durch Dissoziation leicht Tetracarbonylradikale, die Wasserstoff unter Bildung von Kobaltcarbonyl-wasserstoff einlagern. Dieser reagiert mit Olefin bei Gegenwart von Wasserstoff in der durch Gleichung 3 (s. oben) veranschaulichten Weise, wobei ein Kohlenoxydrest aus dem Verband des Kobaltcarbonylwasser-stoffes gleichzeitig mit Wasserstoff an das Äthylen tritt unter Bildung von Propionaldehyd und eines Kobalttricarbonylradikals bzw. der te-trameren Form desselben, des Tetrakobalt-dodekacarbonyls. Dieses geht endlich in der 4. Stufe unter Kohlenoxydaufnahme wieder in Di-kobalt-octacarbonyl über. Die von ROELEN, KLOPFER u. a. (49) ge-äußerten Vorstellungen über den Reaktionsmechanismus stimmen weit-gehend mit denen von ADKINS überein.

Die von ADKINS gewählte Formulierung des Kobaltcarbonylwasser-stoffs ist die von EWENS und LISTER (50) vorgeschlagene, bei der das H-Atom an ein Carbonylsauerstoffatom gebunden sein soll. Sie ent-spricht zwar dem Befund der Strukturuntersuchung mit Hilfe der Elektronenbeugung, aber nicht ganz dem chemischen Verhalten des Kobaltcarbonylwasserstoffs, da dieser nicht alle Reaktionen gibt, die beim Vorliegen einer OH-Gruppe zu erwarten wären, sich z. B. nicht alkylieren läßt (30b).

Aus seinen oben erwähnten kinetischen Untersuchungen hatte NATTA gefolgert, daß die formal trimolekulare Reaktion der Oxosynthese in eine Reaktionsfolge aufzulösen ist, etwa in folgender Weise:

1. $Co + x \cdot (CO) \longrightarrow Co(CO)x$.

2. $Co(CO)x + CH_2 = CH_2 \longrightarrow Co(CO)_{x-1} + [(CH_2 = CH_2)\,(CO)]$

3. $[(CH_2 = CH_2)\,(CO)] + H_2 \longrightarrow CH_3 \cdot CH_2 \cdot C\!\!\begin{smallmatrix} H \\ \diagdown \\ O \end{smallmatrix}$.

Hiermit soll zum Ausdruck gebracht sein, daß der Kobaltkatalysator, der in diesem Fall als feinverteiltes reduziertes Metall vorliegt, durch Adsorption und Absorption Kohlenoxyd aufnimmt, das locker gebunden und in reaktionsbereitem Zustand ist. Die Möglichkeit der Bildung von definierten Kobaltcarbonylverbindungen der oben erwähnten Art bleibt hier offen. Adsorptiv gebundenes, aktiviertes Kohlenoxyd reagiert beim Zusammentreffen mit einem Äthylenmolekül unter Bildung einer Anlagerungsverbindung, die durch die eckige Klammer veranschaulicht ist. Welche Bedeutung einer solchen Anlagerungsverbindung Olefin-Kohlenoxyd bei der Erklärung der Carbonylierungsreaktion nach REPPE zukommt, wird später auszuführen sein. Die Anlagerungsverbindung Olefin-Kohlenoxyd wird durch Wasserstoff zum gesättigten Aldehyd hydriert und dadurch stabilisiert.

Bei Erörterung der Reaktionskinetik ist schon erwähnt worden, wie die durch 1 bis 3 wiedergegebenen Vorgänge durch ihre jeweilige Geschwindigkeit die Gesamtgeschwindigkeit der Synthese beeinflussen können.

Es ist fraglich, ob es in jedem Fall zu einer Loslösung der Kobalt-Kohlenoxyd-Verbindung, die nach 1 entsteht, kommt, indem sich diese als Kobaltcarbonyl in der flüssigen Phase löst, bzw. bei gasförmigen Systemen ohne flüssige Phase in Form flüchtiger Kobaltcarbonyl-Verbindungen in den Gasraum übertritt und erst dort als Katalysator wirkt, so daß die weitere Reaktion sich ganz in der homogenen flüssigen oder in der Gasphase abspielt. Von manchen Bearbeitern wird dies angenommen. Der nahe Zusammenhang, der zwischen den Vorgängen bei der Fischer-Synthese und bei der Oxoreaktion zweifellos besteht, deutet jedoch daraufhin, daß ebenso wie die Kohlenwasserstoffsynthese auch die Oxosynthese in heterogener Phase als Oberflächenreaktion am Katalysator vor sich gehen kann.

REPPE hat eine Vorstellung über den Reaktionsmechanismus der Carbonylierungsreaktion ganz allgemein und damit auch der Oxoreaktion entwickelt (2). Sie war von Anfang an als Arbeitshypothese gedacht und hat sich als solche bewährt. Die Frage, ob diese Vorstellung den tatsächlichen Verlauf der Synthese im einzelnen wiedergibt, blieb daher zunächst offen. REPPE nimmt an; daß bei den Carbonylierungsreaktionen die ungesättigten Bindungen der Acetylen- und Olefinkomponente zuerst mit Kohlenoxyd unter dem katalytischen Einfluß der Metallcarbonyle reagieren, wobei eine Anlagerungsverbindung entsteht. Für den so entstandenen instabilen Additionskomplex wird von REPPE das Formelbild eines Cyclopropenon- (aus der Acetylenbindung) bzw. eines Cyclopropanonringes (aus der Äthylenbindung) gebraucht. Die Carbonylierungsreaktionen finden aber, wie schon oben erwähnt, stets bei Gegenwart von Verbindungen mit reaktionsfähigen Wasserstoffatomen, bzw. im Fall der Oxoreaktion bei Gegenwart von Wasserstoff als solchem statt. Diese Verbindungen, d. h. Alkohole, Wasser, Amine oder Wasserstoff selbst treten im zweiten Reaktionsschritt an die Additionsverbindung heran und bewirken eine Aufspaltung des Dreiringes in der Art, daß jeweils eine Bindung des Kohlenoxyd-C-Atoms an eines der C-Atome der mehrfachen Bindung erhalten bleibt. Im folgenden ist das Schema dieser Vorstellung für den Fall der Carbonylierung des Acetylens bei

Gegenwart von Wasser oder Alkoholen und für die Oxoreaktion mit einem endständig ungesättigten Olefin wiedergegeben.

$$
\begin{array}{l}
\text{1.} \quad
\begin{array}{c} CH \equiv CH \\ + \; C \\ \parallel \\ O \end{array}
\longrightarrow
\begin{array}{c} CH = CH \\ \diagdown \diagup \\ C \\ \parallel \\ O \end{array}
+
\begin{array}{c} H \\ | \\ O \cdot R \end{array}
\longrightarrow
\begin{array}{c} CH = CH_2 \\ \diagdown \\ C = O \\ | \\ OR \end{array}
\end{array}
$$

$$
\begin{array}{l}
\text{2.} \quad
\begin{array}{c} R \cdot CH = CH_2 \\ + \; C \\ \parallel \\ O \end{array}
\longrightarrow
\begin{array}{c} R \cdot CH - CH_2 \\ \diagdown \diagup \\ C \\ \parallel \\ O \end{array}
+
\begin{array}{c} H \\ | \\ H \end{array}
\longrightarrow
\begin{array}{c}
\nearrow \quad \begin{array}{c} R \cdot CH - CH_3 \\ | \\ C = O \\ | \\ H \end{array} \\
\searrow \quad R - CH_2 - CH_2 - C \diagup^{O}_{\diagdown H}
\end{array}
\end{array}
$$

Im ersten Fall entsteht Acrylsäure bzw. Acrylsäureester, im zweiten Fall bilden sich die beiden zu erwartenden isomeren Aldehyde. Es wird darauf hingewiesen (2), daß im Falle der Oxoreaktion mit Äthylen diese Anschauung eine Stütze findet in der Tatsache, daß das Cyclopropanonhydrat, herstellbar aus Diazomethan und Keten, sich leicht bereits beim Stehen zu Propionsäure isomerisiert. Zweifellos bietet die Vorstellung Reppes Erklärungsmöglichkeiten für eine Reihe von Erscheinungen auf dem Gebiet der Carbonylierungs- und Oxierungsreaktionen. Dupont, Piganiol und Vialle behandeln in ihrem ,,Beitrag zum Studium der Oxoreaktion und ihres Reaktionsmechanismus" (51) den Reaktionsverlauf bei der Carbonylierung nach Reppe. Die mitgeteilten Versuche betreffen ausschließlich die Esterbildung durch Carbonylierung aus Olefin, Kohlenoxyd und Alkohol unter der Einwirkung carbonylbildender Metalle, aber nicht den speziellen Fall der Oxoreaktion, die Aldehydbildung. Die französischen Autoren, die die ,,Dreiringhypothese" ablehnen, nehmen an, daß in gleicher Weise, wie aus Metallcarbonyl und Wasserstoff Metallcarbonylwasserstoff entstehen kann, sich bei der Carbonylierung auch Anlagerungskomplexe der Komponenten mit aktivem Wasserstoff (z. B. der Alkohole) an die Metallcarbonyle bilden können. Als Katalysatoren werden hier Nickel und Nickelcarbonyl gewählt, die aber gerade ungeeignet sind, da das Nickel zwar bei der Carbonylierung nach Reppe, aber nicht bei der Oxosynthese wirksam ist. Nickel vermag im Gegensatz zu Eisen und Kobalt keine Carbonylwasserstoffverbindungen zu bilden. Die Komplexverbindung aus Metallcarbonyl und Alkohol reagiert dann nach Ansicht der Verfasser mit dem Olefin weiter unter Esterbildung und Rückbildung eines Metallcarbonyls von niedrigerem CO-Gehalt.

Schließlich sei noch kurz eingegangen auf die Anschauungen und Erkenntnisse über den Reaktionsmechanismus der Alkoholsynthese aus

Kohlenoxyd-Wasserstoff und der Fischer-Synthese, da die Oxosynthese aus verschiedenen Gründen in nahem Zusammenhang mit beiden steht.

In seinem zusammenfassenden Vortrag über die heterogene Katalyse erörterte Mittasch (52) auch den Reaktionsverlauf bei der Hydrierung des Kohlenoxyds. Wenn dabei im wesentlichen von den damals vorliegenden Erfahrungen bei der Hochdruckhydrierung ausgegangen wird, die zum Methanol und zu den höheren Alkoholen geführt hatte, so umfaßt das Schema der Folgereaktionen, wie es von Mittasch erörtert wird, doch auch die Bildung aller derjenigen Produkte, wie sie durch Abänderung der Synthese in bezug auf Katalysatoren und Arbeitsbedingungen erhalten werden können, also an sauerstoffhaltigen Verbindungen: Aldehyde, Alkohole, Säuren und Ester; an Kohlenwasserstoffen: Olefine und Paraffine. Mittasch betrachtet bei der Synthese ganz allgemein den Formaldehyd als hypothetisches Zwischenprodukt — den Formaldehyd „oder etwas ähnliches" wie Mittasch sagt — einen Reaktionsknäuel von CO und H_2, wie man heute sagen würde. Das Methanolmolekül ist nach Mittasch das tatsächliche Zwischenprodukt beim Aufbau der Produkte mit mehreren C-Atomen. Aus ihm werden durch fortgesetzte Kondensation unter Wasserabspaltung höhere Alkohole und Kohlenwasserstoffe gebildet. Thermodynamische Berechnungen und Überlegungen von Frolich und Cryder sowie von Parks und Huffman (53) bringen Gründe für die Wahrscheinlichkeit dieser Anschauung, soweit die Bildung der Alkohole in Betracht kommt, wie sie nach dem Hochdruckverfahren, dem Synolverfahren der I. G. und nach dem Syntholverfahren Fischers erhalten werden.

Über den Verlauf der Synthese von Kohlenwasserstoffen im Normaldruckverfahren hatte Fischer eine andere Anschauung ausgebildet (54). Er nahm an, daß an der Oberfläche des Kobalt-Synthesekatalysators Kohlenoxyd zunächst durch Adsorption gebunden wird; die adsorbierte Kohlenoxydmolekel wird durch auftreffenden Wasserstoff zu Kohlenstoff reduziert, der an Kobaltmetallatome des Katalysators unter Bildung eines labilen, reaktionsfähigen Carbids gebunden bleibt. Es ist zu betonen, daß die nach Ansicht Fischers gebildeten Carbide nicht identisch sind mit den gewöhnlichen Carbiden niedrigen C-Gehalts, die bei hohen Temperaturen beständig sind; sie sind vielmehr reicher an C und nur bei niedrigen Temperaturen beständig. Die Kohlenstoffatome dieser Oberflächencarbide werden im nächsten Reaktionsschritt zu Methylenradikalen hydriert, die als solche zunächst in der Adsorptionsschicht verbleiben, wo sie wegen ihres stark ungesättigten Charakters festgehalten werden. Sie treten dort unter Polymerisation zusammen zu $(CH_2)_x$, ungesättigten Kohlenwasserstoffen von Radikal- oder Olefincharakter. Diese können entweder als Olefine oder nach Endgruppenhydrierung als Paraffine verschiedener Molekülgrößen desorbiert werden. Für die Bildung der sauerstoffhaltigen Produkte nimmt ROELEN (*55*) eine an die Olefinbildung anschließende Oxoreaktion an, die zu Aldehyden, Alkoholen und Estern führen wird.

Während eine Reihe von Beobachtungen diese Anschauung FISCHERs zunächst zu stützen schien, sind in den letzten Jahren mehr und mehr Beobachtungen bekannt geworden, die zu Zweifeln an der Richtigkeit der Fischerschen Synthesetheorie Anlaß geben. Eine ausführliche Darstellung der neueren Ergebnisse bringt STORCH in Advances of Catalysis (*42a*). STORCH kommt zu dem Ergebnis, daß für den Kobaltkatalysator die Carbidtheorie nicht bewiesen ist und daß sie für den Eisenkatalysator wahrscheinlich nicht zutrifft. Es scheint vielmehr so, daß an diesen Alkohole in einer früheren Reaktionsstufe auftreten und daß Olefine aus ihnen durch Wasserabspaltung gebildet werden. STORCH vermutet, daß es sich bei der Fischer-Synthese um eine der Oxoreaktion analoge Synthesereaktion handeln könnte, bei der ein Aufbau von C-Atomketten über die Anlagerung von Kohlenoxyd-Wasserstoff vor sich geht, also über Aldehyd–Alkohol–Olefin. Eine solche Reaktionsfolge würde auch eine Erklärung dafür bieten, daß im Fischer-Syntheseprodukt ein verhältnismäßig kleiner Anteil an verzweigten Isomeren vorhanden ist, und daß die Verzweigungen fast ausschließlich in Methylgruppen bestehen. Daß ein Aufbau unter Kettenverlängerung primär gebildeter Kohlenwasserstoffe am Kobaltkontakt bei der Fischer-Synthese erfolgt, geht aus Versuchen von KOELBEL hervor (*56*), der gefunden hat, daß Propylen und Butylen während der Synthese zu über 50% in Kohlenwasserstoffe umgewandelt werden, die um ein C-Atom länger sind. Dieser Befund ist mit Hilfe der Carbid-Methylen-Theorie kaum erklärbar.

Es sei jedoch hingewiesen auf die Ausführungen von GRIFFITH in Advances of Catalysis (*57*). R. H. GRIFFITH diskutiert in einer Untersuchung über „The Geometrical factor in Catalysis" auch den Reaktionsverlauf bei der Fischer-Synthese und bei der Oxosynthese. Er kommt zu dem Ergebnis, daß die Überlegungen und Anschauungen hinsichtlich der Wirkung des geometrischen Faktors — d. h. gewisser Übereinstimmungen zwischen den Atomabständen an der Katalysatoroberfläche und denen der reagierenden Moleküle — bei der Fischer-Synthese eine sehr einleuchtende Deutung des Verlaufs ergeben, und zwar unter Zugrundelegung der Fischerschen Carbidtheorie. Bei der Oxosynthese findet nach GRIFFITH Adsorption des Olefins am Kobaltkatalysator (Fischer-Tropsch-Kontakt) statt, wobei auch hier die Bedeutung des geometrischen Faktors hervortritt. Die Reaktion findet in der adsorbierten Phase statt, in der Kohlenoxyd bei der niedrigen Temperatur der Oxosynthese bestehen kann, ohne reduziert zu werden.

Von BRÖTZ, KOELBEL, SPENGLER u. a. (*58*) wird in neueren Untersuchungen darauf hingewiesen, daß die aktivierte und aktivierende Adsorption der Reaktionsteilnehmer als Grundlage einer neuen Arbeitshypothese für die Erklärung der Synthesereaktionen am Kobaltkatalysator betrachtet werden kann, und Natta wendet diese Überlegungen speziell für die Oxosynthese an (32). Er deutet seine experimentellen Ergebnisse so, daß die formal trimolekulare Reaktion sich in zwei Folgereaktionen von niedrigerer Ordnung abspielt. Die erste Stufe ist die Addition des Kohlenoxyds an das Olefin in der Adsorptionszone des Katalysators, die infolge der stark bevorzugten aktivierten Adsorption des Kohlenoxyds dauernd mit Kohlenoxyd gesättigt ist, während die Nachlieferung der Olefinkomponente als langsamster Vorgang geschwindigkeitsbestimmend wirkt. Die zweite Stufe, die Wasserstoffanlagerung an den instabilen Kohlenoxyd-Olefin-Katalysatorkomplex verläuft rasch.

II. Spezieller Teil.

In den folgenden Abschnitten sollen die Ausführung und die Ergebnisse der Oxoreaktion mit ungesättigten Verbindungen an Hand der vorliegenden Erfahrungen im einzelnen behandelt werden.

A. Aliphatische Olefine.
1. Einheitliche Olefine.

Äthylen. Die Anlagerung von Kohlenoxyd und Wasserstoff an Äthylen verläuft unter geeigneten Bedingungen außerordentlich lebhaft. Dies ergibt sich schon aus der oben erwähnten Untersuchung von Smith, Hawk und Golden (12), die bei gewöhnlichem Druck und bei einer Temperatur von 200° ein Gemisch von Äthylen, Kohlenoxyd und Wasserstoff über einen Kobalt-Kupferkontakt leiteten, wie er für die Fischer-Synthese wirksam ist. Sie fanden, daß schon bei einer Konzentration von über 10% das Äthylen mit den beiden anderen Gasen reagiert, und daß dabei neben Kohlenwasserstoffen größere Mengen sauerstoffhaltiger Produkte gebildet werden. Diese bestehen aus Alkoholen und Aldehyden im Siedebereich bis 100°. Eine Polymerisation des Äthylens findet unter diesen Bedingungen nicht statt, auch tritt Äthylen nur in die Reaktion ein bei gleichzeitiger Gegenwart von Kohlenoxyd und Wasserstoff, während mit Kohlenoxyd allein keine Reaktion, mit Wasserstoff allein nur Hydrierung zu Äthan erfolgt. Über einem Eisen-Kupfer-Katalysator, der ebenfalls die Fischer-Synthese zu katalysieren vermag, reagierte Äthylen nicht mit Kohlenoxyd und Wasserstoff.

Craxford hat im Zusammenhang mit Untersuchungen über den Mechanismus der Fischer-Synthese diese Versuche erneut aufgenommen (59) und gefunden, daß ein Kobaltkatalysator bei 280° und Normaldruck aus Kohlenoxyd und Wasserstoff nur Methan bildete, daß aber unter den gleichen Bedingungen bei Gegenwart von Äthylen eine reichliche Menge flüssiger Produkte erhalten wurde. Erhöhung des Drucks führte zu einer Zunahme der sauerstoffhaltigen Verbindungen im Reaktionsprodukt. In letzter Zeit haben EIDUS und PUSITZKI (*60*) ähnliche Untersuchungen durchgeführt, indem sie ein Gemisch von 50% Äthylen und 50% Synthesegas (CO : H_2 wie 1 : 2) bei 190° und Normaldruck über einen Kobaltkatalysator leiteten. Sie fanden, daß die Menge an flüssigem Reaktionsprodukt 3 bis 3,5 mal größer war als ohne Äthylenzusatz, daß aber die entstandene Menge Wasser 3 bis 6 mal geringer war. Das Reaktionsprodukt, das unter Mitwirkung des Äthylens entsteht, besteht aus Kohlenwasserstoffen, Verbindungen mit Carbonylgruppen und Alkoholen, unter denen Propylalkohol nachgewiesen wurde.

Schon früher hatte PATART (*61*) ein Gasgemisch von Äthylen-Kohlenoxyd und Wasserstoff im Verhältnis 1 : 1 : 2 bei 300° und 150—250 at im Kreislauf über einen Katalysator geführt, der aus basischem Zinkchromat bestand und dabei im wesentlichen Kohlenwasserstoffe von Leichtölcharakter neben Methanol und sehr kleinen Mengen von Aldehyden und höheren Alkoholen erhalten. MITTASCH, PIER und WINKLER (*62*) brachten ein Gasgemisch Äthylen–Kohlenoxyd–Wasserstoff (2 : 1 : 1) bei 500° und 150 at über aktivem Kieselgel zur Reaktion und erhielten ein Reaktionsprodukt, das zur Hälfte aus gesättigten und ungesättigten Kohlenwasserstoffen, zur anderen Hälfte aus sauerstoffhaltigen Verbindungen (höheren Alkoholen, Ketonen) bestand.

Diesen Befunden gegenüber wurde durch die Auffindung der Oxoreaktion gezeigt, daß man durch Anwendung geeigneter Bedingungen die Reaktion des Äthylens mit CO und H_2 selektiv zur Bildung von Propionaldehyd lenken kann.

Im folgenden wird die Ausführung der Reaktion in ihrer einfachsten Form beschrieben, wobei auf die Erörterung der speziellen Maßnahmen in bezug auf Katalysator, Temperatur, Druck in den betreffenden Abschnitten hingewiesen sei.

Leitet man bei einer Temperatur von 90 bis 100° und einem Druck von 100 Atm. ein Gasgemisch aus Äthylen-Kohlenoxyd und Wasserstoff im Verhältnis 1 : 1 : 1 bis 2 : 1 : 1 über einen Katalysator, der aus 100 Teilen Kobalt, 15 Teilen Thoriumoxyd und 200 Teilen Kieselgur besteht, mit einer Geschwindigkeit von 100 Liter Gas N. T. P. pro Stunde durch 1 Liter Kontaktvolumen, so erhält man aus 1000 Liter Gasgemisch bei einmaligem Durchgang 300 bis 400 g flüssiges Produkt, bei mehrmaligem Durchgang bis zu 700 g, theor. 800 g. Das Produkt enthält 40% Propionaldehyd, 20% Diäthylketon und 40% höhersiedende Aldehyde, Ketone und andere sauerstoffhaltige Verbindungen.

Die Reaktion des Äthylens mit Kohlenoxyd und Wasserstoff ist mit ca. 35 cal. exotherm, und da sie unter den angegebenen Bedingungen des Druckes und der Temperatur mit großer Geschwindigkeit verläuft, können leicht erhebliche Temperatursteigerungen im Reaktionsraum eintreten, die zu Nebenreaktionen und damit zur Bildung der höhersiedenden Anteile führen. Man muß daher zur Konstanthaltung der Temperatur für Abführung der entstehenden Wärme

Sorge tragen. Dies kann in verschiedener Weise geschehen, entweder in der bei
der Fischer-Synthese üblichen Form durch eingebaute Kühlvorrichtungen,
oder durch Kühlung des im Kreislauf geführten Gasstromes, oder durch Einführung von geeigneten Hilfsflüssigkeiten in den Reaktionsraum selbst. Als
solche kommen z. B. Öle oder Kohlenwasserstoffe geeigneter Siedelage wie
Toluol, aber auch Wasser in Betracht. Es gelingt so bei sorgfältiger Abführung
der Reaktionswärme die Ausbeute an Propionaldehyd auf 75% d. Th. zu steigern; dazu kommen einige Prozent Propylalkohol und Diäthylketon neben
10—20% höhersiedende Produkte, unter denen namentlich Methyl-äthylacrolein
auftritt (10).

Die Ausführung der Oxoreaktion bei Gegenwart von Wasser bietet nicht
nur den Vorteil, daß ein großer Teil der Reaktionswärme vom Wasser als Verdampfungswärme aufgenommen wird. Da Propionaldehyd in Wasser löslich
ist, fällt das Reaktionsprodukt in Form einer verdünnten wässrigen Lösung an.
Die Neigung des Propionaldehyds zur Bildung von Kondensationsprodukten ist
aber in wässriger Lösung erheblich geringer, so daß bei dieser Arbeitsweise der
Anfall an hochsiedenden Nebenprodukten verringert und die Ausbeute an
Propionaldehyd erhöht ist (16 b).

Es sei erwähnt, daß dieser günstige Einfluß der Zugabe von Wasser
zu ähnlichen Versuchen auch mit anderen Olefinen angeregt hat. Sie
haben den Befund am Äthylen bestätigt, obwohl es sich dort nicht mehr
um wasserlösliche Aldehyde als Reaktionsprodukte handelte. Die für
die Zurückdrängung der Kondensationsprodukte optimale Menge Wasser
variiert mit der Molekülgröße des Olefins. Sie beträgt etwa 10% bei
niedrigen (C_5) Olefinen bis 70% bei höheren (C_{15}) Olefinen. Beim Äthylen
wurden aber erheblich größere Wassermengen zugeführt. Einen weiteren
Fortschritt in bezug auf die Lenkung der Reaktion bringt die Anwendung
von Drucken über 300 at. was schon in dem Abschnitt Druck erwähnt
wurde. Auf die Tabelle (2) sei hingewiesen.

Nach Gresham, Brooks und Grigsby kann man die Oxosynthese
mit Äthylen auch so führen, daß nahezu ausschließlich Diäthylketon
entsteht, indem man mit einem starken Überschuß von Äthylen und
Kohlenoxyd gegenüber Wasserstoff arbeitet, z. B. C_2H_4 : CO : H_2 wie
1 : 1,5 : 0,15, bei 250° und 500 bis 800 Atm. (63).

Wendet man Cyclohexan als Hilfsflüssigkeit an, so erhält man nach
Gresham bei 140° und 700 at. aus einem Gasgemisch Äthylen-Kohlen-
oxyd-Wasserstoff 1 : 1 : 2 einen Umsatz von 90% zu Propionaldehyd und
eine Raumzeitausbeute von 3 kg pro Stunde und Liter Kontaktvolumen.
Der Propionaldehyd kann im Reaktionsprodukt zum Teil in dimerer
oder trimerer Form vorliegen, die aber durch Destillation mit etwas
Mineralsäure wieder in monomere Form übergeführt wird.

Die hochsiedenden Anteile des Reaktionsprodukts, die im vorstehenden mehrfach erwähnt wurden und deren Menge unter Umständen erheblich sein kann, bilden sich durch Sekundärreaktionen des entstandenen Propionaldehyds:

$$CH_3 \cdot CH_2 - C \overset{H}{\underset{O}{\diagup}} \qquad \qquad CH_3 - C - C \overset{O}{\underset{H}{\diagdown}}$$
$$\longrightarrow \quad CH_3 - CH_2 - CH$$
$$CH_3 \cdot CH_2 \cdot C \overset{O}{\underset{H}{\diagdown}}$$

Aus Äthylen entsteht über den Propionaldehyd ein Aldol, das zu Methyl-äthylacrolein dehydratisiert und zu einem Glykol, einem Hexandiol, reduziert werden kann. Auf die Bildung dieser Nebenprodukte wird beim Propylen näher eingegangen.

Propylen. Beim Propylen sind isomere Reaktionsprodukte zu erwarten, da das Kohlenoxyd an das endständige oder mittelständige olefinische C-Atom treten kann. Man erhält entsprechend bei der Oxosynthese ein Gemisch von n-Butyraldehyd und iso-Butyraldehyd. Unter den üblichen Bedingungen erzielt man einen Umsatz von ca. 80% des Propylens zu Butyraldehyd, und zwar 60% davon n-Butyraldehyd, 40% iso-Aldehyd, 20% des eingesetzten Propylens werden über primär entstandenen Aldehyd in hochsiedende Produkte umgewandelt. Durch Anwendung hoher Drucke kann nach GRESHAM und BROOKS (*26*) die Reaktion zugunsten der Normalform gelenkt werden. Die Genannten erhielten in kontinuierlicher Arbeitsweise bei 170° und 500 at. 56% n-Aldehyd und 44% iso-Aldehyd, dagegen bei 700 Atm. 75% n-Aldehyd und 25% iso-Aldehyd. Bei diskontinuierlicher Arbeitsweise im Autoklaven mit Äther als Lösungsmittel wurden sogar 97% des Produktes als n-Butyraldehyd erhalten. Ein Teil davon liegt im Reaktionsprodukt in trimerer Form vor, die bei der Destillation wieder depolymerisiert.

Oben wurde erwähnt, daß man gewöhnlich etwa 20% des angewandten Propylens in Form von höhersiedenden Produkten vorfindet. Solche höhersiedende Fraktionen werden als Reaktionsprodukt aus sekundären Folgereaktionen der primär gebildeten Aldehyde in mehr oder weniger großen Mengen bei der Ausführung der Oxoreaktion mit den verschiedensten Ausgangsstoffen erhalten. ADKINS (*17*) hat bei seinen Versuchen gefunden, daß die Ausbeuter an Aldehyden bei schnellem und bei langsamem Ablauf der Reaktion kaum verschieden waren. Andere Beobachter haben jedoch festgestellt, daß bei langsamem Ablauf der Reaktion die Menge der Folgeprodukte auf Kosten der primären Aldehyde zunahm. Die prozentuale Menge hängt von den Versuchsbedingungen, insbesondere der Temperatur und der Reaktionsdauer ab. Beim Äthylen wurde schon die Bildung von Diäthylketon und von Methyl-äthylacrolein erwähnt. Während die Bildung von Keton aus 2 Molekülen Olefin und 1 Molekül CO eine für das Äthylen spezifische Nebenreaktion zu sein scheint, ist die Bildung von Di–alkylacroleinen vom Typus des Methyl–äthylacrolein in jedem Fall zu erwarten. Beim Arbeiten mit Propylen erhält man daher Äthyl–propylacrolein und das durch Hydrierung daraus entstehende 2-Äthylhexanol, gemäß folgendem Schema:

$$CH_3 \cdot CH_2 \cdot CH_2 \cdot C \Big\langle \begin{matrix} H \\ O \end{matrix} \qquad CH_3 \cdot CH_2 \cdot CH_2 \cdot C \Big\langle \begin{matrix} O \\ H \end{matrix}$$

$$\longrightarrow \quad CH_3 \cdot CH_2 \cdot CH_2 \cdot CH$$

$$CH_3 \cdot CH_2 \cdot CH_2 \cdot C \Big\langle \begin{matrix} O \\ H \end{matrix}$$

Es findet primär Aldolkondensation statt. Als Folgeprodukte dieser Kondensation können Oxyaldehyde und Glykole entstehen; meist tritt aber Crotonisierung unter Wasserabspaltung zum substituierten Acrolein ein.

J. v. BRAUN und MANZ (*64*) haben eingehend die Veränderungen untersucht, die aliphatische Aldehyde unter der Einwirkung von Metallen erleiden. Dabei wurde gefunden, daß feinverteiltes Kupfer, Eisen, Kobalt und Nickel schon bei gewöhnlicher Temperatur und in Abwesenheit von Luft oder Feuchtigkeit sehr deutlich auf Aldehyde unter Wasserstoffentwicklung einwirken. Es bilden sich zuerst Metall-Enolate, die unter Aldolkondensation weiter reagieren, wie es durch das folgende Reaktionsschema veranschaulicht wird:

I. $R \cdot CH_2 \cdot C \Big\langle \begin{matrix} H \\ O \end{matrix} \xrightarrow{Me} R \cdot CH = C \Big\langle \begin{matrix} H \\ OMe \end{matrix} + H$

II. $R \cdot CH = C \Big\langle \begin{matrix} H \\ OMe \end{matrix}$

$R \cdot CH_2 \cdot C \Big\langle \begin{matrix} H \\ O \end{matrix} \longrightarrow \begin{matrix} R \cdot CH_2 \cdot C \cdot OMe \\ | \\ R \cdot CH \cdot C \end{matrix} \Big\langle \begin{matrix} H \\ H \\ O \end{matrix} \longrightarrow \begin{matrix} R \cdot CH_2 \cdot C \cdot OH \\ | \\ R \cdot CH \cdot C \end{matrix} \Big\langle \begin{matrix} H \\ H \\ O \end{matrix}$

$$\longrightarrow \begin{matrix} R \cdot CH_2 \cdot CH \\ \| \\ R \cdot C \cdot C \end{matrix} \Big\langle \begin{matrix} H \\ O \end{matrix}$$

Adolisierung und Crotonisierung treten auch schon beim Stehen der Aldehyde über feinverteilten Metallen bei gewöhnlicher Temperatur ein, und gerade Kobalt erweist sich in dieser Beziehung als besonders wirksam. Auch die metallischen Apparaturteile, mit denen die Aldehyde in Berührung kommen, können unter Umständen starke Wirkungen dieser Art ausüben. So blieb n-Butyraldehyd, der in einem Stahlautoklaven 3 Stunden auf 200° erhitzt wurde, nur zu 25% unverändert; alles übrige ging in Äthyl–propylacrolein über.

In den hochsiedenden Anteilen der Oxoprodukte treten auch meist geringe Mengen von Estern auf, deren Bildung so zu erklären ist, daß aus

3 Molekülen Aldehyd über Aldolkondensationen Glykolhalbester folgender Konstitution, entstehen z. B. aus dem Olefin R–CH $=$ CH$_2$:

$$R - CH_2 - CH_2 - CHOH - CH - CH_2 - O - CO - CH_2 - CH_2R$$
$$| $$
$$CH_2$$
$$|$$
$$R$$

Butylen (Buten). C$_4$-Olefine existieren in den drei isomeren Formen des Buten-(1), Buten-(2) und des Isobutylens. Es liegen Beobachtungen mit allen drei C$_4$-Olefinen vor, wobei beim Buten-(2) keine Unterscheidung der cis- und trans-Form gemacht wurde. Es wäre zu erwarten, daß Buten-(1) als unsymmetrisches Olefin bei der Oxosynthese zwei isomere C$_5$-Aldehyde (I und II) liefert, während aus Buten-(2) nur ein C$_5$-Aldehyd bzw. C$_5$-Alkohol, das 2-Methylbutanol-(1) (II) entstehen kann:

$$C - C - C = C \quad \longrightarrow \quad C - C - C - C - CH_2OH \quad I.$$
$$\searrow$$
$$C - C - C - CH_3 \quad II.$$
$$C - C = C - C \quad \longrightarrow \quad |$$
$$CH_2OH$$

Tatsächlich erhält man aber, wie KEULEMANS und Mitarbeiter (*3*) beobachtet haben, sowohl von reinem Buten-(1) wie von reinem Buten-(2) ausgehend ein Gemisch von 50% n-Pentanol (I) und 50% 2-Methylbutanol-1 (II), d. h. unter den Bedingungen der Oxoreaktion tritt eine teilweise Verschiebung der Doppelbindung ein und Butylen reagiert in beiden Fällen wie ein Gemisch von Buten-(1) und Buten-(2). Die thermodynamisch stabilere Form von beiden ist Buten-(2).

Isobutylen. Isobutylen liefert bei der Oxierung und nachfolgenden Hydrierung nur einen Alkohol, das 3-Methyl–butanol-(1), da, wie NIENBURG in Ludwigshafen gefunden (*65*) und KEULEMANS (*3*) bestätigt hat, das tertiär gebundene C-Atom des Isobutylens nicht mehr anlagerungsfähig ist. Diese am Isobutylen gemachte Feststellung trifft allgemein zu; sie bildet einen wichtigen Bestandteil der für die Isomerenbildung bei der Oxoreaktion gültigen Regeln und wird folgendermaßen formuliert:

Addition einer Formylgruppe an ein tertiäres C-Atom tritt nicht ein. Es werden bei der Oxosynthese keine quartären C-Atome gebildet:

$$\begin{array}{c} C \\ \diagdown \\ C = C \\ \diagup \\ C \end{array} \longrightarrow \begin{array}{c} C \\ \diagdown \\ C - C - CH_2OH \\ \diagup \\ C \end{array}$$

Penten. Über die Oxoreaktion mit n-Penten liegen Beobachtungen von KEULEMANS u. a. vor, die, anknüpfend an ältere Ergebnisse NIENBURGS u. a. (*66*), die Oxosynthese mit Olefinen C$_3$ bis C$_8$ besonders im Hinblick auf die Isomerenbildung untersucht haben. Die experimentellen Verhältnisse erlaubten bei der Arbeit von KEULEMANS keine sehr exakte

Festlegung der Versuchsbedingungen, so daß unter anderen Bedingungen die Prozentzahlen der Isomeren etwas abweichen können. Die Aldehyde wurden zu den Alkoholen hydriert; aus diesen wurde zur Vermeidung der Isomerisierung über die Fettsäureester Wasser abgespalten, die Olefine wurden hydriert und die erhaltenen Paraffine mit Hilfe physikalischer Konstanten identifiziert, ein Verfahren das sich trotz seiner Umständlichkeit empfiehlt, da das Material an bekannten physikalischen Daten bei den Paraffinen bedeutend reichhaltiger ist als bei den Alkoholen.

n-Penten kann in den zwei Isomeren n-Penten-(1) und n-Penten-(2) vorliegen. Geht man vom n-Penten-(1) aus, so wären als Reaktionsprodukte bei der Oxierung zu erwarten n-Hexanol und 2-Methylpentanol–Penten-(2) kann bilden 2-Methylpentanol und 2-Äthyl–butanol

$$C - C - C - C = C \quad
\begin{cases}
\longrightarrow & C - C - C - C - C - CH_2OH \quad I. \\
\longrightarrow & C - C - C - C - CH_3 \quad\quad\quad II. \\
& \qquad\qquad\qquad\ |\\
& \qquad\qquad\quad CH_2OH
\end{cases}$$

$$C - C - C = C - C \longrightarrow C - C - C - CH_2 - CH_3 \quad III.$$
$$\qquad\qquad\qquad\qquad\qquad\qquad\quad |$$
$$\qquad\qquad\qquad\qquad\qquad\quad CH_2OH$$

Tatsächlich erhielten die genannten Autoren aber die Verteilung 50% n-Hexanol (I), 40% 2-Methylpentanol (II) und 10% 2-Äthylbutanol (III), und zwar unabhängig davon, ob man vom Penten-(1) oder vom Penten-(2) ausging. Auch hier ist das Penten-(2) die thermodynamisch begünstigte Form, auch hier ist demnach die Tendenz zu geradliniger Kettenverlängerung größer als die Neigung zur Bildung der stärker verzweigten Produkte, die nach den Stabilitätsverhältnissen der Olefine eigentlich zu erwarten wären. ADKINS hat aus Penten-(2) eine Gesamtausbeute von 75% der Theorie an C_6-Aldehyden bekommen, die nicht näher charakterisiert wurden (4).

Bemerkenswert sind auch die Verhältnisse bei der Isomerenbildung aus dem Isopenten, dem 2-Methyl–buten-(2) oder Trimethyläthylen.

$$\overset{\displaystyle H}{\underset{\displaystyle 4}{CH_3}} - \overset{\displaystyle |}{\underset{\displaystyle 3}{C}} = \overset{\displaystyle CH_3}{\underset{\displaystyle 2}{C}} - \overset{}{\underset{\displaystyle 1}{CH_3}}$$

Die Anlagerung des Formylrestes kann hier nur am C-Atom 3 erfolgen, da C_2 tertiär ist. Es wäre demnach zu erwarten, daß 2.3-Dimethyl–butanol-(1) (I) entsteht, wenn keine Verschiebung der Doppelbindung eintreten würde:

$$CH_3 - \overset{\displaystyle CH_3}{\underset{\displaystyle H}{C}} = C - CH_3 \longrightarrow CH_3 - \overset{\displaystyle CH_3}{\underset{\displaystyle H}{C}} - \overset{\displaystyle CH_3}{\underset{\displaystyle H}{C}} - CH_2OH .$$
$$\text{I}$$

Die Stabilitätsverhältnisse der 3 möglichen Methylbutene sind so, daß bei der Oxierungstemperatur von ca. 120° im Gleichgewicht vorhanden sind

$$
\begin{array}{c}
\mathrm{CH_3} \\
| \\
\mathrm{C - C - C = C}
\end{array}
\qquad \text{2-Methylbuten-(1)} \qquad \text{ca. 10\%}
$$

$$
\begin{array}{c}
\mathrm{CH_3} \\
| \\
\mathrm{C - C - C = C}
\end{array}
\qquad \text{3-Methylbuten-(1)} \qquad \text{ca. 8\%}
$$

$$
\begin{array}{c}
\mathrm{CH_3} \\
| \\
\mathrm{C - C = C - C}
\end{array}
\qquad \text{2-Methylbuten-(2)} \qquad \text{ca. 73\%,}
$$

woraus hervorgeht, daß unter den Reaktionsbedingungen das 2-Methyl-buten-(2) weitaus am stabilsten ist, so daß im Oxierungsprodukt in überwiegender Menge auch aus diesem Grunde das 2.3-Dimethylbutanol zu erwarten wäre.

Stattdessen hat sich gezeigt (3), daß in weitaus überwiegender Menge 3-Methyl-pentanol-(1) (II) und 4-Methylpentanol-1 (III)

$$
\begin{array}{c}
\mathrm{CH_3} \\
| \\
\mathrm{C - C - C - C - CH_2OH}
\end{array}
\qquad\qquad
\begin{array}{c}
\mathrm{CH_3} \\
| \\
\mathrm{C - C - C - C - CH_2O_3H}
\end{array}
$$
$$
\text{II} \qquad\qquad\qquad\qquad \text{III}
$$

entstanden, während 2.3-Dimethyl-butanol (I) nur zu einem sehr niedrigen Prozentsatz vorlag. Der Anteil an den beiden ersteren betrug ca. 90%. Dieses Ergebnis wurde erzielt gleichgültig von welchem der 3-Methyl-butene ausgegangen wurde. Es ergibt sich also auch aus diesen Versuchen, daß während der Oxierung eine Verschiebung der Doppelbindung eintritt, auch wenn das Ausgangsolefin vom thermodynamischen Standpunkt aus bei den Versuchsbedingungen stabil ist, und daß sich bevorzugt die Isomeren mit längeren Ketten bilden, auf Kosten der stärker verzweigten Produkte. ADKINS erhielt unter den veränderten Bedingungen seiner Arbeitsweise aus 2-Methyl-buten-(1) nur 3-Methylvaleraldehyd (53%) (4). Die Verschiebung der Doppelbindung in Olefinen bei der Oxierung erfolgt, wie ASINGER in Leuna gefunden hat, unter dem katalytischen Einfluß von Kobaltcarbonyl und Kobaltcarbonylwasserstoff.

Die bisher unveröffentlichten Untersuchungen von ASINGER und BERG wurden von KLOPFER in ihren Ergebnissen zusammengefaßt (67). Danach hat sich gezeigt, „daß bei langkettigen Olefinen während der Oxoreaktion eine Verschiebung der Doppelbindung stattfindet und daß die Doppelbindung während ihrer Wanderung durch die Molekel immer wieder durch die relativ schnellere Oxoreaktion abgefangen wird". Es ist sicher erlaubt, diese an langkettigen Olefinen gewonnenen Ergebnisse auch auf die Olefine C_4-C_{10} zu übertragen. Die Verschiebung geht nach KLOPFER möglicherweise so vor sich, daß aus dem primär gebildeten dimeren Kobalttetracarbonyl- dem Dikobaltoctacarbonyl- bei höherer

Temperatur durch Dissoziation Kobaltcarbonyl-Radikale entstehen $Co(CO)_{42} \rightleftharpoons 2\,Co(CO)_4$, die mit der Doppelbindung unter Bildung von Addukten in Wechselwirkung treten können. Diese Addukte zerfallen unter Verschiebung der Doppelbindung, wobei wahrscheinlich die intermediäre Bildung von Kobaltcarbonylwasserstoff eine Rolle spielt, da die Verschiebung nur bei gleichzeitiger Gegenwart von Wasserstoff eintritt, so daß es sich um Anlagerung und Wiederabspaltung von Kobaltcarbonylwasserstoff handeln könnte. Nickel, das keine Carbonylwasserstoffverbindung bildet, bewirkt nach Asinger keine Doppelbindungsisomerisierung.

Hexen. Adkins hat nach seiner Arbeitsweise mit Kobaltcarbonyl in Äther oder Cyclohexan aus n-Hexen-(1) (I) 32% der Theorie an n-Heptylaldehyd und 32% der Theorie 2-Methyl-hexylaldehyd erhalten, während Keulemans u. a. (*3*) im Reaktionsprodukt nach der Hydrierung 50% n-Heptanol (IV), 30% 2-Methylhexanol-(1) (V) und 20% 2-Äthylpentanol (VI) fand. Das sind die drei möglichen Isomeren, die sich aus einem Gemisch von Hexen-(1) (I), Hexen-(2) (II) und Hexen-(3) (III) bilden können.

Beim Tetramethyläthylen oder 2,3-Dimethylbuten-(2) (VII) wäre nach dem oben über tertiäre C-Atome gesagten normalerweise keine Anlagerung zu erwarten. Tatsächlich erhält man jedoch aus diesem Olefin, wie Versuche von Nienburg und von Keulemans gezeigt haben, bei der Oxierung das 3.4-Dimethylpentanol-(1) (IX), indem die Doppelbindung unter dem katalytischen Einfluß des Kobaltcarbonyls sich nach dem Kettenende verschiebt und normale Kettenverlängerung eintritt.

$$
\begin{array}{cc}
\underset{X}{\underset{\overset{|}{CH_3}\;\;\overset{|}{H}}{\overset{\overset{|}{CH_3}}{CH_3-C-C=CH_2}}}
&
\underset{XI}{\underset{\overset{|}{CH_3}\;\;\overset{|}{H}}{\overset{\overset{|}{CH_3}\;\;\overset{|}{H}}{CH_3-C-C-CH_2OH}}}
\end{array}
$$

Auch aus 2.3-Dimethyl-buten-(1) (VIII) wurde nur der Alkohol 3.4-Di-methyl–pentanol (IX) erhalten, während 3.3-Dimethyl–buten-(1) (X) als einziges Reaktionsprodukt das 4.4-Dimethyl–pentanol-(1) (XI) lieferte. GRESHAM und BROOKS erhielten aus Tetramethyläthylen bei 600 bis 700 Atm. und 130 bis 140° ein Gemisch, das hochsiedende Aldehyde und Alkohole enthielt.

Aus dem *Isohexen* 2-Methyl–penten-(3) (I)

$$
\begin{array}{cc}
\underset{I.}{\overset{\overset{|}{CH_3}}{C-C=C-C-C}}
&
\underset{II.}{\overset{\overset{|}{CH_3}\;\;\;\;\;\overset{|}{CH_3}}{CH_2OH-C-C-C-CH_3}}
\end{array}
$$

$$
\underset{III.}{\overset{\overset{\overset{|}{CH_3}}{}}{CH_2OH-C-C-C-C-C}}
$$

$$
\underset{IV.}{\overset{\overset{\overset{|}{CH_3}}{}}{CH_2OH-C-C-C-C-C}}
$$

wurden erhalten 30% 2.4-Dimethylpentanol-1 (II), 40% 5-Methyl-hexanol-1 (III), 30% 3-Methylhexanol-1 (IV).

$$
\text{Aus 2-Äthyl–buten-(1)}\qquad
\underset{}{\overset{\overset{|}{CH_3}}{\overset{\overset{|}{CH_2}}{C-C-C=C}}}
$$

hat ADKINS 55% der Theorie an β-Äthylvaleraldehyd erhalten.

Wenn auch das vorliegende Versuchsmaterial noch nicht sehr um-fangreich ist, so kann man doch aus den bisher geschilderten Ergebnissen einige Regeln über die *Isomerenbildung bei der Oxoreaktion* ableiten, die von NIENBURG und von KEULEMANS folgendermaßen formuliert werden:

1. Aus geradkettigen Olefinen mit endständiger Doppelbindung wird ein Gemisch von Alkoholen erhalten, das 40 bis 60% geradkettigen primären Alkohol und 60 bis 40% α-methylverzweigten primären Alkohol enthält (n-Butanol und Isobutanol aus Propylen).

2. Addition einer Formylgruppe an ein tertiäres C-Atom findet nicht statt. Bei der Oxierung werden infolgedessen keine quartären C-Atome gebildet (Isobutylen bildet nur 3-Methyl–butanol-1).

3. Die Anlagerung der Formylgruppe an ein C-Atom, das einem tertiären C-Atom benachbart ist, ist stark behindert, kann aber in geringem Umfang eintreten (aus 3-Methyl–buten-1 entsteht fast nur 4-Methyl- pentanol-1).

4. Anlagerung der Formylgruppe an ein C-Atom, das einem quartären C-Atom benachbart ist, findet nicht statt (aus 3.3-Dimethyl–buten-1 entsteht nur 4.4-Dimethyl–pentanol-1).

5. Die Anlagerung der Formylgruppe wird nicht behindert durch ein isoliertes tertiäres C-Atom (aus 4-Methylpenten-1 entstehen die beiden möglichen Isomeren 2.4-Dimethyl-pentanol-1 und 5-Methylhexanol-1).

6. Isomerisierung des Olefins durch Verschiebung der Doppelbindung begleitet im allgemeinen die Oxierung, braucht aber nicht unbedingt einzutreten.

7. Als Grundzug läßt sich aus diesen Auswahlregeln festhalten, daß abgesehen von der α-Methylverzweigung gemäß 1. das Molekül einer Erhöhung seines Verzweigungsgrades bzw. einer Annäherung an eine kugelsymmetrische Form ausweicht und unter Verschiebung der Doppelbindung gestrecktere Formen annimmt.

Es ist aber zu betonen, daß diese Ergebnisse an einem verhältnismäßig beschränkten Versuchsmaterial (Olefine C_3—C_8) gewonnen sind, daß daher in dieser Frage der Isomerenbildung noch erhebliche Arbeit zu leisten ist, einerseits im Hinblick auf die höhermolekularen Olefine, auf die lenkende Wirkung anderer besonders sauerstoffhaltiger Substituenten im Olefin (s. dazu besonders ADKINS l. c.), namentlich aber auch im Hinblick auf die Möglichkeiten der Beeinflussung und Lenkung durch Katalysator und Reaktionsbedingungen.

Hepten. Hepten, das aus der Erdölspaltung stammt, wird in Amerika zu Octylalkohol oxiert. Über Strukturverhältnisse ist näheres nicht bekannt.

Octen. Während mit n-Octen keine Versuchsergebnisse beschrieben sind, beansprucht die Ausführung der Oxoreaktion mit einem Isoocten, dem sogenannten Diisobutylen, wieder größeres Interesse. Diisobutylen wird erhalten durch Dimerisierung von Isobutylen und auf diese Weise technisch in großem Maßstab gewonnen. Diisobutylen ist, wie McCUBBIN und ADKINS (*68a*) sowie WHITMORE und CHURCH (*68b*) übereinstimmend durch Ozonolyse festgestellt haben, ein Gemisch zweier Komponenten, des 2.4.4-Trimethyl penten-(1) Kp: 101,2° (I) und des 2,4,4-Trimethyl-penten-(2) Kp: 104,5° (II). Das Mengenverhältnis ist 80% I und 20% II.

I.　　　　　　　　　　　　　　　　II.

Nach den Regeln, die sich für die Isomerenbildung bei der Oxierung bis jetzt ergeben haben, ist zu erwarten, daß aus Diisobutylen nur ein Alkohol als Oxierungsprodukt erhalten wird, nämlich aus (I) das 3.5 5-Trimethyl-hexanol-(1). Denn in (I) ist C_2 und in (II) C_2 und C_3 nicht anlagerungsfähig, da sie tertiär, bzw. einem quartären C-Atom benachbart sind. In der Tat fanden KEULEMANS und Mitarbeiter nur einen Isononylalkohol Kp:192,9°. Die Herstellung von Nonylalkohol aus Diisobutylen ist auch von technischer Bedeutung. Sie ist von deutschen Stellen eingehend bearbeitet worden (69).

Amerikanische Firmen stellen durch Oxierung von Diisobutylen Nonylaldehyd in technischem Maßstab her (70). Wie schon erwähnt, tritt bei der Oxierung auch in mehr oder weniger großem Umfang Aldolisierung ein, und man erhält auf diese Weise oder durch nachträgliche Aldolisierung des Nonylaldehyds den Octadecenylaldehyd (I), einen Aldehyd von stark verzweigter Struktur. Aus ihm wird ein Octadecylalkohol (II) erhalten Kp_{20}:177°; Kp_1:122°.

$$C_7H_{15} - CH_2 - CH = \overset{\overset{\displaystyle C_7H_{15}}{|}}{C} - CHO$$
I

$$CH_3 - \overset{\overset{\displaystyle CH_3}{|}}{\underset{\underset{\displaystyle CH_3}{|}}{C}} - CH_2 - \overset{\overset{\displaystyle CH_3}{|}}{CH} - \underset{\underset{\displaystyle CH_2OH}{|}}{CH} - CH_2 - CH_2 - \overset{\overset{\displaystyle CH_3}{|}}{CH} - CH_2 - \overset{\overset{\displaystyle CH_3}{|}}{\underset{\underset{\displaystyle CH_3}{|}}{C}} - CH_3$$
II

Über den Nonylaldehyd sind das entsprechende Nonylamin, die Nonansäure, über das Nonylaldehydcyanhydrin die α-Oxydecansäure (III) zugänglich.

$$CH_3 - \overset{\overset{\displaystyle CH_3}{|}}{\underset{\underset{\displaystyle CH_3}{|}}{C}} - CH_2 - \overset{\overset{\displaystyle CH_3}{|}}{CH} - CH_2 - \underset{\underset{\displaystyle OH}{|}}{CH} - COOH$$
III

Nonylalkohol aus Diisobutylen ist technisch interessant als Veresterungskomponente für Phtalsäure (71).

In einer ausführlichen Arbeit untersuchen SPARKS und YOUNG (71) die Eignung solcher Phtalsäure- und Phosphorsäureester aus Alkoholen der Oxosynthese, speziell Octyl- und Nonylalkohol, als Weichmacher für Kunststoffe. Sie werden anwendungstechnisch mit den entsprechenden Estern aus Äthylhexanol und n-Octylalkohol verglichen und als vollkommen gleichwertig erkannt.

Ein Dimerisierungsprodukt aus Butylen und Isobutylen oxieren ADAMS und BURNEY zu einem Nonylalkoholgemisch (27).

Aus 2-Äthyl-hexen

$$\overset{\displaystyle C_2H_5}{\underset{\displaystyle C-C-C-C-C=C}{|}},$$

wie es durch Wasserabspaltung aus 2-Äthylhexanol erhalten wird, entsteht bei der Oxierung in einer Ausbeute von 70% der Theorie ein Nonylalkohol vom Kp_{20}: 101 bis 104 (72).

C_9-*Olefin*. Während bei den Olefinen bis zu C_8 die bereits angeführten Untersuchungen über die Struktur und die Isomerieverhältnisse der Oxierungsprodukte einigen Aufschluß geben, liegen bei den Olefinen über C_8 weniger bestimmte Angaben vor. Die Gemische von Olefinen verschiedener C-Atomzahlen, wie sie technisch vielfach bearbeitet wurden, werden später gesondert behandelt.

Verschiedentlich sind Polymerolefine wie Tripropylen, Triisobutylen, als Ausgangsmaterial verwendet worden.

Aus Diisoheptylen wird Pentadecanol in guter Ausbeute gewonnen (72).

Octadecen-(1) ergab nach der Arbeitsweise von ADKINS behandelt 54% der Theorie an C_{19}-Aldehyd.

Die Oxierung von langkettigen Olefinen mit mittelständiger Doppelbindung sei an einem Beispiel veranschaulicht (73). Durch Ketonisierung mit nachfolgender Hydrierung werden aus Carbonsäuren mittlerer C-Atomzahlen sekundäre Alkohole größerer Kettenlänge gewonnen (z. B. ein Diheptylcarbinol), aus denen durch Wasserabspaltung ein Olefin mit mittelständiger Doppelbindung hervorgeht. Das Olefin aus Diheptylcarbinol wurde der Oxoreaktion unterworfen und dabei 79% der Theorie eines Gemisches primärer Alkohole C_{16} mit verzweigter Struktur (Kp_8:16.4 bis 169°) erhalten.

Es sei jedoch hier hingewiesen auf die oben erörterten Möglichkeiten der Isomerenbildung einerseits infolge Verschiebung der Doppelbindung bei der Wasserabspaltung mit Hilfe saurer Agenzien, andererseits bei der Oxierung durch Kobaltcarbonyl.

2. Olefingemische.

Eine gesonderte Besprechung erfordern diejenigen Untersuchungen, die sich mit der Oxierung von Gemischen aliphatischer Olefine mittlerer und höherer C-Atomzahlen befassen. Während es sich bei den bis jetzt beschriebenen Ausgangsmaterialien für die Oxierung um mehr oder weniger gut charakterisierte Verbindungen handelte, sind diese Arbeiten mit Olefinmaterial ausgeführt worden, das durch Abtrennung von Fraktionen bestimmter Siedebereiche aus Gemischen erhalten wurde. Solche Gemische, die neben Olefinen auch noch mehr oder weniger große Anteile von Paraffinen enthalten können, stehen in der chemischen Technik aus verschiedenen Herstellungsprozessen zur Verfügung:

1. Polymer-Olefine aus der Polymerisation niedriger Olefine zu höhermolekularen Produkten.

2. Synthese-Olefine aus der Fischer-Tropsch-Synthese oder einer modifizierten Kohlenoxyd-Wasserstoff-Synthese.

3. Crackolefine aus Produkten der Kohlenoxyd-Wasserstoff-Synthese.

4. Crackolefine aus Erdöl.

Polymer-Olefine. Soweit es sich hier um Produkte bestimmter Molekülgrößen handelt, wie sie durch Dimerisierung oder Trimerisierung aus Propylen, Isobutylen u. a. erhalten werden, sind sie schon oben besprochen worden.

Ein synthetisches Schmieröl, das durch Polymerisation von Olefinen mit $AlCl_3$ gewonnen war, oxiert ROELEN (*10*) und erhält als Endprodukt ein Gemisch hochviskoser Alkohole. Jedoch nahmen solche Olefinpolymerisate nur 50% der Kohlenoxyd-Wasserstoffmenge auf, die nach dem analytisch ermittelten Gehalt (Rhodan-Zahl und Hydrierzahl) an Doppelbindungen berechnet war.

Auch manche naphthenische Olefine, Schweröle aus der Kohlenoxydhydrierung, aus Benzinpolymerisaten zeigen eine solche Erschwerung der Anlagerung der Formylgruppe auch bei Steigerung der Temperatur bis 200°.

Polypropylen (C_9, C_{12}, C_{15}) vom Siedebereich 126 bis 260° wird bei der Oxierung mit einer Ausbeute von 50% in ein Gemisch von Alkoholen (C_{10}, C_{13}, C_{16}) umgewandelt.

Synthese-Olefine. Es ist schon oben darauf hingewiesen worden, daß die Produkte der Kohlenoxyd-Wasserstoff-Synthese stets Olefine enthalten, deren prozentualer Anteil und deren Verteilung auf die verschiedenen Siedebereiche je nach der Ausführungsform der Synthese verschieden sind. Die Tabelle 1 (S. 314) zeigt die Verteilung der Olefine in dem Produkt der Fischer-Synthese unter normalen Bedingungen mit Kobaltkatalysator.

Der Olefingehalt nimmt mit steigender Zahl der C-Atome ab. Da der Gehalt an ungesättigten Kohlenwasserstoffen nicht nur für die chemische Weiterverarbeitung von Syntheseprodukten, sondern auch für ihre Bewertung als Treibstoffe von größter Bedeutung ist, sind zahlreiche Untersuchungen ausgeführt worden mit dem Ziel, den Olefingehalt im ganzen oder in bestimmten Fraktionen zu erhöhen. Eine Steigerung des Olefingehaltes ganz allgemein kann durch Abänderung der Synthesebedingungen nach verschiedenen Gesichtspunkten erzielt werden. Es ist einleuchtend, daß eine Änderung in der Zusammensetzung des Synthesegases im Sinn einer Herabsetzung des Wasserstoffgehaltes die Bildung von Olefinen befördert. Während eine Steigerung des Arbeitsdruckes unter sonst gleichen Bedingungen eine Abnahme des Olefingehaltes bewirkt, führt die modifizierte Mitteldrucksynthese mit CO-reichem Gas und Rückführung des Gases in wiederholtem Durchgang durch die Kontaktzone zu hohem Olefingehalt. Erhöhung der Synthese-Temperatur und große Gasgeschwindigkeit wirken im gleichen Sinn. Man erreicht auf diese Weise bis zu 60% Olefine in der bis 200° siedenden Fraktion und 45% Olefin in der Fraktion 200—320°. Von großer Bedeutung für den Olefingehalt ist die Zusammensetzung des Katalysators. Eisenkatalysatoren neigen mehr zur Bildung von Olefinen als Kobalt- und Nickelkatalysatoren. Besonders die Eisenschmelzkontakte, die mit MgO und Alkali aktiviert sind, liefern hohe Prozentsätze von ungesättigten Produkten mittlerer und höherer Kettenlänge (74).

Die Stellung der Doppelbindung in den Syntheseolefinen ist bis zu einem gewissen Grad abhängig von der Art des Syntheseprozesses. Bei den Produkten aus normalem Synthesegas ($CO : H_2 = 1 : 2$) herrschen die Olefinisomeren mit mittelständiger Doppelbindung vor, während bei den Ausführungsformen der Synthese, bei denen mit CO-reichem Gas gearbeitet wird, meist Olefine mit endständiger Doppelbindung erhalten werden. In den höhersiedenden Fraktionen überwiegen die Olefine mit endständiger Doppelbindung. Mehr noch als durch die $CO : H_2$-Verhältnis wird die Isomerenverteilung aber wohl durch die Synthesetemperatur und durch den Katalysator beeinflußt, da die Vermutung nahe liegt, daß Primärprodukte der Synthese immer α-Olefine sind, die thermisch und katalytisch im weiteren Verlauf der Synthese unter Verschiebung der Doppelbindung isomerisiert werden.

Als Ausgangsmaterial für die Oxosynthese sind besonders die Fraktionen des Syntheseproduktes interessant, die Olefine der Kettenlänge C_5—C_{11} und C_{12}—C_{18} enthalten. Die Fraktionen C_5—C_{11} liefern bei der Oxierung Alkohole für Lösungsmittel und Weichmacher, während aus den Olefinen C_{12}—C_{18} Alkohole für die Waschmittelherstellung erhalten werden. Die Frage der Herstellung von Alkoholen für Waschmittel durch Oxosynthese und die Gewinnung dafür geeigneter Olefine wurde in Deutschland während der Kriegsjahre besonders eingehend bearbeitet.

Crackolefine. Ein anderer Weg, der ein wertvolles Olefinmaterial dieser Art lieferte, ist die Crackung von hochmolekularen Syntheseprodukten.

Tabelle 4.　*Vergleich der Olefingehalte in Syntheseprodukt und Crackprodukt.*

Fraktion	C-Atomzahl	Gew.-% Olefin im Synthese-Produkt	Gew.-% Olefin im Crack-produkt aus Hartwachs
105—175°	8—10	42	80
175—218°	11—12	41	80
218—255°	13—14	33	75
255—290°	15—16	28	50
290—320°	17—18	20	40
320—360°	18	15	—

Die Fischer-Tropsch-Synthese liefert normalerweise eine Fraktion vom Siedebereich 320 bis 460°, sogenanntes Hartwachs. Daraus erhält man durch thermische Crackung bei 400 bis 500° ein olefinreiches Produkt, dessen Zusammensetzung und Verteilung auf die verschiedenen C-Atomzahlenbereiche aus folgender Tabelle 4 hervorgeht.

Das Ergebnis der Crackung ist dabei in Vergleich gesetzt mit einem Syntheseprodukt-Mittelöl.

Die Olefine im Crackprodukt sind überwiegend endständige Olefine.

Auch Crackolefine aus Erdöl können für den gleichen Zweck eingesetzt werden. Hoher Schwefelgehalt der Öle beeinträchtigt die Hydrierung der Oxo-Aldehyde zu den Alkoholen; auch erfordert die Oxierung von solchen Erdölolefinen meist höhere Temperaturen.

Die Syntheseolefine und die Crackolefine liegen stets in Gemischen mit Paraffinen vor. Wenn man daher aus ihnen „Oxoalkohole" herstellen will, muß man die Fraktionen so wählen, daß nach Durchführung der Oxierung und Hydrierung eine einwandfreie Trennung der Restparaffine von den Alkoholen durch fraktionierte Destillation möglich ist, ohne daß Überschneidungen der Siedebereiche der Paraffine und der Alkohole stattfinden.

Alkohole C_7—C_{10} (75). Eine Fraktion des Kohlenoxyd-Wasserstoff-Syntheseprodukts vom Siedebereich 50 bis 100° enthält die Olefine C_6 und C_7. Durch Oxosynthese erhält man daraus ein Gemisch der Alkohole C_7 und C_8 neben einem gewissen Anteil von hochsiedendem „Dicköl", der weit über 100° siedet, so daß eine einwandfreie Trennung möglich ist. Das gleiche gilt für die Fraktion 100 bis 150°. Sie enthält Olefine C_7, C_8 und C_9. Ein Olefin-Paraffingemisch dieser Art mit einem Olefingehalt von 67%, wie es durch modifizierte Kohlenoxyd-Wasserstoff-Synthese mit Eisenkontakt im Mitteldruckverfahren erhalten wird, wurde nach der oben skizzierten Ludwigshafener Arbeitsweise oxiert. Man erhält daraus mit einer Ausbeute von über 80% Alkohole C_8—C_{10} in zwei Fraktionen

C_8—C_9, Kp_{10}: 60 bis 90°, OH-Zahl 470, Mg 124,

C_9—C_{10}, Kp_{10}: 80 bis 120°, OH-Zahl 358, Mg 156

und als Dicköl Kp_{10} über 120°, OH-Zahl 151, Mg 360, hochsiedende Alkohole der durchschnittlichen Molekülgröße C_{22}.

Diese Alkohole geben, mit Phtalsäure verestert, gute Weichmacher für Kunststoffe. Naturgemäß handelt es sich bei diesen Alkoholen um Isomerengemische, da einerseits schon bei den Olefinen Doppelbindungsisomerie und Verzweigung vorliegen kann, anderseits durch die Oxierung eine weitere Isomerenbildung zustande kommt. Es hat sich aber gezeigt, daß gerade die Gemische isomerer Alkohole für manche Verwendungsgebiete günstige Eigenschaften besitzen.

Alkohole C_{12}—C_{18}. Die Alkohole, die aus Olefinen C_{11}—C_{17} durch Oxosynthese erhalten werden, sind wie oben schon erwähnt, Ausgangsmaterial für die Herstellung von Waschmitteln. Derartige Waschmittel werden in großen Mengen aus den langkettigen Alkoholen, die durch Reduktion natürlicher Fettsäuren gewonnen werden, dargestellt, indem die Alkohole durch Überführung in die Schwefelsäureestersalze oder auf andere Weise wasserlöslich gemacht werden. Ihre hervorragende Wirkung beruht in erster Linie auf der molekularen Struktur, die einen hydrophoben und einen hydrophilen Teil umfaßt. Sie ist in starkem Maße abhängig von der C-Atomzahl und der Struktur des hydrophoben Kohlenwasserstoffrestes. Der Anreiz, für die aus natürlichen Fetten gewonnenen Fettalkohole hier synthetische Produkte einzusetzen, ergab sich in den vergangenen Jahren aus naheliegenden Gründen, und so ist es verständlich, daß ein sehr erheblicher Teil der in diesen Jahren auf dem Oxogebiet geleisteten Arbeit auf das Studium der technischen Herstellung synthetischer Fettalkohole entfällt. Es ist klar, daß man dabei auch die Möglichkeit der Gewinnung der Carbonsäuren z. B. durch Oxydation der Oxoaldehyde oder auf andere Weise im Auge behielt. Eine Fabrikationsanlage zur Herstellung von Alkoholen C_{12}—C_{13} durch Oxosynthese wurde in den Jahren 1940 bis 1944 in Holten im Ruhrgebiet errichtet. Zu einer Produktion ist es indes nicht mehr gekommen. Als Ausgangsmaterial für diese Synthese kommen Syntheseolefine und Crackolefine der C-Atomzahlen C_{11}—C_{17} in Betracht. Die Olefin–Paraffingemische müssen, um die Trennung der Alkohole von den Paraffinen zu ermöglichen, in enge Siedestreifen zerlegt werden, die gesondert der Oxoreaktion unterworfen werden (76). Die Zerlegung geschieht in der folgenden Weise:

$$
\begin{array}{llll}
\text{Normaldruck:} \cdot \cdot & 175 \text{ bis } 210° & C_{11} \text{ und } C_{12} \\
\quad\quad,, \quad\quad \cdot \cdot \cdot & 210 \;,, \; 250° & C_{13} \;,, \; C_{14} \\
\text{Vakuum} \cdot \cdot \cdot \cdot & 250 \;,, \; 280° & C_{15} \;,, \; C_{16} \\
\quad\quad,, \quad\quad \cdot \cdot \cdot \cdot & 280 \;,, \; 310° & C_{17}.
\end{array}
$$

Da bei der Arbeit an der Synthese der Alkohole für Waschmittel viele Erfahrungen über die technische Durchführung der Oxoreaktion gewonnen worden sind, seien einige Angaben über den technischen Prozeß angefügt, wie er in Leuna ausgeführt wurde (77):

Das flüssige Olefinmaterial, das 3—5% reduzierten Kobalt-Kieselgur-Katalysator in Suspension enthält, wird in einem Vorwärmer auf 150—160° gebracht und dann zusammen mit einem Gasgemisch Kohlenoxyd-Wasserstoff 1 : 1 von 200 at in den Oxoreaktionsraum gepumpt. Dieser besteht aus zwei hintereinander geschalteten Hochdruckrohren von je 8 m Höhe und 20 cm Durchmesser. Im ersten Rohr, das mit Kühlrohren und Mantel versehen ist, geht die Anlagerungsreaktion mit ca. 70% Umsatz unter starker Wärmeentwicklung vor sich, im zweiten Rohr geht die Anlagerung mit ca. 30% Umsatz zu Ende. Der Gasstrom (0,2 m³/pro 1 Olefin) bewirkt die Durchmischung der Flüssigkeit. Das Reaktionsprodukt besteht, abgesehen von den Restparaffinen, aus 80% Aldehyden, von denen etwa $^1/_4$ in polymerer Form vorliegen, und 20% Alkoholen. In einem zweiten anschließenden Arbeitsgang werden die Aldehyde zu den Alkoholen hydriert. Dies kann geschehen, indem man die den Oxierungsraum verlassende Katalysatorsuspension nach Entfernung des Kohlenoxyds bei 170 bis 195° und 200 at mit Wasserstoff behandelt. Man kann aber auch den suspendierten Katalysator durch Filtration abtrennen und die Hydrierung mit einem Kupferchromitkatalysator im Rieselverfahren in der für ähnliche Fälle üblichen Weise durchführen.

Die Alkohole C_{13}—C_{18} der oben schon gekennzeichneten Fraktionen sind aus den mehrfach erwähnten Gründen Gemische. Es hat sich gezeigt, daß diese Gemische der Oxoalkohole C_{13}—C_{18} für viele Anwendungen des Textilhilfsmittelgebietes sehr gut geeignet sind.

Aus den Synthese-Olefinen der Kohlenoxydhydrierung wurde die lückenlose Reihe der Aldehyde und Alkohole von C_3 bis C_{24} hergestellt (10) aus diesen eine große Zahl weiterer Umwandlungsprodukte.

Die stark verzweigten Produkte, die durch Aldolisierung der Primäraldehyde erhalten werden, zeigen sehr tiefe Stockpunkte, z. B. ein Gemisch isomerer C_{12}-Alkohole —51°.

B. Acetylen.

Nach ROELEN reagiert Acetylen mit Kohlenoxyd-Wasserstoff über Kobaltkontakten schon bei niedrigeren Drucken als Olefine, mit geringem Umsatz schon bei normalem Druck. Dagegen konnten SMITH, HAWK und GOLDEN, deren Untersuchungen in dem Abschnitt „Äthylen" erwähnt sind, Acetylen nicht in gleicher Weise wie Äthylen mit Kohlenoxyd-Wasserstoff unter den Bedingungen der Normal-Drucksynthese zur Reaktion bringen. ROELEN erhielt mit festem Kobaltkontakt aus Wassergas-Acetylen-Gemischen bei 10 at und 140 bis 150°, also unterhalb der eigentlichen Synthesetemperatur, 117 g flüssige Produkte je Kubikmeter. In der Primärreaktion entsteht Acrolein, das weitgehend in höhermolekulare Sekundärprodukte umgewandelt wird (10).

ADKINS konnte Phenylacetylen nicht zur Reaktion bringen.

C. Aliphatische Diene.

Aliphatische Diene mit konjugierten Doppelbindungen, wie Butadien, reagieren bei der Oxierung unter Anlagerung eines Formylrestes, während die zweite Doppelbindung hydriert wird. Es sind daher bis jetzt keine Dialdehyde oder Glykole aus derartigen Dienen erhalten worden. Aus *Butadien* gewann WHITMAN (31), der mit Calciummetallspänen als Katalysator bei 400 at und 190° arbeitete, in guter Ausbeute n-Valeraldehyd und Methyl-äthyl-acetaldehyd. Aus *1.1.4 4-Tetramethylbutadien* wurde in sehr guter Ausbeute ein nicht näher beschriebener Nonylalkohol erhalten (16b). Dagegen trat Bildung eines Diols, des Dimethyloctandiols, in erheblichem Maße ein bei der Oxierung des Dimethylhexadien-(1.5), bei dem die Doppelbindungen nicht konjugiert sind. Daneben entstand ein Monoalkohol C_9 (16b).

Mit *Phenylbutadien* erhielt ADKINS keine Oxierung.

Über Oxierung einiger anderer Verbindungen mit mehreren Doppelbindungen wird in dem Abschnitt über cyclische Olefine berichtet.

D. Aromaten.

Es sind auch einige Versuche mit aromatischen Verbindungen und solchen aromatischen Charakters beschrieben worden, deren negativer Ausfall an und für sich nicht überrascht [Phenanthren (Adkins) (*4*), Benzol, Naphthalin, Tetralin (Natta)].

E. Arylolefine.

Aus der Reihe der Arylolefine hat Adkins (*4*) das *Styrol* und das *α-Vinylnaphthalin* nach der Arbeitsweise mit gelöstem Kobaltcarbonyl als Katalysator untersucht. Aus dem erhaltenen Gemisch wurden in einer Ausbeute von 30% Hydratropaaldehyd $C_6H_5 \cdot CH(CH_3) \cdot CHO$ bzw. α-(Naphthyl-(1)-propionaldehyd $C_{10}H_7 \cdot CH(CH_3) \cdot CHO$ isoliert.

Die oben bei den Isomerieauswahlregeln unter 3 angegebene starke Behinderung der Anlagerung an ein C-Atom, das einem tertiären C-Atom benachbart ist, scheint demnach nicht einzutreten, wenn der Substituent ein Arylrest ist. Es scheint im Gegenteil das dem Arylkern benachbarte C-Atom anlagerungswilliger zu sein als das andere, und es ist in diesem Zusammenhang hinzuweisen auf die Carbonylierung von Phenylacetylen nach Reppe (*2*), bei der nur α-Phenylacrylsäure, aber keine Zimtsäure erhalten wurde, während bei der Carbonylierung von Methyl-phenyl-acetylen die beiden möglichen isomeren substituierten Acrylsäuren entstanden.

Aus *2-(4-Methyl-phenyl)-propen-(1)* konnte nach Adkins kein Aldehyd erhalten werden (*4*), obwohl Gas aufgenommen worden war.

$$CH_3$$

$$CH_3 - C = CH_2$$

F. Cyclische Olefine.

In der Reihe der cyclischen Olefine ist zunächst das *Cyclohexen* zu nennen, das erwartungsgemäß Hexahydrobenzaldehyd liefert bzw. nach Hydrierung Cyclohexylcarbinol.

Gresham und Mitarbeiter (*26*) erzielten bei 190 at. und 160 bis 170° nur sehr geringe, bei 700 at und 112° Ausbeuten von ca. 40% der Theorie (CO : H_2 = 1 : 4).

Whitman führt die Oxoreaktion mit Calcium oder Magnesiumspänen als Katalysator aus und erhält dabei bis zu 45% Hexahydrobenzaldehyd.

Cyclopenten lieferte 65% der Theorie Cyclopentanaldehyd.

Octalin, durch Wasserabspaltung aus β-Decalol erhältlich, gibt in guter Ausbeute 70% der Theorie Decalylcarbinol $Kp_{15} : 132°$ (*78*) neben etwa 12% eines Dimerisierungsproduktes.

Δ^9-*Octalin* reagierte bei 125° bei Gegenwart von Dikobalt-octacarbonyl nicht mit Kohlenoxyd-Wasserstoff. Aus *Dihydronaphthalin* wurden unter den gleichen Bedingungen keine Aldehyde erhalten (*4*).

Aus der Reihe der alkylierten Cyclohexylcarbinole sind einige Produkte zu nennen, die aus den entsprechenden alkylierten Kresolen durch Perhydrierung, Wasserabspaltung und Oxierung gewonnen wurden (*79*) Octyl-methyl-cyclohexylcarbinol, Kp_{12}:166 bis 172°; Dodecyl-methylcyclohexylcarbinol, $Kp_{1.5}$:167 bis 177°.

Naturgemäß handelt es sich auch hier um Isomerengemische.

Bicyclische Diolefine werden von den deutschen Hydrierwerken durch Wasserabspaltung aus perhydriertem 4.4′-Dioxydiphenylmethan und ähnlich gebauten Verbindungen hergestellt. Das Diolefin aus 4.4′-Dioxy–diphenylmethan lagert bei der Oxierung an beiden Doppelbindungen Formylreste an und gibt ein 4.4′-Bis-[methylol-cyclohexyl]methan (*80*).

Dagegen liefert die Wasserabspaltung aus perhydriertem Diphenylenoxyd I ein *Dicyclohexen* II, das bei der Oxierung nur einen Formylrest anlagert unter Bildung von Perhydrodiphenylcarbinol Kp_1:115 bis 119°(III), was auf konjugierte Stellung der Doppelbindungen hindeutet (*78*).

Aus *Vinylcyclohexen* wurden 65% der Theorie eines Gemisches von Mono- und Dialdehyden erhalten (*26*).

Dicyclopentadien gab, in Ätherlösung mit Kobalt-Kupferkontakt bei 120° und 700 at oxiert, einen Monoaldehyd Kp_3 79°, neben nicht identifizierten höhersiedenden aldehydischen Verbindungen (*26*).

Aus *Cyclooctatetraen*, das nach der Methode von REPPE dargestellt worden war, wurde durch Oxierung ein Cyclooctylcarbinol erhalten. Von den vier Doppelbindungen reagiert nur eine unter Anlagerung des Formylrestes, während die übrigen drei mit Wasserstoff abgesättigt werden. Cyclooctylcarbinol (Kp_1: 106, Phenylurethan F. 49 bis 50°) wird auch aus *Cycloocten* durch Oxierung gewonnen (*78*).

Die *ungesättigten Verbindungen der Terpenreihe* sind ebenfalls der Oxoreaktion zugänglich. ROELEN hat Terpentinöl nach seiner Methode mit Kobalt-Synthesekatalysator und $CO + H_2$ behandelt und erhielt ein aldehydisches Reaktionsprodukt (*10*).

α-*Pinen* (*78*) liefert in einer Ausbeute von ca. 60% ein Pinylcarbinol Kp_1: 85 bis 87°, daneben etwa 15% von dimeren Produkten vom Siedebereich 155 bis 180° bei 1 mm. Das α-Pinen (I) enthält eine Doppelbindung im Kern. Da das eine C-Atom der Doppelbindung tertiär gebunden und infolgedessen — wenn die Erfahrungen an den Olefinen C_3—C_8

auf cyclische Olefine übertragbar sind — nicht formylierbar ist, kann dieses Carbinol nur eine einheitliche Struktur haben (II).

$$CH_3 \cdot C \underline{\hspace{2cm}} CH$$
$$\| \quad (CH_3)_2 C \quad CH_2$$
$$HC - CH_2 - CH$$
$$I$$

$$CH_3 \cdot CH \underline{\hspace{2cm}} CH$$
$$| \quad (CH_3)_2 C \quad CH_2$$
$$HO \cdot CH_2 \cdot CH - CH_2 - CH$$
$$II$$

Das *Dipenten* (III) besitzt zwei Doppelbindungen verschiedener Art. Die eine gehört dem hydrierten Ring an, während die andere am Isopropylrest eine Methylengruppe bildet.

$$CH \cdot CH_2 \qquad CH_2$$
$$CH_3 \cdot C \qquad CH \cdot C$$
$$CH_2 \cdot CH_2 \qquad CH_3$$
$$III$$

$$CH_2 \cdot CH_2 \qquad CH_2 \cdot CH_2 \cdot OH$$
$$CH_3 \cdot CH \qquad CH \cdot CH$$
$$CH_2 \cdot CH_2 \qquad CH_3$$
$$IV$$

Es ist bekannt, daß bei der Hydrierung zuerst die extracyclische Doppelbindung reagiert.

Da Hydrierung und Formylierung in bezug auf die Reaktionsfähigkeit der Doppelbindungen vielfach den gleichen Gesetzen folgen, darf angenommen werden, daß auch die Oxoreaktion bevorzugt an der Methylengruppe angreift, wobei der Formylrest nur an die CH_2-Gruppe treten kann, da das andere C-Atom tertiär ist. Die Ringdoppelbindung wird hydriert und man erhält in einer Ausbeute von ca. 60% der Theorie vermutlich 3-(4-Methyl-cyclohexyl)–n-butanol, Kp_1: 95 bis 97° (IV).

Dazu erhält man etwa 20% eines Aldolisierungsproduktes von ungefähr doppeltem Molekulargewicht, einen primären, einwertigen Alkohol Kp_7: 185 bis 195°.

Das *Camphen* (V,) besitzt eine semicyclische reaktionsfähige Methylengruppe, die auf die Oxoreaktion leicht anspricht. Man erhält in guter Ausbeute ein einheitliches Carbinol, Kp_1: 95 bis 97° (VI). Der höhersiedende Anteil, der in einer Menge von ca. 15% entsteht, ist ein einwertiger, primärer Alkohol mit zwei Camphylresten Kp_1: 170 bis 180°, $C_{22}H_{38}O$.

Daß solche semicyclische Methylengruppen an hydrierten Ringsystemen leicht formylierbar sind, zeigt sich auch an dem *Methylendecalin* (VII). Wenn man aus Decalylcarbinol 1 Mol Wasser abspaltet, was katalytisch sehr leicht und quantitativ verläuft, so erhält man diesen Kohlenwasserstoff. Er liefert bei der Oxierung in sehr guter Ausbeute den Decalyläthylalkohol (VIII), Kp_7: 138 bis 142°, neben geringen Mengen hochmolekularer Anteile (78).

$$
\begin{array}{ccc}
& CH_3 & \\
H_2C - CH - C & & \\
\qquad | \qquad \diagdown CH_3 & \\
\quad CH_2 & \\
\quad | \\
H_2C - CH - C = CH_2 \\
\qquad\qquad V
\end{array}
\qquad
\begin{array}{ccc}
& CH_3 & \\
H_2C - CH - C & & \\
\qquad | \qquad \diagdown CH_3 & \\
\quad CH_2 & \\
\quad | \\
H_2C - CH - CH - CH_2 - CH_2OH \\
\qquad\qquad VI
\end{array}
$$

$$
\begin{array}{cc}
\overset{\displaystyle CH_2}{\underset{VII}{\bigcirc\!\bigcirc}} &
\overset{\displaystyle CH_2 - CH_2OH}{\underset{VIII}{\bigcirc\!\bigcirc}}
\end{array}
$$

G. Halogenverbindungen.

Mit halogenhaltigen ungesättigten Verbindungen wurden in den Versuchen von ADKINS (4) keine aldehydischen Reaktionsprodukte erhalten. 11-Brom dodecylen-(1), 5-Brom-penten-(1) und Allylchlorid verbrauchten einen Teil des aufgepreßten Gasgemisches. Das als Kobaltcarbonyl zugesetzte Metall wurde vollständig in Kobalthalogenid übergeführt.

H. Sauerstoffhaltige ungesättigte Verbindungen.

Von sauerstoffhaltigen ungesättigten Verbindungen sind auf ihre Anwendbarkeit für die Oxoreaktion bis jetzt solche aus den drei Gruppen der ungesättigten Alkohole, der Äther und der Ester untersucht worden.

1. Alkohole.

In der Gruppe der ungesättigten Alkohole hat ADKINS (4) aus *Allylalkohol* 18% der Theorie an γ-Oxybutyraldehyd erhalten. MANNES und PARK erwähnen ein Gemisch isomerer Oxyaldehyde aus Oleylalkohol (81), für die die Formeln $C_9H_{19} \cdot CH(CHO) \cdot C_7H_{14} \cdot CH_2 \cdot OH$ und $C_8H_{17} \cdot CH(CHO)$ $\cdot C_8H_{16} \cdot CH_2 \cdot OH$ anzunehmen sind, wenn man von der Möglichkeit einer Verschiebung der Doppelbindung absieht.

2. Äther.

Von den Äthern ist der *Butylvinyläther* zu erwähnen, aus dem ADKINS 31% der Theorie an α-Butoxypropionaldehyd erhielt, ferner der *Allylphenyläther* und *Allyläthyläther*, deren Oxierung ebenfalls von ADKINS untersucht wurde. Dabei wurden aus dem ersteren 50% der Theorie an C_{10}-Aldehyden nicht näher untersuchter Struktur erhalten, während aus Allyläthyläther $CH_2: CH \cdot CH_2 \cdot O \cdot C_2H_5$ neben einer überwiegenden Menge (30% der Theorie) β-Äthoxyisobutyraldehyd $CH_3 \cdot CH(CHO) \cdot CH_2 \cdot O \cdot C_2H_5$, Methylacrolein (6%) und Äthoxy-n-butyraldehyd $OHC \cdot CH_2 \cdot CH_2 \cdot CH_2 \cdot O \cdot C_2H_5$ (4%) gewonnen wurde.

3. Ester.

Aus der Reihe der ungesättigten Ester sind zunächst diejenigen mit ungesättigter Alkoholkomponente zu erwähnen. Adkins (*4*) hat aus *Vinylacetat* ein Gemisch von 30% α-Acetoxypropionaldehyd und 22% β-Acetoxypropionaldehyd erhalten. Dagegen konnten Gresham und Brooks (*82*) 42% d. Th. an Acrolein gewinnen, wenn sie auf Vinylacetat in Methylacetat gelöst Kohlenoxyd-Wasserstoff 1:1 über Kobaltkatalysator bei 130° einwirken ließen. Die Reaktion vollzieht sich nach folgendem Schema:

$$\text{H}_2\text{C}=\text{C}\begin{smallmatrix}\text{H}\\\\\text{OCO}\cdot\text{CH}_3\end{smallmatrix} + \text{CO}+\text{H}_2 \longrightarrow \text{H}_2\text{C}=\text{C}\begin{smallmatrix}\text{H}\\\\\text{H}\end{smallmatrix}-\text{C}\begin{smallmatrix}\text{O}\\\\\text{H}\end{smallmatrix} + \text{CH}_3\cdot\text{COOH} .$$

Aus *Allylacetat* entsteht bis zu 75% d. Th. γ-Acetoxybutyraldehyd (*4*), aus *Allylidendiacetat* in der gleichen Ausbeute Bernsteindialdehyd-1.1-diacetat:

$$\text{CH}_2=\text{CH}-\text{CH}\begin{smallmatrix}\text{O}-\text{CO}-\text{CH}_3\\\\\text{O}-\text{CO}-\text{CH}_3\end{smallmatrix} \rightarrow \begin{smallmatrix}\text{O}\\\\\text{C}\\\\\text{H}\end{smallmatrix}-\text{CH}_2-\text{CH}_2-\text{CH}\begin{smallmatrix}\text{O}-\text{CO}-\text{CH}_3\\\\\text{O}-\text{CO}-\text{CH}_3\end{smallmatrix}$$

Unter den Estern mit ungesättigter Säurekomponente sind die *Ester der Acrylsäure* anzuführen. Adkins erhält aus dem Äthylester 74% d. Th. des Äthylesters der γ-Oxobuttersäure, Gresham und Mitarbeiter aus dem Methylester in Methylformiat gelöst nach ihrer Arbeitsweise in etwas geringerer Ausbeute den Methylester der gleichen Aldehydcarbonsäure. Auch aus *Crotonsäureäthylester* kann in guter Ausbeute nach Adkins der Äthylester der β-Formylbuttersäure, aus *Fumarsäurediäthylester* der α-Formylbernsteinsäureester gewonnen werden. Von den Olefincarbonsäuren mit längerer Kette gab *Undecylensäuremethylester* 71% d. Th. an Aldehyd-carbonsäureester (*4*). Aus *Ölsäure* wird durch Oxierung 9 (10)-Oxymethylstearinsäure, durch Oxydation daraus die entsprechende Dicarbonsäure erhalten. Über die Oxierung von *Methyloleat* und von *Ölsäureglyceriden* hat auch Natta Untersuchungen angestellt, die bereits in dem Abschnitt Reaktionskinetik erwähnt sind. Aus Olivenöl erhält Natta ebenfalls neue Produkte durch Anlagerung des Formylrestes.

Adkins weist auch hin auf einige sauerstoffhaltige ungesättigte Verbindungen, bei denen nach seiner Arbeitsweise mit Kobaltcarbonyl nicht Anlagerung von Kohlenoxyd und Wasserstoff, sondern nur Hydrierung der Doppelbindung eintrat. So wurden Crotonaldehyd und Acrolein zu Butyraldehyd und Propionaldehyd hydriert. Methylvinylketon und Mesityloxyd gaben bei Oxierungsversuchen nur Methyläthylketon bzw.

Methylisobutylketon. Auch bei Zimtsäureäthylester und Fumaracrylsäureester trat nur Hydrierung der Doppelbindung ein. In allen diesen Fällen wirkte die in Benzol gelöste Kobaltcarbonylverbindung als Hydrierkatalysator.

I. Stickstoffhaltige Verbindungen.

Von stickstoffhaltigen Verbindungen mit Olefindoppelbindung werden nur Versuche mit *Allylcyanid* und mit *Acrylnitril* erwähnt. GRESHAM BROOKS und BRUNER (*26*) erhielten aus Allylcyanid bei 130° und ca. 700 at ungefähr 36% Cyanbutyraldehyd, während ADKINS bei Acrylnitril zwar eine Gasaufnahme feststellte, aber kein Oxierungsprodukt isolierte.

In den vorangegangenen Darlegungen ist wiederholt hingewiesen worden auf die Umsetzungs- und Abwandlungsprodukte, die aus den Primärprodukten der Oxosynthese, den Aldehyden, abgesehen von den Alkoholen, noch gewonnen werden können. Es sind dies die Carbonsäuren, die Aldolisierungsprodukte, die Cyanhydrine u. a. Eine besondere Erwähnung verdient die Gewinnung von *Aminen* oder *aminogruppenhaltigen Verbindungen* durch die Oxosynthese. Man kann Alkylaminarylsulfonsäuren erhalten, indem man Aminoarylsulfonsäuren bzw. deren Salze, z. B. Sulfanilsäure, in Lösung mit Olefinen, Kohlenoxyd und Wasserstoff bei Gegenwart von Kobaltkatalysatoren unter den Bedingungen der Oxosynthese zur Umsetzung bringt. Man erhält auf diese Weise bei Anwendung langkettiger Olefine Alkylamino–arylsulfonsäuren, welche die Eigenschaften von Waschmitteln besitzen (*78*).

OLIN und DEGER (*83*) bringen ein Gemisch von Kohlenoxyd und Wasserstoff, Ammoniak und Äthylen bei 350° und 600 at über Katalysatoren, die gleichzeitig hydrierend und dehydratisierend wirken, und erhalten so Propylamin. Hier besteht eine Beziehung zur Oxoreaktion allerdings nur insofern, als von Olefin, Kohlenoxyd und Wasserstoff ausgegangen wird. Die Zwischenstufe ist hier nicht der Aldehyd, sondern das Carbonsäureamid, das unter Wasserabspaltung hydriert wird.

III. Schlußbemerkung zur Bedeutung der Oxosynthese.

Das auf den voranstehenden Seiten mitgeteilte ist ein Bericht über die zur Zeit vorliegenden Erfahrungen, Kenntnisse und Anschauungen auf dem Gebiet der Oxoreaktion. Er möchte gezeigt haben, daß dieser ganze Bereich in mehrfacher Richtung von Bedeutung ist.

In wissenschaftlicher Hinsicht bringen die Arbeiten über die Oxoreaktion zusammen mit den umfassenderen über die Carbonylierung eine Erweiterung unserer Kenntnisse auf dem Gebiet der katalytisch-synthetischen Vorgänge und vermitteln besonders Einblicke in die Aufbauprozesse bei der Kohlenoxyd-Wasserstoff-Synthese.

Anderseits bedeutet die Oxosynthese eine Bereicherung der synthetischen Methoden des Laboratoriums, da sie den Zugang zu vielen sonst schwer darstellbaren Stoffen eröffnet. Wenn auch hier bis jetzt gewisse Einschränkungen infolge der Isomerenbildung und der Folgereaktionen bestehen, so bieten sich doch bei geeigneter Auswahl des Ausgangsmaterials und der Arbeitsbedingungen schon eine Reihe wertvoller Anwendungsmöglichkeiten.

Schließlich ist die Oxoreaktion zweifellos von erheblicher technischer Bedeutung, da sie auf einem technisch leicht gangbaren Weg die industrielle Gewinnung praktisch wertvoller Produkte ermöglicht. In diesen drei Richtungen liegen auch die Probleme, die Möglichkeiten und Notwendigkeiten der weiteren Entwicklung.

Literatur.

1. Roelen, O.: Über Aldehyd-Synthesen. Angew. Chem. 60, 213 (1948).
2. Reppe, W.: Neue Entwicklungen auf dem Gebiet der Chemie des Acetylens und Kohlenoxyds. S. 3. Springer 1949.
3. Keulemans, M., A. Kwantes, and Th. van Bavel: The structure of the Formylation-(Oxo)-Products obtained from Olefines and water gas. Rec. Trav. chim. Pays-Bas 67, 298 (1948); C. 1949 I, 773.
4. Adkins, K., and G. Krsek: Hydroformylation of Unsaturated Compounds with a Cobalt Carbonyl Catalyst. J. Amer. chem. Soc. 71, 3051 (1949).
5a. Roelen, O.: Production of Oxygenated Carbon Compounds. A. P. 2 327 066 (1943). (Deutsche Prior. 1938).
  b. — Eine neue Synthese von Aldehyden und deren Derivaten, ausgehend von Olefinen, Kohlenoxyd und Wasserstoff. Angew. Chem. 60, 62 (1948).
6. Badische Anilin- u. Soda-Fabrik, Verfahren zur Darstellung von Kohlenwasserstoffen und deren Derivaten. D. R. P. 293 787 (1913). (Mittasch u. Schneider).
7. Sabatier, P., und J. B. Senderens: Nouvelles Synthèses du methane. C. R. hebd. Séances Acad. Sci. 134, 514 (1902); C. 1902 I, 802.
8. Fischer, F., und H. Tropsch: Über die Herstellung synthetischer Ölgemische (Synthol) durch Aufbau aus Kohlenoxyd und Wasserstoff. Brennstoff-Chem. 4, 276 (1923).
  —, — Über die Synthese höherer Glieder der aliphatischen Reihe aus Kohlenoxyd. Ber. dtsch. Chem. Ges. 56, 2428 (1923).
9. —, — Die Erdölsynthese bei gewöhnlichem Druck aus den Vergasungsprodukten der Kohlen. Brennstoff-Chem. 7, 97 (1926).
  —, — Über die direkte Synthese von Erdöl-Kohlenwasserstoffen bei gewöhnlichem Druck. Ber. dtsch. Chem. Ges. 59, 830 (1926).
10. Roelen, O.: Kohlenoxyd und Wasserstoff. Aldehydsynthese. Naturforschung und Medizin in Deutschland 1939—46. Bd. 36, Präparative organische Chemie I, 157.
11. Fischer, F.: Kohlenwasserstoffsynthesen auf dem Gebiet der Kohleforschung. Ber. dtsch. chem. Ges. 71, 56 (1938).
12. Smith, D. F., C. O. Hawk and P. L. Golden: The Mechanism of the Formation of Higher Hydrocarbons from water gas. J. Amer. chem. Soc. 52, 3221 (1930); C. 1930 II, 2465.

13a. l. c. 5.

b. Ruhrchemie A.G. Composés oxygénés du carbone. F. P. 860 289 (1939).

14a. l. c. 2. Seite 94 u. f.

b. HECHT, O., und H. KRÖPER: Neuere Entwicklungen auf dem Gebiet der Chemie des Acetylens und Kohlenoxyds. Bericht über Arbeiten von WALTER REPPE u. Mitarbeitern.
Naturforschung und Medizin in Deutschland 1939—46, Bd. **36**. Präparative organische Chemie I. S. 115 u. f.

15. l. c. 2. Seite 23 u. f.

16a. Fiat Review of German Science. l. c. 10 u. 14b.

b. HOLM, M. M., R. H. NAGEL, E. H. REICHL, and W. E. VAUGHAN: The Oxo Process. Fiat Final Report Nr. 1000. U. S. Department of Commerce.

c. WILLEMART, A.: L'emploi de l'oxyde de carbone dans la synthèse organique. La réaction Oxo. Bl. Soc. chim France, Mém. [5] **14**, 152 (1947). C_1 **1947**, 1267.

17. ADKINS, H., and G. KRSEK: Preparation of Aldehydes from Alkenes by the Addition of Carbon Monoxide and Hydrogen with Cobalt Carbonyls as Intermediates. J. Amer. chem. Soc. **70**, 383 (1948). C_1 **1948**, 951.

18a. l. c. 4. Seite 3053.

b. HALASZ, A.: Déshydrogenation catalytique des Alcools en phase liquide au moyen de Ni réduit. Ann. Chim. [11] **14**, 336 (1940).

19a. KITT: Chemisch-technische Untersuchungsmethoden v. LUNGE-BERL. Bd. III (Julius Springer 1923), S. 711.

b. STRACHE, Analyse und Konstitutionsermittlung org. Verbindungen v. H. MEYER, 5. Aufl. (Julius Springer 1931), Bd. I, S. 458.

20. l. c. 4 und 17.

21. l. c. 10, Seite 167.

22a. MAYLAND, B. J., and G. E. HAYS: Thermodynamic Study of Synthesis — Gas production from Methane. Chem. Engin. Progress **45**, 452 (1949).

b. Encyclopedia of Chemical Technology. **3**, 186 (1949) (KIRK-OTHMER).

23. D. R. P. Anm. I. 68642 I. G. Verf. z. Herst. von sauerstoffhaltigen organischen Verbindungen.

24. D. R. P. Anm. I. 70739 I G. Verfahren z. Herst. von Aldehyden und Ketonen.

25. NATTA, G., und E. BEATI: Procedé de préparation d'aldehydes et de leurs dérives en particulier de corps propres à la fabrication de résines synthétiques à partir de composés organiques non saturés. F. P. 932 050 (1946).

26. GRESHAM, W. F., R. E. BROOKS, and W. M. BRUNER: Synthesis of Aldehydes. A. P. 2 473 600 (1945). (E. I. du Pont de Nemours Co.)

27. ADAMS, CH. E., and D. E. BURNLEY: Oxo Process. A. P. 2 464 916 (1947). Standard Oil Co.

28. SCHRÖTER, R.: Neuere Methoden der präparativen organischen Chemie. Bd. I, 1944. Hydrierungen mit Raney-Katalysatoren. S. 81 u. 91. (Verlag Chemie.)

29. FISCHER, F., und K. MEYER: Über die Eignung von Legierungsmetallen als Katalysatoren für die Benzinsynthese aus Kohlenoxyd und Wasserstoff. Ber. dtsch. chem. Ges. **67**, 253 (1934).

30a. HIEBER, W., H. SCHULTEN, und R. MARIN: Über Metallcarbonyle. Z. anorg. allg. Chem. **240**, 261 (1939).

b. — Der gegenwärtige Stand der Chemie der Metallcarbonyle. Chemie **55**, 7 u. 24 (1942).

c. Gmelins Handbuch der anorganischen Chemie. 8. Aufl. Kobalt Teil A. Seite 78 u. 346.

31. Whitman, G. M.: Method for the Catalytic Production of Oxo-carbonyl Compounds. A. P. 2462448 (1946). E. I. du Pont Nemours Co.

32. Natta, G., P. Pino und E. Beati: Considerazioni sulla reazione di ossosintesi. Chimica Industria **31**, 112 (1949).

33. Schütza, H.: Verhalten aktiven Kobalts gegen H_2O beim Fischer-Kontakt. Chemie-Ingenieur-Technik 177 (1949).

34. Spengler, G.: Beiträge zum physikalisch-chemischen Verhalten der Fischer-Tropsch-Katalysatoren. Angew. Chem. **62**, 194 (1950).

35. Emmet, P. H.: A new Tool for Studying Contact Catalysts. W. G. Frankenburg: Advances in Catalysis and Related Subjects. Vol. I. (1948), S. 85. (Academic Press Inc. New York).

36. Taylor, H. S., and R. M. Burns: The Adsorption of Gases by Metallic Catalysts. J. Amer. chem. Soc. **43**, 1277 (1921).

37. Natta, G., und N. Agliardi: l. c. 32, S. 112.

38. Hüttig, G. F., und R. Kassler: Über die katalytische Wirksamkeit des aus verschiedenen Kobaltoxydhydraten hergestellten metallischen Kobalts. Z. anorg. allg. Chem. **187**, 24 (1930).

39. Teichner, S.: Evolution de la surface spécifique des Catalyseurs Fischer an cours du traitement thermique rèducteur. C. R. hebd. Séances Acad. Sci. **227**, 478 (1948).

40. Lewis, J. R., and H. S. Taylor: The Adsorption of Hydrogen by Copper dispersed in Magnesia. J. Amer. chem. Soc. **60**, 877 (1938).

41. Hieber, W.: l. c. 30 b u. c.

42 a. Storch, H. H.: The Fischer-Tropsch and Related Processes for Synthesis of Hydrocarbons by Hydrogenation of Carbon Monoxide. W. G. Frankenburg: Advances in Catalysis. Vol. I (1948), S. 115 u. f.

    b. Weil, B. H., und J. C. Lane: Synthetic Petroleum from the Synthine Process. Remsen Press Division. Chemical Publishing Co. New York 1948.

43. Fischer, F., Pichler und Buffleb: 1925—1940. l. c. 10, S. 155.

44. Körösy, F.: Eine flüchtige Kupferverbindung. Nature **160**, 21 (1947); C_1 1947, 1459.

45. Hall, C. C., and S. L. Smith: The Life of a Cobalt Catalyst for the Synthesis of Hydrocarbons at atmospheric pressure. J. Soc. chem. Ind. **65**, 128 (1946).

46. Zahlreiche in Deutschland noch nicht veröffentlichte Patentanmeldungen der I. G., deren Inhalt in Fiat Report Nr. 1000 (l. c. 16 b) und bei Storch: l. c. 42 a, S. 135 wiedergegeben ist.

47 a. Häuber, H., W. Hagen, und H. Nienburg: Verfahren zur Herstellung sauerstoffhaltiger Verbindungen. D. R. P. Anm. p. 3130 D. 1. 10. 48. B. A. S. F.

    b. Gresham, W., und R. Brooks: Reaction between Olefinic Compounds, Carbon Monoxide and Hydrogen in the Presence of a Metal Carbonyl Catalyst. A. P. 2497303. E. I. du Pont de Nemours Co. 1945.

48 a. Natta, G.: Alcuni nuovi procedimenti di sintesi di alcoli mono- e polivalenti, Chimica Industria **27**, 84 (1945).

    b. —, und E. Beati: L'ossosintesi e la sua cinetica. Chimica Industria **24**, 389 (1942).

49. Klopfer, O.: Über die Oxosynthese. Angew. Chem. **61**, 266 (1949).

50 a. Ewens, R. V. G., und M. W. Lister: The structure of iron pentacarbonyl and of Iron and Cobalt Carbonyl Hydrides. Trans. Faraday Soc. **35**, 681 (1939).

b. Hückel, W.: Anorg. Strukturchemie S. 507, Metallcarbonyle und verwandte Verbindungen. (F. Enke 1948).

51. Dupont, G., P. Piganiol und I. Vialle: Contribution à l'étude de la réaction Oxo et de son mécanisme. Bl. Soc. chim. France, Mém. [5] **15**, 529 (1948).

52. Mittasch, A.: Bemerkungen zur Katalyse. Ber. dtsch. chem. Ges. **59**, 30 (1926).

53. Frolich, K., und D. S. Cryder: Catalysts for the Formation of Alcohols from Carbon Monoxide and Hydrogen. Ind. engg. Chem. **22**, 1051 (1930).

54. Fischer, F., und H. Tropsch: Über die direkte Synthese von Erdöl-Kohlenwasserstoffen bei gewöhnlichem Druck. Ber. dtsch. chem. Ges. **59**, 830 (1926). Brennstoff-Chemie **7**, 79 (1926).

55. Roelen, O.: Über Aldehyd-Synthesen. Angew. Chem. **60**, 213 (1948).

56a. Koelbel, H.: Diskussionsbemerkung bei der Tagung der deutschen Gesellschaft für Mineralölwissenschaft und Kohlechemie. Angew. Chem. **62**, 194 (1950).

b. —, und P. Ackermann: CO-Hydrierung im flüssigen Medium. Angew. Chem. **61**, 38 (1949).

57. Griffith, R. H.: The Geometrical Factor in Catalysis. W. G. Frankenburg: Advances in Catalysis, Vol. I, 97 (1948) (Academic Press Inc. New York).

58. Brötz, W.: Zur Systematik der Fischer-Tropsch-Katalyse. Z. Elektrochem. angew. physik. Chem. **53**, 306 (1949).

59. Craxford, S. R.: The Mechanism of the Technical Synthesis and Transformation of Hydrocarbons. The Fischer-Tropsch Synthesis of Hydrocarbons and some Related Reactions. Trans. Faraday Soc. **35**, 946 (1936); Brennstoff-Chemie **20**, 263 (1939); C. **1939** II, 3513.

60. Eiduss, Ja. T., und K. W. Pusitzki: Über die katalytische Hydrokondensation von Kohlenoxyd mit Äthylen. C_1 **1947** I, 720; C_2 **1947** I, 311.

61. Patart, G.: Procédé pour la production simultanée, par synthèse, d'alcool méthylique et d'hydrocarbures liquides. F. P. 593648 (1925).

62. Mittasch, A., M. Pier und K. Winkler: Verfahren zur Gewinnung organischer Verbindungen. D. R. P. 660619. Friedländer XXII, S. 389.

63. Gresham, W. F., R. E. Brooks, und W. E. Grigsby: Synthesis of Diethyl Ketone. A. P. 2473995 (1946). E. I. du Pont de Nemours Co.

64. Braun, V. J., und G. Manz: Die Umsetzung von Aldehyden mit Metallen und ihre katalytische Druck-Hydrierung. Ber. dtsch. chem. Ges. **67**, 1696 (1934).

65. Nienburg, H.: Verfahren zur Herstellung verzweigter aliphatischer Verbindungen. D. R. P. Anm. I. 73190. I. G.

66. Arbeiten der Ludwigshafener Laboratorien.

67a. l. c. 49.

b. Koch, H.: Über die Zusammensetzung der Syntheseprodukte. Angew. Chem. **60**, 212 (1948).

c. Asinger, F.: Über Doppelbindungs-Isomerisierung bei der Herstellung von höhermolekularen geradkettigen Olefinen. Ber. dtsch. chem. Ges. **75**, 1247 (1942).
Siehe dagegen:
Roelen, O.: l. c. 10, S. 168.

68a. McCubbin, R. J., und H. Adkins: The Oxidation of Di-isobutylene by Ozone. J. Amer. chem. Soc. **52**, 2547 (1930).

b. Whitmore, F. C., und J. M. Church: The Isomeres in Di-isobutylene III. Determination of their structure.
J. Amer. chem. Soc. **54**, 3710 (1932).

69. Arbeiten der Ludwigshafener Laboratorien. (Nienburg, H., C. Schuster).

70a. — Nonylalkohol. Interesting Possibilities of a New Synthesis. Chem. Age **60**, 585 (1949).

b. Iso-Octylalcohols. Chem. Engin. **55**, 328 (1948).

71. Sparks, W. J., und D. W. Young: Plasticizers from Oxo Alcohols. Ind. engg. Chem. **41**, 665 (1949).

72. Deutsche Hydrierwerke A. G., Aldehydes, produits de réduction d'aldéhydes et procédé de préparation de ces corps. F. P. 873391 (1941).

73. — Procédé de fabrication d'acides carboxyliques à poids moléculaire élevé. F. P. 881438 (1942).

74. Scheuermann, A.: Beobachtungen an Eisenschmelzkontakten für die Kohlenwasserstoffsynthese aus Kohlenoxyd und Wasserstoff. Angew. Chem. **60**, Abt. A, 211 (1948).

75. Arbeiten der Ludwigshafener Laboratorien. (C. Schuster, H. Eilbracht, A. Hartmann.) Ausführlich beschrieben l. c. 16b.

76. Ruhrchemie A.-G., Procédé de fabrication de dérivés oxygenés purs d'hydrocarbures aliphatiques. F. P. 869163 (1941).

77. Kurz zusammenfassende Darstellung bei Storch: l. c. 42a, S. 135. Ausführlich beschrieben l. c. 16b.

78. Arbeiten der Ludwigshafener Laboratorien.

79. Deutsche Hydrierwerke A.-G., Substances tensio-actives et leur procédé de de préparation. F. P. 889521.

80. Deutsche Hydrierwerke A.G., Composés comportant deux noyaux Hydroaromatiques et procédés de préparation de ces composés. F. P. 889023.

81. Mannes, L., und W. Pack: Verfahren zur Herstellung von dicarbonsauren Salzen bzw. Dicarbonsäuren. DRP. 745265 (Henkel u. Co.).

82. Gresham, W., und R. Brooks: Manufacture of Acrolein. A. P. 2402133 E. I. du Pont de Nemours Co.

83. Olin, J. F., und Th. E. Deger: Manufacture of Aliphatic Amines and Acid Amides. A. P. 2422631 ⎱ Sharples Chem. Inc. 1944.
A. P. 2422632 ⎰

84. Adkins, H., und R. W. Rosenthal: Carbonylation of Alcohols with Nickel Carbonyl Catalyst. J. Amer. chem. Soc. **72**, 4550 (1950).

85. Wender, I., R. Levine, and M. Orchin: Chemistry of the Oxo and Related Reactions. II. Hydrogenation. J. Amer. chem. Soc. **72**, 4375 (1950).

86. —, M. Orchin and H. H. Storch: Mechanism of the Oxo and Related Reactions. III. Evidence for Homogeneous Hydrogenation. J. Amer. chem. Soc. **72**, 4842 (1950).

(Abgeschlossen im Dezember 1950.)

Dr. Curt Schuster, Chemiker in der Bad. Anilin- u. Soda-Fabrik, Ludwigshafen a./Rh.

Fortschr. chem. Forsch., Bd. 2, S. 375—443 (1952).

Das latente photographische Bild.
Seine Entstehung im Lichte der neueren Forschung.

Von

HANS WOLFF.

Mit 37 Textabbildungen.

Inhaltsübersicht.

I. Einleitung: Problemstellung.

In der Photographie wird unter dem „latenten Bild" jene während der Belichtung in der photographischen Schicht eintretende Veränderung verstanden, die, zunächst dem Auge verborgen, noch der Entwicklung bedarf, um sichtbar zu werden. Die folgenden Ausführungen sollen über den gegenwärtigen Stand unseres Wissens vom latenten Bild einen orientierenden Überblick vermitteln, unter besonderer Berücksichtigung des Fortschritts in den letzten 10 bis 15 Jahren. Nach kurzer Charakterisierung der photographischen Schicht — als des Bildungsorts des latenten Bildes — und der zu dessen Untersuchung hauptsächlich angewandten Methoden werden die Ergebnisse der klassischen Silberkeimtheorie zusammengefaßt; darauf aufbauend wird eine Beschreibung vom Mechanismus der Entstehung des latenten Bildes gegeben, die sich im wesentlichen an die herrschenden Theorien anschließt, aber auch abweichende Anschauungen zu Worte kommen läßt.

II. Hauptteil.

A. Die photographische Schicht.

1. Struktur.

Die photographische Schicht besteht aus einer auf Glas, Film oder Papier aufgetragenen Halogensilberemulsion, die gewöhnlich noch gewisse Zusätze enthält; von diesen sind insbesondere an der Oberfläche des Halogensilbers adsorbierte Farbstoffe zur Sensibilisierung für den langwelligen Bereich des Lichts zu nennen. Die hochempfindlichen Schichten enthalten Bromsilber, das mit kleinen Mengen Jodsilber versetzt zu sein pflegt; weniger empfindliche Schichten, wie sie meist für photographische Papiere verwendet werden, enthalten neben Brom- noch Chlorsilber; die verhältnismäßig unempfindlichen Schichten der bis zur sichtbaren Schwärzung zu belichtenden Tageslichtpapiere bestehen schließlich aus reinem Chlorsilber (neben löslichen Silbersalzen zur Bindung des freiwerdenden Halogens). Im Vordergrund der folgenden Betrachtungen stehen die Emulsionen auf Bromsilberbasis.

Bromsilber, das lichtempfindliche Element der photographischen Schicht, krystallisiert in einem Gitter vom NaCl-Typ. Es findet sich in der photographischen Emulsion in Form dreieckiger, hexagonaler und auch nadelförmiger Krystalle, deren Größe zwischen einigen zehntel μ bei mäßig und mehreren μ bei hochempfindlichem Aufnahmematerial schwankt. In der ausgestrichenen Emulsion sind die Körner im allgemeinen vielschichtig, mit ihren Projektionen sich teilweise überlappend, angeordnet. Auf den Quadratzentimeter entfallen etwa 10^9 bis 10^{12} der Krystallite.

Träger der lichtempfindlichen Substanz ist Gelatine, ein hochmolekularer Eiweißkörper nicht einheitlicher Zusammensetzung mit Glutin als Grundsubstanz. Der photographische Charakter der Gelatine

(AMMANN-BRASS 1948 und 1951) wird jedoch nicht durch den mengenmäßig am stärksten vertretenen Stoff, sondern durch gewisse nur spurenhaft vorhandene Verbindungen bestimmt. Diese lassen sich in „Reifungskörper", „Reifungshemmungskörper" und „gradationsgebende desensibilisierende Substanzen" einteilen. Als Reifungskörper werden Verbindungen mit labilem Schwefel — Thiocarbamide und Thiosulfate — zusammengefaßt. Hauptvertreter der Reifungshemmungskörper ist Cystin. Die gradationsgebenden desensibilisierenden Substanzen sind noch wenig erforscht. Die Bedeutung aller dieser Stoffe liegt in ihrer Einflußnahme auf die Eigenschaften — insbesondere Lichtempfindlichkeit, Körnigkeit und Gradation (s. S. 380) — der photographischen Schicht. Auf eine Betrachtung der Reifungshemmungskörper und der gradationsgebenden desensibilisierenden Substanzen kann bei den vorliegenden Ausführungen verzichtet werden. Die Einflußnahme der Reifungskörper ergibt sich aus einer Betrachtung der Emulsionsbereitung.

Die Herstellung der Emulsion durch Ausfällen gelatinehaltiger Halogensalzlösungen mit Silbernitrat und definierte Nachbehandlung des Niederschlags stellt eine eigene Technik dar. Bei dieser kommt es besonders auf die kunstgerechte Leitung einer als „Reifung" bezeichneten Wärmebehandlung an.

Rein zeitlich unterscheidet man eine „erste Reifung", die vor dem Waschen, und eine „Nachreifung", die nach dem Waschen der Emulsion stattfindet.

Nach den ablaufenden Vorgängen werden eine „physikalische" und eine „chemische" Reifung unterschieden. Von den nicht streng voneinander zu trennenden Vorgängen findet die physikalische vornehmlich während der ersten Reifung, die chemische Reifung hauptsächlich während der Nachreifung statt.

Durch die physikalische Reifung erlangen die Bromsilberkörner ihre endgültige Gestalt und Größe. Es hängt dabei von den Bedingungen ab, ob eine „OSTWALD-Reifung", d.h. Wachstum der größeren auf Kosten der in Lösung gehenden kleineren Teilchen, oder eine „Berührungskrystallisation", d.h. Ausbildung größerer durch Coagulation kleinerer Teilchen vorherrscht.

Durch die chemische Reifung erleidet das Korn ohne wahrnehmbare Änderung seiner Gestalt gewisse Strukturänderungen, welche für die Lichtempfindlichkeit der Emulsion ausschlaggebend sind.

Nach auf SHEPPARD, FRANKLIN und LOVELAND (1925) zurückgehenden Vorstellungen entstehen während der chemischen Reifung durch Einwirkung der Reifungskörper auf AgBr kleine Mengen von Silbersulfid und metallischem Silber, „Reifkörper" genannt. Diesen sowie den vornehmlich von ihnen im Krystallgitter erzeugten Störstellen — gemeinsam als „Sensibilitätszentren" bezeichnet — kommt nach den geltenden

Theorien die Eigenschaft zu, die photochemischen Reaktionsprodukte bei der Entstehung des latenten Bildes zu stabilisieren. Hiervon ist weiter unten zu berichten.

Neuere Beobachtungen werden dahin gedeutet, daß die Sensibilitätszentren bereits am Ende der physikalischen Reifung angelegt sind und während der chemischen Reifung lediglich aktiviert werden. Hierher gehört unter anderem der Befund, daß die am Ende der physikalischen Reifung beobachtbare Empfindlichkeit im Laufe der chemischen Reifung bei unter verschiedenen Bedingungen hergestellten Emulsionen stets die gleiche prozentuale Steigerung erfährt. Es wird daher im Hinblick auf die später zu erörternde moderne Theorie des latenten Bildes (s. S. 431) vorgeschlagen, das Wesen der chemischen Reifung in einer Bildung von Aggregaten aus Zwischengittersilberionen und Elektronen bzw. einer Erhöhung der Anzahl und Beweglichkeit von Gitterfehlstellen FRENKELscher oder SCHOTTKYscher Art (s. S. 432) zu sehen (HAUTOT und SAUVENIER 1951).

Aus der Teilnahme der Gelatine an der Bildung jener Strukturänderungen, welche die Lichtempfindlichkeit der photographischen Schicht bestimmen, geht hervor, daß die Wahl der zur Emulsionsherstellung benutzten Gelatine bei der mangelnden Einheitlichkeit ihrer Zusammensetzung für die Empfindlichkeit einer Emulsion nicht ohne Bedeutung ist. Es gelang jedoch neuerdings, von den üblichen Fällungsmethoden abweichend, sehr lichtempfindliche Emulsionen dadurch zu gewinnen, daß eine Bromsilberschmelze im Gasstrom zerstäubt und das gebildete Pulver sowie definierte Zusätze — insbesondere wiederum Ag_2S — in von Reifungskörpern freier, sog. ,,inerter'' Gelatine aufgenommen wurden (STASIW und TELTOW 1948).

2. Spektrale Empfindlichkeit.

Die Empfindlichkeit photographischer Emulsionen — meßbar durch die auf 1 cm² aufzustrahlende Energie, um eine definierte photographische Wirkung zu erzielen — geht in den verschiedenen Spektralbereichen der Absorption von AgBr nicht parallel.

Die an Einkrystallen gemessenen Absorptionsbanden der Silberhalogenide haben ihr Maximum im ultravioletten Gebiet. Sie unterscheiden sich von den Banden der übrigen Ionenkrystalle durch ihren langsamen Abfall und die wenig scharfe Begrenzung ihres langwelligen Endes, das für Bromsilber bei 490 mµ liegt.

Demgegenüber fällt die Empfindlichkeit der photographischen Schicht nach kurzen Wellen dadurch ab, daß Gelatine eine mit abnehmender Wellenlänge zunehmende Eigenabsorption aufweist, die bei 200 mµ praktisch vollständig ist.

Nach langen Wellen erstreckt sich die Empfindlichkeit der durch Farbstoffe sensibilisierten Emulsionen bei geeigneter Wahl derselben noch über den sichtbaren Bereich hinaus.

Die langwellige Abnahme der Empfindlichkeit nicht sensibilisierter Emulsionen geht in erster Näherung dem Abfall der Absorption von AgBr parallel.

Ein bei genauerer Analyse in der Gegend von 490 mμ beobachtbarer Knick der Empfindlichkeitskurve ist aus dem Verlauf der Absorption von AgBr nicht mehr erklärbar. Die zu einer Verlangsamung der Empfindlichkeitsabnahme führende Richtungsänderung weist darauf hin, daß sich der Eigenabsorption von AgBr eine Störstellenabsorption überlagert (EGGERT und BILTZ 1939; EGGERT und KLEINSCHROD 1939 und 1941; ARENS, EGGERT und KLEINSCHROD 1943; BILTZ 1951). Ursache der Störstellenabsorption sind gewisse „Verunreinigungen" des Korns, insbesondere während der Reifung gebildetes Ag_2S (STASIW und

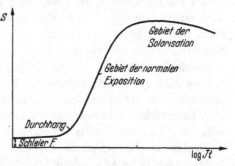

Abb. 1. Schematische Darstellung einer Schwarzungskurve. S Schwarzung; Jt Lichtmenge (J Strahlungsintensität; t Belichtungszeit).

TELTOW 1941). Die Bedeutung der Störstellen für die Entstehung des latenten Bildes macht sie — wie bereits angedeutet — zu einem wichtigen Gegenstand der folgenden Ausführungen.

B. Methoden zur Untersuchung des latenten Bildes.

Die geringe Masse des latenten Bildes bewirkt, daß dieses mit normalen analytischen Methoden nicht zu erfassen ist. Zu seiner Ergründung werden daher besonders zwei Methoden angewandt:

1. Die Extrapolation von den analytisch faßbaren Verhältnissen stärker belichteter photographischer Schichten — oder Modelle derselben — auf die nicht mehr direkt faßbaren Verhältnisse bei der Entstehung des latenten Bildes.

2. Der Schluß von der entwickelten Schwärzung auf das dieser zugrunde liegende latente Bild.

Die Schwärzung S, auch optische Dichte oder schlechthin Dichte D genannt, ist für die entwickelte und fixierte Schicht durch $\log \frac{J_0}{J}$ definiert, wenn J_0 die ein- und J die durchfallende Intensität bezeichnet.

Auftragen der Schwärzung S gegen den dekadischen Logarithmus des Produkts aus Strahlungsintensität J und Belichtungsdauer t liefert die für eine gegebene photographische Schicht charakteristische Schwärzungskurve (Abb. 1). Diese beginnt mit einem endlichen Schwärzungswert, der dem „Schleier" F der unbelichtet entwickelten Aufnahme entspricht, steigt dann gewöhnlich nach Passieren eines Durchhangs im „Gebiet der normalen Exposition" linear an und fällt nach Durchlaufen eines Maximums im „Gebiet der Solarisation" trotz zunehmender Belichtung ab, wobei unter Umständen ein nochmaliges Ansteigen, eine sog. „zweite Umkehr" beobachtet wird. Die Steilheit dieser Kurve wird als Gradation bezeichnet.

Da ein einzelnes Korn gewöhnlich ganz oder gar nicht entwickelt wird, ist die jeweilige Schwärzung bei Bezug auf das Schwärzungsmaximum, bei dem alle Körner reduziert sind, in etwa auch ein Maß für den Bruchteil der entwickelten Körner.

Beide Schlußweisen — sowohl die Extrapolation als auch die Beurteilung nach der photographischen Wirkung — sind nicht eindeutig; denn einerseits ist nicht ohne weiteres sicher, daß bei lichtschwächeren bzw. lichtstärkeren Verhältnissen analoge Zustände herrschen; andererseits könnte die entwickelte Schwärzung von besonderen Umständen wie beispielsweise einer unterschiedlichen Dispersität des latenten Bildes abhängen. Kritische Anwendung beider Schlußweisen hat jedoch zur Aufklärung der Entstehung des latenten Bildes wesentlich beigetragen.

C. Mechanismus der Entstehung des latenten Bildes.

1. Die klassische Silberkeimtheorie.

a) Um die Berechtigung, die Entstehung des latenten Bildes und der verschiedenen photographischen Einzelerscheinungen zu erklären, stritten sich vor 15 Jahren in erster Linie:

Die SCHWARzsche Oberflächenentladungstheorie (SCHWARZ 1933). Sie sah die entscheidende Wirkung des Lichts in der Durchbrechung einer das einzelne Bromsilberkorn vor dem Entwickler schützenden Ionenhülle.

Die WEIGERTsche Micellartheorie (WEIGERT 1934). Nach ihr sollte die Lichtabsorption an einer von den verschiedenen Bestandteilen der photographischen Schicht gebildeten Einheit, der „Micelle" erfolgen.

Die Silberkeimtheorie. Auf diese wird hier allein eingegangen, da sich aus ihr die gegenwärtigen Anschauungen entwickelt haben:

Die Silberkeimtheorie (vgl. EGGERT 1930[1], ARENS und LUFT 1935[1]) besagte ursprünglich nur, daß das Bromsilber der photographischen Schicht vom Licht gespalten wird und das hierbei gebildete Silber als Keim für die bei der Entwicklung erfolgende Reduktion des AgBr wirkt.

---

[1] Mit ausführlichem Literaturverzeichnis.

b) Die Vorstellung, das latente Bild als eine Abscheidung metallischen Silbers anzusehen, wurde nahegelegt durch:

α) Die Extrapolation des bei Belichtung von Halogensilber bis zur sichtbaren Schwärzung erhaltenen Befundes — wegen seines Auftretens bei den mit Tageslicht arbeitenden „Auskopierpapieren" auch „Auskopiereffekt" genannt — auf die um mehrere Zehnerpotenzen lichtschwächeren Verhältnisse normaler photographischer Aufnahmen.

β) Die — wenn auch unvollkommene — Gleichheit von Reaktionen des latenten Bildes mit denen metallischen Silbers, vor allem die Zerstörbarkeit des latenten Bildes durch starke Oxydationsmittel wie Chromsäure oder freies Halogen,

γ) und schließlich die Möglichkeit der „physikalischen Entwicklung", d.h. einer Behandlung, bei der die Aufnahme zuerst fixiert und dann erst durch Abscheidung eines Metalls aus reduzierender Metallsalzlösung entwickelt wird.

c) Die Vorstellungen der Silberkeimtheorie präzisierten FAJANS (1921), EGGERT und NODDACK (1921) sowie SHEPPARD und TRIVELLI (1921) durch Anwendung der Quantentheorie.

Sie machten die Annahme, daß beim Belichten durch Aufnahme eines Quants genügender Energie ein Elektron von einem Bromion losgelöst und auf ein Silberion übertragen wird. Der Übergang — in Analogie zu dem „äußeren Photoeffekt" der Metalle bei Ionenkrystallen als „innerer Photoeffekt" bezeichnet — läßt sich durch

$$Br^- + h\nu \rightarrow Br + \Theta$$

$$Ag^+ + \Theta \rightarrow Ag$$

formulieren.

Eine starke Stütze dieser Auffassung wurden an photographischen Emulsionen angestellte Messungen der durch

$$\varphi = \frac{\text{Anzahl abgeschiedener Ag-Atome}}{\text{Anzahl absorbierter Lichtquanten}}$$

definierten Quantenausbeute. EGGERT und NODDACK (1923) fanden für φ Werte von der Größenordnung 1. Dieses Ergebnis bewies die Parallelität zwischen Lichtabsorption und Silberabscheidung, bzw. — im Hinblick auf den Quantenäquivalenzsatz, nach dem die Anzahl absorbierter Lichtquanten und freigemachter Elektronen gleich ist — die Parallelität zwischen Elektronenbildung und Silberabscheidung.

Es kam bei den Untersuchungen nur auf die Größenordnung der Quantenausbeute an, da mit anhaltender Belichtung eine zunehmende Wiedervereinigung der Zersetzungsprodukte — Regression genannt — erfolgt.

Die Übertragung des gewonnenen Ergebnisses auf das latente Bild stellte wiederum eine Extrapolation von den Verhältnissen im Bereich der analytischen Nachweisbarkeit metallischen Silbers dar.

Von der mehrfachen Bestätigung, die diese wichtigen Messungen erfuhren, seien aus neuerer Zeit von MEIDINGER (1949) mit verfeinerten Meßmethoden (und erweiterter Fragestellung) vorgenommene Quantenausbeutebestimmungen erwähnt. Auch bei diesen wurden bei 10^3- bis 10^4mal größerer Belichtung gewonnene Ergebnisse auf die lichtschwächeren Verhältnisse des latenten Bildes übertragen. Die Zulässigkeit der Extrapolation folgte aus der Unabhängigkeit der Schwärzungskurve von einem Gehalt der photographischen Schicht an zugesetzten Acceptoren, worunter die Regression verhindernde Substanzen wie Nitrit zu verstehen sind. Diese Unabhängigkeit erwies, daß für die äußerst geringen chemischen Umsätze bei der Entstehung des latenten Bildes von vornherein genügend Acceptorsubstanz vorhanden ist, um in den ohne Acceptorzusatz hergestellten Schichten die gleiche Ausbeute wie in den Schichten mit Zusatz zu gewährleisten.

d) Die Erklärung des weiteren Schicksals der Ag-Atome hatte zu berücksichtigen:

α) Die Zusammensetzung des latenten Bildes aus einzelnen Silberaggregaten:

Die Entwicklung setzt — mikroskopisch betrachtet — nicht gleichmäßig über das ganze Korn verteilt ein, sondern nimmt von Zentren, die bei normaler Belichtung in einem entwicklungsfähigen Korn nur vereinzelt vorkommen, den Entwicklungskeimen, ihren Ausgang. Diese machen das latente Bild aus. Sie sind — im Hinblick auf dessen chemische Natur — als Silberaggregate anzusprechen.

Die Auffassung des latenten Bildes als einer an einzelnen Stellen des Korns lokalisierten Silberabscheidung legten auch die in stärker belichteten Körnern unter dem Mikroskop beobachtbaren „schwarzen Punkte" sowie — in neuerer Zeit — ähnliche Befunde von Aufnahmen mit dem Elektronenmikroskop (HALL und SCHOEN 1941) nahe.

β) Die Steigerung der Lichtempfindlichkeit einer Emulsion durch die Anwesenheit gewisser „Verunreinigungen" des Korns:

Erst die Anwesenheit gewisser Verunreinigungen, als deren wichtigste SHEPPARD, TRIVELLI und LOVELAND (1925) — wie erwähnt — während der Reifung gebildetes Ag_2S erwiesen, bedingt hohe Lichtempfindlichkeit der Emulsion. Es lag nahe zu folgern, daß diese Verunreinigungen bzw. von ihnen geschaffene Störstellen die Bildung von Entwicklungskeimen begünstigen.

Die beiden Sachverhalte verknüpfte die Coagulationstheorie des latenten Bildes. Sie besagte: Die Silberatome flocken zu Gebilden aus mehreren Atomen zusammen, sich hierbei der Reifkörper bzw. der von ihnen geschaffenen Störstellen als Kondensationszentren für die Bildung von Entwicklungskeimen bedienend. Über die Einzelheiten des diesem Vorgang zugrunde liegenden Mechanismus bestand jedoch Unklarheit.

e) Um den Verbleib der Halogenatome zu erklären, wurde angenommen, daß diese, soweit sie nicht mit freigemachten Elektronen oder Silber rekombinieren, aus dem Krystall entweichen und an Gelatine oder in dieser enthaltenem Wasser gebunden werden. Hierzu boten Versuche bei allerdings wiederum über die Exposition normaler photographischer Aufnahmen hinausgehenden Belichtungen Veranlassung: Bestrahlung von Halogensilberemulsionen ließ die während der Exposition im Korn gebildeten Halogenatome hernach in der Gelatine in einer dem entstandenen Silber vergleichbaren Menge nachweisen. Belichtung des Systems Halogensilber—Wasser ergab die Halogenatome sekundär als Halogenionen der wäßrigen Lösung oder freies Halogen (MUTTER 1928, FELDMANN 1928, WOLFF 1949).

f) Die Lokalisation der Reifkörper an der Kornoberfläche kennzeichnete diese als den bevorzugten Sitz des latenten Bildes. Bereits vor der Jahrhundertwende von KÖGELMANN angestellte Beobachtungen taten jedoch dessen Existenz auch im Korninnern dar.

g) Es erwies sich, daß ein Lichtquant, d. h. ein Ag-Atom, unter Umständen genügt, um ein Korn entwickelbar zu machen, daß aber Absorption von mehreren hundert Quanten noch nicht alle Körner entwickelbar macht (MEIDINGER 1925). Die Erklärung ging davon aus, daß das Verhältnis von an der Oberfläche und im Innern des Korns abgeschiedenem Silber etwa 1:300 beträgt und nur das oberflächliche Silber bei der Entwicklung voll aktiv ist.

h) EGGERT faßte 1926 seine Vorstellungen über die Entstehung des latenten Bildes dahin zusammen, daß die vom Licht freigemachten Elektronen innerhalb des Bromsilberkorns eine gewisse Wegstrecke zurücklegen und in der Nachbarschaft von bereits vorhandenen Silberatomen Silberionen entladen, wobei an die Möglichkeit gedacht wurde, daß die Silberionen unter dem Einfluß eines elektrischen Feldes im Sinne der TUBANDTschen Leitfähigkeitsversuche ebenfalls durch den Krystall wandern. Damit kam er den später von GURNEY und MOTT strenger begründeten Auffassungen bereits sehr nahe. Die Zeit war jedoch noch nicht reif, diese Vorstellung zur Deutung photographischer Einzelerscheinungen auszuwerten. Waren doch die Voraussetzungen für eine exakte Formulierung dieser Erkenntnis, die wellenmechanische Theorie der Elektronenleitung in Ionenkrystallen sowie die Lehre von den Fehlordnungserscheinungen fester Elektrolyte zu jener Zeit noch nicht entwickelt.

Die weitere Entwicklung beeinflußten Arbeiten von POHL und Mitarbeitern, die isolierte Krystalle von Silber- und Alkalihalogeniden als Modelle der photographischen Vorgänge in ihrem Verhalten gegen Licht prüften.

2. Modellversuche an Silber- und Alkalihalogenideinkrystallen.

a) Pohl und Mitarbeiter (Pohl 1938[1]) untersuchten die Silberhalogenide im Rahmen umfassender Arbeiten über die Wechselwirkung zwischen Licht und Ionenkrystallen:

α) Absorptionsmessungen an AgBr-Einkrystallen ergaben:

Im Verlauf der Bestrahlung tritt neben der Absorptionsbande reinen
Bromsilbers eine neue Bande auf, die durch ein Maximum bei 690 mµ
charakterisiert wird (Abb. 2). Diese ist dem Photosilber zuzuschreiben,
das — wie aus dem erwähnten Auftreten „schwarzer Punkte" unter dem
Mikroskop hervorgeht —
in coagulierter Form vor-
liegt und daher auch
als Silberkolloid bezeichnet wird.

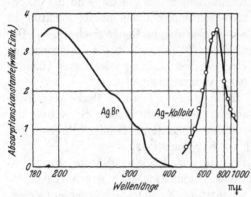

Abb. 2. Absorptionsspektrum von AgBr nach Einstrahlen inner-
halb der Eigenabsorption von AgBr. Links: Eigenabsorption von
AgBr. Rechts: Absorption des Ag-Kolloids, d.h. des latenten
Bildes (Maßstab 10⁶mal größer als links).

Die neuauftretende
Bande kann bei photo-
graphischen Aufnahmen
lediglich deshalb nicht an
einer Verfärbung erkannt
werden, weil die Schicht-
dicke handelsüblicher
Emulsionen, auf Brom-
silber bezogen, hierfür zu
klein ist. Krystalle von
2 bis 3 µ Dicke, die der

photographischen Schicht bezüglich des Halogensilbergehalts entsprechen,
erlauben ebenfalls nicht, eine Abscheidung im Verhältnis 1:10⁷ AgBr —
wie sie für photographische Aufnahmen bei der Quantenausbeute 1 zu
erwarten wäre — optisch nachzuweisen. Aber auch unter den Konzen-
trationsverhältnissen des latenten Bildes ist die Bande an einer Verfärbung erkennbar, wenn genügend dicke Schichten — d.h. Krystalle
von mindestens 2 mm Dicke — gleichmäßig durchstrahlt werden.

Die dem latenten Bild zukommende Absorptionsbande läßt sich durch
Einstrahlen von Licht innerhalb ihres Absorptionsbereichs ausbleichen.

β) Untersuchungen über die lichtelektrische Leitfähigkeit der Silberhalogenide erfolgten durch Belichten von Einkrystallen, die sich zwischen
zwei Elektroden befanden, an denen eine Spannung mit im Stromkreis
geschalteten Elektrometer lag. Im allgemeinen wurde nicht die ganze
Länge des Krystalls bestrahlt, sondern es wurde eine „Lichtsonde"

---

[1] Zusammenfassender Bericht über die Arbeiten von Pohl und Mitarbeitern
bis 1938. Das vollständige Literaturverzeichnis am Ende dieses Berichts erlaubt,
im vorliegenden Kapitel die Literaturbelege für den genannten Zeitabschnitt einzuschränken.

verwendet, d.h. das Licht fiel nur in eine möglichst dünne senkrecht zur Feldrichtung orientierte Krystallschicht (Abb. 3).

Treten bei Belichtung im derart eingespannten Krystall freibewegliche Elektronen auf, so findet ein Stromtransport statt. Das Elektrometer lädt sich auf. Es besteht „lichtelektrische Leitfähigkeit". Die isolierte Betrachtung der Elektronenleitung setzt Temperaturen voraus, bei denen die Ionenbewegung eingefroren ist.

Die beschriebene Anordnung erlaubt quantitative Rückschlüsse auf das Verhalten der freigemachten Elektronen:

Im einfachsten Fall — bei gleichmäßiger Bestrahlung des Krystalls — besteht zwischen der dem Elektrometer zugeführten Elektrizitätsmenge Q, der Anzahl N freibeweglicher Elektronen, deren Ladung ε, deren mittlerer Weglänge w in Richtung auf die Anode und dem Elektrodenabstand l ersichtlich die Beziehung

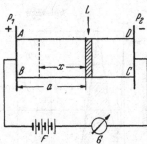

$$Q = N \varepsilon \frac{w}{l}. \qquad (1)$$

Hieraus folgt für den Fall der Lichtsonde im „Sättigungsgebiet" — wenn die angelegte Spannung so groß ist, daß alle freigemachten Elektronen zur Anode gelangen —

$$Q = N \varepsilon \frac{a}{l}, \qquad (2)$$

Abb. 3. Versuchsanordnung zur Messung der lichtelektrischen Leitfähigkeit mit einer Lichtsonde. $ABCD$ Einkrystall; P_1 und P_2 Elektroden; E Spannung; G Galvanometer; L Lichtsonde.

wobei a den Abstand Anode—Lichtsonde bezeichnet.

Außerhalb des Sättigungsgebiets klingt die Zahl der im Bereich der Lichtsonde erzeugten Elektronen nach

$$N_x = N_0 \, e^{-\frac{x}{w}} \qquad (3)$$

ab, wenn N_x die Anzahl der Photoelektronen bedeutet, die von der erzeugten Anzahl N_0 noch bis in die differentielle Schicht im Abstande x von der Lichtsonde gelangt.

Wird dann über die mit der Verschiebung dx von N_x Elektronen verbundene differentielle Aufladung

$$dQ = N_x \varepsilon \frac{dx}{l} = N_0 \varepsilon^{-\frac{x}{w}} \varepsilon \frac{dx}{l} \qquad (4)$$

von $x = 0$ bis $x = a$ integriert, so ergibt sich für die Elektrometerauladung außerhalb des Sättigungsgebietes

$$Q = \frac{N_0 \varepsilon \omega}{l} \left(1 - e^{-\frac{a}{w}} \right). \qquad (5)$$

Die mit dieser Methode bei Silberhalogeniden erzielten Ergebnisse (HECHT 1932, LEHFELDT 1935) lassen sich zusammenfassen:

1. Bei Belichtung von Silberhalogeniden werden Elektronen frei, die im Krystallinnern über den Gitterabstand hinausgehende Wege

zurücklegen; denn das Auftreten eines primären Photostromes ist daran gebunden, daß das vom Bromion losgelöste Elektron nicht vom nächstbenachbarten Silberion aufgenommen wird. Dem entspricht (vgl. 2) eine Abscheidung des Silbers nicht in atomarer Verteilung, sondern in coagulierter Form, wie aus dem bereits mehrfach erwähnten Auftreten „schwarzer Punkte" in belichteten AgBr-Körnern folgt.

2. Die von den Elektronen im Mittel zurückgelegten Schubwege hängen außer von der angelegten Feldstärke von der Anwesenheit metallischen Silbers ab. Einbettung grobdisperser Silberteilchen, wie sie während der Belichtung bei Zimmertemperatur entstehen, verkürzt die Wege. Offensichtlich wirken solche Partikel als Elektronenfänger.

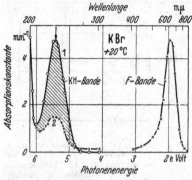

Abb. 4. Aufbau von F-Zentren und Abbau von KH durch Einstrahlen in die KH-Bande von KBr.
1 KH-Bande vor dem Aufbau der F-Bande;
2 KH-Bande nach dem Aufbau der F-Bande.

3. Die Elektronenausbeute, definiert durch das Verhältnis freigemachter Elektronen und absorbierter Lichtquanten, bestimmbar durch Vergleich der Photoströme des Einkrystalls und einer geeichten Photozelle unter gleichen Verhältnissen, ist — im Einklag mit den berichteten Quantenausbeutemessungen — von der Größenordnung 1.

b) Die Untersuchungen an Alkalihalogeniden waren für die Klärung der Entstehung des latenten Bildes kaum weniger bedeutungsvoll als die Beobachtungen an Silberhalogeniden. Sie seien daher kurz zusammengefaßt (Pohl 1938, Mott und Gurney 1940, Seitz 1946):

Bestrahlung von Alkalihalogeniden innerhalb ihres im Ultravioletten gelegenen Absorptionsbereichs führt ebenfalls zur Bildung einer neuen Absorptionsbande. Für die dieser zugrunde liegenden Produkte hat sich der Ausdruck Farbzentren — kurz F-Zentren — eingebürgert. Die den F-Zentren zugrunde liegende Verfärbung ist unter dem Mikroskop nicht auf einzelne Aggregate zurückführbar. Das veranlaßte, hier — zum Unterschied von den Silberhalogeniden — keine coagulierte, sondern eine atomare Abscheidung der Photoprodukte anzunehmen.

Besonders übersichtlich sind die Verhältnisse bei Alkalihalogenidkrystallen, die kleine Mengen von Alkalihydrid enthalten. Der Aufbau der F-Bande ist in derartigen Mischkrystallen von einem Abbau der Alkalihydridbande begleitet, die im Ultravioletten gelegen und der Alkalihalogenidbande vorgelagert ist (Abb. 4).

F-Zentren entstehen auch im erhitzten Krystall durch Einführen von Elektronen aus einer Punktkathode oder durch Eindiffundieren von

Alkalidampf („additive Verfärbung"). Die so erzeugten F-Zentren sind den optisch entstandenen völlig gleich. Sie zeigen dieselbe blaue Farbe und lassen sich im elektrischen Feld bei Änderung der Feldrichtung als Ladungswolke hin und her schieben (STASIW 1932).

Ursprünglich wurden die F-Zentren als neutrale Alkaliatome betrachtet, die bei der Entladung von Kationen durch Elektronen entstehen. Die zuletzt genannten Möglichkeiten der Bildung von F-Zentren veranlaßten HILSCH und POHL, diese nur noch formal als „neutrale Metallatome in irgendwelcher Gitterbindung", in Wirklichkeit als von einem Kation eingefangene „überzählige gitterfremde Elektronen beliebiger Herkunft" anzusehen.

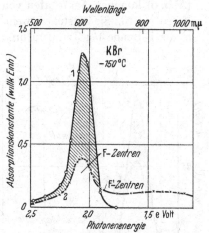

Abb. 5. Aufbau von F'-Zentren und Abbau von F-Zentren bei Einstrahlen in die F-Bande von KBr. _1_ F-Bande vor Einstrahlung in diese Bande; _2_ F-Bande und F'-Bande nach Einstrahlung in die F-Bande.

Die moderne Interpretation der F-Zentren knüpfte an das Bestehen SCHOTTKYscher Fehlordnung, d. h. die Anwesenheit äquivalenter Anionen- und Kationenleerstellen, in den Alkalihalogeniden an. DE BOER sowie GURNEY und MOTT (1938 [2] und 1940) deuteten ein F-Zentrum als „ein im Felde einer Anionenleerstelle eingefangenes Elektron". Diese Vorstellung erlaubte, im Zusammenhang mit einer Deutung der Absorptionsbanden der Alkalihalogenide sowie ihrer F-Zentren die Bildung letzterer aus Metalldampf mittels Kreisprozessen zu berechnen.

Bestrahlen von Alkalihalogeniden mit F-Zentren innerhalb deren Bande führt zum Aufbau einer breiten, gegenüber der ursprünglichen nach langen Wellen verschobenen Bande (Abb. 5). Die ihr zugrunde liegenden Produkte werden als F'-Zentren bezeichnet. Der Aufbau der F'-Bande ist mit einem Abbau der F-Bande verbunden. Umkehrung des Vorgangs ist durch Einstrahlen in das Maximum der F'-Bande möglich. Ein Charakteristikum der F'-Bande ist ihre geringe thermische Beständigkeit.

Die Bildung der F'-Zentren ist von einem Photostrom begleitet, der — durch Abtrennen jeweils eines Elektrons von den F-Zentren gebildet — bei Zimmertemperatur annähernd der Elektronenausbeute 1 entspricht, aber unterhalb −150° C innerhalb eines kleinen Temperaturintervalls um einen Faktor von der Größenordnung 1000 abfällt.

Die F'-Zentren, ursprünglich als „etwas loser gebundene Zentren" angesehen, bestehen nach moderner Auffassung aus zwei im Felde einer

Anionenleerstelle eingefangene Elektronen. Die Interpretation von F-
und F'-Zentren als Einfach- bzw. Doppelelektronen auf Anionenlücken
erlaubte auch, den zuvor berichteten Abfall des Photostroms bei tiefen
Temperaturen zu erklären (Gurney und Mott 1938 [2] und 1940, Huang
und Rhys 1950).

Untersuchungen der letzen Jahre ergaben die Anwesenheit weiterer
Absorptionsbanden zu beiden Seiten der F-Bande. Langwelligere Banden
(Abb. 6) kommen Aggregaten von
F-Zentren zu. Sie entstehen, wenn
in die F-Bande bei Temperaturen

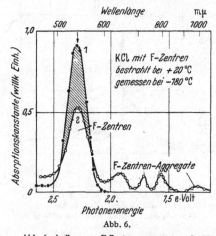 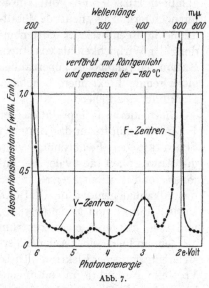

Abb. 6.

Abb. 7.

Abb. 6. Aufbau von F-Zentrenaggregaten und Abbau von F-Zentren durch Einstrahlen in die F-Bande von
KCl bei entsprechend hoher Temperatur. *1* F-Bande vor Einstrahlung in diese Bande; *2* Banden der
F-Zentrenaggregate und F-Bande nach der Einstrahlung.

Abb. 7. Aufbau von V-Banden (neben der F-Bande) durch Bestrahlen von KBr mit Röntgenlicht.

eingestrahlt wird, die hoch genug sind, um einen Materietransport zuzu-
lassen (Petroff 1950, vgl. auch Pick 1951). Kurzwelligere Banden —
„V-Banden" „V-Zentren" entsprechend — (Abb. 7) werden „atomar-
dispers verteiltem Halogen bzw. Defektelektronen[1] in einer Kationen-
lücke" zugeordnet (Dorendorf und Pick 1950).

c) Bereits zu einer Zeit, da die moderne Bedeutung von F- und
F'-Zentren noch nicht erkannt war, wurden die Alkalihalogenide von
Hilsch und Pohl als „vereinfachte Modelle der photographischen Vor-
gänge" angesehen. Als wesentlicher Unterschied zwischen den photo-
chemischen Vorgängen in Alkali- und Silberhalogeniden galt, daß bei den
Silberhalogeniden die isolierten F-Zentren nur kurze Lebenszeit besitzen

---

[1] In der Festkörpertheorie wird als „Defektelektron" eine Stelle des idealen
Gitters bezeichnet, an der ein Elektron fehlt.

und unmittelbar nach ihrer Bildung zu größeren Aggregaten zusammenflocken. Grund zu dieser Annahme bot die bei Alkalihalogeniden beobachtbare Coagulation der anfänglich atomar verteilten Reaktionsprodukte in der Wärme (HILSCH und POHL 1932).

Die gegenwärtige Deutung der F-Zentren ließ sich zunächst mit einer Betrachtung der photochemischen Vorgänge in Alkali- und Silberhalogeniden unter einheitlichen Gesichtspunkten nicht vereinbaren. Schien doch bei den Silberhalogeniden das Vorhandensein einer FRENKELschen Fehlordnung — wie noch an anderer Stelle näher auszuführen ist — und damit das Fehlen von Anionenleerstellen, der Vorbedingung für die Entstehung von F-Zentren, gesichert zu sein. Nach Wandlung dieser Vorstellung in neuerer Zeit wird aber auch bei den Silberhalogeniden eine Bildung von F-Zentren immer wahrscheinlicher. Dadurch ergibt sich wieder die Möglichkeit zu einer einheitlichen Betrachtung. Diese Ausführungen leiten jedoch bereits zu der modernen Theorie des latenten Bildes (MITCHELL 1949) über. Diesbezüglich sei auf die späteren Darlegungen verwiesen.

3. Energetische Betrachtungen zur Silberkeimtheorie.

Die für die Silberhalogenide — im Gegensatz zu den Alkalihalogeniden — charakteristische Abscheidung der photochemischen Reaktionsprodukte in Form von Aggregaten suchte BODENSTEIN (1941) energetisch zu verstehen. Aus thermochemischen Daten berechnete er

$$Na + Br = (Na^+ Br^-)_{im \ Krystall} + 139 \ kcal,$$

$$Ag + Br = (Ag^+ Br^-)_{im \ Krystall} + 114 \ kcal.$$

Nach diesen Gleichungen bedarf die Bildung eines Mols atomarer Spaltungsprodukte beim NaBr einer Energiezufuhr von größenordnungsmäßig 139 kcal und beim AgBr einer Lieferung von größenordnungsmäßig 114 kcal. Die dem langwelligen Absorptionsende der Krystalle entsprechende Lichtenergie beträgt bei NaBr etwa 130 und bei AgBr etwa 50 kcal für ein Mol. Die Differenz zwischen der berechneten Wärmetönung und der verfügbaren Lichtenergie ist also bei NaBr gering, bei AgBr hingegen sehr erheblich. Für die Bildung atomaren Silbers wären am Ende des langwelligen Empfindlichkeitsbereichs von AgBr zusätzlich etwa $114 - 50 = 64$ kcal erforderlich. Demgegenüber ist die Entstehung krystallinen Silbers mit 2 kcal exotherm, entsprechend einer Sublimationswärme des Silbers von 66 kcal.

Die hieraus von BODENSTEIN gezogenen Schlüsse waren: Eine Bildung atomaren Silbers — durch den inneren Photoeffekt in Gestalt des Übergangs eines Elektrons vom Bromion auf ein benachbartes normalerweise regulär eingebautes Silberion — ist nicht möglich. Silber scheidet sich nur dann ab, wenn das bei der Entladung zu überwindende Potential von 64 kcal herabgesetzt wird. Dies trifft zu, wenn die Elektronen solche Ionen entladen, die Silberkeimen anliegen und bei der Aufnahme der negativen Ladung in den bereits vorhandenen Verband krystallinen Silbers einbezogen werden, unter Einsparung der Sublimationsenergie des Silbers. Ähnlich liegt der Fall, wenn Silbersulfidkeimen oder sonstigen Fehlstellen benachbarte Ionen entladen werden. Diese sind schwächer gebunden, also energiereicher und daher leichter imstande, ein Elektron aufzunehmen.

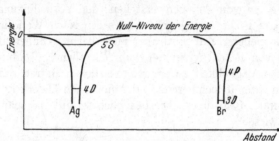

Abb. 8. Potentielle Energie der Elektronen im Felde eines einzelnen Atoms, dargestellt für Ag und Br. Die mit 5 S und 4 D bzw. 4 P und 3 D bezeichneten Querlinien kennzeichnen die erlaubten Energieniveaus der äußeren Elektronen dieser Atome.

Die Rechnung kennzeichnete die Sensibilitätszentren als Stätten des Elektronenverbrauchs. Die Entfernung dieser Stellen von den Bildungsorten der Elektronen erforderte die Annahme einer Wanderung der Elektronen, wenn von größeren Platzveränderungen der Silberionen abgesehen wurde.

4. Die GURNEY-MOTTsche Theorie.

GURNEY und MOTT (1938 [1] und 1940) waren bei der Aufstellung einer einheitlichen Theorie des latenten Bildes dadurch erfolgreich, daß sie die Ergebnisse der Untersuchungen über die lichtelektrische (Elektronen-) Leitung und die Ionenleitung der Silberhalogenide gleichzeitig berücksichtigten. Sie stützten sich dabei einerseits auf die wellenmechanische Theorie der Elektronenleitung in Ionenkrystallen und andererseits auf die Lehre von den Fehlordnungserscheinungen fester Elektrolyte; beide Disziplinen waren eben aus ihrer ersten Entwicklung hervorgetreten.

a) Betrachten wir zunächst die lichtelektrische Leitfähigkeit der Silberhalogenide im Bilde der Quantenmechanik (WEBB 1936):

In diesem Bilde läßt sich das Verhalten der Elektronen im Kernfeld eines einzelnen Atoms durch ein Energieschema mit diskreten Energieniveaus beschreiben. Abb. 8 veranschaulicht die einem System aus isolierten Ag- und Br-Atomen zukommenden Energiezustände, wobei die mit 5 S und 4 D bzw. 4 P und 3 D bezeichneten Querlinien die

erlaubten Energieniveaus der äußersten Elektronen dieses Atoms bezeichnen. (Vgl. hierzu die bekannten Schemen über die Elektronenverteilung auf die einzelnen Energieniveaus bei den verschiedenen
Atomen.)

Die gleiche Betrachtungsweise erlaubt, das Verhalten der Elektronen
im periodisch veränderlichen Feld eines Ionenkrystalls durch ein Energie-
diagramm zu beschreiben, bei dem die zuvor scharflinigen Energieniveaus infolge N-facher Aufspaltung — wenn N die Anzahl der ursprünglichen Atome ist — bandartig verbreitet sind. Abb. 9 gibt das Energieschema eines Ionenkrystalls von der Art des AgBr in eindimensionaler

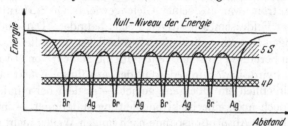

Abb. 9. Potentielle Energie der Elektronen im periodisch veränderlichen Feld eines Ionenkrystalls, eindimen-
sional dargestellt, für AgBr. Die schraffierten Zonen bezeichnen die bandartig verbreiterten Energieniveaus
der äußersten Elektronen.

Betrachtung; die Ausdehnung der Energiebänder über den ganzen Krystall weist darauf hin, daß die einzelnen Energiezustände nicht einer
einzelnen Molekel, sondern dem Krystall als Ganzem zukommen.

Die Energiebänder vermögen N-mal soviel Elektronen aufzunehmen,
wie die entsprechende Unterschale des einzelnen Atoms: Das 5 S-Band
hat Platz für $2N$-Elektronen entsprechend den 2 Elektronenzuständen
der 5 S-Schale; ebenso ist im 4 P-Band Raum für $6N$-Elektronen entsprechend den 6 in der 4 P-Schale möglichen Elektronen. Bei der Kry-
stallbildung treten die N locker gebunden 5 S-Elektronen des Silbers in
das von den Bromatomen mit 5 N-Elektronen besetzte 4 P-Energieband
und füllen die hier noch vorhandenen N-Leerstellen auf.

Im vollbesetzten 4 P-Band sind die Elektronen nicht frei beweglich.
Freie Beweglichkeit, d.h. elektrische Leitfähigkeit, ist in polaren Kry-
stallen nur möglich, wenn die Elektronen aus dem Grundzustand unter
Überbrückung der „verbotenen Zone" in das höhere noch nicht besetzte
Energieband gehoben werden. Für diesen Übertritt reicht jede Zufuhr
genügend großer Energie aus, jedoch nicht der gewöhnlich verfügbare
Betrag an thermischer Energie.

Demnach kommt die lichtelektrische Leitfähigkeit der Silberhalogenide dadurch zustande, daß die Valenzelektronen aus ihrem Zustand
der Bindung an Halogenionen im 4 P-Band durch die Lichtenergie in
das Leitfähigkeitsband 5 S gehoben werden. Dabei ist das Mitwirken

der thermischen Energie nicht ohne Bedeutung, wie die Begründung des Auftretens lichtelektrischer Leitfähigkeit bei den Silberhalogeniden und ihres Ausbleibens bei den Alkalihalogeniden zeigt:

Das Fehlen lichtelektrischer Leitfähigkeit bei den Alkalihalogeniden erklären Gurney und Mott (1938 [1, 2]) damit: daß einerseits im langwelligen Absorptionsbereich dieser Verbindungen — in welchem der Absorptionskoeffizient klein genug ist, um eine Durchstrahlung des Krystalls in seiner ganzen Tiefe zu erlauben — die Lichtenergie nur hinreicht, um das Valenzelektron in einen beträchtlich unterhalb des Leitfähigkeitsbandes gelegenen Zustand zu heben; mit anderen Worten, daß das Elektron zwar aus seiner Gleichgewichtslage entfernt ist, sich aber noch im Felde seines positiven Lochs befindet. Daß andererseits im kurzwelligen Bereich — bei ausreichender Energie — die Absorptionskoeffizienten bereits so groß sind, daß nur eine Schicht von etwa 10^{-6} cm durchstrahlt wird und infolgedessen der erwähnte Effekt ausbleibt. Und daß schließlich ein Übergangsgebiet — in dem bei minder großer Absorption doch noch eine Elektronenleitung stattfindet — infolge des steilen Abfalls der Absorptionsbande nach langen Wellen nicht existiert.

Das Auftreten lichtelektrischer Leitfähigkeit bei den Silberhalogeniden hängt gerade damit zusammen, daß die Absorptionsbande nach langen Wellen ein breites Übergangsgebiet zeigt, in dem das Licht genügend tief eindringt, um lichtelektrische Leitfähigkeit zu bewirken. Die andere Vorbedingung für das Auftreten des Effekts — daß die Energie hinreicht, um die Elektronen ins Leitfähigkeitsband zu heben — ist nach den Autoren nur dadurch gegeben, daß hier die thermische Energie die vom Licht bis kurz unterhalb des Leitfähigkeitsbandes gehobenen Elektronen in dieses überführt.

Die Vorstellung, daß ein Teil der zum Übertritt ins Leitfähigkeitsband erforderlichen Energie von der Wärme bestritten wird, läßt auch der bei Bestrahlen F-Zentren enthaltender Alkalihalogenide unterhalb $-150°$ C beobachtbaren Abfall des Photostroms (s. S. 387) verstehen: Die thermische Energie wird in diesem Bereich zu klein, um die „Diffusion" der dem Leitfähigkeitsband benachbarten Elektronen in dieses zu ermöglichen.

b) Fassen wir noch die Ergebnisse über die bereits im Dunkeln stattfindende Ionenleitung der Silberhalogenide zusammen:

Frenkel (1926), Schottky (1935), Koch und Wagner (1937) sowie Jost (1937) zeigten, daß die Ionenleitung der Silberhalogenide eng mit deren Fehlordnungsgrad zusammenhängt. Dabei gingen die Auffassungen überwiegend dahin, daß im AgBr eine Frenkelsche Fehlordnung vorliegt, d.h. daß die Fehlstellen aus Silberionen auf Zwischengitterplätzen und einer äquivalenten Anzahl von Silberionenleerstellen bestehen. Hierfür sprach insbesondere die Deutbarkeit der Leitfähigkeits-

isothermen von Silberbromid mit Fremdionenzusätzen unter dieser Annahme. Darauf, daß neuere Untersuchungen neben einer FRENKELschen
das Vorhandensein einer SCHOTTKYschen Fehlordnung wahrscheinlich
machen, werde an späterer Stelle eingegangen.

Bei alleiniger Annahme einer FRENKELschen Fehlordnung erfolgt der
Elektrizitätstransport durch die Bewegung von Zwischengittersilberionen sowie den Übergang von Silberionen auf regulären Gitterplätzen
zu Leerstellen und Auffüllen der neugeschaffenen Leerstellen durch
Nachrücken anderer Silberionen usf. — einen als Lochleitung bezeichneten Mechanismus. Entsprechend der Zusammensetzung der Ionenleitung aus einem Beitrag der auf Zwischengitterplätzen befindlichen
Ionen einerseits und der Leerstellen anderer-
seits gilt für die spezifische Leitfähigkeit $\varkappa$
der Silberhalogenide die Gleichung:

$$\varkappa = A\, e^{-\frac{\frac{1}{2}E + W}{kT}}. \tag{6}$$

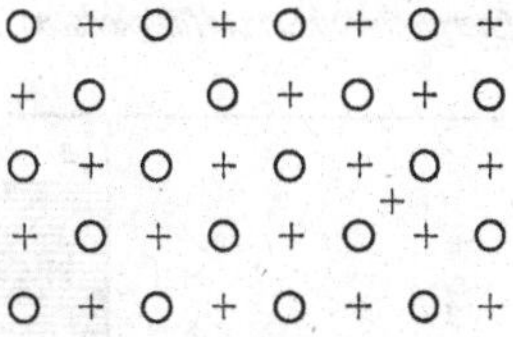

E = Wärmemenge, um ein regulär eingebautes Silberion auf einen Zwischengitterplatz
zu überführen und gleichzeitig eine Fehlstelle
zu schaffen.

Abb. 10. Fehlordnung im Brom-
silberkrystall nach FRENKEL.
+ bezeichnet ein Silberion;
O ein Bromion.

W = Aktivierungsenergie für die Wanderung einer Leerstelle.

A = Proportionalitätsfaktor.

Die Beziehung läßt den temperaturbedingten Abfall der Ionenleitfähigkeit erkennen. Diese kann bei tiefen Temperaturen — wie auch die
Messungen von LEHFELDT (1935) ergaben — als eingefroren gelten.

c) Die bei der Belichtung ins Leitfähigkeitsband geworfenen Elektronen bilden eine Art „Elektronengas", das durch den Krystall „diffundiert". Seine Bewegung wird bei Zimmertemperatur durch eine thermische Geschwindigkeit von 10^7 cm/sec, eine mittlere freie Weglänge von
10^{-7} cm und einen aus diesen resultierenden Diffusionskoeffizienten der
Größenordnung 1 cm²/sec charakterisiert. Was geschieht nun, wenn das
Elektronengas mit den im Bromsilber photographischer Schichten vorhandenen Keimen aus Silbersulfid und metallischem Silber in Berührung kommt? Diese Frage beantwortet die GURNEY-MOTTsche Theorie:

Wie bereits berichtet nimmt bei Belichtung von Silberhalogenidein-
krystallen die mittlere freie Weglänge der Elektronen ab, wenn kollo-
idale Metallpartikel im Krystall eingelagert sind. Dies veranlaßte den
Schluß, daß die eingebetteten Partikel Elektronen einfangen, gewissermaßen als „Fallen" für diese wirken.

Die energetischen Verhältnisse an den Berührungsstellen von Bromsilber und metallischem Silber lassen sich durch ein Schema veranschau-
lichen, bei dem die Lagen der Leitfähigkeitsbänder von AgBr und Ag

27*

relativ zueinander dargestellt sind (Abb. 11). In dem Energieschema liegt der tiefste Energiezustand im Leitfähigkeitsband des Bromsilbers über dem höchsten Zustand des nur halb besetzten Leitfähigkeitsbandes von metallischem Silber. Infolgedessen fallen die Photoelektronen beim Zusammentreffen mit Silberkeimen die Potentialstufe ε hinab und bleiben in der Potentialmulde gefangen.

Ebenso vermögen Silbersulfidkeime als „Elektronenfallen" zu wirken. Voraussetzung ist lediglich, daß die Energiezustände im Leitfähigkeitsband von Ag_2S tiefer liegen als im gleichen Band von AgBr.

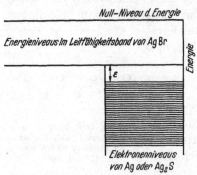

Abb. 11. Relative Lage der Leitfähigkeitsbänder von AgBr und Ag bzw. Ag_2S zueinander.

Nach den Autoren müssen die Elektronen, um auf die Reifkeime übergehen zu können, eine Mindestkonzentration haben; denn dem zur Abscheidung drängenden „Dampfdruck" der Photoelektronen steht ein Druck von Elektronen entgegen, die, aus dem Keim stammend, durch ihre thermische Energie ins Leitfähigkeitsband von Bromsilber gehoben, in den Krystall überzutreten trachten. Diese Konzentration ist indessen nach rechnerischer Abschätzung sehr klein.

Die Anzahl der zu den Elektronenfallen gelangenden Elektronen ist herabgesetzt, wenn diese auf ihrem Weg durch den Krystall mit den photolytisch gebildeten Halogenatomen rekombinieren. Die Wahrscheinlichkeit hiervon ist offensichtlich um so geringer, je größer die Anzahl der im Korn enthaltenen Elektronenfänger ist.

Die von den Sensibilitätszentren eingefangenen Elektronen ziehen auf Zwischengitterplätzen befindliche Silberionen elektrostatisch an und werden dadurch unter Abscheidung von Silber neutralisiert.

Die Entladung der Reifkeime durch Silberionen hat als wesentliche Voraussetzung, daß die nach Abtrennung eines Elektrons zurückbleibenden „positiven Löcher" — in der Anschauung elektrisch neutrale Halogenatome — eine viel kleinere Beweglichkeit als die Zwischengittersilberionen besitzen; anderenfalls werden die positiven Löcher angezogen und wird durch Verbindung mit ihnen der alte Zustand wieder hergestellt.

Der Keim wächst so durch Silberabscheidung im Wechselspiel der Aufladung durch Einfangen von Elektronen und der Entladung durch Anziehen von Zwischengitterionen. Das Ausmaß dieses Wachstums hängt von der einfallenden Lichtmenge ab.

Hat der Keim eine gewisse Größe erreicht, so wird er zum Entwicklungskeim; d.h. ihm kommt die Fähigkeit zu, die größenordnungsmäßig viel umfangreichere Silberabscheidung bei der Entwicklung zu katalysieren.

Die Gesamtheit der aus Reif- zu Entwicklungskeimen herangewachsenen Partikel macht das latente Bild aus.

Die Entwicklung stellt nach Gurney und Mott einen dem Aufbau des latenten Bildes ähnlichen Vorgang dar, wie an anderer Stelle näher auseinandergesetzt wird.

d) Um das Schicksal der während der Belichtung gebildeten Halogenatome zu erklären, wurde angenommen (Mott und Gurney 1940), daß die positiven Löcher zur Oberfläche wandern und hier Halogenatome bilden; mit anderen Worten, daß kein Massen-, sondern ein Ladungstransport erfolgt, indem an ein Halogenatom ein Elektron von einem benachbarten Halogenion weitergereicht wird, und so fort, bis schließlich an der Oberfläche ein Halogenatom entstanden ist. Dieses mag dann als Atom oder, nach Vereinigen mit einem zweiten Atom, als Molekel in der bereits beschriebenen Weise weiterreagieren.

5. Ausbau des von der Gurney-Mottschen Theorie entworfenen Bildes.

Das bisher entworfene Bild wurde durch Untersuchungen über Wachstum, Dispersität und Verteilung der Keime des latenten Bildes umgewandelt und ergänzt:

a) Gurney und Mott (1938 [1]) sahen eine gewisse Mindestkonzentration der Photoelektronen als erforderlich an, damit die Sensibilitätszentren aufgeladen werden und Silber durch Anziehen von Zwischengitterionen abgeschieden wird. Demnach würde bei extrem niedriger Elektronenkonzentration kein Silber entstehen.

Webb und Evans (1938 [2]) korrigierten diese Auffassung dahin, daß auch bei kleiner Elektronenkonzentration Silber an den Sensibilitätszentren abgeschieden wird, aber Aggregate von wenigen Silberatomen durch thermischen Zerfall in Elektronen und Silberionen zur Auflösung neigen und erst Gebilde aus mehreren Silberatomen thermisch beständig sind.

Die beiden Formulierungen unterscheiden sich nur wenig. Aber die neue Fassung führte zu konkreteren Vorstellungen über das Keimwachstum:

Folgt bereits aus der Theorie von Gurney und Mott, daß neben fertigen Entwicklungskeimen kleinere, nicht entwicklungsfähige Vorstufen von diesen bestehen müssen, so unterscheidet die neue Betrachtungsweise noch zwischen instabilen und stabilen Keimen dieser Art, von denen die ersten den anfänglichen und die letzten fortgeschrittenen Stadien des Keimwachstums entsprechen.

b) Burton und Berg (Burton und Berg 1946, Berg und Burton 1948, Burton 1946 und 1947, Berg 1949) beschrieben diese Verhältnisse folgendermaßen:

α) In einer belichteten photographischen Schicht tragen nicht nur die entwickelbaren Körner ein „Bild"; sondern auch ein Teil der nichtentwickelbaren Körner ist mit einem „Bild" behaftet. Dieses liegt allerdings noch unter der Schwelle der Entwickelbarkeit. Es wird daher im Gegensatz zu dem „Vollbild" der entwickelbaren Körner als „Subbild" bezeichnet. Körner mit einem Vollbild besitzen wenigstens einen „Vollkeim" und Körner mit einem Subbild wenigstens einen „Subkeim", wobei noch zwischen instabilen und stabilen Subkeimen zu unterscheiden ist. Dann ergibt sich folgende Klassifizierung:

$$
\text{Alle Körner}
\begin{cases}
\text{Nicht entwickelbare Körner}
\begin{cases}
\text{Nicht affizierte Körner} \\
\text{Subbildkörner}
\end{cases} \\
\text{Entwickelbare Körner}
\begin{cases}
\text{Vollbildkörner} \\
\text{Schleierkörner}
\end{cases}
\end{cases}
$$

In diesem Schema sind:

Nicht affizierte Körner: Vom Licht unverändert gelassene Körner.

Subbildkörner: Körner mit durch Silberanlagerung vergrößertem, aber noch nicht genügend großem Keim, um die Entwicklung auszulösen.

Vollbildkörner: Körner mit fertigen Entwicklungskeimen.

Schleierkörner: Körner, die infolge zu weit fortgeschrittener Reifung bereits vor der Belichtung Keime von entwickelbarer Größe tragen und die stets beobachtbare geringe Schleierbildung verursachen.

β) Die Autoren verglichen das Nebeneinander von Elektronen und Zwischengitterionen im belichteten Krystall mit einer Art „Silbergas". In einer gewissen Analogie zur Kondensation übersättigten Wasserdampfs in einer Wilson-Kammer bei niedrigen bzw. hohen Drucken charakterisierten sie die Extremfälle niedriger bzw. hoher Lichtintensität folgendermaßen:

1. Bei niedriger Intensität ist die Elektronenkonzentration gering. Hat sich ein kleiner Keim durch Kondensation von Elektronen und Silberionen gebildet, so kommt er meist über das instabile Stadium nicht hinaus; denn seine mittlere Lebenszeit ist zu klein, als daß während dieser eine weitere Kondensation von Elektronen und Silberionen am gleichen Keim stattfände.

Ein stabiler Keim, einmal gebildet, möglicherweise durch statistische Anhäufung von Elektronen, wird in einer im Verhältnis zu seiner Bildungsdauer sehr kurzen Zeit zum Vollkeim, um auch dann noch weiter zu wachsen. Das bedingt, daß bei genügend langer Exposition mit schwacher Lichtintensität nur wenig stabile Subkeime und verhältnismäßig große Vollkeime vorliegen.

Die Kondensation von Elektronen und Silberionen tritt dort leichter ein, wo zusätzliche Kräfte sie begünstigen; also an Orten niedrigeren Potentials; solche sind die bevorzugt an der Oberfläche lokalisierten Sensibilitätszentren und die Oberfläche selbst als größte Störstelle. Infolgedessen liegen die Entwicklungskeime bei schwachen Intensitäten besonders an der Kornoberfläche.

Der Zerfall der instabilen Keime begünstigt die Rekombination von Elektronen und Halogenatomen. Daher wird die Lichtenergie nur mit schlechter Ausbeute zur Bildung von Entwicklungskeimen genutzt. Dies bedingt die später noch zu behandelnden Abweichungen von der BUNSEN-ROSCOEschen Reziprozitätsregel bei niedrigen Lichtintensitäten.

2. Bei hoher Lichtintensität ist die Elektronenkonzentration groß. Die Sensibilitätszentren laden sich schnell auf und treiben, da Zwischengitterionen nicht im gleichen Maße zur Verfügung stehen, neu ankommende Elektronen durch ihr elektrostatisches Feld zurück. Dadurch entsteht eine beträchtliche Elektronenkonzentration im Innern des Krystalls. Hier tritt vermutlich eine Kondensation an Elektronenfallen ein, deren Energieniveau über dem der in Oberflächennähe befindlichen Sensibilitätszentren liegt. So bilden sich bei hohen Intensitäten auch im Korninnern Entwicklungskeime.

Die hohe Dichte der negativen Ladungsträger in Verbindung mit ihrer gegenseitigen Abstoßung bedingt eine sehr disperse Keimbildung. Das bedeutet, daß nach Exposition mit starken Lichtintensitäten von geeigneter Dauer in den Körnern die Anzahl der Subkeime gegenüber den Vollkeimen relativ vermehrt ist.

Die hohe Elektronenkonzentration bewirkt, daß sich schnell stabile Keime bilden. Infolgedessen entfällt die Chance zur Rekombination von Elektronen mit Halogenatomen.

3. Die entwickelten Vorstellungen bleiben im Rahmen der GURNEY-MOTTschen Theorie, wenn unter „Kondensation" eine Silberabscheidung durch nebeneinander ablaufende Elektronen- und Ionenprozesse verstanden wird.

c) Es bleibt über die experimentellen Grundlagen der vorgetragenen Auffassungen zu berichten.

α) Allgemein sei hierzu bemerkt:

Der Nachweis der Subkeime beruhte auf der Vorstellung, daß die Umwandlung eines Subkeims in einen Vollkeim einer geringeren Lichtmenge bedarf als der vollständige Neuaufbau eines solchen. Daher ließ sich erwarten: Werden während einer Belichtung E_1 neben Vollkeimen auch Subkeime gebildet, so nimmt bei darauffolgender Bestrahlung der gleichen Stelle mit einer Lichtmenge E_2 die bei alleiniger Anwendung von E_1 meßbare Schwärzung stärker zu als die bei alleinigem Gebrauch von E_2 gefundene. Hieraus ergab sich die Anwendung von „Doppel-belichtungen" als experimentelle Methode zur Untersuchung des Keim-wachstums:

Eine quantitative Betrachtung (Burton und Berg 1946 [1]) führt zu einer schärferen Erfassung des Sachverhalts:

Der Schleier (die Schwärzung der unbelichtet entwickelten Schicht) sei F; die von den Lichtmengen E_1 bzw. E_2 einzeln hervorgerufenen Schwärzungen, jeweils abzüglich F, seien S_1 bzw. S_2. Dann ist die aus einer aufeinander-folgenden Belichtung $E_1 + E_2$ resultie-rende Schwärzung S_{12} erfahrungsgemäß größer oder kleiner als $F + S_1 + S_2$. Unter Einführen eines Korrektionsglie-des L, das der nicht additiven Zu- bzw. Abnahme Rechnung trägt, gilt

$$D_{12} = F + S_1 + S_2 + L.$$

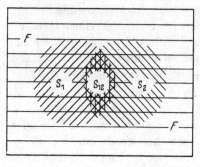

Im Schema (Abb. 12) entsprechen F die Querschraffierung, S_1 und S_2 die beiden verschieden gerichteten Schräg-schraffierungen und der — positiven oder negativen — zusätzlichen Schwär-zung L die senkrechte Schraffierung. Die Schwärzung S_{12} der Doppelbelich-tung ist durch eine Überlagerung der Schraffierungen gekennzeichnet.

Abb. 12. Darstellung einer Doppelbelichtung. F Schleier; S_1 und S_2 Einzelschwarzungen bei Ex-position mit E_1 bzw. E_2; S_{12} Schwarzung der Doppelbelichtung; L Abweichung der Schwarzung S_{12} der Doppelbelichtung von der Summe der Einzelschwarzungen $S_1 + S_2$.

Die Annahme von Sub- und Voll-keimen erlaubt, L in zwei Komponenten zu zerlegen, so daß

$$L = \Theta\, s_1 - \varepsilon\, S_2$$

gilt.

Die erste Komponente Θs_1 entspricht jener Zunahme von S_2, die darauf beruht, daß die während E_1 mit einem Subbild versehenen Körner bei der Belichtung E_2 einer kleineren Lichtmenge zur Ausbildung eines Vollbildes bedürfen als die vom Licht während E_1 nicht affizierten Körner. Θ bezeichnet den Bruchteil der während E_2 entwickelbar gewordenen Subbildkörner und s_1 diejenige Schwärzung, welche beobachtet würde, wenn alle während E_1 gebildeten Subbildkörner im Verlauf von E_2 entwickelbar würden.

Die zweite Komponente $-\varepsilon S_2$ entspricht jener Abnahme von S_2, die dadurch bewirkt wird, daß infolge der Ausbildung von Subbildkörnern weniger nicht affi-zierte Körner während E_2 zur Verfügung stehen. ε bezeichnet den Bruchteil, um den S_2 infolge der Verringerung der nicht affizierten Körner abnimmt.

Es können beide Grenzfälle vorkommen:

1. Θs_1 wird 0; d.h. $\Theta = 0$; d.h. E_2 läßt die Subbildkörner unbeeinflußt. Dies ist beim Clayden-Effekt (s. S. 420) der Fall. Dann ist $L < 0$.

2. εS_2 wird 0; d.h. $\varepsilon = 0$; d.h. E_2 läßt die nicht affizierten Körner unbeeinflußt. Dies ist bei extrem niedriger Lichtintensität der Fall. Dann ist $L > 0$.

Positives L besagt jedenfalls:

$$\Theta s_1 > 0, \quad \text{d.h.} \quad s_1 > 0.$$

Mit anderen Worten: Bei einer Doppelbelichtung zeigt eine Zunahme der Schwärzung die Anwesenheit eines Subbildes an. (Eine Abnahme schließt dessen Anwesenheit jedoch nicht aus).

β) Im einzelnen sei bemerkt:

Die Existenz und die Eigenschaften der Subkeime folgten vor allem aus der Möglichkeit, eine photographische Schicht durch kurzzeitige Vorbelichtung mit hoher für eine darauffolgende Bestrahlung mit niedriger Intensität zu „sensibilisieren" bzw. ein durch kurzzeitige Belichtung mit hoher Intensität erzeugtes Bild durch Nachbestrahlen mit niedriger Intensität zu „verstärken". Diese identischen Effekte wurden so erklärt:

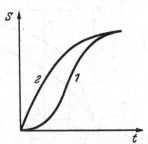

Abb. 13. Der Einfluß einer Nachbestrahlung mit schwacher Lichtintensität auf die Gestalt der numerischen Schwarzungskurve. *1* ohne Nachbestrahlung; *2* mit Nachbestrahlung.

Bei niedriger Intensität entstehen nur instabile Keime, die durch ihren Zerfall die Rekombination begünstigen und daher das Licht photographisch nicht nutzen. Bei hoher Intensität werden hingegen schnell stabile Keime gebildet, die eine Rekombination verhindern. Im Verlauf der kombinierten Bestrahlung wird dann durch die hohe Intensität ein Vorrat stabiler Subkeime angelegt, der auch noch das allein unwirksame Licht niedriger Intensität photographisch nutzbar macht. Dies geschieht dadurch, daß die in der zweiten Belichtungsphase entstandenen Elektronen — zwar unfähig, stabile Subkeime neu aufzubauen — die in der ersten Phase gebildeten Subkeime zu Vollkeimen ergänzen (WEBB und EVANS 1938 [2], BURTON und BERG 1946 [1] und 1948).

Die Existenz von Subkeimen leiteten BURTON und BERG bereits aus der Gestalt der Kurve für den zeitlichen Verlauf der Schwärzung bei konstanter Lichtintensität — der „numerischen Schwärzungskurve" — her (Abb. 13, Kurve 1). Die einem Punkt dieser Kurve entsprechende Belichtung kann als Folge von zwei Teilbelichtungen aufgefaßt werden, deren jede einem tieferen als dem betrachteten Kurvenpunkt entspricht. Dann zeigt der Kurvendurchhang an, daß die „Doppelbelichtung" eine größere Schwärzung liefert als die Summe aus den Schwärzungen der Teilbelichtungen. Das beweist — wie auseinandergesetzt — die Anwesenheit von Subkeimen (BURTON und BERG 1946 [1] und 1948).

Das Vorhandensein von Subkeimen folgte ferner aus dem Verschwinden des Durchhangs der numerischen Schwärzungskurve bei Nachbestrahlen mit schwacher Intensität (Abb. 13, Kurve 2). Diese Erscheinung war wiederum dadurch erklärbar, daß die im Verlaufe der Primärbelichtung gebildeten Subkeime während der Sekundärbelichtung zu Vollkeimen ergänzt werden (BURTON und BERG 1946 [1] und 1948).

Ein weiterer Hinweis auf die Existenz der Subkeime war das spontane Wachstum des latenten Bildes mit der Lagerungszeit (Abb. 14), ganz besonders bei Aufbewahren in der Wärme. Diese Erscheinung ist durch das Wachstum der größeren auf Kosten der kleineren Subkeime zu erklären — analog den entsprechenden Vorgängen in krystallisierenden Lösungen oder kondensierenden Gasen. Daß es sich bei dem Lagerungseffekt um den Aufbau von Voll- aus Subkeimen handelt, wurde durch folgenden Umstand noch deutlicher: Am Ende einer längeren Lagerungszeit ließ eine Nachbestrahlung mit niedriger Intensität die Schwärzung

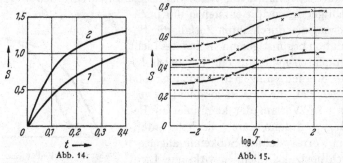

Abb. 14.   Abb. 15.

Abb. 14. Der Einfluß der Lagerung auf die numerische Schwarzungskurve. *1* Numerische Schwärzungskurve sofort nach der Belichtung entwickelter Aufnahmen; *2* numerische Schwärzungskurve 525 Tage nach der Belichtung entwickelter Aufnahmen (Lagerung bei Zimmertemperatur).

Abb. 15. Der Einfluß der Intensität der Primärbelichtung auf die Zunahme der Schwärzung durch Nachbestrahlen mit schwacher Lichtintensität. *S* Schwärzung; *J* Intensität der Primärbelichtung. Horizontale Linien: Kurven konstanter Schwärzung mit von links nach rechts ansteigender Intensität. Ohne Nachbestrahlung. Ansteigende Kurven: Kurven von Parallelversuchen mit Nachbestrahlung.

unverändert; waren doch während der Lagerung alle Sub- in Vollkeime umgewandelt worden. Zu Beginn der Lagerungszeit erhöhte hingegen eine Nachbestrahlung mit schwacher Intensität die Schwärzung; sind doch hier noch in Vollkeime überführbare Subkeime vorhanden (Burton 1946).

Die relative Zunahme der Sub- gegenüber den Vollkeimen mit wachsender Lichtintensität taten Versuche (Abb. 15) dar, bei denen in der einen Reihe die Lichtintensität von Fall zu Fall gesteigert, aber gleichzeitig die Belichtungszeit in einer Weise gesenkt wurde, daß die Schwärzung dieselbe blieb, also die $S - \log I$-Kurven horizontal verliefen. Wurde dann in einer parallel verlaufenden Versuchsreihe zusätzlich mit schwacher Lichtintensität nachbestrahlt, so stieg gegenüber den dieser Behandlung nicht unterworfenen Vergleichsaufnahmen die Schwärzung im Bereich hoher Intensitäten weit stärker an, als im Gebiet mäßiger Intensitäten, was nur durch die relative Zunahme der Subkeime mit der Intensität zu deuten ist (Berg 1949).

Ein Hinweis darauf, daß bei schwachen Lichtintensitäten ein Subkeim in einer im Verhältnis zu seiner Bildungsdauer kurzen Zeit zum

Vollkeim wird, war das Verschwinden des Durchhangs der numerischen Schwärzungskurve mit fallender Lichtintensität.

Die bisher aufgeführten Beweise beruhten alle auf Versuchen mit einer Doppelbelichtung. Unabhängig von dieser Methode führte eine mathematische Auswertung der numerischen Schwärzungskurve zu orientierenden Aussagen über die relative Größe der Entwicklungskeime bei niedrigen bzw. hohen Intensitäten (BERG 1949):

Die $S-t$-Kurve stellt auch die Abhängigkeit der Anzahl N entwickelbarer Körner von der Belichtungszeit t dar, allerdings nur in relativem Maß, wie sich aus der Proportionalität von N und S ergibt. Die Belichtung möge sich von $t=0$ bis $t=t_0$, Lichtmengen von $E=0$ bis $E=E_0$ entsprechend, erstrecken. Dann liefert $\frac{dS}{dt}(t_0-t)$ bzw. $\frac{dS}{dE}(E_0-E)$ dargestellt als Funktion von t_0-t bzw. E_0-E, die relative Anzahl der Körner, die zu gleicher Zeit entwickelbar werden, in Abhängigkeit von der seitdem bis zum Ende der Belichtung verstrichenen Zeit t_0-t. Werden stark vereinfachende Annahmen gemacht, insbesondere die, daß jedes Korn

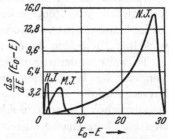

Abb. 16. Die Große der Entwicklungskeime bei hoher, mittlerer und niedriger Lichtintensitat. Die Abszisse mißt das „Alter", die Ordinate die Silbermenge der Entwicklungskeime. Die Kurve *H.J.* gilt fur hohe, *M.J.* fur mittlere und *N.J.* fur niedrige Belichtungsintensität.

nur einen Keim trägt, so liefert $\frac{dS}{dt}(t_0-t)$ bzw. $\frac{dS}{dt}(E_0-E)$ als Funktion von t_0-t bzw. E_0-E aufgetragen, Relativwerte für die Silbermengen der Entwicklungskeime gleichen „Alters" t_0-t. Abb. 16 veranschaulicht Ergebnisse, die auf diese Weise aus numerischen Schwärzungskurven für verschiedene Lichtintensitäten gewonnen wurden; die t_0- bzw. E_0-Werte waren so gewählt, daß die Endschwärzung in allen Fällen gleich war. Aus dem Bilde ist ersichtlich, daß bei niedriger Intensität sehr große, bei hoher Intensität hingegen kleine Entwicklungskeime entstehen.

Auch das Studium des HERSCHEL-Effekts belegte, daß bei schwacher Intensität wenige, aber dafür große Entwicklungskeime entstehen (siehe S. 419). Desgleichen wurde beim HERSCHEL-Effekt eine dem Lagerungseffekt völlig analoge Erscheinung beobachtet (s. S. 419).

Die Grenzen zwischen den einzelnen Stadien des Keimwachstums können nicht streng gezogen werden; dies ergibt sich daraus, daß einerseits bereits verlängerte Entwicklung das Subbild photographisch wirksam werden läßt und andererseits gewisse Entwickler bereits auf das Subbild ansprechen (BERG 1949).

d) Die Vorstellungen über das Keimwachstum rundeten Betrachtungen über die den einzelnen Keimstadien zukommende Anzahl Silberatome ab.

Schon der aus statistischen Betrachtungen zu erhebende Befund, daß Aggregate von bereits wenigen Ag_2S-Molekeln genügen, um die damit behafteten Krystalle zu Schleierkörnern zu machen, ließ folgern, daß eine beschränkte Anzahl von Silberatomen genügen sollte, um in einem Korn einen Entwicklungskeim, d.h. ein latentes Bild, zu erzeugen (vgl. Arens und Luft 1935).

Versuche, die Anzahl der zur Bildung eines Entwicklungskeims erforderlichen Silberatome in Beziehung zu der Anzahl Quanten zu stellen, die im Durchschnitt von einem Korn absorbiert werden müssen, um entwickelbar zu werden, bereiteten beträchtliche Schwierigkeiten.

Teilweise lag derartigen Versuchen der Gedanke zugrunde, aus einem Vergleich von berechneten und experimentell ermittelten Schwärzungskurven, Auskunft über die Zahl der zur Bildung eines Entwicklungskeims erforderlichen Quanten zu erhalten. Das Vorgehen sei für den einfachsten Fall kurz charakterisiert (Webb 1939 [1])[1]:

Mittels der Poissonschen Statistik folgt — unter der Annahme gleicher Größe und Lichtempfindlichkeit der Körner — aus der Anzahl y der im Durchschnitt auf ein Korn entfallenden Quanten die Wahrscheinlichkeit $W(r)$, daß ein Korn von r Quanten getroffen wird:

$$W(r) = \frac{y^r e^{-y}}{r!} \, . \tag{7}$$

Da diese Wahrscheinlichkeit auch den Bruchteil der von r Quanten getroffenen Körner bezeichnet, ergibt Summation über alle r von einem vorgegebenen $r = s$ bis $r = \infty$ den Bruchteil K/N der *wenigstens* von der vorgegebenen Anzahl getroffenen Körner:

$$\sum_{r=s}^{\infty} W(r) = \frac{K}{N} = \sum_{r=s}^{\infty} \frac{y^r e^{-y}}{r!} \, . \tag{8}$$

Wäre s zufällig die Mindestzahl der zur Entwicklung eines Korns erforderlichen Quanten, so gäbe dieser Ausdruck — schloß man — den Wert der jeweiligen Schwärzung als Bruchteil der maximalen Schwärzung an und erlaubte, durch seine numerische Berechnung für variierende y die Schwärzungskurve zu konstruieren. Um s zu finden, beschritt man den Weg, auf Grund vorgegebener s-Werte hypothetische Schwärzungskurven zu zeichnen und diese mit der experimentell ermittelten Kurve zu vergleichen, um von der sich mit dieser deckenden von den berechneten Kurven auf den „richtigen" Wert von s zu schließen. Dabei ergab

---

[1] Mit ausführlichem Verzeichnis der diesbezüglichen Literatur.

sich, daß für s nur Werte zwischen 1 und 4 in Frage kämen, also höchstens vier Quanten erforderlich wären, um in einem einzelnen Korn ein latentes Bild zu erzeugen.

Im vorliegenden Fall steckt die Folgerung bereits in der Voraussetzung; denn bei gleichen Partikeln besteht eine relativ große Schwankungsbreite bezüglich der Zahl der von einem Korn absorbierten Quanten nur, wenn diese Zahl klein ist; wenn die Zahl der durchschnittlich absorbierten Quanten einen großen Wert hat, ist die relative Schwankung klein; d.h. alle Körner würden fast gleichzeitig entwickelbar und die Schwärzungskurve würde statt der für sie typischen S-förmigen Gestalt einen Sprung ähnlich einer Unstetigkeitsstelle zeigen.

Weiterhin ist bei normalen Aufnahmen die Zahl der von einem Korn im Durchschnitt absorbierten Quanten viele Male größer. Benötigt doch ein Korn im Durchschnitt etwa 300 Quanten, um entwickelbar zu werden. Das Mißverhältnis zwischen berechneter und tatsächlich gefundener Absorption wurde in den statistischen Formeln durch die wenig befriedigende Annahme berücksichtigt, daß nur ein bestimmter Teil des Korns lichtempfindlich und lediglich die Zahl der auf diesen Bezirk fallenden Quanten wirksam ist.

Die vorgeführte Rechnung erfolgte unter stark vereinfachenden Annahmen. Aber auch, wenn mit verschiedener Größe und Lichtempfindlichkeit der Körner gerechnet wurde — von der Berücksichtigung anderer Faktoren ganz abgesehen —, ließen sich bei der angewendeten Betrachtungsweise keine wirklichen Schlüsse über die Anzahl der zur Entstehung eines latenten Bildes erforderlichen Quanten ziehen (WEBB 1939 [2] und 1941).

Indessen scheint eine den Gegebenheiten besser angepaßte Anwendung der Treffertheorie mehr Erfolg zu versprechen. In diesem Zusammenhang ist eine neuere Untersuchung zu nennen, welche die Bildung des gerade stabilen Keims im Bereich des Versagens der BUNSEN-ROSCOE-schen Reziprozitätsregel bei niedrigen Intensitäten (s. S. 412) betrachtet (WEBB 1950). Die Reziprozitätsabweichungen hängen in diesem Intensitätsbereich nicht nur von der Lichtmenge, sondern auch von den diese zusammensetzenden Faktoren Lichtintensität und Belichtungszeit ab. Diese sind daher in die Rechnung einzubeziehen. Dann läßt sich die Aufgabe, die Anzahl der zur Bildung eines gerade stabilen Keims erforderlichen Quanten zu bestimmen, auf die Ermittlung jener Mindestzahl von Quanten zurückführen, die innerhalb einer kritischen Zeit — der mittleren Verweilzeit eines eingefangenen Elektrons in seiner Potentialmulde — von einem Korn absorbiert werden muß, damit ein gerade stabiler Keim entsteht. Die Lösung dieser Aufgabe gründete sich auf einer quantitativen Analyse der Reziprozitätsdiagramme im Grenzgebiet kleiner Intensitäten, wie auf S. 413 näher ausgeführt wird.

Das Ergebnis dieser Untersuchung war, daß ein Keim mit nur einem Silberatom instabil, aber ein Keim mit bereits zwei Silberatomen stabil ist. Arbeiten mit ähnlichen Gesichtspunkten, aber doch verschiedener Betrachtungsweise, hatten das gleiche Ergebnis und vermochten darüber hinaus darzutun, daß ein Keim aus drei Silberatomen wohl sicher stabil ist und etwa vier bis zehn Silberatome erforderlich sind, um einen Entwicklungskeim zu bilden (KATZ 1949 und 1950).

Es wurde bereits darauf hingewiesen, daß auf EGGERT und NODDACK (1921) zurückgehend Vorstellungen das Mißverhältnis zwischen der Anzahl von einem Korn durchschnittlich absorbierter Quanten und der als klein zu vermutenden Zahl für einen Entwicklungskeim benötigter Silberatome damit erklären, daß nur das an der Oberfläche gebildete Silber bei der Entwicklung aktiv sei, also bei einem Verhältnis von 1:300 zwischen an der Oberfläche und im Korninnern gelegenen AgBr-Molekeln jedes 300. Silberatom.

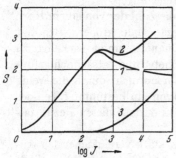

Abb. 17. Schwarzungskurven des „oberflächlichen" (*1*), des „tiefen inneren" (*3*) und des normal entwickelten (*2*) latenten Bildes.

e) Die Verteilung der Bildkeime zwischen Kornoberfläche und -innerem taten insbesondere Arbeiten von HAUTOT und Mitarbeitern (s. BERG 1947[1], KELLER und MAETZIG 1948[1]) dar:

Danach können ein an der Oberfläche gelegenes „äußeres" und ein im Innern des Krystalls gelegenes „inneres" latentes Bild voneinander getrennt entwickelt werden, wobei eine feinere Unterteilung noch ein „unter der Oberfläche gelegenes" und ein „tiefes" inneres latentes Bild unterscheidet. Die isolierte Entwicklung des äußeren latenten Bildes erfolgt durch „Oberflächenentwickler", welche keine Silberhalogenidlösungsmittel enthalten dürfen. Das innere latente Bild kann nach „Ausbleichen" des äußeren latenten Bildes mit geeigneten Oxydationsmitteln wie Chromsäure allein entwickelt werden, indem entweder mit einem AgBr-Lösungsmittel vorbehandelt und einem derartiger Solventien ermangelnden Entwickler nachbehandelt oder indem von vornherein mit einem ein Solvens für Silberhalogenide enthaltenden Entwickler gearbeitet wird. Das Einhalten bestimmter Konzentrationen des „Bleichbades" erlaubt auch noch, das „tiefe" innere latente Bild für sich allein zu entwickeln. Die Wirkung normaler Entwickler greift infolge ihres Sulfitgehaltes über die Oberfläche hinaus.

Zur Verdeutlichung der Verhältnisse möge Abb. 17 dienen, in der neben der hormalen Schwärzungskurve (2) diejenigen des äußeren (1)

---

[1] Mit ausführlichem Literaturverzeichnis.

und des tiefen inneren (3) latenten Bildes wiedergegeben sind. (Das „unter der Oberfläche gelegene" innere latente Bild ist nicht berücksichtigt). Über die Bedeutung des unterschiedlichen Kurvenverlaufs für das Verständnis der Solarisation wird an anderer Stelle berichtet.

Wie bereits ausgeführt, nimmt das innere latente Bild mit steigender Intensität zu. Es ist übrigens möglich, Emulsionen herzustellen, deren Körner nur ein inneres latentes Bild entwickeln.

Externes und internes latentes Bild stellen jedoch keine grundsätzlich voneinander verschiedenen Arten latenter Bilder dar. Auch die noch zu besprechenden photographischen Einzelerscheinungen treten — soweit sie nicht auf dem Dualismus von Kornoberfläche und -innerem beruhen wie z. B. der CLAYDEN-Effekt (s. S. 420) — bei beiden Bildern auf. Die Möglichkeit, diese wechselseitig ineinander zu transformieren, d. h. die Keime des äußeren latenten Bildes ins Krystallinnere und umgekehrt, die Innenkeime nach außen zu verlagern — wie aus den späteren Ausführungen über HERSCHEL- und DEBOT-Effekt folgt — zeigt die enge Verbindung zwischen äußerem und innerem latenten Bild.

6. Photographische Einzelerscheinungen.

Die Vorstellung über die Entstehung des latenten Bildes verifizierte und vertiefte die Betrachtung photographischer Einzelerscheinungen:

a) Temperatureffekt. Nach der GURNEY-MOTTschen Theorie wird die Entstehung des latenten Bildes von der Temperatur in zweifacher Hinsicht beeinflußt:

Gemäß Gl. (6) verringert sich mit fallender Temperatur die Ionenleitfähigkeit von AgBr durch eine Abnahme sowohl der Anzahl als auch der Beweglichkeit der auf Zwischengitterplätzen befindlichen Ionen. Hingegen ist die thermische Geschwindigkeit der Photoelektronen auch bei tiefen Temperaturen noch groß. In diesem Bereich vermag daher die Entladung der Sensibilitätszentren mit deren Aufladung nicht Schritt zu halten. Die Folge ist eine geringere Abscheidung von Latentsilber als bei Abstimmung beider Vorgänge aufeinander (GURNEY und MOTT 1938 [1]).

Mit fallender Temperatur nimmt aber auch die thermische Energie der von Sensibilitätszentren eingefangenen Elektronen ab, so daß instabile Keime in geringerem Maße zerfallen. Die Folge hiervon ist eine Vermehrung des Latentsilbers (WEBB und EVANS 1938 [2]).

Die beiden Mechanismen wirken gegensinnig. Indessen kommt dem zuletzt genannten Vorgang nur bei kleinen Intensitäten Bedeutung zu, so daß insgesamt mit einer Abnahme der photographischen Wirksamkeit des Lichts zu rechnen ist.

Dem entsprach das Experiment:

Danach fällt die Empfindlichkeit photographischer Schichten bei der Temperatur flüssiger Luft auf 7% und bei der Temperatur flüssigen Wasserstoffs auf 4% des bei Zimmertemperatur gemessenen Werts. Hierbei ist bemerkenswert, daß der Hauptabfall in dem Bereich zwischen Zimmertemperatur und der Temperatur flüssiger Luft erfolgt (BERG und MENDELSSOHN 1938).

Die Menge des in intensiv belichteten Schichten gefundenen Silbers fällt zwischen $+20°$ C und $-100°$ C steil ab und ist unterhalb $-150°$ C kaum noch nachweisbar (MEIDINGER 1939).

Die Quantenausbeute der Silberabscheidung ist bei tiefen Temperaturen um Zehnerpotenzen kleiner als bei Raumtemperatur (MENDELSSOHN 1937, MEIDINGER 1943).

Das Vorhandensein eines temperaturabhängigen Prozesses belegten noch eindrucksvoller Tieftemperaturversuche, bei denen die Belichtung durch Dunkelpausen — in der einen Versuchsfolge mit und in der anderen ohne Erwärmung der photographischen Schicht — unterbrochen wurde. Diese Versuche sind in Abb. 18 an Hand von Schwärzungskurven veranschaulicht (WEBB und EVANS 1938 [2]).

Die Bilder lassen eine starke Herabsetzung der photographischen Wirkung bei tiefen Temperaturen erkennen (Abb. 18a, Kurve B). Daran ändert auch eine Zerlegung der Belichtung in einzelne Teilabschnitte nichts, wenn die Temperatur in den dazwischen liegenden Dunkelpausen keine Änderung erfährt (Abb. 18b—d, Kurve B). Wird jedoch die Emulsion in den Zwischenzeiten erwärmt, so wächst die Schwärzung mit zunehmender Zahl von Dunkelpausen (Abb. 18b—d, Kurve A) und nähert sich dem Wert bei Zimmertemperatur (Abb. 18a, Kurve A).

WEBB und EVANS gingen bei der Deutung dieses Befundes davon aus, daß bei tiefen Temperaturen die Sensibilitätszentren sich zwar aufladen, infolge der eingefrorenen Ionenbewegung aber nicht entladen. Dabei ist die Aufladung nur bis zu einem gewissen Betrag möglich, oberhalb dessen die an den Sensibilitätszentren bereits vorhandenen neu ankommende Elektronen zurücktreiben und gegebenenfalls zur Rekombination mit Halogenatomen veranlassen. Während der Erwärmungsphasen neutralisiert dann die aufgetaute Zwischengitterionenbewegung das von der Ladung der Sensibilitätszentren repräsentierte „potentielle" latente Bild und ermöglicht so eine erneute Aufladung während des nächsten Belichtungsabschnitts; hierdurch erklärt sich die Zunahme der Schwärzung mit steigender Anzahl von Erwärmungsperioden.

Von dieser Deutung abweichend nahm BERG (1939) an, daß bei tiefer Temperatur gespeicherte Elektronen mit steigender Temperatur wieder frei werden und — noch vor Auftauen der Ionenbewegung — mit Halogenatomen rekombinieren. Diese Vorstellung setzt voraus, daß neben den Sensibilitätszentren zahlreiche mindertiefe Potentialtöpfe existieren, welche vorübergehend Elektronen speichern.

Zur Abrundung der Vorstellungen, welche beide mit der GURNEY-MOTTschen Theorie im Einklang sind, trug die Beobachtung MEIDINGERs

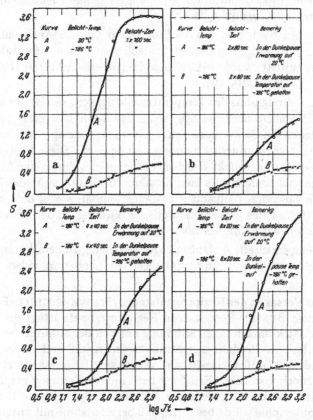

Abb. 18 a—d. Schwarzungskurven bei —186° C mit intermittierender Belichtung. Die Zahl der Dunkelpausen steigt von a nach d an. *A* Mit Erwärmung der photographischen Schicht in den Dunkelpausen, *B* Ohne Erwärmung der Schicht in den Dunkelpausen.

bei, daß bei tiefen Temperaturen belichtete photographische Schichten eine grünlich-blaue Fluoreszenz aufweisen, die unter Umständen 80 bis 90% des absorbierten Lichts zurückstrahlt. Die Erscheinung erklärt sich durch das Rückspringen nichtentladener Elektronen auf Halogenatome. Während die hierbei frei werdende Energie im Bereich normaler Temperaturen in Wärmeschwingungen des Gitters übergeht, wird sie bei tiefen Temperaturen als Strahlung abgegeben (MEIDINGER 1940).

Von dieser Auffassung abweichend erklärten A. und E. VASSY (1948) die Fluoreszenz photographischer Schichten analog der Phosphoreszenz fester Körper. Sie nahmen an, daß das Leitfähigkeitsband von AgBr nur wenig über den Sensibilitätszentren liegt, so daß von diesen festgehaltenen Elektronen durch ihre thermische Energie selbst bei tiefen Temperaturen in endlichen Zeiten das Leitfähigkeitsband wiedergewinnen, von wo sie dann unter Strahlung in tiefere Elektronenniveaus im Innern des Krystalls fallen.

Durch den Nachweis, daß die Fluoreszenz von der Anwesenheit der Reifkeime unabhängig und selbst bei isolierten reinen Silberhalogenidkrystallen auftritt, wurde jedoch diese Hypothese entkräftet (Farnell, Burton und Hallama 1950).

Für das Verständnis der Temperaturabhängigkeit des latenten Bildes könnte schließlich noch wichtig sein, daß beim Übergang zu tiefen Temperaturen die Schwärzung unter Umständen weniger abnimmt, als dem Energieverlust durch Fluoreszenz entspricht. Diese Beobachtung ist als Überlagerungseffekt deutbar, der einerseits durch eine Abnahme der Menge und andererseits eine Zunahme der Dispersität des Latentsilbers mit fallender Temperatur zustande kommt, wobei dem höheren Dispersitätsgrad eine größere katalytische Wirkung bei der Entwicklung zugeschrieben wird (Meidinger 1940).

Der Temperatureffekt steht in enger Beziehung zu dem Versagen der Bunsen-Roscoeschen Reziprozitätsregel bei photographischen Emulsionen.

b) Das Versagen der Reziprozitätsregel (Schwarzschild-Effekt).
α) Nach dem Bunsen-Roscoeschen Reziprozitätssatz hängt die photochemische Wirksamkeit einer Strahlung nur von der absorbierten Lichtmenge, d.h. dem Produkt aus Strahlungsintensität und -dauer, nicht aber von diesen Größen einzeln, ab. Das Gesetz ist primär stets gültig. Es wird jedoch von seiner Erfüllung bzw. seinem Versagen gesprochen, wenn es für etwaige Folgevorgänge gilt bzw. versagt. Seine Erfüllung in der Photographie würde bedeuten, daß bei Aufnahme mit unterschiedlichen Belichtungsintensitäten und -zeiten die Schwärzung — wenn diese wiederum als Maß für die Menge gebildeten Latentsilbers dient — dieselbe ist, sofern nur das Produkt aus beiden gleichbleibt.

Tatsächlich ist die Reziprozitätsregel beim photographischen Prozeß nicht erfüllt: Kurven gleicher Schwärzung verlaufen im $\log(Jt) - \log J$-Diagramm nicht, wie es der Satz verlangt, parallel, sondern gekrümmt zur Abszissenachse (Abb. 19). Für den Kurvenverlauf bei normalen Temperaturen ist das Auftreten eines Minimums, d.h. die Existenz einer Lichtintensität optimaler photographischer Wirkung, charakteristisch. Mit sinkender Temperatur verschiebt sich das Minimum zu kleineren Abszissenwerten, d.h. die optimale Lichtintensität wird kleiner. Der zur Intensitätsachse parallele Kurvenverlauf bei tiefen Temperaturen tut schließlich die Erfüllung des Reziprozitätssatzes in diesem Bereich dar (WEBB 1935).

β) Das Vorhandensein eines Minimums bei gewöhnlichen Temperaturen wurde als Hinweis auf das Bestehen von zwei nebeneinander ablaufenden, miteinander konkurrierenden Vorgängen angesehen. Dem entsprach die Deutung:

Das Ansteigen des linken Kurvenastes, d. h. die Reziprozitätsabweichungen im Bereich niedriger Intensitäten wurden von GURNEY und MOTT (1938 [1]) ursprünglich damit erklärt, daß eine gewisse Mindestelektronenkonzentration erforderlich ist, um den Gegendruck der durch ihre thermische Energie ins Leitfähigkeitsband von AgBr gehobenen Keimelektronen zu überwinden und eine Aufladung der Keime mit Elektronen sowie Anlagerung von Zwischengitterionen zu bewirken. Dann wäre bei niedrigen Intensitäten in einigen Kör-

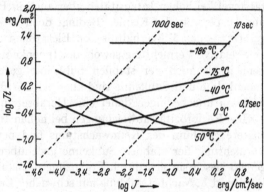

Abb. 19. Reziprozitatsdiagramme: Kurven konstanter Schwarzung im log *Jt*—log *J*-Diagramm bei verschiedenen Temperaturen. Die gestrichelten Linien bezeichnen „Orte" gleicher Belichtungszeit.

nern die kritische Elektronenkonzentration nicht erreicht und die Silberablagerung unterbliebe, womit das Korn nicht entwickelt und die allgemeine Schwärzung herabgesetzt würde.

Später schlossen sich jedoch die Autoren (MOTT und GURNEY 1940) der Ansicht von WEBB und EVANS (1938 [2]) an, wonach das Versagen der Reziprozitätsregel bei niedrigen Intensitäten durch die thermische Unbeständigkeit der Keime im anfänglichen Stadium ihres Wachstums verursacht wird. Diese bewirkt, das bei schwacher Beleuchtungsstärke stabile Keime sehr langsam gebildet werden. Infolgedessen entstehen nur wenige Entwicklungskeime.

Die Reziprozitätsabweichungen bei niedrigen Intensitäten beschränken sich auf das anfängliche Stadium des Keimwachstums. Entsprechend ihrer Verursachung durch die langsame Bildung stabiler Subkeime lassen sie sich durch Anlegen eines Vorrats von solcher, d. h. eine kurzzeitige Vorbestrahlung mit hoher Intensität beseitigen (BURTON 1946, BURTON und BERG 1946).

Das Ansteigen des rechten Kurvenastes, d. h. die Reziprozitätsabweichungen bei hohen Intensitäten, erklärten GURNEY und MOTT (1938 [1]) mit der Trägheit der Zwischengitterionen. Hohe Beleuchtungsstärken machen schneller Elektronen frei, als durch Anziehen von auf Zwischengitterplätzen befindlichen Ionen an den Sensibilitätszentren entladen werden können. Die Entladung vermag daher wie bei tiefen Temperaturen mit der Aufladung nicht Schritt zu halten. Infolgedessen ist bei vermehrter Rekombination von Elektronen und Bromatomen die Bildung von Keimsilber herabgesetzt, was wiederum die Schwärzung verringert.

Nach begründeten Vorstellungen verschiedener Autoren, insbesondere von Berg und Burton (1946—49), steht das Versagen der Reziprozitätsregel bei hohen Intensitäten aber auch in Beziehung zur Verteilung und Dispersität der Keime. Bedingt doch — wie bereits auseinandergesetzt — das Mißverhältnis von Elektronen und Zwischengitterionen eine relative Vermehrung sowohl der Innenkeime gegenüber den Außenkeimen als auch der stabilen Subkeime gegenüber den Vollkeimen. Innenkeime und Subkeime sind aber bei der üblichen Entwicklung unwirksam und bedingen daher eine Herabsetzung der Schwärzung.

Die Reziprozitätsabweichungen bei hohen Intensitäten betreffen das spätere Stadium des Keimwachstums und beruhen auf der relativen Vermehrung der stabilen Subkeime gegenüber den Vollkeimen; demgemäß lassen sie sich durch Ergänzung der stabilen Subkeime zu Vollkeimen, d. h. Nachbestrahlung mit schwacher Lichtintensität ausgleichen (Bebg und Burton 1948).

Es ist noch zu bemerken, daß der das Versagen der Reziprozitätsregel bei hohen Intensitäten darstellende Kurvenast in die Horizontale umbiegt, wenn zu sehr kleinen Belichtungszeiten übergegangen wird. Dann sind Elektronen- und Ionenvorgang infolge ihrer unterschiedlichen Geschwindigkeit getrennt und verlaufen praktisch nacheinander. Dies führt bei gleichen Lichtmengen zur gleichen Schwärzung, so daß der Reziprozitätssatz erfüllt ist (Berg 1940).

γ) Ein Temperatureinfluß auf die Gestalt der Reziprozitätsdiagramme ist nach den Ausführungen über den Temperatureffekt wiederum in zweifacher Hinsicht zu erwarten:

Die Abnahme von Anzahl und Beweglichkeit der Zwischengitterionen mit Fallen der Temperatur bedingt ein Auftreten des durch hohe Intensitäten bewirkten Versagens der Reziprozitätsregel bereits bei kleineren Lichtintensitäten als gewöhnlich. Infolgedessen rückt — wie auch in der Abb. 19 zu erkennen — die optimale Lichtintensität zu kleineren Werten von J.

Der Abfall der thermischen Energie hemmt aber auch den Zerfall der Keime in Elektronen und Silberionen. Die größere Stabilität der Keime bedingt dann einen Rückgang der Regelabweichungen bei niedrigen Intensitäten, also eine Abflachung der Kurve bei kleinen J-Werten wie qualitativ ebenfalls in der Abb. 19 zu erkennen ist.

Bei tiefen Temperaturen — wenn die Ionenbewegung eingefroren ist — sind ähnlich wie bei kurzzeitigen Belichtungen Elektronen- und Ionenprozeß voneinander getrennt. Dieser tritt erst beim Übergang zu Zimmertemperatur ein. Für die photographische Wirkung bestimmend ist wiederum nur die Anzahl der eingefangenen Elektronen. Infolgedessen ist bei gleichen Lichtmengen die Schwärzung dieselbe und der Reziprozitätssatz scheinbar erfüllt (WEBB und EVANS 1938 [2])

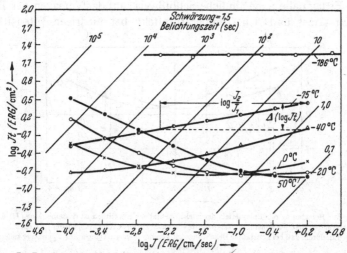

Abb. 20. Zur Berechnung der Aktivierungsenergie der Ionenleitfähigkeit aus dem Reziprozitätsdiagramm: Ersichtlich ist dasselbe Δ log (Jt) sowohl dadurch erreichbar, daß bei konstanter Temperatur von einer kleineren Intensität J_1 zu einer größeren J_2, als auch dadurch, daß bei konstanter Intensität von der höheren Temperatur T_1 zu einer tieferen T_2 übergegangen wird.

δ) Es fehlte nicht an Versuchen zur quantitativen Auswertung von Reziprozitätsdiagrammen:

1. Nach GURNEY und MOTT beruhen sowohl die Erklärung der Temperaturabhängigkeit des latenten Bildes als auch die Deutung des Versagens der Reziprozitätsregel im Bereich hoher Intensitäten beide auf der gleichen Erscheinung, nämlich dem Mißverhältnis zwischen erzeugten Photoelektronen und angebotenen Zwischengitterionen. Wird von anderen Einflüssen abgesehen, so läßt sich ein und dieselbe Schwärzungsänderung im $\log (Jt) - \log J$-Diagramm sowohl dadurch erreichen, daß bei konstanter Temperatur von einer kleineren Intensität J_1 zu einer größeren J_2, als auch dadurch, daß bei konstanter Intensität von der höheren Temperatur T_1 zu einer tieferen T_2 übergegangen wird (vgl. Abb. 20). Von dieser doppelten Ausdrucksmöglichkeit Gebrauch machend, leitete WEBB (1942) die Beziehung

$$\log \frac{J_2}{J_1} = \frac{0,434\,\varepsilon}{k}\left(\frac{1}{T_1} - \frac{1}{T_2}\right) \tag{9}$$

ab. In dieser bedeutet k die BOLTZMANNsche Konstante und ε die bereits
früher definierte Aktivierungsenergie der Ionenleitfähigkeit (s. S. 393).
Einsetzen der experimentellen Daten für J_1 und J_2 sowie T_1 und T_2
lieferte $\varepsilon = 0{,}69$ eV. Übereinstimmung dieser Zahl mit dem direkt gemessenen Wert veranlaßte den Autor zu dem Schluß, daß das Versagen
der Reziprozitätsregel bei hohen Intensitäten ausschließlich dem Ionen-
leitungseffekt zuzuschreiben sei.

2. Es lag nahe, eine ähnliche Schlußweise auf das Versagen des Reziprozitätssatzes und den Temperatureffekt bei niedrigen Intensitäten

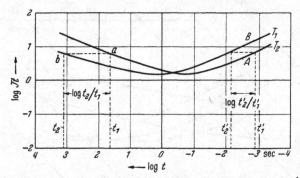

Abb. 21. Zur Berechnung der Energietiefe der Elektronenfallen: Ersichtlich ist dasselbe $\Delta \log (Jt)$ sowohl
dadurch erreichbar, daß bei konstanter Temperatur von einer kürzeren Belichtungsdauer t_1 zu einer längeren
t_2, als auch dadurch, daß bei konstanter Belichtungszeit von der höheren Temperatur T_1 zu einer tieferen T_2
übergegangen wird.

anzuwenden. Die Erklärung beider Erscheinungen basiert auf der Instabilität der Keime in den anfänglichen Stadien ihres Wachstums. Da bei
extrem schwachen Intensitäten ein stabiler Subkeim in einer im Verhältnis
zu seiner Bildungsdauer sehr kurzen Zeit (s. S. 400) zum Vollkeim wird,
hängt die Schwärzung nur von der Zahl der während der Belichtung
gebildeten stabilen Subkeime ab. Diese Zahl ist um so größer, je kleiner
die Wahrscheinlichkeit ist, daß ein eingefangenes Elektron seiner Potentialmulde in der Zeiteinheit entweicht. Da diese Wahrscheinlichkeit bei gegebener Schwärzung der Temperatur direkt, der Belichtungsdauer aber
umgekehrt proportional ist, kann ein und dieselbe Schwärzungsänderung
sowohl dadurch bewirkt werden, daß bei konstanter Temperatur von
einer kürzeren Belichtungsdauer t_1 zu einer längeren t_2, als auch dadurch,
daß bei konstanter Belichtungszeit von der höheren Temperatur T_1 zu
einer tieferen T_2 übergegangen wird (vgl. Abb. 21). Durch Gleichsetzen
der Wahrscheinlichkeiten zweier sich in dieser Weise unterscheidender
Zustände gelangte WEBB (1950) zu der Gleichung:

$$\log \frac{t_1}{t_2} = \log \frac{J_2}{J_1} = \frac{0{,}434\,\varepsilon}{k}\left(\frac{1}{T_1} - \frac{1}{T_2}\right). \tag{10}$$

Diese Beziehung ist der für hohe Intensitäten mitgeteilten Relation äußerlich gleich. ε bedeutet jedoch hier die Energietiefe der Elektronenfallen. Einsetzen der Meßdaten ergab für das gesamte latente Bild $\varepsilon = 0{,}77$ eV und für das innere latente Bild $\varepsilon = 0{,}65$ eV.

Dieser Wert diente dem Versuch, die Anzahl der einem gerade stabilen Subkeim zukommenden Ag-Atom durch eine quantitative Analyse des Versagens der Reziprozitätsregel bei niedrigen Intensitäten zu bestimmen (WEBB 1950 [1, 2]). Der Gedankengang hierbei war folgender:

Die Instabilität des Subkeims im Anfangsstadium bedeutet, daß die Verbindung eines von einem Sensibilitätszentrum eingefangenen Elektrons mit einem zugewanderten Silberion nur beschränkte Lebensdauer hat. Damit aus einem instabilen ein stabiler Subkeim gebildet wird, muß innerhalb der mittleren Verweilzeit τ eines Elektrons in seiner Potentialmulde eine gewisse Mindestzahl s von Elektronen eingefangen werden. Die Anlagerung der Silberionen kann bei dieser Betrachtung vernachlässigt werden, da bei niedrigen Intensitäten die vorhandenen Zwischengitterionen ausreichen, um ein eingefangenes Elektron sofort zu neutralisieren. Der Aufbau eines gerade stabilen Subkeims läßt sich dann als eine Folge von Einzelereignissen innerhalb einer kritischen Zeit betrachten. Dabei stellt ein Einzelereignis den Übergang eines Elektrons auf einen Reifkeim dar. Unter gewissen vereinfachenden Annahmen kann jedoch statt dieses Vorgangs die Absorption eines Lichtquants durch das Korn gesetzt werden. Dann läßt sich die Ermittlung der zur Bildung eines stabilen Subkeims erforderlichen Silberatome auf die Aufgabe zurückführen, die Anzahl der zur Bildung eines solchen Keims erforderlichen Quanten zu bestimmen.

Die Lösung dieser Aufgabe bediente sich einer Betrachtungsweise, die der bei der mathematischen Analyse der Schwärzungskurve angewandten ähnlich ist:

Die Wahrscheinlichkeit, daß ein Korn von den y während der Belichtungszeit t durchschnittlich absorbierten Quanten innerhalb τ die Anzahl r erhält, und damit auch der Bruchteil von Körnern, der von den y während t durchschnittlich absorbierten Quanten innerhalb τ die Anzahl r erhält, sind mittels von Silberstein abgeleiteten Formeln berechenbar. Summation über alle r von einem vorgegebenen $r = s$ bis $r = \infty$ ergibt dann den Bruchteil K/N von Körnern, der von den y während t durchschnittlich absorbierten Quanten innerhalb τ *mindestens* s erhält. Wäre nun s zufällig die Mindestzahl der zur Bildung eines stabilen Subkeims erforderlichen Quanten, so gäbe K/N den Bruchteil der Körner mit einem stabilen Subkeim und — da bei niedrigen Intensitäten ein stabiler Subkeim in einer im Verhältnis zu seiner Bildungsdauer sehr kurzen Zeit zum Vollkeim wird (s. S. 400) — auch den Bruchteil der entwickelbaren Körner an.

Um nun s zu finden, beschritt man — dem früheren Vorgehen prinzipiell entsprechend, wenn auch im einzelnen davon abweichend — den Weg, auf Grund vorgegebener s-Werte hypothetische Schwärzungskurven und daraus hypothetische Reziprozitätsdiagramme zu konstru-

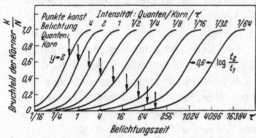

Abb. 22. Zur Ermittlung der Anzahl Silberatome eines gerade stabilen Keims. Hypothetische Kurven des zeitlichen Verlaufs der Schwärzung, fur $s=2$ und von Kurve zu Kurve um die Halfte fallende Lichtintensität berechnet.

ieren, um aus letzteren durch Vergleich mit den experimentell ermittelten Diagrammen den tatsächlichen·Wert von s zu finden. Im einzelnen geschah dies in folgender Weise:

τ ergab sich aus der Beziehung

$$\frac{1}{\tau} = \nu\, e^{-\frac{\varepsilon}{kT}} \quad (11)$$

in der $e^{-\frac{\varepsilon}{kT}}$ die Boltzmann-Wahrscheinlichkeit, den Energieberg ε zu überwinden, und ν die — hier zahlenmäßig aus Analogiebetrachtungen gewonnene — Stoßfrequenz der Elektronen mit der Potentialwand bedeuten.

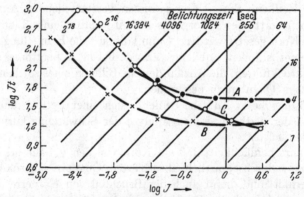

Abb. 23. Zur Ermittlung der Anzahl Silberatome eines gerade stabilen Keims. Kurven konstanter Schwarzung im Grenzbereich kleiner Intensitaten in $\log{(Jt)}$ — $\log J$-Darstellung, experimentell ermittelt. — A oberflachliches; B totales; C inneres latentes Bild.

Kurven für den zeitlichen Verlauf der Schwärzung wurden konstruiert, indem der Bruchteil K/N der mindestens s Quanten innerhalb τ absorbierenden Körner als Funktion der Belichtungszeit aufgetragen wurde.

In einem Satz derartiger Kurven mit jeweils um die Hälfte fallender Lichtintensität (Abb. 22 für den Fall $s=2$) nahm der Abstand zweier benachbarter Kurven — bei logarithmischer Zeitrechnung: $\log t_2/t_1$ — mit fallender Intensität einen Grenzwert an. Aus diesem ließ sich die bei kleinen Intensitäten angestrebte Grenzneigung Kurven gleicher Schwärzung im $\log{(Jt)}$ — $\log J$-Diagramm berechnen:

Wäre die Reziprozitätsregel erfüllt, müßte beim Übergang von einer Kurve zum Punkt gleicher Schwärzung — d.h. mit gleichem K/N — der nächst benachbarten Kurve halber Intensität der Abstand $\log t_2/t_1 = \log 2 = 0{,}3$ sein. Der Betrag, um den aber $\log t_2/t_1$ größer als 0,3 ist, entspricht der Zunahme der Belichtungszeit, die erforderlich ist, um bei halber Intensität die gleiche photographische Wirksamkeit zu erzielen. Daraus läßt sich $\varDelta \log J t / \varDelta \log J$ berechnen, womit die Grenzneigung der Kurve konstanter Schwärzung im $\log (Jt) - \log J$-Diagramm gegeben ist.

Austesten desjenigen Wertes von s, der die gleiche Neigung wie die entsprechende experimentell bestimmte Kurve (Abb. 23) ergab, lieferte $s = 2$.

Danach wären zwei Ag-Atome zur Bildung eines stabilen Subkeimes erforderlich. Auf die Übereinstimmung dieser Zahl mit anderweitig gewonnenen Ergebnissen (KATZ 1949) wurde bereits hingewiesen.

c) Der Intermittenzeffekt. Wird dieselbe Lichtmenge bei konstanter Intensität einmal kontinuierlich und das andere Mal intermittierend — d.h. in einzelnen Lichtblitzen — aufgestrahlt, so kann die Schwärzung in beiden Fällen gleich sein. Sie kann aber auch im Intermittenzversuch kleiner oder größer als im kontinuierlichen Versuch sein. Dann spricht man von einem Intermittenzeffekt. Bei diesem liegt die Schwärzung zwischen derjenigen zweier kontinuierlicher Belichtungen, von dem die eine dem zuvor beschriebenen Versuch dieser Art entspricht, und die andere mit einer über Hell- und

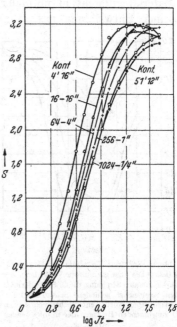

Abb. 24. Schwärzungskurven für kontinuierliche und intermittierende Belichtungen bei 20° C. Links außen: Kurve für kontinuierliche Belichtung. Mitte: Kurven für intermittierende Belichtungen mit einer von 4 auf 1024 zunehmenden Anzahl von Dunkelpausen. Rechts außen: Kurve für kontinuierliche Belichtung mit gemittelter Belichtungszeit.

Dunkelpausen des Intermittenzversuchs gemittelten Intensität auf dessen Dauer erfolgt. Und zwar nähert sich die Schwärzung im Intermittenzversuch mit wachsender Frequenz der Lichtblitze der Schwärzung bei kontinuierlicher Bestrahlung mit gemittelter Intensität (Abb. 24).

Die Erklärung des Intermittenzeffekts beruht einerseits auf der quantenhaften Natur des Lichts und andererseits auf dem Versagen der Reziprozitätsregel. Die quantenhafte Struktur des Lichts bedingt, daß eine intermittierende Belichtung mit zunehmender Frequenz der Lichtblitze in eine kontinuierliche Belichtung übergeht. Da dieser jedoch eine geringere Intensität als der vorgegebenen Bestrahlung zukommt, macht sich das Versagen der Reziprozitätsregel in Abweichungen der Schwärzung gegenüber derjenigen der vorgegebenen Belichtung nach größeren oder kleineren Werten bemerkbar (WEBB 1941 [2]).

d) HERSCHEL- und DEBOT-Effekt.

α) Bei einer Aufnahme mit blauem Licht auf gegen Rot und Ultrarot nicht sensibilisiertem Material entsteht in normaler Weise ein latentes Bild. Wird es vor seiner Entwicklung mit rotem oder ultrarotem Licht nachbestrahlt, so ist die entwickelte Schwärzung gegenüber dem nicht nachbestrahlten Bild herabgesetzt. Diese Bildschwächung wird nach ihrem Entdecker als HERSCHEL-Effekt bezeichnet. Es liegt nahe, die Erscheinung auf eine Veränderung des primär entstandenen latenten Bildes durch die Rotlichtbehandlung zurückzuführen. Ein tieferes Verständnis des Effektes ergibt sich aus folgendem:

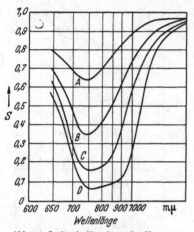

Abb. 25. Spektrale Verteilung des HERSCHEL-Effekts. Die Abszisse mißt die Wellenlange der ausbleichenden Strahlung, die Ordinate die nach dem Ausbleichen gefundene Schwarzung. Die verschiedenen Kurven entsprechen von *A* nach *D* zunehmenden Betragen der ausbleichenden Strahlung.

Wie bereits berichtet, kommt dem latenten Bild eine Absorptionsbande zwischen 600 und 1000 mμ mit einem Maximum bei etwa 700 mμ zu (Abbildung 2): Die Ausbleichbarkeit der dieser Bande entsprechenden und in Krystallen genügender Dicke beobachtbaren Verfärbung mit rotem oder ultrarotem Licht veranlaßte HILSCH und POHL, diesen Vorgang mit dem HERSCHEL-Effekt zu identifizieren.

Diese Auffassung unterstützten Messungen von BARTELT und KLUG (1934), nach denen sich der Spektralbereich des HERSCHEL-Effekts mit der Absorptionsbande des latenten Bildes und die das Bild am stärksten schwächende Wellenlänge mit derjenigen des Bandenmaximums deckt (Abb. 25).

Indessen bestand Unklarheit über die Natur der Vorgänge, die mit der Lichtabsorption durch die Farbzentren und dem Ausbleichprozeß verbunden sind. Man diskutierte zeitweilig die Möglichkeit, die den Farbzentren zugrunde liegenden Silberkeime als gedämpfte HERTZsche Oszillatoren zu behandeln, welche mit den absorbierten Wellenlängen in Resonanz stehen. Die Breite der Bande wurde als Überlagerungseffekt der Schwingungen einer Vielzahl von Silberpartikeln verschiedener Größe gedeutet. Ein genaueres Verständnis der Tatsachen bahnte sich jedoch auf diese Weise nicht an. Insbesondere war die tatsächliche

Größe der Silberkeime mit der Theorie der Resonanzabsorption nicht zu vereinbaren.

GURNEY und MOTT (1938 [1] und 1940) gaben eine zwanglosere Erklärung des HERSCHEL-Effekts. Danach entspricht der Absorption roten oder ultraroten Lichts ein Übergang von Elektronen aus dem vollbesetzten Energieband metallischen Silbers ins Leitfähigkeitsband von AgBr, wobei zunächst offenbleiben soll, ob die ins Leitfähigkeitsband geworfenen Elektronen mit Halogenatomen rekombinieren oder an anderer Stelle — eventuell an dem Entwickler schwer zugänglichen Stellen im

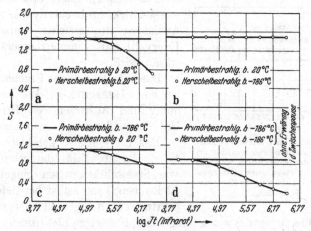

Abb. 26 a—d. HERSCHEL-Effekt bei verschiedenen Temperaturen. S Schwärzung nach der Primar- bzw. HERSCHEL-Bestrahlung; Jt Lichtmenge der HERSCHEL-Bestrahlung.

Inneren des Korns — neue Keime aufbauen. Der Abgabe eines Elektrons folgt die Abwanderung eines Silberions ins Zwischengitter. Auf diese Weise geht scheinbar ein Abbau der Silberkeime, d. h. des latenten und damit auch des sichtbaren Bildes, vor sich. In dieser Beschreibung wird die Breite der Absorptionsbande darauf zurückgeführt, daß die zur Überführung eines Elektrons in das umgebende Bromsilber erforderliche Energie bei unterschiedlicher Keimgröße verschieden groß ist.

Diese Vorstellung, nach welcher der HERSCHEL-Effekt — ebenso wie das latente Bild — durch einen zweigleisigen Vorgang, einen primären Elektronen- und einen sekundären Ionenprozeß, zustande kommt, belegten Arbeiten von WEBB und EVANS (1938 [1]) über die Temperaturabhängigkeit des HERSCHEL-Effekts:

In den der Veranschaulichung dieser Versuche dienenden Abb. 26a—d und Abb. 27 ist jeweils der Logarithmus der Rotbelichtungsdauer als Abszisse und die Schwärzung als Ordinate aufgetragen; eine Parallele zur Abszissenachse entspricht der Schwärzung ohne Nachbestrahlung.

Aus den Abb. 26a—c geht hervor, daß der HERSCHEL-Effekt ausbleibt, wenn die Rotlichtbestrahlung bei tiefer Temperatur erfolgt. Dieses Verhalten wird durch das Einfrieren der für das Auftreten eines HERSCHEL-Effekts unerläßlichen Ionenbewegung bei tiefen Temperaturen erklärt.

Abb. 26d zeigt, daß der HERSCHEL-Effekt hingegen auftritt, wenn sowohl die Bestrahlung mit weißem als auch die mit rotem Licht bei tiefer Temperatur erfolgen und im Intervall zwischen beiden die Temperatur auf —186° C gehalten wird.

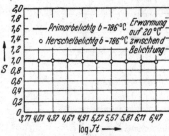

Abb. 27. Fehlen eines HERSCHEL-Effekts bei intermittierender Belichtung mit Erwärmung in den Dunkelpausen. S Schwärzung nach der Primär- bzw. HERSCHEL-Bestrahlung; Jt Lichtmenge der HERSCHEL-Bestrahlung.

Aus Abb. 27 folgt, daß kein HERSCHEL-Effekt beobachtet wird, wenn bei Ausführen des gleichen Versuchs im Intervall auf Zimmertemperatur erwärmt wird.

Das unterschiedliche Ergebnis — Fehlen eines HERSCHEL-Effekts bei Erwärmung und Auftreten des Effekts bei Unterlassen derselben — wurde so erklärt:

Das bei —186° C gebildete „potentielle" latente Bild, dargestellt durch von Sensibilitätszentren eingefangenen Elektronen, kann selbst bei tiefen Temperaturen noch abgebaut werden; bedarf es doch hierzu nur des wenig temperaturabhängigen Elektronenprozesses. Hingegen ist das in der Erwärmungsphase aus dem potentiellen durch Anziehen von Silberionen gebildete stabile latente Bild bei tiefen Temperaturen nicht mehr auflösbar; denn hierzu bedarf es außer des Elektronenprozesses noch der temperaturgebundenen Ionenwanderung.

Daß der HERSCHEL-Effekt geringere Mengen Rotlicht erfordert, wenn der ganze Vorgang einschließlich der Zwischenpause bei tiefen Temperaturen erfolgt (WEBB und EVANS 1938 [1], BERG 1939), wurde dahin gedeutet, daß hier noch Bromatome im Krystall vorhanden sind, mit denen die Elektronen rekombinieren (MOTT und GURNEY 1940).

Über den Verbleib der während der Nachbestrahlung freigemachten Elektronen und Silberionen gab die Entdeckung des DEBOT-Effekts Auskunft:

β) Wie erwähnt, kann das äußere latente Bild durch Chromsäurebehandlung ausgelöscht werden. Der DEBOT-Effekt besteht darin, daß eine in dieser Weise vorbehandelte photographische Schicht bei alleiniger Oberflächenentwicklung erneut eine Schwärzung zeigt, wenn zuvor mit rotem oder ultrarotem Licht nachbestrahlt wird.

Diese Erscheinung ist nach HAUTOT (1949) so zu verstehen, daß die Wirkung der Nachbestrahlung mit in bezug auf Bromsilber unwirksamem

— „inaktinischem" — Licht zu einer Neuverteilung der dem inneren latenten Bild zukommenden Neutralsilbermenge führt. Der Vorgang wird im einzelnen wiederum durch den beschriebenen zweigleisigen Prozeß erklärt.

Daß es sich beim DEBOT-Effekt um eine Umdispergierung unter Übertragung von Latentsilber des inneren latenten Bildes an die Kornoberfläche handelt, bekräftigte noch die von DEBOT vorgenommene Untersuchung der spektralen Abhängigkeit des Effekts. Die hierbei gefundenen Kurven bedecken den gleichen Spektralbereich und haben bei der gleichen Wellenlänge ein Extremum wie die von BARTELT und KLUG für den HERSCHEL-Effekt gemessenen Kurvenzüge (Abb. 28).

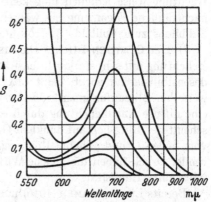

Abb. 28. Spektrale Verteilung des DEBOT-Effekts. Die Abszisse mißt die Wellenlänge der den Effekt auslösenden Strahlung, die Ordinate die nach der Bestrahlung gefundene Schwärzung. Die verschiedenen Kurven entsprechen unterschiedlichen Strahlungsbetragen.

Die mit dem DEBOT-Effekt verbundene Abnahme der Silbermenge des inneren zugunsten des Aufbaus eines äußeren latenten Bildes zeigt die enge Beziehung zwischen DEBOT- und HERSCHEL-Effekt und erklärt diesen als die Folge einer Übertragung von Silber des äußeren latenten Bildes ins Krystallinnere. Der HERSCHEL-Effekt beruht also nicht auf einer Abnahme der Masse des Latentsilbers, sondern lediglich auf einer anderen Verteilung, welche die Menge des entwickelbaren zugunsten des der Entwicklung entzogenen Silbers verringert.

KORNFELD (1949) untersuchte die Abhängigkeit des HERSCHEL-Effekts einerseits von der Primärbelichtung und andererseits von der nach dieser bis zur Rotbelichtung verstrichenen Zeit. Hierbei ergaben gleiche Lichtmengen für schwache Primärintensitäten einen kleineren HERSCHEL-Effekt als für große Intensitäten. Dieser Befund weist auf eine schlechtere Dispergierbarkeit der bei geringen Beleuchtungsstärken gebildeten Entwicklungskeime hin und wird damit gedeutet, daß — wie bereits berichtet — bei schwachen Intensitäten weniger, aber dafür größere Entwicklungskeime entstehen als bei stärkeren Intensitäten. Die Entdeckung der Autorin, daß der HERSCHEL-Effekt bei späterer kleiner als bei alsbaldiger Nachbestrahlung ist, findet ihre Deutung in einem Wachstum der Keime noch nach beendeter Belichtung.

So war das Studium von HERSCHEL- und DEBOT-Effekt besonders geeignet, ins einzelne gehende Kenntnisse über die Entstehung des latenten Bildes zu vermitteln.

e) Der WEINLAND-Effekt. Die Erscheinung, daß eine kurzzeitige Vorbestrahlung mit diffusem Licht hoher Intensität für eine nachfolgende Belichtung mäßiger Intensität „sensibilisierend" wirkt, heißt WEINLAND-Effekt. Dieser beruht — in der Terminologie von BURTON und BERG — auf der Anlegung eines Vorrats von Subkeimen, auf denen die Hauptbelichtung aufbauen kann.

Wenn von der „bildverstärkenden" Wirkung einer Nachbestrahlung mit diffusem Licht schwacher Intensitäten gesprochen wird, ist die Betrachtungsweise lediglich umgekehrt. Es handelt sich hierbei um die nachträgliche Ergänzung des während der Primärbelichtung gebildeten Subbildes zum Vollbild (BURTON 1946, BURTON und BERG 1946).

f) Der CLAYDEN-Effekt. Die Erscheinung, daß eine sehr kurzzeitige Belichtung mit sehr starker Intensität für eine darauffolgende Belichtung desensibilisierend wirkt, heißt CLAYDEN-Effekt. Dieser wird vorzugsweise bei Blitzaufnahmen beobachtet, wenn der eigentlichen Aufnahme eine diffuse Nachbelichtung durch einen zweiten Blitz folgt. Dann erscheint der Blitz hell auf dunklem Grund, während er sich sonst dunkel vom hellen Grund abhebt. Röntgenstrahlen, Radiumstrahlen und scherender Druck haben die gleiche Wirkung wie kurzzeitige Vorbelichtung sehr hoher Intensität.

Bereits LÜPPO-CRAMER (1936) nahm an, daß der Effekt dadurch zustande kommt, daß bei hoher Intensität Innenkeime angelegt werden, welche die so affizierten Körner gegen die Nachbelichtung desensibilisieren.

Die Erscheinung erklärt sich im Rahmen der GURNEY-MOTTschen Theorie in folgender Weise: Während der Belichtung mit sehr hoher Intensität entstehen — wie bereits beschrieben — zahlreiche Innenkeime. Diese treten während der sekundären Exposition mit den oberflächlichen Elektronenfallen in wirksame Konkurrenz, so daß nur ein schwaches äußeres latentes Bild entsteht (BERG, MARRIAGE und STEVENS 1941).

WEINLAND- und CLAYDEN-Effekt widersprechen sich scheinbar. Die verschiedene Wirkung der Vorbestrahlung hängt jedoch von deren unterschiedlichem Intensitätsgrad ab. Die Vorbedingungen für den CLAYDEN-Effekt sind erst bei erheblich höheren Intensitäten gegeben, als für den WEINLAND-Effekt erforderlich sind (BERG und BURTON 1948).

g) Der SABATTIER-Effekt. Vorübergehende Unterbrechung der Entwicklung einer normalen photographischen Aufnahme durch eine gleichförmige Nachbestrahlung mit aktinischem Licht ruft unter geeigneten Umständen einen SABATTIER-Effekt hervor. Der bereits seit 100 Jahren bekannte und nach seinem Entdecker benannte Effekt besteht in einer Vertauschung der Helligkeitsrelationen des Negativs derart, daß dieses als Positiv erscheint. In Abb. 29 bezeichnet *n* die normale

Schwärzungskurve, s hingegen eine „SABATTIER-Kurve" in Abhängigkeit von der Vorbelichtung. Wie der Abbildung zu entnehmen ist, tritt ein SABATTIER-Effekt nur bei mäßig belichteten photographischen Aufnahmen auf.

Ältere Theorien (s. ARENS 1949 [1]) erblickten in dem SABATTIER-Effekt teils einen „Kopiereffekt", der durch Kopie des während der Vorentwicklung in den obersten Schichten gebildeten Negativs auf die darunter liegenden Schichten zustande kommt, und teils einen „Desensibilisationseffekt", der durch Desensibilisierung der anentwickelten AgBr-Körner gegen die Nachbelichtung bewirkt wird.

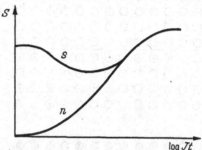

Im Rahmen der Desensibilisationstheorie bestanden über die Ursache der Desensibilisation wiederum verschiedene Auffassungen:

Eine bereits von LÜPPO-CRAMER vertretene Ansicht war, daß während der Vorentwicklung gebildetes und an der Kornoberfläche adsorbiertes Silber die Empfindlichkeitsabnahme der anentwickelten Körner verursache.

Abb. 29. Der SABATTIER-Effekt in schematischer Darstellung. n Normale Schwärzungskurve; s Schwärzungskurve des SABATTIER-Effekts, dargestellt als Funktion der Vorbelichtung Jt.

STEVENS und NORRISH (1938) nahmen an, daß von den anentwickelten Körnern Silber auf die benachbarten vom Entwickler nicht angegriffenen Körner übergehe und hier Silberkeime bilde; diese sollten dann während der Nachbelichtung bei ein und demselben Korn infolge ihrer großen Anzahl als Elektronenfänger — im Sinne der GURNEY-MOTTschen Theorie — in Konkurrenz mit den seltenen Reifkeimen treten, ohne jedoch genügend Zwischengittersilberionen anzulagern, um entwickelbar zu werden. Infolgedessen wären die an vorbelichteten Stellen gelegenen, aber noch nicht anentwickelten Körner gegen die Nachbelichtung desensibilisiert.

Nach Anschauungen von ARENS (1949 [2]) erfolgt die Desensibilisation dadurch, daß gewisse Körner, von dem Autor „SABATTIER-Körner" genannt, primär nur Innenkeime bilden. Diese werden bei der Vorentwicklung noch verstärkt, so daß sie bei der Nachbelichtung wirksame Elektronenfallen im Sinne der GURNEY-MOTTschen Theorie darstellen, ohne jedoch bei der Nachentwicklung eine Schwärzung der in dieser Weise affizierten SABATTIER-Körner zu veranlassen. Gleichzeitig hebt aber die Vorentwicklung auch die Eigenschaft der SABATTIER-Körner, nur Innenkeime anzulegen, durch Bildung oberflächlicher Elektronenfallen auf, so daß die noch nicht affizierten SABATTIER-Körner während der Nachbelichtung oberflächliche Entwicklungskeime bilden, die zu neuer Kornschwärzung führen.

Die zur Bildumkehr führenden Verhältnisse veranschaulicht ein von ARENS angegebenes Schema (Abb. 30):

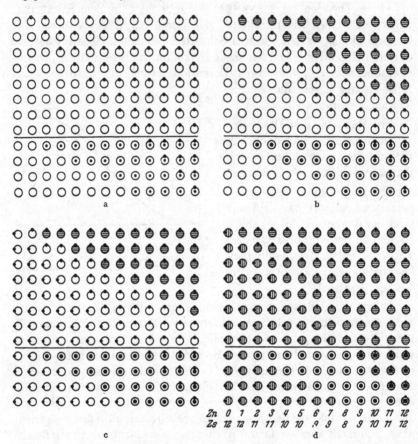

Abb. 30a—d. Darstellung der Theorie des SABATTIER-Effekts (s. Text). a Vorbelichtung; b Vorentwicklung; c Nachbelichtung; d Nachentwicklung.

Oberhalb des Strichs befinden sich die normalen — Oberflächenkeime anlegenden — Körner, unterhalb die Innenkeime anlegenden SABATTIER-Körner. Ein peripherer Punkt bezeichnet einen Oberflächen-, ein zentraler Punkt einen Innenkeim. Schraffierung deutet Entwicklung an. Die verschiedenen Kolumnen entsprechen dem zeitlichen Fortschritt der einzelnen Phasen.

a) *Vorbelichtung:* Es wird angenommen, daß mit fortschreitender Belichtung bei den normalen Körnern von Kolumnen zu Kolumnen ein weiteres Korn einen Oberflächenkeim anlegt, bei den SABATTIER-Körnern aber zur Anlegung eines Innenkeims die doppelte Zeit erforderlich ist. In späteren Stadien können SABATTIER-Körner mit Innenkeimen auch Oberflächenkeime bilden.

b) *Vorentwicklung:* Teilweise Entwicklung der Körner mit Oberflächenkeimen und Verstärkung der Innenkeime.

c) *Nachbelichtung:* Ablegen von Oberflächenkeimen auf den noch nicht affizierten Körnern (Oberflächenkeime durch seitlichen Punkt gekennzeichnet) und Verstärkung der Innenkeime.

d) *Nachentwicklung:* Entwicklung aller noch nicht entwickelten Körner mit Oberflächenkeimen. Infolge Nachbelichtung entwickelte Körner senkrecht schraffiert. Getrenntes Zusammenziehen der infolge der Vorbelichtung und der SABATTIER-Behandlung entwickelten Körner liefert die Zahlen Z_n und Z_s.

Die Zahlen Z_n und Z_s ergeben als Funktion der Belichtung dargestellt (Abb. 31), die normale Schwärzungskurve und die SABATTIER-Kurve.

Der absteigende Teil der SABATTIER-Kurve erklärt sich durch eine Zunahme der Körner mit Innenkeimen bei fortschreitender Belichtung, der Übergang der SABATTIER- in die normale Schwärzungskurve durch das zusätzliche Auftreten von Oberflächenkeimen auf Körnern mit Innenkeimen bei länger währender Exposition.

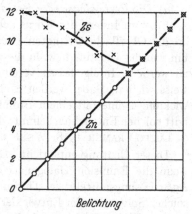

Abb. 31. Normale Schwärzungskurve und SABATTIER-Kurve aus Abb. 30 berechnet.

Der Autor verifizierte die Theorie durch das Experiment (ARENS 1949 [3]). Die Existenz von Innenkeimen war durch frühere Untersuchungen, insbesondere von HAUTOT und Mitarbeitern (s. S. 404) zur Genüge dargetan.

Die Verstärkung der Innenkeime durch die Vorentwicklung setzt eine „latente Innenkornentwicklung" (ARENS 1950) voraus, bei der die Innenkeime entwickelt werden, ohne daß der Entwickler mit ihnen in Berührung kommt. Die experimentell belegte Vorstellung weist auf die Bedeutung der GURNEY-MOTTschen Theorie für die Entwicklung hin.

h) Der ALBERT-Effekt. Die Erscheinung, daß eine vorbelichtete Schicht nach Wegätzen des oberflächlichen latenten Bildes bei diffuser Nachbestrahlung ein Bild mit vertauschten Helligkeitsrelationen ergibt, heißt ALBERT-Effekt. Dieser ist dadurch zu erklären, daß die nach Zerstörung des oberflächlichen latenten Bildes zurückbleibende Innenkeime ihre Träger gegen eine Nachbelichtung desensibilisieren, wie bereits LÜPPO-CRAMER (1938) erkannte. Die GURNEY-MOTTsche Theorie macht das verständlich: Bei Körnern mit Innenkeimen wachsen lediglich diese als tiefe Elektronenfallen; Körner ohne Innenkeime legen jedoch bevorzugt Oberflächenkeime an. Da die Entwicklung hauptsächlich an den Oberflächenkeimen ansetzt, kommt es zur Bildumkehr.

i) Solarisation. Die bei manchen Emulsionen beobachtbare Abnahme der Schwärzung im Bereich der Überexposition (vgl. Abb. 1) wird

Solarisation genannt. Gewöhnlich ist nur das äußere latente Bild solarisier-
bar, das innere nicht (vgl. Abb. 17). Auf diese Weise erklärt sich die
„zweite Umkehr" der Schwärzungskurve (s. S. 380) als Überlagerung
der Schwärzungskurven des äußeren und des inneren latenten Bildes
(s. Berg 1947, Keller und Maetzig 1948). Nach neueren Untersuchungen umfaßt die Solarisation unter gewissen Bedingungen auch
das innere latente Bild.

Die Solarisation hat bisher keine einheitliche Deutung gefunden. Es
werden folgende Theorien diskutiert:

α) *Die Regressions- oder Rebrominierungstheorie.* Danach ist die Anzahl der im Innern des Korns gebildeten und durch Ladungsaustausch
an die Oberfläche gelangten Bromatome bei Überbelichtung zu groß,
um von der Gelatine bzw. in dieser enthaltenem Wasser ganz gebunden
zu werden. Infolgedessen vereinigen sich die Photolyseprodukte teilweise wieder. Dabei werden nach bestehenden Vorstellungen die Entwicklungskeime mit einem Bromsilberhäutchen umgeben, das den Zu-
tritt solcher Entwickler hemmt, die AgBr nicht oder nur langsam lösen
(s. Lüppo-Cramer 1938, Webb und Evans 1940).

Dieser Deutung entspricht, daß Solarisation nicht beobachtet wird,
wenn die Emulsion Halogenacceptoren oder der Entwickler typische
AgBr-Lösungsmittel wie Thiosulfat enthält, wohingegen bei Fehlen
solcher Solventien im Entwickler der Effekt besonders leicht eintritt.
Für die Rebrominierung spricht auch, daß gewöhnlich nur das äußere
nicht aber das innere latente Bild solarisiert wird (Berg, Marriage und
Stevens 1941).

β) *Die Sperrschichttheorie.* Diese besagt, daß die an den Oberflächenkeimen beginnende Entwicklung bei starker Belichtung das Korninnere
mit einer Hülle metallischen Silbers umgibt, welche die weitere Entwicklung blockiert.

Für die gegenwärtig von Hautot und Mitarbeitern vertretene Theorie
sprechen die Abnahme der Solarisation bei längerer Entwicklung, die
Deutbarkeit der „zweiten Umkehr" als zunehmende Entwickelbarkeit
des „tiefen" inneren latenten Bildes und ähnliche Befunde. Dagegen
spricht die Wirkung von Halogenacceptoren und AgBr-Lösungsmittel
enthaltenden Entwicklern (Hautot und Mitarbeiter s. Haase 1949).

γ) *Die Coagulationstheorie.* Diese sieht die Ursache der Solarisation
in stärkerer Coagulation und — dadurch bedingt — verminderter katalytischer Wirkung des Latentsilbers.

Die Theorie stützt sich auf die Beobachtung, daß im Solarisations-
gebiet trotz Schwärzungsabnahme die Menge des photolytisch gebildeten
Silbers zunimmt, sowie die auch bei kolloidalen Lösungen beobachtete
Abnahme der katalytischen Wirkung von einer bestimmten Teilchen-

größe an. Sie vermag jedoch die Wirkung von Halogenacceptoren und AgBr-Solventien enthaltenden Entwicklern nicht zu erklären.

Die Solarisation ist in charakteristischer Weise temperaturabhängig (Abb. 32): Sie wird bei sinkender Temperatur vorerst stärker, um aber dann wieder abzunehmen und bei tiefen Temperaturen ganz zu verschwinden.

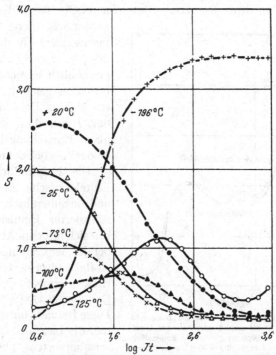

Abb. 32. Schwärzungskurven im Gebiet der Solarisation für verschiedene Temperaturen.

Vom Standpunkt der Regressionstheorie läßt sich die Aufhebung der Solarisation bei tiefen Temperaturen dahin deuten, daß in diesem Bereich die Wiedervereinigung der Photolyseprodukte sehr langsam vor sich geht und das Brom, ohne mit Silber reagiert zu haben, wegdiffundiert. Die gleiche Betrachtungsweise erklärt die anfängliche Zunahme der Solarisation bei sinkender Temperatur damit, daß die Acceptorreaktion Brom—Gelatine einen größeren Temperaturkoeffizienten hat als die Rebrominierung (WEBB und EVANS 1940).

j) Sensibilisation. Es wird zwischen ,,chemischer'' und ,,optischer'' Sensibilisation unterschieden.

Chemische Sensibilisation liegt vor, wenn die Höhe der Empfindlichkeit einer photographischen Schicht vergrößert wird. Dies geschieht durch Kolloide, labil gebundenen Schwefel, reduzierende Substanzen und

Schwermetallsalze [Quecksilber, Gold] (vgl. Berg 1951). Von der stabilisierenden Wirkung des ins AgBr eingebauten Schwefels auf die photochemischen Produkte bei der Entstehung des latenten Bildes war ausführlich die Rede.

Optische Sensibilisation liegt vor, wenn die spektrale Breite der photographischen Empfindlichkeit vergrößert, d. h. ins langwellige Gebiet ausgedehnt wird. Dies erfolgt durch an der Oberfläche des Halogensilbers adsorbierte Farbstoffe, insbesondere Cyanine. Diese Art der Sensibilisation wird gewöhnlich schlechthin Sensibilisation genannt. Sie stellt ein eigenes Forschungsgebiet dar. Hier soll nur ihr Verhältnis zur Entstehung des latenten Bildes kurz beleuchtet werden:

Die Empfindlichkeit, die lichtelektrische Leitfähigkeit und die Silberabscheidung sensibilisierter Emulsionen decken sich mit dem Absorptionsbereich der verwendeten Farbstoffe in adsorbiertem Zustand (Leermakers 1937, West und Carroll 1947) (vgl. Abb. 33). Diese Befunde unterstreichen, daß die Lichtabsorption beim sensibilisierten photographischen Prozeß durch die Farb-

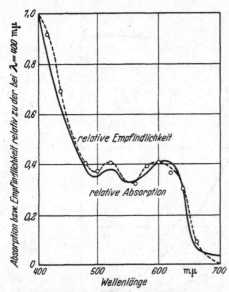

Abb. 33. Beziehung zwischen Absorption und photographischer Empfindlichkeit bei einer panchromatischen Emulsion. Ausgezogen: Absorption; gestrichelt: Empfindlichkeit; beide relativ zu dem jeweiligen Wert bei $\lambda = 400$ mμ.

stoffmolekel erfolgt. Ist dieser äußere Vorgang wenig zweifelhaft, so besteht jedoch Unklarheit über den inneren Mechanismus der Sensibilisierung, d. h. über die Weise, auf welche die Lichtenergie vom Farbstoff zum Bromsilber übertragen wird. Die Theorie dieses Vorgangs hat zu berücksichtigen, daß eine Farbstoffmolekel viele Male als Energieüberträger wirken kann, d. h. daß auf eine Farbstoffmolekel viele abgeschiedene Silberatome kommen. Es wurden „Übertragungszahlen" größer als 100 gemessen (vgl. Eggert, Meidinger und Arens 1948).

Zwei Mechanismen werden diskutiert:

1. Die unmittelbare Abgabe eines Elektrons aus dem Farbstoff ins Leitfähigkeitsband von AgBr und

2. die Übertragung der Energie als solche auf das Bromsilber und darauf folgend der Übergang des Valenzelektrons von AgBr in dessen Leitfähigkeitsband.

Für den ersten Mechanismus gaben GURNEY und MOTT (1938 [1] und 1940) ein quantenmechanisches Bild (Abb. 34). Danach braucht der Anregungszustand des Farbstoffelektrons nur höher als das tiefste Energieniveau des Leitfähigkeitsbandes von AgBr zu liegen, damit das Elektron in dieses Band übergeht. Die Frage ist, wie der Farbstoff hernach ein Elektron zurückbekommt, um erneut wirken zu können. Die Autoren nehmen an, daß die nach Verlust eines Elektrons positiv geladene Farbstoffmolekel Zwischengittersilberionen zurücktreibt und Silberionenleerstellen anzieht. Das Fehlen positiver Ladung am Ort einer Leerstelle erhöht die Energie des dem benachbarten Halogenion zugehörigen Elektrons. Liegt dessen Energie dann über dem Grundzustand der ionisierten Farbstoffmolekel, so geht das Elektron auf diese über.

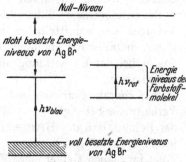

Abb. 34. Mechanismus der Sensibilisation nach GURNEY und MOTT. $h\nu_{blau}$ entspricht der nicht sensibilisierten, $h\nu_{rot}$ der sensibilisierten Erzeugung von Leitfähigkeitselektronen.

Für die reine Energieübertragung lieferten FRANCK und TELLER (1938) ein quantenmechanisch begründetes Bild. Dabei wird die Energie vom Farbstoff durch die Ausbreitung einer „Erregungswelle" übertragen. Auch hier muß die Farbstoffmolekel die verlorene Energie wiedergewinnen, möglicherweise durch Rückgreifen auf den Vorrat an thermischer Energie.

Vom Augenblick der Bildung des Photoelektrons an verläuft die Entstehung des latenten Bildes wie früher beschrieben.

7. Das latente Bild von Thalliumbromidemulsionen.

Daß das latente Bild eine Gittererscheinung vorstellt, die nicht an die Silberhalogenide gebunden ist, sondern auch bei verwandten Körpern auftritt, zeigt die Entstehung eines latenten Bildes bei Bestrahlung von Thalliumbromid-Gelatine-Emulsionen (FARRER 1936, RITCHIE und THOM 1946, THOM 1946, HARPER und RITCHIE 1950). Die Umstände sprechen dafür, daß das latente Bild der TlBr-Emulsionen aus einer Thalliumabscheidung besteht, die sich analog dem Mechanismus bildet, den GURNEY und MOTT für die Entstehung des Latentsilbers von AgBr-Emulsionen entwickelten. Die Möglichkeit, die bei diesen gefundenen Verhältnisse in abgewandelter Form an TlBr-Emulsionen studieren zu können, ist für das Verständnis des photographischen latenten Bildes nicht ohne Bedeutung.

Das latente Bild von TlBr-Emulsionen läßt eine große Ähnlichkeit mit dem der AgBr-Emulsionen erkennen:

Ansprechen auf annähernd den gleichen Spektralbereich bei allerdings kleinerer Empfindlichkeit; Unterscheidbarkeit eines „äußeren" und eines „inneren" latenten Bildes; Auftreten von Regressionserscheinungen, von Reziprozitätsabweichungen bei niedriger Intensität sowie eines HERSCHEL- und ALBERT-Effekts.

Es bestehen aber auch gewisse Unterschiede:

Die TlBr-Emulsionen können physikalisch in der üblichen Weise entwickelt werden, sprechen aber auf chemische Entwickler erst an, nachdem die TlBr-Schicht durch „doppelte Umsetzung" mit $AgNO_3$-Lösung in das entsprechende Silbersystem umgewandelt ist. Als Grund für das Versagen der unmittelbaren chemischen Entwicklung wird die Auflösung metallischen Thalliums in sauerstoffhaltigem Wasser angesehen, das ja bei der Entwicklung an die photographische Schicht herangetragen wird.

Ein charakteristischer und — wegen etwaiger Rückschlüsse auf die Verhältnisse bei AgBr — vielleicht bedeutungsvoller Unterschied ist der Befund, daß der HERSCHEL-Effekt bei TlBr-Emulsionen bereits in jenem Spektralbereich auftritt, in dem auch das latente Bild entsteht. Folgt im blauen Gebiet einer Vorbestrahlung mit hoher Intensität eine Nachbelichtung mit genügend schwacher Intensität, so wird das latente Bild abgebaut. Zu jeder vorgegebenen Schwärzung läßt sich eine Intensität der Nachbestrahlung angeben, oberhalb der das latente Bild weiter aufgebaut und unterhalb der es abgebaut wird. Auftragen dieser Größen gegeneinander liefert „stationäre Schwärzungskurven".

Es wurde diskutiert, den Aufbau des latenten Bildes bei starken und seinen Abbau bei schwachen Intensitäten durch den Ablauf von zwei einander entgegengerichteten Vorgängen zu erklären. Der eine von diesen beginnt mit einem lichtelektrischen Effekt an den Halogenionen und führt zum Aufbau von Entwicklungskeimen; der andere von den beiden Vorgängen nimmt seinen Anfang mit einem lichtelektrischen Effekt an den bereits gebildeten Keimen und führt — wie bereits beim HERSCHEL-Effekt der Silberhalogenide beschrieben — zum Abbau von Entwicklungskeimen. Dann muß angenommen werden, daß bei niedrigen Intensitäten der zweite stärker als der erste Effekt ist.

Diese Deutung erhärtete der folgende Befund: Wird der weitere Aufbau eines in erster Belichtungsphase erzeugten latenten Bildes durch Desensibilisierung mit Farbstoffen (Methylenblau, Malachitgrün) unterdrückt, so führt Nachbestrahlen mit Licht verschiedener Intensitäten in zweiter Phase zum vollständigen Abbau des latenten Bildes.

Die Erklärung, die bei den TlBr-Emulsionen für das Auftreten des HERSCHEL-Effekts im Entstehungsbereich des latenten Bildes gegeben wurde, veranlaßte RITCHIE und THOMS, auch bei AgBr-Emulsionen ein Nebeneinander von Auf- und Abbauvorgängen anzunehmen; wird doch auch hier eine Bildschwächung für alle Wellenlängen sichtbarer Strahlung an mit Farbstoffen desensibilisierten Platten beobachtet, nach den Ausführungen der genannten Autoren ein Hinweis darauf, daß bei nicht desensibilisierten Schichten der Abbau durch den schnellen Aufbau eines latenten Bildes verdeckt ist.

8. Das latente Bild lichtempfindlicher Gläser.

Eine weitere interessante Parallele zu der Entstehung des latenten Bildes zeigen in neuerer Zeit hergestellte lichtempfindliche Gläser[1]. Mit diesen läßt sich ein photographischer Prozeß ausführen, indem in erster Phase mit ultravioletten Strahlen ein latentes Bild aufgebaut und daraus in einer weiteren Phase durch Erhitzen bis unter den Schmelzpunkt ein dreidimensionales, farbiges Bild von großer Schärfe entwickelt wird. Die zugrunde liegenden Vorgänge wurden von STOOKEY (1949) beschrieben:

Danach bildet das lichtempfindliche Element dieser Gläser Metallionen, die — wie das Bromion photographischer Schichten — bei Absorption genügend energiereichen Lichts ein Elektron abgeben. Bei Verwendung von Ce^{+++} gilt für

$$Ce^{+++} + h\nu \rightarrow Ce^{++++} + \Theta*$$

($\Theta*$ = angeregtes Elektron).

Als Elektronenfalle dient gewöhnlich eine zweite Ionenart, z. B. Au^+. In diesem Fall läßt sich die Entladung durch

$$Au^+ + \Theta* \rightarrow Au + *$$

formulieren. (* = Überschußenergie, abgegeben als Wärme oder Licht).

Das latente Bild der Gläser besteht aus Photoelektronen in metastabilem Zustand. Erst bei Herabsetzen der Viscosität des Glases durch Erwärmen gehen diese in einen stabilen Zustand über, indem sie von Elektronenfallen wie Au^+ und Störstellen im Netzwerk des Glases eingefangen werden. Die Tendenz der Neutralatome, sich in der Wärme zusammenzuballen, führt dann zum sichtbaren Bild.

Von individuellen Einzelheiten abgesehen, verhält sich das latente Bild der Gläser bei normalen Temperaturen wie das „potentielle" latente Bild von Bromsilberemulsionen bei tiefen Temperaturen. Dem entspricht die Abgabe der absorbierten Energie als Strahlung, wenn bei hohen Temperaturen (über 600°) belichtet oder sogleich erhitzt wird. Die Energie der Strahlung rührt von den Elektronen her, welche auf ihre Ursprungsionen zurückspringen. Normalerweise wird diese Energie vom System als Wärmeschwingung aufgenommen. Die Erklärung ist der Deutung der Fluoreszenz photographischer Schichten durch MEIDINGER (s. S. 407) analog.

---

[1] Hersteller: Corning Glass Works, Corning, N.Y. (USA.).

9. Das latente Bild von Röntgenstrahlen.

Das von Röntgenstrahlen erzeugte latente Bild weist gegenüber dem im sichtbaren Bereich entstandenen charakteristische Unterschiede auf:

Ein einziges Röntgenquant macht ein Korn, unter Umständen sogar mehrere Körner, entwickelbar. Die Energie eines Röntgenquants ist etwa 10^4mal größer als die eines Quants sichtbarer Strahlung. Ein derart hoher Energiebetrag, dem primär freigemachten Elektron mitgeteilt, befähigt dieses, durch seine kinetische Energie zahlreiche Sekundärelektronen auszulösen. Diese scheiden längs ihres Weges in direkter Reaktion mit Silberionen annähernd 1000 Ag-Atome ab, welche zusammenflockend Keime von entwickelbarer Größe bilden (EGGERT 1927).

Trotz der großen Anzahl abgeschiedener Silberatome ist die Energieausbeute gering. Sie wurde — praktisch unabhängig von der Wellenlänge — zu weniger als 10% des optimalen Werts bestimmt (GÜNTHER und TITTEL 1933).

Mit dem unterschiedlichen Mechanismus stimmt überein, daß sich die Anwesenheit von Reifkeimen erübrigt, wie daraus folgt, daß die Röntgenempfindlichkeit photographischer Schichten — im Gegensatz zu deren Empfindlichkeit gegenüber sichtbarem Licht — durch eine Vorbehandlung mit Chromsäurelösung nicht geändert wird. Da ein einzelnes Röntgenquant genügt, um ein Korn entwickelbar zu machen, fallen die Gründe für Temperatureffekt, Reziprozitätsabweichungen und Intermittenzeffekt fort, was früheren Beobachtungen (EGGERT und LUFT 1933, LUFT 1933) entspricht. Andererseits ist das Auftreten sekundärer Effekte — wie des HERSCHEL-Effekts, seiner Umkehr und der Solarisation — verständlich (HAUTOT und SAUVENIER 1949, KORNFELD 1949).

Nur ein Bruchteil der auffallenden Röntgenstrahlen wird von der photographischen Schicht absorbiert. Häufig wird daher von fluorescierenden Schirmen Gebrauch gemacht, um die photographische Wirksamkeit des Röntgenlichts zu erhöhen. Die Fluorescenzstrahlen weisen naturgemäß wiederum Temperatur-, SCHWARZSCHILD- und Intermittenzeffekt auf.

Röntgenstrahlen erzeugen ebenfalls ein äußeres und ein inneres latentes Bild. Letzteres besitzt eine außerordentlich hohe Dispersität der Keime, so daß diese gewöhnlich unterhalb der kritischen Größe liegen, wodurch unter anderem die relativ geringe photographische Wirksamkeit des Röntgenlichts erklärt wird (HOERLIN 1951).

Die Entstehung des latenten Bildes durch andere energiereiche Strahlen ist vielfach den Verhältnissen bei Gebrauch von Röntgenlicht ähnlich.

10. Neuere Vorstellungen über die Entstehung des latenten Bildes.

a) **Theorie von HUGGINS.** Eine von den bisher berichteten Auffassungen ganz abweichende Theorie wird von HUGGINS (1943) erörtert:

Das latente Bild besteht nicht aus metallischem Silber, sondern aus kleinen Bezirken, in denen sich die Krystallstruktur vom kubischen oder B 1-Typ zum tetraedrischen oder B 3-Typ (bzw. einer ähnlichen Form) verschoben hat. Diese Umwandlung wird nach Berechnungen durch Photoelektronen begünstigt und stabilisiert.

Änderungen der Gitterstruktur von belichtetem AgBr ließen sich jedoch nicht eindeutig feststellen. Strukturuntersuchungen mit Röntgenstrahlen hatten widersprechende Ergebnisse (HESS 1943, BRENTANO und SPENCER 1949).

b) Theorie von ANASTASEWITSCH und FRENKEL. ANASTASEWITSCH und FRENKEL (1941) diskutierten die Entstehung des latenten Bildes unter den Gesichtspunkten, die bei der Erklärung der Alkalihalogenidverfärbung nach moderner Auffassung (s. S. 387) gelten. Es wurde angenommen, daß im AgBr-Krystall eine SCHOTTKYsche Fehlordnung besteht, d.h., daß Anionen- und Kationenleerstellen nebeneinander vorliegen. Das latente Bild entsteht dadurch, daß die Photoelektronen im Felde von Anionenleerstellen eingefangen werden und die hierdurch gebildeten F-Zentren, die bei Zimmertemperatur frei beweglich sind, zu metallischem Silber zusammenflocken.

Der Gedankengang von ANASTASEWITSCH und FRENKEL wurde von MITCHELL fortgeführt, wie im folgenden Abschnitt auseinandergesetzt wird.

c) Theorie von MITCHELL, sowie STASIW und TELTOW. Im wesentlichen auf MITCHELL (1949) sowie STASIW und TELTOW (1941, 1950 und 1951) zurückgehende Auffassungen stellen die GURNEY-MOTTsche Theorie auf eine neue Grundlage. Die noch im Fluß befindliche Betrachtungsweise läßt folgende Gesichtspunkte erkennen (vgl. auch PICK 1951):

α) Die Lichtabsorption im langwelligen Empfindlichkeitsbereich nicht sensibilisierter Emulsionen steht in Beziehung zu den Sulfidionen, die während der Reifung ins Korn eingewandert sind.

STASIW und TELTOW (1941) fanden: Mit Ag_2S „sensibilisierte" AgBr-Krystalle, d.h. AgBr—Ag_2S-Mischkrystalle, zeigen gegenüber reinem AgBr eine zusätzliche Absorption im langwelligen Gebiet (Abb. 35). Bestrahlung innerhalb des Bereichs der „Zusatzabsorption" baut ebenso wie Einstrahlen innerhalb der „Eigenabsorption" von AgBr die dem latenten Bild („Silberkolloid") zukommende Bande auf. Der Schluß, daß durch Einstrahlen in den Bereich der Zusatzabsorption erzeugte Leitfähigkeitselektronen mittelbar oder unmittelbar Sulfidionen entstammen, liegt daher nahe.

Es wird angenommen, daß Sulfidionen bzw. Assoziate $Ag_0^+S^{--}$ (siehe unter β) für die Zusatzabsorption verantwortlich sind (STASIW 1950 und 1951).

Von MITCHELL wurde diskutiert, daß während der Reifung Silbersulfid im AgBr-Gitter derart eingebaut wird, daß — unter Abgabe jeweils eines Elektrons von einem Sulfidion an eine Anionenleerstelle (s. unter β) F-Zentren entstehen;

und daß diese teilweise noch während der Reifung zu F-Zentrenaggregaten zusammentreten, so daß am Ende dieses Vorgangs F-Zentren und F-Zentrenaggregate neben metallischem Silber vorliegen. Die F-Zentrenaggregate sollen die typischen Sensibilitätszentren darstellen und für die langwellige Zusatzabsorption verantwortlich sein.

Die Sulfidionen dürften ihr zweites Elektron leicht abgeben; beträgt doch die Elektronenaffinität freien Schwefels zum ersten Elektron 2 eV, zum zweiten Elektron aber —6 eV; ein positiver Wert gegenüber dem Gitter ergibt sich beim zweiten Elektron nur durch den Einfluß der umgebenden 6 Ag -Ionen (MITCHELL 1949).

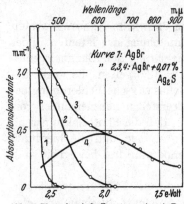

Abb. 35. Photochemische Zersetzung eines AgBr-Krystalls mit 0,01% Ag_2S-Zusatz. *1* Eigenabsorption von AgBr; *2* Durch Ag_2S bedingte Zusatzabsorption, erhalten als Differenz der Absorptionen des sulfidhaltigen und des reinen Krystalls; *3* Absorption des sulfidhaltigen Krystalls nach der Belichtung; *4* Ag-Kolloidbande (Bande des latenten Bildes), erhalten als Differenz von *3* und *2*.

Das lichtabsorbierende Element im kurzwelligen Empfindlichkeitsbereich der photographischen Schicht — im Gebiet der Eigenabsorption von AgBr — stellen in erster Linie Bromionen dar. Vermutlich tritt auf ein seines Elektrons verlustig gehendes Bromion vom Sulfidion ein Elektron über, so daß in der Endbilanz doch das Sulfidion der Elektronenspender ist.

β) Im Bromsilberkorn besteht eine „gemischte" Fehlordnung: Neben einer FRENKELschen liegt eine SCHOTTKYsche Fehlordnung vor. Das bedeutet, daß die Fehlstellen nicht nur aus auf Zwischengitterplätzen befindlichen Silberionen und einer gleichen Anzahl Kationenleerstellen, sondern darüber hinaus auch aus Anionen- und einer diesen äquivalenten Anzahl zusätzlicher Kationenlücken bestehen.

Die vorhandenen Fehlstellen sind:

Auf Zwischengitterplätze gegangene Silberionen $Ag_{\bigcirc}^{+}$,

Silberionenleerstellen $Ag_{\square}^{\pm}$,

Bromionenleerstellen $Br_{\square}^{-}$ und

auf Anionenplätzen eingebaute Sulfidionen S^{--}.

Das Bromion kann wegen der Größe der hierzu benötigten Aktivierungsenergie nicht ins Zwischengitter treten.

Außer den Fehlstellen sind die durch Zusammentreten der Fehlstellen entgegengesetzter Ladung entstehenden Assoziate $Ag_{\bigcirc}^{+}S^{--}$, $Br_{\square}^{-}S^{--}$ und $Ag_{\square}^{\pm}Br_{\square}^{-}$ vorhanden. In $Br_{\square}^{-}S^{--}$ beansprucht vermutlich das leicht abdissoziierende zweite Elektron des Sulfidions weitgehend die Anionenlücke, so daß auch die Formulierung $Br_{\square}S^{-}$ möglich ist.

Eine derartige „Ordnung" belegen unter anderem wieder Untersuchungen am System AgBr +Ag$_2$S (STASIW und TELTOW 1950).

Bei 380° C getemperte und — auf Zimmertemperatur abgeschreckt — sofort gemessene Krystalle zeigen gegenüber bei 20° C behandelten Krystallen
1. eine Abnahme der Zusatzabsorption mit der Zeit und
2. einen Aufbau der Kolloid- auf Kosten der Zusatzabsorption, charakterisiert durch eine Regeneration des Verlusts der Zusatzabsorption innerhalb einiger Stunden.

Diese Beobachtungen deuten Gleichgewichte an, die im stark dissoziierten Zustand eingefroren sind und sich nur langsam auf Zimmertemperatur einstellen. Eine Annahme derartiger Gleichgewichte setzt wenig bewegliche Reaktionspartner voraus. Bei der relativ großen Beweglichkeit von Zwischengittersilberionen und Silberionenleerstellen ist an Bromionenlücken Br$_\square$ und Sulfidionen S^{--} als langsame Gleichgewichtskomponenten und an Ag$_\circ^+$S^{--} und Br$_\square$S^{--} als deren Assoziate zu denken. Die exakte Analyse auf Grund dieser Annahmen ermöglicht, den Abfall der Zusatzabsorption — sowohl den mit der Zeit als auch den beim Aufbau der Kolloidabsorption — durch eine Abnahme der freien Sulfidionen zu erklären, die Regeneration der Zusatzabsorption aber durch die Nachlieferung dieser Ionen aus den Gleichgewichten Ag$_\circ^+$S^{--} und Br$_\square$S^{--} mit ihren Komponenten zu deuten. Das prinzipielle Ergebnis ist: Im betrachteten System liegt eine gemischte und nicht — wie bei Aufstellung der GURNEY-MOTTschen Theorie angenommen — eine ausschließlich FRENKELsche Fehlordnung vor.

γ) Mit der Anwesenheit von SCHOTTKY-Defekten ist die Möglichkeit gegeben, die Entstehung des latenten Bildes den photochemischen Vorgängen in Alkalihalogeniden weitgehend analog zu deuten (MITCHELL 1949):

Die Photoelektronen werden bei ihrer Wanderung durch den Krystall von Anionenleerstellen eingefangen. Es entstehen F-Zentren. Die vom Elektron eingenommene Bromionenlücke ist vermutlich einem Sulfidion benachbart, so daß sich dieser Vorgang durch Br$_\square$S^{--} → Br$_\square$S^{--} formulieren läßt.

Die F-Zentren sind entweder wegen ihrer Assoziierung mit einem Sulfidion von vornherein negativ geladen; oder sie werden es durch Aufnahme eines weiteren Elektrons unter Bildung eines F'-Zentrums.

F- bzw. F'-Zentren ziehen als Träger negativer Ladung Anionenlücken, die wegen des Fehlens einer negativen Ladung gegenüber dem idealen Gitter positiv geladen sind, elektrostatisch an. Auf diese Weise entstehen Doppelfarbzentren 2 F.

Eine Wiederholung von Ionen- und Elektronenprozeß führt zu höheren F-Zentren-Aggregaten. Die Gebilde aus diesen und den sie umgebenden Silberionen sind instabil und gehen oberhalb einer gewissen Größe in den Zustand krystallinen Silbers über, der durch dessen Gitterkonstante gekennzeichnet ist.

Die früher beschriebenen verschiedenen Keimstadien lassen sich unterschiedlichen Größen der Farbzentrenaggregate zuordnen.

Gewisse Überlegungen sprechen dafür, daß dem Komplex aus einem Doppelfarbzentrum und einer Anionenlücke eine besondere Stabilität zukommt. Es wurde daher vorgeschlagen, den Komplex $(2 F)^+$ als Entwicklungskeim anzusehen (Pick 1951).

Bei tiefen Temperaturen scheinen statt der Anionenlücken auch Zwischengittersilberionen an die F-Zentren angelagert zu werden, so daß Assoziate der Form $Ag_O Br_\square S^{--}$ entstehen; in diesen werden allerdings bei Zunahme der Beweglichkeit von $Br_\square^-$ mit steigender Temperatur die Ag_O^+ unter Bildung von Doppelfarbzentren ersetzt.

Als Beleg wiederum Beobachtungen am System AgBr—Ag_2S (Stasiw und Teltow 1951). AgBr—Ag_2S-Kristalle, die von 380° C abgeschreckt bei 70° C getempert, bei —120° C mit der Wellenlänge 436 mμ bestrahlt und alsdann bei —183° C

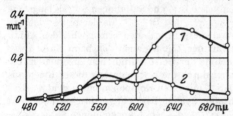

Abb. 36. Absorption eines AgBr-Kristalls mit 0,01% Ag_2S-Zusatz, der nach Abschrecken von 380° C und Tempern bei 70° C mit der Wellenlänge 436 mμ bei —120° C bestrahlt und bei —183° C gemessen wurde. *1* Absorption unmittelbar nach der Bestrahlung; *2* Absorption nach 12stundiger Erwarmung auf 20° C.

einer Absorptionsmessung unterworfen werden, zeigen neben einer schwachen Bande bei 560 mμ eine ausgeprägte Bande bei 660 mμ. Anschließende Erwärmung auf Zimmertemperatur bewirkt einen Abbau der langwelligen Bande bei gleichzeitiger Verstärkung des zuvor nur angedeuteten Maximums (Abb. 36). Die kurzwellige Bande bildet sich besonders stark, wenn mit größerer Intensität bestrahlt wird. Auch hier führt kurzzeitiges Erwärmen auf Zimmertemperatur wieder

zum Abbau der langwelligen und Aufbau der kurzwelligen Bande. Gleichzeitig wird die bei tiefer Temperatur breite Bande schmäler und verschiebt sich bei Einstrahlen in ihr Maximum nach langen Wellen.

Es liegt nahe, die kurzwellige als ein Folgeprodukt der langwelligen Bande und die schmale kurzwellige als ein Folgeprodukt der breiten kurzwelligen Bande anzusehen sowie die einzelnen Banden Vorstadien des latenten Bildes zuzuschreiben. Unter Hinzunahme früherer Ergebnisse läßt sich folgende Zuordnung treffen (Stasiw 1951, Pick 1951).

Es entsprechen:

die Zusatzabsorption den Sulfidionen S^{--} bzw. dem Assoziat $Ag_O^+ S^{--}$,

die bei —120° C erzeugte Bande mit einem Maximum bei 660 mμ dem Komplex aus einem F-Zentrum und einem Schwefelion $Br_\square S^{--}$,

die daraus entstehende breite kurzwellige Bande mit einem Maximum bei 560 mμ dem Komplex $Ag_O^+ Br_\square S^{--}$,

die aus dieser bei Zimmertemperatur gebildete schmälere Bande gleichen Orts einem Komplex $Br_\square^- Br_\square S^{--} = 2 F S^-$,

die hieraus bei fortgesetzter Lichtabsorption entstehenden langwelligeren Banden höheren F-Zentrenaggregaten,

die Bande bei 690 mμ schließlich dem latenten Bild.

Derartig detaillierte Aussagen sind zunächst noch als Arbeitshypothesen zu bewerten.

δ) Zu einer allgemeinen Betrachtung der neuen Vorstellungen kommend läßt sich feststellen:

Die neue Theorie erlaubt, die Entstehung des latenten Bildes bei den Alkali- und Silberhalogeniden aus einheitlichen Gesichtspunkten zu deuten. Zwischen beiden Vorgängen scheint im wesentlichen ein gradueller Unterschied zu bestehen. Dieser ist dadurch gegeben, daß die F-Zentren der Silberhalogenide bereits bei niedrigerer Temperatur zu Aggregaten zusammenflocken als die der Alkalihalogenide, wie die Beobachtung der den isolierten F-Zentren bzw. ihren Aggregaten zukommenden Banden in beiden Fällen erkennen läßt (Abb. 6 und 36). Dies entspricht den alten Auffassungen von HILSCH und POHL.

Die Grundzüge der Theorie von GURNEY und MOTT bleiben in der neuen Anschauung erhalten, insbesondere die Vorstellungen, daß gewisse Potentialminima als Elektronenfänger wirken und bei der Bildung des Latentsilbers ein von der Temperatur wenig beeinflußbarer Elektronenprozeß sowie ein stark temperaturabhängiger Ionenvorgang miteinander abwechseln.

Die neuen Auffassungen beheben Schwierigkeiten, welche der früheren Theorie daraus erwachsen, daß im Krystallinnern ein Wachstum von Silberkeimen durch Zuwandern von Silberionen ohne Auftreten von Spannungen im Krystallgefüge nicht möglich ist; fehlt doch der für diesen Zuwachs erforderliche Raum.

Als weitere Leistung der neuen Theorie sei erwähnt, daß sie bei Annahme flächenförmiger Ausbildung von F-Zentrenaggregaten die Erklärung des sonst schwer deutbaren Photodichroitismus photographischer Schichten erlaubt.

Durch die Theorie von GURNEY und MOTT gegebene Erklärungen sind, soweit sie auf der Zweigleisigkeit von Elektronen- und Ionenprozeß beruhen, auch im Rahmen der neuen Theorie bedeutungsvoll; denn der Mechanismus der Entstehung des latenten Bildes ist derselbe geblieben und nur die Einzelheiten des Mechanismus haben sich geändert.

Es wurde diskutiert, daß der Mechanismus, den die alte Fassung der GURNEY-MOTTschen Theorie, und der, den die Neufassung vorsieht, nebeneinander ablaufen, derart, daß die Bildung von F-Zentrenaggregaten das „innere" und die Wanderung von Zwischengitterionen das „äußere" latente Bild erklärt. BERRY und GRIFFITH (1950) sahen Röntgen- und Elektronenbeugungsaufnahmen an ultraviolettbestrahlten AgBr-Einkrystallen, die eine gänzlich verschiedenartige Orientierung des photolytisch gebildeten Silbers im Innern und an der Oberfläche des Krystalls ergaben, als Hinweis auf das Bestehen von zwei sich in dieser Weise unterscheidenden Mechanismen der Silberbildung an.

Die für die neue Theorie charakteristischen Merkmale bedürfen in vieler Hinsicht noch der experimentellen Bestätigung.

III. Schluß: Die Entwicklung.

Einige Bemerkungen über die Entwicklung mögen die Ausführungen beschließen:

Die Entwicklung besteht in einer erneuten Silberabscheidung, die das latente Bild durch millionenfache bis milliardenfache Verstärkung sichtbar macht. Ihre Wirkung ist mit der einer Verstärkerröhre verglichen worden.

Es ist zwischen chemischer und physikalischer Entwicklung zu unterscheiden.

A. Die chemische Entwicklung besteht in der Reduktion der Körner mit Entwicklungskeimen zu metallischem Silber. Dabei wird ein Korn vollständig oder gar nicht reduziert. Von besonderen Bedingungen abgesehen greift die Entwicklung nicht von einem Korn auf das andere über. Der „Induktionsperiode" ohne wahrnehmbare Veränderungen folgt die „sichtbare Entwicklung" des Korns. Die sichtbare Entwicklung läßt sich durch Mikrophotogramme verfolgen, wobei am Ende der Entwicklung Silberkrystalle beobachtet werden, deren Gestalt gegenüber der ursprünglichen Form des Bromsilbers je nach der Zusammensetzung des Entwicklers gleich oder verändert ist (RABINOVITCH 1938).

B. Eine thermodynamische Betrachtung sieht in der chemischen Entwicklung einen reversiblen Oxydations-Reduktionsvorgang, dessen Ablauf von der Potentialdifferenz

$$\Delta E = E_{\mathrm{Ag^+/Ag}} - E_{\mathrm{Ox/Red}}$$

bestimmt wird, wobei $E_{\mathrm{Ag^+/Ag}}$ das Potential an der Grenzfläche Silberion/Silber und $E_{\mathrm{Ox/Red}}$ das Potential an der Grenzfläche oxydierte Form des Entwicklers/reduzierte Form des Entwicklers bedeuten. Die Größe des Redoxpotentials erweist sich jedoch nur in einem Teil der Fälle als Maß für Richtung und Geschwindigkeit des Entwicklungsablaufs.

C. Beim Ersetzen der mehr phänomenologischen Betrachtungsweise der Thermodynamik durch die das Wesen der Vorgänge erfassende molekularkinetische Vorstellung bieten sich vor allem zwei Mechanismen:

1. Die Auffassung der Entwicklung als heterogene Katalyse an der Grenzfläche Silber/Bromsilber.

Der katalytischen Betrachtungsweise liegt die Vorstellung zugrunde, daß die Silberionen an der Oberfläche des Keimsilbers adsorbiert werden — eventuell durch eine geringe Entfernung der Ionen aus ihrer normalen Gleichgewichtslage — und infolgedessen die Reduktion zu metallischem Silber einer geringeren Aktivierungsenergie bedarf. Der Entwickler mag dabei adsorbiert sein oder nicht. Einige Entwickler werden jedenfalls von Silber nicht adsorbiert (VOLMER 1921, JAMES 1943).

2. Die Auffassung der Entwicklung als Elektrodenvorgang, bei dem der Entwickler oberflächlich gelegten Entwicklungskeimen Elektronen liefert, die dieser wie eine Elektrode zur Neutralisierung der Silberionen des Bromsilberkrystalls benutzt. Diese Reaktion läßt sich in die Stufen

$$\text{Entwickler} \rightarrow \Theta + \text{oxydierte Form des Entwicklers}$$

und $\quad \mathrm{Ag^+} + \Theta \rightarrow \mathrm{Ag} \quad$ zerlegen.

GURNEY und MOTT (1938 [1] und 1940) lieferten für diese Vorstellung ein Modell. Danach ziehen die den Entwicklungskeimen gelieferten Elektronen Zwischengitterionen an und scheiden auf der dem Korninneren zugelegenen Seite der Keime metallisches Silber ab. Hierbei müssen ständig Zwischengitterionen nachgebildet und Bromionen, damit keine Raumladung entsteht, entfernt werden.

In neuerer Zeit wurde diskutiert (vgl. PICK 1951), daß dem Elektrodenmechanismus ein Vorgang vorangeht, der dem Mechanismus der Entstehung des latenten Bildes nach MITCHELL gleicht. Danach führt das Bestreben der Silberionennetz-ebenen, die Elektronendichte im Gebiet der F-Zentrenaggregate auszugleichen, dazu, daß von neutralen Farbzentrenaggregaten Bromionen — die gegenüber Silberionen Gebiete geringer Elektronendichte sind — abgedrängt, d. h. Bromionenlücken angezogen werden. Die hierdurch bedingte Aufladung der Aggregate würde durch ein Elektron des Entwicklers wieder ausgeglichen usf. Die Zuführung von Entwicklerelektronen hätte dabei durch Tunneleffekt zu erfolgen.

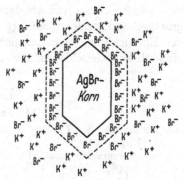

Abb. 37. Die elektrische Doppelschicht um einen AgBr-Krystall in schematischer Darstellung.

Die zuletzt vorgetragene Auffassung wäre, wenn zutreffend, besonders befriedigend; gestattete sie doch, die Entwicklung unter dem gleichen Gesichtspunkt wie die Entstehung des latenten Bildes zu deuten.

D. Eine Rolle bei der Entwicklung spielt auch der Oberflächenladungseffekt (SCHWARZ 1933):

Der Oberflächenladungseffekt besteht darin, daß an der Kornoberfläche eine elektrische Doppelschicht vorhanden ist, die — bei der Fällung durch Adsorption überschüssiger Halogenionen entstanden — gleichsinnige, d. h. negative Ladungsträger abstößt und positive anzieht (Abb. 37). Die gewöhnlich alkalisierte Gelatine photographischer Emulsionen erhöht vermutlich noch die negative Oberflächenladung der darin eingebetteten Körner.

Silber adsorbiert nun Halogenionen nicht so gut wie Silberbromid. Infolgedessen ist an Stellen, wo ein Entwicklungskeim die Oberfläche berührt, die Oberflächenladung herabgesetzt und das Korn vor dem Angriff negativer Ionen weniger geschützt. Daher vermögen die energiereichsten der Entwicklerionen an den genannten Stellen die schützende Hülle leichter zu durchbrechen und die Entwicklung einzuleiten.

Indessen wird diesem Effekt nur sekundäre Bedeutung beigemessen, indem eine elektrische Doppelschicht den Eintritt der Entwicklung wahrscheinlich nur verzögern, nicht aber aufhalten kann (s. JAMES und KORNFELD 1942).

E. Die physikalische Entwicklung mit reduzierender Silbersalzlösung nach vorangegangener Fixierung wird als katalytischer Prozeß aufgefaßt. Dabei hängt die katalytisch abgeschiedene Silbermenge nur von der auf die Flächeneinheit entfallenden Anzahl der Entwicklungskeime, nicht aber von deren Masse ab (ARENS 1933, EGGERT 1947).

F. Zusammenfassend läßt sich sagen: Wenn auch die Entstehung des latenten Bildes und der damit in Zusammenhang stehenden photographischen Einzelerscheinungen besser geklärt ist als die Vorgänge bei der Entwicklung, so bahnt sich doch auch hier ein Verständnis aus einheitlichen Gesichtspunkten an.

Literatur.

A. Allgemeiner Teil.

1. MEIDINGER, W.: Das latente Bild. Fortschritte der Photographie, Bd. III. Leipzig 1944.
2. — Photographic Sensitivity. Butterworth Scientific Publications. London 1951[1].

B. Spezieller Teil.

1. AMMANN-BRASS, H.: Verfahren zur Kennzeichnung photographischer Gelatine I und II. Kolloid-Z. **110**, 105, 161 (1948).
2. — Elektronenmikroskopische Untersuchung der physikalischen Reifung von chlorsilberarmen photographischen Emulsionen. Z. Naturforsch. **6a**, 372 (1951).
3. ANASTASEWITSCH, V. S., u. J. FRENKEL: Eine Theorie des latenten photographischen Bildes. J. exp. theoret. Physik (U.d.S.S.R.) **11**, 127 (1941).
4. ARENS, H.: Über die Natur des latenten Bildes bei physikalischer Entwicklung. Veröff. wiss. Zentrallabor. phot. Abt. Agfa **3**, 32 (1933).
5. —, u. F. LUFT: Der gegenwärtige Stand der Theorien des latenten photographischen Bildes. Veröff. wiss. Zentrallabor. phot. Abt. Agfa **4**, 1 (1935).
6. — J. EGGERT u. F. G. KLEINSCHROD: Zur spektralen Empfindlichkeit unsensibilisierter photographischer Schichten. IV. Der Einfluß von kolloidem Silber auf die spektrale Empfindlichkeit. Z. wiss. Photogr., Photophys. u. Photochem. **42**, 33 (1943).
7. — Über die Theorie des SABATTIER-Effekts I, II, III und IV. Z. wiss. Photogr., Photophys. u. Photochem. **44**, 44 (1949); **44**, 51 (1949); **44**, 172 (1949); **45**, 1 (1950).
8. BARTELT, O., u. H. KLUG: Zur Natur des HERSCHEL-Effekts. Z. Physik **89**, 779 (1934).
9. BERG, W. F., and K. MENDELSSOHN: Photographic sensitivity and the reciprocity law at low temperatures. Proc. Roy. Soc. [London] A **168**, 168 (1938).

---

[1] Referate der photographischen Konferenz in Bristol 1950. Das Werk stand bei der Abfassung vorliegenden Berichts noch nicht zur Verfügung.

10. BERG, W. F.: Latent image formation at low temperatures. Trans. Faraday Soc. **35**. 445 (1939).
11. — Reciprocity failure of photographic materials at short exposure times. Proc. Roy. Soc. [London] A **174**, 559 (1940).
11a. — A. MARRIAGE u. G. W. W. STEVENS: Latent image distribution. J. Opt. Soc. America **31**, 385 (1941).
12. — Photographic aspects of high-speed recording. Photographic J. **86** B, 2 (1946).
13. — Latent image distribution and HERSCHEL-Effekt. A review of Belgian wartime papers on latent image formation. Photographic J. **87** B, 112 (1947).
14. —, and P. C. BURTON: A study of latent image formation by a double exposure technique. Part II. Internal image. Photographic J. **88** B, 84 (1948). Siehe auch BERG u. BURTON.
15. — Les sousgermes et la dispersité des germes de l'image latente. Sci. et Ind. Photogr., 2. Ser. **20**, 401 (1949).
16. — Photographic sensitivity and chemical sensitisation of emulsions. Z. Naturforsch. **6**a, 408 (1951).
17. BERRY, CH. R., u. R. L. GRIFFITH: Struktur und Wachstumsmechanismus von photolytischem Silber in Silberbromid. Acta cryst. [London] **3**, 219 (1950).
18. BILTZ, M.: Spectral sensitivity and chemical sensitization of photographic emulsions. Z. Naturforsch. **6**a, 366 (1951).
19. BODENSTEIN, M.: Die Entstehung des latenten Bildes und die Entwicklung desselben in der Photographie. Preuss. Akad. Wiss. math.-nat. Kl. **1941**, Nr. 19, 1.
20. BRENTANO, J. C. M., and L. V. C. SPENCER: Changes in the crystal structure of AgBr when exposed to X-rays. J. chem. Physics **17**, 944 (1949).
21. BURTON, P. C.: A study of latent image fading and growth by double exposure technique I u. II. Photographic J. **86** B, 13, 62 (1946).
22. —, and W. F. BERG: A study of latent image formation by a double exposure technique. Photographic J. **86** B, 2 (1946). Siehe auch BERG u. BURTON.
23. DORENDORF, H., u. H. PICK: Verfärbung von Alkalihalogenidkristallen durch energiereiche Strahlung. Z. Physik **128**, 166 (1950).
24. EGGERT, J., u. W. NODDACK: Über die Prüfung des photochemischen Äquivalentgesetzes an der photographischen Trockenplatte. Sitzsber. preuß. Akad. Wiss. **29**, 631 (1921).
25. —, u. W. NODDACK: Zur Prüfung des photochemischen Äquivalentgesetzes an Trockenplatten. Sitzgsber. preuß. Akad. Wiss. **1923**, 116.
26. — Zusammenfassender Bericht über die Vorgänge bei der Belichtung der Silberhalogenide. Z. Elektrochem. angew. physikal. Chem. **32**, 491 (1926).
27. —, u. W. NODDACK: Quantentheorie und Photographie. Naturwiss. **15**, 57 (1927).
28. — Der gegenwärtige Stand der Silberkeimtheorie des latenten photographischen Bildes. Veröff. wiss. Zentrallabor. phot. Abt. Agfa **1**, 1 (1930).
29. —, u. F. LUFT: Die Temperaturabhängigkeit des photographischen Prozesses. Veröff. wiss. Zentrallabor. phot. Abt. Agfa **3**, 9 (1933).
30. —, u. M. BILTZ: Zur spektralen Empfindlichkeit photographischer Schichten. I. Veröff. wiss. Zentrallabor. phot. Abt. Agfa **6**, 23 (1939).
31. —, u. F. G. KLEINSCHROD: Zur spektralen Empfindlichkeit photographischer Schichten. II. Veröff. wiss. Zentrallabor. phot. Abt. Agfa **6**, 37 (1939).

32. EGGERT, J., u. F. G. KLEINSCHROD: Zur spektralen Empfindlichkeit photographischer Schichten. III. Einfluß verschiedener Bindemittel. Z. wiss. Photogr., Photophys. u. Photochem. 39, 165 (1941).
Siehe auch ARENS, EGGERT u. KLEINSCHROD.

33. — Zur katalytischen Abscheidung von Silber. Helv. chim. Acta 30, 2114 (1947).

34. — W. MEIDINGER u. H. ARENS: Zum Mechanismus der photographischen Sensibilisation. Helv. chim. Acta 31, 1163 (1948).

35. FAJANS, K., u. K. VON BECKERATH: Lichtzersetzlichkeit von positiv und negativ geladenen Silberhalogeniden. Sitzgsber. Münchener Chem. Ges., Chemiker-Ztg. 1921, 666.

36. — Beeinflussung der photochemischen Empfindlichkeit von Bromsilber durch Ionenadsorption. Z. Elektrochem. angew. physikal. Chem. 28, 499 (1922).

37. FARNELL, G. C., P. C. BURTON and R. HALLAMA: The fluorescence of silverhalides at low temperatures I. u. II. Philosoph. Magaz. 41, 157, 545 (1950).

38. FARRER, W. J. G.: Thalliumbromidemulsionen. Photographic J. 76, 486 (1936).

39. FELDMANN, P.: Über die Quantenausbeute bei der Photolyse des Silberchlorids. Z. physikal. Chem. B 12, 449 (1931).

40. —, u. A. STERN: Zur Photolyse des Silberchlorids. Z. physikal. Chem. B 12, 467 (1931).

41. FRANCK, J., and E. TELLER: Migration and photochemical action of excitation energy in crystals. J. chem. Physics 6, 861 (1938).

42. FRENKEL, J.: Über die Wärmebewegung in festen und flüssigen Körpern. Z. Physik 35, 652 (1926).

43. GÜNTHER, P., u. H. TITTEL: Die Bildung von Silber ın der photographischen Schicht unter dem Einfluß von Röntgenstrahlen. Z. Elektrochem. angew. physikal. Chem. 39, 646 (1933).

44. GURNEY, R. W., and N. F. MOTT: The theory of the photolysis of silver bromide and the photographic latent image. Proc. Roy. Soc. America A 164, 151 (1938).

45. — and N. F. MOTT: On the colour in centres in alkalihalide crystals. Trans. Faraday. Soc. 34, 506 (1938).
Siehe auch MOTT u. GURNEY.

46. HALL, C. E., and A. L. SCHOEN: Application of the electron mikroskope to the study of photographic phenomena. J. Opt. Soc. America 31, 241 (1941).

47. HARPER, M. J., and M. RITCHIE: Further observations on latent image formation in Thallous Bromide Gelatin systems. Trans. Faraday Soc. 46, 641 (1950).

48. HAUTOT, A., et H. SAUVENIER: Sur l'effet DEBOT. Sci. et Ind. Photogr. 2. Ser. 20, 286 (1949).

49. — Sur la nature des centres de sensibilité des emulsions photographiques. Z. Naturforsch. 6a, 340 (1951).

50. HECHT, K.: Zum Mechanismus des lichtelektrischen Primärstroms in isolierenden Kristallen. Z. Physik 77, 235 (1932).

51. HESS, B.: Gitteraufweitung und latentes Bild. Physikal. Z. 44, 245 (1943).

52. HILSCH, R., u. R. W. POHL: Zur Photochemie der Alkali- und Silberhalogenidkristalle. Z. Physik 64, 606 (1930).

53. —, u. R. W. POHL: Vergleich der photographischen Elementarprozesse in Alkali- und Silbersalzen. Z. Physik 77, 421 (1932).

54. HOERLIN, H.: Die Quantenausbeute der photographischen Wirkung der Röntgenstrahlen als Funktion der Wellenlänge und der Sensibilisierung. Z. Naturforsch. 6a, 344 (1951).
55. HUANG, K., u. A. RHYS: Theory of light absorption and nonradiative transitions in F-centres. Proc. Roy. Soc. [London] A 204, 406 (1950).
56. HUGGINS, M. L.: The photographic latent image. J. chem. Physics 11, 412 (1943).
57. JAMES, T. H.: Photographic development as a catalyzed heterogeneous reaktion. J. chem. Physics 11, 338 (1943).
58. JOST, W.: Diffusion und Reaktion in festen Stoffen. Leipzig 1937.
59. KATZ, E.: On the photographic reciprocity law failure and related effects. I u. II. J. chem. Physics 17, 1132 (1949); 18, 499 (1950).
60. KELLER, I. M., u. K. MAETZIG: Arbeiten des Lütticher Physikalischen Instituts über das latente photographische Bild und den HERSCHEL-Effekt. Bull. Soc. Roy. Sci. Liège 9, 10, 11 (1942). Übersichtsreferat über Arbeiten von R. DEBOT, L. FALLA u. A. HAUTOT, Z. wiss. Photogr., Photophys. u. Photochem. 43, 138 (1948).
61. KOCH, E., u. C. WAGNER: Der Mechanismus der Ionenleitung in festen Salzen auf Grund von Fehlordnungsvorstellungen. I. Z. physikal. Chem. B 38, 295 (1937).
62. KORNFELD, G.: HERSCHEL-Effect and the structure and stability of the photographic latent image. J. Opt. Soc. America 39, 490 (1949).
63. LEERMAKERS, J. A.: Quantitative relationships between lightabsorption and spectral sensitivity of dye-sensitized photographic emulsions. J. chem. Physics 5, 889 (1937).
64. LEHFELDT, W.: Zur Elektronenleitung in Silber- und Thalliumhalogenidkristallen. Nachr. Ges. Wiss. Göttingen, math.-nat. Kl., Fachgr. II 1, 171 (1935).
65. LUFT, F.: Der SCHWARZSCHILD-Effekt bei Röntgenaufnahmen. Veröff. wiss. Zentrallabor. phot. Abt. Agfa 3, 245 (1933).
66. LÜPPO-CRAMER: CLAYDEN-Effekt und optimale Belichtung. Photogr. Korresp. 72, 1 (1936).
67. — Zur Kenntnis der ALBERTschen Bildumkehrung. Photogr. Korresp. 72, 17 (1936).
68. — Zur Theorie der Solarisation. Photogr. Korresp. 74, 129 (1938).
69. MEIDINGER, W.: Untersuchungen über die photographische Schwärzungskurve. Z. physikal. Chem. 114, 89 (1925).
70. — Fluoreszenz und Empfindlichkeit photographischer Halogensilbergelatineschichten bei tiefen Temperaturen. Physikal. Z. 41, 277 (1940).
71. — Untersuchungen über Masse und Verteilung des photolytisch gebildeten Silbers in Bromsilber-Gelatineemulsionen. VI. Masse des photolytisch gebildeten Silbers in Abhängigkeit von der Temperatur und der Intensität. Physikal. Z. 44, 1 (1943).
72. — Die Quantenausbeute bei der Photolyse des Halogensilbers in photographischen Schichten. Z. wiss. Photogr., Photophys. u. Photochem. 44, 117 (1949).
73. — Die Quantenausbeute bei der durch photolytisch gebildetes Silber sensibilisierten Photolyse des Halogensilbers in photographischen Schichten. Z. wiss. Photogr., Photophys. u. Photochem. 44, 137 (1949).
73a. MENDELSSOHN, K.: Proc. Physic. Soc. 49, 38 (1937).
74. MITCHELL, J. W.: The properties of silver halides containing traces of silver sulphide. Philosoph. Magaz. 40, 249 (1949).

75. Mitchell, J. W.: Lattice defects in silver halide crystals. Philosoph. Magaz. **40**, 667 (1949).

76. Mott, N. F., and R. W. Gurney: Electronic processes in ionic crystals. The Clarendon Press Oxford 1940.

77. Mutter, E.: Photolyse des bindemittelfreien Silberbromids (Brombestimmung). Z. wiss. Photogr., Photophys. u. Photochem. **26**, 193 (1929).

78. Petroff: Photochemische Beobachtungen an KCl-Kristallen. Z. Physik **127**, 443 (1950).

79. Pick, H.: Der photographische Elementarprozeß. Naturwiss. **38**, 323 (1951).

80. Pohl, R. W.: Zusammenfassender Bericht über Elektronenleitung und photochemische Vorgänge in Alkalihalogenidkristallen. Physikal. Z. **39**, 36 (1938).

81. Rabinovitch, A. J.: On the adsorption theory of photographic development. Trans. Faraday Soc. **34**, 920 (1938).

82. Ritchie, M., and J. A. Thom: Latent image formation in Thallous Bromide Gelatin system. Trans. Faraday Soc. **42**, 418 (1946).

83. Schottky, W.: Über den Mechanismus der Ionenbewegung in festen Elektrolyten. Z. physikal. Chem. B **29**, 335 (1935).

84. Schwarz, G.: Zur Theorie des photographischen Elementarprozesses und des latenten Bildes. Photogr. Korresp. **69**, 27 (1933).

85. Seitz, F.: Color centers in Alkali Halide crystals. Rev. Mod. Physics **18**, 384 (1946).

86. Sheppard, S. E., A. P. H. Trivelli and R. P. Loveland: Studien über die photographische Empfindlichkeit VI. Die Entstehung des latenten Bildes. J. Franklin Inst. **200**, 51 (1925).

87. Stasiw, O.: Die Farbzentren des latenten Bildes im elektrischen Felde. Göttinger Nachr. math.-physik. Kl. **1932**, 261.

88. —, u. J. Teltow: Zur Photochemie der Silberhalogenide mit Fremdionenzusätzen. Ann. Physik. (5) **40**, 181 (1941).

89. —, u. J. Teltow: Versuche zur Herstellung neuartiger Silberbromid-Emulsionen. Z. anorg. Chem. **257**, 103 (1948).

90. — Optischer Nachweis Schottkyscher Fehlordnung im Silberbromid. Z. Physik **127**, 522 (1950).

91. — Optische Eigenschaften des Silberbromids mit Zusatz bei tiefen Temperaturen. Z. Physik **130**, 39 (1951).

92. Stevens, G. W. W., and R. G. Norrish: Der Mechanismus der photographischen Umkehrung. I. Der Sabattier-Effekt und seine Beziehung zu anderen Umkehrerscheinungen. Photographic J. **78**, 513 (1938).

93. Stookey, S. D.: Photosensitive glass. Industr. Engg. Chem. **41**, 856 (1949).

94. Thom, J. A.: Latent image formation in Thallous Bromide. Photographic. J. **86** B, 100 (1946).

95. Vassy, A., et E. Vassy: Sur la formation de l'image latente aux basses températures. C. R. hebd. Séances Acad. Sci. **226**, 1183 (1948).

96. Volmer, M.: Zur Entwicklungstheorie des latenten Bildes. Z. wiss. Photogr., Photophys. u. Photochem. **20**, 189 (1921).

97. Webb, J. H.: The effect of temperature upon reciprocity law failure in photographic exposure. J. Opt. Soc. America **25**, 4 (1935).

98. — The photographic latent image considered from the standpoint of the quantum mechanics model of crystals. J. Opt. Soc. America **26**, 367 (1936).

99. —, and C. H. Evans: An experimental study of latent image formation by means of interrupted Herschel exposures at low temperature. J. Opt. Soc. America **28**, 249 (1938).

100. WEBB, J. H., and C. H. EVANS: The failure of the photographic reciprocity law at low intensity. J. Opt. Soc. America **28**, 431 (1938).

101. — Number of quanta required to form the photographic latent image as determined from mathematical analysis of the H and D curve. J. Opt. Soc. America **29** 309 (1939).

102. — Graphical analysis of photographic exposure and a new theoretical formulation of the H and D curve. J. Opt. Soc. America **29** 314 (1939).

103. — and C. H. EVANS: Experiments to test the rebromination theory of photographic solarisation. J. Opt. Soc. America **30** 445 (1940).

104. — Number of quanta required to form the photographic latent image as determined from mathematical analysis of the H and D curve. I u. II. J. Opt. Soc. America **31**, 348, 559 (1941).

105. —, and C. H. EVANS: Number of quanta required to form the photographic latent image as determined from intermittent exposures. J. Opt. Soc. America **31**, 355 (1941).

106. — The photographic reciprocity law failure and the ionic conductivity of silver halides. J. Opt. Soc. America **32**, 299 (1942).

107. — Low intensity reciprocity law failure in photographic exposure: Energy depth of electron traps in latent image formation; number of quanta required to form the stable sublatent image. J. Opt. Soc. America **40**, 3 (1950).

108. — Low intensity reciprocity law failure in photographic exposure. II. Multiplet quantum hits in critical time period. J. Opt. Soc. America **40**, 197 (1950).

109. WEIGERT, F.: Die Micellartheorie des latenten Bildes. Photogr. Korresp. **70**, 41 (1934).

110. WEST, W., and B. H. CARROLL: Photoconductivity in photographic systems. J. chem. Physics **15**, 529 (1947).

111. WOLFF, H.: Über die Photolyse von Silberbromid und Silberchlorid in Wasser. Z. Elektrochem. angew. physikal. Chem. **53**, 82 (1949).

(Abgeschlossen im August 1951.)

Dr. HANS WOLFF, Heidelberg, Physikalisch-Chemisches Institut der Universität, Plöck 55.

Fortschr. chem. Forsch., Bd. 2, S. 444—483 (1952).

Die Chemie der Polythionsäuren.

Von

MARGOT GOEHRING.

Mit 6 Textabbildungen.

Inhaltsübersicht.

I. Einleitung.

Unter *Polythionsäuren* versteht man allgemein Verbindungen der Zusammensetzung $H_2S_xO_6$, wobei x meist die Werte *3* bis *6* hat. Die Reihe bricht bei $x = 6$ nicht ab; Polythionsäuren mit x bis zu 10, die recht unbeständig sind, sind besonders von SPOHN (*189*) sowie von KURTENACKER und MATEJKA (*123*) beschrieben worden.

Ob *Dithionsäure*, $H_2S_2O_6$, zu den Polythionsäuren zu zählen ist, war lange Zeit eine strittige Frage. Während sich nämlich $H_2S_3O_6$, $H_2S_4O_6$, $H_2S_5O_6$ und $H_2S_6O_6$ leicht ineinander umwandeln lassen, steht $H_2S_2O_6$ in keiner unmittelbaren genetischen Beziehung zu diesen Säuren, und auch in vielen anderen Eigenschaften ist Dithionsäure von den Polythionsäuren, die sich weitgehend analog verhalten, verschieden. So erscheint es zweckmäßig, $H_2S_2O_6$ gesondert von den eigentlichen Polythionsäuren zu behandeln, ja sogar $H_2S_2O_6$ gar nicht als Polythionsäure zu bezeichnen.

Die Polythionsäuren sind schon lange bekannt. Die erste Andeutung für ihre Existenz fand wohl 1812 DALTON (*18*), der die Einwirkungsprodukte von H_2S auf wäßrige Lösungen von schwefliger Säure beschrieb; DALTON hielt die Reaktionsprodukte allerdings für „Schwefeloxyd". Erst eine *ausführliche* Untersuchung der Umsetzung von Schwefelwasserstoff und Schwefeldioxyd in wäßriger Lösung, der WACKENRODERschen Reaktion und der WACKENRODERschen Flüssigkeit (*202*), (*188*), (*17*), (*19*) gab Kenntnis von der Existenz und von den Eigenschaften der Säuren $H_2S_5O_6$ (WACKENRODER 1846) und $H_2S_6O_6$ (DEBUS 1888) und erlaubte die Isolierung ihrer Salze. Schon vorher waren die Trithionsäure, $H_2S_3O_6$, durch LANGLOIS (1840) und die Tetrathionsäure, $H_2S_4O_6$, durch FORDOS und GÉLIS (1842) bei anderen Reaktionen entdeckt worden. In der Folgezeit sind Bildung und Eigenschaften der Polythionsäuren vielfach untersucht worden; denn die Chemie dieser Verbindungen war zunächst ein undurchsichtiges Gebiet, und es erschien reizvoll, die in verwirrend großer Zahl ablaufenden Einzelreaktionen zu ordnen und dabei nach den Grundprinzipien zu fragen, die in diesem Bereich der Schwefelchemie — vielleicht auch in anderen Bereichen der Chemie der Nichtmetalle — für die Reaktionsweise der Stoffe gültig sind.

Der Beschreibung der heute bekannten Einzelreaktionen können die folgenden allgemeinen Angaben vorangestellt werden:

Freie Polythionsäuren sind in wasserfreiem Zustand unbeständig; in wäßriger Lösung zerfallen sie je nach dem p_H-Wert der Lösung mehr oder weniger rasch. Die Lösungen lassen sich stark, bis zur Syrupkonsistenz, konzentrieren; dabei nimmt aber ihre Beständigkeit ab. Die Polythionsäuren sind starke, zweifach-einbasische (*205*) Säuren[1].

Salze der Polythionsäuren sind beständig. Bekannt sind neutrale Alkali-, Ammonium- und Erdalkalipolythionate (*151*), (*204*), (*112*), (*123*), (*51*), (*181*), (*68*)[2]. Diese Salze sind leicht löslich in Wasser [Löslichkeiten s. (*112*), (*123*)], unlöslich in Alkohol. Die Lösungen reagieren neutral; sie sind nicht unzersetzt haltbar.

Ester der Polythionsäuren sind bekannt von $H_2S_3O_6$ und $H_2S_4O_6$ (*51*), (*55*).

Die Übersicht über die Einzelreaktionen wird erleichtert durch die in Abschnitt IX enthaltenen *Tabellen*. In diesen Tabellen sind die

---

[1] Die Abhängigkeit der Leitfähigkeit von der Konzentration entspricht bei Lösungen von $H_2S_4O_6$ nach JELLINEK (*99*) dem Verhalten einer einbasischen Säure.

[2] v. DEINES und CHRISTOPH (*21*) sowie v. DEINES und GRASSMANN (*22*) haben auch Eisen(II)- und Zinkpolythionate (Tetrathionate und Pentathionate) beschrieben. Saure Salze gibt es auch mit diesen Kationen nach Foss (*54*) nicht.

Einzelreaktionen (unabhängig von der Numerierung der Reaktionsgleichungen im laufenden Text) von 1 bis 33 durchnumeriert, damit
innerhalb der Tabellen leicht Bezug genommen werden kann.

II. Die Bildung der Polythionsäuren und ihrer Salze.

Polythionsäuren und ihre Salze können im wesentlichen bei den folgenden Umsetzungen gebildet werden:

A. bei der Umsetzung von Schwefelhalogeniden oder anderen Derivaten von S^{++} bzw. S_2^{++} mit HSO_3^- bzw. $S_2O_3^{--}$;

B. bei der Reaktion zwischen H_2S und SO_2 in wäßriger Lösung, d.h.
bei der Wackenroderschen Reaktion;

C. bei der Oxydation der Thioschwefelsäure;

D. bei der Disproportionierung der schwefligen Säure und ihrer
Derivate;

E. bei der Umsetzung von Thiosulfat mit Säure in Anwesenheit bestimmter Katalysatoren.

Jede Polythionsäure läßt sich in andere Polythionsäuren überführen.

A. Die Bildung der Polythionsäuren aus Schwefelhalogeniden.

Um die Bildungsreaktionen der Polythionsäuren zu verstehen, betrachtet man zweckmäßig zuerst die Bildung aus Schwefelhalogeniden
und Hydrogensulfit bzw. Thioschwefelsäure. Schon Spring (190) hatte
festgestellt, daß Trithionate entstehen, wenn man SCl_2 oder S_2Cl_2 mit
Sulfiten, z.B. K_2SO_3, umsetzt. Debus (19) beschrieb die Bildung von
Tetrathionsäure (neben $H_2S_3O_6$, $H_2S_5O_6$ und Schwefel) aus S_2Cl_2 und
SO_2 bei Anwesenheit von Wasser. Neumann und Fuchs (141) zeigten,
daß bei der Hydrolyse des S_2Cl_2 in saurer Lösung ohne Zusätze hauptsächlich Schwefel (65%) und Pentathionsäure (18%) gebildet werden.
Schließlich wies Noack (143) darauf hin, daß die Hydrolyse des S_2Cl_2
mit großer Wahrscheinlichkeit als erstes Produkt $S_2(OH)_2$[1] liefert:

$$S_2Cl_2 + 2\,HOH \rightarrow S_2(OH)_2 + 2\,HCl. \tag{1}$$

Durch weitere Umsetzungen des $S_2(OH)_2$ sollten dann die Polythionsäuren und der Schwefel entstehen. Diese Theorie wurde gestützt durch
die Untersuchungen von Holst (93), der die Reaktionen von in Tetrachlorkohlenstoff gelösten Schwefelhalogeniden mit alkoholischer Kalilauge studierte und fand, daß jedes Mol Schwefelhalogenid 2 Mole KOH
verbraucht:

$$S_2Cl_2 + 2\,OH^- \rightarrow S_2(OH)_2 + 2\,Cl^-. \tag{2}$$

---

[1] B. S. Rao (149) hält eine sich anschließende Anhydrierung zu S_2O für wahrscheinlich.

Ganz entsprechende Ansichten haben LECHER und GOEBEL (*126*) über die Hydrolyse von $S_2(SCN)_2$ entwickelt. H. STAMM und seine Schüler (*184*), (*177*), (*72*) untersuchten daraufhin, wieweit $S_2(OH)_2$ für die Bildung von Polythionsäuren verantwortlich gemacht werden kann. Sie verfolgten erneut die Umsetzungen von S_2Cl_2 und von anderen Schwefelhalogeniden (*63*) und verglichen diese Reaktionen mit den Umsetzungen der leicht zugänglichen Alkylthiosulfite (*128*), (*138*), (*172*)

$$S_2(OR)_2,$$

und außerdem mit den Reaktionen der Dithioamine (*127*)

$$S_2(NR_2)_2.$$

Dabei zeigte sich, daß alle diese Stoffe in wäßriger Lösung qualitativ und weitgehend auch quantitativ analog reagierten; insbesondere lieferten sie bei Umsetzungen mit den Anionen HSO_3^- und $S_2O_3^{--}$ in saurer Lösung Polythionat-Ionen. So setzte sich z.B. Dimethylthiosulfit mit wäßriger *schwefliger Säure* fast quantitativ zu Tetrathionsäure um (*178*). Die analoge Reaktion fand man wieder bei den entsprechenden Umsetzungen von S_2Cl_2 (*72*), von S_2Br_2, $S_2(SCN)_2$ (*63*) und von $S_2(NR_2)_2$ (*127*). Es liegt nahe, die Gleichartigkeit der Reaktionsweise so verschiedener Stoffe durch Annahme einer immer gleichen Zwischenverbindung zu erklären, die primär bei der Hydrolyse der Ausgangsprodukte gebildet wird und sich dann weiter mit der schwefligen Säure umsetzt; z.B.:

$$S_2(OCH_3)_2 + 2\,HOH \rightarrow S_2(OH)_2 + 2\,CH_3OH\,, \tag{3}$$

$$S_2(OH)_2 + 2\,H_2SO_3 \rightarrow H_2S_4O_6 + 2\,H_2O\,. \tag{4}$$

Diese Umsetzungen verlaufen so glatt, daß STAMM, GOEHRING und FELDMANN (*181*) nach (1) und (4) ein bequemes Verfahren zur *Herstellung von Tetrathionaten* entwickeln konnten. Verwendet man zu der Umsetzung nicht freie schweflige Säure, sondern Hydrogensulfit im Überschuß, so erhält man an Stelle von $S_4O_6^{--}$ ein äquimolekulares Gemenge von $S_2O_3^{--}$ und $S_3O_6^{--}$, da das primär nach (4) gebildete Tetrathionat-Ion mit überschüssigem Hydrogensulfit-Ion reagiert (siehe Abschnitt III):

$$S_4O_6^{--} + HSO_3^- \rightarrow S_3O_6^{--} + S_2O_3^{--} + H^+. \tag{17}$$

In alkalischer Lösung schließlich wird die Geschwindigkeit der Kondensationsreaktion (4) so klein, daß andere Reaktionen hervortreten, die zur Bildung von Thiosulfat-Ion führen. Aber auch hier verhalten sich alle Abkömmlinge von $S_2(OH)_2$ gleichartig. Die Abb. 1 und 2 zeigen das Verhalten von Dimethylthiosulfit und von S_2Cl_2 gegen die Ionen der schwefligen Säure bei wechselnder H^+-Konzentration der zur Hydrolyse verwendeten wäßrigen Lösung.

Als man für die Abkömmlinge des $S_2(OH)_2$ als Reaktionspartner bei der Verseifung in saurer Lösung Thiosulfat-Ion verwandte, ergaben sich qualitativ und quantitativ analoge Reaktionen (72), (63). Es entstand

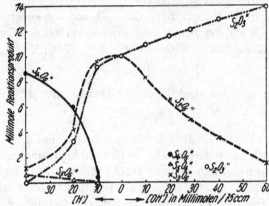

Abb. 1. Umsetzung von 10 mmol $S_2(OCH_3)_2$ mit 40 mmol H_2SO_3 in Abhängigkeit von der Säurekonzentration. (75 ml waßrige Losung, Zimmertemperatur.)[1] [Abbildung aus Z. anorg. allg. Chem. 242, 422 (1939).]

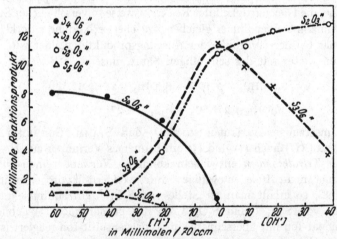

Abb. 2. Umsetzung von 10,57 mmol S_2Cl_2 mit 40 mmol H_2SO_3 in Abhangigkeit von der Säurekonzentration. (70 ml waßrige Lösung, Zimmertemperatur, Versuchszeit: 1,5 Std.) [Abbildung aus Z. anorg. allg. Chem. 250, 60 (1942).]

offenbar Hexathionsäure:

$$S_2(OH)_2 + 2\,H_2S_2O_3 \rightarrow H_2S_6O_6 + 2\,H_2O. \tag{5}$$

GOEHRING und FELDMANN (68) haben diese Umsetzung, von S_2Cl_2 ausgehend, zur *Herstellung von Hexathionat* benutzt.

---

[1] Versuchszeit bei Verwendung saurer Lösungen 1 Std, bei neutralen Lösungen 1 bis 10 Std, bei alkalischen Lösungen 10 Std (178).

Obschon alle diese Umsetzungen dazu führten, eine immer gleiche Zwischenverbindung anzunehmen, mußte die Frage offenbleiben, ob es sich bei dieser Zwischenverbindung um

ein *Dischwefel(II)-hydroxyd* $S_2(OH)_2$,

ein *Ion* S_2^{++},

ein *Anhydrid* S_2O

handelt, und ob ein Gleichgewicht

$$S_2O + H_2O \rightleftharpoons S_2(OH)_2 \rightleftharpoons S_2^{++} + 2\,OH^- \qquad (6)$$

besteht.

Foss (*54*) zeigte, daß sich S_2Cl_2, in Chloroform gelöst, fast augenblicklich mit Piperidiniumthiosulfat unter Bildung von Hexathionat umsetzt; er deutete diese schnelle Reaktion als Ionenreaktion:

$$S_2^{++} + 2\,S_2O_3^{--} \rightarrow S_6O_6^{--}. \qquad (7)$$

Vermutlich geht die Bildung von Hexathionat auch in *wäßriger* Lösung, in der an sich das intermediäre Entstehen von $S_2(OH)_2$ oder S_2O denkbar wäre, über S_2^{++} nach (7) vor sich[1].

Ähnlich den Derivaten von S_2^{++}

$$S_2Cl_2,\ S_2Br_2,\ S_2(SCN)_2,\ S_2(OCH_3)_2,\ S_2(NR_2)_2$$

verhalten sich nach GOEHRING die Derivate von S^{++}

$$SCl_2,\ S(OCH_3)_2,\ S[N(C_2H_5)_2]_2$$

gegenüber schwefliger Säure und Thioschwefelsäure. Die Abkömmlinge von S^{++} setzen sich in wäßriger Lösung mit einem Überschuß an Hydrogensulfit zu Trithionat um; mit Thiosulfat-Ion reagieren sie in saurer Lösung glatt unter Bildung von Pentathionat-Ion (*72*), (*179*), (*64*), (*67*):

$$S^{++} + 2\,HSO_3^- \rightarrow S_3O_6^{--} + 2\,H^+ \qquad (8)$$

$$S^{++} + 2\,S_2O_3^{--} \rightarrow S_5O_6^{--}. \qquad (9)$$

Aus SCl_2 und $KHSO_3$ kann so *Trithionat*, aus SCl_2 und Thiosulfaten können so *Pentathionate* präparativ gewonnen werden (*181*), (*68*).

B. Die Bildung der Polythionsäuren in der WACKENRODERschen Flüssigkeit.

Die Reaktionen der Derivate von S^{++} und von S_2^{++} erleichtern das Verständnis für die Vorgänge, die sich in der sog. WACKENRODERschen Flüssigkeit unter Bildung von Polythionsäuren abspielen.

---

[1] Wenn im folgenden Reaktionen mit $S_2(OH)_2$ formuliert sind, ist immer zu beachten, daß vermutlich der reagierende Stoff S_2^{++} ist.

1. Die Reaktion von H_2S und SO_2 bei Ausschluß von Wasser und bei Anwesenheit von Wasserspuren.

Die absolut trockenen Gase H_2S und SO_2 reagieren unter 400° nicht miteinander. Auch wenn die beiden getrockneten Gase gemeinsam verflüssigt werden, bleibt die Reaktion aus (7). Erst bei Temperaturen über 400° findet an gewissen Kontakten die Umsetzung:

$$2 H_2S + SO_2 = 2 H_2O + 3 S \qquad (10)$$

statt, welche die Grundlage für den CLAUS-Prozeß zur Gewinnung von Schwefel darstellt.

Auch in einigen nicht wäßrigen Lösungsmitteln (CCl_4, $CHCl_3$, Benzol, CS_2, Nitrobenzol) wird, wenn alle beteiligten Stoffe sorgfältig getrocknet sind, über eine Zeitdauer von mehreren Stunden keine Reaktion sichtbar (104), (134), (73). In anderen Lösungsmitteln (Alkohole, Anilin, Pyridin, Aceton und andere Ketone, Benzaldehyd, Dioxan, viele Ester) findet Reaktion unter Bildung von Schwefel statt (1). Nach ALBERTSON und McREYNOLDS (1) ist Voraussetzung für Eintritt der Reaktion, daß das Lösungsmittel mit H_2S unter Bildung einer Verbindung mit Wasserstoffbrücke reagieren kann, die ihrerseits unter Abspaltung von HS^- zu dissoziieren vermag. Aber auch Lösungsmittel, in denen an und für sich die Reaktion nicht abläuft, können als Medium für die Umsetzung verwendet werden, wenn man dem Lösungsmittel Spuren von Wasser zusetzt. Nach SARASON (159) erhält man dann zunächst orangegelb gefärbte Lösungen und schließlich Schwefel, der sich in Wasser kolloidal verteilen läßt. Daß es sich bei den orangegelb gefärbten Lösungen um Lösungen von *Polyschwefeloxyden* $(S_xO_2)_n$ handelt, haben GOEHRING und WIEBUSCH (73) (für CCl_4 und $CHCl_3$ als Lösungsmittel) und später P.W. SCHENK (163) (für Anisol als Lösungsmittel) bewiesen. Diese Polyschwefeloxydlösungen geben, wenn man sie mit wäßriger schwefliger Säure oder mit Thioschwefelsäure zusammenbringt, Polythionsäuren (73).

2. Die Reaktion von H_2S und SO_2 in wäßriger Lösung.

Nimmt man die Umsetzung von H_2S mit SO_2 von vornherein in Wasser als Lösungsmittel vor, so bemerkt man je nach den Mengenverhältnissen, in denen man die Gase zusammengibt, eine verschiedene Reaktion. Verwendet man viel H_2S, so entsteht hauptsächlich Schwefel (153), (23). Schon bei einem Verhältnis $H_2S:SO_2 = 2:1$ entsteht nach RIESENFELD und FELD (153) praktisch nur elementarer Schwefel, nach v. DEINES und GRASSMANN (22) entsteht neben viel Schwefel wenig Pentathionat. Verwendet man dagegen bei der Umsetzung, wie das schon WACKENRODER tat, viel SO_2, so findet man die Reihe der homologen Polythionsäuren, $H_2S_xO_6$ ($x = 3$ bis 6). Aus solchen Lösungen konnte, nach verschiedenen Vorversuchen von LEWES und SHAW, DEBUS (*19*) die Salze aller dieser Polythionsäuren abscheiden.

Der Weg, auf dem sich die Polythionsäuren aus H_2S und SO_2 bilden können, war lange umstritten. Daß die Umsetzung über besonders reaktionsfähige Zwischenprodukte verlaufe, wurde von den meisten Autoren angenommen. FOERSTER und seine Schüler (*40*), (*35*), (*43*), (*36*), (*37*), (*41*), (*44*), (*97*) sowie RIESENFELD und Mitarbeiter (*153*), (*152*), aber auch andere Autoren (*5*), (*22*) nannten $H_2S_2O_2$ und H_2SO_2 (bzw. das Anhydrid SO) als vermutliche Zwischenprodukte. SILBERMAN (*168*) sah H_2SO als aktives Zwischenprodukt an.

RIESENFELD (*152*) und v. DEINES und GRASSMANN (*22*) wiesen darauf hin, daß das Zwischenprodukt nicht Sulfoxylsäure, H_2SO_2, mit den bekannten reduzierenden Eigenschaften (z.B. gegenüber Indigo) sein könnte. SCHENK und PLATZ (*164*), (*165*) zeigten, daß es auch nicht mit dem von ihnen hergestellten SO identisch war. STAMM und seine Schüler (*184*), (*177*), (*173*) wiesen dann später nach, daß das Zwischenprodukt der Umsetzung von H_2S mit SO_2 zu Oxydationsleistungen befähigt ist und beispielsweise J^- zu J_2 zu oxydieren vermag:

Eine Lösung von Kaliumjodid in wasserfreier Ameisensäure wird beim Einleiten von SO_2 schwach citronengelb (Additionsprodukt von SO_2 an HJ), enthält aber noch keine Spur J_2 (Reaktion mit Stärkepulver); sie wird durch Jodausscheidung sofort braun, wenn man etwas H_2S einleitet.

Eine ähnliche Oxydationswirkung wird an Derivaten von S^{++} und S_2^{++} beobachtet. Setzt man z.B. zu einer angesäuerten Lösung von Kaliumjodid in Wasser oder Methanol einige Tropfen Dimethylthiosulfit, so färbt sich beim Umschütteln die Lösung sofort durch elementares Jod braun. Läßt man diese Umsetzung in wasserfreier Ameisensäure als Lösungsmittel ablaufen und titriert man nach dem anschließenden Verdünnen mit Wasser das ausgeschiedene Jod, dann ergibt sich eine Bruttoumsetzung:

$$S_2^{++} + 2\,J^- \rightarrow 2\,S + J_2. \tag{11}$$

STAMM und WINTZER (*184*) haben weiter gezeigt, daß ein genetischer Zusammenhang zwischen S_2^{++} bzw. $S_2(OH)_2$ einerseits und H_2S und SO_2 andererseits besteht: Durch Verseifen von Dimethylthiosulfit bei Gegenwart von Silberionen entsteht rotbraunes $Ag_2S \cdot Ag_2SO_3$. Die Bildung dieses Niederschlages deutet auf einen quantitativen Zerfall im Sinne von

$$S_2(OH)_2 \rightarrow H_2S + SO_2. \tag{12}$$

Es lag nun nahe, anzunehmen, daß diese Reaktion umkehrbar ist und daß die oben beschriebenen Oxydationswirkungen eines Gemisches von H_2S und SO_2 auf primär gebildetes $S_2(OH)_2$ bzw. S_2^{++} zurückzuführen seien. Diese Annahme schien um so berechtigter, als schon in älteren Arbeiten von HEINZE (*89*) und von RIESENFELD und FELD (*153*) nachgewiesen worden war, daß in der WACKENRODERschen Flüssigkeit ein Stoff vorhanden sein muß, der mit H_2S und SO_2 im Gleichgewicht steht.

STAMM, GOEHRING und Mitarbeiter haben diese Erfahrungen ausgenutzt und die Bildung von Polythionsäuren in der WACKENRODERschen Flüssigkeit durch die folgenden Einzelreaktionen gedeutet (*180*):

Zuerst tritt im Gleichgewicht mit H_2S und SO_2 $S_2(OH)_2$ bzw. S_2^{++} auf:

$$H_2S + SO_2 \rightleftharpoons S_2(OH)_2 \rightleftharpoons S_2^{++} + 2\,OH^- \tag{12a}$$

$S_2(OH)_2$ kann sich dann seinerseits nach (4) mit H_2SO_3 zu $H_2S_4O_6$ kondensieren:

$$S_2(OH)_2 + 2\,H_2SO_3 \rightarrow H_2S_4O_6 + 2\,H_2O. \tag{4}$$

Andererseits kann sich $S_2(OH)_2$, wie schon NOACK (*143*) am S_2Cl_2 gezeigt hatte, mit H_2S zu Schwefel umsetzen:

$$S_2(OH)_2 + H_2S \rightarrow 3\,S + 2\,H_2O\ ^1. \tag{13}$$

Der Schwefel, der nach mikroskopischen Bildern von NIKOLAEV (*142*) nicht als krystallisierter Schwefel sondern, in Form von Flüssigkeitströpfchen auftritt [vgl. (*89*), (*22*)], kann seinerseits mit dem vorhandenen Hydrogensulfit-Ion teilweise Thiosulfat-Ionen liefern:

$$S + HSO_3^- \rightleftharpoons S_2O_3^{--} + H^+. \tag{14}$$

Aus $S_2O_3^{--}$ und $S_2(OH)_2$ kann dann nach (5) — oder (6) und (7) — in saurer Lösung Hexathionsäure entstehen:

$$S_2(OH)_2 + 2\,S_2O_3^{--} + 2\,H^+ \rightarrow S_6O_6^{--} + 2\,H_2O. \tag{5}$$

Danach wären [im Einklang mit der Ansicht von DEBUS (*19*)] *Tetrathionsäure* und *Hexathionsäure* die in der WACKENRODERschen Flüssigkeit primär auftretenden Polythionsäuren; *Pentathionsäure* könnte erst durch Zerfall von Hexathionat nach

$$S_6O_6^{--} \rightarrow S_5O_6^{--} + S \tag{15}$$

(s. Abschnitt V) bzw. durch „Sulfitabbau" (s. Abschnitt III) entstehen:

$$S_6O_6^{--} + HSO_3^- \rightarrow S_5O_6^{--} + S_2O_3^{--} + H^+. \tag{16}$$

Trithionsäure würde ebenfalls durch Sulfitabbau (aus primär vorhandener Tetrathionsäure) gebildet werden können:

$$S_4O_6^{--} + HSO_3^- \rightarrow S_3O_6^{--} + S_2O_3^{--} + H^+. \tag{17}$$

---

[1] Dieser Vorgang wird von NIKOLAEV (*142*) durch die Gleichungen:

$2\,H_2S + SO_2 = H_4S_3O_2$ (das ist $[H_2S_2O_2 \cdot H_2S]$); $\quad 2\,H_4S_3O_2 = 3\,S_2 + 4\,H_2O$

beschrieben.

Wenn die hier geschilderte Auffassung über die Einzelreaktionen der Umsetzung zwischen H_2S und SO_2 richtig ist, so sollten *Hexathionat* und *Pentathionat* in der WACKENRODERschen Lösung vor allem dann gefunden werden, wenn man der Lösung neben H_2S und SO_2 laufend so viel Thioschwefelsäure zusetzt, daß ein Ablauf der Reaktion nach (12a), (5) und (15) möglich wird. v.DEINES und GRASSMANN (*22*), JANICKIS (*97*) und besonders STAMM, MAGERS und GOEHRING (*182*) haben nachgewiesen, daß dies tatsächlich der Fall ist. Die größte Ausbeute an *Tetrathionat* sollte man erhalten, wenn man in saurer Lösung nach (12a) und (4) 1 Mol H_2S und 3 Mole H_2SO_3 zusammenbringt. Die Versuche von JANICKIS (*97*) bestätigen auch diese Folgerung.

Da die Umsetzungen (16) und (17) stark abhängig von dem p_H-Wert der Lösungen sind, wird es weiter verständlich, daß *Trithionat* nur auftritt, wenn man H_2S und SO_2 in annähernd neutraler Lösung zusammenbringt (*131*), (*73*). HANSEN (*88*) und die I. G. Farbenindustrie (*93a*) konnten zeigen, daß beim Einleiten von H_2S in neutrale Hydrogensulfitlösung auf 1 Mol H_2S 4 Mole HSO_3^- verbraucht werden und daß dafür äquimolekulare Mengen von Trithionat und von Thiosulfat entstehen, wie das bei einer Reaktion nach (12a), (4), (17) zu erwarten ist. Setzt man dagegen nicht H_2S, sondern NaHS mit Hydrogensulfitlösung um, so hört die Bildung von Polythionat-Ionen ganz auf, und es bildet sich nur noch *Thiosulfat* (*24*), (*132*), (*197*), (*43*), (*41*), (*97*):

$$2\,NaHS + 4\,NaHSO_3 \rightarrow 3\,Na_2S_2O_3 + 3\,H_2O\,. \qquad (18)$$

Dann können nämlich die Reaktionen (12a), (13), (14) allein hervortreten; denn die Kondensationsreaktionen (4) und (5) verlaufen, wie man von den Abkömmlingen des S_2^{++} her weiß, meßbar rasch nur in saurer, höchstens in neutraler Lösung. Nach SILBERMAN und FRIEDMAN (*170*) ist die Ausbeute an $S_2O_3^{--}$ am größten bei 80° und einem p_H-Wert von 6,3; bei höheren p_H-Werten wird wieder weniger $S_2O_3^{--}$ gebildet. Von einem p_H-Wert von etwa 9 ab unterbleibt eine Reaktion zwischen S^{--} und SO_3^{--} bei Zimmertemperatur offenbar ganz (*175*). Das Gleichgewicht (12a) ist dann ganz nach links verschoben.

Die Bildung der Polythionsäuren aus H_2S und SO_2 läßt sich, wie man sieht, qualitativ und quantitativ mit der Annahme, daß $S_2(OH)_2$ bzw. S_2^{++} als aktives Zwischenprodukt auftritt, gut deuten. Ob außerdem noch $S(OH)_2$ bzw. S^{++} eine Rolle spielt, läßt sich nicht entscheiden. Denkbar wären die Reaktionen:

$$S_2(OH)_2 \rightarrow S(OH)_2 + S \qquad (19)$$

oder, nach v.DEINES und GRASSMANN (*22*):

$$S_2(OH)_2 + H_2S \rightarrow S(OH)_2 + H_2S_2\,. \qquad (20)$$

$S(OH)_2$ könnte dann weiter reagieren nach:

$$S(OH)_2 \rightleftharpoons S^{++} + 2\,OH^- \tag{21}$$

$$S^{++} + 2\,HSO_3^- \rightarrow S_3O_6^{--} + 2\,H^+ \tag{8}$$

$$S^{++} + 2\,S_2O_3^{--} \rightarrow S_5O_6^{--}. \tag{9}$$

Die Umsetzung (19) ist für den Ester $S_2(OC_2H_5)_2$ bekannt; aus ihm kann man nach Meuwsen (*138a*) mit Alkali Schwefel abspalten und $S(OC_2H_5)_2$ herstellen.

Vermutlich spielen in der Wackenroderschen Flüssigkeit die Umsetzungen (8) und (9) eine geringere Rolle als die erwähnten Kondensationsreaktionen von $S_2(OH)_2$ bzw. S_2^{++}; denn $S_3O_6^{--}$ wird in der Wackenroderschen Lösung nur mit kleinen Ausbeuten gefunden.

An Nebenreaktionen ist weiter bemerkenswert die Bildung von $S_2O_6^{--}$ aus H_2S und SO_2. *Dithionat-Ion* kann durch direkte Oxydation von H_2SO_3 entstehen. Als Oxydationsmittel käme nach der Theorie von Stamm und Mitarbeitern $S_2(OH)_2$ in Frage. Nach Silberman (*168*), (*169*) verläuft die Umsetzung über H_2SO als Zwischenprodukt.

C. Die Bildung der Polythionsäuren durch Oxydation von Thioschwefelsäure bzw. Thiosulfaten.

Allgemein bekannt ist die Herstellung von *Tetrathionaten* durch Oxydation von Thiosulfat mit *Jod* und anderen Oxydationsmitteln wie Cu^{++} (*151*), $Cr_2O_7^{--}$ (*186*), *JCN* und *BrCN* (*106*), $S_2O_8^{--}$ (*102*), (*130*). Beispiel:

$$S_2O_8^{--} + 2\,S_2O_3^{--} \rightarrow 2\,SO_4^{--} + S_4O_6^{--} \tag{22}$$
$$\text{(mit Cu als Katalysator).}$$

Auch die *anodische Oxydation* von Thiosulfat führt zu Polythionaten (*4*):

$$2\,S_2O_3^{--} \rightarrow S_4O_6^{--} + 2\,\ominus. \tag{23}$$

Die Jodreaktion ist seit ihrer Entdeckung durch Fordos und Gélis (1842) immer wieder besonders auch kinetisch — z.B. durch Abel und seine Schüler — untersucht worden.

Neben der Herstellung von *Tetrathionaten* hat die Herstellung von *Trithionat* [1] durch Oxydation von Thiosulfat mit Wasserstoffperoxyd nach Willstätter (*206*) und die Herstellung von *Hexathionat* (neben Tetrathionat) durch Oxydation von Thiosulfat mit Nitrit in saurer Lösung nach Weitz und Achterberg (*204*) eine Rolle gespielt; vgl. dazu (*125*), (*145*).

---

[1] Auch diese Reaktion führt nach Nabl (*140*) und Raschig (*151*) zuerst zu $S_4O_6^{--}$, das anschließend einen Abbau durch Alkali erleidet [vgl. auch Tarugi und Vitali (*193*)].

D. Die Bildung der Polythionsäuren bei der Disproportionierung der schwefligen Säure und ihrer Derivate.

Man weiß seit langem, daß SO_2 und Sulfite sich disproportionieren können. Schon Priestley hatte die Reaktion:

$$3 H_2SO_3 \to 2 H_2SO_4 + S + H_2O \qquad (24)$$

gefunden, und Geitner (*61*) hat sie sichergestellt. C. Bosch (*11*) stellte fest, daß sich NH_4HSO_3 in konzentrierter Lösung beim Erhitzen im Autoklaven explosionsartig zersetzt. Er vermutete, daß dieser Zerfall über Thiosulfate und Polythionate läuft. Foerster, Lange, Drossbach und Seidel (*42*) studierten diese Polythionatbildung ausführlich; sie fanden, daß sie bei Zimmertemperatur nicht merklich ist, bei 80° erst nach Wochen in Erscheinung tritt, aber bei 150° gut zu beobachten ist. J^- und SeO_2 (*39*) beschleunigen den Zerfall der schwefligen Säure, H^+ verzögert ihn. Die Polythionatbildung wurde von Foerster und Mitarbeitern auf den primären Zerfall von Hydrogensulfit oder von Disulfit zurückgeführt:

$$2 HSO_3^- \to SO_4^{--} + H_2SO_2 \qquad (25)$$

oder

$$S_2O_5^{--} \to SO_4^{--} + SO. \qquad (26)$$

Weitere Reaktionen des SO bzw. seines Hydrates, H_2SO_2, mit Thiosulfat sollten zu Pentathionat führen.

Lebhafter als an schwefliger Säure oder an Hydrogensulfit tritt die Disproportionierung an dem Reaktionsprodukt $(SO_2 \cdot NH_3)$ von trockenem NH_3 mit trockenem SO_2 ein. Unter den Hydrolysenprodukten dieser Verbindung tritt $S_3O_6^{--}$ (nach vorherigem Erhitzen auch $S_4O_6^{--}$ und $S_5O_6^{--}$) auf (*155*), (*50*), (*167*), (*71*).

Goehring und Kaloumenos (*71*) sehen als den ersten Schritt bei allen diesen Reaktionen eine Disproportionierung

$$2 S^{4+} \to S^{6+} + S^{2+}$$

an, dem weitere Reaktionen von S^{++} folgen, z.B.:

$$S^{++} + 2 HSO_3^- \to S_3O_6^{--} + 2 H^+. \qquad (8)$$

E. Die Bildung der Polythionsäuren bei der Zersetzung der Thioschwefelsäure.

l. Zersetzung ohne Katalysatoren.

Daß sich Thioschwefelsäure unter Bildung von Polythionsäuren zersetzen kann, ist seit einer Arbeit von Chancel und Diacon (*13*) bekannt. Schon Salzer (*157*) und Vortmann (*201*) erkannten, daß diese Reaktion durch arsenige Säure stark begünstigt wird. Diese Beobachtung wurde von Raschig (*150*), (*151*) zur Herstellung von Alkalipentathionaten ausgebaut [vgl. auch Terres und Overdick (*194*)]. Raschig zeigte auch bereits, daß je nach den Bedingungen (besonders bei Zusatz von HSO_3^-) mit dieser Reaktion auch Tetrathionate und Trithionate hergestellt werden können [vgl. auch (*203*), (*100*), (*194*), (*122*)].

Zur Deutung der Reaktionen betrachtet man zweckmäßig zunächst die Umsetzung von $S_2O_3^-$ mit H^+ ohne Zusatz von Katalysatoren. Foerster und Vogel (*47*) haben diese Reaktion besonders gründlich studiert. Sie fanden, daß sich vor allem die Gleichgewichte:

$$S_2O_3^{--} + H^+ \rightleftharpoons HS_2O_3^- \tag{27}$$

$$HS_2O_3^- \rightleftharpoons HSO_3^- + S \tag{28}$$

$$S_2O_3^{--} + SO_2 \rightleftharpoons [S_2O_3(SO_2)]^{--} \tag{29}$$

einstellen[1]. Die Lösungen dieser Stoffe können anschließend langsame Veränderungen unter Bildung von Polythionat-Ionen erleiden. Dabei hängt das Ausmaß der Polythionat-Bildung stark von dem p_H-Wert der Lösung ab; nach Prakke und Stiasny (*147*) ist es besonders groß bei $p_H = 3$. Es sollen sich die Bruttoumsetzungen:

$$5\,S_2O_3^{--} + 6\,H^+ \rightarrow 2\,S_5O_6^{--} + 3\,H_2O \tag{30}$$

$$S_2O_3^{--} + 4\,HSO_3^- + 2\,H^+ \rightarrow 2\,S_3O_6^{--} + 3\,H_2O \tag{31}$$

$$S_5O_6^{--} + HSO_3^- \rightarrow S_4O_6^{--} + S_2O_3^{--} + H^+ \tag{32}$$

abspielen. Zwischenprodukt bei diesen Reaktionen ist nach Foerster und Vogel (*47*) SO. Basset und Durrant (*5*) halten vor allem drei Reaktionen des $S_2O_3^{--}$ für wahrscheinlich:

$$2\,H_2S_2O_3 \rightleftharpoons 2\,H_2SO_3 + 2\,S \tag{28a}$$

$$2\,H_2S_2O_3 \rightleftharpoons H_2S + H_2S_3O_6 \tag{33}$$

$$2\,H_2S_2O_3 \rightleftharpoons H_2O + H_2S_4O_5 \,. \tag{34}$$

Reaktion (33) wird im wesentlichen durch die Tatsache gestützt, daß Bleithiosulfat beim Kochen mit etwas Alkali oder Essigsäure Sulfid und Trithionat liefern kann. Daß bei der Umsetzung von Thiosulfat mit Säure Schwefelwasserstoff gebildet werden kann, ist seit langem bekannt. Schon Vortmann (*201*) und Vaubel (*196*) haben H_2S bei der Zersetzung durch Säure beobachtet; Odén (*144*) und Raffo (*148*) stellten ebenfalls die Bildung von H_2S fest. Später zeigte v. Deines (*20*), daß bei der Umsetzung von Thiosulfat mit konzentrierter Salzsäure in der Kälte ölartige Polyschwefelwasserstoffe, H_2S_x, entstehen. Im Gegensatz zu

---

[1] Nach Scheffer und Böhm (*160*) ist als minimale H^+-Konzentration $2{,}5 \cdot 10^{-5}$ val/l erforderlich, damit die Reaktionen einsetzen.

BASSET und DURRANT glaubte v. DEINES, daß aus $H_2S_2O_3$ primär SO oder H_2SO_2 entstünde und daß anschließend SO oder H_2SO_2 auf SO_2 reduzierend wirken würde unter Bildung von H_2S_x. JANICKIS (98) wählte eine andere Formulierung; er ließ H_2S aus dem primär gebildeten H_2SO_2 nach

$$3\,H_2SO_2 \rightleftharpoons H_2S_2O_2 + SO_2 + 2\,H_2O \tag{35}$$

$$H_2S_2O_2 \rightleftharpoons SO_2 + H_2S \tag{12b}$$

entstehen.

Da bisher über die Art der Bildung von H_2S keine Klarheit gewonnen werden konnte, scheint die Gl. (33) nicht gesichert zu sein. Damit wird auch die Frage zweifelhaft, ob $S_3O_6{}^{--}$ das primär gebildete Polythionat-Ion ist; es scheint vielmehr möglich zu sein, daß eine Schwefelverbindung, die sich vom SO (einem Derivat von S^{++}) ableitet zu der primären Bildung von *Pentathionat-Ion* Anlaß gibt. SO selbst tritt als Zwischenprodukt aber nicht auf; das haben SCHENK und PLATZ (164) nachgewiesen. Versuche von FOERSTER und UMBACH (46), bei denen SO unmittelbar aus $H_2S_2O_3$ entstanden sein sollte, sind falsch gedeutet worden (162). Gl. (34) dagegen wird auch von FOERSTER (37) angenommen [$H_2S_4O_5 = H_2S_2O_3(SO)_2$]. Mit dieser Gl. (34) soll erklärt werden, daß konzentrierte Thiosulfat-lösungen, die mit konzentrierter Salzsäure versetzt wurden, nur langsam Schwefel abscheiden. Die Thioschwefelsäure soll durch teilweise An-hydrierung stabilisiert sein.

Konzentrierte Thiosulfatlösungen, die mit konzentrierter Salzsäure angesäuert wurden — Gil-Beato-Lösungen, — zersetzen sich nach kurzer Zeit unter Bildung von höheren Polythionsäuren, $H_2S_nO_6$, n bis 14 (98); Schwefelabscheidung tritt aber erst nach längerer Zeit ein, wenn diese höheren Polythionsäuren ihrerseits zerfallen.

2. Zersetzung mit Katalysatoren.

Noch komplizierter als die Reaktion ohne Katalysatoren sieht die mit As^{III}, Sb^{III} und (in geringerem Maße) auch durch Sn^{IV}, Bi^{III}, Mo^{VI} (111), (116) katalysierte Reaktion aus. Diese Reaktion kann man so lenken, daß 95% des Thiosulfatschwefels in Polythionatschwefel über-gehen (116). Je nach dem p_H-Wert der Lösung entstehen verschiedene Polythionate (154), (116). Je niedriger der p_H-Wert der Lösung ist, um so höher ist der mittlere Schwefelgehalt der gebildeten Polythionsäuren. Zur Herstellung von $K_2S_5O_6$ vgl. RASCHIG (150), (151), von $K_2S_3O_6$ und $K_2S_4O_6$ KURTENACKER und MATEJKA (122), von $K_2S_6O_6$ KURTENACKER und Mitarbeiter (110), (123).

Zur Erklärung der Arsenwirkung haben KURTENACKER und CZER-NOTZKY (111) intermediäre Bildung von $H[SAsO_3]^{--}$ angenommen; FOER-STER und STÜHMER (45) glauben, daß ein primär entstehender Komplex

(*192*) $[As(S_2O_3)_3]^{---}$ reagiert:

$$[As(S_2O_3\backslash_3]^{---} + 3 H_2O = As(OH)_3 + 3 HS_2O_3^{-} \tag{36}$$

$$2 HS_2O_3^{-} = S_2O_3^{--} + SO + H_2SO_2 \tag{37}$$

$$SO + 2 HS_2O_3^{-} \rightarrow S_5O_6^{--} + H_2O. \tag{38}$$

Eine ähnliche Ansicht vertreten auch KURTENACKER und FÜRSTENAU (*114*). HANSEN (*86*) schlägt dagegen intermediäre Bildung des Radikals *Thiomonothionsäure* vor:

Tetrathionsäure $H_2S_4O_6$

Thiomonothionsäure-Radikal HS_2O_3

Thiomonothionsäure-Anion $S_2O_3^{-}$ [1]

Das Zwischenprodukt soll nach:

$$[As(S_2O_3\backslash_3]^{---} \rightarrow AsS^{+} + 2 S_2O_3^{-} + SO_3^{--} \tag{39}$$

entstehen. Das Anion $S_2O_3^{-}$ soll sich dann zu $S_4O_6^{--}$ dimerisieren, ähnlich wie man auch eine Dimerisierung des Anions der *Monothionsäure* SO_3^{-} zu dem Anion der *Dithionsäure* $S_2O_6^{--}$ annimmt (*81*), (*6*). Gl. (39) würde dann übergehen in:

$$[As(S_2O_3\backslash_3]^{---} \rightarrow AsS^{+} + S_4O_6^{--} + SO_3^{--}. \tag{40}$$

Die Bildung der höheren Polythionsäuren wird dadurch erklärt, daß das Radikal $S_2O_3^{-}$ Schwefel anlagern soll, z.B. unter Bildung von $S_3O_3^{-}$, das sich dann entweder zu $S_6O_6^{--}$ dimerisieren, oder mit $S_2O_3^{-}$ zu $S_5O_6^{--}$ zusammenlagern könnte. Neutralsalzzusatz fördert die Polythionatbildung, setzt aber den Schwefelgehalt herab; dieser Befund stützt die Ansicht von HANSEN, denn eine Reaktion zwischen gleichsinnig geladenen Thiomonothionsäure-Anionen sollte durch Neutralsalze katalysierbar sein. Erhöhung der H^{+}-Konzentration aber fördert den Zerfall von $H_2S_2O_3$ in S und SO_2, bewirkt Bildung von *Polyschwefel-Monothionsäure* und damit von höher geschwefeltem Polythionat (*84*).

F. Sonstige Bildungsweisen für Polythionsäuren.

Besonders interessant ist die Bildung von Polythionsäuren aus *Schwefel und Wasser*. GUTBIER (*75*) hat gezeigt, daß nach Einleiten von überhitztem Schwefeldampf in Wasser in der Lösung $S_5O_6^{--}$ nachweisbar ist. Analoge Beobachtungen machte HEINZE (*89*) beim Kochen von Schwefel mit Wasser. NOAK (*143*) deutet diese Erscheinung als primäre Disproportionierung des Schwefels:

$$3 S + 2 OH^{-} \rightleftharpoons S_2(OH)_2 + S^{--} \tag{13a}$$

und weitere Reaktion von $S_2(OH)_2$ bzw. S_2^{++}.

---

[1] $S_2O_3^{-}$ ist nach BANCROFT (*4*) das erste Oxydationsprodukt von $S_2O_3^{--}$ bei der anodischen Oxydation, ebenso wie SO_3^{-} das erste Oxydationsprodukt von SO_3^{--} darstellt. Der Zerfall der Thioschwefelsäure verläuft also nach HANSEN über das gleiche Zwischenprodukt wie die Oxydation.

Auch die Bildung von Trithionat aus N_4S_4 (*156*), (*207*), (*65*) sowie aus $S_4(NH)_4$ (*65*) und S_7NH (*70*) geht nach GOEHRING und Mitarbeitern auf die Reaktion des positiv zweiwertigen Schwefels mit HSO_3^-

$$S^{++} + 2\,HSO_3^- \rightarrow S_3O_6^{--} + 2\,H^+ \tag{8}$$

zurück.

III. Die Reaktionen der Polythionat-Ionen mit Sulfit- bzw. Hydrogensulfit-Ion und mit Thiosulfat-Ion in wäßriger Lösung.

COLEFAX (*16*) hat schon 1908 darauf hingewiesen, daß die höheren Polythionate, $S_4O_6^{--}$ und $S_5O_6^{--}$, lebhaft mit Sulfit reagieren. WEITZ und ACHTERBERG (*204*) zeigten, daß sich auch $S_6O_6^{--}$ mit Sulfit umsetzt. Es finden die Bruttoreaktionen statt:

$$S_4O_6^{--} + SO_3^{--} \rightarrow S_3O_6^{--} + S_2O_3^{--} \tag{17a}$$

$$S_5O_6^{--} + 2\,SO_3^{--} \rightarrow S_3O_6^{--} + 2\,S_2O_3^{--} \tag{41}$$

$$S_6O_6^{--} + 3\,SO_3^{--} \rightarrow S_3O_6^{--} + 3\,S_2O_3^{--}. \tag{42}$$

Diese Umsetzungen sind von RASCHIG (*150*) und besonders von KURTE-NACKER (*107*), (*115*), (*108*) zur quantitativen Bestimmung der Polythionate benutzt worden. FOERSTER und CENTNER (*38*) haben die Kinetik des Sulfitabbaus von Tetrathionat (17a) und von Pentathionat (41) untersucht. Sie fanden, daß es sich um Reaktionen zweiter Ordnung handelt. Die Reaktion (41) geht stufenweise vor sich, und zwar nach (43) und (17a):

$$S_5O_6^{--} + SO_3^{--} \rightarrow S_4O_6^{--} + S_2O_3^{--}. \tag{43}$$

Die Geschwindigkeitskonstante ist für den Vorgang (43) etwa 22mal größer als für (17a). Wenn man Sulfit im Überschuß verwendet, so verlaufen die Reaktionen vollständig; geht man von äquivalenten Mengen Sulfit und Polythionat aus, so stellen sich Gleichgewichte ein (*38*). Durch Zusatz von H^+ wird der Ablauf der Reaktionen (17), (32), (16) verlangsamt; das hängt wahrscheinlich damit zusammen, daß die Ionen SO_3^{--} und HSO_3^- am Sulfitabbau der Polythionate beteiligt sind, und daß die Konzentration dieser Ionen durch Zusatz von Säure verringert wird:

$$HSO_3^- + H^+ \rightleftharpoons H_2SO_3 \rightleftharpoons SO_2 + H_2O. \tag{44}$$

Daß der Sulfitabbau der Polythionate durch eine Reaktion zwischen entgegengesetzt geladenen Ionen zustande kommt, kann man daran erkennen (vgl. Abb. 3), daß ein Zusatz von Neutralsalz die Reaktionsgeschwindigkeit steigert (*183*). Nach BRÖNSTEDT (*12*) wirken Neutralsalze nämlich auf Reaktionen zwischen gleichsinnig geladenen Partnern katalytisch. Man formuliert die Einzelvorgänge für neutrale und saure Lösungen am besten folgendermaßen:

$$S_4O_6^{--} + HSO_3^- \rightleftharpoons S_3O_6^{--} + S_2O_3^{--} + H^+ \tag{17}$$

$$S_5O_6^{--} + HSO_3^- \rightleftharpoons S_4O_6^{--} + S_2O_3^{--} + H^+ \tag{32}$$

$$S_6O_6^{--} + HSO_3^- \rightleftharpoons S_5O_6^{--} + S_2O_3^{--} + H^+. \tag{16}$$

Umkehrung der Vorgänge (17) und (32) in saurer Lösung haben qualitativ FOERSTER und CENTNER (38), quantitativ STAMM, SEIPOLD und

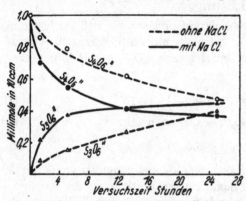

GOEHRING (183) beschrieben, nachdem bereits KURTENACKER und KAUFMANN (117), (118) die Existenz der Gleichgewichte wahrscheinlich gemacht hatten. Eine Umkehrung der Reaktion (16) konnte dagegen von diesen Autoren nicht nachgewiesen werden. Vergleiche aber die Hinweise von KURTENACKER und CZERNOTZKY (110) auf eine solche Reaktion.

Abb. 3. Umsetzung von $S_4O_6^{--}$ mit einer äquimolekularen Menge von schwefliger Säure bei $p_H = 1{,}7$ und $25°$. Einfluß eines Zusatzes von Natriumchlorid. [Abbildung aus Z. anorg. allg. Chem. **247**, 292 (1941).]

Die Reaktionen zwischen Polythionat und Sulfit sind früher nur darauf zurückgeführt worden, daß SO_3^{--} eine große Tendenz hat, Schwefel aufzunehmen und in den koordinativ 4-bindigen Zustand überzugehen (40), (38). Man hat den Vorgang also z.B. als Abgabe von S aus $S_4O_6^{--}$ ($\rightarrow S_3O_6^{--}$) und Aufnahme von S durch SO_3^- ($\rightarrow S_2O_3^{--}$) gedeutet. Foss (54) sieht dagegen in dem Vorgang einen Austausch der S_2O_3-Gruppe gegen die SO_3-Gruppe, zu dem $S_4O_6^{--}$ auf Grund der Formulierung

$$S_4O_6^{--} = (O_3S_2)(S_2O_3^{--}) \quad \text{bzw.} \quad {}^-O_3S \cdot S \cdot S_2O_3^-$$

befähigt sein soll. Bei dem Sulfitabbau von Tetrathionat nach (17a) müßte dann folgende Reaktion stattfinden:

$$O_3S_2(S_2O_3^{--}) + SO_3^{--} \rightarrow O_3S_2(SO_3^{--}) + S_2O_3^{--}. \tag{17b}$$

Diese Deutung der Reaktion ist nach den Versuchen von CHRISTIANSEN und DROST-HANSEN (15) richtig; denn wenn man für die Reaktion (17a) ein Sulfit verwendet, das S^{35} enthält, dann wird S^{35} in das entstehende *Trithionat* eingebaut, und es entsteht *nicht* Thiosulfat mit S^{35}; das letztere müßte dann erwartet werden, wenn dem Tetrathionat durch Sulfit lediglich Schwefel entzogen worden wäre. Der Sulfitabbau des Tetrathionates kann demnach formuliert werden:

$$^-O_3S \cdot S \cdot S_2O_3^- + S^{35}O_3^{--} \rightarrow {}^-O_3S \cdot S \cdot S^{35}O_3^- + S_2O_3^{--}. \qquad (17\,c)$$

Entsprechend werden von Foss die Reaktionen von $S_5O_6^{--}$ und $S_6O_6^{--}$ als Austauschreaktionen eines Schwefel(II)-dithiosulfates bzw. eines Dischwefel(II)-dithiosulfates gedeutet:

$$[S(S_2O_3)_2]^{--} + \overset{x}{S}O_3^{--} \rightarrow [(S_2O_3)S(\overset{x}{S}O_3)]^{--} + S_2O_3^{--}, \qquad (43\,a)$$

$$[S_2(S_2O_3)_2]^{--} + \overset{x}{S}O_3^{--} \rightarrow [(S_2O_3)S_2(\overset{x}{S}O_3)]^{--} + S_2O_3^{--} \qquad (16\,a)$$

bzw.

$$[S(S_2O_3)_2]^{--} + 2\,\overset{x}{S}O_3^{--} \rightarrow [S(\overset{x}{S}O_3)_2]^{--} + 2\,S_2O_3^{--}. \qquad (41\,a)$$

Die Existenz der Reaktionen der Polythionate mit Hydrogensulfit, d.h. der Gleichgewichte (17) und (32) und der Reaktion (16), macht es verständlich, daß sich jede Polythionatlösung, die SO_3^{--}, HSO_3^- oder $S_2O_3^{--}$ enthält, unter Bildung von allen anderen Polythionaten ($S_3O_6^{--}$, $S_4O_6^{--}$ und $S_5O_6^{--}$) zersetzt. Das Mengenverhältnis, in dem die einzelnen Polythionate aus dem Ausgangspolythionat entstehen, hängt vom p_H-Wert der Lösung ab.

Analog den Polythionaten können *Seleno*polythionate reagieren. Nach Foss (*56*) ist die Reaktion

$$[Se(\overset{x}{S}O_3)_2]^{--} + 2\,S_2O_3^{--} \rightleftharpoons [Se(S_2O_3)_2]^{--} + 2\,\overset{x}{S}O_3^{--} \qquad (45)$$

möglich. Selenopolythionate verhalten sich wie Sulfite bzw. wie Thiosulfate von Se^{++}.

Ebenso kann *Tellur*opentathionat mit nucleophilen Reagentien als Derivat von Te^{++}, $[Te(S_2O_3)_2]^{--}$, unter Austausch von $S_2O_3^{--}$ reagieren (*57*).

IV. Die Reaktionen der Polythionat-Ionen mit Cyanid-Ion.

Die Umsetzung zwischen CN^- und $S_4O_6^{--}$ wurde 1892 durch MEINECKE (*135*) aufgefunden und durch GUTMANN (*78*), MACKENZIE und MARSHALL (*130*), vor allem durch KURTENACKER und Mitarbeiter (*106*), (*113*), (*109*) untersucht. Es zeigte sich, daß in verdünnter Lösung und in der Kälte die Umsetzung:

$$S_4O_6^{--} + CN^- + OH^- \rightarrow CNS^- + S_2O_3^{--} + HSO_4^- \qquad (46)$$

stattfindet. Nur in konzentrierten Lösungen und in der Hitze ist die weitere Reaktion

$$S_2O_3^{--} + CN^- \rightarrow CNS^- + SO_3^{--} \qquad (47)$$

möglich. Reaktion (46) läßt sich zur quantitativen Bestimmung von $S_4O_6^{--}$ benutzen. Ganz analog dem Tetrathionat-Ion verhalten sich

Pentathionat-Ion und Hexathionat-Ion gegen Cyanid (*109*), (*166*), (*110*), (*108*):

$$S_5O_6^{--} + 2\,CN^- + OH^- \to S_2O_3^{--} + 2\,CNS^- + HSO_4^-, \tag{48}$$

$$S_6O_6^{--} + 3\,CN^- + OH^- \to S_2O_3^{--} + 3\,CNS^- + HSO_4^-. \tag{49}$$

Reaktion (48) verläuft sicher, Reaktion (49) wahrscheinlich in Stufen:

$$S_5O_6^{--} + CN^- \to S_4O_6^{--} + CNS^-, \tag{50}$$

$$S_4O_6^{--} + CN^- + OH^- \to S_2O_3^{--} + CNS^- + HSO_4^-. \tag{46}$$

Die Kinetik dieser Reaktionen wurde von Foresti (*49*) und von Ishikawa (*94*), (*96*) verfolgt. Die Reaktionen sind bimolekular in bezug auf Polythion-Ion und Cyanid-Ion. Die Geschwindigkeit der Reaktion mit $S_5O_6^{--}$ ist größer als die Geschwindigkeit der Reaktion mit $S_4O_6^{--}$. H^+ verzögert die Umsetzungen.

Nach Foss (*54*) hat man die Umsetzungen ebenso zu deuten, wie die Reaktionen der Polythionate mit Sulfit; Tetrathionat-Ion reagiert „halogenähnlich":

$$^-O_3S\cdot S\cdot S_2O_3^- + CN^- \to [O_3S\cdot S\cdot CN]^- + S_2O_3^{--}, \tag{51}$$

$$O_3S\cdot S\cdot CN^- + OH^- \to [O_3SOH]^- + SCN^-. \tag{52}$$

Pentathionat-Ion reagiert als Schwefel(II)-di-thiosulfat:

$$[S(S_2O_3)_2]^{--} + CN^- \to [(S_2O_3)S(CN)]^- + S_2O_3^{--}, \tag{53}$$

$$[O_3S_2\cdot S\cdot CN]^- + S_2O_3^{--} \to [O_3S\cdot S\cdot S_2O_3]^{--} + SCN^-. \tag{54}$$

Anschließend können die Reaktionen (51) und (52) eintreten. Bei Anwesenheit von CN^- im Überschuß sind aber nach Foss die Reaktionen:

$$[O_3S_2\cdot S\cdot CN]^- + CN^- \to [O_3S\cdot S\cdot CN]^- + SCN^-, \tag{55}$$

$$[O_3S\cdot S\cdot CN]^- + OH^- \to [O_3SOH]^- + SCN^- \tag{56}$$

wahrscheinlicher[1].

Ganz anders als die höheren Polythionate verhält sich Trithionat-Ion gegen Cyanid-Ion [Raschig (*150*)]. Nach Foss reagiert $S_3O_6^{--}$ wie $(O_3S_2)(SO_3^{--})$, bzw. wie $^-O_3S\cdot S\cdot SO_3^-$ (*54*):

$$^-O_3S\cdot S\cdot SO_3^- + CN^- \to [O_3S\cdot S\cdot CN]^- + SO_3^{--}, \tag{57}$$

$$[O_3S\cdot S\cdot CN]^- + OH^- \to [O_3SOH]^- + SCN^-. \tag{52}$$

---

[1] Es läge an sich nahe, ähnlich wie die Umsetzungen mit CN^- auch diejenigen Reaktionen zu deuten, die dafür verantwortlich sind, daß $S_4O_6^{--}$ und $S_5O_6^{--}$ die Jod-Acid-Reaktion beschleunigen (*137*). Diese Reaktionen sind in neuerer Zeit kinetisch untersucht worden von Hofman-Bang und Mitarbeitern (*90*), (*91*). Danach ist der geschwindigkeitsbestimmende Schritt der Reaktion eine primäre Umsetzung zwischen $S_nO_6^{--}$ und N_3^-.

V. Der Zerfall der Polythionate in wäßriger Lösung.

Die Polythionat-Ionen, $S_xO_6^{--}$ ($x = 3$ bis 6), sind in wäßriger Lösung nur kurze Zeit beständig; sie erleiden einen spontanen Zerfall, und es entsteht nach Bildung verschiedener Zwischenprodukte schließlich Sulfat-Ion, Sulfit-Ion und — aus den schwefelreicheren Polythionat-Ionen — Thiosulfat-Ion und Schwefel [vgl. hierzu besonders (124)]. Die Beständigkeit der einzelnen Polythionate zeigt in Abhängigkeit vom p_H-Wert Abb. 4.

Trithionat (36), (93) zerfällt in saurer und in schwach alkalischer Lösung (bei $p_H \leqq 12$) nach:

$$\left. \begin{array}{l} S_3O_6^{--} + H_2O \to \\ \to S_2O_3^{--} + SO_4^{--} + 2\,H^+. \end{array} \right\} (58)$$

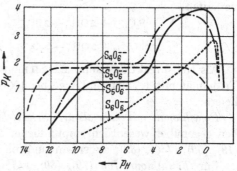

Abb. 4. Zersetzungskurven der Polythionate. (K berechnet für eine Reaktion 1. Ordnung und 50°.) [Abbildung aus Z. anorg. allg. Chem. **224**, 417 (1935).]

Bei Zimmertemperatur zerfällt in diesem Sinne nach Kurtenacker und Kaufmann (117) eine 0,1-n $K_2S_3O_6$-Lösung innerhalb von 28 Tagen zu 55%. Dieser Zerfall ist nach Foerster und Hornig (40), (34) eine normale Verseifungsreaktion und als solche vergleichbar mit der Spaltung von *Disulfat-Ion*, $S_2O_7^{--}$, und von *Imidodisulfonat-Ion*, $HN(SO_3)_2^{--}$, durch Wasser:

$$\text{H . O} \overset{SO_3^-}{\underset{SO_3^-}{\diagdown}} \qquad \text{H HN} \overset{SO_3^-}{\underset{SO_3^-}{\diagdown}} \qquad \text{H S} \overset{SO_3^-}{\underset{SO_3^-}{\diagdown}}$$
$$\text{HO} \qquad\qquad \text{HO} \qquad\qquad \text{HO}$$

Die dem Trithionat entsprechende Selenverbindung, $Se(SO_3)_2^{--}$, erleidet Hydrolyse im gleichen Sinn (42):

$$Se(SO_3)_2^{--} + HO^- \to SeSO_3^{--} + SO_4^{--} + H^+. \tag{58a}$$

Schließlich ist der Zersetzungsreaktion des $S_3O_6^{--}$ formal auch die Spaltung der *Dithionsäure* in schweflige Säure und in Schwefelsäure analog (208), (95), (174), (139), (176):

$$\text{H} \qquad\qquad SO_3H$$
$$\text{H—O} \qquad\quad SO_3H$$

Die Geschwindigkeit der Hydrolysenreaktion des Trithionat-Ions ist verhältnismäßig klein und im Gegensatz zur Hydrolyse des Dithionat-Ions in weiten Grenzen unabhängig von der H^+-Konzentration der Ausgangslösung. Bei 40° und bei einem p_H-Wert (zu Beginn der Reaktion) zwischen 0,5 und 13 zersetzt sich eine 0,13-m Lösung von $K_2S_3O_6$

in etwa 27 Std zur Hälfte; bei 50° beträgt diese Halbwertszeit etwa 20 Std (*124*), (*69*).

Bei höherer Alkalikonzentration (mindestens $p_H = 13$) tritt eine andere Spaltung des Trithionat-Ions hervor (*48*), (*129*), (*153*), (*120*). Die Reaktion:

$$2 S_3O_6^{--} + 6 OH^- \rightarrow S_2O_3^{--} + 4 SO_3^{--} + 3 H_2O \tag{59}$$

scheint, wie zuerst HANSEN (*85*) vermutet hat, über Zwischenstufen zu verlaufen:

$$S_3O_6^{--} + 2 OH^- \rightarrow 2 SO_3^{--} + S(OH)_2, \tag{60}$$

$$2 S(OH)_2 + 2 OH^- \rightarrow S_2O_3^{--} + 3 H_2O. \tag{61}$$

Als Nebenreaktion kann nach SILBERMAN und SAPUTRJAJEWA (*171*) Trithionat mit 1,5 bis 3-n Lauge bei 100° *Dithionat* in kleinen Mengen liefern.

Polythionate mit mehr als drei Schwefelatomen im Molekül sind Alkalien gegenüber wesentlich empfindlicher als Di- und Trithionat (*187*), (*19*), (*60*), (*150*), (*89*); außerdem sind die Umsetzungen verwickelter.

Für *Tetrathionat-Ion* (*79*), (*80*), (*153*), (*124*) ergibt sich folgendes Bild: Bei längerem Behandeln mit Alkalilauge erfolgt die Reaktion:

$$2 S_4O_6^{--} + 6 OH^- = 3 S_2O_3^{--} + 2 SO_3^{--} + 3 H_2O. \tag{62}$$

Bei $p_H = 8,9$ und 50° beobachteten KURTENACKER und Mitarbeiter (*117*), (*124*) hauptsächlich die Reaktion:

$$2 S_4O_6^{--} = S_3O_6^{--} + S_5O_6^{--} \tag{63}$$

und bei $p_H = 11,5$ (0,5-n NH_3-Lösung) sowie bei 20° in 0,5-n Sodalösung beobachtete GUTMANN (*80*), (*120*), (*124*) die Reaktion:

$$4 S_4O_6^{--} + 6 OH^- = 2 S_3O_6^{--} + 5 S_2O_3^{--} + 3 H_2O. \tag{64}$$

Weitere Reaktion von $S_3O_6^{--}$ nach (58) und (59) unter Bildung von SO_3^{--}, $S_2O_3^{--}$, SO_4^{--} (je nach den Bedingungen in wechselndem Mengenverhältnis) ist bei längeren Versuchszeiten natürlich möglich [vgl. (*80*), (*60*)]. Bei 100° kann aus $S_4O_6^{--}$ nach JOSEPHY (*100*) und GUTMANN (*79*) sogar H_2S (neben SO_2) gebildet werden.

Alle diese Reaktionen wurden verständlich, nachdem FOSS (*53*) [vgl. auch (*69*)] gezeigt hatte, daß $S_4O_6^{--}$ in wäßriger Lösung mit Piperidin unter Bildung von Schwefeldipiperidid, Sulfit und Thiosulfat reagieren kann:

$$S_4O_6^{--} + 4 C_5H_{10}NH = S(NC_5H_{10})_2 + 2 C_5H_{10}NH_2^+ + SO_3^{--} + S_2O_3^{--}. \tag{65}$$

Diese Umsetzung deutet darauf hin, daß ein primärer Zerfall von $S_4O_6^{--}$ nach:

$$S_4O_6^{--} = S^{++} + SO_3^{--} + S_2O_3^{--} \tag{66}$$

bzw. nach:

$$S_4O_6^{--} + 2\,OH^- \to S(OH)_2 + SO_3^{--} + S_2O_3^{--} \qquad (66a)$$

unter dem Einfluß nucleophiler Reagentien möglich ist. S^{++} bzw. $S(OH)_2$ kann dann weiter reagieren, wie das von seinen Abkömmlingen bekannt ist (vgl. S. 449). Nach GOEHRING und Mitarbeitern (*69*) ergibt sich dann für den Zerfall des Tetrathionat-Ions folgendes:

In *alkalischer Lösung* ist möglich:

$$2\,S(OH)_2 + 2\,OH^- \to S_2O_3^{--} + 3\,H_2O. \qquad (67)$$

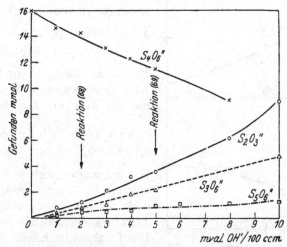

Abb. 5. Zersetzung einer Tetrathionatlösung in Abhängigkeit von der OH-Konzentration der Ausgangs-lösung. (Ausgangskonzentration an $K_2S_4O_6$: 16 mmol/100 ml Lösung. 25°. Reaktionszeit: 1 Std.)
[Abbildung aus Z. anorg. allg. Chem. **254**, 189 (1947)].

Bei Ablauf von (66a) und (67) würde eine Gesamtumsetzung nach (62) entstehen. Außerdem ist aber an einen Sulfitabbau des $S_4O_6^{--}$ zu denken (vgl. Abschnitt III), der zur Bildung von Trithionat Anlaß gibt:

$$2\,S_4O_6^{--} + 4\,OH^- \to 2\,S(OH)_2 + 2\,S_2O_3^{--} + 2\,SO_3^{--}$$
$$2\,S_4O_6^{--} + 2\,SO_3^{--} \to 2\,S_3O_6^{--} + 2\,S_2O_3^{--}$$
$$\underline{2\,S(OH)_2 + 2\,OH^- \to S_2O_3^{--} + 3\,H_2O}$$
$$4\,S_4O_6^{--} + 6\,OH^- \to 5\,S_2O_3^{--} + 2\,S_3O_6^{--} + 3\,H_2O. \qquad (64)$$

Bei *kleinen OH^--Konzentrationen* wird aus Tetrathionat-Ion nicht nur $S_3O_6^{--}$ und $S_2O_3^{--}$, sondern auch $S_5O_6^{--}$ gebildet. Für sehr kleine Ausgangskonzentrationen von OH^- gilt die Bruttogleichung:

$$8\,S_4O_6^{--} + 6\,OH^- \to 5\,S_2O_3^{--} + 4\,S_3O_6^{--} + 2\,S_5O_6^{--} + 3\,H_2O. \qquad (68)$$

Für größere OH^--Ausgangskonzentrationen dagegen:

$$6\,S_4O_6^{--} + 6\,OH^- \to 5\,S_2O_3^{--} + 3\,S_3O_6^{--} + S_5O_6^{--} + 3\,H_2O. \qquad (69)$$

Den Verlauf der Umsetzung bei verschiedenen OH$^-$-Konzentrationen zeigt Abb. 5 (*69*).

Diese Bruttoumsetzungen kommen dadurch zustande, daß sich der Reaktion (64) der Zerfall des Tetrathionat-Ions nach Gl. (63) bzw. (70) mehr oder weniger überlagert. Dieser Zerfall ist nach Foss (*54*) nichts anderes als ein Übergang des unsymmetrischen Schwefel(II)-sulfit-thiosulfates (Tetrathionat) in symmetrisches Schwefel(II)-di-sulfit (Trithionat) und Schwefel(II)-di-thiosulfat (Pentathionat):

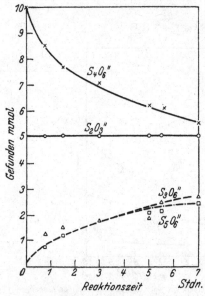

$$2\,[(^{--}O_3S)(S^{++})(S_2O_3^{--})]^{--} \rightarrow$$
$$\rightarrow [S(SO_3)_2]^{--} + [S(S_2O_3)_2]^{--}. \tag{70}$$

Diese Umsetzung geht vor sich, wenn $S_2O_3^{--}$ zugegen ist; sie verläuft vermutlich über die Zwischenstufen:

$$S_4O_6^{--} + S_2O_3^{--} \rightleftharpoons S_5O_6^{--} + SO_3^{--}, \tag{71}$$
$$S_4O_6^{--} + SO_3^{--} \rightleftharpoons S_3O_6^{--} + S_2O_3^{--}. \tag{17a}$$

Da bei einem solchen Reaktionsablauf $S_2O_3^{--}$ zurückgebildet wird, wirkt es nur katalytisch auf die Tetrathionatzersetzung nach (70). Der katalytische Effekt, der schon von Colefax (*17*) entdeckt worden ist, ist sehr groß. Während sich in einer 0,14-m neutralen Tetrathionatlösung bei 25° erst nach etwa 70 Std die ersten Spuren von $S_5O_6^{--}$ nachweisen lassen (*69*) und eine 0,1-m Lösung erst nach 39 Tagen zu etwa 26% zerfallen ist (*117*), verläuft die Zersetzung nach (70) bei Gegenwart von $S_2O_3^{--}$ recht rasch (*118*). Vgl. hierzu Abb. 6 (*69*).

Abb. 6. Hydrolyse von 10 mmol K$_2$S$_4$O$_6$ mit 70 ml Wasser bei Gegenwart von 5 mmol Na$_2$S$_2$O$_3$ bei 25°. (Ohne S$_2$O$_3^{--}$ unter den angegebenen Bedingungen keine Hydrolyse.) [Abbildung aus Z. anorg. allg. Chem. **254**, 190 (1947).]

Die durch Thiosulfat-Ion katalysierte Umsetzung verläuft bei Gegenwart von Neutralsalzen schneller als ohne Salzzusatz (*54*), (*69*); dies ist ein Hinweis darauf, daß an der Reaktion gleichsinnig geladene Ionen teilnehmen (*12*), wie das der Weg über (71) und (17a) auch erwarten läßt.

Die Hydrolyse von *Pentathionat-Ion* verläuft ähnlich der Hydrolyse von Tetrathionat-Ion in *neutraler Lösung* ziemlich langsam. Bei 25° ist auch nach 24 stündigem Stehen in einer etwa 0,15-m Lösung noch keine Zersetzung zu bemerken (*69*). Setzt man aber $S_2O_3^{--}$ zu, so setzt auch in neutraler Lösung sofort eine Zersetzung ein, die im wesentlichen (*34*), (*117*) nach:

$$S_5O_6^{--} \rightarrow S_4O_6^{--} + S \tag{72}$$

vor sich geht. Auch $S_3O_6^{--}$ wirkt auf diese Reaktion katalytisch (*117*). Der Grund hierfür liegt wohl aber darin, daß $S_3O_6^{--}$ langsam unter Bildung des eigentlichen Katalysators, $S_2O_3^{--}$, nach (58) zerfällt. Der katalytische Einfluß von $S_2O_3^{--}$ auf (72) wurde zuerst verfolgt von Foerster und Hornig (*40*), dann von Kurtenacker und Mitarbeitern (*117*), (*118*), (*124*), von Foss (*54*), (*58*) und von Goehring und Mitarbeitern (*69*).

Die analoge, ebenfalls durch $S_2O_3^{--}$ katalysierte Reaktion kann *Hexathionat-Ion* erleiden (*124*):

$$S_6O_6^{--} \rightarrow S_5O_6^{--} + S. \tag{73}$$

Nach Foss (*54*), (*58*) ist die Thiosulfatkatalyse eine Austauschreaktion:

$$[S(S_2O_3)_2]^{--} + \overset{x}{S}_2O_3^{--} \rightleftharpoons S\overset{\overset{x}{S}_2O_3^{-}}{\underset{S_2O_3^{-}}{<}} + S_2O_3^{--}$$

$$[S_2(S_2O_3)_2]^{--} + \overset{x}{S}_2O_3^{--} \rightleftharpoons S_2\overset{\overset{x}{S}_2O_3^{-}}{\underset{S_2O_3^{-}}{<}} + S_2O_3^{--}.$$

Dabei sollen die Ionen vorübergehend einen energiereicheren Zustand annehmen, in dem sie nach:

$$S\overset{S_2O_3^{-}}{\underset{S_2O_3^{-}}{<}} \rightarrow S + [(S_2O_3)_2]^{--}$$

$$S_2\overset{S_2O_3^{-}}{\underset{S_2O_3^{-}}{<}} \rightarrow S + S\overset{S_2O_3^{-}}{\underset{S_2O_3^{-}}{<}}$$

zerfallen können. Die Tatsache, daß Neutralsalze diese Reaktionen katalysieren (*54*), (*69*) ist mit dieser Auffassung (Reaktion von gleichsinnig geladenen Ionen) im Einklang.

Pentathionat-Ion und *Hexathionat-Ion* ist sehr empfindlich gegen *Alkali*. Neben der Reaktion (72) kann $S_5O_6^{--}$ dann nach:

$$2\,S_5O_6^{--} + 6\,OH^- \rightarrow 5\,S_2O_3^{--} + 3\,H_2O \tag{74}$$

reagieren (*48*), (*153*), (*120*), (*124*), (*69*)[1]. Nach Kurtenacker, Mutschin und Stastny (*124*) hat man bei p_H 4,6 bis 3,8 (50°) hauptsächlich mit Umsetzung (74) zu rechnen. Bei mittleren p_H-Werten beobachtet man beide Umsetzungen nebeneinander, kombiniert mit dem Abbau des Tetrathionat-Ions durch Lauge (64) und der Reaktion (70). Da (70) und (72) durch $S_2O_3^{--}$ katalysiert werden und dieses nach (74) und (64) entsteht, verläuft die Gesamtumsetzung autokatalytisch.

---

[1] Bei längerem Kochen kann hier auch H_2S bzw. S^{--} auftreten (*101*), (*187*), (*192*), vermutlich durch Disproportionierung von S nach:

$$4\,S + 6\,OH^- = 2\,S^{--} + S_2O_3^{--} + 3\,H_2O \quad (120) \tag{75}$$

Die Reaktion mit OH^- verläuft vermutlich (53) nach:

$$\left.\begin{array}{c} [S(S_2O_3)_2]^{--} + OH^- \rightleftharpoons [S(S_2O_3)(OH)]^- + S_2O_3^{--} \\ \rightarrow [(S_2O_3)_2]^{--} + S + OH^- \end{array}\right\} \quad (72a)$$

$$\left.\begin{array}{c} [S_2(S_2O_3)_2]^{--} + OH^- \rightleftharpoons [S_2(S_2O_3)(OH)]^- + S_2O_3^{--} \\ \rightarrow [S(S_2O_3)_2]^{--} + S + OH^-. \end{array}\right\} \quad (73a)$$

Mit mehr Alkali können die Reaktionen eintreten (69):

$$2\,[S(S_2O_3)_2]^{--} + 4\,OH^- \rightarrow 2\,S(OH)_2 + 4\,S_2O_3^{--}, \quad (76)$$

$$2\,S(OH)_2 + 2\,OH^- \rightarrow S_2O_3^{--} + 3\,H_2O. \quad (67)$$

Daß eine derartige Reaktion wirklich stattfinden kann, zeigt die Reaktion mit *Piperidin* (52), (53), (54), (69), bei der aus *Pentathionat-Ion* Thiodipiperidid neben Thiosulfat-Ion erhalten wird:

$$[S(S_2O_3)_2]^{--} + 4\,C_5H_{10}NH \rightarrow S(NC_5H_{10})_2 + 2\,S_2O_3^{--} + 2\,C_5H_{10}NH_2^+. \quad (77)$$

Bei dieser Umsetzung reagiert $S_5O_6^{--}$ als Schwefel(II)-di-thiosulfat-Ion; im $[S(S_2O_3)_2]^{--}$ wird $S_2O_3^{--}$ durch $C_5H_{10}N^-$ ausgetauscht.

Hexathionat ist zu der Reaktion:

$$[S_2(S_2O_3)_2]^{--} + 4\,C_5H_{10}NH \rightarrow S_2(NC_5H_{10})_2 + 2\,S_2O_3^{--} + 2\,C_5H_{10}NH_2^+ \quad (78)$$

befähigt (54), die es als Dischwefel-di-thiosulfat charakterisiert.

Der Zerfall der Polythionate in wäßriger Lösung, der zunächst recht kompliziert aussah, ist demnach nichts anderes als eine Umkehrung der Bildungsreaktionen für Polythionate aus S_2^{++} bzw. S^{++}. Er zeigt, daß die Bildungsreaktionen:

$$S^{++} + 2\,HSO_3^- \rightleftharpoons S_3O_6^{--} + 2\,H^+, \quad (8)$$

$$S^{++} + 2\,S_2O_3^{--} \rightleftharpoons S_5O_6^{--}, \quad (9)$$

$$S_2^{++} + 2\,S_2O_3^{--} \rightleftharpoons S_6O_6^{--}, \quad (5a)$$

$$\left.\begin{array}{c} S_2^{++} + 2\,HSO_3^- \\ S^{++} + HSO_3^- + S_2O_3^{--} + H^+ \end{array}\right\} \rightleftharpoons S_4O_6^{--} + 2\,H^+. \quad (4a)$$

Gleichgewichte sind, die unter dem Einfluß von Kationenacceptoren nach links verschoben werden. Dabei ist teilweiser oder vollständiger Ersatz der $S_2O_3^{--}$- bzw. SO_3^{--}-Gruppen durch das neue Anion möglich.

Diese Zerfallsreaktionen verlaufen ganz ähnlich, wenn man ein Schwefelatom der Polythionate durch *Selen* bzw. *Tellur* ersetzt, also z.B. $[Se(S_2O_3)_2]^{--}$ und $[Te(S_2O_3)_2]^{--}$ betrachtet (58).

VI. Die Umsetzung der Polythionate mit Sulfid-Ion und mit Schwefelwasserstoff.

Mit *Alkalisulfid*[1] reagieren die Polythionate allgemein nach der Gleichung (13), (191), (31), (32), (158), (150), (23):

$$S_nO_6^{--} + S^{--} = 2\,S_2O_3^{--} + (n-3)\,S. \quad (79)$$

---

[1] Oder mit anderen Sulfiden, z.B. MnS [Feld (33)].

Diese Reaktion kann zur quantitativen Bestimmung der Polythionate benutzt werden (*108*); sie ist eine der Grundlagen der Patente von W. FELD zur Absorption von H_2S und zur Gewinnung des Kohleschwefels [vgl. (*195*), (*30*)]; weitere Patente (*82*). Die Umsetzung zwischen $S_4O_6^{--}$ bzw. $S_5O_6^{--}$ und S^{--} erfolgt schon bei Zimmertemperatur sehr rasch (*83*). $S_5O_6^{--}$ reagiert etwas träger als $S_4O_6^{--}$. $S_3O_6^{--}$ dagegen reagiert wesentlich langsamer. Die Umsetzung von $S_3O_6^{--}$ erfolgt in zwei Stufen (*150*), (*83*):

$$\text{(I)} \quad S_3O_6^{--} + S^{--} \rightleftharpoons S_2O_3^{--} + SO_3^{--} + S, \tag{80}$$

$$\text{(II)} \quad SO_3^{--} + S = S_2O_3^{--}. \tag{14a}$$

Das intermediäre Auftreten von Schwefel haben KURTENACKER und GOLDBACH (*115*) an dem vorübergehenden Auftreten einer Gelbfärbung (Polysulfid) erkannt. Auch das andere Zwischenprodukt, SO_3^{--}, konnte von HANSEN (*83*) direkt nachgewiesen werden.

Foss (*54*) hält es für wahrscheinlich, daß die Umsetzung der Polythionat-Ionen mit S^{--} analog den Umsetzungen mit SO_3^{--} und mit CN^- verläuft, hier also in einem Austausch von $S_2O_3^{--}$ durch S^{--} in $[S_2O_3(S_2O_3^{--})]$ bzw. $[S(S_2O_3)_2]^{--}$ besteht.

Setzt man die Polythionate mit *Schwefelwasserstoff* um, so findet eine Reaktion statt, die viel komplizierter als die Reaktion mit Sulfidion ist. *Trithionat* reagiert mit H_2S bei Zimmertemperatur überhaupt nicht merklich (*19*). *Tetrathionat* setzt sich nach FELD (*32*) und SANDER (*158*) um im Sinne der Gleichung:

$$S_4O_6^{--} + 3\,H_2S = S_2O_3^{--} + 5\,S + 3\,H_2O. \tag{81}$$

Pentathionat soll analog reagieren. Die Reaktion geht langsamer vor sich als mit Tetrathionat-Ion [vgl. (*187*), (*119*)]:

$$S_5O_6^{--} + 3\,H_2S = S_2O_3^{--} + 6\,S + 3\,H_2O. \tag{82}$$

KURTENACKER und KAUFMANN (*119*) wiesen aber darauf hin, daß diese Gleichungen nur bei einem großen Überschuß an H_2S zu verwirklichen sind. In mit Acetat gepufferten Lösungen spielen sich nach HANSEN (*83*) die Primärreaktionen ab:

$$S_4O_6^{--} + H_2S \rightarrow 2\,S_2O_3^{--} + S + 2\,H^+, \tag{83}$$

$$S_5O_6^{--} + H_2S \rightarrow 2\,S_2O_3^{--} + 2\,S + 2\,H^+. \tag{84}$$

Erhöhung der H^+-Konzentration wirkt verlangsamend. Bei Gegenwart von H^+ verläuft die Umsetzung auch viel komplizierter; es entsteht dann aus $S_4O_6^{--}$ mit H_2S auch $S_3O_6^{--}$ und $S_5O_6^{--}$.

GOEHRING und I. APPEL (3) führen (in Übereinstimmung mit FOSS) die Umsetzungen von H_2S mit Polythionaten auf Vorgänge zurück, wie sie beim Zerfall der Polythionate in wäßriger Lösung eine Rolle spielen, also Bildung und weitere Reaktionen von S^{++} und S_2^{++}. Die Reaktion ist im einzelnen aber noch nicht geklärt.

Ebenso wie S^{--} und H_2S letzten Endes durch Polythionat-Ion zu Schwefel oxydiert wird, oxydiert $S_4O_6^{--}$ auch die HS-Gruppen von denaturiertem Eiweiß in vitro [ANSON (2)].

Zu den Oxydationsreaktionen von Polythionaten gehören weiter die Umsetzungen von $S_3O_6^{--}$ und $S_4O_6^{--}$ mit Arsenit und Stannit, die nach GUTMANN (76), (77) zu Sulfit, Thioarsenat bzw. Thiostannat und Arsenat bzw. Stannat führen.

VII. Sonstige Reaktionen der Polythionat-Ionen.

Die analytischen Reaktionen der Polythionate, insbesondere auch die Umsetzungen mit Schwermetallionen, sind in diese Übersicht nicht aufgenommen worden. Es kann hier auf das Buch von KURTENACKER (108) verwiesen werden.

Es ist bekannt, daß zwischen den Polythionsäuren und dem lyophilen kolloiden Schwefel mannigfaltige Beziehungen bestehen. Am Aufbau der Micelle der Schwefelsole nach RAFFO und nach SELMI sind wahrscheinlich höhere Polythionsäuren beteiligt; die Stabilität der Sole wird nach Auffassung verschiedener Autoren durch die Polythionsäuren bedingt, und viele Eigenschaften der Sole, wie z.B. die irreversible Coagulation durch Lauge werden durch die Reaktionen der Polythionsäuren hervorgerufen. Hier kann auf diesen Zusammenhang nur kurz hingewiesen werden.

VIII. Die Konstitution der Polythionat-Ionen.

Für die Polythionat-Ionen haben schon BLOMSTRAND (9) und MENDELEJEFF (136) Formeln vorgeschlagen, die unverzweigte Ketten von Schwefelatomen enthielten, etwa im Sinne von:

$$\left.\begin{array}{ll} ^-O_3S-S-SO_3^-, & ^-O_3S-S-S-SO_3^-, \\ ^-O_3S-S-S-S-SO_3^-, & ^-O_3S-S-S-S-S-SO_3^-. \end{array}\right\} \quad (I)$$

Später sind diese Formulierungen der Schwefelketten immer wieder angegriffen worden; dazu gaben vor allem die chemischen Reaktionen der Polythionate Anlaß. Es schien z.B. unverständlich zu sein, daß die höheren Polythionate aus ihren Schwefelketten verhältnismäßig leicht Schwefel auf Zusatz von Alkali abgeben (25), (5), (151). Deshalb

schlugen MARTIN und METZ (*133*) sowie VOGEL (*198*) Komplexformeln
vor:

$$\begin{bmatrix} O & & O \\ & S & \\ O_2S & & SO_2 \end{bmatrix}^{--} \quad (II) \qquad\qquad \begin{bmatrix} O & & O \\ O & S_4 & O \\ O & & O \end{bmatrix}^{--} \quad (III)$$

Außerdem wurden von VOGEL (*199*) und von CHRISTIANSEN (*14*) verzweigte Schwefelketten für möglich gehalten:

$$S={S}{<}^{SO_2 \cdot OH}_{SO_2 \cdot OH} \quad (IV) \qquad\qquad \text{(V)}$$

Heute kennt man die Struktur des *Kaliumtrithionates* aus den Rönt-
genstrukturuntersuchungen von ZACHARIASEN (*209*) genau. Im $K_2S_3O_6$
sind zwei der drei Schwefelatome tetraedrisch umgeben von je 3 O und
1 S. Beiden Tetraedern ist die Ecke, die durch das S-Atom besetzt ist,
gemeinsam. Danach bilden also die 3 S-Atome eine gewinkelte Kette:

$$^-O_3S{\diagup}^S{\diagdown}SO_3{}^-$$

Der Winkel, den die Verbindungslinien der 3 S-Atome bilden, beträgt
103°. Die Abstände der Atommittelpunkte betragen für

$$S\text{—}S \ 2{,}15 \ \text{Å}$$

$$S\text{—}O \ 1{,}50 \ \text{Å}.$$

Auf Grund dieser Abstandsbestimmungen sind die Bindungen zwischen
Schwefel und Schwefel als einfache Elektronenpaarbindungen anzusehen.
Die Bindungen zwischen Schwefel und Sauerstoff entsprechen den Bin-
dungen im Sulfat-Ion.

Dafür, daß im *Tetrathionat-Ion* und im *Pentathionat-Ion* ebenfalls
gewinkelte, aber nicht verzweigte Schwefelketten vorhanden sind, spricht
das $K\alpha$-Röntgenemissionsspektrum des Schwefels in diesen Verbindungen (*27*); die RAMAN-Spektren lassen sich auf dieser Grundlage deuten
(*26*), und auch den magnetischen Suszeptibilitäten wird diese Formulierung am besten gerecht (*146*): Die Radikalsuszeptibilität für $S_4O_6{}^{--}$
ist ziemlich genau doppelt so groß wie für S_2O_3; sie ist gleich der Summe
der Radikalsuszeptibilitäten für $2 SO_3 + 2 S$ [1].

FOSS (*59*) hat besonders darauf hingewiesen, daß die Annahme von
unverzweigten Schwefelketten in den Polythionaten auch den chemischen
Reaktionen gut entspricht. Die Umsetzungen mit $SO_3{}^{--}$ und mit CN^-

---

[1] Die Molrefraktion von $S_4O_6{}^{--}$ soll allerdings nach GRINBERG (*74*) negativ
zweiwertigen Schwefel im Molekül erwarten lassen, was mit den bisher vorgeschlagenen Formeln und auch mit den chemischen Eigenschaften nicht im Einklang steht.

lassen sich formulieren:

$$^-O_3S-S-S-S-SO_3^- + \overset{\times}{S}O_3^{--} \rightarrow {}^-O_3S-S-S-\overset{\times}{S}O_3^- + S_2O_3^{--}$$

$$^-O_3S-S-S-S-SO_3^- + \overset{\times}{C}N^- \rightarrow {}^-O_3S-S-S-\overset{\times}{C}N + S_2O_3^{--}$$

$$^-O_3S-S-S-CN + \overset{\times}{C}N^- \rightarrow {}^-O_3S-S-\overset{\times}{C}N + SCN^-$$

$$^-O_3S-S-CN + OH^- \rightarrow {}^-O_3S-OH + SCN^-.$$

Diese Umsetzungen treten völlig analog auf bei den *Alkyltetrasulfiden*, die sicher kettenförmig gebaut sind [vgl. z.B. KOCH (*105*)]:

$$R-S-S-S-S-R + \overset{\times}{S}O_3^{--} \rightarrow R-S-S-S-\overset{\times}{S}O_3^- + RS^-$$

$$R-S-S-S-SO_3^- + \overset{\times}{S}O_3^{--} \rightarrow R-S-S-\overset{\times}{S}O_3^- + S_2O_3^{--}$$

$$R-S-S-SO_3^- + \overset{\times}{S}R^- \rightarrow R-S-\overset{\times}{S}-R + S_2O_3^{--}.$$

Wie in anderen Schwefelverbindungen[1] liegt auch bei den Polythionaten offenbar nicht die Gruppe $-S \rightarrow S$ oder $-S=S$, sondern immer nur die Gruppe $-S-S-$ vor.

IX. Übersicht (Tabellen).

Das wesentliche Ergebnis der neueren Arbeiten über die Chemie der Polythionsäuren liegt in der Erkenntnis, daß sich die sehr zahlreichen, scheinbar unübersichtlichen Reaktionen dieser Stoffe auf wenige Grundumsetzungen zurückführen lassen. Nach Kenntnis dieser Grundreaktionen kann man zwanglos die Versuchsergebnisse verstehen, die die älteren Autoren seit der Entdeckung der Polythionsäuren auf diesem Gebiet erhalten hatten. Die wichtigsten Reaktionen sind in den folgenden Tabellen zusammengestellt.

Den Tabellen liegt der folgende Gedankengang zugrunde, der sich im wesentlichen aus den Arbeiten von FOSS, GOEHRING, HANSEN und STAMM ergibt: Die Bildung der Polythionsäuren geht entweder auf eine Oxydation von Thiosulfat-Ion über Thiomonothionat-Radikal zu Tetrathionat-Ion zurück, oder sie wird bewirkt durch Umsetzungen von S^{++} bzw. S_2^{++} mit Bisulfit-Ion oder Thiosulfat-Ion. Die Polythionat-Ionen verhalten sich wie Schwefel(II)-sulfite bzw. Schwefel(II)-thiosulfate, in denen die SO_3- oder die S_2O_3-Gruppen durch andere Gruppen ausgetauscht werden können; mit nucleophilen Reagentien entstehen Abkömmlinge von S^{++} bzw S_2^{+}, wie sie sonst z.B. aus Schwefeldichlorid oder Dischwefeldichlorid erhalten werden. Mit Hydroxyl-Ionen werden primär die Ionen des positiv zweiwertigen Schwefels neben Sulfit-Ion bzw. Thiosulfat-Ion zurückgebildet, die Bildungsreaktionen sind also umkehrbar.

---

[1] Vgl. dazu z.B. H_2S_2 (*185*), (*29*), $(CH_3)_2S_2$ (*185*), (*200*), $(CH_3)_2S_3$ (*25*), $[(CH_3)_2N]_2S_2$ (*66*), $S_2(OCH_3)_2$ (*161*), (*66*).

Die Bildung der Polythionate.

Ausgangssubstanzen	Wahrscheinliche Reaktionen
S_2Cl_2 S_2Br_2 $S_2(SCN)_2$ $\Big\} + HSO_3^-$ $S_2(OCH_3)_2$ bzw. $S_2(NR_2)_2$ $\Big\}$ $S_2O_3^{--}$	$S_2X_2 \rightleftharpoons S_2^{++} + 2\,X^-$ \hfill (1) in saurer Lösung: $S_2^{++} + 2\,HSO_3^- \rightarrow S_4O_6^{--} + 2\,H^+$ \hfill (2) $S_2^{++} + 2\,S_2O_3^{--} \rightarrow S_6O_6^{--}$ \hfill (3) in alkalischer Lösung: $S_2^{++} + 2\,OH^- \rightleftharpoons S_2(OH)_2$ \hfill (4) $S_2(OH)_2 + OH^- \rightarrow SO_3^{--} + HS^- + 2\,H^+$ \hfill (5) $S_2^{++} + HS^- \rightarrow 3\,S + H^+$ \hfill (6) $S + SO_3^{--} \rightarrow S_2O_3^{--}$ \hfill (7)
SCl_2 $S(OCH_3)_2 \Big\} + HSO_3^-$ $S(NR_2)_2 \Big\}$ bzw. $S_2O_3^{--}$	$SX_2 \rightleftharpoons S^{++} + 2\,X^-$ \hfill (8) in saurer Lösung: $S^{++} + 2\,HSO_3^- \rightarrow S_3O_6^{--} + H^+$ \hfill (9) $S^{++} + 2\,S_2O_3^{--} \rightarrow S_5O_6^{--}$ \hfill (10) in alkalischer Lösung: HS^-, SO_3^{--}, $S_2O_3^{--}$ nach Reaktionen, die (4) bis (7) analog sind
$H_2S + SO_2$	in saurer Lösung: $H_2S + SO_2 \quad S_2(OH)_2 \rightleftharpoons S_2^{++} + 2\,OH^-$ \hfill (11) weitere Reaktionen nach (2), (3), (6), (7) in schwach alkalischer Lösung: (11), (6), (7)
SO_2, H_2SO_3, HSO_3^- Disproportionierung bei Gegenwart von NH_3, NH_4^+, SeO_2, J^-	$2\,S^{4+} \rightarrow S^{6+} + S^{2+}$ \hfill (12) $3\,S^{4+} \rightarrow 2\,S^{6+} + S$ \hfill (13) weitere Reaktion nach (7), (9), (10)
$S + H_2O$	$2\,S \rightleftharpoons S^{++} + S^{--}$ \hfill (14) weitere Reaktion nach (11), (9)
S_4N_4 $S_4(NH)_4 \Big\} + HSO_3^-$ $S_7(NH) \Big\}$	$S_4N_4 + 12\,H^+ \rightarrow 4\,NH_3 + 2\,S^{4+} + 2\,S^{2+}$ \hfill (15) $S_4(NH)_4 + 8\,H^+ \rightarrow 4\,NH_3 + 4\,S^{2+}$ \hfill (16) $S_7(NH) + 2\,H^+ \rightarrow NH_3 + S^{2+} + 6\,S$ \hfill (17) weitere Reaktion nach (9)
$S_2O_3^{--} + $ Oxydations- mittel	$\left.\begin{array}{l} 2\,S_2O_3^{--} \rightleftharpoons 2\,S_2O_3^- + 2\,\ominus \\ 2\,S_2O_3^- \rightarrow S_4O_6^{--} \end{array}\right\}$ \hfill (18)
$S_2O_3^{--} + H^+$	$S_2O_3^{--} + 6\,H^+ \rightarrow 2\,S^{++} + 3\,H_2O\ (?)$ \hfill (19) $S_2O_3^{--} + H^+ \rightleftharpoons HSO_3^- + S$ \hfill (7a) weitere Reaktion nach (10), (9)
$S_2O_3^{--} + H^+$ bei Gegen- wart von As^{III}, Sb^{III}, Bi^{III}, Sn^{IV}, Mo^{VI}	$As^{+++} + 3\,S_2O_3^{--} \rightarrow [As(S_2O_3)_3]^{---}$ \hfill (20) $[As(S_2O_3)_3]^{---} \rightarrow AsS^+ + 2\,S_2O_3^- + SO_3^{--}$ \hfill (21) $2\,S_2O_3^- \rightarrow S_4O_6^{--}$ [s. (18)] \hfill (22) $S_2O_3^- + S \rightarrow S_3O_3^-$ \hfill (23) $2\,S_3O_3^- \rightarrow S_6O_6^{--}$ \hfill (24)

Reaktionen von Polythionat-Ionen.

Beobachtete Reaktionen	Wahrscheinliche Reaktionen
	Austauschreaktion von:
$S_4O_6^{--} + HSO_3^{-} \rightleftharpoons S_3O_6^{--} + S_2O_3^{--} + H^+$	$S_2O_3(S_2O_3^{--})$ (25)
$S_5O_6^{--} + HSO_3^{-} \rightleftharpoons S_4O_6^{--} + S_2O_3^{--} + H^+$	$S(S_2O_3)_2^{--}$ (26)
$S_6O_6^{--} + HSO_3^{-} \rightarrow S_5O_6^{--} + S_2O_3^{--} + H^+$	$S_2(S_2O_3)_2^{--}$ (27)
$S_4O_6^{--} + CN^{-} + OH^{-} \rightarrow CNS^{-} + S_2O_3^{--} + HSO_4^{-}$	$O_3S_2(S_2O_3^{--})$ (28)
$S_5O_6^{--} + CN^{-} \rightarrow S_4O_6^{--} + CNS^{-}$	$S(S_2O_3)_2^{--}$ (29)
$S_6O_6^{--} + CN^{-} \rightarrow S_5O_6^{--} + CNS^{-}$	$S_2(S_2O_3)_2^{--}$ (30)
$S_3O_6^{--} + CN^{-} + OH^{-} \rightarrow CNS^{-} + SO_3^{--} + HSO_4^{-}$	$O_3S_2(SO_3^{--})$ (31)
$S_3O_6^{--} + S^{--} \rightarrow S_2O_3^{--} + SO_3^{--} + S$	(32)
$SO_3^{--} + S \rightarrow S_2O_3^{--}$	(7)
$S_nO_6^{--} + S^{--} \rightarrow 2\,S_2O_3^{--} + (n-3)\,S$	(33)

Zerfall der Polythionate in wäßriger Lösung.

Beobachtete Reaktionen	Wahrscheinliche Reaktionen
$S_3O_6^{--} + H_2O \rightarrow S_2O_3^{--} +$ $+ SO_4^{--} + 2\,H^+$	wie Hydrolyse von $S_2O_6^{--}$, $S_2O_7^{--}$
$2\,S_3O_6^{--} + 6\,OH^{-} \rightarrow S_2O_3^{--} +$ $4\,SO_3^{--} + 3\,H_2O$	$2\,S_3O_6^{--} \rightarrow 4\,SO_3^{--} + 2\,S^{++}$ (9*) $2\,S^{++} + 6\,OH^{-} \rightarrow S_2O_3^{--} + 3\,H_2O$ (19*)
$2\,S_4O_6^{--} + 6\,OH^{-} \rightarrow 3\,S_2O_3^{--} +$ $+ 2\,SO_3^{--} + 3\,H_2O$ $4\,S_4O_6^{--} + 6\,OH^{-} \rightarrow 2\,S_3O_6^{--} +$ $+ 5\,S_2O_3^{--} + 3\,H_2O$	A $\begin{cases} S_4O_6^{--} \rightarrow S^{++} + SO_3^{--} + S_2O_3^{--} \text{ und} \\ \text{weitere Reaktion nach (19*), (25)} \end{cases}$
$2\,S_4O_6^{--} \rightarrow S_3O_6^{--} + S_5O_6^{--}$	B $\begin{cases} S_4O_6^{--} + S_2O_3^{--} \rightarrow S_5O_6^{--} + SO_3^{--} \text{ (26a)} \\ S_4O_6^{--} + SO_3^{--} \rightarrow S_3O_6^{--} + S_2O_3^{--} \text{ (25a)} \end{cases}$
$8\,S_4O_6^{--} + 6\,OH^{-} \rightarrow 5\,S_2O_3^{--} +$ $+ 4\,S_3O_6^{--} + 2\,S_5O_6^{--} + 3\,H_2O$ $6\,S_4O_6^{--} + 6\,OH^{-} \rightarrow 5\,S_2O_3^{--} +$ $+ 3\,S_3O_6^{--} + S_5O_6^{--} + 3\,H_2O$	Überlagerung von A und B
$S_5O_6^{--} \rightarrow S_4O_6^{--} + S$ $2\,S_5O_6^{--} + 6\,OH^{-} \rightarrow 5\,S_2O_3^{--} +$ $+ 3\,H_2O$	$S(S_2O_3)_2^{--} \rightarrow S + S_2O_3(S_2O_3^{--})$ (34) $2\,S_5O_6^{--} \rightarrow 2\,S^{++} + 4\,S_2O_3^{--}$ (10*) und weitere Reaktion (19*)
$S_6O_6^{--} \rightarrow S_5O_6^{--} + S$ $2\,S_6O_6^{--} + 6\,OH^{-} \rightarrow 5\,S_2O_3^{--} +$ $+ 2\,S + 3\,H_2O$	$S_2(S_2O_3)_2^{--} \rightarrow S + S(S_2O_3)_2^{--}$ (35) $S_6O_6^{--} \rightarrow S_2^{++} + 2\,S_2O_3^{--}$ (3*) $S_2^{++} \rightarrow S + S^{++}$ (36) und weitere Reaktion (19*)

Die mit * bezeichneten Reaktionen stellen die Umkehrung einer Bildungsreaktion dar.

Literatur.

1. Albertson, M. F., and J. P. McReynolds: Mechanism of the Reaction between Hydrogen Sulfide and Sulfur Dioxide in Liquid Media. J. Amer. chem. Soc. **65**, 1690 (1943).
2. Anson, M. L.: J. gen. Physiol. **24**, 399 (1940).

3. APPEL, I.: Über die Umsetzung zwischen Schwefelwasserstoff und Polythionatlösungen. Diplomarbeit, Halle 1945.
4. BANCROFT, W. D.: Anode Reactions. Trans. electrochem. Soc. **71**, 195 (1937).
5. BASSET, H., and H. G. DURRANT: The Inter-Relationships of the Sulphur Acids. J. chem. Soc. London **1927**, 1401.
6. BAUMGARTEN, P.: Über die Oxydation wäßriger Alkalisulfitlösung durch Kupfer(II)-salz in Gegenwart von Pyridin. Ber. dtsch. chem. Ges. **65**, 1637 (1932).
7. BILTZ, W., u. M. BRÄUTIGAM: Über Thiohydrate des Schwefelkohlenstoffs. Z. anorg. allg. Chem. **162**, 49 (1927).
8. —, u. E. KEUNECKE: Thiohydrate. Z. anorg. allg. Chem. **147**, 171 (1925).
9. BLOMSTRAND, C. W.: Zur Kenntnis der gepaarten Säuren des Schwefels. Ber. dtsch. chem. Ges. **3**, 957 (1870).
10. BLOOMFIELD, G. F.: J. chem. Soc. London **1947**, 1547.
11. BOSCH, C.: Mitteilungen über die Verarbeitung des Ammoniaks auf Düngesalze. Z. Elektrochem. angew. physikal. Chem. **24**, 365 (1918).
12. BRÖNSTEDT, I. N.: Zur Theorie der chemischen Reaktionsgeschwindigkeit. Z. physik. Chem. **102**, 169 (1922).
13. CHANCEL, G., et E. DIACON: Sur les reactions et la generation des acides de la serie thionique. C. R. hebd. Séances Acad. Sci. **56**, 710 (1863). J. prakt. Chem. **90**, 55 (1863).
14. CHRISTIANSEN, I. A.: Über die Konstitution einiger den Polythionsäuren analogen Polythionverbindungen. Z. Elektrochem. angew. physikal. Chem. **34**, 638 (1928).
15. —, and W. DROST-HANSEN: Mechanism of Recomposition and Formation of a Sulphinic Acid. Nature **164**, 759 (1949).
16. COLEFAX, A.: The Action of Potassium Sulphite on Potassium Tetrathionate in Aqueous Solution. J. chem. Soc. London **93**, 798 (1908).
17. CURTIUS, TH., u. F. HENKEL: Über die Gewinnung von tetrathionsauren Salzen aus WACKENRODERs Lösung. J. prakt. Chem. [2] **37**, 137 (1888).
18. DALTON: durch GMELIN-KRAUT-FRIEDHEIM, Handbuch der anorganischen Chemie, 7. Aufl., Bd. I, Abt. 1, S. 587.
19. DEBUS, A.: Über die Zusammensetzung der WACKENRODERschen Flüssigkeit und die Bildungsweise der darin vorkommenden Körper. Liebigs Ann. Chem. **244**, 76 (1888).
20. DEINES, O. v.: Über die Zersetzung von Thiosulfat durch Salzsäure. Z. anorg. allg. Chem. **177**, 13 (1929).
21. —, u. E. CHRISTOPH: Schwermetallpolythionate und ihre Darstellung. Z. anorg. allg. Chem. **213**, 209 (1933).
22. —, u. H. GRASSMANN: Die Vorgänge bei der Reaktion zwischen Schwefelwasserstoff und schwefliger Säure in wäßrigen und alkalischen Lösungen und ihre präparative Ausnutzung. Z. anorg. allg. Chem. **220**, 337 (1934).
23. DEMÖFF, F.: Beiträge zur Kenntnis der Tri- und Tetrathionate. Diss. Hannover 1923.
24. Destrée u. Co.: Verfahren zur Herstellung von Alkalithiosulfaten. D.R.P. 208633 (1909).
25. DONOHUE, I., and V. SCHOMAKER: Die Molekularstruktur von Dimethyltrisulfid. J. chem. Physics **16**, 192 (1948).
26. EUCKEN, M., u. J. WAGNER: Schwefelverbindungen III. Polythionate. Acta phys. Austriaca **1**, 379 (1948).
27. FAESSLER, A., u. M. GOEHRING: Unveröffentlichte Versuche.
28. FARMER, E. H., and F. W. SHIPLEY: J. chem. Soc. London **1947**, 1519.

29. Fehér, F., u. M. Baudler: Beiträge zur Chemie des Schwefels. Z. Elektrochem. angew. physikal. Chem. **47**, 844 (1941).

30. Feld, W.: Verfahren zur Gewinnung von Schwefel aus schwefliger Säure und Schwefelwasserstoff. D.R.P. 202349 (1907).

31. — Natriumthiosulfat als Urtitersubstanz in der Alkalimetrie. Z. angew. Chem. **24**, 290, 1161 (1911).

32. — Über die Bindung von Ammoniak allein oder zusammen mit Schwefelwasserstoff durch schweflige Säure unter gleichzeitiger Bildung von Ammoniumsulfat und freiem Schwefel. Z. angew. Chem. **25**, 705 (1912).

33. — Bestimmung von Polythionat neben Thiosulfat und freiem Schwefeldioxyd. Z. angew. Chem. **26**, 288 (1913).

34. Foerster, F.: Über Bildung und Zersetzung von Polythionaten. Z. anorg. allg. Chem. **139**, 246 (1924).

35. — Über die Bildung und Zersetzung von Polythionaten. Z. anorg. allg. Chem. **141**, 228 (1924).

36. — Über Bildung und Zersetzung von Polythionaten. Z. anorg. allg. Chem. **144**, 337 (1925).

37. — Beiträge zur Kenntnis der schwefligen Säure und ihrer Salze. VIII. Z. anorg. allg. Chem. **177**, 61 (1928).

38. —, u. K. Centner: Beiträge zur Kenntnis der schwefligen Säure und ihrer Salze. IV. Über die Einwirkung der schwefligsauren Salze auf Polythionate. Z. anorg. allg. Chem. **157**, 45 (1926).

39. —, u. E. Haufe: Über die Zersetzung wäßriger Bisulfitlösungen. Z. anorg. allg. Chem. **177**, 17 (1929).

40. —, u. A. Hornig: Zur Kenntnis der Polythionsäuren. Z. anorg. allg. Chem. **125**, 86 (1922).

41. —, u. E. Kircheisen: Beiträge zur Kenntnis der schwefligen Säure und ihrer Salze. VII. Über die Wechselwirkung von Bisulfit und Sulfhydrat. Z. anorg. allg. Chem. **177**, 42 (1928).

42. — F. Lange, O. Drossbach u. W. Seidel: Über die Zersetzung der schwefligen Säure und ihrer Salze in wäßriger Lösung. Z. anorg. allg. Chem. **128**, 245 (1923).

43. —, u. E. Th. Mommsen: Beitrag zur Kenntnis der Thiosulfate. Ber. dtsch. chem. Ges. **57**, 258 (1924).

44. —, u. O. Schmidt: Beiträge zur Kenntnis der schwefligen Säure und ihrer Salze. XII. Z. anorg. allg. Chem. **209**, 145 (1932).

45. —, u. G. Stühmer: Über den katalytischen Einfluß der arsenigen Säure auf die Zersetzung des Thiosulfates. Z. anorg. allg. Chem. **206**, 1 (1932).

46. —, u. H. Umbach: Die Entstehung von Schwefelsäure und Schwefelwasserstoff bei der Zersetzung des Thiosulfates. Z. anorg. allg. Chem. **217**, 175 (1934).

47. —, u. R. Vogel: Beiträge zur Kenntnis der schwefligen Säure und ihrer Salze. III. Das Verhalten der schwefligen Säure zur Thioschwefelsäure. Z. anorg. allg. Chem. **155**, 161 (1926).

48. Fordos, J., u. A. Gélis: Über die Schwefelsäuren. J. prakt. Chem. [2] **50**, 86 (1850).

49. Foresti, B.: Beitrag zum Studium der Reaktionen des Cyanidions mit dem Tetrathionat- und Pentathionat-Ion. Z. anorg. allg. Chem. **217**, 33 (1934).

50. Forchhammer, M.: Action de l'acide sulfureux sur l'ammoniaque. C. R. hebd. Séances Acad. Sci. **5**, 395 (1837).

51. Foss, O.: Some new Polythionates. Det. Kgl. Norske Videnskabers Selskab Forhandlinger **14**, Nr. 20, 75 (1941).

52. Foss, O.: Note on Derivatives of Electropositive Sulphur. Det Kgl. Norske Videnskabers Selskab Forhandlinger 15, Nr. 31, 119 (1942).

53. — Reactions of Polythionates. Det Kgl. Norske Videnskabers Selskab Forhandlinger 16, Nr. 20, 72 (1943).

54. — Studies on Polythionates and related Compounds. Det Kgl. Norske Videnskabers Selskab Skrifter 1945 Nr. 2. Trondheim 1947.

55. — Dimethyl Ester of Tetrathionic Acid. Tidskr. Kjemi Bergvesen og Metallurgi 1, 6 (1946).

56. — The Interrelationship between Monoseleno Polythionates. Acta Chem. Scandinavica 3, 435 (1949).

57. — Salts of Monotelluro Pentathionic Acid. Acta Chem. Scandinavica 3, 708 (1949).

58. — Displacement Equilibria and Catalysis on Thiosulphates, Xanthates and Dithiocarbamates of Divalent Sulphur, Selenium and Tellurium. Acta Chem. Scandinavica 3, 1385 (1949).

59. — The Prevalency of Unbranched Sulphur Chains in Polysulphides and Polythionic Compounds. Acta Chem. Scandinavica 4, 404 (1950).

60. Fromm, E.: Über die niedersten Oxyde des Schwefelwasserstoffs. Ber. dtsch. chem. Ges. 41, 3397 (1908).

61. Geitner, C.: Über das Verhalten des Schwefels und der Schwefelsäure zu Wasser bei hoher Temperatur. Liebigs Ann. Chem. 129, 350 (1864).

62. Gil, J. C., u. J. Beato: Über die Existenz der freien Thioschwefelsäure in Gegenwart von rauchender Salzsäure und über die Herstellung alkoholischer Lösungen von Thioschwefelsäure. Ber. dtsch. chem. Ges. 56, 2451 (1923).

63. Goehring, M.: Zur Kenntnis der Halogenide und Pseudohalogenide des Schwefels. Ber. dtsch. chem. Ges. 76, 742 (1943).

64. — Über zwei isomere Formen der Sulfoxylsäure. Naturwiss. 32, 42 (1944).

65. — Über den Schwefelstickstoff, N_4S_4. Ber. dtsch. chem. Ges. 80, 110 (1947).

66. — Raman-spektroskopische Untersuchungen an Derivaten der Sulfoxylsäure und der thioschwefligen Säure. Ber. dtsch. chem. Ges. 80, 219 (1947).

67. — Über die Sulfoxylsäure I. Z. anorg. allg. Chem. 253, 304 (1947).

68. —, u. U. Feldmann: Neue Verfahren zur Darstellung von Kaliumpentathionat und von Kaliumhexathionat. Z. anorg. allg. Chem. 257, 223 (1948).

69. — W. Helbing u. I. Appel: Über die Sulfoxylsäure III. Die spontane Zersetzung von Polythionatlösungen. Z. anorg. allg. Chem. 254, 185 (1947).

70. — H. Herb u. W. Koch: Über das Heptaschwefelimid, S_7NH. Z. anorg. allg. Chem. 264, 137 (1951).

71. —, u. H. W. Kaloumenos: Über die Einwirkung von Schwefeldioxyd auf Ammoniak. Z. anorg. allg. Chem. 263, 137 (1950).

72. —, u. H. Stamm: Zur Kenntnis der Polythionsäuren und ihrer Bildung. V. Z. anorg. allg. Chem. 250, 50 (1942).

73. —, u. K. D. Wiebusch: Zur Kenntnis der niederen Oxyde des Schwefels. Z. anorg. allg. Chem. 257, 227 (1948).

74. Grinberg, A. A.: Žhur. prikladnoj. Chim. [russ.] 21, 425 (1948).

75. Gutbier, A.: Thermische Kolloidsynthesen. Z. anorg. allg. Chem. 152, 163 (1926).

76. Gutmann, A.: Über die Reduktion der Tetrathionate zu Sulfiten durch Arsenit und Stannit. Ber. dtsch. chem. Ges. 38, 1728 (1905).

77. — Über die Reduktion des Trithionates zu Sulfiten durch Arsenit und Stannit. Ber. dtsch. chem. Ges. 38, 3277 (1905).

78. Gutmann, A.: Über die Einwirkung von Cyankalium auf Natriumtetrathionat und -dithionat. Ber. dtsch. chem. Ges. **39**, 509 (1906).
79. — Über die Einwirkung von Laugen auf Tetrathionate. Ber. dtsch. chem. Ges. **40**, 3614 (1907).
80. — Über die Einwirkung von Carbonaten auf Tetrathionate. Ber. dtsch. chem. Ges. **41**, 300 (1908).
81. Haber, F.: Über die Autoxydation. Naturwiss. **19**, 452 (1931).
82. Hansen, Ch. J.: Absorption von Schwefelwasserstoff und Ammoniak aus Gasen. D.R.P. 476382.
83. — Die Einwirkung von Schwefelwasserstoff und Sulfiden auf Polythionate. Ber. dtsch. chem. Ges. **66**, 817 (1933).
84. — Die Polythionatbildung aus Thiosulfaten und Säuren in An- und Abwesenheit von Arsenverbindungen. Ber. dtsch. chem. Ges. **66**, 1000 (1933).
85. — Das Verhalten der Polythionate in alkalischen und sauren Lösungen. Ber. dtsch. chem. Ges. 1009 (1933).
86. — Die Rolle der Arsenverbindungen bei der Polythionatbildung aus Thiosulfaten und Säuren. Ber. dtsch. chem. Ges. **67**, 1418 (1934).
87. — Die Wirkung von Arsen- und Antimonverbindungen bei der Polythionatbildung aus Thiosulfat. Ber. dtsch. chem. Ges. **72**, 535 (1939).
88. —, u. H. Werres: Die Reaktion zwischen Bisulfit- und Sulfit-Bisulfitlösungen mit Schwefelwasserstoff und ihre technische Ausnutzung. Chemiker-Ztg. **57**, 25 (1933).
89. Heinze, E.: Reduktion der schwefligen Säure durch Schwefelwasserstoff in wäßriger Lösung. J. prakt. Chem. **99**, 109 (1919).
90. Hofman-Bang, N.: The Jodine — Azide Reaction I. The Catalytic Effect of the Tetrathionate Ion. Acta Chem. Scandinavica **3**, 872 (1949).
91. — The Jodine-Azide Reaction III. The Catalytic Effect of the Pentathionate Ion. Acta Chem. Scandinavica **4**, 450 (1950).
92. Holst, G.: L'hydrolyse alcaline des chlorures du soufre (S_2Cl_2 et SCl_2) en solution alcoolique. Bull. Soc. chim. France [5] **7**, 276 (1940).
93. Hornig, A.: Zur Kenntnis des Zerfalls von Trithionatlösungen. Z. anorg. allg. Chem. **176**, 423 (1928).
93a. I.G.-Farbenindustrie, Frankfurt a.M.: Herstellung von Alkalithiosulfaten. D.R.P. 527956 (1931).
94. Ishikawa, F.: Chemical Kinetics of the Reaction between Tetrathionate and Cyanide. Z. physik. Chem. [A] **130**, 73 (1927).
95. —, and H. Hagisawa: Über die Geschwindigkeit der Zersetzung der Dithionsäure und über deren volumetrische Bestimmung. Sci. Rep. Tohoku Imp. Univ. [I] **21**, 484 (1932).
96. — T. Murovka u. H. Hagisawa: Über die Geschwindigkeit der Reaktion von Kaliumcyanid mit Thiosulfat und Tetrathionat. Sci. Rep. Tohoku Imp. Univ. [I] **21**, 511 (1932). C. **1933 I**, 2036.
97. Janickis, J.: Über die Vorgänge bei der Einwirkung von Schwefelwasserstoff auf Bisulfitlösungen. Z. anorg. allg. Chem. **225**, 177 (1935).
98. — Über das Verhalten von Thiosulfat und die Bildung höherer Polythionsäuren in rauchender Salzsäure. Z. anorg. allg. Chem. **234**, 193 (1937).
99. Jellinek, K.: Über die Leitfähigkeit und Dissoziation von Natriumhydrosulfit und hydroschwefliger Säure im Vergleich zu analogen Schwefelsauerstoffverbindungen. Z. physik. Chem. **76**, 257 (1911).
100. Josephy, E.: Über Bildung und Zersetzung von Polythionaten. Z. anorg. allg. Chem. **135**, 21 (1924).

101. Josephy, E., u. E. H. Riesenfeld: Über die Bildung von Polythionaten. Ber. dtsch. chem. Ges. **60**, 252 (1927).

102. Kessler, F.: Über die Polythionsäuren. Pogg. Ann. **74**, 263 (1849).

103. King, C. V., and O. F. Steinbach: Kinetics of the Reaction between Persulfate and Thiosulfate Ions in Dilute Aqueous Solution. J. Amer. chem. Soc. **52**, 4779 (1930).

104. Klein, D.: The Influence of organic liquids upon the interaction of hydrogen sulphide and sulphur dioxyde. J. physic. Chem. **15**, 1 (1911).

105. Koch, H. P.: Absorption Spectra and Structure of Organic Sulphur Compounds. J. chem. Soc. London **1949**, 349, 401.

106. Kurtenacker, A.: Über die Reaktion zwischen Halogencyaniden und Natriumthiosulfat. Z. anorg. allg. Chem. **116**, 243 (1921).

107. — Zur Bestimmung von Tetrathionat mittels Sulfit. Z. anorg. allg. Chem. **134**, 265 (1924).

108. — Analytische Chemie der Sauerstoffsäuren des Schwefels. Stuttgart 1938.

109. —, u. A. Bittner: Eine Methode zur Bestimmung der Polythionsäuren nebeneinander. Z. anorg. allg. Chem. **142**, 119 (1924).

110. —, u. A. Czernotzky: Über höhere Polythionate. Z. anorg. allg. Chem. **174**, 179 (1928).

111. — — Die Überführung der Thioschwefelsäure in Polythionsäuren mit Hilfe von Katalysatoren. Z. anorg. allg. Chem. **175**, 367 (1928).

112. —, u. W. Fluss: Die Löslichkeit der Kaliumpolythionate. Z. anorg. allg. Chem. **210**, 125 (1933).

113. —, u. A. Fritsch: Eine neue Methode zur Bestimmung von Thiosulfat neben Sulfit und von Tetrathionat. Z. anorg. allg. Chem. **117**, 202, 262 (1921).

114. —, u. E. Fürstenau: Über die Einwirkung von schwefliger Säure auf Arsen- und Antimonsäure. Z. anorg. allg. Chem. **212**, 289 (1933).

115. —, u. E. Goldbach: Über die Analyse von Polythionatlösungen. Z. anorg. allg. Chem. **166**, 177 (1927).

116. —, u. I. A. Ivanow: Die Überführung der Thioschwefelsäure in Polythionsäuren mit Hilfe von Katalysatoren. Z. anorg. allg. Chem. **185**, 337 (1930).

117. —, u. M. Kaufmann: Zur Kenntnis der Polythionate I. Die Zersetzung der Polythionate in wäßriger Lösung. Z. anorg. allg. Chem. **148**, 43 (1925).

118. — — Zur Kenntnis der Polythionate II. Der Einfluß von Thiosulfat und Sulfit auf die Beständigkeit der Polythionate. Z. anorg. allg. Chem. **148**, 225 (1925).

119. — — Zur Kenntnis der Polythionate III. Über die Einwirkung von Schwefelwasserstoff auf die Polythionate. Z. anorg. allg. Chem. **148**, 256 (1925).

120. — — Zur Kenntnis der Polythionate IV. Die Einwirkung von Lauge auf Polythionate. Z. anorg. allg. Chem. **148**, 369 (1925).

121. —, u. G. László: Die Löslichkeit der Natrium- und Ammoniumpolythionate. Z. anorg. allg. Chem. **237**, 359 (1938).

122. —, u. K. Matejka: Über die Darstellung von Tetra- und Trithionat aus Thiosulfat und schwefliger Säure. Z. anorg. allg. Chem. **193**, 367 (1930).

123. — — Über höhere Polythionate. II. Z. anorg. allg. Chem. **229**, 19 (1936).

124. — A. Mutschin u. F. Stastny: Über die Selbstzersetzung von Polythionatlösungen. Z. anorg. allg. Chem. **224**, 399 (1935).

125. —, u. H. Spielhaczek: Über die Bildung der Polythionate aus Thiosulfat und salpetriger Säure. Z. anorg. allg. Chem. **217**, 321 (1934).

126. Lecher, H., u. A. Goebel: Schwefelrhodanür. Ber. dtsch. chem. Ges. **55**, 1483 (1922).

127. Lecher, H., u. Th. Weigel: Darstellung von Tetrathionaten sekundärer Amine. D.R.P. 520857. C. **1931 II**, 1643.
128. Lengfeld, F.: Über die Ester der Säure $H_2S_2O_2$ (Thioschwefligesäure ?) Ber. dtsch. chem. Ges. **28**, 449 (1895).
129. Lewes, V.: Versuche über die Wirkung von Kaliumamalgam, Schwefelwasserstoff und Kalihydrat auf tetrathionsaures und pentathionsaures Kalium. Ber. dtsch. chem. Ges. **15**, 2222 (1882).
130. Mackenzie, J. E., and H. Marshall: The Trithionates and Tetrathionates of the Alkali Metals. J. chem. Soc. London **93**, 1726 (1908).
131. Magers, W. W.: Über die Reaktionen, die in der Wackenroderschen Flüssigkeit stattfinden. Diss. Halle 1940.
132. Marburg, E. C.: Entsäuerung SO_2-haltiger Gase unter gleichzeitiger Gewinnung von Alkalithiosulfat. D.R.P. 380756 (1923).
133. Martin, F., u. L. Metz: Über Energiegehalt und Konstitution der Kaliumpolythionate. Z. anorg. allg. Chem. **127**, 82 (1924).
134. Matthews, E.: The Interaction of Sulphurdioxyde and Hydrogen Sulphide. J. chem. Soc. London **1926**, 2270.
135. Meinecke, C.: Jodcyan und unterschwefligsaures Natrium. Z. anorg. allg. Chem. **2**, 157 (1892).
136. Mendelejeff, D. I. J.: Über die Konstitution der Polythionsäuren. Russ. phys. chem. Soc. **2**, 276 (1870); **3**, 871 (1871). Ber. dtsch. chem. Ges. **3**, 870 (1870).
137. Metz, L.: Über den Nachweis von Sulfiden und Thiosulfaten durch die Jod-Azid-Reaktion. Z. analyt. Chem. **76**, 347 (1929).
138. Meuwsen, A.: Ester der thioschwefligen Säure. Ber. dtsch. chem. Ges. **68**, 121 (1935).
138a. Meuwsen, A., u. H. Gebhardt: Über das Schwefelmonoxyd-diäthyl-acetal. Ber. dtsch. chem. Ges. **69**, 937 (1936).
139. Meyer, J.: Die Geschwindigkeit der Hydrolyse der Dithionsäure. Z. anorg. allg. Chem. **222**, 337 (1935).
140. Nabl, A.: Über Einwirkungen von Hydroperoxyd. Mh. Chem. **22**, 737 (1901).
141. Neumann, B., u. E. Fuchs: Zersetzung von Schwefelchlorür mit Wasser. Z. angew. Chem. **38**, 277 (1925).
142. Nikolaev, N. S.: Reaktion des Schwefelwasserstoffs mit schwefliger Säure. in wäßrigen Lösungen. Žhur. prikladnoj. Chim. [russ.] **12**, 1013 (1939).
143. Noack, E.: Über die Zersetzung von Schwefelchlorür mit Wasser. Z. anorg. allg. Chem. **146**, 239 (1925).
144. Odén, S.: Der kolloide Schwefel. Nova Acta Reg. Soc. Sci. Upsala, Ser. IV, 3, Nr. 4.
145. Partington, J. R., and A. F. Tipler: Potassium Hexathionate. J. chem. Soc. London **1929**, 1382.
146. Pascal, P.: Recherche magnétochimique des constitutions en chimie minérale I. Les acides du soufre. C. R. hebd. Séances Acad. Sci. **173**, 712 (1921).
147. Prakke, F., u. E. Stiasny: Über die Einwirkung von Thiosulfat auf verdünnte Säurelösungen. Rec. trav. chim. Pays-Bas **52**, 615 (1933).
148. Raffo, M.: Über kolloiden Schwefel. Kolloid-Z. **2**, 358 (1908).
149. Rao, Basrur, Sanjiva: Studies in the Chemical Behaviour of Sulphur compounds. I. The Hydrolysis of Sulphur Chloride. Proc. Indian Acad. Sci [A] **10**, 423 (1939/40).
150. Raschig, F.: Das Walther Feld-Verfahren. Z. angew. Chem. **33**, 261 (1920).
151. Raschig, F.: Schwefel- und Stickstoffstudien. Leipzig u. Berlin 1924.

152. Riesenfeld, E. H.: Über die Bildung und Zersetzung von Polythionaten. Z. anorg. allg. Chem. **141**, 109 (1924).

153. —, u. G. W. Feld: Polythionsäuren und Polythionate. Z. anorg. allg. Chem. **119**, 225 (1921).

154. —, u. G. Sydow: Über den Zerfall des Natriumthiosulfates in salzsaurer Lösung. Z. anorg. allg. Chem. **175**, 49 (1928).

155. Rose, H.: Über das wasserfreie schweflichtsaure Ammoniak. Pogg. Ann. **33**, 235 (1834); **42**, 415 (1837); **61**, 397 (1844).

156. Ruff, O., u. E. Geisel: Zur Konstitution des Schwefelstickstoffs. Ber. dtsch. chem. Ges. **37**, 1573 (1904).

157. Salzer, Th.: Über eine neue Bildungsweise der sogenannten Pentathionsäure. Ber. dtsch. chem. Ges. **19**, 1696 (1886).

158. Sander, A.: Die Bedeutung des Feldschen Polythionatverfahrens für unsere Wirtschaft und seine wissenschaftlichen Grundlagen. Chemiker-Ztg. **41**, 657 (1917).

159. Sarason, L.: Verfahren zur Herstellung von kolloidal löslichem Schwefel und Selen durch Einwirkenlassen von SO_2 oder SeO_2 auf H_2S oder H_2Se. D.R.P 262467 (1912).

160. Scheffer, J., u. F. Böhm: Über den Zerfall der Thioschwefelsäure. Z. anorg. allg. Chem. **183**, 151 (1929).

161. Scheibe, G., u. O. Stoll: Raman-Spektrum und Dipolmoment der Thioschwefligsäureester und des Schwefelchlorürs. Ber. dtsch. chem. Ges. **71**, 1571 (1938).

162. Schenk, P. W.: Die Entstehung von Schwefelsäure und Schwefelwasserstoff bei der Zersetzung des Natriumthiosulfates. Z. anorg. allg. Chem. **219**, 87 (1934).

163. — Vortrag auf der Hauptversammlung der Gesellschaft Deutscher Chemiker, Frankfurt 1950. Über das Schwefelmonoxyd. XII. Z. anorg. allg. Chem. **265**, 169 (1951).

164. —, u. H. Platz: Über das Schwefelmonoxyd. III. Die Entstehung des Schwefelmonoxyds bei einigen chemischen Umsetzungen. Z. anorg. allg. Chem. **215**, 113 (1933).

165. — — Über das Schwefelmonoxyd. V. Z. anorg. allg. Chem. **222**, 177 (1935).

166. Schuleck, E.: Über die Zersetzung der volumetrischen Natriumthiosulfatlösungen. Z. analyt. Chem. **68**, 391 (1926).

167. Schumann, H.: Über die Einwirkungsprodukte von Schwefeldioxyd auf Ammoniak. Z. anorg. allg. Chem. **23**, 43 (1900).

168. Silberman, J. J.: Von der Wechselwirkung des Schwefelwasserstoffs mit den Salzen der schwefligen Säure. Žhur. obščej. Chim. [russ.] **10**, 1257 (1940).

169. —, u. W. M. Friedman: Von der Wechselwirkung des Schwefelwasserstoffs mit Salzen der schwefligen Säure. Žhur. obščej. Chim. [russ.] **10**, 347 (1940).

170. — — Über die Reaktion von Schwefelwasserstoff mit schwefligsauren Salzen III. Žhur. obščej. Chim. [russ.] **11**, 363 (1941).

171. —, u. L. A. Saputrjajewa: Über die Reaktionen des Zerfalls und der Bildung von Polythionaten I. Dithionat als ein Zerfallsprodukt von Trithionat. J. Chem. gén. **16**, 1397 (1946).

172. Stamm, H.: Ester der thioschwefligen Säure. Ber. dtsch. chem. Ges. **68**, 673 (1935).

173. — Über Zwischenreaktionen und Zwischenstoffe bei der Umsetzung von Schwefelwasserstoff mit schwefliger Säure. Chemiker-Ztg. **66**, 560 (1942).

174. Stamm, H., u. R. Adolf: Zur Kenntnis des Zerfalls der Dithionsäure. Ber. dtsch. chem. Ges. **67**, 726 (1934).

175. —, u. U. Feldmann: Private Mitteilung.

176. —, u. M. Goehring: Die Kinetik der Dithionsäurespaltung. I. Z. physik. Chem. [A] **183**, 89 (1939). II. Z. physik. Chem. [A] **183**, 112 (1939). III. Z. physik. Chem. [A] **183**, 241 (1939).

177. — — Zum Mechanismus der Bildung von Polythionsäuren. Naturwiss. **27**, 317 (1939).

178. — — Zum Mechanismus der Bildung von Polythionsäuren. II. Z. anorg. allg. Chem. **242**, 413 (1939).

179. — — Zur Hydrolyse der Schwefelhalogenide. Ber. dtsch. chem. Ges. **76**, 737 (1943).

180. — — Neuere Ergebnisse der Schwefelchemie. Z. angew. Chem. **58**, 52 (1945).

181. — — u. U. Feldmann: Neue Verfahren zur Darstellung von Kaliumtrithionat und von Kaliumtetrathionat. Z. anorg. allg. Chem. **250**, 226 (1942).

182. — W. W. Magers u. M. Goehring: Die Reaktion zwischen Schwefelwasserstoff, schwefliger Säure und Thioschwefelsäure. Z. anorg. allg. Chem. **244**, 184 (1940).

183. — O. Seipold u. M. Goehring: Zur Kenntnis der Polythionsäuren und ihrer Bildung. IV. Z. anorg. allg. Chem. **247**, 277 (1941).

184. —, u. H. Wintzer: Zur Kenntnis der Alkylthiosulfite. Ber. dtsch. chem. Ges. **71**, 2212 (1938).

185. Stevenson, D. P., and J. Y. J. Beach: Molecularstructure of some Sulphur Compounds. J. Amer. chem. Soc. **60**, 2872 (1938).

186. Stasny, E., and B. M. Das: The Reaction between Sodium Thiosulphate and a Mixture of Potassium Bichromate and Sulphuric Acid. J. Soc. chem. Ind. **31**, 753 (1912).

187. Stingl, J., u. Th. Morawski: Gewinnung von Schwefel aus schwefliger Säure und Schwefelwasserstoff. J. prakt. Chem. [2] **20**, 76 (1879).

188. Sobrero et Selmi: Ann. Chim. Phys. [3] **28**, 210 (1850).

189. Spohn, K.: Über höhere Polythionsäuren. Diss. Halle 1930.

190. Spring, W.: Beiträge zur Kenntnis der Polythionsäuren. Ber. dtsch. chem. Ges. **6**, 1108 (1873).

191. — Synthese und Spaltung der Polythionsäuren. Ber. dtsch. chem. Ges. **7**, 1160 (1874).

192. Szilagyi, v.: Die Eigenschaften des Kaliumarsenothiosulfates. Z. anorg. allg. Chem. **113**, 75 (1920).

192a. Takamatsu, T., u. H. Smith: Über Pentathionsäure. Berl. Ber. **15**, 1440 (1882).

193. Tarugi, N., e G. Vitali: Intorno all'azione dell'acqua oxigenate sopra i tiosolfati in presenza di sali metallici. Gazz. dumica ital. **39** I, 418 (1909).

194. Terres, E., u. F. Overdick: Studium über die Walther Feldschen Polythionatverfahren. I. Gas- u. Wasserfach **71**, 83 (1928).

195. Thieler, E.: Schwefel. Technische Fortschrittsberichte Dresden u. Leipzig 1936.

196. Vaubel, W.: Über das Verhalten des Natriumthiosulfates gegen Säuren insbesondere gegen Schwefelsäure und Salzsäure. Ber. dtsch. chem. Ges. **22**, 1686 (1889).

197. Verein Rhenania u. F. Rusberg: Alkalithiosulfate. Brit. P. 197898 (1923).

198. Vogel, I.: The Constitution of the Thionic Acids. Chem. News **128**, 325, 342 (1924).

199. VOGEL, I.: The Constitution of the Thionic Acids. J. chem. Soc. London **127**, 2248 (1925).

200. VOGEL-HÖGEL, R.: Acta phys. Austriaca **1**, 311 (1948).

201. VORTMANN, G.: Über das Verhalten des Natriumthiosulfates zu Säuren und Metallsalzen. Ber. dtsch. chem. Ges. **22**, 2307 (1889).

202. WACKENRODER, H.: Pentathionsäure. Liebigs Ann. Chem. **60**, 189 (1846). Arch. Pharmaz. **97**, 272 (1846).

203. Weiler ter Mer, Chem. Fabrik: Herstellung von Polythionaten aromatischer Basen. D.R.P. 400192 (1925).

204. WEITZ, E., u. F. ACHTERBERG: Über höhere Polythionsäuren I. Hexathionsäure. Ber. dtsch. chem. Ges. **61**, 399 (1928).

205. —, u. H. STAMM: Über die Löslichkeiten von Ammoniumsalzen in Ammoniak. Z. Elektrochem. angew. physikal. Chem. **31**, 547 (1925).

205a. — — Über einbasische, mehrbasische und mehrfach einbasische Säuren und ihre Unterscheidung. Ber. dtsch. chem. Ges. **61**, 1144 (1927).

206. WILLSTÄTTER, R.: Über die Einwirkung von Hydroperoxyd auf Natriumthiosulfat. Ber. dtsch. chem. Ges. **36**, 1831 (1903).

207. WOSNESSENSKI, S. A.: Über Schwefelstickstoff. Žhur. russ. fiz. chim. obsscht. **59**, 229 (1927); **60**, 1037 (1928).

208. YOST, D. M., and R. POMEROY: The Decomposition and Oxydation of Dithionic Acid. J. Amer. chem. Soc. **49**, 703 (1927).

209. ZACHARIASEN, W. H.: Die Atomanordnung im Kaliumtrithionat, $K_2S_3O_6$, und die Struktur des Trithionatradikals. Z. Kristallogr. **89**, 529 (1934).

(Abgeschlossen im August 1951.)

Professor Dr. MARGOT GOEHRING, Heidelberg, Chemisches Institut der Universität, Akademiestraße 5.

Fortsch. chem. Forsch., Bd. 2, S. 484—537 (1952).

Chemie und Aktinidentheorie der Transurane.

Von

REINHARD NAST und TIBOR VON KRAKKAY.

Mit 2 Textabbildungen.

Inhaltsübersicht.

I. Einleitung.

In den vergangenen 15 Jahren konnten die bis dahin vorhandenen Lücken des Periodischen Systems durch die künstliche Darstellung der radioaktiven Elemente Technetium ($_{43}$Tc), Prometheum ($_{61}$Pm), Astatium ($_{85}$At) und Francium ($_{87}$Fr) geschlossen werden. Darüber hinaus führten kernphysikalische Arbeiten, vorwiegend amerikanischer Autoren, zu künstlichen Elementen, deren Ordnungszahlen jenseits des Urans liegen und die demgemäß als „Transurane" bezeichnet werden.

Diese Entwicklung, die noch in vollem Fluß begriffen ist, liefert grundsätzlich neue Gesichtspunkte zu einem seit langem diskutierten Problem, nämlich zu der Frage nach der Elektronenkonfiguration der Elemente höchster Ordnungszahlen.

II. Problemstellung.

Nach der klassischen Arbeit von NIELS BOHR über die Quantelung der Elektronenbahnen im Atom, im Jahre 1913, wurde von zahlreichen Autoren immer wieder die Frage diskutiert, in welcher Weise sich der Ausbau der Elektronenbahnen der Elemente vollziehe, die auf das Radon folgen. Schon damals wurde darauf hingewiesen, daß erst das Element der Ordnungszahl 118 Edelgascharakter besitzen müsse, wenn der Aufbau der mit dem Element 87 beginnenden, beim Uran abbrechenden letzten Periode des Systems in der gleichen Weise mit 32 Elektronen erfolgt wie in der vorangegangenen 6. Periode. Dort wird bekanntlich, außer den $6s$- und $6p$-Bahnen, das $4f$-Niveau von Cer ($_{58}$Ce) bis Lutetium ($_{71}$Lu), das $5d$-Niveau von Hafnium ($_{72}$Hf) bis Gold ($_{79}$Au) aufgefüllt. Bei einem analogen Aufbau der mit Francium ($_{87}$Fr) beginnenden 7. Periode ist also hier mit der Komplettierung des $5f$-Niveaus, unter Bildung einer „lanthanidähnlichen" Gruppe, und später des $6d$-Niveaus zu rechnen, die nach dem PAULI-Verbot maximal 14 bzw. 10 Elektronen fassen können.

Schon BOHR (*15*), (*16*) wies darauf hin, daß die $5f$-Elektronen eines schweren Atoms wesentlich lockerer gebunden sein müssen als die tiefer liegenden $4f$-Elektronen der Lanthaniden, und daß daher keine sicheren Voraussagen zu machen seien, an welcher Stelle des Periodischen Systems deren erstes Auftreten erfolgt.

Mit dieser Frage befaßten sich in der Folgezeit zahlreiche Autoren, die, trotz unterschiedlicher Auffassungen im einzelnen, alle zu dem gleichen Schluß kamen, daß diese lanthanidartige Gruppe unmittelbar diesseits oder jenseits des Urans beginnen müsse. So zog beispielsweise V. M. GOLDSCHMIDT (*43*) als erstes Glied dieser neuen Gruppe die Elemente Thorium, Protaktinium, Uran selbst oder das damals hypothetische Transuran Element 93 in Betracht und schlug, in Analogie zur Nomenklatur der Seltenen Erden, die Bezeichnungen „Aktiniden", „Thoriden", „Protaktiniden" bzw. „Uraniden" vor, je nachdem mit welchem der genannten Elemente die Auffüllung des $5f$-Niveaus nun tatsächlich beginne.

Mit der Entdeckung der Transurane und der Erforschung ihrer Chemie wurden diesen, bis dahin mehr spekulativen Betrachtungen neue experimentelle Grundlagen gegeben, die eine weitgehende Lösung des oben skizzierten Problems zur Folge hatten.

III. Entdeckung der Transurane und Aktinidentheorie.

Schon bald nach der Entdeckung des Neutrons durch J. Chadwick im Jahre 1932 erkannte E. Fermi, daß dieses neue Elementarteilchen als Geschoß für Kernreaktionen besonders geeignet sein muß, da es einer abstoßenden Wirkung durch den positiv geladenen Atomkern nicht unterworfen ist. Auf Grund dieser Überlegungen untersuchte er die Reaktion von Neutronen mit dem Urankern und gelangte zu Reaktionsprodukten, die er, sowie Hahn und Mitarbeiter, als Transurane Eka-Rhenium, Eka-Osmium, Eka-Iridium und Eka-Platin deutete. Hahn und Strassmann (46), (47) zeigten später, daß bei der Kernreaktion des Urans mit Neutronen zwei konkurrierende Reaktionen nebeneinander verlaufen. Das im natürlichen Uran zu 0,7% enthaltene leichtere Isotop Uran 235 erleidet durch Beschuß mit langsamen („thermischen") Neutronen eine Kernspaltung in je zwei mittelschwere Kerne ($_{30}Zn$ bis $_{65}Tb$). Diese Kernspaltung, in deren Verlauf zusätzlich 2 bis 3 Neutronen aus einem gespaltenen Urankern entstehen, stellt bekanntlich die Grundlage für die Gewinnung der Atomenergie in kontrollierter oder unkontrollierter Kettenreaktion dar, da hierbei, infolge eines Massendefekts gemäß der Einsteinschen Energie-Masse-Relation, gewaltige Energien in Freiheit gesetzt werden.

Das häufigere, schwerere Isotop Uran 238 unterliegt mit Neutronen höherer kinetischer Energie einem Einfangprozeß gemäß der Gleichung

$$^{238}_{92}U + ^{1}_{0}n \rightarrow ^{239}_{92}U + \gamma, \tag{1a}$$

in dessen Verlauf sich das kurzlebige Uran 239 bildet (48). Schon Hahn erkannte, daß dieses mit 23 min Halbwertszeit β-aktiv ist und dementsprechend nach der Gleichung

$$^{239}_{92}U \xrightarrow{23\,min} ^{239}_{93}El\,93 + ^{0}_{-1}e \tag{1b}$$

zu einem Transuran der Ordnungszahl 93 führen muß. Dieses Folgeelement konnte aber erst 1940 von den Amerikanern McMillan und Abelson (91), denen erheblich stärkere Neutronenquellen zur Verfügung standen, als das kurzlebige, β-aktive Isotop 239 ($T/2 = 2,3$ d) nachgewiesen und seine Chemie durch die radiochemische Spurenmethode erforscht werden. Dem astronomischen Sprachgebrauch folgend, nannten sie das neue Element *Neptunium* ($_{93}Np$). Später (124) konnte dann das Neptunium im Uranpile nach dem Schema

$$^{238}_{92}U + ^{1}_{0}n \rightarrow ^{237}_{92}U + 2^{1}_{0}n, \tag{2a}$$

$$^{237}_{92}U \xrightarrow{7d} ^{237}_{93}Np + ^{0}_{-1}e \tag{2b}$$

in Form des langlebigen Isotops 237 ($T/2 = 2,2 \cdot 10^6$ a) in wägbaren Mengen erhalten werden. Dieses ist die Muttersubstanz der noch fehlenden radioaktiven Zerfallsreihe $4n + 1$ (Neptunium-Zerfallsreihe).

Schon die radiochemische Untersuchung des kurzlebigen Neptunium 239 zeigte, daß sich dieses in seinem chemischen Verhalten eng dem Uran anschließt und keinesfalls als Homologes des Rheniums zu betrachten ist. Die verhältnismäßig geringen Unterschiede im chemischen Verhalten des Urans und Neptuniums, die sich nur in einer erhöhten Stabilität der niederen Wertigkeitsstufen des Neptuniums äußern, führten damals zu dem irrigen Schluß, daß mit dem Neptunium die Auffüllung des 5 f-Niveaus unter Bildung einer Uranidenreihe beginne.

Wie schon erwähnt, ist das kurzlebige Neptunium 239 stark β-aktiv und muß demnach in ein Element der Ordnungszahl 94 übergehen. Dieses Folgeelement wurde 1942 von SEABORG und Mitarbeitern in Form der Isotope 238 und 239 isoliert (*110*), (*71*) und *Plutonium* ($_{94}$Pu) benannt:

$$^{239}_{93}\text{Np} \xrightarrow{2,3\,d} {}^{239}_{94}\text{Pu} + {}_{-1}^{0}e\,. \tag{3}$$

Wie bekannt, wird das Plutonium 239 nach den Gl. (1a), (1b) und (3) im Uranpile heute großtechnisch gewonnen. Die durch SEABORG durchgeführte Erforschung der Chemie des Plutoniums (*107*) zeigte, daß dieses, wie Uran und Neptunium, zwar maximal 6-wertig auftreten kann, daß jedoch die stabilsten Oxydationszahlen +4 und +3 sind. Dieser Befund ist unvereinbar mit der Existenz einer „Uranidengruppe" und führte SEABORG zu der Hypothese, daß die Auffüllung des 5 f-Niveaus — genau wie die des 4 f-Niveaus — schon im Anschluß an die dritte Gruppe des Periodischen Systems, hinter dem Aktinium beginnt und dementsprechend das Thorium das erste Glied einer *Aktinidengruppe* sei. Als wichtigste Folgerung dieser *Aktinidentheorie* postulierte SEABORG (*104*), daß die damals noch unbekannten, folgenden Elemente der Ordnungszahlen 95 und besonders 96 ganz überwiegend in der 3-wertigen Stufe auftreten müssen. Im 3-wertigen Element 96, dem 7. Element einer Aktinidengruppe, muß das 14 Elektronen fassende 5 f-Niveau gerade hälftig besetzt sein, wodurch bekanntlich eine besonders stabile Elektronenkonfiguration entsteht (vgl. Gadolinium!). Die Chemie der Elemente 95 und 96, die 1944 und 1945 von SEABORG und Mitarbeitern entdeckt wurden, bestätigte aufs beste diese Voraussage (*105*).

Das Element 95, dem SEABORG den Namen *Americium* ($_{95}$Am) gab, bildet sich durch β-Zerfall des Plutonium 241, das seinerseits durch einen (α, n)-Prozeß aus Uran 238 im Cyclotron erhalten werden kann (*109*):

$$^{238}_{92}\text{U} + {}^{4}_{2}\text{He} \longrightarrow {}^{241}_{94}\text{Pu} + {}^{1}_{0}n\,, \tag{4a}$$

$$^{241}_{94}\text{Pu} \xrightarrow{10\,a} {}^{241}_{95}\text{Am} + {}_{-1}^{0}e\,. \tag{4b}$$

Das verhältnismäßig langlebige Americium 241 ist als kräftiger α-Strahler die Muttersubstanz des schon erwähnten Neptunium 237:

$$^{241}_{95}\text{Am} \xrightarrow{475\,a} {}^{237}_{93}\text{Np} + {}^{4}_{2}\text{He}\,. \tag{5}$$

Heute läßt sich Americium 241 in mg-Mengen durch langdauernde Bestrahlung von Plutonium 239 mit intensiven Pile-Neutronen gewinnen (*40*). Hierbei bildet sich über das Plutonium 240 gemäß

$$^{239}_{94}\text{Pu} \, (n, \gamma) \, ^{240}_{94}\text{Pu} \, (n, \gamma) \, ^{241}_{94}\text{Pu} \tag{6}$$

das Plutonium 241, das nach Gl. (4b) nun Americium liefert.

Das Element 96, von Seaborg *Curium* ($_{96}$Cm) benannt, entsteht in zwei α-aktiven Isotopen durch α-Beschuß von Plutonium 239 im Cyclotron nach den Gleichungen:

$$^{239}_{94}\text{Pu} + {}^{4}_{2}\text{He} \rightarrow {}^{240}_{96}\text{Cm} + 3\,{}^{1}_{0}n\,, \tag{7}$$

$$^{239}_{94}\text{Pu} + {}^{4}_{2}\text{He} \rightarrow {}^{242}_{96}\text{Cm} + {}^{1}_{0}n\,. \tag{8}$$

Das letzte Isotop läßt sich auch aus Americium 241 durch Beschuß mit Pile-Neutronen nach den Gleichungen

$$^{241}_{95}\text{Am} + {}^{1}_{0}n \longrightarrow {}^{242}_{95}\text{Am}^* + \gamma\,, \tag{9a}$$

$$^{242}_{95}\text{Am}^* \xrightarrow{16h} {}^{242}_{96}\text{Cm} + {}_{-1}^{0}e\,, \tag{9b}$$

über das in zwei kernisomeren Formen auftretende Americium 242 in sichtbaren Mikrogramm-Mengen gewinnen (*108*).

In seinen Verbindungen tritt Americium *überwiegend*, Curium *ausschließlich* +3-wertig in Erscheinung. Diese Tatsache ist für die Richtigkeit der Aktinidentheorie so beweiskräftig, daß Seaborg schon mit den Namen „Americium" und „Curium" die Analogie zu dem homologen 6. und 7. Lanthanidelement Europium und Gadolinium herausstellte.

Die jüngsten Arbeiten von Seaborg und Mitarbeitern, die zur Entdeckung der Elemente 97 und 98 führten, erbrachten weitere Beweise für die Richtigkeit der Aktinidenkonzeption. Das Element 97, *Berkelium* ($_{97}$Bk) genannt, wird im Cyclotron durch α-Beschuß von Americium in unwägbaren Mengen als kurzlebiges Isotop 243 erhalten (*120*):

$$^{241}_{95}\text{Am} + {}^{4}_{2}\text{He} \rightarrow {}^{243}_{97}\text{Bk} + 2\,{}^{1}_{0}n\,. \tag{10}$$

Das Element 98, *Californium* ($_{98}$Cf), bildet sich in gleicher Weise als kurzlebiges Isotop 244 aus Curium (*122*):

$$^{242}_{96}\text{Cm} + {}^{4}_{2}\text{He} \rightarrow {}^{244}_{98}\text{Cf} + 2\,{}^{1}_{0}n\,. \tag{11}$$

Die Chemie beider Elemente, durch die radiochemische Spurenmethode erforscht, zeigt, daß Berkelium hauptsächlich 3-wertig, daneben — analog seinem Lanthanidhomologen Terbium — auch 4-wertig auftreten kann. Von Californium wurde bisher nur die 3-wertige Stufe nachgewiesen.

Nach einer kürzlich erschienenen Notiz[1] sollen inzwischen auch zwei weitere Transurane der Ordnungszahl 99 und 100 („Centurium") dargestellt worden sein. Über ihre Bildungsweise und Chemie ist noch nichts bekannt.

---

[1] Chemiker Ztg. **74**, 726 (1950).

IV. Chemie der Aktiniden (Elemente 90—98).

Nachdem das chemische Verhalten der Transurane schon kurz gestreift wurde, soll im folgenden die Chemie dieser Metalle und ihre Bedeutung für die Aktinidentheorie ausführlicher behandelt werden. Hierbei sei zuerst die Chemie der künstlichen (transuranischen) Elemente, anschließend die der schon lange bekannten, natürlich vorkommenden (cisuranischen) Metalle Thorium, Protaktinium und Uran unter dem Gesichtspunkt der Aktinidentheorie besprochen.

A. Chemie der transuranischen Aktiniden (Elemente 93—98).

Wie zu erwarten, sind alle bisher bekanntgewordenen transuranischen Elemente typische Metalle, soweit sie in elementarer Form bisher erhalten werden konnten (Np, Pu, Am, Cm). In ihren Verbindungen treten Neptunium, Plutonium und Americium, analog dem Uran, in allen Oxydationszahlen von $+3$ bis $+6$ auf. Demgegenüber treten Curium, Berkelium und Californium fast ausschließlich 3-wertig in Erscheinung. Die Verbindungen der verschiedenen Transurane *gleicher* Wertigkeitsstufen verhalten sich infolge ähnlicher Ionenradien nicht nur chemisch, sondern auch physikalisch und krystallographisch einander sehr ähnlich, weshalb der Besprechung der einzelnen Verbindungen eine vergleichende Übersicht vorangestellt sei.

1. Allgemeines über die Verbindungen der Transurane.

Die $+3$-*wertigen* Transurane zeigen in allen Eigenschaften weitgehende Analogien mit dem Aktinium und den 3-wertigen Lanthaniden. So werden wasserlösliche Chloride, Bromide, Jodide, Perchlorate, Nitrate und Sulfate, dagegen unlösliche Hydroxyde, Fluoride, Oxalate, Jodate und Phosphate gebildet, so daß durch Umsetzung mit diesen Anionen keine Trennung von den Seltenen Erden möglich ist. Diese kann nur über die Silicofluoride erfolgen, die im Gegensatz zu denen der Lanthaniden wasserlöslich sind. Die außerordentliche Schwerlöslichkeit der Trifluoride und Trijodate kann zur gravimetrischen Bestimmung der transuranischen Aktiniden verwendet werden. Die Komplexbildungstendenz in dieser Wertigkeitsstufe ist nur gering, so daß in wäßrigen Lösungen salzartiger Verbindungen die Kationen Me^{3+} vorliegen.

Die $+4$-*wertigen* Transurane schließen sich in ihrem chemischen Verhalten weitgehend dem Thorium an. So werden schwerlösliche Hydroxyde, Fluoride, Jodate, Phosphate gebildet. Diese sowie auch viele Komplexverbindungen der 4-wertigen Transurane verhalten sich auch bezüglich ihres Gittertyps völlig analog den entsprechenden Thoriumverbindungen. Verglichen mit dem Ion Th^{4+} zeigen die entsprechenden Kationen der Transurane jedoch eine verstärkte Tendenz zur Komplexbildung. Wie dieses bilden sie Acidokomplexe, z.B. Nitrato-, Sulfato-, Karbonato- und Oxalatokomplexe. Dementsprechend sinkt die Stabilität der Kationen Me^{4+} und die der wasserfreien nichtkomplexen Verbindungen in Richtung $Th(IV) \rightarrow Am(IV)$.

Die +5-*wertigen* Transurane existieren in wäßriger Lösung nur in Form von Oxykationen $[MeO_2]^+$. Das Neptunyl(V)-Kation $[NpO_2]^+$ ist besonders stabil und tritt in den wasserlöslichen Verbindungen NpO_2Cl, NpO_2NO_3, $(NpO_2)_2SO_4$ auf. Die entsprechenden übrigen Transuranyl(V)-Kationen sind wesentlich labiler und unterliegen in Lösung leicht Disproportionierungsreaktionen. Von diesen Verbindungen sind nur die Hydroxyde und Carbonate schwer löslich. Das Auftreten solcher Metall(V)-Oxykationen konnte mit Sicherheit bisher nur beim Uran und den Transuranen beobachtet werden. Für die Existenz anderer komplexer Ionen liegen keine Anzeichen vor. Abgesehen vom Neptunium, ist die Ausbildung der Oxydationszahl +5 bei den übrigen Transuranen nur wenig begünstigt.

Die +6-*wertigen* Transurane zeigen eine sinkende Stabilität in Richtung $U \rightarrow Am$. Soweit Verbindungen dieser Oxydationsstufe überhaupt existenzfähig sind, zeigen diese in Zusammensetzung und Eigenschaften die erwartete Übereinstimmung mit denen des 6 wertigen Urans. So werden in wäßriger Lösung Oxykationen $[MeO_2]^{2+}$ gebildet. Daneben tritt der amphotere Charakter der 6-wertigen Transurane in den schwerlöslichen Neptunaten und Plutonaten in Erscheinung. Die Komplexbildungstendenz ist ziemlich ausgeprägt. Besonders bekannt sind die schwerlöslichen Natriumacetatokomplexe vom Typ $NaMeO_2(CH_3COO)_3$, durch welche diese Metalle leicht fällbar sind.

2. Die Chemie der einzelnen Transurane.

a) Neptunium. Neptunium wird als silberglänzendes Metall (FP = 640° C, Dichte = .19,5) beschrieben, das sich durch Reduktion des Trifluorids mit Bariumdampf bei 1300° C gewinnen läßt (*129*).

Das Metall absorbiert bereits bei 50° C begierig 1,5 bis 2 Mol Wasserstoff je Grammatom Np unter Bildung eines schwarzen flockigen Hydrids, das rein äußerlich dem Hydrid des Urans ähnelt und in seiner Zusammensetzung $NpH_{3,6-3,8}$ schlecht definiert ist (*35*).

Das Neptunium tritt in seinen Verbindungen, ähnlich dem Uran, in den Oxydationsstufen +3, +4, +5 und +6 auf (*62*), wobei, zum Unterschied von Uran, das Stabilitätsmaximum nach den niedrigeren Stufen verschoben ist, so daß in wäßrigen Lösungen die 5-*wertige* Stufe $[NpO_2]^+$ die stabilste ist, wenngleich auch hierin die Ionen Np^{3+}, Np^{4+} und $[NpO_2]^{2+}$ existenzfähig sind.

Die eigentliche Farbe des Ions $[NpO_2]^{2+}$ scheint rosa zu sein, da in perchlorsauren Lösungen sicher keine Komplexbildung stattfindet.

Tabelle 1. *Farben saurer Neptuniumsalzlösungen (87), (63)*.

	$HClO_4$	HCl	HNO_3	H_2SO_4
Np (III)	*purpurviolett*			
Np (IV)	*gelbgrün*			
Np (V)	*grünblau*			
Np (VI)	rosa	grün	grün	dunkelgelbgrün

Oxyde, Peroxyde und Hydroxyde.

Dem Sauerstoff gegenüber tritt Neptunium überwiegend 4-wertig in Erscheinung, unter Bildung eines Dioxyds NpO_2. Im Gegensatz zum Uran ist ein Trioxyd nicht existenzfähig und die 6-Wertigkeit des Neptuniums äußert sich hier nur im Np_3O_8. Außerdem wurde ein Neptunium-Monoxyd NpO mit formal 2-wertigem Neptunium nachgewiesen. Das *Neptuniumdioxyd* NpO_2 läßt sich als braunes, bisweilen grünes, säurelösliches Pulver durch thermische Zersetzung der Hydroxyde oder Nitrate des 4- und 5-wertigen Neptuniums gewinnen (82), (88). Wie UO_2 krystallisiert es im Fluoritgitter (132). Das *Trineptuniumoktoxyd* Np_3O_8 ist aus Neptunium (V)-hydroxyd durch Erhitzen auf 300° als schokoladebraunes, säurelösliches Pulver darstellbar. Die Bildung aus Neptunium (IV)-hydroxyd ist nur bei Verwendung von NO_2 als Oxydationsmittel möglich. Es ist für die geringe Bildungstendenz des 6-wertigen Neptuniums sehr charakteristisch, daß das gleiche Oxyd auch beim thermischen Zerfall des Ammonium-dineptunats $(NH_4)_2Np_2O_7 \cdot H_2O$ entsteht, an Stelle des zu erwartenden NpO_3 (70).

Die Existenz einer Phase NpO, *Neptunium-monoxyd* mit kubisch-flächenzentriertem Steinsalzgitter konnte röntgenographisch nachgewiesen werden (132).

Von den Peroxyden des Neptuniums wurde bisher nur ein *Neptunium (IV)-Peroxyd* (82) beschrieben, das sich aus Lösungen von Neptunium (IV)-Nitrat beim Versetzen mit Perhydrol als grauweiße Fällung bildet. Da die röntgenographische Untersuchung des Produktes Isomorphie mit dem Uran(IV)-Peroxyd $UO_4 \cdot 2H_2O$ ergab, schließt man auf die analoge Zusammensetzung $NpO_4 \cdot 2H_2O$. 6-wertiges Neptunium wird von H_2O_2 zu 5-wertigem Neptunium reduziert, das mit überschüssigem H_2O_2 kein unlösliches Peroxyd bildet.

Hydroxyde des Neptuniums (82) sind mit Sicherheit bisher nur von der 4- und 5-wertigen Stufe bekanntgeworden, da $Np(OH)_3$ offensichtlich sehr oxydabel ist. Ein *Neptunium(IV)-hydroxyd* $Np(OH)_4 \cdot xH_2O$ wird aus Lösungen des 4-wertigen Neptuniums durch Ammoniak oder

Natronlauge als olivgraue Fällung erhalten. Aus Neptunyl(V)-Lösungen wird mit Ammoniak hellgrünes *Neptunyl(V)-hydroxyd* NpO_2OH gefällt. Die analoge Umsetzung mit Neptunyl(VI)-Lösungen führt, dem Uran entsprechend, zu einem dunkelbraunen Niederschlag von *Ammonium-dineptunat* $(NH_4)_2Np_2O_7 \cdot H_2O$.

Das Auftreten der Ionen $[NpO_2]^+$ und $[Np_2O_7]^{2-}$ im alkalischen Medium zeigt auch hier die mit steigenden Oxydationszahlen, d.h. abnehmenden Ionenradien schwindende Basizität der Hydroxyde.

Sulfide (*35*).

Von den Sulfiden des Neptuniums sind bisher nur ein *Oxysulfid* NpOS und ein *Dineptuniumtrisulfid* Np_2S_3 dargestellt worden. Beide sind nur auf trockenem Wege zugänglich, durch Umsetzung von H_2S-Gas (beladen mit CS_2-Dampf) mit NpO_2 bei 1000°. Hierbei bildet sich zuerst das schwarze Oxysulfid, das bei längerer Einwirkung von H_2S unter gleichen Bedingungen zu schwarzem Np_2S_3 reduziert wird. Beide Verbindungen zeigen keinerlei halbmetallischen Charakter. Bezüglich der Zusammensetzung seiner Sulfide schließt sich das Neptunium auch hier mehr dem Uran als dem Plutonium an.

Halogenide.

In der Tabelle 2 sind die wasserfreien Halogenide des Neptuniums (*35*), (*18*) zusammengestellt. Von den dort aufgeführten Verbindungen, die bei Zimmertemperatur alle fest sind, steht lediglich die Isolierung des NpF_5, $NpCl_5$ sowie der Oxyhalogenide NpOX noch aus, obwohl diese Verbindungen thermodynamisch stabil sein müssen.

Tabelle 2. *Wasserfreie Halogenide des Neptuniums.*

Fluoride	Chloride	Bromide	Jodide	Oxyhalogenide
NpF_3	$NpCl_3$	$NpBr_3$	NpJ_3	(NpOX)
NpF_4	$NpCl_4$	$NpBr_4$	—	$NpOCl_2$, $NpOBr_2$
(NpF_5)	$(NpCl_5)$	—	—	—
NpF_6	—	—	—	—

Die Bildungsbedingungen der *Fluoride* sind aus folgenden Reaktionsgleichungen ersichtlich:

$$NpO_2 + \tfrac{1}{2}H_2 + 3\,HF \xrightarrow{500°} NpF_3 + 2\,H_2O, \tag{12}$$

$$2\,NpF_3 + \tfrac{1}{2}O_2 + 2\,HF \xrightarrow{500°} 2\,NpF_4 + H_2O, \tag{13}$$

$$2\,NpF_3 + 3\,F_2 \xrightarrow{Rotglut} 2\,NpF_6. \tag{14}$$

Das purpurfarbene, wasserunlösliche *Trifluorid* besitzt die Tysonitstruktur des UF_3 und LaF_3 (*133*). Bezüglich seiner Bildungsweise schließt es sich dem Plutonium, nicht dem Uran an, das unter den Bedingungen der Gl. (12) UF_4 bildet. Das hellgrüne wasserunlösliche

Tetrafluorid ist isomorph mit ThF_4, UF_4 und PuF_4 (*133*). Das *Hexafluorid* bildet sich bei der Reaktion 14 in Form eines bräunlich-weißen krystallinen Sublimats (FP $= 53°$ C), das wie UF_6 leicht flüchtig und mit ihm isomorph ist (*133*).

Die Bildung der *Chloride* erfolgt nach den Gleichungen

$$NpO_2 + 2CCl_4 \xrightarrow{530°} NpCl_4 + 2COCl_2, \tag{15}$$

$$NpCl_4 + \tfrac{1}{2}H_2 \xrightarrow{450°} NpCl_3 + HCl. \tag{16}$$

Das mit $ThCl_4$ und UCl_4 isomorphe *Tetrachlorid* (*134*) bildet sich unter obigen Bedingungen als gelbes Sublimat. Aus diesem ließen sich nach Gl. (16) geringe Mengen von weißem irisierendem *Trichlorid* erhalten, das mit UCl_3 und $PuCl_3$ isomorph ist. Beide Chloride sind stark · hygroskopisch.

Die *Bromide* entstehen nach den Gleichungen

$$3NpO_2 + 5Al + 6Br_2 \xrightarrow{400°} 3NpBr_3 + 2Al_2O_3 + AlBr_3, \tag{17}$$

$$3NpO_2 + 4AlBr_3 \xrightarrow{350°} 3NpBr_4 + 2Al_2O_3. \tag{18}$$

Das mit UBr_3 isomorphe, grüne *Tribromid* (*134*), läßt sich durch Sublimation im Hochvakuum bei 800° rein gewinnen. Das rotbraune *Tetrabromid* sublimiert im Hochvakuum schon bei 500° und ist mit UBr_4 isomorph.

Das braune *Trijodid* entsteht analog dem Tribromid. Es ist isomorph mit UJ_3 und PuJ_3 und im Hochvakuum bei 800° flüchtig. Höhere Jodide sind nicht existenzfähig.

Die wasserfreien *Oxyhalogenide* (*18*), (*35*) des 4-wertigen Neptuniums $NpOCl_2$ und $NpOBr_2$ bilden sich beim Erhitzen der entsprechenden Tetrahalogenide auf 450° bei Anwesenheit von Sauerstoff oder Feuchtigkeit als hellgelbe sublimierbare Nadeln.

Außer den oben besprochenen Verbindungen bildet das Neptunium eine Reihe *wasserhaltiger Chloride* (*82*), deren Zusammensetzung noch nicht genau bekannt ist. So läßt sich eine salzsaure Lösung des 4-wertigen Neptuniums unter Stickstoffatmosphäre an einer Quecksilberkathode elektrolytisch zu einer purpurfarbenen Lösung reduzieren, welche durch Luft allmählich rückoxydiert wird und sicherlich *Neptunium(III)-chlorid* $NpCl_3 \cdot xH_2O$ enthält (*87*). Durch Lösen von $Np(OH)_4$ in HCl und Verdampfen der gebildeten Lösung läßt sich *Neptunium(IV)-chlorid* $NpCl_4 \cdot xH_2O$ in Form gelber, stark hygroskopischer Krystalle gewinnen. In analoger Weise führt die Umsetzung von NpO_2OH mit HCl zu einer grünblauen Lösung von *Neptunyl(V)-chlorid* $NpO_2Cl \cdot xH_2O$. Ganz entsprechend enthält eine Lösung von Dineptunat in HCl gelbgrünes *Neptunyl(VI)-chlorid* $NpO_2Cl_2 \cdot xH_2O$. Solche Lösungen wirken verhältnismäßig stark oxydierend und gehen schon beim Erhitzen gemäß

$$NpO_2Cl_2 \rightarrow NpO_2Cl + \tfrac{1}{2}Cl_2 \qquad (19)$$

unter Chlorentwicklung in Neptunyl(V)-Lösungen über (63).

Salze von Sauerstoffsäuren.

Die *Perchlorate* des Neptuniums (63), (82) sind nur in wäßriger Lösung bekannt. Eine purpurfarbene Lösung von *Neptunium(III)-perchlorat* (111), der mutmaßlichen Zusammensetzung $Np(ClO_4)_3 \cdot xH_2O$, entsteht durch erschöpfende Reduktion einer Neptunyl(V)-perchloratlösung mit Wasserstoff an Platin. Sie geht bei Luftzutritt rasch in eine grüne Lösung von *Neptunium(IV)-perchlorat* $Np(ClO_4)_4 \cdot xH_2O$ über. Grünblaue Lösungen von *Neptunyl(V)-perchlorat* $NpO_2ClO_4 \cdot xH_2O$ können leicht durch Lösen des entsprechenden Hydroxyds in $HClO_4$ gewonnen werden. Beim Lösen von Dineptunat in Perchlorsäure, oder durch elektrolytische Oxydation von NpO_2ClO_4 resultieren rosafarbene Lösungen von *Neptunyl(VI)-perchlorat* $NpO_2(ClO_4)_2 \cdot xH_2O$.

Die Absorptionsspektra all dieser perchlorsauren Lösungen deuten darauf hin, daß keine Komplexbildung erfolgt, sondern die Ionen Np^{3+}, Np^{4+}, $[NpO_2]^+$ und $[NpO_2]^{2+}$ vorliegen.

Nitrate (63), (82): Auch diese Salze sind bisher nur in wäßriger Lösung bekannt. Das Neptunium(III)-nitrat ist infolge der oxydierenden Wirkung des Nitrat-Ions auf Np^{3+} nicht darstellbar. Gelbgrüne Lösungen des *Neptunium(IV)-nitrats* $Np(NO_3)_4 \cdot xH_2O$ können mit HNO_3 aus dem entsprechenden Hydroxyd erhalten werden. Sie gehen schon in der Kälte allmählich in grünblaue Lösungen von *Neptunyl(V)-nitrat* $NpO_2NO_3 \cdot xH_2O$ über. Durch Lösen des Dineptunats in HNO_3 sind grüne Lösungen von *Neptunyl(VI)-nitrat* $NpO_2(NO_3)_2 \cdot xH_2O$ erhältlich, die mittels SO_2, H_2O_2, $NaNO_2$ leicht zur 5-wertigen Stufe reduzierbar sind. Die Farbunterschiede zwischen Neptunyl(VI)-nitrat und -perchlorat deuten auf Komplexbildung in der Lösung der erstgenannten Verbindung hin.

Sulfate (63), (82): Von den Sulfaten konnte in krystallisierter Form bisher nur das hellgrüne *Neptunium(IV)-sulfat* $Np(SO_4)_2 \cdot xH_2O$ isoliert werden. Diese Verbindung, die aus dem Hydroxyd mit H_2SO_4 darstellbar ist, ist besonders in konzentrierter Schwefelsäure leicht löslich, unter Bildung starker Sulfatokomplexe. Grünblaue Lösungen von *Neptunyl(V)-sulfat* $(NpO_2)_2SO_4 \cdot xH_2O$ werden aus NpO_2OH und verdünnter H_2SO_4 erhalten. Gelbgrüne Lösungen von *Neptunyl(VI)-sulfat* $NpO_2SO_4 \cdot xH_2O$ entstehen sowohl durch Umsetzung von Dineptunat mit Schwefelsäure als auch durch Oxydation von $(NpO_2)_2SO_4$ mit Bromat.

Sowohl die Absorptionsspektra als auch die Redoxpotentiale dieser Lösungen lassen darauf schließen, daß 4- und 6-wertiges Neptunium mit Sulfat-Ionen starke Komplexe bilden und daß diese Komplexbildungstendenz in Richtung $ClO_4^- < Cl^- < NO_3^- < SO_4^{2-}$ stark ansteigt.

Schwerlösliche *Fällungen* bilden Neptunium(IV)-Lösungen mit Phosphat- und Oxalat-Ionen, wobei sich weißes *Neptunium(IV)-phosphat* $Np_3(PO_4)_4 \cdot xH_2O$ bzw. grünes *Neptunium(IV)-oxalat* $Np(C_2O_4)_2 \cdot xH_2O$ bildet (*82*). Eine schwerlösliche Verbindung des 6-wertigen Neptuniums, das dichroitisch grün-rosafarbene *Natrium-neptunyl(VI)-triacetat* $NaNpO_4(CH_3COO)_3$ erhält man durch Fällung einer Neptunyl(VI)-Lösung mit Natriumacetat. Die Verbindung ist mit den entsprechenden des Urans und Plutoniums isomorph (*135*).

Innere Komplexsalze: Von dieser Verbindungsklasse ist das *Neptunyl(VI)-8-oxychinolat* (*114*), sowie ein Derivat des Dibenzoylmethans (*42*) von besonderer Bedeutung, da über beide Verbindungen eine leichte Trennung des Neptuniums vom Uran erfolgen kann. Das Oxinat des Neptuniums ist im Gegensatz zu dem des Urans in Wasser leicht löslich. Das Dibenzoylmethan bildet mit beiden Metallen innerkomplexe Enolate, die beide in Essigester leicht löslich sind. Beim Ausschütteln dieser Lösung mit Wasser geht jedoch nur das Neptunium in die wäßrige Phase.

Stabilität der Wertigkeitsstufen.

Die Stabilitätsverhältnisse der einzelnen Oxydationsstufen des Neptuniums sind aus den in 1 molarer *Salzsäure* gemessenen *Redoxpotentialen* zu erkennen, die im folgenden Schema zusammengestellt sind (*85*):

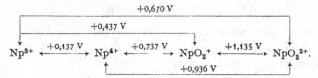

Die angegebenen Werte stellen *formale* Redoxpotentiale dar, bei deren Berechnung statt der Aktivitäten die spektroskopisch ermittelten Konzentrationen der beteiligten Ionen zugrunde gelegt wurden.

Aus der Lage der Redoxpotentiale läßt sich unmittelbar ablesen, daß das 3-wertige Neptunium, ähnlich dem Cu^+, in salzsaurer Lösung nicht luftbeständig ist und rasch in Np^{4+} übergeht. In geringem Umfang wäre dies auch für die Luftbeständigkeit des 4-wertigen Neptuniums zu erwarten, doch zeigt die Erfahrung, daß der Übergang $Np^{4+} \rightarrow NpO_2^+$ nur sehr langsam erfolgt. Das Redoxpotential NpO_2^+/NpO_2^{2+} liegt hoch genug, um eine allmähliche Oxydation des Chlorid-Ions durch das NpO_2^{2+} einzuleiten, die in heißer HCl oder bei Gegenwart von Platin stark beschleunigt wird. Dementsprechend ist NpO_2^+ das stabilste Ion in salzsaurer Lösung.

In 1 molarer *schwefelsaurer* Lösung zeigen die formalen Redoxpotentiale des Neptuniums eine erhebliche Verschiebung gegenüber denen in salzsaurem Medium, wie das folgende Schema zeigt:

$$Np\,(IV) \xleftarrow{\sim+0,99\ V} Np\,(V) \xleftrightarrow{+1,084\ V} Np\,(VI).$$
$$\underset{\sim+1,04\ V}{\xleftarrow{\hspace{6cm}}}$$

Hieraus ist ersichtlich, daß sowohl der Übergang $Np\,(V) \rightarrow Np\,(IV)$ als auch $Np\,(V) \rightarrow Np\,(VI)$ wesentlich erleichtert ist, weshalb Neptunium (V)-Lösungen in Schwefelsäure leicht gemäß

$$2\,Np\,(V) \rightarrow Np\,(IV) + Np\,(VI) \tag{20}$$

disproportionieren. Der Grund für diese Verschiebung der Redoxpotentiale und die damit im Zusammenhang stehende Disproportionierung des 5-wertigen Neptuniums ist in der Bildung starker Sulfatokomplexe des 4- und 6-wertigen Neptuniums zu suchen.

In *salpetersaurer* Lösung ist 3-wertiges Neptunium infolge der oxydierenden Wirkung des Nitrat-Ions nicht existenzfähig und sogar 4-wertiges Neptunium wird langsam zur 5-wertigen Stufe oxydiert. Da die Lage der Redoxpotentiale in diesem Medium denen in salzsaurer Lösung nahekommt, sind hier die Voraussetzungen für die Reaktion (20) nicht gegeben. In Salpetersäure ist somit das stabilste Ion wiederum NpO_2^+.

Der Übergang $Np\,(IV)/Np\,(V)$ zeigt insofern Besonderheiten, als hierbei ein neuer Ionentyp, ein Oxykation, gebildet wird. Infolgedessen ist dieser Vorgang, im Gegensatz zu den Übergängen $Np\,(III)/Np\,(IV)$ und $Np\,(V)/Np\,(VI)$ irreversibel und p_H-abhängig, entsprechend der Gleichung:

$$Np^{4+} + 2\,H_2O \rightarrow NpO_2^+ + 4\,H^+ + e^-. \tag{21}$$

Hierbei erfolgt also außer dem Elektronenübergang auch eine (langsam verlaufende) Koordination von O^{2-}-Ionen, die für den praktisch monotropen Verlauf der Reaktion verantwortlich ist (67).

Tabelle 3. *Oxydations- und Reduktionsreaktionen des Neptuniums.*

Oxydationsmittel	Redoxvorgang	Reduktionsmittel
Ag^{2+}, MnO_4^-, $Cr_2O_7^{2-}$ Ce^{4+}, BrO_3^-, Cl_2	Np (VI) ↑ ↓ Np (V)	SO_2, J^-, Fe^{2+}, Sn^{2+}, NO_2^-, H_2O_2, N_2H_4, NH_2OH, H (atomar), Cl^- (heiß), Elektrolyse
wie oben, ferner HNO_3 (heiß), $HClO_4$ (heiß)	Np (V) ↑ ↓ Np (IV)	Elektrolyse, H (atomar), Fe^{2+}, J^-, SO_2
wie oben, ferner Luft, HNO_3 (kalt)	Np (IV) ↑ ↓ Np (III)	Elektrolyse, H (atomar)

Die Stabilität der einzelnen Oxydationsstufen des Neptuniums gegenüber verschiedenen Oxydations- und Reduktionsmitteln (86) ist der Tabelle 3 zu entnehmen.

In der Tabelle kommt die, gegenüber dem Uran, wesentlich erhöhte Stabilität niederer Wertigkeitsstufen zum Ausdruck. So wird beispielsweise das Ion NpO_2^{2+} durch SO_2, J^- und Fe^{2+} zu Np^{4+} reduziert, während diese Agentien das UO_2^{2+} lediglich zur wenig stabilen 5-wertigen Stufe UO_2^+ reduzieren können (87). Auch die Stabilität des Np^{3+} ist wesentlich größer als die des U^{3+}.

b) Plutonium. Von allen bisher bekanntgewordenen Transuranen ist das Plutonium das weitaus wichtigste Element, da es in großtechnischem Maßstab gewonnen wird und neben Uran 235 zur Zeit der wichtigste Grundstoff zur Gewinnung der Atomenergie ist.

Das Plutonium ist übrigens das einzige Transuran, das in der Natur nachgewiesen wurde und aus den Pechblenden von Katanga in Mikrogramm-Mengen isoliert werden konnte (98). Wegen der verhältnismäßig kurzen Halbwertszeit (24 000 Jahre) von Plutonium 239 muß es dort durch die Neutroneneinfangreaktionen 1a, 1b und 3 des Uran 238 ständig regeneriert werden. Die hierzu notwendigen Neutronen werden vermutlich von der Höhenstrahlung und der spontanen Kernspaltung des Uran 235 geliefert.

Über die Darstellung des reinen Metalls und seine physikalischen Konstanten ist bis heute noch wenig publiziert worden. Aus den vorliegenden, spärlichen Angaben läßt sich entnehmen, daß silberweißes Plutonium, analog dem Neptunium, durch Reduktion des Trifluorids mit Bariumdampf erhalten werden kann (131). Plutonium soll das höchste spezifische Gewicht ($d = 24$?) aller bisher bekanntgewordenen Elemente besitzen.

Wie Uran und Neptunium, so tritt auch Plutonium in allen Oxydationsstufen von $+3$ bis $+6$ auf. Die schon bei Neptunium angedeutete Verschiebung des Stabilitätsmaximums nach niederen Wertigkeitsstufen zeigt sich beim Plutonium in verstärktem Maße, so daß in wäßriger Lösung die Bildung von *4-wertigem* Plutonium bevorzugt ist. Daneben sind auch die Oxydationszahlen $+3$ und $+6$ leicht realisierbar, während reine Plutonium(V)-Lösungen nur unter sehr spezifischen Bedingungen haltbar sind.

In Tabelle 4 sind die charakteristischen Farben verschiedener Plutoniumsalzlösungen aufgeführt (27).

Die erste Spalte der Tabelle enthält die eigentlichen Farben der Ionen Pu^{3+}, Pu^{4+}, PuO_2^+ und PuO_2^{2+}, da diese nur in perchlorsaurer Lösung tatsächlich vorliegen. In den Lösungen der anderen Säuren findet, wie beim Neptunium, mehr oder weniger starke Komplexbildung statt, wobei Farbänderung erfolgt. Die Tatsache, daß alle Plutonium-(III)- und Plutonium(V)-Lösungen unabhängig von der Art der Säure

Tabelle 4. *Farben saurer Plutoniumsalzlösungen.*

	HClO$_4$	HCl	HNO$_3$	H$_2$SO$_4$
Pu (III)	*tiefblau*			
Pu (IV)	gelb bis braun		verd. braun konz. grün	rosarot
Pu (V)	verdünnt schwach rosa konz. rotviolett			nicht existenzfähig
Pu (VI)	rosa-orange	gelb	rosa-orange	?

einheitliche Farben besitzen, zeigt, daß in diesen Wertigkeitsstufen das Plutonium nur geringe Komplexbildungstendenz aufweist.

Oxyde, Peroxyde und Hydroxyde.

Von den *Oxyden* des Plutoniums (*128*) wurde in reiner Form nur PuO$_2$ und PuO dargestellt, die Existenz einer Phase Pu$_2$O$_3$ ließ sich nur röntgenographisch nachweisen. Die 6-wertige Stufe, die beim Neptunium wenigstens als Np$_3$O$_8$ realisiert ist, wird bei den Oxyden des Plutoniums nicht mehr erreicht.

Das gelbbraune *Plutoniumdioxyd* PuO$_2$ (Fluoritgitter) (*93*) wird beim Erhitzen unter Luftzutritt aus fast allen Plutoniumsalzen erhalten, gleichgültig in welcher Oxydationsstufe diese das Metall enthalten.

Das *Monoxyd* PuO wird bei der Reduktion von PuOCl mit Bariumdampf bei 1250° als metallisch glänzende Phase gewonnen.

Bei der Reduktion von PuO$_2$ mit atomarem Wasserstoff, Tantal oder Iridium im Hochvakuum bildet sich eine Phase, die röntgenographisch Ähnlichkeiten mit dem Gitter von La$_2$O$_3$ aufzuweisen hat. Man schloß daher auf die Existenz eines wenig stabilen *Sesquioxydes*, dessen Homogenitätsbereich innerhalb der Grenzen Pu$_2$O$_3$–Pu$_4$O$_7$ liegt.

Peroxyde des Plutoniums sind nur von dem 4-wertigen Metall bekannt, da 5- und 6-wertiges Plutonium durch H$_2$O$_2$ zu 4-wertigem Plutonium reduziert werden. Beim Versetzen einer Plutonium(IV)-Lösung mit überschüssigem H$_2$O$_2$ entsteht eine grüne Fällung, der annähernden Zusammensetzung Pu(O$_2$)$_2$, wobei aber stets ein Teil der Peroxogruppen durch Säurereste substituiert ist (*50*), (*65*). Vor der Ausfällung des grünen Pu(O$_2$)$_2$ bildet sich zuerst ein brauner, anschließend ein roter wasserlöslicher *Peroxokomplex*, für die man die 2-kernigen Strukturen

$$\left[Pu \begin{array}{c} \overset{\text{H}}{O} \\ O_2 \end{array} Pu \right]^{5+} \quad \text{bzw.} \quad \left[Pu \begin{array}{c} O_2 \\ O_2 \end{array} Pu \right]^{4+}$$

vorgeschlagen hat (*21*).

Von den *Hydroxyden* des Plutoniums sind nur die des 3- und 4-wertigen Metalls mit Sicherheit bekannt. Sie bilden sich aus den entsprechenden Plutoniumlösungen mit Hydroxyl-Ionen als schwerlösliche Fällungen. Die aus den Lösungen des 5- und 6-wertigen Plutoniums mit Laugen erhältlichen Fällungen sind in ihrer Zusammensetzung noch nicht genau bekannt. Sie bestehen sicherlich aus Plutonyl(V)-hydroxyd oder aus Plutonat(V) bzw. aus Plutonat(VI) oder Polyplutonat(VI).

Das *Plutonium(III)-hydroxyd* $Pu(OH)_3$ *(24)* stellt eine blaue, sehr luftempfindliche Fällung dar, die leicht in das grüne schwerlösliche $Pu(OH)_4$ übergeht, aber, im Gegensatz zu $Np(OH)_3$, in inerter Atmosphäre noch faßbar ist. Das schon erwähnte grüne *Plutonium(IV)-hydroxyd* $Pu(OH)_4$ *(25)* ist natürlich auch aus Plutonium(IV)-Lösungen fällbar und kann zur quantitativen Fällung des 4-wertigen Plutoniums verwendet werden. Der Niederschlag ist völlig luftbeständig.

Beim Versetzen von Plutonium(V)-Lösungen mit Laugen werden hellgraue Fällungen gebildet, die unheitlich sind, da mit steigendem p_H schon eine teilweise Disproportionierung in $Pu(IV)$ und $Pu(VI)$ einsetzt *(77)*. *Plutonyl(V)-hydroxyd* PuO_2OH scheint mäßig löslich zu sein und geht wahrscheinlich in Plutonate(V) des Typs $[PuO_2(OH)_2]^-$ über *(75)*. Im Gegensatz zu Uranyl(VI)-Lösungen, die mit Laugen augenblicklich schwerlösliche Diuranate bilden, entsteht bei der analogen Umsetzung von Plutonyl(VI)-Lösungen erst nach einiger Zeit eine gelbbraune Fällung von *Polyplutonat (VI)* *(26)*. Die Fällung ist nur mit Barytlauge annähernd quantitativ und nähert sich dann der Zusammensetzung $Ba[Pu_3O_6(OH)_8]$ *(38)*, *(75)*. Spektroskopische Messungen ergaben, daß die Tendenz des 6-wertigen Plutoniums zur Bildung von Polysäuren schon im sauren Medium wesentlich größer ist als die des 6-wertigen Urans *(94)*.

Sulfide *(1)*, *(136)*.

Plutonium ist, wie alle Transurane und Lanthaniden, aus wäßrigem Medium mit H_2S nicht fällbar. Seine Sulfide sind nur auf trockenem Wege durch Erhitzen von PuO_2 im H_2S-Strom erhältlich. Je nach der Temperatur erhält man ein schwarzes *Plutoniumoxysulfid* Pu_2O_2S (La_2O_3-Gitter) oder eine purpurschwarze Phase deren Homogenitätsbereich zwischen Pu_2S_3—Pu_3S_4 liegt. Schließlich konnte auch die Existenz einer bronzefarbenen halbmetallischen Phase PuS röntgenographisch nachgewiesen werden.

In diesem Zusammenhang seien auch die Phasen PuN und PuC erwähnt, die durch Strukturbestimmungen identifiziert wurden. Wie PuO und PuS besitzen sie Steinsalzgitter und können als typische Einlagerungsphasen aufgefaßt werden *(137)*.

Wasserfreie Halogenide.

Diese Verbindungsklasse ist im folgenden tabellarisch zusammengestellt.

Tabelle 5. *Wasserfreie Halogenide des Plutoniums.*

Fluoride	Chloride	Bromide	Jodide	Oxyhalogenide
PuF_3	$PuCl_3$	$PuBr_3$	PuJ_3	$PuOX$
PuF_4	—	—	—	—

Ein Vergleich mit der Tabelle 2 zeigt, daß in den Plutoniumhalogeniden die höheren Wertigkeitsstufen wesentlich instabiler sind als in den entsprechenden Neptuniumverbindungen, die ihrerseits eine gleiche Abstufung der Stabilität gegenüber den analogen Uranverbindungen zeigen. Halogenide des 5- und 6-wertigen Plutoniums sind nicht mit Sicherheit bekannt, die 4-wertige Stufe ist nur im Tetrafluorid realisiert. Mit Ausnahme der Fluoride und der Oxyhalogenide sind alle Verbindungen leicht wasserlöslich und meist stark hygroskopisch.

Das purpurfarbene sublimierbare *Trifluorid (100)* PuF_3 (Tysonitgitter) kann nach der Gleichung

$$PuO_2 + 3\,HF + \tfrac{1}{2}H_2 \xrightarrow{600°} PuF_3 + 2\,H_2O, \qquad (22)$$

oder durch Fällung in wäßriger Lösung erhalten werden. Die Bildungsweisen des grünen, sublimierbaren *Trichlorids (2)* $PuCl_3$ (Gittertyp $LaCl_3$) *(19)*, ergeben sich aus den folgenden Formulierungen·

$$2\,Pu + 3\,Cl_2 \rightarrow 2\,PuCl_3, \qquad (23)$$

$$PuO_2 + 2\,CCl_4 \rightarrow PuCl_3 + 2\,COCl_2 + \tfrac{1}{2}Cl_2, \qquad (24)$$

$$Pu_2(C_2O_4)_3 + 6\,HCl \rightarrow 2\,PuCl_3 + 6\,CO_2 + 3\,H_2. \qquad (25)$$

Die Vorgänge (23) und (24) sind insofern bemerkenswert als sie nicht zum Tetrahalogenid führen.

Das ebenfalls grün gefärbte *Tribromid (29), (134)* $PuBr_3$ (Gittertyp $NdBr_3$) läßt sich analog dem Chlorid darstellen. Das hellgrüne *Trijodid (45)* PuJ_3 (Gittertyp $NdBr_3$) bildet sich gemäß

$$Pu + 3\,HJ \xrightarrow{400°} PuJ_3 + 1{,}5\,H_2. \qquad (26)$$

Die wasserfreien *Oxyhalogenide* des 3-wertigen Plutoniums *(19)* sind nach dem Schema

$$\left.\begin{array}{l} PuO_2 + \tfrac{1}{2}H_2 + HX \rightarrow PuOX + H_2O \\ X = Cl,\ Br,\ J, \end{array}\right\} \qquad (27)$$

oder durch Hydrolyse der Trihalogenide darstellbar, wobei schwarzes $PuOF$, blaugrünes $PuOCl$ *(2)*, tiefgrünes $PuOBr$ *(29)* und grünes $PuOJ$ *(45)* entstehen.

Das einzige Halogenid des 4-wertigen Plutoniums, das *Plutoniumtetrafluorid* PuF_4 *(35), (133)* wird als hellbraunes Produkt durch die Reaktion

$$2\,PuF_3 + \tfrac{1}{2}O_2 + 2\,HF \rightarrow 2\,PuF_4 + H_2O \qquad (28)$$

gewonnen. Bei höherer Temperatur zerfällt es unter Fluorabspaltung in das Trifluorid (36).

Plutonium(III)-Salze.

Blaue Lösungen des 3-wertigen Plutoniums sind wesentlicher stabiler als Neptunium(III)-Salzlösungen und können durch Reduktion von 4-wertigem Plutonium mit SO_2 (64), Hydroxylammoniumsalzen (24), atomarem Wasserstoff (22), durch kathodische Reduktion (78) bzw. durch Lösen von $Pu(OH)_3$ in den entsprechenden Säuren erhalten werden. Diese Lösungen sind recht hydrolysenbeständig und fällen erst oberhalb $p_H = 7$ $Pu(OH)_3$ aus, unter intermediärer Bildung der Ionen $[PuOH]^{2+}$, $[Pu(OH)_2]^+$ (75). Aus den Lösungen der *Chloride* und *Bromide* konnten hygroskopische Hexahydrate $PuCl_3 \cdot 6\,H_2O$ (blau), $PuBr_3 \cdot 6\,H_2O$ (grün) krystallisiert erhalten werden, die beim Erhitzen stufenweise zum wasserfreien Halogenid abgebaut werden können (2), (29). Eine analoge Bildung von PuJ_3 ist nicht möglich, da hierbei Hydrolyse zu PuOJ eintritt (45). Durch Überführungsversuche (90) sowie spektroskopisch (61) ließ sich zeigen, daß stark salzsaure Plutonium(III)-Lösungen Chlorokomplexe enthalten.

Plutonium(III)-perchlorat $Pu(ClO_4)_3 \cdot xH_2O$ ist nur in Lösung bekannt und bildet selbst in stark perchlorsaurem Medium keine Acidokomplexe. *Plutonium(III)-nitrat* $Pu(NO_3)_3 \cdot xH_2O$ (27) kann krystallisiert erhalten werden, wird jedoch in stark salpetersauren Lösungen zu Pu(IV) oxydiert (61).

Das *Plutonium(III)-sulfat* $Pu_2(SO_4)_3 \cdot xH_2O$ wurde bisher nicht isoliert, jedoch konnten eine Reihe von hellblauen *Sulfatokomplexen* vom Typ $Me^I Pu(SO_4)_2 \cdot 4H_2O$ (Me = Alkalimetalle, NH_4^+, Tl^+) und $Me_5^I Pu(SO_4)_4$ (Me = K^+, Tl^+) dargestellt werden (4), (5).

Außer diesen wasserlöslichen Salzen bildet 3-wertiges Plutonium auch ein sehr schwer lösliches hellbraunes *Trijodat* (6) $Pu(JO_3)_3$, ein schwerlösliches blaugrünes *Oxalat* (95), (24) $Pu_2(C_2O_4)_3 \cdot 9\,H_2O$, sowie ein schwarzes sehr wenig lösliches *Plutonium(III)-hexacyanoferrat(III)* $Pu[Fe(CN)_6] \cdot 7H_2O$ (7). Die letztgenannte Verbindung ist isomer, aber vermutlich nicht identisch mit dem Plutonium(IV)-hexacyanoferrat(II) gleicher Zusammensetzung. Erwähnt sei noch das himmelblaue schwerlösliche $HPu[Fe(CN)_6] \cdot xH_2O$.

Plutonium(IV)-Verbindungen.

Die Oxydationszahl $+4$ ist die stabilste Wertigkeitsstufe des Plutoniums. In seinem ganzen chemischen Verhalten ähnelt das 4-wertige Plutonium weitgehend dem 4-wertigen Cer, Thorium und Uran. Dies kommt besonders in der starken Komplexbildungstendenz zum Ausdruck und diese ist die Ursache dafür, daß in Plutonium(IV)-Lösungen, je nach Konzentration und p_H, sehr verschiedenartige und unterschiedlich gefärbte Ionen vorliegen. Pu^{4+}-Ionen kommen nur in perchlorsauren Lösungen vor, in denen selbst bei hohen Säurekonzentrationen keine Komplexbildung erfolgt. In Lösungen komplexbildender Säuren (zunehmend in Richtung $Cl^- \rightarrow NO_3^- \rightarrow SO_4^{2-}$) sind im übersauren Gebiet stets anionische Acidokomplexe vom Typ $[PuX_n]^{-(mn-4)}$ ($x = m$-wertiger Säurerest) z. B. $[Pu(NO_3)_6]^{2-}$ vorhanden. Mit abnehmendem Säuregehalt erfolgt Abbau des anionischen Komplexes zum Ion Pu^{4+}, wobei als Zwischenprodukte Acidokationen vom Typ $[PuX]^{+(4-m)}$ z.B. $[PuNO_3]^{3+}$ in Erscheinung treten (58). Mit weiterem Ansteigen des p_H (oberhalb $p_H = 1$) beginnt Hydrolyse des Pu^{4+}-Ions zu $[PuOH]^{3+}$, $[Pu(OH)_2]^{2+}$ usw., wobei schließlich durch Aggregation solcher Teilchen eine kolloidale Lösung höhermolekularer basischer Salze entsteht. Diese flockt bei $p_H = 2,5$ bis 3 grünes $[Pu(OH)_4]_x$ aus (75). Das polymere Hydroxyd ist ein reversibles Gel und geht sehr leicht wieder mit grüner Farbe in verdünnten Säuren unter Solbildung in Lösung. Auch in dieser Hinsicht zeigt das 4-wertige Plutonium Analogien zum 4-wertigen Cer, Thorium und Uran, die ebenfalls solche stabilen kolloidalen Lösungen bilden (27).

Die oben skizzierten Verhältnisse beziehen sich nur auf *kalte* Lösungen, da beim Erwärmen reversible Disproportionierung gemäß

$$3 Pu(IV) \leftrightarrow 2 Pu(III) + Pu(VI) \qquad (29)$$

eintritt (69).

Die Salze des 4-wertigen Plutoniums werden am einfachsten durch Lösen von $Pu(OH)_4$ in den betreffenden Säuren dargestellt. Während das *Perchlorat* $Pu(ClO_4)_4 \cdot xH_2O$ nur in Lösung bekannt ist (68), läßt sich das hellgrüne, krystalline *Tetranitrat* $Pu(NO_3)_4 \cdot xH_2O$ auf diese Weise leicht gewinnen (6), (52). In stark salpetersaurer Lösung wandert Plutonium elektrolytisch zur Anode (90) und aus solchen Lösungen lassen sich mit Alkalinitraten schwerlösliche hellgrüne *Hexanitratokomplexe* $Me_2^I[Pu(NO_3)_6]$ ausfällen (8), (59).

Schon in verhältnismäßig verdünnt schwefelsaurer Lösung wandert Plutonium bei der Elektrolyse zur Anode, wie überhaupt Pu^{4+}-Ionen in diesem Medium nicht existenzfähig sind und Plutonium kationisch nur in Form von $[PuSO_4]^{2+}$ vorliegt (90). Trotz dieser bevorzugten Komplexbildung läßt sich aus verdünnten schwefelsauren Lösungen mit Methanol das wasserlösliche, korallrote *Plutonium(IV)-sulfat* $Pu(SO_4)_2 \cdot 4 H_2O$ ausfällen (9), (52), das mit den entsprechenden Disulfaten des 4-wertigen Cer, Thorium und Uran isomorph ist. Wie diese bildet es mit Alkalisulfaten grüne *Tetrasulfatokomplexe* $Me_4[Pu(SO_4)_4] \cdot (1-2) H_2O$ (10). In schwach schwefelsaurer Lösung neigt Plutonium(IV)-Sulfat zur Hydrolyse unter Bildung von graugrünen $Pu_2O(SO_4)_3 \cdot 8 H_2O$ (9).

Wie $CeCl_4$, so ist auch festes $PuCl_4$ nicht existenzfähig. Beim Eindampfen salzsaurer Plutonium (IV)-Lösungen erfolgt unter Chlorentwicklung Reduktion zu $PuCl_3$ (2). In kalten verdünnten Lösungen liegen Pu^{4+}-Ionen, mit steigender HCl-Konzentration $[PuCl]^{3+}$ und schließlich die tiefrote Säure H_2PuCl_6 vor (60). Letztere ist als gelbes Cs_2PuCl_6 fällbar (11).

Das einzige Halogenid des 4-wertigen Plutoniums, das mäßig lösliche fleischfarbene *Plutoniumtetrafluorid* $PuF_4 \cdot 2,5 \ H_2O$ ist mit der analogen Uranverbindung isomorph (6), (133). In flußsauren Lösungen ist je nach der Säurekonzentration das Ion $[PuF]^{3+}$ oder die stark komplexe Säure $HPuF_5$ nachweisbar (89). Letztere kann in Form weißer Alkalisalze $MePuF_5$ gefällt werden (12).

Von den schwerlöslichen Verbindungen des 4-wertigen Plutoniums sei zuerst das rosa gefärbte $Pu(JO_3)_4$ erwähnt (52). Mit Phosphat wird ein weißes gelatinöses sekundäres *Plutoniumphosphat* $Pu(HPO_4)_2 \cdot xH_2O$ gefällt, das beim Erhitzen in rotes $Pu_2H(PO_4)_3 \cdot xH_2O$ und schließlich in $Pu_3(PO_4)_4 \cdot xH_2O$ übergeht. Alle diese Phosphate bilden mit konzentrierter H_3PO_4 lösliche *Phosphatokomplexe* noch unbekannter Zusammensetzung (72). Mit Lösungen von $K_3[Fe(CN)_6]$ und $K_4[Fe(CN)_6]$ bilden sich schwarze Fällungen von $Pu_3[Fe(CN)_6]_4 \cdot xH_2O$ und $Pu[Fe(CN)_6] \cdot xH_2O$ (7). Beim Versetzen mit Oxalatlösungen fällt *Plutonium(IV)-oxalat* $Pu(C_2O_4)_2 \cdot 6H_2O$, das sich, analog dem U(IV), schon in geringem Überschuß des Fällungsmittels zu sehr starken *Oxalatokomplexen* $[Pu(C_2O_4)_3]^{2-}$ bzw. $[Pu(C_2O_4)_4]^{4-}$ löst (102). Die meisten der hier angeführten schwerlöslichen Plutonium (IV)-Verbindungen lösen sich bei Gegenwart von Rhodanid-, Tartrat-, Carbonat- oder Acetat-Ionen zu sehr stabilen Acidokomplexen. Besonders beständig sind die beiden letzteren (60), (90).

Zum Schluß seien noch einige organische Derivate des 4-wertigen Plutoniums angeführt, von denen in der Literatur zahlreiche beschrieben worden sind (52).

Das weiße *Plutonium(IV)-phenylarsenat* und das weiße *Plutonium-(IV)-m-nitrobenzoat* können wegen ihrer Schwerlöslichkeit in Wasser zur Trennung des Pu (IV) vom Pu (III) verwendet werden. Von den inneren Komplexverbindungen, die zumeist nur in organischen Solventien löslich sind, seien nur das rote *Plutonium(IV)-8-oxychinolat* Pu(oxinat)$_4$ (97) und das rotbraune *Plutonium(IV)-acetylacetonat* $Pu(C_5H_7O_2)_4$ (31) erwähnt, in denen Plutonium die Koordinationszahl 8 betätigt.

Plutonium(V)-Verbindungen.

Das 5-wertige Plutonium ist verhältnismäßig instabil und neigt stark zu Disproportionierungsreaktionen. Man erhält reine Plutonium(V)-Lösungen nur durch Reduktion von perchlorsauren Pu(VI)-Lösungen bei $p_H = 3,5$ mit SO_2, NH_3OH^+, NO_2^- oder J^- (*39*). In ihnen liegt unterhalb $p_H = 9$ das blaßrosa gefärbte *Plutonyl(V)-Ion* $[PuO_2]^+$ vor (*79*), das weder eine erkennbare Tendenz zur Komplexbildung noch zur Hydrolyse aufweist, wie sein Absorptionsspektrum zeigt (*39*), (*75*). Auch in salzsaurer und salpetersaurer Lösung ist das Ion $[PuO_2]^+$ existenzfähig, nur in H_2SO_4 erfolgt Disproportionierung analog Gl. (20). Von den festen Plutonyl(V)-Verbindungen ist nur ein Carbonat beschrieben worden, das aus wasserlöslichen Carbonatokomplexen des 3-wertigen Plutoniums durch Oxydation mit Hypochlorit fällbar ist (*80*).

Plutonium(VI)-Verbindungen.

Als Kation tritt das 6-wertige Plutonium, wie Uran und Neptunium, in Lösung stets als *Plutonyl(VI)-Ion* $[PuO_2]^{2+}$ auf (*58*). Man erhält solche stabilen Lösungen aus 4-wertigem Plutonium durch anodische Oxydation oder durch Verwendung anderer starker Oxydationsmittel ($KClO_3$, $KBrO_3$, Ag^{2+} usw.) bzw. durch Lösen von Bariumplutonat in den entsprechenden Säuren (*58*), (*68*), (*76*). Plutonyl(VI)-Lösungen sind etwas hydrolysenbeständiger als die des 4-wertigen Plutoniums. Die Hydrolyse beginnt erst oberhalb $p_H = 5$ und führt über $[PuO_2OH]^+$, $[PuO_2(OH)_2]$ bei $p_H = 9$ zur Abscheidung von Polyplutonaten, entsprechend dem amphoteren Charakter des 6-wertigen Plutoniums (*75*).

Von den wasserlöslichen Plutonylsalzen wurde in krystallisierter Form nur das orangefarbene *Plutonyl(VI)-nitrat* $PuO_2(NO_3)_2 \cdot xH_2O$ bisher beschrieben (*27*), (*52*). In perchlorsauren, salzsauren und schwefelsauren Lösungen liegen sicher $PuO_2(ClO_4)_2$, PuO_2Cl_2 bzw. PuO_2SO_4 vor. Die Fähigkeit des 6-wertigen Plutoniums zur Komplexbildung ist zwar nicht so groß als die des 4-wertigen Metalls, aber doch recht merklich. Überführungsversuche, sowie spektroskopische Messungen zeigten, daß schon in verdünnten schwefelsauren Lösungen das Pu(VI) überwiegend in Form von Sulfatokomplexen vorliegt. In HNO_3 und HCl tritt Komplexbildung erst bei wesentlich höheren Säurekonzentrationen in Erscheinung, wobei sich hier die Chlorokomplexe als stabiler erweisen als die Nitratokomplexe (vgl. Farbe der Ionen!). Wie Pu(III) und Pu(IV) bildet auch Pu(VI) mit $HClO_4$ keine Komplexe (*58*), (*90*). Erwähnt sei noch das weiße *Plutonyl(VI)-fluorid* $PuO_2F_2 \cdot xH_2O$ das durch Alkalifluoride in schwerlösliche rosafarbene Komplexe $MePuO_2F_3 \cdot xH_2O$ bzw. $Me(PuO_2)_2F_5 \cdot xH_2O$ übergeführt wird (*6*). Schwerlösliche Salze bildet das 6-wertige Plutonium mit Jodat, $[Fe(CN)_6]^{3-}$ und Acetat. Man erhält so weißes $PuO_2(JO_3)_2 \cdot 6HJO_3$ und rotbraunes $(PuO_2)_3[Fe(CN)_6]_2 \cdot xH_2O$ (*6*), (*7*). Die Umsetzung von Plutonyl(VI)-Lösungen mit $[Fe(CN)_6]^{4-}$ führt, im Gegensatz zum Uran, nicht zu einem Plutonylferrocyanid, sondern zu dem schon erwähnten $Pu_3[Fe(CN)_6]_4$, infolge der Reduktion (*58*)

$$[PuO_2]^{2+} + 2[Fe(CN)_6]^{4-} + 4H^+ \rightarrow Pu^{4+} + 2[Fe(CN)_6]^{3-} + 2H_2O. \quad (30)$$

Diese Reaktion zeigt erneut die beim Plutonium verringerte Stabilität der Oxydationszahl $+6$.

Ganz analog dem U (VI) verhält sich jedoch das 6-wertige Plutonium bezüglich der Bildung von Acetatokomplexen. So ist das malvenfarbene *Natrium-plutonyl(VI)-triacetat* (52) $NaPuO_2(CH_3COO)_3$ ebenfalls schwerlöslich, isomorph mit den entsprechenden Uran- und Neptuniumverbindungen (135) und kann zur Fällung des Plutoniums verwendet werden.

Von den Verbindungen mit organischen Komponenten ist das orangebraune innerkomplexe *Plutonyl(VI)-8-oxychinolat* (52)

erwähnenswert, das unlöslich in Wasser und leicht löslich in organischen Solventien ist.

Stabilität der Wertigkeitsstufen.

Die beiden folgenden Schemata enthalten die formalen Redoxpotentiale des Plutoniums in $HClO_4$ und in HCl (19), (101).

In 1-molarer $HClO_4$:

$$Pu \xleftarrow{-2,06\ V} Pu^{3+} \xleftarrow{+0,982\ V} Pu^{4+} \xrightarrow{+1,12\ V} PuO_2^+ \xleftarrow{+0,93\ V} PuO_2^{2+}.$$
$$+1,023\ V$$
$$+1,014\ V$$

In 1-molarer HCl:

$$Pu \xleftarrow{-2,06\ V} Pu^{3+} \xleftarrow{+0,970\ V} Pu^{4+} \xrightarrow{+1,18\ V} PuO_2^+ \xleftarrow{+0,90\ V} PuO_2^{2+}.$$
$$+1,042\ V$$
$$+1,014\ V$$

Die (geringen) Unterschiede der Potentialwerte in $HClO_4$ einerseits und HCl andererseits sind durch die Bildung stabiler Chlorokomplexe des 4- und 6-wertigen Plutoniums bedingt.

Beide Aufstellungen zeigen, daß die Differenzen der Redoxpotentiale der einzelnen Wertigkeitsübergänge recht gering sind. Diese Erscheinung ist ganz charakteristisch und einzigartig für das Plutonium. Sie ist die Ursache dafür, daß die Chemie des Plutoniums durch einen außerordentlich *leichten Wertigkeitswechsel*, d.h. eine starke Disproportionierungstendenz der Plutonium-Ionen ausgezeichnet ist (68). Aus diesem Grunde enthalten Lösungen des Plutoniums von mittlerer, definierter Oxydationszahl nach längerem Stehen sämtliche vier Wertigkeitsstufen nebeneinander. In solchen Lösungen können sich folgende Disproportionierungs- und Reproportionierungsreaktionen abspielen:

$$2\,Pu^{4+} + 2\,H_2O \rightarrow Pu^{3+} + PuO_2^+ + 4\,H^+, \tag{31}$$

$$PuO_2^+ + Pu^{4+} \rightarrow Pu^{3+} + PuO_2^{2+}. \tag{32}$$

Die Summierung beider Vorgänge ergibt die Disproportionierungsreaktion des 4-wertigen Plutoniums (69):

$$3\,Pu^{4+} + 2\,H_2O \rightarrow 2\,Pu^{3+} + PuO_2^{2+} + 4\,H^+. \tag{33}$$

Infolge der Bildung des Oxykations PuO_2^+ ist die Reaktion

$$Pu^{4+} + 2\,H_2O \rightarrow PuO_2^+ + 4\,H^+ + e^- \tag{34}$$

p_H-abhängig und irreversibel, im Gegensatz zu den anderen Übergängen benachbarter Wertigkeitsstufen.

Die Größe der Redoxpotentiale zeigt, daß Pu(V) stärker oxydierend wirkt als Pu(VI) und somit instabil sein müßte. Jedoch existiert ein gewisser p_H-Bereich (1,5 bis 6), innerhalb dessen das Ion PuO_2^+ stabil ist. Durch Verminderung der Wasserstoffionen-Aktivität kann das p_H-abhängige Redoxpotential Pu^{4+}/PuO_2^+ unter den konstanten p_H-unabhängigen Wert für PuO_2^+/PuO_2^{2+} herabgedrückt werden, wodurch die Stabilität der Plutonyl(V)-Ionen größer wird als die der Plutonyl(VI)-Ionen. Dieser Stabilisierung des 5-wertigen Plutoniums durch p_H-Vergrößerung ist dadurch eine Grenze gesetzt, daß ab $p_H = 7$ die p_H-abhängige Hydrolyse des PuO_2^{2+} einsetzt, wodurch das Redoxpotential PuO_2^+/PuO_2^{2+} ebenfalls absinkt und schließlich den Potentialwert für Pu^{4+}/PuO_2^+ überholt (75). Aus diesem Grunde ist 5-wertiges Plutonium nur zwischen $p_H = 1,5$ bis 6 stabil. Außerhalb dieses Bereichs verlaufen nebeneinander die folgenden Gleichgewichte, die zur Disproportionierung des 5-wertigen Plutoniums führen (20):

$$2\,PuO_2^+ + 4\,H^+ \rightarrow Pu^{4+} + PuO_2^{2+} + 2\,H_2O, \tag{35}$$

$$PuO_2^+ + Pu^{4+} \rightarrow Pu^{3+} + PuO_2^{2+}, \tag{36}$$

$$3\,PuO_2^+ + 4\,H^+ \rightarrow Pu^{3+} + 2\,PuO_2^{2+} + 2\,H_2O. \tag{37}$$

Aus der Tabelle 6 ist ersichtlich durch welche Oxydations- bzw. Reduktionsmittel die einzelnen Wertigkeitsstufen des Plutoniums erreichbar sind.

Wie die Tabelle zeigt, kann 6-wertiges Plutonium kathodisch oder durch SO_2, Jodid, Hydroxylamin, Hydrazin zu sämtlichen Wertigkeitsstufen reduziert werden. Welche dieser Oxydationszahlen nun erreicht wird, hängt lediglich von der Höhe der gewählten Spannung bzw. der Menge des zugesetzten Reduktionsmittels ab. Die auffallende Tatsache, daß 3-wertiges Plutonium durch konzentrierte Salpetersäure nur bis zur

Tabelle 6. *Oxydations- und Reduktionsreaktionen des Plutoniums (39), (52).*

Oxydationsmittel	Redoxvorgang	Reduktionsmittel	
	Pu(VI)		
KMnO$_4$ (heiß)	↑	SO$_2$, J$^-$, NO$_2^-$	SO$_2$, J$^-$
K$_2$Cr$_2$O$_7$ (heiß)	⬍	NH$_2$OH, N$_2$H$_4$	NH$_2$OH
KBrO$_3$ + HNO$_3$ (heiß)		Elektrolyse	N$_2$H$_4$
Ag^{2+}, Ce^{4+}, S$_2$O$_8^{2-}$	Pu(V) ———————		H$_2$O$_2$
verd. HNO$_3$ (heiß)	⬍		[Fe(CN)$_6$]$^{4-}$
			Elektrolyse
	Pu(IV)		
KMnO$_4$, K$_2$Cr$_2$O$_7$	↑	SO$_2$ (heiß), NH$_2$OH	
KBrO$_3$, NO$_2^-$	⬍	N$_2$H$_4$, J$^-$, Elektrolyse	
konz. HNO$_3$, O$_2$		U^{4+}, Sn^{2+}, Fe^{2+}	
	Pu(III)		

4-wertigen Stufe oxydiert wird und weitere Oxydation erst mit verdünnter HNO$_3$ erfolgt, ist darauf zurückzuführen, daß konzentrierte
Salpetersäure zu sehr stabilen Nitratokomplexen des 4-wertigen Plutoniums führt (*23*). Die Reduktion des 4-wertigen Plutoniums durch
4-wertiges Uran zeigt erneut die zunehmende Stabilisierung niederer
Wertigkeitsstufen in Richtung U→Np→Pu.

Trennung Uran-Neptunium-Plutonium (*88*).

Die Trennung dieser drei Metalle, die im Uranpile nebeneinander
vorliegen, ist von erheblicher technischer Bedeutung und soll daher im
Prinzip kurz behandelt werden.

Durch die Kernreaktionen 1a—b, 2a—b und 3 werden aus den sehr
reinen Uranstäben des Piles, außer den Spaltprodukten des U 235,
Neptunium und Plutonium gebildet, wobei die Neptuniummengen nur
minimal sind. Da bei höheren Plutoniumkonzentrationen auch die
Kernspaltung dieses Metalls merklich wird, werden die Uranstäbe aus
dem Brenner genommen sobald Plutonium auf die Konzentration von
0,1% angereichert ist. Die Stäbe enthalten daher viel Uran, dessen
Spaltprodukte, sehr wenig Neptunium und maximal 0,1% Plutonium.
Sie werden zuerst in HNO$_3$ gelöst und in der Kälte mit SO$_2$ behandelt.
Hierbei tritt Reduktion zu Np(IV) und Pu(IV) ein, während Uran in
der 6-wertigen Stufe verbleibt. Nach Zugabe eines Lanthan-Trägers
wird mit HF gefällt, wobei außer einem Teil der Uranspaltprodukte
NpF$_4$ und PuF$_4$ mitfallen, während Uran in Lösung bleibt und somit
abgetrennt ist. Die Fluoridfällung wird durch Abrauchen mit H$_2$SO$_4$
in lösliche Sulfate übergeführt und diese Lösung in der Kälte mit KBrO$_3$
behandelt. Hierbei wird nur Neptunium zur 6-wertigen Stufe oxydiert
und bleibt bei erneuter Fällung mit HF in Lösung, aus der es als
NaNpO$_2$(CH$_3$COO)$_3$ isoliert werden kann. Die Fällung besteht jetzt
nurmehr aus den Fluoriden des Lanthans, des Pu(IV) und der

Spaltprodukte. Nach erneuter Überführung der Fällung in wasserlösliche Sulfate wird nun mit heißem $KMnO_4$ nur das Plutonium zu Pu(VI) oxydiert und wiederum mit HF gefällt, wobei die Fällung nurmehr Lanthan und die Spaltprodukte enthält. Aus der Plutonyl(VI)-Lösung kann dieses nun als Acetatokomplex gefällt werden.

Die oben erwähnten Fällungszyklen ermöglichen keine 100%ige Trennung und müssen daher zur Gewinnung des reinen Neptuniums und Plutoniums mehrfach wiederholt werden.

c) Americium. Die Chemie des Americiums, das heute bereits in Milligramm-Mengen zur Verfügung steht, bestätigt völlig die Voraussagen der SEABORGschen Aktinidenhypothese, wonach bei diesem Element eine weitere Stabilisierung der 3-wertigen Stufe zu erwarten ist. Tatsächlich bevorzugt Americium die Oxydationszahl $+3$ und läßt sich nur unter extremen Bedingungen zur 5- und 6-wertigen Stufe oxydieren. 4-wertiges Americium ist in Lösung nicht bekannt und nur im AmO_2 realisiert. Unter gewissen Bedingungen läßt sich beim Americium außerdem, in Analogie zum Europium, die Reduktion zur Oxydationszahl $+2$ erzwingen.

Metallisches Americium (*130*), das, wie die übrigen Transurane, gemäß der Gleichung

$$2\,AmF_3 + 3\,Ba \xrightarrow{1100°} 2\,Am + 3\,BaF_2 \tag{38}$$

erhalten werden kann, wird als silberweißes dehnbares Metall der auffallend niedrigen Dichte 11,7 beschrieben.

Metallisches Americium reagiert schon bei 50° heftig mit gasförmigem Wasserstoff unter Bildung eines schwarzen voluminösen Hydrids (*130*) der annähernden Zusammensetzung AmH_3.

Americium(III)-Verbindungen.

Unter normalen Bedingungen liegt Americium in seinen Lösungen stets in der sehr stabilen 3-wertigen Form vor. Diese enthalten das rosafarbene Ion Am^{3+} und können durch Lösen von $Am(OH)_3$ in den entsprechenden Säuren erhalten werden (*28*). Außerdem wurden einige feste, teils wasserfreie Verbindungen beschrieben (*34*). Das Ausgangsmaterial zu deren Darstellung bildet $Am(OH)_3$ bzw. AmO_2.

Americium(III)-hydroxyd läßt sich als rosafarbene gelatinöse Masse aus Americium(III)-Lösungen mit wäßrigem Ammoniak erhalten. Hieraus ist nach der Gleichung

$$Am(OH)_3 + 3\,HF \xrightarrow{600°} AmF_3 + 3\,H_2O \tag{39}$$

das rosafarbene, wasserunlösliche *Trifluorid* erhältlich, das isomorph mit UF_3, NpF_3 und PuF_3 ist (*138*). Das weiße, sublimierbare *Trichlorid* entsteht gemäß

$$AmO_2 + 2\,CCl_4 \xrightarrow{800°} AmCl_3 + 2\,COCl_2 + \tfrac{1}{2}\,Cl_2 . \tag{40}$$

Das weiße *Tribromid* und das gelbliche *Trijodid* sind durch die Reaktionen 41 und 42 zugänglich:

$$3\,AmO_2 + 4\,AlBr_3 \xrightarrow{200°} 3\,AmBr_3 + 2\,Al_2O_3 + 1,5\,Br_2, \qquad (41)$$

$$3\,AmO_2 + 4\,Al + 6\,J_2 \xrightarrow{500°} 3\,AmJ_3 + 2\,Al_2O_3 + 1,5\,J_2. \qquad (42)$$

Das *Sesquisulfid* Am_2S_3 (isomorph mit La_2S_3) kann nur auf trockenem Wege erhalten werden.

$$2\,AmO_2 + 4\,H_2S \xrightarrow[CS_2]{1400°} Am_2S_3 + S + 4\,H_2O. \qquad (43)$$

Ein entsprechendes Sesquioxyd ist bisher nicht beschrieben worden.

Americium(IV)-Verbindungen.

Beim Glühen von Americium(III)-Hydroxyd bzw. -nitrat an der Luft wird stets schwarzes, wasserunlösliches *Dioxyd* AmO_2 gebildet, das wie UO_2, NpO_2 und PuO_2 Fluoritgitter besitzt (*138*). Das Dioxyd ist die einzige bisher bekanntgewordene Verbindung des 4-wertigen Americiums und kann zur Darstellung von Americium(IV)-Salzen nicht verwendet werden, da beim Lösen in verdünnter HCl unter Gasentwicklung (Cl_2? O_2?) schließlich 3-wertiges Americium gebildet wird (*28*), (*34*). Ebenso sind alle Versuche zur Darstellung eines Tetrafluorids durch direkte Fluorierung von AmF_3 oder durch Umsetzung von AmO_2 mit HF bisher fehlgeschlagen (*34*). Das Redoxpotential Am(III)/Am(IV) muß größer als $+2$ V sein, da sich Americium(III)-Lösungen nicht einmal durch 2-wertiges Silber oxydieren lassen. Somit muß das Ion Am^{4+} in wäßriger Lösung instabil sein (*28*).

Americium(V)-Verbindungen (*126*).

Zahlreiche Versuche zeigten, daß 3-wertiges Americium nur in alkalischer Lösung zur 5-wertigen Stufe oxydierbar ist. So liefern wäßrige alkalische Lösungen von Carbonatokomplexen des Am(III) mit Hypochlorit eine helle Fällung, die aus einem Carbonatokomplex des 5-wertigen Americiums besteht. Löst man diese Fällung in verdünnter Schwefelsäure oder Perchlorsäure, so läßt sich hierin die Existenz von 5-wertigem Americium, sicher in Form von $[AmO_2]^+$-Ionen, durch spektrophotometrische Titration mit Fe^{2+} eindeutig nachweisen. Die schwach orangefarbenen Americyl(V)-Lösungen gehen nach einigen Tagen in Americium(III)-Lösungen über. Ähnlich dem 5-wertigen Plutonium erfolgt in stark schwefelsaurem Medium rasch Disproportionierung zu Am(III) und Am(VI), wie spektroskopische Untersuchungen zeigten. Es konnte noch nicht mit Sicherheit nachgewiesen werden, ob im Verlauf dieser Disproportionierung auch die 4-wertige Stufe auftritt (*14*).

Americium(VI)-Verbindungen (*14*).

Die 6-wertige Stufe des Americiums läßt sich nur durch sehr starke Oxydationsmittel erreichen, und es konnte bisher nur eine einzige Verbindung dieser Art isoliert werden. Beim Versetzen einer schwach salpetersauren oder salzsauren Americium(III)-Lösung mit Ammoniumpersulfat entsteht eine intensiv gelbe Lösung, aus der durch Zusatz von Natriumacetat das gelbe *Natrium-Americyl(VI)-triacetat* $NaAmO_2$ $(CH_3COO)_3$ ausgefällt werden kann. Die Verbindung ist isomorph mit den analogen Komplexen des Urans, Neptuniums und Plutoniums. Durch Titration mit Fe^{2+}, die wieder zu 3-wertigem Americium führt, konnte die 6-wertigkeit des Metalls in dieser Verbindung bewiesen werden. Americyl(VI)-Lösungen gehen im Laufe der Zeit quantitativ über Am(V) in Americium(III)-Lösungen über.

Die Stabilität höherer Wertigkeitsstufen ist beim Americium also noch geringer als beim Plutonium und nur durch Ausbildung von Oxykationen ermöglicht.

Americium(II)-Verbindungen.

Nach der Aktinidentheorie entspricht das Americium bezüglich seiner Stellung innerhalb der Aktiniden dem Europium in der Lanthanidserie. Einen eindrucksvollen Beweis für die Richtigkeit dieser Auffassung liefert das Absorptionsspektrum von Americium(III)-Lösungen (*28*), (*118*). Dieses gleicht hinsichtlich Zahl und Verteilung der Absorptionsbanden weitgehend dem des 3-wertigen Europiums. Es war daher wie beim Europium auch die Existenz einer 2-wertigen Stufe zu erwarten, da hierdurch in beiden Fällen die stabile Elektronenkonfiguration des halbbesetzten 4*f*- bzw. 5*f*-Niveaus erreicht wird. Tatsächlich konnte in neuerer Zeit gezeigt werden, daß Americium(III)-Lösungen durch Reduktion mit Natriumamalgam teilweise in die 2-wertige Form überführbar sind (*118*). Auch die Existenz eines *Americiummonoxyds* AmO (Steinsalzgitter) konnte bei der Reduktion des Dioxyds mit Wasserstoff sichergestellt werden (*28*), (*138*).

d) Curium. Curium und seine Verbindungen sind bisher nur in Mikrogramm-Mengen zugänglich. Die Chemie dieses Elementes konnte jedoch weitgehend mit Hilfe der Spurenmethode erforscht werden.

Beim Arbeiten mit Curium macht sich die starke α-Aktivität der Präparate sehr störend bemerkbar. Sie ist die Ursache dafür, daß die im eigenen Licht leuchtenden Curiumsalzlösungen sich rasch erhitzen, verdampfen und durch den radioaktiven Rückstoß verspritzen, wobei das Wasser unter Bildung von H_2O_2, Entwicklung von H_2 und O_2 zersetzt wird. Außerdem erfordert die starke Radioaktivität umfangreiche Sicherheitsmaßnahmen für den Experimentator. Hierzu kommt, daß Curium infolge seiner geringen Halbwertszeit von 150 Tagen je Tag zu etwa 0,5% der jeweiligen Menge unter Bildung von Pu 238 zerfällt. Trotzdem gelang die Isolierung sichtbarer Mengen von Curium.

Die Darstellung des Metalls (*125*) erfolgt ganz analog der des Americiums und liefert ein silberweißes Metall von der ungefähren (wahrscheinlich zu niederen) Dichte 7. Infolge der starken Radioaktivität verliert das Metall, selbst unter Stickstoffatmosphäre, sehr bald seinen Glanz. Curium tritt in allen seinen Verbindungen *ausschließlich* + 3-wertig auf und alle Versuche, es in höhere oder niederere Wertigkeitsstufen überzuführen, schlugen fehl (*121*). Salzsaure, salpetersaure oder schwefelsaure Lösungen des Curiums sind fast farblos und enthalten das Ion Cm^{3+} (*127*). Dieses verhält sich den 3-wertigen Lanthaniden und Aktiniden analog, insofern als mit OH^-, F^-, $PO_4{}^{3-}$, $C_2O_4{}^{2-}$, $JO_3{}^-$ die entsprechenden schwerlöslichen Verbindungen gefällt werden (*121*). Bisher wurde das schwach gelbe *Curiumhydroxyd* $Cm(OH)_3$, das fast farblose *Fluorid* CmF_3 und das *Oxyd* Cm_2O_3 beschrieben (*127*).

Die Tatsache, daß Curium ausschließlich 3-wertig in Erscheinung tritt, ist eine der stärksten Stützen der SEABORGschen Aktinidentheorie. Als siebentes Element der Aktinidenreihe muß Cm^{3+}, genau wie sein Lanthanid-Homologes Gd^{3+}, das sehr stabile halbbesetzte *f*-Niveau ($5f^7$) besitzen. Diese Konfiguration kann nur unter erheblichem Energieaufwand verletzt werden und muß daher durch große Reaktionsträgheit ausgezeichnet sein, in bester Übereinstimmung mit dem experimentellen Befund. Einen weiteren eindrucksvollen Beweis für die weitgehende Analogie zwischen dem 3-wertigen Gadolinium und dem 3-wertigen Curium liefern die Absorptionsspektra dieser Lösungen. Beide sind, im Gegensatz zu den meist stark gefärbten Lösungen anderer Lanthaniden und Aktiniden, farblos und absorbieren nur im Ultraviolett, was wohl ebenfalls auf die stabile Konfiguration f^7 zurückzuführen ist (*127*).

Trennung Americium-Curium.

Da Curium nach den Gl. (9a) bis (9b) durch Neutronenbeschuß von Americium gewonnen wird, ist das Problem der Trennung beider Metalle voneinander, sowie von den hierbei stets als Spaltprodukte entstehenden Lanthaniden von einiger Bedeutung. Diese Trennung ist insofern schwierig, als sich die Ionenradien der betreffenden Metalle nur wenig voneinander unterscheiden.

Ein Verfahren, das keine befriedigenden Resultate liefert, besteht darin, daß man das Gemisch Am^{3+}—Cm^{3+} in Carbonatlösung mit Hypochlorit behandelt. Hierbei wird nur Americium zur 5-wertigen Stufe aufoxydiert (*127*).

Ein erheblich einfacheres, leistungsfähigeres, modernes Verfahren zur Trennung dieser Metalle und der Seltenen Erden besteht in der Verwendung von Kunstharz-Ionenaustauschern (Dowex 50). Die Lösungen, die ein Gemisch der genannten Metalle enthalten, werden durch eine mit einem Kationenaustauscher gefüllte Säule geschickt, wobei die $NH_4{}^+$-

bzw. H^+-Ionen des Austauschers durch die Aktinid- und Lanthanid-Ionen sukzessive substituiert werden. Die absorbierten Kationen lassen sich nun mit einem geeigneten Lösungsmittel (Ammoniumcitrat, starkes HCl) sukzessive mit steigendem Ionenradius langsam eluieren und getrennt auffangen. Die einzelnen Fraktionen des Eluats werden durch Messung der α-Aktivität mittels eines Zählwerks identifiziert (*115*), (*121*), (*127*).·

Dieses Verfahren hat in neuester Zeit bei der Reingewinnung der Seltenen Erden in größerem Maßstab und bei der Identifizierung und Isolierung der Elemente Berkelium und Californium erhebliche Bedeutung erlangt.

e) Berkelium. Berkelium steht zur Zeit nur in unsichtbaren und unwägbaren Mengen zur Verfügung (*119*), (*120*). Trotz seiner sehr kurzen Halbwertszeit von 4,6 Std konnte es unter Verwendung von Ionenaustauschern von seiner Ausgangssubstanz Americium, sowie von Curium und den Lanthaniden (Spaltprodukte!) abgetrennt und seine Chemie durch die radiochemische Spurenmethode teilweise erforscht werden.

Schon beim Eluieren des Ionenaustauschers zeigte sich, daß bezüglich des zeitlichen Auftretens im Eluat zwischen Berkelium und dem darauffolgenden Curium ein wesentlich größerer Abstand besteht, als zwischen Curium und Americium. Genau die gleiche Erscheinung ist auch im Eluat zwischen Terbium und Gadolinium einerseits und Gadolinium und Europium andererseits zu beobachten. Der Grund hierfür ist in beiden Fällen darin zu suchen, daß nach der Halbbesetzung des f-Niveaus der Ionenradius von Tb^{3+} bzw. Bk^{3+} sprunghaft kleiner wird. Berkelium entspricht also bezüglich seiner Stellung in der Aktinidreihe dem Terbium der Lanthanidserie.

Berkelium sollte, wie das Terbium, auch die Oxydationszahl $+4$ betätigen können, da hierdurch wieder das halbbesetzte f-Niveau erreicht wird. Da die $5f$-Elektronen einer Valenzbetätigung leichter zugänglich sind als die tiefer liegenden $4f$-Elektronen, war sogar zu erwarten, daß Berkelium den 4-wertigen Zustand noch leichter erreicht als das Terbium und das Ion Bk^{4+} sogar in wäßriger Lösung existenzfähig ist. Diese schon von SEABORG gemachte Voraussage (*107*) wurde durch das Experiment völlig bestätigt.

Berkelium tritt in Lösung überwiegend 3-wertig auf und zeigt hierbei in seinen Reaktionen weitgehende Analogie mit den anderen 3-wertigen Aktiniden und Lanthaniden. So ist es beispielsweise bei Gegenwart eines Lanthanträgers durch Fluorid quantitativ fällbar.

Mit starken Oxydationsmitteln wie BrO_3^-, $Cr_2O_7^{2-}$ oder Ce^{4+} wird Berkelium zur 4-wertigen Stufe oxydiert und ist dann als Phosphat oder Jodat mit Zirkon(IV)- bzw. Cer(IV)-Träger fällbar. Bei der Oxydation durch Cerisalze konnte gezeigt werden, daß in der Lösung das Verhältnis Bk(III)/Bk(IV) annähernd dem Verhältnis Ce(III)/Ce(IV) entspricht. Man schließt hieraus, daß das Redoxpotential von Bk(III)/Bk(IV) in der Größenordnung des Paars Ce(III)/Ce(IV) liegt und somit etwa $+ 1,6$ V beträgt.

f) Californium. Californium konnte bisher als sehr kurzlebiger α-Strahler ($T/2 = $ etwa 45 min) nur in minimalen Mengen (etwa 5000 Atome!) gefaßt werden (*117*), (*122*). Durch rasches Absorbieren und Eluieren an einem Kationen-Austauscher wurde es von seiner Ausgangssubstanz Curium sowie von Berkelium, Americium und Lanthaniden (Spaltprodukte!) abgetrennt und durch seine spezifische α-Aktivität identifiziert. Seine Stellung in der Aktinidenreihe als Eka-Dysprosium konnte, wie beim Berkelium, durch seine Position im Eluat sichergestellt werden. Es erscheint dort in der Reihenfolge Cf—Bk/Cm—Am, ganz entsprechend wie das Dysprosium in der Reihenfolge Dy—Tb/Gd—Eu.

Als 3-wertiges Ion Cf^{3+} ist es, wie die entsprechenden Ionen der anderen Aktiniden und Lanthaniden, mit Lanthanträger als Fluorid oder Hydroxyd fällbar. Selbst durch Verwendung starker Oxydationsmittel wie $(NH_4)_2S_2O_8$ bzw. $NaBiO_3$ ist es bisher nicht gelungen, zu 4-wertigem Californium zu gelangen. Schon die mäßige Bildungstendenz des 4-wertigen Berkeliums macht die Existenzfähigkeit von Cf^{4+} recht fragwürdig. Dagegen ist die Existenz von 5-wertigem Californium durchaus in Betracht zu ziehen, da dieses durch Bildung eines komplexen Oxykations $[CfO_2]^+$ stabilisierbar sein wird und zudem dadurch die stabile halbbesetzte Konfiguration $5f^7$ erneut erreicht wird.

B. Chemie der cisuranischen Aktiniden [Elemente 90—92] im Rahmen der Aktinidentheorie.

Während die Chemie der transuranischen Elemente zwingende Beweise dafür liefert, daß diese Angehörige einer Aktinidengruppe sind, muß es zunächst befremdend erscheinen, daß nun auch die schon lange bekannten cisuranischen Elemente Thorium, Protaktinium und Uran zu einer Aktinidengruppe gehören sollen. Bekanntlich hat man diese drei Elemente bisher in der IV., V. und VI. Nebengruppe des Periodischen Systems untergebracht, nachdem sie überwiegend 4-, 5- und 6-wertig auftreten. Bei einer kritischen Betrachtung der Chemie dieser Elemente stößt man jedoch, speziell beim Uran, auf eine ganze Reihe zum Teil schon lange bekannter Tatsachen, die mit der Zugehörigkeit dieser Metalle zu den genannten Nebengruppen unvereinbar sind. Diese Argumente, die für die Eingliederung dieser Elemente in die Aktinidengruppe sprechen, seien im folgenden für die einzelnen Cisurane kurz zusammengestellt.

a) Uran[1]. Schon Dichte und Schmelzpunkt des metallischen Urans schließen sich nicht denen seiner „Homologen" Chrom, Molybdän und Wolfram an, wie Tabelle 7 zeigt.

Demnach zeigt Uran nicht das zu erwartende Dichte- und Schmelzpunktsmaximum. Auch bezüglich der Legierungsbildung zeigt Uran ein abweichendes Verhalten, insofern als zwar Chrom, Molybdän und Wolfram untereinander, nicht aber mit dem Uran Mischkrystalle bilden.

Für die Sonderstellung des Urans innerhalb der 6. Nebengruppe und für den aktinidartigen Charakter dieses Metalls sprechen vor allem aber die folgenden Tatsachen:

Tabelle 7. *Dichten und Schmelzpunkte von Cr, Mo, W, U.*

Metall	Dichte	Schmelzpunkt in °C
Cr	6,9	1920
Mo	10,2	2622
W	19,3	3380
U	18,9	1090 (3)

1. In der VI. und VII. Nebengruppe des Periodischen Systems tritt bei den Anionen der Metalle maximaler Wertigkeitsstufen mit steigendem Atomgewicht die Lichtabsorption im sichtbaren Teil des Spektrums mehr und mehr in den Hintergrund, wie Tabelle 8 zeigt.

Tabelle 8. *Farbe der Anionen der VI. und VII. Nebengruppe.*

VI. Nebengruppe		VII. Nebengruppe	
Anion	Farbe	Anion	Farbe
CrO_4^{2-}	gelb	MnO_4^-	violett
MoO_4^{2-}	farblos	TcO_4^-	rosa
WO_4^{2-}	farblos	ReO_4^-	farblos
$U_2O_7^{2-}$	gelb		

Demgegenüber ist jedoch das 6-wertige Uran sowohl als Kation UO_2^{2+} wie auch als Anion $U_2O_7^{2-}$ von gelber Farbe.

Die Sonderstellung des Urans gegenüber seinen „Homologen" kommt besonders bezüglich der Bildung von Iso- und Heteropolysäuren zum Ausdruck. Bekanntlich bilden Cr, Mo und W in 6-wertiger Form Isopolysäuren, wobei das Kondensationsbestreben von Chrom bis Wolfram ansteigt. Bei Chrom führt dies zur Bildung von Tetrachromaten, bei Molybdän und Wolfram jedoch bis zu Ikositetramolybdaten bzw. -wolframaten. Demgegenüber ist die Tendenz zur Bildung von Isopolysäuren beim Uran nur gering und führt in Lösung nur zu Diuranaten. Während Cr, Mo und W steigende Tendenz zur Bildung stabiler Heteropolysäuren zeigen, ist beim Uran keine derartige Verbindung bekannt.

---

[1] *Anmerkung bei der Korrektur:* In der Neuauflage HOLLEMAN-WIBERG, „Lehrbuch der Anorganischen Chemie" (28. u. 29. Aufl. 1951) sind die auf S. 501 im Abschnitt „Uran als Aktinidenelement" aufgeführten Argumente unserer Arbeit entnommen; sie wurden erstmals von dem einen von uns (TIBOR VON KRAKKAY) im chemischen Kolloquium der Technischen Hochschule München am 15. Februar 1951 vorgetragen.

2. Uran kommt in der Natur niemals mit Molybdän und Wolfram vergesellschaftet vor, wie dies eigentlich für homologe Elemente zu erwarten wäre. Es wird vielmehr stets von Thorium und den Seltenen Erden begleitet.

3. Chrom, Molybdän und Wolfram bilden sehr stabile „edelgasartige" Hexacarbonyle vom Typ $Me(CO)_6$. Die Bildungstendenz dieser Carbonyle steigt von Chrom bis Wolfram. Während $Mo(CO)_6$ und $W(CO)_6$ aus den Chloriden $MoCl_5$ bzw. WCl_6 und CO mittels des Hochdruckverfahrens in sehr guten Ausbeuten entsteht (56), läßt sich weder aus den Halogeniden noch den Oxyden des Urans selbst unter extrem scharfen Bedingungen des Hochdruckverfahrens ein Carbonyl erhalten (57). Dieser Befund bestätigt im gewissen Sinne die BOHRsche Konzeption, wonach das Edelgas Eka-Radon erst mit dem Element 118 zu erwarten ist, denn somit ist es einleuchtend, daß Uran durch kovalente Koordination von *sechs* CO-Molekülen keine „edelgasartige" Elektronenkonfiguration erreichen kann.

4. Sehr eindrucksvoll ist auch das auffallende Verhalten des Urans bezüglich der Carbidbildung. Chrom bildet ein Carbid der Zusammensetzung Cr_3C_2, Molybdän und Wolfram Einlagerungsphasen der idealen Zusammensetzung MeC. Alle drei Carbide sind legierungsartig, sehr hart und chemisch kaum angreifbar. Davon völlig abweichend bildet Uran ein *salzartiges* Carbid UC_2, das schon von Wasser unter Bildung gasförmiger, flüssiger und fester Kohlenwasserstoffe hydrolysiert wird. In dieser Hinsicht verhält sich also Uran als Aktinid, ganz ähnlich den Lanthaniden, die ebenfalls hydrolysierbare, acetylenidartige Carbide wie LaC_2, CeC_2, PrC_2 usw. bilden.

Neuere Untersuchungen zeigten, daß sich das Uran auch in seinen Phosphiden nicht den Metallen der VI. Nebengruppe anschließt, vielmehr bestehen bezüglich der Zusammensetzung und des Strukturtyps dieser Verbindungen Analogien zum System der Thoriumphosphide (55), (140).

5. Von den Metallen der VI. Nebengruppe bildet nur das Chrom ein dunkel gefärbtes, sehr zersetzliches CrH_3. Dieses Hydrid ist nur über die GRIGNARD-Verbindung zugänglich, während von Molybdän und Wolfram keine Hydride bekannt sind. Im Gegensatz dazu reagiert metallisches Uran schon bei 250° mit Wasserstoff unter Bildung eines dunkelgrauen metallartigen UH_3, das bei der Hydrolyse UO_2 und H_2 bildet. Das Uran verhält sich hier ganz analog wie Lanthan, Cer und Praseodym, welche ebenfalls Hydride der annähernden Zusammensetzung MeH_3 bilden, die Übergänge zwischen den salzartigen und metallartigen Hydriden darstellen.

6. Innerhalb der Nebengruppen des Periodischen Systems macht sich bei den Übergangselementen mit steigender Ordnungszahl eine

steigende Stabilisierung maximaler Wertigkeitsstufen, und abnehmende
Beständigkeit niederer Wertigkeiten bemerkbar. Das chemische Verhalten von Molybdän und Wolfram ließe erwarten, daß die niederen
Oxydationszahlen des Urans instabil und schwer zugänglich sind. Tatsächlich sind jedoch Uran(VI)-Verbindungen leicht zu 4-wertigem und
sogar zu 3-wertigem Uran reduzierbar. Uran(IV)- und Uran(III)-
Verbindungen sind salzartig und wasserlöslich und zeigen somit einen
völlig anderen Charakter als die Verbindungen niederer Oxydationsstufen von Chrom, Molybdän und Wolfram. Die letzteren sind nur
durch Komplexbildung stabilisierbar (Ammin-, Aquo-, Acidokomplexe),
während beim Uran die Ionen U^{3+} und U^{4+} frei vorliegen. Auch in den
wasserfreien Halogeniden von Cr, Mo und W sind die niederen Oxydationszahlen dieser Metalle nur durch Ausbildung mehrkerniger Komplexe stabilisierbar (polymeres Schichtgitter von wasserfreiem $CrCl_3$,
trimeres $MoCl_2$). Diese sind im Gegensatz zum wasserlöslichen UCl_3
und UCl_4 hydrophob. Zudem schließt sich die Chemie des 4-wertigen
Urans völlig der des *Thoriums*, die des 3-wertigen Metalls der des *Aktiniums* bzw. der *Lanthaniden* an.

7. Neuerdings konnte durch röntgenographische Strukturbestimmung auch die krystallographische Zugehörigkeit der niederen Uran-
verbindungen zu den entsprechenden Aktinidverbindungen nachgewiesen
werden. So krystallisiert beispielsweise das UO_2 *nicht* im Rutilgitter wie
MoO_2 und WO_2, sondern bildet den Fluorittyp, genau wie die Dioxyde
der Lanthaniden Ce, Pr, Tb und der Aktiniden Np, Pu und Am. Auch
die Tri- und Tetrahalogenide des Urans bilden die gleichen Gittertypen
wie die analogen Verbindungen der Lanthaniden und Aktiniden (*138*).

8. Einen besonders gravierenden Beweis für die Zugehörigkeit des
Urans zur Aktinidgruppe liefern die Absorptionsspektra von U(III)-
und U(IV)-Lösungen. Diese zeigen, genau wie die Absorptionsspektra
der Lanthanid(III)-Ionen, scharfe Absorptionsbanden (*33*). Das Auftreten solcher Banden ist auf die Existenz von *f*-Elektronen zurückzuführen und beweist, daß solche auch in den Ionen U^{3+} und U^{4+} vorhanden sind. Bei den Lanthaniden und Aktiniden hat sich gezeigt, daß
schon zwei *f*-Elektronen die Absorptionsbanden in den sichtbaren Teil
des Spektrums verschieben (*27*). Beim Uran ergibt sich nun ein völlig
analoger Befund: Das Absorptionsspektrum des 6-wertigen Urans besitzt keine Bandenstruktur, da hier alle Valenzelektronen, einschließlich
der *f*-Elektronen, abgegeben worden sind (*27*). Das 4-wertige Uran zeigt
schon mehrere Banden im sichtbaren Teil und muß daher die beiden
zuzüglichen Elektronen als *f*-Elektronen besitzen. Im Spektrum des
3-wertigen Urans sind die Absorptionsbanden noch weiter in den langwelligen Teil verschoben, und es wird daher auch das dritte, neu hinzu-
gekommene Elektron ein *f*-Elektron sein. Hieraus folgt zwingend, daß

das Uran, zum mindesten als U^{3+} und U^{4+} f-Elektronen besitzt und somit *nicht* zur VI. Nebengruppe, sondern zur Aktinidengruppe gehört. Sowohl die chemischen als auch die spektroskopischen Befunde sind also mit der Stellung des Urans als Wolfram-Homologes nicht zu vereinbaren und beweisen endgültig, daß Uran ein Mitglied der Aktinidenreihe ist. Das bevorzugte Auftreten von 6-wertigem Uran, das irrtümlicherweise zur Einordnung dieses Metalls in die VI. Nebengruppe des Periodischen Systems führte, hat seine natürliche Ursache darin, daß Uran sechs Stellen auf das Edelgas Radon folgt und durch Abgabe aller Valenzelektronen dessen stabile Konfiguration erreicht.

b) Protaktinium. Die Chemie des Protaktiniums ist noch wenig erforscht, jedoch sind gerade in neuester Zeit einige Arbeiten erschienen, deren Ergebnisse die Zugehörigkeit dieses Metalls zur V. Nebengruppe fragwürdig erscheinen lassen.

So zeigte sich unter Anwendung der radiochemischen Spurenmethode, daß Protaktinium (V) sich in verschiedener Hinsicht abweichend von dem „homologen" Tantal verhält und sich mehr den Elementen der IV. Nebengruppe (Zr) anschließt (*84*).

1. Neueste Arbeiten zeigten, daß sich Protaktinium (V)-Lösungen, im Gegensatz zu Tantal, durch Zinkamalgam zur 4-wertigen, mit Fluorid oder Hypophosphat fällbaren Stufe reduzieren lassen (*17*).

2. Ferner konnte in jüngster Zeit durch Reduktion von $PaCl_5$ mit Wasserstoff ein gelbgrünes, festes, flüchtiges *Tetrachlorid* $PaCl_4$ sowie ein schwarzes *Dioxyd* PaO_2 isoliert werden (*32*). Zwar bilden auch Vanadin und Niob Dioxyde, doch krystallisieren diese im Rutiltyp. Dagegen besitzt PaO_2, wie die anderen Aktinid- und Lanthaniddioxyde Fluoritstruktur. $PaCl_4$ ist isomorph mit den Tetrahalogeniden des Thoriums, Urans und Neptuniums (*32*). Die neuesten Ergebnisse aus der Chemie des Protaktiniums sprechen also für einen gewissen Aktinidcharakter dieses Metalls.

c) Thorium. Bis vor kurzem war Thorium ausschließlich in 4-wertiger Form bekannt und man hat an seiner Zugehörigkeit zur IV. Nebengruppe des Periodischen Systems nicht gezweifelt. Auch die Existenz der in neuester Zeit aufgefundenen niederen Halogenide des Thoriums vom Typ ThX_3 und ThX_2 spricht nicht gegen diese Auffassung, da auch Titan, Zirkonium und Hafnium analoge, tiefgefärbte, leicht oxydierbare Verbindungen bilden (*53*), (*54*). Zudem ist das ThJ_3 mit den Trijodiden der Seltenen Erden nicht isomorph (*13*). Immerhin zeigt auch hier eine nähere Betrachtung, daß die Chemie des Thoriums in einigen Punkten nicht unerheblich von der seiner Homologen Ti, Zr und Hf abweicht. Schon Dichte und Schmelzpunkt des Thoriums deuten auf eine Sonderstellung dieses Metalls hin, wie Tabelle 9 zeigt.

Besonders auffällig sind die Abweichungen, die das Thorium bezüglich der Zusammensetzung und des chemischen Verhaltens seines Hydrids, Nitrids und Carbids zeigt.

1. Während Titan und Zirkonium metallartige luftbeständige Hydride bilden, deren maximaler Wasserstoffgehalt sich der Zusammensetzung MeH_2 nähert, bildet Thorium ein schwarzes luftempfindliches Hydrid der Zusammensetzung $ThH_{3,07}$ und verhält sich hier ähnlich den Lanthaniden La, Ce, Pr, die Hydride der annähernden Formel MeH_3 bilden.

2. Ti, Zr und Hf bilden metallisch glänzende, gut leitende Nitride MeN (Steinsalzgitter), die chemisch ziemlich restistent sind. Dagegen bildet Thorium ein salzartiges, gelbliches Nitrid Th_3N_4, das unter Ammoniakentwicklung leicht hydrolysierbar ist.

Tabelle 9. *Dichten und Schmelzpunkte von Ti, Zr, Hf, und Th.*

Metall	Dichte	Schmelzpunkt in °C
Ti	4,4	302,5
Zr	6,5	1860
Hf	13,3	2230
Th	11,7	1827

3. Besonders aufschlußreich ist ein Vergleich der Carbide von Ti, Zr, Hf einerseits und Thorium andererseits. Die drei erstgenannten Metalle bilden Einlagerungscarbide der allgemeinen Formel MeC, die eine erhebliche Homogenitätsbreite besitzen und metallartige, hochschmelzende, chemisch resistente Körper darstellen. Im Gegensatz dazu bildet Thorium ein mehr salzartiges Carbid ThC_2 mit acetylenidähnlicher Struktur. Dieses wird, wie die analogen Acetylenide der Lanthaniden und des Urans unter Entwicklung von Acetylen und Wasserstoff leicht hydrolysiert, wobei teilweise Hydrierung zu Olefinen und Paraffinen erfolgt.

4. In diesem Zusammenhang ist besonders auf das gemeinsame geologische Vorkommen von Thorium und Cer und auf die weitgehenden chemischen Analogien zwischen Thorium(IV) und Cer(IV) hinzuweisen, die wesentlich größer sind als die zwischen Thorium(IV) und Hafnium(IV). Bezüglich der Frage nach der Stellung des Thoriums im Periodischen System sei daran erinnert, daß man auch Cer solange in die IV. Nebengruppe eingereiht hat, bis die Entdeckung des Hafniums diese Auffassung revidierte.

Bei einer vergleichenden Betrachtung der chemischen Eigenschaften der cisuranischen Elemente Uran, Protaktinium und Thorium läßt sich feststellen, daß beim Uran der Aktinidcharakter noch stark ausgeprägt ist, in Richtung Pa und Th jedoch mehr und mehr in den Hintergrund tritt, so daß das Thorium sich schon überwiegend wie ein Homologes der IV. Nebengruppe verhält und nur in einigen wenigen Verbindungen sich wie ein Aktinid benimmt. Die Ursache dieser Erscheinung ist möglicherweise darin zu suchen, daß beim Thorium der energetische Unterschied zwischen den 5 f- und 6 d-Niveaus noch gering ist, so daß ein leichter Elektronenübergang zwischen beiden möglich ist (Elektronenisomerie). Wahrscheinlicher ist jedoch, daß Thorium im atomaren Grundzustand noch kein 5 f-Elektron besitzt und daß im darauffolgenden Protaktinium gleich zwei 5 f-Elektronen eingebaut werden. Eine solche unregelmäßige Besetzung eines Niveaus ist ja auch bei den 3 d-, 4 d-, 4 f- und 5 d-Niveaus anderer Übergangselemente bekannt (107). Wie bereits erwähnt, ist das Th J$_3$ mit den Trijodiden der Lanthaniden und Aktiniden *nicht* isomorph und die Thoriumtrihalogenide schließen sich auch in ihrem chemischen Verhalten *nicht* den Trihalogeniden der Aktiniden, sondern denen der Titangruppe an. Somit zeigt das 3-wertige Thorium keinerlei Aktinidcharakter, und man muß daraus schließen, daß im Ion Th^{3+} *kein* 5 f-Elektron vorhanden ist, sondern daß dieses außerhalb der Radonkonfiguration ein 6 d-Elektron besitzt. Es schließt sich somit den Ionen Ti^{3+}, Zr^{3+} bzw. Hf^{3+} an, die außerhalb der entsprechenden Edelgasschale die Konfigurationen 3 d, 4 d bzw. 5 d aufweisen.

Trotzdem erscheint es berechtigt — *gleichgültig*, ob Thorium außerhalb der Radonschale die Konfiguration 5 f 6 d 7 s^2 oder 6 d^2 7 s^2 besitzt — dieses in die Aktinidengruppe einzureihen, da der Platz eines Eka-Hafniums im Periodischen System dem noch unbekannten Element 104 zukommen wird. Thorium ist auch dadurch als erstes Glied der Aktinidenfamilie charakterisiert, daß die Verbindungen des 4-wertigen Thoriums bezüglich Zusammensetzung, Krystallstruktur und anderer Eigenschaften sich als Prototyp für alle Verbindungen der darauffolgenden 4-wertigen Aktiniden erwiesen haben. Außerdem wird hiermit das Thorium als Homologes des Cers herausgestellt.

V. Physikalische Beweise für den Aktinidcharakter der Elemente 90—98.

Die Richtigkeit der Aktinidenkonzeption, die schon auf Grund der chemischen Befunde als gesichert gelten kann, wird auch durch eine Reihe physikalischer Untersuchungen bestens bestätigt. Diese erbrachten den sicheren Existenznachweis der 5 f-Elektronen in den Aktiniden.

A. Absorptionsspektra der Aktiniden.

Schon beim Uran wurde auf die Bedeutung der Bandenstruktur der Absorptionsspektra für den Nachweis von f-Elektronen hingewiesen (s. S. 516). Die in neuester Zeit an gelösten und festen Verbindungen des 3-wertigen Urans, Neptuniums, Plutoniums und Curiums durchgeführten Messungen zeigten, daß die Absorptionsspektra dieser Ionen ebenfalls Bandenstruktur und eine überraschende Ähnlichkeit mit denen der 3-wertigen Lanthanidhomologen Neodym, Prometheum, Samarium, Europium und Gadolinium besitzen. Es erfolgt nämlich bei den Aktiniden eine zunehmende Vereinfachung der Bandenstruktur im sichtbaren

Teil in Richtung $U^{3+} \to Cm^{3+}$, die einer entsprechenden Erscheinung in Richtung $Nd^{3+} \to Gd^{3+}$ weitgehend analog ist *(107)*. Zweifellos ist dieser Befund auf eine zunehmende Halbbesetzung des $4f$- bzw. $5f$-Niveaus in den Reihen $Nd^{3+} \to Pm^{3+} \to Sm^{3+} \to Eu^{3+} \to Gd^{3+}$ und $U^{3+} \to Np^{3+} \to Pu^{3+} \to Am^{3+} \to Cm^{3+}$ zurückzuführen. Übereinstimmend mit dem chemischen Verhalten zeigt sich also, daß Curium ein echtes Homologes des Gadoliniums ist und somit im Mittelpunkt der 14 Elemente umfassenden Aktinidengruppe steht.

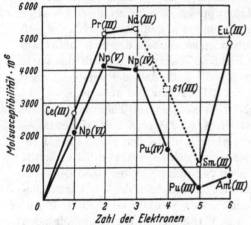

Auch die Absorptionsspektra von Np(IV), Np(V), Pu(IV), Pu(V), Pu(VI), Am(V) und Am(VI) zeigen Bandenstruktur im sichtbaren Teil und somit müssen auch in diesen Ionen wenigstens zwei $5f$-Elektronen vorhanden sein.

Abb. 1. Molare Susceptibilität einiger Aktinid-Ionen und Lanthanid(III)-Ionen. [Reproduktion aus J. Chem. Physics 18, 243 (1950).]

B. Magnetische Momente der Aktiniden.

Schon vor längerer Zeit konnte gezeigt werden, daß die Verbindungen des Urans paramagnetisch sind *(30)*, *(51)*, *(83)*. Nur das 6-wertige Uran, das Radonkonfiguration besitzt, zeigt einen schwachen, *temperaturunabhängigen* Paramagnetismus *(123)*. Auf Grund neuer amerikanischer Messungen haben sich nun auch die Verbindungen des Neptuniums, Plutoniums und Americiums als paramagnetisch erwiesen *(66)*. Eine quantitative Deutung der Suszeptibilitätswerte konnte zwar noch nicht gegeben werden, doch weisen die Befunde wenigstens qualitativ auf die Existenz von $5f$-Elektronen hin, wobei für die einzelnen Ionen folgende $5f$-Konfigurationen angenommen werden *(107)*:

$$Np(VI) = 5f, \ U(IV) = Np(V) = Pu(VI) = 5f^2, \ Np(IV) = 5f^3, \ Pu(IV)$$
$$= 5f^4, \ Pu(III) = 5f^5, \ Am(III) = 5f^6.$$

In Abb. 1 werden die molaren Suszeptibilitäten einiger Aktinid-Ionen mit denen von Lanthanid(III)-Ionen verglichen, die bezüglich der Zahl ihrer f-Elektronen mit ersteren isoelektronisch sind.

Es ergibt sich hieraus, daß die magnetischen Momente isoelektronischer Lanthanid- und Aktinid-Ionen zwar nicht identisch sind, daß aber der Gang der Suszeptibilitätswerte gleichlaufend ist. Damit sind auch die magnetochemischen Ergebnisse, wenigstens qualitativ, in guter Übereinstimmung mit den elektronentheoretischen Forderungen der Aktinidentheorie.

C. Krystallographische Daten.

Schon vor längerer Zeit stellte V. M. GOLDSCHMIDT die Isomorphie zwischen ThO_2 und UO_2 fest und schloß aus dem im Vergleich zum Th^{4+}

Tabelle 10. *Ionenradien der Aktiniden und Lanthaniden in Å.*

Aktinidionen	Lanthanidionen	Thoridionen
$Ac^{3+} = 1,11$	$La^{3+} = 1,04$	$Th^{4+} = 0,95$
$Th^{3+} = (1,08)$	$Ce^{3+} = 1,02$	$Pa^{4+} = (0,91)$
$(Pa^{3+} = 1,06)$	$Pr^{3+} = 1,00$	$U^{4+} = 0,89$
$U^{3+} = 1,04$	$Nd^{3+} = 0,99$	$Np^{4+} = 0,88$
$Np^{3+} = 1,02$	$Pm^{3+} = (0,98)$	$Pu^{4+} = 0,86$
$Pu^{3+} = 1,01$	$Sm^{3+} = 0,97$	$Am^{4+} = 0,85$
$Am^{3+} = 1,00$	$Eu^{3+} = 0,97$	—

Eingeklammerte Werte wurden intrapoliert.

geringeren Ionenradius von U^{4+} auf die Existenz von $5f$-Elektronen in 4-wertigem Uran (*43*). In neuerer Zeit zeigte ZACHARIASEN (*139*), daß außer diesen beiden Dioxyden auch die von Pa, Np, Pu und Am Fluoritgitter besitzen und miteinander isomorph sind. Darüber hinaus stellte

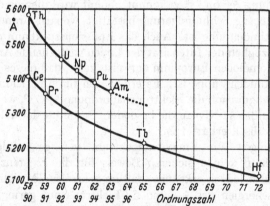

Abb. 2. Gitterkonstanten von Aktinid- und Lanthaniddioxyden. [Reproduktion aus J. Amer. Chem. Soc. **73**, 1479 (1951).]

er auch Isomorphie innerhalb der Reihen ThF_4–UF_4–NpF_4–PuF_4, UF_3–NpF_3–PuF_3–AmF_3, sowie UCl_3–$NpCl_3$–$PuCl_3$–$AmCl_3$ fest. Die aus den röntgenographischen Daten dieser Verbindungen errechneten Ionenradien sind in Tabelle 10 zusammengefaßt und mit denen der Lanthanid(III)-Ionen verglichen (*139*).

Der Tabelle ist zu entnehmen, daß innerhalb der Aktinidenreihe mit steigender Ordnungszahl eine progressive Verringerung der Ionenradien,

35*

d.h. eine *Aktinidenkontraktion* erfolgt, die der Lanthanidenkontraktion völlig analog ist. Auch eine entsprechende *Thoridenkontraktion* (dritte Spalte der Tabelle) der 4-wertigen Aktinid-Ionen wurde beobachtet, eine analoge Protaktinidenkontraktion der Ionen PaO_2^+, UO_2^+, NpO_2^+, PuO_2^+ und AmO_2^+, sowie eine Uranidenkontraktion der Ionen UO_2^{2+}, NpO_2^{2+}, PuO_2^{2+} und AmO_2^{2+} ist zu erwarten.

Durch röntgenographische Untersuchungen der Dioxyde von Cer, Praseodym und Terbium konnte schließlich in neuester Zeit gezeigt werden (*44*), daß die Thoridenkontraktion der 4-wertigen Aktinid-Ionen ihr völliges Analogon in der *Ceridenkontraktion* der 4-wertigen Lanthanid-Ionen findet, wie Abb. 2 zeigt.

Bekanntlich ist die Lanthanidenkontraktion auf die fortschreitende Auffüllung des $4f$-Niveaus zurückzuführen. Der experimentelle Nachweis der Aktiniden- und Thoridenkontraktion ist daher ein *unmittelbarer Beweis* für eine entsprechende Auffüllung des $5f$-Niveaus oberhalb des Aktiniums.

D. Emissionsspektra (*113*), (*106*).

In neuerer Zeit wurden auch die Emissionsspektra von Thorium, Uran und Americium gemessen. Aus den Messungen am neutralen Uranatom und den gasförmigen Ionen U^+ und U^{2+} schließt man, daß im Grundzustand dem Uran oberhalb der Radonkonfiguration die Elektronenanordnung $5f^3\,6d\,7s^2$ zukommt. Somit wird die aus chemischen Befunden gezogene Schlußfolgerung bestätigt, wonach Uran das 3. Element der Aktinidenreihe ist. Auch das Emissionsspektrum des Americiums, das bezüglich der Intensität der Linien weitgehende Analogie mit dem seines Homologen Europium aufweist, zeigt, daß dieses das 6. Element der Aktinidengruppe ist. Es ergibt sich für Americium oberhalb der Radonkonfiguration die Elektronenanordnung $5f^7\,7s^2$, womit gleichzeitig auch für das $5f$-Niveau die besondere Stabilität der halbbesetzten Schale physikalisch erhärtet ist.

Beobachtungen am Emissionsspektrum von gasförmigen Th^{2+}-Ionen erbrachten keinen sicheren Beweis für die Existenz eines $5f$-Elektrons, ließen jedoch erkennen, daß im neutralen Thoriumatom sich die Bindungsenergien des $5f$- und $6d$-Elektrons nur geringfügig voneinander unterscheiden. Somit kommen für das Thorium im Grundzustand die Elektronenanordnungen (außerhalb Radon) $6d^2\,7s^2$ bzw. $5f\,6d\,7s^2$ oder ein Resonanzzustand zwischen beiden in Betracht.

VI. Elektronenkonfiguration und Stellung der Aktiniden im Periodischen System.

Die zahlreichen chemischen und physikalischen Beweise für die Richtigkeit der Aktinidentheorie lassen auch die Frage nach den Elektronenkonfigurationen der schweren Atome mit einiger Sicherheit beantworten. Tabelle 11 enthält eine Übersicht über die experimentell gesicherten bzw. mutmaßlichen Elektronenanordnungen der Elemente 89—96. Zum Vergleich sind auch die Konfigurationen der homologen Lanthaniden aufgeführt, die auf Grund neuester emissionsspektroskopischer Untersuchungen als gesichert gelten können.

Tabelle 11. *Elektronenkonfigurationen (oberhalb Radon bzw. Xenon) für gasförmige Atome der Aktiniden und Lanthaniden (107), (113).*

Element	Konfiguration	Element	Konfiguration
$_{89}$Ac	$6d\,7s^2$	$_{57}$La	$5d\,6s^2$
$_{90}$Th	$6d^2\,7s^2$ oder $5f\,6d\,7s^2$	$_{58}$Ce	$4f^2\,6s^2$
$_{91}$Pa	$5f^2\,6d\,7s^2$ oder $5f\,6d^2\,7s^2$	$_{59}$Pr	$4f^3\,6s^2$
$_{92}$U	$5f^3\,6d\,7s^2$	$_{60}$Nd	$4f^4\,6s^2$
$_{93}$Np	$5f^5\,7s^2$ oder $5f^4\,6d\,7s^2$	$_{61}$Pm	$4f^5\,6s^2$
$_{94}$Pu	$5f^6\,7s^2$ oder $5f^5\,6d\,7s^2$	$_{62}$Sm	$4f^6\,6s^2$
$_{95}$Am	$5f^7\,7s^2$	$_{63}$Eu	$4f^7\,6s^2$
$_{96}$Cm	$5f^7\,6d\,7s^2$	$_{64}$Gd	$4f^7\,5d\,6s^2$

Über die Elektronenanordnungen der Elemente Th, Pa, Np und Pu lassen sich noch keine sicheren Aussagen machen. Im Vergleich zu den $4f$-Elektronen der Lanthaniden sind die $5f$-Elektronen der Aktiniden wesentlich lockerer gebunden und durch die weiter außen liegenden Elektronen weniger abgeschirmt. Infolgedessen sind die energetischen Unterschiede zwischen dem $5f$- und $6d$-Niveau bei den ersten Gliedern der Aktinidreihe recht gering und es kann sicher ein leichter Elektronenübergang zwischen beiden erfolgen.

Aus den Elektronenkonfigurationen der Aktiniden sind auch die Wertigkeitsverhältnisse dieser Elemente verständlich, die in Tabelle 12 zusammenfassend nochmals dargestellt sind.

Tabelle 12.
Wertigkeiten der Aktinidelemente.

Ac	III
Th	[II], [III], **IV**
Pa	?, IV, **V**
U	III, IV, v, **VI**
Np	III, IV, **V**, VI
Pu	III, **IV**, v, VI
Am	II, **III**, IV, v, vi
Cm	**III**
Bk	**III**, IV
Cf	**III**, ?

In die Tabelle 12 wurden außer den fettgedruckten Hauptwertigkeiten auch die weniger stabilen Oxydationszahlen aufgenommen. Die niederen Wertigkeiten des Thoriums sind eingeklammert, da es sich hier nicht um eigentliche Aktinid-Ionen handelt. Die nur in halbmetallischen Phasen auftretende formale Zweiwertigkeit von Neptunium und Plutonium ist nicht aufgeführt.

Der Tabelle ist zu entnehmen, daß bei den ersten 7 Elementen die Hauptwertigkeiten von $+3$ (bei Ac) auf $+6$ (bei U) ansteigen und dann wieder bis Curium auf $+3$ absinken. Die für eine Aktinidengruppe zu erwartende *dominierende* Dreiwertigkeit ist bei den ersten Aktiniden

Thorium und Protaktinium kaum zu beobachten und tritt erst von Uran ab in Erscheinung. Sie erfährt bis Curium eine zunehmende Stabilisierung, so daß bei diesem Element — entsprechend der Halbbesetzung $5f^7$ — ausschließlich Curium(III)-Verbindungen existieren. Bei den zweiten 7 Elementen der Aktinidengruppe scheint, nach den bisherigen Befunden an Berkelium und Californium, die Oxydationszahl $+3$ dominierend zu bleiben.

Der Grund für die Abweichung von der Oxydationszahl $+3$ in Richtung höherer Wertigkeitsstufen — im Gegensatz zur praktisch permanenten Dreiwertigkeit der Lanthaniden — ist darin zu suchen, daß die $5f$-Elektronen wesentlich lockerer gebunden sind als die $4f$-Elektronen. Infolgedessen können die Elemente Th, Pa, U durch Abgabe aller Valenzelektronen stabile Ionen mit Radonkonfiguration bilden. Dies ist bei den nachfolgenden Aktiniden Np, Pu, Am nicht mehr möglich, jedoch ist die Tendenz zur Radonkonfiguration in den höheren Oxydationsstufen noch angedeutet. Außerdem werden diese höheren Wertigkeiten durch Ausbildung von Oxykationen $MeO_2{}^+$ und $MeO_2{}^{2+}$ stabilisiert. Grundsätzlich herrschen ähnliche Verhältnisse in der Lanthanidengruppe. Dort ist infolge der stärkeren Bindung der $4f$-Elektronen die Erreichung der Xenonkonfiguration jedoch nur dem 4-wertigen Cer möglich. Beim 4-wertigen Praseodym ist diese Tendenz nurmehr angedeutet (73), (74).

Der zunehmenden Stabilisierung der Dreiwertigkeit von Uran bis Curium und der ausschließlichen Dreiwertigkeit des letzteren kommt für die Aktinidentheorie besondere Bedeutung zu. Sie beweist einwandfrei, daß Curium der *Mittelpunkt* einer 14 Elemente umfassenden Aktinidengruppe ist, gleichgültig, ob Thorium und Protaktinium schon $5f$-Elektronen besitzen oder nicht.

Wäre übrigens die auch in neuester Zeit noch vertretene Auffassung einer Thoriden-, Protaktiniden- bzw. Uranidenreihe (49) richtig, so müßte eine zunehmende Stabilisierung der 4- bzw. 5- bzw. 6-wertigen Stufe in Richtung Th → Bk bzw. Pa → Cf bzw. U → Element 99 erfolgen, ganz im Gegensatz zum experimentellen Befund.

Nachdem auf Grund des chemischen und physikalischen Verhaltens der Elemente 90—98 an der Realität einer Aktinidengruppe nicht mehr zu zweifeln ist, erhebt sich nunmehr die Frage nach der zweckmäßigsten Einordnung dieser Elemente in das Periodische System.

In den vergangenen 5 Jahren sind zahlreiche diesbezügliche Vorschläge gemacht worden. Die nebenstehende erweiterte Form des langperiodigen Systems geht im wesentlichen auf einen Vorschlag von SEABORG zurück (107), der ausdrücklich auch andere Anordnungsmöglichkeiten für diskutierbar hält, denn „it is not suggested that this particular form of the periodic table has any more merit than any of a number of others that place these elements in positions homologous to the rare-earth elements ...""

Die hier gegebene Form des Periodischen Systems bringt besonders die für das Verständnis der Aktinidchemie wesentliche Analogie dieser Elemente zu den homologen Lanthaniden zum Ausdruck und läßt erkennen, daß das noch hypothetische Element 103 (Eka-Lutetium) das letzte Glied der Aktinidenreihe sein muß. Das chemische Verhalten von Thorium und Protaktinium ist auf Grund dieser Anordnung zwar nicht ohne weiteres verständlich, aber es wäre wenig sinnvoll, diese beiden Elemente oder gar das Uran auf ihren alten Plätzen unterhalb der entsprechenden $5\,d$-Übergangselemente zu belassen, wenn man überhaupt an dem bisherigen Prinzip festhalten will, jedem Element im System nur *einen* Platz zuzuordnen.

An Hand der SEABORGschen Anordnung lassen sich einige Voraussagen bezüglich des chemischen Verhaltens noch unbekannter transcalifornischer Elemente machen. So ist zu erwarten, daß das Element 103 ein vollbesetztes $5\,f$-Niveau besitzt ($5\,f^{14}$) und daher ein sehr stabiles 3-wertiges Ion bildet. Aus dem gleichen Grund ist für das Element 102 (Eka-Ytterbium) außer der 3-Wertigkeit, analog dem Ytterbium, das Auftreten 2-wertiger Ionen zu erwarten. Auch für die übrigen noch

Langperiodiges System der Elemente.

Periode																		
I	1 H																(1 H)	2 He
II	3 Li	4 Be											5 B	6 C	7 N	8 O	9 F	10 Ne
III	11 Na	12 Mg											13 Al	14 Si	15 P	16 S	17 Cl	18 Ar
IV	19 K	20 Ca	21 Sc	22 Ti	23 V	24 Cr	25 Mn	26 Fe	27 Co	28 Ni	29 Cu	30 Zn	31 Ga	32 Ge	33 As	34 Se	35 Br	36 Kr
V	37 Rb	38 Sr	39 Y	40 Zr	41 Nb	42 Mo	43 Tc	44 Ru	45 Rh	46 Pd	47 Ag	48 Cd	49 In	50 Sn	51 Sb	52 Te	53 J	54 X
VI	55 Cs	56 Ba	57 La / 58–71 Lanthaniden	72 Hf	73 Ta	74 W	75 Re	76 Os	77 Ir	78 Pt	79 Au	80 Hg	81 Tl	82 Pb	83 Bi	84 Po	85 At	86 Rn
VII	87 Fr	88 Ra	89 Ac / 90–103 Aktiniden	—104—	—105—	—106—	—107—	—108—	—109—	—110—	—111—	—112—	—113—	—114—	—115—	—116—	—117—	—118—

Lanthaniden:	58 Ce	59 Pr	60 Nd	61 Pm	62 Sm	63 Eu	64 Gd	65 Tb	66 Dy	67 Ho	68 Er	69 Tm	70 Yb	71 Lu
Aktiniden:	90 Th	91 Pa	92 U	93 Np	94 Pu	95 Am	96 Cm	97 Bk	98 Cf	El 99	El 100	—101—	—102—	—103—

fehlenden Aktiniden ist, infolge zunehmender Stabilisierung des $5f$-Niveaus mit fortschreitender Besetzung, eine dominierende 3-Wertigkeit wahrscheinlich.

Mit dem Element 104, das statt Thorium das *wahre* Eka-Hafnium ist, wird voraussichtlich die Auffüllung des $6d$-Niveaus fortgesetzt und weiterhin des $7p$-Niveaus begonnen. Übrigens wird Element 104, infolge der Aktinidenkontraktion, dem Hafnium ähnlicher sein als das Thorium, genau so wie Hafnium, infolge der Lanthanidenkontraktion, dem Zirkon mehr gleicht als das Cer(IV). Das nächste hypothetische Edel,,gas'', das Element 118 (Eka-Radon), beschließt wahrscheinlich die 4. Langperiode, da vermutlich die Auffüllung des $5g$-Niveaus in dieser Periode noch nicht erfolgt.

VII. Stabilität und Aufbaumöglichkeit höherer Transurane.

Zum Schluß dieser Betrachtungen über die Transurane soll noch kurz die Frage der Stabilität, d.h. der Aufbaumöglichkeit höherer, beständigerer Kerne gestreift werden.

Was den Zerfall höherer Kerne anbelangt, so ist grundsätzlich zwischen dem radioaktiven Kernabbau (α-, β-Zerfall bzw. K-Einfang) und der spontanen Kernspaltung zu unterscheiden. Der radioaktive Kernabbau der natürlich vorkommenden Elemente tritt bekanntlich beim Polonium erstmals in Erscheinung, die spontane Kernspaltung, d.h. eine Spaltung des Atomkerns ohne äußere Einwirkung, ist erst ab Thorium in minimalem Umfang zu beobachten.

Tabelle 13. *Die langlebigsten Isotope der Transurane* (Stand 1950).

Isotop	Art des Zerfalls	Halbwertszeit
$_{92}$U 238	α	$4,56 \cdot 10^9$ a
$_{93}$Np 237	α	$2,25 \cdot 10^6$ a
$_{94}$Pu 239	α	$2,4 \ \cdot 10^4$ a
$_{95}$Am 241	α	475 a
$_{96}$Cm 242	α	150 d
$_{97}$Bk 243	K, α	4,6 h
$_{98}$Cf 244	α, K (?)	45 min

Die Halbwertszeiten der natürlichen radioaktiven Elemente weisen beim Uran 238 ein Maximum auf und nehmen, wie Tabelle 13 zeigt, auch bei den langlebigsten Transuranen mit fortschreitender Ordnungzahl ständig ab.

Auch die spontane Kernspaltung der in dieser Tabelle enthaltenen Isotope, die beim Th 232 und U 235 mit einer Halbwertszeit von $5 \cdot 10^{15} a$ bzw. $10^{14} a$ erfolgt, tritt nach einer aus dem Tröpfchenmodell abgeleiteten Faustregel (*37*) zunehmend in Erscheinung, bleibt aber weit hinter der radioaktiven Halbwertszeit zurück. Diese zunehmende Tendenz zum radioaktiven Zerfall und zur spontanen Kernspaltung scheint dem Aufbau von Transuranen höherer Ordnungzahl eine natürliche Grenze zu setzen.

Das Verhältnis von Kernneutronen zu Kernprotonen in den stabilen Elementen beträgt von Helium bis Calcium etwa 1:1. Von Calcium ab wird es mit steigender

Ordnungszahl immer größer, und steigt schließlich bei den stabilsten Isotopen der schwersten Kerne auf das annähernde Verhältnis 1,59:1 beim Uran 238 an. Dies entspricht einem Massenzuwachs von etwa 2,5 Atomgewichtseinheiten je Erhöhung der Ordnungszahl um 1.

Aus der Tabelle 13 ist ersichtlich, daß durch den Aufbau von Uran bis Californium mit der Erhöhung der Ordnungszahl um 6 ein Massenzuwachs von nur 6 Atomgewichtseinheiten erfolgt und somit das Verhältnis Kernneutronen zu Kernprotonen auf 1,46:1 bei Californium absinkt. Dieses im Vergleich zum Uran immer größer werdende *Neutronendefizit* der Transurane ist zweifellos die Ursache für deren rasch sinkende Stabilität.

Für die Frage nach der Existenzfähigkeit *stabilerer* Isotope der höchsten Transurane ist die Tatsache von Bedeutung, daß Bk 243 und wahrscheinlich auch Cf 244 *K*-Strahler sind, die erfahrungsgemäß innerhalb einer Reihe von Isotopen stets zu den leichtesten, neutronenärmsten und damit kurzlebigsten gehören. Da die maximale Stabilität oberhalb der Massenzahl 212 in Richtung auf den schwersten α-Strahler verschoben ist (*99*), wären stabilere Isotope der Transurane zu erwarten, wenn es gelänge, *schwerere* α-aktive Kerne aufzubauen. Dies kann nur dadurch geschehen, daß der Neutronengehalt dieser Isotope vergrößert wird.

Daraus ergibt sich, daß ein einigermaßen stabiles Californium-Isotop eine Massenzahl von etwa 250—253 besitzen müßte, die um etwa 12—15 (6 · 2,5) Einheiten die des Uran 238 übertrifft. Hierdurch ist nicht nur eine Erhöhung der Halbwertszeit des α-Zerfalls, sondern nach der schon erwähnten Faustregel von FLÜGGE auch der der spontanen Kernspaltung zu erwarten.

Die Tatsache, daß beim Aufbau der Elemente 94—98 bisher nur Isotope mit großem Neutronendefizit erhalten wurden, liegt an der Art der hierzu verwendeten, in Kapitel I behandelten Kernreaktionen. Diese lassen sich grundsätzlich auf 3 Typen zurückführen.

1. Neutronen-β-Prozeß.

Ein Element A mit der Ordnungszahl z und der Massenzahl m wird mit Neutronen bestimmter Energie beschossen, wobei nach der Gleichung

$$\ _z^m A + \ _0^1 n \rightarrow \ _z^{m+1}A + \gamma \tag{44a}$$

ein um eine Atomgewichtseinheit schwereres Isotop, unter Neutroneneinfang und γ-Emission, gebildet wird. Dieses ist in diesem Falle nach der Gleichung

$$\ _z^{m+1}A \rightarrow \ _{z+1}^{m+1}B + \ _{-1}^0 e \tag{44b}$$

β-aktiv und geht in das nächsthöhere Element über. Aus den Gleichungen ist ersichtlich, daß bei dieser Art des Kernaufbaus Ordnungszahl- und Massenzuwachs nur 1 beträgt und somit der gebildete Kern ein Neutronendefizit besitzt.

2. (α, n)-Prozeß.

Bei diesem Verfahren wird das Element A mit α-Teilchen beschossen und durch Verwendung leistungsfähiger Cyclotrone die Reaktion

$$\ _{z}^{m}A + \ _{2}^{4}He \rightarrow \ _{z+2}^{m+3}C + \ _{0}^{1}n \tag{45}$$

erzwungen, bei der im günstigsten Fall nur 1 Neutron emittiert wird. Die Erhöhung der Ordnungszahl beträgt dann 2, der Massenzuwachs maximal 3. Die so gebildeten Kerne besitzen immer noch ein Neutronendefizit, das natürlich noch größer werden kann, wenn es sich um eine (α, 2n)- oder (α, 3n)-Reaktion handelt.

Auch bei Verwendung von Deuteronen als Kerngeschosse gelingt es nicht, neutronenreichere Isotope zu erhalten, da nach den bisherigen Erfahrungen vorwiegend (d, n)-, (d, 2n)- bzw. (d, 3n)-Reaktionen stattfinden.

Es ist somit nicht zu erwarten, daß mit Hilfe der beiden bisher benutzten Kernaufbaureaktionen die Gewinnung weiterer Transurane möglich ist, die eine zur chemischen Identifizierung ausreichende Lebensdauer besitzen.

Inzwischen wurde jedoch eine weitere Methode entwickelt, die den Aufbau schwererer, stabilerer Transuranisotope gestattet.

3. Langdauernde Neutronenbestrahlung.

Diese besteht darin, daß man ein transuranisches Element einer permanenten, sich über Monate bzw. Jahre erstreckenden intensiven Bestrahlung mit Pile-Neutronen aussetzt. Hierbei findet, neben etwaiger Kernspaltung, sukzessiver Neutroneneinbau unter γ-Emission statt, wobei schrittweise schwerere Isotope gebildet werden:

$$\ _{z}^{m}A\ (n, \gamma) \ ^{m+1}_{z}A\ (n, \gamma) \ ^{m+2}_{z}A \ldots \tag{46}$$

Nach diesem Verfahren konnten schwerere Isotope von Plutonium (40) und Americium (116) gewonnen werden:

$$\ _{94}^{239}Pu\ (n, \gamma) \ _{94}^{240}Pu\ (n, \gamma) \ _{94}^{241}Pu\ (n, \gamma) \ _{94}^{242}Pu\ , \tag{47}$$

$$\ _{95}^{241}Am\ (n, \gamma) \ _{95}^{242}Am\ (n, \gamma) \ _{95}^{243}Am\ . \tag{48}$$

Ein solcher Kernaufbau ist natürlich nur dann möglich, wenn die Lebensdauer der einzelnen Zwischenglieder groß genug ist, verglichen mit der Dauer der Bestrahlung. Die Menge der gebildeten Isotope sinkt jedoch mit steigender Massenzahl, da jedes Isotop aus dem vorangegangenen nur zu einem kleinen Bruchteil gebildet wird.

In gewissen Fällen kann der Neutroneneinbau so lange fortgesetzt werden, bis man zu einem β-aktiven Kern gelangt, der nun ein schwereres Isotop des nächsthöheren Elements liefert. So ist das im Verlauf der

Gl. (47) gebildete Plutonium 241 β-aktiv und führt in Milligramm-Mengen zum Americium 241 [Gl. (6) und (4b)].

Ähnliche Verhältnisse liegen beim Aufbau der Americium-Isotope [Gl. (48)] vor. Hierbei fällt Am 242 in zwei kernisomeren Formen an, von denen die eine kurzlebig β-aktiv ist und gemäß

$$^{242}_{96}\text{Cm} \ (n, \gamma) \ ^{243}_{96}\text{Cm}$$
$$\uparrow \beta \ (16\,h)$$
$$^{241}_{95}\text{Am} \ (n, \gamma) \ ^{242}_{95}\text{Am*} \tag{49}$$

das bekannte Curium 242 in Mikrogramm-Mengen liefert [Gl. (9a) und (9b)]. Aus diesem kann durch weitere (n, γ)-Reaktion Curium 243 erhalten werden (103). Das zweite kernisomere Americium 242 ist ein verhältnismäßig langlebiger α-Strahler, der nach der Gleichung

$$^{244}_{96}\text{Cm}$$
$$\uparrow \beta \ (25\ \text{min})$$
$$^{242}_{95}\text{Am} \ (n, \gamma) \ ^{243}_{95}\text{Am} \ (n, \gamma) \ ^{244}_{95}\text{Am} \tag{50}$$

bis zum β-aktiven Americium 244 aufgebaut werden kann, das ein Curiumisotop der bisher höchsten Massenzahl 244 liefert (103).

Dieses Verfahren gestattet also nicht nur die Gewinnung höherer Isotopen des Ausgangselements, sondern auch der des nächsthöheren.

Eine Betrachtung der Halbwertszeiten dieser in jüngster Zeit dargestellten schwereren transuranischen Isotope läßt nun erkennen, inwieweit eine Erhöhung des Neutronengehalts die erwartete Verlängerung der Lebensdauer mit sich bringt. In Tabelle 14 sind die Halbwertszeiten schwerster Isotope von Plutonium, Americium und Curium zusammengestellt und mit denen der Tabelle 13 verglichen.

Tabelle 14. *Zerfall und Halbwertszeiten der schwersten Isotope von Pu, Am, Cm* (Stand November 1951).

Element	Massenzahl	Zerfall	Halbwertszeit
$_{94}$Pu	239	α	$2,4 \cdot 10^4$ a
	240	α	$6 \cdot 10^3$ a
	241	β, α	$\beta = 14$ a, $\alpha = 4 \cdot 10^5$ a
	242	α	$5 \cdot 10^5$ a
	243	β	5 h
$_{95}$Am	241	α	475 a
	242*	β	16 h
	242	α, β, K	$\alpha = 10^4$ a, $\beta = 10^2$ a
	243	α	10^4 a
	244	β	25 min
$_{96}$Cm	242	α	146 d
	243	α	100 a
	244	α	? a
	245	α	> 500 a

Der Tabelle ist zu entnehmen, daß mit steigendem Neutronengehalt der Kerne α-Strahler auftreten, deren Lebensdauer um Zehnerpotenzen größer ist als diejenige der in Tabelle 13 aufgeführten Isotope. Aus Analogieschlüssen und auf Grund theoretischer Überlegungen (99) läßt sich voraussagen, daß außer den Isotopen der Tabelle 14 noch langlebigere α-aktive existenzfähig sein müssen und somit das Stabilitätsmaximum dieser Elemente noch nicht erreicht ist.

Transuranaufbau mittels schwererer Kerne.

Alle bisher zu Kernumwandlungen benutzten Methoden verwendeten Kerngeschosse niedrigster Massenzahlen ($_0^1n$, $_1^1H$, $_1^2H$, $_2^4He$). Diese führen naturgemäß nur zu Nachbarelementen, die sich vom Ausgangselement bezüglich der Ordnungszahl um ± 1, höchstens ± 2 unterscheiden. Von der Überlegung ausgehend, daß man bei Verwendung von Kerngeschossen höherer Ladungszahl gleich zu Elementen wesentlich höherer Ordnungszahlen gelangen muß, versuchte man in neuester Zeit die Kerne der Elemente der ersten Achterperiode als Kerngeschosse zu verwenden. Solche Atome wie $_5^{10}B$, $_5^{11}B$, $_6^{12}C$, $_6^{13}C$, $_7^{14}N$, $_8^{16}O$, $_8^{17}O$, $_8^{18}O$, $_9^{19}F$ können im Entladungsrohr ihrer gesamten Elektronenhülle beraubt und als „nackte", *völlig ionisierte* Kerne im Cyclotron auf sehr hohe kinetische Energie beschleunigt werden. Mit einem nach diesem Verfahren gewonnenen energiereichen Strahl von 6fach geladenen $_6^{12}C^{+6}$-Ionen, d.h. Kohlenstoffkernen, wurden die Reinelemente Aluminium und Gold beschossen, wobei die folgenden Kernreaktionen eintraten (92):

$$_{13}^{27}Al + _6^{12}C \rightarrow _{17}^{34}Cl + _2^4He + _0^1n, \tag{51}$$

$$_{79}^{197}Au + _6^{12}C \rightarrow _{85}^{205}At + 4 _0^1n. \tag{52}$$

Bei diesen beiden Kernumwandlungen ist also gleich ein Aufbau von 4 bzw. 6 Ordnungszahlen erfolgt.

Damit ist es erstmalig gelungen zwei schwerere Kerne unmittelbar zur Reaktion zu bringen und unter Umgehung jeglicher Zwischenelemente sofort zu wesentlich höheren Elementen zu gelangen.

Dieses Verfahren, das auch in Zukunft erfolgversprechend erscheint, wurde in jüngster Zeit auch zur Gewinnung von Transuranen verwendet.

Nach Bestrahlung von natürlichem Uran mit ^{12}C-Kernen wurden nach den Gleichungen

$$_{92}^{238}U \,(_6^{12}C, 6n)\, _{98}^{244}Cf, \tag{53}$$

$$_{92}^{238}U \,(_6^{12}C, 4n)\, _{98}^{246}Cf \tag{54}$$

zwei Californiumisotope, das bereits bekannte Cf 244 und ein neues Cf 246 gebildet, wobei das letztere erwartungsgemäß eine höhere Halbwertszeit von etwa 35 Std (gegenüber 45 min für Cf 244) besitzt (41).

Bereits dieser erste Versuch, höhere Kerngeschosse zum Aufbau von Transuranen zu verwenden, erwies sich also als recht erfolgreich, da hierbei die größtmögliche Erhöhung der Ordnungszahl (um 6) erfolgte und außerdem ein stabileres Californiumisotop mit geringerem Neutronendefizit resultierte. Es ist zu vermuten, daß die kürzlich bekanntgegebenen Elemente 99 und 100, ausgehend von Neptunium bzw. Plutonium auf diese Weise ebenfalls zugänglich sind.

Möglicherweise eröffnet dieses neuartige Verfahren, das sich grundsätzlich auch höherer Kerngeschosse als $^{12}_{6}C$ bedienen kann, einen Weg zur Gewinnung weiterer transcalifornischer Elemente, die stabil genug sind, um dem Naturforscher als Grundlage neuer Erkenntnisse dienen zu können.

VIII. Nachtrag.

Auf dem 12. Internationalen Kongreß für reine und angewandte Chemie in New York (September 1951) wurde über die Darstellung eines neuen Berkeliumisotops Bk 245 berichtet[1], das durch α- oder Deuteronenbeschuß von Cm 242, Cm 243 bzw. Cm 244 gebildet wird. Hierbei entsteht auch das schon erwähnte Cf 246. Gegenüber dem kurzlebigen Bk 243 (Halbwertszeit $= 4,6$ Std), zeigt Bk 245 die auf Grund verringerten Neutronendefizits zu erwartende Erhöhung der Halbwertszeit auf 5 Tage. Bk 245 ist ein K-Strahler und somit die Muttersubstanz von Cm 245. Zu 0,1 % ist es außerdem α-aktiv ($T/2 = 15$ a). Das Tochterelement Cm 245 (α-Strahler) soll eine Halbwertszeit von mindestens 500 a besitzen[2].

Literatur.

Ein großer Teil der zitierten Arbeiten ist dem 2bändigen Werk ,,The Transuranium Elements'' von G. T. SEABORG, J. J. KATZ und W. M. MANNING (National nuclear energy series, Division IV, Volume 14 B) entnommen, für das im folgenden die Abkürzung ,,Tr. El.'' verwendet wird. Diese bei McGraw-Hill Book Company Inc. (New-York 1949) erschienene Sammlung von Forschungsberichten wurde uns freundlicherweise von Herrn Prof. Dr. W. HIEBER zur Verfügung gestellt, wofür wir auch an dieser Stelle bestens danken.

1. ABRAHAM, B. M., N. R. DAVIDSON and E. F. WESTRUM: Preparation and properties of some Plutonium sulfides and oxysulfides. Tr. El. S. 814.
2. — B. B. BRODY, N. R. DAVIDSON, F. HAGEMAN, J. KARLE, J. J. KATZ and M. J. WOLF: Preparation and properties of Plutonium chlorides and oxychlorides. Tr. El. S. 740.
3. ALLENDÖRFER, A.: Die Bestimmung des Schmelzpunktes von Uran. Z. Naturforschg. 5a, 239 (1950).

---

[1] Chem. Eng. News, **29**, 3965 (1951).

[2] HULET, E. K., S. G. THOMPSON, A. GHIORSO u. K. STREET jr.: New isotopes of Berkelium and Californium. Phys. Rev. **84**, 366 (1951).

4. Anderson, H. H.: Cesium, Rubidium and Ammonium Plutonium(III) sulfate hydrates. Tr. El. S. 806.
5. — Potassium Plutonium(III) sulfates. Tr. El. S. 810.
6. — Some Plutonium fluorides and iodates. Tr. El. S. 825.
7. — Plutonium ferricyanides and ferrocyanides. Tr. El. S. 801.
8. — Alkali Plutonium(IV) nitrates. Tr. El. S. 964.
9. — Plutonium(IV) sulfate tetrahydrate and basic sulfate. Tr. El. S. 796.
10. — Alkali Plutonium(IV) sulfates. Tr. El. S. 724.
11. — Dicesium Plutonium(IV) hexachloride and related compounds. Tr. El. S. 793.
12. — Alkali Plutonium fluorides. Tr. El. S. 775.
13. Anderson, J. S., and R. W. M. D'Eye: The lower valency states of Thorium. J. Chem. Soc. (London), Suppl. Iss. No. 2, 1949, 244.
14. Asprey, L. B., S. E. Stephanou and R. A. Penneman: A new valence state of Americium, Am(VI). J. Amer. Chem. Soc. 72, 1425 (1950).
15. Bohr, N.: The structure of the atom. Nature (Lond.) 112, 29 (1923).
16. — Theory of spectra and atomic constitution, 2. Aufl., S. 112. London: Cambridge University press.
17. Brouissière, G., and M. Haïssinsky: A new valency of Protactinium. J. Chem. Soc. (London), Suppl. Iss. No. 2, 1949, 256.
18. Brewer, L., L. Bromley, P. W. Gilles and N. L. Lofgren: The halides of Neptunium. Tr. El. S. 1111.
19. — — — — The thermodynamic properties and equilibria at high temperatures of the compounds of Plutonium. Tr. El. S. 740.
20. Connick, R. E.: The mechanism of disproportionation of Plutonium(V). Tr. El. S. 268.
21. —, and W. H. McVey: The peroxy complexes of Plutonium(IV). Tr. El. S. 445.
22. — — Hydrogen reduction of Plutonium(IV) to Plutonium(III) in aqueous solution. Tr. El. S. 142.
23. — — Note on the oxidation of Plutonium(III) by nitrate ion. Tr. El. S. 172.
24. — — and G. H. Sheline: The tripositive oxidation state of Plutonium. Tr. El. S. 175.
25. — — — Note on the stability of Plutonium(IV) in alkaline solution. Tr. El. S. 335.
26. — — — Note on the stability of Plutonium (VI) in alkaline solution. Tr. El. S. 345.
27. — M. Kasha, W. H. McVey and G. E. Sheline: Spectrophotometric studies of Plutonium in aqueous solution. Tr. El. S. 559.
28. Cunningham, B. B.: The first isolation of Americium in the form of pure compounds; microgram-scale observations on the chemistry of Americium. Tr. El. S. 1363.
29. Davidson, N. R., F. Hageman, E. K. Hyde, J. J. Katz and J. Sheft: The preparation and properties of Plutonium tribromide and oxybromide. Tr. El. S. 759.
30. Dawson, J. K.: Magnetochemistry of the heaviest elements. Part III. The halides of ter- and quadrivalent Uranium. J. Chem. Soc. (London) 1951, 429. — J. Chem. Phys. 18, 239 (1950).
31. Dixon, I. S., and C. Smith: Preparation and composition of Plutonium(IV) acetylacetonate. Tr. El. S. 855.
32. Elson, R., S. Fried, Ph. Sellers and W. H. Zachariasen: The tetravalent and pentavalent states of Protactinium. J. Amer. Chem. Soc. 72, 5791 (1950).

33. EPHRAIM, F., und M. MEZENER: Über das Absorptionsspektrum von Uran-verbindungen. Helvet. chim. Acta **16**, 1257 (1933).
34. FRIED, S.: The preparation of anhydrous Americium compounds. J. Amer. Chem. Soc. **73**, 416 (1951).
35. —, and N. R. DAVIDSON: The basic chemistry of Neptunium. J. Amer. Chem. Soc. **70**, 3539 (1948).
36. — — Studies in the dry chemistry of Plutonium fluorides. Tr. El. S. 784.
37. FLÜGGE, S.: Transurane. Ergebnisse der exakten Naturwiss.· **22**, 1 (1949).
38. GEVANTMAN, L. H., and K. A. KRAUS: Hydrolytic behavior of Plutonium (VI). Note on the analysis of Barium polyplutonate. Tr. El. S. 602.
39. — — Chemistry of Plutonium (V). Stability and spectrophotometry. Tr. El. S. 500.
40. GHIORSO, A., R. A. JAMES, L. O. MORGAN and G. T. SEABORG: Preparation of Transplutonium isotopes by neutron irradiation. Phys. Rev. **78**, 472 (1950).
41. — S. G. THOMPSON, K. STREET jr. and G. T. SEABORG: Californium isotopes from bombardment of Uranium with Carbon ions. Phys. Rev. **81**, 154 (1951).
42. GÖTTE, H.: Eine Abscheidungsmethode für die bei der Uranspaltung auf-tretenden Seltenen Erden nach dem Verfahren von Szilard und Chalmers. Z. Naturforschg. **1**, 377 (1946).
43. GOLDSCHMIDT, V. M.: Travaux du congres jubilaire Mendeleev II, 387. 1937.
44. GRUEN, D. M., W. C. KOEHLER and J. J. KATZ: Higher oxides of the Lantha-nide elements. Terbium dioxide. J. Amer. Chem. Soc. **73**, 1475 (1951).
45. HAGEMAN, F., B. M. ABRAHAM, N. R. DAVIDSON, J. J. KATZ and J. SHEFT: Studies on the preparation and properties of Plutonium iodide and Plu-tonium oxyiodide. Tr. El. S. 957.
46. HAHN, O., u. F. STRASSMANN: Über den Nachweis und das Verhalten der bei der Bestrahlung des Urans mittels Neutronen entstehenden Erdalkali-metalle. Naturwiss. **27**, 11 (1939).
47. — — Nachweis der Entstehung aktiver Bariumisotope aus Uran und Thorium durch Neutronenbestrahlung; Nachweis weiterer aktiver Bruchstücke bei der Uranspaltung. Naturwiss. **27**, 89 (1939).
48. — L. MEITNER u. F. STRASSMANN: Über die Transurane und ihr chemisches Verhalten. Ber. dtsch. chem. Ges. **70**, 1374 (1937).
49. HAÏSSINSKY, M.: The position of the cis — and transuranic elements in the periodic system: Uranides or Actinides? J. Chem. Soc. (London) Suppl. Iss. No. 2 **1949**, 241.
50. HAMAKER, J. W., and C. W. KOCH: A study of the peroxides of Plutonium. Tr. El. S. 666.
51. HARALDSEN, H., u. R. BAKKEN: Die magnetischen Eigenschaften der Uran-oxyde. Naturwiss. **28**, 127 (1940).
52. HARVEY, B. G., H. G. HEAL, A. G. MADDOCK and E. L. ROWLEY: The che-mistry of Plutonium. J. Chem. Soc. (London) **1947**, 1010.
53. HAYEK, E., und TH. REHNER: Thoriumtrijodid. Exper. **5**, 114 (1949).
54. — — u. A. FRANK: Halogenide des zwei- und dreiwertigen Thoriums. Mh. Chem. **82**, 575 (1951).
55. HEIMBRECHT, M. M., M. ZUMBUSCH u. W. BILTZ: Uranphosphide. Z. anorg. allg. Chem. **241**, 391 (1941).
56. HIEBER, W.: Metallcarbonyle. Naturforschung und Medizin in Deutschland 1939—1946. Fiat Rev. of German Science **25**, II, 131.
57. — u. Mitarb.: Nach früheren unveröffentlichten Versuchen.

534   REINHARD NAST und TIBOR VON KRAKKAY:

58. HINDMAN, J. C.: Ionic species of Plutonium present in aqueous solutions of different acids. Tr. El. S. 370.
59. — Complex ions of Plutonium. The nitrate complex ions of Plutonium (IV). Tr. El. S. 388.
60. — Complex ions of Plutonium. The chloride complex ions of Plutonium (IV). Tr. El. S. 405.
61. — and D. P. AMES: Complex ions of Plutonium (III) in solution of various anions. Tr. El. S. 348.
62. — L. B. MAGNUSSON and T. J. LACHAPELLE: The oxidation states of Neptunium in aqueous solution. J. Amer. Chem. Soc. 71, 687 (1949).
63. — — — Absorption spectrum studies of aqueous ions of Neptunium. Tr. El. S. 1039.
64. — K. A. KRAUS, J. J. HOWLAND jr. and B. B. CUNNINGHAM: Determination of the tripositive oxidation state of Plutonium and notes on the spectrophotometry of Plutonium and Uranium. Tr. El. S. 121.
65. HOPKINS jr., H. H.: The composition of Plutonium peroxide. Tr. El. S. 949.
66. HOWLAND, J. J., and M. CALVIN: Paramagnetic susceptibilities and electronic structures of aqueous cations of elements 92 to 95. J. Chem. Phys. 18, 231 (1950).
67. HUIZENGA, I. R., and L. B. MAGNUSSON: Oxidationreduction reactions of Neptunium (IV) and -(V). J. Amer. Chem. Soc. 73, 3202 (1951).
68. KASHA, M.: Reactions between Plutonium ions in perchloric acid solutions: Rates mechanisms and equilibria. Tr. El. S. 295.
69. —, and G. E. SHELINE: Ionic equilibria and reaction kinetics of Plutonium ions in hydrochloric acid solutions. Tr. El. S. 180.
70. KATZ, J. J., and D. M. GRUEN: Higher oxides of the Actinide elements. The preparation of Np_3O_8. J. Amer. Chem. Soc. 71, 2106 (1949).
71. KENNEDY, J. W., G. T. SEABORG, E. SEGRÉ and A. C. WAHL: Fissionable isotope of a new element: 94^{231}. Phys. Rev. 70, 555 (1946).
72. KING, E. L.: The solubility of Plutonium (IV) phosphates and the phosphate complexes of Plutonium (IV). Tr. El. S. 638.
73. KLEMM, W.: Eine Systematik der seltenen Erden begründet auf periodische Eigenschaftsänderungen ihrer Ionen. Z. anorg. allg. Chem. 184, 345 (1929).
74. — Messungen an zwei- und vierwertigen Verbindungen der seltenen Erden. Z. anorg. allg. Chem. 187, 29 (1930).
75. KRAUS, K. A.: Oxidation-reduction potentials of Plutonium couples as a function of pH. Tr. El. S. 241.
76. — Oxidation of Plutonium (IV) to Plutonium (VI) by nitric acid. Tr. El. S. 264.
77. —, and I. R. DAM: Hydrolytic behavior of Plutonium (V). Acid constant of Plutonyl ion. Tr. El. S. 478.
78. — — Hydrolytic behavior of Plutonium (III). Acid-base titrations of Plutonium (III). Tr. El. S. 466.
79. —, and G. E. MOORE: Chemistry of Plutonium (V). Potentials of the Plutonium (V)/(VI) couple. Ionic species of Plutonium (V) in acidic solutions. Tr. El. S. 550.
80. — — D. E. KOSHLAND and I. R. DAM: Unveröffentlicht.
81. — F. NELSON and G. L. JOHNSON: Chemistry of aqueous Uranium (V) solutions. I. Preparation and properties. Analogy between Uranium (V), Neptunium (V) and Plutonium (V). J. Amer. Chem. Soc. 71, 2510 (1949).

82. LaChapelle, T. J., L. B. Magnusson and J. C. Hindman: First preparation and solubilities of some Neptunium compounds in aqueous solutions. Tr. El. S. 1097.
83. Lawrence, R. W.: The magnetic susceptibilities of the ions of Uranium in aqueous solutions. J. Amer. Chem. Soc. **56**, 776 (1934).
84. Maddock, A. G., and G. L. Miles: A tracer study of the chemistry of Pro-tactinium. J. Chem Soc. (London) Suppl. Iss. No. 2, **1949**, 248.
85. Magnusson, L. B., J. C. Hindman and T. J. LaChapelle: Chemistry of Neptunium (V). Formal oxidation potentials of Neptunium couples. Tr. El. S. 1059.
86. — — — Chemistry of Neptunium. Kinetics and mechanisms of aqueous oxidation-reduction reactions of Neptunium. Tr. El. S. 1134.
87. — T. J. LaChapelle and J. C. Hindman: Preparation and properties of Neptunium (III). Tr. El. S. 1050.
88. — — The first isolation of element 93 in pure compounds and determination of the half-life of $_{93}Np^{237}$. J. Amer. Chem. Soc. **70**, 3534 (1948).
89. McLane, C. K.: Complex ions of Plutonium. The fluoride complex ions of Plutonium (IV). Tr. El. S. 414.
90. — J. S. Dixon and J. C. Hindman: Complex ions of Plutonium. Transference measurements. Tr. El. S. 358.
91. McMillan, E., and P. H. Abelson: The radioactive element 93. Phys. Rev. **57**, 1185 (1940).
92. Miller, J. F., J. G. Hamilton, T. M. Purnam, H. R. Haymond and G. B. Rossi: Acceleration of stripped C^{12} and C^{13} nuclei in the cyclotron. Phys. Rev. **80**, 486 (1950).
93. Mooney, R. L. C., and W. H. Zachariasen: Crystal structure studies of oxides of Plutonium. Tr. El. S. 1442.
94. Moore, G. E., and K. A. Kraus: Spectrophotometry of Plutonium (VI) in perchlorate solutions. Tr. El. S. 608.
95. Patton, R. L.: Note on the preparation of Plutonium (III) oxalate. Tr. El. S. 849.
96. — Preparation of some organic derivates of Plutonium. Tr. El. S. 851.
97. — Composition of Plutonium (IV) 8-hydroxyquinolate. Tr. El. S. 853.
98. Peppard, D. F., M. H. Studier, M. V. Gergel, G. W. Mason, J. C. Sullivan and J. F. Mech: Isolation of microgram quantities of naturally-occuring Plutonium and examination of its isotopic composition. J. Amer. Chem. Soc. **73**, 2529 (1951).
99. Perlman, I., A. Ghiorso and G. T. Seaborg: Systematics of alpha-radioactivity. Phys. Rev. **77**, 26 (1950).
100. Phipps, T. E., G. W. Sears, R. L. Seifert and O. C. Simpson: The vapor pressure of Plutonium halides. Tr. El. S. 682.
101. Rabideau, S. W., and I. F. Lemons: The potential of the Pu (III)—Pu (IV) couple and the equilibrium constants for some complex ions of Pu (IV). J. Amer. Chem. Soc. **73**, 2895 (1951).
102. Reas, W. H.: Identification of Plutonium (IV) oxalate complexes in oxalic acid solutions. Tr. El. S. 423.
103. Reynolds, F. L., E. K. Hulet and K. Street jr.: Mass-spectrographic identification of Cm^{243} and Cm^{244}. Phys. Rev. **80**, 467 (1950).
104. Seaborg, G. T.: Transuranium elements. Chem. Engng. News **23**, 2190 (1945). — Science **104**, 379 (1946).
105. — Production of elements 95 and 96. Science **102**, 556 (1945).
106. — Electronic structure of the heaviest elements. Tr. El. S. 1492.

107. Seaborg, G. T., and A. C. Wahl: The chemical properties of elements 94 and 93. J. Amer. Chem. Soc. **70**, 1128 (1948).
108. — R. A. James and A. Ghiorso: The new element Curium (atomic number 96). Tr. El. S. 1554.
109. — — and L. O. Morgan: The new element Americium (atomic number 95). Tr. El. S. 1525.
110. — E. M. McMillan, I. W. Kennedy and A. C. Wahl: A new element: radioactive element 94 from deuterons on Uranium. Phys. Rev. **69**, 366 (1946).
111. Sjoblom, R., and J. C. Hindman: Spectrophotometry of Neptunium in perchloric acid solutions. J. Amer. Chem. Soc. **73**, 1744 (1951).
112. Spedding, F., A. S. Newton, J. C. Warf, O. Johnson, R. W. Nattorf, I. B. Johns and A. H. Daane: Uranhydride. I. Preparation, composition and physical properties. Nucleonics **4**, 4 (1949).
113. Starke, K.: Die Erweiterung des Periodischen Systems durch die Transurane. Naturwiss. **34**, 69 (1947).
114. Strassmann, F., u. O. Hahn: Über die Isolierung und einige Eigenschaften des Elements 93. Naturwiss. **30**, 256 (1942).
115. Street jr., K., and G. T. Seaborg: The separation of Americium and Curium from the rare earth elements. J. Amer. chem. Soc. **72**, 2790 (1950).
116. —, A. Ghiorso and G. T. Seaborg: The isotopes of Americium. Phys. Rev. **79**, 530 (1950).
117. —, S. G. Thompson and G. T. Seaborg: Chemical properties of Californium. J. Amer. chem. Soc. **72**, 4832 (1950).
118. Strover, B. I., I. G. Conway and B. B. Cunningham: The solution absorption spectrum of Americium. J. Amer. Chem. Soc. **73**, 491 (1951).
119. Thompson, S. G., B. B. Cunningham and G. T. Seaborg: Chemical properties of Berkelium. J. Amer. Chem. Soc. **72**, 2798 (1950).
120. — A. Ghiorso and G. T. Seaborg: The new element Berkelium (atomic number 97). Phys. Rev. **80**, 781 (1950).
121. — L. O. Morgan, R. A. James and I. Perlman: The tracer chemistry of Americium and Curium in aqueous solutions. Tr. El. S. 1339.
122. — K. Street jr., A. Ghiorso and G. T. Seaborg: The new element Californium (atomic number 98). Phys. Rev. **80**, 790 (1950).
123. Tilk, W., u. W. Klemm: Über den Paramagnetismus von Verbindungen des sechswertigen Chroms, Molybdäns, Wolframs und Urans. Z. anorg. allg. Chem. **240**, 355 (1939).
124. Wahl, A. C., and G. T. Seaborg: Nuclear Properties of 93^{237}. Tr. El. S. 21.
125. Wallmann, J. C., W. W. T. Crane and B. B. Cunningham: The preparation and some properties of Curium metal. J. Amer. Chem. Soc. **73**, 493 (1951).
126. Werner, L. B., and I. Perlman: The pentavalent state of Americium. J. Amer. Chem. Soc. **73**, 495 (1951).
127. — — The preparation and isolation of Curium. Tr. El. S. 1586.
128. Westrum jr., E. F.: The preparation and properties of Plutonium oxides. Tr. El. S. 936.
129. —, and LeRoy Eyring: The melting point and the density of Neptunium metal. J. Amer. Chem. Soc. **73**, 3399 (1951).
130. — — The preparation and some properties of Americium metal. J. Amer. Chem. Soc. **73**, 3396 (1951).
131. —, and H. P. Robinson: The heat of formation of Plutonium trichloride. Tr. El. S. 914.

132. ZACHARIASEN, W. H.: The crystal structure of NpO_2 and NpO. Tr. El. S. 1489.

133. — X-ray diffraction studies of Plutonium and Neptunium; chemical identity and crystal structure. Tr. El. S. 1462.

134. — Crystal structure studies of chlorides, bromides and iodides of Plutonium and Neptunium. Tr. El. S. 1473.

135. — The crystal structure of sodium plutonyl and sodium neptunyl acetates. Tr. El. S. 1486.

136. — Crystal structure of sulfides of Plutonium and Neptunium. Tr. El. S. 1454.

137. — The crystal structure of Plutonium nitride and Plutonium carbide. Tr. El. S. 1448.

138. — Krystallchemische Untersuchungen an Elementen der 5f-Reihe. 12. Mitt. Neue Verbindungen von bekannten Strukturtypen. Acta Cryst. (London) **2**, 388 (1949).

139. — Crystal radii of the heavy elements. Phys. Rev. **73**, 1104 (1948).

140. ZUMBUSCH, M.: Über Strukturanalogie von Uran- und Thoriumphosphiden. Z. anorg. allg. Chem. **245**, 402 (1941).

(Abgeschlossen November 1951.)

Privatdozent Dr. R. NAST, (13b) München,
Anorganisch-chemisches Laboratorium der Technischen Hochschule.

Fortschr. chem. Forsch., Bd. 2, S. 538—608 (1952).

Chlorophyll.

Von

ARTHUR STOLL und ERWIN WIEDEMANN.

Mit 9 Textabbildungen.

Inhaltsübersicht.

I. Einleitung.

Die einzigartige Bedeutung des Chlorophylls, wie sie in der Photosynthese, der Kohlensäureassimilation grüner Pflanzenteile zur Geltung kommt, läßt es wünschenswert erscheinen, von Zeit zu Zeit über die neueren Ergebnisse der Forschungen über Chlorophyll zu berichten.

Die Konstitution des grünen Blattfarbstoffs ist heute bis in Einzelheiten aufgeklärt, und so wendet sich das Interesse mehr und mehr seinem natürlichen Zustande und seiner fundamentalen Mitwirkung bei der Photosynthese zu. Es darf heute als gesichert gelten, daß die grüne, assimilierende Pflanzenzelle das Chlorophyll zusammen mit den gelben Pigmenten Carotin und Xanthophyll in Form eines lichtstabilen, gegen den Sauerstoff und die Kohlensäure der Luft beständigen Chromoproteids enthält.

Die neueren Arbeiten über die Konstitution des Chlorophylls und die Versuche zu seiner Synthese, sowie die Studien über die natürliche Zustandsform des Blattfarbstoffs bilden den wesentlichen Inhalt dieses Referates, das sich an unsere Zusammenfassung von 1938 (*368*) anschließt und diese weiterführt, wobei aus ihr, sowie dem inzwischen von H. FISCHER und M. STRELL (*281*) publizierten zusammenfassenden Bericht über Chlorophyll die Befunde mit einbezogen werden, die für ein abgerundetes Bild notwendig erscheinen.

Der bedeutende Umfang des Gebietes verlangt eine Beschränkung auf wesentliche, durch das Experiment gesicherte Befunde; in bezug auf die Diskussion von Hypothesen muß auf die Originalliteratur verwiesen werden. Ausblicke auf wichtige künftige Arbeiten, z. B. auf die Funktion des Chloroplastins im Assimilationsprozeß oder die möglichen Wege zur Synthese der Chlorophylle a und b können nur gestreift werden.

Von einem Bericht über die zahlreichen neueren Arbeiten auf dem Gebiet der Photosynthese konnten wir absehen, da in der Monographie von E. I. Rabinowitch, Bd. I und II, 1 (98), (98a) die Literatur über die Photosynthese bis 1949 referiert ist und der demnächst erscheinende Bd. II, 2 dieses Werkes über die Arbeiten der jüngsten Zeit berichten wird.

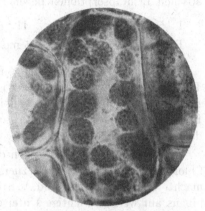

Wir haben versucht, die Literatur über Chlorophyll und dessen natürliche Zustandsform, soweit es sich um chemische oder vorwiegend chemische Arbeiten handelt, — ab 1938 möglichst vollständig zu zitieren; das Literaturregister schließt damit an jenes unseres Übersichtsreferates von 1938 (368) an und führt dieses bis 1951 weiter.

Abb. 1. Flachenschnitt von einem Aspidistra elatior-Blatt. 1250 × vergrößert. Etwa 2 × nachvergrößert.

II. Das grüne Chromoproteid der assimilierenden Zelle, das Cloroplastin.

Betrachtet man einen Blattquerschnitt oder noch besser einen Blattflächenschnitt bei starker Vergrößerung, so erkennt man bei sehr vielen Pflanzen, wie E. Heitz (26), (27) dies zuerst und ausführlich beschrieben hat, eine sehr ausgeprägte Granulierung der Chloroplasten; diese selbst erweisen sich als farblose Scheiben, von denen sich das grüne Pigment in Form einzelner Pünktchen oder Kügelchen abhebt (vgl. Abb. 1). Diese Grana, die bei der elektronenoptischen Beobachtung (22), (23), (46) als Scheibchen erscheinen, stellen die eigentlichen Assimilationszentren dar. Sie lassen sich aus einer Reihe von Pflanzen, wie z. B. aus Blättern von Spinat (Spinacia oleracea), Bohnen (Vicia faba) usw. durch Vermahlen relativ leicht isolieren; bei anderen, wie Brennesseln (Urtica urens, Urtica dioica), Nachtschattengewächsen, Kompositen und manchen Liliengewächsen (Funkia ovala, Aspidistra elatior) werden sie schon beim Vermahlen der Blätter zerstört. Besonders aus Aspidistra elatior erhält man, wie W. N. Lubimenko (34), (35), (36) zuerst beobachtet und beschrieben hat, durch Zufügen von Wasser zum Blattbrei relativ klare, schön grüne Lösungen. Extrahiert man hingegen das Pflanzenmaterial mit wäßrigem Alkohol oder Aceton nach R. Willstätter und A. Stoll (*425*), (*92*) oder mit Methanol oder halogenhaltigen Lösungsmitteln (Dichloräthylen usw.), so erhält man lipoidhaltige Extrakte der Blattfarbstoffe, während im allgemeinen die Granastruktur als Proteid- bzw. Proteinskelet zurückbleibt (*23*).

Das grüne Blatt zeigt im Spektroskop ein Bandenspektrum, das hauptsächlich auf seinem Gehalt an Pigmenten beruht. Die charakteristischen Lichtabsorptionen liegen zwischen:

I 690—660 . . . 645 mμ; II 630—620 mμ; III 600—580 mμ; Endabsorption bei etwa 545 mμ; Intensitäten: I; II, III.

Die gleiche Lichtabsorption, nur klarer abgegrenzt, zeigen die Lösungen nach W. N. Lubimenko (*34*), (*35*), (*36*), während die Absorptionsspektren echter und kolloidaler Chlorophylllösungen besonders in bezug auf die Lage der Absorptionsbanden vom Blattspektrum deutlich abweichen (vgl. Abb. 2).

Auf den Unterschied zwischen dem Spektrum der Blätter und von Chlorophylllösungen hat wohl zuerst M. Tswett (*88*) aufmerksam gemacht. R. Willstätter und A. Stoll (*92*) haben über diesen Befund hinaus auf weitere wichtige Unterschiede zwischen dem grünen Farbstoff in den Blättern einerseits und dem isolierten Chlorophyll andererseits hingewiesen, wobei an erster Stelle ein merklicher Unterschied in der Lichtresistenz aufgefallen war. Andauernde stärkste Bestrahlung mit Licht von mehr als Sonnenstärke vermochte das Grün der Blätter nicht zu verändern, während echt oder kolloidal gelöstes Chlorophyll schon durch diffuses Tageslicht relativ rasch zerstört wird. R. Willstätter und A. Stoll schlossen daher auf Schutzvorrichtungen im Blatte und betonten die Notwendigkeit einer chemischen Untersuchung der farblosen Begleitstoffe des Chlorophylls. Die späteren Beobachtungen von W. N. Lubimenko mit einer grünen, wäßrigen Lösung aus vermahlenen Blättern von Aspidistra elatior führten in dieser Richtung weiter. Eine solche Lösung zeigt nicht nur das Spektrum des Blattes (vgl. Abb. 2), sondern auch dessen Lichtresistenz und wird im Gegensatz zu den Lösungen des isolierten Chlorophylls weder vom Sauerstoff, noch von der Kohlensäure der Luft angegriffen. W. N. Lubimenko nahm an, daß der grüne Farbstoff in den wäßrigen Lösungen wie im Blatte an Proteide gebunden sei und seine Resistenz diesem Umstande verdanke.

Die Vorstellung, daß das Chlorophyll im Blatte Bestandteil eines Proteidkomplexes sei, ist wohl zuerst von J. Reinke (*63*) ausgesprochen worden; sie findet sich in der Folge mehrfach in der Literatur und wurde von L. M. G. BAAS BECKING (*4*) und A. FREY-WYSSLING (*20*), (*21*) durch histologische und polarisationsoptische Untersuchungen gestützt.

Die Eigenschaft des natürlichen Blattgrüns als Energietransformator bei der Photosynthese ist von A. STOLL (*76*), (*77*) durch die Annahme erweitert worden, daß der natürliche Blattfarbstoff bei der Photosynthese

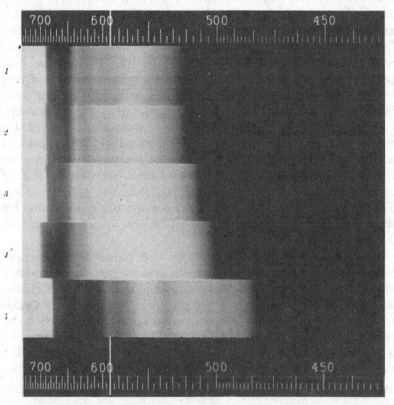

Abb. 2. Vergleich einiger Absorptionsspektren. *1* Aspidistra elatior, Blatt. *2* Aspidistra elatior, Rohlosung des Pigments in Wasser, nach W.N.LUBIMENKO. *3* Aspidistra elatior, Elektrophoretisch reine Losung des Pigments nach Umfallung, Zentrifugierung bei etwa 15000 g und Dialyse. *4* Chlorophyll a+b (3:1), kollo-idale Lösung in Wasser nach R.WILLSTÄTTER und A.STOLL. *5* Chlorophyll a+b (3:1), echte Losung in Äther.

einen *enzymatisch* wirksamen Faktor darstelle und als solcher einen den bekannten Enzymen analogen Aufbau aus prosthetischer Gruppe und kolloidem Träger zeige. Damit war die Vorstellung gegeben, daß das Pigment im Chloroplasten an ein Kolloid (Proteid) gebunden sei und dadurch sowohl stabilisiert werde, als auch seine hohe spezifische Wirk-samkeit erlange. Ein derartiger Aufbau war damals bereits für eine Reihe von Enzymen bewiesen, so z. B. für die Katalase und das gelbe Atmungsferment, und konnte bald darauf generell für die Klasse der

in ihrer prosthetischen Gruppe dem Blattgrün nahestehenden Hämin-
fermente oder *Hämoproteide* (*83*) sichergestellt werden. A. Stoll hat
damals für das grüne Chloroplastenkolloid in Analogie zum Hämoglobin
die Bezeichnung „*Chloroplastin*" vorgeschlagen.

Die Auffassung von A. Stoll war durch das unterschiedliche Verhalten des genuinen Blattgrüns und des isolierten Chlorophylls gut gestützt und konnte bald durch Untersuchungen von A. Stoll und E. Wiedemann (*78*), (*79*) bestätigt und erweitert werden. Von den Versuchen
W. N. Lubimenkos ausgehend fanden diese Autoren, daß sich intensiv
grüne Chloroplastinlösungen mit der Farbe, der Fluorescenz, dem
Spektrum und der Lichtbeständigkeit des Blattes, sowie seiner Resistenz
gegenüber Sauerstoff und Kohlensäure aus sehr vielen Pflanzen, auch
grünen Algen, bereiten lassen. Diese Eigenschaften bleiben gewahrt,
wenn die wäßrigen, zweckmäßigerweise gepufferten Lösungen bei
niedriger Temperatur (etwa $+2°$) durch wiederholtes fraktioniertes
Umfällen mit Ammoniumsulfat von anderen hochmolekularen Stoffen
befreit und durch Zentrifugieren in Schwerefeldern von 10000 bis 20000 g
von gröberen Teilchen, wahrscheinlich Agglomeraten, befreit werden.
Solche Lösungen lassen sich durch Dialyse weiter reinigen und sind bei
Anwesenheit kleiner Salzmengen im p_H-Bereich von 7 bis 9 in der
Kälte stabil.

A. Stoll und E. Wiedemann (*78*), (*79*) haben mit derartigen
Lösungen zahlreiche Elektrophoreseversuche ausgeführt. In den meisten
Fällen gelang der Nachweis der elektrophoretischen Einheitlichkeit,
nachdem anfänglich beobachtete endosmotische Störungen der Grenzflächen durch Erhöhung des Salzgehaltes der Lösungen zum Verschwinden gebracht waren. Alle bisher geprüften Chloroplastine wanderten im
p_H-Bereich von 6 bis 8,5 relativ rasch anodisch; ihre apparente Beweglichkeit u in m/150 Phosphatpuffer vom p_H 7,0 betrug bei 4,0° im
Mittel $12 \times 10^{-5} \left(\dfrac{cm^2}{sec \times Volt} \right)$. Entgegen abweichenden Angaben anderer
Autoren (*13*), (*14*) erwies sich eine Bestimmung des isoelektrischen Punk-
tes durch Wanderungsversuche als unmöglich, weil bei p_H-Werten unter
5,5 stets allmähliche Denaturierung beobachtet wurde.

Die Elektrophorese von Mischungen zweier an sich elektrophoretisch
einheitlicher Chloroplastine hat ergeben, daß im allgemeinen identische
Wanderung erfolgt, wenn die Chloroplastine aus Blättern derselben
Pflanzenfamilie stammen, während dies in der Regel bei Mischelektro-
phoresen an sich einheitlicher Chloroplastine aus verschiedenen Pflanzenfamilien nicht der Fall ist. Dann bewies das Auftreten je zweier Grenzflächen die Nichtidentität dieser Chloroplastine. Wie bei den Hämo-
globinen verschiedener Tierarten scheinen auch bei den Chloroplastinen
von verschiedenen Pflanzenfamilien kleine Unterschiede in den Proteid-

komponenten aufzutreten, während in beiden Fällen die Identität der Farbstoffkomponenten als sicher zu gelten hat.

Neuere Elektrophoreseversuche unter Anwendung einer verfeinerten Elektrophoresetechnik zeigten allerdings, daß früher als einheitlich angesehene Lösungen von Chloroplastinen doch eine schwach ausgeprägte Gliederung in Schichten verschiedener Beweglichkeit aufweisen. Die Ursache dieser Erscheinung kann im Vorhandensein verschiedener Teilchengrößen erblickt werden, wie dies schon früher bei Sedimentationsversuchen in der Ultrazentrifuge bemerkt worden war.

Abb. 3. Sedimentation der drei Hauptkomponenten eines Chloroplastinpraparates aus Aspidistra elatior. Milieu: m/150 Phosphat-Puffer vom p_H 7,4, $t=20°$. Lichtabsorptionsaufnahme.

Schon die ersten Versuche der Ultrazentrifugierung des Chloroplastins, ausgeführt 1939 im Laboratorium von THE SVEDBERG in Uppsala, hatten nämlich erkennen lassen, daß dieses Chromoproteid einige voneinander verschiedene Teilchengrößen, deren Gewichte hoch sind, aufweist. Scharfe Sedimentationsdiagramme wurden aber erst später (1945) erhalten, als auf eine Paraffinöldeckschicht in der Zentrifugenzelle verzichtet worden war (81). So weist das Sedimentationsdiagramm von Aspidistra elatior-Chloroplastin (vgl. Abb. 3) drei Hauptkomponenten auf, die drei verschiedenen Teilchengrößen entsprechen und deren Teilchengewichte zwischen einigen und mehreren Millionen liegen. Das Verhalten des Chloroplastins in der Ultrazentrifuge scheint in einer gewissen Parallele zu dem der Hämocyanine zu stehen, bei denen ähnliche Teilchengrößen beobachtet worden sind (81).

Das Auftreten verschiedener Teilchengrößen wird regelmäßig beobachtet; es scheint die Folge einer Agglomerationstendenz der Chloroplastinteilchen zu sein. Diese schwankt schon innerhalb der Arten einer Pflanzenfamilie und ändert sich von Familie zu Familie erheblich. Die Erwartung, Chloroplastinpräparate mit gleichen Eigenschaften aus verschiedenen Pflanzenfamilien oder wenigstens aus Pflanzen der gleichen Familie zu erhalten, hat sich noch nicht erfüllt.

Bei einer gegebenen Konzentration und Temperatur erweist sich der Trübungsgrad der Chloroplastinlösungen als charakteristisch; er nimmt mit fallendem p_H-Wert zu. Ein Zusatz chemisch indifferenter Netzmittel, wie Natriumcholat [oder Natriumdodecylsulfat bei p_H-Werten über 8,5 (72)] setzt den Trübungsgrad mitunter erheblich herab, ohne indessen mit Sicherheit einen Übergang zur Monodispersität zu bewirken.

Die klarsten Lösungen, wie sie von Aspidistra elatior in schwach alkalischem Bereich bei Zusatz von Natriumcholat erhalten werden, erscheinen bei der Prüfung im Ultramikroskop optisch leer und zeigen nur einen sehr schwachen TYNDALL-Effekt.

Ein Kriterium für die Unversehrtheit von gereinigten und dialysierten Chloroplastinlösungen im Vergleich mit frischen Blattauszügen bildet das Verhalten der Lösungen gegenüber Äther bei der sog. Spaltungsprobe, womit die Analyse des Chloroplastins eingeleitet worden ist (79), (368):

Schüttelt man eine intakte Chloroplastinlösung mit Äther, so darf sich dieser nicht anfärben und es darf an der Grenzfläche der Flüssigkeiten keine Trübung auftreten.

Erst auf Zusatz größerer Salzmengen darf die ,,Spaltungsreaktion" des Chloroplastins eintreten, wobei die Bindungen seiner Bestandteile gelöst und die Farbstoffe zusammen mit Lipoiden von der Ätherschicht aufgenommen werden. In diese gehen über: die Blattpigmente *Chlorophyll a, Chlorophyll b, Carotin* und *Xanthophyll*, die stets in ihrem natürlichen Mengenverhältnis gefunden werden, sowie eine Lipoidfraktion komplizierter Zusammensetzung. Die *Proteidfraktion* bleibt zum Teil in der wäßrigen Phase gelöst, zum Teil flockt sie an der Grenzfläche aus (79), (368). Das Verhältnis der Fraktionen schwankt etwas bei verschiedenen Chloroplastinen; als Beispiel der Mengenverhältnisse seien in der nachfolgenden Tabelle 1 die Mittelwerte aus sieben Spaltungsanalysen von gereinigtem Aspidistra-Chloroplastin wiedergegeben.

Das in solchen Versuchen erhaltene Proteid ist mit ,,*Plastin*" bezeichnet worden. Sein gelöst gebliebener Anteil wandert im Elektrophoreseversuch als einheitliche Substanz.

Bei der chemischen Untersuchung erweist sich das Aspidistra-Plastin nach A. STOLL und A. RÜEGGER (82) als Glucoproteid, das 24% Glucosid enthält; das letztere kann zu einem Aglucon der Zusammensetzung $C_{26}H_{42}O_3$ (Fp. 186 bis 188°) abgebaut werden. Aus den Plastinen anderer Pflanzen ist kein Glucosid erhalten worden. Der Stickstoffgehalt des Aspidistra-Plastins beträgt 11%; durch Abspaltung des Glucosidanteils steigt er auf 14,5%. A. STOLL und A. RÜEGGER (82) haben ferner eine Aminosäurenanalyse des Aspidistra-Plastins nach Abspaltung des Gluco-

Tabelle 1. *Mittlere Zusammensetzung von Aspidistra-Chloroplastin.*
[Nach A. STOLL, E. WIEDEMANN und A. RÜEGGER (*80*).]

Proteid: unlöslich 48,7%
        löslich . . . . 20,2% 68,9%[1]

Lipoide: verseifbar 10,0%
        unverseifbar . . . . 20,1% 30,1%[2]

Total 99,0%

sidrestes durchgeführt und dabei die in Tabelle 2 angeführten Werte erhalten. Entsprechende Bestimmungen an anderen Plastinen sind ebenfalls durchgeführt worden, doch ist ihre Sicherheit durch den Umstand stark beeinträchtigt, daß bei der Hydrolyse eine übermäßige Bildung von Huminsubstanzen (bis zu 20%) bisher nicht zu vermeiden war.

Tabelle 2. *Aminosäurenanalyse des glucosidfreien Aspidistra-Plastins.*

Gehalt an	Prozente	Bestimmungsmethode
Tryptophan . . .	2,2	kolorimetrisch nach MCFARLANE und GUEST
Tyrosin	4,1	kolorimetrisch nach BERNHARDT
Histidin	1,2	kolorimetrisch nach EDLBACHER
Arginin	4,4	kolorimetrisch nach THOMAS, INGALLS und LUCK
Phenylalanin . . .	4,1	kolorimetrisch nach KAPPELER-ADLER
Cystin (+ Cystein)	1,2	kolorimetrisch nach FOLIN-LUGG
Methionin	3,1	titrimetrisch nach BAERNSTEIN
Glutaminsäure . .	6,4	Isolierung
Asparaginsäure . .	2,7	Isolierung
Prolin	1,0	kolorimetrisch nach GUEST
Oxyprolin	fehlt	kolorimetrisch nach MCFARLANE und GUEST

Die farblosen Lipoidanteile des Chloroplastins haben sich als kompliziert zusammengesetztes Gemisch, dessen nähere Bestimmung noch aussteht, erwiesen.

Die Farbstoffkomponenten des Chloroplastins sind wiederholt und eingehend mit den auf übliche Weise gewonnenen Blattfarbstoffen verglichen worden und haben sich damit als identisch erwiesen.

Bald nach Bekanntgabe der ersten Ergebnisse von A. STOLL und E. WIEDEMANN (*79*), (*368*) hat E. L. SMITH (*67*), (*68*) über Versuche zur Isolierung eines grünen Chromoproteids aus Spinatblättern (Spinacia oleracea) berichtet. Er erhielt zunächst zwei mit „Phyllochlorin a" und

---

[1] Das Verhältnis von unlöslichem zu löslichem Proteidanteil hängt von den näheren Spaltungsbedingungen ab und kann erheblich schwanken; es können bis zu 80% des Proteids gelöst bleiben.

[2] Einschließlich der Farbstoffe, die sich wie folgt verteilen:

Farbstoffe: Chlorophyll a + b 7,46%
           Carotin. 0,40%
           Xanthophyll 0,17%

Total 8,03%

„Phyllochlorin b" [Benennung nach H. Mestre (*49*)] bezeichnete Fraktionen mit Molekulargewichten von etwa 70000 (*69*), (*70*). Die Versuche von E. L. Smith sind bald darauf von M. L. Anson (*2*) als unzweckmäßig angestellt bezeichnet worden. E. L. Smith gab daraufhin zu, daß seine Lösungen wahrscheinlich nicht einheitlich und nicht genuin gewesen sind, wozu die Anwendung unzweckmäßiger Netzmittel beigetragen haben mochte (*69*). Im Natriumdodecylsulfat fand E. L. Smith (*71*) schließlich ein Netzmittel, bei dessen Anwendung relativ klare Lösungen erhalten werden konnten und die einheitliche Sedimentationsdiagramme ergaben. Die Sedimentationskonstante fiel indessen bis auf $2,6 \times 10^{-13}$ ab, so daß eine Aufspaltung in kleinere Teilchen nicht von der Hand zu weisen ist.

Gleichzeitig mit E. L. Smith hat sich W. Menke (*37*) bis (*48*) mit der Darstellung von Granasedimenten nach dem Vorgang von K. Noack (*58*) befaßt, der bei der Wiederholung der Versuche von W. N. Lubimenko dunkelgrüne Sedimente und daneben nur wenig „kolloidal gelöstes Chlorophyll" beobachtet hatte. Die Bildung von Chloroplastin-*Lösungen* konnte W. Menke anscheinend nicht beobachten, dagegen hat er, wie E. L. Smith und später C. L. Comar (*10*), seine Präparationen analysiert. Einen Vergleich der erhaltenen Werte bringt die nachfolgende Tabelle 3.

Tabelle 3. *Vergleich der Zusammensetzung verschiedener Granapräparationen und von Chloroplastin.*

Bezeichnung:	Chloroplastensubstanz aus Spinacia oleracea		Phyllochlorin aus Spinacia oleracea	Chloroplastin aus Aspidistra elatior
Autoren:	W. Menke	C. L. Comar	E. L. Smith	A. Stoll, E. Wiedemann und A. Rüegger
Proteide:	56,4%	53—61%	50%	68,9%
Lipoide:	31,9%	30—31%	nicht angegeben	30,1%
davon Chlorophyll:	6,4%	5—5,3%	8%	7,46%
Asche:	4,7%	3—9%	nicht angegeben	Spuren
Unbestimmter Rest:	7,1%	nicht angegeben	42%	1,0%

W. Menke spricht die Vermutung aus, daß seine Chloroplastensubstanz mit etwa 15% Cytoplasmasubstanz verunreinigt sei. Die Befunde von W. Menke sind später von W. Straus (*85*) überprüft worden. Die Resultate waren ähnlich, das mehrfach umgefällte Material wurde als Grana mit einem mittleren Durchmesser von 0,5 µ beschrieben. Gegen die Arbeitsweise der zuletzt genannten Autoren kann der Einwand erhoben werden, daß ein schwach saures Milieu ungünstige Wirkungen ausgeübt haben mag.

E. Timm (*86*) hat W. Menkes Arbeit weitergeführt und unter anderen Aminosäurenanalysen der Chloroplastensubstanz aus Spinacia oleracea veröffentlicht. Die erhaltenen Werte sind in der nachfolgenden Tabelle 4

Tabelle 4. *Vergleich der Aminosäurebestimmungen an Chloroplastensubstanz und Chloroplastin-Protein (Plastin).*

Bezeichnung:		Chloroplastensubstanz aus Spinacia oleracea	Plastin aus Aspidistra elatior
Autoren:		E. Timm	A. Stoll und E. Rüegger
Gehalt an:	Tryptophan	2,1%	2,2%
	Tyrosin	2,6%	4,1%
	Histidin	3,6%	1,2%
	Arginin	14,4%	4,4%
	Phenylalanin	—	4,1%
	Cystin (+ Cystein)	1,6%	1,2%
	Methionin	—	3,1%
	Glutaminsäure	—	6,4%
	Asparaginsäure	—	2,7%
	Prolin	—	1,0%
	Oxyprolin	—	0,0%
	Lysin	4,7%	(8—10%)

den von A. Stoll und A. Rüegger an Aspidistra-Plastin gefundenen gegenübergestellt.

Mit der Darstellung von Granasedimenten hat sich ferner W. F. H. M. Mommaerts (*52*) beschäftigt. Er fand an seinen Präparaten das Verhältnis Protein:Chlorophyll = 20:1. Dieser Wert erscheint zu hoch und läßt vermuten, daß die Präparate noch erhebliche Mengen an Begleitproteinen enthielten.

Etwas später hat M. L. Anson (*3*) anläßlich seiner Diskussion mit E. L. Smith ebenfalls die Versuche von W. N. Lubimenko wiederholt und dessen Ergebnisse in gleicher Weise wie A. Stoll und E. Wiedemann an Extrakten von Aspidistra elatior, Funkia ovala, Phaseolus vulgaris und Vigna sinensis Endl. bestätigt. Aus Sedimentationsversuchen wurde geschlossen, daß die Teilchengröße des grünen Chromoproteids erheblich unter jener der Grana, aber noch über jener des Tabakmosaikvirus liege.

Die Bildung einer Chloroplastinlösung aus Gurkenblättern (Cucumis sativus) dürfte zuerst von W. C. Price und R. W. G. Wyckoff (*61*) beobachtet worden sein; diese Autoren fanden für ihr grünes Chromoproteid eine Sedimentationskonstante von $S_{20°} = 77 \times 10^{-13}$, welcher Wert den von A. Stoll und E. Wiedemann beobachteten Werten entspricht.

Schon die ersten Versuche von A. Stoll und E. Wiedemann (*79*) hatten, wie oben erwähnt, ergeben, daß Chloroplastinlösungen aus einer großen Zahl von Pflanzen bereitet werden können. Einen Beitrag hierzu erbrachten R. Kuhn und H. J. Bielig (*32*) mit der Darstellung einer Chloroplastinlösung aus Hortensienblättern (Hydrangea hortensis).

Mit einer vergleichenden Untersuchung der Chloroplastine aus Aspidistra elatior und Phaseolus vulgaris haben sich M. Fishman und

L. S. Moyer (13), (14) beschäftigt. Sie fanden die beiden Chloroplastine in Bestätigung früherer Angaben als verschieden hinsichtlich ihrer Fällbarkeit mit Neutralsalzen und ihrer p_H-Beweglichkeitskurve. Auch die Unbeständigkeit der Lösungen bei tiefen p_H-Werten wurde bestätigt, weshalb die isoelektrischen Punkte nur extrapoliert zu 3,9 für Aspidistra-Chloroplastin, bzw. 4,7 für Phaseolus-Chloroplastin angegeben werden konnten.

Im Gegensatz hierzu bestimmte P. Rowinski (65) den isoelektrischen Punkt des Aspidistra-Chloroplastins direkt durch Elektrotitration zu $p_H = 2$. Der nach derselben Methode bestimmte isoelektrische Punkt des Plastins wird mit $p_H = 5,6$ angegeben. Derselbe Autor fand den Stickstoffgehalt des Plastins zu 15,9%. Dieser wahrscheinlich etwas zu hohe Wert läßt vermuten, daß das Plastin nicht ganz unversehrt zur Analyse gelangte.

Der Befund der Bildung von Chloroplastinlösungen aus Grünalgen [A. Stoll und E. Wiedemann (368)] ist von E. Katz und E. C. Wassink (29), sowie von C. S. French (15) bis (19) bestätigt und erweitert worden. E. Katz und E. C. Wassink stellten aus Grün- und Blaualgen, sowie aus Purpurbakterien Chloroplastinlösungen her und beschrieben für sie ein in allen Fällen mit dem Ausgangsmaterial identisches Absorptionsspektrum. Der isoelektrische Punkt des Chlorella-Chloroplastins wurde zu $p_H = 3,7$ bestimmt, wobei wahrscheinlich außer acht gelassen wurde, daß sich die Chloroplastine bei p_H-Werten unter 6 bald zersetzen.

Die früheren Beobachtungen von W. N. Lubimenko, wie jene von R. Wurmser, R. Lévy und G. Tessier (91) über die Bildung wäßriger Lösungen der Chromoproteide aus Purpurbakterien sind ferner von C. S. French (15) bis (19) erweitert worden. Die spektroskopische Übereinstimmung der Extrakte mit dem Ausgangsmaterial wurde bestätigt; im Verhalten der Lösungen war eine weitgehende Analogie zum Verhalten der Lösungen von Chloroplastin aus Blättern und aus Grünalgen festzustellen. C. S. French hat für das Chromoproteid aus Purpurbakterien die Bezeichnung „Photosythin" vorgeschlagen und angeregt, diese Bezeichnung auf alle pflanzlichen Chromoproteide dieser Art zu übertragen, da sie universeller sei als die Bezeichnung „Chloroplastin", die uns indessen für das grüne Chromoproteid zweckmäßiger erscheint, weil sie unpräjudiziell Auskunft gibt über seine Herkunft aus Chloroplasten.

Die in der Literatur immer wieder auftauchende Diskrepanz in der Betrachtung der Chloroplastinlösungen als Granasuspension einerseits oder als kolloide Lösung des Chloroplastenpigments andererseits ist bei der Kleinheit der Grana (Durchmesser im Mittel 0,5 μ) und ihres durch den Lipoidgehalt bedingten niedrigen spezifischen Gewichtes verständlich. Die neueren Arbeiten bestätigen jedoch die Existenz kolloider Lösungen. Ist eine solche Lösung bei 20 000 g nicht zu sedimentieren und bei nur schwachem TYNDALL-Effekt unter dem Ultramikroskop optisch leer, dann kann es sich doch wohl nur um eine kolloidale Lösung handeln. Eine solche Lösung konnten C. S. FRENCH, A. S. HOLT, R. D. POWELL und M. L. ANSON (19) auch aus isolierten Chloroplasten durch Ultraschallbehandlung herstellen.

Trotz aller positiven Befunde wird die Existenz von Chloroplastinen gelegentlich noch angezweifelt. So teilen S. GRANICK und K. R. PORTER (23) mit E. I. RABINOWITCH (98) die Meinung „if chlorophyll is concentrated in the grana, a chlorophyll-protein complex is not possible because of the relatively low protein concentration of the grana". Diese Auffassung, hergeleitet von elektronenoptischen Beobachtungen, steht indessen im Widerspruch mit den oben wiedergegebenen Analysenzahlen von gereinigten Chloroplastinpräparaten.

Wir wollen nicht verhehlen, daß das Studium des Chloroplastins besonders am Anfang erhebliche Schwierigkeiten bereitet hat, womit eine gewisse Divergenz der ersten Ergebnisse verschiedener Autoren erklärlich wird. Die Arbeiten der letzten fünf Jahre zeigen indessen eine weitgehende Übereinstimmung der Befunde und es darf erwartet werden, daß die weitere Untersuchung, vor allem die Vervollständigung der Analyse dieses sehr komplizierten Chromoproteids die heute noch bestehenden Unsicherheiten beseitigen wird.

III. Die Chlorophylle a und b.

A. Isolierung und Beschreibung, erste Umwandlungen.

Der Zerfall des Chloroplastins, wie er schon unter milden Bedingungen, z. B. bei der Spaltungsreaktion (vgl. S. 544) oder beim Trocknen frischer Blätter stattfindet, trennt immer auch die Chlorophylle a und b vom Protein. Sie werden dann von Schwefelkohlenstoff, Chloroform, Benzol und Äther, von halogenhaltigen Kohlenwasserstoffen, wie Di- und Trichloräthylen, sowie von Methanol, Äthanol und Aceton leicht aufgenommen, zusammen mit Lipoiden und anderen Begleitstoffen. Die Anwesenheit dieser Begleitstoffe hat die Isolierung der Chlorophylle lange erschwert, bis R. WILLSTÄTTER und A. STOLL (425) beobachteten, daß ein mäßiger Wasserzusatz zu den letztgenannten Lösungsmitteln reinere Extrakte liefert. Damit war eine relativ einfache Methode zur Gewinnung der reinen Chlorophylle gefunden worden.

Bei diesem Verfahren wird eine relativ dünne Schicht von mittelfeinem Mehl aus schonend getrockneten Blättern mit 90%igem Äthanol oder 85%igem Aceton auf der Nutsche rasch ausgezogen und so ein an Ballaststoffen verhältnismäßig armer Extrakt erhalten, aus dem die Chlorophyllkomponenten a und b nach R. WILLSTÄTTER und A. STOLL (417) über eine Verteilung zwischen wäßrigem Methanol und Petroläther isoliert werden können. Wie A. Winterstein und G. Stein (*429*), sowie A. Stoll und E. Wiedemann (*363*) gezeigt haben, läßt sich die letztere, langwierigste Stufe dieses Verfahrens nach dem Vorgange von M. Tswett (*88*) durch chromatographische Absorption der angereicherten Fraktionen an Rohrzucker erheblich vereinfachen und abkürzen; die

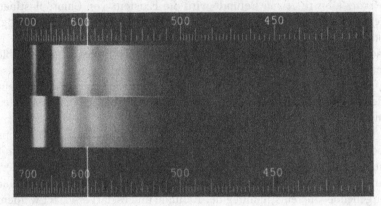

Abb. 4 a. Bandenspektren des *Chlorophylls a* (oben) und des *Chlorophylls b* (unten) in Benzol.

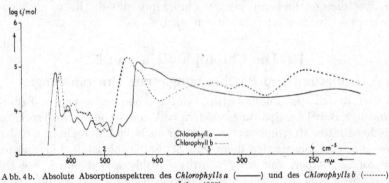

Abb. 4 b. Absolute Absorptionsspektren des *Chlorophylls a* (————) und des *Chlorophylls b* (--------) in Äther (*287*).

Elution der entsprechenden Zonen ergibt alsbald die völlig reinen Komponenten, das *blaugrüne Chlorophyll a* und das *gelbgrüne Chlorophyll b*, deren Absorptionsspektren in der Abb. 4 wiedergegeben sind. Über eine vereinfachte, noch unveröffentlichte Trennung und Reindarstellung von Chlorophyllkomponenten berichten wir auf S. 552.

Charakteristisch für die Chlorophylle a und b und ihre nächsten Abkömmlinge ist ihre Empfindlichkeit gegenüber Licht, Luftsauerstoff und anderen gelinden Oxydantien, sowie gegenüber schwachen Säuren und Laugen, wodurch sie sehr leicht und unter Verlust der von H. Molisch (*300*) entdeckten „*braunen Phase*", eines rasch vorübergehenden Farbumschlages beim Schütteln der ätherischen Lösung mit konzentrierter

Lauge, irreversibel verändert werden. Die Darstellung der Chlorophylle hat deshalb bei gedämpftem Licht und tunlichst rasch zu erfolgen; die Berührung mit Säuren oder Laugen ist dabei auszuschließen.

Von R. WILLSTÄTTER und A. STOLL (*425*) sind die wichtigen Befunde erhoben worden, daß aus allen untersuchten Pflanzen *zwei* Chlorophylle im Mengenverhältnis 3 a : 1 b isolierbar sind [Abweichungen im Komponentenverhältnis und Ausnahmen vgl. (*427*)]. Sie enthalten je ein Atom *Magnesium* in komplexer Bindung, sowie eine leicht verseifbare Estergrupfe. Das komplex gebundene Magnesiumatom bedingt die Säureempfindlichkeit der Chlorophylle; bei seinem Austritt schlägt die Farbe von Chlorophyll a von blaugrün nach olivgrün, von Chlorophyll b von gelbgrün nach bordeauxrot um, und es entstehen die nicht mehr säureempfindlichen *Phäophytine a* und *b*. Die Verseifung der erwähnten Estergruppe mit Säure nimmt den Phäophytinen ihre Wachsnatur und verkleinert die Moleküle um $^1/_3$; der dabei abgespaltene primäre, einfach ungesättigte Alkohol *Phytol* $C_{20}H_{39}OH$, dessen Bruttoformel und mutmaßlicher Aufbau aus Isoprenresten von R. WILLSTÄTTER (*410*), (*423*) angegeben wurden, ist später von F. G. FISCHER (*122*) in seiner Konstitution aufgeklärt und dann von F. G. FISCHER und K. LÖWENBERG (*123*) synthetisiert worden. Bei der enzymatischen Abspaltung des Phytols (vgl. unten) entstehen aus den Chlorophyllen die *Chlorophyllide a* und *b*, sehr empfindliche, aber prächtig krystallisierende Verbindungen von der Lösungsfarbe der Chlorophylle, bei der Abspaltung des komplex gebundenen Magnesiums aus den Chlorophylliden die *Phäophorbide a* und *b* von der Lösungsfarbe der Phäophytine, relativ leicht zugängliche, stabile und prächtig krystallisierte Verbindungen, die deshalb von R. WILLSTÄTTER und A. STOLL als das schönste Ausgangsmaterial für künftige Versuche bezeichnet worden sind (*425*) und dann auch als solches gedient haben.

R. WILLSTÄTTER und A. STOLL haben die Bruttoformeln der Chlorophylle zu $C_{55}H_{72}O_5N_4Mg$ (Komponente a) bzw. $C_{55}H_{70}O_6N_4Mg$ (Komponente b) und damit auch den Unterschied der beiden Komponenten ermittelt, der im Ersatz zweier Wasserstoffatome durch ein Sauerstoffatom mit Carbonylfunktion bei der Komponente b besteht (*425*). Eine spätere, um je ein Sauerstoffatom reichere Formulierung der Chlorophylle durch H. FISCHER und Mitarbeiter (*144*) ist in der Folge durch A. STOLL und E. WIEDEMANN (*355*), (*361*) zugunsten der ursprünglichen Bruttoformeln richtiggestellt worden. .

Außer der Phytylestergruppe ist beiden Chlorophyllkomponenten noch eine schwer verseifbare Methylestergruppe eigentümlich, womit bei Chlorophyll a und b vier Sauerstoffatome zwei Carboxylgruppen zugeordnet waren (*425*). R. WILLSTÄTTER und A. STOLL fanden ferner (*409*), daß ein in vielen Pflanzen, z. B. in Heracleum spondylium, Galeopsis tetrahit und Stachys silvatica vorkommendes Enzym, die

Chlorophyllase, die Bindung des Phytols unter mildesten Bedingungen aufheben oder durch enzymatische Partialsynthese wieder herbeiführen kann, und daß ferner der Phytolrest mittels der Chlorophyllase durch andere Alkohole ersetzbar ist. Die Bildung der J. Borodinschen Krystalle (*103*) war damit als enzymatische Umesterung der Chlorophylle zu *Äthylchlorophylliden* erkannt.

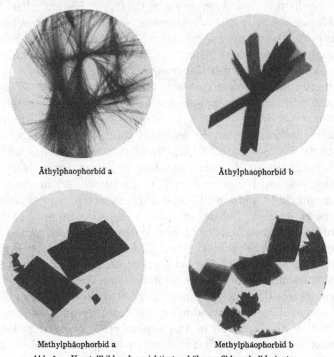

Äthylphaophorbid a   Äthylphaophorbid b

Methylphäophorbid a   Methylphäophorbid b

Abb. 5a.   Krystallbilder der wichtigsten höheren Chlorophyllderivate.

Da die Trennung der Chlorophylle a und b, ebenso wie der Chlorophyllide a und b, durch Verteilung zwischen nicht mischbaren Lösungsmitteln (*417*) einen großen Aufwand an Solventien und Arbeitszeit bedeutet, wobei die licht-, säure- und alkaliempfindlichen Substanzen stets teilweise Zersetzung erleiden, haben A. Stoll und E. Wiedemann[1] neuerdings versucht, die Methode der Chromatographie dieser Stoffe soweit zu verbessern, daß auf eine Vortrennung nach dem Verteilungsprinzip zwischen nicht mischbaren Lösungsmitteln verzichtet werden kann. Dies gelang durch die Anwendung geschlämmter Saccharosesäulen, bei denen die sonst sehr störende Spitzenbildung der wandernden Zonen auf ein Minimum zurückgedrängt ist. Die Chlorophylle a und b und auch die Methyl- und Äthylchlorophyllide a und b konnten so aus

---

[1] Unveröffentlicht.

Rohpräparaten, wie sie beim Fällen der grünen Extrakte bzw. durch enzymatische Umesterung anfallen, ohne jede Fraktionierung mit Lösungsmitteln in reinster Form und sauber in ihre Komponenten getrennt erhalten werden. Diese Präparate stehen nun als relativ leicht zugängliche Standardpräparate für wissenschaftliche und technische Arbeiten auf dem Chlorophyllgebiet zur Verfügung.

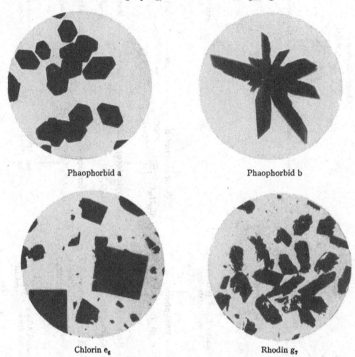

Phaophorbid a   Phaophorbid b

Chlorin e_6 Rhodin g_7

Abb. 5b. Krystallbilder der wichtigsten höheren Chlorophyllderivate.

Mittels der Chlorophyllase und der von R. WILLSTÄTTER und L. FORSÉN (*419*) aufgefundenen Wiedereinführung des Magnesiums in komplexe Bindung war es bei der Komponente a schon frühzeitig gelungen, die Stufen der Chlorophyllsynthese von den Phäophorbiden bis zum Chlorophyll, wenigstens in der a-Reihe, zu durchlaufen.

Die Magnesium- und Phytol-freien, prächtig krystallisierenden Stammsubstanzen, die Monomethylestersäuren *Phäophorbid a* und *b* und ihre Methyl- und Äthylester, die *Methyl-* und *Äthylphäophorbide a* und *b* (vgl. Abb. 5) lassen sich, am besten in Pyridin gelöst, durch kurzdauernde, heiße Verseifung mit konzentrierter alkoholischer Lauge fast quantitativ in die Tricarbonsäuren *Chlorin e_6* und *Rhodin g_7* überführen[1], die ebenfalls prächtig krystallisieren (vgl. Abb. 5). Die Bildung des

---

[1] Die Indexzahlen geben die Anzahl Sauerstoffatome an.

Tabelle 5. *Die ersten Umwandlungen der Chlorophylle.*

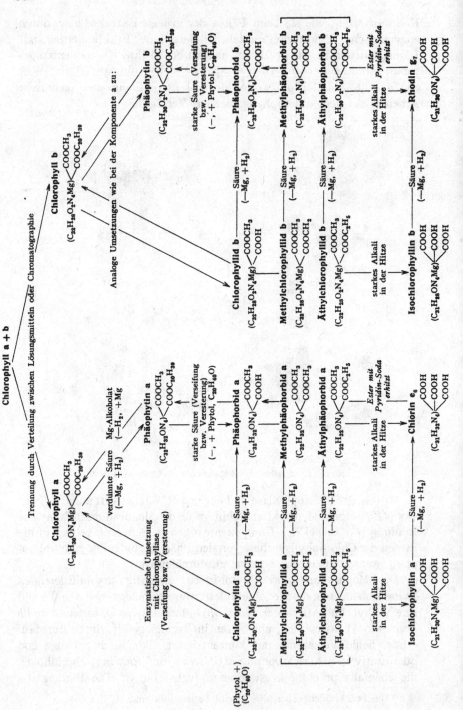

Tabelle 6. *Der alkalische Abbau der Chlorophylle.*
(Zugleich Fortsetzung von Tabelle 5.)

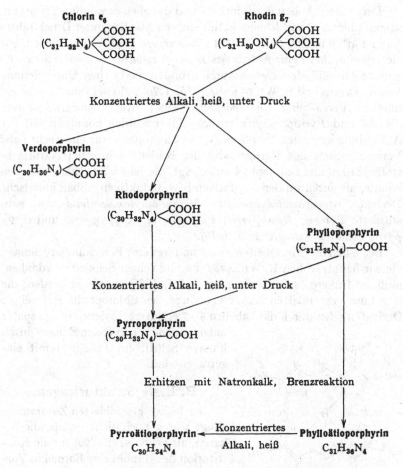

Tabelle 7. *Die Produkte des oxydativen bzw. reduktiven Totalabbaus.*

dritten Carboxyls ist schon frühzeitig als Folge einer Ringöffnung angesehen worden (425).

Der weitere Abbau der Phorbide und der eben erwähnten Tricarbonsäuren Chlorin e_6 und Rhodin g_7 mit starken Alkalien unter Druck führte unter Farbumschlag nach Rot zu *Porphyrinen* (420), ähnlich jenen, wie sie schon früher beim Abbau des *Hämins* erhalten worden waren. Es wurden Di- und Monocarbonsäuren gebildet, die in einer Untersuchung von A. TREIBS und E. WIEDEMANN (375), (376) auf zwei Dicarbonsäuren, nämlich *Verdo*- und *Rhodoporphyrin*, und zwei Monocarbonsäuren, *Phyllo*- und *Pyrroporphyrin* zurückgeführt werden konnten. Mit der Auffindung von roten Porphyrinen aus Chlorophyll war eine recht nahe Verwandtschaft des Kerngerüstes der beiden wichtigsten Naturfarbstoffe Hämin und Chlorophyll aufgezeigt, die sehr bald erhärtet werden konnte, als durch totalen oxydativen bzw. reduktiven Abbau identische Derivate, wie *Hämatinsäure* und *Methyl-äthyl-maleinimid* bzw. substituierte Pyrrole: *Hämopyrrol, Phyllopyrrol, Kryptopyrrol* und *Opsopyrrol* erhalten wurden (407), (416).

Bezüglich der Einzelheiten dieser und weiterer Forschungsergebnisse, die wir hauptsächlich R. WILLSTÄTTER und seinen Schülern verdanken, muß auf frühere Zusammenfassungen (425), (368) verwiesen werden; die hier kurz geschilderten Zusammenhänge des Chlorophylls mit seinen Derivaten seien durch die Tabellen 5—7 erläutert, in denen einige später aufgefundene Rückverwandlungen durch kursive Schrift (in Tabelle 5) mit eingetragen sind.

Formel des Hämins nach W. KUSTER bzw. H. FISCHER und K. ZEILE (126).

B. Erste Strukturfragen.

Die bisher geschilderten Zusammenhänge waren noch nicht vollständig bekannt, als W. KÜSTER (290) für die Konstitution des Hämins eine Formel in Vorschlag brachte, deren Ringsystem sich in der Folge auch für die Chlorophylle als zutreffend erweisen sollte. Wesentlich und neu in den Überlegungen W. KÜSTERs war die Annahme einer ringförmiger Verknüpfung von vier Pyrrolkernen in α-Stellung mit Hilfe von vier Methinbrücken, also die Annahme eines 16-gliedrigen aromatischen, „*Porphin*"-Ringsystems, in dessen Mitte das komplex gebundene Metallatom angeordnet ist. Die W. KÜSTERsche Formulierung des Hämins ist in der Folge durch die glänzenden Arbeiten H. FISCHERs und seiner Schule mit der durch den Nobelpreis für Chemie 1930 ausgezeichneten Synthese des Hämins bewiesen worden.

Die zahlreichen, anläßlich der Erforschung des Hämins von H. Fischer und seinen Mitarbeitern ausgeführten Porphyrinsynthesen und
der damit gewonnene Einblick in die Struktur dieser Körperklasse haben
die nach der Synthese des Hämins neu einsetzende Chlorophyllforschung
sehr gefördert. Die Ähnlichkeit der Porphyrine aus Hämin und Chlorophyll und die Identität der Produkte des Totalabbaus waren richtungs-
weisend für das weitere analytische und synthetische Vorgehen.

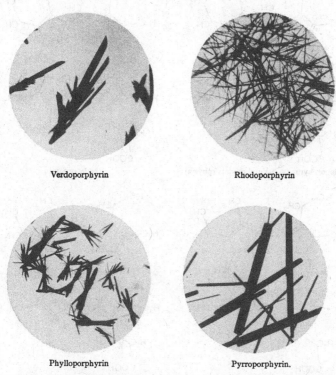

Verdoporphyrin   Rhodoporphyrin

Phylloporphyrin   Pyrroporphyrin.

Abb. 6. Krystallbilder der 4 Porphyrine des alkalischen Chlorophyllabbaus.

Die im folgenden referierten neueren Ergebnisse der Chlorophyllforschung verdanken wir zum größten Teil H. Fischer und seiner Schule;
doch haben sich — allerdings in viel bescheidenerem Ausmaß — an diesen
Arbeiten auch J. B. Conant mit mehreren Mitarbeitern, sowie A. Stoll
und E. Wiedemann beteiligt.

Einen ersten Schritt bedeutete die Strukturaufklärung und Synthese
des Rhodo-, Phyllo- und Pyrroporphyrins (129), (135), (137), (140), der
später die Strukturermittlung des Verdoporphyrins nachfolgte (381).
Damit waren bei den vier Porphyrinen des alkalischen Abbaus der
Chlorophylle Art und Anordnung der β-Substituenten der Pyrrolkerne

gesichert (vgl. die Formelbilder) und gewisse Rückschlüsse auf die β-Substitution der Chlorophylle selbst möglich geworden.

Die diesen Porphyrinen zugrunde liegenden Ätioporphyrine, das *Phyllo*- und das *Pyrro-ätioporphyrin*, die Carboxyl-freien Stammsubstanzen der Chlorophylle, sind aus den zuletzt genannten Mono-

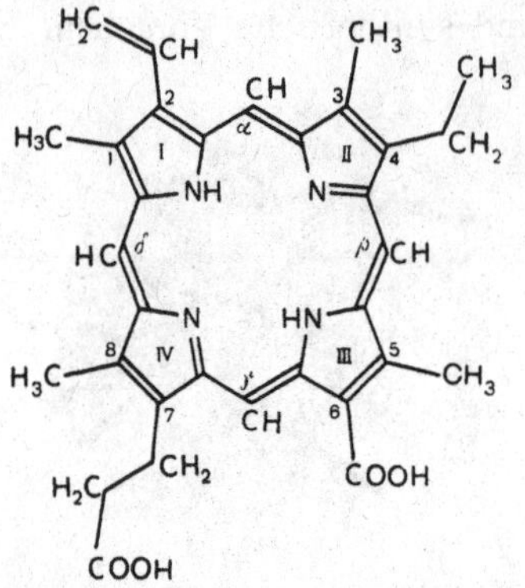

Verdoporphyrin (= 2-Vinyl-rhodoporphyrin)

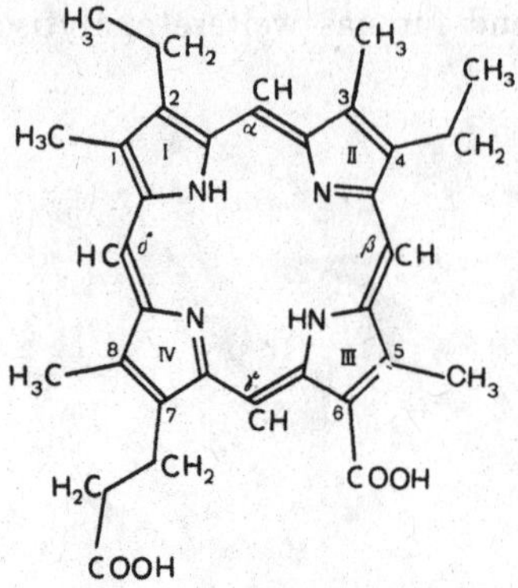

Rhodoporphyrin

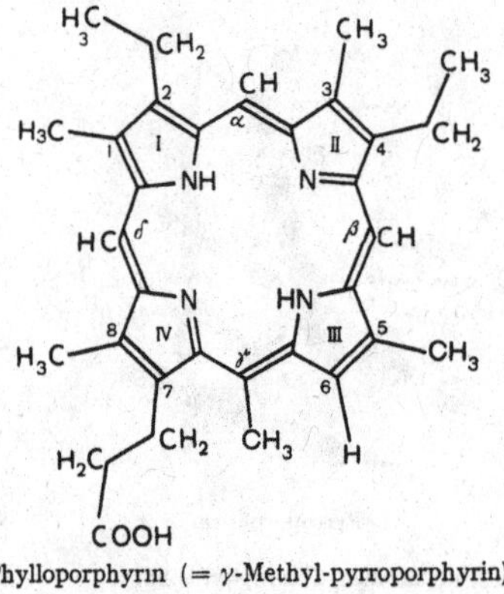

Phylloporphyrin (= γ-Methyl-pyrroporphyrin)

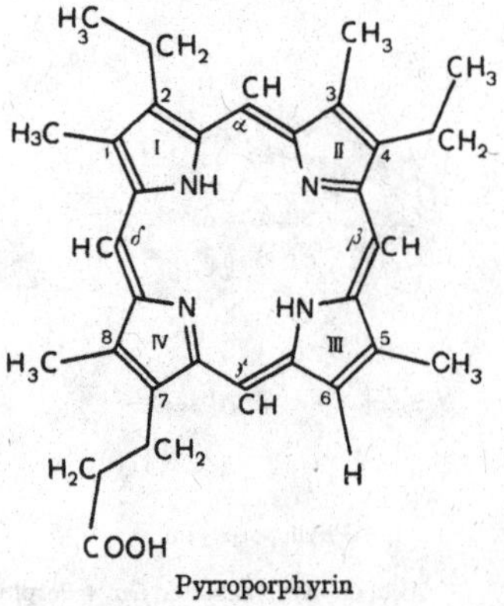

Pyrroporphyrin

carbonsäuren mittels der Brenzreaktion dargestellt (*421*) und in der Folge ebenfalls synthetisch aufgebaut worden (*129*), (*135*), (*137*).

Da alle bis jetzt erwähnten Porphyrine kohlenstoffärmer sind als die ersten Phytol-freien Chlorophyllabkömmlinge, konnte ihre Formulierung nichts aussagen über den schon von R. Willstätter vermuteten Seitenring, mit dessen Verhalten die ersten Umwandlungen der Chlorophylle im Zusammenhang stehen. Umsetzungen ohne Kohlenstoffverlust und ein gelinder, stufenweiser Abbau zu dem Chlorophyll noch näher stehenden Porphyrinen wurden erst möglich, als H. Fischer und R. Bäumler (*136*) beobachteten, daß Phäophorbide, Chlorine und Rhodine bei der Reduktion mit Jodwasserstoffsäure in Eisessig in Leukoverbindungen übergehen, die beim Stehen an der Luft in neue Porphyrine mit der gleichen Anzahl Kohlenstoffatome zurückverwandelt werden. Sie haben, ihrer Herkunft entsprechend, die Bezeichnungen *Phäo-*, *Chloro-* und *Rhodinporphyrine* erhalten. Eine Übersicht über diese Zusammenhänge geben die nachfolgenden Tabellen 8 und 9. Die darin angegebenen Umwandlungen, die in späteren Arbeiten H. FISCHERs und seiner Schule noch weiter ausgebaut wurden, zeigen, daß der Reihe der grünen Verbindungen eine Reihe damit *isomerer* Porphyrine entspricht. Die Art

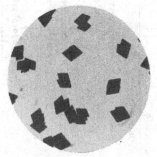

Pháoporphyrin a₅   Phaoporphyrin b₆

Abb. 7. Krystallbilder der beiden wichtigsten Porphyrine aus der Umsetzung mit Jodwasserstoffsäure in Eisessig.

dieser Isomerie blieb zunächst ungeklärt; es entsprach der Absicht H. FISCHERs, vorerst die besser differenzierten, stabileren und weniger leicht löslichen Porphyrine zur Ermittlung jener noch unbekannten Atomgruppierung der Chlorophylle heranzuziehen, die beim Abbau mit Alkalien verloren geht.

Das Verhalten der Monomethylester-dicarbonsäure Phäoporphyrin a_5, die bei der Hydrolyse in die Tricarbonsäure Chloroporphyrin e_6 übergeht, die Oximierbarkeit der Dicarbonsäure, die bei der Decarboxylierung zur Monocarbonsäure Phylloerythrin erhalten bleibt, ihr Abbau zu Rhodo- und Phylloporphyrin und weitere Reaktionen führten im Verein mit dem Ergebnis der Elementaranalyse zur Formulierung als 1,3,5,8-Tetramethyl-2,4-diäthyl-6,γ-cyclopentanon-carbonsäure-methylester-7-propionsäure-porphin (*144*)[1], eine Formulierung, die später durch die Synthese (*201*), (*216*), (*227*), (*229*) bewiesen werden konnte.

In Ergänzung der Tabellen 8 und 9 folgt auf S. 562 der formelmäßige Übergang von Phäoporphyrin a_5 zu Rhodo- und Phylloporphyrin.

---

[1] Die nicht substituierte Stammsubstanz der Porphyrine wird als „*Porphin*", jene der grünen Verbindungen als „*Phorbin*" bezeichnet. Die vier Pyrrolkerne dieser Körper tragen die Bezeichnungen I—IV, ihre β-Stellungen die Nummern 1—8 und die ebenfalls substituierbaren Methinbrücken die Bezeichnungen α—δ, vgl. (*282*) und die nachfolgenden Formelbilder.

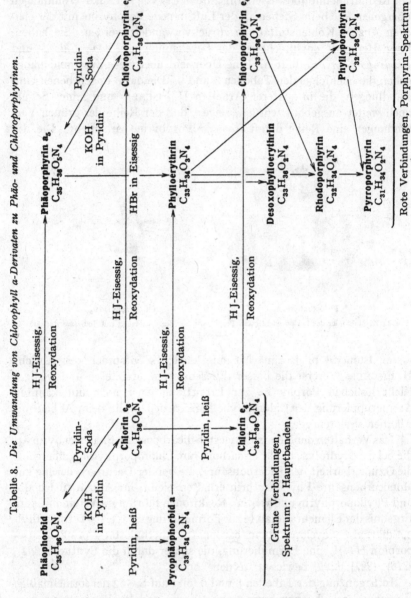

Tabelle 8. *Die Umwandlung von Chlorophyll a-Derivaten zu Phäo- und Chloroporphyrinen.*

Das wesentliche Ergebnis dieser Arbeiten war die Feststellung eines isocyclischen Seitenringes mit 5 C-Atomen im Phäoporphyrin a_5. Die Gleichartigkeit des Verhaltens des Phäoporphyrins b_6 sprach für das Vorhandensein dieses Ringes auch im Phäoporphyrin b_6, was in späteren Arbeiten H. FISCHERs und seiner Schule bestätigt wurde.

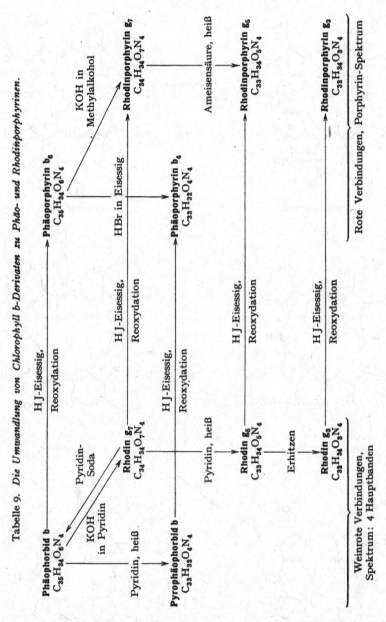

Tabelle 9. *Die Umwandlung von Chlorophyll b-Derivaten zu Phäo- und Rhodinporphyrinen.*

Zu entscheiden war alsdann die Frage, ob die an den Phäo- und Chloroporphyrinen, sowie den Rhodinporphyrinen erhobenen Befunde auf die grünen Verbindungen und schließlich auf die Chlorophylle selbst übertragen werden durften und worauf der so augenfällige Unterschied zwischen diesen beiden Verbindungsreihen beruhe.

Phaoporphyrin a₃

Chloroporphyrin e₆

Phylloerythrin (= „Phàoporphyrin a₄")

Chloroporphyrin e₄

Rhodoporphyrin

Phylloporphyrin

C. Die Substituenten des Chlorophyllkerngerüsts.

Von A. STOLL und E. WIEDEMANN wurde gefunden, daß die Phäophorbide a sowohl Benzoylverbindungen, als auch Oxime (*365*) bis (*367*) zu bilden vermögen. Dieses Verhalten war am besten mit der Annahme des isocyclischen Seitenringes auch in den grünen Verbindungen der a-Reihe zu erklären, dessen Acetessigesterkonfiguration diese tautomere Reaktionsweise ermöglicht. Indirekt hatten schon vorher H. FISCHER und J. RIEDMAIR (*167*) aus der Methanolyse der Phäophorbide a mit Diazomethan zu Chlorin e_6-Trimethylester auf die Existenz des isocyclischen Seitenrings in Phäophorbid a geschlossen.

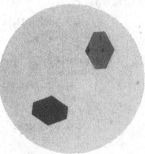

Methylphaophorbid a-Oxim   Methylphaophorbid b-Monoxim I   Methylphaophorbid b-Dioxim

Abb. 8. Krystallbilder von Methylphaophorbid-Oximen.

Die Annahme des isocyclischen Seitenrings auch in der b-Reihe des Chlorophylls bedingte, daß in diesen Verbindungen *zwei* Carbonyle zu formulieren waren: eines im isocyclischen Seitenring und ein zweites, durch das sich Chlorophyll b von Chlorophyll a unterscheidet.

Die Richtigkeit dieser Annahmen konnten A. STOLL und E. WIEDEMANN (*366*), (*367*) wie folgt beweisen: Die Phäophorbide b und auch Rhodin g_7, das den isocyclischen Seitenring nicht mehr enthält, waren schon unter milden Bedingungen in grüne Monoxime überführbar. Außerdem bildeten die Phäophorbide b Dioxime, deren stufenweise Verseifung über ein zweites Monoxim zu den Phäophorbiden b zurückführte (vgl. Tabelle 10).

Mit diesen Umsetzungen war sowohl die Anwesenheit des isocyclischen Seitenrings, der den Phäoporphyrinen eigen ist, auch in den Chlorophyllen a und b, als auch das Vorhandensein eines weiteren Carbonyls in Chlorophyll b bewiesen. Die Art und Stellung dieses Carbonyls war aber nicht direkt zu charakterisieren, da sich das Phäophorbid b I-Oxim als unverseifbar erwies (*366*). Dagegen gelang H. FISCHER und ST. BREITNER (*177*) eine indirekte Beweisführung in der Porphyrinreihe. Das Rhodinporphyrin g_7, das Isomere des Rhodins g_7, konnte nämlich durch Oxydation in eine neue Tetracarbonsäure Rhodinporphyrin g_8

Tabelle 10. *Die Oxime der Phäophorbide b und von Rhodin g₇.*

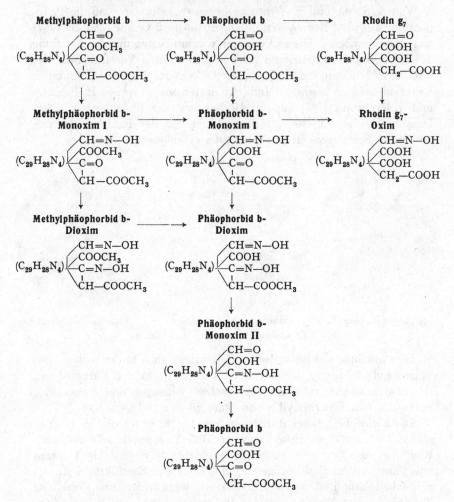

umgewandelt und diese in ein neues Phäoporphyrin b₇ übergeführt werden, das noch drei Carboxyle besitzt. Dessen Reduktion und Decarboxylierung führte zu einem 3-Desmethyl-desoxo-phylloerythrin, das mit dem von H. FISCHER und W. ROSE (*188*) synthetisch erhaltenen Porphyrin gleicher Substituentenanordnung in allen Einzelheiten, auch im Mischschmelzpunkt der Methylester, Identität zeigte. Die Überführung der für die b-Reihe des Chlorophylls charakteristischen Carbonylgruppe in ein leicht abspaltbares Carboxyl in 3-Stellung war im Verein mit weiteren Befunden nicht anders zu deuten, als daß *dem Chlorophyll b eine Aldehydgruppe in 3-Stellung eigentümlich* ist.

Eine Bestätigung dieser Annahme war später von H. FISCHER und W. LAUTENSCHLAGER (*207*) in der Reihe der Phäophorbide b zu erbringen: Eine gelinde Oxydation von Phäophorbid b führte zu einem neuen Phäophorbid b_7, das sich als Tricarbonsäure erwies und durch Verseifung in die Tetracarbonsäure Rhodin g_8 übergeführt werden konnte.

Eine weitere Frage betraf die *Haftstelle des Phytols* im Chlorophyll. Da beide Chlorophylle Dicarbonsäureester sind, konnte der Phytolrest sowohl an der Propionsäureseitenkette in 7-Stellung, als auch an das Carboxyl C_{11} des isocyclischen Seitenrings gebunden sein. Aus den von A. STOLL und E. WIEDEMANN (*367*), sowie von H. FISCHER und ST. BREITNER (*197*) darüber angestellten Untersuchungen war zu schließen, daß das *Phytol in den Chlorophyllen am Propionsäurerest in 7-Stellung* haftet. Ein gewichtiges Argument dafür bildet die Stabilität der Phäophorbide, die als freie Acetessigsäuren leicht zersetzlich sein müßten, sowie die Abspaltung einer Carbmethoxygruppe aus ihnen beim Decarboxylierungsversuch; würde in den Phäophorbiden das Carboxyl C_{11} in freiem Zustande vorliegen, so wäre dessen Abspaltung als solches zu erwarten.

Die Formulierung einer Acetessigestergruppierung in den Chlorophyllen ermöglichte auch eine Erklärung der lange rätselhaft gebliebenen Erscheinungen der „*braunen Phase*". Wie H. MOLISCH (*300*) zuerst beobachtet hat, geben Lösungen der Chlorophylle oder der Phäophorbide mit starken Alkalien einen vorübergehenden Farbumschlag, der bei der Komponente a nach Gelb, bei der Komponente b nach Rot und bei Gemischen nach Braun erfolgt. Es hat sich gezeigt, daß der positive Ausfall dieser Farbreaktion an das Vorhandensein des unveränderten isocyclischen Seitenrings gebunden ist und daß beim Ablauf der Phase dessen hydrolytische Aufspaltung erfolgt. Betrachtet man diese Atomgruppierung als substituierten Acetessigester, wozu der Nachweis der Enolisierbarkeit des Carbonyls in C_9 und das Vorhandensein der Carbmethoxygruppe (C_{11}) berechtigt, so läßt sich der Ablauf der braunen Phase wie folgt formulieren [vgl. auch die nachstehenden Formelbilder (*368*)]: Das starke Alkali enolisiert zunächst das Carbonyl in C_9, womit eine weitere Doppelbindung zu den konjugierten Doppelbindungen des Kerns in Konjugation tritt. Dann bildet sich das Enolat, wobei Farbe und Spektrum sich ändern und die Erscheinung der braunen Phase auftritt. Bis zu dieser Stufe ist, wie R. WILLSTÄTTER und A. STOLL beschreiben (*425*), der Vorgang reversibel: Verdünnen mit Wasser läßt die unveränderten Ausgangsstoffe zurückgewinnen. Weitere Einwirkung des Alkalis bewirkt dann die Säurespaltung des Acetessigesters: Unter Wasseraufnahme entsteht aus dem Carbonyl in C_9 ein Carboxyl und die Essigsäureseitenkette an C_γ wird frei. Damit ist die ursprüngliche Konjugation der Doppelbindungen des Moleküls wieder hergestellt, die grüne

Farbe und ein dem früheren ähnliches Absorptionsspektrum kehren zurück, während aus den Chlorophyllen Isochlorophylline bzw. aus den Phäophorbiden Chlorin e_6 bzw. Rhodin g_7 entstanden sind.

Grun (Phaophorbid a)   Braun (bzw. Gelb oder Rot)

Grun (Chlorin e_6)

Wie A. STOLL und E. WIEDEMANN (358) zuerst fanden, besitzen die Chlorophylle a und b, sowie die Phäophorbide a und b eine leicht hydrierbare Doppelbindung. H. FISCHER und E. LAKATOS (168) bestätigten die Hydrierbarkeit von Phäophorbid a zu einem Dihydrophäophorbid a und erweiterten diese Feststellung durch den Befund, daß auch Chlorin e_6 ganz analog in ein Dihydrochlorin e_6 überführbar ist.

Die Chlorophylle, Phäophorbide und Chlorin e_6 (auch Rhodin g_7) sind also durch eine *leicht hydrierbare Doppelbindung* ausgezeichnet, deren Absättigung mit Wasserstoff von einer Verschiebung der Absorptionsbanden nach dem kurzwelligeren Ende des Spektrums begleitet ist; die übrigen Eigenschaften dieser Stoffe bleiben bei der Hydrierung unverändert.

J. B. CONANT und J. F. HYDE (*106*) haben zuerst gefunden, daß Chlorin e₆ über die Stufe der Dihydroverbindung hinaus zu einer Leukoverbindung hydrierbaı ist, die sich beim Stehen an der Luft zu Porphyrin dehydriert. H. FISCHER und E. LAKATOS haben diesen Befund besıätigt und gleichzeitig festgestellt, daß Phäophorbid a dasselbe Verhalten zeigt. Wie A. STOLL und E. WIEDEMANN fanden, entsteht bei der Reoxydation der Leukoverbindung von Phäophorbid a mit einer Ausbeute von bis 70% d. Th. besonders reines Phäoporphyrin a₅ (*363*). Aus diesen Befunden war zu schließen, daß die Phäoporphyrine und ihre Derivate sich *nicht* von den Phäophorbiden, sondern von den Dihydro-phäophorbiden ableiten.

In einer späteren Untersuchung von H. FISCHER und K. BUB (*210*) gelang es dann, eine Leukoverbindung $C_{35}H_{42}O_5N_4$ zu krystallisieren, die an der Luft quantitativ in Phäoporphyrin a₅ übergeht und als Phäoporphyrinogen a₅ bezeichnet wurde. Damit konnte der Verlauf der Hydrierung von Phäophorbid a und die Reoxydation zu Phäoporphyrin a₅ wie folgt formuliert werden:

$$\text{Phäophorbid a} \xrightarrow{+H_2} \text{Dihydro-phäophorbid a}$$
$$C_{35}H_{36}O_5N_4 \qquad\qquad C_{35}H_{38}O_5N_4$$
$$\xrightarrow{+2H_2} \text{Phäoporphyrinogen a}_5 \xrightarrow{-3H_2} \text{Phäoporphyrin a}_5$$
$$C_{35}H_{42}O_5N_4 \qquad\qquad C_{35}H_{36}O_5N_4 .$$

Dieser wichtige Befund wurde von H. FISCHER und Mitarbeitern (*334*) bis (*336*) durch zahlreiche Energiegehaltsbestimmungen an grünen und roten Chlorophyllderivaten ergänzt. Es wurde damit der Zweck verfolgt, die bisher angenommene Isomerie zwischen den grünen Verbindungen und ihren Umwandlungsprodukten mit Jodwasserstoffsäure in Eisessig und anschließender Reoxydation, sowie zwischen den grünen Verbindungen und ihren aus den Perhydrierungsprodukten durch Reoxydation hervorgehenden Derivaten sicherzustellen. Das Ergebnis sprach recht eindeutig *für* eine Isomerie, also den gleichen Wasserstoffgehalt von Phäophorbid a und Phäoporphyrin a₅, von Chlorin e₆ und Chloroporphyrin e₆ usw.

Alle diese experimentellen Befunde waren kaum anders zu deuten, als daß in den grünen Verbindungen dem durch die leicht hydrierbare Doppelbindung aufgezeigten Mindergehalt von zwei Wasserstoffatomen an einer anderen Stelle des Moleküls ein Mehrgehalt an zwei Wasserstoffatomen gegenübersteht, und daß in den isomeren roten Verbindungen, in denen die erstgenannte Doppelbindung hydriert ist, die beiden „überzähligen" Wasserstoffatome der grünen Verbindungen fehlen.

Art und Stellung der leicht hydrierbaren Doppelbindung in den Chlorophyllen konnten von H. FISCHER und seinen Mitarbeitern mittels zweier spezieller Umsetzungen bestimmt werden, mit der sog. „*Oxo-Reaktion*" und der *Umsetzung mit Diazoessigester*.

Die Oxo-Reaktion ist komplexer Natur und von H. Fischer, J. Riedmair und J. Hasenkamp (*170*) so bezeichnet worden, weil in ihrem Verlauf eine Oxo-Gruppe gebildet wird. Sie entsteht bei der Behandlung grüner Chlorophyllderivate mit in Eisessig gelöster, durch Jodphosphoniumzusatz entfärbter Jodwasserstoffsäure unter gleichzeitigem Durchleiten von Luft oder Sauerstoff bei Zimmertemperatur. Neben der Umwandlung in Porphyrin wird unter Verschwinden der leicht hydrierbaren Doppelbindung eine mit Carbonylreagenzien nachweisbare Oxogruppe gebildet. H. Fischer, J. Riedmair und J. Hasenkamp konnten diese Oxogruppe wie folgt identifizieren: Das aus Phäophorbid a durch Abspaltung der Carbmethoxygruppe (C_{11}) entstehende Pyrophäophorbid a geht bei der Oxoreaktion in ein neues Oxo-Phylloerythrin über, das mit Salzsäure unter Druck zu zwei weiteren neuen Porphyrinen abgebaut wird. Das eine davon erwies sich als dem Pyrroporphyrin sehr ähnlich, unterschied sich aber von diesem durch *zwei* freie β-Stellungen, wie durch Bromierung nachzuweisen war. Es erwies sich schließlich als identisch mit dem von H. Fischer und S. Böckh (*184*) synthetisch erhaltenen 1,3,5,8-Tetramethyl-4-äthyl-7-propionsäure-porphin. Das andere Porphyrin vom Typ des Phylloerythrins war mit dem von H. Fischer und W. Rose (*188*) synthetisch erhaltenen 1,3,5,8-Tetramethyl-4-äthyl-6,γ-cyclopentan-7-propionsäure-porphin zu identifizieren.

In den beiden neuen Porphyrinen war die Oxogruppe abgespalten worden; beiden war eine nicht substituierte 2-Stellung gemeinsam. Daraus war zu schließen, daß das Oxo-phylloerythrin die *Oxogruppe in 2-Stellung* enthält. Bei der Abspaltung der Oxogruppe war an ihrer Haftstelle der Verlust von *zwei* C-Atomen eingetreten. Die Oxogruppe selbst konnte daher nur ein $-CH_2-CHO$- bzw. ein $-CO-CH_3$-Rest sein. Im wahrscheinlicheren Falle des Vorliegens eines Acetylrests mußte die leicht hydrierbare Doppelbindung der Chlorophylle einer Äthyliden- ($=CH-CH_3$) oder einer Vinyl- ($-CH=CH_2$)-gruppe in 2-Stellung angehören.

Der Entscheid, welche der beiden Formulierungen die wahrscheinlichere sei, war indirekt mittels Anlagerung von Diazoessigester möglich. Die von H. Fischer und Ch. E. Staff (*266*) bei Pyrrolen mit ungesättigten Seitenketten entdeckte Anlagerungsmöglichkeit von Diazoessigester wurde von H. Fischer und H. Medick (*186*) auf Protoporphyrin aus Hämin, in dem zwei Vinylgruppen durch Synthese bewiesen waren, mit positivem Ergebnis übertragen. Der oxydative Totalabbau des Anlagerungsproduktes ergab neben Hämatinsäureesterimid ein substituiertes Methyl-maleinimid wahrscheinlich nachfolgender Konstitution:

Dieselbe Säure konnte schließlich auch aus den schwer krystallisierbaren Diazoessigesteranlagerungsprodukten der Phäophorbide a und b erhalten werden, woraus gefolgert werden konnte, daß in den Chlorophyllen a und b eher eine *Vinylgruppe* als eine Äthylidengruppe *in 2-Stellung* zu formulieren ist.

Damit waren sämtliche Substituenten in β-Stellung der Chlorophylle bekannt, und es war die Aufstellung von Strukturformeln der Chlorophylle möglich. Eine Unsicherheit blieb allerdings noch bestehen: Die grünen Verbindungen (Chlorophylle, Phäophorbide, Chlorine, Rhodine und Purpurine[1]) mußten mit einem Mehr von zwei Wasserstoffatomen im Kern gegenüber den roten Porphyrinen geschrieben werden; es war aber noch nicht möglich, die Stellung dieser „überzähligen" Wasserstoffatome mit Sicherheit anzugeben.

Bei diesem Stande unserer Kenntnisse haben im Herbst 1935 gleichzeitig A. STOLL (77), hauptsächlich gestützt auf die mit E. WIEDEMANN durchgeführten Arbeiten, sowie H. FISCHER und H. KELLERMANN (191) bzw. H. FISCHER und A. STERN (194) die nachfolgenden Formelbilder der Chlorophylle publiziert, die bezüglich aller Substituenten mit Ausnahme der Stellung der beiden „überzähligen" Wasserstoffatome als gesichert zu gelten hatten und dies bis heute geblieben sind:

Chlorophyll a
$C_{55}H_{72}O_5N_4Mg$

Chlorophyll b
$C_{55}H_{70}O_6N_4Mg$

Diese Strukturformeln zeigen die den beiden Chlorophyllen eigentümliche Vinylgruppe in 2-Stellung, ferner den schon von R. WILLSTÄTTER hervorgehobenen einzigen Unterschied der beiden Chlorophylle, die Methylgruppe bei a und die Aldehydgruppe bei b in 3-Stellung, ferner den beiden Komponenten gemeinsam isocyclischen Seitenring, der über

---

[1] Bezüglich der Purpurine sei auf S. 586, auf frühere Zusammenfassungen [z. B (368)] und besonders auf die Originalarbeiten von J. B. CONANT, H. FISCHER und M. STRELL verwiesen.

C_6 und C_γ Bestandteil des Kerngerüsts ist, sowie die Veresterung des Propionsäurerests in 7-Stellung mit Phytol. Das zentral angeordnete Magnesiumatom steht mit den vier Stickstoffatomen der Pyrrolkerne in komplexer Bindung; die Doppelbindungen des Kerngerüsts sind durchlaufend konjugiert. Da außer dieser Konjugation im vollständig aromatischen System der *Porphine* (vgl. Fußnote S. 559) zwei weitere Kerndoppelbindungen in zweien der Pyrrolkerne zu formulieren waren, sind im *Phorbin*-Kern (vgl. Fußnote S. 559) die beiden „überzähligen" Wasserstoffatome ohne Aufhebung der für das Zustandekommen von Farbe und Spektrum erforderlichen durchlaufenden Konjugation der Doppelbindungen zur Absättigung einer der beiden überzähligen Doppelbindungen des Porphinkerns zu verwenden. Die Formeln zeigen diese Wasserstoffatome willkürlich in 5,6-Stellung des Pyrrolkerns III, eine Schreibweise, die seither revidiert worden ist.

D. Die Kernstruktur der Chlorophylle.

A. Stoll und E. Wiedemann (*358*) haben auf Grund der Befunde bei der katalytischen Hydrierung der Chlorophylle und Phäophorbide im Kern der grünen Verbindungen eine Dihydrostruktur angenommen. Wie oben (S. 567) bereits ausgeführt, war die Porphyrinbildung in saurem Milieu durch Reduktion mit nachfolgender Reoxydation der entstandenen Leukoverbindungen — von einer später noch zu beschreibenden Ausnahme abgesehen — so zu verstehen, daß dabei zuerst die 2-Vinylgruppe in eine 2-Äthylgruppe übergeht und daß dann noch vier Wasserstoffatome an das Kerngerüst angelagert werden. Bei der Reoxydation wird unter Abgabe von sechs Kern-Wasserstoffatomen Porphyrin gebildet, während die zuvor entstandene Äthylgruppe natürlich erhalten bleibt.

Diese Beschreibung gibt die experimentellen Befunde wieder; sie sagt aber über den näheren Verlauf der Kernhydrierung nichts Exaktes aus. Sicher ist nur, daß dabei nicht zuerst die in den Phorbinen noch vorhandene, zur fortlaufenden Konjugation nicht erforderliche Kerndoppelbindung hydriert wird, da eine Bildung von Dihydrophorbinen in die Reihe des Bacteriochlorophylls führen müßte, wofür keine Beobachtungen vorzuliegen scheinen. Der für die Konstitution der Chlorophylle wichtige Verlauf der Kernhydrierung ist also noch unbekannt und seine Aufklärung bleibt späteren Arbeiten vorbehalten.

Die Annahme des Phorbinkerns in den Chlorophyllen und ihren grünen Derivaten, also die Annahme, daß gegenüber dem aromatischen Porphinkern *eine* Doppelbindung hydriert sei, wie dies aus dem Verlauf der katalytischen Hydrierung herzuleiten ist, hat sich experimentell weiter stützen lassen und wird durch die nun folgenden Befunde bestätigt.

A. STOLL und E. WIEDEMANN (*362*) haben erstmals gefunden, daß die Chlorophylle und die Phäophorbide a und b optisch aktiv, und zwar stark linksdrehend sind. Dieser Befund wurde in der Folge von H. FISCHER und A. STERN (*190*), (*194*) bestätigt und erweitert. Auf Grund der oben angegebenen Formulierung des Phorbinkerns besitzen die Chlorophylle und ihre nächsten grünen Abkömmlinge *drei* Asymmetriezentren: eines an C_{10} im isocyclischen Seitenring und zwei weitere am Ort der hydrierten Kerndoppelbindung, z.B. in 5,6-Stellung, wie in den Formeln S. 569 angenommen wurde. H. FISCHER und A. STERN fanden nun, daß auch Verbindungen, die das Asymmetriezentrum C_{10} nicht mehr besitzen, aber noch der Reihe der grünen Verbindungen angehören, optisch aktiv sind, während sich alle Porphyrine einschließlich des an C_{10} noch asymmetrisch substituierten Phäoporphyrins a_5 als optisch inaktiv erweisen. Im besonderen sind Pyrophäophorbid a, Chlorin f (das dem 2-Vinyl-rhodoporphyrin entsprechende Chlorin), Phyllochlorin und Pyrrochlorin (die dem 2-Vinyl-phyllo- bzw. -pyrroporphyrin entsprechenden Chlorine) noch optisch aktiv und wie ihre Ausgangsstoffe stark linksdrehend.

Analog ist in der b-Reihe optische Aktivität bis herunter zu Rhodin g_3, dem Rhodin, das dem 2-Vinyl-3-formyl-phylloporphyrin entspricht, nachgewiesen worden (*342*).

Mit diesen Befunden ist die Phorbinstruktur des Kerns der grünen Verbindungen bestätigt worden. Sie konnten jedoch nichts über die *Stellung* der beiden Wasserstoffatome aussagen, die den Phorbinkern vom Porphinkern unterscheiden. Die Formulierung dieser beiden Wasserstoffatome in 5,6-Stellung (vgl. die Formeln S. 569) war als erste Annahme zu betrachten, mit welcher von den vier möglichen (1,2-, 3,4-, 5,6- oder 7,8-Stellung) die damals wahrscheinlichste herausgegriffen wurde.

H. FISCHER und Mitarbeiter haben in der Folge mehrere Untersuchungen durchgeführt, um weitere Anhaltspunkte für die Struktur des Phorbinkerns der Chlorophylle zu gewinnen. Aus den hauptsächlich von A. STERN und Mitarbeitern (*337*) bis (*354*) im Institut H. FISCHERs ausgeführten spektroskopischen Messungen an zahlreichen Chlorophyllabkömmlingen war zunächst zu schließen, daß die Kerne I und III als Pyrroleninkerne, die Kerne II und IV dagegen als Pyrrolkerne zu formulieren seien. Auch das Studium der Spannungsverhältnisse im isocyclischen Seitenring veranlaßte H. FISCHER und H. KELLERMANN (*191*), (*201*), den Kern III in Pyrroleninform zu schreiben.

Wichtigere Beiträge zur Lösung dieser Frage erbrachte sodann das nähere Studium des Totalabbaus. H. FISCHER und H. HÖFELMANN (*270a*) hatten gefunden, daß Pyrrole bei der Totaloxydation mit Chromsäure in Maleinsäureimide umgewandelt werden, während Pyrroline keine derartigen Derivate ergaben. Die daraufhin unternommene vergleichende

Totaloxydation von Porpyhrinen einerseits und entsprechenden grünen Verbindungen andererseits ergab bei β-propionsäure-substituierten Porphyrinen regelmäßig Hämatinsäureimid, bei β-propionsäure-substituierten *grünen* Verbindungen indessen nicht. Dies sprach sehr für die Annahme einer Pyrrolinstruktur des Kerns IV in den Chlorophyllen.

Die Entscheidung brachte dann eine Untersuchung von H. FISCHER und H. WENDEROTH (*232*), in der es gelang, aus den Produkten der Totaloxydation der Phäophorbide a und b Hämotricarbonsäureimid zu isolieren. Es stellte sich heraus, daß Hämotricarbonsäureimid dann an Stelle von Hämatinsäureimid erhalten wird, wenn β-propionsäure-substituierte *grüne* Verbindungen an Stelle entsprechend substituierter Porphyrine dem oxydativen Totalabbau unterworfen werden.

Hamatinsaureimid   Hamotricarbonsaureimid

Die weitere Feststellung, daß das aus den Phäophorbiden a und b erhaltene Hämotricarbonsäureimid noch optisch aktiv ist, läßt zusammen mit den übrigen Feststellungen den Schluß zu, daß sich die in den Phorbinen (und damit auch in den Chlorophyllen) vorhandenen „überzähligen" Kern-Wasserstoffatome in 7,8-Stellung befinden. Damit waren die auf S. 569 angegebenen Formeln der Chlorophylle in die nachstehenden abzuändern. Diese tragen dem heutigen Stande unserer Kenntnis Rechnung und können als weitgehend gesichert angesehen werden.

Chlorophyll a
$C_{55}H_{72}O_5N_4Mg$

Chlorophyll b
$C_{55}H_{70}O_6N_4Mg$

Gegen diese Formeln kann der Einwand erhoben werden, daß die Schreibweise der Pyrrolkerne nicht der Auffassung von A. STERN und H. WENDERLEIN entspricht. Würde man aber den Kern IV nicht als partiell hydrierten Pyrroleninkern schreiben, so ergäbe sich eine Unterbrechung der fortlaufenden Konjugation der Kerndoppelbindungen, die mit den Absorptionsspektren der Chlorophylle nicht in Einklang zu bringen wäre. Natürlich sind unter der Annahme der Verschiebung von Doppelbindungen noch weitere, gleichwertige Schreibweisen der Chlorophyllformeln möglich [vgl. (232)]; es muß künftiger Forschung überlassen bleiben, die Lage der Kerndoppelbindungen noch genauer, als das gegenwärtig möglich ist, zu bestimmen, sofern nicht ein Fluktuieren derselben angenommen werden muß (287).

Pyrophaophorbid a
$C_{33}H_{34}O_3N_4$

Pyrophaophorbid b
$C_{33}H_{32}O_4N_4$

Meso-desoxo-pyrophaophorbid a
$C_{33}H_{38}O_3N_4$

Ein Übergang von der b- in die a-Reihe des Chlorophylls (vgl. nächste Seite).

Mit den oben angegebenen Formeln steht das Ergebnis der Bestimmung des aktiven Wasserstoffs an zahlreichen Chlorophyllderivaten in Übereinstimmung (198).

Entsprechend der nahen Verwandtschaft der beiden Chlorophylle (3-Methylgruppe bei a, 3-Formylgruppe bei b) war mit der Auffindung von Übergängen von b nach a unter Reduktion der 3-Formylgruppe bei b zu rechnen. Ein solcher Übergang ist zuerst in der Reihe der Phäoporphyrine von H. FISCHER und J. GRASSL (*185*) beschrieben worden. Phäoporphyrin b_6 läßt sich in Ameisensäure mit Palladium zu Phäoporphyrin a_5 hydrieren, wobei als Nebenprodukt 9-Oxy-desoxo-phäoporphyrin a_5 entsteht. Später gelang H. FISCHER und H. GIBIAN (*245*) auf gleiche Weise der Übergang von Pyrophäophorbid b in Meso-desoxo-pyrophäophorbid a, das mit dem aus Pyrophäophorbid a erhaltenen identisch war. Die Übereinstimmung der beiden Meso-desoxo-pyrophäophorbide a erstreckte sich auch auf den Drehwert und das DEBYE-SCHERRER-Diagramm (vgl. später). Damit war zusätzlich der Beweis dafür erbracht, daß die beiden Chlorophylle a und b auch in ihrer sterischen Konfiguration übereinstimmen.

Abb. 9.   Krystallbild des 2-Vinyl-phaoporphyrins a_5.

Aus den oben erörterten Beziehungen zwischen den grünen Phorbinen und den roten Porphinen war herzuleiten, daß neben der Reihe der Phäoporphyrine und ihrer Abkömmlinge noch eine solche näherer Verwandtschaft mit den grünen Verbindungen existieren mußte, nämlich die Reihe der *2-Vinyl-porphine*, in denen alle β-Substituenten mit denjenigen der korrespondierenden grünen Körper übereinstimmen, so daß sich der Unterschied zwischen den beiden Reihen auf den Wasserstoffgehalt des Kerns beschränkt.

Vereinzelt waren 2-Vinyl-porphyrine schon früher erhalten worden, so das Verdoporphyrin (= 2-Vinyl-rhodoporphyrin) (*376*), (*381*), das 2-Vinyl-phylloporphyrin (*282*) und das 10-Acetoxy-2-vinylphäoporphyrin a_5 (*205*), das in 2-Vinyl-phäoporphyrin a_5 überführbar ist (*171*). Erst relativ spät wurde dann die von einer Untersuchung von K. NOACK und W. KIESSLING (*303*), (*304*) her bekannte Reduktion der grünen Chlorophyllderivate mit Eisenpulver in 80%iger Ameisensäure, also mit nascierendem Wasserstoff, als allgemeine Bildungsweise für 2-Vinylporphyrine erkannt und von H. FISCHER und J. M. ORTIZ-VELEZ (*224*), sowie von H. FISCHER, A. OESTREICHER und A. ALBERT (*219*) zur systematischen Darstellung der 2-Vinyl-phäoporphyrine, der 2-Vinyl-chloroporphyrine, der 2-Vinyl-rhodinporphyrine und ihrer Derivate herangezogen.

Die Umsetzung der Phorbine mit Eisenpulver in 80%iger Ameisensäure ist in ihren Einzelheiten noch nicht aufgeklärt; bei der Einwirkung des nascierenden Wasserstoffs scheinen sich indessen dem Verlauf der katalytischen Hydrierung analoge Vorgänge abzuspielen, allerdings mit dem Unterschied, daß die 2-Vinylgruppe erhalten bleibt.

Die 2-Vinylporphyrine sind zumeist prächtig krystallisierende Substanzen (vgl. Abb. 9), die gegenüber ihren 2-Äthylhomologen eine Verschiebung der Absorptionsbanden nach dem langwelligen Ende des Spektrums zu aufweisen, sonst aber — von der Reaktionsfähigkeit der 2-Vinylgruppe mit Wasserstoff, Diazoessigester usw. abgesehen — die Eigenschaften ihrer 2-Äthylhomologen zeigen. Insbesondere sind mit ihnen auch die gleichen Übergänge, Umwandlungs- und Abbaureaktionen durchgeführt worden, wie sie von den 2-Äthylverbindungen her bekannt sind.

E. Neuere Arbeiten zur Chlorophyllsynthese.

Die bahnbrechenden Arbeiten H. FISCHERs und seiner Schule über Chlorophyll hätten wohl kaum ihr Ausmaß und ihre Vollständigkeit erreichen können, wenn die analytischen Untersuchungen nicht in genialer Weise durch darauf abgestimmte synthetische Arbeiten gesichert und ergänzt worden wären. Diese synthetischen Arbeiten fußten auf der äußerst wertvollen Grundlage der zuvor ausgearbeiteten Synthese des Hämins, die schon an sich bereits mehr als den künstlichen Aufbau einfacher Porphyrine zur Voraussetzung hatte. Dennoch waren viele neue Schwierigkeiten zu überwinden: Der asymmetrische Bau schon der einfachsten Chlorophyllporphyrine verlangte zumeist, zahlreiche isomere Porphyrine zu synthetisieren, um Identitätsbeweise mit dem durch Abbau gewonnenen Material durchführen zu können. Dazu kamen später Aufbaureaktionen an synthetisch darstellbaren Porphyrinen, die oftmals mit schlechten Ausbeuten über viele Stufen laufen mußten, bis sie mit höheren Porphyrinen natürlicher Herkunft identifiziert werden konnten. Die hierbei gewonnenen Erfahrungen waren schließlich auf die empfindlicheren, dem Chlorophyll näher stehenden Verbindungen zu übertragen, deren Synthese nur auf diese Weise mit Aussicht auf Erfolg anzugehen war. HANS FISCHER konnte den letzten Schritt nicht mehr durchführen; er hat aber weitgehend die Möglichkeiten und Wege aufgezeigt, die vielleicht schon in naher Zukunft zur Totalsynthese der Chlorophylle führen werden.

Es kann im Rahmen dieser Zusammenfassung unterbleiben, über alle Einzelheiten der umfangreichen Arbeiten zu berichten, die direkt oder indirekt mit der Chlorophyllsynthese zusammenhängen, weil darüber schon mehrfach referiert worden ist (*280*), (*281*). Wir beschränken uns im nachfolgenden auf die wichtigsten, bis heute bekanntgewordenen Arbeiten auf dem Wege zur Chlorophyllsynthese. Unter diesen werden die Mitteilungen seit 1938 ausführlicher behandelt, da sich aus ihnen der gegenwärtige Stand des Problems ergibt.

Die Arbeiten zur Synthese der Chlorophylle lassen sich in drei Gruppen unterteilen; eine erste, die den Weg von den Phäophorbiden zu den Chlorophyllen umfaßt und Versuche betrifft, die zu einem erheblichen Teil schon von R. WILLSTÄTTER und seinen Mitarbeitern ausgeführt worden sind; dann eine zweite, welche die zahlreichen Porphyrinsynthesen von H. FISCHER und seinen Mitarbeitern zum Gegenstand hat und in der Synthese des Phäoporphyrins a_5 gipfelt und eine dritte, die sich mit der Übertragung derartiger Porphyrinsynthesen auf die bestimmtere Richtung gegen die Phäophorbide bzw. Chlorin e_6 und Rhodin g_7 zu befaßt. Deren Synthese würde die Synthese der Chlorophylle selbst bedeuten.

In die erste Gruppe dieser Arbeiten gehört die bereits (S. 551) von R. WILLSTÄTTER und A. STOLL (*409*) aufgefundene Veresterung der Chlorophyllide mit Phytol durch die Chlorophyllase, ebenso die von R. WILLSTÄTTER und L. FORSÉN (*419*) ausgearbeitete Wiedereinführung des Magnesiums in die Phorbide a, insbesondere in Phytylphäophorbid a (Phäophytin a), mittels GRIGNARDs Reagens. Zusammen mit der von F. G. FISCHER und K. LÖWENBERG (*123*) durchgeführten Totalsynthese des Phytols war damit die Synthese des Chlorophylls a auf diejenige der Phäophorbids a zurückgeführt worden.

Diese Ergebnisse sind später durch die Arbeiten von H. FISCHER erweitert worden. Nach H. FISCHER und W. SCHMIDT (*193*) gelingt die Esterbildung der Phäophorbide mit Phytol und mit anderen Alkoholen auch auf chemischem Wege unter Einfluß von Phosgen auf die in Pyridin gelösten Komponenten und nach H. FISCHER und G. SPIELBERGER (*174*), (*181*) die Wiedereinführung des Magnesiums bei *beiden* Komponenten mit Magnesiumalkoholat (*368*). Nach vielfacher Variation der Bedingungen gelang ferner H. FISCHER und W. LAUTSCH (*209*) die Schließung des in Chlorin e_6 und Rhodin g_7 vorgebildeten isocyclischen Seitenrings unter Erhaltung der 11-Carbmethoxygruppe. Es entstanden die Phäophorbide a und b, die in allen Eigenschaften den natürlichen Phäophorbiden entsprechen, wie diese phasepositiv sind und bei der Verwendung optisch aktiven Ausgangsmaterials auch optische Aktivität aufweisen. Damit war die Synthese der Chlorophylle a und b auf jene der Tricarbonsäuren Chlorin e_6 und Rhodin g_7 zurückgeführt.

Von der zweiten, sehr umfangreichen Gruppe der Aufbauarbeiten sei als wichtigstes Beispiel die *Totalsynthese des Phäoporphyrins* a_5 beschrieben. Sie geht von der Synthese des Phylloporphyrins aus, von dessen 96 möglichen Isomeren das natürliche *γ-Phylloporphyrin XV* auf mehreren Wegen dargestellt worden ist (*137*), (*159*). Die aus Kryptopyrrolaldehyd (I) und Opsopyrrolcarbonsäure (II) einerseits und aus 5-Brom-4-methyl-3-äthyl-2-aldehyd-pyrrol (III) und 3-Methyl-5-äthylpyrrol (IV) andererseits hervorgehenden Dipyrrylmethene werden am besten in Form der gebromten Methene A und B kondensiert und geben dabei (neben anderen Porphyrinen) in einer Ausbeute von höchstens 3,5% das natürliche γ-Phylloporphyrin XV, wie dies durch die nachstehenden Formelbilder veranschaulicht wird:

γ-Phylloporphyrin XV

Der weitere Weg führt dann wie folgt über das γ-Formyl-pyrroporphyrin zum Iso-chloroporphyrin e_4 (227), (229): Die γ-Methylgruppe des Phylloporphyrins wird mittels Jod in Eisessig zur Aldehydgruppe oxydiert, diese durch Blausäureanlagerung in die Cyanhydringruppe übergeführt und letztere durch vorsichtige Verseifung in einen Glykolsäurerest verwandelt[1]. Die Glykolsäure wird in ihr Amid übergeführt und dieses zum

---

[1] Die Glykolsäure bzw. ihr Amid sind bisher nur aus Produkten des Abbaus (Isochloroporphyrin $e_4 \to$ Glyoxylsäure $\to$ Glykolsäure) in analysenreinem Zustande

Essigsäureamid reduziert, worauf die Verseifung Isochloroporphyrin e_4 ergibt.

Phylloporphyrin γ-Formylpyrroporphyrin Cyanhydrin

Glykolsäure Glykolsäureamid Essigsaureamid

Isochloroporphyrin e_4

Von Isochloroporphyrin e_4 ausgehend, versuchten H. FISCHER und H. KELLERMANN (201), in dessen Dimethylester-eisenkomplexsalz mittels Dichlormethyläther eine Aldehydgruppe in 6-Stellung einzuführen. Der Aldehyd war nicht isolierbar, doch gelang es, das Reaktionsprodukt mittels konzentrierter Schwefelsäure in 9-Oxy-desoxo-phäoporphyrin-a_5-methylester und diesen durch Oxydation mit Chromtrioxyd in Eisessig in Phäoporphyrin a_5 überzuführen. H. FISCHER und O. LAUBEREAU (216) konnten später diese Synthese vereinfachen: Beim Versuch, das 6-Formyl-isochloroporphyrin e_4 mit Hydroxylamin in Pyridin in der Form seines Oxims abzufangen, wurde direkt das Oxin des Phäoporphyrins a_5 erhalten, das durch einfache saure Hydrolyse in Phäoporphyrin a_5 selbst überführbar war. Diese Umsetzungen sind auf S. 579 in Formeln wiedergegeben.

Neben dieser besonders wichtigen Synthese eines dem Phäophorbid a nahestehenden Porphyrins sind noch manche weitere Synthesen höherer

---

erhalten worden. Da ihre Bildung aus dem synthetisch erhaltenen Cyanhydrin aber nachgewiesen werden konnte, dürfen wir wohl mit H. FISCHER, E. STIER und W. KANNGIESSER (229) diesen Übergang als Glied der Totalsynthese des Phäoporphyrins a_5 betrachten.

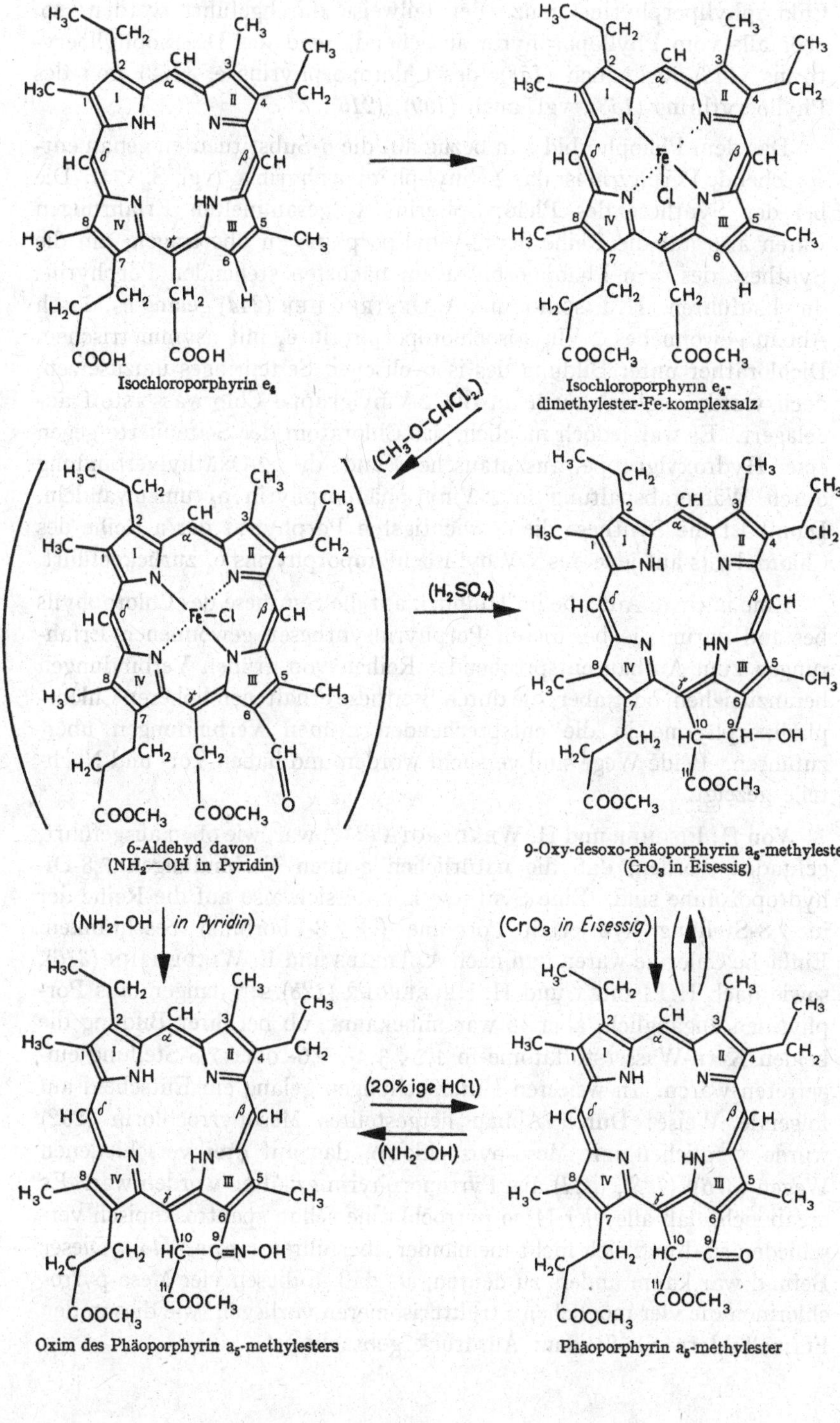

Isochloroporphyrin e₄

Isochloroporphyrin e₄-dimethylester-Fe-komplexsalz

(CH₃O—CHCl₂)

6-Aldehyd davon
(NH₂—OH in Pyridin)

(H₂SO₄)

9-Oxy-desoxo-phäoporphyrin a₅-methylester
(CrO₃ in Eisessig)

(NH₂—OH *in Pyridin*)

(CrO₃ *in Eisessig*)

Oxim des Phäoporphyrin a₅-methylesters

(20%ige HCl)

(NH₂—OH)

Phäoporphyrin a₆-methylester

Chlorophyllporphyrine ganz oder teilweise durchgeführt worden: so, ebenfalls vom Phylloporphyrin ausgehend, jene des Desoxophylloery-thrins (*148*), vgl. auch (*158*), des Chloroporphyrins e₅ (*172*) und des Phylloerythrins (*153*), vgl. auch (*199*), (*216*).

Das dem Phäophorbid a in bezug auf die β-Substituenten genau ent-sprechende Porphyrin ist das 2-Vinyl-phäoporphyrin a₅ (vgl. S. 574). Die bei der Synthese des Phäoporphyrins a₅ gesammelten Erfahrungen waren also auf die Reihe der 2-Vinyl-porphine zu übertragen, um die Synthese des dem Phäophorbid a am nächsten stehenden Porphyrins durchzuführen. H. FISCHER und A. OESTREICHER (*244*) gelang es, durch Abbau gewonnenes 2-Vinyl-isochloroporphyrin e₄ mit asymmetrischem Dichloräther unter Bildung des isocyclischen Seitenringes umzusetzen, doch wurde zugleich auch an die 2-Vinylgruppe Chlorwasserstoff an-gelagert. Es war jedoch möglich, das Chloratom der Seitenkette gegen eine Hydroxylgruppe auszutauschen und die 2-Oxäthylverbindung durch Wasserabspaltung in 2-Vinyl-phäoporphyrin a₅ umzuwandeln. Damit ist die Synthese dieses wichtigsten Porphyrins der a-Reihe des Chlorophylls auf jene des 2-Vinyl-isochloroporphyrins e₄ zurückgeführt.

Eine nächste Aufgabe im Hinblick auf die Synthese des Chlorophylls bestand darin, die bei diesen Porphyrinsynthesen gewonnenen Erfah-rungen zum Aufbau entsprechender Reihen von grünen Verbindungen heranzuziehen, oder aber, die durch Synthese erhaltenen höheren Chloro-phyllporphyrine in die entsprechenden grünen Verbindungen über-zuführen. Beide Wege sind versucht worden und haben Vor- und Nach-teile gezeigt.

Von H. FISCHER und H. WENDEROTH (*232*) war, wie oben ausgeführt, gefunden worden, daß die natürlichen grünen Verbindungen 7,8-Di-hydroporphine sind. Eine Synthese konnte sich also auf die Reihe der in 7,8-Stellung hydrierten Porphine (= 7,8-Phorbine) beschränken. Einfache Chlorine waren nun nach A. TREIBS und E. WIEDEMANN (*376*), sowie nach H. FISCHER und H. HELBERGER (*128*) seit langem aus Por-phyrinen zugänglich, aber es war unbekannt, ob bei ihrer Bildung die beiden Kern-Wasserstoffatome in 1,2-, 3,4-, 5,6- oder 7,8-Stellung ein-getreten waren. In weiteren Untersuchungen gelang ein Entscheid auf folgende Weise: Durch Abbau hergestelltes Mesopyrrochlorin (*202*) wurde verglichen mit Meso-pyrrochlorin, das auf drei verschiedenen Wegen (*376*), (*128*), (*211*) aus Pyrroporphyrin erhalten worden war. Es ergab sich, daß alle vier Meso-pyrrochlorine schon spektroskopisch ver-schieden sind und sich nicht ineinander überführen lassen (*243*). Dieser Befund war kaum anders zu deuten, als daß in diesen vier Meso-pyrro-chlorinen die vier möglichen Strukturisomeren vorliegen, wie dies in den Formelbildern S. 581 zum Ausdruck gebracht ist.

Ein bemerkenswertes Ergebnis hatte der in der Folge gezogene Vergleich (243) von durch Abbau (216) und von synthetisch gewonnenem (376) Meso-phyllochlorin. Es war nur *ein* synthetisches Meso-phyllochlorin darstellbar, das spektroskopisch, chemisch und auch bei der

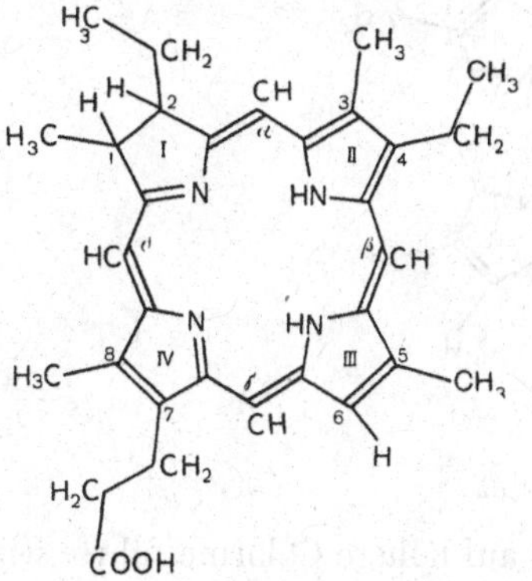

I
(1,2-Dihydro-)

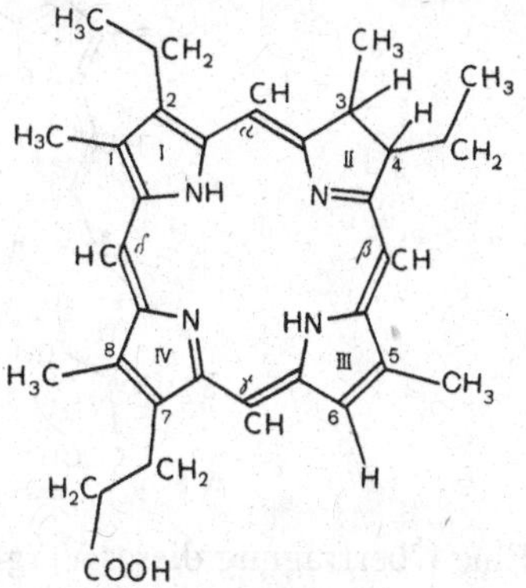

II
(3,4-Dihydro-)

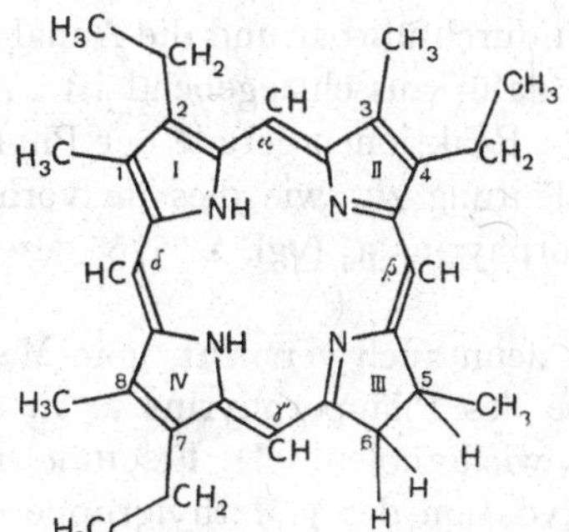

III
(5,6-Dihydro-)

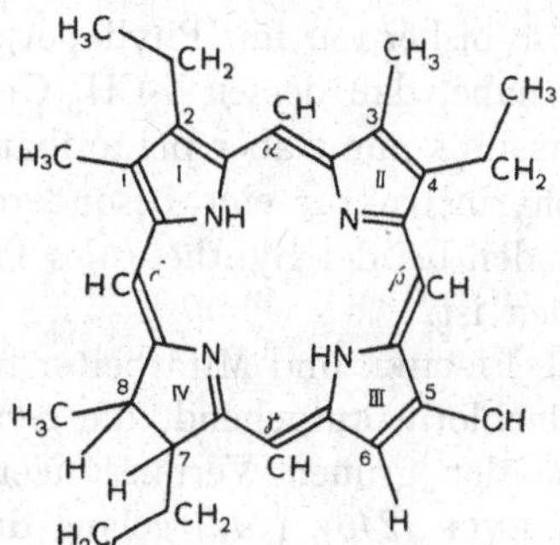

IV
(7,8-Dihydro-)

Die 4 isomeren Meso-pyrrochlorine.

I, II und III sind die drei synthetisch erhaltenen Iso-meso-pyrrochlorine, IV ist das durch Abbau erhaltene natürliche Mesopyrrochlorin. Die Anordnung der Kern-Doppelbindungen in diesen Formeln konnte auch noch anders geschrieben werden.

Totaloxydation dem durch Abbau erhaltenen Meso-phyllochlorin entsprach. Der einzige Unterschied der beiden Meso-phyllochlorine wurde im Beugungsbild nach DEBYE-SCHERRER gefunden; er konnte seinen Grund nur in der Asymmetrie der Verbindung natürlicher Herkunft haben. Eine Racemisierung unter den Bedingungen der WOLFF-KISHNER-Reaktion bei 100° führte denn auch zur Übereinstimmung der DEBYE-SCHERRER-Diagramme unter Erhaltung aller anderen bereits identischen Eigenschaften.

Damit ergibt sich für das natürliche Meso-phyllochlorin, dessen Isomere noch unbekannt sind, die folgende Konstitutionsformel:

Meso-phyllochlorin.

Eine Übertragung dieses Vergleichs auf höhere Chlorine führte wider Erwarten *nicht* zu einem analogen Ergebnis (243). Der Übergang von Porphin zu natürlichem (racemischem) Phorbin (7,8-Dihydro-porphin) ist also bisher nur mit Phylloporphyrin durchführbar und die Annahme liegt nahe, daß dessen γ-CH_3-Gruppe dafür ausschlaggebend ist. Andererseits kommt aber bei aufbauenden Reaktionen gerade der Phylloporphyrinstruktur eine besondere Bedeutung zu, wie dies im vorhergehenden bei der Synthese des Phäoporphyrins a_5 (vgl. S. 576) gezeigt worden ist.

H. FISCHER und Mitarbeiter haben denn auch versucht, vom Mesophyllochlorin ausgehend, die Synthese des Phäoporphyrins a_5 in der Reihe der grünen Verbindungen zu wiederholen. H. FISCHER und F. GERNER (246), (247) gelang die Oxydation der γ-Methylgruppe des Meso-phyllochlorins zur γ-Formylgruppe. Das auf diese Weise synthetisch zugängliche Meso-purpurin 3, das mit dem durch Abbau ge-. wonnenen Präparat übereinstimmte, konnte von H. FISCHER und M. STRELL (253) durch Blausäureanlagerung in das (unbeständige) γ-Oxynitril und dieses nach Überwindung erheblicher Schwierigkeiten in die γ-Glykolsäure übergeführt werden, die merkwürdigerweise weder im Spektrum, noch im Mischschmelzpunkt der Methylester von durch Abbau erhaltenem Meso-isochlorin e_4 zu unterscheiden war. Die Reduktion der γ-Glykolsäure führte dann zu Isochloroporphyrin e_4 und daneben zu Meso-isochlorin e_4 †.

Analog dem Vorgehen bei der Synthese des Phäoporphyrins a_5 wurde dann versucht, Meso-isochlorin e_4-dimethylester-Fe-komplexsalz mit

---

† Der Nachweis der Bildung von Meso-isochlorin e_4 ist bisher auf den spektroskopischen Befund beschränkt. Es ist indessen anzunehmen, daß ein künftiger größerer Materialeinsatz seine einwandfreie Identifizierung ergeben wird.

Dichloräthyläther über den 6-Aldehyd zu 9-Oxy-desoxo-meso-methyl-phäophorbid a umzusetzen und die 9-Oxy-verbindung zum Keton, dem Meso-methylphäophorbid a, zu oxydieren. Die erste dieser beiden Umsetzungen führte zu einem Gemisch, aus dem die gewünschte 9-Oxy-desoxo-verbindung in krystallisierter Form zu isolieren war. Deren Dehydrierung gelang schließlich mit Chinon in Eisessig. H. FISCHER und F. GERNER (256) erhielten so das Meso-methylphäophorbid a, das durch direkten Vergleich mit Material natürlicher Herkunft und durch die Überführbarkeit in Phäoporphyrin a$_5$ identifiziert werden konnte. Damit war die Synthese des Phäoporphyrins a$_5$ auf die Reihe der grünen Dihydro-phorbine übertragen und im Prinzip die Synthese von (racemischem) Meso-chlorophyll a verwirklicht worden.

Die Synthese der Chlorophylle a und b selbst wird durch den Umstand kompliziert, daß das Endprodukt der Umsetzungen in jedem Falle eine Vinylgruppe in 2-Stellung und in der b-Reihe dazu eine Aldehydgruppe in 3-Stellung aufweisen muß. Es ist deshalb von besonderem Interesse, die Möglichkeiten der Einführung solcher Gruppen (bzw. stabiler Vorstufen derselben) in die 2- und 3-Stellung der grünen Verbindungen zu kennen.

Im Vordergrund stand die Einführung eines Acetylrests in 2-Stellung, da sich dieser in eine Vinylgruppe umwandeln läßt. Diese beiden Umsetzungen sind in der Porphinreihe seit langem bekannt [vgl. z.B. (126), (219)]; sie gewannen an Bedeutung, als H. FISCHER und A. OESTREICHER (244) die prinzipielle Erhaltung der 2-Vinylgruppe beim Übergang von 2-Vinyl-isochloroporphyrin e$_4$ in 2-Vinyl-phäoporphyrin a$_5$ auf dem bereits mehrfach geschilderten Wege (vgl. oben) feststellen konnten[1]. In der Reihe der grünen Verbindungen gelang zuerst die Acetylierung von 2-Desvinyl-pyrophäophorbid a zu 2-Acetyl-pyrophäophorbid a (244), dann die Dehydrierung von 2-α-Oxy-meso-pyrophäophorbid a zu 2-Acetyl-pyrophäophorbid a (254) und schließlich die Acetylierung von 2-Desvinyl-chlorin e$_6$-trimethylester zu 2-Acetyl-chlorin e$_6$-trimethylester (254); die letztgenannte Acetylierung ist von besonderer Bedeutung, weil der 2-Acetyl-chlorin-e$_6$-trimethylester sowohl direkt über die 2-α-Oxyverbindung in Chlorin-e$_6$-trimethylester (214) als auch durch Ringschluß in 2-Acetyl-methylphäophorbid a überführbar ist, das seinerseits über die 2-α-Oxyverbindung in Methylphäophorbid a übergehen kann (234). Die Synthese von Chlorophyll a ist damit auf die Synthese von 2-Desvinyl-chlorin e$_6$ zurückgeführt.

---

[1] Die 2-Vinylgruppe wird bei diesen Umwandlungen in eine 2-Oxäthylgruppe verwandelt, so daß das Endprodukt 2-Oxäthyl-phäoporphyrin a$_5$ ist; es gelingt aber, den 2-Oxäthylrest durch Erhitzen im Hochvakuum in den 2-Vinylrest zurückzuverwandeln. Das so entstehende 2-Vinyl-phäoporphyrin a$_5$ ist bisher allerdings nur spektroskopisch nachgewiesen worden.

Die Acetylierung von 2-Desvinyl-phyllochlorin (dargestellt aus 2-Vinyl-phylloporphyrin natürlicher Herkunft) führte erwartungsgemäß zu 2,6-Diacetyl-phyllochlorin (*248*); analog konnte aus 2-Desvinyl-isochlorin e_4 das 2,6-Diacetyl-isochlorin e_4 erhalten werden.

Es lag nahe, die Folge der aufbauenden Reaktionen, wie sie zur Synthese des Phäoporphyrins a_5 und des Meso-phäophorbids a geführt hatten, schließlich mit der Einführung eines Acetylrests in 2-Stellung und dessen Umwandlung in eine Vinylgruppe zu kombinieren, womit in der Reihe der grünen Verbindungen eine erste Synthese von Chlorophyll a zu verwirklichen sein sollte.

H. Fischer und F. Gerner (*256*) haben zunächst eine Partialsynthese, die von durch Abbau gewonnenem Isochlorin e_4 ausgeht, versucht. Dessen Dimethylester-Fe-komplexsalz wurde mit asymmetrischem Dichloräthyläther in Gegenwart von Zinntetrabromid umgesetzt. Aus dem Reaktionsgemisch ließ sich in geringer Menge der 6-Formyl-isochlorin-e_4-dimethylester isolieren. Da ein Ringschluß zu 9-Oxy-desoxomethylphäophorbid a, das zum Methylphäophorbid a hätte oxydiert werden können, nicht eingetreten war, wurde die gleiche Umsetzung mit dem 2-Carbinol bzw. der 2-Acetylverbindung des Isochlorin-e_4-dimethylesters versucht. Nach dem vorläufigen spektroskopischen Befund scheint in diesen Fällen die gewünschte Umsetzung zum 2-Carbinol bzw. zur 2-Acetylverbindung des 9-Oxydesoxo-methylphäophorbids a einzutreten. Eine Sicherstellung dieses vorläufigen Befundes würde nach dem Vorausgegangenen die Synthese von Chlorophyll a auf jene des 2-Acetyl-isochlorins e_4 zurückführen.

Die Synthese des 2-Acetyl-isochlorins e_4 erscheint nach den früheren Ausführungen möglich, und zwar über die Stufen des 2-Desäthyl-phylloporphyrins und seines natürlichen (7,8-) Chlorins. Folgerichtig hat deshalb A. Treibs in Fortsetzung der Arbeiten H. Fischers diese Synthese begonnen (*395*). Das 2-Desäthyl-phylloporphyrin konnte ringsynthetisch gewonnen und mit aus Chlorin e_6 dargestelltem Material identifiziert werden. Da die γ-Methyl-Substitution der natürlichen Phylloporphyrine die 7,8-Addition von Wasserstoff begünstigt (vgl. S. 582), gelang weiter seine Überführung in das „natürliche" 2-Desäthyl-phyllochlorin. Über den nächsten Schritt, wie er durch die entsprechende Synthese in der Porphyrinreihe vorgezeichnet war (vgl. S. 578), hat M. Strell (*374*) berichtet. An teilsynthetischem Material gelang die Oxydation der γ-Methylgruppe des 2-Desvinyl-phyllochlorins zum γ-Formyl-2-desvinyl-phyllochlorin, dessen Identität mit durch Abbau gewonnenem Material sichergestellt werden konnte.

Der weitere Weg zum 2-Acetyl-isochlorin e_4 ist gemäß den Formelbildern S. 578 vorgezeichnet. Es darf aber nicht außer acht gelassen werden, daß die Umsetzungen in der Reihe der natürlichen grünen

Verbindungen zumeist erheblich schwieriger zu verwirklichen sind als bei den Porphyrinen. Da schon die Synthese des 2-Acetyl-isochloroporphyrins e_4 nur äußerst schwer gelang und bisher nur auf schwachen Füssen steht (vgl. Anmerkung auf S. 577), und auch der Übergang von 2-Acetyl-isochlorin e_4 natürlicher Herkunft zu 2-Acetyl-9-oxy-desoxomethylphäophorbid a noch nicht als gesichert gelten kann (vgl. S. 584), erscheint es heute noch als verfrüht, daß es „nur größerer Mengen von Material bedürfen wird, um auf diesem Wege die Totalsynthese des Chlorophylls zu vollenden" (257) (1945). Es gilt vielmehr, noch erhebliche Schwierigkeiten zu überwinden[1], und es ist denkbar, daß bei der Durchführung einer ersten Synthese von Chlorophyll a von dem oben vorgezeichneten Wege abgewichen werden muß.

Für die Synthese von Chlorophyll b ist die Einführung einer Aldehydgruppe in 3-Stellung erforderlich. Im Hinblick darauf seien die von H. FISCHER und Mitarbeitern unternommenen Versuche der Einführung und Umwandlung dieses Restes kurz erwähnt. Die Einführung einer Aldehydgruppe in β-Stellung mit Dichlormethyläthyläther wurde zuerst in der Porphyrinreihe versucht und gelang dort bei den leicht zugänglichen, in 6-Stellung unsubstituierten Monocarbonsäuren Pyrro- und Phylloporphyrin (179), (199). Die 6-Formylgruppe ließ sich über das Oxim in das 6-Nitril umwandeln oder durch Blausäureanlagerung in das 6-Oxynitril überführen, das seinerseits in das 6-Glykolsäureamid oder in das 6-Essigsäureamid übergehen kann. Die Übertragung der Umsetzung mit Dichlormethyläthyläther auf Isochloroporphyrin e_4 hat dann die Synthese des Phäoporphyrins a_5 ermöglicht (vgl. S. 578f.).

In der Reihe der grünen Verbindungen scheint die direkte Einführung einer Formylgruppe in 6-Stellung schon bei den einfacheren Monocarbonsäuren, wie z.B. dem Meso-phyllochlorin, nicht glatt zu gehen. Die Umsetzung mit Dichlormethyläther verläuft dort anders, es bildet sich mit Meso-phyllochlorin und auch mit Meso-isochlorin e_4 der 6-Methyläther [—CH_2—O—CH_3, (247)], der im Falle des Meso-isochlorins e_4 in das 6-Carbinol und weiter durch Oxydation in das 6-Formyl-meso-isochlorin e_4 überführbar war. Die Eigenschaften dieser Verbindung lassen allerdings an der angenommenen Konstitution manche Zweifel; diese scheinen durch die Reaktionsbereitschaft der 6-ständigen Formylgruppe mit dem benachbarten γ-Essigsäurerest bedingt zu sein, wofür spricht, daß diese Reaktionsbereitschaft zur Bildung des isocyclischen Seitenrings und damit zur Synthese des Mesochlorophylls a ausgenützt werden konnte (vgl. S. 582f.).

Da dieser Umstand bei der Einführung einer Aldehydgruppe in 3-Stellung wegfällt, so sollte diese sowohl bei den Porphyrinen als auch

---

[1] Privatmitteilung von A. TREIBS an E. WIEDEMANN.

bei den Phorbinen gelingen und damit in absehbarer Zeit auch die Synthese von Chlorophyll b ermöglichen.

Ein für die Synthese der Chlorophylle wichtiges Problem ist die Umwandlung des *Porphin*kerns in den *Phorbin*kern, also die Addition zweier Wasserstoffatome in 7,8-Stellung, in einem späteren Stadium der Synthese, weil ein Aufbau in der Porphyrinreihe im allgemeinen leichter und mit besseren Ausbeuten möglich ist, als in der Phorbinreihe. Da die älteren Methoden der Kernhydrierung sehr energische Bedingungen erfordern und deshalb kaum auf höhere Porphyrine anwendbar sind, haben H. FISCHER und Mitarbeiter versucht, Porphyrine mit Osmiumtetroxyd in 7,8-Diole überzuführen und diese zu den 7,8-Dihydroverbindungen, also den natürlichen Phorbinen, zu reduzieren (*231*), (*251*).

Wegweisend für derartige Versuche war die Beobachtung, daß zumindest eines der beiden Wasserstoffatome in 7,8-Stellung locker gebunden ist und leicht durch Chlor oder Brom ersetzt werden kann (*236*), (*238*); so entsteht bei der Oxydation mit Hydroperoxyd und Salzsäure aus Meso-methylphäophorbid a unter gleichzeitiger Bildung einer Oxygruppe das 7,8-Monochlor-oxy-meso-methylphäophorbid a, das mit alkoholischer Lauge in 7,8-Dioxy-meso-chlorin e_6 überführbar ist.

Einfacher gebaute Porphyrine scheinen in der Tat durch Osmiumtetroxyd in cis-β, β'-dioxy-Derivate der Phorbinreihe überführbar zu sein, wie aus ihrem Spektrum, ihrer Benzoylierbarkeit, sowie ihrer Überführbarkeit in entsprechende Äthylenoxyde zu folgern ist; die Anlagerung der Oxygruppen erfolgt aber leider nicht einheitlich an Pyrrolkern IV. Da außerdem bei komplizierter gebauten Porphyrinen Nebenreaktionen nicht zu vermeiden sind, dürfte dieser interessanten Methode doch nicht die anfangs erwartete Bedeutung zukommen.

IV. Weitere Chlorophyllfarbstoffe.
A. Purpurine und Chlorovioline.

Diese Verbindungen sind bisher nicht besprochen worden, weil sie für die Strukturermittlung und die Synthese der Chlorophylle nur von indirekter Bedeutung sind. Sie haben ihre Bezeichnung auf Grund ihrer Lösungsfarbe erhalten, die bei den Purpurinen von Olivbraun über Rotbraun bis Rotviolett spielt und bei den Chloroviolinen bis ins Blauviolett reicht. Diese Lösungsfarben sind durch eine besondere, abweichende Lage und Intensitätsverteilung der Absorptionsbanden gegenüber den Phorbinen bedingt, deren Klasse sie angehören.

Die von J. B. CONANT und Mitarbeitern (*105*) bis (*121*) entdeckten Purpurine sind später von H. FISCHER und Mitarbeitern (*154*), (*156*), (*202*), (*203*), (*212*), (*215*), (*221*), (*225*), (*226*), (*228*), (*237*), (*246*), (*250*), (*252*) in ihrer Struktur aufgeklärt und durch die Auffindung zahlreicher weiterer Vertreter dieser Körperklasse, die zum Teil als Iso- und Neo-purpurine zu bezeichnen waren, als reguläre Derivate des Chlorophylls erkannt worden. Zufolge ihres in 7,8-Stellung hydrierten Kerngerüsts sind sie den Phorbinen bzw. Chlorinen an die Seite zu stellen. Sie lassen sich nach M. STRELL (*370*), (*370a*) durch die ihnen allen eigentümliche zusätzliche Doppelbindung weiter charakterisieren, die in γ-Stellung zu den Phorbinring-Doppelbindungen konjugiert angeordnet ist. Bei den Neopurpurinen und Chloroviolinen kommt eine Ringbildung der γ-Seiten-kette mit dem Propionsäurerest in 7-Stellung dazu.

Die Umwandlungen in der Purpurin- und Chloroviolin-Reihe verlaufen im allgemeinen in komplizierter Weise, weshalb ihre Aufklärung mühe-voll gewesen ist. Für den näher daran Interessierten sei auf die zuletzt von H. FISCHER und M. STRELL (*281*) gegebene Zusammenfassung ver-wiesen, die eine nähere Erörterung in der vorliegenden Übersicht ent-behrlich macht.

B. Protochlorophyll.

Etiolierte Pflanzen und Samenhäute enthalten ein grünliches Pig-ment, das beim Belichten dieser Pflanzenteile in Chlorophyll übergeht. Dieses „Protochlorophyll" ist zuletzt von K. NOACK und W. KIESS-LING (*303*) bis (*305*), sowie von A. SEYBOLD (*323*), (*325*), (*326*) näher unter-sucht worden. Die von diesen Autoren mitgeteilten experimentellen

Protochlorophyll a
$C_{55}H_{70}O_5N_4Mg$

Protochlorophyll b
$C_{55}H_{68}O_6N_4Mg$

Daten, insbesondere die Charakterisierung der Umwandlungsprodukte von Protochlorophyll als Porphyrine durch K. NOACK und W. KIESS-LING, haben A. STOLL und E. WIEDEMANN veranlaßt, die Auffassung zu vertreten, das die nach A. SEYBOLD wie Chlorophyll in zwei Kompo-nenten auftretenden Protochlorophylle a und b mit den mit Phytol ver-esterten Magnesiumkomplexen der 2-Vinyl-phäoporphyrine a_5 und b_6 identisch sein dürften (*368*).

Diese Auffassung war zunächst für Protochlorophyll a in einer Arbeit von H. FISCHER, H. MITTENZWEI und A. OESTREICHER (*273*) durch die Identifizierung des Protophytochlorintrimethylesters von K. NOACK mit 2-Vinyl-chloroporphyrin e_6-trimethylester sicherzustellen. In der Folge haben H. FISCHER und A. OESTREICHER (*274*) mit der Partialsynthese des 2-Vinyl-phäoporphyrins a_5 aus 2-Vinyl-isochloroporphyrin e_4 natürlicher Herkunft einen wichtigen Beitrag an die Synthese des Protochlorophylls a geleistet.

In späteren Untersuchungen von A. SEYBOLD und K. EGLE (*325*) sowie A. SEYBOLD (*326*) ist im Hinblick auf die relativ große Ähnlichkeit der Spektren von Protochlorophyll a und b die Möglichkeit diskutiert worden, daß das Protochlorophyll b die 3-Aldehydgruppe in reduzierter Form (z.B. als —CH_2OH-Gruppe) enthalten könnte.

C. Bacteriochlorophyll.

Die Thio- und Athiorhodaceen (Purpurbakterien) weisen nach C. S. FRENCH (*15*) bis (*18*) ein dem Chloroplastin der grünen Pflanzen analoges Chromoproteid auf, bei dessen Spaltung an Stelle von Chlorophyll Bacteriochlorophyll erhalten wird. Dieses schon seit langem bekannte Pigment ist zuletzt von K. NOACK und E. SCHNEIDER (*306*), sowie von H. FISCHER und J. HASENKAMP (*182*) näher untersucht worden, wobei eine weitgehende Analogie zu Chlorophyll a festzustellen war. Das Ergebnis der letztgenannten Untersuchungen gipfelte in der Identifizierung des aus Bacteriophäophorbid durch Reduktion mit Jodwasserstoffsäure in Eisessig und anschließender Reoxydation gebildeten Bacterio-phäoporphyrins mit 2-Acetyl-phäoporphyrin a_5; dieser Befund, durch eine Untersuchung C. B. VAN NIELS [erwähnt in (*368*), (*300a*), (*300b*), (*301*)] sichergestellt, klärte die Substituentenanordnung des Bacteriochlorophylls auf: sie entspricht jener des Chlorophylls a bis auf die 2-Stellung vollständig, wo nämlich das Bacteriochlorophyll an Stelle einer Vinylgruppe eine *Acetyl*gruppe trägt:

Bacterio-phäoporphyrin = 2-Acetyl-phäoporphyrin a_5 $C_{35}H_{34}O_6N_4$

Die weitere Untersuchung des Bacteriochlorophylls durch H. FISCHER und R. LAMBRECHT (*270*) hatte die Aufklärung seiner Kernstruktur zum Ziel. Die analytischen Befunde wiesen darauf hin, daß sein Kerngerüst wasserstoffreicher als das der Chlorophylle sei. Auch war Bacteriomethylphäophorbid mit Sauerstoff in Schwefelsäure zu 2-Acetyl-phäophorbid a dehydrierbar; die quantitative Umsetzung verbrauchte etwas mehr als 0,5 Mol O_2, ohne daß Porphyrin isolierbar war. Aus diesem Befund ist die Zusammensetzung des Bacteriochlorophylls als 2-Desvinyl-2-acetyl-*dihydro*-chlorophyll a hergeleitet worden. Zur weiteren Überprüfung dieser Annahme stellten H. FISCHER, W. LAUTSCH und K.-H. LIN (*214*) aus Chlorin e_6-trimethylester über das 2-Bromwasserstoff-addukt den 2-α-Oxy-chlorin-e_6-trimethylester und aus diesem durch Oxydation mit Kaliumpermanganat in Pyridin den 2-Acetyl-chlorin e_6-trimethylester dar, der sich, ebenso wie das daraus dargestellte 2-Acetyl-methylphäophorbid a, mit den entsprechenden Dehydrierungsprodukten des Bacteriochlorophylls als identisch erwies. Weitere Analogien, z.B. in bezug auf die Phytolestergruppe, die Umwandlung in Purpurin usw. wurden dann von H. FISCHER, R. LAMBRECHT und H. MITTENZWEI (*271*) erbracht, während die Linksdrehung des 2-Acetyl-methylphäophorbids a aus Bacteriochlorophyll die gleiche Konfiguration wie bei Chlorophyll wahrscheinlich machte. H. FISCHER, H. MITTENZWEI und D.B. HEVER (*233*) konnten dann Dehydro-bacterio-phäophorbid a über 2-Acetyl-chlorin e_6 und 2-α-Oxy-chlorin e_6 in Chlorin e_6 und damit (vgl. S. 576) in Chlorophyll a überführen.

Aufzuklären blieb noch die Stellung der beiden Kernwasserstoffatome, die das Bacteriochlorophyll zusätzlich besitzt. H. MITTENZWEI (*299*) hat hierzu die schon bei Chlorophyll bewährte Methode der Untersuchung der Produkte des oxydativen Totalabbaus herangezogen und konnte wahrscheinlich machen, daß dabei neben optisch aktivem Hämotricarbonsäureimid (vgl. S. 572) das Anhydrid der D-α-Methyl-ϰ'-äthyl-bernsteinsäure gebildet wird, das nur aus dem Kern II des Bacteriochlorophylls entstanden sein konnte:

Hamotricarbonsaureimid
(aus Kern IV)

Anhydrid der α-Methyl-α'-äthyl-bernsteinsäure
(aus Kern II)

Damit war nicht nur die Identität des Kerns IV in Chlorophyll und Bacteriochlorophyll, sondern auch der Ort der beiden, dem Bacteriochlorophyll zusätzlich eigenen Wasserstoffatome bestimmt: Sie befinden sich in 3,4-Stellung an Pyrrolkern II. Die Formel des Bacteriochlorophylls war also wie folgt zu schreiben:

Bacteriochlorophyll
$C_{55}H_{74}O_6N_4Mg$

Diese Formel kann unter Berücksichtigung einer fortlaufenden Konjugation der Kerndoppelbindungen nur in zwei Varianten geschrieben werden, zwischen denen vielleicht einmal entschieden werden kann. Dasselbe gilt für die gegenwärtige Schreibweise der Chlorophylle (vgl. die Formeln S. 572), sofern bei ihnen im Hinblick auf die Struktur des Bacteriochlorophylls eine Doppelbindung zwischen der 3- und 4-Stellung postuliert wird.

D. Chlorophyllfarbstoffe noch unbekannter Konstitution.

Ein noch nicht näher definierter Chlorophyllfarbstoff, der sowohl dem Chlorophyll als auch dem Bacteriochlorophyll nahezustehen scheint und wie diese phasepositiv ist, wurde von P. Metzner (298) in den Chlorobakterien festgestellt. Die nähere Untersuchung dieses Pigmentes steht — wohl wegen der Schwierigkeiten der Materialbeschaffung — noch aus.

H. H. Strain (369) hat in neueren Arbeiten mitgeteilt, daß die Chlorophylle a und b reversibel in zwei weitere Chlorophylle a' und b' überführbar seien, in denen das Carbonyl C_9 enolisiert vorliege. Diese Arbeiten seien mit der Bemerkung referiert, daß sich die Angaben des Autors lediglich auf spektroskopische Beobachtungen stützen und daß bisher kein chemischer Beweis für die Existenz weiterer Formen der Chlorophylle erbracht werden konnte.

V. Schlußbemerkung.

Mit dieser Berichterstattung über die Chlorophylle a und b ist versucht worden, anschließend an eine allgemeine Übersicht den gegenwärtigen Stand der Forschung (Frühjahr 1951) zu referieren. Bei dem Umfang des Stoffes war es aber unvermeidlich, die Darstellung auf das Wesentliche zu beschränken und viele Befunde von geringerer Bedeutung nur zu streifen oder sogar unerwähnt zu lassen. Aus dem gleichen Grunde mußte es unterbleiben, auf methodische Einzelheiten einzugehen, trotzdem diese oftmals für den Ausfall des Experiments entscheidend waren. Der für Chlorophyll interessierte Leser ist bei der Kompliziertheit des Stoffes, namentlich in methodischer Hinsicht, ohnehin genötigt, die Originalliteratur zu Rate zu ziehen. Das beigegebene Literaturverzeichnis möge dies erleichtern.

Literatur.

a) Chloroplastin.

1. ALBERS, V. M., and H. V. KNORR: Absorption Spectra of Single Chloroplasts in Living Cells, in the Region from 664 mμ to 704 mμ. Plant Physiol. 12, 833 (1937).
2. ANSON, M. L.: The Denaturation of Proteins by Detergents and Bile Salts. Science 90, 256 (1939).
3. — On Lubimenko Extracts of Chlorophyll-Protein. Science 93, 186 (1941).
4. BAAS BECKING, L. M. G.: The State of Chlorophyll in the Plastids. Proc. VI. Int. Bot. Kongr. Amsterdam II, S. 265 (1935).
5. —, and E. A. HANSON: Note on the Mechanism of Photosynthesis. Proc. Acad. Wet. Amsterdam 40, 752 (1937).
6. BEAMS, H. W., and R. L. KING: The Effect of Centrifugation on Plant Cells. Bot. Rev. 5, 132 (1939).
7. BECK, W. A.: Der Chloroplastin-Symplex und die Bildung von Chlorophyll. Protoplasma 27, 530 (1937).
8. BÖHM, J. A.: Beiträge zur näheren Kenntnis des Chlorophylls. Sitzgsber. Wiener Akad. Wiss. 22, 479 (1856).
9. BOT, G. M.: The Chemical Composition of the Chloroplast Granules (Grana) in Relation to their Structure. Chron. Bot. 7, 66 (1942).
10. COMAR, C. L.: Chloroplast Substance of Spinach Leaf. Bot. Gaz. 104, 122 (1942).
11. DOUTRELIGNE, J.: Note sur la Structure des Chloroplastes. Proc. Acad. Wet. Amsterdam 38, 886 (1935).
12. DU BUY, H. G., and M. W. WOODS: Evidence for the Evolution of Phytopathogenic Viruses from Mitochondria and their Derivatives. Phytopathology 33, 766 (1943).
13. FISHMAN, M. M., and L. S. MOYER: Electrophoresis of the Chlorophyll-Protein-Complex. Science 95, 128 (1942).
14. — — The Chlorophyll-Protein-Complex. I. Electrophoretic Properties and Isoelectric Point. J. Gen. Physiol. 25, 755 (1942).
15. FRENCH, C. S.: The Chromoproteins of Photosynthetic Bacteria. J. of Biol. Chem. 123, 37 (1938).
16. — The Chromoproteins of Photosynthetic Purple Bacteria. Science 88, 60 (1938).
17. — The Pigment-Protein Compound in Photosynthetic Bacteria. I. The Extraction and Properties of Photosynthin. J. Gen. Physiol. 23, 469 (1940).

18. French, C. S.: The Pigment-Protein Compound in Photosynthetic Bacteria. II. The Absorption Curves of Photosynthin from Several Species of Bacteria. J. Gen. Physiol. **23**, 483 (1940).

19. —, A. S. Holt, R. D. Powell and M. L. Anson: The Evolution of Oxygen from Illuminated Suspensions of Frozen, Dried and Homogenized Chloroplasts. Science **103**, 505 (1946).

20. Frey-Wyssling, A.: Der Aufbau der Chlorophyllkörner. Protoplasma **29**, 279 (1937).

21. —, u. K. Mühlethaler: Über den Feinbau der Chlorophyllkörner. Vjschr. naturforsch. Ges. Zürich **94**, 179 (1949).

22. Granick, S.: Isolation of Chloroplasts from Higher Plants. Amer. J. Bot. **25**, 558 (1939).

23. —, and K. R. Porter: The Structure of the Spinach Chloroplast as Interpreted with the Electron Microscope. Amer. J. Bot. **34**, 545 (1947).

24. Godnev, T., and S. V. Kalishevich: Chlorophyll Concentration in Chloroplasts of Mnium medium. C. R. Acad. Sci. USSR **27**, 832 (1940).

25. Hanson, A. E., A. D. J. Meeuse, W. F. H. M. Mommaerts and L. M. G. Baas Becking: A Note on the Chlorophyll Contents of the Granum. Cron. Bot. **4**, 104 (1938).

26. Heitz, E.: Gerichtete Chlorophyllscheiben als strukturelle Assimilationseinheiten der Chloroplasten. Ber. dtsch. bot. Ges. **54**, 362 (1936).

27. — Untersuchungen über den Bau der Plastiden. I. Die gerichteten Chlorophyllscheiben der Chloroplasten. Planta **26**, 134 (1936).

28. Hubert, B.: The physical State of Chlorophyll in the living Plastid. Rec. Trav. bot. néerl. **32**, 323 (1936).

29. Katz, E., and E. C. Wassink: Infrared Absorption Spectra of Chlorophyllous Pigments in Living Cells and in Extracellular States. Enzymologia **7**, 97 (1939).

30. Kautsky, H.: Chlorophyllfluoreszenz und Kohlensäureassimilation. VII. Kautsky, H., und R. Hormuth: Die Abhängigkeit des Verlaufs der Fluoreszenzkurven grüner Blätter vom Sauerstoffdruck. Biochem. Z. **291**, 285 (1937).

31. — Chlorophyllfluoreszenz und Kohlensäureassimilation. VIII. Kautsky, H., und R. Eberlein: Apparatur zur photographischen Registrierung von zeitlichen Fluoreszenzintensitätsänderungen. Biochem. Z. **302**, 137 (1939).

32. Kuhn, R., u. H.-J. Bielig: Über Invertseifen I; Die Einwirkung von Invertseifen auf Eiweißstoffe. Ber. dtsch. chem. Ges. **73**, 1080 (1940).

33. Lepeschkin, W. W.: Some Aspects of the State of Chlorophyll in Chloroplasts. Plant Physiol. **24**, 175 (1949).

34. Lubimenko, W. N.: De l'Etat de la Chlorophylle dans les Plastes. C. R. Acad. Sci. Paris **173**, 365 (1921).

35. — Les Pigments des Plastes et leur Transformation dans les Tissus vivants de la Plante. Rev. gén. Bot. **39**, 547, 619, 698 (1927).

36. — Les Pigments des Plastes et leur Transformation dans les Tissus vivants de la Plante. Rev. gén. Bot. **40**, 23, 88, 146, 226, 303, 372 (Bibliographie) (1927).

37. Menke, W.: Über den Feinbau der Chloroplasten. Kolloid-Z. **85**, 256 (1938).

38. — Untersuchung der einzelnen Zellorgane von Spinatblättern auf Grund präparativ-chemischer Methodik. Z. Bot. **32**, 273 (1938).

39. — Physikalisches und Chemisches der Chloroplasten-Struktur (Vortrag). Ber. dtsch. bot. Ges. **56**, 1 (1938).

40. MENKE, W., u. H. J. KÜSTER: Dichroismus und Doppelbrechung vergoldeter Chloroplasten. Protoplasma **30**, 283 (1938).
41. — Untersuchungen über das Protoplasma grüner Pflanzenzellen. I. Isolierung von Chloroplasten aus Spinatblättern. Z. physiol. Chem. **257**, 43 (1938).
42. —, u. E. KOYDL: Direkter Nachweis des lamellaren Feinbaus der Chloroplasten. Naturwiss. **27**, 29 (1939).
43. — Über den Zustand der Carotinoide in den Plastiden. Naturwiss. **28**, 31 (1940).
44. — Untersuchungen über das Protoplasma grüner Pflanzenzellen. II. Der Chlorophyllgehalt der Chloroplasten aus Spinatblättern. Z. physiol. Chem. **263**, 100 (1940).
45. — Untersuchungen über das Protoplasma grüner Pflanzenzellen. III. Der Gehalt der Spinat-Chloroplasten an Kalium, Magnesium, Calcium und Phosphor. Z. physiol. Chem. **263**, 104 (1940).
46. — Untersuchungen über den Feinbau des Protoplasmas mit dem Universal-Elektronen-Mikroskop. Protoplasma **35**, 115 (1940).
47. —, u. E. JACOB: Untersuchungen über das Protoplasma grüner Pflanzenzellen. IV. Die Lipoide der Spinat-Chloroplasten. Z. physiol. Chem. **272**, 227 (1942).
48. — Dichroismus und Doppelbrechung der Plastiden. Biol. Zbl. **63**, 326 (1943).
49. MESTRE, H.: The Green Pigments of the Plastid. Thesis. Stanford University 1929.
50. — The Investigations of the Pigments of the Living Photosynthetic Cell. Contrib. to Marine Biol., Stanford **1930**, 170.
51. METZENER, P.: Über den Bau der Chloroplasten. Ber. dtsch. bot. Ges. **55**, 16 (1937).
52. MOMMAERTS, W. F. H. M.: Some Chemical Properties of the Plastid-Granum. Proc. Acad. Sci. Amsterdam **41**, 896 (1938).
53. MOYER, L. S.: The Use of Electrophoresis in the Elucidation of Biological Problems. Trans. Faraday Soc. **36**, 248 (1940).
54. —, and E. Z. MOYER: Electrokinetic Aspects of Surface Chemistry. VII. The Electrophoretic Behaviour of Microscopic Particles in the Presence of Horse, Human or Rabbit Serum. J. of Biol. Chem. **132**, 373 (1940).
55. —, and M. M. FISHMAN: The Chlorophyll-Protein-Complex. II. Species Relationships in Certain Legumes as Shown by Electric Mobility Curves. Bot. Gaz. **104**, 449 (1943).
56. NEISH, A. C.: Studies on Chloroplasts. I. Separation of Chloroplasts, A Study of Factors Affecting their Flocculation and the Calculation of the Chloroplast Content of Leaf Tissue from Chemical Analysis. Biochemic. J. **33**, 293 (1939).
57. NICOLAI, M. F. E., and C. WEURMAN: Some Properties of Chlorophyll-Multifilms. Proc. Acad. Sci. Amsterdam **41**, 904 (1938).
58. NOACK, K.: Der Zustand des Chlorophylls in der lebenden Pflanze. Biochem. Z. **183**, 135 (1927).
59. —, u. E. TIMM: Vergleichende Untersuchungen der Proteine in den Chloroplasten und im Cytoplasma des Spinatblatts. Naturwiss. **30**, 453 (1942).
60. PRIESTLY, J. H., and A. A. IRVING: The Structure of the Chloroplast in Relation to its Function. Ann. of Bot. **21**, 407 (1907).
61. PRICE, W. C., and R. W. G. WYCKOFF: The Ultracentrifugation of the Proteins of Cucumber Viruses 3 and 4. Nature **141**, 685 (1938).

62. Reinke, J.: Die Fluoreszenz des Chlorophylls in den Blättern. Ber. dtsch. bot. Ges. **2**, 265 (1884).

63. — Photometrische Untersuchungen über die Absorption des Lichtes in den Assimilationsorganen. Bot. Ztg. **44**, 241 (1886).

64. Roberts, E. A.: Electron Microscope Studies of Plant Cells and their Contents Showing Structural and Functional Units of less than 100 Ångstroms. Amer. J. Bot. **33**, 231 (1946).

65. Rowinski, P.: Su la Natura chimica della Chloroplastina. I. Atti R. Accad. Sci. Torino (Cl. Sci. fisich. mat. natur.) **77** (1) 282 (1942).

66. Seybold, A., u. K. Egle: Über den physikalischen Zustand des Chlorophylls in den Plastiden. Bot. Arch. **41**, 578 (1940).

67. Smith, E. L.: Solutions of Chlorophyll-Protein Compounds (Phyllochlorins) extracted from Spinach. Science **88**, 170 (1938).

68. — Chlorophyll as the Prosthetic Group of a Protein in the Green Leaf. Science **91**, 199 (1940).

69. — An Ultracentrifugal Study of the Action of Some Detergents on the Chlorophyll-Protein Compound of Spinach. Amer. J. Physiol. **129**, 466 (1940).

70. —, and E. G. Pickels: Micelle Formation in Aqueous Solutions of Digitonin. Proc. Nat. Acad. Sci. U.S.A. **26**, 272 (1940).

71. — The Chlorophyll-Protein Compound of the Green Leaf. J. Gen. Physiol. **24**, 565 (1941).

72. — The Action of Sodium Dodecyl Sulfate on the Chlorophyll-Protein Compound of the Spinach Leaf. J. Gen. Physiol. **24**, 583 (1941).

73. —, and E. G. Pickels: The Effect of Detergents on the Chlorophyll-Protein Compound of Spinach as Studied in the Ultracentrifuge. J. Gen. Physiol. **24**, 583 (1941).

74. — The Chlorophyll-Protein Compound of the green Leaf. Chron. Bot. **7**, 148 (1942).

76. Stoll, A.: Über den chemischen Verlauf der Photosynthese. Naturwiss. **20**, 955 (1932).

77. — Zusammenhänge zwischen der Chemie des Chlorophylls und seiner Funktion in der Photosynthese. Naturwiss. **24**, 53 (1936).

78. —, u. E. Wiedemann: Über Chloroplastin. La Chimia e l'Industria **16**, 356 (1938).

79. — — Über Chloroplastin. Atti Congr. int. di Chimica **5**, 206 (1939).

80. — — u. A. Rüegger: Zur Kenntnis des Chloroplastins. Verh. Schweiz. Naturforsch. Ges. Basel **1941**, S. 125.

81. —, — Über die Verwandtschaft des Blutfarbstoffs mit dem Blattgrün. Schweiz. med. Wschr. **77**, 664 (1947).

82. —, u. A. Rüegger: Unveröffentlicht.

83. — Einführung in die Chemie der Hämine. Experientia **4**, 3 (1948).

84. Strain, H. H.: Problems in Chromatography and in Colloid Chemistry Illustrated by Leaf Pigments. J. physic. Chem. **46**, 1151 (1942).

85. Straus, W.: Über Chromatophoren. Reinigung und Analyse der Farbstoffträger aus Mohrrüben und Spinatblättern. Helv. chim. Acta **25**, 179 (1942).

86. Timm, E.: Vergleichende Untersuchung der Proteine in den Chloroplasten und im Cytoplasma des Spinatblatts. Z. Bot. **38**, 1 (1942).

87. Tswett, M.: Physikalisch-chemische Studien über das Chlorophyll. Ber. dtsch. bot. Ges. **24**, 316 (1906).

88. Tswett, M.: Adsorptionsanalyse und chromatographische Methode. Anwendung auf die Chemie des Chlorophylls. Ber. dtsch. bot. Ges. **24**, 385 (1906).

89. Wassink, E. C., E. Katz and R. Dorrestein: Infrared Absorption Spectra of Various Strains of Purple Bacteria. Enzymologia **7**, 113 (1939).

90. Weier, E.: The Structure of the Chloroplast. Bot. Rev. **4**, 497 (1938).

91. Wurmser, R., R. Lévy et G. Tessier: Etude des Pigments d'une Bactériacée sulfureuse: Chromatium okenii Perty. Ann. Physiol., Physicochim. et Biol. **1**, 298 (1925).

Zusammenfassungen
(in chronologischer Ordnung).

92. Willstätter, R., u. A. Stoll: Untersuchungen über die Assimilation der Kohlensäure. Berlin: Springer 1918.

93. Lubimenko, W. N.: Fotosintez i chemosintez v rastitel'nom mire. (Photosynthese und Chemosynthese im Pflanzenreich. [Russisch].) Moskau u. Leningrad 1935.

94. Frey-Wyssling, A.: Submikroskopische Morphologie des Protoplasmas und seiner Derivate. Berlin: Springer 1938.

95. Stoll, A., u. E. Wiedemann: Chlorophyll. In Fortschritte der Chemie organischer Naturstoffe (Zechmeister), S. 159. Wien: Springer 1938.

96. Johnston, Earl S., and J. E. Myers: Photosynthesis. Ann. Rev. Biochem. **12**, 473 (1943).

97. Strain, H. H.: Chloroplast Pigments. Ann. Rev. Biochem. **13**, 591 (1944).

98 a. Rabinowitch, E. I.: Photosynthesis. I. Interscience Publ. Corp. New York 1945.

98 b. — Photosynthesis. II, 1. Interscience Publ. Corp. New York 1951.

99. French, C. S.: Photosynthesis. Ann. Rev. Biochem. **15**, 397 (1946).

100. Wassink, E. C.: Photosynthesis. Ann. Rev. Biochem. **17**, 559 (1948).

101. Franck, J., and W. E. Loomis: Photosynthesis in Plants. The Jowa State College Press 1949.

b) Chlorophyll
(einschließlich der weiteren Chlorophyllfarbstoffe).

102. Aronoff, S.: Chlorophyll. Bot. Rev. **16**, 525 (1950).

103. Borodin, J.: Über Chlorophyll-Krystalle. Bot. Ztg. **40**, 608 (1882).

104. Calvin, M., and G. Dorough: The Possibility of a Triplet State Intermediate in Photooxydation of a Chlorin. J. Amer. Chem. Soc. **70**, 699 (1948).

105. Conant, J. B., and J. F. Hyde: The Thermal Decomposition of the Magnesium-free Compounds. J. Amer. Chem. Soc. **51**, 3668 (1929).

106. — — Reduction and Catalytic Hydrogenation. J. Amer. Chem. Soc. **52**, 1233 (1930).

107. —, and W. W. Moyer: Products of the Phase Test. J. Amer. Chem. Soc. **52**, 3013 (1930).

108. —, J. F. Hyde, W. W. Moyer and E. M. Dietz: The Degradation of Chlorophyll and Allomerized Chlorophyll to Simple Chlorins. J. Amer. Chem. Soc. **53**, 359 (1931).

109. —, S. E. Kamerling and C. C. Steele: The Allomerisation of Chlorophyll. J. Amer. Chem. Soc. **53**, 1615 (1931).

110. —, E. M. Dietz, C. F. Bailey and S. E. Kamerling: The Structure of Chlorophyll a. J. Amer. Chem. Soc. **53**, 2382 (1931).

596   Arthur Stoll und Erwin Wiedemann:

111. Steele, C. C.: The Mechanism of the Phase Test. J. Amer. Chem. Soc. **53**, 3171 (1931).
112. Conant, J. B., and S. E. Kamerling: Evidence as to Structure from Measurements of Absorption Spectra. J. Amer. Chem. Soc. **53**, 3522 (1931).
113. —, E. M. Dietz and T. H. Werner: The Structure of Chlorophyll b. J. Amer. Chem. Soc. **53**, 4436 (1931).
114. — — Structure Formulae of the Chlorophylls. Nature **131**, 131 (1933).
115. —, and C. F. Bailey: Transformations Establishing the Nature of the Nucleus. J. Amer. Chem. Soc. **55**, 795 (1933).
116. —, and K. F. Armstrong: The Esters of Chlorin e. J. Amer. Chem. Soc. **55**, 829 (1933).
117. —, and E. M. Dietz: The Position of the Methoxyl Group. J. Amer. Chem. Soc. **55**, 839 (1933).
118. —, and B. F. Chow: The Measurements of Oxydation-Reduction Potentials in Glacial Acetic Acid Solutions. J. Amer. Chem. Soc. **55**, 3745 (1933).
119. Dietz, E. M., and W. F. Ross: The Phäopurpurins. J. Amer. Chem. Soc. **56**, 159 (1934).
120. —, and T. H. Werner: Nuclear Isomerism of the Porphyrins. J. Amer. Chem. Soc. **56**, 2180 (1934).
121. Conant, J. B., B. F. Chow and E. M. Dietz: Potentiometric Titration in Acetic Acid Solution of the Basic Groups in Chlorophyll Derivatives. J. Amer. Chem. Soc. **56**, 2185 (1934).
122. Fischer, F. G.: Die Konstitution des Phytols. Liebigs Ann. **464**, 69 (1928).
123. —, u. K. Löwenberg: Die Synthese des Phytols. Liebigs Ann. **475**, 183(1929).
124. Fischer, H., u. A. Treibs: Über Aetioporphyrine aus Blatt- und Blutfarbstoff-Porphyrinen. Liebigs Ann. **466**, 188 (1928).
125. —, u. H. Helberger: Über Rhodine und Verdine. Liebigs Ann. **466**, 243 (1928).
126. —, u. K. Zeile: Synthese des Hämatoporphyrins, Protoporphyrins und Hämins. Liebigs Ann. **468**, 98 (1928).
127. —, G. Hummel u. A. Treibs: Über Acetate der Porphyrine und Hämine und über die Konstitution des Rhodoporphyrins. Liebigs Ann. **471**, 65 (1929).
128. —, u. H. Helberger: Synthese von Chlorinen. Liebigs Ann. **471**, 285 (1929).
129. —, u. A. Schormüller: Synthese dreier Pyrroporphyrine, eines Rhodoporphyrins sowie Pyrro-ätioporphyrins und Deuteroporphyrins. Liebigs Ann. **473**, 211 (1929).
130. —, u. R. Bäumler: Über Phäo- und Phyllerythro-porphyrine. Liebigs Ann. **474**, 65 (1929).
131. —, H. K. Weichmann u. K. Zeile: Synthesen der Porphin-monopropionsäuren VI, III und I, sowie Überführung von Pyrroporphyrin in Porphin-monopropionsäure III. Liebigs Ann. **475**, 241 (1929).
132. —, u. O. Moldenhauer: Über Chlorin e und davon abgeleitete Chloro-porphyrine. Liebigs Ann. **478**, 54 (1930).
133. —, A. Merka u. E. Plötz: Verhalten von Chlorophyllderivaten gegen Jodwasserstoff-Eisessig und gegen Schwefelsäure. Liebigs Ann. **478**, 283 (1930).
134. —, K. Platz, H. Helberger u. H. Niemer: Synthese einer Porphin-tripropionsäure, ihres Chlorins und Rhodins sowie über Koprorhodin und Ätiochlorin. Liebigs Ann. **479**, 26 (1930).
135. —, H. Berg u. A. Schormüller: Synthesen der Chlorophyllporphyrine Rhodo- und Pyrroporphyrin, sowie des Pyrroätioporphyrins. Liebigs Ann. **480**, 109 (1930).
136. —, u. R. Bäumler: Über Phäoporphyrine. Liebigs Ann. **480**, 197 (1930).

137. FISCHER, H., u. H. HELBERGER: Synthese eines Phylloporphyrins, Phylloätio-porphyrins und einiger Verwandten. Liebigs Ann. 480, 235 (1930).
138. —, u. O. MOLDENHAUER: Über Phäoporphyrine aus Chlorin e und über Pseudo-phylloerythrin. Liebigs Ann. 481, 132 (1930).
139. —, H. GEBHARDT u. A. ROTHAAS: Über Mesochlorin und Oxymesoporphyrine. Liebigs Ann. 482, 1 (1930).
140. —, u. H. BERG: Synthesen weiterer Pyrroporphyrine. Liebigs Ann. 482, 189 (1930).
141. —, u. O. SÜS: Überführung von Phäophorbid a in Phylloerythrin. Liebigs Ann. 482, 225 (1930).
142. —, u. A. SCHORMÜLLER: Synthese der Pyrro-ätioporphyrine I, II, III, IV, VI und VII, sowie eines Dimethyl-diäthylporphins. Liebigs Ann. 482, 232 (1930).
143. —, O. MOLDENHAUER u. O. SÜS: Über Phyllo- und Pseudo-phylloerythrin. Liebigs Ann. 485, 1 (1931).
144. — — — Zur Konstitution des Chlorophyll a. Über Phäophorbid, Methyl-phäophorbid und Chlorin e. Liebigs Ann. 486, 107 (1931).
145. —, u. H. J. RIEDL: Überführung von Chlorophyll-Pyrroporphyrin in Meso-porphyrin aus Hämin. Liebigs Ann. 486, 178 (1931).
146. —, L. FILSER, W. HAGERT u. O. MOLDENHAUER: Über neue Entstehungs-weisen der Chlorophyllporphyrine und ihre Konstitution. Liebigs Ann. 490, 1 (1931).
147. —, O. SÜS u. G. KLEBS: Zur Kenntnis von Chlorophyll a. Liebigs Ann. 490, 38 (1931).
148. —, u. J. RIEDMAIR: Synthese des Desoxo-phylloerythrins, der Grundsubstanz des Chlorophylls. Liebigs Ann. 490, 91 (1931).
149. —, u. H. K. WEICHMANN: Synthesen von 6-Äthyl-phylloporphyrin und γ-Methyl-mesoporphyrin. Synthetisch-analytische Beiträge zur Kenntnis von Chloroporphyrin e_4 (Phylloporphyrin-6-carbonsäure). Liebigs Ann. 492, 35 (1931).
150. —, u. H. SIEBEL: Überführung von Chlorin e-trimethylester in Desoxy-pyro-phäophorbid. Liebigs Ann. 494, 73 (1932).
151. —, J. HECKMAIER u. J. RIEDMAIR: Überführung von Desoxo-phylloerythrin und Phylloerythrin in Chloroporphyrin e_5, sowie über Chloroporphyrin e_4. Liebigs Ann. 494, 86 (1932).
152. —, L. FILSER u. E. PLÖTZ: Über Phäoporphyrin a_6, die Allomerisation des Chlorophylls, sowie über eine neue Methode der Einführung von Magnesium in Chlorophyll-Derivate. Liebigs Ann. 495, 1 (1932).
153. —, u. J. RIEDMAIR: Synthese des Phylloerythrins. Überführung von Phäoporphyrin a_5 in Phäoporphyrin a_7. Liebigs Ann. 497, 181 (1932).
154. —, W. GOTTSCHALDT u. G. KLEBS: Über Phäopurpurin 18 und seine Iden-tifikation mit Phyllopurpurin, über Chlorin p_6 und eine neue Darstellungs-methode für Chlorin e-trimethylester. Liebigs Ann. 498, 194 (1932).
155. —, F. BROICH, ST. BREITNER u. L. NÜSSLER: Über Chlorophyll b. I. Mit-teilung. Liebigs Ann. 498, 228 (1932).
156. —, u. H. K. WEICHMANN: Über komplexe Eisensalze von Chlorophyllporphy-rinen und Purpurinen. Liebigs Ann. 498, 268 (1932).
157. —, u. H. SIEBEL: Über Phäophorbid a, Chlorin e und Chlorophyll a. Liebigs Ann. 499, 84 (1932).
158. —, u. J. RIEDMAIR: Zur Synthese des Desoxo-phylloerythrins und über Brom-vinyl-pyrrole. Liebigs Ann. 499, 288 (1932).

598   Arthur Stoll und Erwin Wiedemann:

159. Fischer, H., W. Siedel u. L. Le Thierry d'Ennequin: Synthese der vier isomeren Phylloporphyrine. Liebigs Ann. **500**, 137 (1933).

160. —, u. P. Pratesi: Über Pyrrorhodin und einige Derivate. Liebigs Ann. **500**, 203 (1933).

161. —, J. Heckmaier u. E. Plötz: Über Chlorin e$_4$, Chlorporphyrin e$_5$ und Iso-phäoporphyrin a$_5$. Liebigs Ann. **500**, 215 (1933).

162. —, u. W. Hagert: Über Neo-phäoporphyrin a$_6$, über Oxy-methylphäophorbid, seine Dihydroverbindung und Allophäoporphyrin a$_7$. Liebigs Ann. **502**, 41 (1933).

163. —, St. Breitner, A. Hendschel u. L. Nüssler: Über Chlorophyll b. II. Mitteilung. Liebigs Ann. **503**, 1 (1933).

164. —, u. J. Riedmair: Über Iso-phäoporphyrin a$_6$. Liebigs Ann. **505**, 87 (1933).

165. —, J. Heckmaier u. W. Hagert: Über Chloroporphyrin e$_7$-lacton, über Phäoporphyrin a$_7$ und ihre Decarboxylierung zu Oxymethylrhodoporphyrin-lacton bzw. Chloroporphyrin e$_5$. Beiträge zur Chemie der Chloroporphyrine. Liebigs Ann. **505**, 209 (1933).

166. —, A. Hendschel u. L. Nüssler: Nachweis des isocyklischen Ringes in Chlorophyll b. III. Mitteilung über Chlorophyll b. Liebigs Ann. **506**, 83 (1933).

167. —, u. J. Riedmair: Über die Aufspaltung von Chlorophyll a und seinen Derivaten durch Diazomethan. Kristallisiertes allomerisiertes Äthylphäophorbid a. Liebigs Ann. **506**, 107 (1933).

168. —, u. E. Lakatos: Katalytische Hydrierungen in der Chlorophyllreihe. Liebigs Ann. **506**, 123 (1933).

169. —, M. Speitmann u. H. Meth: Neue Synthese des Desoxo-phylloerythrins sowie einiger Derivate des Phylloporphyrins. Liebigs Ann. **508**, 154 (1934).

170. —, J. Riedmair u. J. Hasenkamp: Über Oxo-porphyrine: Ein Beitrag zur Kenntnis der Feinstruktur von Chlorophyll a. Liebigs Ann. **508**, 224 (1934).

171. —, u. J. Heckmaier: Überführung von Phäoporphyrin a$_5$ in Phäoporphyrin a$_6$ und Neo-phäoporphyrin a$_6$. Liebigs Ann. **508**, 250 (1934).

172. —, u. J. Ebersberger: Über Mesorhodin und seinen Übergang zu Chlorophyll-porphyrinen sowie Oxydation des Phylloerythrins. Liebigs Ann. **509**, 19 (1934).

173. —, E. Lakatos u. J. Schnell: Katalytische Hydrierungen in der Chlorophyllreihe. Liebigs Ann. **509**, 201 (1934).

174. —, u. G. Spielberger: Teilsynthese des Chlorophyllids a. Trabajos del IX Congreso Internacional de Quimica Pura y Aplicada. V. Quimica Biologica Pura y Aplicada. Madrid 1934.

175. — — Teilsynthese des Chlorophyllids a. Liebigs Ann. **510**, 156 (1934).

176. —, J. Heckmaier u. Th. Scherrer: Über Oxydationsprodukte von Phäophorbid a und Phäoporphyrin a$_5$. Liebigs Ann. **510**, 169 (1934).

177. —, u. St. Breitner: Über Chlorophyll b. Überführung von Rhodinporphyrin g$_7$ in Rhodinporphyrin g$_8$. IV. Mitteilung über Chlorophyll b. Liebigs Ann. **510**, 183 (1934).

178. — — Über Chlorophyll b. V. Mitteilung über Chlorophyll b. Liebigs Ann. **511**, 183 (1934).

179. —, u. A. Schwarz: Synthese des 6-Formyl-pyrroporphyrins und des 6-Formyl-phylloporphyrins. Liebigs Ann. **512**, 239 (1934).

180. —, u. J. Hasenkamp: Neue Erkenntnisse in der Feinstruktur des Chlorophyll a. Liebigs Ann. **513**, 107 (1934).

181. —, u. G. Spielberger: Teilsynthese von Äthylchlorophyllid b, sowie über 10-Äthoxy-methylphäophorbid b. Liebigs Ann. **515**, 130 (1935).

182. FISCHER, H., u. J. HASENKAMP: Über die Konstitution des Farbstoffes der Purpurbacterien und über 9-Oxy-desoxophäoporphyrin a$_5$. Liebigs Ann. **515**, 148 (1935).

183. —, u. ST. BREITNER: Über Chlorophyll b. Nachweis der Formylgruppe in 3-Stellung. VI. Mitteilung über Chlorophyll b. Liebigs Ann. **516**, 61 (1935).

184. —, u. S. BÖCKH: Über die Synthese einiger Chlorophyllporphyrine. Liebigs Ann. **516**, 177 (1935).

185. —, u. J. GRASSL: Weiterer Beitrag zur Feinstruktur von Chlorophyll b. VII. Mitteilung über Chlorophyll b. Liebigs Ann. **517**, 1 (1935).

186. —, u. H. MEDICK: Über die Einwirkung von Diazoessigester auf einige Chlorophyllderivate. Liebigs Ann. **517**, 245 (1935).

187. —, u. H.-J. HOFMANN: Synthese des Desoxo-phyllerythro-ätioporphyrins. Liebigs Ann. **517**, 274 (1935).

188. —, u. W. ROSE: Synthesen der β-freien Desoxo-phylloerythrine-1,2,3,4 und eines isomeren Desoxo-phylloerythrins. Liebigs Ann. **519**, 1 (1935).

189. —, u. J. HASENKAMP: Überführung der Vinylgruppe des Chlorophylls und seiner Derivate in den Oxäthylrest, sowie über Oxo-pyrroporphyrin. Liebigs Ann. **519**, 42 (1935).

190. —, u. A. STERN: Über die Feinstruktur von Chlorophyll a und b. Nachweis von zwei asymmetrischen Kohlenstoffatomen. Liebigs Ann. **519**, 58 (1935).

191. —, u. H. KELLERMANN: Über Isochlorin e$_4$ und Phyllochlorin. Liebigs Ann. **519**, 209 (1935).

192. —, u. TH. SCHERRER: Über einige Derivate des Oxy-phäoporphyrins a$_5$. Liebigs Ann. **519**, 234 (1935).

193. —, u. W. SCHMIDT: Teilsynthese des Phäophytins und einiger weiterer Phäophorbid-ester. Liebigs Ann. **519**, 244 (1935).

194. —, u. A. STERN: Weiterer Beitrag zur Kenntnis der Feinstruktur des Chlorophylls. Liebigs Ann. **520**, 88 (1935).

195. —, u. W. GLEIM: Synthese des Porphins. Liebigs Ann. **521**, 157 (1935).

196. —, u. G. KRAUSS: Synthese des Oxo-rhodoporphyrins, seine Überführung in 1,3,5,8-Tetramethyl-4-äthyl-2-oxäthyl-6-carbonsäure-7-propionsäure-porphin und über Pseudo-verdoporphyrin. Liebigs Ann. **521**, 261 (1936).

197. —, u. ST. BREITNER: Vergleichende Oxydation des Chlorophyllids und einiger Abkömmlinge. Liebigs Ann. **522**, 151 (1936).

198. —, u. S. GOEBEL: Über die aktiven Wasserstoffe bei den Chlorophyllderivaten (V.). Liebigs Ann. **522**, 168 (1936).

199. —, K. MÜLLER u. O. LESCHHORN: Über Keto-phylloporphyrine und ihren Übergang in Desoxo-phyllerythrin-derivate. Liebigs Ann. **523**, 164 (1936).

200. —, u. K. BAUER: Purpurine, Rhodine und Rhodinporphyrine aus Chlorophyll b. Neue Analogien zwischen Chlorophyll a und b. VIII. Mitteilung über Chlorophyll b. Liebigs Ann. **523**, 235 (1936).

201. —, u. H. KELLERMANN: Teilsynthese von Phäoporphyrin a$_5$ und Phylloerythrin. Liebigs Ann. **524**, 25 (1936).

202. —, K. HERRLE u. H. KELLERMANN: Über Meso-purpurine, Vinylchlorine und ihre Derivate. Liebigs Ann. **524**, 222 (1936).

203. —, u. K. KAHR: Über die Isomerie zwischen Chlorin p$_6$ und Pseudo-chlorin p$_6$ und die ihrer Derivate. Festlegung der Pyrrolin-Struktur im Kern III des Chlorophylls. Liebigs Ann. **524**, 251 (1936).

204. —, u. S. GOEBEL: Neue Ringsprengung am Phäophorbid a und am Phäoporphyrin a$_5$. Liebigs Ann. **524**, 269 (1936).

205. —, u. W. LAUTSCH: Quantitative Dehydrierung von Phäophorbid a. Liebigs Ann. **525**, 259 (1936).

206. Fischer, H., u. K. Herrle: Quantitative Dehydrierung von Chlorin-Kupfer-salzen mit Sauerstoff. Liebigs Ann. **527**, 138 (1937).

207. —, u. W. Lautenschlager: Oxydation und Reduktion der Formylgruppe des Chlorophylls b. Liebigs Ann. **528**, 9 (1937).

208. —, u. W. Lautsch: Über Dioxy-chlorine und Dioxy-phorbide. Liebigs Ann. **528**, 247 (1937).

209. — — Teilsynthese von Methylphäophorbid a und Methylphäophorbid b. Liebigs Ann. **528**, 265 (1937).

210. —, u. K. Bub: Über Phäoporphyrinogen a_5, Phylloerythrinogen und Versuche zur Inaktivierung des Chlorophylls und seiner Derivate. Liebigs Ann. **530**, 213 (1937).

211. —, u. K. Herrle: Über Anhydro-chlorine, Rhodorhodin und katalytische Reduktion von Porphyrinen zu Chlorinen. Liebigs Ann. **530**, 230 (1937).

212. —, u. K. Kahr: Neue Purpurine und Chlorine durch oxydativen Abbau des Chlorophylls. Liebigs Ann. **531**, 209 (1937).

213. —, u. A. Wunderer: Über Desvinyl-Körper in der Chlorophyll a- und b-Reihe. Liebigs Ann. **533**, 230 (1938).

214. —, W. Lautsch u. K. H. Lin: Teilsynthesen von Dehydro-bacterio-phorbid und Dehydro-bacterio-chlorin. Liebigs Ann. **534**, 1 (1938).

215. —, K. Kahr, M. Strell, H. Wenderoth u. H. Walter: Nachtrag zu der Abhandlung „Über neue Purpurine und Chlorine". Liebigs Ann. **534**, 292 (1938).

216. —, u. O. Laubereau: Über die Teilsynthese des Meso-pyrophäophorbids und weitere synthetische Versuche in der Chlorophyllreihe. Liebigs Ann. **535**, 17 (1938).

217. —, u. H. Wenderoth: Zur Kenntnis von Chlorophyll. Liebigs Ann. **537**, 170 (1939).

218. —, u. C. G. Schröder: Zur Konstitution der Verdine und über synthetische Rhodine. Liebigs Ann. **537**, 250 (1939).

219. —, A. Oestreicher u. A. Albert: Über Acetyl-rhodin g_7 und einige Vinyl-porphyrine. Liebigs Ann. **538**, 128 (1939).

220. —, u. M. Conrad: Über Teiloxydation einiger Chlorophyllderivate. Liebigs Ann. **538**, 143 (1939).

221. —, u. M. Strell: Über Neopurpurine. Liebigs Ann. **538**, 157 (1939).

222. —, H. Guggemos u. A. Schäfer: Über 2-Methyl-3,4-diäthyl-pyrrol und 3,4-Diäthyl-pyrrol. Liebigs Ann. **540**, 30 (1939).

223. —, u. St. F. McDonald: Über Vinyl-, Oxäthyl- und Oxo-phylloporphyrin. Liebigs Ann. **540**, 211 (1939).

224. —, u. J. M. Ortiz-Velez: Über 2-α-Oxy-meso-isochlorin e_4-dimethylester und Vinyl-isochloroporphyrin e_4. Liebigs Ann. **540**, 224 (1939).

225. —, u. M. Strell: Über Isopurpurine und Neopurpurine. Liebigs Ann. **540**, 232 (1939).

226. —, u. C. G. Schröder: Synthese des Rhodoporphyrin-γ-carbonsäure-anhydrids und über synthetische Rhodine und Verdine. Liebigs Ann. **541**, 196 (1939).

227. —, u. E. Stier: Über γ-Formyl-pyrroporphyrin. Liebigs Ann. **542**, 224 (1939).

228. —, u. M. Strell: Teilsynthesen in der Chlorin- und Purpurinreihe. Liebigs Ann. **543**, 143 (1940).

229. —, E. Stier u. W. Kanngiesser: Totalsynthese von Phäoporphyrin a_5. Liebigs Ann. **543**, 258 (1940).

230. —, u. W. Kanngiesser: Synthese von Desoxophyllerythrinderivaten, eines Iso-mesoporphyrins und eines Iso-rhodins. Liebigs Ann. **543**, 271 (1940).

231. FISCHER, H., u. H. ECKOLDT: Überführung von Porphyrinen in Dioxy-chlorine durch Einwirkung von Osmiumtetroxyd. Liebigs Ann. **544**, 138 (1940).

232. —, u. H. WENDEROTH: Optisch aktives Hämotricarbonsäureimid aus Chlorophyll. Liebigs Ann. **545**, 140 (1940).

233. —, H. MITTENZWEI u. D. B. HEVÉR: Überführung von Dehydrobacteriophäophorbid a in Chlorophyll a. Liebigs Ann. **545**, 154 (1940).

234. —, u. A. OESTREICHER: Neue Teilsynthesen von Methylphäophorbid a aus Chlorin e_6-triester. Liebigs Ann. **546**, 49 (1940).

235. —, u. E. A. DIETL: Einige neue Reaktionen des Pyrroporphyrins. Liebigs Ann. **547**, 86 (1941).

236. —, u. W. KLENDAUER: Über die Chlorierungs- und Nitrierungsreaktion bei Porphyrinen und Chlorinen. Liebigs Ann. **547**, 123 (1941).

237. —, u. H. GIBIAN: Über einige neue Derivate von Purpurin 18. Liebigs Ann. **547**, 216 (1941).

238. —, u. E. A. DIETL: Über Chlorderivate von Chlorophyllporphyrinen, Phorbiden und Chlorinen. Liebigs Ann. **547**, 234 (1941).

239. —, u. J. MITTERMAIR: Neue Reaktionen von Formylporphyrinen. Liebigs Ann. **548**, 147 (1941).

240. —, u. H. GIBIAN: Über die Hydrierung von Vinyl- zu Mesoverbindungen mit Hydrazinhydrat. Liebigs Ann. **548**, 183 (1941).

241. —, u. H. WALTER: Über Phorbid- und Chlorinaldehyde und ihre Umsetzungen. Liebigs Ann. **549**, 44 (1941).

242. —, u. H. GADEMANN: Über Kondensationsprodukte von Pyrrolen mit Propiolsäure und Brenztraubensäure. Liebigs Ann. **550**, 196 (1942).

243. —, u. H. GIBIAN: Racemisierung von Chlorophyllderivaten. Liebigs Ann. **550**, 208 (1942).

244. —, u. A. OESTREICHER: Über die Einführung des Acetylrestes in 2-Desvinylpyrophäophorbid a und über die Teilsynthese von Vinyl-phäoporphyrin a_5. Liebigs Ann. **550**, 252 (1942).

245. —, u. H. GIBIAN: Übergang von der Chlorophyll b- in die a-Reihe. Liebigs Ann. **552**, 153 (1942).

246. —, u. F. GERNER: Über Purpurin 3, seine Mesoverbindung und einige Derivate. Liebigs Ann. **553**, 67 (1942).

247. — — Teilsynthese des 6-Formyl-meso-iso-chlorin e_4. Liebigs Ann. **553**, 146 (1942).

248. —, u. F. BALÁŽ: Über Desvinyl-phyllochlorin, seine Teilsynthese und die des 2-Desvinyl-2-acetyl-phyllochlorins. Liebigs Ann. **553**, 166 (1942).

249. — — Synthetische Versuche mit Mesophyllochlorin. Liebigs Ann. **555**, 81 (1943).

250. —, u. H. PFEIFFER: Purpurin 7-lacton-äthyläther, ein Allomerisationsprodukt von Chlorophylid a. Liebigs Ann. **555**, 94 (1943).

251. — — Oxydation von Porphyrinen und Chlorinen mit Osmiumtetroxyd. Liebigs Ann. **556**, 131 (1944).

252. — — Nachtrag zur Arbeit: Purpurin 7-lacton-äthyläther, ein Allomerisationsprodukt von Chlorophyllid a. Liebigs Ann. **556**, 154 (1944).

253. —, u. M. STRELL: Totalsynthese des Meso-pyrrochlorin-γ-glycolsäure-dimethylesters. Liebigs Ann. **556**, 224 (1944).

254. —, F. GERNER, W. SCHMELZ u. F. BALÁŽ: Über die Einführung von Substituenten in β-Stellung bei Pyrrolen und Pyrrolfarbstoffen. Liebigs Ann. **557**, 134 (1944).

255. —, F. BALÁŽ, F. GERNER u. M. KÖNIGER: Teilsynthese von 6-Cyanmeso-isochlorin e-dimethylester und einige weitere Umsetzungen bei Chlorophyllderivaten. Liebigs Ann. **557**, 163 (1944).

256. FISCHER, H., u. F. GERNER: Teilsynthese von Meso-methylphäophorbid a und von 9-Oxy-desoxo-meso-methylphäophorbid a. Über Chlor-meso-chlorine. Liebigs Ann. **559**, 77 (1948).

257. — — Teilsynthese von Meso-phäophorbid a und 10-Oxy-meso-phäophorbid a. Naturwiss. **33**, 59 (1946).

258. —, Zur Kenntnis des Phylloerythrins. Z. physiol. Chem. **96**, 292 (1916).

259. —, u. H. HILMER: Zur Kenntnis des Phylloerythrins. II. Z. physiol. Chem. **143**, 1 (1925).

260. —, u. R. HESS: Vorkommen von Phylloerythrin in Rindergallensteinen. Z. physiol. Chem. **187**, 133 (1930).

261. —, A. TREIBS u. K. ZEILE: Über den Mechanismus der Eiseneinfuhrung in Porphyrine und Isolierung von krystallisierten Hämen. Z. physiol. Chem. **195**, 1 (1931).

262. —, u. A. HENDSCHEL: Über Phyllobombycin und den biologischen Abbau der Chlorophylle. Z. physiol. Chem. **198**, 33 (1931).

263. — — Über Phyllobombycin und Probophorbide. Z. physiol. Chem. **206**, 255 (1932).

264. — — Gewinnung von Chlorophyllderivaten aus Elephanten- und Menschen-Exkrementen. Z. physiol. Chem. **216**, 57 (1933).

265. — — Gewinnung von Phäophorbid a aus Seidenraupenkot. Z. physiol. Chem. **222**, 250 (1933).

266. —, u. CH. E. STAFF: Versuche zur Synthese von Porphyrinen mit ungesättigten Seitenketten und einige Umsetzungen vinylsubstituierter Pyrrole, insbesondere mit Diazomethan und Diazoessigester. Z. physiol. Chem. **234**, 97 (1935).

267. —, u. F. STADLER: Gewinnung von Dihydropyrophäophorbid a und Pyrophäophorbid b aus Schafskot. Z. physiol. Chem. **239**, 167 (1936).

268. —, u. L. BEER: Über Formyl-pyrroporphyrin und Formyl-deutero-porphyrin. Z. physiol. Chem. **244**, 31 (1936).

269. —, u. H.-J. HOFMANN: Aufspaltung von Azlactonen durch Einwirkung von Diazomethan-Methylalkohol, sowie durch Alkoholat in Analogie zum Verhalten des Chlorophylls und seiner Derivate. Z. physiol. Chem. **245**, 139 (1937).

270. —, u. R. LAMBRECHT: Über Bacteriochlorophyll a. (Vorläufige Mitteilung.) Z. physiol. Chem. **249**, 1 (1937).

270a. —, u. H. HÖFELMANN: Über Pyrroline, Opso-pyrrol-aldehyd und eine neue Synthese der Iso-neoxantho-bilirubin-säure. Z. physiol. Chem. **151**, 187 (1938).

271. — — u. H. MITTENZWEI: Über Bacterio-chlorophyll. 2. Mitteilung. Z. physiol. Chem. **253**, 1 (1938).

272. —, u. R. LAMBRECHT: Verhalten von Chlorophyllderivaten gegen Chlorophyllase. Z. physiol. Chem. **253**, 253 (1938).

273. —, H. MITTENZWEI u. A. OESTREICHER: Über Protochlorophyll und Vinyl-phäoporphyrin a₅. Z. physiol. Chem. **257**, IV (1939).

274. —, u. A. OESTREICHER: Über Protochlorophyll und Vinylporphyrine. Z. physiol. Chem. **262**, 243 (1940).

275. —, H. KELLERMANN u. F. BALÁŽ: Über die Bromierung der Ester von Meso-isochlorin e₄ und Mesochlorin e₆. Ber. dtsch. Chem. Ges. **75**, 1778 (1942).

FISCHER, H.: Zusammenfassende Referate.

276. FISCHER, H.: Über Chlorophyll a. Liebigs Ann. **502**, 175 (1933).

277. — Chlorophyll a. J. Chem. Soc. Lond. **1934**, 245.

278. — Chlorophyll. Mikrochem. **1936**, 67. (Festschrift HANS MOLISCH.)

279. FISCHER, H.: Chlorophyll. Chem. Reviews **20**, 41 (1937).

280. — Chlorophyll. Forschg. u. Fortschr. **21**, 14 (1945).

281. —, and M. STRELL: Naturfarbstoffe IV, Chlorophyll. Fiat Rev. of German Science **39**, 141 (1947).

282. —, u. H. ORTH: Die Chemie des Pyrrols, Bd. I: 1934; Bd. II/1: 1937; Bd. II/2 (bearbeitet von H. FISCHER und A. STERN): 1940. Leipzig: Akademische Verlagsgesellschaft.

283. GRANICK, S.: Protoporphyrin 9 as a Precursor of Chlorophyll. J. of Biol. Chem. **172**, 717 (1948).

284. —, and R. KETT: Magnesium Protoporphyrin as a Precursor of Chlorophyll in Chlorella. J. of Biol. Chem. **175**, 333 (1948).

285. — The Pheoporphyrin Nature of Chlorophyll c. J. of Biol. Chem. **179**, 505 (1949).

286. — Magnesium Vinyl Pheoporphyrin a_5, another Intermediate in the Biologic Synthesis of Chlorophyll. J. of Biol. Chem. **183**, 713 (1950).

287. HAGENBACH, A., F. AUERBACHER u. E. WIEDEMANN: Zur Kenntnis der Lichtabsorption von Porphinfarbstoffen und über einige mögliche Beziehungen zu ihrer Konstitution. Helv. phys. Acta **9**, 3 (1936).

288. JOSLYN, M. A., and G. MACKINNEY: The Rate of Conversion of Chlorophyll to Pheophytin. J. Amer. Chem. Soc. **60**, 1132 (1938).

289. KNORR, H. V., and V. M. ALBERS: Spectroscopic Studies of the Simpler Porphyrins. II. J. Chem. Phys. **9**, 197 (1941).

290. KÜSTER, W.: Beiträge zur Kenntnis des Bilirubins und Hämins. Z. physiol. Chem. **82**, 463 (1912).

291. LIVINGSTON, R.: Reversible Bleaching of Chlorophyll. J. Phys. Chem. **45**, 1312 (1941).

292. MCBRADY, J. J., and R. LININGSTON: Reversible Photobleaching of Chlorophyll. J. Phys. a. Coll. Chem. **52**, 662 (1948).

293. MACKINNEY, G., and M. A. JOSLYN: The Conversion of Chlorophyll to Pheophytin. J. Amer. Chem. Soc. **62**, 231 (1940).

294. — Criteria for Purity of Chlorophyll Preparations. J. of Biol. Chem. **132**, 91 (1940).

295. — Absorption of Light by Chlorophyll Solutions. J. of Biol. Chem. **140**, 315 (1941).

296. — Plant Pigments. Ann. Rev. Biochem. **9**, 459 (1940).

297. MANNING, W. M., and H. H. STRAIN: Chlorophyll d, a Green Pigment of Red Algae. J. of Biol. Chem. **151**, 1 (1943).

298. METZENER, P.: Über den Farbstoff der grünen Bacterien (Chlorobacterien). Ber. dtsch. bot. Ges. **40**, 125 (1922).

299. MITTENZWEI, H.: Über Bacteriochlorophyll. Z. physiol. Chem. **275**, 93 (1942).

300. MOLISCH, H.: Eine neue mikrochemische Reaktion auf Chlorophyll. Ber. dtsch. chem. Ges. **14**, 16 (1896).

300a. NIEL, C. B. VAN: On the Pigments of the Purple Bacteria. I. Arch. Mikrobiol. **6**, 219 (1935).

300b. — On the Metabolism of the Thiorhodaceae. Arch. Mikrobiol. **7**, 323 (1936).

301. —, and W. ARNOLD: Quantitative Estimation of Bacteriochlorophyll. Enzymologia **5**, 244 (1938).

302. NOACK, K.: Zur Entstehung des Chlorophylls und dessen Beziehung zum Blutfarbstoff. Naturwiss. **17**, 104 (1928).

303. —, u. W. KIESSLING: Zur Entstehung des Chlorophylls und seiner Beziehung zum Blutfarbstoff. Z. physiol. Chem. **182**, 13 (1929).

304. Noack, K., u. W. Kiessling: Zur Entstehung des Chlorophylls und seiner Beziehung zum Blutfarbstoff. II. Z. physiol. Chem. **193**, 97 (1930).

305. — — Zur Kenntnis der Chlorophyllbildung. Z. angew. Chem. **44**, 93 (1931).

306. —, u. E. Schneider: Ein Chlorophyll-artiger Bacterienfarbstoff. Naturwiss. **21**, 835 (1933).

307. Pruckner, F., A. Oestreicher u. H. Fischer: Rotationsdispersion und scheinbare Inaktivität einiger Chlorophyllderivate. Liebigs Ann. **546**, 41 (1940).

308. — Lichtabsorption und Konstitution der Chlorophyllderivate. I. Z. physik. Chem. A **180**, 321 (1937).

309. — Lichtabsorption und Konstitution der Chlorophyllderivate. II. Z. physik. Chem. A **187**, 257 (1940).

310. — Lichtabsorption und Konstitution der Chlorophyllderivate. III. Absorption der Dioxykörper. Z. physik. Chem. A **188**, 41 (1941).

311. — Isomerie und Absorption bei cyclischen Pyrrolfarbstoffen. IV. Mitteilung zur Lichtabsorption und Konstitution der Chlorophyllderivate. Z. physik. Chem. A **190**, 101 (1942).

312. Endermann, F.: Betrachtungen über die Struktur der Imido-Porphyrine im Zusammenhang mit den Phtalocyaninen. Z. physik. Chem. A **190**, 129 (1942).

313. Porret, D., and, E. Rabinowitch: Reversible Bleaching of Chlorophyll. Nature **140**, 321 (1937).

314. Rabinowitch, E., and J. Weiss: Reversible Oxydation and Reduction of Chlorophyll. Nature **138**, 1098 (1936).

315. — — Reversible Oxydation of Chlorophyll. Proc. Roy. Soc. London A **162**, 251 (1937).

316. — Sorption of Carbon Dioxide by Chlorophyll. Nature **141**, 39 (1938).

317. Rothemund, P.: Protochlorophyll. Cold Spring Harbor Symp. quant. Biol. **3**, 71 (1935).

318. — Porphyrin Studies. III. The Structure of the Porphine Ring System. J. Amer. Chem. Soc. **61**, 2912 (1939).

319. Sachs, J.: Über das Vorhandensein eines farblosen Chlorophyllchromogens in Pflanzenteilen, welche fähig sind, grün zu werden. Lotos, Prag **9**, 6 (1859).

320. Schneider, E.: Über das Bacterio-chlorophyll der Purpurbacterien. Cohns Beitr. Biol. Pflanz. **18**, 81 (1930).

321. — Vortrag über chlorophyllartige Farbstoffe bei den Purpurbacterien. Ber. dtsch. bot. Ges. **52**, 96 (1934).

322. — Über das Bacterio-chlorophyll der Purpurbacterien. II. Z. physiol. Chem. **226**, 221 (1934).

323. Seybold, A.: Zur Kenntnis des Protochlorophylls. Planta **26**, 712 (1937).

324. — u. K. Egle: Zur chromatographischen Methode der Blattpigmente. Planta **29**, 114 (1938).

325. —, — Zur Kenntnis des Protochlorophylls. II. Planta **29**, 119 (1938).

326. — Zur Kenntnis des Protochlorophylls. III. Planta **36**, 371 (1948).

327. — Chromatographie der Blattfarbstoffe. Planta **38**, 601 (1950).

328. Siedel, W.: Neuartige Darstellung von α-Oxypyrrolen, Beispiel einer intramolekular gekoppelten Reaktion. Liebigs Ann. **554**, 144 (1943).

329. —, u. F. Winkler: Oxydation von Pyrrolderivaten mit Bleitetracetat. Neuartige Porphyrinsynthesen. Liebigs Ann. **554**, 162 (1943).

330. — — Über Di-opsopyrro-chinon. Liebigs Ann. **554**, 201 (1943).

331. Smith, J. H. C.: Organic Compounds of Mg and their Relation to Chlorophyll Formation. J. Amer. Chem. Soc. **69**, 1492 (1947).

332. — Protochlorophyll, Precursor of Chlorophyll. Arch. of Biochem. **19**, 449 (1948).

333. STEELE, C. C.: Recent Progress in Determining the Chemical Structure of Chlorophyll. Chem. Reviews **20**, 1 (1937).

334. STERN, A., u. G. KLEBS: Calorimetrische Bestimmung bei einfachen und mehrkernigen Pyrrolderivaten. Liebigs Ann. **500**, 91 (1932).

335. — — Calorimetrische Bestimmungen bei einfachen und mehrkernigen Pyrrolderivaten. Liebigs Ann. **504**, 287 (1933).

336. — — Calorimetrische Bestimmungen bei mehrkernigen Pyrrolderivaten. Liebigs Ann. **505**, 295 (1933).

337. —, u. H. WENDERLEIN: Über die Lichtabsorption der Porphyrine. I. Z. physik. Chem. A **170**, 337 (1934).

338. — — Über die Lichtabsorption der Porphyrine. II. Z. physik. Chem. A **171**, 465 (1934).

339. — — Über die Lichtabsorption der Porphyrine. III. Z. physik. Chem. A **174**, 81 (1935).

340. — — Über die Lichtabsorption der Porphyrine. IV. Z. physik. Chem. A **174**, 321 (1935).

341. —, u. H. MOLVIG: Zur Fluoreszenz der Porphyrine. Z. physik. Chem. A **175**, 38 (1935).

342. —, u. H. WENDERLEIN: Über die Lichtabsorption der Porphyrine. V. Z. physik. Chem. A **175**, 405 (1935).

343. — — Über die Lichtabsorption der Porphyrine. VI. Z. physik. Chem. A **176**, 81 (1936).

344. —, u. K. THALMAYER: Zum RAMAN-Spektrum des Pyrrols und einiger Derivate. Z. physik. Chem. B **31**, 403 (1936).

345. —, u. H. MOLVIG: Zur Fluoreszenz der Porphyrine. Z. physik. Chem. A **176**, 209 (1936).

346. —, u. M. DEŽELIČ: Zur Fluoreszenz der Porphyrine. Z. physik. Chem. A **176**, 347 (1936).

347. —, H. WENDERLEIN u. H. MOLVIG: Über die Lichtabsorption der Porphyrine. VII. Z. physik. Chem. A **177**, 40 (1936).

348. — — Über die Lichtabsorption der Porphyrine. VIII. Z. physik. Chem. A **177**, 165 (1936).

349. —, u. H. MOLVIG: Über die Lichtabsorption der Porphyrine. IX. Z. physik. Chem. A **177**, 365 (1936).

350. —, u. F. PRUCKNER: Über die Lichtabsorption der Porphyrine. X. Z. physik. Chem. A **177**, 387 (1936).

351. —, u. H. MOLVIG: Über die Lichtabsorption der Porphyrine. XI. Z. physik. Chem. A **178**, 161 (1937).

352. —, u. M. DEŽELIČ: Über die Lichtabsorption der Porphyrine. XII. Z. physik. Chem. A **179**, 275 (1937).

353. — — Über die Lichtabsorption der Porphyrine. XIII. Z. physik. Chem. A **180**, 131 (1937).

354. —, u. F. PRUCKNER: Lichtabsorption und Konstitution einiger Derivate der Chlorophylle. Z. physik. Chem. A **180**, 321 (1937).

355. STOLL, A., u. E. WIEDEMANN: Über die Phasenprobe und die nächsten Abkömmlinge des Chlorophylls. Naturwiss. **20**, 628 (1932).

356. — — Über den Reaktionsverlauf der Phasenprobe und die Konstitution von Chlorophyll a und b. Verh. Schweiz. Naturforsch. Ges. Thun **1932**, 337.

357. — — Der Reaktionsverlauf der Phasenprobe und die Konstitution von Chlorophyll a und b. Naturwiss. **20**, 706 (1932).

358. — — Über die Kernstruktur des Chlorophylls und seine katalytische Hydrierung. Naturwiss. **20**, 791 (1932).

359. Stoll, A., u. E. Wiedemann: Über den Reaktionsverlauf der Phasenprobe und die Konstitution von Chlorophyll a und b. Helv. chim. Acta 15, 1128 (1932).

360. — — Über die Konstitution des Chlorophylls und die Bildung der ihm zugrunde liegenden Dicarbonsäuren. Helv. chim. Acta 15, 1280 (1932).

361. — — Die Zusammensetzung des Chlorophylls. Helv. chim. Acta 16, 183 (1933).

362. — — Die optische Aktivität des Chlorophylls. Helv. chim. Acta 16, 307 (1933).

363. — — Über Chlorophyll a, seine phasepositiven Derivate und seine Allomerisation. Helv. chim. Acta 16, 739 (1933).

364. — Ein Gang durch biochemische Forschungsarbeiten, S. 32 ff. Berlin: Springer 1933.

365. — — Die Benzoylverbindungen und Oxime von Methyl-phäophorbid a und Phäophorbid a. Helv. chim. Acta 17, 163 (1934).

366. — — Die Oxime der Phäophorbide b. Helv. chim. Acta 17, 456 (1934).

367. — — Die Pyrophäophorbine a und b und ihre Oxime. Helv. chim. Acta 17, 837 (1934).

368. — — Chlorophyll. Fortschr. Chemie organ. Naturstoffe (Zechmeister) 1, 159 (1938).

369. Strain, H. H., and W. M. Manning: Isomerization of Chlorophylls a and b. J. Biol. Chem. 146, 275 (1942). Vgl. auch J. Biol. Chem. 144, 625 (1942); 148, 655 (1943).

370. Strell, M.: Zur Kenntnis der Purpurine. Liebigs Ann. 546, 252 (1940).

370 a. — Zur Kenntnis der Purpurine. Über 10-Oxy-mesophäophorbid a und seine direkte Überführung in Mesopurpurin 7. Liebigs Ann. 550, 50 (1942).

371. —, u. E. Iscimenler: Über Chlorovioline. Liebigs Ann. 553, 53 (1942).

372. — — Über partielle Verseifung von Estern der Chlorin- und Porphyrin-Reihe. Liebigs Ann. 557, 175 (1944).

373. — — Über partielle Veresterung in der Chlorin- und Porphyrin-Reihe. Liebigs Ann. 557, 186 (1944).

374. — Neue Arbeiten auf dem Chlorophyllgebiet. Z. angew. Chem. 62, 452 (1950).

375. Treibs, A., u. E. Wiedemann: Über Chlorophyll. Liebigs Ann. 466, 264 (1928).

376. — — Über den Abbau des Chlorophylls durch Alkali. Liebigs Ann. 471, 146 (1929).

377. — Molekülverbindungen der Porphyrine. Liebigs Ann. 476, 1 (1929).

378. — Ultraviolettabsorption der Porphyrine. Z. physiol. Chem. 213, 33 (1932).

379. — Ultraviolettabsorption der Porphyrine. Z. physiol. Chem. 217, 3 (1933).

380. — Über biologische Abbauprodukte des Chlorophylls in tierischen Konkrementen. Z. physiol. Chem. 220, 89 (1933).

381. —, u. F. Herrlein: Über Verdoporphyrin und den Abbau des Chlorophylls durch Alkali. Liebigs Ann. 506, 1 (1933).

382. — Sulfoverbindungen von Chlorophyllporphyrinen. Liebigs Ann. 506, 196 (1933).

383. — Vorkommen von Chlorophyllderivaten im Oelschiefer aus dem oberen Trias. Liebigs Ann. 509, 103 (1934).

384. — Chlorophyll- und Häminderivate in bituminösen Gesteinen, Erdölen, Erdwachsen und Asphalten. Beitrag zur Entstehung des Erdöls. Liebigs Ann. 510, 42 (1934).

385. —, u. P. Dieter: Molekülverbindungen der Pyrrole und Pyrrolfarbstoffe. Liebigs Ann. 513, 65 (1934).

386. — Chlorophyll- und Häminderivate in bituminösen Gesteinen, Erdölen, Kohlen, Phosphoriten. Liebigs Ann. 517, 172 (1935).

387. TREIBS, A.: Porphyrine in Kohlen. Liebigs Ann. **520**, 144 (1935).

388. —, u. D. DINELLI: Pyrrolderivate mit angegliedertem isocyklischen Ring. Liebigs Ann. **517**, 152 (1935).

389. — — Über die Konstitution des Pyrrolins. Liebigs Ann. **517**, 170 (1935).

390. — Pflanzensubstanzen als Muttersubstanzen des Erdöls. Schr. Geb. Brennstoff-Geol. **1935**, H. 10, S. 121.

391. — Synthesen von Pyrrolen mit angegliedertem isocyklischen Ring. Liebigs Ann. **524**, 285 (1936).

392. — Chlorophyll- und Häminderivate in organischen Mineralstoffen. Z. angew. Chem. **49**, 682 (1936).

393. — Chlorophyll. In G. KLEINS Handbuch der Pflanzenanalyse, Bd. III, S. 1351. Wien: Springer 1932.

394. — Blutfarbstoff und Chlorophyll. In Fortschritt der physiologischen Chemie seit 1929. I. Naturstoffe. 5. Kap. Z. angew. Chem. **47**, 294 (1934).

395. — Synthetische Arbeiten auf dem Chlorophyllgebiet. Z. angew. Chem. **62**, 452 (1950).

396. WEAST, C. A., and G. MACKINNEY: Chlorophyllase. J. of Biol. Chem. **133**, 551 (1940).

397. WENDEROTH, H.: Überführung von Porphyrinen in Isochlorine. Liebigs Ann. **558**, 53 (1947).

398. WEISS, J.: Photochemical Reactions connected with the Quenching of Fluorescence of Dyestuffs by ferrous Ions in Solution. Nature **136**, 794 (1935).

399. WILLSTÄTTER, R., u. W. MIEG: Über eine Methode der Trennung und Bestimmung von Chlorophyllderivaten. Liebigs Ann. **350**, 1 (1906).

400. — Zur Kenntnis der Zusammensetzung des Chlorophylls. Liebigs Ann. **350**, 48 (1906).

401. —, u. F. HOCHEDER: Über die Einwirkung von Säuren und Alkalien auf Chlorophyll. Liebigs Ann. **354**, 205 (1907).

402. —, u. W. MIEG: Über die gelben Begleiter des Chlorophylls. Liebigs Ann. **355**, 1 (1907).

403. —, u. A. PFANNENSTIEL: Über Rhodophyllin. Liebigs Ann. **358**, 205 (1907).

404. —, u. M. BENZ: Über krystallisiertes Chlorophyll. Liebigs Ann. **358**, 267 (1907).

405. —, F. HOCHEDER u. E. HUG: Vergleichende Untersuchung des Chlorophylls verschiedener Pflanzen. Liebigs Ann **371**, 1 (1909).

406. —, u. H. FRITZSCHE: Über den Abbau von Chlorophyll durch Alkalien. Liebigs Ann. **371**, 33 (1909).

407. —, u. Y. ASAHINA: Oxydation der Chlorophyllderivate. Liebigs Ann. **373**, 227 (1910).

408. —, u. A. OPPÉ: Vergleichende Untersuchung des Chlorophylls verschiedener Pflanzen. II. Liebigs Ann. **378**, 1 (1910).

409. —, u. A. STOLL: Über Chlorophyllase. Liebigs Ann. **378**, 18 (1910).

410. —, E. W. MAYER u. E. HÜNI: Über Phytol. I. Liebigs Ann. **378**, 73 (1910).

411. —, u. A. STOLL: Spaltung und Bildung von Chlorophyll. Liebigs Ann. **380**, 148 (1911).

412. —, u. M. ISLER: Vergleichende Untersuchung des Chlorophylls verschiedener Pflanzen. III. Liebigs Ann. **380**, 154 (1911).

413. —, u. E. HUG: Isolierung des Chlorophylls. Liebigs Ann. **380**, 177 (1911).

414. —, u. M. UTZINGER: Über die ersten Umwandlungen des Chlorophylls. Liebigs Ann. **382**, 129 (1911).

415. Willstätter, R., A. Stoll u. M. Utzinger: Absorptionsspektra der Komponenten und ersten Derivate des Chlorophylls. Liebigs Ann. 385, 156 (1911).

416. —, u. Y. Asahina: Über die Reduktion des Chlorophylls. I. Liebigs Ann. 385, 188 (1911).

417. —, u. A. Stoll: Über die Chlorophyllide. Liebigs Ann. 387, 317 (1911).

418. —, u. M. Isler: Über die zwei Komponenten des Chlorophylls. Liebigs Ann. 390, 269 (1912).

419. —, u. L. Forsén: Einführung des Magnesiums in die Derivate des Chlorophylls. Liebigs Ann. 396, 180 (1913).

420. —, M. Fischer u. L. Forsén: Über den Abbau der beiden Chlorophyllkomponenten durch Alkalien. Liebigs Ann. 400, 147 (1913).

421. — — Die Stammsubstanzen der Phylline und Porphyrine. Liebigs Ann. 400, 182 (1913).

422. —, u. H. J. Page: Über die Pigmente der Braunalgen. Liebigs Ann. 404, 237 (1914).

423. —, O. Schuppli u. E. W. Mayer: Über Phytol. II. Liebigs Ann. 418, 121 (1918).

424. —, u. K. Sjöberg: Über Zink- und Kupferverbindungen des Phäophytins. Z. physiol. Chem. 138, 171 (1924).

425. —, u. A. Stoll: Untersuchungen über Chlorophyll. Methoden und Ergebnisse. Berlin: Springer 1913.

426. — Über Pflanzenfarbstoffe. Ber. dtsch. chem. Ges. 47, 2831 (1914).

427. —, u. A. Stoll: Untersuchungen über die Assimilation der Kohlensäure. Berlin: Springer 1918.

428. Winterstein, A., u. G. Stein: Fraktionierung und Reindarstellung organischer Substanzen nach dem Prinzip der chromatographischen Adsorptionsanalyse. I. Anwendungsbereich. Z. physiol. Chem. 220, 247 (1933).

429. — — Fraktionierung und Reindarstellung organischer Substanzen nach dem Prinzip der chromatographischen Adsorptionsanalyse. II. Chlorophylle. Z. physiol. Chem. 220, 263 (1933).

430. — Fraktionierung und Reindarstellung von Pflanzenstoffen nach dem Prinzip der chromatographischen Adsorptionsanalyse. In G. Kleins Handbuch der Pflanzenanalyse, Bd. IV, S. 1403. Wien: Springer 1933.

431. —, u. K. Schön: Fraktionierung und Reindarstellung organischer Substanzen nach dem Prinzip der chromatographischen Adsorptionsanalyse. III. Gibt es ein Chlorophyll c? Z. physiol. Chem. 230, 139 (1934).

432. Zeile, K., u. B. Rau: Über die Verteilung von Porphyrinen zwischen Äther und Salzsäure und ihre Anwendung zur Trennung von Porphyringemischen. Z. physiol. Chem. 250, 197 (1937).

433. Zscheile, F. P.: The third Component of Chlorophyll. Bot. Gaz. 95, 529 (1934).

434. — Number of Chlorophyll Components. Bot. Gaz. 103, 401 (1941).

435. —, and C. Comar: Influence of Preparative Procedure on the Purity of Chlorophyll Components as Shown by Absorption Spectra. Bot. Gaz. 102, 463 (1941).

(Abgeschlossen im September 1951.)

Prof. Dr. Arthur Stoll, Basel 13, Sandoz A.G.

Dr.-Ing. E. Wiedemann, Basel 13, Sandoz A.G.

Beilsteins Handbuch der organischen Chemie

Vierte Auflage

Zweites Ergänzungswerk,
die Literatur von 1920—1929 umfassend.

Herausgegeben und bearbeitet von

Friedrich Richter

Sechster Band: **Isocyclische Verbindungen. Oxy-Verbindungen.**
Als Ergänzung des sechsten Bandes des Hauptwerkes. XXXVI, 1245 Seiten.
1944. (Revidierte Ausgabe 1949.) * DM 260.—

Siebenter Band: **Isocyclische Verbindungen. Oxo-Verbindungen.**
Als Ergänzung des siebenten Bandes des Hauptwerkes. XXXII, 943 Seiten.
1948. * DM 196.—

Achter Band: **Isocyclische Verbindungen. Oxy-Oxo-Verbindungen.**
Als Ergänzung des achten Bandes des Hauptwerkes. XXXI, 657 Seiten.
1948. * DM 141.—

Neunter Band: **Isocyclische Verbindungen. Monocarbonsäuren und Polycarbonsäuren.**
Als Ergänzung des neunten Bandes des Hauptwerkes. XXXII, 890 Seiten.
1949. In Moleskin gebunden DM 214.—

Zehnter Band: **Isocyclische Verbindungen. Oxy-carbonsäuren u. Oxo-carbonsäuren. Oxy-oxo-carbonsäuren.**
Als Ergänzung des zehnten Bandes des Hauptwerkes. XXXII, 951 Seiten.
1949. In Moleskin gebunden DM 248.—

Elfter Band: **Isocyclische Verbindungen. Sulfinsäuren. Sulfonsäuren. Selenin- und Selenonsäuren. Tellurinsäuren.**
Als Ergänzung des elften Bandes des Hauptwerkes. XXXI, 286 Seiten.
1950. In Moleskin gebunden DM 98.—

Zwölfter Band: **Isocyclische Verbindungen. Monoamine.**
Als Ergänzung des zwölften Bandes des Hauptwerkes. XXXII, 976 Seiten.
1950. In Moleskin gebunden DM 278.—

Dreizehnter Band: **Isocyclische Verbindungen. Polyamine. Oxy-amine.**
Als Ergänzung des dreizehnten Bandes des Hauptwerkes. XXXI, 668 Seiten.
1950. In Moleskin gebunden DM 198.—

Vierzehnter Band: **Isocyclische Verbindungen. Oxo-amine. Oxy-oxo-amine. Amino-carbonsäuren. Amino-sulfinsäuren. Amino-sulfonsäuren.**
Als Ergänzung des vierzehnten Bandes des Hauptwerkes. XXXIV, 654 Seiten.
1951. In Moleskin gebunden DM 212.—

Fünfzehnter Band: **Isocyclische Verbindungen. Hydroxylamine. Dihydroxylamine. Hydrazine.** Als Ergänzung des fünfzehnten Bandes des Hauptwerkes. XXXI, 434 Seiten. 1951. In Moleskin gebunden DM 158.—

Sechzehnter Band: **Isocyclische Verbindungen. Azoverbindungen, Diazoverbindungen, Azoxyverbindungen, Nitramine, Nitrosohydroxylamine Triazane, Triazene, Hydroxytriazene, Triazenoxyde, Tetrazane, Tetrazene, Pentazdiene, Oktaz-triene, C-Phosphor-, C-Arsen-, C-Antimon-, C-Wismut-, C-Silicium-Verbindungen usw., metallorganische Verbindungen.** Als Ergänzung des sechzehnten Bandes des Hauptwerkes. XLIV, 872 Seiten. 1951.
In Moleskin gebunden DM 310.—

Für 1952 sind ferner vorgesehen: Siebzehnter, achtzehnter und neunzehnter Band

* Einbanddecken zum sechsten, siebenten und achten Band je DM 7.50

SPRINGER-VERLAG/BERLIN · GÖTTINGEN · HEIDELBERG

Springer-Verlag, Berlin · Göttingen · Heidelberg. — Druck der Universitätsdruckerei H. Stürtz AG., Würzburg.
Printed in Germany

FORTSCHRITTE
DER
CHEMISCHEN FORSCHUNG

HERAUSGEGEBEN VON

F. G. FISCHER
WÜRZBURG

H. W. KOHLSCHÜTTER
DARMSTADT

KL. SCHÄFER
HEIDELBERG

SCHRIFTLEITUNG:

H. MAYER-KAUPP
HEIDELBERG

2. BAND, 4. (SCHLUSS-)HEFT
MIT 93 TEXTABBILDUNGEN

SPRINGER-VERLAG BERLIN HEIDELBERG GMBH 1951

Fortschr.
chem. Forsch.

Preis DM 39.60

Die

„Fortschritte der chemischen Forschung"

erscheinen zwanglos in einzeln berechneten Heften, die zu Bänden vereinigt werden. Ihre Aufgabe liegt in der Darbietung monographischer Fortschrittsberichte über aktuelle Themen aus allen Gebieten der chemischen Wissenschaft. Hauptgesichtspunkt ist nicht lückenloses Zitieren der vorhandenen Literaturangaben, sondern kritische Sichtung der Literatur und Verdeutlichung der Hauptrichtungen des Fortschritts. Auch wenden sich die Fortschrittsberichte nicht ausschließlich an den Spezialisten, sondern an jeden interessierten Chemiker, der sich über die Entwicklung auf den Nachbargebieten zu unterrichten wünscht. Die Berichterstattung erstreckt sich vorläufig über den Zeitraum der letzten 10 Jahre. Beiträge nichtdeutscher Autoren können in englischer oder französischer Sprache veröffentlicht werden.

In der Regel werden nur angeforderte Beiträge veröffentlicht. Nicht angeforderte Manuskripte werden dem Herausgeberkollegium überwiesen, das über die Annahme entscheidet. Für Anregungen betreffs geeigneter Themen sind die Herausgeber jederzeit dankbar.

Anschriften:

Prof. Dr. F. G. Fischer, (13a) *Würzburg, Röntgenring 11* (Organische Chemie und Biochemie).

Prof. Dr. H. W. Kohlschütter, (16) *Darmstadt, Eduard-Zintl-Institut der T. H.* (Anorganische Chemie).

Prof. Dr. Kl. Schäfer, (17a) *Heidelberg, Plöck 55* (Physikalische Chemie).

Dr. H. Mayer-Kaupp, (17a) *Heidelberg, Neuenheimer Landstraße 24* (Springer-Verlag).

Springer-Verlag

<table>
<tr><td align="center">Heidelberg</td><td align="center">Berlin W 35</td></tr>
<tr><td align="center">Neuenheimer Landstraße 24</td><td align="center">Reichpietschufer 20</td></tr>
<tr><td align="center">Fernsprecher 24 40</td><td align="center">Fernsprecher 24 92 51</td></tr>
</table>

Vertriebsvertretung des Verlages im Ausland:

Lange, Maxwell & Springer Ltd., 242 Marylebone Road, London N.W. 1

Fortschr. chem. Forsch., Bd. 2, S. 609—618 (1953).

Recent Advances in Fluorine Chemistry.

By

H. J. Emeléus.

The chemistry of fluorine and its compounds was for many years studied in very few laboratories; indeed until about 1920 many of the important new advances came either from the Paris laboratory, in which fluorine was first isolated by Moissan, or from the laboratory of Ruff in Breslau. Ruff's school was particularly productive and many of the topics which are of interest in current research stem directly from the pioneer work carried out under his direction.

In recent years *elementary fluorine* has become far more generally available and research on fluorine compounds is being conducted in university and industrial laboratories throughout the world. So large, indeed, is the current output of research that any attempt at a comprehensive review would be an impossible undertaking. It seems better, therefore, to deal with a very much more limited field, and particularly with work done in Cambridge during the past few years. This commenced with a study of some of the reactions of the *halogen fluorides*, compounds most of which were first made and examined by Ruff, and, from the *reactions of halogen fluorides with halogenated organic compounds*, we were led to the synthesis of *trifluoroiodo methane*, CF_3I. This, in turn, has provided the key to the synthesis of an important new group of organo-metallic and organometalloidal compounds containing fluorocarbon radicals. These two groups of researches, both of which are still far from complete, are outlined separately below.

The Halogen Fluorides as Ionizing Solvents (1).

The halogen fluorides are usually regarded as normal covalent liquids, in spite of the fact that the iodine chlorides and iodine bromide conduct electricity both in the molten state and in solution (2).

It is not feasible, because of the high reactivity of the halogen fluorides, to test their conductivity in solvents, but, using rigorous procedures for purification, and working with a fused quartz vacuum system and conductivity cells, it was possible to make direct determinations of the conductivity of chlorine trifluoride, bromine trifluoride and iodine pentafluoride. The value for the first of these compounds was low, but the other two gave the surprisingly high values shown below, which were not due to the presece of impurities (3).

ClF_3 b.p. 12·0° Specific conductivity $= 3 \times 10^{-9} \Omega^{-1} cm^{-1}$ (0°)

BrF_3 127·6° $= 8·0 \times 10^{-3} \Omega^{-1} cm^{-1}$ (25°)

IF_5 98° $= 2·3 \times 10^{-5} \Omega^{-1} cm^{-1}$ (25°)

This unexpected result can only be explained by assuming a partial ionization of the bromine and iodine compounds, the most probable modes being as follows:

$$2 BrF_3 \rightleftharpoons BrF_2^+ + BrF_4^-$$
$$2 IF_5 \rightleftharpoons IF_4^+ + IF_6^-.$$

If then, one considers these two compounds as ionizing solvents, it should be possible to prepare derivatives containing either the cation or anion of the solvent which, in the parent solvent, would have properties analogous to those of either an *acid* or a *base*. Here one is guided by the analogy with solvents such as liquid ammonia, in which ammonium salts behave as acids and metal amides as bases. This expectation was, in fact, realised in full.

When, for example, a weighed amount of metallic gold contained in a fused silica vessel was treated with excess of bromine trifluoride, it dissolved rapidly. Excess of solvent, together with free bromine, were then evaporated in vacuum and a white solid remained which had the empirical formula $AuBrF_6$. It was freely soluble in bromine trifluoride and enhanced the conductivity of the latter, so that it may reasonably be formulated as an acid (BrF_2AuF_4) in the bromine trifluoride solvent system. The compound lost bromine trifluoride when heated to 200° and gave auric fluoride AuF_3.

In the same way a number of other substances dissolved and, on evaporation of excess solvent, gave residues which could likewise be formulated as acids (Table 1). It will be noted that the halogen fluoride has a dual role, and first functions as a fluorinating agent before reacting with the fluorinated product to form the acid.

Potassium fluoride when treated by exactly the same technique gave a product of the composition $KBrF_4$, which was likewise soluble and produced an enhanced conductivity. It also had a characteristic X-ray pattern. The formula suggests an analogy with the compound $KICl_4$, which functions as a base in iodine trichloride.

Similar products were obtained from metallic silver and from barium chloride (Table 1), though the residues· from the fluorides of other electropositive elements did not show a stoichiometric composition. This apparent anomaly may be explained by supposing that, in general, bases containing the $(BrF_4)^-$ anion are less stable than the acids, and that a number of compounds of this type lose bromine trifluoride at room temperature. The potassium, silver and barium compounds are

Table 1. *Acids and Bases in the Bromine Trifluoride Solvent System.*

Reactants	Product	Reactants	Product
Acids Sb_2O_3, BrF_3	BrF_2SbF_6	$PtCl_4$, BrF_3	$(BrF_2)_2PtF_6$
$SnCl_2$, BrF_3	$(BrF_2)_2SnF_6$	$PdCl_2$, BrF_3	BrF_2PdF_4
Au, BrF_3	BrF_2AuF_4	*Bases* KF, BrF_3	$KBrF_4$
Nb, BrF_3	BrF_2NbF_6	Ag, BrF_3	$AgBrF_4$
Ta_2O_5, BrF_3	BrF_2TaF_6	$BaCl_2$, BrF_3	$Ba(BrF_4)_2$

apparently more stable, though they too lose bromine trifluoride at temperatures above 100°.

It is possible to titrate an acid with a base in bromine trifluoride solution and to follow the reaction conductimetrically (e.g. $BrF_2SbF_6 + KBrF_4 = KSbF_6 + 2\ BrF_3$). Moreover, with the dibasic acid $(BrF_2)_2SnF_6$ and $KBrF_4$ the equivalence point is observed at a $1:2$ ratio of acid to base:

Precisely similar considerations appear to apply to iodine penta-fluoride, though this has been studied in less detail. Thus from SbF_5 and IF_5 the acid IF_4SbF_6 may be isolated, while with KF the base KIF_6 is formed. These two substances undergo a neutralization reaction and form the salt $KSbF_6$.

These neutralization processes may be used for the preparation of various complex fluorides *without actually isolating the acid or the base.* Thus, for example, if equivalent quantities of metallic silver and gold are dissolved in bromine trifluoride and all volatile material is removed in vacuum, the salt $AgAuF_4$ remains. The usefulness of this method is increased by the apparent existence in bromine trifluoride solution of both acids and bases which are not sufficiently stable to be isolated. This is well illustrated by the reaction of potassium metaphosphate with bromine trifluoride, which gives a quantitative yield of KPF_6:

$$KPO_3 + BrF_3 \to KBrF_4 + [BrF_2PF_6] \to KPF_6.$$

Here one assumes the intermediate formation of *the unstable acid* BrF_2PF_6, a view which is supported by the fact that a mixture of red phosphorus and potassium fluoride likewise dissolves in bromine tri-fluoride to form KPF_6.

In the same way a mixture of arsenious oxide and potassium fluoride, yields potassium hexafluoroarsenate, a product which can be explained only by postulating the acid BrF_2AsF_6 as an intermediate.

The existence of *unstable bases* may be illustrated by a number of reactions leading to salts of the NO_2^+ and NO^+ cations, in the formation of which by neutralization reactions the bases NO_2BrF_4 and $NOBrF_4$ almost certainly are involved. Reactions of this type are shown in Table 2.

Table 2.

Reactants	Products	Reactants	Products
NO_2, Au, BrF_3	NO_2AuF_4	NOCl, GeO_2, BrF_3	$(NO)_2GeF_6$
NO_2, B_2O_3, BrF_3	NO_2BF_4	NOCl, PBr_5, BrF_3	$(NO)PF_6$
NO_2, SnF_4, BrF_2	$(NO_2)_2SnF_6$	NOCl, As_2O_3, BrF_3	$(NO)AsF_6$
NO_2, PBr_5, BrF_3	NO_2PF_6	NOCl, B_2O_3, BrF_3	$(NO)BF_4$
NO_2, As_2O_3, BrF_3	NO_2AsF_6		

The behaviour of *chlorine trifluoride* differs sharply from that of bromine trifluoride for, when it is added to potassium fluoride, the latter may be recovered quantitatively by evaporation in vacuum at room temperature. The same is true of other metallic fluorides and it appears that the $(ClF_4)^-$ anion is inherently unstable. There is some indication that chlorine trifluoride may form acids with the fluorides of some of the non-metallic elements, though this point has not as yet been fully investigated. No direct evidence is yet available as to whether other halogen fluorides can give rise to acids and bases, though this is perhaps less probable for compounds such as ClF, BrF_5 and IF_7.

Organometallic and Organometalloidal Compounds containing Fluorocarbon Radicals.

Turning to the reactions of the halogen fluorides with organic compounds, the literature up to the present contains very little information. It is well known that most organic compounds containing hydrogen react violently with chlorine and bromine trifluorides and these two substances will inevitably have a limited use as fluorinating agents in the organic field. *Iodine pentafluoride* is known, however, to be a milder reagent and its reaction with carbon tetraiodide was examined with a view to preparing the hitherto unknown compound, trifluoroiodomethane, CF_3I (*3*). This reaction was conducted in silica-apparatus and fractionation of the volatile products in a Stock vacuum system, in which the mercury float valves were replaced by taps, gave CF_3I as a gas with a boiling point of $-22.5°$. A similar reaction between tetraiodoethylene and iodine pentafluoride gave C_2F_5I (b.p. 13°).

To appreciate the significance of these two new compounds one must recall the striking properties of carbon compounds in which hydrogen is completely replaced by fluorine. The products are characterized by great chemical inertness, but have physical properties which are similar in many respects to those of the hydrocarbons. This is illustrated by the following summary (Table 3) of the boiling points of fluorocarbons and hydrocarbons of the two series C_nF_{2n+2} and C_nH_{2n+2}.

Table 3.

$n =$	1	2	3	4	5	6	8	16
Fluorocarbon	$-128°$	$-78°$	$-38°$	$-0.5°$	$22°$	$51°$	$104°$	$240°$
Hydrocarbon	$-161°$	$-88°$	$-44°$	$-0.5°$	$36°$	$68°$	$125°$	$286°$

Trifluoromethyl iodide is thus seen as the analogue of *methyl iodide*, and the question arises as to whether it can serve as the parent substance for a group of organometallic compounds, analogous to the many which may be obtained from methyl iodide. The study of this point was greatly facilitated by the discovery of a general method for preparing fluoroalkyl iodides, which was more convenient that that employing iodine pentafluoride. This involved a reaction between iodine and the silver salt of the fluorinated aliphatic acid, e.g.

$$CF_3COOAg + I_2 = CF_3I + AgI + CO_2.$$

Trifluoromethyl iodide was found to differ very considerably from methyl iodide and to behave as a positive iodine compound. Thus it was impossible to replace the iodine atom by groups such as —OH or —NO_2 by the normal procedures. Also, it did not form GRIGNARD compounds readily, though such compounds have since been obtained and will be referred to later (p. 617). There is now much evidence to show that the compound undergoes homolytic fission either when heated to ca. 200° or when irradiated with ultra-violet light, and this approach was used in the preparation of mercury derivatives (*4*). The experimental method used involved condensing a known amount of trifluoroiodomethane into an evacuated Carius tube containing mercury, sealing the tube and heating or irradiating the tube for the required time. In this particular case the products were solids and their isolation was effected by solvent extraction and vacuum sublimation. In subsequent experiments with elements such as phosphorus, which gave volatile products, the latter were removed to a vacuum system for separation and characterization by standard procedures. A few of the less volatile products (e.g. CF_3PI_2) were separated by distillation in nitrogen in semi-micro apparatus of normal design.

The reaction with *mercury* gave as the initial product trifluoromethyl mercuric iodide, CF_3HgI, a white crystalline solid very similar to methyl mercuric iodide. From it, the free base, CF_3HgOH, and a number of salts were prepared.

$$Hg + CF_3I \xrightarrow[\text{or heat (200°)}]{h\nu} CF_3HgI \rightarrow CF_3HgOH, \text{ etc.}$$
$$\downarrow Cd/Hg$$
$$(CF_3)_2Hg$$

The dimercurial differed markedly from its methyl analogue in that it was a volatile white crystalline solid, which was soluble both in organic solvents and in water. It could, indeed, be recovered from water without any evidence of decomposition. The aqueous solution also had a small electrical conductivity, though no evidence has as yet been obtained to show what ions are present. Analogous products may be prepared from pentafluoroiodoethane and higher fluoralkyl iodides of this series.

An analogous reaction occurs between trifluoromethyl iodide and elementary phosphorus, arsenic, antimony, sulphur or selenium (5). The experimental procedure was the same in each case, the fluoroalkyl iodide being heated in a sealed tube or autoclave with the element in question at temperatures ranging from 170° to 280°. Table 4 shows the products of these reactions which have been isolated.

Table 4.

$P(CF_3)_3$	b.p. 17·3°	$Sb(CF_3)_2I$	b.p. —
$P(CF_3)_2I$	73°	$S_2(CF_3)_2$	34·6°
$P(CF_3)I_2$	133°/413 mm	$S_3(CF_3)_2$	86·4°
$As(CF_3)_3$	33·3°	$S_4(CF_3)_2$	135°
$As(CF_3)_2I$	92°	$Se(CF_3)_2$	— 1°
$As(CF_3)I_2$	182—184°	$Se_2(CF_3)_2$	70°
$Sb(CF_3)_3$	73°		

Tris trifluoromethyl phosphine burns in air, but, unlike its methyl analogue, has not so far been found to form addition compounds with sulphur, carbon disulphide or silver iodide. With chlorine it forms the addition compound $P(CF_3)_3Cl_2$ (b.p. 94°), and there is some indication that an addition compound of lower stability may be formed with bromine. With either of these halogens at higher temperatures, partial replacement of CF_3 by halogen occurs and a similar reaction occurs with iodine, yielding some $P(CF_3)_2I$ and $P(CF_3)I_2$.

The iodine atoms in $P(CF_3)_2I$ and $P(CF_3)I_2$ are reactive, and on hydrolysis with cold water both compounds yield the same acid, $PCF_3(OH)_2 \cdot H_2O$, which is a hygroscopic solid of m.p. 84°. This is a moderately strong acid ($k' = 7·8 \times 10^{-2}$; $k'' = 1·0 \times 10^{-4}$), with marked reducing properties. In the hydrolysis of the monoiodide one molecular proportion of fluoroform is evolved quantitatively. Oxidation of the acid with aqueous hydrogen peroxide gives a second acid $P(CF_3)O(OH)_2$ (m.p. 72°), which has no reducing properties and is also moderately strong ($k' = 3·1 \times 10^{-2}$; $k'' = 6·4 \times 10^{-5}$). Both acids are thermally stable up to ca. 200° and, surprisingly, do not evolve fluoroform with aqueous alkali, although the parent iodides do so readily.

The iodine atom in the monoiodide may be replaced by other groups (e.g. Cl, CN) by treatment with the appropriate silver salt. With mercury there is also a reaction, leading to a high yield of the diphosphine $P_2(CF_3)_4$ (b.p. 84°). This has no known methyl analogue and it appears that the P—P bond is stabilised by the strongly negative groups attached to phosphorus. The diphosphine is also interesting in that, on alkaline hydrolysis, both fluoroform (ca. 75%) and fluoride (ca. 25%) are formed. The diphosphine was decomposed by water at 100° and among the products there was a small proportion of the hydride $P(CF_3)_2H$ (b.p. 1°), which is also obtained when the monoiodide is reduced with hydrogen and RANEY nickel. This suggests that hydrolysis may involve fission of the P—P bond, giving $(CF_3)_2PH$ and $(CF_3)_2P(OH)$ as the initial products. This mechanism has not, however, been fully established.

The behaviour of the *arsenic* compounds is, in general, similar to that of those of phosphorus. Tris trifluoromethyl arsine reacts with chlorine to form $As(CF_3)_3Cl_2$ (b.p. 98·5°), which, on heating, loses CF_3Cl. A second pentavalent compound $As(CF_3)_2Cl_3$ (b.p. 94°) is formed by prolonged reaction with chlorine. Reaction with bromine, on the other hand, yields a mixture of $(CF_3)_2AsBr$ (b.p. 60°), CF_3AsBr_2 (b.p. 119°), $AsBr_3$, CF_3Br, and unchanged $As(CF_3)_3$. The reaction with iodine is similar.

The iodine atom in the monoiodide may be replaced by other groups and, by reaction with silver salts, for example, $As(CF_3)_2CN$ (b.p. 89·5°) and $As(CF_3)_2SCN$ (b.p. 116—118°) are readily prepared. Reaction of the monoiodide with mercury gives the cacodyl $As_2(CF_3)_4$ (b.p. 106 to 107°), while with mercuric oxide the oxide $As_2(CF_3)_4O$ (b.p. 95—97°) is formed. The chemistry of these substances has not yet been studied in detail, but it is noteworthy that hydrolysis of the perfluorocacodyl gives both fluoroform and fluoride, which parallels the observations made on the diphosphine.

Both iodides, $As(CF_3)_2I$ and $As(CF_3)I_2$, have been successfully reduced either by lithium aluminium hydride in n-butyl ether or by zinc and hydrochloric acid in aqueous solution. The boiling points of the new compounds are 19° for $As(CF_3)_2H$ and $-20°$ for $As(CF_3)H_2$. Although the monoiodide is not hydrolysed by water at room temperature, it reacts readily with aqueous hydrogen peroxide. Iodine separates and a simultaneous hydrolysis and oxidation occurs. From the solution white crystals of the acid $As(CF_3)_2O(OH)$ may be obtained, which may be recrystallised from chloroform. This acid is almost completely dissociated in aqueous solution, whereas the dissociation constant of the methyl compound, $As(CH_3)_2O(OH)$ is of the order of 10^{-6}—10^{-7}. This striking difference in the strengths of the two acids is in the direction to be expected from the high negativity of the CF_3 group, and parallels the well-known difference between acetic and trifluoroacetic acid.

Arsenicals containing both methyl and trifluoromethyl radicals have been prepared by an exchange reaction. When, for example, tristrifluoromethylarsine, $As(CF_3)_3$, and methyl iodide are mixed and irradiated in a quartz vessel, compounds of the type $As(CF_3)_n(CH_3)_{3-n}$ ($n = 2, 1, 0$) are formed. Qualitatively the incidence of such an exchange may be detected by examining the infra-red spectrum of the product. The interpretation of the results is also facilitated by the synthesis of the compound $As(CF_3)_2CH_3$ (b.p. 52°) by the reaction of methyl magnesium iodide with iodobistrifluoromethylarsine, $As(CF_3)_2I$. There is evidence that this type of exchange reaction occurs with fluoroalkyl derivatives of other elements (e.g. of selenium) and it widens very considerably the field which is open for further investigation, especially when it is remembered that the reactions of higher fluoroalkyliodides (e.g. C_3F_7I) are essentially similar to those of CF_3I.

The study of the reaction of CF_3I with *antimony* has not yet been persued very far, but it appears very similar to the arsenic reaction. The compound $Sb(CF_3)_3$ has been prepared (Table 4), but $Sb(CF_3)_2I$ is less stable than $As(CF_3)_2I$ and rapid disproportionation occurs at room temperature. The monoiodide appears to react with mercury to form the antimony cacodyl, $Sb_2(CF_3)_4$.

Reaction between trifluoromethyl iodide and *sulphur* occurs at 200–280° and the main product is $(CF_3)_2S_2$ (b.p. 34·6°). The trisulphide, $(CF_3)_2S_3$ (b.p. 86·4°), and the tetrasulphide, $(CF_3)_2S_4$ (b.p. 135°) are, however, formed in small yield. The constitution of the disulphide is established by its reaction with chlorine at 300°, when a high yield of CF_3Cl is produced, showing the presence of two (CF_3) groups. Moreover, it reacts readily with mercury and gives the compound $Hg(SCF_3)_2$ (m.p. 37·5°). When irradiated in ultraviolet light, the disulphide is converted to the monosulphide $(CF_3)_2S$ (b.p. —22°). The latter is stable to alkali, and indeed is in many ways analogous to the ether $(CF_3)_2O$. The disulphide on the other hand is decomposed by alkali, giving fluoride, carbonate and sulphide. The following mechanism is suggested:

$$CF_3S \cdot S \cdot CF_3 \rightarrow \dot{C}F_3SH \; + \; S \; + \; CF_3OH$$
$$\downarrow \qquad\qquad\qquad\qquad \downarrow$$
$$F^- + CO_3^= + S^= \quad HF + F_2C = O \rightarrow F^- + CO_3^= + S^=.$$

In the reaction between trifluoromethyl iodide and *selenium* at 265–290° bistrifluoromethyl selenide, $(CF_3)_2Se$, and bistrifluoromethyl diselenide, $(CF_3)_2Se_2$, are produced in yields of 40 and 20% respectively (Table 4). These two compounds show a number of interesting reactions. The compound $(CF_3)_2Se$ is converted quantitatively to CF_3Cl and $SeCl_4$ when irradiated in a quartz vessel with ultraviolet light. If the irradiation is done in Pyrex, however, a new solid compound CF_3SeCl_3 is formed, which hydrolyses to the crystalline acid $CF_3SeO(OH)$ (m.p. 118°). The fluoroalkyl fails to give with reagents such as methyl iodide and heavy metal salts the reactions which are typical of the methyl analogue. The compound $(CF_3)_2Se_2$ also reacts with chlorine, to form a mixture of $(CF_3)SeCl$ (b.p. $35°$) and CF_3SeCl_3. The mercurial $Hg(SeCF_3)_2$ may be obtained either from CF_3SeCl and mercury, or by exposure of a mixture of $(CF_3)_2Se_2$ and mercury to ultraviolet light. Like its sulphur analogue, it is a white crystalline solid.

There are already indications that the preparative methods described above will be applicable to the higher homologues of CF_3I. It may be true, however, that their applicability will be limited to the elements mentioned. If, therefore, the whole range of organometallic and organo-metalloid compounds is to be studied, other preparative methods will be needed. Two new approaches appear to offer some prospect of extending our knowledge of this field. The first is the use of the GRIGNARD reagent. Trifluoromethyl iodide reacts with magnesium in presence of ether and it appears that a compound is formed which is unstable at room temperature. At $-20°$, however, the stability is somewhat higher and by working at a lower temperature it has proved possible to prepare the compound $(CF_3)_2SiCl_2$ from silicon tetrachloride. Although yields are at present low, it is quite clear that this approach offers a good prospect of extending the field.

A second method which is being studied is based on the electrolytic fluorination procedure, developed by J. H. SIMONS (6). The principle of this method is to dissolve or suspend the compound to be fluorinated in anhydrous hydrogen fluoride. The conductivity of liquid hydrogen fluoride may be increased, if necessary, by the addition of substances such as potassium fluoride. Electrolysis is then carried out at a voltage somewhat less than that required to liberate hydrogen and fluorine. Under such conditions, hydrogen is evolved at the cathode and fluorination of the solute occurs at the anode. This method has so far been applied mainly in the preparation of fluorocarbons and fluorocarbon derivatives from their hydrocarbon analogues. In preliminary experiments with dimethyl sulphide, however, it has proved possible to prepare directly CF_3SF_5 and $(CF_3)_2SF_4$. One may anticipate that this approach will also be subject to limitations, particularly those arising from solvolysis and removal of alkyl groups attached to more electropositive elements, but it clearly holds many interesting possibilities which are being actively explored.

Literatur.

1. For a more detailed account and bibliography see: V. GUTMANN: Die Chemie in Bromtrifluorid. Angew. Chem. **62**, 312 (1950).
2. See, for example: N. N. GREENWOOD and H. J. EMELÉUS: The Electrical Conductivity of Iodine Trichloride. J. Chem. Soc. **1950**, 987.

3. A. A. BANKS, H. J. EMELÉUS, R. N. HASZELDINE and V. KERRIGAN: The Reaction of Bromine-Trifluoride with Carbon Tetrachloride, Tetrabromide and Tetraiodide and with Tetraiodoethylene. J. Chem. Soc. **1948**, 2188.
4. H. J. EMELÉUS and R. N. HASZELDINE: Organometallic Fluorine Compounds. Part I. The Synthesis of Trifluoromethyl and Pentafluoroethyl Mercurials. Part II. The Synthesis of Bistrifluoromethylmercury. J. Chem. Soc. **1949**, 2948, 2953.
5. G. A. R. BRANDT, H. J. EMELÉUS and R. N. HASZELDINE: Organometallic and Organometalloidal Fluorine Compounds. Part III. Trifluoromethyl Derivatives of Sulphur. J. Chem. Soc. **1952**, 2198.
— Part IV. Ultra-violet and Infra-red Spectra of Bistrifluoromethyl Sulphide, Bistrifluoromethyl Disulphide and Related Compounds. J. Chem. Soc. **1952**, 2549.
— Part V. Trifluoromethyl Compounds of Arsenic. J. Chem. Soc. **1952**, 2552. F. W. BENNETT, J. W. DALE, J. KIDD and E. C. WALACHEWSKI: Unpublished observations.
6. Fluorine Chemistry, edited by J. H. SIMONS. New York: Academic Press, Inc. 1950, 414. See also J. H. SIMONS: Trans. Electrochem. Soc. **95**, 47 (1949).

(Completed July 1952.)

Prof. Dr. H. J. EMELÉUS, F. R. S., University Chemical Laboratory, Pembroke Street, Cambridge/England.

Fortschr. chem. Forsch., Bd. 2, S. 619—669 (1953).

Die Grundlagen der Chemie in wasserfreier Essigsäure*.

Von

GÜNTHER MAASS und GERHART JANDER.

Mit 23 Textabbildungen.

Inhaltsübersicht.

I. Einleitung.

Charakteristisch für das Wasser und die „wasserähnlichen" Lösungsmittel

Fluorwasserstoff (50),

Ammoniak (49),

Schwefelwasserstoff (88),

Blausäure (89),

Schwefeldioxyd (86),

Salpetersäure (90),

Essigsäureanhydrid (87)

ist die Gemeinsamkeit einer ganzen Reihe von Eigenschaften der Lösungsmittel selbst und der mit ihnen hergestellten Lösungen. In diesen

---

* Bei der Fertigstellung des Manuskripts war uns dankenswerterweise Herr Dipl.-Ing. H. KLAUS (Technische Universität Berlin-Charlottenburg) behilflich.

Vergleich können sogar gewisse Schmelzen von Halbsalzen und von metallähnlichen Elementen einbezogen werden, wie Untersuchungen über

Jod (85),

Quecksilber(II)-bromid (16)

gezeigt haben. So wird z. B. bei allen diesen Lösungsmitteln die Fähigkeit angetroffen, sich an bereits abgesättigt erscheinende Verbindungen anzulagern und sog. Solvate zu bilden. Außerdem wird der Typus der „neutralisationsanalogen" Reaktion beobachtet, bei der aus „säurenanalogen" und „basenanalogen" Stoffen Moleküle des Lösungsmittels und ein Salz gebildet werden. Auch die Solvolyse und die Amphoterie finden ihre Parallelen in den „wasserähnlichen" Lösungsmitteln. Alle diese Erscheinungen sind in der Literatur beschrieben[1].

In der Reihe der genannten Lösungsmittel beansprucht *wasserfreie Essigsäure als Solvens* zur Zeit besonderes Interesse, da bereits viele Einzelmitteilungen über das Verhalten von Stoffen in diesem Lösungsmittel erschienen sind. Die Einzelmitteilungen sind jedoch noch nicht unter einem einheitlichen Gesichtspunkt zusammengefaßt. In den folgenden Abschnitten II. bis IX. wird ein solcher Überblick über die Chemie in diesem Lösungsmittel gegeben. Die Literaturangaben werden kritisch gesichtet und durch die *Ergebnisse neuer experimenteller Untersuchungen* ergänzt. Besonders eingehend werden behandelt: „Säuren- und Basenanaloge", ihre relative Stärke, Molekulargewichtsbestimmungen, Leitfähigkeits- und Zähigkeitsmessungen, potentiometrische Titrationen, „neutralisationsanaloge" Umsetzungen, Solvolyse und Amphoterie in wasserfreier Essigsäure.

II. Eigenschaften und Reinigung der Essigsäure.

Reine wasserfreie Essigsäure ist im Bereich von $+16,6$ bis $118,5°$C eine Flüssigkeit, welche eine Reihe von anorganischen und organischen Verbindungen ausgezeichnet löst. Während die reine Essigsäure den elektrischen Strom nur sehr wenig leitet, leiten viele Auflösungen von Stoffen in ihr bedeutend besser. Daraus muß geschlossen werden, daß diese Stoffe teilweise in dissoziiertem Zustand vorliegen.

Tabelle 1 enthält eine Zusammenstellung der wichtigsten Daten für Essigsäure. Zum Vergleich sind die Werte für das Wasser und das Essigsäureanhydrid herangezogen, da Essigsäure in vieler Hinsicht eine Mittelstellung zwischen diesen beiden Solventien einnimmt.

Das Dichtemaximum von wasserhaltiger Essigsäure ($D = 1,071$) liegt bei einem Wassergehalt von 23%, was auf ein Hydrat $CH_3COOH \cdot H_2O$

---

[1] Jander, G.: Die Chemie in wasserähnlichen Lösungsmitteln. Berlin-Heidelberg: Springer 1949.

Tabelle 1. *Physikalisch-chemische Daten der Essigsäure, des Wassers und des Essigsäureanhydrids.*

Eigenschaften	Wasser	Essigsaure	Essigsäureanhydrid
Molekulargewicht	18,016	60,052	102,09
Schmelzpunkt	0°	16,635° (*77*)	— 73,1° (*157*)
Siedepunkt	+ 100°	+ 118,5° (*174*)	+ 140° (*157*)
Dichte	0,998	1,0498	1,0816
Dielektrizitätskonstante	81 (18°)	6,29 (19°) (*41*)	20,5 (20°)
Elektrisches Leitvermögen bei 25°	$6 \cdot 10^{-8}$	$1,4 \cdot 10^{-8}$ (*45*)	$2 \cdot 10^{-7}$ (*87*), (*134*)
		$0,37 \cdot 10^{-8}$ (*170*)	
Ebullioskopische Konstante . .	0,515	3,075 (*4*)	2,83
Viscosität in cP	1,0046	1,13 (*42*)	0,8511 (25°)
(dyn · cm^{-2} · sec)	(20°)	1,22 (20°)	(*107*)
Molvolumen beim Siedepunkt .	18,8	63,98[1]	109,1[2]

hinweist. Man könnte dieses Hydrat auch als Orthoessigsäure $CH_3C(OH)_3$ auffassen.

Wegen der stark ausgeprägten Empfindlichkeit der Essigsäure gegen Feuchtigkeit ist die Reinigung von Essigsäure, im besonderen die vollständige Entfernung des Wassers, etwas schwierig. In der Literatur ist eine größere Zahl von Verfahren angegeben, die größtenteils die Entwässerung durch azeotrope Destillation, fraktionierte Destillation oder mit Extraktionsmitteln beschreiben. Übersichtliche Darstellungen und kritische Beurteilung der Verfahren findet man bei D. F. OTHMER (*124*) und K. HESS und H. HABER (*77*); letztere stellten aus technischem Eisessig durch zweimalige fraktionierte Destillation und zweimaliges Ausfrieren der Spitzenfraktion reinste Essigsäure dar, allerdings nur mit einer Ausbeute von 18%. Der erreichte Schmelzpunkt war 16,635 ± 0,002°. W. C. EICHELBERGER und V. K. LA MER (*45*) erzielten die besten Ergebnisse durch Oxydation mit Chromtrioxyd und Entwässern mit Triacetylborat (Schmp.: 16,60°). Mit Bortriacetat hatten auch SCHALL und MARKGRAF (*146*) die Essigsäure bereits entwässert.

KILPI (*95*) erreichte die Entwässerung mit Phosphorpentoxyd. Nach längerem Erhitzen am Rückfluß erhielt er eine Essigsäure mit geringem Anhydridgehalt, den er analytisch bestimmte. Nach Zugabe der berechneten Menge Wasser erhielt er nach mehrstündigem Kochen absolut reine Essigsäure.

Bedeutend einfacher sind die Verfahren von PETERSON sowie KENDALL und GROSS (*94*). Die Essigsäure wird mit der berechneten Menge Essigsäureanhydrid destilliert; das Destillat läßt man 4- bis 5mal ausfrieren.

---

[1] Berechnet aus dem Mol.-Gew. und der Dichte beim Kp:D = 0,9386.

[2] Berechnet aus dem spezifischen Gewicht bei 15° und einer angenommenen Verringerung um 0,15125 bis zum Kp.

Die für eigene Versuche (*111*) benutzte Essigsäure wurde wie folgt gereinigt: Zur Oxydation von Aldehydspuren wurde der technische Eisessig mit Chromtrioxyd destilliert; das Chromtrioxyd wirkt hierbei gleichzeitig als Katalysator für die Umsetzung zwischen Anhydrid und Wasser (*123*). Das Destillat, in welchem der Wassergehalt ermittelt worden war, wurde mit einem kleinen Überschuß über die berechnete Menge Essigsäureanhydrid 4 bis 5 Std am Rückfluß gekocht, um alles Wasser in Essigsäure zu überführen. Anschließend wurde in einer Glasschliffapparatur unter Feuchtigkeitsausschluß dreimal fraktioniert. Die Mittelfraktion wurde zweimal ausgefroren. Die so gereinigte Essigsäure hatte einen Schmelzpunkt von 16,45 bis 16,61° C (gemessen mit einem in $^1/_{100}$ Grade geteilten Normalthermometer) und eine spezifische Leitfähigkeit von $0,5 \cdot 10^{-8}$ rez. Ω.

Für präparative Arbeiten wurde zur Bindung der die Gefäßinnenwandung bedeckenden Wasserhaut 2 bis 3 ml Anhydrid pro 100 ml Lösungsmittel zugesetzt und nochmals am Rückfluß aufgekocht. Der geringe Anhydridüberschuß wirkte sich bei den meisten Untersuchungen nicht störend aus. Die Meßgefäße wurden vor den Versuchen mit einer leuchtenden Bunsenflamme von außen erwärmt und mit einem trockenen Stickstoffstrom bis zur völligen Abkühlung durchblasen. Die Überführung der Essigsäure aus dem Vorratsbehälter in die Meßgefäße geschah unter völligem Luftfeuchtigkeitsausschluß.

Die für die Auflösung in Essigsäure bestimmten Salze wurden auf einer Glasfritte abgesaugt, die mit einem durchbohrten Gummistopfen mit aufgesetztem Trockenrohr abgeschlossen war. Die trocken gesaugten, eventuell mit wasserfreier Essigsäure gewaschenen Salze wurden dann schnell in einen Vakuumexsiccator überführt, der neben konzentrierter Schwefelsäure eine Schale mit festem Natriumhydroxyd enthielt. Nach einem Tag waren die Salze meist ausreichend getrocknet.

III. Löslichkeitsverhältnisse in Essigsäure.

Auf Grund des Dissoziationsschemas der reinen Essigsäure

$$2\,CH_3COOH \rightleftharpoons (CH_3COOH \cdot H)^+ + (CH_3COO)^-$$

stellen in diesem Solvens alle Stoffe, die solvatisierte H^+-Ionen (Acet-Acidiumionen) abspalten, „Säurenanaloge", und alle Verbindungen, die CH_3COO^--Ionen abspalten, „Basenanaloge" dar. Es sind also in Essigsäure alle bekannten Wasserstoffsäuren ebenfalls Säuren, alle Acetate dagegen Basen.

In wäßrigem Medium sind bekanntlich die Hydroxyde der Alkalien bedeutend löslicher als die Hydroxyde der Erdalkalien; innerhalb der senkrechten Reihen des periodischen Systems steigt die Löslichkeit der

Hydroxyde mit wachsendem Ionenradius und Atomgewicht der Metalle an. Im Gegensatz hierzu stehen die äußerst schwer löslichen Hydroxyde von Eisen, Aluminium, Zink usw. Von KENDALL und Mitarbeitern (*92*) konnte gezeigt werden, daß dies nicht nur für das wäßrige System gültig ist, sondern in den verschiedensten Solventien beobachtet werden kann. KENDALL gibt eine Erklärung dieser Regelmäßigkeit, indem er feststellt, daß die Löslichkeit meistens mit der Bildung einer Additionsverbindung parallel geht. Je weniger elektropositiv das salzbildende Metall ist, desto schneller vermindert sich die Löslichkeit und die Neigung zur Bildung eines Solvats (Additionsverbindung).

Die Klasse der Solvate wird im Abschnitt VII (S. 649) besprochen. Zunächst gibt Tabelle 2 einen Überblick über die Löslichkeit der Acetate.

Tabelle 2. *Löslichkeit der Acetate in Essigsäure* (*26*).

Gut löslich	Mäßig löslich	Praktisch unlöslich
$Li(CH_3COO)$	$Cu(CH_3COO)_2$	$Ag(CH_3COO)$
$Na(CH_3COO)$	$Ca(CH_3COO)_2$	$Zn(CH_3COO)_2$
$K(CH_3COO)$	$Ba(CH_3COO)_2$	$UO_2(CH_3COO)_2$
$NH_4(CH_3COO)$	$Ni(CH_3COO)_2$	$Cr(CH_3COO)_3$
$Mg(CH_3COO)_2$		$Fe(CH_3COO)_3$
$Pb(CH_3COO)_2$		Acetate der meisten seltenen Erden in der Kälte
$As(CH_3COO)_3$		
$Sb(CH_3COO)_3$		$Bi(CH_3COO)_3$
Acetate der seltenen Erden in der Hitze		

Während jedoch die Löslichkeit der anorganischen *Basen*analogen im ganzen gesehen relativ begrenzt ist, mischen sich die *Säuren* Perchlorsäure, Schwefelsäure, Salpetersäure, niedere Carbonsäuren, Sulfonsäuren usw. sehr gut mit Essigsäure. Auch gasförmiger Chlorwasserstoff ist mit etwa 21% in Essigsäure löslich (*1*), (*76*), Bromwasserstoff ergibt sogar eine Lösung, die etwa 70 g Bromwasserstoff in 100 g Essigsäure enthält (*1*), (*76*). Jodwasserstoff dagegen zersetzt die Essigsäure.

Auch für zahlreiche anorganische *Salze* ist die Essigsäure ein gutes Lösungsmittel. Viele dieser Lösungen leiten den elektrischen Strom. Eine erste Übersicht über die Löslichkeitsverhältnisse gab A. W. DAVIDSON (*26*). Bei einem Vergleich mit Wasser als Lösungsmittel stellte er fest, daß alle Salze, die in Wasser schwer löslich sind, sich ebenfalls in Essigsäure nicht lösen. Eine Ausnahme bildet hier nur das Quecksilberjodid. Andererseits sind aber nicht alle in Wasser löslichen Stoffe auch in Essigsäure löslich. Als größte Gruppe gehört hierher die Gruppe der Sulfate. Selbst die Alkalisulfate sind in Essigsäure unlöslich, desgleichen das Bariumnitrat und Natriumchlorid. Tabelle 3 veranschaulicht diese Verhältnisse.

Tabelle 3. *Löslichkeit von Salzen in Essigsäure.*

Gut löslich	Wenig löslich	Praktisch unlöslich
LiCl, LiNO$_3$	NaBr, NaNO$_3$	Schwermetallsulfide
LiBr, LiJ	KBr, KNO$_3$	Silberhalogenide
KCN, NH$_4$SCN	MgCl$_2$, CaCl$_2$	Thallium (I)-Halogenide
BaJ$_2$, AsBr$_3$	HgBr$_2$, HgJ$_2$	Sulfate
ZnCl$_2$, ZnJ$_2$	AgNO$_3$, CoCl$_2$	NaCl
SbCl$_3$, SbBr$_3$		BaCl$_2$, Ba(NO$_3$)$_2$
AgClO$_4$		CaCO$_3$, Ca$_3$(PO$_4$)$_2$

Viele andere Verbindungen, wie z. B. BeCl$_2$, SrCl$_2$, AlBr$_3$, TiCl$_4$, TiBr$_4$, TaCl$_5$ usw. erleiden in Essigsäure Solvolyse. Vgl. Abschnitt VIII (S. 652).

Viel ausgeprägter als für anorganische Stoffe ist das Lösevermögen der Essigsäure für organische Stoffe. Besonders sind dies natürlich Verbindungen mit funktionellen Gruppen basischen Charakters, die mit dem Lösungsmittel Basenanaloge zu bilden vermögen. Auf diese Weise wird es möglich, daß schwache, organische Basen, die in Wasser praktisch nicht dissoziiert sind, in Eisessig gut titriert werden können.

IV. Säuren- und Basenanaloge in Essigsäure.

A. Allgemeines.

In der Einleitung zu Abschnitt III (S. 622) wurde schon erwähnt, daß auf Grund der Eigendissoziation der Essigsäure alle in ihr gelösten Wasserstoffsäuren die „Säurenanalogen", die in ihr gelösten Acetate dagegen die „Basenanalogen" darstellen.

Bei den Säurenanalogen tritt, wie bekanntlich auch in der Chemie wäßriger Lösungen, das Lösungsmittelmolekül selbst bei der Dissoziation mit in Reaktion. Im Wasser bilden sich, als hydratisierte H$^+$-Ionen, die Hydroxoniumionen

$$H^+ + H_2O \rightarrow (H_3O)^+.$$

In der Essigsäure erscheinen als solvatisierte H$^+$-Ionen, die Acet-Acidiumionen HANTZSCH (74):

$$HX + CH_3COOH \rightleftharpoons \left(CH_3C{<}^{OH}_{OH}\right) X \rightleftharpoons \left(CH_3C{<}^{OH}_{OH}\right)^+ + X^-.$$

Ein Säurenanaloges müßte nun um so stärker sein, je weiter das formulierte Gleichgewicht nach der rechten Seite hin verschoben ist. Leitfähigkeitsmessungen von HANTZSCH und LANGBEIN (74), die so die Stärke der stärksten anorganischen und organischen Säuren in Essigsäure feststellten, ergaben die Reihenfolge: HClO$_4$ > CCl$_3$SO$_3$H > CH$_3$–C$_6$H$_4$–SO$_3$H > C$_6$H$_5$N$_2$C$_6$H$_4$SO$_3$H > H$_2$SO$_4$ > (CH$_3$O)$_2$–C$_6$H$_3$SO$_3$H > (CH$_3$)$_2$C$_6$H$_3$SeO$_3$H > HNO$_3$ > CCl$_3$COOH.

Neuere Messungen (*100*), (*111*), die in quantitativer Hinsicht beträchtlich abweichende Leitfähigkeitswerte lieferten, änderten qualitativ an dieser Reihenfolge nichts.

Die Perchlorsäure ist also das bei weitem stärkste Säurenanaloge, wohingegen die Salpetersäure fast vollständig als inaktives Solvat

$$\left(CH_3C{<}{}^{O-H}_{O-H}\right) NO_3$$

vorliegen muß. Über die Stellung der Halogenwasserstoffsäuren innerhalb dieser Reihe geben Messungen von KOLTHOFF und WILLMAN (*100*) sowie von HLASKO und MICHALSKI (*79*) Auskunft. Nach ihren Angaben leitet HF gar nicht. H J ist zwar ein starker Elektrolyt; seine Leitfähigkeit kann jedoch infolge Zersetzungsreaktionen mit dem Solvens nicht exakt gemessen werden. Das Verhältnis der Leitfähigkeiten von $HClO_4$, HBr, H_2SO_4, HCl und HNO_3 ist bei einer Konzentration von 0,005 mol/L ungefähr 400:160:30:9:1.

Die wahre Stärke von Säurenanalogen in Essigsäure ist damit jedoch keineswegs charakterisiert. Während den Säurenanalogen in Essigsäure von einigen Forschern ultrasaure Eigenschaften mit Aktivitätskoeffizienten bis zu 25 000 (!) zugeschrieben werden, berichten andere Forscher von geringerer Stärke sämtlicher Säuren. Dieses Paradoxon wird in Abschnitt IV, D (S. 639) behandelt.

Die bei der Dissoziation der Säurenanalogen intermediär anzunehmenden Solvate konnten in fast allen Fällen präparativ hergestellt werden:

1. Acet-Acidium-Perchlorat, Schmp.: 41°, B. BEER (*74*).

2. Acet-Acidiumsulfat, von KENDALL (*93*) als $H_2SO_4 \cdot CH_3COOH$ bezeichnet; seine normale Dissoziation wurde von HANTZSCH durch Molekulargewichtsbestimmung bewiesen (*72*).

3. HNO_3—2 CH_3COOH (*73*), von PICTET (*127*) als Diacetylorthosalpetersäure $[(CH_3COO)_2N(OH)_3]$ bezeichnet.

4. Solvate der Halogenwasserstoffsäuren: $HBr \cdot 2\,CH_3COOH$ (*161*), Schmp.: +7°, und 3 $HCl \cdot 2\,CH_3COOH$ (*109*), Schmp.: —53°.

Daß in allen diesen Fällen die Annahme der Bildung von Acet-Acidiumsalzen berechtigt ist und nicht etwa acetylierte Hydroxoniumsalze vom Typ

$$\left({}^H_H{>}O{-}\overset{O}{\overset{\|}{C}}{-}CH_3\right) X$$

vorliegen, konnte ebenfalls von BEER durch optische Analysen bewiesen werden.

Ebenso groß wie die Gruppe der Säurenanalogen ist die Gruppe der Basenanalogen in Essigsäure. Hierher gehören nicht nur die Metallacetate, sondern auch eine große Zahl potentieller Elektrolyte basischer Natur, analog dem Ammoniak in wäßriger Lösung:

$$NH_3 + H_2O = NH_4OH = NH_4{}^+ + OH^-.$$

In Essigsäure sind dies besonders organische Verbindungen, die primären, sekundären und tertiären Amine, Amide, Aminosäuren, Alkaloide, Gelatine usw.:

$$C_5H_5N + CH_3COOH = C_5H_5NH(CH_3COO) = (C_5H_5N \cdot H)^+ + CH_3COO^-.$$

Einige Beispiele enthält Tabelle 4.

Tabelle 4. *Elektrolyte basischer Natur in Essigsäure.*

Pyridinacetat Schmp. $-46°$ *(130)*, *(126)*, *(142)*	Dimethylanilinacetat *(126)*, *(142)*
Chinolinacetat Schmp. $-15°$ *(130)*, *(126)*, *(142)*	Dimethylpyronacetat *(126)*, *(142)*
Anilindiacetat Schmp. $+17°$ *(130)*, *(126)*, *(142)*	Hydroxylaminacetat *(91)*
Phenylhydrazinacetat Schmp. $+65°$ *(130)*	Triäthylamintetraacetat *(56)*
Piperidinacetat Schmp. $+105°$ *(130)*	Hydrazinacetat *(25)*

In bezug auf die Stärke der Basenanalogen in Essigsäure herrscht größere Klarheit als in der Gruppe der Säurenanalogen. Übereinstimmend wird festgestellt, daß die Basenanalogen sehr schwache Elektrolyte sind. Allgemein kann man auch hier, wie in vielen anderen Solventien, beobachten, daß die Stärke des Basenanalogen mit der Größe des Kations wächst, so z.B. in der Reihe Ammonacetat, Pyridinacetat, Triphenylguanidinacetat *(101)*. Im Abschnitt IV, C (S. 633) wird näher auf die Stärke der Basenanalogen eingegangen.

Rein formal müßte auch das *Essigsäureanhydrid* (Acetylacetat) zu den basenanalogen Stoffen zählen, wenn man eine Dissoziation nach dem Schema

$$(CH_3CO)_2O = CH_3CO^+ + CH_3COO^-$$

annimmt. Desgleichen wären Ester der Essigsäure, z.B. der Essigsäureäthylester (Äthylacetat) basenanalog. Bei ihrer Neutralisation mit einem Säurenanalogen müßte sich das Lösungsmittelmolekül und ein Salz bilden:

$$CH_3COOR + HX = CH_3COOH + RX.$$

Daß in der Tat eine solche Reaktion möglich ist, kennt man von der Alkoxylbestimmung nach Zeisel, wobei der Ester mit Jodwasserstoffsäure unter Bildung von Alkyljodid und Essigsäure reagiert. In Essigsäure als Solvens dürfte diese Reaktion dagegen wohl kaum möglich sein, allein schon wegen der Zersetzung der Essigsäure durch Jodwasserstoff.

Als eine weitere basenanaloge Verbindung in wasserfreier Essigsäure wird das Wasser beschrieben. Seine schwache Basizität ist von Hall und CONANT (63) sowohl durch Potentialmessungen als auch mittels Farbindicatoren bewiesen worden. Als Erklärung wird die Bildung des Oxoniumions H_3O^+ angenommen, wobei das Wasser dem Lösungsmittel das Proton entreißt:

$$H_2O + CH_3COOH = H_3O(CH_3COO) = (H_3O)^+ + (CH_3COO)^-.$$

Dieses Oxoniumacetat ist noch nicht genau nachgewiesen, es konnte auch nicht isoliert werden. Auch DAVIDSON (26) weist bei dem Vergleich der Gefrierpunktskurven von Ammoniak und Wasser in Essigsäure auf diese Verbindung hin; er zieht den Schluß, daß sie zwar in Lösung beständig ist, jedoch auch bei sehr tiefen Temperaturen nicht wird isoliert werden können.

Formal könnte man für das System Wasser—Essigsäure auch ein anderes Dissoziationsschema annehmen:

$$H_2O + CH_3COOH = CH_3C(OH)_2OH = \left(CH_3C{<}^{OH}_{OH}\right)^+ + OH^-.$$

Hier würde Wasser als potentieller Elektrolyt saurer Natur fungieren. Jedoch scheidet diese Möglichkeit wohl infolge der größeren Protonenaffinität des Wassers aus.

B. Leitfähigkeiten von Säuren- und Basen-analogen.

Erste Anhaltspunkte für die Stärke von Säuren- und Basenanalogen geben Leitfähigkeitsmessungen.

In Abb. 1 sind die durch neuere Messungen (111) ermittelten Äquivalentleitfähigkeiten der *Säurenana-logen* in Essigsäure gegen den Logarithmus der Verdünnung aufgetragen.

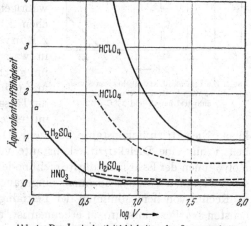

Abb. 1. Die Äquivalentleitfähigkeiten der Säurenanalogen.

Befriedigende Übereinstimmung besteht zwischen den Werten von MAASS (111) und von KOLTHOFF und WILLMAN (100) für Perchlorsäure und Schwefelsäure, außerdem zwischen den Werten von MAASS (111) und den Werten von EICHELBERGER und LA MER (46) sowie von HALL und VOGEL (68) für Schwefelsäure[1]. Die

---

[1] Wasserfreie Schwefelsäure wurde durch Einleiten von Schwefeltrioxyd in 96%ige Schwefelsäure p. A. hergestellt, die Perchlorsäure nach der Methode von BERGER (9) (Destillation von 1 Teil 70%iger Perchlorsäure und 4 Teilen konz. Schwefelsäure bei 20 mm Hg, anschließend Reinigung durch nochmalige Destillation).

Werte von Hantzsch und Langbein (74) für Schwefelsäure liegen beträchtlich höher als die Werte von Maass (111), was eventuell auf ungenügende Entfernung von Wasser aus der Essigsäure schließen läßt. Noch nicht zu erklären ist die Tatsache, daß die Werte von Hantzsch und Langbein für Perchlorsäure niedriger als die Werte von Maass liegen.

Charakteristisch ist, daß sämtliche Leitfähigkeitskurven mit wachsender Konzentration ein Minimum durchlaufen, welches um so später erreicht wird, je schwächer die betreffende Säure ist (auch der Kurven-verlauf der schwächsten Säuren-analogen zeigt dieses Minimum, wenngleich es auf der Abbildung wegen des kleinen Maßstabes bezüg-lich der λ-Werte nicht genau zu er-kennen ist). Das Auftreten eines solchen Minimums wurde zuerst von Völmer (167) festgestellt, welcher die Leitfähigkeiten von Kaliumace-tat in Essigsäure in Abhängigkeit von der Verdünnung maß. Inzwi-schen sind auch in anderen nicht-wäßrigen Lösungsmitteln die glei-chen Effekte beobachtet worden, z.B. in verflüssigtem Ammoniak (49), in wasserfreier Salpetersäure (90), im geschmolzenen Quecksilberbro-mid (16) usw. Auffallend hierbei ist die Tatsache, daß alle diese Lösungs-mittel eine mittlere oder relativ kleine Dielektrizitätskonstante besitzen. Die Essigsäure hat nach Ta-belle 1 nur eine Dielektrizitätskonstante von 6. Auch das sehr hohe Molvolumen der Essigsäure dürfte nicht ohne Einfluß auf die Verhältnisse sein, worauf auf S. 637 nochmals eingegangen wird.

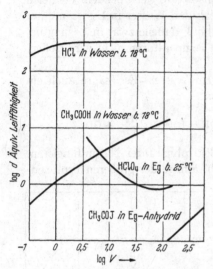

Abb. 2. Die Äquivalentleitfähigkeiten von Säuren-analogen in Wasser, Essigsäure und Essigsäure-anhydrid bei 18 und 25° C.

Rechts von dem Minimum der Leitfähigkeitskurven, das am deut-lichsten bei Perchlorsäure zu erkennen ist, also bei steigender Verdün-nung, könnte man geneigt sein, für die Perchlorsäure in Essigsäure eine normale Dissoziation anzunehmen, nämlich daß mit zunehmender Ver-dünnung die Dissoziation ansteigt. In konzentrierterer Lösung aber müßte man eine Dissoziation von intermediär gebildeten Assoziaten für den Leitfähigkeitsanstieg verantwortlich machen. Daß die Verhältnisse jedoch weitaus komplizierter liegen, werden die Molekulargewichts-bestimmungen an Säuren- und Basenanalogen im Abschnitt IV, C (S. 633) zeigen.

Aus der Gegenüberstellung der Leitfähigkeiten von Säurenanalogen in Essigsäure und in Wasser (Abb. 2) geht eindeutig hervor, daß das stärkste Säurenanaloge in Essigsäure die Leitfähigkeit der Säuren in wäßriger Lösung bei weitem nicht erreicht. Selbst die in Wasser sehr schwache Essigsäure hat bei größerer Verdünnung ein beträchtlich höheres Äquivalentleitvermögen.

In diesem Zusammenhang interessiert auch der Vergleich der Leitfähigkeiten der Säurenanalogen in Essigsäure und Essigsäureanhydrid. Auf Grund des auf S. 626 erwähnten Dissoziationsschemas $(CH_3CO)_2O = CH_3CO^+ + CH_3COO^-$ stellen in diesem Solvens die Acetylverbindungen die säurenanalogen Stoffe dar. Abb. 2 zeigt, daß das Äquivalentleit-

vermögen des Acetyljodids, des stärksten Elektrolyten in dieser Gruppe, gering ist; die Anomalien der Säurenanalogen in Essigsäure treten hier nicht auf; das System verhält sich wie ein schwacher Elektrolyt in Wasser. Zusammenfassend kann gesagt werden, daß die Leitfähigkeiten der Säurenanalogen in Essigsäure eine Mittelstellung zwischen denen in Wasser und Essigsäureanhydrid einnehmen.

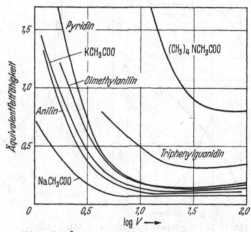

Abb. 3. Die Äquivalentleitfähigkeiten der Basenanalogen in Essigsäure.

Die Leitfähigkeitskurven der *Basenanalogen* in Essigsäure sind den Leitfähigkeitskurven der Säurenanalogen sehr ähnlich. In Abb. 3 sind wiederum die Äquivalentleitfähigkeiten von Kaliumacetat, Natriumacetat, Pyridin, Anilin, Dimethylanilin, Triphenylguanidin und Tetramethylammoniumacetat gegen den Logarithmus der Verdünnung aufgetragen (*111*).

Die Werte von MAASS (*111*) für die Alkaliacetate stehen in sehr guter Übereinstimmung mit den Werten von HOPFGARTNER (*81*), KOLTHOFF und WILLMAN (*100*). Die Werte für Pyridin stimmen verhältnismäßig gut überein, liegen jedoch unter den entsprechenden Werten von SACHANOW (*143*).

Während sich die Äquivalentleitfähigkeiten aller Basenanalogen[1] bei vergleichbaren Konzentrationen nur wenig unterscheiden, macht hier

---

[1] Darstellung der Basenanalogen: Die organischen Basenanalogen Anilin, Dimethylanilin und Pyridin wurden durch doppelte Destillation der Handelspräparate rein gewonnen, die Alkaliacetate durch vorsichtiges Schmelzen der wasserhaltigen Merckschen Präparate und anschließendes mehrstündiges Trocknen bei 110 bzw. 180° C.

das Tetramethylammoniumacetat[1] eine Ausnahme. Von WEIDNER und Mitarbeitern (170) war bereits gefunden worden, daß die Tetramethylammoniumhalogenide allgemein eine sehr gute Leitfähigkeit in Essigsäure besitzen, was wohl mit der Größe des Kationenvolumens in Zusammenhang stehen dürfte.

Tabelle 5 enthält die Zusammenstellung der von MAASS und JANDER (111) bestimmten, auf visuellem Wege[2] ermittelten Leitfähigkeitswerte. Die Konzentrationsberechnung der Lösungen wurde analog der

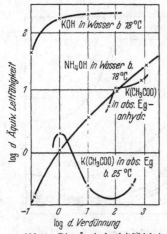

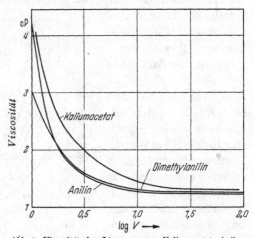

Abb. 4. Die Äquivalentleitfähigkeiten von Basenanalogen in Wasser, Essigsäure und Essigsaureanhydrid.

Abb. 5. Viscosität der Lösungen von Kaliumacetat, Anilin, Dimethylanilin in Essigsäure bei 19° C. Abszisse: Logarithmus der Verdunnung; Ordinate: Viscositat in cP.

für Molekulargewichtsbestimmungen übliches Verfahren ausgeführt, d.h. bei der Abmessung von Flüssigkeiten wurde Additivität der Einzelvolumina vorausgesetzt, bei festen Stoffen dagegen keine Volumenänderung der Ausgangslösung berücksichtigt.

Analog dem Vergleich der Säurenanalogen in Wasser, Essigsäure und Essigsäureanhydrid (Abb. 2, S. 628) liefert Abb. 4 den entsprechenden Vergleich für Basenanaloge. Abb. 4 zeigt eindeutig, daß auch die Basenanalogen in Essigsäure in keiner Weise mit den starken Laugen in Wasser konkurrieren können, ja in der Leitfähigkeit nicht einmal dem Ammoniumhydroxyd gleichkommen. Auch das Kaliumacetat als starkes

---

[1] Tetramethylammoniumacetat: Trimethylamin und Methylbromid wurden gleichzeitig in Aceton geleitet, das ausgefallene Tetramethylammoniumbromid abgesaugt, umkristallisiert, mit feuchtem Silberoxyd umgesetzt und die entstandene freie Base mit Essigsäure neutralisiert. Die wäßrige Lösung wurde dann zur Trockne eingedampft und der Rückstand so lange im Trockenschrank bei 100° C gehalten, bis der theoretische Stickstoffwert (nach DUMAS) von 10,5% angenähert erreicht war. Gef. 10,1% N.

[2] JANDER, G., u. O. PFUNDT: Konduktometrie.

Die Grundlagen der Chemie in wasserfreier Essigsäure. **631**

Tabelle 5. *Spezifische Leitfähigkeit der reinen Essigsäure* $= 4{,}0 \cdot 10^{-8}$ rz. Ω.
($c =$ Konzentration; $K =$ spez. Leitfähigkeit; $\Lambda =$ Äquivalentleitfähigkeit.)

1. Kaliumacetat. $T = 28°$ C.

c	K	Λ
0,0244	$2{,}81 \cdot 10^{-6}$	0,115
0,0533	$5{,}34 \cdot 10^{-6}$	0,100
0,106	$1{,}55 \cdot 10^{-5}$	0,146
0,238	$7{,}58 \cdot 10^{-5}$	0,318
0,517	$4{,}56 \cdot 10^{-4}$	0,883
0,87	$1{,}26 \cdot 10^{-3}$	1,45

2. Natriumacetat. $T = 24°$ C.

c	K	Λ
0,0256	$1{,}68 \cdot 10^{-6}$	0,0657
0,0879	$5{,}64 \cdot 10^{-6}$	0,0642
0,332	$6{,}30 \cdot 10^{-5}$	0,19
0,645	$3{,}06 \cdot 10^{-4}$	0,475
0,966	$6{,}84 \cdot 10^{-4}$	0,707

3. Anilin. $T = 24°$ C.

c	K	Λ
0,01075	$1{,}23 \cdot 10^{-6}$	0,1145
0,0400	$3{,}64 \cdot 10^{-6}$	0,0910
0,0862	$8{,}95 \cdot 10^{-6}$	0,1044
0,142	$2{,}06 \cdot 10^{-5}$	0,145
0,246	$6{,}63 \cdot 10^{-5}$	0,270
0,409	$2{,}29 \cdot 10^{-4}$	0,563
0,618	$6{,}03 \cdot 10^{-4}$	0,976
0,803	$1{,}06 \cdot 10^{-3}$	1,32

4. Pyridin. $T = 24°$ C.

c	K	Λ
0,00915	$1{,}57 \cdot 10^{-6}$	0,172
0,03175	$4{,}17 \cdot 10^{-6}$	0,132
0,0608	$8{,}4 \cdot 10^{-6}$	0,138
0,130	$2{,}82 \cdot 10^{-5}$	0,2165
0,2315	$1{,}02 \cdot 10^{-4}$	0,44
0,452	$5{,}45 \cdot 10^{-4}$	1,205
0,82	$1{,}98 \cdot 10^{-3}$	2,41

5. Dimethylanilin. $T = 25°$ C.

c	K	Λ
0,00388	$9{,}21 \cdot 10^{-7}$	0,237
0,0219	$3{,}1 \cdot 10^{-6}$	0,142
0,0512	$7{,}35 \cdot 10^{-6}$	0,1435
0,145	$3{,}705 \cdot 10^{-5}$	0,255
0,253	$1{,}24 \cdot 10^{-4}$	0,475
0,420	$3{,}8 \cdot 10^{-4}$	0,904
0,573	$7{,}02 \cdot 10^{-4}$	1,22

6. Triphenylguanidın. $T = 25°$ C.

c	K	Λ
0,00853	$2{,}95 \cdot 10^{-6}$	0,347
0,0236	$7{,}34 \cdot 10^{-6}$	0,311
0,0663	$2{,}5 \cdot 10^{-5}$	0,377
0,147	$9{,}04 \cdot 10^{-5}$	0,615
0,217	$1{,}67 \cdot 10^{-4}$	0,780

7. Tetramethylammoniumacetat. $T = 25°$ C.

c	K	Λ
0,00838	$6{,}85 \cdot 10^{-6}$	0,817
0,0273	$2{,}38 \cdot 10^{-5}$	0,874
0,0554	$6{,}87 \cdot 10^{-5}$	1,24
0,119	$2{,}86 \cdot 10^{-4}$	2,40
0,244	$1{,}02 \cdot 10^{-4}$	4,17
0,590	$3{,}44 \cdot 10^{-3}$	5,83

8. Perchlorsäure. $T = 24°$ C.

c	K	Λ
0,0271	$2{,}66 \cdot 10^{-5}$	0,981
0,058	$8{,}56 \cdot 10^{-5}$	1,475
0,0841	$1{,}71 \cdot 10^{-4}$	2,02
0,1585	$5{,}39 \cdot 10^{-4}$	3,37
0,0101	$9{,}7 \cdot 10^{-6}$	0,960
0,0396	$4{,}62 \cdot 10^{-5}$	1,15
0,0794	$1{,}56 \cdot 10^{-4}$	1,97
0,1895	$8{,}00 \cdot 10^{-4}$	4,21
0,309	$1{,}83 \cdot 10^{-3}$	5,84
0,4375	$3{,}05 \cdot 10^{-3}$	6,97
0,572	$4{,}34 \cdot 10^{-3}$	7,61
0,835	$7{,}20 \cdot 10^{-3}$	8,63

9. Schwefelsäure. $T = 25°$ C.

c	K	Λ
0,00748	$4{,}32 \cdot 10^{-7}$	0,058
0,0324	$1{,}342 \cdot 10^{-6}$	0,0416
0,0862	$4{,}46 \cdot 10^{-6}$	0,0517
0,1325	$9{,}35 \cdot 10^{-6}$	0,0701
0,197	$2{,}28 \cdot 10^{-5}$	0,115
0,2093	$1{,}95 \cdot 10^{-4}$	0,0919
0,380	$1{,}10 \cdot 10^{-3}$	0,290
0,605	$4{,}61 \cdot 10^{-3}$	0,764
0,787	$9{,}6 \cdot 10^{-3}$	1,17

Basenanaloges in Essigsäureanhydrid liegt in seiner Leitfähigkeit beträchtlich über der des Kaliumacetates in Essigsäure.

Bei der Diskussion der Leitfähigkeitsmessungen dürfte der Einfluß der *Viscosität* der Lösungen nicht außer acht gelassen werden. Diese kann, und das ist besonders bei Essigsäure als Solvens der Fall, eine nicht unerhebliche Korrektur der Äquivalentleitfähigkeiten bewirken, da nach der WALDENschen Regel das Produkt aus Zähigkeit und Äquivalentleitfähigkeit konstant ist. Abb. 5 gibt die Abhängigkeit der Viscosität

von der Konzentration für Lösungen an Kaliumacetat, Anilin, Dimethylanilin in Essigsäure wieder (*111*). Im Gebiet der größten Verdünnung
sinkt die Viscosität der Lösung ein klein wenig unter den Wert für die
reine Essigsäure (1,220 cP bei 20° C), was auf der Abbildung wegen des
kleinen Maßstabes nur schlecht zu erkennen ist. Dies ist eine Erscheinung, die auch in wäßrigen Lösungen beobachtet wird. Mit wachsender
Konzentration steigt jedoch die Viscosität und zwar in einem Maße,
wie es bei wäßrigen Lösungen nicht der Fall ist. Besonders gut veranschaulicht dies Tabelle 6, in der die Quotienten der Viscositäten der
Lösung und des reinen Lösungsmittels für eine absolut essigsaure Ka-
liumacetatlösung und für eine wäßrige Kaliumhydroxydlösung (*153*)
verglichen werden.

Tabelle 6. *Verhältnis der Viscosität der Lösung und des Lösungsmittels.*

	1 n	0,5 n	0,125 n
KOH in H_2O bei 25°	1,129	1,064	1,013
K(CH_3COO) in HAc bei 19°	3,69	2,01	1,22

Für Essigsäureanhydrid sind die entsprechenden Werte unbekannt;
die Viscosität des reinen Anhydrids beträgt bei 20° C 0,90 cP, liegt also
noch unter derjenigen des Wassers.

Durch eine Korrektur der Äquivalentleitfähigkeiten auf Grund der
WALDENschen Regel ändert sich an den qualitativen Aussagen der
Abb. 3 nichts. In quantitativer Hinsicht dagegen wird der Anstieg der
Äquivalentleitfähigkeiten mit wachsender Konzentration nach dem
Durchlaufen des Minimums bedeutend steiler ausfallen.

Die Viscositätsmessungen (*111*) wurden im HÖPPLER-Viscosimeter,
die Berechnungen nach der Formel

$$\eta = F(S_K - S_F) \cdot K$$

durchgeführt. Es bedeuten

η = Viscosität der Lösung,
F = Fallzeit der Kugel in Sekunden,
S_K = Dichte der Kugel = 2,435,
S_F = Dichte der Flüssigkeit,
K = Kugelkonstante.

Berechnung der Kugelkonstanten nach

$$K = \frac{\eta_W}{F \cdot (S_K - S_W)} = 0,0087405$$

η_W = Viscosität des Wassers bei 20° = 1,0046 cP, S_W = Dichte des
Wassers bei 20° = 0,99823.

Tabelle 7. $T = 19°\,C$. *Viscosität der reinen Essigsäure* $= 1,225\,cP$.
(c = Konzentration; η = Viscosität.)

c	η	c	η	c	η
1. Kaliumacetat		*2. Dimethylanilin*		*3. Anilin*	
0,0112	1,218	0,00975	1,213	0,0088	1,222
0,0986	1,4315	0,109	1,319	0,024	1,239
0,195	1,6616	0,224	1,455	0,1104	1,290
0,511	2,452	0,527	1,95	0,1166	1,318
0,900	4,0465	1,04	3,049	0,208	1,409
				0,475	1,829
				1,031	4,488

Ein Versuch zur Deutung des anormalen Verlaufs der Äquivalent-leitfähigkeitskurven wird im Abschnitt IV (S. 637) im Zusammenhang mit den Molekulargewichtsbestimmungen unternommen werden.

Weitere Literaturstellen, die sich auf Leitfähigkeitsmessungen in Essigsäure beziehen: (*121*), (*171*), (*144*), (*164*), (*165*), (*122*), (*166*), (*160*), (*131*).

C. Molekulargewichtsbestimmungen von Säuren- und Basenanalogen.

Die kryoskopische und auch die ebullioskopische Konstante der Essigsäure wurden schon frühzeitig von BECKMANN (*4*) sehr genau bestimmt; auch das Molekulargewicht des Essigsäuredampfes wurde mit 102 ermittelt, was einem Assoziationsgrad von 1,7 entspricht (*5*). Obwohl die Essigsäure ein geradezu ideales Lösungsmittel für organische Substanzen ist und bei vielen Molekulargewichtsbestimmungen ausgezeichnete Dienste geleistet hat, sind die für das wasserähnliche Lösungsmittel interessanten Säuren- und Basenanalogen nur wenig untersucht worden (*43*), (*169*), (*177*). Die notwendigen Daten mußten durch neuere Messungen (*111*) ermittelt werden.

Da die kryoskopische Methode die Verhältnisse in den Lösungen bei Zimmertemperatur besser widerspiegelt als die ebullioskopische Methode, wurde diese ausschließlich angewendet (*111*). In den Tabellen 8a—d und in den Abb. 6—7 ist der VAN'T HOFFsche Faktor i eingetragen, der bekanntlich definiert ist als

$$i = \frac{\text{theoretisch berechenbares, einfaches Molgewicht}}{\text{experimentell gefundenes Molgewicht}}.$$

Ist i bei ein-einwertigen Elektrolyten größer als 1, sind diese dissoziiert, bei Werten kleiner als 1 liegt Assoziation vor.

Bei der Berechnung der Konzentrationen wurde bei Molekulargewichtsbestimmungen von flüssigen Stoffen Additivität der Einzelvolumina angenommen, bei festen Stoffen eventuell entstehende Volumenkontraktionen oder -dilatationen

Tabelle 8.

c = molare Konzentration; M_x = gefundenes Molekulargewicht; M_{th} = aus der Formel berechnetes Molekulargewicht; $i = M_{th}/M_x$.

a) Nichtelektrolyte.

c	M_x	i	c	M_x	i
1. Benzoesäure $M_{th} = 122{,}1$. Schmp.: 121,6°.			2. Benzol $M_{th} = 78{,}1$.		
0,019	117	1,03	0,0217	78	1,00
0,036	120	1,01	0,105	79	0,99
0,105	117	1,03	0,310	83	0,94
0,218	120	1,01	0,825	91	0,86
0,400	121	1,00	0,925	92,5	0,85
0,67	122	1,00			

b) Anorganische Acetate.

c	M_x	i	c	M_x	i
1. Kaliumacetat $M_{th} = 98$.			0,73	82	1,00
0,014	79	1,24	0,85	81	1,01
0,0294	86	1,14			
0,076	92,5	1,06	3. Tetramethylammoniumacetat		
0,153	98,5	0,995	$M_{th} = 133$.		
0,252	99	0,99	0,0093	81	1,64
0,358	99	0,99	0,027	102	1,30
0,489	98,5	0,995	0,055	116	1,14
0,644	93,5	1,05	0,146	142	0,94
0,745	91	1,05	0,292	142	0,94
			0,445	140	0,95
2. Natriumacetat $M_{th} = 82$.			0,610	125	1,06
0,0118	66,5	1,23	0,763	112	1,19
0,0432	78,5	1,04	0,925	101	1,31
0,283	82	1,00	0,0086	73,5	1,81
0,432	83	0,99	0,0258	92,7	1,43
0,575	83	0,99	0,069	131,3	1,01

c) Potentielle Elektrolyte basischer Natur.

c	M_x	i	c	M_x	i
1. Triphenylguanidin $M_{th} = 287$. Schmp.: 142°. %-$N_{th} = 14{,}98$; %-$N_{gef} = 14{,}87$.			0,54	310	0,93
			0,60	290	0,99
0,0079	170	1,69	0,84	280	1,02
0,011	177	1,62			
0,0253	210	1,36	2. Dimethylanilin $M_{th} = 121$. Kp = 191°.		
0,0426	248	1,16	0,0104	98	1,23
0,127	282	1,01	0,0804	118	1,025
0,156	298	0,97	0,144	125	0,965
0,206	307	0,94	0,207	124	0,975
0,277	315	0,91	0,397	122	0,99
0,358	315	0,91	0,537	116,5	1,04
0,437	303	0,95	0,675	111	1,09
0,535	298	0,95	0,815	103	1,18

c) (Fortsetzung).

c	M_x	i	c	M_x	i

3. Pyridin $M_{th} = 79{,}1$.
Kp $= 115°$.

4. Anilin $M_{th} = 93{,}12$. Kp $= 182°$.
%-$N_{th} = 15{,}05$; %-$N_{gef} = 14{,}95$.

c	M_x	i	c	M_x	i
0,031	68	1,16	0,00715	134	0,67
0,077	54	1,46	0,195	125	0,745
0,143	76	1,04	0,256	120	0,775
0,162	77,5	1,02	0,309	114	0,82
0,29	78	1,01	0,583	135,5	0,90
0,45	76	1,04	0,592	107	0,87
0,917	64	1,23	0,806	101	0,92
			0,875	98,4	0,95

d) Säurenanaloge.

c	M_x	i	c	M_x	i

1. Perchlorsäure $M_{th} = 100{,}4$.
Dichte $= 1{,}76$.

c	M_x	i	c	M_x	i
			0,845	204	0,492
			0,513	228	0,44
0,0165	228	0,44			
0,0226	236	0,425	**2. Schwefelsäure $M_{th} = 98$.**		
0,0640	249	0,404	0,00931	87,2	1,11
0,108	266	0,378	0,0177	114	0,86
0,154	290	0,346	0,0374	117,3	0,835
0,230	298,5	0,335	0,0677	136	0,73
0,370	248	0,405	0,455	141,0	0,695
0,643	215	0,467	0,807	153,5	0,64

nicht berücksichtigt. Dadurch können natürlich besonders in konzentrierten Lösungen kleine Korrekturen notwendig werden. Vgl. S. 630.

Abb. 6 gibt die Abhängigkeit des Faktors i von der Konzentration der Lösungen für die basenanalogen Alkaliacetate und für potentielle Elektrolyte wieder.

Auffällig ist zunächst, daß sämtliche Basenanalogen ein gleichartiges Verhalten zeigen, weiterhin, daß bei der angegebenen größten Verdünnung kein einziges Basenanaloges den Wert $i = 2$ erreicht, der eine vollständige Dissoziation anzeigen würde. Letztere Tatsache ist bereits von anderen wasserähnlichen Lösungsmitteln bekannt. Zum Beispiel ist in flüssigem Schwefelwasserstoff, wasserfreiem Schwefeldioxyd, die eine im Vergleich zum Wasser sehr kleine Dielektrizitätskonstante haben, bisher nie eine vollständige Dissoziation beobachtet worden, wenn man von sehr großen Verdünnungen absieht. Der Zusammenhang zwischen Dielektrizitätskonstante und Dissoziation ist ziemlich leicht mit der Tatsache zu erklären, daß sich zwei entgegengesetzt geladene Teilchen in der Lösung um so stärker anziehen werden, je kleiner die Dielektrizitätskonstante des Lösungsmittels ist. Demnach würde in Essigsäure die Wahrscheinlichkeit für das Vorliegen assoziierter Moleküle besonders groß sein.

Auch das hohe Molvolumen und der geringe Wert der PICTET-TROUTONschen Konstanten für Essigsäure tragen zu der Annahme bei, daß diese viel weniger tiefgreifend auf die gelösten Stoffe einwirkt als

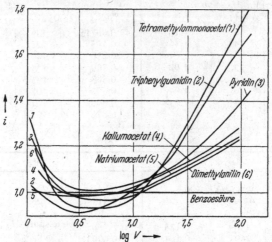

Abb. 6. Die VAN'T HOFFschen Faktoren i der Basenanalogen in Essigsaure.

beispielsweise Wasser oder Fluorwasserstoff. Tabelle 9 deutet die Ausnahmestellung der Carbonsäuren an. Bei Stoffen, deren Verdampfungsentropie wesentlich unter dem Mittelwert 21 cal · Grad^{-1} liegt, muß mit besonders starker Assoziation in der Schmelze gerechnet werden.

Die Abb. 6 macht wiederum die Erscheinung deutlich, daß Stoffe mit großem Kation, sofern nicht andere Effekte wirksam sind, eine große Tendenz zur Dissoziation zeigen. Tetramethylammonacetat und Triphenylguanidin erreichen in 0,01 n Lösung immerhin bereits einen Wert von $i = 1,7$ bis 1,8. Wesentlich schwächer dissoziieren das Pyridin sowie das Dimethylanilin, während Anilin selbst eine Ausnahme macht (s. Tabelle 8). Bei letzterem wird in verdünnterer Lösung sicherlich das Dianilinacetat, eventuell neben normalem Acetat, vorhanden sein, wobei sich bei Steigerung der Konzentration mehr und mehr das normale Acetat bilden wird. Die Abhängigkeit des Dissoziationsgrades vom Kationenvolumen wird auch innerhalb der Gruppe der anorganischen Acetate deutlich: Die i-Werte des Kaliumacetats liegen stets über denen des Natriumacetats.

Tabelle 9.

	Verdampfungs-entropie
Chlorwasserstoff .	20,5
Ammoniak. . . .	23,5
Wasser	26,0
Essigsäure	14,9
Ameisensäure . .	14,2

Besonders aufschlußreich ist ein *Vergleich der Befunde über die Äquivalentleitfähigkeit mit den Befunden über den Faktor i* bei den Basenanalogen.

In der Abb. 3 (S. 629) war bereits aufgefallen, daß keine der Meßkurven der eines Elektrolyten in wäßriger Lösung entspricht, sondern daß der Verlauf sämtlicher Kurven auf Verhältnisse in der absolut essigsauren Lösung hinweist, die der Chemie wäßriger Lösungen fast völlig fremd sind. Mit abnehmender Konzentration sinken die Äquivalentleitfähigkeiten, um nach dem Durchlaufen eines sehr flachen und breiten Minimums nur langsam wieder anzusteigen.

Dieses Verhalten ist in verschiedenen Solventien mit kleinen Dielektrizitätskonstanten zu beobachten. KRAUSS und FUOSS (103) führten die Bildung des Leitfähigkeitsminimums auf die Wirkung elektrostatischer (COULOMBscher) Kräfte zurück und nahmen an, daß aus einem neutralen Molekül und einem Ion Verbindungen wie $(+-+)$ und $(-+-)$, sog. Tripelionen, entstehen. Sie zeigten, daß sich diese Tripelionen nur bis zu einem bestimmten kritischen Wert der Dielektrizitätskonstante bilden können und daß sich das Minimum mit wachsender Dielektrizitätskonstante des Lösungsmittels zu höheren Konzentrationen verschiebt, schließlich ganz verschwindet. Aus experimentell erhaltenen Leitfähigkeitswerten ermittelten sie die Gleichgewichtskonstanten der Tripelionen. Umgekehrt berechneten sie auf der Grundlage COULOMBscher Kräfte diese Gleichgewichtskonstanten.

Für Lösung und Dissoziation in Essigsäure würden die Formulierungen von KRAUSS und FUOSS bedeuten, daß in der Gegend des Leitfähigkeitsminimums komplexe Ionen vom Typ $(Na_2Ac)^+$ und $(NaAc_2)^-$ vorhanden sind und daß das Minimum somit teils durch die verringerte Teilchenzahl in der Lösung und teils durch das vergrößerte Molvolumen und die damit verbundene geringere Ionenbeweglichkeit hervorgerufen wird.

DOLE (40) konnte mit Hilfe der Tripelionen auch die Überführungsmessungen von DAVIDSON und LANNING (104) erklären, die jedoch wegen der bisher in Essigsäure völlig fehlenden Messungen der Ionenbeweglichkeiten (80) als nicht ganz gesichert angesehen werden dürfen.

JANDER und Mitarbeiter, die ebenfalls in verschiedenen Lösungsmitteln das Auftreten eines Leitfähigkeitsminimums beobachtet hatten, nahmen zunächst das folgende, verallgemeinerte Dissoziationsschema an:

$$[K_n A_{(n-x)}]^{x+} + x\, A^- \searrow$$
$$ (KA)_n \rightleftharpoons n\, KA \rightleftharpoons n\, K^+ + n\, A^-.$$
$$y\, K^+ + [K_{(n-y)} A_n]^{y-} \nearrow$$

(K = Kation; A = Anion.)

Wird in diesem Schema für den speziellen Fall der basenanalogen Acetate $n=3$ gesetzt und die oben eingeführte Formulierung der Tripelionen benutzt, dann ergibt sich das konkretere Dissoziationsschema:

$$(K_3Ac_{(3-x)})^{x+} + x\, Ac^- \searrow$$
$$ (K_2Ac)^+ + (KAc_2)^- \rightleftharpoons (KAc)_3 \rightleftharpoons 3\, KAc \rightleftharpoons 3\, K^+ + 3\, Ac.$$
$$y\, K^+ + (K_{(3-y)} Ac_3)^{y-} \nearrow$$

(K = Kation; Ac = Acetat.)

An Hand dieses Dissoziationsschemas können nun die Befunde über die Äquivalentleitfähigkeit mit den Befunden über die Molekulargewichte miteinander in Beziehung gebracht werden:

a) Im Gebiet der verdünntesten Lösungen, für das die rechte Seite des Dissoziationsschemas gilt, steigen mit abnehmender Konzentration die Äquivalentleitfähigkeiten leicht an (Abb. 3), die i-Faktoren liegen über 1 (Abb. 6), d.h. in diesem Gebiet herrscht die normale Dissoziation der gelösten Stoffe vor.

b) Mit steigender Konzentration durchlaufen die Äquivalentleitfähigkeiten das Minimum; im Gebiet von etwa 0,1 n Lösungen beginnen diese Kurven steil anzusteigen (Abb. 3). In diesem Gebiet liegen die i-Faktoren bei dem Wert 1, oder sie zeigen sogar geringe Assoziation an. Die Vorgänge, die diesen Befunden zugrunde liegen, werden durch das Mittelstück des Dissoziationsschemas versinnbildlicht, in dem aus 3 Molekülen 2 Tripelionen entstehen: Die Zahl der Teilchen verringert sich; gleichzeitig tritt eine Vermehrung der Ladungsträger ein.

c) In den konzentriertesten Lösungen (0,5 bis 1 n ist dem Anstieg der Äquivalentleitfähigkeiten (Abb. 3) der Anstieg der i-Faktoren (Abb. 6) symbat. Die i-Faktoren steigen bei den stärkeren Elektrolyten sogar wieder über den Wert 1. Es sind nun wieder mehr Teilchen und zugleich mehr Ladungen als in den mittelkonzentrierten Lösungen vorhanden. Diese Vorgänge werden durch die linke Seite des Dissoziationsschemas versinnbildlicht. *Die hier formulierte sekundäre Dissoziation der Tripelionen kann der Erfahrung Rechnung tragen, daß in manchen Lösungsmitteln assoziierte Verbindungen mit großräumigen Kationen oder großräumigen Anionen weitgehender dissoziieren als die einfachen Salze.*

Es muß zusätzlich bedacht werden, daß eine von Temperatur und Konzentration abhängige Solvatation der undissoziierten Moleküle und der Ionen einen beträchtlichen Einfluß auf die Leitfähigkeit der Lösungen ausüben kann, vgl. dazu (*145*). Die Molekulargewichtsbestimmungen zeigen aber, daß die Anomalien der Leitfähigkeit mindestens zu einem Teil auf Assoziationsvorgänge zurückzuführen sind.

Bei den zwei weitaus schwächeren zwei-wertigen Basenanalogen in Essigsäure, Strontiumacetat und Nickelacetat (*32*) findet man im gesamten Konzentrationsbereich eine beträchtliche Assoziation, desgleichen bei einigen anderen Elektrolyten in Essigsäure (*32*).

Ein vollkommen anderes Bild ergeben die Molekulargewichtsbestimmungen der *Säurenanalogen* in Essigsäure (Abb. 7). Die i-Kurven für Perchlorsäure und Schwefelsäure verlaufen über den gesamten Konzentrationsbereich im Gebiete starker Assoziation [nach den Arbeiten von Eichelberger (*43*) sollte die Schwefelsäure in Konzentrationen. die geringer als 0,1 n sind, dissoziiert sein]. Das Molekulargewicht der Perchlorsäure entspricht in 0,01 n Lösung einem zweifach assoziierten

Produkt, steigt weiter bis zum dreifachen Wert des normalen Molgewichtes und sinkt dann wieder auf zweifache Assoziation ab. Es ist hiernach nicht möglich, aus der Abhängigkeit der Leitfähigkeit und den i-Faktoren von der Konzentration Rückschlüsse auf Art und Größe der Teilchen in der Lösung zu ziehen. Es scheint aber jedenfalls gesichert zu sein, daß die Stärke der Perchlorsäure nicht auf einer normalen Dissoziation, sondern auf einem Komplex von Assoziationen und beträchtlichen sekundären Dissoziationen beruht.

Die Schwefelsäure, die den Leitfähigkeiten zufolge wesentlich schwächer als die Perchlorsäure ist, zeigt auf Grund der Molekulargewichtsbestimmung geringere Assoziation. Die i-Kurve durchläuft bei ihr im untersuchten Konzentrationsbereich zwar kein Minimum, strebt ihm aber mit wachsender Konzentration der Lösung zu, und es ist anzunehmen, daß hier

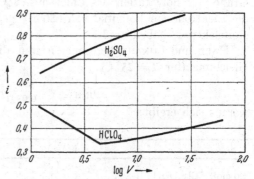

Abb. 7. Van't Hoffsche Faktoren i der Säurenanalogen in Essigsaure.

die Verhältnisse analog denen bei den Leitfähigkeiten liegen, d.h., daß je schwächer ein Säurenanaloges ist, um so später auch das Minimum in der i-Kurve erreicht wird.

Für das Vorliegen von undissoziierten Molekülen der Säurenanalogen in Essigsäure sprechen auch die Raman-Spektren (13) und die Nitrierung von Phenolen in Essigsäure (14), während sich widersprechende Berechnungen der Aktivitätskoeffizienten der Schwefelsäure (44), (82) vorliegen. Die relativen Aktivitäten der Salzsäure wurden von Rodebush und Ewart (135) bestimmt. Abschließend sei ebenfalls die „Aciditätsskala" von Hall (66) erwähnt, wo der Beweis für die „Stärke" der Schwefelsäure mit der colorimetrischen Methode (71) erbracht wird und einige Pufferlösungen in Essigsäure untersucht werden (65).

D. Potentiometrische Titrationen in Essigsäure.

Bereits im Jahre 1927 führten Hall und Conant (63) die Chloranilelektrode ein, unter Benutzung des Kalomel-Halbelementes als Vergleichselektrode:

$$\text{Pt} \begin{vmatrix} C_6Cl_4O_2 \text{ (ges.)} \\ C_6Cl_4(OH)_2 \text{ (ges.)} \end{vmatrix} \text{Brücke} \begin{vmatrix} KCl\ Hg_2Cl_2 \text{ (ges.)} \\ KCl \text{ (ges.)} \end{vmatrix} \text{Hg}$$

$$\text{HX in HAc} \qquad\qquad \text{in } H_2O$$

Als Brücke diente eine gesättigte Lösung von Lithiumchlorid in Essigsäure. Die Schwierigkeiten in der Potentialberechnung lagen in der Bestimmung des Flüssigkeitspotentials, welches auf 150 mV geschätzt wurde. Zur Aufstellung einer p_H-Skala in Essigsäure wurde das Potential der Chloranilelektrode in Wasser (gemessen gegen Kalomelelektrode) von + 418 mV auch für Essigsäure als gültig angesehen. Zuzüglich den 150 mV für das Flüssigkeitspotential ergab sich so der Nullpunkt für die p_H-Skala mit + 566 mV. Erst viel später zeigte sich (64), daß auf Grund der Solvatation des Chloranils, $C_6Cl_4(OH)_2 \cdot 2 CH_3COOH$ (90), die Elektrode ein Potential von 680 mV gegenüber der Normalwasserstoffelektrode haben mußte.

Hall und Conant berechneten nun die $(p_H)_{HAc}$-Werte nach der Gleichung (für $T = 25°$ C):

$$(p_H)_{HAc} = \frac{0,566 - E}{0,0591},$$

woraus sich ergibt:

	E (Volt)	$(p_H)_{HAc}$	H^+-Aktivität
1,0 mol. CCl_3COOH	+ 0,615	— 0,83	6,7
1,0 mol. H_2SO_4	+ 0,756	— 3,23	700
1,0 mol. $HClO_4$	+ 0,830	— 4,4	25000

Diese Ergebnisse, die mittels Indicatoren bestätigt wurden (21), legten den Grundstein zu den mannigfaltigen Bearbeitungen dieser sog. superaciden Lösungen. Es wurde angenommen, daß im Gegensatz zum Wasser die Protonen weniger fest an das Lösungsmittelmolekül gebunden sind und daher auch unsolvatisiert in der Lösung vorhanden sein können (22).

Die historische Entwicklung der Potentialmessungen in wasserfreier Essigsäure kann durch folgende Hinweise angedeutet werden:

Messungen der Potentiale gegen eine Wasserstoffelektrode (83), (97) lieferten für das Ionenprodukt der reinen Essigsäure den Wert $2,8 \cdot 10^{-13}$ (97).

Dissoziationskonstante der Essigsäure: $2,5 \cdot 10^{-13}$ bzw. $1 \cdot 10^{-15}$ unter Berücksichtigung der Waldenschen Regel $1 \cdot 10^{-15}$ (100) bzw. $3 \cdot 10^{-10}$ (63).

Als Elektroden wurden verwendet: Wasserstoffelektrode (176), (175), Antimon- und Tellurelektroden (158), Glas-Silberelektrode (24).

Mit Hilfe der Chloranilelektrode wurde eine sehr große Zahl von Basentitrationen mit Perchlorsäure als Säurenanalogen durchgeführt (69). Infolge der scharfen Potentialsprünge ließen sich sehr schwache Basenanaloge und Pseudobasen vom Typ des Triphenylcarbinols (23) titrieren, auch die Potentiale von freien Radikalen (20), sowie Redoxpotentiale waren bestimmbar (125).

Alle diese Methoden beschränkten sich jedoch auf die Messung der H$^+$-Ionenkonzentration, entweder direkt oder mit Hilfe des Chloranils; sie hatten in den meisten Fällen den Nachteil des Übergangs zu Lösungssystemen mit Wasser als Solvens bzw. des Vergleichs mit wäßrigen Lösungen.

Neuere Versuche (*111*) hatten das Ziel, eine Elektrode zu finden, die auf Acetationen konzentrationsrichtig anspricht und die es ermöglicht, gleichzeitig mit einer absolut essigsauren Vergleichselektrode zu arbeiten. Für das Elektrodenmaterial mußten nach Möglichkeit folgende Bedingungen erfüllt sein:

Gute Elektrizitätsleitung und möglichst konstante Wertigkeit des zugrunde liegenden Elements. Bildung eines schwerlöslichen, den elektrischen Strom zumindest schwach leitenden Acetats. Beständigkeit des Elements und seiner Acetatdeckschicht gegen die in der Essigsäure gelösten Säurenanalogen. Keine Komplexbildung der Acetatdeckschicht mit Basenanalogen. Diese Bedingungen erfüllt *Silber* weitgehend. An Silberelektroden stellen sich die Potentiale relativ schnell ein, bleiben längere Zeit konstant und sind

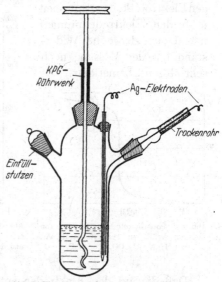

Abb. 8. Titrationsgefäß mit gebremsten Elektroden.

offenbar gut reproduzierbar. Vergiftungserscheinungen konnten bisher nicht beobachtet werden. Kupfer, Nickel, Zink, Aluminium bewährten sich nicht (*111*).

Die EMK-Messungen (*111*) wurden nach der POGGENDORFschen Kompensationsmethode durchgeführt, ein 2 V-Akku diente als Stromquelle, dessen EMK gegen ein WESTON-Normalelement festgelegt wurde. Als Nullinstrument wurde ein Spiegelgalvanometer mit einer Empfindlichkeit von $2 \cdot 10^{-9}$ Amp/Skt. benutzt. Das verwendete Titrationsgefäß ist in Abb. 8 wiedergegeben. Die Anordnung der Silberelektroden ist, wie aus der Abbildung ersichtlich, die von gebremsten Elektroden mit praktisch verhinderter Diffusion. Die in die Titrationslösung eintauchende Elektrode war durch das Trockenrohr geführt und wurde an der Glascapillare mittels eines kleinen Glashakens festgehalten, so daß die Entfernung zwischen den beiden Elektroden möglichst gering gehalten wurde. Um den Widerstand der Lösung auf ein Minimum herabzusetzen, wurde auch die Capillarspitze so weit wie möglich gemacht.

Sämtliche Reagentien mußten folglich in reiner Form (nicht als Lösungen!) zugegeben werden, da sonst ein Nachsteigen der Außenflüssigkeit in den Raum innerhalb der Capillare nicht zu vermeiden gewesen wäre.

Trotz all dieser Maßnahmen zur Verringerung des Innenwiderstandes war es nicht möglich, Potentiale zwischen einer 0,01 oder 0,02 n Acetat- bzw. Säurenlösung im Titrationsraum und dem reinen Lösungsmittel innerhalb der Capillare zu messen, wie es zur Feststellung der Dissoziationskonstanten der reinen Essigsäure geplant war. Auch bei geringen Elektrolytkonzentrationen in beiden Elektrodenräumen macht sich der hohe Widerstand bei der Messung noch sehr störend bemerkbar.

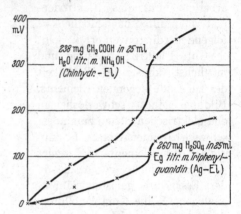

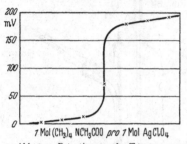

Abb. 9 a. Potentiometrische Titration von 334,4 mg AgClO₄ in 25 ml Essigsaure mit (CH₃)₄N CH₃COO. $T = 25°$ C.

Abb. 9 b. Vergleich zwischen potentiometrischer Titration einer schwachen Saure mit einer schwachen Base in Wasser und der Titration von H₂SO₄ mit Triphenylguanidin in Essigsaure. $T = 25°$ C.

Daß die auf den Elektroden entstehende Deckschicht von Silberacetat schwerlöslich in Essigsäure ist, ergibt sich aus der Titration von Silberperchlorat mit einem basenanalogen Acetat; Silberperchlorat geht im Gegensatz zu vielen anderen Silbersalzen in Essigsäure leicht in Lösung; während der Titration fällt Silberacetat aus. Der scharfe Potentialsprung zeigt, daß Silberelektroden auf die Konzentration der Acetationen gut ansprechen (Abb. 9).

Als Säurenanaloge wurden ausschließlich Schwefelsäure und Perchlorsäure verwendet. Eine Titration von Schwefelsäure mit dem relativ starken Basenanalogen Triphenylguanidin gibt die Abb. 9b wieder.

In Abb. 9 sind charakteristische Titrationskurven zusammengestellt, die insgesamt einen guten Einblick in die Vorgänge im Lösungsmittel Essigsäure vermitteln.

Abb. 9a: Titration von Silberperchlorat mit einem basenanalogen Acetat (*111*).

Abb. 9b: Titration von Schwefelsäure mit dem relativ starken Basenanalogen Triphenylguanidin. In Kurve I ist ein schwacher Potentialsprung zu erkennen. Der gesamte Kurvenverlauf erinnert an die

Titration einer schwachen Säure (Essigsäure) mit einer schwachen Base (Ammoniak), die mit einer Chinhydronelektrode ausgeführt wurde, Kurve II. In beiden Kurven ist ein verschwommenes Übergangsgebiet zu beobachten, das durch Solvolyse der während der Titration entstehenden Salze hervorgerufen wird (111).

Abb. 9c: Titration von Schwefelsäure mit dem weniger starken Basenanalogen Pyridin. Der Wendepunkt in der Titrationskurve ist hier noch weniger als in Abb. 9b ausgeprägt. Aus 9b und 9c geht hervor, daß Schwefelsäure in Essigsäure gelöst wirklich nur eine sehr schwache einbasische Säure ist, deren Stärke höchstens der Stärke von Essigsäure in Wasser gleichgesetzt werden kann.

Abb. 9d: Titration von Natriumacetat mit Perchlorsäure. Diese Titrationen waren nicht so störungsfrei wie die Titrationen mit Schwefel-

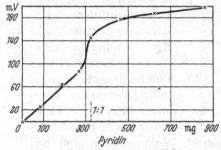

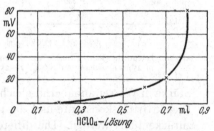

Abb. 9c. Titration von 400,9 mg H_2SO_4 in 25 ml Essigsaure mit Pyridin. $T = 25°$ C.

Abb. 9d. Titration von 360,7 mg $Na(CH_2COO)$ in 25 ml Essigsaure mit $HClO_4$-Lösung.

säure, da Perchlorsäure offensichtlich die Silberelektroden angreift und so eine konstante Potentialeinstellung verhindert. Es muß angenommen werden, daß die freie Perchlorsäure die Deckschicht von Silberacetat auflöst und ihrerseits Silberperchlorat bildet, welches in Essigsäure außerordentlich gut löslich ist, so daß Potentialwerte erhalten werden, die in keiner Beziehung zur vorhandenen Acetationenkonzentration stehen. Legt man bei der Titration jedoch das Basenanaloge vor und titriert mit der Perchlorsäure, so erkennt man an dem Kurvenverlauf vor dem Äquivalenzpunkt, daß dieses Säurenanaloge bedeutend stärker als die Schwefelsäure sein muß. Abb. 9d gibt eine Titration von Natriumacetat mit Perchlorsäure wieder, wie sie in gleicher Form auch bei der Neutralisation von Anilin mit Perchlorsäure erhalten wurde. Der Potentialverlauf ist vollkommen analog dem einer mittelstarken Base mit einer starken Säure in wäßriger Lösung, abgesehen von dem Teil hinter dem Äquivalenzpunkt, wo infolge Anwesenheit freier Perchlorsäure definierte Potentialeinstellungen nicht beobachtet werden konnten.

Abb. 9e: Titration von Kaliumacetat mit Schwefelsäure (111). Infolge der völligen Unlöslichkeit des entstehenden Kaliumdisulfats bzw.

Kaliumsulfats wird ein scharfer Potentialsprung erhalten, der wieder beim Molverhältnis 1:1 liegt. Da die Schwefelsäure jedoch wie früher gezeigt wurde, ein zweibasisches Säurenanaloges ist, ist obige Kurve ein weiterer Beweis für die extrem kleine Dissoziationskonstante der zweiten Dissoziationsstufe der Schwefelsäure.

Zusammenfassend kann auf Grund der Leitfähigkeitsmessungen, der Molekulargewichtsbestimmungen und der potentiometrischen Titrationen über die Stärke der Säurenanalogen in Essigsäure ausgesagt werden, daß diese zwar viel geringer als die der Säuren in Wasser ist, daß jedoch das Lösungsmittel Essigsäure einen stark differenzierenden Einfluß auf die Stärke der einzelnen Säurenanalogen ausübt. Dieser differenzierende Einfluß auf Säurenanaloge, deren

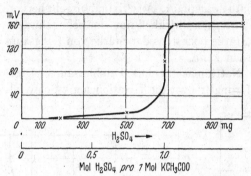

Abb. 9e. Potentiometrische Titration von 680 mg K(CH₃COO) in 25 ml Essigsäure mit H₂SO₄. $T = 25°$ C.

Stärke in Wasser annähernd gleich groß ist, muß ebenfalls auf die kleine Dielektrizitätskonstante und das große Molvolumen des Lösungsmittels zurückgeführt werden. Die differenzierende Wirkung ist so groß, daß potentiometrische Titrationen von Perchlorsäure und Schwefelsäure nebeneinander durchgeführt werden konnten (148).

V. Neutralisationsanaloge Umsetzungen in wasserfreier Essigsäure.

Zwischen den säurenanalogen solvatisierten Wasserstoffsäuren, den Acet-Acidiumsalzen und den basenanalogen Acetaten finden in Essigsäure zahlreiche neutralisationsanaloge Umsetzungen statt, wobei Moleküle des wenig dissoziierten Lösungsmittels gebildet werden:

$$CH_3C(OH)_2R + Me(CH_3COO) + MeR + 2 CH_3COOH.$$

Me bedeutet hierin ein einwertiges Metall oder eine organische einwertige Base, R ist ein einwertiger Säurerest. Einige dieser neutralisationsanalogen Umsetzungen wurden bereits im Abschnitt IV, A erwähnt.

Besonders waren es Hall und Mitarbeiter, die schon frühzeitig diese Umsetzungen mit Hilfe von Titrationen sichtbar machten. Und zwar titrierten Hall und Werner (69) zunächst elektrometrisch Natriumacetat mit Säurenanalogen; später fand Hall, daß sich die übrigen Acetate in gleicher Weise umsetzen, desgleichen die organischen Basen, die potentielle Elektrolyte in Essigsäure darstellen.

Die Neutralisationen ließen sich natürlich auch an Hand der Farbänderung von Indicatoren verfolgen (*21*), (*67*), (*120*), (*38*). Die in Frage kommenden Indicatoren sind Kristallviolett, Pikrinsäure, Methylenblau usw. KILPI (*96*) führte ebenfalls eine Reihe von Basentitrationen mit Perchlorsäure als Säurenanalogem durch, wobei er unter anderem feststellte, daß sich auch die Anthranilsäure (o-Aminobenzoesäure) als Basenanaloges titrieren läßt (*98*). Es ist eine ganz allgemeine Erscheinung in Essigsäure, daß die Dissoziation der Carboxylgruppen bedeutend erniedrigt wird, während die Dissoziation der basischen Gruppen wächst (*12*), so daß sogar die basischen Gruppen der Gelatine titrierbar werden (*141*). KILPI stellte ferner fest, daß die Anwesenheit von wenig Essigsäureanhydrid sich nicht störend bei der Titration bemerkbar macht, so daß dieses wohl kein Basenanaloges im oben geschilderten Sinne sein kann. RUSSEL und CAMERON (*141*) behaupten dagegen, daß geringe Essigsäureanhydridmengen den Säurenanalogen in Essigsäure ultrasaure Eigenschaften verleihen sollen, und auch einige Abnormitäten der Säurenanalogen in Essigsäure werden auf die Anwesenheit der Anhydridspuren zurückgeführt.

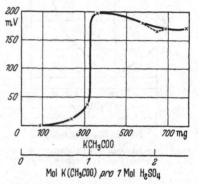

Abb. 10. Titration von 321,0 mg H_2SO_4 mit $K(CH_3COO)$ in 25 ml Essigsäure. $T = 25°$ C.

So wird z.B. die Schwefelsäure auf Grund ihrer Leitfähigkeiten und auch an Hand potentiometrischer Titrationen als einbasische Säure beschrieben (*148*), soll sich aber bei gewissen Fällen zweibasisch verhalten; Perchlorsäure soll ein zweibasisches Säurenanaloges sein, in Einzelfällen desgleichen sogar die Salzsäure (*148*). Um diese Frage zu klären, wurden völlig anhydridfreie Essigsäure und Säurenanalogen benutzt (*111*). (Die Herstellung reiner Essigsäure ist in Abschnitt II bereits beschrieben worden.)

In der Tat liegt bei einer potentiometrischen Titration (mit Silberelektroden) von vorgelegter Schwefelsäure mit Kaliumacetat der Potentialsprung bei dem Molverhältnis 1:1, wie die Abb. 10 zeigt, jedoch fällt anschließend das Potential und bleibt nach dem Molverhältnis 1:2 konstant. Der Potentialsprung in der Titrationskurve ist nur infolge der Schwerlöslichkeit des Reaktionsproduktes so ausgeprägt. Wie die analogen Titrationen mit löslichen Reaktionsprodukten aussehen, geben die Abb. 9a—e wieder. Eine konduktometrische Verfolgung der gleichen Titration (*111*) zeigt eindeutig, daß beide Protonen der Schwefelsäure in Funktion treten (Abb. 11). Die Leitfähigkeit fällt zunächst stark, da sich annähernd quantitativ schwerlösliches Kaliumbisulfat bildet, was auch durch Analyse des Bodenkörpers bewiesen wurde (berechnet für KHSO₄: % K = 28,7, gefunden % K = 28,5). Nach Erreichen des Molverhältnisses 1:1 steigt die Leitfähigkeit leicht an, da für die Bildung des neutralen Sulfates stets ein Kaliumacetatüberschuß

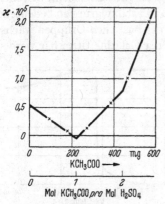

Abb. 11. Konduktometrische Titration von 216 mg H₂SO₄ in 25 ml Essigsaure mit K(CH₃COO). T = 26° C.

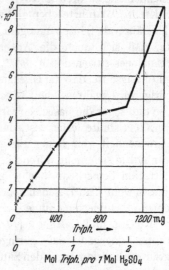

Abb. 12. Konduktometrische Titration von 182,2 mg H₂SO₄ in 25 ml Essigsaure mit Triphenylguanidın. T = 25° C.

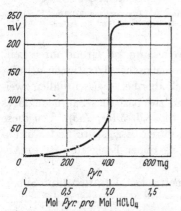

Abb. 13. Potentiometrische Titration von 495,9 mg HClO₄ in 25 ml Essigsaure mıt Pyridın. T = 25° C.

notwendig ist. Die Analyse des Bodenkörpers beim Molverhältnis 1:2 in der Lösung ergab, daß hier noch Kaliumbisulfat neben neutralem Kaliumsulfat vorliegt.

Durchaus analog verlaufen die potentiometrischen und konduktometrischen Titrationen von Schwefelsäure mit Triphenylguanidin, wo ebenfalls potentiometrisch der Wendepunkt beim Molverhältnis 1:1 liegt (s. Abb. 9b), konduktometrisch jedoch deutlich zwei Knickpunkte in den Leitfähigkeitswerten angezeigt werden (Abb. 12). Hiermit dürfte bewiesen sein, daß die Schwefelsäure auch in Essigsäure ein zweibasisches Säurenanaloges ist, wobei jedoch offensichtlich die Dissoziationskonstante des zweiten Protons um vieles kleiner als die des ersten Protons ist, so daß sie bei potentiometrischen Messungen nicht durch einen Potentialsprung angezeigt wird. Bei einer potentiometrischen Titration von Perchlorsäure mit Pyridin tritt ebenfalls der maximale Potentialsprung beim Molverhältnis 1:1 auf, was auf den einbasischen Charakter der Perchlorsäure hinweist (Abb. 13). Pyridinperchlorat fällt sofort bei Beginn der Titration als weißer Niederschlag aus. Der Anstieg des Potentials vor dem Äquivalenzpunkt ist sicher teils auf den oben beschriebenen Angriff der Perchlorsäure auf die Silberelektroden, teils auf die mittelstarke Basizität des Pyridins zurückzuführen. Ein weiterer deutlicher Potentialsprung hinter dem Verhältnis 1:1 konnte nicht beobachtet werden. Ganz anders sieht aber die konduktometrische Titration von vorgelegter Perchlorsäure mit Pyridin aus (Abb. 14). Wenn

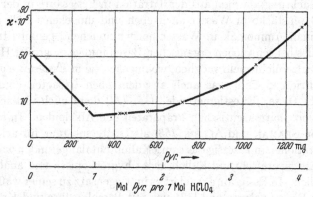

Abb. 14. Konduktometrische Titration von 400,7 mg HClO₄ in 25 ml Essigsaure mit Pyridin. $T = 24°$ C.

auch der zweite und dritte Schnittpunkt in der Leitfähigkeitskurve erst ein klein wenig hinter den exakten Molverhältnissen erreicht wird, würde dieser Titrationsverlauf jedoch darauf schließen lassen, daß die Perchlorsäure in Essigsäure nicht nur zwei-, sondern sogar dreibasisch ist. Dagegen zeigt eine konduktometrische Titration von Perchlorsäure mit Natriumacetat nur einen Knickpunkt, der Bildung von Natriumperchlorat entsprechend. Zusammen mit der Tatsache, daß in der Literatur bereits sog. anormale Salze des Pyridins und Anilins, z.B. $(C_6H_5NH_2)_2 \cdot HCl$ (110) und $(C_5H_5N)_2Br_4 \cdot HBr$ (59) bekannt sind, dürfte erwiesen sein, daß die Perchlorsäure auch in Essigsäure einbasisch ist, und daß die Knickpunkte in der Titrationskurve auf ebensolche Salze hinweisen, deren Entstehen formelmäßig wie folgt zu erklären ist:

1. $(C_5H_5N)N(CH_3COO) + HClO_4 = [(C_5H_5N)H] ClO_4 + CH_3COOH$

2. $[(C_5H_5N)H]ClO_4 + C_5H_5N = \{(C_5H_5N)[(C_5H_5N)H]ClO_4\}$

3. $\{(C_5H_5N)[(C_5H_5N)H]ClO_4\} + C_5H_5N = \{(C_5H_5N)_2[(C_5H_5N)H]ClO_4\}.$

Dieses Verhalten steht in Analogie zu bekannten Erscheinungen wäßriger Lösungen, z.B.

1. $Ag(OH) + HCN = AgCN + H_2O$

2. $AgCN + HCN = H[Ag(CN)_2].$

Bei potentiometrischen Titrationen von Perchlorsäure mit Pyridin wurde jedoch niemals eine Verbindung im Verhältnis 1 $HClO_4$: 3 C_5H_5N beobachtet, was auf den sehr labilen Charakter der Verbindungen zurückzuführen sein dürfte, wofür auch die Tatsache spricht, daß aus präparativen Ansätzen von Pyridin und Perchlorsäure in Essigsäure in den Verhältnissen 1:1, 2:1 und 3:1 stets nur das normale Pyridinperchlorat isoliert werden konnte (berechnet für Pyridinperchlorat: 56,2% $HClO_4$, gefunden 56,6%).

Titrationen schwacher organischer Basen in Essigsäure finden besondere Beachtung, da man aus der Titration in Essigsäure in der Lage ist, ihre Basenstärke in Wasser anzugeben und umgekehrt (62), (158). Während man Ammoniak in Wasser noch hinreichend genau titrieren kann, ist dies bei schwachen organischen Basen infolge zu großer Hydrolyse ihrer Salze nicht mehr möglich, wohingegen sie in Essigsäure ausgezeichnet titrierbar sind, was auch aus dem oben Gesagten eindeutig hervorgeht. Diese „Eisessigmethode" (75), (11) dient auch vielfach zur Titration von pharmazeutischen Präparaten und Alkaloiden. In letzter Zeit ist von Seaman und Allen (153) als Urtitersubstanz für acidimetrische Titrationen in Eisessig das saure Kaliumphtalat gefunden worden. Es ist in Essigsäure sehr gut löslich, nicht hygroskopisch und analysenrein erhältlich. In Essigsäure reagiert es im Gegensatz zu seiner wäßrigen Lösung als Basenanaloges und läßt sich mit Perchlorsäure und Kristallviolett als Indicator ausgezeichnet titrieren, zumal das Reaktionsprodukt während der Titration ausfällt und damit die Neutralisationskurve am Äquivalenzpunkt besonders steil wird. Wichtig ist fernerhin, daß sich in Essigsäure tertiäre Amine neben primären und sekundären Aminen titrieren lassen. Alle diese Stoffe sind in Essigsäure potentielle Elektrolyte basischer Natur, wohingegen die Anzahl und auch die Stärke der säurenanalogen Stoffe, wie weiter oben eingehend demonstriert wurde, sehr stark herabgesetzt wird. Diese Erscheinung tritt noch deutlicher bei stärker „sauren" Lösungsmitteln in Erscheinung, wie z.B. in flüssigem Fluorwasserstoff, wo die Säurenanalogen völlig fehlen, die Zahl der Basenanalogen dagegen sehr groß ist.

VI. Halogentitrationen in Essigsäure.

Auf Grund der ähnlichen Löslichkeitsverhältnisse der Silber- und Thallium(I)-halogenide in den Solventien Wasser und Essigsäure war es selbstverständlich, daß auch potentiometrische Halogentitrationen mit Silber- bzw. Thallium(I)-salzen in Essigsäure möglich sind.

Verwendet wurden hierzu die gleichen Elektroden und die Meßanordnung wie für die neutralisationsanalogen Titrationen.

Die Abb. 15 gibt eine Titration von Silberperchlorat, welches in Essigsäure gelöst war, mit Arsentribromid wieder und zum Vergleich die analoge Titration mit Natriumbromid in wäßriger Lösung mit der gleichen Einwaage an Silbersalz. Wie zu erwarten, unterscheiden sich die Titrationen in beiden Solventien kaum. Eine analoge Titration von Halogenionen durch Zugabe von Thalliumacetat gibt die Abb. 16 wieder, in der der Potentialverlauf der Titration einer Auflösung von Hydroxyl-

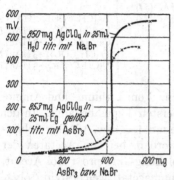

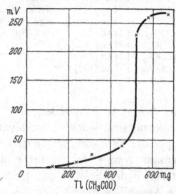

Abb. 15. Vergleichende Silbertitration in Wasser und Essigsäure.

Abb. 16. Titration von 138,1 mg NH₂OH · HCl mit Tl(CH₃COO) in 25 ml Essigsäure.

aminhydrochlorid dargestellt ist. Über die Titration von Alkalihalogeniden in Essigsäure mittels Perchlorsäure und Farbindicatoren wurde vor kurzem berichtet (78). Die ihr zugrunde liegende Reaktion ist:

$$Cl^- + (CH_3COOH \cdot H)^+ = HCl + CH_3COOH,$$

wobei die entstehende Salzsäure aus dem Gleichgewicht herausdestilliert wird.

VII. Das Anlagerungsvermögen der Essigsäure.

Wasserfreie Essigsäure hat mit den übrigen wasserähnlichen Lösungsmitteln die Eigenschaft gemeinsam, mit bereits abgesättigt erscheinenden Verbindungen Additionsverbindungen, Solvate, zu bilden. Deren Zahl ist wohl viel geringer als die Zahl der Hydrate, jedoch bedeutend größer als die Zahl der Solvate des Essigsäureanhydrids. Während die Verhältnisse bei letzterem an die korrespondierenden Verhältnisse bei den Solvaten mit Flußsäure und wasserfreier Salpetersäure erinnern, wo fast ausschließlich Solvate der basenanalogen Fluoride bzw. Nitrate bekannt sind, dagegen beim Wasser auch Solvate (Hydrate) von fast allen Salztypen festgestellt wurden, nimmt die Essigsäure auch hier die bereits hervorgehobene Mittelstellung zwischen diesen beiden Solventien ein. Es sind nämlich nicht nur Solvate der basenanalogen Acetate, sondern auch zahlreiche Solvate anderer Salztypen bekannt.

Bei den Alkaliacetaten beobachtet man zwei Reihen von Solvaten, die die Zusammensetzungen 1 Mol Alkaliacetat : 1 Mol Essigsäure und

Tabelle 10. *Solvate der Acetate.*

1 Mol Ac : 1 Mol HAc	1 Mol Ac : 2 Mol HAc	1 Mol Ac : 3 Mol HAc
$NH_4(CH_3COO) \cdot 1$ HAc *(133)*		
$Li(CH_3COO) \cdot 1$ HAc *(106)*		
$Na(CH_3COO) \cdot 1$ HAc *(106)*	$Na(CH_3COO) \cdot 2$ HAc *(106)*	
$K(CH_3COO) \cdot 1$ HAc *(113)*	$K(CH_3COO) \cdot 2$ HAc	
$Ca(CH_3COO)_2 \cdot 1$ HAc *(19)*	$Mg(CH_3COO)_2 \cdot 2$ HAc *(54)*	
$Sr(CH_3COO)_2 \cdot 1$ HAc *(32)*	$Ba(CH_3COO)_2 \cdot 2$ HAc *(38)*	$Ba(CH_3COO)_2 \cdot 3$ HAc *(37)*
$Cu(CH_3COO)_2 \cdot 1$ HAc *(36)*		$La(CH_3COO)_3 \cdot 3$ HAc *(102)*
$Nd(CH_3COO)_3 \cdot 1$ HAc *(102)*		$Ce(CH_3COO)_3 \cdot 3$ HAc *(102)*
$Sm(CH_3COO)_3 \cdot 1$ HAc *(102)*		$Pr(CH_3COO)_3 \cdot 3$ HAc *(102)*
$Tl(CH_3COO) \cdot 1$ HAc *(106)*		$Y(CH_3COO)_3 \cdot 3$ HAc *(102)*

1 Mol Acetat zu 2 Mol Essigsäure besitzen. Vom Lithium- und Ammoniumacetat sind jedoch nur Solvate des ersten Typus bekannt. In der Gruppe der Erdalkaliacetate sind Solvate mit 1, 2 bzw. 3 Molen Solvat-Essigsäure pro 1 Mol Acetat erhalten worden, bei den Acetaten der Seltenen Erden Solvate mit 1 oder 3 Mol Essigsäure pro 1 Mol Acetat. Eine Ausnahme macht hier das Gadoliniumacetat, welches ein Solvat mit 2,5 Mol Essigsäure bilden soll. Man nimmt an, daß es sich hierbei um ein Gemisch des Mono- und Trisolvats handelt. Tabelle 10 gibt eine Übersicht.

Ferner:

$$Pb(CH_3COO)_2 \cdot 0,5 \text{ HAc } (33);$$
$$Gd(CH_3COO)_3 \cdot 2,5 \text{ HAc } (102);$$
$$Mg(CH_3COO)_2 \cdot 1,5 \text{ HAc } (54).$$

(HAc = Essigsäure, Ac = Acetat.)

Nach Bakunin und Vitale *(3)* soll auch ein Solvat $2 K(CH_3COO) \cdot$ 1 HAc mit dem Schmelzpunkt von $+14°$ C existieren.

Das oben erwähnte $Mg(CH_3COO)_2 \cdot 1,5$ HAc *(18)* konnte von Funk und Römer *(54)* nicht dargestellt werden, da sie stets zu dem Solvat $Mg(CH_3COO)_2 \cdot 2$ HAc gelangten.

Im Verlauf eigener Arbeiten *(111)* wurde das Solvat $Na(CH_3COO) \cdot 2$ HAc ebenfalls durch Versetzen einer absolut essigsauren Natriumacetatlösung mit wasserfreiem Benzol in Form langer, sich verfilzender Nadeln erhalten.

Ein weiteres Solvat konnte vom Tetramethylammoniumacetat beim Eindampfen seiner essigsauren Lösung erhalten werden. Die Analyse stimmt auf das Monosolvat $[(CH_3)_4N](CH_3COO) \cdot 1 CH_3COOH$ *(111)*.

Analysenergebnisse:

       ber.   gef.

N: 7,25%   7,15%

Solvatessigsäure: 31,1%   30,8% .

Es ist so stabil, daß selbst bei mehrtägigem Aufbewahren im Trockenschrank bei 100° C keine nennenswerten Mengen Essigsäure abgegeben werden.

Eine weitere Gruppe von Solvaten bilden die *komplexen Acetate* (37), z. B.:

$$Na_2[Zn(CH_3COO)_4] \cdot 4\,CH_3COOH$$
$$(NH_4)_2[Zn(CH_3COO)_4] \cdot 6\,CH_3COOH$$
$$(NH_4)_2[Cu(CH_3COO)_4] \cdot 4\,CH_3COOH$$
$$K[Cu_2(CH_3COO)_5] \cdot 2\,CH_3COOH.$$

Diese Beispiele werden in Abschnitt IX, B vermehrt.

Außer den Solvaten der Acetate sind *Solvate artfremder Salze* bekannt. Eine Zusammenfassung gibt Tabelle 11.

Tabelle 11. *Solvate von Salzen.*

$LiBr \cdot 3\,CH_3COOH$		$BF_3 \cdot 2\,CH_3COOH$	*(112)*
$LiJ \cdot 3\,CH_3COOH$	*(162)*	$4\,AlCl_3 \cdot CH_3COOH$	*(168)*
$NaJ \cdot 3\,CH_3COOH$	*(162)*	$AlBr_3 \cdot 6\,CH_3COOH$	
$MgCl_2 \cdot 6\,CH_3COOH$	*(132)*	$SnCl_4 \cdot 4\,CH_3COOH$	*(27)*
$MgBr_2 \cdot 6\,CH_3COOH$	*(114)*	$SbCl_3 \cdot CH_3COOH$	*(116)*, *(47)*
$MgJ_2 \cdot 6\,CH_3COOH$	*(114)*	$SbCl_5 \cdot CH_3COOH$	*(138)*
$CaCl_2 \cdot 4\,CH_3COOH$	*(115)*	$HCOONa \cdot CH_3COOH$	*(39)*
$Ca(NO_3)_2 \cdot 3\,CH_3COOH$	*(35)*	$HCOONa \cdot 2\,CH_3COOH$	*(39)*
$HgCl_2 \cdot CH_3COOH$	*(34)*	$CrSO_4 \cdot CH_3COOH$	*(147)*

Die Existenz des Solvates $CaCl_2 \cdot 4\,CH_3COOH$ konnte von FUNK und RÖMER (54) nicht bestätigt werden. Letztere erhielten stets unter partieller Solvolyse „basische" Salze von der Zusammensetzung $CaCl(CH_3COO) \cdot CH_3COOH$ und $CaCl(CH_3COO)$ bzw. $CaCl_2 \cdot Ca(CH_3COO)_2$. Das Verhalten des Calciumchlorids ist in Essigsäure also wohl ein Analogiefall zum Zinntetrachlorid in wäßriger Lösung, d. h., es ist ein Salztyp, der zwar zunächst wohl solvatisiert, sodann aber gleich weiter solvolytisch gespalten wird:

$$SnCl_4 + 4\,H_2O = SnCl_4 \cdot 4\,H_2O = Sn(OH)_4 + 4\,HCl = SnO_2 \cdot aq. + 4\,HCl.$$

Genau so wie hier die Hydratbildung die Vorstufe der Hydrolyse ist, muß angenommen werden, daß bei sämtlichen wasserähnlichen Lösungsmitteln die Solvatbildung die Vorstufe der Solvolyse ist und diese wiederum, wie später gezeigt werden wird, die Vorstufe der Amphoterie ist. Allerdings kann in vielen Fällen das Solvat als erste Stufe dieses Prozesses nicht isoliert werden.

Die Solvatation von Ionen in wasserfreier Essigsäure wurde von POGANY (129) durch Diffusionsmessungen untersucht. Dabei wurden die in Tabelle 11 angeführten Solvate

$$LiBr \cdot 3\,CH_3COOH \quad \text{und} \quad AlBr_3 \cdot 6\,CH_3COOH$$

gefunden.

Lithiumbromid ist eine der wenigen anorganischen Stoffe, die sich äußerst leicht in Essigsäure lösen. Läßt man eine gesättigte Lithiumbromidlösung in Essigsäure im Vakuumexsiccator über Schwefelsäure und Ätzkali langsam eindunsten, so kristallisieren bald lange farblose Nadeln aus. Die gleiche Verbindung erhält man, wenn man Lithiumbromid in der Hitze in wenig Essigsäure löst. Hierbei geht sogar mehr in Lösung, als der Verbindung LiBr · 3 CH₃COOH entsprechen würde, d.h. 3 Mole Essigsäure lösen mehr als 1 Mol Lithiumbromid. Diese Erscheinung ist so zu erklären, daß infolge des niedrigen Schmelzpunktes des Solvats (45° C) die geschmolzene Verbindung weitere Mengen Lithiumbromid auflöst. Dem isolierten Solvat haftet meist noch etwas gelb bis hellbraun gefärbte Mutterlauge an, die durch einsetzende Solvolyse des Lithiumbromids entstanden ist. Von diesen Resten ist das Solvat schwer vollständig zu befreien, da beim Waschen mit absolutem Äther die Verbindung unter Rückbildung des unsolvatisierten Lithiumbromids zerstört wird, andererseits bei längerem Trocknen im Exsiccator das Solvat in gleicher Weise zersetzt wird (*111*).

Aluminiumbromid löst sich in Essigsäure unter weitgehender Solvolyse. Da die Reaktionsprodukte in Essigsäure sehr gut löslich sind, konnten Funk und Schormüller (*55*) nur das Ätherat

$$2\,Al(CH_3COO)_3 \cdot AlBr(CH_3COO)_2 \cdot (C_2H_5)O$$

isolieren. Weitere Versuche, ein Solvat als Vorstufe der Solvolyse nachzuweisen, machten die Bildung der Verbindung

$$AlBr_3 \cdot 6\,CH_3COOH = [Al(CH_3COOH)_6]Br_3$$

wahrscheinlich (*111*). Dadurch konnten formal die Verhältnisse in Essigsäure mit den Verhältnissen in Wasser verglichen werden:

$$AlBr_3 \cdot 6\,H_2O = [Al(H_2O)_6]Br_3.$$

VIII. Solvolyseerscheinungen in Essigsäure.
A. Normale Solvolyse.

Für die Solvolyse in Essigsäure als Umkehrung der neutralisationsanalogen Reaktion gilt:

$$MeR + 2\,CH_3COOH = CH_3C(OH)_2R + CH_3COOMe,$$

wobei Me ein einwertiges Metall und R einen einwertigen Säurerest darstellt. Für den Umfang der Solvolyse ist das Verhältnis der Säuren- und Basenstärke maßgebend.

Da die Säurenanalogen Perchlorsäure, Jodwasserstoff, Bromwasserstoff in verdünnten Lösungen stärkere Elektrolyte sind als die basenanalogen Acetate, müssen Salze dieser Verbindungen, in Essigsäure gelöst, Solvolyse erleiden; z.B. muß Kaliumperchlorat der Essigsäure eine schwach saure Reaktion erteilen. Für höhere Konzentrationen könnte angenommen werden, daß sich die Solvolysen umkehren: Salze, die in verdünnter Lösung infolge Solvolyse sauer reagieren, erteilen in höherer Konzentration dem Lösungsmittel eine basische Reaktion. Infolge der begrenzten Löslichkeiten dieser Stoffe sind solche Umkehrungen aber kaum möglich.

KOLTHOFF und WILLMAN (*101*) haben für 0,002 m Perchloratlösungen mit Farbindicatoren die saure Reaktion gemessen; sie nahm in der Reihenfolge Mg^{++}, Ca^{++}, Sr^{++}, Ba^{++}, (Ag^+), Li^+, Na^+, NH_4^+, K^+, Rb^+ ab, d.h. in der Reihenfolge zunehmender Basizität der Acetate. Die gleiche Reihenfolge ergab sich bei allen Salzen mit gleichem Anion.

Analoge Messungen an Lösungen von Kaliumsalzen ergaben für die Säuren die Reihenfolge ClO_4^-, J^-, Br^-, Cl^-, NO_3^-. Im Kaliumnitrat ist das Säurenanaloge schon so schwach, das Basenanaloge dagegen relativ stark, so daß eine Kaliumnitratlösung basisch reagiert.

Viele Erfahrungen über die Solvolyse von Salzen in Essigsäure lassen sich unter dem Gesichtspunkt der partiellen und der vollständigen Solvolyse ordnen.

Beispiel für partielle Solvolyse:

$$FeCl_3 + 2 CH_3 \cdot COOH \rightarrow Fe(CH_3COO)_2Cl + 2 HCl \quad (139), (7), (173), (159), (48), (52).$$

Beispiel für vollständige Solvolyse:

$$ZrCl_4 + 4 CH_3COOH = Zr(CH_3COO)_4 = 4 HCl \quad (17).$$

Während bei den Halogeniden des dreiwertigen Eisens und Aluminiums (*55*) nur partielle Solvolyse stattfindet, tritt bei den Halogeniden des vierwertigen Urans (*137*), Thoriums (*17*), Zirkons vollständige Solvolyse ein. Titantetrachlorid, Niobpentachlorid, Tantalpentachlorid lassen partielle Hydrolyse erkennen (*8*), (*57*), (*53*).

Carbonate solvolysieren in Essigsäure ebenfalls mehr oder weniger vollständig: $Me_2^ICO_3 + 2 CH_3COOH = 2 Me(CH_3COO) + H_2CO_3$. Da jedoch die Kohlensäure ebensowenig in Essigsäure wie in Wasser beständig ist, zerfällt sie weiter in Kohlendioxyd und Wasser. Man hat also zunächst eine reine Solvolysereaktion, bei der sowohl ein Basenanaloges (Acetat), als auch ein Säurenanaloges, nämlich Kohlensäure, entsteht. Erst durch die Sekundärreaktion, den Zerfall der Kohlensäure, wird der wahre Charakter der Reaktion verschleiert, wenn man nämlich das entstehende Wasser (nach HALL) als Basenanaloges auffaßt. — Die Solvolyse der Carbonate geht nicht immer glatt vor sich. Sie hängt sehr von der Löslichkeit des betreffenden Carbonats und gleichfalls von der Löslichkeit des entstehenden Acetats ab. Calciumcarbonat z.B. reagiert gar nicht mit wasserfreier Essigsäure. Nach PICTET und KLEIN (*127*) soll auch das $AgNO_3$ durch siedende Essigsäure solvolysiert werden und sich in der Kälte $AgNO_3 \cdot Ag(CH_3COO) \cdot CH_3COOH$ ausscheiden. Dieses Ergebnis konnte weder von DAVIDSON (28), noch durch eigene Untersuchung bestätigt werden. Es trat selbst nach mehrstündigem Kochen nie eine Solvolyse ein.

B. Erzwungene Solvolyse.

Es ist aus der Chemie wäßriger Lösungen bekannt, daß das Gleichgewicht bei Solvolysereaktionen durch Zugabe von Säuren bzw. Basen verschoben werden kann.

Anschauliche Beispiele für entsprechende Vorgänge in Essigsäure liefern Umsetzungen von *Thalliumacetat* mit Chloriden, Bromiden und Jodiden (10). Das basenanaloge

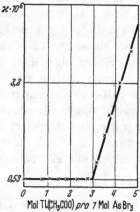

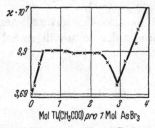

Abb. 17. Titration von 145 mg $AsBr_3$ in 25 ml Essigsaure gelost mit $Tl(CH_3COO)$-Losung. $T = 25°$ C.

Abb. 18. Titration von 122 mg $AsBr_4$ in 25 ml Essigsaure gelost mit $Tl(CH_3COO)$-Losung. $T = 25°$ C.

Thalliumacetat ist in Essigsäure gut löslich; die bei den Umsetzungen entstehenden Thalliumhalogenide sind in Essigsäure vollkommen unlöslich. Diese Umsetzungen können auch als Verdrängungs- oder Fällungsreaktionen aufgefaßt werden.

Die Reaktion mit *Arsentribromid*,

$$AsBr_3 + 3\ Tl(CH_3COO) = As(CH_3COO)_3 + 3\ TlBr$$

läßt sich durch Leitfähigkeitsmessungen verfolgen (111). Dabei ist der Charakter der Leitfähigkeitskurven von dem Zeitpunkt abhängig, zu dem nach der Auflösung von Arsentribromid in Essigsäure mit dem Zusatz von Thalliumacetat begonnen wird. Vgl. dazu Abb. 17 und 18.

Abb. 17: Verlauf der Titrationskurve, wenn bald nach der Auflösung des Arsentribromids mit der Zugabe des Thalliumacetats begonnen wurde. Man erkennt zunächst einen Anstieg der Leitfähigkeit, der auf die Bildung besser leitender Zwischenprodukte, wie $AsBr_2(CH_3COO)$ und $AsBr(CH_3COO)_2$ zurückzuführen ist. Kurz vor dem Äquivalenzpunkt, d.h. dem Punkt, wo auf 1 Mol Arsentribromid 3 Mole Thalliumacetat zugesetzt sind, fällt die Leitfähigkeit stark ab, da nun ja nur noch das wenig leitende Arsentriacetat und unlösliches Thallium(I)-bromid vorhanden sind. Danach steigt die Leitfähigkeit infolge der Zugabe überschüssigen Thalliumacetats an. Vollkommen verschieden hiervon ist die Kurve, die erhalten wurde, wenn die Zugabe des Tl(CH$_3$COO) nicht unmittelbar nach Auflösung des AsBr$_3$ erfolgte.

Abb. 18: Verlauf der Titrationskurve, wenn nach der Auflösung des Arsentribromids einige Zeit bis zur Einstellung einer konstanten Leitfähigkeit der vorgelegten Lösung gewartet wurde. Auch hier liegt der Äquivalenzpunkt genau bei

$$3 \text{ Tl(CH}_3\text{COO)} : 1 \text{ AsBr}_3 .$$

Ein vollkommen analoges Bild ergibt sich bei der Titration von Antimontribromid mit Thalliumacetat (*111*).

Auch Lösungen von *Titantetrabromid* in Essigsäure lassen äußerlich keine Solvolyse erkennen. Aber die Leitfähigkeit ändert sich hier ebenfalls nach der Herstellung der Lösungen, nur bedeutend langsamer als bei den Lösungen von Arsentribromid. Die Titration mit Thalliumacetat ergibt das Kurvenbild der Abb. 17. Dabei kann der erste Anstieg der Kurve durch Bildung besser leitender Zwischenverbindungen vom Typ TiBr$_3$(CH$_3$COO), TiBr$_2$(CH$_3$COO)$_2$ erklärt werden.

Diese Umsetzungen haben präparatives Interesse. Sie bieten die Möglichkeit zur *Herstellung von wasserfreien Acetaten*, die bisher auf umständliche Art und Weise hergestellt werden mußten.

Die Verbindung von Leitfähigkeitsmessungen mit präparativen Versuchen erwies sich als notwendig und aufschlußreich bei der Verfolgung der Umsetzung von *Aluminiumbromid* mit Thalliumacetat.

Die Auflösung von Aluminiumbromid unterscheidet sich grundsätzlich von den bisher besprochenen Typen. Während nämlich Arsentribromid, Antimontribromid und Titantetrabromid mit Essigsäure keine makroskopisch sichtbaren Solvolyseerscheinungen zeigten, solvolysiert Aluminiumbromid unmittelbar sichtbar; vgl. S. 656. Die Leitfähigkeit der Lösungen liegt wesentlich höher, was darauf hindeutet, daß das (rein formale) Gleichgewicht

$$\text{AlBr}_3 + 3 \text{ CH}_3\text{COOH} = \text{Al(CH}_3\text{COO)}_3 + 3 \text{ HBr}$$

weitgehend nach der rechten Seite verschoben ist, in Lösung also zum Teil die ziemlich starke Bromwasserstoffsäure vorliegt. Bei Zugabe von Thalliumacetat sinkt die Leitfähigkeit stark, da das Thalliumacetat mit der Bromwasserstoffsäure unter Bildung von wenig dissoziierter Essigsäure und unlöslichem Thalliumbromid reagiert (Abb. 19). Nach Erreichen des Äquivalenzpunktes steigt die Leitfähigkeit infolge des Thalliumacetatüberschusses normal an.

Während der Titration, und zwar besonders kurz vor Erreichung des Punktes, bei dem auf 1 Mol Aluminiumbromid 3 Mole Thalliumacetat zugesetzt sind, schwanken die Leitfähigkeitswerte stark, d. h. es müssen in der Lösung verschiedene Gleichgewichte vorhanden sein, die sich nach und nach einstellen.

Grundsätzlich verschieden von dieser Kurve ist der Titrationsverlauf einer Aluminiumbromidlösung mit Kaliumacetat. Da das bei der Reaktion entstehende Kaliumbromid relativ schwer löslich ist, spiegelt der graphische Titrationsverlauf nur die Bildung bzw. anschließende Auskristallisation desselben wider, und es sind die weiteren Vorgänge in der Lösung nicht zu erkennen. Auffällig ist jedoch, daß sich bald nach der Titration im Leitfähigkeitsgefäß neben dem kristallinen Niederschlag von Kaliumbromid eine Gallerte bildet. Zur näheren Aufklärung der Verhältnisse wurden präparativ (111) Aluminiumbromidlösungen angesetzt, zu denen Natriumacetat im Verhältnis 1 Aluminiumbromid zu 3 Natriumacetat zugegeben wurde. Das Volumen der Essigsäure wurde hierbei so gering gewählt, daß ein Teil des bei der Reaktion gebildeten Natriumbromids auskristallisierte. Nach Abfiltrieren des feinkristallinen Niederschlags, der nur wenig Aluminium mitgerissen hatte, fiel nach dem Verdünnen der Lösung mit wasserfreier Essigsäure bald der gleiche gallertige Niederschlag aus, der in seinem Aussehen dem Aluminiumhydroxyd wäßriger Lösungen sehr ähnelt.

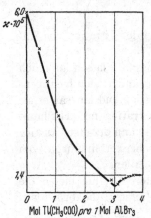

Abb. 19. Titration von 121 mg $AlBr_3$ in 25 ml Essigsäure gelöst mit $Tl(CH_2COO)$-Lösung. $T = 25°$ C.

Die Gallerte erwies sich als Aluminiumacetat, das jedoch pro 1 Mol $Al(CH_3COO)_3$ noch rund 100 bis 150 Mole Essigsäure enthielt. Desgleichen waren Natrium- und Bromidionen selbst nach längerem Waschen noch gut nachzuweisen.

In gleicher Weise wurden Ansätze von Aluminiumbromid und Natriumacetat im Verhältnis 1 : 4 untersucht, da die Bildung des Komplexes $Na[Al(CH_3COO)_4]$ vermutet wurde. Es fiel jedoch der gleiche gallertige Niederschlag (vgl. oben) aus. Bei längerem scharfen Trocknen im Exsiccator über Schwefelsäure und Ätzkali schrumpfte die Substanz sehr zusammen und ergab schließlich ein trockenes Pulver. Die Analysen ergaben Werte, die wieder auf die gleiche Gerüstsubstanz von Aluminiumacetat hinweisen, zugleich aber noch größere Mengen adsorbierten Natriumbromids bzw. Natriumacetats anzeigen. Interessant ist hierbei noch, daß diese Verbindung stets um so später ausfällt, je mehr Fremdelektrolyt in der Lösung vorhanden ist. Sie fällt nämlich auch aus, wenn man das Volumen der Essigsäure so groß wählt, daß auf Grund der Löslichkeit des Natriumbromids eine Fällung desselben unterbleibt, dann allerdings erst nach einer bedeutend längeren Zeit (unter Umständen erst nach mehreren Tagen).

C. Spezielle Solvolysereaktionen.

Auf Grund einiger Solvolysereaktionen könnte man geneigt sein, der Essigsäure auch ein anderes Dissoziationsschema zuzuschreiben. Betrachtet man nämlich das Verhalten von Phosphortrichlorid, Phosphorpentachlorid, Thionylchlorid usw. gegenüber Essigsäure, so findet man, daß hierbei Acetylderivate gebildet werden und die OH^--Gruppe der Essigsäure abgespalten wird. Das Dissoziationsschema müßte dann nicht

$$2\,CH_3COOH = (CH_3COOH \cdot H)^+ + (CH_3COO)^-,$$

sondern

$$CH_3COOH = (CH_3CO)^+ + (OH)^-$$

lauten.

Die Eigenschaften, in zwei verschiedenen Weisen zu dissoziieren, haben auch andere Lösungsmittel. Es kann an die sekundäre Dissoziation des Wassers

$$OH' \rightleftharpoons H^+ + O''$$

und an das auf Grund seines chemischen Verhaltens formulierte Dissoziationsschema des Äthylalkohols erinnert werden.

$$1.\quad C_2H_5OH \rightleftharpoons C_2H_5O^- + H^+$$
$$2.\quad C_2H_5OH \rightleftharpoons C_2H_5^+ + OH^-.$$

Analog dürfte es bei der Essigsäure in den Fällen, wo statt der zu erwartenden Acetate Acetylverbindungen entstehen, durchaus berechtigt sein, das zweite Dissoziationsschema anzunehmen. In neuerer Zeit wurde gefunden, daß auch das Siliciumtetrachlorid mit Essigsäure unter Bildung von Acetylchlorid reagiert[1].

IX. Die Erscheinung der Amphoterie in wasserfreier Essigsäure.

A. Allgemeines.

Es gibt in der Chemie der wasserähnlichen Lösungsmittel genau so wie in Wasser eine Reihe von basenanalogen Stoffen, die beim isoelektrischen Punkt meist unlöslich sind, mit steigender Konzentration des positiven Lösungsmittelmolekülbestandteils jedoch als Kation, mit steigender Konzentration des negativen Bestandteils als Anion reagieren und dabei meistenteils in Lösung gehen. Bei der Diskussion der Amphoterieerscheinung in Essigsäure ist allerdings zu bedenken, daß sämtliche für dieses Solvens starken basenanalogen Stoffe im Vergleich zu den

---

[1] D.R.P. 394730; C. **1924 II**, 1133.

Alkalien in Wasser doch nur sehr schwache Elektrolyte sind; vgl. Abschnitt IV, C (S. 633). Das stärkste Alkaliacetat erreicht in Essigsäure bekanntlich nicht einmal die Stärke des Ammoniumhydroxyds in Wasser. Es ist daher nicht verwunderlich, daß die Erscheinungen der Amphoterie in Essigsäure bei weitem nicht so ausgeprägt sind wie in wäßrigen Lösungen.

Trotzdem sind in wasserfreier Essigsäure Erscheinungen gefunden worden, die auf ein amphoteres Verhalten gewisser Acetate hinweisen. Das in Essigsäure praktisch unlösliche Zinkacetat z. B. löst sich sofort, wenn man etwas Chlorwasserstoff (natürlich in absolut essigsaurer Lösung) hinzugibt, da sich das gut lösliche Salz Zinkchlorid und Essigsäure bilden:

$$Zn(CH_3COO)_2 + 2\,HCl = ZnCl_2 + 2\,CH_3COOH.$$

Gibt man zu einer solchen Lösung wenig Ammoniumacetat, welches in seiner Basenstärke dem Kaliumacetat entspricht, so fällt alsbald wieder das schwerlösliche Zinkacetat aus:

$$2\,NH_4(CH_3COO) + ZnCl_2 = 2\,NH_4Cl + Zn(CH_3COO)_2.$$

Bei einem weiteren Überschuß von Ammoniumacetat geht das Zinkacetat dann wieder in Lösung, und zwar unter Bildung eines Komplexes, der das Zink im Anion enthält:

$$2\,NH_4(CH_3COO) + Zn(CH_3COO)_2 = (NH_4)_2\,[Zn(CH_3COO)_4].$$

Für die hierbei entstehende Verbindung bleibt die Frage zunächst offen, ob sie als „komplexes Acetat"

$$(NH_4)_2\,[Zn(CH_3COO)_4],$$

oder als „Doppelsalz"

$$2\,NH_4(CH_3COO)_2 \cdot Zn(CH_3COO)_2$$

formuliert werden soll. In der Literatur werden für komplexe Acetate beide Formulierungen gebraucht. Tatsächlich besteht zwischen einer Komplexverbindung und einem Doppelsalz kein prinzipieller Unterschied. In Lösungen bestehen die Unterschiede in den Beständigkeitskonstanten, d. h. in der sekundären Dissoziation des Anionenkomplexes. Vgl. dazu Kaliumferrocyanid und Alaune in wäßriger Lösung.

In der Reihe der bekannten Doppelacetate gibt es nun offensichtlich ebenfalls den Typus der Komplexverbindung und den Typus des Doppelsalzes. So behauptet z. B. Weigand (172), daß die von ihm gefundenen Doppelacetate des Goldes das komplexe Ion $[Au(CH_3COO)_4]^-$ enthalten. Anders liegen dagegen die Verhältnisse beim Wismutacetat. Dieses sehr schwer lösliche Acetat geht bei Zugabe von Natriumacetat in Lösung. Aus dieser Lösung ist jedoch weder durch Ausfrieren noch durch Eindampfen im Vakuum eine definierte Verbindung zu erhalten. Bei Zugabe von wasserfreiem Benzol kristallisieren sogar beide Einzelkomponenten wieder nebeneinander aus. Es ist dieses nicht das einzige Beispiel für ein solches Verhalten eines Acetats in Essigsäure. Diese Merkwürdigkeiten in der Reihe der amphoteren Acetate fallen wohl im Vergleich mit den übrigen Lösungsmitteln etwas aus dem Rahmen, sind aber ebenfalls durch die geringe Basenstärke der Acetate in Essigsäure zu erklären.

B. Die bisher bekannten amphoteren Acetate bzw. Doppelsalze der Metallacetate mit Alkaliacetaten.

Während die Zahl der in wäßriger Lösung bekannten komplexen Acetate ungeheuerlich groß ist, wobei nur an die Acetate von Fe, Cr, V und (UO_2) erinnert sei, ist die Zahl der aus wasserfreier Essigsäure erhaltenen komplexen Acetate sehr klein.

Außer den Versuchen von WEIGAND über die bereits erwähnten *Gold*acetate (*172*) und über ein komplexes Acetat des dreiwertigen *Thalliums* $NH_4(CH_3COO) \cdot Tl(CH_3COO)_3$ (*117*), können nur die Versuche von DAVIDSON (*26*) und Mitarbeitern genannt werden, die sich auf die Amphoterieerscheinungen in den Systemen der Alkaliacetate mit Zink- und Kupferacetat beziehen. Bei den WEIGANDschen Goldverbindungen handelt es sich nicht um Verbindungen mit Alkaliacetaten, sondern um Verbindungen vom Typ $Me[Au(CH_3COO)_4]$; Me = $\frac{1}{2}$ Mg, $\frac{1}{2}$ Ca, $\frac{1}{2}$ Sr, $\frac{1}{2}$ Ba oder $\frac{1}{2}$ Pb. A. W. DAVIDSON ist wohl der erste, der sich näher mit den Amphoterieverhältnissen in Essigsäure beschäftigt hat. In seiner „Einführung in die Chemie der Essigsäurelösungen" (*26*) gab er schon im Jahre 1931 eine Zusammenstellung über das Verhalten des Zink- und des Kupferacetats. Er fand, daß beide Schwermetallacetate bei Zugabe eines Alkaliacetats in Lösung gehen. Im Falle des *Zink*acetats ist das entsprechende Reaktionsschema bereits auf S. 658 beschrieben worden. Das komplexe Natriumacetatozinkat hat DAVIDSON als Bodenkörper beim Versetzen von Natriumacetatlösungen mit wachsenden Mengen Zinkacetat erhalten, und zwar als Solvat $Na_2[Zn(CH_3COO)_4] \cdot 4\ CH_3COOH$. Eine Verbindung $Na_2[Zn(CH_3COO)_4]$ (also ohne freie Essigsäure) konnte übrigens auch im festen Zustand von BEHRMANN und SKELL (*6*) an Hand von Schmelzdiagrammen nachgewiesen werden.

Weiterhin wurde von DAVIDSON (*29*) das *Kupfer*acetat als amphoteres Acetat beschrieben. Obwohl dessen Löslichkeit in Essigsäure beträchtlich größer ist als die Löslichkeit des Zinkacetats, ist sie doch noch klein zu nennen. Die Löslichkeit des Kupferacetats wird durch Zugabe von *Ammonium*acetat wesentlich erhöht. Die Löslichkeitskurven von Kupferacetat und Zinkacetat sind völlig identisch: Mit wachsender Menge Alkaliacetat wächst die Menge des gelösten Schwermetallacetats. Nach Erreichung eines Maximums sinkt jedoch die Löslichkeit des

Schwermetallacetats wieder. Im System Kupferacetat + Ammoniumacetat zeigte das Maximum die Additionsverbindung $4NH_4(CH_3COO) \cdot$
$Cu(CH_3COO)_2 \cdot 4 CH_3COOH$ bzw. $(NH_4)_4[Cu(CH_3COO)_6] \cdot 4 CH_3COOH$
an, während vorher das Solvat $Cu(CH_3COO)_2 \cdot CH_3COOH$ als Bodenkörper vorlag. Das Analogon für dieses Verhalten ist in wäßriger Lösung
in der Einwirkung von Kalium- bzw. Natriumhydroxyd auf Kupferhydroxyd zu suchen. Obwohl Kupferhydroxyd im allgemeinen nicht
als amphoter angesehen wird, tritt doch, wie Müller (119) zeigte, bei
höherer Alkalikonzentration als feste Phase eine Verbindung auf, die er
als Alkali-Kuprit bezeichnet.

*Kalium*acetat verhält sich Kupferacetat gegenüber wie Ammoniumacetat; ein Unterschied ist lediglich bei erhöhter Temperatur zu beobachten. Erhitzt man Lösungen von Kupferacetat in Essigsäure mit
*Ammonium*acetat über 100° C, so zeigen sie eine beträchtliche Vertiefung
ihrer blauen Farbe. Beim Siedepunkt wird die Lösung violettblau ähnlich den wäßrigen Lösungen des Kupfertetramminkomplexes. Im System mit Kaliumacetat tritt keine Farbänderung auf (37). Davidson
erklärt die Farbvertiefung mit der Annahme, daß Ammoniak bei erhöhter Temperatur nur noch locker an das Solvens gebunden ist und
daher andere Komplexe bildet, wobei die tiefblaue Farbe dann auch in
Essigsäure auf das Ion $Cu(NH_3)_4^{++}$ zurückzuführen ist. Ein Beweis hierfür wäre die Tatsache, daß sich Silberchlorid in einer Lösung von Ammoniumacetat in Essigsäure in der Kälte nicht löst, jedoch in Lösung geht,
wenn man zum Sieden erhitzt. Davidson zieht den Schluß, daß Ammoniumacetat in der Kälte eher dem Kalium- als dem Ammoniumhydroxyd
in wäßriger Lösung vergleichbar ist (jedoch nicht in bezug auf die Basenstärke), in der Hitze dagegen Eigenschaften aufweist, die einer wäßrigen
Ammoniumhydroxydlösung bei niederer Temperatur ähnelt.

In neuerer Zeit haben Griswold und Mitarbeiter (60) die Einwirkung
von *Lithium*acetat auf *Zink*acetat untersucht, sie gelangten zu analogen
Komplexverbindungen; $Li_2[Zn(CH_3COO)_4] \cdot 4 CH_3COOH$. Davidson
und Mitarbeiter (154) fanden, daß auch *Acetamid* als potentieller Elektrolyt basischer Natur *Kupfer*acetat in Lösung zu bringen vermag.
Sowohl Griswold als auch Davidson haben sich jedoch von der Bezeichnung „Amphoterie" für diese Erscheinung abgewandt. Während
ersterer in seiner Arbeit von einem „Lösungsmitteleffekt" spricht, hat
sich letzterer anscheinend zu der Brönstedschen Theorie bekehrt; er
bezeichnet die amphoteren Acetate als „Amphiprotide". Die Bezeichnung „Lösungsmitteleffekt" verschleiert die wahren Verhältnisse und
ist aus diesem Grunde wohl abzulehnen.

*Nickel*acetat kann als amphoteres Acetat erwähnt werden, weil es
mit *Ammon*acetat den Komplex $NH_4[Ni(CH_3COO)_3]$ (32) bildet.

MAASS (*111*) hat die Acetate von *Aluminium, Eisen (Fe⁺⁺⁺)*, *Cad-mium, Uran (UO₂⁺⁺), Blei* und *Wismut* konduktometrisch und prä-parativ untersucht. Diese Acetate sind, mit Ausnahme des Bleiacetats, in Essigsäure schwer- bis unlöslich, reagieren jedoch größtenteils mit *Natrium*acetat, in dem sie entweder als komplexe Acetate in Lösung gehen oder einen unlöslichen Komplex bilden. Für das Aluminium- und für das Eisenacetat ließ sich Amphoterie weder konduktometrisch noch präparativ nachweisen. Einfacher liegen die Verhältnisse bei den Acetaten der restlichen vier Ele-mente.

Wasserfreies *Cadmium*acetat ist in Essigsäure nur sehr wenig löslich. Seine Löslichkeit wird aber be-trächtlich erhöht, sobald man die Acetationenkonzentration vergrö-ßert. Versetzt man im Leitfähig-keitsgefäß eine Auflösung von Na-triumacetat mit festem Cadmium-acetat, so erhält man die Leitfähig-keitskurve der Abb. 20. Zunächst steigt die Leitfähigkeit bei Zugabe des Cadmiumacetats leicht an, wo-bei sich dieses vollständig löst.

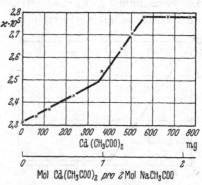

Abb. 20. Titration von 263,7 mg Na(CH₃COO) in 25 ml Essigsaure gelost mit Cd(CH₃COO)₂ fest. $T = 25°$ C.

Die Änderung der Leitfähigkeit ist sehr gering und nur in einem Leit-fähigkeitsgefäß mit großen und eng zusammenliegenden Elektroden zu beobachten. Nach Erreichung des Molverhältnisses 2 Natriumacetat zu 1 Cadmiumacetat steigt die Kurve etwas schneller an. Sobald sich das zugegebene Cadmiumacetat nicht mehr auflöst, bleibt die Leit-fähigkeit konstant. (Durch längeres Rühren kann der zweite Knick-punkt der Kurve noch weiter nach rechts verschoben, also noch mehr Cadmiumacetat in Lösung gebracht werden.) Aus dem Kurvenver-lauf geht eindeutig hervor, daß in der Lösung eine Verbindung vom Typ $Na_2[Cd(CH_3COO)_4]$ existiert; die Bildung dieser Verbindung ver-ursacht den ersten (schwachen) Anstieg der Leitfähigkeitskurve; der darauf folgende (stärkere) Anstieg muß wohl auf die Bildung einer zwei-ten, noch stärker dissoziierenden Verbindung zurückgeführt werden.

Präparative Ansätze, welche Cadmiumacetat und Natriumacetat im Verhältnis 1:2 enthielten, führten weder durch Ausfrieren noch durch Eindampfen im Vakuum zu einer definierten Verbindung. Allem An-schein nach ist der Komplex in Essigsäure zu löslich, daß er auf diesen Wegen nicht erhalten werden kann. Erfolgreicher waren Versuche, die zu erwartende Komplexverbindung mit Benzol auszufällen. Bei Zugabe des 5- bis 10fachen Volumens trockenen Benzols zu der vorgelegten

Lösung des Komplexes schieden sich an der Gefäßwand Kristalle (viereckige dicke Säulen ,bzw. Rosetten) aus. Ihre Analyse entsprach der Formel $Na_2[Cd(CH_3COO)_4] \cdot 3\,CH_3COOH$. Die zweite, durch den weiteren Verlauf der Titrationskurve wahrscheinlich gemachte Verbindung wurde durch Ausfrieren einer Lösung erhalten, in der in der Hitze 1 Mol Cadmiumacetat auf 1 Mol Natriumacetat gelöst war. Beim Abkühlen schieden sich auch hier Kristalle (von anderem Habitus, feine Nadeln) aus. Ihre Analyse entsprach annähernd der Formel $Na[Cd_2(CH_3COO)_5] \cdot Eg$. Die Bezeichnung ,, $\cdot$ Eg" bedeutet, daß je nach der Dauer der Trocknung im Exsiccator über Schwefelsäure und Ätzkali verschiedene Werte für die Solvatessigsäure gefunden wurden. Nach einwöchiger Trocknung hatte die Verbindung nur noch 2 Mole an den Komplex angelagerter Essigsäure. (Der Cadmiumwert wurde stets etwas höher gefunden, als für die obige Zusammensetzung berechnet wird.) Löste man nun in der Hitze Cadmiumacetat und Natriumacetat im Verhältnis dieser Zusammensetzung (also $1 : \frac{1}{2}$) in Essigsäure, so kristallisierte beim Abkühlen nicht nur die Komplexverbindung aus, sondern es war mikroskopisch zu erkennen, daß ein Teil des Cadmiumacetats sich nicht umgesetzt hatte. Ein Überschuß von Natriumacetat ist also stets zur Bildung des Komplexes erforderlich.

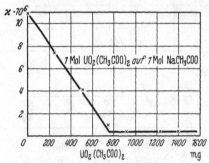

Abb. 21. Titration von 156,8 mg $Na(CH_3COO)$ in 25 ml Essigsäure gelöst mit $UO_2(CH_3COO)_2$ fest. $T = 25°$ C.

Den amphoteren Eigenschaften des Cadmiumacetats in Essigsäure entsprechen die amphoteren Eigenschaften von Cadmiumhydroxyd in Wasser. Scholder und Staufenbiel (152) isolierten bei dem Umsatz von Cadmiumhydroxyd mit konzentriertem Natriumhydroxyd $Na_2[Cd(OH)_4]$. Daneben bilden sich natriumreichere Verbindungen, z.B. $Na_2[Cd(OH)_4] \cdot \frac{1}{2}\,NaOH \cdot 1-1\frac{1}{2}\,H_2O$ und $Na_3[Cd(OH)_5]H_2O \cdot 1\,H_2O$.

*Uranyl*acetat ist in Essigsäure schwer löslich. Es erteilt der Lösung nur eine schwach gelbliche Farbe. Bei der Zugabe von Natriumacetat verschwindet jedoch auch diese Farbtönung, da das sich bildende Natriumuranylacetat vollkommen unlöslich ist. Das Verhalten des Uranylacetats gegenüber Natriumacetat ist also einer derjenigen Fälle, bei denen das vorgelegte amphotere Basenanaloge nicht bei Erhöhung der Konzentration der negativen Ionen des Solvens in Lösung geht, wie es von der Mehrzahl der amphoteren Verbindungen bekannt ist, sondern mit dem starken Basenanalogen zu einer schwerlöslichen Verbindung reagiert, die das Schwermetallion im Anionenkomplex enthält.

Legt man im Leitfähigkeitsgefäß eine Natriumacetatlösung vor und gibt festes Uranylacetat hinzu, so ist verständlich, daß infolge der Abnahme der Natriumacetatkonzentration die Leitfähigkeit sinken muß (Abb. 21). Die Umsetzung geht infolge der Schwerlöslichkeit sowohl des Uranylacetats als auch des gebildeten Komplexes äußerst langsam vor sich. Aus diesem Grunde wurde nach den ersten Zugaben von Uranylacetat die Lösung jedesmal einige Zeit zum Sieden erhitzt. Beim Äquivalenzpunkt (Molverhältnis 1 Natriumacetat : 1 Uranylacetat) wurde die Lösung nicht mehr aufgekocht; es wurde längere Zeit bis zur Einstellung konstanter Leitfähigkeit gewartet. Auch hier ist ein Vergleich mit einer amphoteren Verbindung im wäßrigen System naheliegend; wenn Chromhydroxyd mit einer äquivalenten Menge Natronlauge erhitzt wird, geht es noch nicht quantitativ als Chromit in Lösung. Chromit ist erst bei einem Überschuß von Natronlauge in der Hitze beständig. Im vorliegenden Fall darf die Lösung des Natriumacetat-Uranylacet-Komplexes nur bei Gegenwart eines Natriumacetatüberschusses erhitzt werden. Im weiteren Verlauf der Titration bleibt dann die Leitfähigkeit infolge Unlöslichkeit des zugegebenen Uranylacetats konstant.

Die auf diese Weise konduktometrisch bewiesene Verbindung $Na[UO_2(CH_3COO)_3]$ wurde ebenfalls präparativ dargestellt. Sie konnte sehr leicht erhalten werden, wenn man Uranylacetat mit einem Überschuß von Natriumacetat längere Zeit im Sandbad am Rückflußkühler erhitzte.

Mit Hilfe der Reaktionen in *absolut wasserfreier* Essigsäure konnten viele komplexe Acetate wasserfrei hergestellt werden, z.B. Kaliumuranylacetat, Zinkuranylacetat, Magnesiumuranylacetat. Geringste Spuren Wasser führten zu den üblichen wasserhaltigen Komplexverbindungen.

Das aus der analytischen Chemie bekannte Natrium-Magnesium-Uranylacetat macht allem Anschein nach hier eine Ausnahme. Beim Erhitzen der drei Einzelkomponenten entsteht nicht das Tripelsalz, sondern Natriumuranylacetat und Magnesiumuranylacetat nebeneinander. Auch wenn man das Magnesiumacetat zunächst nur mit dem Uranylacetat reagieren läßt und dann erst das Natriumacetat hinzugibt, tritt offensichtlich eine Verdrängung des Magnesiums aus dem Komplex ein, und es bildet sich hauptsächlich Natriumuranylacetat; die Analysen ergaben stets einen viel zu geringen Prozentgehalt an Magnesium.

Das in wasserfreier Essigsäure schwerlösliche *Wismut*acetat löst sich ebenfalls bei Zugabe eines Alkaliacetats. Dies wurde schon von H. Schmidt (*149*) gefunden, der Elektrolysen in Essigsäure durchführte. Um Wismutacetat in Essigsäure elektrolysieren zu können, brachte er dieses zunächst mit Alkaliacetat in Lösung und fand dann, daß sich nach anfänglicher Wasserstoffentwicklung das Wismut kathodisch abschied.

Über die zu erwartenden komplexen Natrium-Wismutacetate gab eine konduktometrische Titration Aufschluß, bei der eine vorgelegte Natrium-acetatlösung mit festem Wismutacetat versetzt wurde (Abb. 22). Zunächst zeigt die Leitfähigkeitskurve einen leichten Anstieg, da sich das zuge-gebene Wismutacetat auflöst und sich mit an der Gesamtleitfähigkeit der Lösung beteiligt. Bei 25° wird Wismutacetat über das Molverhältnis 3 Natriumacetat : 1 Wismutacetat nicht aufgenommen. Die Leit-fähigkeit bleibt bei weiterem Zu-satz von Wismutacetat konstant.

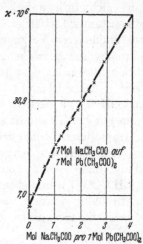

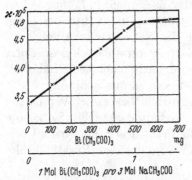

Abb. 22. Titration von 316 mg Na(CH₃COO) in 25 ml Essigsäure gelöst mit Bi(CH₃COO)₃ fest. $T = 25°$ C.

Abb. 23. Titration von 368 mg Pb(CH₃COO)₂ in 25 ml Essigsäure mit NaCH₃COO-Lösung. $T = 25°$ C.

Der Knickpunkt in der Leitfähigkeitskurve deutet auf einen Komplex vom Typ $Na_3[Bi(CH_3COO)_6]$ hin. (Bei höheren Temperaturen nimmt die Natriumacetatlösung mehr Wismutacetat auf.)

Präparative Ansätze, die zur Isolierung des Doppelacetats führen sollten, brachten stets negative Ergebnisse. Aus Lösungen, die Natrium-acetat und Wismutacetat im Molverhältnis 1:3 enthielten, fiel beim Zusatz von Benzol zuerst das Solvat des Natriumacetats, $Na(CH_3COO) \cdot 2\ CH_3COOH$, anschließend Wismutacetat aus. Dies ist ein Zeichen dafür, daß der durch Leitfähigkeitsmessungen erkennbare Komplex sehr labil ist. Weitere Versuche zur Herstellung von Doppelacetaten des Wismuts haben ROSENHEIM und VOGELSANG (140) ausgeführt.

Das Analogon zu dem Doppelacetat des Wismuts in Essigsäure bildet das von SCHOLDER und DENK (151) hergestellte Hydroxobismutat in Wasser; vgl.

$$Na_3[Bi(CH_3COO)_6] \quad \text{und} \quad Na_3[Bi(OH)_6].$$

Das *Blei*acetat macht in seinem Verhalten gegenüber Essigsäure eine Ausnahme. Es ist im Gegensatz zu fast sämtlichen Schwermetallacetaten recht gut löslich. Durch Zugabe von Alkaliacetaten wird jedoch seine Löslichkeit noch weiter heraufgesetzt; umgekehrt steigt auch die Löslichkeit des Natriumacetats in Essigsäure durch Zugabe von Bleiacetat. GRISWOLD und OLSON (*61*) konnten im System Natriumacetat-Bleiacetat-Essigsäure zwei Phasen der Zusammensetzung $Pb(CH_3COO)_2 \cdot \frac{1}{2} CH_3COOH$ und $Na(CH_3COO) \cdot 2 CH_3COOH$ unterscheiden, aber eine Komplexbildung nicht beobachten. LEHMANN und LEIPER (*105*) erkannten im Schmelzpunktdiagramm des Systems Kaliumacetat-Bleiacetat die Verbindungen

$$K(CH_3COO) \cdot Pb(CH_3COO)_2$$
$$2 K(CH_3COO) \cdot Pb(CH_3COO)_2$$
$$K(CH_3COO) \cdot 2 Pb(CH_3COO)_2.$$

Die Isolierung von Doppelacetaten aus der Lösung von Natriumacetat und Bleiacetat in Essigsäure durch Fällung mit Benzol gelang nicht (*111*), dagegen deutete sich die Verbindung

$$Na\,[Pb(CH_3COO)_3]$$

bei der Titration von Bleiacetat mit Natriumacetat in Essigsäure an. Die Leitfähigkeitskurve enthielt bei dem Molverhältnis 1 Natriumacetat : 1 Bleiacetat einen schwachen Knick (Abb. 23).

Sowohl *Blei*acetat als auch *Wismut*acetat können zu den amphoteren Basenanalogen gezählt werden. Wenn auch Doppelacetate nicht isoliert wurden, so geht doch aus dem Verhalten der Lösungen hervor, daß eine Reaktion von Blei- oder von Wismutacetat mit dem stärkeren basenanalogen Natriumacetat stattfindet.

Aus einer gesättigten Blei(IV)-acetat-Lösung scheidet sich bei Zugabe von Natriumacetat reines Blei(IV)-acetat wieder aus: Der Nichtelektrolyt wird ausgesalzen (*31*).

Literatur.

1. ANSCHÜTZ u. KINKUTT: Ber. dtsch. chem. Ges. 11, 1221 (1878).
2. BACHMANN, G. B., and M. J. ASTLE: J. Amer. chem. Soc. 64, 1303 (1942).
3. BAKUNIN, M., et E. VITALE: Gazz. chim. ital. 65, 593 (1935); C. 1935 II, 3085.
4. BECKMANN: Z. anorg. Chem. 74, 291 (1912).
5. BECKMANN, E., u. O. LIESCHE: Z. physik. Chem. 88, 419 (1914).
6. BEHRMANN, A., and PH. SKELL: J. Amer. chem. Soc. 61, 33 (1939).
7. BENRATH: J. prakt. Chem. [2] 72, 228 (1905).
8. BERTRAND, A.: Bull. Soc. chim. France [1] 33, 252 (1880).
9. BERGER, K.: Diss. Leipzig 1928, S. 63.
10. BLOHM, CHR.: Dipl.-Arbeit Greifswald 1945.
11. BLUMRICH, K.: Angew. Chem. 54, 374 (1941).
12. —, u. BEUDEL: Angew. Chem. 51, 574 (1941).
13. BRINER, E., J. W. HOCKSTRA u. B. SUSZ: Helv. chim. Acta 18, 193 (1935).
14. —, u. P. BOLLE: Helv. chim. Acta 18, 368 (1935).
15. BRINTZINGER u. WALLACH: Z. angew. Chem. 47, 61 (1934).

16. BRODERSEN, K.: Dipl.-Arbeit Greifswald 1949.
17. CHYDENIUS: Ann. Physik 119, 54.
18. COLSON, A.: Bull. Soc. chim. France [3] 31, 422 (1904).
19. — C. R. hebd. Séances Acad. Sci. 137, 1061 (1903).
20. CONANT, J. B., and B. F. CHOW: J. Amer. chem. Soc. 55, 3752 (1933).
21. —, and N. F. HALL: J. Amer. chem. Soc. 49, 3062 (1927).
22. — — J. Amer. chem. Soc. 49, 3064 (1927).
23. —, and T. H. WERNER: J. Amer. chem. Soc. 52, 4436 (1930).
24. CRANSTON, J. A., u. H. F. BROWN: J. Roy. techn. Coll. 4, 32 (1937); C. 1937 II, 191.
25. CURTIUS u. FRANZEN: Ber. dtsch. chem. Ges. 35, 3240 (1902).
26. DAVIDSON, A. W.: Chem. Reviews 8, 175 (1931).
27. — J. physic. Chem. 34, 1215 (1930).
28. — J. Amer. chem. Soc. 55, 642 (1933).
29. — J. Amer. chem. Soc. 53, 1341 (1931).
30. — J. Amer. Soc. 50, 1890 (1928).
31. — W. C. CANNING and M. M. ZELLER: J. Amer. chem. Soc. 64, 1523 (1942).
32. —, and W. CHAPPELL: J. Amer. chem. Soc. 55, 3531 (1933).
33. — — J. Amer. chem. Soc. 55, 4524 (1933).
34. — — J. Amer. chem. Soc. 60, 2043 (1938).
35. —, and H. A. GEER: J. Amer. chem. Soc. 60, 1211 (1938).
36. —, and E. GRISWOLD: J. Amer. chem. Soc. 53, 1341 (1931).
37. — — J. Amer. chem. Soc. 57, 423 (1935).
38. —, and W. H. MCALLISTER: J. Amer. chem. Soc. 52, 507 (1930).
39. —, and E. A. RAMSKILL: J. Amer. chem. Soc. 63, 1221 (1941).
40. DOLE, M.: Trans. elektrochem. Soc. 77, Preprint (1940); C. 1940 I, 1320.
41. DRUDE, P.: Wied. Ann. 58, 1 (1896).
42. DUNSTAN, THOLE, and BENSON: J. chem. Soc. [London] 105, 784 (1914).
43. EICHELBERGER, W. C.: J. Amer. chem. Soc. 56, 799 (1934).
44. —, and V. K. LA MER: J. Amer. chem. Soc. 54, 2763 (1932).
45. — — J. Amer. chem. Soc. 55, 3633 (1933).
46. — — J. Amer. chem. Soc. 55, 3635 (1933).
47. FINKELSTEIN, W. S., u. J. S. NOWOSSELSKI: J. phys. Chem. [russ.] 7, 428 (1936); C. 1937 II, 1129.
48. FRANCKE: Liebigs Ann. Chem. 475, 37 (1929).
49. FRANKLIN, E. C.: The Nitrogen System of Compounds, Amer. chem. Soc. Monogr. Ser. 68. New York 1935.
50. FREDENHAGEN, K.: Z. Elektrochem. angew. physik. Chem. 37, 684 (1931).
51. FRITZ, J. S.: Analyt. Chem. 22, 1028 (1950).
52. FUNK u. DEMMEL: Z. anorg. allg. Chem. 227, 94 (1936).
53. FUNK, H., u. K. NIEDERLÄNDER: Ber. dtsch. chem. Ges. 62, 1688 (1929).
54. —, u. F. RÖMER: Z. anorg. allg. Chem. 239, 288 (1938).
55. —, u. J. SCHORMÜLLER: Z. anorg. allg. Chem. 199, 74, 93 (1931).
56. GARDNER, I. A.: Ber. dtsch. chem. Ges. 23, 1587 (1890).
57. GINA, M., u. E. MONATH: Z. anorg. allg. Chem. 143, 383 (1924).
58. GORTHE, E., u. K. HESS: Ber. dtsch. chem. Ges. 63, 518 (1930); 64, 882 (1931).
59. GRIMAUX: Bull. Soc. chim. France [2] 38, 124 (1882).
60. GRISWOLD, E., and K. v. HORNS: J. Amer. chem. Soc. 67, 763 (1945).
61. —, and F. OLSON: J. Amer. chem. Soc. 59, 1894 (1937).
62. HALL, N. F.: J. Amer. chem. Soc. 52, 5115 (1930).
63. —, and J. B. CONANT: J. Amer. chem. Soc. 49, 3047 (1927).
64. —, and B. O. HESTON: J. Amer. chem. Soc. 55, 4729 (1933).
65. —, and F. MEYER: J. Amer. chem. Soc. 62, 2493 (1940).

66. HALL, N. F., and W. SPENGEMAN: J. Amer. chem. Soc. **62**, 2487 (1940).
67. — — Trans. Wisconsin Acad. Sci. Arts Letters **36**, 51 (1937); C. **1938 II**, 131.
68. —, and H. H. VOGEL: J. Amer. chem. Soc. **55**, 239 (1933).
69. —, and T. H. WERNER: J. Amer. chem. Soc. **50**, 2367 (1928).
70. HAMMET: J. Amer. chem. Soc. **50**, 2666 (1928).
71. — and PAUL: J. Amer. chem. Soc. **58**, 2182 (1936).
72. HANTZSCH, A.: Z. physik. Chem. **61**, 257 (1907).
73. — Ber. dtsch. chem. Ges. **58**, 957 (1925).
74. —, u. W. LANGBEIN: Z. anorg. allg. Chem. **204**, 193 (1932).
75. HARRIS, L. J.: Biochem. J. **29**, 2820 (1935).
76. HELL u. MÜHLHAUSER: Berl. Ber. **12**, 734 (1879).
77. HESS, K., u. H. HABER: Ber. dtsch. chem. Ges. **70**, 2209.
78. HIGUCHI and J. CONCHA: Science [New York] **113**, 210 (1951).
79. HLASKO, M., u. E. MICHALSKI: Roczniki Chem. (Ann. Soc. chim. Pol.) **18**, 220; C. **1939 II**, 2621.
80. — Roczniki Chem. **17**, 11 (1937).
81. HOPFGARTNER, K.: Mh. Chem. **33**, 123 (1912); **34**, 1313 (1913).
82. HUTCHINSON, A. W., and G. C. CHANDLEE: J. Amer. chem. Soc. **53**, 2881 (1931).
83. ISGARYSCHEW, N., u. S. A. PLETENEW: Z. Elektrochem. angew. physik. Chem. **36**, 457 (1930).
84. JANDER, G.: Naturwiss. **26**, 779, 793 (1938).
85. —, u. K. H. BANDLOW: Z. physik. Chem. [A] **191**, 321 (1943).
86. —, u. H. MESECH: Z. physik. Chem. [A] **183**, 121, 255, 277 (1938).
87. —, E. RÜSBERG, u. H. SCHMIDT: Z. anorg. allg. Chem. **255**, 238 (1948).
88. —, u. H. SCHMIDT: Österr. Chemiker-Ztg. **46**, 49 (1943).
89. —, u. G. SCHOLZ: Z. physik. Chem. **192**, 163 (1943).
90. —, u. H. WENDT: Z. anorg. allg. Chem. **257**, 26 (1948); **258**, 1 (1949).
91. JONES and OESPER: Amer. chem. J. **42**, 518 (1909).
92. KENDALL, J., and A. W. DAVIDSON: J. Amer. chem. Soc. **43**, 979, 1470 (1921).
93. — J. Amer. chem. Soc. **43**, 1826 (1921).
94. —, and GROSS: J. Amer. chem. Soc. **43**, 1431 (1921).
95. KILPI, S.: Kemistelehti **11**, 37.
96. — Z. physik. Chem. [A] **177**, 116 (1936).
97. —, u. M. PURANEN: Ann. Acad. Sci. Fennicae, Ser. A **57**, Nr. 3 (1941); C. **1943 I**, 2484.
98. —, u. M. PURANEN: Z. physik. Chem. [A] **187**, 276 (1940).
99. KÖNIG: J. prakt. Chem. [2] **70**, 33 (1904).
100. KOLTHOFF, I. M., and A. WILLMAN: J. Amer. chem. Soc. **56**, 1007 (1934).
101. — — J. Amer. chem. Soc. **56**, 1014 (1934).
102. KOTOWSKI u. LEHL: Z. anorg. allg. Chem. **199**, 183 (1931).
103. KRAUSS, CH. A., and R. F. FUOSS: J. Amer. chem. Soc. **55**, 2387 (1933).
104. LANNING, W. CL., and A. W. DAVIDSON: J. Amer. chem. Soc. **61**, 147 (1939).
105. LEHMANN, A., and E. LEIFER: J. Amer. chem. Soc. **60**, 142 (1938).
106. LESCOEUR: Bull. Soc. chim. France [2] **24**, 516.— Ann. Chim. Phys. [6] **28**, 241.
107. LEWIS, D. T.: J. chem. Soc. [London] **1940**, 32.
108. MACGILLAVY, D.: Trans. Faraday Soc. **32**, 1947 (1936).
109. MACINTOSH, D.: J. Amer. chem. Soc. **28**, 588 (1906).
110. MANDAL: Ber. dtsch. chem. Ges. **53**, 2216 (1920).
111. MAASS: Beiträge zum Verhalten der Substanzen in wasserfreier Essigsäure. Diss. Greifswald 1951.
112. MEERWEIN, H., u. W. PANNWITZ: J. prakt. Chem., N. F. **141**, 123 (1934).
113. MELSENS, P.: Liebigs Ann. Chem. **52**, 274 (1844).

114. Menschutkin, B. N.: Iswestija Petersb. Polytechn. Inst. **5**, 355 (1906); C. **1906 II**, 1715.
115. — Z. anorg. allg. Chem. **54**, 94 (1907).
116. — J. russ. phys. chem. Ges. **43**, 1785 (1911); C. **1912 I**, 806.
117. Meyer, R. J., u. E. Goldschmidt: Ber. dtsch. chem. Ges. **36**, 242 (1903).
118. Müller, E.: Die elektrochemische Maßanalyse, 7. Aufl., S. 107. Dresden 1944.
119. Müller: Z. physik. Chem. **105**, 73 (1923).
120. Nadeau and Branchen: J. Amer. chem. Soc. **57**, 1363 (1935).
121. Naumowa, A. St.: J. allg. Chem. [russ.] **19**, (81) 1228; 1435 (1949); C. **1950 I**, 2213; **1950 II**, 1920.
122. — J. allg. Chem. (russ.) **19**, 81, 1216, 1222 (1949).
123. Orton and Jones: J. chem. Soc. [London] **1912**.
124. Othmer, D. F.: Chem. metallurg. Engng. **40**, 630 (1933).
125. Parington, J. K., and J. W. Skeen: Trans. Faraday Soc. **32**, 975 (1936).
126. Patten: J. phys. Chem. **6**, 554 (1902); C. **1903 I**, 216.
127. Pictet, S.: Ber. dtsch. chem. Ges. **35**, 2526 (1902).
128. —, et Klein: Arch. Sci. physiques natur. Genève **15**, 589 (1903).
129. Pogany, E.: Magyar. Chem. Folycirat **48**, 85 (1942); C. **1943 I**, 491.
130. Puschkin, N. A., u. I. I. Rikowski: Z. physik. Chem. [A] **161**, 336 (1932)
131. Pushing: Z. Elektrochem. angew. physik. Chem. **39**, 305 (1933).
132. Quinet, M. L.: Bull. Soc. chim. France [5] **4**, 518 (1937).
133. Reik, R.: Mh. Chem. **23**, 1033 (1902).
134. Remesow, J.: Biochem. Z. **207**, 77 (1929).
135. Rodebush, W. H., and R. H. Ewart: J. Amer. chem. Soc. **54**, 419 (1932).
136. Rosenheim, A., u. I. Hertzmann: Ber. dtsch. chem. Ges. **40**, 813 (1907).
137. —, u. M. Kelmy: Z. anorg. allg. Chem. **206**, 33 (1932).
138. —, u. Löwenstamm: Ber. dtsch. chem. Ges. **35**, 115 (1902).
139. —, u. F. Müller: Z. anorg. allg. Chem. **39**, 177 (1904).
140. —, u. Vogelsang: Z. anorg. allg. Chem. **48**, 216 (1906).
141. Russel and Cameron: J. Amer. chem. Soc. **60**, 1345 (1938).
142. Sachanow, A. N.: Z. physik. Chem. **80**, 13 (1912); **83**, 125 (1913).
143. — Chem. Abstr. **6**, 179 (1912).
144. — Z. physik. Chem. **87**, 441 (1914).
145. — J. russ. physik. chem. Ges. **44**, 324 (1911).
146. Schall u. Markgraf: Trans. Amer. elektrochem. Soc. **45**, 161 (1924).
147. Schiff, H.: Liebigs Ann. Chem. **124**, 176 (1862).
148. Schkodin, A. M., u. N. A. Ismailow: J. allg. Chem. [russ.] **20**, (82), 38 (1950); C. **1951 I**, 968.
149. Schmidt, H.: Greifswald, unveröffentlicht.
150. Scholder: Z. anorg. allg. Chem. **216**, 159, 168, 176 (1933).
151. Scholder, K., u. G. Denk: Naturforschung und Medizin in Deutschland 1936 bis 1946. Fiat Review Bd. 25, III, S. 7 (1948).
152. —, u. E. Staufenbiel: Z. anorg. allg. Chem. **247**, 259 (1941).
153. Seaman, W., and E. Allen: Analyt. Chem. **23**, 392 (1951).
154. Sisler, H. H., A. W. Davidson, R. Stoenner, and L. L. Lyon: J. Amer. chem. Soc. **66**, 1888 (1944).
155. Späth, E.: Mh. Chem. **33**, 243 (1912).
156. Spengler, H., u. A. Kaelin: Pharm. Acta Helv. **18**, 542 (1943); C. **1943 II**, 2304.
157. Timmermans, I., and Hennaut-Roland: J. chem. Physics **27**, 401 (1930).
158. Tomiczek u. Heyrowsky: Chem. Listy Vedù Prûmysl **44**, 169—177 (1950).
159. Treadwell, W. D., u. E. Wettstein: Helv. chim. Acta **18**, 200 (1935).

160. Tscherbow, S.: Ann. Ind. Analyse physik. chim. Leningrad [russ.] 3, 459 (1926); C. 1927 I, 2634.
161. Tschitschibabin, A.: J. russ. phys. chem. Ges. 36, 110 (1906).
162. Turner and Bisset: J. chem. Soc. [London] 105, 177 (1914).
163. Ulich: Lehrbuch der physikalischen Chemie, S. 121. 5. Aufl., Dresden: Theodor Steinkopff 1948.
164. Ussanowitch, M.: Physik. Z. Sowjetunion 4, 134 (1933); C. 1939 I, 1012.
165. —, u. A. Naumowa: Chem. J. Soc. [A]. J. allg. Chem. [russ.] 5, (67) 712 (1935); C. 1936 I, 2063.
166. Venkateraman, J.: Indian chem. Soc. 17, 297 (1940); C. 1941 I, 758.
167. Völmer: Z. physik. Chem. 29, 187 (1899).
168. Walker and Spencer: J. chem. Soc. [London] 85, 1108 (1904).
169. Webb: J. Amer. chem. Soc. 48, 2263 (1926).
170. Weidner, B. V., A. W. Hutchinson and G. C. Chandlee: J. Amer. chem. Soc. 60, 2877 (1938).
171. — A. W. Hutchinson and G. C. Chandlee: J. Amer. chem. Soc. 56, 1042 (1934).
172. Weigand, F.: Angew. Chem. 19, 139 (1906).
173. Weinland, Kessler u. Bayerl: Z. anorg. allg. Chem. 132, 210 (1924).
174. Young: Sci. Proc. Roy. Dubl. Soc. 12, 443.
175. Yvernault, Th., et A. Kirrmann: Bull. Soc. chim. France Mem. [5] 16, 538 (1949).
176. Yvernault, Th., J. Moré et M. Durand: Bull. Soc. chim. France Mem. [3] 16, 542 (1949).
177. Zanninowitch-Tessarin: Z. physik. Chem. 19, 254 (1896).

Weitere Literaturhinweise.

Elektrolysen in Essigsäure.

Trans. Ransas Acad. Sci. 38, 129 (1935); C. 1937 I, 3626.
J. Amer. chem. Soc. 72, 1700 (1950).
F. P. 760003 v. 17. 11. 1952; C. 1934 I, 3653.
C. 1937 II, 2134.
Z. Elektrochem. angew. physik. Chem. 28, 474 (1922).
J. Amer. chem. Soc. 54, 474 (1932).
J. russ. physik. chem. Ges. 36, 5 (1904).

Kolloide und Viscositäten.

J. physic. Chem. 41, 621 (1937).
J. physic. Chem. 41, 1129 (1937).
J. allg. Chem. [russ.] 5, (67), 709; C. 1936 I, 2063.

Präparatives.

J. chem. Soc. [London] 1927, 1660.
J. chem. Soc. [London] 123, 151 (1923).
J. Amer. chem. Soc. 62, 3328 (1940).
J. Amer. chem. Soc. 55, 642 (1933).
J. physic. Chem. 36, 1712 (1932).
Ann. Chim. Phys. [7] 2, 555 (1894).
Ber. dtsch. chem. Ges. 36, 242 (1903).

(Abgeschlossen im Dezember 1952.)

Prof. Dr. G. Jander, Berlin-Charlottenburg 2, Hardenbergstraße 34.

Fortschr. chem. Forsch., Bd. 2, S. 670—757 (1953).

Die festen Hydroxysalze zweiwertiger Metalle.

Von

WALTER FEITKNECHT.

Mit 20 Textabbildungen.

Dem Andenken PAUL NIGGLIS gewidmet.

Inhaltsübersicht.

I. Einleitung.

Die Hydroxysalze, häufig (vor allem in der älteren Literatur) auch „basische Salze" genannt, bilden eine große Verbindungsklasse, die noch sehr unvollständig erforscht ist, aber eine erhebliche praktische Bedeutung hat. Sie bilden sich beispielsweise als Primärprodukt bei der Hydrolyse gelöster Metallsalze und entstehen deshalb bei dem Zusatz von Lauge zu Metallsalzlösungen im Zuge vieler analytisch benutzter Reaktionen.

Sie bilden sich ferner bei der Korrosion wichtiger Gebrauchsmetalle, vor allem an Kupfer, Zink, Cadmium, Blei (*34*), (*36*), (*38*), (*39*), (*70*). Einige von ihnen sind auch für die Zementchemie von Bedeutung. Eine große Zahl von Hydroxysalzen tritt im Mineralreich auf.

Die Vernachlässigung dieser Verbindungsklasse beruht wohl vor allem auf den Schwierigkeiten, die hier der Anwendung der älteren präparativen Methoden begegnen. Die festen Hydroxysalze sind *Kristallverbindungen*; wenn sie als schwerlösliche Niederschläge ausfallen, erscheinen sie häufig in *hochdisperser* Form. Dadurch erhalten Hydroxyverbindungen Eigenschaften, für deren Erklärung vielseitige Untersuchungsmethoden notwendig sind. Diese Untersuchungsmethoden müssen den Besonderheiten der Kristallverbindungen (*35*) und den hochdispersen festen Stoffen genügend Rechnung tragen.

Die für die Betrachtung der Hydroxysalze wesentlichen Gesichtspunkte sind schon vor längerer Zeit hervorgehoben worden (*24*). Es sind auch einige zusammenfassende Abhandlungen über die Verbindungen erschienen (*28*), (*29*), (*30*), bei denen allerdings nur einzelne Teilfragen im Vordergrund standen.

Dieser Bericht vermittelt eine Übersicht über die neueste Entwicklung der Chemie der Hydroxysalze. Die Chemie solcher Verbindungen hat die folgenden Grundprobleme und die auf diese sich beziehenden Gedankengänge zu beachten:

1. **Die Bildungsreaktionen** der Hydroxysalze können durchweg als Hydrolysen neutraler Salze aufgefaßt werden. Es ist eine wesentliche Besonderheit der Chemie der Hydroxysalze, daß Präparate der gleichen hochdispersen Kristallverbindung recht abweichende Eigenschaften haben können, wenn die Verbindung auf verschiedenen Wegen, d. h. als Endprodukt verschiedener Bildungsreaktionen entsteht. Genaue Angaben über die Bildungsreaktion gehören mit zur Kennzeichnung der Präparate. Auf diesen Umstand muß mit Nachdruck hingewiesen werden, da er auch in neueren Anleitungen der anorganisch-präparativen Chemie nicht genügend berücksichtigt wird (9), (90). Die Erfahrungen über die Bedeutung der Bildungsreaktion führen zwangsläufig zu dem Problem der Bildungsformen. Inzwischen haben sich neue Möglichkeiten zur Feststellung der Reinheit der Präparate und zur Ermittlung der Zusammensetzung ergeben. Das diesbezügliche Tatsachenmaterial ist wesentlich erweitert worden.

2. **Die Bildungsformen** fester Stoffe sind die durch definierte Bildungsreaktionen entstehenden Aggregationen. Hierauf bezieht sich eine frühere ausführlichere Zusammenfassung (29), (30). In der Zwischenzeit hat vor allem das Elektronenmikroskop neue Aufschlüsse über Bildungsformen vermittelt.

3. **Die chemische Zusammensetzung** von Hydroxysalzen läßt sich mit üblichen Hilfsmitteln nicht immer einwandfrei bestimmen. Auch auf diese Schwierigkeit wurde schon früher hingewiesen (24). Inzwischen haben sich neue Möglichkeiten zur Feststellung der Reinheit der Präparate und zur Ermittlung der Zusammensetzung ergeben. Das diesbezügliche Tatsachenmaterial ist wesentlich erweitert worden.

4. **Die Beständigkeit** der Hydroxysalze ist sehr verschieden. Dies äußert sich unter anderem in der Tatsache, daß sich einige Verbindungen nur aus festen Salzen oder nur in konzentrierten Lösungen bilden und bei Herabsetzung der Metallionenkonzentration der Lösung wieder zersetzen, daß dagegen andere Verbindungen bis zu großen Verdünnungen der überstehenden Lösungen erhalten bleiben. Ein Maß für die Beständigkeit eines Hydroxysalzes läßt sich auf der Grundlage der Gleichgewichtslehre in einfacher Weise festlegen (23). Kürzlich sind für einige Beispiele genaue Bestimmungen der Beständigkeitsgrenzen durchgeführt worden (60), (71).

5. **Die Umsetzungsreaktionen** von Hydroxysalzen verlaufen vielfach topochemisch (103), (108). Darüber liegen einige Veröffentlichungen vor (28), (37). Zwischen der Art der Umsetzung und der Struktur von Hydroxysalzen haben sich in vielen Fällen einfache Beziehungen ergeben. Die früher zum Studium solcher Umsetzungen benutzten Methoden sind seither durch neue Hilfsmittel (Elektronenmikroskop, radioaktive Indicatoren) erweitert worden. Für viele Kristallverbindungen ergibt sich

die Möglichkeit, Strukturermittlungen auf Grund chemischer Umsetzungen vorzunehmen, wie dies für molekulare Verbindungen seit langem üblich ist.

6. Die Struktur. WERNER (*144*) hat als erster den Versuch gemacht, die Struktur der basischen Salze unter einheitlichen Gesichtspunkten im Rahmen seiner Komplextheorie zu deuten. Er faßte sie als Anlagerungsverbindungen von Metallhydroxyd an Metallsalz auf und schlug z. B. für die häufig vorkommenden Verbindungen mit 3 Mol Hydroxyd auf 1 Mol Metallsalz zwei Formulierungen vor: entweder als „Hexolsalz"

$$[(Me(OH)_2)_3Me]X_2$$

oder als Anlagerungsverbindung eines trimolekularen Hydroxydmoleküls an das Metallsalz

$$Me_2(OH)_4Me(OH)_2 \cdot MeX_2.$$

Es ist durchaus möglich, daß komplexe Kationen der allgemeinen Formel

$$(Me(OH)_2)_x Me^{2+}$$

in den oxydhaltigen konzentrierten Lösungen von Salzen zweiwertiger Metalle vorkommen, wie dies HAYEK (*89*) annimmt. Die meisten *schwerlöslichen* basischen Salze besitzen aber, wie schon vor längerer Zeit betont wurde (*22*), eine ganz andere Struktur. Sie sind *Kristallverbindungen höherer Ordnung* $[A_m B_n C_p \ldots]$, in denen sich keine Komplexionen abgrenzen lassen. Ein *lösliches* Hydroxysalz, das beim Kristallisieren ein Gitter mit Komplexionen gibt, dürfte das instabile Nickelhydroxynitrat I sein, dem wahrscheinlich die Formel

$$[Ni(NO_3)_2(OH)_2]Ni(H_2O)_6$$

zukommt (*51*).

Die Strukturaufklärung schwerlöslicher Hydroxysalze wurde wesentlich gefördert durch die systematische Verfolgung ihrer Umsetzungsreaktionen (Punkt 5) und durch gleichzeitigen Vergleich ihrer Röntgendiagramme mit den Röntgendiagrammen der zugehörigen reinen Hydroxyde. Diesbezügliche Ergebnisse sind in vielen Mitteilungen zusammengefaßt. Es handelt sich dabei vor allem um die Ermittlung des Strukturprinzips größerer Gruppen von Hydroxysalzen, nicht um vollständige Strukturbestimmungen einzelner Verbindungen. Die Voraussetzungen für eine strenge röntgenographische Analyse sind bei vielen Hydroxysalzen nicht gegeben, weil sie nur in hochdispersen, unter Umständen stark fehlgeordneten Formen auftreten. Für einige charakteristische Vertreter dieser Verbindungsklasse liegen aber heute vollkommne Strukturbestimmungen vor. Durch diese sind frühere Strukturvorschläge verifiziert und präzisiert, in einigen Fällen nicht unwesentlich modifiziert worden.

Im folgenden Abschnitt II werden die in dieser Einleitung unter 1. bis 6. angedeuteten Grundprobleme der Chemie der Hydroxysalze an Hand konkreter Beispiele näher erläutert.

II. Beispiele für die Grundprobleme der Chemie der Hydroxysalze.

1. Bildungsreaktionen.

Alle in der Literatur beschriebenen Methoden zur Herstellung von Hydroxysalzen beruhen auf der Hydrolyse normaler Salze (24). Dabei hängt das Ergebnis der Hydrolyse weitgehend von der Konzentration der Lösung und dem verwendeten Hydrolysenmittel ab.

Beim *Versetzen von Salzlösungen mit Lauge* fällt häufig zunächst ein Hydroxysalz und nicht Hydroxyd aus, nämlich immer dann, wenn das Hydroxysalz eine große Beständigkeit besitzt oder wenn die Lösung konzentriert ist (23). Als Beispiel kann die Fällung aus Kupfersalzlösungen und Lauge dienen (67), (119):

$$2\,Cu^{++} + 3\,OH^- + 1\,Cl^- \rightarrow [Cu_2(OH)_3Cl].$$

Erst bei Zugabe von mehr als 3 OH-Äquivalenten auf 2 Cu^{++} beginnt sich das Hydroxychlorid in Hydroxyd umzuwandeln.

Um nach dieser Methode Hydroxysalze herzustellen, muß mit weniger als der äquivalenten Laugenmenge gefällt werden. Dabei können je nach Konzentration der Lösung und Menge der zugesetzten Lauge verschiedene basische Salze entstehen.

Die ersten Fällungsprodukte sind stets *hochdispers* und mehr oder weniger stark fehlgeordnet (vgl. II, 2); sie enthalten oft *instabile Modifikationen*. Diese wandeln sich beim Altern in stabilere Modifikationen um. Auch auf die Umwandlungsvorgänge hat die Konzentration der überstehenden Lösungen Einfluß; es können sich feste Verbindungen mit verschieden hohem Basizitätsgrad bilden. Beispiele dazu liefern Fällungen aus Cadmiumchloridlösungen (71). Zuerst bildet sich Cadmiumhydroxychlorid III:

$$3\,Cd^{++} + 4\,OH^- + 2\,Cl \rightarrow [Cd_3(OH)_4Cl_2].$$

Cadmium wird deshalb aus seiner Chloridlösung schon bei einem Zusatz von $^2/_3$ der äquivalenten Laugenmenge praktisch vollständig gefällt; infolge der Reaktionsträgheit von Cadmiumhydroxychlorid III zeigt die Fällungskurve bei 1,33 OH$^-$ auf 1 Cd^{++} einen starken p_H-Sprung (116), (71).

In Lösungen, deren Cadmiumionenkonzentrationen größer als (rund) 10^{-2}-m ist, entsteht beim Altern der primär gebildeten Niederschläge Cadmiumhydroxychlorid I

$$\underset{\text{III}}{[Cd_3(OH)_4Cl_2]} + Cd^{++} + 2\,Cl' \rightarrow 4\,\underset{\text{I}}{[CdOHCl]}.$$

In dem engen Konzentrationsgebiet zwischen 10^{-2} und $6 \cdot 10^{-3}$-m dagegen bildet sich Cadmiumhydroxychlorid II:

$$[Cd_3(OH)_4Cl_2] + Cd^{++} + Cl^- + OH^- \rightarrow [Cd_4(OH)_5Cl_3].$$
$$\text{III} \qquad\qquad\qquad\qquad\qquad\qquad \text{II}$$

Wird die Fällung mit mehr als $^2/_3$ der äquivalenten Laugenmenge (67 bis 75%) durchgeführt, so daß die primär gebildeten Niederschläge unter alkalischen Lösungen stehen, dann bildet sich Cadmiumhydroxychlorid IV:

$$2\,[Cd_3(OH)_4Cl_2] + OH^- \rightarrow 3\,[Cd_2(OH)_3Cl] + Cl^-.$$
$$\text{III} \qquad\qquad\qquad\qquad\qquad \text{IV}$$

Häufig wird zur Herstellung von Hydroxysalzen die *Umsetzung von Metallsalzlösungen mit den Oxyden, Hydroxyden oder Carbonaten* der gleichen Metalle, auch mit Calciumcarbonat oder löslichen, langsam sich zersetzenden Basen (Harnstoff, Hexamethylentetramin) verwendet. Es handelt sich hierbei meistens um langsam wirkende Hydrolysierungsmittel, die bei geringer Reaktionsgeschwindigkeit (vorwiegend) unmittelbar zu den *stabilen* Verbindungen führen. Ein typisches Beispiel ist die Umsetzung von Magnesiumoxyd in Magnesiumchloridlösung, eine Reaktion, die bei der Erhärtung der Sorel- oder Magnesiumchloridzemente praktische Bedeutung hat. Diese Reaktion ist allerdings ziemlich stark exotherm; sie verläuft deshalb relativ rasch und führt zunächst zu dem (instabilen) Magnesiumhydroxychlorid III (*61*):

$$5\,[MgO] + Mg^{++} + 2\,Cl' + 9\,H_2O \rightarrow 2\,[Mg_3(OH)_5Cl\,4\,H_2O].$$
$$\text{III}$$

Für die Erklärung der Umsetzung kann ein vereinfachtes Schema benutzt werden: Das Magnesiumoxyd löst sich auf:

$$[MgO] + H_2O \rightarrow Mg^{++} + 2\,OH'.$$

Dadurch steigt die Hydroxylionenkonzentration der Lösung und diese wird an Hydroxychlorid übersättigt. Aus der Lösung scheidet sich die Verbindung mit der größten Keimbildungsgeschwindigkeit aus:

$$3\,Mg^{++} + 5\,OH^- + Cl^- + 4\,HO \rightarrow [Mg_3(OH)_5Cl\,4\,H_2O].$$

In dem Maße, wie sich Hydroxychlorid bildet, geht neues Oxyd in Lösung; die Übersättigung an Hydroxylionen bleibt während der ganzen Umsetzung konstant, d.h. eine für die Reaktion wesentliche Komponente wird mit geregelter Geschwindigkeit nachgeliefert. V. KOHL-SCHÜTTER, der als erster auf die allgemeine Bedeutung solcher Bedingungen hingewiesen hat, bezeichnete Reaktionen dieser Art als ,,diachrone" Reaktionen (*104*). Durch die Einführung dieses Begriffs sollte betont werden, daß die Eigenschaften der (festen) Reaktionsprodukte von der Geschwindigkeit der Bildung abhängen und durch Regulierung der Geschwindigkeit vorbestimmt werden können.

Diachronie ist charakteristisch für alle diese Hydrolysen durch feste Hydrolysierungsmittel. Die Geschwindigkeit der Umsetzung hat Einfluß auf die Bildungsform, unter Umständen sogar auf die Zusammensetzung des Reaktionsproduktes.

Wird zur Hydrolyse das Oxyd eines Fremdmetalles verwendet, so entstehen im allgemeinen *Hydroxydoppelsalze,* wie dies vor längerer Zeit für die Umsetzung von Kupferoxyd mit Salzlösungen anderer zweiwertiger Metalle (Mg, Zn, Cd, Co, Ni) gefunden wurde *(112), (125), (128)*

$$MeCl_2 + 3\,[CuO] + 3\,H_2O \rightarrow [MeCu_3(OH)_6Cl_2].$$

Bei einer solchen Umsetzung entsteht ein Hydroxydoppelsalz einfach stöchiometrischer Zusammensetzung. Durch unvollständiges Fällen von Lösungen von $MeCl_2$ und $CuCl_2$ können die gleichen Kristallarten erhalten werden; die Fällung mit Lauge führt zu Reaktionsprodukten stark variabler Zusammensetzung *(69).*

Auch bei der *Hydrolyse mit löslichen, sich langsam zersetzenden Reagentien* zeigt die Bildung der Hydroxysalze die Besonderheiten diachroner Stoffausscheidung. So findet z.B. bei der Harnstoffmethode die stetige Nachlieferung der Hydroxylionen durch die Zersetzung des Harnstoffs statt *(108).*

$$CO(NH_2)_2 + 3\,H_2O \rightarrow CO_2 + 2\,NH_4^+ + 2\,OH^-.$$

Die Methode kommt nur in den Fällen in Frage, wo die Ausscheidung des Hydroxysalzes schon in schwach saurer Lösung erfolgt, andernfalls bildet sich eine höhere Carbonationenkonzentration aus, und es kann zu einer Ausscheidung von basischen oder gemischt basischen Carbonaten kommen. Die Methode eignet sich deshalb besonders für die Herstellung der Hydroxysalze des Kupfers *(108),* weil hier die Ausscheidung schon bei einem $p_H < 5$ *(67), (119)* erfolgt; sie eignet sich nicht für die Herstellung der Hydroxysalze des Kobalts und Zinks, da diese erst bei $p_H \sim 7$ entstehen *(52), (60).*

Salze schwacher Säuren hydrolysieren spontan unter Bildung von Hydroxysalzen. Der Vorgang ist besonders ausgeprägt, wenn das neutrale Salz leicht löslich ist. Es können dann mit sinkender Konzentration der Lösung mehrere zunehmend höher basische Hydroxysalze entstehen. Neutrales Zinkchromat scheidet sich nur aus konzentrierten Lösungen, die überschüssige Chromsäure enthalten, aus *(86).* Bei großer Chromatkonzentration kommt es zunächst zur Ausscheidung des Hydroxychromates I:

$$2\,Zn^{++} + 2\,CrO_4^{2-} + 2\,H_2O \rightleftharpoons [Zn_2(OH)_2CrO_4] + H_2CrO_4.$$
$$\text{I}$$

Diese Verbindung scheidet sich aus Lösungen aus, deren Zinkionenkonzentration zwischen 1,7-m und 0,25-m liegt und die einen etwa

0,8fachen Überschuß freier Chromsäure enthalten. In verdünnteren Lösungen (0,13-m Chromsäureüberschuß) entsteht das höher basische Chromat IIβ (98):

$$[Zn_7(OH)_{10}(CrO_4)_2].$$

Bei noch größerer Verdünnung entstehen Hydroxychromate variabler Zusammensetzung

$$[Zn_4(OH)_6CrO_4] \quad \text{bis} \quad [Zn_5(OH)_8CrO_4].$$

Analoge Verhältnisse treten ein, wenn Salzlösungen zweiwertiger Schwermetalle mit Lösungen von Alkalisalzen schwacher Säuren vermischt werden. Auch hierbei bilden sich nicht neutrale Salze, sondern Hydroxysalze. Es ist dies vor allem für viele Carbonate bekannt. Näher untersucht ist die Fällung von Zinkhydroxycarbonat aus Zinksalzlösung mit Natriumcarbonat (129), die sich vereinfacht formulieren läßt als:

$$5\,Zn^{++} + 5\,CO_3^{2-} + 6\,H_2O \rightleftarrows [Zn_5(OH)_6(CO_3)_2] + 3\,H_2CO_3.$$

Als letzte Bildungsreaktion von Hydroxysalzen sei die *metallische Korrosion* erwähnt. Die unedleren Metalle, auch Kupfer, werden in den Lösungen ihrer Salze besonders unter dem Einfluß von Sauerstoff ziemlich rasch angegriffen, häufig unter Bildung von Hydroxysalzen (67). Diese Reaktionsart findet technisch, z. B. für die Herstellung von Kupferhydroxychlorid, Anwendung. Der Reaktionsmechanismus ist komplex; die ersten Stufen sind, wie bei allen Korrosionsvorgängen in wäßriger Lösung, elektrochemischer Natur. Der Gesamtvorgang kann formuliert werden:

$$3\,[Cu] + 1\tfrac{1}{2}\,O_2 + 3\,H_2O + CuCl_2 = 2\,[Cu_2(OH)_3Cl].$$

Bei vielen der praktisch wichtigen Korrosionsvorgänge (atmosphärische Korrosion und Korrosion in wäßrigen Lösungen) treten neben Oxyden und Hydroxyden Hydroxysalze als Korrosionsprodukte auf. Die letzteren haben häufig auf die Geschwindigkeit des Korrosionsablaufs eine ausschlaggebende Bedeutung, vor allem weil sie die Ursache für die Bildung von Lokalelementen sein können (36), (39).

Bei der Korrosion von Zink in Natriumchloridlösung z. B. lassen sich die wichtigsten Vorgänge wie folgt formulieren:

An anodischen Stellen treten Zinkionen in Lösung

$$[Zn] \rightarrow Zn^{++} + 2e,$$

an den kathodischen Stellen bilden sich Hydroxylionen

$$2e + \tfrac{1}{2}O_2 + H_2O \rightarrow 2\,OH'.$$

Die Zinkionen werden bei genügender Salzkonzentration über den anodischen Stellen durch die zu diffundierenden Hydroxylionen als Hydroxysalze gefällt:

$$5\,Zn^{++} + 8\,OH^- + 2\,Cl^- \rightarrow [ZnCl_2, 4\,Zn(OH)_2].$$

Für den Gesamtvorgang ergibt sich die Gleichung

$$5\,[Zn] + 2\tfrac{1}{2}\,O_2 + 5\,H_2O + 2\,Cl^- = [ZnCl_2,\, 4\,Zn(OH)_2] + 2\,OH^-.$$

Die Lösung wird also alkalisch; die Ausscheidung des Hydroxysalzes über den anodischen Stellen bewirkt aber, daß sie hier schwach sauer bleibt und daß sich ein bleibender Unterschied zwischen der Hydroxylionenkonzentration an anodischen und kathodischen Stellen ausbildet; dadurch entstehen größere Lokalelemente; die Folge ist ein relativ rasch fortschreitender Angriff des Metalls.

Die Vielseitigkeit der Reaktionsprodukte, die sich bei der Herstellung von Hydroxysalzen bilden können, ist nicht nur bedingt durch die Unterschiede der Aggregation und durch die Unterschiede der Zusammensetzung. Sie wird mitbedingt durch die Möglichkeit, daß ein und dasselbe Hydroxysalz in mehreren *Modifikationen* auftreten kann. Auch auf die Ausbildung der Modifikationen haben die Bildungsreaktionen Einfluß. Ein Beispiel dafür ist Kupferhydroxychlorid II. Für diese Verbindung sind vier Modifikationen bekannt (*67*). Die instabilste *α-Modifikation* wird rein nur erhalten, wenn verdünnte Kupferchloridlösung und Natronlauge langsam im richtigen Geschwindigkeitsverhältnis in eine Vorlage mit Wasser fließen und wenn die Mischung stark gerührt wird. Bei der Hydrolyse von Kupferchloridlösung mit Harnstoff, sowie bei der Umsetzung von Kupferpulver mit verdünnter Kupferchloridlösung und Sauerstoff bei Raumtemperatur entsteht die *β-Modifikation*. Die meisten übrigen Reaktionen führen zur *γ-Modifikation*, die als Paratakamit auch in der Natur vorkommt. Sie wird vor allem erhalten bei der Fällung von Kupferchlorid mit Natronlauge, bei der Umsetzung von Kupfer in heißer Kupferchloridlösung, ferner bei der Korrosion von Kupfer in Natriumchloridlösung und in sauren Dämpfen (*34*), (*38*).

Die stabilste *δ-Modifikation*, den natürlichen Atakamit, haben wir selbst auf präparativem Wege nie erhalten, haben aber ein Kupferhydroxychlorid, das von der Mansfelder Kupferhütte für die Kunstseideindustrie aus Kupferabfällen gewonnen wird, als diese Modifikation identifizieren können.

Faßt man die allgemeinen Erfahrungen zusammen, die sich aus den für die Bedeutung der Bildungsreaktionen angeführten Beispielen ableiten lassen, dann ergeben sich für die präparative Chemie der Hydroxysalze folgende Gesichtspunkte:

a) Einzelne Hydroxysalze bestimmter Zusammensetzung oder einzelne Modifikationen eines durch seine Zusammensetzung definierten Hydroxysalzes sind an ganz bestimmte Bildungsreaktionen gebunden. Wenn die Absicht besteht, die Hydroxysalze eines Metalls und deren Modifikationen vollzählig zu erfassen, dann müssen alle Reaktionstypen herangezogen werden, die für die Herstellung von Hydroxysalzen möglich sind.

b) Die Tatsache, daß sich von einem Metall zahlreiche Hydroxysalze ableiten und daß diese Hydroxysalze mehrere metastabile Zustände bilden können, bewirkt, daß recht häufig uneinheitliche Präparate erhalten werden; Gemische von zwei oder mehr Modifikationen, oder von zwei oder mehreren Hydroxysalzen oder von Hydroxysalzen und Hydroxyd. Deshalb haben sich viele der in der älteren Literatur als Verbindungen beschriebenen Produkte bei der Nachprüfung als Gemische erwiesen.

Bei der präparativen Herstellung von Hydroxysalzen muß das Ziel verfolgt werden, durch zweckmäßige Wahl der Bildungsreaktion die gleichzeitige Bildung mehrerer Verbindungen oder Modifikationen auszuschließen und die Einheitlichkeit der Reaktionsprodukte außer durch chemische Analysen durch physikalische Methoden zu überprüfen. In vereinzelten Fällen, wenn gröber kristalline Produkte entstehen, kann dies mikroskopisch geschehen. Bei hochdispersen Präparaten ist recht häufig das Elektronenmikroskop ein sehr empfindliches Hilfsmittel, um schon sehr kleine Mengen von Verunreinigungen festzustellen.

2. Die Bildungsformen.

Für die Beschreibung von Kristallverbindungen müssen sehr viel mehr Zustandsgrößen herangezogen werden, als dies für Gase oder Flüssigkeiten notwendig ist (*91*). Der erste Schritt zur Überwindung dieser Schwierigkeiten besteht darin, daß an die Erfahrungen über die Bedeutung der Bildungsreaktionen (II, 1) angeknüpft wird, d.h. in die Beschreibung der Präparate werden alle Angaben über die Herstellung oder Vorbehandlung miteinbezogen. V. KOHLSCHÜTTER (*105*) hat dazu den Begriff Bildungsformen eingeführt.

Die verschiedenen Bildungsformen eines Hydroxysalzes können sich unterscheiden durch

Form, Größe oder Störstruktur der Primärteilchen. Zusammenlagerung bzw. Verwachsung der Primärteilchen zu größeren Aggregaten (Sekundärstruktur).

Zur Ermittlung der Größe und Form der Teilchen sowie der Art der Zusammenlagerung dient bei hochdispersen Bildungsformen das Elektronenmikroskop, bei gröber dispersen Bildungsformen das Lichtmikroskop. Störstrukturen ergeben sich aus den Röntgendiagrammen der Präparate.

Die elektronenmikroskopische Analyse *frisch gefällter Hydroxysalze* begegnet Präparaten, deren Teilchen so klein sind, daß charakteristische Formen nicht erkannt werden können (Beispiel: Nickelhydroxysalze),

deren Teilchen keine bevorzugte Wachstumsrichtung aufweisen, d.h. gleichachsig sind (Beispiel: Kupferhydroxychlorid IIγ),

deren Teilchen dünne Plättchen bilden, d.h. laminar-dispers sind (Beispiel: Zinkhydroxysalze, Kupferhydroxysalze usw.),

deren Teilchen nadelige Formen bilden, d.h. linear-dispers sind (Beispiel: Zinkhydroxycarbonat, α-Kupferhydroxychlorat usw.).

Abb. 1. Hexagonale Plättchen von Cadmiumaluminiumhydroxychlorid (12000mal).

Die laminar-dispersen Hydroxysalze sind schon früher ausführlich besprochen worden (29), (30). Grundsätzlich neue Gesichtspunkte haben sich in der Zwischenzeit nicht ergeben. Auf den Zusammenhang zwischen der laminar-dispersen Form der Teilchen und der Struktur, bzw. der Störstruktur der Hydroxysalze wird unter III näher eingegangen.

Die *Alterung der frischen Fällungen* kann zur Umwandlung instabiler in stabilere Modifikationen führen oder einfach in einer Teilchenvergrößerung und Ausheilung der Gitterstörungen bestehen. Auch der letztere Vorgang spielt sich zweiphasig, d.h. über die Lösung ab, indem sich die kleineren und stark gestörten Teilchen lösen und neue Keime mit geringerer Störung weiterwachsen. Der Vorgang ist im allgemeinen rasch, und die durch Alterung von Fällungen entstandenen Bildungsformen sind meistens immer noch hochdispers. Auch hierbei treten vor allem die drei Formentypen auf, nämlich gleichachsige, plättchen- und nadelförmige oder faserige Teilchen. Die plättchenförmigen Kristalle sind bevorzugt regelmäßig sechseckig (Abb. 1). Nicht selten sind auch lange Plättchen, also Übergänge von plättchenförmigen zu nadeligen

Abb. 2. Aggregationsform von langen Plättchen von Kupferkobalthydroxynitrat (15000mal).

Kristallen, besonders bei den Kupferhydroxysalzen (Abb. 2). Häufig sind die Einzelkriställchen zu charakteristischen Aggregationsformen zusammengelagert, bei denen die Verwachsung mehr oder weniger ausgeprägt orientiert ist. Bei nadelig ausgebildeten Verbindungen treten bevorzugt garbenförmige Aggregationen auf (Abb. 3). Einige Hydroxysalze neigen auch zur Bildung von Somatoiden, so vor allem Cadmiumhydroxychlorid I (58) und Kupferhydroxysulfat (108).

Diese drei Hauptformen sind sehr schön erkennbar in dem Niederschlag, der durch unvollständige Fällung (und nachträgliche Alterung) aus

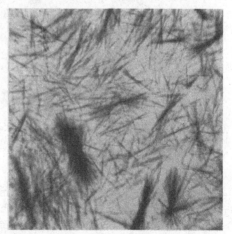

Abb. 3. Garbenförmige Aggregationen von nadeligem Magnesiumhydroxychlorid III (etwa 300mal).

einer Lösung von Nickel- und Kupferchlorid entsteht (Abb. 4). Hier liegt ein Gemisch von gleichachsigem Kupferhydroxychlorid II, plättchenförmigem Nickelhydroxychlorid II, faserigem Nickelhydroxychlorid IV und dem noch nicht umgewandelten, sehr hochdispersen Nickelhydroxychlorid V vor. Abb. 4 veranschaulicht die Leistungsfähigkeit der elektronenmikroskopischen Analyse in diesem Stoffsystem (*69*).

Die Methoden der langsamen Hydrolyse führen zu gröber dispersen Formen mit wenig gestörtem Gitter. Aber auch bei diesen ist es schwierig,

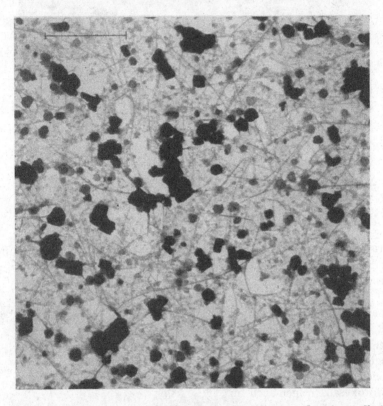

Abb. 4. Mischfallung aus einer Losung von Nickel- und Kupferchlorid, gealtert. Gemisch von: Kupferhydroxychlorid IIγ (gleichachsig), Nickelhydroxychlorid II (plattchenformig), Nickelhydroxychlorid IV (faserig), Nickelhydroxychlorid V (hochdispers, Teilchenform nicht erkennbar) (21 000mal).

größere Einzelkristalle herzustellen. Im allgemeinen bilden sich charakteristische Aggregate der Einzelteilchen, die ihrerseits zur Identifizierung der Verbindungen mitherangezogen werden können. Auf diese Möglichkeit haben V. KOHLSCHÜTTER und LABANUKROM (*108*) schon vor längerer Zeit hingewiesen.

Bei den Reinheitsprüfungen hochdisperser Präparate von Hydroxysalzen ist die elektronenmikroskopische Analyse sehr oft empfindlicher als die röntgenographische Analyse.

3. Die chemische Zusammensetzung.

Die Ermittlung der chemischen Zusammensetzung der Hydroxysalze stößt auf verschiedenartige Schwierigkeiten. Aus den unter II, 1 erörterten Gründen ist es unter Umständen nicht möglich, die reine Verbindung herzustellen. Weiterhin kann bei der Isolierung eine Zersetzung eintreten. Außerdem wird das Analysenresultat durch adsorbierte Ionen beeinflußt. Bei vielen älteren Angaben sind alle diese Umstände nicht ausreichend berücksichtigt worden.

Die gleichzeitige lichtmikroskopische, elektronenmikroskopische und röntgenographische Untersuchung der Präparate zeigt in vielen Fällen, ob die chemischen Analysen an einheitlichen Präparaten ausgeführt sind.

Die niedrig basischen Hydroxysalze sind vielfach leicht zersetzlich. Man wäscht sie am besten mit organischen Lösungsmitteln, Alkohol und Aceton, aus. Ihre Zusammensetzung kann auch auf indirektem Wege mit Hilfe der SCHREINEMAKERschen Restmethode ermittelt werden (131), (20).

Bei schwerlöslichen, sich nur langsam umsetzenden Hydroxysalzen erhält man die Zusammensetzung auch aus der Lage des Potentialsprungs bei der potentiometrischen Verfolgung der Fällung (116), (71). Am schwierigsten liegen die Verhältnisse bei hochdispersen Präparaten, die sich sekundär leicht umsetzen. Der Kristallwassergehalt, der häufig gegeben ist, kann meistens nur aus der Differenz des Kationen- und Anionengehalts errechnet werden.

In Tabelle 3 (S. 703) sind einige Angaben über die Zusammensetzung von Hydroxysalzen zusammengestellt, die als gesichert gelten können. Aus diesem Tatsachenmaterial ergibt sich, daß zwei Gruppen unterschieden werden müssen:

Hydroxysalze mit konstanter, einfach stöchiometrischer Zusammensetzung,

Hydroxysalze mit variabler Zusammensetzung im Bereich charakteristischer Grenzen (Berthollidverbindungen).

Die Zusammensetzung der einfach stöchiometrischen Verbindungen kann formelmäßig in verschiedener Weise zum Ausdruck gebracht werden. Man kann, wie dies früher allgemein üblich war, das Molverhältnis Salz zu Hydroxyd:

$$[MeX_2 \cdot m\, Me(OH)_2 \cdot n\, H_2O],$$

oder, wie dies bei der in II, 1 benutzten Formulierung der Fall war, die Zahlenverhältnisse der verschiedenen Ionen durch die Formulierung

$$[Me_l(OH)_m(X)_n \cdot p\, H_2O]$$

angeben. Für viele Zwecke ist schließlich eine Formulierung vorteilhaft, bei der die Zahl der OH^-- und X^--Ionen für je 1 Me-Ion berechnet wird:

$$[Me(OH)_m X_n \cdot p\, H_2O].$$

In diesem Fall sind m und n keine ganzen Zahlen. *Eine Formulierung, die zur Beschreibung der Struktur überleiten soll, wird unter II, 6 begründet.*

Aus den Tabellen des *Teiles IV* folgt, daß das Verhältnis Metallsalz zu Hydroxyd recht verschieden sein kann. Am häufigsten sind die Verhältnisse $1:1$ und $1:3$, aber auch die Verhältnisse $2:3$, $1:2$, $3:5$, $1:4$, $1:6$ treten auf. Der Extremwert dürfte $1:9$ sein.

Bei einer Reihe von Hydroxysalzen hat sich einwandfrei nachweisen lassen, daß die Zusammensetzung innerhalb bestimmter Grenzen schwanken kann, daß also *Berthollidverbindungen* vorliegen. Bei einfachen Hydroxysalzen variiert das Verhältnis von $OH:X$, da sich die beiden Ionen in bestimmten Grenzen ersetzen können. Eine bevorzugte Zusammensetzung läßt sich in vielen Fällen nicht feststellen, diese ist vielmehr bestimmt durch den Gehalt der Lösung an Metallsalz. Zum Beispiel ergibt Nickelhydroxychlorid II, aus 0,5-m Nickelchloridlösung ausgeschieden, eine Zusammensetzung von

$$[Ni(OH)_{1,62}Cl_{0,38'}],$$

aus 3,3-m Nickelchloridlösung ausgeschieden, eine Zusammensetzung von

$$[Ni(OH)_{1,32}Cl_{0,68}]$$

(49); innerhalb dieser Grenzen kann die Zusammensetzung schwanken. In den Fällen, in denen die Grenzen ermittelt wurden, sind sie in den Tabellen des speziellen Teils angegeben. Im allgemeinen schwankt die Zusammensetzung um einen Wert, wie er bei konstant zusammengesetzten Hydroxysalzen häufig auftritt. Es erscheint zweckmäßig, die dieser Zusammensetzung entsprechende Formel als *Idealformel* anzugeben, im oben erwähnten Beispiel

$$[Ni(OH)_{1,5}Cl_{0,5}].$$

In anderen Fällen, vor allem bei Kupferhydroxysalzen, bildet sich innerhalb eines großen Konzentrationsbereiches ein Hydroxysalz einfach stöchiometrischer Zusammensetzung. In schwach alkalischem Milieu wird aber ein Teil der Anionen X im Gitter durch OH-Ionen ersetzt; erst bei vermehrter Laugenzugabe findet eine Umwandlung in Hydroxyd statt. So entsteht beim Fällen einer Kupferchloridlösung mit Lauge, wie schon erwähnt, Kupferhydroxychlorid der Zusammensetzung

$$[Cu(OH)_{1,5}Cl_{0,5}],$$

die Titrationskurve zeigt bei Zugabe von 75% der äquivalenten Laugenmenge einen starken Sprung. Beim Altern setzt sich die frische Fällung bis zu 80% der äquivalenten Laugenmenge mit überschüssigen Hydroxylionen zu hydroxydreicherem Hydroxychlorid um; erst bei noch größerer Laugenzugabe bildet sich Hydroxyd. Die obere Grenzzusammensetzung für γ-Kupferhydroxychlorid liegt demnach bei ungefähr *(134)*

$$[Cu(OH)_{1,6}Cl_{0,4}].$$

4. Beständigkeit.

Nach der Phasenregel ist ein Hydroxysalz unter der Lösung des entsprechenden neutralen Metallsalzes (bei festgelegter Temperatur) innerhalb eines bestimmten Konzentrationsgebietes des neutralen Metallsalzes beständig.

Schematisch (vgl. Abb. 5):

$$c_s \to A: \quad [MeCl_2] + [MeOHCl] \rightleftarrows MeCl_{2\,gel.}$$

(feste Bodenkörper $MeCl_2$ und $MeOHCl$ im Gleichgewicht mit Lösung $MeCl_2$)

$$B \to C: \quad 2\,[MeOHCl] \rightleftarrows [Me(OH)_2] + MeCl_{2\,gel.}$$

(feste Bodenkörper $MeOHCl$ und $Me(OH)_2$ im Gleichgewicht mit Lösung $MeCl_2$).

Die obere Beständigkeitsgrenze für das Hydroxysalz fällt zusammen mit der Sättigungskonzentration des neutralen Salzes (c_s). Die untere Beständigkeitsgrenze ist die Gleichgewichtskonzentration (c_g) für die Koexistenz des Hydroxysalzes mit dem Hydroxyd. Wenn zwischen

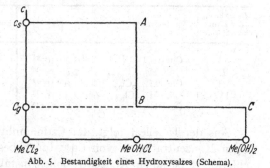

Abb. 5. Bestandigkeit eines Hydroxysalzes (Schema).

dem neutralen Salz und dem Hydroxyd mehrere Hydroxysalze auftreten, sind entsprechend mehr c_g-Werte bestimmbar.

Es können auch Hydroxysalze auftreten, die bei allen Konzentrationen des neutralen Salzes bzw. seiner Metallionen instabil oder metastabil sind.

Zur Berechnung der Gleichgewichtskonzentrationen c_g geht man zweckmäßigerweise vom Löslichkeitsprodukt aus. Bestimmt man z.B. in einer Lösung, die sich mit dem Hydroxysalz $Me(OH)_mX_n$ im Gleichgewicht befindet, den p_H-Wert und damit die Aktivität der OH-Ionen (a_{OH^-}), die Konzentration der Metallionen ($c_{Me^{2+}}$) und die Konzentration der Anionen (c_{X^-}), dann läßt sich zunächst ein „konventionelles" Löslichkeitsprodukt berechnen (60):

$$k_s = c_{Me^{2+}} \cdot a_{OH^-}^m \cdot c_{X^-}^m.$$

Dieses ist allerdings konzentrationsabhängig, kann aber durch Extrapolation auf unendliche Verdünnung in das „thermodynamische" Löslichkeitsprodukt umgerechnet werden (119), (71):

$$K_s = a_{Me^{2+}} \cdot a_{OH^-}^m \cdot a_{X^-}^n \quad (a = \text{Aktivitäten}).$$

Die Extrapolation kann beim Vorliegen mehrerer über einen größeren Konzentrationsbereich sich erstreckender Messungen graphisch oder unter Benutzung der Formel von Debye und Hückel geschehen. Aus den Löslichkeitsprodukten des Hydroxyds und der Hydroxysalze ergeben sich dann die Gleichgewichtskonzentrationen und damit die Beständigkeitsgrenzen der Hydroxysalze.

Für einige Hydroxysalze liegen genauere Messungen und Berechnungen vor. In den meisten Fällen sind die Beständigkeitsgrenzen nur ungenau bekannt. Tabelle 1 enthält als Beispiel die Daten für die Cadmiumhydroxychloride I bis IV (71), (72).

Tabelle 1.
Löslichkeitsprodukte und Beständigkeitsgrenzen der Cadmiumhydroxychloride.

Bezeichnung der Hydroxychloride	Formel	K_s	Koexistierende Phasen	c_g
I	CdOHCl	$3,2 \cdot 10^{-11}$	I/II	$1,1 \cdot 10^{-2}$
II	$Cd(OH)_{1,25}Cl_{0,75}$	$2,0 \cdot 10^{-12}$	II/IV	$6,3 \cdot 10^{-3}$
III	$Cd(OH)_{1,33}Cl_{0,67}$	$1,0 \cdot 10^{-12}$	III/Cd(OH)$_2$	$7,4 \cdot 10^{-3}$
IV	$Cd(OH)_{1,5}Cl_{0,5}$	$2,3 \cdot 10^{-13}$	IV/Cd(OH)$_2$	$1,7 \cdot 10^{-3}$
	$Cd(OH)_2$	$6,0 \cdot 10^{-15}$		

Aus der Tabelle 1 folgt, daß Cadmiumhydroxychlorid I bis zu niedrigen Konzentrationen von Cd^{++}-Ionen beständig, Cadmiumhydroxychlorid III bei allen Konzentrationen instabil oder metastabil ist.

Bei den meisten übrigen Metallen ist das dem Cadmiumhydroxychlorid I entsprechende Hydroxysalz nur bei hoher Salzkonzentration beständig. Einige niedrig basische Hydroxysalze, z.B. Mg(OH)Cl, sind in wäßriger Lösung überhaupt nicht beständig. Sie werden am bequemsten durch Hydrolyse des neutralen Salzes mit Wasserdampf bei erhöhter Temperatur hergestellt.

Die Beständigkeitsgrenze der basenreichsten Hydroxysalze kann bei sehr niedrigen Konzentrationen liegen: Cadmiumhydroxychlorid IV (Tabelle 1). Bei vielen Kupferhydroxysalzen liegt c_g um 10^{-4}-m (67), (119). Im allgemeinen aber liegen die Werte für c_g höher, bei Magnesiumhydroxychlorid z.B. um 1-m.

5. Umsetzungsreaktionen.

Zu den wichtigsten Umsetzungsreaktionen der Hydroxysalze gehören die Umsetzungen zu Hydroxyden und einige Oxydationsreaktionen. Sie entsprechen dem Reaktionstypus fest I → fest II. Über die dabei zu beachtenden Besonderheiten erhält man dann die beste Übersicht, wenn man von vornherein drei Gruppen unterscheidet (21), (28), (37):

a) Umsetzungen, die *über freien Lösungsraum* verlaufen. Hier geht das Ausgangsprodukt (fest I) in Lösung und das Endprodukt (fest II) scheidet sich aus der Lösung aus, ohne daß die Bildung seiner Keime Einflüssen der Grenzfläche des Ausgangsproduktes unterliegt.

Beispiel:

$$[Cu_2(OH)_3Cl] + OH^- \rightarrow 2[Cu(OH)_2] + Cl^-.$$

b) Umsetzungen, die *an der Grenzfläche des Ausgangsproduktes* verlaufen. Hier bilden sich die Keime des Endproduktes (fest II) so nahe an der Grenzfläche des Ausgangsproduktes (fest I), daß sie durch diese Grenzfläche orientiert werden.

Beispiel:

$$[Cu_2(OH)_3ClO_3] + OH^- \rightarrow 2[Cu(OH)_2] + ClO_3^-.$$

Abb. 6 veranschaulicht, wie aus einem einheitlichen plättchenförmigen Kristall des Hydroxysalzes ein Aggregat von Hydroxydnadeln entsteht, in dem die Hydroxydnadeln bevorzugt parallel zu den kürzesten Cu–Cu-Abständen im Hydroxysalz liegen (*73*). Analoge Erscheinungen treten bei den Umsetzungen des entsprechenden Kupferhydroxynitrats und -bromids zu

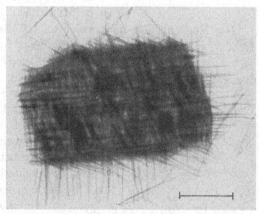

Abb. 6. Kupferhydroxyd, pseudomorph nach Kupferhydroxychlorat II β ([Cu₂(OH)₃ClO₃]) (15000mal).

Kupferhydroxyd auf. — In diese Gruppe gehören auch Umsetzungen von Zinkhydroxynitrat zu Zinkhydroxychloriden (*22*), (*31*).

Beispiel:

$$[4\,Zn(OH)_2 \cdot Zn(NO_3)_2] + 2\,Cl^- \rightarrow [4\,Zn(OH)_2 \cdot ZnCl_2] + 2\,NO_3^-.$$

Die Zinkhydroxychloridplättchen sind nach den Hydroxynitratkristallen ausgerichtet.

c) Umsetzungen, die *im Raum des Ausgangsproduktes* verlaufen. Hier findet ein Umbau am Kristallgitter des Ausgangsproduktes statt, der durch die Kristallgitterstruktur ermöglicht wird.

Beispiele:

$$4\,[Co(OH)_2 \cdot Co(OH)Cl] + OH^- \rightarrow 4\,[Co(OH)_2 \cdot Co(OH)_2] + Cl^-.$$

Grünes Kobalthydroxychlorid → Blaues Kobalthydroxyd

$$[Mn_4(OH)_8Al(OH)_2Cl] + OH^- \rightarrow [Mn_4(OH)_8Al(OH)_3] + Cl^-.$$

Hydroxydoppelsalz → Doppelhydroxyd

$$2\,[Co_4(OH)_8 \cdot Co(OH)Br] + \tfrac{1}{2}\,O_2 \rightarrow 2\,[Co_4(OH)_8 \cdot CoOBr] + H_2O$$

Oxydation des grünen Kobalthydroxybromides.

Die Reaktionen der Gruppen b) und c) können zusammenfassend als *topochemische Reaktionen* bezeichnet werden. Die Unterscheidung der beiden Gruppen ist weitgehend durch verfeinerte Analyse des Reaktionsverlaufs mit lichtmikroskopischen, elektronenmikroskopischen und röntgenographischen Methoden möglich geworden. Neuerdings sind (am Beispiel der grünen Kobalthydroxysalze) Austauschreaktionen auch mit Hilfe radioaktiver Kobaltionen durchgeführt worden (*14*). Reaktionen der Gruppe b) werden als *zweiphasige*, Reaktionen der Gruppe c) dagegen als *einphasige* Umsetzungsreaktionen vom Typus fest I → fest II bezeichnet (*28*), (*37*).

6. Struktur.

Der Mechanismus, nach welchem sich die Hydroxysalze umsetzen, steht in engem Zusammenhang mit deren Struktur. Topochemisch erfolgt die Umsetzung nur bei ganz bestimmten Bauarten und wenn zwischen der Struktur des Ausgangs- und Endproduktes enge Beziehungen bestehen. Damit ergibt sich die wichtige Möglichkeit, Umsetzungsreaktionen zur Ermittlung des Bauprinzips mit heranzuziehen. Aus solchen Umsetzungsreaktionen sowie aus ausgedehnten röntgenographischen Untersuchungen ergibt sich, daß die Struktur der Mehrzahl der festen Hydroxysalze auf ein gemeinsames Bauprinzip zurückgeführt werden kann. Diese Hydroxysalze sind eine der umfangreichsten Stoffklassen, die sich nach einheitlichen strukturellen Gesichtspunkten beschreiben lassen.

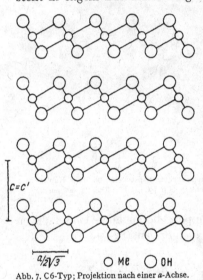

$c = c'$

$a/2\sqrt{3}$ ○ Me   ○ OH

Abb. 7. C6-Typ; Projektion nach einer a-Achse.

Die Grundstruktur, von der sich die Hydroxysalze ableiten lassen, ist die *Struktur des Magnesiumhydroxyds*, der *C 6-Typ*. Sie kann beschrieben werden als eine hexagonal dichteste Kugelpackung von Hydroxylionen, bei der in jeder übernächsten Schicht Metallionen in Oktaederlücken eingelagert sind. Es entsteht so ein Gitter mit Schichten von Metallionen, die beidseitig von Hydroxylionen bedeckt sind. Die Abb. 7 gibt eine Projektion der Atome nach einer *a*-Achse.

In diesem Strukturtyp kristallisieren die meisten stabilen Hydroxyde der zweiwertigen Metalle mit einem PAULINGschen Ionenradius von rund 0,65 bis 1 Å, nämlich von Mg, Ni, Co, Mn, Fe, Cd und Ca.

Abweichend verhalten sich Cu und Zn. Der Radius des Cu^{2+}-Ions ist ungefähr gleich groß, wie derjenige des Ni^{2+}-Ions; Kupferhydroxyd hat aber sehr wahrscheinlich eine Kettenstruktur, ähnlich wie Kupfer(II)-chlorid und -bromid (65). Diese Abweichung steht damit im Zusammenhang, daß das Cu^{2+}-Ion eine Viererkoordination mit planarer Anordnung der Liganden bevorzugt (142). Der Radius des Zn^{2+}-Ions hat ungefähr die Größe des Co^{2+}-Ions; keine der bekannten sechs kristallisierten Modifikationen von Zinkhydroxyd kristallisiert jedoch im C6-Typ; das stabile ε-$Zn(OH)_2$ besitzt eine Raumgitterstruktur, bei der jedes Zinkion von vier Hydroxylionen tetraedrisch umgeben ist. Dies steht wiederum im Einklang mit den Besonderheiten der Stereochemie des Zinkions. — Trotz dem abweichenden Verhalten der Hydroxyde von Cu und Zn sind die meisten *Hydroxysalze* auch dieser beiden Metalle Abkömmlinge der C6-Struktur.

Die basischen Salze drei- und vierwertiger Metalle besitzen eine andere Konstitution als die der zweiwertigen Metalle. Aus Lösungen, die Mischungen von Salzen zwei- und dreiwertiger Metalle enthalten, können sich *basische Doppelsalze* ausscheiden, deren Struktur ebenfalls auf den C6-Typ zurückzuführen ist (56), (62).

Nach dem Überblick über den Einfluß der *Kationen* auf die Struktur der Hydroxyde und der zugehörigen Hydroxysalze ist ein Überblick über den Einfluß der *Anionen* (Säurereste) notwendig. Von sämtlichen bis jetzt untersuchten Salzen anorganischer Säuren, mit Ausnahme der Phosphorsäure und der Arsensäure, konnten Hydroxysalze erhalten werden, deren Struktur sich auf den C6-Typ zurückführen läßt. Es scheint, daß ganz allgemein auch organische Säuren, selbst solche mit höherem Molekulargewicht, wie saure Farbstoffe, befähigt sind, solche Hydroxysalze zu bilden (45). Das heißt, in dieser Stoffklasse können Verbindungen mit sehr verschiedenem Anion einen sehr ähnlichen Kristallbau besitzen.

Beispiele:

basisches Zinkchlorid II [4 $Zn(OH)_2 \cdot ZnCl_2$]

basisches Zinksalz von Erioglaucin [7 $Zn(OH)_2 \cdot Zn(C_{37}H_{34}O_9N_2S_3)$].

Daß sich nicht alle Hydroxysalze zweiwertiger Metalle auf Strukturen vom C6-Typ zurückführen lassen, zeigen die basischen Phosphate und Arsenate des Kupfers, von denen mehrere Vertreter als natürliche Mineralien vorkommen, ferner das basische Kupfercarbonat Malachit, dessen Struktur kürzlich von WELLS (143) neu bestimmt wurde. Bei den basischen Sulfaten, z.B. von Cd und Cu, treten sowohl Abkömmlinge des C6-Typs wie andersartig gebaute Hydroxysalze auf (59), (134).

In den folgenden Abschnitten III, IV und V dieses Berichtes über die Hydroxysalze zweiwertiger Metalle beschränkt sich die Beschreibung auf solche Hydroxysalze, *deren Struktur sich auf den C6-Typ zurückführen läßt.*

Zunächst werden im Abschnitt III die Abwandlungen erörtert, welche die Grundstruktur des C6-Typs erfahren kann. Dabei läßt sich beispielhaft zeigen, wie sich Kristallverbindungen höherer Ordnung $[A_m B_n C_p \ldots]$ auf den Strukturtyp einer Kristallverbindung erster Ordnung $[A_m B_n]$ zurückführen lassen.

Im Abschnitt IV werden die für die verschiedenen Abwandlungsmöglichkeiten der Struktur des C6-Typs gefundenen Beispiele beschrieben. Im Abschnitt V werden einige Folgerungen aus diesem Tatsachenmaterial gezogen. Das heißt, es wird festgestellt, welchen Einfluß die Metallionen einerseits, die Anionen andererseits auf den Kristallbau ausüben können. Damit ergibt sich eine Erweiterung der Grundlage für die Beurteilung des stereochemischen Verhaltens der Ionen zweiwertiger Metalle.

III. Die Bauprinzipien der Hydroxysalze.

1. Die Abwandlungsarten der Magnesiumhydroxydstruktur.

Es lassen sich drei Gruppen von Hydroxysalzen unterscheiden, von denen jede einer besonderen Abwandlungsart des unter II, 6 (S. 688) beschriebenen C6-Typs entspricht.

In einer ersten Gruppe ist ein Teil der Hydroxylionen im Gitter des Hydroxyds durch andere Anionen ersetzt. Es entstehen so *Einfachschichten* oder *Einfachnetzstrukturen* (EN-Strukturen). Der Ersatz der Hydroxyl- durch Fremdanionen kann zu einer *Deformation der Metallionenschicht* führen, dabei findet unter Umständen ein *Übergang in eine Kettenstruktur* statt. Ferner kann ein Teil der Ionen unter *Lückenbildung* aus der Metallionenschicht in die nächstfolgende Schicht von Oktaederlücken verlagert werden; dies bedeutet einen *Übergang zu einer Raumgitterstruktur* (G-Struktur) [vgl. P. NIGGLI (120)].

Eine zweite Gruppe von Hydroxysalzen entsteht in der Weise, daß zwischen die Schichten von Hydroxyd, die sog. Hauptschichten, Zwischenschichten von Salz, eventuell auch Hydroxysalz (d. h. Schichten mit Metall- und Fremdanionen, eventuell auch Hydroxylionen) eingelagert sind. Es entstehen so die *Doppelschichten-* oder *Doppelnetzstrukturen* (DN-Strukturen). Die Metallionenschichten können in ähnlicher Weise deformiert sein wie bei der ersten Gruppe. Es kann auch ein Teil der Metallionen unter Lückenbildung wegfallen.

In der dritten Gruppe sind nach einer kürzlich von DE WOLFF durchgeführten Strukturanalyse die Hydroxydschichten in *Bänder* von zwei oder drei parallelen Oktaederketten aufgeteilt. Die Bänder sind in parallelen Schichten angeordnet, aber etwas aus der Schichtebene verdreht. Die Bandränder sind zum Teil durch Wassermoleküle, zum Teil durch Fremdanionen besetzt und tragen noch positive Überschußladungen, die durch zwischen die Schichten eingelagerte Anionen ausgeglichen werden. Diese Abwandlungsart des C6-Typs wird im folgenden als *Bänderstruktur* bezeichnet.

2. Einfachschichtenstrukturen.

a) Anordnung der Anionen.

Die in den Hydroxydschichten an Stelle der Hydroxylionen eingebauten Fremdanionen können *unregelmäßig*, d.h. statistisch verteilt (vgl. Abb. 9b), oder *regelmäßig* in einem ganz bestimmten Muster angeordnet sein. Sind die Fremdanionen unregelmäßig verteilt, so variiert

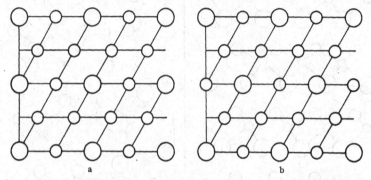

a   b

Abb. 8a u. b. Die beiden Verteilungsarten der Anionen in einer Anionenschicht der Verbindung $Me_2(OH)_3X$.

die Zusammensetzung häufig innerhalb bestimmter Grenzen (vgl. z.B. das in II,3 erwähnte Nickelhydroxychlorid II mit der Idealformel $[Ni_2(OH)_3Cl]$).

Die Art und Weise der *regelmäßigen Verteilung der Anionen* hängt vom Verhältnis OH:X ab. Bei Verbindungen MeOHX können z.B. die OH-Ionen auf der einen, die X-Ionen auf der anderen Seite der Me-Ionenschicht angeordnet sein. Dies gilt für Cadmiumhydroxychlorid I, CdOHCl (*95*) (vgl. Abb. 9a). Für Verbindungen $Me_2(OH)_3X$ ergeben sich die in den Abb. 8a und b wiedergegebenen Muster für die Verteilung der Fremdanionen. Beide Arten der Anordnung sind festgestellt worden, doch scheint eine Verteilung nach Abb. 8a bevorzugt zu sein (*142*).

Die Fremdanionen, die Hydroxylionen ersetzen können, sind vor allem Halogenionen und Ionen XO_3^-. Bei letzteren tritt ein Sauerstoffatom an Stelle eines OH-Ions in die Schicht, die übrigen Atome ragen aus der Schicht heraus, der Schichtenabstand wird entsprechend erhöht. In ähnlicher Weise können auch zweiwertige Ionen wie CO_3^{2-}, SO_4^{2-} und CrO_4^{2-} die Hydroxylionen ersetzen. Die Schichten erhalten dadurch negative Ladungen, die durch Einbau von Metallionen zwischen die Schichten ausgeglichen werden.

Die Vergrößerung der Schichtenabstände durch Ersatz von Hydroxylionen durch Fremdanionen hängt von der Größe der Anionen ab; sie beträgt 1 bis 2,5 Å; der gesamte Schichtenabstand bei Einfachschichtenstrukturen beträgt rund 5,5 bis 7 Å.

Verfolgt man die unter III, 1 erörterten Gesichtspunkte für die Abwandlung der Einfachschichtenstrukturen, dann ergeben sich die in den folgenden Abschnitten b) bis d) zusammengefaßten Erfahrungen.

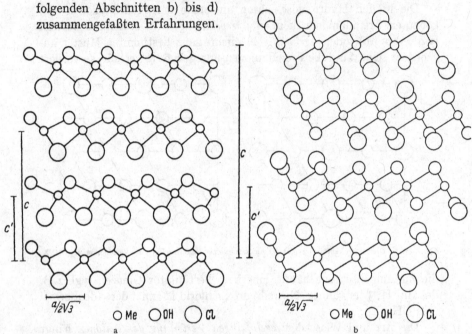

Abb. 9a u. b. a Struktur von CdOHCl, Anordnung der Schichten wie im C27-Typ. b C19-Typ mit teilweisem statistischen Ersatz von OH-Ionen durch X-Ionen.

b) Undeformierte Metallionenschichten.

Es existieren mehrere Strukturtypen, bei denen die hexagonale Symmetrie der Metallionenschichten durch den Einbau von Fremdanionen nicht verändert worden ist, die sich aber dadurch voneinander unterscheiden, daß die Metallionenschichten in verschiedener Weise übereinander angeordnet sind.

HÄGG (*87*) hat für Verbindungen AB_2 die verschiedenen Anordnungsmöglichkeiten eingehend diskutiert. Es ergaben sich die bekannten Typen C6 (CdJ$_2$, Modifikation I), C27 (CdJ$_2$, Modifikation II) und C19 (CdCl$_2$). Die Lage der Schichten in diesen drei Typen erkennt man am besten aus Abb. 7 und 9a u. b. Beim C27- und C19-Typ sind demnach die Schichten gegeneinander verschoben, und zwar beim C27-Typ so, daß jede dritte Schicht, beim C19-Typ so, daß jede vierte Schicht wieder senkrecht über der ersten Schicht liegt. Alle drei Arten der Anordnung der Schichten sind bei Hydroxysalzen beobachtet worden. Häufig treten unvollkommene Strukturen auf, bei denen die Schichten gegeneinander *verschoben und verdreht* sind, ähnlich wie bei gewissen Formen des schwarzen Kohlenstoffs (*96*); WARREN (*139*) hat diese Strukturen „random layer structures" genannt. Meistens besitzen nur frisch durch Fällung hergestellte Formen solche ungeordneten Schichtenstrukturen. Sie gehen beim Altern in Formen mit C6-Typ über. Wir möchten diese Vorstufen als *α-Formen des C6-Typs* bezeichnen.

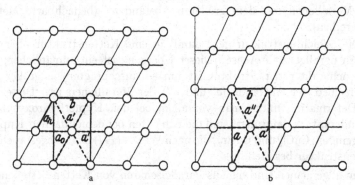

Abb. 10a u. b. a Undeformierte (hexagonale) Metallionenschicht. b Deformierte (rhombische) . Metallionenschicht.

Es treten auch Hydroxysalze mit Einfachschichtengitter und undeformierten Metallionenschichten auf, die niedriger symmetrisch, d.h. monoklin oder triklin kristallisieren. Die niedrigere Symmetrie des ganzen Kristallgitters kann entweder durch niedrigere Symmetrie der Fremdanionen, oder durch geringe Verschiebungen der Schichten gegeneinander bedingt sein; wenn die Schichten mit konstanten Beträgen gegeneinander verschoben sind, steht die c-Achse des Kristallgitters nicht mehr senkrecht auf der a-Achse (vgl. Abb. 17).

Die Hydroxysalze mit undeformierter Metallionenschicht kristallisieren in mehr oder weniger gut ausgebildeten sechseckigen Plättchen (Abb. 1), wenn die Kristallsymmetrie hexagonal ist. Bei niedrigerer Kristallsymmetrie zeigen die Kristallplättchen meistens längliche, rechteckige oder rhombische Formen (Abb. 2). Gelegentlich treten sechszählige Aggregationsformen auf.

c) Deformierte Metallionenschichten.

Bei einer größeren Zahl von Hydroxysalzen sind die Schichten deformiert. Die beobachtete Art der Deformation und die Beziehung zwischen undeformierter und deformierter Schicht ergibt sich aus den Abb. 10a und b.

In der Abb. 10a ist eine undeformierte hexagonale Metallionenschicht gezeichnet. Jedes Metallion hat als Nachbarn sechs Metallionen mit gleichem Abstand $a' = a_h$. [In der Abbildung ist die Grundfläche einer orthohexagonalen Elementarzelle eingetragen $(a_0 = \sqrt{3}\, a_h;\ b = a_h,\ a_0/b = \sqrt{3})$.]

In der deformierten Schicht ist der Abstand der parallel zur b-Achse gerichteten Metallionenreihen vergrößert (Abb. 10b), die Grundfläche einer Elementarzelle ist nicht mehr orthohexagonal, sondern orthorhombisch $(a/b > \sqrt{3})$. Jedes Metallion hat als Nachbarn zwei Metallionen mit dem kleineren Abstand a' (in der Richtung der b-Achse) und vier Metallionen mit dem größeren Abstand a'' (benachbarte Metallionenreihen).

Die Schichtenstruktur geht damit in eine Kettenstruktur über mit Ketten parallel zur b-Achse. Dieser Übergang ist ein allmählicher; der Kettencharakter der Struktur ist um so ausgeprägter, je größer der Unterschied der Abstände (a' und a'') der Metallionen ist. Diese Art der Deformation findet man vor allem bei den Kupferhydroxysalzen. Besonders stark deformiert sind die Schichten bei den einfachen Kupferhalogeniden, $CuCl_2$ und $CuBr_2$, die nach WELLS (141) eine ausgesprochene Kettenstruktur besitzen.

Im allgemeinen sind die aus Parallelscharen von Ketten bestehenden Schichten im Kristall um bestimmte Beträge gegeneinander verschoben, so daß monokline, eventuell sogar trikline Kristallsymmetrie resultiert.

Hydroxysalze mit deformierten Metallionenschichten treten häufig in langen dünnen Plättchen auf. Eine erhöhte Deformation der Schichten, d.h. eine Zunahme des Kettencharakters äußert sich in stärker nadelig ausgebildeten Kristallen. So bildet z.B. Kupferhydroxynitrat, bei dem die Deformation nur klein ist ($a''/a' = 1,04$) bei rascher Ausscheidung lange Plättchen (vgl. Abb. 6), α-Kupferhydroxychlorat, bei dem die Schichten stärker deformiert sind ($a''/a' = 1,07$), Kristallnädelchen.

d) Metallionenschichten mit Lücken.

Die Struktur einiger Hydroxychloride der Zusammensetzung $Me_2(OH)_3Cl$ kann als Einfachschichtenstruktur aufgefaßt werden, bei der ein Teil der Metallionen in den Metallionenschichten fehlt und zwischen den Schichten eingelagert ist. Es sind zwei verschiedene derartige Strukturen bestimmt worden, sie werden im folgenden als Atakamit- und Paratakamittyp bezeichnet.

Der rhomboedrische *Paratakamittyp* ist formal in folgender Weise aus dem C19-Typ abzuleiten (147): In den Metallionenschichten fehlen $^1/_4$ der Metallionen, sie sind zwischen den Schichten eingelagert (Abb. 11). Der Abstand der Metallionen in diesen Schichten mit Lücken [parallel (001)] ist wesentlich größer als bei Hydroxysalzen mit normaler Einfachschichtenstruktur (3,42 Å bei $Co_2(OH)_3Cl$, Paratakamittyp; 3,17 Å bei

$Co_2(OH)_3(NO_3)$, C6-Typ). Im Gitter des Paratakamits haben nun aber die Schichten parallel (101) ausgesprocheneren Schichtencharakter als parallel (001) (vgl. Abb. 11). Sie sind verzerrt ähnlich wie die Schichten der Abb. 10b, die Anordnung der Lücken ergibt sich aus der Abb. 12a.

Der Atakamit kristallisiert rhombisch (8), (142). In den Metallionenschichten fehlt wiederum jedes vierte Metallion, die Verteilung der Lücken in diesen Schichten und die Art ihrer Deformation ergibt sich aus der Abb. 12b. Die in den Schichten fehlenden Metallionen sind wiederum zwischen den Schichten eingelagert. In der Abbildung der Paratakamitstruktur (Abb. 11) ist die pseudorhombische Zelle eingezeichnet, die der Elementarzelle des Atakamites entspricht (vgl. Abb. 19).

Die zwischen die Schichten eingelagerten Metallionen verstärken die Verknüpfung der Schichten und die Struktur verliert den reinen Schichten-

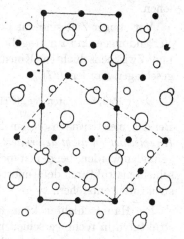

● Co   ○ OH   ◯ CL   ◯ OHCL

Abb. 11. Struktur von $Co_2(OH)_3Cl$ parallel [100] projiziert.

charakter. Atakamit- und Paratakamittyp sind Zwischenformen von Netz- und Raumgitterstrukturen. Verbindungen, die im Atakamit-

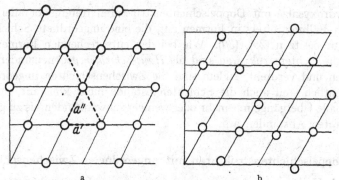

a   b
Abb. 12a u. b. Metallionenschichten mit Lücken. a Paratakamittyp; b Atakamittyp.

oder Paratakamittyp kristallisieren, treten bevorzugt in gleichachsigen Formen auf (67) (vgl. Abb. 4).

3. Die Doppelschichtenstrukturen.

Bei den Verbindungen mit Doppelschichtenstrukturen sind zwischen die Hydroxyd-, d. h. Hauptschichten, Zwischenschichten von Salz oder

Hydroxysalz eingelagert. Der Schichtenabstand ist wesentlich größer als bei den Einfachschichtenstrukturen, nämlich rund 8 bis 11 Å bei den kleinen anorganischen, bis gegen 30 Å bei großen organischen Anionen.

Vor einiger Zeit sind zur Charakterisierung der Konstitution solcher Verbindungen und zur Angabe der Verteilung der Ionen auf die Haupt- und Zwischenschichten Konstitutionsformeln der folgenden Art vorgeschlagen worden (27):

$$\text{Hauptschichten } Me_m(OH)_{2m} \Longleftrightarrow Me_n X_{2n} \text{ Zwischenschichten.}$$

Bei den meisten nach diesem Prinzip gebauten Hydroxysalzen sind die *Hauptschichten nicht deformiert*. Es sind aber auch vereinzelte Beispiele gefunden worden, bei denen die Hauptschichten ähnlich wie bei Einfachschichtenstrukturen deformiert sind, so daß Übergangsformen in Kettenstrukturen entstehen.

Die Hauptschichten können, ähnlich wie bei den Einfachschichtenstrukturen in recht verschiedener Weise übereinandergelagert sein. Im weiteren ergeben sich verschiedene Möglichkeiten für die Anordnung der Ionen in den Zwischenschichten. Sehr häufig treten Formen mit gestörtem Gitter auf. In den folgenden Abschnitten a) bis d) wird eine Übersicht über solche Möglichkeiten von Doppelschichtenstrukturen gegeben.

a) Ungeordnete Doppelschichtenstrukturen.

Hydroxysalze mit Doppelschichtenstrukturen treten, vor allem bei rascher Fällung, öfters in Formen auf, die eine ungeordnete Schichtenstruktur besitzen (29), (30). Wie bei den entsprechenden Formen bei Einfachschichtenstrukturen sind die *Hauptschichten* gegeneinander verschoben und verdreht, zudem sind die Zwischenschichten ungeordnet. Gelegentlich sind auch die Schichtenabstände nicht konstant, und es treten alle Übergänge mit mehr oder weniger schwankenden bis zu genau konstanten Abständen auf.

b) Doppelschichtenstrukturen mit ungeordneter Zwischenschicht.

Viele Hydroxy- und Hydroxydoppelsalze, vor allem Hydroxydoppelsalze von zwei- und dreiwertigen Metallen, besitzen eine Struktur, bei der die Hauptschichten geordnet sind, und mit konstantem Abstand regelmäßig übereinanderliegen, die Zwischenschichten aber ungeordnet sind. Dieser Strukturtyp ist von Feitknecht und Lotmar (64) am Beispiel des grünen Kobalthydroxybromids aufgeklärt worden. Die Hydroxydschichten sind wie beim C19-Typ angeordnet; in der Zwischenschicht, in der Nähe der Mittelebene, sind weitere Metall-, Hydroxyl-

und Fremdanionen statistisch verteilt. In Abb. 13 ist dieser Strukturtyp schematisch dargestellt.

Verbindungen mit Doppelschichtenstrukturen mit ungeordneter Zwischenschicht können nur in hochdisperser Form erhalten werden: sie kristallisieren in äußerst dünnen hexagonalen Plättchen. Die Ionen der Zwischenschicht sind leicht beweglich; sowohl die Anionen wie die Kationen können sehr rasch und einphasig ausgetauscht werden.

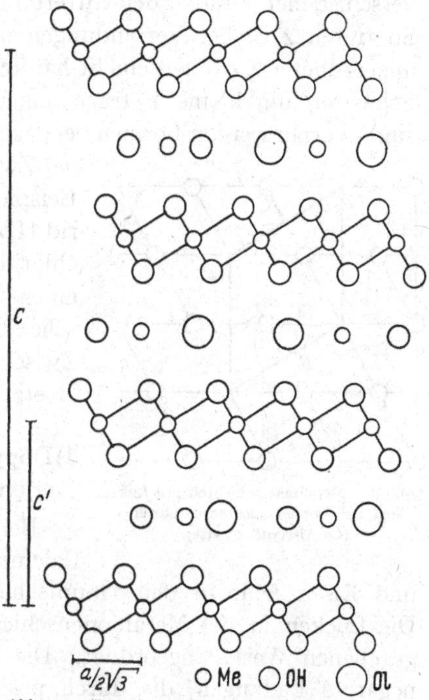

c) Geordnete Doppelschichtenstrukturen.

Hydroxysalze mit Doppel-schichtenstruktur, die sich lang-sam bilden, besitzen meistens eine Struktur, bei der die Haupt-schichten regelmäßig angeordnet sind und auch die Ionen der Zwischenschicht bestimmte Git-terplätze besetzen. Es wurden noch keine vollkommenen Struk-turanalysen solcher Verbindun-gen durchgeführt. Es konnte aber nachgewiesen werden, daß die Hauptschichten in gleicher Weise angeordnet sein können wie beim C6-Typ [Beispiel: Zink-hydroxychlorid III, [6 Zn(OH)$_2$ · ZnCl$_2$] (74)] oder wie beim C19-Typ [Beispiel: Zinkhydroxychlo-rid II, [4 Zn(OH)$_2$ZnCl$_2$] (109)].

Abb. 13. Typ des grunen Kobalthydroxybromids, Projektion nach einer a-Achse.

Die Anordnung der Ionen in der Zwischenschicht kann eine sehr verschiedene sein. In einigen Fällen, wie bei den oben erwähnten Zink-hydroxychloriden, ist sie so, daß die Symmetrie der Kristalle hexagonal wird. In anderen Fällen, wie z. B. beim Zinkhydroxynitrat II [4Zn(OH)$_2$, Zn(NO$_3$)$_2$], sind die Kristalle monoklin, weil die Eigensymmetrie und die Anordnung der Anionen eine Herabsetzung der Kristallsymmetrie be-dingt (22). Diese verschiedenen Möglichkeiten der Anordnung der Hauptschichten und der Ionen der Zwischenschichten bedingen, daß eine große Anzahl von Gittertypen auftreten kann, die sich alle auf das gleiche Bauprinzip zurückführen lassen.

Mehrere Hydroxysalze mit Doppelschichtenstruktur sind wasserhaltig. Die Wassermoleküle sind ebenfalls in der Zwischenschicht angeordnet und der Schichtenabstand hängt von der Größe des Wassergehaltes

ab. Beim Entwässern findet deshalb häufig eine Abnahme des Schichtenabstandes statt, begleitet von einer Veränderung der Lage der übrigen
Ionen; unter Umständen wird die Zwischenschicht ungeordnet, wie z.B.
beim Kobalthydroxysulfat I (52).

Die drei besprochenen Gruppen von Doppelschichtenstrukturen entsprechen drei verschiedenen Graden der Gitterordnung. Zwischen den
verschiedenen Graden der Gitterordnung sind aber Übergänge möglich.
So treten z.B. bei Verbindungen mit Doppelschichtenstrukturen mit
ungeordneter Zwischenschicht häufig Bildungsformen auf, bei denen die
Schichten um kleine Beträge aus der Gleichgewichtslage verschoben
sind. Ferner werden Formen beobachtet, bei denen nur ein Teil der Ionen
der Zwischenschichten geordnet sind. Ein
Beispiel hierfür ist das Zinkhydroxychlorid IIb, eine Vorstufe von Zinkhydroxychlorid II, von dem es sich auch durch
einen größeren Hydroxygehalt unterscheidet, da ein Teil der Chlorionen der
Zwischenschicht durch Hydroxylionen
ersetzt ist (60).

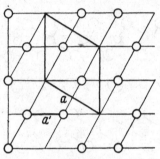

Abb. 14. Metallionenschichten mit Luk-
ken bei Doppelschichtenstrukturen
(Ca-Al-Hydroxysalze).

d) Doppelschichtenstrukturen mit Metall-ionenlücken in den Hauptschichten.

Bei den Hydroxydoppelsalzen von
Calcium und Cadmium mit Aluminium
und Eisen fehlt in den Hauptschichten jedes dritte Metallion (47).
Die Lücken in der Metallionenschicht sind in der in Abb. 14 wiedergegebenen Weise angeordnet. Die Hauptschichten erhalten dadurch
negative Ladungen, die durch positive Ladungen von Kationen der
Zwischenschichten ausgeglichen werden. Deshalb führt diese Lückenbildung in der Metallionenschicht nicht zu einer Raumgitterstruktur wie
bei den Einfachschichtenstrukturen, der Schichtencharakter bleibt vielmehr erhalten.

Die verschiedenen Formen von Doppelschichtenstrukturen werden
häufig auch bei reinen Hydroxyden und bei reinen Doppelhydroxyden
beobachtet. Das diesbezügliche Tatsachenmaterial hat kürzlich O. GLEM-
SER (83) zusammengestellt.

4. Die Bänderstrukturen.

Die Magnesiumhydroxysalze kristallisieren in langen Nadeln. FEIT-
KNECHT und HELD (61) haben schon vor einiger Zeit die Vermutung
ausgesprochen, daß eine auf den C6-Typ zurückführbare Bänderstruktur
vorliege. Durch die von DE WOLFF (146) ausgeführten Strukturbestimmungen von einigen dieser Verbindungen ist diese Vermutung bestätigt

worden. Die Beziehung der Bänderstruktur zur Magnesiumhydroxyd-
struktur ergibt sich in folgender Weise: In den Schichten fällt jede
3. oder 4. Reihe der Metallionen aus. Die so entstehenden Bänder
von zwei oder drei Oktaederreihen sind etwas gegeneinander verdreht. Der Winkel der Drehung ist gerade so groß, daß sich je ein
unterer und ein oberer Rand der Bänder gegenüberliegen, die Bänder
werden so zu Zickzackschichten zusammengeschlossen.

Für Verbindungen $[Me_2(OH)_3X,$
$4 H_2O]$ mit Doppeloktaederbändern
sind die Verhältnisse in den Abb. 15
und 16 schematisch dargestellt.

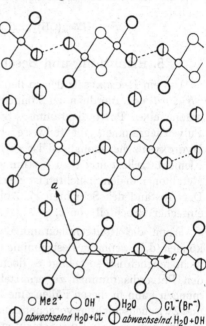

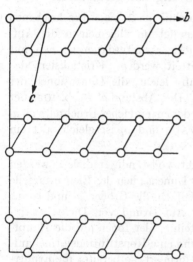

Abb. 15. Bänder von Magnesiumionen im
$Mg_2(OH)_3Cl \cdot 4 H_2O$ (Projektion auf [001]).

Abb. 16. Struktur von $Mg_2(OH)_3Cl \cdot 4 H_2O$
parallel [010] projiziert.

Abb. 15 gibt eine Projektion der Metallionen auf die Schichtebene, ein
Vergleich mit Abb. 10a ergibt ohne weiteres die Beziehung zur C6-Struk-
tur. Abb. 16 gibt eine Projektion parallel zur b-Achse (vgl. Abb. 7,
9a und b, 13). Die freien Ränder der Oktaederbänder sind mit Wassermolekülen besetzt. Die Ränder, die die Verknüpfung mit den Nachbar-
bändern vermitteln, sind abwechselnd mit OH-Ionen und H_2O-Mole-
külen besetzt, und zwar so, daß immer ein OH einem H_2O gegenüberliegt.
Die Bänder erhalten dadurch die Zusammensetzung $[Mg_2(OH)_3(H_2O)_3]_n^{n+}$
(n = Anzahl der Mg-Ionen in der Richtung der Faserachse der Kristalle);
sie sind positiv geladen. Die Ladung wird durch Anionen, die in die
Zwischenschichten eingelagert sind, ausgeglichen. In den Zwischenschichten befinden sich auch die weiteren Wassermoleküle, die abwech-
elnd mit den Anionen die freien Gitterplätze besetzen.

Die Struktur des höher basischen Magnesiumhydroxychlorids $[Mg_3(OH)_5X, 4H_2O]$ unterscheidet sich von der oben besprochenen Struktur nur dadurch, daß die Bänder aus drei Oktaederreihen bestehen. Die Anordnung der Bänder, der Wassermoleküle und der Chlorionen ist aber ganz analog wie bei den Verbindungen mit Doppelbändern.

Ähnlich wie bei den Verbindungen mit Doppelschichtengitter läßt sich die Konstitution Hydroxysalze mit Bänderstruktur wie folgt formulieren:

$$[Me_m(OH)_{2\,m-1}(H_2O)_3 \Longleftrightarrow XH_2O].$$

5. Ermittlung und Beschreibung der Strukturen.

Um ein Hydroxysalz den in den Abschnitten 2. bis 4. beschriebenen *Strukturtypen* zuordnen zu können, genügt im allgemeinen die Aufnahme eines Pulverdiagramms. Spezielle Strukturdaten können mit Pulverdiagrammen nur teilweise ermittelt werden. Kristallisiert das Hydroxysalz hexagonal, so ist es häufig leicht, die Dimensionen der Elementarzelle a und c zu bestimmen. Der Abstand a' (Abb. 10a) der Metallionen in den Schichten ist gleich oder ein einfacher Bruchteil von a. Der Abstand der Schichten c' (Abb. 7, 9a und b) ist gleich oder ein einfacher Bruchteil von c.

Wenn die Röntgendiagramme nicht vollständig indiziert werden können, d.h. wenn die Bestimmung der Dimensionen der Elementarzelle nicht möglich ist, so gelingt es doch vielfach, die Größen a' und c' aus den Pulverdiagrammen zu ermitteln. Auf Grund von Dichtebestimmungen kann in diesen Fällen eine Zuteilung der Ionen auf die Haupt- und Zwischenschichten vorgenommen und eine Konstitutionsformel aufgestellt werden. Sind die Schichten deformiert, so bereitet die Ermittlung der Abstände der Metallionen a' und a'' größere Schwierigkeiten.

Liegen vollständige Strukturanalysen vor, so sind auch die Abstände Metallion—Anion bekannt; die Koordinationsverhältnisse lassen sich in diesen Fällen genau beschreiben.

IV. Die Struktur einzelner Hydroxysalze.
1. Allgemeine Gesichtspunkte.

In den folgenden Unterabschnitten sind die Hydroxysalze zusammengestellt, für die nachgewiesen ist, daß sich ihre Struktur vom C6-Typ ableiten läßt. Sie sind nach den im vorhergehenden Abschnitt III besprochenen strukturellen Gesichtspunkten geordnet. Der Text beschränkt sich auf kurze Erläuterungen, die vor allem für den Spezialisten gedacht sind. Von einer Angabe der Methoden zur Herstellung der aufgeführten Verbindungen ist im allgemeinen abgesehen worden. Bei

Verbindungen, bei denen vollständige Strukturbestimmungen vorliegen, wird im Text eine etwas eingehendere Beschreibung der Struktur gegeben.

In die Zusammenstellung sind auch viele Verbindungen mit aufgenommen worden, über deren Struktur noch keine anderen Publikationen erschienen sind. Zum Teil handelt es sich um Verbindungen, die nach Angaben anderer Autoren hergestellt und von uns erstmalig röntgenographisch untersucht wurden, zum Teil um Verbindungen, die in noch nicht abgeschlossenen Untersuchungen erhalten wurden.

Bei einem Überblick über die Tabellen erhält auch derjenige Leser, der sich nicht in die Einzelheiten vertiefen will, einen Begriff von der chemisch interessanten Tatsache, daß eine sehr große Zahl verschiedenartiger Verbindungen nach ähnlichen Strukturprinzipien aufgebaut ist.

Die Tabellen enthalten neben der Bezeichnung der Verbindung die Formel; bei Doppelschichtenstrukturen ist die Konstitutionsformel aufgeführt. Soweit als möglich sind die Dimensionen der Elementarzelle (a und c), die Abstände der Metallionen in den Schichten (a' und eventuell a'') und die Abstände der Schichten (c') angegeben. Bei deformierten Schichten gibt das Verhältnis a''/a' ein Maß für den Deformationsgrad.

Ein Vergleich von a' und c' der Hydroxysalze mit a und c des Hydroxyds des entsprechenden Metalls läßt erkennen, in welchem Umfang die Hydroxydstruktur beim Übergang in das Hydroxysalz verändert wird. In der Tabelle 2 sind deshalb neben den PAULINGschen Ionenradien die Dimensionen der Elementarzelle der Hydroxyde zusammengestellt.

Kupfer- und Zinkhydroxyd kristallisieren, wie schon erwähnt, nicht im C6-Typ. Beide bilden aber mit Nickelhydroxyd Mischkristalle (*110*), (*66*). Aus den Dimensionen der Elementarzelle von Mischkristallen bestimmter Zusammensetzung können die Werte für a und c der hypothetischen Hydroxyde von Kupfer und Zink mit C6-Typ geschätzt werden. Sie sind in Klammern in die Tabelle 2 aufgenommen worden.

Tabelle 2. *Gitterdimensionen der Hydroxyde.*

Metall	Ionenradien (Å) nach PAULING	Gitterdimensionen der Hydroxyde		c/a	Literatur
		a	c		
Cu . . .	—	(3,11	4,6)	1,48	(*66*)
Ni. . . .	0,69	3,117	4,595	1,48	(*110*)
Mg . . .	0,65	3,142	4,758	1,51	(*114*)
Co . . .	0,72	3,173	4,640	1,46	(*110*)
Zn . . .	0,74	(3,19	4,65)	1,46	(*110*)
Fe . . .	0,75	3,28	4,64	1,41	(*101*)
Mn . . .	0,80	3,34	4,68	1,40	(*126*)
Cd . . .	0,97	3,49	4,69	1,34	(*57*)
Ca . . .	0,99	3,58	4,90	1,37	(*127*)

2. Hydroxysalze mit Einfachschichtengitter.

a) Hydroxysalze mit C 6-Typ.

Die bekannten im C6-Typ kristallisierenden Hydroxysalze sind in der Tabelle 3 zusammengestellt. Dieser Typ kann nur auftreten, wenn der Ersatz der Hydroxylionen durch Fremdanionen statistisch erfolgt. Die Zusammensetzung schwankt deshalb häufig; wurden die Grenzen der Homogenitätsbereiche bestimmt, so sind sie zusammen mit den Idealformeln in der Tabelle 3 angegeben.

Bis jetzt wurden nur die Hydroxychloride systematisch untersucht. Mit Ausnahme von Cu, Zn und Ca bilden alle berücksichtigten Metalle Hydroxychloride mit C6-Struktur. Die Idealformel ist $Me(OH)_{1,5}Cl_{0,5}$, nur beim Cadmium lautet sie $CdOH_{1,33}Cl_{0,67}$. Ein zweites Cadmium-hydroxychlorid (Hydroxychlorid V) mit C6-Struktur kann kontinuierlich in das Hydroxyd übergehen. Die Hydroxychloride mit C6-Typ sind meistens instabil und wandeln sich unter Chloridlösung in stabilere Verbindungen um.

Die Hydroxysalze der übrigen Halogenide sind noch sehr unvollständig untersucht. Es ist aber mindestens je ein Hydroxyfluorid, -bromid und -jodid mit C6-Struktur festgestellt worden. Zinkhydroxyfluorid konnte nur in einer Form mit ungeordneter Schichtenstruktur erhalten werden, es hat die gleichen Gitterdimensionen wie das hypothetische Zinkhydroxyd mit C6-Typ.

Ein Vergleich der Gitterdimensionen der Hydroxyhalogenide mit denen der Hydroxyde ergibt, daß der Abstand der Metallionen sich beim Ersatz eines Teils der Hydroxylionen durch Halogenionen nur wenig vergrößert, der Abstand der Schichten aber entsprechend dem Raumbedarf des Anions zunimmt. Das Achsenverhältnis c/a vergrößert sich deshalb mit dem Radius des eingebauten Halogenions (vgl. Cadmiumhydroxychlorid, -bromid und -jodid).

Diese Vergrößerung des Schichtenabstandes bei kaum verändertem Abstand der Metallionen rührt daher, daß die Halogenionen nicht in der gleichen Ebene liegen wie die Hydroxylionen und um so weiter aus dieser Ebene verschoben sind, je größer der Radius des Halogenions ist.

Aus einer noch nicht abgeschlossenen Untersuchung folgt, daß die basischen Azide bevorzugt in Einfachschichtenstrukturen auftreten. Von den verschiedenen Zinkhydroxyaziden kristallisiert das hydroxydärmste, $ZnOHN_3$, im C6-Typ.

Nickel bildet nur ein Hydroxyazid, und zwar stets nur in Formen mit einer ungeordneten Schichtenstruktur. Die Zusammensetzung ist nicht ganz konstant, entspricht aber ungefähr der Formel $NiOHN_3$. Bei $ZnOHN_3$ und $NiOHN_3$ ist der Abstand a praktisch gleich wie beim Hydroxyd, der Schichtenabstand aber um 2,6 bis 2,7 Å größer. Im Azidion

Tabelle 3. *Hydroxysalze mit C 6-Struktur.*

Bezeichnung	Zusammensetzung	Idealformel	Gitterdimensionen a	Gitterdimensionen c	c/a	Literatur
Zn-Hydroxyfluorid II[1]		Zn(OH)$_{1,5}$F$_{0,5}$	3,19	4,65	1,46	(43)
Ni-Hydroxychlorid II	Ni(OH)$_{1,32-1,62}$Cl$_{0,68-0,38}$	Ni(OH)$_{1,5}$Cl$_{0,5}$	3,19—3,16	5,55—5,44	1,74	(48)
Mg-Hydroxychlorid IV	Mg(OH)$_{1,5-1,67}$Cl$_{0,5-0,33}$	Mg(OH)$_{1,5}$Cl$_{0,5}$	3,25—3,21	5,75—5,62	1,76	(61)
Fe-Hydroxychlorid III		Fe(OH)$_{1,5}$Cl$_{0,5}$	3,32	5,52	1,71	(101)
Mn-Hydroxychlorid III	Mn(OH)$_{1,6-1,7}$Cl$_{0,4-0,3}$	Mn(OH)$_{1,5}$Cl$_{0,5}$	3,37	5,52	1,64	(126)
Cd-Hydroxychlorid III	Cd(OH)$_{1,31-1,44}$Cl$_{0,69-0,56}$	Cd(OH)$_{1,5}$Cl$_{0,5}$	3,58	5,54	1,55	(57)
Cd-Hydroxychlorid V	Cd(OH)$_{1,7-2}$Cl$_{0,3-0}$	Cd(OH)$_{1,33}$Cl$_{0,67}$	3,53—3,49	5,03—4,69	1,42—1,34	(57)
Ni-Hydroxybromid I		Ni(OH)$_{1,5}$Br$_{0,5}$	3,18	5,80	1,82	(48)
Cd-Hydroxybromid IIα	Ni(OH)$_{1,48-1,53}$Br$_{0,52-0,47}$	Cd(OH)$_{1,33}$Br$_{0,67}$	3,61	6,01	1,71	(82)
Cd-Hydroxyjodid III		Cd(OH)$_{1,5}$I$_{0,5}$	3,64	6,60	1,81	(33)
Ni-Hydroxyazid		Ni(OH)N$_3$	3,12	7,2	2,3	(81)
Zn-Hydroxyazid I		Zn(OH)N$_3$	3,20	7,4	2,3	(77)
Ni-Hydroxynitrat III	Ni(OH)$_{1,58-1,75}$(NO$_3$)$_{0,42-0,25}$	Ni(OH)$_{1,5}$(NO$_3$)$_{0,5}$	3,12—3,08	7,0—7,25	2,3	(51)
Co-Hydroxynitrat IIα	Co(OH)$_{1,5}$(NO$_3$)$_{0,5}$	Co(OH)$_{1,5}$(NO$_3$)$_{0,5}$	3,17	6,95	2,2	(55)
Co-Hydroxysulfat Iβ[2]		Co(OH)$_{1,2}$(SO$_4$)$_{0,4}$	3,13	7,0	2,24	(150)
Zn-Hydroxychromat IIβ		Zn(OH)$_{1,4}$(CrO$_4$)$_{0,3}$	3,15	7,1	2,25	(98)

[1] Nur in Formen mit ungeordneter Schichtenstruktur.
[2] Wenige Überstrukturlinien.

sind die drei Stickstoffatome linear angeordnet. Die beobachteten Gitterdimensionen, d.h. der größere Schichtenabstand ergibt sich, wenn angenommen wird, daß die Azidionen ungefähr senkrecht aus der Hydroxylionenschicht herausragen.

Nickel und Kobalt bilden, wie schon vor längerer Zeit nachgewiesen wurde (51), (55), je ein *Hydroxynitrat mit C6-Struktur.* Das Kobalthydroxynitrat ist einfach stöchiometrisch zusammengesetzt, das Nickelhydroxynitrat hat variable Zusammensetzung und enthält auch noch Wasser. Der Abstand *a* ist praktisch gleich wie beim Hydroxyd, der Schichtenabstand *c* dagegen ist um 2,3 bis 2,6 Å größer. Im Hydroxydgitter ist ein Teil der Hydroxylionen unregelmäßig verteilt, durch Nitrationen ersetzt, und zwar so, daß an die Stelle eines Hydroxylions ein O-Atom des Nitrations tritt; die beiden anderen O-Atome des Nitrations füllen den durch die Schichterhöhung geschaffenen Raum aus (vgl. auch Kupferhydroxynitrat, Abb. 18).

Die Formen des Kobalt- und Nickelhydroxynitrates mit unvollkommener C6-Struktur wandeln sich unter konzentrierter Lösung von Kobalt- bzw. Nickelnitrat in eine Modifikation mit geordneter Anordnung der Nitrationen um (vgl. S. 707).

Ein Kobalthydroxysulfat (Iβ) mit C6-Struktur wurde durch Entwässern, Wiederwässern und nochmaliges Entwässern von Kobalthydroxysulfat I erhalten. Die Gitterdimensionen sind fast gleich wie beim Kobalthydroxynitrat.

DENK und DEWALD (17) haben kürzlich gezeigt, daß beim unvollständigen Fällen einer Zinkselenatlösung ein *Zinkhydroxyselenat* der Zusammensetzung $3 Zn(OH)_2 \cdot ZnSeO_4$ entsteht. Nach unseren röntgenographischen Versuchen besitzen die frisch hergestellten Formen dieser Verbindung eine ungeordnete Einfachschichtenstruktur.

Die *Zinkhydroxychromate* sind vor längerer Zeit von GRÖGER (86) untersucht worden. Frau HUGI-CARMES (98) konnte die Angaben GRÖGERs nicht in allen Punkten bestätigen. Sie stellte fest, daß fünf Zinkhydroxychromate existieren, die sich alle auf den C6-Typ zurückführen lassen. Von drei Verbindungen ist die Konstitution noch nicht ganz abgeklärt [Hydroxychromat I $Zn(OH)_2 \cdot ZnCrO_4$, IIα $2,5 Zn(OH)_2 \cdot ZnCrO_4 \cdot nH_2O$ und IIIα $3-4 Zn(OH)_2 \cdot ZnCrO_4 \cdot nH_2O$].

Zinkhydroxychromat IIβ $2,5 Zn(OH)_2 \cdot ZnCrO_4$ kristallisiert im C6-Typ. Die Gitterdimensionen sind fast genau gleich wie beim oben erwähnten Kobalthydroxysulfat Iβ und Zinkhydroxyselenat. Bei allen diesen drei Hydroxysalzen ist ein Teil der Hydroxylionen statistisch durch zweiwertige XO_4^{2-}-Ionen ersetzt. Ähnlich wie beim Ersatz der OH-Ionen durch XO_3^--Ionen tritt ein Sauerstoffatom des XO_4^{2-}-Tetraeders an die Stelle eines OH-Ions. Die restlichen drei O-Atome, die die Basis des

Tetraeders bilden, liegen in der Mittelebene zwischen den OH-Ionenschichten (vgl. die Struktur des Kupferhydroxynitrates Abb. 18).

Der Ersatz eines Teils einwertiger OH- durch zweiwertige XO_4^{2-}-Ionen hat zur Folge, daß die Schichten negativ geladen werden (vgl. III, 2). Die Ladungen werden durch Einlagerung einer äquivalenten Menge von Metallionen zwischen den Schichten neutralisiert. Aus der Dichte läßt sich die Anzahl der Atome in der Elementarzelle und daraus die Anzahl der zwischen den Schichten eingebauten Metallionen bestimmen.

Die Bestimmung der Dichte des Zinkhydroxychromates $II\beta$ ergab, daß auf ein Zinkion in der Hauptschicht 0,17 zwischen den Schichten statistisch verteilte Zinkionen kommen. Dies führt zu der folgenden Konstitutionsformel für Zinkhydroxychromat $II\beta$

$$[Zn_4(OH)_{6,67}(CrO_4)_{1,33}Zn_{0,67}].$$

Die Formel läßt erkennen, daß die Zahl der Sauerstoffatome der Chromationen, die in der Schicht zwischen den Hydroxylionen liegen, gleich groß ist wie die Zahl der OH-Ionen und O-Atome der Chromationen in den Hydroxylionenschichten (Mittelschicht $3 \cdot 1{,}33 = 4$ O-Atome; Hauptschicht 3,33 OH⁻, 0,67 O-Atome).

b) Hydroxysalze mit C19-Typ und EO₃-Typ.

In der Tabelle 4 sind die bis jetzt beobachteten Hydroxysalze mit C19-Typ zusammengestellt. Die Hydroxychloride Me(OH)Cl kristallisieren bevorzugt in diesem Typ. Das von HAYEK (88) beschriebene FeOHCl gibt ein Röntgendiagramm, das noch wenige Überstrukturlinien zeigt. Cadmiumhydroxychlorid II mit C19-Typ hat die Zusammensetzung $Cd(OH)_{1,25}Cl_{0,75}$. Das einzige bekannte Hydroxybromid mit C19-Typ ist Cadmiumhydroxybromid III, $CdOH_{1,4}Br_{0,6}$.

Tabelle 4. *Hydroxysalze mit C19- und EO 3-Struktur.*

Bezeichnung	Idealformel	Gitterdimensionen		c'/a	Literatur
		a	$c'=c/3$		
Ni-Hydroxychlorid I . . .	Ni(OH)Cl	3,26	5,67	1,74	(48)
Mg-Hydroxychlorid I . . .	Mg(OH)Cl	3,36	5,75	1,71	(61)
Co-Hydroxychlorid I . . .	Co(OH)Cl	3,33	5,70	1,71	(150)
Zn-Hydroxychlorid Iα . .	Zn(OH)Cl	3,37	5,65	1,68	(150)
Fe-Hydroxychlorid I[1] . .	Fe(OH)Cl	3,40	5,65	1,66	(150)
Mn-Hydroxychlorid I . . .	Mn(OH)Cl	3,47	5,75	1,66	(126)
Cd-Hydroxychlorid II . . .	$Cd(OH)_{1,25}Cl_{0,75}$	3,58	5,47	1,53	(57)
Cd-Hydroxybromid III . .	$Cd(OH)_{1,4}Br_{0,6}$	3,56	5,85	1,65	(33)
			$c'=c/2$		
Cd-Hydroxychlorid I . . .	Cd(OH)Cl	3,66	5,13	1,41	(95), (57)
Ca-Hydroxychlorid I . . .	Ca(OH)Cl	3,84	5,02	1,31	(150)

[1] Wenige Überstrukturlinien.

Die Gitterdimensionen der Verbindungen MeOHCl sind erwartungsgemäß größer als bei den Verbindungen $Me(OH)_{1,5}Cl_{0,5}$, das Verhältnis des Schichtenabstandes c' zu a ist aber wie bei letzteren etwa 1,7 (c/a der Hydroxyde $\sim$1,45). Der Metallionenabstand nimmt demnach beim Übergang des Hydroxyds ins Hydroxychlorid MeOHCl prozentual wesentlich weniger zu als der Schichtenabstand. Die Verteilung der Halogenionen ist bei $Cd(OH)_{1,25}Cl_{0,75}$ und $Cd(OH)_{1,4}Br_{0,6}$ eine statistische (Abb. 9b). Bei den Verbindungen MeOHCl kann sie statistisch sein, es können aber auch die OH-Ionen auf der einen, die Cl-Ionen auf der anderen Seite der Metallionenschicht angeordnet sein. Der relativ kleine Abstand der Metallionen bei großem Abstand der Schichten ($c'/a \sim 1,7$) spricht für eine statistische Verteilung.

Die Struktur des CdOHCl ist von Hoard und Grenko (95) vollständig aufgeklärt worden und wird als EO_3-Typ bezeichnet. Die Schichten sind wie beim C27-Typ angeordnet, die OH-Ionen befinden sich auf der einen, die Cl-Ionen auf der anderen Seite der Metallionenschicht (Abb. 9a). Der Abstand der Metallionen (a) in den Schichten und der Schichtenabstand (c') sind prozentual ungefähr gleich viel größer als beim Hydroxyd. Das Verhältnis c'/a beträgt nur 1,41. Der relativ kleine Schichtenabstand ist auf die Bildung von Wasserstoffbrücken zwischen den OH- und Cl-Ionen zurückgeführt worden.

Nach Schreinemakers und Figee (131) setzt sich CaO mit konzentrierter Calciumchloridlösung zu $CaCl_2 \cdot CaO \cdot 2\,H_2O$ um. Dieses Calciumhydroxychloridhydrat gibt das Hydratwasser leicht ab und geht in CaOHCl über.

Aus dem Pulverdiagramm von CaOHCl kann geschlossen werden, daß es im gleichen Gittertyp kristallisiert wie CdOHCl. Die Dimensionen der Elementarzelle von beiden sind fast gleich; auch beim CaOHCl ist das Verhältnis c'/a klein (150).

c) Hydroxysalze mit Einfachschichtengitter unbekannter Struktur.

Mehrere der beobachteten Hydroxysalze besitzen Einfachschichtenstrukturen, ohne in einem der oben besprochenen Gittertypen zu kristallisieren. Sie sind in der Tabelle 5 zusammengestellt. Die Zusammenstellung umfaßt Verbindungen verschiedener Metalle mit verschiedensten Anionen. Zum Teil handelt es sich um polymorphe Formen von Verbindungen, mit C6- oder C19-Typ.

ZnOHCl tritt in drei verschiedenen Modifikationen auf. Die instabile α-Form kristallisiert im C19-Typ (vgl. Tabelle 4); die stabile γ-Form kristallisiert in einem komplizierteren Einfachschichtengitter.

Von den drei *Cadmiumhydroxyfluoriden* kristallisiert eines (II) in einem Einfachschichtengitter (44). Dieses Hydroxyfluorid ist isotyp mit

Tabelle 5. *Hydroxysalze mit Einfachschichtengitter unbekannter Struktur.*

Bezeichnung	Formel	Bemerkungen über Struktur-dimension der E.Z.		Gitter-dimensionen		Lite-ratur
		a	c	a''	c'	
Zinkhydroxychlorid I γ . .	$Zn(OH)Cl$			3,27	5,50	(150)
Cd-Hydroxyfluorid II. . .	$Cd(OH)_{1,6-1,7}F_{0,4-0,3}$	3,42	9,90	3,42	4,95	(44)
Cd-Hydroxychlorid VI . .	$Cd(OH)_{1,93}Cl_{0,07}$	3,40	9,90	3,40	4,95	(40)
Cd-Hydroxychlorid IV . .	$Cd(OH)_{1,5}Cl_{0,5}$			3,58	5,00	(57)
Ca-Hydroxychlorid II α . .	$Ca(OH)_{1,5}Cl_{0,5}$	3,75	10,7	3,75	5,35	(150)
Cd-Hydroxybromid I α . .	$Cd(OH)Br$			3,55	6,05	(82)
Cd-Hydroxybromid I β . .	$Cd(OH)Br$			3,65	5,9	(82)
Cd-Hydroxybromid II β . .	$Cd(OH)_{1,33}Br_{0,67}$			3,53	5,90	(82)
Zn-Hydroxyazid II	$Zn(OH)_{1,33}(N_3)_{0,67}$			3,19	7,0	(76)
Zn-Hydroxyazid III . . .	$Zn(OH)_{1,5}(N_3)_{0,5}$	6,38	7,0	3,19	7,0	(76)
Cd-Hydroxyazid α	$Cd(OH)N_3$	6,18	7,1	3,54	7,1	(77)
Ni-Hydroxynitrat II . . .	$Ni(OH)_{1,5}(NO_3)_{0,5}$	6,20	13,82	3,10	6,9	(51)
Co-Hydroxynitrat II β . .	$Co(OH)_{1,5}(NO_3)_{0,5}$			3,17	6,95	(107)
Zn-Hydroxycarbonat II. .	$Zn(OH)_{1,2}(CO_3)_{0,4}$			3,14	6,9	(129)
Zn-Hydroxysulfat III. . .	$Zn(OH)_{1,6}(SO_4)_{0,2}$			3,15	7,2	(13)
Zn-Hydroxychromat III β .	$Zn(OH)_{1,5-1,6}(CrO_4)_{0\ 25-0,2}$			3,16	7,2	(98)
Cd-Hydroxysulfat III. . .	$Cd(OH)_{1,56-1,34}(SO_4)_{0,22-0,35}$	6,90	15,0	3,45	7,5	(59)

dem sehr hochbasischen Cadmiumhydroxychlorid VI. Möglicherweise sind die Schichten bei diesen beiden Hydroxysalzen schwach deformiert.

Calciumoxyd setzt sich mit Calciumchloridlösung mittlerer Konzentration zu einem hydratisierten Hydroxychlorid $Ca_2(OH)_3Cl \cdot 6\ H_2O$ um (131). Beim Entwässern können zwei verschiedene Modifikationen von $Ca_2(OH)_3Cl$ entstehen, von denen die eine ein Einfachschichtengitter mit den in der Tabelle 5 angegebenen Gitterdimensionen besitzt.

Drei von den fünf Cadmiumhydroxybromiden besitzen ein Einfachschichtengitter unbekannter Struktur, nämlich die beiden Modifikationen von Hydroxybromid I und die stabilere Modifikation des Hydroxybromids II (82).

Die höher basischen Zinkazide $Zn_3(OH)_4(N_3)_2$ und $Zn_2(OH)_3N_3$ kristallisieren in einem Einfachschichtengitter mit komplizierterer Struktur als $ZnOHN_3$ (77). Cadmiumhydroxyazid bildet zwei polymorphe Formen (α und β) der Zusammensetzung $Cd(OH)N_3$. Hydroxyazid α kristallisiert in einem Einfachschichtengitter, der Abstand der Metallionen in den Cadmiumionenschichten ist fast gleich groß wie beim Cadmiumhydroxyd, der Schichtenabstand gleich groß, wie bei den Zinkhydroxyaziden (76).

Die C6-Formen der Hydroxynitrate von Nickel und Kobalt wandeln sich in konzentrierterer Lösung in Formen um, die einem höheren Ordnungsgrad des Gitters entsprechen. Beim Kobalt ist diese stabile Form des Hydroxynitrates (II β) nicht mehr hexagonal, wahrscheinlich infolge einer geringen Verschiebung, möglicherweise auch infolge einer geringen Deformation der Schichten.

Cadmiumhydroxybromid II und die Hydroxynitrate II von Nickel und Kobalt sind Verbindungen, die in einer Kristallart mit statistischer und einer solchen mit geordneter Verteilung der Anionen auftreten. Diese Erscheinung ist bei intermetallischen Phasen viel diskutiert und untersucht worden; die erwähnten Beispiele zeigen, daß sie durchaus nicht auf metallische Systeme beschränkt ist.

Ein *basisches Zinkcarbonat* kommt als Mineral Hydrozinkit oder Zinkblüte vor und kristallisiert sehr wahrscheinlich monoklin (*132*). Die älteren Analysendaten von künstlichem und natürlichem Hydrozinkit schwanken etwas, führen aber zu der Formel $3 Zn(OH)_2 \cdot 2 ZnCO_3 \cdot 1 H_2O$; der Hydroxydgehalt ist meistens etwas größer (*106*), (*115*).

Sahli (*129*) fand, daß im $2 ZnCO_3 \cdot 3 Zn(OH)_2 \cdot H_2O$ die Carbonationen unter Erhaltung des Gittergerüstes kontinuierlich durch Hydroxylionen ersetzt werden können, daß aber morphologisch zwei Verbindungen zu unterscheiden sind. Im *plättchenförmigen Hydroxycarbonat II* kann der Hydroxydgehalt zwischen $1,5 Zn(OH)_2 \cdot ZnCO_3$ und $2 Zn(OH)_2 \cdot ZnCO_3$ liegen, im nadeligen Hydroxycarbonat III zwischen etwa $2 Zn(OH)_2 \cdot ZnCO_3$ und $3 Zn(OH)_2 \cdot ZnCO_3$.

Das Röntgendiagramm von Hydroxycarbonat II läßt auf eine Struktur schließen, die derjenigen von Kobalt- und Kupferhydroxynitrat (vgl. S. 704 und 712) sehr ähnlich ist. Die Metallionenschichten sind nicht oder nur sehr wenig deformiert. Die niedrigere Kristallsymmetrie ist auf die Form und Anordnung der Carbonationen zurückzuführen.

Nach III, 2 erhalten die Schichten beim Ersatz von Hydroxylionen durch zweiwertige Carbonationen eine negative Ladung, die durch Einbau von Metallionen zwischen die Schichten ausgeglichen wird. Aus der Dichte des Hydroxycarbonates ergibt sich, daß bei einer Zusammensetzung $3 Zn(OH)_2 \cdot 2 ZnCO_3 \cdot H_2O$ eines der Zinkionen und das Wassermolekül zwischen den Schichten eingelagert sind. Als Konstitutionsformel ergibt sich demnach für diese Verbindung: $[Zn_4(OH)_6(CO_3)_2 ZnH_2O]$. Die strukturelle Analogie zu den Hydroxynitraten wird verständlich, wenn wir diese wie folgt formulieren: $[Me_4(OH)_6(NO_3)_2]$. Der Unterschied zwischen beiden besteht darin, daß das Hydroxycarbonat noch $1 Zn^{2+}$ und $1 H_2O$ pro Formelgewicht zwischen die Schichten eingelagert hat.

Eine Erhöhung des Hydroxydgehaltes führt zu Gitterstörungen. Das höher basische Hydroxycarbonat III hat eine gestörte Gitterstruktur mit etwas schwankendem Schichtenabstand. In den hydroxydreichen Formen des Zinkhydroxycarbonates sind weniger Hydroxylionen durch Carbonationen ersetzt und entsprechend weniger Zinkionen in die Zwischenschichten eingebaut. Der Übergang von Hydroxycarbonat II in III erfolgt bei einer Zusammensetzung, die ungefähr der Formel

$$[Zn_4(OH)_{6,4}(CO_3)_{1,6}Zn_{0,8}(H_2O)_n]$$

entspricht.

FEITKNECHT und GERBER (59) haben nachgewiesen, daß *Cadmiumhydroxysulfat III*, das beim Fällen von Cadmiumsulfatlösung mit Lauge primär ausfällt, ein Einfachschichtengitter besitzt. Sie erhielten dafür eine Zusammensetzung $3,5 \text{ Cd(OH)}_2 \cdot \text{CdSO}_4$. DENK (16) erhielt unter ähnlichen Bedingungen wie FEITKNECHT und GERBER ein Hydroxysulfat der Zusammensetzung $3 \text{ Cd(OH)}_2 \cdot \text{CdSO}_4$. SCHINDLER (150) konnte nachweisen, daß die Röntgendiagramme von Präparaten verschiedener Zusammensetzung identisch sind mit demjenigen von Cadmiumhydroxysulfat III. Dieses besitzt demnach keine konstante Zusammensetzung, die ungefähren Grenzen des Homogenitätsbereichs sind in der Tabelle 5 angegeben. Aus der Dichte ergibt sich für das Präparat $3,5 \text{ Cd(OH)}_2 \cdot \text{CdSO}_4 \cdot \text{H}_2\text{O}$ die Konstitutionsformel $[\text{Cd}_4(\text{OH})_7\text{SO}_4 \cdot \text{Cd}_{0,5} \cdot \text{H}_2\text{O}]$ (59).

In neuerer Zeit werden Zinkhydroxychromate in Anstrichen zur Korrosionsverhinderung verwendet. Die einen Forscher geben diesen Korrosionsschutzmitteln die Formel $3 \text{ Zn(OH)}_3 \cdot \text{ZnCrO}_4$ (124), andere die Formel $4 \text{ Zn(OH)}_3 \cdot \text{ZnCrO}_4$ (102). Frau HUGI-CARMES (98) konnte zeigen, daß beide Präparate röntgenographisch identisch sind und dem Zinkhydroxychromat $III\beta$ entsprechen.

Das Röntgendiagramm dieses Hydroxychromates variabler Zusammensetzung ist sehr ähnlich mit dem Diagramm von Hydroxychromat $II\beta$ mit C6-Typ; zu den Reflexen des C6-Typs treten mehrere Überstrukturlinien.

Aus den röntgenographischen Daten und der Dichte ergibt sich für die chromatreiche Grenzform $3 \text{ Zn(OH)}_2 \cdot \text{ZnCrO}_4$ die Konstitutionsformel $[\text{Zn}_4(\text{OH})_{6,9}(\text{CrO}_4)_{1,1} \cdot \text{Zn}_{0,55}]$. Mit steigendem Hydroxydgehalt nimmt die Dichte zu; der Ersatz der Chromationen ist mit einem Einbau von Hydroxylionen in die Mittelschicht gekoppelt. Für das hydroxydreiche Endglied $4 \text{ Zn(OH)}_2 \cdot \text{ZnCrO}_4$ ergibt sich die Konstitutionsformel $[\text{Zn}_4(\text{OH})_7\text{CrO}_4\text{ZnOH}]$. In einem solchen Präparat ist die Zahl der O-Atome und Hydroxylionen in der Mittelschicht gerade vier, wie in den Hauptschichten (Mittelschicht 3 O und 1 OH, Hydroxydschicht 3 OH und 1 O; vgl. Hydroxychromat $II\beta$, S. 705).

d) Hydroxysalze mit deformierter Metallionenschicht.

Im Abschnitt III, 2 wurde erwähnt, daß Einfachschichtenstrukturen mit deformierter Metallionenschicht vor allem bei den Kupferhydroxysalzen auftreten. Von zwei solchen Kupferhydroxysalzen sind vollständige Strukturbestimmungen durchgeführt worden.

α) *Kupferhydroxybromid und verwandte Strukturen.*

F. AEBI (1) hat eine vollständige Bestimmung der Struktur von Kupferhydroxybromid durchgeführt. Diese Verbindung kristallisiert

Tabelle 6. *Gitterdimensionen einiger Hydroxysalze mit deformierter Metallionenschicht.*

Verbindung	Formel	a bzw. c^1	b	c bzw. a^1	β	Literatur
Cu-Hydroxychlorid II α	$Cu_2(OH)_{1,5}Cl_{0,5}$	5,65	6,11	5,73	93°45′	(2)
Cu-Hydroxybromid II	$Cu_2(OH)_{1,5}Br_{0,5}$	5,64	6,14	6,06	93°30′	(1)
Cu-Hydroxynitrat . .	$Cu_2(OH)_{1,5}(NO_3)_{0,5}$	5,58	6,05	6,90	94°30′	(122),(123)
Co-Hydroxybromid II	$Co(OH)_{1,5}Br_{0,5}$	5,79	6,43	5,90	90°	(2)
Cu-Hydroxychlorid I .	$Cu(OH)Cl$	6,11	6,67	5,51	115°55′	(121)

[1] In der Darstellung von AEBI entspricht die a-Achse der c-Achse der Darstellung von NOWACKI und SCHEIDEGGER, die c-Achse von AEBI der a-Achse von NOWACKI und SCHEIDEGGER.

monoklin pseudorhombisch. Die Dimensionen der Elementarzelle sind in der Tabelle 6 angegeben. Die deformierten Schichten sind ganz wenig gegeneinander verschoben, so daß die a-Achse mit der c-Achse einen Winkel von 93°30′ einschließt (Abb. 17).

Die Deformation der Schicht ist wesentlich kleiner als beim einfachen Halogenid [a''/a' beim $Cu_2(OH)_3Cl$ 1,053, beim $CuCl_2$ 1,15; Tabelle 7]. Die Art der Verteilung der Hydroxyl- und Bromionen in der Anionenschicht entspricht dem Schema der Abb. 8a. Die großen Bromionen ragen aber aus der Schicht heraus und bedingen einen großen Schichtenabstand (vgl. Abb. 17).

Tabelle 7. *Charakteristische Gitterdaten einiger Hydroxysalze mit deformierter Metallionenschicht.*

Verbindung	Formel	a'	a''	c'	a''/a'	Literatur
Cu-Chlorid	$CuCl_2$	3,30	3,81	5,75	1,15	(141)
Cu-Hydroxychlorid II α	$Cu_2(OH)_{1,5}Cl_{0,5}$	3,06	3,22	5,73	1,053	(2)
Cu-Hydroxybromid II	$Cu_2(OH)_{1,5}Br_{0,5}$	3,07	3,21	6,05	1,045	(1)
Cu-Hydroxynitrit . .	$Cu_2(OH)_{1,5}(NO_2)_{0,5}$	—	—	6,6		(150)
Cu-Hydroxynitrat . .	$Cu_2(OH)_{1,5}(NO_3)_{0,5}$	3,03	3,17	6,90	1,042	(123)
Cu-Hydroxychlorat II α	$Cu_2(OH)_{1,5}(ClO_3)_{0,5}$	2,98	3,18	7,3	1,068	(117)
Cu-Hydroxychlorat II β	$Cu_2(OH)_{1,5}(ClO_3)_{0,5}$	—	—	7,0		(117)
Cu-Hydroxydithionat .	$Cu(OH)_{1,5}(S_2O_6)_{0,25}$	—	—	7,0		(117)
Cu-Hydroxysulfat . .	$Cu(OH)_{1,6}(SO_4)_{0,2}$	—	—	6,95		(134)
Cu-Hydroxyazid I . .	$Cu(OH)N_3$	3,03	3,22	7,25	1,061	(3)
Cu-Hydroxyazid II . .	$Cu(OH)_{1,33}(N_3)_{0,67}$	2,99	3,25	7,24	1,087	(3)
Cu-Hydroxyazid III .	$Cu(OH)_{1,5}(N_3)_{0,5}$	(3,0	3,23)	7,25	1,078	(3)
Co-Hydroxybromid II	$Co(OH)_{1,5}Br_{0,5}$	3,22	3,31	5,90	1,028	(2)

Die Zusammensetzung der Verbindung $Cu_2(OH)_3Br$ hat zur Folge, daß nicht alle Kupferionen in der gleichen Weise von Anionen umgeben sein können. Die eine Hälfte der Kupferionen (Cu I) hat als Nachbarn 4 OH-Ionen in den Ecken eines schwach verzerrten Quadrates im Abstand von etwa 2,0 Å und 2 Br-Ionen, die mit einem Abstand von etwa 3,0 Å mit den vier Hydroxylgruppen ein verzerrtes Oktaeder bilden. Die andere Hälfte der Kupferatome Cu_{II} hat wiederum 4 OH-Ionen in ähnlicher Anordnung, nebst dem ein OH-Ion im Abstand von etwa 2,3 und ein Br-Ion im Abstand von etwa 2,8 Å (*142*).

Auch in dieser Struktur wahrt das Cu^{2+}-Ion seine stereochemische Besonderheit und besitzt vier nächste Nachbarn in planarer Koordination, während zwei weitere Nachbarn etwas entfernter liegen und die Spitzen eines deformierten Oktaeders besetzen. Der Abstand Cu—Br ist wesentlich größer als beim $CuBr_2$, bei dem er nur 2,4 Å beträgt (*93*). Der Abstand im Hydroxybromid entspricht ungefähr der Summe der Ionenradien (2,75 Å), die Bindung zum Bromatom hat demnach, wie auch aus der Farbe hervorgeht, vorwiegend ionogenen Charakter, während beim einfachen Bromid im wesentlichen Atombindung vorliegt.

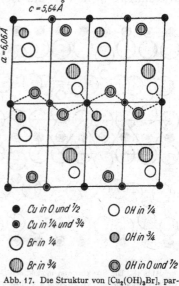

Das zuerst von FEITKNECHT und MAGET (*67*) beschriebene *Kupferhydroxychlorid IIα* ist mit dem Hydroxybromid isomorph. FRONDEL (*80*) hat einige röntgenographische Daten über das seltene Mineral *Botallochit*, eine polymorphe Form des Atakamits, publiziert. Die mitgeteilten Netzebenenabstände stimmen mit denjenigen von Kupferhydroxychlorid IIα überein. Nach Tabelle 6 und 7 ist der Abstand der Kupferionen in den Schichten praktisch gleich groß wie beim Hydroxybromid, der Schichtenabstand aber ist um fast 0,3 Å kleiner. Auch bei den Hydroxyhalogeniden mit C6-Typ ändert sich beim Übergang von Chlorid zum Bromid fast nur der Schichtenabstand (vgl. III, 1).

Abb. 17. Die Struktur von $[Cu_2(OH)_3Br]$, parallel [010] projiziert [4 Elementarzellen (1); in der Darstellung von AEBI entspricht die *a*-Achse der *c*-Achse von NOWACKI und SCHEIDEGGER].

Kobalthydroxybromid II besitzt eine den beiden besprochenen Kupferhydroxyhalogeniden sehr ähnliche Struktur. FEITKNECHT (*25*) hat für diese Verbindung auf Grund von Pulveraufnahmen eine Einfachschichtenstruktur angenommen. AEBI (*2*) konnte kürzlich zeigen, daß die Pulverdiagramme bei Annahme einer rhombischen Zelle indiziert werden können, er hat die in Tabelle 6 und 7 wiedergegebenen Daten erhalten. Daraus ist ersichtlich, daß der Abstand der Metallionen etwas größer, die Deformation der Metallionenschicht aber etwas kleiner ist als bei den entsprechenden Kupferverbindungen. Der Abstand der Bromionen ist im Kobalthydroxybromid ebenfalls größer als im Kobaltbromid. Die Brom- und Kobaltionen sind im Hydroxybromid weniger stark deformiert, dieses ist deshalb rosafarbig, während das Bromid grün ist (*26*).

β) Kupferhydroxynitrat.

NOWACKI und SCHEIDEGGER (*122*), (*123*) haben kürzlich eine vollständige Strukturanalyse von künstlich hergestelltem Kupferhydroxynitrat durchgeführt. Diese Modifikation des Kupferhydroxynitrates kristallisiert monoklin und ist verschieden vom rhombischen Mineral Gerhardtit. Die beiden dürften aber eine sehr nahe verwandte Struktur haben. Die Daten über die Gitterdimensionen sind in der Tabelle 6 und 7 wiedergegeben. Die Struktur ist derjenigen des Hydroxybromides sehr ähnlich. Die Abstände der Metallionen in den Schichten sind etwas kleiner als bei den Hydroxyhalogeniden, die Deformation der Schichten aber praktisch gleich groß, der Schichtenabstand ist beträchtlich größer. Der bei den Hydroxynitraten mit C6-Typ angenommene Ersatz eines Teils der OH-Ionen durch Nitrationen findet in dieser durch vollständige Analyse aufgeklärten Struktur eine Bestätigung. Die Nitrationen sind regelmäßig angeordnet, und zwar wie die Bromidionen im Hydroxybromid nach dem Schema der Abb. 8a. Zwei der Sauerstoffatome der Nitrationen liegen in der Mittelebene zwischen den Hydroxylionenschichten und zwar parallel der Richtung, der b-Achse (vgl. Abb. 18).

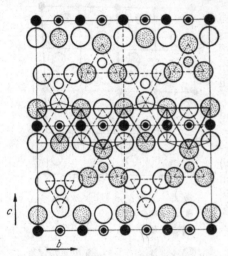

Abb. 18. Die Struktur von monoklinem [Cu₂(OH)₃NO₃] parallel [100] projiziert (4 Elementarzellen; Cu in der Zeichenebene; leere Kreise hinter punktierte Kreise vor der Zeichenebene).

Die Koordinationsverhältnisse sind sehr ähnlich wie beim Hydroxybromid, und es sind wie bei diesem zwei strukturell verschiedene Cu-Atome (Cu_I und Cu_{II}) zu unterscheiden. Cu_I ist von 2×2 OH im Abstand 2,00 bzw. 2,08 Å planar koordiniert, zwei Sauerstoffatome von zwei Nitrationen bilden im Abstand von 2,35 Å die Ecken des deformierten Oktaeders. Cu_{II} besitzt 4 OH im Abstand 2,05 Å, 1 O eines Nitrations im Abstand 2,18 und ein OH im Abstand 2,27 Å als Nachbarn.

γ) Weitere Kupferhydroxysalze $Cu(OH)_{1,5}X_{0,5}$ mit analoger Struktur.

Von einer Reihe weiterer Kupferhydroxysalze der allgemeinen Formel $Cu_2(OH)_3X$ läßt sich auf Grund der Pulverdiagramme ohne weiteres schließen, daß sie nach dem gleichen Prinzip gebaut sind wie Kupferhydroxybromid und -nitrat. Der Schichtenabstand kann aus den Pulverdiagrammen ermittelt werden, dagegen ist die genaue Bestimmung der Abstände der Metallionen in den Schichten unsicher, da die Verbindungen meistens ebenfalls monoklin kristallisieren.

Beim unvollkommenen Fällen von Kupferchloratlösung mit Lauge fällt zuerst das instabile und unvollkommen gebaute *Hydroxychlorat II α* aus (*117*). Die Verbindung bildet sehr kleine Nädelchen von maximal 1 μ Länge. Das Röntgendiagramm zeigt nur verbreiterte Reflexe $00l$ und hko; es läßt sich rhombisch indizieren. Kupferhydroxychlorat II α besitzt demnach eine *ungeordnete Schichtenstruktur* mit deformierten Schichten und die Abstände a' und a'' lassen sich ermitteln. Die Deformation der Metallionenschicht ist größer als bei den vollkristallinen Kupferhydroxysalzen (vgl. Tabelle 7).

Unter der Mutterlauge wandelt sich das Hydroxychlorat II α rasch in die stabilere β-Modifikation um. Diese kristallisiert in mikroskopisch sichtbaren dünnen rechteckigen Plättchen. Das Röntgendiagramm ist sehr ähnlich demjenigen des Nitrats, der Schichtenabstand nur wenig größer. Die Chlorationen dürften im Hydroxychlorat ähnlich angeordnet sein wie die Nitrationen im Hydroxynitrat.

Eine ähnliche Struktur wie das Hydroxynitrat haben ferner Hydroxynitrit und Hydroxyformiat (*150*). Die Schichtenabstände sind etwas kleiner als beim Hydroxynitrat (vgl. Tabelle 7). Von besonderem Interesse ist das *Kupferhydroxydithionat* $Cu_2(OH)_3(S_2O_6)_{0,5}$ (*117*). Das Pulverdiagramm sieht demjenigen des Hydroxynitrats sehr ähnlich, der Schichtenabstand ist nur wenig größer (vgl. Tabelle 7), die Kupferionenabstände sind ungefähr gleich. Aus der Dichtebestimmung ergibt sich, daß ein S_2O_6-Ion zwei Hydroxylionen ersetzt. Im Dithionation sind die beiden flachen SO_3-Pyramiden durch die beiden S-Atome miteinander verknüpft (O_3S-SO_3). Dank dieser Form kann das S_2O_6-Ion im Gitter des Hydroxynitrates zwei in benachbarten Hydroxylionenschichten sitzende NO_3-Ionen vertreten. Damit wird verständlich, daß die beiden recht verschiedenen Verbindungen Hydroxynitrat und Hydroxydithionat sehr ähnliche Strukturen besitzen.

Die Struktur der auch im Mineralreich vorkommenden Hydroxysulfate Langit, Brochantit und Antlerit läßt sich nicht auf den C6-Typ zurückführen. Dagegen besitzt das kürzlich von WEISER, MILLIGAN und COOK (*140*) erhaltene Hydroxysulfat, dem wahrscheinlich die Formel $Cu(OH)_{1,6}(SO_4)_{0,2}$ zukommt, eine Einfachschichtenstruktur mit einem Schichtenabstand, der nur wenig größer als derjenige des Hydroxynitrates ist. Ein weiteres ähnlich gebautes Hydroxysulfat bildet sich aus dem ersteren unter gewissen Bedingungen beim Altern, konnte aber noch nicht in größerer Menge erhalten werden.

δ) Hydroxyazide.

CIRULIS und STRAUMANIS (15) haben kürzlich basische Kupferazide beschrieben. Nach neuen Versuchen von GÄUMANN (81) existieren mindestens drei verschiedene Verbindungen, die alle eine sehr ähnliche Struktur besitzen. Die Pulverdiagramme lassen erkennen, daß alle Verbindungen Einfachschichtengitter mit deformierter Metallionenschicht besitzen.

AEBI (3) schließt aus den Pulverdiagrammen, daß Hydroxyazid I und II monoklin, III dagegen orthorhombisch ist. Der Schichtenabstand ist bei allen drei Verbindungen wie bei den Aziden des Ni und Zn mit C6-Typ dem Raumbedarf des N_3-Ions entsprechend etwas größer als 7 Å. Die Angaben über die Abstände der Kupferatome in den Schichten sind beim Hydroxyazid I und III noch etwas unsicher. Immerhin ergibt sich, daß bei allen drei Hydroxyaziden die Deformation der Schicht etwas größer ist als beim Hydroxybromid und -nitrat (vgl. Tabelle 7).

ε) Kupferhydroxychlorid I, CuOHCl.

NOWACKI und MAGET (121) haben eine vorläufige Mitteilung über die Struktur von CuOHCl publiziert. Die kristallographische und röntgenographische Untersuchung an Einkristallen ergab, daß die Verbindung monoklin kristallisiert. Die Dimensionen der Elementarzelle sind in der Tabelle 6 aufgeführt. Die morphologische Ausbildung und die röntgenographischen Daten lassen auf eine Schichtenstruktur schließen.

e) Hydroxysalze mit Metallionenschichten mit Lücken (Raumgitterstrukturen).

Bis jetzt sind drei verschiedene Strukturen beschrieben worden, bei denen durch Lückenbildung in der Metallionenschicht und Einlagerung eines Teiles der Metallionen zwischen die Schichten die Schichtenstruktur des C6-Typs in eine Raumgitterstruktur übergegangen ist, der Atakamit- und der Paratakamittyp und die Struktur des Cadmiumhydroxyfluorids III.

α) Die Struktur des Atakamites der ϑ-Modifikation von Kupferhydroxychlorid II ist erstmals von BRASSEUR und TOUSSAINT bestimmt worden (8). WELLS hat kürzlich diese Strukturbestimmung revidiert und die Atomabstände neu bestimmt (142).

Der Atakamit kristallisiert rhombisch, die Elementarzelle hat die folgenden Dimensionen: $a = 6,01$ Å, $b = 9,13$ Å, $c = 6,84$ Å. Abb. 19 zeigt die Struktur parallel [100] projiziert. Aus der Abbildung ist ersichtlich, daß sich im Kristall Schichten abgrenzen lassen, sie liegen parallel (011) (durch Schraffierung der Kreise verdeutlicht) und (0$\bar{1}$1)

(67), (142). Ein Vergleich mit der Abb. 18 läßt ohne weiteres die Beziehung zur Struktur des Kupferhydroxybromides und Kupferhydroxychlorides IIα erkennen. Der Abstand dieser Schichten (5,52 Å) ist fast gleich groß wie beim Kupferhydroxychlorid IIα. Beim Atakamit ist aber jedes vierte Cu-Atom aus der Schicht in die Zwischenschicht verschoben (Abb. 19). Die Verteilung der Lücken in der deformierten Metallionenschicht ist in III, 2d besprochen und in der Abb. 12b (S. 695) wiedergegeben worden. Die Anionen bilden Schichten mit schwach

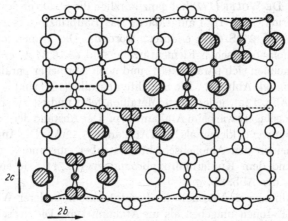

Abb. 19. Die Struktur von Atakamit [Cu$_2$(OH)$_3$Cl] parallel [100] projiziert.

deformierter hexagonaler Kugelpackung, die Verteilung der Chlorionen entspricht dem Schema der Abb. 8a, S. 691.

Die Koordinationsverhältnisse sind sehr ähnlich wie bei den Kupferhydroxyhalogeniden mit Einfachschichtenstruktur. Die eine Hälfte der Kupferionen (Cu$_I$) hat als Nachbarn ebenfalls 4 OH-Ionen in den Ecken eines schwach verzerrten Quadrates, im Abstand von 2,02 Å, und 2 Cl-Ionen im Abstand von 2,74 Å; diese bilden mit den Hydroxylionen ein verzerrtes Oktaeder. Die andere Hälfte der Kupferionen (Cu$_{II}$) hat als Nachbarn vier OH-Ionen im Abstand von 2,00 Å, ein fünftes OH-Ion im Abstand von 2,36 und ein Cl-Ion im Abstand von 2,75 Å; auch diese Ionen bilden ein verzerrtes Oktaeder.

BIANCO (6) hat kürzlich aus einer mit MgO übersättigten, konzentrierten Magnesiumchloridlösung (4,5 bis 5-m) bei 175° ein Magnesiumhydroxychlorid erhalten, dem sie die Zusammensetzung 3 Mg(OH)$_2$ · MgCl$_2$ · H$_2$O zuschrieb. Dieses Hydroxychlorid ist sehr hygroskopisch, der Wassergehalt ist deshalb auf chemischem Wege schwierig zu bestimmen. Aus einer röntgenographischen Untersuchung von DE WOLFF (149) ergibt sich, daß dieses Magnesiumhydroxychlorid im Atakamittyp kristallisiert und kein Hydratwasser enthält. Die Dimensionen der rhombischen Elementarzelle sind $a = 6{,}24$ Å, $b = 9{,}19$ Å, $c = 6{,}87$ Å, sie sind fast gleich wie beim Atakamit (vgl. oben). Es existieren demnach zwei Magnesiumhydroxychloride der Zusammensetzung $Mg_2(OH)_3Cl$, die α-Modifikation mit C6-Typ (vgl. Tabelle 3) und die β-Modifikation mit Atakamittyp.

β) Die Hydroxychloride $Co_2(OH)_3Cl$, $Fe_2(OH)_3Cl_2$, $Mn_2(OH)_3Cl$ und die γ-Modifikation von $Cu_2(OH)_3Cl$, die als *Paratakamit* auch in der Natur vorkommt, besitzen alle eine sehr ähnliche Struktur (*67*) *(Paratakamittyp)*. De Wolff (*147*) hat ganz kürzlich die Struktur des Kobalthydroxychlorids $Co_2(OH)_3Cl$ aufgeklärt. Das Bauprinzip dieser Verbindung ist in III, 2 (S. 695) erläutert worden. Die Dimensionen der hexagonal-rhomboedrischen Elementarzelle sind $a = 6{,}84$ Å, $c = 14{,}5$ Å. Im Gitter zeichnen sich parallel (001) und noch deutlicher parallel (101) Schichten ab (vgl. Abb. 11). Die Schichten parallel (101) sind hexagonal deformiert (Abb. 12a), jedes vierte Metallion fehlt und ist zwischen den Schichten eingelagert wie beim Atakamittyp. Der Abstand der Schichten (5,34 Å) ist nur wenig kleiner als beim Atakamit (5,52 Å). Die Anordnung der Chlorionen in den Anionenschichten ist aber eine andere als beim Atakamit- und dem Kupferhydroxybromidtyp (S. 711), sie entspricht dem Schema der Abb. 8b.

Die Metallionen sind deshalb im Paratakamit in anderer Weise von OH^-- und Cl^--Ionen umgeben als im Atakamittyp. Die zwischen den Schichten eingebauten Kobaltionen (Co_I) sind von sechs OH-Ionen in einem Abstand von 2,12 Å oktaedrisch umgeben. Die Kobaltionen in den Schichten (Co_{II}) befinden sich im Zentrum eines verzerrten Oktaeders mit vier OH-Ionen im Abstand von 2,16 Å und zwei Cl^--Ionen im Abstand von 2,53 Å.

Die Gitterdimensionen des Paratakamites sind von Frondel (*80*) bestimmt worden. Er fand die folgenden Werte für die hexagonalrhomboedrische Zelle: $a = 13{,}66$ Å, $c = 13{,}95$ Å und eine sehr ausgeprägte Pseudozelle mit halbem a (6,83 Å). Diese Pseudozelle des Paratakamites ist also fast gleich groß wie die Elementarzelle von $Co_2(OH)_3Cl$. Der kleine Unterschied in der Struktur des Paratakamits und des Kobalthydroxybromids wird möglicherweise dadurch verursacht, daß das Kupferion eine planare Viererkoordination bevorzugt.

Die isomorphen Hydroxychloride von Eisen und Mangan sind nur in fehlgeordneten Formen erhalten worden, die Gitterdimensionen sind noch nicht genau bestimmt.

Die β-Modifikation von Kupferhydroxychlorid II dürfte eine dem Atakamit und Paratakamit sehr ähnliche Struktur haben.

Hydroxybromide, die im Atakamit- oder Paratakamittyp kristallisieren, sind bis jetzt noch nicht beobachtet worden. Im $Co_2(OH)_3Cl$ sind rund $1/3$ der Cl-Ionen durch Bromionen isomorph ersetzbar (*54*).

γ) FEITKNECHT und BUCHER (43) haben vor einiger Zeit gezeigt, daß *Cadmiumhydroxyfluorid III* eine auf den C6-Typ zurückführbare Raumgitterstruktur besitzt. Diese Verbindung entsteht als erstes instabiles Fällungsprodukt beim Versetzen einer Cadmiumfluoridlösung mit Lauge. Die Zusammensetzung kann in recht weiten Grenzen schwanken, nämlich ungefähr zwischen $Cd(OH)_{1,3}F_{0,7}$ und $Cd(OH)_{1,6}F_{0,4}$. Das Röntgendiagramm läßt auf eine unvollkommene hexagonale Struktur schließen. Die Dimensionen der Elementarzelle sind $a = 3{,}38$ Å, $c = 4{,}95$ Å, $c/a = 1{,}46$ Å, sie sind ungefähr gleich wie beim Cadmiumhydroxyd (vgl. Tabelle 2), das Achsenverhältnis c/a ist beim Hydroxyfluorid etwas größer. Aus den Auslöschungen und der Intensität der wenigen vorhandenen Röntgenreflexe ergibt sich, daß eine C6-Struktur vorliegt, bei der die Hälfte der Cadmiumionen in die Oktaederplätze zwischen den Schichten verlagert sind. Die Struktur kann beschrieben werden als eine hexagonal dichteste Kugelpackung von Hydroxyl- und Fluorionen, bei der die Hälfte der Oktaederlücken statistisch verteilt mit Cadmiumionen besetzt ist.

3. Hydroxysalze mit Doppelschichtenstrukturen.

a) Hydroxysalze
mit ungeordneten Doppelschichtenstrukturen.

Bis jetzt sind nur drei Hydroxysalze anorganischer Säuren mit ungeordneter Doppelschichtenstruktur erhalten worden, ein Zink- und ein Kobalthydroxynitrat und ein Kobalthydroxysulfat. Die Hydroxynitrate enthalten noch Hydroxylionen in variabler Menge in der Zwischenschicht; die Formeln der Tabelle 8 entsprechen der Idealzusammensetzung.

Tabelle 8. *Hydroxysalze, a) mit ungeordneten Doppelschichtenstrukturen, b) mit Struktur des grünen Kobalthydroxybromids.*

Bezeichnung	Formel	Gitter-dimensionen		Literatur
		a	c'	
) Hochbasisches Zn-Nitrat	$4\,Zn(OH)_2 \rightleftharpoons Zn(OH, NO_3) \cdot nH_2O$	3,11	9,5	(27), (60)
Grünes basisches Co-Nitrat IIIα .	$4\,Co(OH)_2 \rightleftharpoons Co_{1,25}(OH)(NO_3)_{1,5}$	3,13	9,15	(55)
Blaues Co-Hydroxysulfat IIα . .	$3\,Co(OH)_2 \rightleftharpoons CoSO_4, 4\,H_2O$	3,13	9,6	(52)
) Nickelhydroxychlorid V	$4\,Ni(OH)_2 \rightarrow NiOH_{0,7}Cl_{1,3}$	3,05	8,0	(49)
Nickelhydroxybromid IV . . .	$4\,Ni(OH)_2 \rightarrow Ni(OH)_{0,7}Br_{1,3}$	3,05	8,1	(50)
Nickelhydroxynitrat V	$4\,Ni(OH)_2 \rightleftharpoons Ni(OH)_{0,9}(NO_3)_{1,1}$	3,08	8,0	(51)
Grünes Co-Hydroxychlorid . . .	$4\,Co(OH)_2 \rightarrow CoOHCl$	3,13	8,2	(53), (64)
Grünes Co-Hydroxybromid . . .	$4\,Co(OH)_2 \rightarrow CoOHBr$	3,13	8,2	(54), (64)
Zn-Hydroxybromid IV	$4\,Zn(OH)_2 \rightarrow Zn(OH)_{0,7}Br_{1,3}$	3,15	8,3	(75)
Co-Hydroxysulfat I entwässert .	$3\,Co(OH)_2 \rightarrow 2\,CoSO_4$	3,15	9,7	(52), (150)

Das Verhältnis der Anzahl der Metallionen in der Hauptschicht zu der Anzahl Metallionen in der Zwischenschicht ist 4:1 beim Zinkhydroxynitrat, 4:1,25 beim Kobalthydroxynitrat und 3:1 beim Kobaltsulfat; die Zusammensetzung dieser Hydroxysalze mit ungeordnetem Doppelschichtengitter ist also recht verschieden.

Es ist anzunehmen, daß auch bei Hydroxysalzen anderer Metalle und vor allem anderer Säuren, z.B. Sauerstoffsäuren ($HClO_3$, $HClO_4$) Hydroxysalze mit ungeordneter Doppelschichtenstruktur hergestellt werden können.

b) Hydroxysalze mit Doppelschichtenstruktur mit ungeordneter Zwischenschicht (Struktur des grünen Kobalthydroxybromids).

Dieser Strukturtyp, mit geordneten Hauptschichten in der Anordnung des C19-Typ und ungeordneten Zwischenschichten (Abb. 13, S. 697) wurde zuerst beim grünen *Kobalthydroxybromid* und *-chlorid* festgestellt (*64*). Diese hochbasischen Hydroxyhalogenide des Kobalts haben eine mittlere Zusammensetzung von $9 Co(OH)_2 \cdot 1 CoX_2$; die Konstitutionsformel lautet [$4 Co(OH)_2 \Longleftrightarrow CoOHX$]. Ein Teil der Hydroxylionen der Zwischenschicht wird in konzentrierterer Lösung durch Halogenionen ersetzt; beim Zufügen von Lauge werden die Halogenionen durch Hydroxylionen ausgetauscht und das Hydroxyhalogenid geht einphasig in das blaue Kobalthydroxyd über (vgl. II, 5).

Die *Nickelhydroxysalze* mit der Struktur des grünen Kobalthydroxybromids (Chlorid, Bromid und Nitrat vgl. Tabelle 8) entstehen in stark fehlgeordneter Form beim unvollständigen Fällen der Nickelsalzlösungen mit Lauge. Die Zusammensetzung ist nicht ganz konstant, der Hydroxylionengehalt der Zwischenschicht ist aber im Mittel kleiner als bei den isotypen Kobalthalogeniden.

Ein Zinkhydroxychlorid mit der Struktur des grünen Kobalthydroxybromids existiert nicht, wohl aber ein Hydroxybromid (vgl. Tabelle 8). Dieses Zinkhydroxybromid IV bildet sich unter verdünnter (etwa 0,1-m) Zinkbromidlösung als stabile Verbindung.

Das in Tabelle 8 aufgeführte „Kobalthydroxysulfat I entwässert" unterscheidet sich ganz wesentlich von den anderen Hydroxysalzen mit der Struktur des grünen Kobaltbromids. Es bildet sich bei der thermischen Entwässerung von Kobalthydroxysulfat I (mit geordneter Doppelschichtenstruktur) nach der Gleichung:

$$[3 Co(OH)_2 \Longleftrightarrow 2 CoSO_4 \cdot 5 H_2O] \rightarrow [3 Co(OH)_2 \Longleftrightarrow 2 CoSO_4] + 5 H_2O.$$

Beim Austritt des Wassers aus der Zwischenschicht nimmt der Schichtenabstand um rund 1 Å ab, die Zwischenschicht wird ungeordnet und die Hauptschichten ordnen sich wie beim C19-Typ. Der Schichtenabstand bleibt um rund 1,5 Å größer als bei den übrigen Hydroxysalzen mit gleichem Strukturtyp, da auf 3 $Co(OH)_2$ in der Hauptschicht 2 $CoSO_4$ in der Zwischenschicht kommen.

Der Abstand a der Metallionen in den Hydroxydschichten dieser Hydroxysalze mit ungeordneter Zwischenschicht ist etwa 1 bis 1,5% und der Abstand Me−OH etwa 3,5% kleiner als in den Schichten der entsprechenden Hydroxyde. Diese Abstandsänderungen in den Schichten sind nach LOTMAR und FEITKNECHT (*110*) darauf zurückzuführen, daß die Wechselwirkung der Hydroxylionen zweier benachbarter Schichten (die Kontrapolarisation) abgeschwächt wird, wenn die Schichten getrennt und eine ungeordnete Zwischenschicht eingelagert wird.

c) Hydroxysalze mit geordneten Doppelschichtenstrukturen.

Wie schon erwähnt, wurde noch keine vollkommene Strukturanalyse einer Verbindung mit Doppelschichtenstruktur und vollkommen geordnetem Gitter durchgeführt. LOTMAR (*109*) hat aus Drehkristallaufnahmen an Einkristallen die Größe der Elementarzelle und die Raumgruppe von Zinkhydroxychlorid ($[4 Zn(OH)_2 \cdot ZnCl_2]$) bestimmt. Dieses kristallisiert rhomboedrisch und besitzt bei fast gleichem c ein ungefähr doppelt so großes a wie das grüne Kobalthydroxybromid (Tabelle 9). Seine Struktur kann als eine Art „Überstruktur" des grünen Kobalthydroxybromidtypes aufgefaßt werden, d.h. einer Doppelschichtenstruktur mit geordneten Zwischenschichten.

Ein Zinkhydroxychlorid mit der Struktur des grünen Kobalthydroxybromids, d.h. mit ungeordneter Zwischenschicht, konnte, wie schon erwähnt, nicht erhalten werden, dagegen tritt häufig eine Übergangsform zu Hydroxychlorid II auf. Dieses Zinkhydroxychlorid IIb hat einen etwas höheren Hydroxydgehalt als II, und die Ionen in der Zwischenschicht sind nur teilweise geordnet.

Zinkhydroxychlorid III (6 $Zn(OH)_2 \cdot ZnCl_2$) unterscheidet sich strukturell vom Hydroxychlorid II vor allem dadurch, daß die Hauptschichten wie beim C6-Typ übereinandergelagert sind.

Das Hydroxybromid II besitzt eine Struktur, die derjenigen von Hydroxychlorid II sehr ähnlich ist, allerdings mit niedrigerer Symmetrie. Diese geringere Symmetrie kann eine Folge einer Deformation oder einer Verschiebung der Hydroxydschichten sein. Nebst dem existiert ein Hydroxybromid gleicher Zusammensetzung (Hydroxybromid III), dessen Struktur sich von derjenigen von II dadurch unterscheidet, daß der Abstand der Hauptschichten wesentlich größer ist (vgl. Tabelle 9). Die Zwischenschichten enthalten neben Zinkbromid noch Hydroxyd. Auf Grund der Dichtebestimmung ergibt sich die in Tabelle 9 angegebene Konstitutionsformel.

Zinkfluorid und -jodid bilden je ein dem Hydroxychlorid II analoges Hydroxysalz. Ein Vergleich dieser vier ähnlichen Hydroxyhalogenide

Tabelle 9. *Hydroxysalze mit geordneten Zwischenschichten.*

Bezeichnung	Formel	Dimensionen der Elementarzelle		Charakteristische Gitterdaten		Literatur
		a	c	a'	c	
Zn-Hydroxyfluorid III	$4\,Zn(OH)_2 \rightleftarrows ZnF_2$	6,21	7,2	3,11	7,2	(44)
Zn-Hydroxychlorid II	$4\,Zn(OH)_2 \rightleftarrows ZnCl_2$	6,34	23,60	3,17	7,85	(22), (109)
Zn-Hydroxychlorid IIb	$4\,Zn(OH)_2 \rightleftarrows ZnOH_{0,35}Cl_{1,65}$	6,34	23,60	3,17	7,85	(60)
Zn-Hydroxychlorid III	$4\,Zn(OH)_2 \rightleftarrows Zn(OH)_{0,55}Cl_{1,45}$	6,30	7,77	3,15	7,77	(74), (60)
Zn-Hydroxybromid II	$4\,Zn(OH)_2 \rightleftarrows ZnBr_2$	(6,32)	(22,4)	3,17	8,25	(22)
Zn-Hydroxybromid III	$3\,Zn(OH)_2 \rightleftarrows 2\,ZnOHBr$			3,16	11,2	(75)
Zn-Hydroxyjodid	$4\,Zn(OH)_2 \rightleftarrows ZnJ_2$			3,17	8,7	(22)
Zn-Hydroxyacid IV	$4\,Zn(OH)_2 \rightleftarrows Zn(OH, N_3)$			3,17	9,7	(77)
Ni-Hydroxynitrat IV	$4\,Ni(OH)_2 \rightleftarrows Ni(NO_3)_2 \cdot 7\,H_2O$			3,09	9,55	(51)
Zn-Hydroxynitrat II	$4\,Zn(OH)_2 \rightleftarrows Zn(NO_3)_2 \cdot 2\,H_2O$			3,17	9,8	(22)
Co-Hydroxynitrat III	$4\,Co(OH)_2 \rightleftarrows Co_{1,25}OH(NO_3)_{1,5}$			3,13	9,1	(107)
Cd-Hydroxynitrat III	$4\,Cd(OH)_2 \rightleftarrows Cd(NO_3)_2 \cdot 3\,H_2O$			3,40	9,31	(82)
Zn-Hydroxysulfat I	$3\,Zn(OH)_2 \rightleftarrows ZnSO_4 \cdot 4\,H_2O$			3,15	10,5	(22)
Co-Hydroxysulfat I	$3\,Co(OH)_2 \rightleftarrows 2\,CoSO_4 \cdot 5\,H_2O$			3,17	10,6	(52)
Co-Hydroxysulfat II	$3\,Co(OH)_2 \rightleftarrows CoSO_4 \cdot 4\,H_2O$			3,16	9,3	(52)

läßt erkennen, daß der Abstand a' der Metallionen in den Hauptschichten beim Fluorid deutlich kleiner, bei den übrigen aber fast gleich groß ist wie beim hypothetischen Zinkhydroxyd mit C6-Typ, der Schichtenabstand aber von Fluorid zum Jodid beträchtlich zunimmt.

Das hochbasische *Zinkhydroxyazid (IV)* kristallisiert in einem Doppelschichtengitter. Das Röntgendiagramm dieses Hydroxyazids zeigt große Ähnlichkeit mit dem Röntgendiagramm des Zinkhydroxynitrats II. Die Zusammensetzung ist nicht konstant und schwankt mindestens zwischen $7\,Zn(OH)_2 \cdot Zn(N_3)_2 \cdot nH_2O$ und $15\,Zn(OH)_2 \cdot Zn(N_3)_2 \cdot nH_2O$.

Hydroxyhalogenide mit geordneten Doppelschichtenstrukturen sind bis jetzt nur beim Zink gefunden worden, und es ist fraglich, ob solche bei den übrigen zweiwertigen Metallen existieren. Die *Hydroxysalze der Sauerstoffsäuren* kristallisieren auch bei den übrigen zweiwertigen Metallen mit einem Ionenradius von 0,65 bis 1 Å recht häufig in Doppelschichtenstrukturen mit geordneten Zwischenschichten. So wurde je ein Vertreter dieser Strukturart bei den *Hydroxynitraten* von Ni, Co, Zn und Cd festgestellt (vgl. Tabelle 9). Die Zusammensetzung ist

beim Ni, Zn und Cd $4 Me(OH)_2 \cdot 1 Me(NO_3)_2 \cdot nH_2O$, beim Co sehr wahrscheinlich $6 Co(OH)_2 \cdot Co(NO_3)_2$; zum Teil ist in der Zwischenschicht noch
Wasser eingebaut, das relativ leicht abgegeben wird. Der Abstand der
Metallionen in den Hauptschichten ist nur wenig kleiner als bei den entsprechenden Hydroxyden. Der Schichtenabstand aber ist wesentlich
erhöht, und zwar beträchtlich mehr als beim formal gleich zusammengesetzten Zinkhydroxychlorid II, da die Nitrationen und Wassermoleküle
mehr Raum beanspruchen als die Chlorionen.

Hydroxysulfate mit geordneter Doppelschichtenstruktur sind bis jetzt
beim Zink und Kobalt beobachtet worden. Neben dem in der Tabelle 9
aufgeführten Zinkhydroxysulfat existieren mindestens noch drei mit
ganz ähnlicher Struktur. Beim Kobalt wurden zwei verschieden zusammengesetzte Hydroxysulfate ($[3 Co(OH)_2 \cdot 2 CoSO_4 \cdot 5 H_2O]$ und
$[3 Co(OH)_2 \cdot CoSO_4 \cdot 4 H_2O]$) mit geordneter Doppelschichtenstruktur
erhalten. Hydroxysulfat I mit größerem Sulfatgehalt in der Zwischenschicht hat einen entsprechend größeren Schichtenabstand als Hydroxysulfat II.

Kupferhydroxybromat und *-jodat* mit einer Zusammensetzung
$[3 Cu(OH)_2 \cdot Cu(XO_3)_2]$ kristallisieren in einer Doppelschichtenstruktur
mit deformierten Hydroxydschichten. Der Schichtenabstand beträgt
wie bei den oben erwähnten Hydroxynitraten 9,2 Å (*150*).

4. Hydroxysalze mit Bänderstruktur.

Magnesiumoxyd setzt sich mit konzentrierter Magnesiumchloridlösung zu Hydroxychloriden um; bei genügend großem Oxydzusatz erhärtet das Gemisch. Die Umsetzung von Magnesiumoxyd mit Ma-
gnesiumchlorid wird deshalb zur Herstellung der sog. Sorel- oder Ma-
gnesiazemente ausgewertet. Da diese Zemente eine größere praktische
Bedeutung haben, sind die Magnesiumhydroxychloride viel untersucht
worden. FEITKNECHT und HELD (*61*) haben festgestellt, daß zwei
Hydroxychloride ähnlicher Struktur auftreten, für die sie die Formeln
$3 Mg(OH)_2 \cdot MgCl_2 \cdot 7 H_2O$ (Hydroxychlorid II) und $5 Mg(OH)_2 \cdot MgCl_2 \cdot$
$7 H_2O$ (Hydroxychlorid III) erhielten. Die Angaben, die man in der
Literatur über den Wassergehalt von $3 Mg(OH)_2 \cdot MgCl_2 \cdot nH_2O$ findet,
schwanken von $n = 7$ bis $n = 9$.

WALTER-LÉVY (*135*) hat für ein sehr langsam auskristallisiertes Präparat von Hydroxychlorid II genau $n = 8$ gefunden, ein Wert, der durch
die röntgenographischen Untersuchungen von DE WOLFF und WALTER-
LÉVY (*148*), (*146*) bestätigt wurde. Diese Autoren schreiben deshalb
die Formel dieser Verbindung $Mg_2(OH)_3Cl \cdot 4 H_2O$.

Magnesiumhydroxybromid $Mg_2(OH)_3Br \cdot 4 H_2O$ ist nach den gleichen
Autoren (*146*) mit dem Hydroxychlorid II isomorph.

Tabelle 10. *Gitterdimensionen der Magnesiumhydroxyhalogenide* $Mg_2(OH)_3X \cdot 4H_2O$.

	a	b	c	α	β	γ	c'
$Mg_2(OH)_3Cl \cdot 4 H_2O$ . .	8,65	6,27	7,43	101° 58'	104° 0'	73° 11'	8,12
$Mg_2(OH)_3Br \cdot 4 H_2O$ . .	8,99	6,32	7,47	102° 25'	103° 37'	72° 47'	8,36

Die beiden Verbindungen kristallisieren triklin; die Dimensionen der Elementarzelle sind in der Tabelle 10 zusammengestellt.

b und *c* und die Achsenwinkel sind bei beiden Hydroxysalzen fast gleich, *a* des Hydroxybromids ist 0,34 Å größer als *a* des Hydroxychlorids.

Die Bänderstruktur dieser Verbindungen ist im Abschnitt III, 4 (Abb. 15 und 16) beschrieben worden. Die Hydroxydbänder sind parallel der *b*-Achse angeordnet; *b* ist gleich dem doppelten Abstand der Magnesiumionen in den Hydroxydbändern. Dieser Abstand beträgt demnach 3,14 Å beim Chlorid und 3,16 beim Bromid und ist praktisch gleich groß wie beim Hydroxyd (vgl. Tabelle 2). Ein Ersatz der Chlor- und Bromionen vergrößert die Dimensionen der gefalteten Schichten nur wenig, der Abstand der Schichten dagegen wird erhöht. Der Schichtabstand $[c' = a \sin (180 - \beta) \cdot \sin \gamma]$ ist nach Tabelle 10 von der gleichen Größenordnung wie bei den Halogeniden mit Doppelschichtenstruktur (Tabelle 8 und 9).

Die Konstitutionsformel dieser Verbindungen läßt sich nach III, 4 schreiben:

$$[Mg_4(OH)_6(H_2O)_6 \Longleftrightarrow Cl_2(H_2O)_2]; \qquad [Mg_4(OH)_6(H_2O)_6 \Longleftrightarrow Br_2(H_2O)_2].$$

Feitknecht und Held (*61*) fanden, daß Hydroxychlorid II beim Entwässern zwei weitere *Hydratstufen* mit ähnlicher Struktur bilden kann, mit n = 5 und 3. Nach de Wolff bleiben beim Entwässern die gefalteten Schichten erhalten, nur der Schichtenabstand wird verkleinert. Aus röntgenographischen Daten schließt er auf ein n von 6 und 4 und schreibt die Formeln dieser Verbindungen $Mg_2(OH)_3Cl \cdot 3 H_2O$ und $Mg_2(OH)_3Cl \cdot 2 H_2O$; die Schichtenabstände betragen 7,09 Å für das Tri- und 6,20 Å für das Dihydrat.

Bei der Entwässerung treten nach de Wolff (*149*) folgende Gitteränderungen auf. Die in der ersten Entwässerungsstufe austretenden Wassermoleküle stammen zur Hälfte aus der Zwischenschicht, zur Hälfte aus den freien Bandrändern, sie werden dort durch Chlorionen aus der Zwischenschicht ersetzt. Unter Verwendung der oben vorgeschlagenen Konstitutionsformel läßt sich die Reaktion wie folgt formulieren:

$$[Mg_4(OH)_6(H_2O)_6 \Longleftrightarrow Cl_2(H_2O)_2] \rightarrow [Mg_4(OH)_6Cl(H_2O)_5 \Longleftrightarrow ClH_2O] + 2 H_2O.$$

Bei der zweiten Entwässerungsstufe tritt das restliche Wasser aus der Zwischenschicht aus, und die restlichen Chlorionen ersetzen die gleiche

Zahl von Wassermolekeln in den freien Bandrändern nach der Reaktion:

$$[Mg_4(OH)_6Cl(H_2O)_5] \rightleftharpoons ClH_2O] \rightarrow 2\,[Mg_2(OH)_3Cl(H_2O)_2] + 2\,H_2O.$$

Dieses Hydrat besteht demnach aus neutralen Bändern, die zu einer gefalteten Schicht zusammengelagert sind, ähnlich wie bei den höheren Hydratstufen, die Verknüpfung der Bänder erfolgt durch Wasserstoffbindungen zwischen Hydroxylgruppen und Chlorionen.

Bei der vollständigen Entwässerung von Hydroxychlorid II entsteht Hydroxychlorid IV mit C6-Struktur (61) (vgl. Tabelle 3). Der Austritt der restlichen Wassermoleküle aus dem Gitter bewirkt demnach einen Übergang der Bänder- in eine reine Schichtenstruktur nach der Gleichung

$$[Mg_2(OH)_3Cl(H_2O)_2] \rightarrow [Mg_2(OH)_3Cl] + 2\,H_2O.$$

Bei der Herstellung dieser Hydroxyhalogenide treten häufig fehlgeordnete Formen auf. Die von verschiedenen Forschern gefundenen Differenzen im Wassergehalt stehen möglicherweise zum Teil damit im Zusammenhang.

Nach DE WOLFF (145) besitzt auch der *Artinit*, ein natürlich vorkommendes *Magnesiumhydroxycarbonat* $Mg_2(OH)_2CO_3 \cdot 3\,H_2O$ eine Bänderstruktur mit Oktaederdoppelketten, mit ähnlicher Konstitution wie das Hydroxychlorid $[Mg_2(OH)_3Cl(H_2O)_2]$.

Die Struktur des Hydroxycarbonates läßt sich in folgender Weise auf diejenige des Hydroxychlorides zurückführen: Die Chlorionen des Hydroxychlorids sind im Hydroxycarbonat durch HCO_3^--Ionen ersetzt (149). Die Bänder sind durch Wasserstoffbrücken von Wassermolekülen des einen Bandes zu HCO_3^--Ionen des nächsten Bandes zu Schichten verknüpft. Die Strukturanalogie der beiden Hydroxysalze ergibt sich ohne weiteres aus dem Vergleich der Konstitutionsformeln, die für das Hydroxycarbonat geschrieben werden kann:

$$[Mg_2(OH)_3HCO_3(H_2O)_2].$$

WALTER-LÉVY hat weitere analog zusammengesetzte Magnesiumhydroxysalze hergestellt, nämlich ein Hydroxysulfat (136) und ein Hydroxynitrat (138). Aus den Röntgendiagrammen kann geschlossen werden, daß sie eine analoge Konstitution besitzen (149), (150). Die Konstitutionsformeln können geschrieben werden:

$$[Mg_4(OH)_6(H_2O)_6 \rightleftharpoons SO_4(H_2O)_2]$$

und

$$[Mg_4(OH)_6(H_2O)_6 \rightleftharpoons (NO_3)_2(H_2O)_2].$$

Magnesiumhydroxychlorid III besitzt eine sehr ähnliche Struktur mit Bändern aus drei Oktaederketten (149). Die Konstitutionsformel kann geschrieben werden: $[Mg_3(OH)_5(H_2O)_3 \rightleftharpoons ClH_2O].$

Mit Magnesiumhydroxychlorid III sind isomorph Nickelhydroxychlorid IV [Ni$_3$(OH)$_5$(H$_2$O)$_3$ $\Longleftrightarrow$ ClH$_2$O] (49) und Nickelhydroxybromid IV [Ni$_3$(OH)$_5$(H$_2$O)$_3$ $\Longleftrightarrow$ BrH$_2$O] (50).

Walter-Lévy und Bianco (137) haben bei erhöhter Temperatur noch weitere Magnesiumhydroxychloride erhalten, nämlich:

$$2\,Mg(OH)_2 \cdot MgCl_2 \cdot 4\,H_2O; \quad 2\,Mg(OH)_2 \cdot MgCl_2 \cdot 2\,H_2O; \quad 3\,Mg(OH)_2 \cdot MgCl_2 \cdot H_2O$$

und

$$9\,Mg(OH)_2 \cdot MgCl_2 \cdot 5\,H_2O.$$

Über die Struktur der beiden Hydroxychloride 2 Mg(OH)$_2$ · MgCl$_2$ mit 2 und 4 H$_2$O ist noch nichts bekannt. 3 Mg(OH)$_2$ · MgCl$_2$ kristallisiert nach de Wolff (149) (vgl. S. 715) im Atakamittyp und enthält kein Hydratwasser. [9 Mg(OH)$_2$ · MgCl$_2$ · 5 H$_2$O] hat eine Schichtenstruktur mit gefalteten Schichten, in denen $^1/_5$ der OH-Ionen durch H$_2$O-Moleküle ersetzt sind, die deshalb positiv geladen sind. Diese positiven Ladungen werden durch die in der Zwischenschicht eingelagerten Chlorionen ausgeglichen. Die Konstitutionsformel kann wie folgt geschrieben werden:

$$[Mg_5(OH)_8(H_2O)_2 \Longleftrightarrow Cl_2(H_2O)_3].$$

5. Hydroxysalze organischer Säuren.

a) Allgemeine Bauprinzipien.

Die Ergebnisse der Untersuchungen über die Einlagerung von anorganischen Salzen zwischen die Schichten von Metallhydroxyd ließen vermuten, daß sich analoge Verbindungen auch mit organischen Säuren mit großem Anion bilden würden. Tatsächlich erhält man beim unvollkommenen Fällen, z. B. eines Zinksalzes einer aromatischen Säure oder einer Lösung von Zinknitrat oder Chlorid, die ein Natriumsalz der entsprechenden organischen Säure enthält, leicht Hydroxysalze mit Doppelschichtenstruktur (45), (12). Die Versuche erstrecken sich hauptsächlich auf die Zinkhydroxysalze von *Naphtholgelb S*

Die freie Säure heißt auch Flaviansäure, sie verhielt sich bei unseren Versuchen wie eine zweibasische Säure. Wir bezeichnen im folgenden die mit ihr erhaltenen Verbindungen als *Hydroxyflavianate*. Es wurden auch einige orientierende Versuche über die Bildung von Hydroxyflavianaten anderer zweiwertiger Metalle sowie über Hydroxysalze anderer organischer Säuren ausgeführt.

Die frischen Fällungen bestehen meistens aus äußerst feinen unregelmäßigen Plättchen, die nur elektronenmikroskopisch erkennbar sind. Die Röntgendiagramme der frischen Fällungen zeigen nur einen, eventuell zwei verbreiterte Basis- und ziemlich scharfe Pyramidenreflexe. Diese Produkte werden im folgenden als α_1-Verbindungen bezeichnet. Beim Altern entstehen größere Teilchen, meistens Plättchen, die in einigen Fällen lang sind und parallel zur Längsachse aufspalten. Die Röntgendiagramme der gealterten Präparate zeigen neben Prismenreflexen eine Reihe von intensiven Basisreflexen, ihre Intensität fällt nach der 3. oder 4. (5.) Ordnung rasch ab, diese Verbindungen werden im folgenden als α_2-Formen bezeichnet. Die α-Formen haben einen Schichtenabstand, der stets größer als 12 Å ist. Sie besitzen eine ungeordnete Doppelschichtenstruktur, bei den α_1-Formen ist der Schichtenabstand nicht ganz konstant.

In mehreren Fällen treten bei der Alterung auch vollkristalline Formen auf. Die Bildungsgeschwindigkeit ist sehr verschieden. Während es bei den Zinkhydroxyflavianaten bei Zimmertemperatur mehr als ein Jahr dauert, bis die Umwandlung der α-Form vollständig ist, kristallisiert das Zinkhydroxypikrat so rasch, daß keine α-Form isoliert werden konnte. Auch die vollkristallinen Verbindungen bilden laminare oder nadelige Formen, meistens mit Kriställchen von mikroskopischer Größe.

b) Die unvollkommen kristallisierten α-Formen.

Die α_1-*Form des Zinkhydroxyflavianates* hat keine konstante Zusammensetzung, und der Schichtenabstand steigt allmählich mit steigendem Flavianatgehalt von 12,8 auf 19,6 Å (vgl. Tabelle 11). Die Präparate mit kleinstem Schichtenabstand treten nur in praktisch farbstofffreier Lösung und im Gemisch mit amorphem Zinkhydroxyd auf. Bei einem Gehalt der Lösung von $1 \cdot 10^{-3}$-m Farbstoff und einer Zusammensetzung des Hydroxysalzes von 1 $Zn(OH)_2 \cdot 0{,}25$Zn Fla ist der Schichtenabstand 16,2 Å, mit steigendem Farbstoffgehalt der Lösung nimmt zunächst auch der Farbstoffgehalt und der Schichtenabstand des Hydroxysalzes zu, um bei einer Konzentration von rund 10^{-2}-m eine Zusammensetzung von 1 $Zn(OH)_2 \cdot 0{,}31$ ZnFla einen Schichtenabstand von 19,6 Å zu erreichen. Bei hohem Farbstoffgehalt der Lösung nimmt der Bodenkörper weiter Farbstoff auf, dabei steigt der Schichtenabstand (möglicherweise auch kontinuierlich) bis zu einem Wert von 24,2 Å. [Über Hydroxysilicate mit variablem Schichtenabstand vgl. (11), (94).]

Es treten drei α_2-*Formen von Zinkhydroxyflavianat* auf, jede besitzt eine bestimmte Zusammensetzung und einen charakteristischen Schichtenabstand (vgl. Tabelle 11). Beim Hydroxyflavianat Iα_2 ($c' = 24{,}2$ Å) ließ sich die Zusammensetzung analytisch nicht ermitteln, weil diese Verbindung nur unter konzentrierter Farbstofflösung beständig ist und

Tabelle 11. *Unvollkommen kristalline Formen von Hydroxysalzen organischer Säuren.*

Verbindung	Zusammensetzung	a	c'
α_1-Zn-Hydroxyflavianate . . .	variabel	3,11	12,8—19,5
α_2-Zn-Hydroxyflavianate I . .		3,11	24,2
α_2-Zn-Hydroxyflavianate II . .	$Zn(OH)_2$ 0,32 ZnFla	3,11	19,5
α_2-Zn-Hydroxyflavianate III .	$Zn(OH)_2$ 0,25 ZnFla	3,11	16,1
α_1-Cu-Hydroxyflavianate . . .		$\begin{cases}2,99\\3,17\end{cases}$	13,1—16,4
α_1-Co-Hydroxyflavianate . . .		3,11	13,8
α_2-Mn-Hydroxyflavianate . .		3,19	13,1
α_2-Cd-Hydroxyflavianate . . .		3,48	15,4
α_2-Zn-Hydroxy-p-Nitrophenolat		3,12	14,9
α_2-Zn-Hydroxybenzoat		3,12	19,2
α_2-Zn-Hydroxysalicylat		3,12	16,5
α_2-Zn-Hydroxybenzolsulfonat .		3,10	15,8
α_2-Zn-Hydroxyerioflavin . . .	$Zn(OH)_2$ 0,23 Zn-Erioflavin	3,13	20,6
α_2-Zn-Hydroxyerioglaucin A. .	$Zn(OH)_2$ 0,147 Zn-Erioglaucin	3,12	27,2
α_2-Zn-Hydroxyhelvetiablau . .	$Zn(OH)_2$ 0,23 Zn-Helvetiablau	3,12	27—28

beim Auswaschen unter Abnahme des Schichtenabstandes Farbstoff abgibt. Die Zusammensetzung von Hydroxyflavianat IIα_2 ist nicht genau stöchiometrisch (vgl. Tabelle 11) kommt aber der Formel $3\,Zn(OH)_2 \cdot ZnFla$ sehr nahe. Hydroxyflavianat IIIα_2 hat eine Zusammensetzung, wie sie bei Zinkhydroxysalzen mit einwertigen Anionen häufig vorkommt, nämlich $4\,Zn(OH)_2 \cdot 1\,ZnFl$.

Aus dem großen Abstand der Schichten dieser Zinkhydroxyflavianate ist zu schließen, daß mehrere Lagen von Farbstoffsalz zwischen die Hydroxydschichten eingelagert sind. Sehr wahrscheinlich liegen die scheibchenförmigen Flavianationen parallel zu den Hydroxydschichten. McEwan und Talib-Uddin (*19*), die solche Zinkhydroxyflavianate nach unseren Angaben herstellten, nahmen an, daß beim *Hydroxyflavianat II* (Schichtenabstand 19,5 Å) vier Lagen von Farbstoffschichten zwischen den Hydroxydschichten eingebettet sind. Bürki (*12*) kommt auf Grund einer vorläufigen eindimensionalen Fourier-Synthese auf eine Zwischenschicht mit drei Lagen von Flavianat. Die Konstitutionsformel dieser Verbindung kann geschrieben werden: $[9\,Zn(OH)_2 \rightleftharpoons 3\,ZnFla]$. Die Fläche eines Schichtstückes von $9\,Zn(OH)_2$ (Abstand $Zn-Zn = 3{,}11$ Å; vgl. Tabelle 11) beträgt 80 Å. Die Fläche, die ein Flavianation bei flacher Lagerung in der Zwischenschicht benötigt, läßt sich aus der Struktur des Flavianations und den Dimensionen der Atomkalotten abschätzen. Die Schätzung ergibt einen Wert von 76 Å, eine Fläche, die fast gleich groß ist wie die Fläche von $9\,Zn(OH)_2$ in der Hauptschicht.

Für Hydroxyflavianat I ($c = 24{,}2$ Å) ist eine Zwischenschicht mit vier Lagen von Flavianat anzunehmen. Hydroxyflavianat I hat einen um 4,7 Å größeren Schichtenabstand als II; die Höhe der Zwischenschicht von II ($c_{\text{Flavianat}} - c_{\text{Hydroxyd}}$) beträgt rund $14{,}8 = 3 \times 4{,}9$ Å. Eine

Flavianatlage hat demnach eine Dicke von 4,7 bis 4,9 Å, ein Betrag, der mit der Wirkungssphäre des Flavianations verträglich ist, wenn die Wirkungssphäre der Sulfonsäuregruppe berücksichtigt wird. Aus diesen Überlegungen ergibt sich eine Formel für Hydroxyflavianat I mit einer viermolekularen Zwischenschicht:

$$[9\ Zn(OH)_2 \rightleftharpoons 4\ Fla] \quad \text{oder} \quad 2{,}25\ Zn(OH)_2 \cdot ZnFla.$$

Die Höhe der Zwischenschicht von Hydroxyflavianat III (11,4 Å) steht in keiner einfachen Beziehung zu der Höhe der Zwischenschichten von II und I. Wahrscheinlich sind zwei Lagen von schräg gerichteten Flavianationen zwischen den Hydroxydschichten eingebettet.

Hydroxyflavianate anderer Metalle.

Von *Cu, Co, Mn und Cd* wurden ebenfalls *Hydroxyflavianate* mit ungeordneter Doppelschichtenstruktur erhalten. Ihre Zusammensetzung ist noch nicht ermittelt worden. Der *Schichtenabstand* ist individuell verschieden und liegt zwischen 13,1 und 16,4 Å (vgl. Tabelle 11, d.h. die Höhe der Zwischenschicht beträgt 8,5 bis 11,8 Å); beim Kupferhydroxyflavianat nimmt der Schichtenabstand mit steigendem Flavianatgehalt kontinuierlich zu, ähnlich wie beim α_1-Zinkhydroxyflavianat. Sehr wahrscheinlich sind zwei Lagen von Flavianat zwischen den Hydroxyd-schichten eingebettet, die Flavianationen sind aber nicht bei allen Verbindungen gleich gelagert, zum Teil offenbar schräg gestellt.

Der Abstand der Metallionen in den Hydroxydschichten ist, ähnlich wie bei den Hydroxysalzen anorganischer Säuren mit ungeordneter Zwischenschicht, bei allen α-Hydroxyflavianaten kleiner als bei den Hydroxyden der entsprechenden Metalle (vgl. Tabelle 11 und 2). Die Größe der Kontraktion der Hydroxydschicht ist individuell verschieden, am kleinsten ist sie beim Cadmiumhydroxyflavianat.

Das *Kupferhydroxyflavianat* besitzt eine deformierte Hydroxyd-schicht. Die Abstände der Kupferionen und der Grad der Deformation ist praktisch gleich groß wie beim α-Kupferhydroxychlorat, das eine ungeordnete Einfachschichtenstruktur besitzt (Tabelle 7). Diese Deformation der Hydroxydschicht äußert sich auch in der Ausbildungsform der Kriställchen, sie sind von elektronenmikroskopischer Größe und bilden lange dünne Plättchen.

α-Hydroxysalze weiterer organischer Säuren.

Orientierende Versuche haben ergeben, daß organische Säuren verschiedenster Zusammensetzung und Konstitution Hydroxysalze mit Doppelschichtenstrukturen mit ungeordneter Zwischenschicht zu geben vermögen. Diese Versuche erstrecken sich auf einige Vertreter einfacher

Derivate von Benzol, nämlich Benzolsulfonsäure, Benzoesäure, Salicylsäure und p-Nitrophenol, ferner auf einige weitere Farbstoffe, und zwar
einen Azofarbstoff

Erioflavin

(die Stellung der zweiten SO_3-Gruppe ist nicht bekannt)

und zwei Triphenylmethanfarbstoffe

Erioglaucin A

(die Stellung von zwei SO_3-Gruppen ist nicht bekannt)

Helvetiablau

(die Stellung der drei SO_3-Gruppen ist nicht bekannt).

Die Zusammensetzung der Hydroxysalze dieser Farbstoffe mit großem
Molekulargewicht ist nicht einfach stöchiometrisch (vgl. Tabelle 11).

Der Schichtenabstand ist individuell stark verschieden, er liegt
zwischen rund 15 bis 19 Å bei kleinem, rund 21 bis 28 Å bei großem
organischen Säurerest (vgl. Tabelle 11). Die Ionen der organischen
Säuren dürften in zwei- oder dreimolekularen Lagen zwischen den
Hydroxydschichten eingebettet sein.

McEWAN und TALIB-UDDIN (19) ist es gelungen, in die α_2-Form des
Zinkhydroxyflavianates II zusätzlich neutrale organische Verbindungen,
Wasser, Alkohole und Nitrile einzulagern. Der Schichtenabstand wird
dadurch weiter erhöht, es konnten mit Wasser und Äthanol Schichtenabstände bis zu fast 31 Å erhalten werden.

c) Die vollkristallinen Formen.

Beim Altern der Hydroxysalze organischer Säuren gehen die α-For-
men häufig in vollkristalline Verbindungen über. *Zinkhydroxyflavianat II*

bildet bis zu 1 cm lange, leicht zu Fasern aufspaltende Bänder, *Hydroxy-flavianat III* bis 0,1 mm lange Nädelchen. Zusammensetzung und Gitterdimensionen sind fast gleich wie bei den entsprechenden α-Formen (Tabelle 12).

Tabelle 12. *Vollkristalline Formen von Hydroxysalzen organischer Säuren.*

Verbindung	Zusammensetzung	Gitter-dimensionen	
		a'	c'
Zn-Hydroxyflavianat II . . .	Zn(OH)₂ 0,32 ZnFla	3,11	19,5
Zn-Hydroxyflavianat III . . .	Zn(OH)₂ 0,25 ZnFla	3,17	16,4
Cd-Hydroxyflavianat II . . .	Cd(OH)₂ 0,38 CdFla	3,48	18,1
Zn-Hydroxy-p-Nitrophenolat .	Zn(OH)₂ 0,25 Zn(p-Nitrophenolat)₂	3,17	11,4
Zn-Hydroxypikrat	Zn(OH)₂ 0,21 Zn(Pikrat)₂	3,15	18,2

Beim Hydroxyflavianat III ist der Abstand der Metallionen in den Hydroxydschichten etwas größer als bei II und bei den α-Formen von Zinkhydroxyflavianat. Er nähert sich wie bei den vollkristallinen Formen der Hydroxysalze anorganischer Säuren (vgl. Tabelle 9, S. 720) dem Abstand der Metallionen in der Hydroxydschicht des hypothetischen Zinkhydroxyds mit C6-Typ.

Die Zusammensetzung des *vollkristallinen Cadmiumhydroxyflavianates* ist nicht einfach stöchiometrisch, sie nähert sich der Formel [8 Cd(OH)₂ · 3 CdFla]. Der Abstand der Cd-Ionen in den Hydroxydschichten ist praktisch gleich wie im Cd(OH)₂ (3,48 Å), der Schichtenabstand etwas kleiner als beim Zinkhydroxyflavianat II ([9 Zn(OH)₂ · 3 ZnFla]). Im Cadmiumhydroxyflavianat sind sehr wahrscheinlich wie beim Zinkhydroxyflavianat drei Lagen von Flavianat zwischen den Hydroxydschichten eingebettet. (Konstitutionsformel: [8Cd(OH)₂ ⟺ 3 ZnFla].) Die Fläche eines Schichtstückes von 8 Cd(OH)₂ beträgt 83 Å, ist also fast gleich groß wie die Fläche eines Schichtstückes von 9Zn(OH)₂ (vgl. S. 726) und ist nur wenig größer als der Flächenbedarf eines Flavianations. Der Flavianatgehalt von Cadmiumhydroxyflavianat ist einerseits durch die Zahl der Lagen in der Zwischenschicht, andererseits durch die Maschenweite der Hydroxydschichten gegeben. Das Mengenverhältnis Hydroxyd:Flavianat ist deshalb nicht einfach stöchiometrisch; Cadmiumhydroxyflavianat ist hydroxydärmer als die entsprechende Zinkverbindung, weil die Maschenweite von Cadmiumhydroxyd größer ist als von Zinkhydroxyd [vgl. die nichtstöchiometrisch zusammengesetzten Harnstoffaddukte und Tonmineraladsorbate (130)].

Das vollkristalline *Zinkhydroxy-p-Nitrophenolat* hat einen wesentlich kleineren Schichtenabstand als die α-Form. Wahrscheinlich sind bimolekulare Schichten von Zinknitrophenolat zwischen die Hydroxydschichten eingelagert.

Das *Hydroxypikrat* kristallisiert so rasch, daß es nur in vollkristalliner Form erhalten werden konnte. Es läßt sich formulieren: [5 Zn(OH)$_2$ $\rightleftharpoons$ Zn(Pikrat)$_2$]; die Zwischenschicht dürfte aus drei Lagen von Zinkpikrat bestehen (vgl. Tabelle 12).

6. Hydroxydoppelsalze.

a) Allgemeine Bauprinzipien.

Hydroxydoppelsalze setzen sich zusammen aus dem Hydroxyd des einen und dem Salz eines zweiten Metalles ([3 Cu(OH)$_2$ · CoCl$_2$]) oder aus Hydroxyd und zwei Salzen mit verschiedenem Anion ([Mg(OH)$_2$ · MgCl$_2$ · 2 MgCO$_3$ · 6 H$_2$O]) (*135*). Es ist zweckmäßig, auch die Hydroxysalze, die ein Metall in verschiedener Wertigkeitsstufe enthalten, zu den Hydroxydoppelsalzen zu zählen ([4 Co^{II}(OH)$_2$Co^{III}OCl]). Da über Hydroxysalze mit verschiedenem Anion noch sehr wenig bekannt ist, werden wir sie nicht weiter berücksichtigen. Unsere Kenntnisse über Hydroxysalze mit verschiedenen Metallionen beschränken sich auch auf einige wenige Gruppen.

Französische Forscher (*112*), (*125*), (*128*) haben vor etwa 50 Jahren basische Doppelsalze des Kupfers beschrieben. Sie erhielten Verbindungen mit einfach stöchiometrischer Zusammensetzung: 3 Cu(OH)$_2$MeX$_2$. Werner hat diese Kupferhydroxysalze ähnlich wie die einfachen Hydroxysalze als Komplexverbindungen, Hexolsalze $\left[\text{Me}\left(^{HO}_{HO}\text{Cu}\right)_3\right]X_3$, formuliert. Eine neuere Untersuchung von Feitknecht und Maget (*68*), (*111*) zeigte, daß die Hydroxydoppelsalze des Kupfers Kristallverbindungen sind, mit gleicher oder ähnlicher Struktur wie die einfachen Hydroxysalze.

Hydroxydoppelsalze von Calcium und Aluminium können sich beim Erhärten von aluminathaltigem Zement bilden und den Erhärtungsprozeß wesentlich beeinflussen. Sie sind deshalb von Zementchemikern näher untersucht worden. Forsén (*79*) hat die Calciumaluminiumhydroxysalze als Komplexverbindungen zu formulieren versucht. Brandenberger (*7*) wies nach, daß sie Kristallverbindungen mit Schichtengitter sind. Der Strukturvorschlag von Brandenberger wurde von Feitknecht und Mitarbeitern (*56*), (*47*) modifiziert und präzisiert.

Unsere Untersuchungen haben ergeben, daß sich die Struktur der Hydroxydoppelsalze ganz allgemein auf die Struktur der einfachen Hydroxysalze zurückführen läßt. Ein Teil der Metallionen des einfachen Hydroxysalzes ist im Doppelsalz durch Ionen eines anderen Metalles ersetzt.

b) Kupferhydroxydoppelsalze.

Feitknecht und Maget (*68*) haben Hydroxydoppelchloride von Ni, Co, Mg, Zn und Cd nach der Methode von Mailhe (*112*) durch Umsetzen von Kupferoxyd oder Kupfer und Sauerstoff mit Chloridlösungen dieser Metalle hergestellt. Es spielen sich dabei folgende Reaktionen ab:

a) $\qquad 3\,[\text{CuO}] + \text{MeCl}_2 + 3\,\text{H}_2\text{O} = [\text{Cu}_3\text{Me(OH)}_6\text{Cl}_2]$

b) $\qquad 3\,[\text{Cu}] + 1\tfrac{1}{2}\,\text{O}_2 + \text{MeCl}_2 + 3\,\text{H}_2\text{O} = [\text{Cu}_3\text{Me(OH)}_6\text{Cl}_2]$.

α) Kupferhydroxydoppelsalze mit C6-Typ.

Wird Kupferpulver unter Durchleiten von Sauerstoff mit Kobaltchlorid- oder Zinkchloridlösung mittlerer Konzentration umgesetzt, so scheiden sich primär instabile *Hydroxydoppelsalze* aus, die im *C6-Typ* kristallisieren. Ein Kupfermagnesiumhydroxychlorid mit gleicher Struktur bildet sich in konzentrierter Magnesiumchloridlösung. Die Zusammensetzung dieser Präparate ist ungefähr $\text{Cu}_3\text{Mg(OH)}_6\text{Cl}_2$. Die Gitterdimensionen sind in der Tabelle 13 zusammengestellt. Der Metallionenabstand ist ungefähr gleich wie bei den Hydroxyden des Fremdmetalls, der Schichtenabstand entspricht demjenigen der Hydroxychloride mit Einfachschichtenstruktur.

Die Kupfer- und die Fremdmetallionen, wie auch die OH- und ClIonen, sind statistisch verteilt. Die statistische Verteilung der Metallionen läßt erwarten, daß das Verhältnis $\text{Cu}^{2+}:\text{Me}^{2+}$ variieren kann. Die einfach stöchiometrische Zusammensetzung der von MAGET hergestellten Präparate ist durch den Bildungsmechanismus bedingt (vgl. Reaktions-

Tabelle 13. *Kupferhydroxydoppelchloride.*

Gittertyp	Bezeichnung	Zusammensetzung	Gitterdimensionen	
			a	c'
E.N.	Cu—Ni II δ	$\text{Cu}_{0,4-0,05}\text{Ni}_{1,6-1,95}\text{(OH)}_3\text{Cl}_1$	3,17	5,44
C6	Cu—Mg II α	$\text{Cu}_{1,4}\text{Mg}_{0,6}\text{(OH)}_3\text{Cl}_1$	3,14	5,80
C6	Cu—Co II α	$\text{Cu}_{1,5}\text{Co}_{0,5}\text{(OH)}_3\text{Cl}$	3,18	5,77
C6	Cu—Zn II α	$\text{Cu}_{1,5}\text{Zn}_{0,5}\text{(OH)}_3\text{Cl}$	3,21	5,78
P.A.	Cu—Ni II γ	$\text{Cu}_{2-0,6}\text{Ni}_{0-1,4}\text{(OH)}_3\text{Cl}$	—	5,52
G	Cu—Mg II β	$\text{Cu}_{1,8}\text{Mg}_{0,2}\text{(OH)}_{2,6}\text{Cl}_{1,4}$	—	5,65
P.A.	Cu—Mg II γ	$\text{Cu}_{2-1,5}\text{Mg}_{0-0,5}\text{(OH)}_3\text{Cl}$	—	5,52
G	Cu—Mg II δ	$\text{Cu}_{1,3}\text{Mg}_{0,7}\text{(OH)}_{3,2}\text{Cl}_{0,8}$	—	5,7
P.A.	Cu—Co II γ	$\text{Cu}_{2-0}\text{Co}_{0-2}\text{(OH)}_3\text{Cl}_1$	—	5,52
P.A.	Cu—Zn II γ	$\text{Cu}_{2-1,5}\text{Zn}_{0-0,5}\text{(OH)}_3\text{Cl}_1$	—	5,52
P.A.	Cu—Cd II γ	$\text{Cu}_{2-1,5}\text{Cd}_{0-0,5}\text{(OH)}_3\text{Cl}_1$	—	5,6

gleichung b). Durch geeignete Wahl der Herstellungsbedingungen dürfte es möglich sein, anders zusammengesetzte Kupferhydroxychloride mit C6-Typ zu erhalten.

Kupfernickel- und Kupfercadmiumhydroxychloride mit C6-Typ konnten nicht erhalten werden. Unter den experimentellen Bedingungen, unter denen sich Kupferkobalt- und Kupferzinkhydroxychlorid mit C6-Struktur bilden, entsteht ein Kupfernickelhydroxychlorid mit einer komplizierteren Einfachschichtenstruktur. Kupferhydroxydoppelchloride mit C6-Struktur bilden sich demnach gerade bei den Metallen (Co und Zn), bei denen keine einfachen Hydroxychloride in diesem Typ kristallisieren.

β) Kupferhydroxydoppelsalze mit Paratakamittyp.

Die stabilen *Endprodukte der Umsetzung von Kupferoxyd* sowie *Kupfer und Sauerstoff* mit den *Chloridlösungen* von Ni, Co, Mg, Zn und Cd kristallisieren im *Paratakamittyp*. Die Gitterdimensionen sind ungefähr die gleichen wie beim Kupferhydroxychlorid IIγ, einzig Kupfercadmiumhydroxychlorid hat eine etwas größere Elementarzelle. Das Kupferion ist also im Kupferhydroxychlorid IIγ auch durch Metallionen ersetzbar, die wie Ni^{2+}, Mg^{2+}, Zn^{2+} und Cd^{2+} keine Hydroxychloride mit Paratakamittyp zu geben vermögen.

Die Zusammensetzung der nach der Methode von MAILHE hergestellten Hydroxydoppelsalze mit Paratakamittyp ist, wie nach den Umsatzgleichungen zu erwarten, im allgemeinen $Cu_{1,5}Me_{0,5}(OH)_3Cl$. — Die so hergestellten Präparate sind aber nicht definierte stöchiometrisch zusammengesetzte Verbindungen, sie sind vielmehr Glieder einer kontinuierlichen Mischkristallreihe: $Cu_2(OH)_3Cl \rightarrow Cu_nMe_m(OH)_3Cl$ (m + n = 2). Da Kupferhydroxychlorid IIγ und Kobalthydroxychlorid II gleiche Struktur besitzen, dürften sie eine vollständige Mischkristallreihe bilden. Durch Umsetzen von Magnesiumoxyd mit verdünnter Kupferchloridlösung erhielt HELD (*61*) zwei weitere Kupfermagnesiumhydroxychloride mit nicht einfach stöchiometrischer Zusammensetzung und paratakamitähnlicher Struktur. Die analysierten Präparate dieser Kupfermagnesiumhydroxychloride ergaben die Zusammensetzung: für IIβ $Cu_{1,8}Mg_{0,2}$ $(OH)_{2,6}Cl_{1,4}$, für IIδ $Cu_{1,3}Mg_{0,7}(OH)_{3,2}Cl_{0,8}$. Wahrscheinlich variiert die Zusammensetzung auch dieser Kristallarten innerhalb charakteristischer Grenzen.

γ) Die Kupfernickelhydroxychloride.

Die verschiedenen Hydroxydoppelchloride, die aus den einfachen Hydroxychloriden $Cu_2(OH)_3Cl$ und $Ni_2(OH)_3Cl$ entstehen können, wurden durch unvollständiges Fällen von Mischlösungen von Kupfer- und Nickelchlorid geeigneter Konzentration mit Lauge hergestellt. Es wurden drei verschiedene Kristallarten erhalten, der Paratakamittyp, eine dem C6-Typ ähnliche, aber vollkommener geordnete Einfachschichtenstruktur und der C6-Typ.

Im $Cu_2(OH)_3Cl$ mit Paratakamittyp lassen sich etwa 70 Atom-% der Kupfer- durch Nickelionen ersetzen, die Formel für das Endglied dieser Mischkristallreihe lautet demnach: $Cu_{0,6}Ni_{1,4}(OH)_3Cl$.

Die Mischkristallphase mit einer dem C6-Typ ähnlichen Einfachschichtenstruktur von Nickelkupferhydroxychlorid II δ hat einen Homogenitätsbereich, der sich von mindestens etwa 80 bis 97,5 Atom-% Nickel erstreckt. Die Endglieder dieser Mischkristallreihe können formuliert werden: $Cu_{0,4}Ni_{1,6}(OH)_3Cl$ und $Cu_{0,05}Ni_{1,95}(OH)_3Cl$. Die Metallionenabstände und die Abstände der Schichten sind identisch mit a und c von Nickelhydroxychlorid II mit C6-Typ (vgl. Tabelle 13 und 3).

Im Nickelhydroxychlorid II mit C6-Typ sind praktisch keine Nickel- durch Kupferionen ersetzbar.

Im System NiOHCl—CuOHCl tritt keine intermediäre Verbindung auf; im hexagonal rhomboedrischen NiOHCl sind etwa 10 Atom-% des Ni durch Cu ersetzbar und im monoklinen CuOHCl etwa 15 Atom-% Cu durch Ni.

Aus einer Untersuchung über das System $Co_2(OH)_3(NO_3)$— $Cu_2(OH)_3(NO_3)$, die noch nicht abgeschlossen ist, folgt, daß hier die Verhältnisse etwas komplizierter sind (107). Neben den einfachen Hydroxynitraten können sich mindestens drei strukturell nur wenig voneinander verschiedene Hydroxydoppelnitrate bilden, die nicht einfach stöchiometrisch und nicht konstant zusammengesetzt sind.

Die Kupferhydroxydoppelsalze zeigen eine gewisse Analogie zu metallischen Mischphasen (vgl. z.B. das System Cu—Zn). Im System $Cu_2(OH)_3X$—$Me_2(OH)_3X$ ist in der Kristallart $Cu_2(OH)_3X$ ein Teil Cu unter Erhaltung der Struktur durch Me ersetzbar, bei größerem Me- Gehalt treten neue Kristallarten, Mischphasen mit charakteristischem Homogenitätsbereich auf, und schließlich ist im $Me_2(OH)_3X$ ein Teil Me durch Cu ersetzbar.

c) Hydroxydoppelsalze zwei- und dreiwertiger Metalle mit der Struktur des grünen Kobalthydroxybromids.

Aus Lösungen, die ein Salz eines zwei- und eines dreiwertigen Metalles enthalten, entstehen beim unvollständigen Fällen mit Lauge Hydroxydoppelsalze. Liegt der Ionenradius des zweiwertigen Metalls zwischen 0,65 und 0,8 Å, so kristallisieren diese Hydroxydoppelsalze häufig im Typ des grünen Kobalthydroxybromids. Bei idealer Zusammensetzung bestehen die Hauptschichten aus dem Hydroxyd des zweiwertigen, die Zwischenschichten aus Oxysalz des dreiwertigen Metalls. Die Idealformel kann geschrieben werden:

$$[4\ \overset{II}{Me}(OH)_2 \rightleftharpoons \overset{III}{Me}OCl] \quad \text{oder} \quad [\overset{II}{Me}_4(OH)_8 \rightleftharpoons \overset{III}{Me}OCl].$$

Es können die folgenden Abweichungen von der Idealzusammensetzung auftreten:

a) Ein Teil der zweiwertigen Metallionen der Hauptschichten kann durch dreiwertige, aber auch ein Teil der dreiwertigen der

Zwischenschicht durch zweiwertige Metallionen ersetzt werden. Der Ersatz zweiwertiger durch dreiwertige Metallionen ist mit einem Ersatz der Hydroxylionen durch Sauerstoffionen gekoppelt.

b) Die Fremdanionen der Zwischenschicht können durch Hydroxylionen ersetzt werden, die Doppelhydroxysalze in Doppelhydroxyd übergehen. Die Umsetzung vom Hydroxydoppelsalz zum Doppelhydroxyd erfolgt kontinuierlich und einphasig (vgl. II, 5) nach der Gleichung:

$$\overset{\text{II}}{[Me_4(OH)_8} \rightleftarrows MeOX] + OH^- \rightarrow [Me_4(OH)_8 \rightleftarrows MeOOH] + X^-.$$

Doppelhydroxyde mit der Struktur des grünen Kobalthydroxybromids wurden in größerer Zahl hergestellt (32), (84), (83); Hydroxydoppelsalze sind nur wenige näher untersucht worden, sie sind in der Tabelle 15 zusammengestellt.

Die *Kobalt(II, III)-Hydroxysalze* entstehen durch Oxydation · der einfachen Co^{II}-Salze. Bei den Hydroxyhalogeniden erfolgt die Reaktion kontinuierlich und einphasig (42):

$$[Co_4(OH)_8 \rightleftarrows CoOHX] + \tfrac{1}{4} O_2 \rightarrow [Co_4(OH)_8 \rightleftarrows CoOX] + \tfrac{1}{2} H_2O.$$

Die Oxydation der Kobaltionen in der Zwischenschicht bewirkt eine allmähliche Abnahme des Abstandes der Co^{2+}-Ionen in den Hauptschichten von 3,13 auf 3,08 Å (vgl. Tabelle 8 und 14). Es existiert eine vollständige Mischkristallreihe:

$$[Co_4(OH)_8 \rightleftarrows Co\,OHX] \quad\cdot\quad [Co_4(OH)_8Co(OH, O) X] \quad [Co_4(OH)_8CoOX].$$

Die Co^{2+}-Ionen der Hauptschichten werden nicht, oder nur sehr unvollständig zu Co^{3+}-Ionen oxydiert.

Das dunkelgrüngefärbte *Eisen(II, III)-Hydroxychlorid* scheidet sich bei der Oxydation einer gepufferten ($p_H = 8 - 6,5$) Eisen(II)-chlorid-Lösung aus (63), (101). Ein beträchtlicher Teil der Fe^{2+}-Ionen der Hauptschicht ist durch Fe^{3+}-Ionen ersetzbar (vgl. Tabelle 15). Ein dem Hydroxydoppelchlorid isomorphes Eisen (II, III)-Hydroxyd kann nicht hergestellt werden; beim Umsetzen des Hydroxydoppelchlorids mit Lauge entsteht ein Gemisch von Fe(OH)$_2$ und Fe(OH)$_3$.

Tabelle 14. *Hydroxydoppelsalze zwei- bis dreiwertiger Metalle vom Typ des grünen Co-Hydroxybromids.*

Bezeichnung	Zusammensetzung	Gitter-dimensionen		Literatur
		a	c'	
Co^{II}—Co^{III}-Hydroxychlorid . .	$[Co_4(OH)_8]CoOCl$	3,08	7,9	(42)
Co^{II}—Co^{III}-Hydroxybromid . .	$[Co_4(OH)_8]CoOBr$	3,08	7,9	(42)
Co^{II}—Co^{III}-Hydroxynitrat . . .	$[Co_4(OH)_8]CoONO_3$	3,06	7,9	(42)
Fe^{II}—Fe^{III}-Hydroxychlorid . .	$[Fe^{II}_{4-2,2}Fe^{III}_{0-1,8}(OH)_{8-6,2}O_{0-1,8}]FeOCl$	3,22	8,0	(63), (101)
Mg—Al-Hydroxychlorid	$[Mg_{4-3}Al_{0-1}(OH)_{8-7}O_{0-1}]AlOCl$	3,09	7,9	(62)
Mn—Al-Hydroxychlorid	$[Mn_{3,3-2}Al_{0,7-2}(OH)_{7,3-6}O_{0,7-2}]AlOCl$	3,20	8,0	(37), (126)

Im *Magnesiumaluminiumhydroxychlorid* sind rund $^1/_4$ der Mg^{2+}- durch Al^{3+}-Ionen ersetzbar (vgl. Tabelle 15). Das Hydroxydoppel- chlorid kann kontinuierlich in das Doppelhydroxyd übergeführt werden. Im Doppelhydroxyd sind etwa $^2/_5$ der Al^{3+}-Ionen der Zwischenschichten durch Mg^{2+}-Ionen und etwa 57% der Mg^{2+}-Ionen der Hauptschichten durch Al^{3+}-Ionen ersetzbar. Die Zusammensetzung der Kristallart Magnesiumaluminiumhydroxychlorid—Hydroxyd kann zwischen fol- genden Grenzen liegen (*62*)

$$[Mg_4(OH)_8 \Longleftrightarrow AlOCl] \qquad - [Mg_3Al(OH)_7O \Longleftrightarrow AlOCl]$$

$$[Mg_4(OH)_8 \Longleftrightarrow Al_{0,6}Mg_{0,4}O_{0,6}(OH)_{1,4}] - [Mg_{1,7}Al_{2,3}(OH)_{5,7}O_{2,3} \Longleftrightarrow AlOOH].$$

Manganaluminiumhydroxychlorid und -doppelhydroxyd sind nur beständig, wenn ein Teil der Manganionen in der Hauptschicht durch Aluminiumionen ersetzt ist (*126*), (*37*). Die Grenzen, zwischen denen die Zusammensetzung dieser Kristallart variieren kann, ergeben sich aus dem Schema

$$[Mn_{3,3}Al_{0,7}(OH)_{7,3}O_{0,7} \Longleftrightarrow AlOCl] - [Mn_2Al_2(OH)_6O_2 \Longleftrightarrow AlOCl]$$

$$[Mn_3Al_1(OH)_7O_1 \Longleftrightarrow AlOOH] \qquad - [Mn_2Al_2(OH)_6O_2 \Longleftrightarrow AlOOH].$$

d) Die Calciumaluminiumhydroxysalze und isotype Verbindungen.

Über die präparative Herstellung und Zusammensetzung der Cal- ciumaluminiumhydroxysalze ist viel gearbeitet worden, es seien hier besonders die Arbeiten von Mylius (*118*) und Foret (*78*) erwähnt. Jones (*100*) hat die Ergebnisse dieser Untersuchungen zusammengestellt.

Die Calciumaluminiumhydroxysalze lassen sich nach ihrer Zusammen- setzung und Ausbildung in zwei Gruppen einteilen. In die Gruppe I ge- hören die nadelig kristallisierenden Verbindungen mit der Bruttozusam- mensetzung $3\,CaO, Al_2O_3, 3\,CaX_2, mH_2O$ bzw. $6\,Ca(OH)_2, Al_2(X_2)_3, nH_2O$, in die Gruppe II die hexagonal plättchenförmig kristallisierenden der Zusammensetzung $3\,CaO, Al_2O_3, CaX_2, mH_2O$ bzw. $2\,Ca(OH)_2, Al(OH)_2X$, nH_2O; X kann auch $^1/_2$ eines zweiwertigen Anions sein.

Kürzlich wurde gezeigt (*46*), daß die *Verbindungen der Gruppe I* in mindestens zwei ganz verschiedenen Typen kristallisieren. Bei zwei- wertigem Anion (SO_4^{2-}, CrO_4^{2-}), ausnahmsweise (wie beim Jodat) auch bei einwertigem Anion, tritt der *Ettringittyp* auf, so benannt nach dem auch in der Natur vorkommenden Ettringit, einem Ca—Al-Hydroxysulfat. Die Struktur dieser Verbindung ist noch nicht aufgeklärt, die Dimen- sionen der hexagonalen Elementarzelle (*5*) lassen keine einfache Bezie- hung zur Struktur des Calciumhydroxyds erkennen.

Die Struktur der formal gleich zusammengesetzten nadeligen Hydr- oxysalze mit einwertigem Anion (Chlorat, Formiat) ist der Struktur der plättchenförmigen Calciumaluminiumhydroxysalze sehr ähnlich (*46*).

Die plättchenförmigen Calciumaluminiumhydroxysalze bilden zusammen mit den sog. Calciumaluminathydraten, den hydratisierten Calciumferriten und Calciumeisen(III)-Hydroxysalzen sowie den entsprechenden Cadmiumverbindungen eine große Gruppe sehr ähnlich gebauter Verbindungen. Tilley, Megaw und Key (*133*) haben die Struktur des natürlich vorkommenden Calciumaluminiumhydroxyds *Hydrocalumit* ermittelt. Aus den Röntgendiagrammen der plättchenförmigen Calciumaluminiumhydroxysalze ergibt sich, daß sie eine sehr ähnliche Struktur wie dieses Calciumaluminiumhydroxyd besitzen (*56*), (*47*). Das Bauprinzip ist schon im Abschnitt III, 3 d besprochen worden. Schichten von Calciumhydroxyd, in denen jedes dritte Calciumion fehlt, sind unterteilt von Zwischenschichten, die die Aluminiumionen, weitere Anionen und eventuell Wasser enthalten. Die Anordnung der Calciumionen in einer Schicht ergibt sich aus der Abb. 14. Durch Wegfall eines Teils der Calciumionen bei gleichbleibender Zahl der Hydroxylionen werden die Hauptschichten negativ geladen, die Zwischenschichten enthalten entsprechend weniger Anionen. Das Wasser ist, wie aus der Änderung des Schichtenabstandes beim Entwässern folgt, ebenfalls zwischen den Hauptschichten eingelagert. Tilley und Mitarbeiter hatten angenommen, daß Wassermoleküle die Lücken in der Calciumionenschicht besetzen; diese Annahme wurde durch die Untersuchung von Buser nicht bestätigt. Die Konstitutionsformel der Calciumaluminiumhydroxysalze kann geschrieben werden:

$$[Ca_2(OH)_6 \Longleftrightarrow AlX(H_2O)_n].$$

Dabei ist X ein ein-, $^1/_2$ eines zwei-, oder $^1/_3$ eines dreiwertigen Anions. Die Verbindungen kristallisieren alle hexagonal oder pseudohexagonal. In einigen einfachen Fällen beträgt das a der Elementarzelle 5,74 Å. Die Grundfläche dieser Zelle ist in Abb. 14 eingezeichnet, c entspricht dem Schichtenabstand, bei den komplizierteren Strukturen ist a zu vervielfachen.

Tabelle 15. *Schichtenabstände der Ca—Al-Hydroxysalze.*

Anion	c'	Anion	c'
OH^-	5,66	ClO_3^- nH_2O	9,3
OH^-, $2,5\,H_2O$	7,58	ClO_4^- nH_2O	9,5
OH^-, $3,5\,H_2O$	8,21	MnO_4^- nH_2O	9,6
Cl^-	6,9	$Al(OH)_4^-$, $3\,H_2O$	10,5
Cl^-, $2\,H_2O$	7,8	Pikrat nH_2O	12,7
Br^-	7,1	$\frac{1}{2} SO_4^{2-}$ nH_2O	8,9
Br^-, $2\,H_2O$	8,1	$\frac{1}{2} CrO_4^{2-}$ nH_2O	10,0
J^-	7,6	$\frac{1}{2} WO_4^{2-}$ nH_2O	10,3
J^- $2\,H_2O$	8,8	$\frac{1}{2} S_2O_3^{2-}$ nH_2O	10,4
NO_3^- $2\,H_2O$	8,6	$\frac{1}{3} Fe(CN)_6^{3-}$ nH_2O	10,8
JO_3^- $3\,H_2O$	10,3		

Der Abstand a' der Ca-Ionen in den Schichten ist für alle Ca—Al-Hydroxysalze praktisch gleich, nämlich 3,32 Å. Er ist wesentlich kleiner als beim Calciumhydroxyd (3,58 Å vgl. Tabelle 2), da durch den Wegfall von $^1/_3$ der Calciumionen die Schicht kontrahiert wird. Der Schichtenabstand ist durch den Raumbedarf des Anions und die Menge des eingelagerten Wassers bestimmt.

In der Tabelle 15 sind die Schichtenabstände für die näher untersuchten Verbindungen zusammengestellt. Die nach dem gleichen Prinzip gebauten Ca—Al-Doppelhydroxyde wurden mitaufgeführt. Das sog. Dicalciumaluminathydrat läßt sich als ein Hydroxysalz auffassen $(X = Al(OH)_4^-)$, und zwar als ein Calciumaluminiumhydroxyaluminat.

Der Schichtenabstand kann, wie aus der Tabelle 16 ersichtlich ist, eine sehr verschiedene Größe haben (5,66 Å bei $[Ca_2(OH)_6AlOH]$; 12,7 Å bei $[Ca_2(OH)_6AlOC_6H_2(NO_3)_3]$).

Die Hauptschichten sind bei allen plättchenförmigen Calcium-aluminiumhydroxysalzen gleich gebaut, und nur die Anordnung der Ionen in den Zwischenschichten ist eine verschiedene. Die folgenden Hydroxysalze sind miteinander isomorph:

1. Chlorid, Bromid, Jodid ohne Hydratwasser.

2. Die Dihydrate von Chlorid, Bromid und Jodid.

3. Chlorat, Perchlorat und Permanganat.

4. Chromat und Wolframat.

Nach MALQUORI und CIRILLI (*113*) sind die Calciumferrithydrate und Calciumeisen(III)-Hydroxysalze nach dem gleichen Prinzip gebaut wie die entsprechenden Aluminiumverbindungen.

Aus einer noch nicht abgeschlossenen Arbeit ergibt sich, daß sich isotype Cadmiumverbindungen herstellen lassen. Während aber bei den Ca—Al-Verbindungen das Verhältnis Ca:Al konstant 2 ist, kann bei den Cd—Al-Verbindungen ein beträchtlicher Teil der Cd^{2+}-Ionen der Hauptschicht durch Al^{3+}-Ionen ersetzt werden.

7. Beziehung der plättchenförmigen Hydroxysilicate zu den übrigen Hydroxysalzen.

Zu den Hydroxysalzen, die sich auf den C6-Typ zurückführen lassen, gehört auch die große Gruppe der laminaren Hydroxysilicate (*41*). Die Hydroxysilicatstrukturen wurden mehrfach zusammenfassend dargestellt (*97*), (*10*); es erübrigt sich deshalb, näher darauf einzugehen. Ganz allgemein gilt, daß das Gitter dieser Hydroxysilicate aufgebaut ist aus Hydroxydschichten, vom gleichen Bau wie beim C6-Typ, die mit Kieselsäureschichten verwachsen sind, und zwar so, daß ein Teil der OH-Ionen der Hydroxydschicht ersetzt ist durch O-Atome der Kieselsäureschicht. Die Siliciumatome der Kieselsäureschicht sind tetraedrisch von Sauerstoffatomen umgeben.

Am Beispiel des *Dickits*, einem Tonmineral, können die Beziehungen, die zwischen Hydroxysilicaten mit Schichtenstruktur und Hydroxysalzen monomerer Sauerstoffsäuren bestehen, in einfacher Weise erläutert werden. Wir vergleichen die Struktur des Dickits $[Al_2(OH)_4Si_2O_5]$ mit derjenigen von Kupferhydroxynitrat $[Cu_4(OH)_6(NO_3)_2]$. [Da Aluminium dreiwertig ist, fehlt in der Metallionenschicht des Hydroxysilicates jedes dritte Aluminiumion (vgl. Abb. 20) (10), (99). Die Schichten des

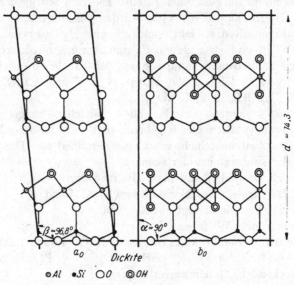

Abb. 20. Struktur von Dickit, parallel [010] und [100] projiziert.

Dickits haben hexagonale Symmetrie; die Schichten des Kupferhydroxynitrates sind deformiert (vgl. S. 712). Diese Unterschiede sind für die folgenden Betrachtungen nicht von Bedeutung.] In beiden Hydroxysalzen ist ein Teil der Hydroxylionen durch Sauerstoffatome der Sauerstoffsäure ersetzt. Die restlichen Sauerstoffatome liegen zwischen den Hydroxydschichten. Der Schichtenabstand ist bei beiden ungefähr 7 Å. Im einzelnen ergeben sich die folgenden Unterschiede:

In den Hydroxydschichten des Dickits kommt auf zwei Hydroxylionen ein Sauerstoffatom. Die Hydroxylionen sind nur auf einer Seite der Metallionenschicht durch Sauerstoffatome des polymeren Silications ersetzt, die andere Hydroxylionenschicht ist unverändert (vgl. Abb. 20). Die polymeren Silicationen sind demnach einseitig in die Hydroxydschicht eingefügt. Die Konstitution der Schicht kann formuliert werden:

$$\left[(OH)_3Al_2{}^{OH}_{O_2}Si_2O_3\right].$$

Die Zahl der Sauerstoffatome der Kieselsäureschicht ist gleich groß wie die Zahl der Hydroxylionen der gegenüberliegenden Hydroxydschicht. In den Hydroxydschichten des Kupferhydroxynitrates kommt auf drei Hydroxylionen ein Sauerstoffatom eines Nitrations. Die monomeren Nitrationen verteilen sich gleichmäßig auf beide Hydroxylionenschichten (Abb. 18). Die Konstitution der Schicht kann formuliert werden:

$$\begin{bmatrix} (OH)_3 & & (OH)_3 \\ O_2NO & Cu_4 & ONO_2 \end{bmatrix}.$$

Die aus den Hydroxylionenschichten heraustretenden Sauerstoffatome der Nitrationen zweier benachbarter Schichten liegen ungefähr in der gleichen Mittelebene. Die Zahl der Sauerstoffatome in der Mittelebene ist gleich groß wie die Zahl der Hydroxylionen und Sauerstoffatome in einer Hydroxylionenschicht.

Die Ähnlichkeit der beiden Strukturen ist also recht groß. Die Hydroxysilicate mit einer dem Dickit ähnlichen Struktur (Kaolinit, Chrysotil [$Mg_3(OH)_4Si_2O_5$]) sind den Hydroxysalzen mit Einfachschichtengitter zuzuordnen.

Die übrigen Hydroxysilicate mit Schichtenstruktur sind kompliziertere Kombinationen von Schichten von Hydroxyd und polymeren Silicationen.

V. Zusammenhänge zwischen Zusammensetzung und Struktur der Hydroxysalze.

1. Allgemeine Gesichtspunkte.

Die *Struktur einer binären heteropolaren Verbindung* ist nach V. M. GOLDSCHMIDT (85) im wesentlichen durch das Mengenverhältnis, das Größenverhältnis und die Polarisierbarkeit der Ionen bestimmt. Das *Größenverhältnis der Ionen*, d.h. das Verhältnis des Ionenradius des Kations (r_K) zum Ionenradius des Anions (r_A) bestimmt die *Koordinationszahl (kz)*. Aus geometrischen Überlegungen ergibt sich für kugelige Ionen: $r_K/r_A = 1 - 0,73$, $kz = 8$; $r_K/r_A = 0,73 - 0,41$, $kz = 6$; $r_K/r_A = 0,41 - 0,22$, $kz = 4$.

Die *Polarisierbarkeit oder Deformierbarkeit der Ionen* ist dafür verantwortlich, daß eine Verbindung entweder in einer Raumgitter- oder in einer Schichten- oder in einer Kettenstruktur kristallisiert. Die Deformierbarkeit der Ionen nimmt mit steigendem Ionenradius zu. Nichtmetallionen sind deshalb leichter deformierbar als Metallionen, und die Deformierbarkeit steigt mit zunehmendem Atomgewicht ($F^- < Cl^- < Br^- < J^-$). Die polarisierende Wirkung der Metallionen nimmt mit steigendem Ionenradius des Metallions ab, ist aber auch von der Konfiguration der Elektronenhülle abhängig. Ionen von Metallen einer

Nebengruppe sind stärker polarisierend als Ionen mit gleichem Radius von Metallen einer Hauptgruppe (Cd^{2+} ist stärker polarisierend als Ca^{2+}).

Sind die Ionen nicht oder wenig polarisierbar, wie F^-, so entstehen Raumgitterstrukturen oder G-Strukturen (CdF_2). Eine größere Polarisierbarkeit der Ionen führt zu Schichtenstrukturen ($CdCl_2$); sehr starke Polarisation und Bevorzugung der planaren Viererkoordination führt zu Kettenstrukturen ($CuCl_2$).

Wir können diese Prinzipien heranziehen, um die *Struktur* der in Tabelle 2 zusammengestellten *Hydroxyde* zu beurteilen. Dabei ist zu berücksichtigen, daß sich das Hydroxylion strukturell wie ein polarisiertes Halogenion verhält. Der Ionenradius des Hydroxylions ist mit 1,35 einzusetzen. Das Ionenradienverhältnis r_{Me2+}/r_{OH^-} ist bei diesen Hydroxyden zwischen 0,51 und 0,73. Alle Hydroxyde der Tabelle 2 sollten demnach in einem Schichtengitter von der Art des C6-Typs kristallisieren.

Um das abweichende Verhalten von Kupfer- und Zinkhydroxyd zu verstehen, sind die Vorstellungen von V. GOLDSCHMIDT zu verfeinern, es ist die spezifische Wirkung der Elektronenhülle mit zu berücksichtigen.

Metallionen mit einer aufgefüllten d-Elektronenschale wirken häufig so stark polarisierend, daß die Ionenbindung in Atombindung übergeht, jedes Metallatom erhält dabei vier nächste Nachbarn in tetraedrischer Anordnung (tetraedrische Viererkoordination der sp^3-Bindung). Im stabilen ε-Zinkhydroxyd sind die Zinkionen tatsächlich von vier Hydroxylionen tetraedrisch umgeben. Das Cadmiumion mit der gleichen Elektronenkonfiguration wie das Zinkion hat einen so großen Radius, daß die Koordinationszahl in Sauerstoffverbindungen nicht unter sechs sinken kann (vgl. dagegen CdS).

In den meisten Verbindungen des zweiwertigen Kupfers beträgt die Koordinationszahl des Kupfers vier, und die Liganden sind in den Ecken eines Quadrates angeordnet (planare Viererkoordination). Der Zusammenhang dieser stereochemischen Besonderheit des Kupferions mit dem Bau der Elektronenhülle (9d-Elektronen) ist theoretisch noch nicht klargestellt. Die Bevorzugung der planaren Viererkoordination durch das Kupferion hat zur Folge, daß Kupfer(II)-chlorid und -bromid und sehr wahrscheinlich auch das Hydroxyd eine Kettenstruktur besitzen; sie kann nach Abschnitt III als eine stark deformierte Schichtenstruktur aufgefaßt werden.

Die Vorstellungen über die *Konstitution der anorganischen Verbindungen höherer Ordnung* fußen auf der Koordinationslehre von A. WERNER. Die Grundvorstellung — symmetrische Lagerung einer größeren

Zahl von Liganden um ein Koordinationszentrum — hat sich als außerordentlich fruchtbar und sehr abwandlungsfähig erwiesen.

In vielen kristallisierten Verbindungen höherer Ordnung lassen sich im Kristallgitter *begrenzte Atomkomplexe* im Sinne WERNERs feststellen (Inselstrukturen). Grundlage der *Stöchiometrie* solcher *kristallisierter Komplexverbindungen* ist die Wertigkeit der beteiligten Elemente und der Koordinationszahl des Zentralatoms des Komplexes (Beispiele: $[K_2PtCl_4]$, $kz = 4$; $[Ni(NH_3)_4Br_2]$, $kz = 6$).

Bei vielen kristallisierten Verbindungen höherer Ordnung ist aber das Gitter aus *unbegrenzten ein-, zwei- oder dreidimensionalen Atomkomplexen* aufgebaut (Ketten-, Schichten- oder Raumgitterstrukturen). Beispiele: Doppelsalze, Silicate, Doppeloxyde und Doppelhydroxyde, feste Hydroxysalze.

Die Koordinationszahl hat sich für die Beschreibung der Strukturen solcher *Kristallverbindungen höherer Ordnung* ebenfalls als sehr nützlich erwiesen. Die Koordinationszahl steht aber bei diesen Verbindungen nicht in direkter Beziehung zur Zusammensetzung, wie bei Verbindungen mit begrenzten Komplexen (Beispiel: $[CoOHCl]$, $kz = 6$; $[Co_2(OH)_3Cl]$, $kz = 6$). Die *Stöchiometrie* dieser Kristallverbindungen höherer Ordnung hat neben der Wertigkeit der Elemente und der Koordinationszahl den spezifischen *Gitterbau* zu berücksichtigen. Die Zusammensetzung von Kristallverbindungen höherer Ordnung kann deshalb eine viel größere Mannigfaltigkeit zeigen, als die Komplextheorie vorsieht [Beispiel: $MgOHCl$; $Mg_2(OH)_3Cl$ (2 Modifikationen); $Mg_2(OH)_3Cl_1 \cdot nH_2O$; $Mg_3(OH)_5Cl$, nH_2O; $Mg_5(OH)_9Cl$, $2,5 H_2O$; kz von $Mg^{2+} = 6$]. Eine Betrachtungsweise der Kristallverbindungen, die sich allzu eng an die Vorstellungen der Komplextheorie anlehnt [vgl. z.B. F. HEIN, Chemische Koordinationslehre (*92*)], wird den Besonderheiten dieser Verbindungen nicht gerecht.

Die Strukturen einer bestimmten Gruppe von *Kristallverbindungen höherer Ordnung* können häufig auf ein *einfaches Bauprinzip* zurückgeführt werden, wie z.B. die Silicatstrukturen auf die Tetraederkonfiguration des Siliciumdioxyds. In ähnlicher Weise haben wir die Strukturen der Hydroxysalze als Abwandlungen der Oktaederschicht des C6-Typs dargestellt.

Die verschiedenen Abwandlungsarten des C6-Typs haben die Grundlage für die Systematik der Hydroxysalze gegeben. Dabei erwies es sich, daß chemisch recht verschiedene Hydroxysalze im gleichen Strukturtyp kristallisieren können; andererseits bilden chemisch nah verwandte Elemente Hydroxysalze mit sehr verschiedener Zusammensetzung und Struktur.

Eine Sichtung des Tatsachenmaterials von Abschnitt IV läßt aber deutliche Zusammenhänge zwischen Kristallbau und Natur des Metallions einerseits und Natur des Anions andererseits erkennen.

Der *Einfluß des Metallions* kann festgestellt werden, wenn für ein bestimmtes Anion alle beobachteten Hydroxysalze der verschiedenen Metalle verglichen werden. Die *Hydroxychloride* sind systematisch untersucht worden und dürften ziemlich vollständig bekannt sein, sie können deshalb herangezogen werden, um die gesuchten Beziehungen zwischen Natur des Metallions und Struktur des Hydroxysalzes aufzudecken. Dabei ist, ähnlich wie oben für die Hydroxyde erläutert, vor allem die Frage zu prüfen, wie weit der Ionenradius und wie weit die spezifische Konfiguration der Elektronenhülle die strukturbestimmenden Faktoren sind.

Von der großen Zahl möglicher *Anionen* konnten vorläufig nur wenige berücksichtigt werden, sie wurden aber so gewählt, daß aus dem gesammelten Tatsachenmaterial doch einige allgemeine Schlüsse möglich sind.

2. Zusammensetzung und Struktur der Hydroxychloride.

Die Zusammensetzung und die charakteristischen Strukturmerkmale der bekannten Hydroxychloride der in diesem Bericht berücksichtigten Metalle sind in der Tabelle 16 zusammengestellt. Die wesentlichen

Tabelle 16. *Hydroxychloride zweiwertiger Metalle.*

Verhältnis Hydroxyd-Chlorid / Metall	1:1	5:3	2:1	3:1	3:1	4:1	5:1	6:1	9:1
Cu	EN	—	—	EN	G (3)	—	—	—	—
Mg	C19	—	U(H₂O)	C6	G; K(H₂O)	—	K(H₂O)	—	K(H₂O)
Ni	C19	—	U(H₂O)	C6	—	—	K(H₂O)	—	DN (7:1)
Co	C19	—	—	—	G	—	—	—	DN
Zn	C19 EN (2)	—	—	—	—	DN	DN	DN	—
Fe	C19	—	—	C6	G	—	—	—	—
Mn	C19	—	—	C6	G	—	—	—	—
Cd	EO₃	C19	C6	EN	—	—	—	—	—
Ca	EO₃	—	—	EN	U; U(H₂O)	—	—	—	—

Es bedeutet: U(H₂O) = unbekannte Struktur (mit Hydratwasser); K(H₂O) = Bänderstruktur (mit Hydratwasser); Zahl in Klammer = Anzahl der Modifikationen.

Schlüsse, die wir daraus über die Zusammensetzung und Struktur der Hydroxychloride und deren Beziehung zur Natur des Metallions ziehen, sind im folgenden zusammengefaßt.

a) Zusammensetzung.

Alle berücksichtigten Metalle geben mindestens ein Hydroxychlorid der Zusammensetzung Me(OH)₂ · MeCl₂. Bei allen berücksichtigten

Metallen mit Ausnahme des Zinks treten mindestens ein, häufig auch zwei oder mehrere Hydroxychloride der Zusammensetzung $3\,Me(OH)_2\cdot$ $\cdot\,MeCl_2$ auf. Kobalt gibt nebst dem noch ein sehr hydroxydreiches Hydroxychlorid $9\,Co(OH)_2\cdot CoCl_2$, Cadmium zwei hydroxydärmere: $5\,Cd(OH)_2\cdot 3\,CdCl_2$ und $2\,Cd(OH)_2\cdot CdCl_2$. Die Hydroxychloride von Magnesium und Nickel sind besonders zahlreich und zum Teil formal gleich zusammengesetzt. Die hydroxydreicheren Hydroxychloride des Zinks, $4\,Zn(OH)_2\cdot ZnCl_2$ und $6\,Zn(OH)_2\cdot ZnCl_2$, nehmen eine Sonderstellung ein.

Die großen individuellen Unterschiede in der Zusammensetzung der Hydroxychloride verschiedener Metalle sind als ein besonderes Merkmal für Kristallverbindungen höherer Ordnung zu werten.

b) Struktur.

Die *Hydroxychloride MeOHCl* kristallisieren ausschließlich in Einfachschichtengittern. Die stereochemische Sonderstellung des Cu^{2+}-Ions äußert sich in der besonderen Struktur von CuOHCl.

Bei Mg, Ni, Co, Zn, Fe und Mn, d.h. bei den Metallen mit einem Ionenradius von 0,65 bis 0,8 Å, kristallisieren die Hydroxychloride MeOHCl im C 19- oder in einem mit diesem ähnlichen Typ. Die Chlorionen sind in den Hydroxychloriden mit C 19-Typ beidseitig der Metallionenschicht statistisch verteilt. CdOHCl und CaOHCl (Ionenradius von Cd und Ca $\sim$1 Å) kristallisieren im EO_3-Typ, bei dem die Chlorionen auf der einen, die Hydroxylionen auf der anderen Seite der Metallionenschicht liegen.

Der EO_3-Typ tritt aus räumlichen Gründen nur bei Metallen mit größerem Ionenradius auf, da nur bei diesen eine Hydroxylionenschicht im Hydroxyd durch eine Chlorionenschicht ersetzt werden kann, ohne daß der Abstand der Metallionen in der Schicht ($\sim$3,5 Å) zu stark gedehnt werden muß. Bei kleinerem Ionenradius, d.h. bei kleinerem Abstand der Metallionen in der Schicht (3,12 bis 3,34 Å), müßte die Dehnung der Schicht zu groß sein, damit die Chlorionen bei einseitiger Lagerung Platz hätten; eine Anordnung der Chlorionen zu beiden Seiten der Metallionenschicht ist bei kleinerer Dehnung der Schicht möglich.

Bei den Hydroxychloriden der Zusammensetzung MeOHCl ist demnach der *Strukturtyp* vorwiegend durch den *Ionenradius* bestimmt; einzig beim CuOHCl bedingt die spezifische Elektronenkonfiguration des Cu^{2+}-Ions einen besonderen Strukturtyp.

Die wasserfreien Hydroxychloride der Zusammensetzung $Me_2(OH)_3Cl$ kristallisieren fast alle in einem Einfachschichtengitter oder einer Übergangsform zu einer Raumgitterstruktur. Das Kupferion ist in den beiden bekannten $Cu_2(OH)_3Cl$-Strukturen planar vierfach koordiniert, seine stereochemische Sonderstellung tritt auch bei diesen Verbindungen in

Erscheinung. Cd und Ca treten nicht mehr in atakamitähnlichen Strukturen auf, da der Radius der Ionen für diese Strukturen zu groß ist.

Die Struktur der Hydroxychloride $Me_2(OH)_3Cl$ scheint im wesentlichen ebenfalls durch den Ionenradius bestimmt zu werden; der spezifische Bau der Elektronenhülle hat nur einen geringen Einfluß, er ist z.B. beim Kupfer für die Deformation der Schichten verantwortlich.

Die höherbasischen *Hydroxychloride des Zinks* nehmen, wie schon erwähnt, eine Sonderstellung ein, eine Verbindung $[Zn_2(OH)_3Cl]$ mit Einfachschichtengitter existiert nicht. Die drei beobachteten hydroxydreicheren Zinkhydroxychloride kristallisieren alle in einem Doppelschichtengitter. Die *Instabilität* von $[Zn_2(OH)_3Cl]$ mit Einfachschichtengitter ist, wie die Instabilität des $Zn(OH)_2$ mit C6-Typ, auf die stark polarisierende Wirkung des Zn^{2+}-Ions zurückzuführen. Nach Lotmar und Feitknecht (*110*) werden die Zinkhydroxydschichten mit sechsfach koordiniertem Zinkion (C6-Typ) stabilisiert, wenn sie durch Einlagerung einer Zwischenschicht getrennt werden. Dadurch wird verständlich, daß bei höherem Hydroxydgehalt basische Zinksalze nur in Doppelschichtengittern stabil sind.

Hydroxychloride mit Doppelschichtenstruktur treten nur noch beim hochbasischen Nickelhydroxychlorid V ($[4 Ni(OH) \rightleftharpoons Ni(OH)_{0,7}Cl_{1,3}]$) und beim Kobalthydroxychlorid ($[4 Co(OH)_2 \rightleftharpoons CoOHCl]$) auf. Aus der Farbe der grünen Hydroxysalze des Kobalts, die alle eine Doppelschichtenstruktur haben, wurde seinerzeit geschlossen (*26*), daß der Bindungszustand der Kobaltionen in den Hauptschichten ein anderer ist als in den Zwischenschichten. In den Hauptschichten sind die Kobaltionen vorwiegend heteropolar, in den Zwischenschichten vorwiegend homöopolar gebunden, wie in den komplexen Ionen $[CoX_4]^{2-}$.

Doppelschichtenstrukturen treten vor allem auch bei den *Hydroxydoppelchloriden* und *Doppelhydroxyden* von zwei- und dreiwertigen Metallen auf. Die Stabilität der Doppelhydroxyde von zwei- und dreiwertigen Metallen ist um so größer, je stärker sauer das Hydroxyd des dreiwertigen Metalls der Zwischenschicht und je stärker basisch das Hydroxyd des zweiwertigen Metalles der Hauptschicht ist; Zinkeisendoppelhydroxyd ist nicht existenzfähig, die Calciumaluminiumdoppelhydroxyde mit Doppelschichtengitter sind besonders stabil.

Die Doppelhydroxyde und Hydroxydoppelchloride können deshalb auch aufgefaßt werden als Salze einer polymeren zweidimensionalen Base eines zweiwertigen, mit einer polymeren Säure eines dreiwertigen Metalls. In übertragener Weise möchten wir das Auftreten von Doppelschichtenstrukturen bei den Hydroxychloriden von Zink, Kobalt und Nickel mit dem amphoteren Charakter der Hydroxyde dieser Metalle in Beziehung bringen. Diese Hydroxysalze können als Verbindungen aufgefaßt werden, die durch Vereinigung der basischen Hydroxyd- mit der sauren Salz- oder Hydroxysalzschicht entstehen.

Die höherbasischen *Magnesiumhydroxychloride* kristallisieren in *Bänderstrukturen*. Die gleiche Strukturart tritt nur noch beim Nickelhydroxychlorid IV auf. Bänderstrukturen beschränken sich also auf Hydroxysalze von Metallen mit kleinem Ionenradius.

Dieser Zusammenhang zwischen Bänderstruktur der Hydroxysalze und Radius des Metallions wird durch folgende Überlegung verständlich. Die Maschenweite der Metallionenschicht ist bei kleinem Radius des Metallions so klein ($\sim 3,13$ Å), daß der Ersatz eines Teils der Hydroxylionen durch ein größeres Anion zu Spannungen im Gitter führen muß. Bei Aufteilung der Schichten in Bänder können die Fremdanionen leichter spannungsfrei eingebaut werden. Die Bänderbildung wird weiter durch die Hydratisierungstendenz des Magnesium- und Nickelions begünstigt. Einfachschichtenstrukturen und die Atakamitstruktur bilden sich bei den Hydroxychloriden von Magnesium und Nickel nur unter konzentrierter Lösung oder im wasserfreien Milieu, da sie aus räumlichen Gründen instabiler sind als Bänderstrukturen.

Kupferhydroxysalze kristallisieren nicht in Bänderstrukturen, obschon der Radius von Cu^{2+} ungefähr gleich groß ist, wie derjenige von Mg^{2+} und Ni^{2+}. Dies kann auf die spezifische Wirkung der Konfiguration der Elektronenhülle des Kupferions zurückgeführt werden.

c) Beziehung zwischen Zusammensetzung und Struktur.

Die Mengenverhältnisse, in denen Hydroxyd und Chlorid in den Hydroxychloriden miteinander verknüpft sind, stehen in enger Beziehung zur Struktur, indem diejenigen Verhältnisse bevorzugt sind, die zu einer möglichst günstigen Raumerfüllung führen. Dies sei an den folgenden Beispielen erläutert.

Bei *Einfachschichtenstrukturen* oder Gitterstrukturen vom Atakamitoder Paratakamittyp ergibt sich eine günstigere Raumerfüllung bei einem Verhältnis OH:Cl $= 1:1$ und $3:1$ als bei einem Verhältnis $2:1$ oder größer als $3:1$. Die Hydroxychloride MeOHCl und $Me_2(OH)_3Cl$ treten deshalb besonders häufig auf, höherbasische Hydroxychloride mit Einfachschichtengitter oder Gitterstrukturen sind unbeständig.

In *Doppelschichtenstrukturen der Zinkhydroxychloride* ergibt sich offenbar eine günstigere Raumerfüllung, wenn auf 1 $ZnCl_2$ in der Zwischenschicht in der Hauptschicht 4 $Zn(OH)_2$ und nicht 3 kommen. Da ein Teil der Chlorionen in der Zwischenschicht durch Hydroxylionen ersetzbar ist, sind auch höherbasische Hydroxychloride mit Doppelschichtenstruktur beständig.

In den *Bänderstrukturen* ist der Zusammenhang zwischen Zusammensetzung und Struktur besonders übersichtlich. Wir sahen, daß bei den

Magnesiumhydroxychloriden die Bänder aus zwei oder drei Magnesiumionenreihen bestehen. Die Zahl der Magnesiumionen, die auf ein Chlor-
ion kommen, ist gleich der Zahl der Magnesiumionenreihen, die ein Band
bilden. Die Formeln der Magnesiumhydroxychloride müssen deshalb
lauten: $[Mg_2(OH)_3Cl \cdot nH_2O]$, $[Mg_3(OH)_5Cl \cdot nH_2O]$.

3. Zusammensetzung und Struktur der Hydroxysalze verschiedener Säuren.

Da noch keine systematische Untersuchung der Hydroxysalze verschiedener Säuren vorliegt, muß versucht werden, durch Herausgreifen
von geeigneten Beispielen die bestehenden Zusammenhänge zwischen
Natur des Fremdanions und Zusammensetzung und Struktur des Hydroxysalzes abzuleiten und Regeln aufzustellen.

a) Zusammensetzung.

Die Salze der meisten Anionen vermögen, ähnlich wie die Chloride,
in verschiedenen Mengenverhältnissen mit Hydroxyd zu Hydroxysalzen
zusammenzutreten.

Die *Hydroxysalze einwertiger Anionen* haben im allgemeinen die
gleiche oder sehr ähnliche Zusammensetzung wie die unter vergleichbaren Bedingungen hergestellten Hydroxychloride.

Beispiele:

$$[7,8 \; Ni(OH)_2 \cdot Ni(NO_3)_2] \sim [7 \; Ni(OH)_2 \cdot NiBr_2] \sim [7 \; Ni(OH)_2 \cdot NiCl_2]$$
$$[4 \; Zn(OH)_2 \cdot ZnX_2] \; (X = F^-, \; Br^-, \; J^-, \; NO_3^-) \sim [4 \; Zn(OH)_2 \cdot ZnCl_2]$$
$$[3 \; Cu(OH)_2 \cdot CuX_2] \; (X = Br^-, \; NO_3^-, \; NO_2^-, \; ClO_3^-, \; HCO_2^- \sim [3 \; Cu(OH)_2 \cdot CuCl_2].$$

Ausnahmen von dieser Regel, wie $[2 \; Zn(OH)_2 \cdot Zn(N_3)_2]$ und
$[3 \; Zn(OH)_2 \cdot Zn(N_3)_2]$, sind auf die besondere Form des Anions zurückzuführen.

Die *Hydroxysalze zweiwertiger Anionen* sind im allgemeinen hydroxydärmer als die vergleichbaren Hydroxychloride.

Beispiele:

$$[3 \; Co(OH)_2 \cdot CoSO_4] \cdots [9 \; Co(OH)_2 \cdot CoCl_2]$$
$$[3 \; Zn(OH)_2 \cdot 2 \; ZnCO_3]; \quad [3 \; Zn(OH)_2 \cdot ZnSO_4] \cdots [4 \; Zn(OH)_2 \cdot ZnCl_2]$$
$$[Cu(OH)_2 \cdot CuCO_3]; \quad [2 \; Cu(OH)_2 \cdot CuSO_4] \, [1] \cdots [3 \; Cu(OH)_2 \cdot CuCl_2].$$

Ausnahmen von dieser Regel, wie $3 \; Cu(OH)_2 \cdot CuS_2O_6$, sind auf die
besondere Form des Anions zurückzuführen.

---

[1] $[3Cu(OH)_2 \cdot CuSO_4]$ ist instabil und wandelt sich unter verdünnter $CuSO_4$-
Lösung langsam in $[2Cu(OH)_2 \cdot CuSO_4]$ um.

b) Struktur.

Die meisten Kupfer- und Zinkhydroxysalze zeigen die gleichen Strukturbesonderheiten wie die Hydroxychloride, d. h. die *Kupferhydroxysalze* kristallisieren bevorzugt in *Einfachschichtengittern* mit *deformierter Metallionenschicht* (vgl. Tabelle 7), die *Zinkhydroxysalze* in *Doppelschichtengittern* (vgl. Tabelle 8 und 9).

Die Hydroxysalze einwertiger Ionen sind ähnlich gebaut wie die Hydroxychloride.

Beispiele:

$$[Ni_2(OH)_3NO_3] \sim [Ni_2(OH)_3Br] \sim [Ni_2(OH)_2Cl]$$

$$[4\,Ni(OH)_2 \rightleftarrows Ni(OH)_{0,9}(NO_3)_{1,1}] \sim [4\,Ni(OH)_2 \rightleftarrows Ni(OH)_{0,7}Br_{1,3}] \sim$$

$$\sim [4\,Ni(OH)_2 \rightleftarrows Ni(OH)_{0,7}Cl_{1,3}]$$

$$[Co_2(OH)_3NO_3] \sim [Co_2(OH)_3Br] \sim [Co_2(OH)_3Cl]$$

$$[4\,Co(OH)_2 \rightleftarrows 1,25\,CoOH(NO_3)_{1,5}] \sim [4\,Co(OH)_2 \rightleftarrows CoOHBr] \sim$$

$$\sim [4\,Co(OH)_4 \rightleftarrows CoOHCl].$$

Existieren bei einem *bestimmten Anion Hydroxysalze verschiedener Zusammensetzung*, so treten Raumgitterstrukturen am ehesten bei kleinem, Einfachschichtenstrukturen bei mittlerem und Doppelschichtenstrukturen bei hohem Hydroxydgehalt auf.

Beispiele:

$$[Zn(OH)_2 \cdot ZnF_2]\,(G);\quad [3\,Zn(OH)_2 \cdot ZnF_2]\,(EN);\quad [4\,Zn(OH)_2 \cdot ZnF_2]\,(DN)$$

$$[Zn(OH)_2 \cdot ZnCO_3]\,(G);\quad [3\,Zn(OH)_2 \cdot 2\,ZnCO_3]\,(EN)$$

$$[3\,Co(OH)_2 \cdot Co(NO_3)_2]\,(EN);\quad [6\,Co(OH)_2 \cdot Co(NO_3)_2]\,(DN)$$

$$[2\,Cu(OH)_2 \cdot CuSO_4]\ und\ [3\,Cu(OH)_2 \cdot CuSO_4]\,(G);\quad [4\,Cu(OH)_2 \cdot CuSO_4]\,(EN).$$

Eine Ausnahme von dieser Regel scheinen die Hydroxychloride zu machen. Hydroxychloride der Zusammensetzung MeOHCl kristallisieren in EN-Strukturen, diejenigen der Zusammensetzung $Me_2(OH)_3Cl$ häufig im Atakamit- oder Paratakamittyp, einer Übergangsform zu einer G-Struktur. Dies dürfte darauf zurückzuführen sein, daß die Größenverhältnisse der Ionen so sind, daß die Einlagerung eines Viertels der Metallionen zwischen die Schichten bei der Zusammensetzung $Me_2(OH)_3Cl$ zu einer besonders stabilen Struktur führt.

Im weitern wird die Struktur der Hydroxysalze vor allem durch die *Wertigkeit, die Größe und die Form der Anionen* bestimmt. Sie wirken sich in folgender Weise aus:

Wertigkeit des Anions. Niedrige Wertigkeit des Anions begünstigt Doppelschichten und Einfachschichtenstrukturen, höhere Wertigkeit des Anions Raumgitterstrukturen.

Beispiele:

$$[4\,Zn(OH)_2 \cdot Zn(X)_2]\ (DN);\qquad [3\,Zn(OH)_2 \cdot 2\,ZnCO_3]\ (EN)\ -$$

$$[4\,Cd(OH)_2 \cdot Cd(NO_3)_2]\ (DN);\qquad [3\,Cd(OH)_2 \cdot CdSO_4]\ (EN)\ -$$

$$[3\,Cu(OH)_2 \cdot Cu(NO_3)_2]\ (EN);\ [3\,Cu(OH)_2 \cdot CuSO_4]\ (G);\ [3\,Cu(OH)_2 \cdot Cu_3\,(PO_4)_2]\ (G).$$

Größe des Anions. Kleine Anionen begünstigen Raumgitterstrukturen, große Anionen Doppelschichtenstrukturen.

Beispiele:

$$[3\,Cd(OH)_2 \cdot CdF_2]\ (G);\qquad [3\,Cd(OH)_2 \cdot CdCl_2]\ (EN);\qquad [4\,Cd(OH)_2 \cdot Cd(NO_3)_2]\ (DN)$$

$$[3\,Cu(OH)_2 \cdot CuCl_2]\ (G\ und\ EN);\qquad [3\,Cu(OH)_2Cu(NO_3)_2]\ (EN);$$

$$[3\,Cu(OH)_2 \cdot Cu(BrO_3)_2]\ (DN).$$

Ferner seien die Hydroxysalze von Naphtholgelb, die Hydroxyflavianate, erwähnt, die bei allen hier betrachteten Metallen Doppelschichtenstrukturen bilden.

Die *Form des Anions* kann die Struktur in spezifischer Weise beeinflussen, wodurch Abweichungen von den oben angegebenen Regeln auftreten können.

Beispiele:

Die *Zinkhydroxyazide* fallen etwas aus der Reihe der übrigen Zinkhydroxysalze mit einwertigem Anion, $[2\,Zn(OH)_2 \cdot Zn(N_3)_2]$ und $3\,Zn(OH)_2 \cdot Zn(N_3)_2$ kristallisieren in Einfachschichtengittern. Die gestreckte Form des $N_3{}^-$-Ions begünstigt den Ersatz von Hydroxylionen durch Azidionen in den Hydroxylionenschichten.

Das *Kupferdithionat* $3\,Cu(OH)_2 \cdot CuS_2O_6$ kristallisiert in einem Einfachschichtengitter und nicht wie die übrigen Hydroxysalze zweiwertiger Ionen in einer Raumgitterstruktur, da das Ion $O_3S\!-\!SO_3^{2-}$ im Gitter die Stelle von 2 Ionen $XO_3{}^-$ einnehmen kann.

c) Beziehungen zwischen Zusammensetzung und Struktur.

α) Einfachschichtenstrukturen.

Der Metallionenabstand in den Hydroxydschichten ist ziemlich genau festgelegt, der Schichtenabstand kann nur in relativ engen Grenzen variieren (maximaler Schichtenabstand etwa 7,2Å). Das Mengenverhältnis Hydroxyd:Salz ist deshalb ziemlich genau festgelegt; große Anionen bilden keine Hydroxysalze mit Einfachschichtenstrukturen.

Beispiele:

1. Die Hydroxysalze mit den Anionen $NO_3{}^-$, $ClO_3{}^-$ und $(SO_3)_2^{2-}$ treten nur in der Zusammensetzung

$$[3\,Me(OH)_2 \cdot Me(XO_3)_2]\qquad bzw.\qquad [Me_4(OH)_6(XO_3)_2]$$

auf.

Vier der Sauerstoffatome der zwei XO_3^--Ionen liegen in der Mittelebene zwischen den Schichten, ihre Zahl ist gleich groß, wie die Zahl der OH^--Ionen und O-Atome der XO_3^--Ionen einer Hydroxylionenschicht $\left(\text{schematisch } \left[(OH)_4Me_4^{(OH)_2}_{(OXO_2)_2}\right]\right.$ vgl. auch Abb. 18$\Big)$. Diese Struktur ergibt eine günstige Raumerfüllung. Hydroxybromat und -jodat kristallisieren nicht in einem Einfachschichtengitter, weil BrO_3^- und JO_3^- zu viel Raum beanspruchen.

    2. Das Zinkhydroxychromat II β hat die Zusammensetzung

$$[2,5\,Zn(OH)_2 \cdot ZnCrO_4] \quad \text{bzw.} \quad [Zn_4(OH)_{6,67}(CrO_4)_{1,33}Zn_{0,67}].$$

Die Zahl der Sauerstoffatome in der Mittelebene ist wiederum gleich groß wie die Zahl der OH^--Ionen und O-Atome einer Hydroxylionenschicht $\left(\text{vgl. S. 705, schematisch: } \left[(OH)_4Me_4^{(OH)_{2,67}}_{(OCrO_3)_{1,33}}\right]\right)$. Dieses Zinkhydroxychromat hat wiederum gerade eine Zusammensetzung, die eine möglichst günstige Raumerfüllung ergibt.

    3. *Hydroxysalze variabler Zusammensetzung.* Die Zusammensetzung von Zinkhydroxychromat III β variiert von $3\,Zn(OH)_2 \cdot ZnCrO_4$ bis $4\,Zn(OH)_2 \cdot ZnCrO_4$. Für $3\,Zn(OH)_2 \cdot ZnCrO_4$ ergibt sich die Konstitutionsformel $[Zn_4(OH)_{6,9}(CrO_4)_{1,1} \cdot Zn_{0,55}]$. In der Mittelebene befinden sich nur 3,3 O-Atome auf 4 OH^--Ionen und O-Atome in einer Hydroxylionenschicht $\left(\text{schematisch: } \left[(OH)_4Zn_4^{(OH)_{2,9}}_{(OCrO_3)_{1,1}}\right]\right)$. Die Mittelebene enthält demnach noch Lücken. Es ist eine allgemeine Erfahrung der Kristallchemie, daß ein Gitter bis zu einem gewissen Grade Lücken aufweisen und trotzdem noch beständig sein kann. In den hydroxydreichen Formen von Zinkhydroxychromat III β sind in den Hydroxydschichten weniger Hydroxylionen durch Chromationen ersetzt und zudem Hydroxylionen in die Mittelebene zwischen die Schichten eingebaut. Bei der Grenzzusammensetzung $4\,Zn(OH)_2 \cdot ZnCrO_4$ hat Zinkhydroxychromat III β die Konstitutionsformel $[Zn_4(OH)_7CrO_4ZnOH]$. Die Summe der OH-Ionen und O-Atome in der Mittelebene ist wiederum gleich wie in den Hydroxylionenschichten $\left(\text{vgl. S. 709 schematisch: } \left[(OH)_4Zn_4^{(OH)_3OH}_{OCrO_3}\right]\right)$. Die Grenze der Ersetzbarkeit von Chromat durch Hydroxyd ist also erreicht, wenn der im Gitter zur Verfügung stehende Raum durch die Hydroxylionen und O-Atome der Chromationen vollständig erfüllt ist.

    Mehrere Hydroxysalze mit unvollkommenen Strukturen haben variable Zusammensetzung. Der Grund ist stets Lückenbildung im Gitter oder gegenseitige Vertretbarkeit von OH-Ionen durch O-Atome von Sauerstoffsäuren.

β) *Doppelschichtenstrukturen.*

Der Metallionenabstand in den Schichten ist ziemlich genau festgelegt, der Schichtenabstand kann in sehr weiten Grenzen variieren

(7,2 Å beim Zinkhydroxyfluorid III, 28 Å beim Zinkhydroxyhelvetiablau). Das Mengenverhältnis Hydroxyd:Salz kann sehr verschieden sein; Anionen sehr verschiedener Größe bilden Hydroxysalze mit Doppelschichtenstrukturen.

Beispiele:

1. Ein bestimmtes Anion kann zwei oder mehrere Hydroxysalze verschiedener Zusammensetzung bilden. Das Hydroxysalz mit größerem Salzgehalt hat einen größeren Schichtenabstand.

Beispiele:

$$[3\,Co(OH)_2 \cdot CoSO_4 \cdot 4\,H_2O], \quad c' = 9,3\,\text{Å}$$
$$[3\,Co(OH)_2 \cdot 2\,CoSO_4 \cdot 5\,H_2O], \quad c' = 10,6\,\text{Å}$$
$$[9\,Zn(OH)_2 \cdot 2,25\,ZnFla], \quad c' = 16,1\,\text{Å}$$
$$[9\,Zn(OH)_2 \cdot 3\,ZnFla], \quad c' = 19,5\,\text{Å}$$
$$[9\,Zn(OH)_2 \cdot 4\,ZnFla], \quad c' = 24,2\,\text{Å}.$$

2. Hydroxysalze mit sehr verschieden großem Anion können bei formal gleicher Zusammensetzung eine sehr ähnliche Struktur besitzen, der Schichtenabstand beim Hydroxysalz mit großem Anion ist entsprechend größer.

Beispiele:

Hydroxysalze mit ungeordneter Zwischenschicht

$$[3\,Co(OH)_2 \cdot CoSO_4], \quad c' = 9,6\,\text{Å} \quad [3\,Zn(OH)_2Fla], \quad c' = 19,5\,\text{Å}.$$

Calciumaluminiumhydroxysalze

$$[2\,Ca(OH)_2 \cdot Al(OH)Cl], \quad c' = 6,9\,\text{Å}$$
$$[2\,Ca(OH)_2Al(OH)_2OC_6H_2(NO_2)_3], \quad c' = 12,8\,\text{Å}.$$

3. Das Mengenverhältnis Hydroxyd:Salz ist bei großem Anion kein einfach stöchiometrisches; es wird durch die Zahl der Lagen und die Maschenweite (*a*) der Hydroxydschicht bestimmt:

$$\sim [9\,Zn(OH)_2 \cdot 3\,ZnFla] \quad (a = 3,11) \sim [8\,Cd(OH)_2 \cdot 3\,CdFla] \quad (a = 3,48).$$

VI. Schlußbemerkung.

Das Interesse, das die Hydroxysalze beanspruchen dürfen, gründet sich hauptsächlich auf die Tatsache, daß sich die Struktur dieser Kristallverbindungen bei verschiedenster Zusammensetzung auf das gleiche einfache Bauprinzip, die Oktaederschicht des C6-Typs, zurückführen läßt. Die verschiedenen Möglichkeiten der Abwandlung des C6-Typs — Einfachschichtenstrukturen und ihr Übergang in Raumgitterstrukturen einerseits, in Kettenstrukturen andererseits; Doppelschichtenstrukturen und ihr Übergang in Bänderstrukturen — dürften heute im Prinzip festgelegt sein. Es ist aber sehr erwünscht, daß weitere Strukturen vollständig aufgeklärt werden — dies vor allem bei Verbindungen mit Doppelschichtengittern —, um genaueren Einblick in die Koordinationsverhältnisse zu erhalten.

In den Hydroxysalzen sind alle Übergänge von rein anorganischen Kristallverbindungen mit vorwiegend ionogenem Charakter zu organischen Einlagerungsverbindungen, in denen die Bauelemente im wesentlichen durch VAN DER WAALSsche Kräfte zusammengehalten werden, realisierbar. Hydroxysalze sind deshalb geeignete Modellverbindungen zum Studium der Einflüsse der Bindungskräfte einerseits, des Raumbedarfs andererseits, auf den Kristallbau. Die weitere Untersuchung der Hydroxysalze organischer Säuren verspricht interessante Einblicke in die Wechselwirkung zwischen polaren Gruppen organischer Moleküle mit den Hydroxylgruppen der Hydroxydschichten und Aufschluß über die Größe der Wirkungssphären der Ionen organischer Säuren.

Es ist zu hoffen, daß den Hydroxysalzen in Zukunft vermehrtes Interesse entgegengebracht wird.

Literatur.

1. AEBI, F.: Die Kristallstruktur des basischen Kupferbromids $CuBr_2$, $3\,Cu(OH)_2$. Helv. chim. Acta **31**, 369 (1948).
2. — Zur Struktur basischer Salze mit pseudohexagonalen Schichtengittern. Acta crystallogr. [London] **3**, 370 (1950).
3. — Vorläufige Berechnungen.
4. AMMANN, R.: Über die Hydroxydoppelsalze des Cadmiums und Aluminiums. Diss. Bern 1953.
5. BANNISTER, F. A.: Ettringit von Scawt Hill, Co. Antrim. Mineralog. Mag. J. Mineralog. Soc. **24**, 324 (1936).
6. BIANCO, Y.: Formation des chlorures de magnésium de 50° à 175°, par voie aqueuse. C. r. hebd. Séances Acad. Sci. **232**, 1108 (1951).
7. BRANDENBERGER, E.: Kristallstruktur und Zementchemie. Grundlagen einer Stereochemie der Kristallverbindungen in den Portlandzementen. Schweiz. Arch. angew. Wiss. Techn. **2**, 45 (1936).
8. BRASSEUR, H., et J. TOUSSAINT: Kristallstruktur von Atacamit. Bull. Soc. Roy. Sci. Liège **11**, 555 (1942).
9. BRAUER, G.: Handbuch der präparativen anorganischen Chemie. Stuttgart: Ferdinand Enke 1951.
10. BRINDLEY, G. W.: X-Ray Identification and Crystal Structures of Clay Minerals. The Mineralogical Soc., London 1951.
11. —, and J. GOODYEAR: The transition of halloysite to metahalloysite in relation to relativ humidity. Mineralog. Mag. J. mineralog. Soc. **28**, 407 (1948).
12. BÜRKI, H.: Hydroxysalze aromatischer Säuren mit zweiwertigen Metallen. Diss. Bern 1950.
13. — Unveröffentlichte Versuche.
14. BUSER, W., W. FEITKNECHT u. U. IMOBERSTEG: Austauschreaktionen von ^{60}Co zwischen festen Kobaltverbindungen und Lösung. Helv. chim. Acta **35**, 619 (1952).

15. CIRULIS, A., u. M. STRAUMANIS: Die basischen Kupfer(II)-azide, Z. anorg. Chem. **251**, 332 (1943).

16. DENK, G.: Über basische Sulfate des Cadmiums. Ber. dtsch. chem. Ges. **82**, 336 (1949).

17. —, u. W. DEWALD: Über basische Sulfate und Selenate des Zinks. Z. anorg. Chem. **268**, 169 (1952).

18. McEWAN, D. M. C.: Complexe formation between Montmorillonite and Halloysite and certain organic liquids. Trans. Faraday Soc. **44**, 349 (1948).

19. —, et O. TALIB-UDDIN: L'adsorption interlamellaire. Bull. Soc. chim. France **1949**, D 37.

20. FEITKNECHT, W.: Untersuchungen über die Umsetzung fester Stoffe in Flüssigkeiten. 1. Mitt. Über einige basische Zinksalze. Helv. chim. Acta **13**, 22 (1930).

21. — Über topochemische Umsetzungen fester Stoffe in Flüssigkeiten. Fortschr. Chem., Physik, physik. Chem. **21**, 2 (1930).

22. — Die Struktur der basischen Salze zweiwertiger Metalle. Helv. chim. Acta **16**, 427 (1933).

23. — Gleichgewichtsbeziehungen bei den schwerlöslichen basischen Salzen. Helv. chim. Acta **16**, 1302 (1933).

24. — Zur Chemie und Morphologie der basischen Salze zweiwertiger Metalle. I. Allgemeine Gesichtspunkte. Helv. chim. Acta **18**, 28 (1934).

25. — Über die Konstitution der festen basischen Salze zweiwertiger Metalle. I. Basische Kobalthalogenide mit „Einfachschichtengitter". Helv. chim. Acta **19**, 467 (1936).

26. — Farbe und Konstitution der Verbindungen des zweiwertigen Kobalts. Helv. chim. Acta **20**, 659 (1937).

27. — Über die α-Form der Hydroxyde zweiwertiger Metalle. Helv. chim. Acta **21**, 766 (1938).

28. — Topochemische Umsetzungen von Hydroxyden und basischen Salzen. Z. angew. Chem. **52**, 202 (1939).

29. — Laminardisperse Hydroxyde und basische Salze zweiwertiger Metalle. A. Allgemeiner Teil. Kolloid-Z. **92**, 257 (1940).

30. — Laminardisperse Hydroxyde und basische Salze zweiwertiger Metalle. B. Spezieller Teil. Kolloid-Z. **93**, 66 (1940).

31. — Topochemische Grundlagen der Korrosion. Schweiz. Arch. angew. Wiss. Techn. **6**, 1 (1940).

32. — Über die Bildung von Doppelhydroxyden zwischen zwei- und dreiwertigen Metallen. Helv. chim. Acta **25**, 555 (1942).

33. — Die Struktur der Cadmiumhydroxyhalogenide $CdCl_{0,67}(OH)_{1,33}$, $CdBr_{0,6}(OH)_{1,4}$ $CdJ_{0,5}(OH)_{1,5}$. Experientia **1**, 7 (1945).

34. — Über den Angriff von Metallen in feuchten Dämpfen der Halogenwasserstoffsäuren. Helv. chim. Acta **29**, 1801 (1946).

35. — Probleme der Chemie der Kristallverbindungen. Schweiz. Chemiker-Ztg. **29**, 25 (1946).

36. — Principes chimiques et thermochimiques de la corrosion des métaux dans une solution aqueuse, démontrés par l'exemple du zinc. Métaux et Corrosion **22**, 192 (1947).

37. — Réactions dans les cristaux à structure lamellaire. Bull. Soc. chim. France **1949**, D 15.

38. — Über den Zusammenbruch der Oxydfilme auf Metalloberflächen in sauren Dämpfen und den Mechanismus der atmosphärischen Korrosion. Chimia **6**, 3 (1952).

39. FEITKNECHT, W.: Der Einfluß stofflich-chemischer Faktoren auf die Korrosion der Metalle. Schweiz. Arch. angew. Wiss. Techn. 18, 368 (1952).

40. —, u. R. AMMANN: Über das hochbasische Cadmiumhydroxychlorid VI. Helv. chim. Acta 34, 2266 (1951).

41. —, u. A. BERGER: Über die Bildung eines Nickel- und Kobaltsilicates mit Schichtengitter. Helv. chim. Acta 25, 1544 (1942).

42. —, u. W. BÉDERT: Untersuchungen über die Oxydation mit molekularem Sauerstoff. II. Der Chemismus der Autoxydation der blauen und grünen basischen Kobalt-(II)Verbindungen. Helv. chim. Acta 24, 676 (1941).

43. —, u. H. BUCHER: Zur Chemie und Morphologie der basischen Salze zweiwertiger Metalle. XII. Die Hydroxyfluoride des Cadmiums. Helv. chim. Acta 26, 2177 (1943).

44. — — Zur Chemie und Morphologie der basischen Salze zweiwertiger Metalle. XIII. Die Hydroxyfluoride des Zinks. Helv. chim. Acta 26, 2196 (1943).

45. —, u. H. BÜRKI: Basische Salze organischer Säuren mit Schichtenstruktur. Experientia 5, 154 (1949).

46. —, u. H. W. BUSER: Zur Kenntnis der nadeligen Calcium-Aluminiumhydroxysalze. Helv. chim. Acta 32, 2298 (1949).

47. — — Über den Bau der plättchenförmigen Calcium-Aluminiumhydroxysalze. Helv. chim. Acta 34, 128 (1951).

48. —, u. A. COLLET: Über die Konstitution der festen basischen Salze zweiwertiger Metalle. II. Basische Nickelhalogenide mit „Einfachschichtengitter". Helv. chim. Acta 19, 831 (1936).

49. — — Zur Chemie und Morphologie der basischen Salze zweiwertiger Metalle. VII. Über basische Nickelchloride. Helv. chim. Acta 22, 1428 (1939).

50. — — Zur Chemie und Morphologie der basischen Salze zweiwertiger Metalle. VIII. Über basische Nickelbromide. Helv. chim. Acta 22, 1444 (1939).

51. — — Zur Chemie und Morphologie der basischen Salze zweiwertiger Metalle. IX. Über basische Nickelnitrate. Helv. chim. Acta 23, 180 (1940).

52. —, u. G. FISCHER: Zur Chemie und Morphologie der basischen Salze zweiwertiger Metalle. II. Über basische Kobaltsulfate. Helv. chim. Acta 18, 40 (1935).

53. — — Zur Chemie und Morphologie der basischen Salze zweiwertiger Metalle. III. Über basische Kobaltchloride. Helv. chim. Acta 18, 555 (1935).

54. — — Zur Chemie und Morphologie der basischen Salze zweiwertiger Metalle. IV. Über basische Kobaltbromide. Helv. chim. Acta 19, 448 (1936).

55. — — Zur Chemie und Morphologie der basischen Salze zweiwertiger Metalle. V. Über basische Kobaltnitrate. Helv. chim. Acta 19, 1242 (1936).

56. —, u. M. GERBER: Zur Kenntnis der Doppelhydroxyde und basischen Doppelsalze. II. Über Mischfällungen aus Calcium-Aluminiumsalzlösungen. Helv. chim. Acta 25, 106 (1941).

57. —, u. W. GERBER: Die Struktur der basischen Cadmiumchloride. Z. Kristallogr. Mineralog. Petrogr. [A] 97, 168 (1937).

58. — — Zur Chemie und Morphologie der basischen Salze zweiwertiger Metalle. VI. Über basische Cadmiumchloride. Helv. chim. Acta 20, 1344 (1937).

59. — — Die Hydroxysulfate des Cadmiums. Helv. chim. Acta 28, 1454 (1945).

60. —, u. E. HÄBERLI: Über die Löslichkeitsprodukte einiger Hydroxyverbindungen des Zinks. Helv. chim. Acta 33, 922 (1950).

61. —, u. F. HELD: Über die Hydroxychloride des Magnesiums. Helv. chim. Acta 27, 1480 (1944).

62. — — Über Magnesium-Aluminiumdoppelhydroxyd und -Hydroxydoppelchlorid. Helv. chim. Acta 27, 1495 (1944).

63. FEITKNECHT, W. u. G. KELLER: Über die dunkelgrünen Hydroxyverbindungen des Eisens. Z. anorg. Chem. **262**, 61 (1950).

64. —, u. W. LOTMAR: Die Struktur des grünen basischen Kobaltbromids. Z. Kristallogr., Mineralog. Petrogr. [A] **91**, 136 (1935).

65. — K. MAGET u. A. TOBLER: Über Bildung und Dehydratation von Kupferhydroxyd. Chimia **2**, 122 (1948).

66. —, u. K. MAGET: Über Doppelhydroxyde und basische Salze. VI. Über Mischfällungen von Kupfer-Nickelhydroxyd. Z. anorg. Chem. **258**, 150 (1949).

67. — — Zur Chemie und Morphologie der basischen Salze zweiwertiger Metalle. XIV. Die Hydroxychloride des Kupfers. Helv. chim. Acta **32**, 1639 (1949).

68. — — Über Doppelhydroxyde und basische Salze. VII. Über basische Doppelchloride des Kupfers. Helv. chim. Acta **32**, 1653 (1949).

69. — — Über Doppelhydroxyde und basische Salze. VIII. Mischphasen von Kupfer-Nickelhydroxychloriden. Helv. chim. Acta **32**, 1667 (1949).

70. —, u. R. PETERMANN: Zur Chemie und Morphologie der Deckschichten bei Korrosionsversuchen mit Zink. Korros. u. Metallschutz **19**, 181 (1943).

71. —, u. R. REINMANN: Die Löslichkeitsprodukte der Cadmiumhydroxychloride und des Cadmiumhydroxyds. Helv. chim. Acta **34**, 2255 (1951).

72. — — Beitrag zum Potential-p_H-Diagramm von Cadmium in chloridhaltigen Lösungen. Comp. rend. III. Réunion C.I.T.C.E. (1951). Mailand: C. Manfredi 1952.

73. —, u. H. STUDER: Elektronenmikroskopische Untersuchungen über die Größe und Form der Teilchen kolloider Metallhydroxyde. Kolloid-Z. **115**, 13 (1949).

74. —, u. H. WEIDMANN: Zur Chemie und Morphologie der basischen Salze zweiwertiger Metalle. X. Das hochbasische Zinkhydroxychlorid III. Helv. chim. Acta **26**, 1560 (1943).

75. — — Zur Chemie und Morphologie der basischen Salze zweiwertiger Metalle. XI. Die Zinkhydroxybromide III und IV. Helv. chim. Acta **26**, 1564 (1943).

76. FLÜCKIGER-RYCHENER, E.: Unveröffentlichte Versuche.

77. FLÜCKIGER, H.: Unveröffentlichte Versuche.

78. FORET, J.: Recherches sur les combinaisons entre les sels de calcium et les aluminates de calcium. Paris: Hermann & Cie. 1935.

79. FORSÉN, L.: Zur Chemie des Portlandzementes. Schweiz. Verband für die Materialprüfungen der Technik, Bericht Nr. 35, Zürich 1935.

80. FRONDEL, C.: On paratacamite and some related copper chlorides. Mineralog. Mag. J. mineralog. Soc. **29**, 34 (1950).

81. GÄUMANN, A.: Unveröffentlichte Versuche.

82. GERBER, W.: Unveröffentlichte Versuche.

83. GLEMSER, O.: Neuere Untersuchungen über Metallhydroxyde und -oxydhydrate. Fortschr. chem. Forschg. **2**, 273 (1951).

84. —, u. J. EINERHAND: Über höhere Nickelhydroxyde. Die Struktur höherer Nickelhydroxyde. Z. anorg. Chem. **261**, 26 u. 43 (1950).

85. GOLDSCHMIDT, V. M.: Kristallbau und chemische Zusammensetzung. Ber. dtsch. chem. Ges. **60**, 1263 (1927).

86. GRÖGER, M.: Über Zinkchromate. Z. anorg. Chem. **70**, 135 (1911).

87. HÄGG, G.: Einige Bemerkungen über MX_2-Schichtengitter mit dichtest gepackten X-Atomen. Ark. Kem., Mineralog. Geolog. B **16**, Nr. 3 (1942).

88. HAYEK, E.: Einfache basische Chloride zweiwertiger Metalle. Z. anorg. Chem. **210**, 241 (1933).

89. — Über Löslichkeit von Hydroxyden in ihren Salzlösungen. Z. anorg. Chem. **219**, 296 (1934).

90. HECHT, H.: Präparative anorganische Chemie. Berlin-Göttingen-Heidelberg: Springer 1951.

91. HEDVALL, J. A.: Einführung in die Festkörperchemie. Braunschweig: Friedr. Vieweg & Sohn 1952.

92. HEIN, F.: Chemische Koordinationslehre. Zürich: S. Hirzel 1950.

93. HELMHOLZ, L.: The Crystal Structure of Anhydrous Cupric Bromide. Amer. chem. J. **69**, 886 (1947).

94. HENDRICKS, S. B., and ED. TELLER: X-Ray Interference in Partially Ordered Layer Lattices. J. chem. Physics **10**, 147 (1942).

95. HOARD, J. L., u. J. D. GRENKO: Die Kristallstruktur von Cadmiumhydroxychlorid CdOHCl. Z. Kristallogr., Mineralog. Petrogr. **87**, 110 (1934).

96. HOFMANN, U., u. D. WILM: Über die Kristallstruktur von Kohlenstoff. Z. Elektrochem. angew. physikal. Chem. **42**, 50 (1936).

97. HÜCKEL, W.: Anorganische Strukturchemie, S. 742. Stuttgart: Ferdinand Enke 1948.

98. HUGI-CARMES, L.: Über die Hydroxychromate des Zinks. Diss. Bern 1953.

99. JASMUND, K.: Die silicatischen Tonminerale. Weinheim: Verlag Chemie 1951.

100. JONES, F. E.: Die komplexen Calciumaluminatverbindungen. Proc. of the Symp. on the Chemistry of Cements, Stockholm 1938, S. 231.

101. KELLER, G.: Über Hydroxyde und basische Salze des zweiwertigen Eisens und deren dunkelgrüne Oxydationsprodukte. Diss. Bern, Schüler 1948.

102. KITTELBERGER, W.: Zinc Tetroxy-Chromate. Ind. Engng. Chem. **34**, 363 (1942).

103. KOHLSCHÜTTER, V.: Topochemische Reaktionen. Helv. chim. Acta **12**, 512 (1929).

104. —, u. J. MARTI: Untersuchungen über Prinzipien der genetischen Stoffbildung. I. Über Bildungsformen des Calciumoxalates. Helv. chim. Acta **13**, 929 (1930).

105. —, u. VL. SEDELINOWITSCH: Zur Kenntnis topochemischer Reaktionen. Über homologe und substituierte Bildungsformen. Z. Elektrochem. angew. physik. Chem. **29**, 30 (1923).

106. KRAUT, K.: Kohlensaures Zinkoxyd. Z. anorg. Chem. **13**, 12 (1897).

107. KUMMER, A.: Über Kobalt- und Kobaltkupferhydroxynitrate. Diss. Bern 1953.

108. LABANUKROM, T.: Zur Chemie kristalliner Aggregationsformen. Untersuchungen an basischen Kupferverbindungen, Vorbemerkung von V. KOHLSCHÜTTER. Kolloidchem. Beih. **29**, 80 (1929).

109. LOTMAR, W.: Zur Struktur des Zinkhydroxychlorids II, $ZnCl_2 \cdot 4Zn(OH)_2$. Helv. chim. Acta **29**, 14 (1946).

110. —, u. W. FEITKNECHT: Über Änderungen der Ionenabstände in Hydroxydschichtgittern. Z. Kristallogr., Mineralog. Petrogr. [A] **93**, 368 (1936).

111. MAGET, K.: Beiträge zur Kenntnis der basischen Kupferchloride und basischen Kupferdoppelsalze. Diss. Bern 1948.

112. MAILHE, A.: Action d'un oxyde ou d'un hydrate métallique sur les solutions des sels des autres métaux. Sels basiques mixtes. Ann. Chim. Phys. **27**, 362 (1902).

113. MALQUORI, G., u. V. CIRILLI: Die Calciumferrithydrate und die aus dem Tricalciumferrit durch Assoziation mit verschiedenen Calciumsalzen entstehenden Komplexe. Ric. sci. Progr. tecn. Econ. naz. **11**, 316 (1940).

114. MEGAW, A. B.: Crystals with Layer Lattices. Proc. Roy. Soc. [London], Ser. A **142**, 207 (1933). Die Angaben über die Dimensionen der Elementarzelle von $Mg(OH)_2$ schwanken beträchtlich. Der Wert von A. B. MEGAW kommt dem von uns erhaltenen Wert am nächsten.

115. MIKUSCH, H.: Das System ZnO—CO$_2$—H$_2$O. Z. anorg. Chem. **56**, 371 (1908).

116. MOELLER, T., u. P. W. RHYMER: Some Observations upon the Precipitation of Hydrous Cadmium Hydroxide in the Presence of Certain Anions. J. physic. Chem. **46**, 477 (1942).

117. MÜLLER, K.: Unveröffentlichte Versuche.

118. MYLIUS, C. R. W.: Calciumaluminathydrate und deren Doppelsalze. Acta Acad. Aboensis, Math. Physica **7**, 3 (1933).

119. NÄSÄNEN, R., u. V. TAMMINEN: The Equilibria of Cupric Hydroxysalts in Mixed Aqueous Solutions of Cupric and Alkali Salts at 25°. Amer. chem. J. **71**, 1994 (1949).

120. NIGGLI, P.: Grundlagen der Stereochemie. Basel: Birkhäuser 1945.

121. NOWACKI, W., u. K. MAGET: Zur Kristallographie von Cu(OH)Cl. Experientia **8**, 55 (1952).

122. —, u. R. SCHEIDEGGER: Zur Kristallographie des monoklinen, basischen Kupfernitrates Cu(NO$_3$)$_2$·3Cu(OH)$_2$. I. Acta crystallogr. [London] **3**, 471 (1950).

123. — — Die Kristallstrukturbestimmung des monoklinen, basischen Kupfernitrates Cu$_4$(NO$_3$)$_2$(OH)$_6$ II. Helv. chim. Acta **35**, 375 (1952).

124. RABATÉ, H.: Le chromate basique de zinc, considéré comme pigment inhibiteur de la corrosion. Chim. Peintures **12**, 164 u. 286 (1949).

125. RECOURA, A.: Action d'un hydrate métallique sur les solutions des sels des autres métaux. Sels basiques à deux métaux. C. r. hebd. Séances Acad. Sci. **132**, 1414 (1901).

126. RIBI, E.: Über Hydroxyverbindungen des Mangans. Diss. Bern 1948.

127. RUMPF, E.: Über die Gitterkonstanten von Calciumoxyd und Calciumhydroxyd. Ann. Physik **87**, 595 (1928).

128. SABATIER, P.: Action d'un oxyde ou d'un hydrate métallique sur les solutions des sels des autres métaux. Sels basiques mixtes. C. r. hebd. Séances Acad. Sci. **132**, 1538 (1901).

129. SAHLI, M.: Über die basischen Zinkcarbonate. Diss. Bern 1952.

130. SCHLENK jr., W.: Organische Einschlußverbindungen. Fortschr. chem. Forschg. **2**, 92 (1951).

131. SCHREINEMAKERS, F. A. H., and TH. FIGEE: The system H$_2$O—CaCl$_2$—CaO at 25°. Chem. Weekbl. **8**, 683 (1911).

132. STRUNZ, H.: Mineralogische Tabellen. Leipzig: Akademische Verlagsgesellschaft 1941.

133. TILLEY, C. E., H. D. MEGAW u. M. H. HEY: Hydrocalumit (4 CaO·Al$_2$O$_3$· 12 H$_2$O), ein neues Mineral von Scawt Hill, Co. Antrim. Mineralog. Mag. J. mineralog. Soc. **23**, 607 (1934).

134. TOBLER, A.: Zur Kenntnis der basischen Kupfersalze und ihrer Umwandlung in Hydroxyd und Oxyd. Diss. Bern 1949.

135. WALTER-LÉVY, L.: Chlorocarbonate basique de magnésium. C. r. hebd. Séances Acad. Sci. **204**, 1943 (1937).

136. — Contribution à l'étude des sulfates basique de magnésium. C. r. hebd. Séances Acad. Sci. **202**, 1857 (1936).

137. —, et Y. BIANCO: Action de la magnésie sur les solutions de chlorure de magnésium à 100°. C. r. hebd. Séances Acad. Sci. **232**, 513 (1951).

138. —, et M. HEUBERGER: Sur la formation des nitrates basiques de magnésium par voie aqueuse, à la température de 25°. C. r. hebd. Séances Acad. Sci. **218**, 840 (1944).

139. WARREN, B. E.: X-Ray Diffraction in Random Layer Lattices. Physic. Rev. **59**, 691 (1941).

140. WEISER, H. B., W. O. MILLIGAN and E. L. COOK: Hydrous Cupric Hydroxide and Basic Cupric Sulfates. Amer. chem. J. 64, 503 (1942).

141. WELLS, A. F.: The Crystal Structure of Anhydrous Cupric Chloride, and the Stereochemistry of the Cupric Atom. J. chem. Soc. 1947, 1670.

142. — The Crystal Structure of Atacamit and the Crystal Chemistry of Cupric Compounds. Acta crystallogr. [London] 2, 175 (1949).

143. — MALACHITE: Re-examination of Crystal Structure. Acta crystallogr. [London] 4, 200 (1951).

144. WERNER, A.: Zur Konstitution basischer Salze und analog konstituierter Komplexsalze. Ber. dtsch. chem. Ges. 40, 4441 (1907).

145. WOLFF, P. M. DE: The crystal structure of artinite, $Mg_2(OH)_2CO_3 . 3 H_2O$. Acta crystallogr. [London] 5, 286 (1952).

146. — u. WALTER-LÉVY: The crystal structure of $Mg_2(OH)_3(Cl, Br) . 4 H_2O$. Acta crystallogr. [London] 6, 40 (1953).

147. — The crystal structure of $Co_2(OH)_3Cl$. (Erscheint demnächst in Acta crystallogr. Herr Dr. DE WOLFF ließ mich in sehr dankenswerter Weise Einblick in sein Manuskript nehmen.)

148. —, et L. WALTER-LÉVY: Structures et formules de quelques constituants du ciment Sorel. C. r. hebd. Séances Acad. Sci. 229, 1232 (1949).

149. — Persönliche Mitteilungen. (Herrn Dr. DE WOLFF möchte ich für die Mitteilung dieser noch nicht publizierten Ergebnisse seiner Untersuchungen herzlich danken.)

150. Unveröffentlichte Resultate von kleineren präparativen Arbeiten im Institut für anorganische, analytische und physikalische Chemie der Universität Bern.

Anmerkung: Auf eine Vollständigkeit des Literaturnachweises mußte verzichtet werden; im allgemeinen sind nur neuere Arbeiten zitiert.

(Abgeschlossen im Februar 1953.)

Prof. Dr. WALTER FEITKNECHT, Institut für anorganische, analytische und physikalische Chemie der Universität Bern

Fortschr. chem. Forsch., Bd. 2, S. 758—879 (1953).

Neuere Ergebnisse der Ultrarotspektroskopie.

Von

R. Suhrmann und H. Luther.

Mit 50 Textabbildungen.

Inhaltsübersicht.

Einführung.

Durch die Fortschritte der Meßmethodik in der Ultrarotspektroskopie, die nicht nur eine Verbesserung der *Meßgenauigkeit*, sondern auch eine beträchtliche Erhöhung der *Meßgeschwindigkeit* brachten, ist die Zahl der Ultrarotarbeiten in den letzten 10 Jahren besonders in den angloamerikanischen Ländern außerordentlich angewachsen. Es ist deshalb unmöglich, innerhalb eines Referates über alle einschlägigen Arbeiten aus dieser Zeit zu berichten. Wir beschränken uns daher im allgemeinen auf Arbeiten, die seit 1945 erschienen sind. Zusammenfassende Darstellungen der Ultrarotspektroskopie geben bis 1929 SCHAEFER und MATOSSI (*286*), bis 1933 REINKOBER (*258*), bis 1937 CZERNY (*67*) und MATOSSI (*204*), bis 1943 BARNES und Mitarbeiter (*19*), bis 1944 HERZBERG (*133*), bis 1947 WILLIAMS (*357*) und in den darauffolgenden Jahren, bis 1951 einschließlich, BARNES und GORE (*18*), (*112*). Ferner sind die Darstellungen in Buchform von RANDALL, FOWLER, DANGL und FUSON (*254*), MELLON (*211*), CANDLER (*43*), FREYMAN (*94*), LECOMTE (*174*), HARRISON, LORD und LOOFBOUROW (*124*), SAWYER (*285*), WILLARD, MERRITT und DEAN (*356*), BRÜGEL (*38*), sowie die Beiträge in Sammelwerken von WEST (*351*), NIELSEN und OETJEN (*227*), COGGESHALL (*47*) und LUTHER (*194*) zu nennen.

Die Arbeiten, über deren Ergebnisse wir berichten, haben wir nach folgenden Gesichtspunkten ausgewählt. Wir streifen die neuere *Meßmethodik* nur kurz, da sie vor kurzem an anderer Stelle ausführlich behandelt wurde (*184a*), (*174a*). Darauf folgt ein Kapitel, das sich mit der Zuordnung der Ultrarotbanden für die *Strukturbestimmung* der Molekeln befaßt, also die Ermittlung ihrer geometrischen Gestalt und der zwischen ihren Atomen wirkenden Kräfte. Wegen der Verschiedenheit der beobachteten Spektren haben wir dieses Kapitel unterteilt in Rotationsspektren, Schwingungsspektren und Rotations-Schwingungsspektren. Zu Beginn jedes Abschnitts behandeln wir die molekular-physikalischen Grundlagen [in Anlehnung an das Buch von HERZBERG (*133*)], soweit sie für die Darstellung der darin besprochenen Arbeiten erforderlich sind. In den Abschnitt über die Rotations-Schwingungsspektren sind auch die mit neuzeitlichen Prismenspektrometern durchgeführten Arbeiten aufgenommen worden, bei denen die weitgehende Auflösung der Spektren die Rotationsstruktur der Schwingungsbanden zu erkennen und zu deuten gestattet. Die Ergebnisse dieser Arbeiten werden gegenüber den in dem Abschnitt „Schwingungsspektren" besprochenen im allgemeinen eine größere Sicherheit beanspruchen können, zumal sie sich häufig auch auf die Ergebnisse der Mikrowellenforschung stützen konnten. In besonderen Abschnitten werden die Schwingungsspektren von Molekeln in verschiedenen Aggregatzuständen und die Anwendung polarisierter Strahlung behandelt.

Ein drittes Kapitel ist der Anwendung des Ultrarotspektrums bei der *Strukturanalyse* und in der *chemischen Analyse* gewidmet, wobei wir unter Strukturanalyse die Ermittlung der in der Molekel vorhandenen Atomgruppen und ihrer Anordnung verstehen ohne Berücksichtigung der geometrischen Gestalt und der wirkenden Kräfte.

Die den Intensitätsfragen gewidmeten Arbeiten haben wir nur kurz gestreift, da die Forschung auf diesem Teilgebiet noch zu wenig abgeschlossene Ergebnisse gebracht hat.

I. Fortschritte der Meßmethodik.

1. Meßprinzip.

Die Meßtechnik hat in den letzten 15 Jahren große Fortschritte erzielt. Die Absorptionsspektren werden nicht mehr Punkt für Punkt durch Galvanometerausschläge gemessen, sondern vollautomatisch registriert. Dabei wendet man häufig Kompensationsmethoden an, indem man z.B. den Lichtstrahl teilt (Abb. 1), so daß der eine Strahl durch die Meßküvette K_1, der andere durch die Vergleichsküvette K_2 hindurchgeht (*178*). Die beiden Strahlen treten über den rotierenden Sektorspiegel S_3 abwechselnd in den Monochromator M ein und erzeugen — bei verschieden starker Strahlungsschwächung — im Empfänger Th eine Wechselspannung, die verstärkt und anschließend gleichgerichtet werden kann. Nach dem Schema der Abb. 1 wird der verstärkte Strom dazu benutzt, den Kompensator so im Vergleichsstrahl zu verschieben, daß beide Lichtstrahlen

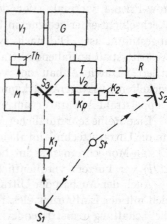

Abb. 1. Blockdiagramm eines Doppelstrahl-Wechsellichtspektrometers. *St* Strahlungsquelle; S_1, S_2 Spiegel; K_1 Meßküvette; K_2 Vergleichsküvette; S_3 Unterbrechungsspiegel; *M* Monochromator; *Th* thermischer Empfänger; V_1 Hauptverstärker; *G* Gleichrichter; *I* Integrator; V_2 Anzeigeverstärker; K_p Kompensator; *R* Registriergerät.

gleich geschwächt werden und der Wechselstrom im Empfänger gegen Null geht. Die jeweilige Stellung des Kompensators wird durch ein Registriergerät R aufgezeichnet. Während die automatische, mit R gekoppelte Monochromatoreinstellung das gesamte Spektrum durchläuft, zeichnet das Registriergerät die prozentuale Absorption kontinuierlich auf. Die sich ergebenden Konstruktionsmöglichkeiten mit ihren Vor- und Nachteilen behandeln OETJEN und ROESS (*230a*) eingehend.

Durch die Verwendung von Konstruktionselementen geringer Trägheit konnten E. F. DALY und G. B. B. M. SUTHERLAND (*319a*) ein

Spektrometer entwickeln, bei dem zwischen 1 und 16 µ ein Spektralbereich von jeweils 2,5 bis 3,5 µ auf dem nachleuchtenden Schirm einer
Braunschen Röhre in 14 sec registriert wurde.

2. In Deutschland verwandte Geräte.

Von den besonders in den USA. fabrikmäßig hergestellten Registrier-
spektrometern hat sich im Laufe des letzten Jahres in Deutschland fast
ausschließlich das Modell 21 der Perkin-Elmer-Corporation eingeführt
(352), (353), (354). Durch Anwendung des „Doppeldurchgang-Prinzips"
von Walsh (344) gelang es der gleichen Gesellschaft, das Einzelstrahl-
Modell 12 in bemerkenswertem Maße weiter zu entwickeln (239), um
die Auflösung (bei 1000 cm⁻¹ besser als 2 cm⁻¹), die Energie bei vergleichbaren spektralen Spaltweiten und die spektrale Reinheit zu verbessern. Bei diesem Prinzip durchläuft die Strahlung das gleiche Litt-
row-Prisma viermal. Vor dem dritten Durchgang wird sie in ein
Wechsellicht einer geeigneten Frequenz zerhackt, auf die der Verstärker
abgestimmt ist. Die nach zweifachem Durchgang etwa schon beim
Austrittsspalt ausfallende Strahlung wird auf diese Weise nicht mitregi-
striert. Durch Anbau des von Savitzky und Halford (284) entwickelten Zusatzgerätes, kann die Einzelstrahl-Apparatur auch in eine
Doppelstrahl-Apparatur umgewandelt werden.

Eine Reihe sehr nützlicher Arbeitswinke und Verbesserungsvorschläge
für die Ultrarottechnik im allgemeinen, und die Verwendung des Perkin-
Elmer-Monochromators im besonderen, haben Lord und Mitautoren
(191) vor kurzem veröffentlicht.

Auch der Ausbau der Ultrarotspektrometer der Firma Leitz-Wetzlar
zielt mit der Einführung elektronischer Verstärker notwendigerweise auf
die Schaffung registrierender Geräte hin. Die Weiterentwicklung der
von Lehrer und Luft bei der BASF geschaffenen Registrierapparaturen
ist noch nicht voll abgeschlossen. Ein Gleiches gilt für die Entwicklung bei Zeiß-Opton.

Methodisch sind auch die Arbeiten von Zbinden, Baldinger und
Ganz (366) über die elektrische Verhältnisbildung in Doppelstrahl-
geräten ohne mechanische Abgleichglieder von Interesse (100 a).

3. Mikrospektrometer.

Mit dem Eindringen der spektroskopischen Analysenmethoden in das Gebiet
der physiologischen Chemie trat die Frage auf, ob es möglich wäre, mikroskopisch
kleine Objekte wie Blutkörperchen oder Muskelfasern spektroskopisch zu untersuchen. Mit dem Spiegel-Reflexions-Mikroskop von Burch (42) ist dieses Problem
soweit gelöst worden, daß die Ultrarot- und Ultraviolettspektren auch dann noch
aufgenommen werden können, wenn Substanzmengen von 10⁻³ mg vorhanden
sind (28 c).

R. Barer, A. R. H. Cole und H. W. Thompson (17 a) beschreiben die Anwendbarkeit dieses Gerätes für die Ultrarotspektroskopie [s. auch H. W. Thompson

(327 a)]. Die sonst üblichen Linsen sind durch Spiegel ersetzt, so daß es völlig achromatisch ist und mit sichtbarem Licht fokussiert werden kann. BARER *(17)* diskutiert eingehend die Möglichkeiten des Verfahrens für die Ultraviolett- und die Ultrarotspektroskopie. Sie sind bei letzterer in verschiedenen Punkten (geringe Auflösung bei langen Wellenlängen, zu geringe Empfindlichkeit der thermischen Empfänger) methodisch eingeschränkt. Da aber andererseits von jeder Substanz kleine Einkristalle gewonnen werden können, während größere oft schwer zu züchten sind, ist in der Richtung auf Strukturbestimmungen von Festsubstanzen ein Fortschritt zu erzielen. Bei Zellstrukturuntersuchungen sind auch bei Beschränkung des Wellenbereiches die Einzelheiten von Zellteilen noch nicht zu analysieren, da bei 15 μ die kleinste zu untersuchende Fläche einen Durchmesser von 60 μ, bei 3 μ einen Durchmesser von 12 μ haben müßte, wenn man die heute unter günstigen Bedingungen möglichen Aperturen dieser Mikroskope einsetzt. In allen Fällen ist auf eine mögliche Erwärmung der Substanzen durch die Strahlungskonzentration zu achten. HALL und NESTER *(119)* glauben, daß den speziellen Anforderungen dieser Apparaturen an die Lichtquellen Zirkonbrenner gerecht werden, die bei brauchbarer Lebensdauer durch ihre Abmessungen Vorteile gegenüber Globarstiften bringen sollen trotz ihrer etwas ungünstigeren Energieverteilung.

4. Polarisationsmessungen.

Die Grundlagen der experimentellen Technik bei der Arbeit mit polarisierter Ultrarotstrahlung finden sich schon bei SCHAEFER-MATOSSI *(286)* und später bei BRÜGEL *(38)*. Die im Sichtbaren üblichen Polarisationsprismen sind nur bis 3 μ verwendbar. Polarisationsfilter auf der Basis gefärbter Cellulose oder Herapathit sind bisher noch für keinen Ultrarotbereich entwickelt worden. Die Polarisation durch Reflexion an Selenspiegeln wird daher noch immer angewandt. Den gesamten sich ergebenden Strahlengang in einem derartigen Polarisationsspektrometer stellen J. MANN und H. W. THOMPSON *(198a)* dar. A. ELLIOTT, E. J. AMBROSE und R. B. TEMPLE *(78a)*, *(79)*, sowie auch J. AMES und A. M. D. SAMPSON *(6)* verwenden bei ihrer Versuchsanordnung das Prinzip der Glasplattensätze. Sie stellen Selenfilme von einigen μ Dicke durch Aufdampfen auf Nitrocelluloselack oder Acroleïnharz im Vakuum her und setzen die von der Unterlage abgelösten Selenhäutchen zu Sätzen von 5 bis 6 Filmen zusammen. Zwischen 2 und 14 μ ist mit Sätzen zu 5 bzw. 6 Folien der Polarisationsgrad 94 bzw. 98% zu erreichen. Da diese Selenfilme mechanisch sehr empfindlich sind, entwickelten NEWMAN und HALFORD *(225)*, sowie WRIGHT *(364)* Durchlässigkeitspolarisatoren aus Silberchloridplättchen. Ihre chemische Reaktionsfähigkeit und Empfindlichkeit gegen kurzwelliges Licht besitzen die bis 40 μ verwendbaren Thallium-bromid-jodid-Polarisatoren nicht *(169b)*.

Die Durchlässigkeitspolarisatoren haben eine Reihe von Vorteilen gegenüber den Reflexionspolarisatoren: Der Strahlengang des Spektrometers braucht nicht geändert zu werden; 47% der einfallenden Gesamtenergie einer Wellenlänge sind polarisiert verwendbar (18 bis 35% bei Reflexion mit gleichem Polarisationsgrad); nicht die Proben, sondern die Polarisatoren werden gedreht. Der Anwendungsbereich ist bei etwa 40 µ begrenzt, während er sich bei den Reflexionspolarisatoren weiter in das Langwellige erstreckt.

Hyde (*140b*) und auch andere Autoren benutzen die Tatsache, daß in normalen Spektrographen eine partielle horizontale Polarisation zu beobachten ist, so daß die Probe parallel und senkrecht zu dieser Teilpolarisation gemessen werden kann. Eine Umrechnung auf die Ergebnisse bei Totalpolarisation ist nach den Verfassern möglich. Die Ausrichtung der zu messenden Substanzen durch Kristallisieren im Temperaturgefälle, Rollen, Strecken oder durch Adsorption an geeigneten Oberflächen wird des öfteren eingehend beschrieben.

5. Pseudospektrographen.

Für die automatische Betriebskontrolle von strömenden Gasgemischen wurde durch K. F. Luft (*192b*) bei der BASF (*14a*) der Ultrarot-Absorptionsschreiber (URAS) vor einer Reihe von Jahren entwickelt. Er arbeitet nach dem Prinzip der „positiven Filterung". Nach dem Kriege erschienen besonders auf dem englischen und amerikanischen Markt verschiedene Geräte, die sich nur wenig von dem „URAS" unterscheiden, z.B. der „IRGA" (= Infra-Red-Gas-Analyser[1] und der „IR-Gas-Analyser"[2]). Der „Automatic-Recording-Gas-Analyzer" der Baird-Association arbeitet nach dem Prinzip der „negativen Filterung" nicht mit einem selektiven Empfänger (Membrankondensator), sondern mit dem nichtselektiven Bolometer. Eine interessante Neuentwicklung ist der Bichromator der Perkin-Elmer-Corporation, der Meßmöglichkeiten nach dem Doppelstrahlprinzip besitzt (Trinone Analyser) (*284a*). Unter anderen automatischen Kontrollverfahren der Betriebsüberwachung behandeln Patterson und Mellon (*235*) auch die verschiedenen Modelle der „Pseudospektrographen (Nondispersive Instruments)".

6. Anforderungen an ein Standardspektrometer.

Da die Eigenschaften der Aufnahmeapparatur die Absorptionsspektren oft individuell (z.B. hinsichtlich der spektralen Reinheit) beeinflussen, sind mit verschiedenen Geräten gemessene Spektren auch bei Angabe der Meßbedingungen nicht immer ohne weiteres vergleichbar. Das Ziel einer Weiterentwicklung wird es also sein, ein Einheitsmodell für die Routine-Analyse zu schaffen. Die Anforderungen an ein derartiges Gerät umriß Williams (*358*) folgendermaßen:

1. Registrierbereich: 4000 bis 650 cm^{-1} (2,5 bis 15,5 µ).
2. Ordinate des Spektrums: Extinktion zwischen 0,0 und 2,0 ± 0,02.

---

[1] Hersteller: Sir Howard Grubb, Parsons & Co. Newcastle/Tyne.
[2] Hersteller: Infared Development Co., Hertfordshire.

3. Abszisse des Spektrums: Lineare Wellenzahlteilung, reproduzierbar auf ± 2 cm^{-1}.

4. Spektrale Spaltbreite: 3 cm^{-1}.

5. Zeitbedarf zur Aufnahme eines Spektrums: 10 bis 15 min.

Auch J. G. REYNOLDS (260) diskutiert diese Fragen eingehend.

7. Zubehör.

a) Strahlungsquellen. Auf eigene Erfahrungen gestützt, hat BRÜGEL (38) die Fragen der Strahlungsquellen besonders auch in bezug auf die Verwendung von NERNST- oder von Silit-Stäben eingehend behandelt.

b) Prismen- und Küvettenmaterial. Während früher als Material für Prismen und Küvettenplatten synthetisch hergestellte Kristalle nur selten benutzt wurden, verwendet man neuerdings außer synthetischen NaCl-, KCl- und KBr-Kristallen auch LiF-, NaF-, CaF$_2$- und CsBr-Kristalle. sowie Material aus Thallium-bromid-jodid (KRS 5). Infolge seines größeren Anwendungsbereiches hat Flußspat das Lithiumfluorid weitgehend verdrängt. Auch die Verwendung von Cäsiumbromid ist im Gegensatz zum Cäsiumjodid bereits aus dem Versuchsstadium heraus (249). Prismen aus diesem Material zur Messung bis 38 µ gehören zur wahlweisen Ausstattung der PERKIN-ELMER-Spektrometer. Als Küvettenmaterial für wäßrige Lösungen bis etwa 9 µ findet auch Bariumfluorid Verwendung.

c) Küvettenarten. Die Grundformen der Gas- und der Flüssigkeitsküvetten haben sich in der letzten Zeit nicht wesentlich geändert.

Reflexions-Gasküvetten nach WHITE sind von der HERZBERGschen Schule bis zu effektiven Küvettenlängen von 4500 m verwendet worden [siehe z.B. H. J. BERNSTEIN, G. HERZBERG (26c)].

Die Flüssigkeitsküvetten der PERKIN-ELMER-Corporation mit veränderlicher Schichtdicke von 5 mm bis 10 µ sind nicht nur für die Messung von Absorptionsspektren im Ultraroten, sondern allgemein in der Absorptionsspektroskopie von großem Nutzen.

Das Problem der Untersuchung fester Proben war bisher mit der Technik des Aufschmelzens, des Aufdampfens, des Ausscheidens aus Lösungsmitteln, des Suspendierens in Paraffinöl (Nujol), der Anfertigung von Folien durch Pressen und Walzen noch nicht befriedigend gelöst. Fast gleichzeitig haben nun SCHIEDT und REINWEIN (287), sowie STIMSON und O'DONELL (313) die Technik der „Preßküvetten" entwickelt. Dabei wird eine Mischung des gewünschten, pulverförmigen Fenstermaterials (z.B. Kaliumbromid) mit der zu untersuchenden Substanz im entsprechenden Verhältnis unter Vakuum bei Drucken von 5000 atü und höher zusammengepreßt[1]. Es entstehen durchsichtige Fenster, in denen die Festsubstanzen brauchbare Spektren liefern. Für die Einbringung von Kunststoffen zwischen Küvettenfenster aus Glimmer, Silberchlorid oder Polyäthylen schlagen auch SANDS und TURNER (283) die Anwendung erhöhter Drucke vor.

Spezialküvetten für Messungen über oder unter Zimmertemperatur und für höhere Drucke haben wir bereits an anderer Stelle beschrieben (317). Neuestes Material über Tieftemperaturküvetten bringt BOVEY (29).

d) **Strahlungsempfänger.** Entscheidenden Anteil an der Leistungsfähigkeit von Registrierapparaturen haben die Strahlungsempfänger, deren Ansprechempfindlichkeit, Zeitkonstante usw. sehr hohen Anforderungen genügen müssen. Man verwendet auch heute noch Thermoelemente und Bolometer. Neuentwicklungen sind auf dem Gebiet der in ihrer Empfindlichkeit frequenzabhängigen Halbleiter-Bolometer (Thermistoren) zu verzeichnen (24), (220). Bis in das Gebiet des fernen Ultrarot hat sich die GOLAY-Zelle (108) als nützlich erwiesen. Sie besteht aus einem mit einer außen verspiegelten Membran abgeschlossenen, gasgefüllten Gefäß, das einen geschwärzten Empfänger enthält. Je nach der vom Empfänger absorbierten Wärmestrahlung und der dadurch hervorgerufenen Ausdehnung des Gases arbeitet die Membran und zeigt optisch oder kapazitiv ihre Bewegung an.

Im nahen Ultrarot bis 1,1 μ werden unter anderem von J. KREUZER und R. MECKE (165b) Cäsiumzellen als Empfänger benutzt. Da das langwellige Empfindlichkeitsmaximum dieser Zellen günstigenfalls bei 0,85μ liegt und die langwellige Grenze bei etwa 1,2 μ, muß man bei ihrer Verwendung auf besondere spektrale Reinheit [Filter (248) oder Doppelmonochromator] achten. Auch Photowiderstände können im nahen Ultrarot als Empfänger dienen (107b). Bleisulfid-Photowiderstände sind bis 3,5 μ brauchbar (367). Bleitelluridzellen sind bis 5 μ und Bleiselenidzellen bis 7,8 μ empfindlich. Als erwähnenswerte Kombination sei hier das Reflektometer von DERKSEN und MONAHAN (74) genannt, das die Reflexion der Strahlung im nahen Ultrarot mit Hilfe einer Bleisulfidzelle zu messen gestattet.

II. Zuordnung der Ultrarotbanden für die Konstitutionsbestimmung von Molekeln.

A. Symmetrieeigenschaften der Molekeln.

Um die Molekülspektren mehratomiger Molekeln auswerten zu können, ist stets die Bestimmung ihrer Symmetrieeigenschaften notwendig. Einen vorzüglichen Überblick über dieses Gebiet wie überhaupt über

---

[1] Lieferung der Apparatur durch Firma Liebermann, Stuttgart W., Klopfstockstr. 44.

die Theorie der Molekülspektren mehratomiger Molekeln gibt das Buch von HERZBERG (*133*). Eine Zusammenfassung der Grundlagen findet man auch bei KOHLRAUSCH (*163*), (*164*). Sehr übersichtlich hat schließlich MECKE die Symmetrieelemente und Symmetrieeigenschaften mit Beispielen in der Neuauflage des Landolt-Börnstein zusammengestellt (*171*). Auf diese Werke kann also für die Definition der im folgenden genannten Symmetrieelemente und der resultierenden Punktgruppen hingewiesen werden.

B. Rotationsspektren.

1. Grundlagen.

Die Wellenzahl v (in cm^{-1}) des Rotationsspektrums *zweiatomiger und gestreckter dreiatomiger Dipolmolekeln* (Symmetrie $C_{\infty v}$) wird durch die Beziehung (1) wiedergegeben:

$$v = 2B(J+1) - 4D(J+1)^3 \tag{1}$$

in der

$$B = \frac{h}{8\pi^2 \cdot c \cdot I}$$

die Rotationskonstante darstellt, während das zweite Glied mit der empirischen Konstante $D(\ll B)$ dem Umstand Rechnung trägt, daß die Molekel kein *starrer* Rotator ist. $J = 0, 1, 2, 3, \ldots, n$ bedeutet die Rotationsquantenzahl, I das Trägheitsmoment um die durch den Schwerpunkt gehende Rotationsachse, c die Lichtgeschwindigkeit und h die PLANCKsche Konstante.

2. Ergebnisse.

Die Gültigkeit der Beziehung (1) wurde in Fortsetzung der Messungen von CZERNY (*66*) an HCl-Gas ($J = 10$ bis $J = 3$) kürzlich von McCUBBIN und SINTON (*64*) von $J = 4$ bis $J = 0$ bestätigt.

Auch für das Rotationsspektrum des Ammoniaks (Punktgruppe C_{3v}) ergab sich die Gültigkeit der Gl. (1), in der schon von D. M. DENNISON (*72a*) aufgestellten Form

$$v = 19,890(J+1) - 0,001\,78(J+1)^3 \tag{1a}$$

für $J = 4$ bis $J = 0$.

Bei sehr großer Auflösung macht sich, wie N. WRIGHT und H. M. RANDALL (*86a*) zeigen, in den Rotationsbanden des symmetrischen Kreisels (zwei gleiche Hauptträgheitsmomente) eine Feinstruktur bemerkbar, der durch die Quantenzahl K in (2)

$$v = 2B(J+1) - 4D_J(J+1)^3 - 2D_{KJ} \cdot K^2(J+1) \tag{2}$$

Rechnung getragen wird, wobei $K = 0, 1, 2, \ldots, J$. Sie ist auf die Nutation des Kreisels zurückzuführen. Die $(J + 1)$ energetisch verschiedenen, zur Quantenzahl J gehörigen K-Zustände sind dabei mit Ausnahme des zu $K = 0$ gehörigen Zustandes doppelt entartet. Eine Diskussion dieses vor einiger Zeit von King, Hainer und Cross (159) an früheren Messungen des H_2O und D_2O behandelten Problems findet sich schon bei Herzberg (133).

C. Schwingungsspektren.

1. Grundlagen.

a) **Berechnung der Grundfrequenzen.** Während in den Anfängen der Ultrarotspektroskopie möglichst einfache Molekeln bezüglich ihrer im nahen $(\lambda < 3\,\mu)$ und mittleren (3 bis 40 μ) Ultrarot gelegenen Schwingungs- und Rotationsschwingungsbanden untersucht wurden, hat man in neuerer Zeit auch die Spektren komplizierter gebauter Molekeln näher erforscht.

Betrachtet man die vielatomige Molekel als ein System von N durch eine bestimmte Gesetzmäßigkeit zusammengehaltenen Punkten, die in den $3N$-Normalkoordinaten $3N$ einfache *harmonische* Bewegungen ausführen, so erhält man als Eigenwerte der Schrödinger-Gleichung des i-ten Oszillators:

$$E_i = h \cdot \nu_i \left(v_i + \tfrac{1}{2}\right) \qquad v_i = 0, 1, 2, 3, \ldots \qquad (3)$$

wobei v_i die Schwingungsquantenzahl bedeutet und

$$\nu_i = \frac{1}{2\pi} \sqrt{\lambda_i} \qquad (4)$$

die Frequenz der i-ten *Normalschwingung*. Die Größen λ_i sind die Wurzeln der Säkulargleichung

$$\begin{vmatrix} k_{11} - b_{11} \cdot \lambda & k_{12} - b_{12} \cdot \lambda & k_{13} - b_{13} \cdot \lambda \ldots \\ k_{21} - b_{21} \cdot \lambda & k_{22} - b_{22} \cdot \lambda & k_{23} - b_{23} \cdot \lambda \ldots \\ k_{31} - b_{31} \cdot \lambda & k_{32} - b_{32} \cdot \lambda & k_{33} - b_{33} \cdot \lambda \ldots \end{vmatrix} = 0 \qquad (5)$$

in der die Konstanten k durch den Ausdruck für die potentielle Energie

$$V = \tfrac{1}{2} \cdot [k_{11} q_1^2 + k_{22} q_2^2 + k_{33} q_3^2 + \cdots + k_{12} q_1 q_2 + k_{13} q_1 q_3 + \cdots], \qquad (6)$$

die Konstanten b durch den Ausdruck für die kinetische Energie

$$E_{\text{kin}} = \tfrac{1}{2} [b_{11} \dot{q}_1^2 + b_{22} \dot{q}_2^2 + b_{33} \dot{q}_3^2 + \cdots + b_{12} \dot{q}_1 \dot{q}_2 + b_{13} \dot{q}_1 \dot{q}_3 + \cdots] \qquad (7)$$

definiert sind.

Die q_i bzw. $\dot{q}_i$ sind die Größen der Verzerrungen der Atome aus ihren Gleichgewichtslagen bzw. die Verzerrungsgeschwindigkeiten.

Für die Termwerte $G(v_1, v_2, v_3, \ldots) \equiv E(v_1, v_2, v_3, \ldots)/h \cdot c$ der gesamten Schwingungsenergie der Molekel ergibt sich durch Summierung über alle $3N\text{-}6$ bzw. $3N\text{-}5$ Schwingungen.

$$G(v_1, v_2, v_3, \ldots) = \omega_1 \cdot (v_1 + \tfrac{1}{2}) + \omega_2 \cdot (v_2 + \tfrac{1}{2}) + \omega_3 (v_3 + \tfrac{1}{2}) + \cdots, \qquad (8a)$$

wobei $\omega \equiv v/c$. Für eine aus harmonischen Oszillatoren bestehende Molekel ist also die Nullpunktsenergie

$$G(0, 0, 0, \ldots) = \tfrac{1}{2}(\omega_1 + \omega_2 + \omega_3 + \cdots).$$

Sind in Gl. (8a) Schwingungen d_i-fach entartet, so nimmt sie die Form an

$$G(v_1, v_2, v_3, \ldots) = \sum \omega_i \left(v_i + \frac{d_i}{2}\right) \qquad (8b)$$

in der für die nichtentarteten Schwingungen $d_i = 1$ zu setzen ist.

Die obigen Betrachtungen gelten exakt nur für den Fall, daß die schwingenden Atome unendlich kleine Amplituden ausführen, daß die potentielle Energie V also durch die quadratische Funktion (6) dargestellt werden kann. Tatsächlich schwingen die Atome jedoch *anharmonisch*, so daß eine Funktion höherer Ordnung an die Stelle von (6) treten muß. Entsprechend nimmt der Ausdruck (8a) für die Termwerte höhere Glieder auf; er hat z.B. bei einer *dreiatomigen* nichtlinearen Molekel ohne entartete Schwingungen die Gestalt

$$\left. \begin{aligned} G(v_1, v_2, v_3) = {}& \omega_1(v_1 + \tfrac{1}{2}) + \omega_2(v_2 + \tfrac{1}{2}) + \omega_3(v_3 + \tfrac{1}{2}) + x_{11}(v_1 + \tfrac{1}{2})^2 + \\ & + x_{22}(v_2 + \tfrac{1}{2})^2 + x_{33}(v_3 + \tfrac{1}{2})^2 + \\ & + x_{12}(v_1 + \tfrac{1}{2})(v_2 + \tfrac{1}{2}) + \\ & + x_{13}(v_1 + \tfrac{1}{2})(v_3 + \tfrac{1}{2}) + \\ & + x_{23}(v_2 + \tfrac{1}{2})(v_3 + \tfrac{1}{2}) + \cdots \end{aligned} \right\} \qquad (9)$$

ω_1, ω_2 und ω_3 werden jetzt als *Frequenzen nullter Ordnung* bezeichnet, die Konstanten x_{ij} als Anharmonizitätskonstanten; die Schwingungsquantenzahlen v_1, v_2 und v_3 entsprechen den drei Normalschwingungen der dreiatomigen, nichtlinearen Molekel.

Die *beobachteten Grundfrequenzen* v_1, v_2, v_3 (in cm^{-1}) der obigen Molekel werden durch die Übergänge

$$G(1, 0, 0) - G(0, 0, 0) = v_1 \qquad G(0, 1, 0) - G(0, 0, 0) = v_2$$
$$G(0, 0, 1) - G(0, 0, 0) = v_3$$

hervorgerufen. Für sie gilt daher bei Vernachlässigung höherer als quadratischer Potenzen von $(v + \tfrac{1}{2})$

$$\left. \begin{aligned} v_1 &= \omega_1 + 2x_{11} + \tfrac{1}{2}x_{12} + \tfrac{1}{2}x_{13} \\ v_2 &= \omega_2 + 2x_{22} + \tfrac{1}{2}x_{12} + \tfrac{1}{2}x_{23} \\ v_3 &= \omega_3 + 2x_{33} + \tfrac{1}{2}x_{13} + \tfrac{1}{2}x_{23}. \end{aligned} \right\} \qquad (10)$$

Besteht die Molekel aus mehr als 3 $(i > 3)$ Atomen, so ergibt die Erweiterung von Gl. (9) bzw. (10) für die i-te beobachtete Grundfrequenz

$$v_i = \omega_i + 2 x_{ii} + \tfrac{1}{2} \sum_{j \neq i} x_{ij} \qquad (x_{ij} = x_{ji}) \qquad (11)$$

falls höhere Glieder vernachlässigt werden und entartete Schwingungen nicht vorkommen.

Im Falle möglicher doppelter Entartung ist

$$v_i = \omega_i + x_{ii}(1 + d_i) + \tfrac{1}{2} \sum_{j \neq i} x_{ij} d_j + g_{ii} \qquad (12)$$

wobei $d_i = 1$ bei einer nichtentarteten und $d_i = 2$ bei einer doppelt entarteten Schwingung ist. g_{ii} sind kleine Konstanten in der Größenordnung von x_{ii}; für nichtentartete Schwingungen ist $g_{ii} = 0$.

b) Schwingungsmodelle. Um einen Überblick über die möglichen *Normalschwingungen* in einer Molekel zu erhalten und dadurch die Zuordnung beobachteter Absorptionsbanden zu erleichtern, hat man außer den durch J. W. Murray, V. Deitz und D. H. Andrews (*221a*), sowie durch F. Trenkler (*332d*) eingeführten mechanischen Modellen in letzter Zeit auch *elektrische Schwingungskreise* verwendet, bei denen Selbstinduktionen und Kapazitäten an

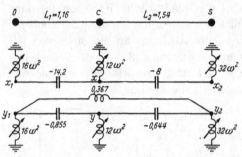

Abb. 2. Elektrisches Modell der OCS-Molekel.

Stelle der Massen und Federn der mechanischen Modelle getreten sind. Das elektrische Modell der linearen OCS-Molekel nach Carter und Kron (*46*), (*167*) ist in Abb. 2 dargestellt. Zur Bestimmung der Normalschwingungen wird ein konstanter Frequenzgenerator zwischen eine der Verbindungsstellen und Erde angeschlossen. Nun werden für eine willkürliche Schwingungsfrequenz ω die Induktionsspulen eingestellt. Der Generatorstrom wird gemessen. Die Reihe der ω-Werte, bei denen der Generatorstrom den Wert null annimmt, ergibt die Normalfrequenzen der Molekel. Die entsprechenden Potentiale zwischen den Verbindungsstellen und Erde ergeben die Intensitäten der einzelnen Schwingungsformen. Die für OCS auf diese Weise ermittelten Werte ergeben $v_1 = 860$; $v_2 = 526$; $v_3 = 2072 \, \text{cm}^{-1}$, während die spektroskopisch erhaltenen Werte $v_1 = 859$; $v_2 = 527$; $v_3 = 2079 \, \text{cm}^{-1}$ betragen.

c) Potentialfunktion. Um die Potentialfunktion, deren allgemeine Form Gl. (6) wiedergibt, für eine bestimmte Molekel darstellen zu können, sind gewisse Annahmen erforderlich über die Art der Kräfte, die den Zusammenhalt der Molekel bedingen. Den allgemeinen Ausdruck für die Potentialfunktion einer dreiatomigen Molekel behandeln GLOCKLER und TUNG (*107*).

Bei der Annahme von *Zentralkräften* wirkt auf das betrachtete Atom die Resultierende der von allen übrigen Atomen auf dieses ausgeübten Anziehungs- und Abstoßungskräfte, deren Größe durch ihren Abstand von dem betreffenden Atom bestimmt wird.

Bei der auf BJERRUM zurückgehenden Annahme von *Valenzkräften* hingegen wirkt zwischen zwei Atomen einer mehratomigen Molekel eine anziehende Kraft in Richtung der Valenzbindung. Es ist also auch eine Kraft vorhanden, die bestrebt ist, den Valenzwinkel einzuhalten.

Schließlich kann man auch *allgemeinere Kraftfelder* annehmen, indem man noch weitere zwischen den Schwingungsfrequenzen bestehende Beziehungen benutzt, um zusätzliche Potentialkonstanten eines allgemeineren Potentialansatzes zu bestimmen. So haben H. C. UREY und C. A. BRADLEY (*335a*) Zentral- und Valenzkräfte überlagert, um die Potentialfunktion für tetraedrische Molekeln zu berechnen. Sie nahmen außer den Valenzkräften noch abstoßende Zentralkräfte zwischen den Eckatomen des Tetraeders an.

Unter Zugrundelegung des UREY-BRADLEY-Feldes hat T. SIMANOUTI (*300a*) kürzlich eine Methode für die Aufstellung der Schwingungssäkulargleichung für mehratomige Molekeln beschrieben, bei der er sich zur Darstellung der kinetischen Schwingungsenergie mittels der Valenzkraftkoordinaten einer von E. B. WILSON (*359*) entwickelten Methode bediente. In die Potentialfunktion gehen folgende Größen ein: Bindungsabstände und -winkel, Abstände der nicht direkt gebundenen Atome, Valenz- und Deformationskraftkonstanten, Abstoßungskraftkonstanten, sowie eine „Spannungskonstante". Er kann auf diese Weise bei 16 Methanabkömmlingen 102 Grundfrequenzen mit einem mittleren Fehler von 1,4% berechnen unter Verwendung von 28 einzelnen Kraftkonstanten. Auch das Schwingungsverhalten von Äthan und Deuteroäthan, von Monosilan (SiH_4) und den hiervon abgeleiteten Tetramethyl- und -halogenverbindungen, sowie von Polyäthylenen, vermag er auf diesem Wege darzustellen.

Eingehende Zusammenstellungen von *Kraftkonstanten* finden sich unter anderem im Landolt-Börnstein [(*171*), S. 227], bei KOHLRAUSCH [(*164*), S. 198ff.] und bei HERZBERG [(*133*), S. 193ff.].

Weitere Werte geben z.B. GLOCKLER (*106*), (*107*), R. K. SHELINE (*290b*) (metallorganische Verbindungen), RICHARDS (OH- und NH-Bindungen) (*262*) und viele der im folgenden zitierten Autoren an.

W. GORDY (*110*) hat aus dem von ihm zusammengetragenen Material eine Formel

$$K = a \cdot N \left[x_A \cdot x_B / d^2 \right]^{\frac{3}{4}} + b;$$

abgeleitet. (K = Kraftkonstante in Dyn/cm; d = Bindungslänge in Å; N = Bindungsgrad; x_A, x_B = relative Elektronenaffinität [electronegativity]; a, b = Konstante). Für 71 Werte beträgt der Unterschied zwischen Messung und Berechnung 1,84%. Damit ist diese Formel leistungsfähiger als die allgemein gebräuchliche von Badger (12) und die von Remick (259) vorgeschlagene.

Zur Ermittlung der Kraftkonstanten nach einem der obigen Ansätze verwendet man zumeist die gemessenen Grundfrequenzen, deren Anzahl jedoch im allgemeinen kleiner als die Zahl der Potentialkonstanten ist. In solchen Fällen kann die Einführung von *Isotopen* in die betreffende Molekel zum Ziele führen. Hierdurch bleiben die Potentialkonstanten fast ungeändert, während die Frequenzen durch den Massenunterschied eine Änderung erfahren, so daß zusätzliche Gleichungen die Berechnung der Kraftkonstanten ermöglichen (72).

d) Isotopieeffekt. Naturgemäß kann man aus der Größe der Isotopenverschiebung einer Bande wertvolle Aufschlüsse darüber erhalten, zu welcher Schwingung die betreffende Bande gehört. Auch die geometrische Struktur der Molekel kann durch Einführung von Isotopen aufgeklärt werden.

Bei derartigen Berechnungen hat sich die *„Produktenregel"* von E. Teller (326) und O. Redlich (257b) als äußerst wertvoll erwiesen. Nach dieser ist das Produkt der Quotienten ω''/ω' aller Schwingungen einer bestimmten Symmetrieklasse gegeben durch den Ausdruck:

$$\frac{\omega_1''}{\omega_1'} \cdot \frac{\omega_2''}{\omega_2'} \cdots \frac{\omega_n''}{\omega_n'} = \sqrt{\left(\frac{m_1'}{m_1''}\right)^\alpha \cdot \left(\frac{m_2'}{m_2''}\right)^\beta \cdots \left(\frac{M''}{M'}\right)^t \cdot \left(\frac{I_x''}{I_x'}\right)^{\delta x} \left(\frac{I_y''}{I_y'}\right)^{\delta y} \left(\frac{I_z''}{I_z'}\right)^{\delta z}} . \quad (13)$$

(ω = Frequenzen nullter Ordnung; n = Zahl der echten Schwingungen der betrachteten Symmetrieklasse; M = Massen der Molekeln; m = Massen der isotopen Atome; $\alpha, \beta, \ldots$ = Anzahl der Schwingungen des betreffenden Isotops einschließlich der Translationen und Rotationen der betrachteten Symmetrieklasse; I_x, I_y, I_z = Trägheitsmomente um die durch den Schwerpunkt gehenden Achsen x, y und z; $\delta_x, \delta_y, \delta_z = 0$ oder $= 1$, je nachdem, ob die Rotation um die betreffende Achse in der Symmetrieklasse auftritt oder nicht; t = Zahl der Translationen; der vorliegenden Symmetrieklasse; $'$ und $''$ = Isotopenarten.)

Mit Hilfe der Produktenregel berechneten neuerdings R. K. Sheline und J. W. Weigl (290a) die Schwingungen ν_2 und ν_3 von CO_2 mit den Isotopen C^{12}, C^{13} und C^{14}.

W. S. Richardson und E. B. Wilson (264b) bzw. J. Bigeleisen und L. Friedman (27a) ordneten auf diesem Wege für die Molekeln $ClC^{12}N$ und $ClC^{13}N$ bzw. $N^{15} \equiv N^{14} = O$ und $N^{14} \equiv N^{14} = O$ die Banden zu und berechneten die Kraftkonstanten, die bei der N_2O-Molekel mit der Vorstellung der Resonanzstrukturen $N^- = N^+ = O$ und $N \equiv N^+ - O^-$ in Einklang stehen.

Eine besonders einfache, von H. NOETHER *(229)* in Auswertung seiner vorhergehenden Arbeiten vorgeschlagene empirische Regel besagt, daß das Verhältnis ν_i''/ν_i' für gleichartige Schwingungen verschiedener, aber ähnlich gebauter Molekeln das gleiche ist, z.B. ist

$$\frac{\nu_i''(CD_3Cl)}{\nu_i'(CH_3Cl)} = \frac{\nu_i''(CD_3X)}{\nu_i'(CH_3X)}, \tag{14}$$

wobei Gl. (14) für X gleich Br, J, F, NO_2, OH, OD, CH_3, CD_3 geprüft wurde; ferner wurden aus den Werten für H_2O, D_2O, H_2S und H_2Se nach einer entsprechenden Gleichung die Werte für D_2S und D_2Se berechnet.

Auch die „Summenregel" von SWERDLOW *(322)* kann von Wert sein. Für deuterierte Methane ist z.B. anzusetzen: $\sum \nu^2(CH_4) + \sum \nu^2(CD_4) = \sum \nu^2(CH_3D) + \sum \nu^2(CHD_3)$; $\sum \nu^2(CX_n) + \sum \nu^2(CX_n') = \sum \nu^2(CX_aX_{n-a}') + \sum \nu^2(CX_{n-a}X_a')$.

In Parallele zu der frequenzbestimmenden TELLER-REDLICHSchen Produktenregel hat CRAWFORD *(58)* eine Beziehung für die Bandenintensitäten bei Einführung von Isotopen aufgestellt.

Eine zusammenfassende Arbeit über die Verwendung von *Deuterium* in der Spektroskopie schrieb F. HALVERSON *(120a)*. Auch die Spektrenzuordnung aromatischer Systeme hat sich stark auf die Ergebnisse an deuterierten Produkten gestützt, wie die Arbeiten von INGOLD und Mitarbeitern *(140c)* am Benzol und von verschiedenen Autoren am Naphthalin zeigen.

e) Gleichgewichtsbestimmungen. Da man über die Zustandssumme *(82)*

$$Z^*(T) = \sum g_l \cdot e^{\varepsilon_l/kT} \tag{15}$$

(T = Temperatur; g_l = Entartungsgrad des Energiewertes ε_l; k = BOLTZMANNsche Konstante) die thermodynamischen Grundgrößen mittels spektroskopischer Daten berechnen kann, besteht die Möglichkeit, auf diese Weise *chemische Gleichgewichte* zu bestimmen [*(133)*, S. 501 ff.], *(102)*, *(273)*, *(350)*.

Das Gleichgewicht zwischen cis- und trans-Dichloräthylen wurde kürzlich von H. J. BERNSTEIN und D. A. RAMSAY *(26c)* herangezogen, um die Energiedifferenz ΔE_0 zwischen beiden Formen bei 0° K auf Grund einer Analyse der Schwingungsspektren von cis- und trans-$C_2H_2Cl_2$ und $C_2D_2Cl_2$ zu berechnen. Für die Gleichgewichtskonstante gilt

$$K = \frac{Z^*_{cis}(T)}{Z^*_{trans}(T)} \cdot e^{-\Delta E_0/RT}. \tag{16}$$

Wird die Molekel als starrer Rotator und harmonischer Oszillator angenommen und zieht man die aus anderen Messungen bei Temperaturen zwischen 185 und 275° C bekannten Werte von K heran, so ergibt sich für ΔE_0 ein Wert von -500 ± 30 cal/Mol. Die cis-Molekel ist also stabiler als die trans-Molekel.

Für die Beschaffung thermodynamischer Größen aus spektroskopischen Daten hat besonders PITZER (247) auf dem Gebiete der Kohlenwasserstoffchemie bemerkenswerte Näherungsverfahren entwickelt, die auf die verschiedensten Probleme angewandt wurden (278), (310), (90).

2. Ergebnisse der Schwingungszuordnung.

Durch Symmetriebetrachtungen und Auswertung der gefundenen Normalschwingungen ist es gelungen, die beobachteten *Schwingungsspektren* einer größeren Anzahl organischer Molekeln *zuzuordnen*, von denen einige als Beispiele angeführt seien.

a) **Einfache Molekeln bis zu acht Atomen: Halogenierte C_1- und C_2-Kohlenwasserstoffe.** Eine große Zahl substituierter Methane (CCl_4, CCl_3H, CCl_3D, CCl_3Br, CBr_4, CBr_3H, CBr_3D, CBr_3Cl, CBr_2Cl_2, CF_4, CF_3H, CF_3Cl, CF_3Br, CF_3J) vom Gebiet der Grundschwingungen bis in den Bereich von 2μ untersuchen CLEVELAND und Mitarbeiter [(71), siehe dort die Zitate zurückliegender Arbeiten]. Sie geben eine kritische Übersicht der spektralen Daten dieser Substanzen und berechnen die Kraftkonstanten sowie die thermodynamischen Eigenschaften einiger von ihnen zwischen 298 und 1000° K. Eine Reihe weiterer halogenierter Methane spektroskopieren D. H. RANK, E. R. SHULL und E. L. PACE (254a) (CF_3H und CF_2H_2), WOLTZ und NIELSEN (362), G. u. L. HERZBERG (CH_3J) (133c), sowie E. K. PLYLER, M. A. LAMB, N. ACQUISTA (CHBrClF) (248a).

Das Ultrarotspektrum (2 bis 23 μ) und das RAMAN-Spektrum von *1.1.1-Trifluoräthan* $F_3C \cdot CH_3$ im gasförmigen Zustand untersuchen J. R. NIELSEN und Mitarbeiter (228a), (304). Sie bestimmen die 12 Grundschwingungen und berechnen die thermodynamischen Funktionen. Für die Potentialschwelle der inneren Rotation erhalten sie 3290 cal/Mol.

Ähnliche Berechnungen von CLEVELAND und Mitarbeitern (277) für das 1.1.1-Trichloräthan ergeben aus den erhaltenen thermodynamischen Daten für die Potentialschwelle der inneren Rotation 2480 cal/Mol, wonach die Rotationsfrequenz bei 205 ± 20 cm^{-1} liegen sollte.

J. R. NIELSEN, C. M. RICHARDS und H. L. McMURRY (228a) [siehe auch BARCELÓ (16) und E. L. PACE und ASTON (16a)], untersuchen $F_3C \cdot CF_3$ bzw. $F_3C \cdot CClF_2$. Mittels der für Hexafluoräthan möglichen Symmetriebeziehungen (D_{3d} und D_{3h}) wird das Schema der Normalschwingungen und der berechneten Grundschwingungen aufgestellt. Aus den im Ultrarot- (2 bis 25 μ und 2 bis 40μ) bzw. RAMAN-Spektrum von D. H. RANK und E. L. PACE (*254a*) gefundenen Grundfrequenzen gelingt es, die beobachteten Absorptionsmaxima des Hexafluoräthans zu deuten.

Um zu entscheiden, ob bei *Hexachloräthan* die Symmetrieform D_{3d} oder D_{3h} vorliegt, wird von S. MIZUSHIMA, Y. MORINO, T. SIMANOUTI (*217a*) u. a. das Ultrarot- (8 bis 16 μ) und das RAMAN-Spektrum untersucht. Aus dem Vorhandensein zweier für die D_{3d}-Form (Symmetriezentrum) charakteristischer Banden im UR und dem Fehlen dieser Banden im RAMAN-Spektrum, von denen eine beim Vorhandensein der D_{3h}-Form in beiden erscheinen müßte, schließen die Autoren, daß die D_{3d}-Form vorliegt.

Die Spektren mehrerer verschieden *fluorierter Äthylene* ($H_2C=CHF$; $H_2C=CF_2$; $H_2C=CFCl$; $F_2C=CF_2$; $F_2C=CCl_2$) werden von P. TORKINGTON und H. W. THOMPSON (*332b*) zwischen 3 und 20 μ durchgemessen und zu deuten versucht. BARCELÓ (*15*) untersucht $F_2C=CH_2$ und $F_2C=CF_2$ von 2 bis 40 μ, und findet bis auf einige bei ihm fehlende Banden, die auf Verunreinigungen in den Substanzen der erstgenannten Autoren zurückzuführen sein dürften, gute Übereinstimmung mit deren Werten. Für $F_2C=CH_2$ gelingt es ihm, nahezu alle beobachteten Banden einzuordnen. P. TORKINGTON (*332c*) und H. J. BERNSTEIN (*26c*) ermitteln das Schwingungsspektrum von *Tetrachloräthylen* $Cl_2C=CCl_2$ von 2,5 bis 25 μ.

Das Ultrarotspektrum von $HC\equiv CCl$ und $DC\equiv CCl$ (2 bis 30 μ) messen W. S. RICHARDSON und J. H. GOLDSTEIN (*264b*). Auf Grund der durch Elektronenbeugungs- von L. O. BROCKWAY, L. E. COOP (*35*) und Mikrowellenmessungen von A. A. WESTENBERG, J. H. GOLDSTEIN und E. B. WILSON (*351a*) erhaltenen linearen Struktur der Molekel berechnen sie die Kraftkonstante der CCl-Bindung zu 5,51 · 10⁵ Dyn/cm, deren Wert wesentlich höher liegt als z. B. bei H_3CCl (3,6 · 10⁵). Da die CCl-Bindung auch in der NCCl-Molekel nach W. S. RICHARDSON und E. B. WILSON (*264b*), sowie nach E. R. NIXON und P. C. CROSS (*228b*) den relativ hohen Wert von 4,93 · 10⁵ besitzt und bei dieser die Resonanzstruktur $N^-=C=Cl^+$ vorliegt, ist die entsprechende Struktur $H-C^-=C=Cl^+$ auch beim Chloracetylen anzunehmen. Wie zu erwarten, ist die Kraftkonstante der CJ-Bindung im *Dijodacetylen* $JC\equiv CJ$ nach A. G. MEISTER und F. F. CLEVELAND (*210c*) wesentlich kleiner, sie beträgt nur 3,02 · 10⁵ Dyn/cm, ähnlich der von *Methyljodacetylen* $H_3C-C\equiv CJ$ (3,57 · 10⁵).

b) Molekeln mit mehr als acht Atomen: Kettenförmige Kohlenwasserstoffe. Außer den Schwingungsspektren der einfacheren Molekeln versuchte man in den letzten Jahren, auch die Spektren einiger *Kohlenwasserstoffe* mit größerer Zahl von Atomen zu ordnen und die beobachteten Banden bestimmten Schwingungsformen zuzuschreiben.

Einen ausführlichen Überblick über die Gesichtspunkte, nach denen die Spektren der Kohlenwasserstoffe geordnet werden können, gibt R. S. Rasmussen (257a). Er stützt sich dabei auf die Ausführungen im Buch von Herzberg (133), sowie auf Arbeiten von K. S. Pitzer und J. E. Kilpatrick (247a), sowie C. W. Becket und R. Spitzer (24a) und von C. W. Young, J. S. Koehler und D. S. McKinney (365a).

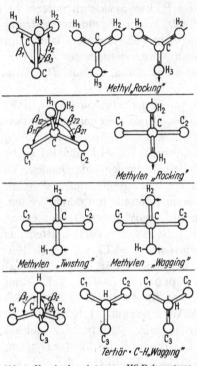

Abb. 3. Verschiedene Arten von HC-Deformations-schwingungen.

Wenn auch eine Normalschwingung durch Bewegungen aller Atome der betreffenden Molekel beeinflußt wird, so kann man sie doch zumeist mit ausreichender Näherung bestimmten Atomgruppen zuordnen, wenn ihre Massen sich von denen der anderen Atome und Atomgruppen unterscheiden und ihre Bewegungen nur schwach mit ihnen gekoppelt sind. So liegen bei den n-Paraffinen die Banden der CH-Valenz-(stretching = Streck-) Schwingungen zwischen 2800 und 3000, der C—H-Deformations - (bending = Biege-) Schwingungen zwischen 1100 und 1500, der C—C-Valenzschwingungen vorwiegend zwischen 700 und 1100 und der C—C-Deformationsschwingungen unter 700 cm^{-1} [siehe z. B. R. S. Rasmussen und R. R. Brattain (257b)].

Die C—H-Deformationsschwingungen sind im allgemeinen weniger von der geometrischen Struktur der Molekeln abhängig als die C—C-Schwingungen. Ihre verschiedenen Schwingungstypen sind in Abb. 3 nach R. S. Rasmussen (257b) zusammengestellt: 1. Ebene (rocking = Pendel-), 2. nichtebene „A"- (anti) (twisting = Drill-), 3. nichtebene „S"- (syn) (wagging = Wedel-) Deformationsschwingungen.

c) Molekeln mit mehr als acht Atomen: Cyclische Verbindungen.
F. A. Miller und B. L. Crawford analysieren in zwei Arbeiten (214b), die nichtebenen und die ebenen Schwingungen des *Benzols und seiner Deuteriumderivate*. Sie berechnen unter Verwendung der Abstände C—H und C—D von 1,08 Å und C—C von 1,39 Å die acht Kraftkonstanten der harmonischen Potentialfunktion der *nichtebenen* Schwingungen und daraus die Frequenzen für die verschiedenen Deuterobenzole. Von den

21 *ebenen* Grundschwingungen sind sieben zweifach entartet, so daß insgesamt 14 ebene Frequenzen vorhanden sind, welche die Autoren für Benzol und Benzol-d_6 sowie für sym. Benzol-d_3 mittels der Kraftkonstanten ausrechnen. Die berechneten und beobachteten Werte stimmen im allgemeinen innerhalb von 1% überein.

Da die früheren Spektren des mit dem Benzol isoelektronischen *Borazols* $B_3N_3H_6$ infolge zu geringer Auflösung noch keine einwandfreie Zuordnung zuließen, wiederholen W. C. PRICE, H. C. LONGUET-HIG-GINS (*252*), (*252a*) u. a. diese Messungen (1,4 bis 25 μ) und ergänzen sie durch die Untersuchung des N-Trimethyl-borazols ($N_3B_3H_3[CH_3]_3$) (Mesitylen[1]), Dimethylaminborazens ($[CH_3]_2NBH_2$) (Isobutylen[1]) und Trimethylamin-borazans ($[CH_3]_3 \cdot NBH_3$) (Neopentan[1]). Die gefundenen hohen Bandenintensitäten zeigen die starken Polaritäten in den Molekeln.

Die Ultrarot- und RAMAN-Spektren der Cyclooctatraëne C_8H_8 und C_8D_8 werden von E. R. LIPPINCOTT, R. C. LORD und R. S. McDo-NALD (*186a*) untersucht. Nach den Ergebnissen ist die D_4-Struktur dieser Molekel wahrscheinlicher als die D_{2d}-Struktur. Eine sehr eingehende Arbeit über dieses Problem erschien vor kurzem von den gleichen Autoren (*186*), in der sie ihre frühere Strukturbestimmung noch einmal begründen und ausdrücklich darauf hinweisen, daß sich kein spektroskopischer Nachweis für das Vorhandensein einer Form mit kondensiertem Sechs- und Vierring (Bicyclo (4.2.0)-oktatrien-2.4.7) finden läßt. Analytisch interessant ist in der Arbeit die spektroskopische Analyse bei der Entfernung von Styrolresten. [Eine Begründung der D_{2d}-Struktur s. (*238a*).]

Perfluorierte Kohlenstoffe gewinnen in zunehmendem Maße Interesse. Die molekulare Struktur und die Potentialfunktion von *Perfluorcyclobutan* C_4F_8 untersuchen W. F. EDGELL und D. G. WEIBLEN (*76a*), (*76b*), E. L. PACE (*234c*) und H. H. CLAASSEN (*46a*) mittels des RAMAN- und Ultrarotspektrums. Die Annahme einer ebenen Ringstruktur der Symmetrie D_{4h} ermöglicht zwar eine Einordnung der beobachteten Frequenzen und die Berechnung von Kraftkonstanten; Elektronenbeugungsversuche von LEMAIRE und LIVINGSTON (*179*) lassen sich jedoch nicht mit diesem Modell deuten, sondern mit einer nichtebenen Struktur der Symmetrie V_d, so daß die bisherige Einordnung nicht endgültig ist.

D. Rotationsschwingungsspektren.

Da die Auflösung der Ultrarotspektren durch gleichzeitige Verwendung von Gitter und Prisma in den letzten 10 Jahren wesentliche Verbesserungen erfahren hat, sind in dieser Zeit auch eine größere Anzahl von Arbeiten erschienen, die sich mit der *Feinstruktur* der Schwingungsbanden beschäftigen. Derartige Untersuchungen sind besonders auf-

---

[1] Isoelektronischer Kohlenwasserstoff.

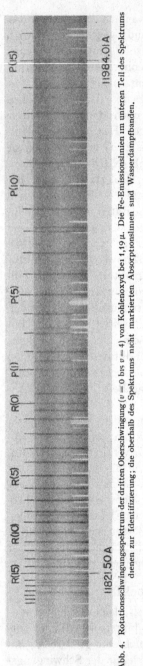

Abb. 4. Rotationsschwingungsspektrum der dritten Oberschwingung ($v=0$ bis $v=4$) von Kohlenoxyd bei $1,19\,\mu$. Die Fe-Emissionslinien im unteren Teil des Spektrums dienen zur Identifizierung; die oberhalb des Spektrums nicht markierten Absorptionslinien sind Wasserdampfbanden.

schlußreich, weil man aus der Gestalt einer Rotations-Schwingungsbande nicht nur' auf die Art der betreffenden Schwingung, sondern auch auf die Gestalt der Molekel schließen kann und durch die Ausmessung ihrer Feinstruktur die Möglichkeit erhält, Trägheitsmomente, Kernabstände und Valenzwinkel der Molekel zu berechnen.

1. Strukturbestimmungen aus der Feinstruktur der Banden.

a) Zweiatomige Molekeln. In mehreren, auch experimentell bemerkenswerten Arbeiten (langer Absorptionsweg durch Anwendung der mehrfachen Reflexion innerhalb der Absorptionsküvette) untersuchen G. HERZBERG und K. N. RAO (*133b*) im photographischen Ultrarot die Feinstruktur von Banden des CO. Abb. 4 zeigt die Rotationsstruktur der 3. Oberschwingung bei $1,19\,\mu$ [Grundschwingung und 1. Oberschwingung des $C^{12}O^{16}$ und des $C^{13}O^{16}$ siehe bei R. T. LAGEMANN, A. H. NIELSEN und F. P. DICKEY (*169a*)]. Da es sich um eine zweiatomige Molekel handelt, sind nur der P- ($\Delta J = -1$) und R-Zweig ($\Delta J = +1$) vorhanden. Unter Verwendung der für die Rotationstermwerte einer zweiatomigen Molekel gültigen Beziehung werden die verschiedenen Rotationskonstanten im Grundzustand des CO berechnet. Als Gleichgewichts-Kernabstand ergibt sich $r_e = 1{,}1281_9$ Å. Die mit Hilfe dieser Konstanten berechneten Werte der einzelnen Rotations-Schwingungslinien stimmen innerhalb von $0{,}03$ cm^{-1} überein.

Auf Grund dieser und einer weiteren Arbeit (*255*) berechnet K. N. RAO (*255a*) die Rotationslinien der Banden $\nu_0 = 2143{,}38$; $4260{,}12$ und $6350{,}39$ cm^{-1} und diskutiert ihre Verwendung als sekundäre Standardlinien im Ultraroten.

b) Mehratomige lineare Molekeln. Bei *linearer* Anordnung der Atome und einer *parallel* zur Achse vor sich gehenden Änderung des elektrischen Momentes weisen auch die Rotations-Schwingungsbanden *mehratomiger* Molekeln, wie z.B. der N_2O-Molekel, lediglich P- und R-Zweige auf. Die im photographischen Ultrarot gelegenen Banden des N_2O, die von G. und L. HERZBERG (*133a*) untersucht wurden (Absorptionsweg 4500 m, entsprechend 200 Hin- und Rückwegen in einer 22,5 m langen Küvette), sind durchweg Parallelbanden und stellen die Oberschwingungen $4\nu_3$, $5\nu_3$, $6\nu_3$ sowie Kombinationsschwingungen dar. Aus ihrer Feinstruktur berechnet sich das Trägheitsmoment in der Gleichgewichtslage $I_e = 66{,}39_7 \cdot 10^{-40}$ g $\cdot$ cm².

Auch die *Acetylen*molekel HC≡CH ist linear. Da sie ein Symmetriezentrum besitzt (Punktgruppe $D_{\infty h}$), haben aufeinanderfolgende Rotationsniveaus wie bei Molekeln aus zwei gleichen Atomen verschiedene statistische Gewichte, die sich aus der Größe der Kernspins berechnen lassen. Aufeinanderfolgende Rotationslinien wechseln daher in ihrer Intensität, wie man aus Abb. 5 ersieht, die einer umfangreichen Arbeit von E. E. BELL und H. H. NIELSEN (*26b*) über die Feinstruktur zahlreicher Banden des C_2H_2 zwischen 2,5 und 16 μ entnommen ist.

Abb. 5 ist aber auch in anderer Beziehung bemerkenswert: Die in ihr dargestellte Kombinationsschwingung $\nu_4^1 + \nu_5^1$ (1328,18 cm⁻¹) ist eine Parallelbande, also ohne Q-Zweig. Tatsächlich erkennt man indessen an dem durch einen Pfeil gekennzeichneten Bandenzentrum in den Kurven (A) und (C), die bei Raumtemperatur aufgenommen wurden, eine Linie. Außerdem ist das Intensitätsverhältnis aufeinanderfolgender Linien nicht gleich dem berechneten (3:1), sondern kleiner. Wird das Gas jedoch bei der Aufnahme der Bande gekühlt (B), so sinkt die Intensität der Linie an der Nullstelle stark ab und das Intensitätsverhältnis steigt. Offenbar ist der erwähnten Bande eine Differenzbande ($2\nu_4^0 + \nu_5^1 - \nu_4^1$ oder $2\nu_4^2 + \nu_5^1 - \nu_4^1$) überlagert, die durch einen bei Raumtemperatur vorhandenen angeregten Zustand hervorgerufen wird und einen zentralen Q-Zweig bei 1328,46 cm⁻¹ besitzt. Bei Abkühlung wird die Zahl der angeregten Molekeln verringert und damit sinkt die Intensität der überlagerten Bande, so daß das Verhalten der $\nu_4^1 + \nu_5^1$-Bande klarer hervortritt.

c) **Symmetrischer Kreisel.** Stellt die Molekel einen *symmetrischen Kreisel dar*, wie dies beim *Fluoroform* (CHF$_3$) der Fall ist, so treten in den Rotations-Schwingungsbanden außer den P- ($\Delta J = -1$) und R-Zweigen ($\Delta J = +1$) noch Q-Zweige ($\Delta J = 0$) auf, deren Gestalt und gegenseitige Lage von der Art der Schwingung und der Überlagerung von Rotation und Schwingung abhängt. Erfolgt die Änderung des Dipolmomentes beim Schwingungsübergang parallel zur Kreiselachse (parallele Bande) so ist $\Delta K = 0$; $\Delta J = 0, \pm 1$; erfolgt sie senkrecht zur Kreiselachse (vertikale Bande), so ist $\Delta K = \pm 1$; $\Delta J = 0, \pm 1$. Jedem Wert der Quantenzahl K [vgl. Gl. (2)] entspricht eine Teilbande mit

P-, Q- und R-Zweigen. Die Teilbanden überlagern sich bei Parallel- und Vertikal-Schwingungsbanden in verschiedener Weise, die wiederum

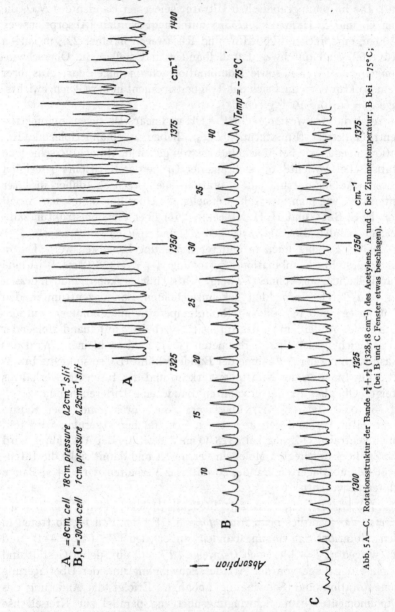

Abb. 5 A—C. Rotationsstruktur der Bande $v_4^1 + v_5^1$ (1328,18 cm^{-1}) des Acetylens. A und C bei Zimmertemperatur; B bei — 75°C; (bei B und C Fenster etwas beschlagen).

davon abhängt, in welchem Maße die den beiden Hauptträgheitsmomenten entsprechenden Rotationskonstanten B_v und A_v durch die Wechselwirkung zwischen Schwingung und Rotation beeinflußt werden.

Bei den von BERNSTEIN und HERZBERG untersuchten Banden bei 1,1639 und 1,1370 μ des CHF_3 *(26c)* handelt es sich um Parallelbanden, da ein mittlerer Q-Zweig mit einem scharfen Abfall nach höheren Frequenzen und auf jeder Seite ein P- und ein R-Zweig vorhanden sind. Mittels der Linienabstände werden die Rotationskonstanten berechnet. Aus dem Trägheitsmoment $I_B^{[0]} = 81,08 \cdot 10^{-40}$ g · cm² um die Achse senkrecht zur Symmetrieachse ergibt sich der C—F-Abstand zu 1,329 Å unter der Annahme tetraedischer Winkel und einem C—H-Abstand wie bei der Methanmolekel.

Der Unterschied zwischen Parallel- und Vertikalbanden ist sehr schön in der umfangreichen Arbeit von L. G. SMITH über das Ultrarotspektrum des Äthans zwischen 1,6 und 13 μ *(307a)* zu erkennen. Zur Auflösung der Rotations-Schwingungsbanden wird ein Prismen-Gitterspektrometer hoher Auflösung benutzt; die Spektrogramme werden auf photographischem Wege registriert. Das Gas wird auf —80 bis —100° C abgekühlt. Zum Beispiel entsprechen die Banden in Abb. 3 b dieser Arbeit CH_3-Deformationsschwingungen; ν_6 ($\nu_6^0 = 1379,14 \pm 0,07$ cm⁻¹) ist eine Parallelbande ($\Delta K = 0$) mit einem schmalen Q-Zweig ($\Delta J = 0$) zwischen den P- ($\Delta J = -1$) und R-Zweigen ($\Delta J = +1$); ν_8 ($\nu_8^0 = 1472,2 \pm 0,1$ cm⁻¹ ist eine Vertikalbande ($\Delta K = \pm 1$), auf deren langwelliger Seite (kleine Frequenzen) die Teilbanden mit $\Delta K = -1$ und auf deren kurzwelliger Seite (große Frequenzen) die Teilbanden mit $\Delta K = +1$ liegen. Aus den Parallelbanden ν_6, $\nu_3 + \nu_6$, $\nu_2 + \nu_0$, ν_{5a} ergibt die Berechnung für das Trägheitsmoment um die Achse senkrecht zur Molekelachse $I_B^{[0]} = (42,234 \pm 0,011) \cdot 10^{-40}$ g · cm²; aus den Vertikalbanden ν_7, ν_8, ν_9 für das Trägheitsmoment um die Molekelachse $I_A = 10,81 \cdot 10^{-40}$ g · cm². Aus den Trägheitsmomenten erhält man für den Abstand C—H = 1,098 Å und den Winkel HCC = 109° 03′, falls für C—C der Wert 1,55 Å verwendet wird. Auf Grund spektroskopischer Überlegungen wird geschlossen, daß C_2H_6 der Punktgruppe D_{3d} angehört.

Den Einfluß von Störungen senkrechter Banden durch das Auftreten von *Corioliskräften* beim Vorhandensein *zweier entarteter Schwingungen von angenähert gleicher Frequenz* untersuchen z.B. C. H. MILLER und H.W. THOMPSON *(214a)* an den zwischen 8 und 14 μ gelegenen Vertikalbanden des *Allens* ($H_2C{=}C{=}CH_2$). Während der Abstand der Q-Zweige in einer Vertikalbande ohne die genannten Störungen $2(A-B)$ beträgt, worin $A = h/8\pi^2 I_A$, $B = h/8\pi^2 I_B$, wird er infolge dieser Störungen so verändert, daß die Q-Zweige durch die von NIELSEN *(226)* gefundene Beziehung

$$\nu = \frac{\nu_1 + \nu_2}{2} - (A - B) \pm \sqrt{\left(\frac{\nu_1 + \nu_2}{2}\right)^2 + 4K^2 \zeta A^2 \pm 2K(A - B)} \quad (17)$$

in der $K = 0$, ± 1, ± 2, ... ist, wiedergegeben werden. ζ bedeutet den CORIOLIS-Kopplungskoeffizienten. Wie in Abb. 6 zu erkennen ist, hat

dies zur Folge, daß die Abstände der Q-Zweige in der Nähe des Zentrums
jeder Bande ungefähr den ungestörten Wert besitzen, dagegen auf den
einander zugewandten Seiten (940 bzw. 970 cm⁻¹) kleiner, auf den

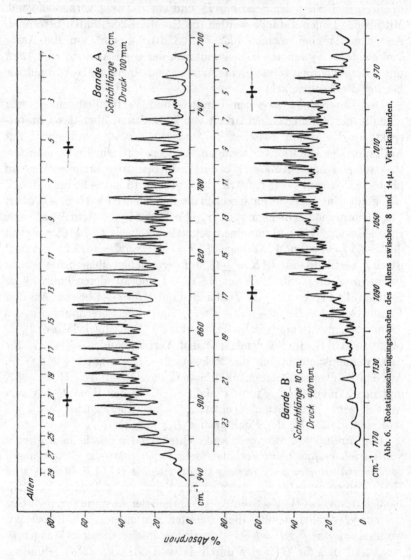

Abb. 6. Rotationsschwingungsbanden des Allens zwischen 8 und 14 μ. Vertikalbanden.

abgewandten (700 bzw. 1170 cm⁻¹) größer werden. Die Q-Zweige zeigen
ferner einen Intensitätswechsel, wie er bei einer Molekel dieser Symmetrieklasse bei identischen Wasserstoffkernen zu erwarten ist.

In einer sehr instruktiven Arbeit von H. H. Nielsen über die
Coriolis-Kräfte ist die Analyse der ν_3-($\parallel$) und ν_4-($\perp$, zweifach entartet)

Bande des AsH_3 durchgeführt (*226a*), dessen v_1- und v_2-Banden zugleich mit denen des AsD_3 schon früher von V. M. McCONAGHIE und H. H. NIELSEN (*207a*) behandelt wurden. Die Ergebnisse können mit den von den gleichen Autoren (*207b*) am PH_3 gewonnenen verglichen werden.

Auch die monomere *Ameisensäuremolekel* kann als angenähert symmetrischer Kreisel betrachtet werden. Obwohl bei ihr der Unterschied der beiden großen Trägheitsmomente schon nennenswert ist, können die Vertikalbanden noch recht gut aufgelöst werden, während dies bei den Parallelbanden nicht mehr möglich ist.

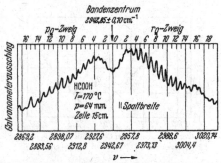

Abb. 7. Rotationsschwingungsbande der C—H-Valenzschwingung der Ameisensäure HCOOH bei 2942,85 cm⁻¹.

Eine Untersuchung des Gebietes von 4000 bis 800 cm⁻¹ mit einem registrierenden Stufengitter-Spektrometer an den Dämpfen (150 bis 160° C) von HCOOH, HCOOD. DCOOH und DCOOD wurde von V. Z. WILLIAMS (*357a*) vorgenommen. Abb. 7 zeigt die C—H-Valenzschwingung der HCOOH bei 2942,85 cm⁻¹. Der $p_{Q(K)}$- ($\Delta K = -1$, $\Delta J = 0$) und der $r_{Q(K)}$-Zweig ($\Delta K = +1, \Delta J = 0$) der senkrecht zur Achse des kleinsten Trägheitsmomentes schwingenden Bande bestehen aus gut getrennten Teilbanden, die bis zu $K = 16$ verfolgt werden können. Die in Abb. 8 dargestellte C—D-Valenzschwingung der DCOOH bei 2219,84 cm⁻¹ läßt in Gegensatz zu Abb. 7 einen ziemlich

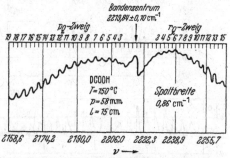

Abb. 8. Rotationsschwingungsbande der C—D-Valenzschwingung der Ameisensäure DCOOH bei 2219,84 cm⁻¹.

kräftigen q_Q-Zweig zwischen den beiden anderen Zweigen erkennen, der auf die größere Asymmetrie der Molekel zurückzuführen ist, infolge deren die Teilbanden auch weniger scharf erscheinen. Trotzdem ist eine Einordnung der Teilbanden noch möglich, wie man aus Abb. 9 ersieht. Die aus den Banden berechneten Trägheitsmomente der HCOOH-Molekel stimmen mit dem in Abb. 10 dargestellten Strukturmodell sehr gut überein.

Als angenähert symmetrischer Kreisel kann auch die F_2O-Molekel aufgefaßt werden, deren Spektrum zwischen 2,5 und 25 μ durch

H. J. Bernstein, Powling und W. G. Burns (*26c*) untersucht wurde. Die Autoren ermitteln die Feinstruktur der bei 929 cm^{-1} gelegenen Bande und berechnen den Abstand der O—F-Bindung zu $r(\text{O—F}) = 1{,}38 \pm 0{,}03$ Å und den Winkel F—O—F zu $101{,}5 \pm 1{,}5°$.

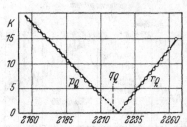

Abb. 9. Fortratdiagramm der C—D-Valenzschwingung der Ameisensäure DCOOH bei 2219,84 cm^{-1}.

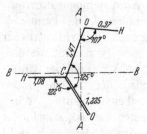

Abb. 10. Strukturmodell der HCOOH-Molekel.

d) Asymmetrischer Kreisel. Bei der *asymmetrischen Kreiselmolekel* treten drei Arten von Rotations-Schwingungsbanden auf, die mit A, B und C bezeichnet werden, je nachdem die Änderung des Dipolmomentes bei der betreffenden Schwingung parallel der A-, B- oder C-Achse erfolgt, wobei die Achsen durch die Größe des Trägheitsmomentes gekennzeichnet sind: $I_A < I_B < I_C$. Molekeln der Punktgruppen C_{2v}, D_2 (oder V), D_{2h} (oder V_h) weisen die drei Bandentypen in reiner Form auf, während sie bei geringerer Symmetrie überlagert als „Bastard"-Banden in Erscheinung treten. Maßgebend für den Aufbau der drei Bandentypen ist das Verhältnis $\varrho = B/A = I_A/I_B$ der betreffenden Rotationskonstanten bzw. Trägheitsmomente.

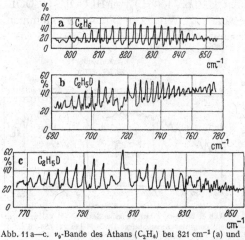

Abb. 11 a—c. ν_9-Bande des Äthans (C$_2$H$_6$) bei 821 cm^{-1} (a) und das ihr entsprechende Paar des C$_2$H$_5$D mit B-Typus (b) und C-Typus (c).

Ersetzt man in der Äthanmolekel H$_3$C · CH$_3$ ein H- durch ein D-Atom, so wird jede der wegen der Symmetrieeigenschaften der Äthanmolekel doppelt entarteten Vertikalbanden in zwei Teilbanden aufgespalten; ebenso beobachtet man bei der H$_3$C · CH$_2$D-Molekel gewisse Banden, die bei der C$_2$H$_6$-Molekel nur im Raman-Spektrum aktiv sind, nun auch im Ultrarotspektrum. Diese Erscheinungen wurden von L. R. Posey und E. F. Barker (*249c*) mit einem Prismen-Gitterspektrometer studiert. Abb. 11 a zeigt als Beispiel die ν_9-Bande bei 821 cm^{-1}, eine typische Vertikalbande einer *symmetrischen* Kreiselmolekel, die in Abb. 11 b

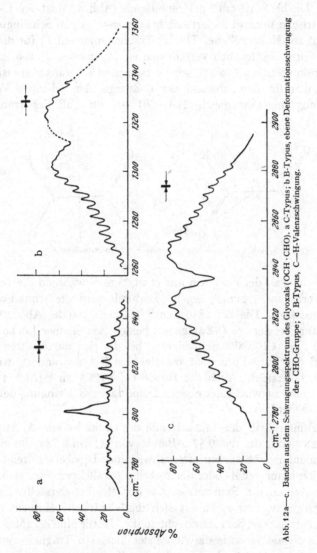

Abb. 12 a—c. Banden aus dem Schwingungsspektrum des Glyoxals (OCH · CHO). a C-Typus; b B-Typus, ebene Deformationsschwingung der CHO-Gruppe; c B-Typus, C—H-Valenzschwingung.

und 11 c beim C_2H_5D (einem *asymmetrischen* Kreisel) in die beiden Banden 715,18 cm^{-1} und 804,62 cm^{-1} mit B- (zentrale Lücke) bzw. C-Charakter (zentrales Maximum) aufgespalten ist.

Abb. 12 zeigt drei Banden aus dem von A. R. H. Cole und H. W. Thompson (*49c*) untersuchten Schwingungsspektrum des *Glyoxals* (OHC · CHO), die mittels eines von Miller und Thompson (214a) beschriebenen Gitter-spektrometers hoher Dispersion registriert wurden. Die beiden möglichen ebenen Strukturen der Glyoxalmolekel sind in Abb. 13 dargestellt. Die bei 801,5 cm⁻¹ gelegene Bande (Abb. 12a) ist eine C-Bande, das elektrische Moment ändert sich bei der zugehörigen Schwingung also senkrecht zur Molekelebene. Da das Trägheitsmoment I_A für die trans- und cis-Form beträchtlich verschieden ist (I_A trans $<$ I_A cis), sind die Rotationskonstanten A auch sehr verschieden (A trans $>$ A cis). Man erhält daher für den Abstand der Q-Zweige, der bei einer Vertikal-schwingung ungefähr gleich $2(A-B)$ ist, im Fall der trans-Form

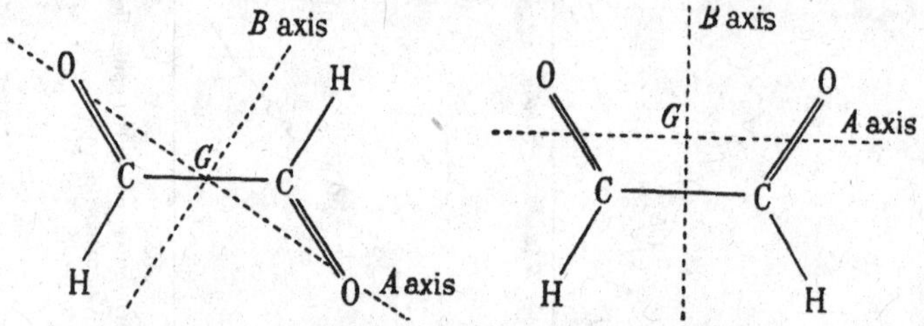

Abb. 13. Trans- und cis-Struktur der Glyoxalmolekel.

3,6 cm⁻¹, im Fall der cis-Form nur etwa 2 cm⁻¹, während die beobachteten Werte um 3,4 cm⁻¹ liegen. Dadurch wird die trans-Form als richtig erwiesen. Die bei 2836,2 cm⁻¹ gelegene Bande (Abb. 12c) hat B-Struktur, bei der die Q-Zweige auf beiden Seiten einer Lücke liegen. Sie gehört zur CH-Valenzschwingung, bei der sich das elektrische Moment bei der trans-Form fast parallel der B-Achse ändert, wie man aus Abb. 13 ersieht. Auch die Bande bei 1311,5 cm⁻¹ (Abb. 12b) ist eine B-Bande, sie wird einer ebenen Deformationsschwingung der CHO-Gruppe zugeordnet.

Die Feinstruktur der 14,2 μ-Bande des *Ozons* ist von A. Adel und D. M. Dennison, die der 9,57 μ-Bande von A. Adel (2a) im Sonnenspektrum untersucht worden. Der schwingende Dipol einer dreiatomigen Molekel kann nur der A- oder der B-Achse parallel gerichtet sein, wobei eine der Achsen die Symmetrieachse der Molekel darstellt. Bei den Schwingungen ν_1 und ν_2 ändert sich das elektrische Moment parallel der Symmetrieachse, bei ν_3 senkrecht zu ihr. Ist die Molekel *spitzwinklig*, so ist die *Symmetrieachse* die Achse des kleinsten Trägheitsmomentes (A-Achse), d.h. die beiden Fundamentalbanden ν_1 und ν_2 besitzen A-Charakter (Q-Zweig zwischen P- und R-Zweigen), ist sie *stumpf-winklig*, so ist die *senkrecht* zur Symmetrieachse verlaufende Achse die A-Achse, es gibt also nur eine Fundamentalbande ν_3 mit A-Charakter; ν_1 und ν_2 haben in diesem Fall B-Charakter (Lücke zwischen P- und R-Zweig).

Nach den genannten Arbeiten ist die 14,2 μ-Bande (705 cm⁻¹) eine B-Bande, die 9,57 μ-Bande (1043 cm⁻¹) und die 4,75 μ-Bande (2108 cm⁻¹) sind A-Banden. ADEL und DENNISON ordnen deshalb zu:

$$\nu_1 = 2108 \text{ cm}^{-1}; \qquad \nu_2 = 1043 \text{ cm}^{-1}; \qquad \nu_3 = 705 \text{ cm}^{-1}. \qquad \text{(I)}$$

Eine von M. K. WILSON und R. M. BADGER (361), (361a) neu aufgefundene und von WILSON und OGG (361b) bestätigte schwache Bande bei 1110 cm⁻¹, die B-Charakter besitzt, wäre danach eine Kombinationsbande, etwa nach H. S. GUTOWSKY und E. M. PETERSEN (115a) $\nu_1 - \nu_2$ (= 1062) oder $3\nu_3 - \nu_2$ (= 1072 cm⁻¹). Bei dieser Zuordnung wären zwei Fundamentalbanden mit A-Charakter (ν_1 und ν_2) vorhanden, die O₃-Molekel also spitzwinklig in Übereinstimmung mit den Ergebnissen von G. HETTNER, R. POHLMANN und H. J. SCHUMACHER (133d).

WILSON, BADGER und OGG (361), (361a), (361b), sowie D. M. SIMPSON (300b) ordnen jedoch in folgender Weise zu:

$$\nu_1 = 1110 \text{ cm}^{-1}; \qquad \nu_2 = 705 \text{ cm}^{-1}; \qquad \nu_3 = 1043 \text{ cm}^{-1},$$

wobei 2108 cm⁻¹ die Kombinationsbande $\nu_1 + \nu_3$ (= 2153 cm⁻¹) wäre. In diesem Fall hätten die beiden Fundamentalbanden ν_1 und ν_2 B-Charakter, die O₃-Molekel wäre danach *stumpfwinklig*. Da SHAND und SPURR (290) aus Elektronenbeugungsversuchen auf einen stumpfen Winkel von 127° schließen, ist diese Konfiguration zur Zeit wohl die wahrscheinlichste [s. auch G. GLOCKLER und G. MATLACK (107a)].

Während die Ermittlung von *angenäherten* Molekelkonstanten des asymmetrischen Rotators mit Hilfe von Rotations-Schwingungsbanden keine allzu umständlichen Rechnungen erfordert, werden die Schwierigkeiten beträchtlich, wenn man *exakte* Werte berechnen möchte, wie sie für thermodynamische Zwecke häufig erforderlich sind. Die einzige Möglichkeit, die beim asymmetrischen Rotator sehr unregelmäßig gestalteten Banden quantitativ zu deuten, dürfte ein *Annäherungsverfahren* sein, bei dem man für die Dimensionen der Molekel in den oberen und unteren Zuständen bestimmte Werte annimmt, die Lage und Intensität der Linien berechnet und mit den beobachteten vergleicht. Dieses Verfahren ist von G. W. KING, R. M. HAINER, P. C. CROSS, H. R. GRADY, H. C. ALLEN jr. (157a), (158), (159d) und anderen Autoren mit Hilfe einer *Lochkarten-Rechenmethode* für bestimmte Banden von H₂S [s. E. A. WILSON und P. C. CROSS (358a), sowie R. H. NOBLE und H. H. NIELSEN (228c)] und D₂O mit in Anbetracht der Schwierigkeiten bemerkenswertem Erfolg durchgeführt worden. Abb. 14 [(G. W. KING (157a)] zeigt als Beispiel die 8,5 μ-Bande des D₂O. Die mittlere (b) ist die von E. F. BARKER und W. W. SLEATOR (17b) beobachtete Bande. (a) und (c) sind im Grundzustand mit denselben, im oberen Energiezustand mit ein wenig abweichenden (maximal 2%) Trägheitsmomenten berechnet.

788   R. Suhrmann und H. Luther:

2. Strukturbestimmung aus den Umrissen der Banden.

Schließlich seien noch einige Beispiele für die Bandenzuordnung durch die Berücksichtigung der Gestalt von Rotations-Schwingungsbanden gegeben. Dabei ist häufig eine Feinstrukturuntersuchung mit hoher spektraler Auflösung nicht erforderlich, da die *Umrisse der Banden* bereits eine Zuordnung ermöglichen.

So untersuchten J. R. Nielsen, H. H. Claassen und D. C. Smith (*228a*) das Ultrarot- [2 bis 23 μ mit einem Prismenspektrometer hoher Auflösung (*228*); teilweise bis 37μ, KRS 5-Prisma] und Raman-Spektrum

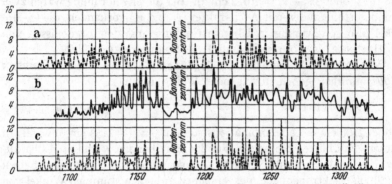

Abb. 14a—c. 8,5 μ-Bande von D_2O. a Berechnet mit $I''_A = 1,820 \cdot 10^{-40}$, $I''_B = 3,860 \cdot 10^{-40}$, $I''_C = 5,794$ 10^{-40} g · cm² und $I'_A = 1,696 \cdot 10^{-40}$, $I'_B = 3,818 \cdot 10^{-40}$, $I'_C = 5,867 \cdot 10^{-40}$ g · cm². b Gemessen. c Berechnet mit denselben I''-Werten und $I'_A = 1,730 \cdot 10^{40}$, $I'_B = 3,830 \cdot 10^{-40}$, $I'_C = 5,95 \cdot 10^{-40}$ g · cm².

der gasförmigen *fluorierten Äthylene* $F_2C=CH_2$, $F_2C=CCl_2$ und $F_2C=CF_2$ (Raman-Spektrum von $F_2C=CCl_2$ im flüssigen Zustand). Die Zuordnung erfolgt unter der Annahme, daß die Molekeln ebene Struktur besitzen, und unter Verwendung der mittels der Mikrowellen- oder Elektronenbeugungsmethode erhaltenen Trägheitsmomente. Nach der Theorie von Badger und Zumwalt (*13*) werden die Parameter

$$\varrho = \frac{a-b}{b}; \qquad S = \frac{2b-a-c}{a-c}; \qquad \left(a \equiv \frac{1}{I_a}, \qquad b \equiv \frac{1}{I_b}, \qquad c \equiv \frac{1}{I_c}\right)$$

eingeführt. Mit ihrer Hilfe läßt sich aus den von diesen Autoren berechneten Kurven der Einhüllenden der Rotations-Schwingungsbanden bei verschiedenen ϱ- und S-Werten der Abstand vom Bandenzentrum zu den Maxima der Rotationszweige berechnen, der für die Bandentypen A, B und C (asymmetrischer Kreisel!) verschieden ist. Auf diese Weise gelingt eine befriedigende Deutung und Zuordnung der beobachteten Ultrarot- und Raman-Banden.

Mit dem Spektrum des gasförmigen *Ketens* $H_2C=C=O$ befaßten sich neben F. Halverson und V. Z. Williams (*120a*) auch W. R. Harp (*121c*), L. G. Drayton (*121b*), F. A. Miller (*121a*) und verschiedene andere Autoren. Die ebene Ketenmolekel kann der Symmetriegruppe C_{2v}

zugeordnet werden. Da das kleinste Trägheitsmoment I_A mit $r(C-H) = 1,08$ Å und $\measuredangle$ HCH $= 120°$ nur $2,9 \cdot 10^{-40}$ g $\cdot$ cm^2 beträgt, sollten Parallelbanden das gleiche Aussehen wie bei linearen Molekeln haben, also ausgeprägte P- und R-Zweige und nur einen sehr schwachen Q-Zweig. Die Vertikalbanden sollten aus ziemlich weit getrennten Q-Zweigen alternierender Intensität bestehen. Von diesen Gesichtspunkten aus lassen sich die zwischen 2,5 und 25 μ beobachteten Banden [LiF-, NaCl- und KBr-Prismen $(120a)$] einordnen und aus ihnen die Kraftkonstanten berechnen, indem die Werte $r(C=C) = 1,35$ Å, $r(C=O) = 1,17$ Å benutzt werden. Aus dem Abstand der Q-Zweige der Vertikalbande bei 3162 cm^{-1} ergibt sich $I_A = 2,96 \pm 0,50 \cdot 10^{-40}$ g $\cdot$ cm^2 in Übereinstimmung mit dem oben angeführten Wert.

Das Ultrarotspektrum des Dampfes von *Diazomethan* ähnelt nach D. A. RAMSAY, CRAWFORD und FLETCHER $(253a)$, (59) sehr weitgehend dem des Ketens, auch bezüglich des Auftretens von Parallel- und Vertikalbanden, wodurch für Diazomethan die Formel

$$H_2C=N \stackrel{\leftarrow}{=} N \quad \text{bzw.} \quad H_2C \rightarrow N\equiv N$$

bewiesen wird.

Das Ultrarot- und RAMAN-Spektrum von *Dimethylquecksilber* und *Dimethylzink* untersuchte H. S. GUTOWSKY $(115a)$. Wäre die Molekel gewinkelt, so würde sie 21 in beiden Spektren aktive Grundfrequenzen aufweisen. Da jedoch nur sieben Frequenzen auftreten, kommt nur eine lineare Anordnung $H_3C-Hg-CH_3$ in Betracht. Die Zuordnung der Banden läßt sich unter Berücksichtigung ihrer äußeren Form (Auftreten von Q-Zweigen) und durch Vergleich des berechneten und beobachteten Abstandes der Maxima der einhüllenden P- und R-Zweige durchführen. Aus der Größe der berechneten Kraftkonstanten geht hervor, daß der ionische Charakter bei der C—Zn-Bindung größer ist als bei der C—Hg-Bindung. Eine Analyse der ⊥-Banden (bei 3 μ) dieser Substanzen liefert nach BOYD, THOMPSON und WILLIAMS (31) den Beweis, daß die Methylgruppen innere Rotationen durchführen.

Um zu entscheiden, ob die *Borkarbonyl*molekel die Struktur H_2BCHO oder H_3BCO besitzt, untersuchte R. D. COWAN $(55a)$ das Ultrarotspektrum (2 bis 25 μ) ihres Dampfes. Da in der Nachbarschaft von 3000 cm^{-1}, wo die CH-Bindung absorbiert, keine Absorption zu beobachten ist, kommt die erstgenannte Struktur nicht in Betracht. Die beiden aufgelösten Banden bei 809 und 2440 cm^{-1} besitzen das typische Aussehen von Vertikalbanden einer symmetrischen Kreiselmolekel. Die Maxima ihrer aufeinanderfolgenden Q-Zweige zeigen den Intensitätswechsel „stark, schwach, schwach, stark..." (Abb. 15), der mit einer dreifachen Symmetrieachse verbunden ist. Die Molekel besitzt also die Symmetrie C_{3v}. Die Einordnung der beobachteten Banden und eine Normalkoordinatenanalyse ergibt die Kraftkonstanten.

L. H. Jones und R. M. Badger (*149b*), sowie C. Reid (*257c*) untersuchten das Spektrum (2 bis 25 μ) des Dampfes der *Isothiocyansäure* HNCS. Das Auflösungsvermögen des von C. Reid verwendeten Prismenspektrographen (Perkin-Elmer 12 B) reichte aus, um die Feinstruktur der NH-Grundschwingung $\nu_1 = 3530$ cm^{-1} zu erkennen ($\nu_1 = 3534$ bei HNCO). Für die Atomabstände innerhalb der Molekel ergibt sich $r(\text{N}-\text{H}) = 1{,}00 \pm 0{,}01$ Å; $r(\text{C}=\text{N}) = 1{,}21$ Å; $r(\text{C}=\text{S}) = 1{,}57$ Å; für den Winkel HNC $= 138° \pm 3°$.

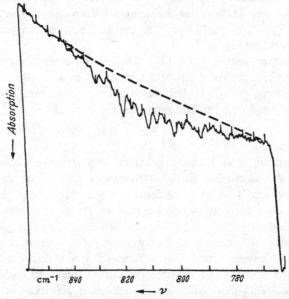

Abb. 15. Feinstruktur der Bande 809 cm^{-1} des Borkarbonyls H$_3$BCO.

Die Schwingungsspektren (2 bis 25 μ) und daraus die Molekularstruktur des Dampfes von *Nitrosylchlorid* (NOCl) und *Nitrosylbromid* ermittelten Burns und Bernstein (*26c*). Die Zuordnung der Banden für NOCl ($\nu_1 = 1799$, $\nu_2 = 592$, $\nu_3 = 332$ cm^{-1}) stimmt mit der kürzlich von Pulford und Walsh (*253*) mitgeteilten überein. Aus den Hauptträgheitsmomenten ($I_A = 9{,}05 \cdot 10^{-40}$, $I_B = 147{,}7 \cdot 10^{-40}$, $I_C = 156{,}7 \cdot 10^{-40}$ g · cm^2), berechnet aus Elektronenbeugungsmessungen (*156*), läßt sich der Abstand der einhüllenden *P*- und *R*-Zweige einer reinen Parallel- bzw. Vertikalbande berechnen. Da die Molekel einem symmetrischen Kreisel mit nur einer Symmetrieebene sehr nahe kommt, sind die beobachteten Banden Bastardbanden. Bei ν_1 und ν_2 überwiegt der Parallelcharakter, ohne Feinstruktur, bei ν_3 die Vertikalkomponente, bei der die Änderung des Dipolmomentes vorwiegend senkrecht zur Achse des kleinsten Trägheitsmomentes erfolgt (vgl. Abb. 16). Die Grundfrequenzen der NOBr-

Molekel sind $\nu_1 = 1801$; $\nu_2 = 542$; $\nu_3 = 265$ cm^{-1}. Die Kraftkonstanten f in 10^5 Dyn/cm und die molaren Entropiewerte S^0_{298} in cal/Grad der beiden Molekeln sind in Tabelle 1 zusammengestellt:

Tabelle 1. *Kraftkonstanten und Entropiewerte für Nitrosylchlorid und -bromid.*

Molekel	$f_{N=O}$	f_{N-X}	f_{O-X}	S^{ber}_{298}	S^{beob}_{298}
NOCl . . .	14,0	1,92	1,30	$62,4 \pm 0,1$	$63,0 \pm 0,3$
NOBr . .	14,0	2,18	0,832	$65,3 \pm 0,1$	$65,2 \pm 0,3$

Einige neuere Arbeiten befassen sich mit dem Ultrarotspektrum der *Diboran*molekel B_2H_6. Während man früher [s. den Überblick bei

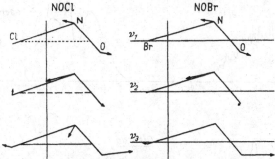

Abb. 16. Schwingungsformen der NOCl- und NOBr-Molekel. Die horizontale Achse ist die Achse des kleinsten Trägheitsmomentes.

SYRKIN-DYATKINA *(324)*] die „Äthanstruktur" für B_2H_6 annahm, sind die Ultrarotmessungen von W. C. PRICE *(252b)*, A. N. WEBB, J. T. NEU und K. S. PITZER *(348a)*, W. E. ANDERSON und E. F. BARKER *(9a)*, sowie von LORD und NIELSEN [$B_2^{10}H_6$ und $B_2^{10}D_6$ *(190)*] in bester Übereinstimmung mit der „Äthylenstruktur" in der Formulierung von K. S. PITZER *(247a)* (protonated double bond) oder in der ähnlichen Formulierung von MULLIKEN *(221)*. Sie gehören damit der Symmetriegruppe D_{2h} (oder V_h) an, in der zwei H-Atome mit ausgeglichenen Bindungen zum Bor als „Brückenatome" wirken. Allerdings ist ein Beweis gegen die denkbare Form C_{2h} mit nicht voll ausgeglichenen Bindungen der Brückenatome spektroskopisch nicht völlig zu erbringen [vgl. hierzu J. WAGNER *(343b)* und F. SEEL *(288)*]. Obwohl SEEL einen Vergleich mit der Äthylenstruktur ablehnt, erkennt man die Ähnlichkeit entsprechender Banden bei B_2H_6 und C_2H_4 besonders schön aus den von PRICE aufgenommenen Banden in Abb. 17 *(252b)*. Bei beiden Molekeln zeigen die ⊥-Banden den zu erwartenden Intensitätswechsel, der beim Diboran durch das Vorhandensein der Isotope B^{10} und B^{11} weniger deutlich hervortritt als beim Äthylen. Der Einfluß der *Isotope* ist einwandfrei

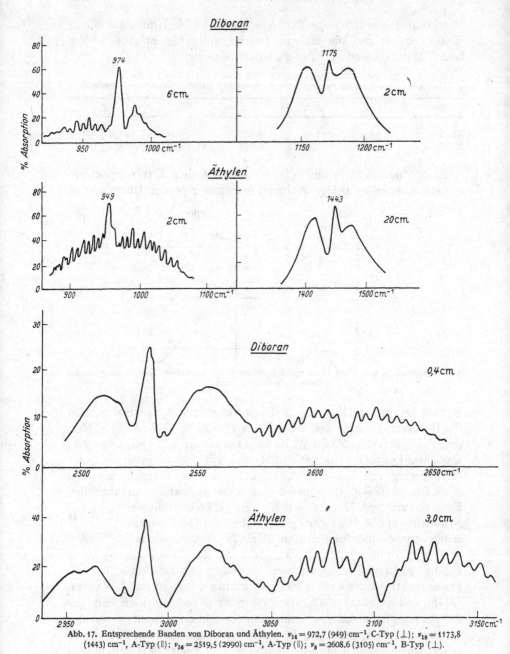

Abb. 17. Entsprechende Banden von Diboran und Äthylen. $\nu_{14} = 972{,}7$ (949) cm^{-1}, C-Typ ($\perp$); $\nu_{18} = 1173{,}8$ (1443) cm^{-1}, A-Typ ($\parallel$); $\nu_{16} = 2519{,}5$ (2990) cm^{-1}, A-Typ ($\parallel$); $\nu_8 = 2608{,}6$ (3105) cm^{-1}, B-Typ ($\perp$).

in der mit einem Gitterspektrometer mit großer Auflösung von Anderson und Barker (9a) aufgenommenen Bande 2608,6 cm^{-1} in Abb. 18 zu erkennen. Da die Molekel B^{11}B^{10}H$_6$ eine kleinere Masse als B$_2^{11}$H$_6$ hat und halb so häufig ist, sind die ihr entsprechenden Maxima niedriger und nach höheren Frequenzen verschoben.

Aus der Gestalt der von ANDERSON und BARKER aufgefundenen Bande bei 368,7 cm⁻¹, die der langsamen, nichtebenen („out of plane") HBH-Deformationsschwingung v_9 [R. P. BELL und H. C. LONGUET-HIGGINS (26a)] der endständigen H-Atome zuzuordnen ist, kann man schließen, daß die letzteren nicht in der gleichen Ebene wie die Brücken-H-Atome liegen können. Denn v_9 ist eine typische B-Bande; die Änderung des Trägheitsmomentes erfolgt also parallel zur B-Achse. Lägen jedoch alle H-Atome in einer Ebene, so erfolgte die nichtebene Schwingung parallel zur C-Achse; die v_9-Bande hätte also eine andere Struktur.

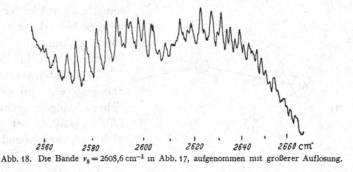

2560   2580   2600   2620   2640   2660 cm⁻¹

Abb. 18. Die Bande $v_8 = 2608,6$ cm⁻¹ in Abb. 17, aufgenommen mit größerer Auflösung.

Auch die Berechnung der Trägheitsmomente aus der Feinstruktur der Banden führt zu dieser Vorstellung (9a), denn sie ergibt $2I_B \cdot I_C/(I_B+I_C) = 48,1 \cdot 10^{-40}$ und $I_A = 10,5 \cdot 10^{-40}$ g · cm², in guter Übereinstimmung mit dem aus den Elektronenbeugungsmessungen für ein nichtebenes Modell berechneten Werten $49,2 \cdot 10^{-40}$ und $10,7 \cdot 10^{-40}$ g·cm².

Das RAMAN-Spektrum des flüssigen Tetramethyldiborans weist nach RICE, BARREDO und YOUNG (261) keine Frequenzen endständiger B—H-Bindungen auf, während im Bereich der Brückenwasserstoffschwingungen zwei Linien beobachtet werden.

Im Zusammenhang mit der Diboranmolekel ist das Ultrarotspektrum der *Metall-Borhydride* von besonderem Interesse, das von W. C. PRICE (252), H. C. LONGUET-HIGGINS, B. RICE und T. F. YOUNG (189) studiert wird. Nach S. H. BAUER und G. SILBICER (299) soll Al(BH₄)₃ eine „Gürtel"-Struktur besitzen, bei der je drei H-Atome zwischen je einem B-Atom und dem Al-Atom gelegen wären. Die drei H-Atome sollten einen Gürtel um die B—Al-Bindung bilden, so daß nur je eine endständige BH-Gruppe mit dieser Bindung in einer Richtung läge. LONGUET-HIGGINS (189) hingegen nimmt die in Abb. 19 wiedergegebene Struktur an, bei der die Brücken-H-Atome an den Ecken des Prismas sitzen und die endständigen H-Atome in einer Ebene senkrecht zur Brücken-HBH-Ebene. Die Lage der H-Atome zu jedem B-Atom ist hier ähnlich wie beim Diboran, entsprechend der in Tabelle 2 angegebenen Lage der den endständigen BH_2-Gruppen einerseits, den Brückenatomen andererseits zuzuordnenden Schwingungsbanden.

Auch die Analyse der Schwingungen ist beim Aluminiumborhydrid in Übereinstimmung mit der in Abb. 19 angenommenen D_{3h}-Symmetrie.

Da die Brücken Stellen eines *Elektronendefizits* sind, erzeugen die Atomschwingungen in diesen Teilen der Molekel starke lokale Dipole; die entsprechenden Schwingungsbanden sind daher besonders intensiv. Beim Aluminiumborhydrid sind sie, auch unter Berücksichtigung der größeren Zahl von H-Atomen, noch stärker als beim Diboran, weil sich bei dem ersteren bereits der ionische Charakter der BH_4-*Gruppe* bemerkbar macht. Beim Lithium- und beim Natriumborhydrid fehlen die Brückenschwingungen. Das erstere ist im wesentlichen ionogen gebunden (*308*), (*123*), aber noch nicht so weitgehend wie das letztere.

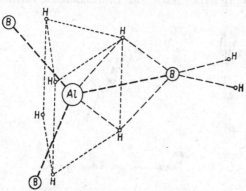

Abb. 19. Struktur des Aluminium-Borhydrids Al(BH₄)₃. Nur ein Paar endständiger H-Atome angegeben und „Brucken" nur nach einer Seite gezeichnet.

Auch *Aluminiumtrimethyl* $Al_2(CH_3)_6$ besitzt nach K. S. Pitzer und R. K. Sheline (*247c*) sehr intensive Banden. Da sie im langwelligen Spektrum liegen (563, 604, 696, 776 cm⁻¹), sind sie Schwingungen der Al—C-Bindungen zuzuordnen, die daher ebenfalls ionogenen Charakter haben. Aus der Zahl der Banden geht gleichzeitig hervor, daß die Verbindung keine äthanähnliche Struktur, sondern eine Brückenstruktur der Symmetrie D_{2h} oder C_{2h} aufweisen sollte, denn im ersteren Fall wären nur zwei ultrarot aktive

Tabelle 2.

Frequenzen entsprechender Banden von Diboran[1] und den Metallborhydriden in cm⁻¹.

Substanz	Endständige BH-Valenzschwingungen		Bruckenschwingungen		Deformationsschwingungen	
B_2H_6 . .	2614	2522	1990—1850	1600	1175	974
$Be(BH_4)_2$.	2630	2515	2165—1985	1530		
$Al(BH_4)_3$ . .	2559	2493	2220—2000	1480	1114	978
$LiBH_4$ . .	2320	(2404—2245)	keine starke Bande		1096	—
$NaBH_4$ . .	2270	(2380—2150)	keine starke Bande		1080	

[1] Die Werte für Diboran weichen ein wenig von den in der Arbeit (*9a*) angegebenen ab.

Al—C-Valenzfrequenzen vorhanden, im letzteren hingegen vier entsprechend den Beobachtungen.

Ebenso wie im $LiBH_4$ sollte auch im $LiAlH_4$ ionogene Bindung vorliegen. Um festzustellen, ob in der ätherischen Lösung des *Lithium-Aluminiumhydrids* AlH_4^--Ionen vorhanden sind, untersuchte E. R. LIPPINCOTT (*186a*) das Ultrarot- (3 bis 15 µ) und das RAMAN-Spektrum einer solchen Lösung. Es werden zwei Ultrarotbanden und vier RAMAN-Frequenzen beobachtet, von denen zwei mit den ersteren übereinstimmen. Dieser Befund ist mit dem Vorhandensein tetraedrischer AlH_4^--Ionen verträglich.

E. Schwingungsspektren von Molekeln in verschiedenen Aggregatzuständen.

Eine größere Anzahl neuerer Arbeiten beschäftigt sich mit der Verschiedenheit der Schwingungsspektren von Molekeln im gasförmigen, flüssigen und festen Zustand.

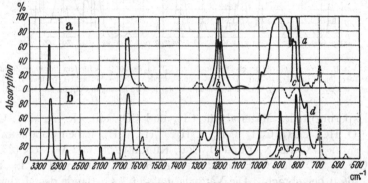

Abb. 20a u. b. Ultrarotspektrum des trans-Dichloräthylens $C_2H_2Cl_2$ bei 20° C. a Im dampfförmigen Zustand, 10 cm Zellenlänge: (a) 120 Torr; (b) 30 Torr; (c) 5 Torr. b Im flüssigen Zustand: (d) Reine Flüssigkeit; (e) und (f) 10%ige Lösungen in CS_2; (e) 0,1 mm; (f) 0,025 mm Schichtdicke. - - - cis-Verunreinigung.

Wegen der gegenseitigen Behinderung der Molekeln ist die Aufnahme von *Rotationsenergie* bei höheren Gasdrucken und erst recht im flüssigen Zustand erschwert. Die Einhüllenden von Rotations-Schwingungsbanden sind daher in solchen Fällen zwar zu erkennen aber ohne diskrete Rotationsstruktur (z. B. beim trans-Dichloräthylen im Gebiet von 900 cm⁻¹ in Abb. 20).

Im festen Zustand konnte eine Rotationsfeinstruktur bisher nicht beobachtet werden, da eine freie Rotation von Atomgruppen im Kristall wegen der Gitterkräfte nicht ohne weiteres möglich ist.

1. Strukturbestimmung aus der Spektrenänderung.

a) Druckverbreiterung bei Gasen. Die „Druckverbreiterung" (pressure broadening) der Linien bzw. Banden bei Gasen in Abhängigkeit vom Druck und von der Art zugesetzter Fremdgase ist schon seit längerer Zeit sowohl vom theoretischen Standpunkt zur Untersuchung zwischenmolekularer Kräfte als auch vom praktischen Standpunkt der analytisch zu berücksichtigenden Abweichungen vom LAMBERT-BEERschen Gesetz Gegenstand der spektroskopischen Forschung. In der Berichtszeit haben besonders VAN VLECK und Mitautoren (*337*), (*338*), FOLEY (*86*), MATOSSI (*205*), (*206*), G. KORTÜM, H. VERLEGER (*165*), (*165a*) und W. LUCK (*165c*) das Gebiet eingehend behandelt.

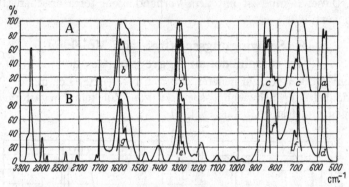

Abb. 21 A u. B. Ultrarotspektren des cis-Dichloräthylens $C_2H_2Cl_2$ bei 20° C. A Im dampfförmigen Zustand: (*a*) 120 Torr; (*b*) 30 Torr; (*c*) 10 Torr. B Im flüssigen Zustand: (*d*) Reine Flüssigkeit; (*e*) und (*f*) 10%ige Lösungen in CS_2; (*e*) 0,1 mm; (*f*) 0,025 mm Schichtdicke; (*g*) 10%ige Lösung in CCl_4, 0,1 mm Schichtdicke.

Experimentelles Material für CH_4 und CO_2 mit He, Ar, H_2, O_2, N_2, CO, HCl, C_2H_4, C_2H_6, C_3H_6, C_3H_8, C_4H_8, C_4H_{10} haben COGGESHALL und SAIER (*48*), für N_2O und O_3 OGG, RICHARDSON und WILSON (*231*), für O_2, N_2, CO und CO_2 B. L. CRAWFORD, H. L. WELSH und J. L. LOCKE (*60*), (*60a*) beigebracht. Die Veränderung der 3,3 μ-Bande des Methans (v_3) unter Helium-, Argon- und Stickstoffdrucken bis zu 600 Atm behandelt eine weitere Untersuchung von WELSH (*349*). Unter 600 Atm Stickstoff ist der Extinktionskoeffizient um 20% größer als unter Normalbedingungen.

b) Spektrenänderung bei Aggregatzustandswechsel. Die zwischenmolekularen Kräfte, die im Dampfzustand im allgemeinen (bei genügend kleine Drucken) vernachlässigt werden können, spielen im kondensierten Zustand eine wesentliche Rolle. Daher sind die für die isolierte Molekel geltenden *Auswahlregeln* durchbrochen; es treten schon im flüssigen Zustand neue Schwingungsbanden auf, die im Kristall noch kräftiger erscheinen. Jedoch weist die Flüssigkeit im allgemeinen der geringeren Symmetrie wegen mehr *zusätzliche Banden* gegenüber dem Dampf auf als der Kristall [s. R. S. HALFORD und O. A. SCHAEFFER (*117*), (*117a*)].

Das Erscheinen zusätzlicher Banden beim Übergang vom Dampf zur Flüssigkeit erkennt man in Abb. 21, die einer Arbeit von BERNSTEIN und RAMSAY *(26c)* über das Schwingungsspektrum von cis- und trans-Dichloräthylen ClHC · CHCl und ClDC · CDCl entnommen ist. Die im flüssigen Zustand (Abb. 22B) neu hinzukommenden Banden sind durch-

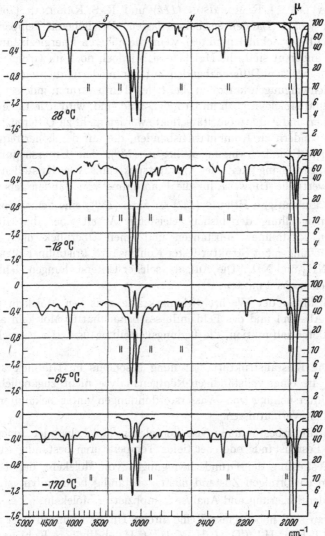

Abb. 22. Ultrarotspektrum des Benzols im flüssigen und kristallinen Zustand von 5000 bis 1900 cm⁻¹.

weg Kombinationsfrequenzen. Auch in Abb. 22, die aus einer Arbeit von R. D. MAIR und D. F. HORNIG *(197b)* stammt, treten Bandenveränderungen deutlich hervor.

Die Überlagerung von inneren Schwingungen der Molekel und *Gitterschwingungen* im Kristall kann *Kombinationsschwingungen* ergeben, die

sich jedoch nicht als getrennte Banden bemerkbar machen (weil die
Gitterschwingungen der meisten Kristalle unterhalb von 200 cm^{-1} lie-
gen), sondern die beim Kristall zu erwartenden scharfen Linien [siehe
W. H. Avery, J. R. Morrison (11a) und R. S. Krishnan (166)] als
weniger scharfe Banden erscheinen lassen. Bei höheren Temperaturen
(unterhalb des Schmelzpunktes), wenn die höheren Energiezustände des
Gitters angeregt sind, die Molekeln sich jedoch noch im Grundzustand
befinden, werden Differenzbanden auf der niederfrequenten Seite der
Grundschwingungen auftreten; bei tiefen Temperaturen indessen, wenn
Gitter und Molekeln noch im Grundzustand sind, wird jede Linie scharf
erscheinen und Anharmonizitätseffekte werden nicht zu Differenzbanden
führen, sondern zu Kombinationsbanden, die auf der höherfrequenten
Seite der Grundschwingungen liegen (136). Die Untersuchung der
Temperaturabhängigkeit des Ultrarotspektrums von Kristallen kann
daher wertvolle Hinweise für die Einordnung von Banden geben.

Vor kurzem gab Hornig (137) [s. auch (139)] eine bemerkenswerte
Zusammenstellung der bisher geleisteten Arbeit über die Ultrarotspektren kristalliner Substanzen und einen Überblick über eigene
Untersuchungen zur Struktur fester Kohlensäure, kristalliner Blausäure,
festen NH_3 und ND_3. Die Aufgabe solcher Untersuchungen sieht er in
folgenden sechs Punkten:

1. Studium der Wechselwirkungskräfte zwischen Molekeln in geringem Abstand und des Feldeinflusses benachbarter Molekeln auf die
innere Potentialfunktion, die Ladungsverteilung usw. der betrachteten
Molekeln.

2. Die Kristallstrukturbestimmung besonders im Hinblick auf H-
Atome, die einer vollständigen Röntgenanalyse nicht zugänglich sind.

3. Untersuchung von Wasserstoffbindungen unter bekannten geometrischen Verhältnissen.

4. Strukturbestimmung von komplexen Molekeln oder Ionen, die
nur im Festzustande oder bei tiefen Temperaturen beständig sind.

5. Festlegung der Grundschwingungen von Molekeln, deren Spektrum im gasförmigen Zustand nicht vollständig bestimmbar ist.

6. Identifizierung und Analyse komplizierter Molekeln.

Hierzu sind neben einer Reihe älterer Untersuchungen über N_2O_4,
HCl, DCl, HBr, HJ, CO_2, C_2H_2, C_2H_4, C_2H_6 und höhere Kohlenwasserstoffe Arbeiten zu nennen über

HCN   [R. E. Hoffmann und D. F. Hornig (135)],
BF_3 [R. E. Hoffmann, Diss. (135)],
CH_4 [J. S. Burgess (42a), R. B. Holden, R. W. J.Tay-
            lor und H. L. Johnston (135b)],
NH_3 und ND_3 [D. F. Hornig und F. P. Reding (137a)],

H_2O_2 und D_2O_2 [P. A. Giguère (*101a*) und R. C. Taylor (*325a*)],
H_2S und D_2S [E. Lohman, D. F. Hornig (*187*), J. B. Lehman (*188*)
und H. C. Allen jr., P. C. Cross, G. W. King (*3b*)].

Eine größere Anzahl von Verbindungen im festen und flüssigen Zustand untersuchen R. E. Richards und H. W. Thompson (*264a*).

Die außerordentliche *Bandenschärfe* im kristallinen Zustand ersieht man aus der oben zitierten Arbeit von Mair und Hornig (*197b*) über das Benzol, in der die mittlere Linienbreite der Grundschwingungsbanden im Kristall nur 7 cm⁻¹...

Die außerordentliche *Bandenschärfe* im kristallinen Zustand ersieht man aus der oben zitierten Arbeit von Mair und Hornig (*197b*) über das Benzol, in der die mittlere Linienbreite der Grundschwingungsbanden im Kristall nur $7\,\text{cm}^{-1}$ beträgt. Die Auflösung des Benzolspektrums ist daher bei diesen Messungen sehr weitgehend; lediglich im Gebiet von 3500 bis 5000 cm⁻¹ wird sie für den flüssigen Zustand durch die Messungen von R. Suhrmann und P. Klein (*316a*) übertroffen.

Aus charakteristischen Unterschieden der Spektren des Naphthalins in den verschiedenen Aggregatzuständen und aus Messungen mit polarisierter Strahlung leiten Pimentel und McClellan eine Zuordnung des Ultrarotspektrums ab (*243*). Darüber hinaus untersuchen Luther und Brandes (*195*) auch die C—D-Valenzschwingungen einiger seiner Deuteriumderivate in flüssigem und festem Zustand.

Während das Spektrum des flüssigen Benzols besonders im Bereich der Ringschwingungen (unterhalb 1350 cm⁻¹) gegenüber dem des gasförmigen mehrere deutlich hervortretende zusätzliche Banden aufweist (*117a*), ist das des flüssigen *Cyclohexans* gegenüber dem des gasförmigen nach G. B. Carpenter und R. S. Halford (*45a*) nur wenig verändert. Lediglich das Gebiet der CH-Schwingungen (oberhalb 1200 cm⁻¹) zeigt eine Zunahme der Absorption und Verbreiterung einiger Banden. Die zwischenmolekularen Kräfte machen sich also beim Benzol (wahrscheinlich über die leichter verschiebbaren π-Elektronen) stärker bemerkbar als beim Cyclohexan. Auch zwischen flüssigem und festem Zustand ist ein Unterschied in der Ultrarotabsorption des Cyclohexans im Gegensatz zum Verhalten des Benzols kaum zu bemerken. Dies ist vermutlich auf den geringeren Unterschied in der Ordnung der Molekeln des flüssigen und festen Cyclohexans zurückzuführen, dem eine nur halb so große Volumenzunahme beim Erstarren als bei Benzol und eine größere Schärfe der Röntgeninterferenzen im flüssigen Zustand (*347*) entspricht.

A. Walsh und J. B. Willis (*345*), (*345a*) vertreten die Ansicht, daß die Verschärfung der Banden bei Abkühlung von Flüssigkeiten oder Kristallen keine allgemeine Erscheinung, sondern auf solche Verbindungen beschränkt sei, die in den betreffenden Temperaturbereichen Zustandsänderungen erfahren. Aus den gebrachten Beispielen dürfte jedoch hervorgehen, daß auch ohne Zustandsänderungen Bandenverschärfungen möglich sind, daß sie allerdings je nach der Art der Verbindung verschieden stark in Erscheinung treten können.

2. Untersuchung der Rotationsisomerie.

Eine Vereinfachung des Spektrums ist bei Abkühlung zu erwarten, wenn bei einer Verbindung *Rotationsisomere* möglich sind, da die Isomeren höherer Energie bei tiefen Temperaturen wegfallen [s. S. I. MIZU-SHIMA und Mitarbeiter (*217a*)]. Dahingehende RAMAN-Untersuchungen von D. H. RANK, N. SHEPPARD und G. J. SZASZ (*324a*), (*254a*) an flüssigen und festen normalen und verzweigten Paraffinen bestätigen diese Erwartung: Während die bei Zimmertemperatur erhaltenen Spektren bei Butan und Pentan zwei, bei Hexan und wahrscheinlich auch Heptan drei Isomere erkennen lassen, ist im festen Zustand nur eins dieser Isomeren vorhanden, das wahrscheinlich die ebene trans-(zickzack)-Form besitzt. Aus Intensitätsmessungen ergibt sich die Energiedifferenz der Isomeren zu 760 ± 100 cal/Mol für n-Butan, 450 ± 60 für n-Pentan und 520 ± 70 bzw. 470 ± 60 cal/Mol für n-Hexan. Die *verzweigten* Paraffine 2-Methylbutan und 2.3-Dimethylbutan ergaben auch bei Abkühlung bis $90°$ K im festen Zustand die gleichen Hauptlinien wie im flüssigen, woraus entweder auf eine hohe Energie des zweiten Isomeren oder auf gleichen Energieinhalt beider Isomeren zu schließen wäre, so daß entweder nur das eine oder beide in etwa gleicher Konzentration in dem untersuchten Temperaturbereich vorhanden sind.

SMITH, SCOTT und HUFMAN machen darauf aufmerksam, daß für das 2.3-Dimethylbutan die Temperaturabhängigkeit der spezifischen Wärme bekannt ist (*306*), so daß eine Lösung des obigen Problems möglich erscheint. Unter Angabe der noch fehlenden Werte für das 2-Methylbutan behandeln sie das Problem und kommen zu dem Schluß, daß die C_s-Form des 2-Methylbutans um über 1000 cal/Mol weniger stabil ist als die C_1-Form. Dagegen ist der Energieunterschied beim 2.3-Dimethylbutan zwischen C_2 und C_{2h} höchstens 100 cal/Mol.

Diese Feststellung läßt sich vergleichsweise durch die Ergebnisse an Halogenäthanen bestätigen. THOMAS und GWINN (*327*) bestimmen die Isomerisierungsenergie unter anderem für 1.1.2-Trichloräthan und für 1.1.2.2-Tetrachloräthan. Sie leiten für die erste Substanz 2300 bzw. 4000 cal/Mol und für die zweite Substanz einen sehr niedrigen Wert ab. POWLING und BERNSTEIN (*250*) entwickeln eine Versuchsmethodik zur Bestimmung der Isomerisierungsenergie durch die Ultrarotspektren unter Ausschaltung des Lösungsmitteleffektes. Sie finden für die flüssigen Substanzen: die Umlagerungsenergien 1.2-Dichloräthan 1480 $\pm$ 160 cal/Mol; 1.2-Dibromäthan 200 cal/Mol; 1-Chlor-2-Brom-äthan 1850 $\pm$ 150 cal/Mol; 1.1.2-Trichloräthan 1800 cal/Mol und 1.1.2.2-Tetrachloräthan 280 cal/Mol. Die Reihenfolge der Werte ist also die gleiche.

In Anbetracht der obigen Ergebnisse nahmen BROWN und SHEPPARD (*36*) die Arbeit an den fraglichen Isomeren erneut auf. Sie stützten sich dabei auf die Beobachtung, daß Isomerengemische bei schnellem Einfrieren glasig erstarren können, wobei dann die Spektren in Flüssigkeit und Festsubstanz unverändert bleiben. Wenn diese Substanzen noch einmal bis dicht unter den Schmelzpunkt erwärmt werden, beginnen sie langsam zu kristallisieren. Entsprechend eingefrorenes und zur Kristallisation gebrachtes 2.3-Dimethylbutan zeigt tatsächlich im Ultrarotspektrum der Festsubstanz eine bemerkenswerte Spektrenvereinfachung, während die Veränderung beim 2-Methylbutan gering ist. Auch diese noch nicht abgeschlossenen, besonders durch RAMAN-Messungen zu ergänzenden Untersuchungen stehen also im Einklang mit den obigen thermodynamischen Ergebnissen. Die RAMAN-Untersuchungen wurden auch von D. W. E. AXFORD und D. H. RANK

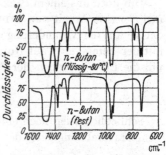

Abb. 23. Ultrarotspektren des n-Butans im flüssigen (− 80° C) und festen (− 190° C) Zustand.

(*11b*) ergänzt durch ultrarotspektroskopische Messungen an den obengenannten Kohlenwasserstoffen. Abb. 23 zeigt das Verschwinden von Banden bei 747, 788, 1133 und 1233 cm^{-1} beim Abkühlen von —80° auf —190° C bei *n-Butan*. Andererseits sieht man aus Abb. 24, daß auch unter diesen Versuchsbedingungen bei dem verzweigten *2-Methylbutan* alle Banden erhalten bleiben und einzelne Banden lediglich schärfer hervortreten.

1.2-Dibrom- und 1.2-Dichloräthan, sowie 1.4-Dibrombutan, n-Propyl- und n-Butylbromid, n-Butyl-, n-Hexyl- und n-Oktylalkohol untersuchen im flüssigen und festen Zustand J. K. BROWN und N. SHEP-

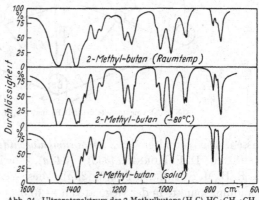

Abb. 24. Ultrarotspektrum des 2-Methylbutans ($H_3C)_2HC \cdot CH_2 \cdot CH_3$ im flüssigen (Zimmertemperatur, − 80° C) und festen Zustand (− 190° C).

PARD (*37*), (*37a*). Die Spektren der Festsubstanzen sind wesentlich einfacher als die der Flüssigkeiten. Eine völlige Zuordnung gelingt für die ersten beiden der genannten Substanzen. In den Monobromiden läßt sich nachweisen, daß im Festzustand nur ein Isomeres vorliegt. Die Unterschiede in den Alkoholspektren sind noch nicht vollkommen auszuwerten.

Bemerkenswert ist der Versuch von MIZUSHIMA und Mitarbeitern (*217*) für das Äthylenchlorhydrin aus der Intensität einer Bande der trans-

Form (760 cm⁻¹) und einer Bande der cis-Form (669 cm⁻¹) die Entropiedifferenz der beiden Rotationsisomeren abzuleiten. Sie erhalten für die cis-Form (Wasserstoffbrücke) eine um 3,7 Cl niedrigere Entropie.

Um noch aus einem ganz anderen Problemkreis ein Beispiel zu nennen, sei eine Arbeit von Dobriner und Mitarbeitern (146) erwähnt, in der sie aus der Veränderung der Acetatbanden von 3-Acetoxy-steroiden mit der Temperatur auf Rotationsisomere infolge behinderter Rotation um die CO-Bindungen der Acetatgruppe schließen.

3. Ionenkristalle.

Schließlich seien noch einige Arbeiten besprochen, die sich mit der Temperaturabhängigkeit der Ultrarotabsorption von *Ionenkristallen* be-

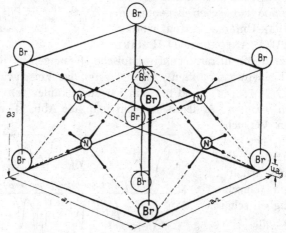

Abb. 25. Elementarzelle des NH₄Br und ND₄Br in der Phase III.

fassen. Das Verhalten der *Ammoniumhalogenide* untersuchen E. L. Wagner und D. F. Hornig (343), (343a), sowie L. F. H. Bovey und G. B. B. M. Sutherland (29), (29a). Diese Verbindungen besitzen Umwandlungspunkte in der Gegend von —30 bis —60° C (NH₄Cl —30,5°C, NH₄Br —38,1° C, ND₄Br —58,4° C), an denen ihr spezifisches Volumen mit abnehmender Temperatur beim Chlorid ab-, beim Bromid zunimmt. Die Kristallstruktur erfährt bei den Chloriden (CsCl-Typus bezüglich der N- und Halogenatome) keine Veränderung, die der Bromide wird beim Übergang von der Phase II (Raumtemperatur) zur Phase III (tiefe Temperatur) leicht verzerrt. Die Anordnung der NH₄⁺- und Br⁻-Ionen in der Phase III ist in Abb. 25 dargestellt.

Nach Pauling (236) sollte die Umwandlung dadurch zustande kommen, daß in dem fraglichen Temperaturgebiet die *freie Rotation* der NH₄⁺-Ionen einsetzt; nach Frenkel (92) hingegen sollte lediglich die

Orientierung der NH_4^+-Ionen aus einem geordneten in einen ungeordneten Zustand übergehen. Im ersteren Fall müßten die Schwingungsbanden im Zustand II Rotationsstruktur besitzen, im letzteren sollte nur eine Erniedrigung und Verbreiterung zu beobachten sein. Während ältere Arbeiten [s. R. POHLMANN *(249 b)* und C. BECK *(23 a)*] die PAULINGsche Ansicht zu bestätigen

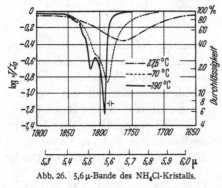

Abb. 26. 5,6 μ-Bande des NH_4Cl-Kristalls.

schienen, ergeben die obengenannten, daß es sich lediglich um *Desorientierungsumwandlungen* handelt. Abb. 26 zeigt als Beispiel die 5,6 μ-Bande des NH_4Cl bei 27,5, —70 und —190° C. Die im Zustand II bei 1762, im Zustand III bei 1794 cm^{-1} gelegene Bande läßt sich als Kombinationsfrequenz $v_4 + v_6$ der dreifach entarteten Deformationsschwingung $v_4 = 1403$ und der Torsionsschwingung $v_6 = 359$ bzw. 391 cm^{-1} des NH_4^+-Ions im Gitter auffassen. Aus Abb. 27 erkennt man, daß die v_4-Bande ihre Lage beim Übergang vom Zustand III zum Zustand II nicht ändert und in II keinerlei Rotationsstruktur aufweist, insbesondere auf der niederfrequenten Seite. Die Gitterschwingungen hingegen verbreitern sich durch die Zerstörung der Symmetrie beim Übergang der geordneten Lage der

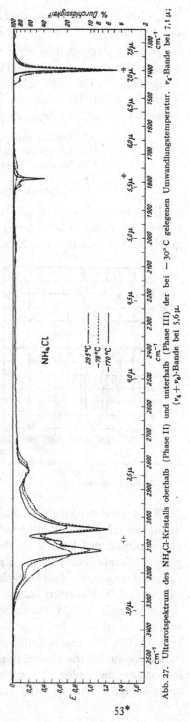

Abb. 27. Ultrarotspektrum des NH_4Cl-Kristalls oberhalb (Phase II) und unterhalb (Phase III) der bei —30° C gelegenen Umwandlungstemperatur. v_4-Bande bei 7,1 μ; $(v_4 + v_6)$-Bande bei 5,6 μ.

NH_4^+-Ionen in die ungeordnete, so daß die sie enthaltenden Kombinationsbanden eine Verbreiterung und Erniedrigung erfahren müssen.

Die Schwingungen in einer Atomgruppe innerhalb eines Kristalls werden also durch die sie umgebenden Teilchen, d.h. durch die gegenseitige Lage der Kristallbausteine beeinflußt. Dies zeigt sich insbesondere, wenn der Kristall in *mehreren Modifikationen* beständig ist wie z.B. *Ammoniumnitrat*, das folgende polymorphe Zustände besitzt:

I. Kubisch, 169° (Schmelzpunkt) bis 125° C;
II. Tetragonal, 125 bis 84° C;
III. Rhombisch, 84 bis 32° C;
IV. Rhombisch, 32 bis 18° C;
V. Hexagonal (?) < — 18° C.

Die von W. F. KELLER und R. S. HALFORD (*152a*) ermittelten Ultrarotspektren dieser verschiedenen Modifikationen sind in Abb. 28 wiedergegeben. Die dem (ebenen) *Nitrat-Ion* im Zustand IV zuzuschreibenden

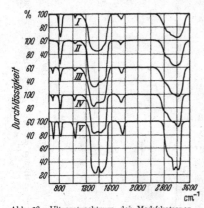

Banden stimmen mit den von anderen Autoren [KOHLRAUSCH (*164*), S. 401 ff.] angegebenen überein. Es sind dies: $v_4 = 715$; $v_2 = 830$; $v_1 = 1046$ und $v_3 = 1350$ bis 1470 cm^{-1}.

Die starke Bande von 1350 bis 1470 cm^{-1} sowie die übrigen bei höheren Frequenzen gelegenen Banden enthalten Grundschwingungen des NH_4^+-Ions und Kombinationsschwingungen beider Ionen. Eine bei 1760 cm^{-1} gelegene Bande z.B. kann, wie oben erwähnt, als $v_4 + v_6$

Abb. 28. Ultrarotspektrum der Modifikationen des NH_4NO_3 bei *I* 150° C; *II* 105° C; *III* 55° C; *IV* Raumtemperatur, *V* — 40° C.

des NH_4^+-Ions aufgefaßt werden; an derselben Stelle läge aber auch $v_1 + v_4 = 1761 \text{ cm}^{-1}$ des NO_3^--Ions.

Wie man aus Abb. 28 erkennt, tritt v_4 der NO_3^- nur in den Modifikationen III, IV und V mit zunehmender Intensität auf. Die Intensität von v_2 nimmt von I bis V ab, die von v_1 und ebenso die bei 1760 cm^{-1} gelegene Bande nehmen von I bis V zu. Die obige Zuordnung der NO_3^--Grundschwingungen wird bestätigt durch Untersuchungen von R. NEWMAN und R. S. HALFORD (*225a*), mit *polarisierter* Ultrarotstrahlung an NH_4NO_3- und $TlNO_3$-Einkristallen, die ersteren in den Zuständen III und IV, in denen die Lage der NO_3^--Ionen zu den Kristallachsen bekannt ist. Sie ergeben die zu erwartende Abhängigkeit der NO_3^--Banden vom Polarisationszustand. Andererseits sind die dem NH_4^+-Ion zuzuschreibenden Absorptionsbanden vom Polarisationszustand unabhängig, da sich die NH_4^+-Ionen im Zustand III und IV (oberhalb

—30° C!) bereits in ungeordneter Lage befinden, wie die oben erwähnten Untersuchungen von WAGNER und HORNIG gezeigt hatten.

F. Die Verwendung polarisierter Strahlung zur Strukturbestimmung.

Mißt man die Ultrarotabsorption von orientierten Kristallen oder von teilweise oder ganz geordneten anderen Festsubstanzen mit polarisierter Strahlung, so verändern sich die Bandenintensitäten mit der Orientierung der Probe zum elektrischen Vektor des einfallenden Strahles. Die Intensität wird am größten, wenn die Richtung des Dipoländerungsvektors parallel zum elektrischen liegt. Aus der Intensitätsänderung von charakteristischen Frequenzen bestimmter Atomgruppen bei wechselnder Lage zur Polarisationsrichtung kann man also die Lage ihrer Bindungen gegenüber der optischen Achse von Kristallen oder gegenüber der Orientierungsrichtung von Fadenmolekeln bestimmen. Die zusätzliche Kenntnis von Bindungsabständen und Bindungswinkeln gestattet dann die vollständige Strukturaufklärung. Umgekehrt kann bei bekannten Strukturen eine Schwingungszuordnung der Spektren vorgenommen werden. Da jedoch die Kenntnis der Lage und Intensität von charakteristischen Banden oder von „Schlüsselfrequenzen" meist auf den Spektren niedermolekularer (gasförmiger oder flüssiger) Substanzen aufbaut, sich andererseits jedoch bei Wechsel des Aggregatzustandes des öfteren Lage- und Intensitätsänderungen von Banden beobachten lassen (siehe das vorige Kapitel) ist es notwendig, bei der Arbeit mit polarisierter Ultrarotstrahlung diese Einflüsse zu kennen. Infolgedessen beschäftigt sich eine Reihe von Autoren sowohl mit dem Einfluß der Temperatur und des Aggregatzustandes auf die Spektren als auch mit Polarisationsmessungen [siehe die schon besprochene Arbeit (225a)].

Verschiedene Autoren befassen sich in Fortsetzung älterer Arbeiten weiter mit Problemen der *anorganischen Chemie*. J. LOUISFERT (192), (192a) [s. auch (173)] untersucht z.B. im nahen Ultrarot die Struktur und die intermolekularen Bindungen des Wassers oder der OH-Gruppen in verschiedenen Silicaten (Zeolithe, Topas, Muskowit, Beryll, Brucit) und Sulfaten (Calcium-, Cadmium-, Zink-, Kupfersulfat).

Die ersten Versuche über die Verwendbarkeit polarisierter Ultrarotstrahlung bei der *Strukturaufklärung organischer Substanzen* sind von J. W. ELLIS und J. BATH (79a) (Pentaerythrit und Diketopiperazin) und später von H. W. THOMPSON und P. TORKINGTON (330a) (Polyäthylen, Polyisobutylen, Buna) unternommen worden. Die geringen Intensitätsunterschiede der Spektren bei paralleler und senkrechter Ausrichtung der Molekeln zur Polarisationsebene ließen noch keine einwandfreien Schlüsse auf die Orientierung bestimmter Gruppen zu.

Ab 1947 ist aber die Technik der Reflexions- und der Durchlässigkeitspolarisatoren und der Probenaufbringung auch für diese Probleme so weit entwickelt, daß die Arbeiten in rascher Folge erscheinen.

Mann und Thompson (198a) berichten über ihre Arbeit an Molekeln mit stark polaren Gruppen (C=O, N—H, O—H), die besonders deutlich auf die Polarisationsrichtung ansprechen. Im einzelnen werden behandelt: Acetanilid (CH$_3$CO · NH · C$_6$H$_5$), Phenylacetamid-methylcyanid (C$_6$H$_5$ · CH$_2$ · CO · NH · CH$_2$ · CN), Benzamid (C$_6$H$_5$ · CO · NH$_2$), Diphenyl-azetylen (C$_6$H$_5$ · C≡C · C$_6$H$_5$), Benzil (C$_6$H$_5$ · CO · CO · C$_6$H$_5$), Zimt- und Adipinsäure.

Abb. 29 zeigt die Spektren der drei erstgenannten Substanzen, von denen die des *Acetanilids* kurz besprochen werden sollen. Folgende Frequenzen sind zu betrachten: Die N—H-Valenzschwingung bei 3350 cm^{-1}, die C=O-Valenzschwingung bei 1650 cm^{-1}, die N—H-Deformationsschwingung bei 1550 cm^{-1}. Es ist zu erkennen, daß die C=O- und N—H-Valenzfrequenzen stark sind, wenn die N—H-Deformationsfrequenz schwach ist (Abb. 30, 1 A) und umgekehrt (Abb. 30, 1 B). Dieses Verhalten ist zu erklären, wenn man eine Gruppierung

$$C{=}O \cdots H{-}N$$
$$N{-}H \cdots O{=}C$$

annimmt, in der durch die Ausbildung von Wasserstoffbrücken eine Ausrichtung der Molekeln stattgefunden hat.

Auch *Hexamethylbenzol, p-Dinitrobenzol* und *p-Nitranilin* spektroskopierten Mann und Thompson unter gleichen Bedingungen (327c). Beim p-Dinitrobenzol stimmen die Strukturbestimmungen nach den Röntgenaufnahmen und nach der Ultrarot-Polarisationsanalyse nicht vollkommen überein. Die NO$_2$-Gruppen sind nach letzterer etwas aus der Ringebene herausgedreht. Weiteres Material über die Stellung der Nitrogruppe zum substituierten Benzolring findet man bei Francel (88), der ebene Struktur für o-Nitrophenol, o-Nitroresorcin, o-Nitranilin und nichtebene für o-Nitrobrom- und -chlorbenzol findet, indem er vornehmlich die Intensitätsabhängigkeit der asymmetrischen NO$_2$-Valenzschwingung vom Vektor der einfallenden Strahlung mit der Intensitätsveränderung von Ringschwingungen vergleicht.

Ähnlich wie Pimentel und McClellan (243) in ihrer bereits zitierten Arbeit über das Naphthalin, untersuchen F. Halverson und R. J. Francel (120a) das *Malonitril* (CH$_2$(CN)$_2$) gasförmig, flüssig, in Lösung und fest (polarisiert und unpolarisiert), um auf diese Weise aus den Rotationsbandenumrissen, den Veränderungen in den Aggregatzuständen und in Lösung, sowie dem Verhalten in verschieden polarisiertem Licht die Zuordnung der Banden zu treffen. Aus den 15 Grundschwingungen bestimmen sie die thermodynamischen Daten und durch eine Normalkoordinatenrechnung die Kraftkonstanten.

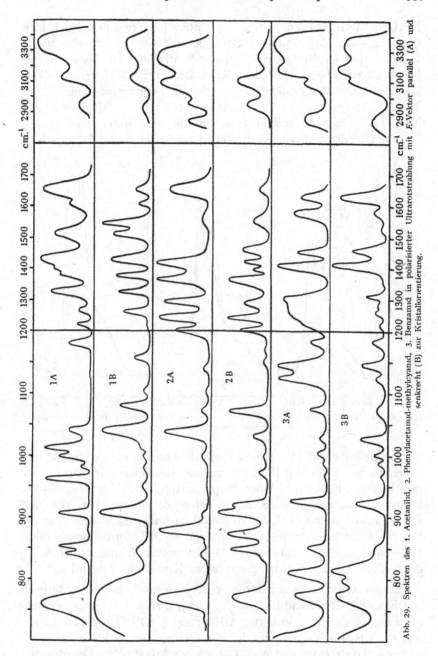

Abb. 29. Spektren des 1. Acetanilid, 2. Phenylacetamid-methylcyanid, 3. Benzamid in polarisierter Ultrarotstrahlung mit E-Vektor parallel (A) und senkrecht (B) zur Kristallorientierung.

Ein sehr interessantes Problem bearbeiten SUTHERLAND und JONES (*319*) bei der Strukturbestimmung von *Polyisoprenen*. Sie kommen in der Natur als Kautschuk und als α- und β-Guttapercha vor. Nach

Röntgenuntersuchungen besteht der Unterschied zwischen den beiden Gruppen darin, daß Kautschuk eine cis- und Guttapercha eine trans-Konfiguration an den Doppelbindungen besitzt (*40*). Die beiden Guttapercha-Arten haben verschiedene Kristallstruktur. Die Ultrarotanalyse zwischen 5 und 15 μ gründet sich auf der Spektrenveränderung mit der Temperatur und mit der Polarisationsrichtung der einfallenden Strahlung. Im kristallinen Zustand bestehen erhebliche Unterschiede in den Spektren der drei Substanzen, die sich im amorphen Zustand verwischen,

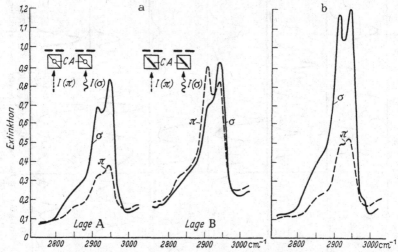

Abb. 30a u. b. Spektren des Polyvinylalkohols. a Fünfmal heiß gerollt; b heiß gestreckt. *C.A.* Richtung der Kohlenstoffgerüstachse.

aber nicht aufheben. Die Polarisationsaufnahmen bestätigen im wesentlichen die Ergebnisse der Röntgenographie. Besonders starker Dichroismus besteht für die C=C-Valenzfrequenz (1665 cm^{-1}), die ebene C—H-Deformationsfrequenz (1365 cm^{-1}), deren Zuordnung von der bei R. A. Saunders und D. G. Smith (*283a*) zu findenden abweicht, sowie für die nicht einwandfrei zuzuordnende C—H-Deformationsfrequenz (1130 cm^{-1}) und die nichtebene C—H-Deformationsfrequenz (840 cm^{-1}), deren Dichroismus bei stark gestrecktem Kautschuk verschwindet.

Mit der Konstitutionsaufklärung von *Polyvinylalkoholen* beschäftigen sich Elliott, Glatt und Ellis (*78a*), (*104*), (*104b*). Untersucht werden die Frequenzen der assoziierten OH-Gruppen (OH · · · OH), der CH- und der CH$_2$-Bindungen. Bei der Auswertung der Spektren [Abb. 30 nach der Arbeit (*78a*) und Abb. 31 nach der Arbeit (*104b*)] werden die Röntgenanalysen von Bunn und Peiser (*41*) und von Mooney (*218*), sowie von Huggins (unveröffentlicht) herangezogen. Die Deutung der OH-Banden (Grundschwingung und 1. Oberschwingung) macht

Schwierigkeiten. Nach den Ausführungen von Ambrose u. a. (78a) zeigen die Grundschwingungen keinen Dichroismus. Nach (104) und der Arbeit (104b) ist er zu beobachten (Abb. 31). Er ist jedoch schwächer als nach den Röntgenanalysen zu erwarten war, wird durch andere Banden — besonders natürlich bei Anwesenheit letzter Reste Wasser — gestört und ist im 1. Oberton infolge starken Untergrundes nicht streng quantitativ bestimmbar. Die H-Atome können daher auf keinen Fall genau in der röntgenographisch sich ergebenden Richtung der O—O-Verbindungslinie liegen, wenn man die Deutung der Röntgenanalyse nicht von vornherein als fraglich ansehen will. Bei den CH$_2$-Bindungen ist bemerkenswert, daß die antisymmetrische (2945 cm^{-1}) und die symmetrische (2910 cm^{-1}) CH-Valenzschwingung sich in der parallel und senkrecht polarisierten Strahlung verschieden verhalten (s. Abb. 30, Lage B). Ambrose und Mitautoren (78a) berechnen nach von ihnen aufgestellten Formeln schließlich noch für die beiden CH$_2$-Schwingungen die effektive Richtung des Dipolmomentes.

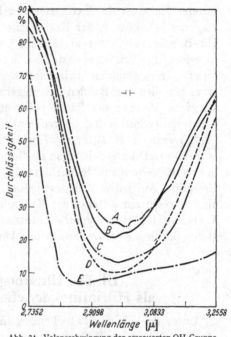

Abb. 31. Valenzschwingung der assoziierten OH-Gruppe in Polyvinylalkohol. *A* Ofengetrocknet, gerollt, E-Vektor ∥ zur Richtung des Ausrollens. *B* Wie *A*, E-Vektor ⊥ zur Richtung des Ausrollens. *C* Ofengetrocknet, gestreckt, E-Vektor ∥ zur Richtung des Streckens. *D* Wie *C*, E-Vektor ⊥ zur Richtung des Streckens. *E* Unorientiert, im Exsikator getrocknet, unpolarisierte Strahlung. Schichtdicken: *A*, *B* ~4μ; *C*, *D* ~7μ; *E* ~30μ.

Auch die Strukturen verschiedener *Nylon-Arten* werden in der Grundschwingung (78a), (104) und in der 1. Oberschwingung [s. L. Glatt und J. W. Ellis (104a)] der N—H ··· O- und der C=O-Bindung bestimmt. Die Spaltung der N—H ··· O-Bindung im Gebiete des Schmelzpunktes wird untersucht.

Die messende Verfolgung der Kettenfaltung von *Polypeptiden* und *Proteinen* durch Intensitätsbestimmungen der Banden 1550 cm^{-1} (Grundschwingung, N—H-Deformation), 3305 cm^{-1} (Grundschwingung, N—H-Valenz), 4840 cm^{-1} (Kombinationston 1550 + 3305?) bei verschieden polarisierter Ultrarotstrahlung gelingt Elliott und Ambrose (78). Als Modellsubstanz verwenden sie das Poly-γ-benzyl-l-glutamat

$$\left[\begin{matrix} O=\overset{|}{C} & & & \\ H\overset{|}{C}-CH_2-CH_2-C{\overset{\displaystyle O}{\diagdown}}_{\displaystyle O} & & \\ H-N & & {}^{\diagdown}CH_2-C_6H_5 \end{matrix}\right]_n \quad n \approx 300.$$

Die Art des Lösungsmittels und die Art der Aufbringung der Substanz spielt eine große Rolle bei der Ausbildung gerichteter Filme. Bei gefalteter Kette ist die Extinktion der Frequenz 3305 cm^{-1} in paralleler Lage des E-Vektors zu den Kettenachsen 14mal so groß als in senkrechter. Die Banden bei 1550 und 4840 cm^{-1} verhalten sich umgekehrt. Auch in α-Keratin (Schweineborste) ist der Dichroismus dieser Banden der gleiche. In gestreckten, nichtgefalteten Polypeptiden (z. B. Seidenfäden) ist er bei allen drei Banden jedoch gerade umgekehrt. Daher gibt allein schon die Messung der Bande bei 4840 cm^{-1} eine Möglichkeit zwischen gefalteten (α-Form) und gestreckten Ketten (β-Form) zu unterscheiden. [Vgl. hierzu K. H. Meyer (212).] Die obengenannte Modellsubstanz ist gefaltet. Die anschließende Bestimmung der N—H-Bindungsrichtung in kristallisiertem Pferde-Methämoglobin gibt noch kein abgeschlossenes Resultat. Auf jeden Fall sind jedoch die N—H-Bindungen eher längs als senkrecht zur a-Achse der Kristalle gerichtet. Damit läßt sich mit Vorbehalt die Arbeitshypothese stützen, daß die Primärfaltung in Hämoglobin der in α-Keratin ähnlich sein könnte.

III. Die Ultrarotspektroskopie als Hilfsmittel der chemischen Analyse.

Unter den physikalisch-chemischen Analysenverfahren, die als Ergänzung chemischer Methoden in wachsendem Maße auch dem Chemiker als Hilfsmittel vertraut werden, wird die Molekülspektroskopie seit den dreißiger Jahren in zunehmendem Maße angewendet. Mit der Leistungsfähigkeit der notwendigen Geräte stieg die Zahl der Anwendungsmöglichkeiten.

In den USA. dürften derzeit etwa 4000 bis 5000 Ultrarot-Apparaturen der verschiedensten Entwicklungsstufen in den Hochschul- und Industrie-Laboratorien für die Grundlagenforschung und die Betriebskontrolle eingesetzt sein. Schwerpunkte spektroskopischer Analytik bildeten sich anfangs z. B. in der Erdöl-Industrie (32) und in den Forschungsgemeinschaften des Penicillin-Programms (254), (256). Das Ergebnis dieser Arbeiten waren grundlegende Spektren-Kataloge mit über 350 (254) und über 1300 (5), Spektren. Siehe auch (279). Für eine erste Orientierung steht in Deutschland die Sammlung in der Neuauflage des Landolt-Börnstein [(171), S. 354ff.] zur Verfügung. Vorarbeiten für eine einheitliche Regelung der Spektrendokumentation in Deutschland sind im Rahmen des wissenschaftlichen Beirats des Instituts für Spektrochemie und angewandte Spektroskopie in Dortmund aufgenommen worden.

In den USA. ist wegen der Fülle der spektroskopischen Arbeiten die Spektren-Sammlung bereits Sache eines Komitees an der Ohio State Universität, das jetzt vom National Research Council übernommen ist. (Nat. Bur. Standards.)

In Anbetracht des umfangreichen Materials können selbst die Arbeiten eines begrenzten Zeitabschnittes nur nach mehr oder weniger subjektiven Interessen und Erfahrungen der Referenten ausgewählt und behandelt werden.

Die Übersicht soll nach folgenden Gesichtspunkten gegliedert werden:

Grundlagen der analytischen Anwendung der UR-Spektroskopie.

Strukturanalyse von Reinsubstanzen.

Qualitative Analyse von Mehrkomponentengemischen.

Quantitative Analyse von Mehrkomponentengemischen.

A. Grundlagen der analytischen Anwendung der Ultrarotspektroskopie.

Die bisher behandelten Methoden der Strukturbestimmung von Molekeln müssen sich wegen der ungenügenden Kenntnis der innermolekularen Wechselwirkungen in vielatomigen Molekeln, der sich damit ergebenden Unsicherheit der mathematischen Ansätze und der auch für verhältnismäßig übersichtliche Molekeln langwierigen Rechenoperationen im allgemeinen auf niedermolekulare und möglichst symmetrische Substanzen beschränken. Das Benzolproblem forderte bereits eine erhebliche Anzahl von Jahren zu seiner Lösung. Die völlige Berechnung des Naphthalins wäre noch möglich. Die Ergebnisse würden jedoch den notwendigen Zeitaufwand nicht mehr rechtfertigen. Das β-Hexachlorcyclohexan, $C_6H_6Cl_6$, mit völlig symmetrischem Aufbau seiner 18 Atome wurde vor kurzem von MECKE (*210*) berechnet. Er bezeichnete das Ergebnis dabei selber als Grenze des heute Erreichbaren. Für die nicht mehr streng mathematisch vorgehende Strukturanalyse aller den Chemiker interessierenden natürlichen oder auf synthetischem Wege hergestellten Substanzen mußte daher ein anderer Weg gefunden werden, der sich aus der klassischen Molekülspektroskopie ergab.

1. Bestimmung von Schlüsselfrequenzen.

Grundlegend für alle analytischen Anwendungen der Molekülspektroskopie ist die Tatsache, daß jede Molekel ein für sie charakteristisches Spektrum mit einer bestimmten Lage und Intensität der Banden besitzt („Fingerabdruck"). Man kann also allgemein sagen:

Molekeln verschiedener Konstitution einschließlich der Stellungsisomeren (nicht Stereoisomeren!) besitzen verschiedene Spektren.

Molekeln gleicher Konstitution haben verschiedene Spektren, wenn die Massen der sie aufbauenden Atome verschieden sind.

Atomgruppen gleicher Konstitution und Masse geben in verschiedenen Molekeln bei starker Polarität oder bei geringer Kopplung und großem Masseunterschied gegenüber den Nebengruppen gleiche oder ähnliche Spektren.

Auf Grund der letzten Tatsache wurden schon frühzeitig in der Molekülspektroskopie lagekonstante „charakteristische" Frequenzen festgestellt. Die Zuordnung zu bestimmten Bindungen und Schwingungsformen interessiert den Analytiker nur am Rande. Er kann für seine Zwecke auch Frequenzen als kennzeichnend für bestimmte Gruppierungen verwenden, deren Zuordnung ungesichert ist. Sie werden im folgenden als „Schlüsselfrequenzen" (in der Literatur auch als „Gruppenfrequenzen") bezeichnet.

Die Festlegung derartiger Schlüsselfrequenzen auf der Grundlage zugeordneter charakteristischer Frequenzen der Spektren und der empirisch festgestellten Gesetzmäßigkeiten in dem vorliegenden Spektrenmaterial war und ist eine der Hauptaufgaben des chemisch-analytisch arbeitenden Spektroskopikers. Die Bedeutung der charakteristischen Schwingungen schildert GOUBEAU (114a) für die RAMAN-Spektroskopie. Seine Ausführungen gelten in gleicher Weise für die UR-Spektroskopie, so daß bis zu einem gewissen Umfange die Ergebnisse ramanspektroskopischer Messungen vom Ultrarot-Spektroskopiker mit verwertet werden können [siehe z.B. den Abschnitt: RAMAN-Spektren von organischen Substanzen in (164)]. Die empirische Bestimmung von Schlüsselfrequenzen läßt sich am besten an homologen Reihen vornehmen. Eine Reihe von Arbeiten, auf denen tabellarische Aufstellungen von Schlüsselfrequenzen aufgebaut werden können, werden im folgenden genannt.

a) **Paraffine.** Auf die Schwingungszuordnung von Paraffinspektren durch RASMUSSEN (257a) und Mitarbeiter wurde bereits näher eingegangen. Vor allen Dingen kann aber hier wie bei allen anderen Kohlenwasserstoffen der Spektrenkatalog des American Petroleum Institute (5) herangezogen werden. Eine in qualitativen wie quantitativen Angaben außerordentlich eingehende Arbeit haben für Paraffine, Olefine und Aromaten MCMURRY und THORNTON (222) geschrieben, auf die nachdrücklich hinzuweisen ist.

Vornehmlich sind es drei Bereiche, in denen analytisch aufschlußreiche Banden von Alkylgruppen liegen:

1. 2850 bis 2960 cm^{-1}. Im Mittel zeigen dabei CH_3-Gruppen bei 2960, CH_2-Gruppen bei 2925 und CH-Gruppen bei 2880 cm^{-1} Banden

[s. S. H. Hastings und Mitautoren (125), sowie A. Pozefsky, E. L. Saier, N. D. Coggeshall (251)].

2. 1340 bis 1380 cm^{-1}. Hier liegen Schlüsselfrequenzen der CH_3-Gruppen, aus deren Intensität Rückschlüsse auf den Verzweigungsgrad gezogen werden können.

3. 700 bis 800 cm^{-1}. Die Lage dieser Banden ist veränderlich mit der Zahl der CH_2-Gruppen. Eine einzelne CH_2-Gruppe (Äthyl-) macht sich durch eine Bande bei 770 cm^{-1} bemerkbar, die weiter auf 740 (Propyl-), 728 (Butyl-), 725 (Amyl-) und schließlich auf 723 cm^{-1} (Hexyl-

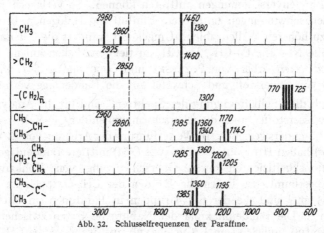

Abb. 32. Schlusselfrequenzen der Paraffine.

und längere Ketten) absinkt. Eine Bestätigung der Bandenlage für die n-Butylgruppe geben St. E. Wiberley und L. G. Basset (355a) aus den Spektren der verschiedensten Substanzen.

Die CH_3-Frequenz ist scharf mit unterschiedlicher Intensität. Sie spaltet in der Isopropyl- (1380+1365 cm^{-1}) und in der tertiären Butylgruppe (1385+1360 cm^{-1}) auf. Darüber hinaus sind für die Isopropylgruppe kennzeichnend 1340 (sw), 1170 (st), 1145 (m) und für die tertiäre Butylgruppe: 1260 (st), 1205 (m) (Abb. 32).

Nicht nur aus der Absolutintensität, sondern besonders aus dem Intensitätsverhältnis von Schlüsselfrequenzen der CH_2- zu Schlüsselfrequenzen der CH_3-Gruppen können Aussagen über den Verzweigungsgrad von Alkylketten gemacht werden. (330), (61) zeigen dieses Verfahren z.B. in der Anwendung auf Polyäthylen, während in (346) bei der Analyse höherer Erdölfraktionen davon Gebrauch gemacht wird.

Da die genannten Schlüsselfrequenzen oft sehr nahe beieinander liegen und auch durch Banden anderer Atomgruppen gestört werden, ist ein Arbeiten mit hoher Dispersion (z.B. LiF- oder CaF_2-Prisma bei 3000 cm^{-1}) notwendig. Die besonders starken und bei der Kohlenwasserstoffanalyse

außerordentlich störenden Überlagerungen durch Naphthenbanden kann
Francis (*89*) durch Arbeiten mit einem Gitterspektrographen erfolgreich
überwinden. Bei dieser Methodik kann er folgende Schlüsselbanden
trennen: 1467 cm^{-1} für CH$_2$-Gruppen in Paraffinen, 1460 cm^{-1} für diese
Gruppen in Cyclopentanringen und 1450 cm^{-1} in Cyclohexanringen.
Dabei ist die Auswertung der Cyclopentanbande nicht einfach, während
Cyclohexanringe auch noch in Molekeln mit 40 C-Atomen nachweis-
bar sind.

Darüber hinaus ist zu beachten, daß durch substituierende Hetero-
atome Bandenverschiebungen auftreten können. So verlagern sich die
CH-Valenzschwingungen unter dem Einfluß von Halogenen, besonders
Fluor, zu höheren Wellenzahlen. Umgekehrt wandert die CH-Bande in
der Reihe N—CH$_3$, C—CH$_3$, D—CH$_3$ zu tieferen Wellenzahlen. In der
bereits zitierten Arbeit von Pozefsky und Coggeshall (*251*) wird der
Einfluß von Sauerstoff und Schwefel auf die Bandenlage verfolgt.

Durch die ,,Selbstreinigung der Spektren'' sind für die Analyse von
Kohlenwasserstoffen auch die Oberschwingungen der CH-Valenzschwingungen besonders geeignet. In Weiterführung der Arbeiten von E. W. Rose (*272a*) haben Hibbard und Cleaves (*134*) mittlere Bandenlagen und
Extinktionskoeffizienten der 2. Oberschwingung von Kohlenwasserstoffen bestimmt. So liegen die Banden der CH$_2$-Gruppen im Mittel
bei 8235 cm^{-1} und die der CH$_3$-Gruppen in Paraffinen im Mittel bei
8360 cm^{-1}. Die Bandenmaxima der Naphthene treten zwischen 8375
(Cyclopentyl) und 8400 cm^{-1} (Cyclohexyl) auf, während die CH-Bande
von Benzolverbindungen im Mittel bei 8710 cm^{-1} eingesetzt werden kann.

Die Anwendbarkeit dieser ursprünglich auf Kohlenwasserstoffe bis
C$_{18}$ beschränkten Methode wurde von Evans, Hibbard und Powell (*83*)
mit bemerkenswertem Erfolg auf Kohlenwasserstoffe bis C$_{34}$ (Mineralöle,
Festparaffin, Polystyrol) ausgedehnt. Unter Verwendung der eigenen
und der Suhrmannschen Messungen (*316a*) im Gebiet der 2. und 3. CH-
Oberschwingung haben Lippert und Mecke (*185*) Lage und integralen
Extinktionskoeffizienten der CH-Valenzschwingung für verschiedene
Körperklassen in instruktiven Diagrammen zusammengestellt. Die
Deutungsversuche der gefundenen Gesetzmäßigkeiten stehen in den
ersten, teilweise noch qualitativen Ansätzen (Abb. 33 u. 34).

b) **Olefine.** Für Olefinspektren können Ergebnisse von Rasmussen (*257*) (*257b*), Gore und Johnson (*114*), E. R. Blout, M. Fields
und R. Karplus (*28b*), E. C. Creitz und F. A. Smith (*60b*), G. F. Woods
und L. H. Schwartzman (*362a*), C. S. Marrel und J. L. R. Williams
(*200a*) herangezogen werden.

Zusammenfassend trugen vor kurzem Saier, Pozefsky und Coggeshall (*281*) sowie Stroupe (*315*) über die Gruppenanalyse von Olefinen

vor. Die in dem Bereich von 1600 bis 1700 cm^{-1} liegenden Schlüsselbanden sind oft nicht sehr ausgeprägt, so daß ihnen, abweichend von

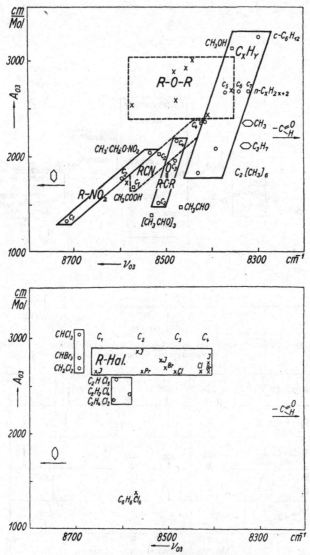

Abb. 33. 3-ν-CH-Banden. Bandenlage und integraler Extinktionskoeffizient pro C—H-Bindung in verschiedenen Verbindungen.

den Schlüsselfrequenzen der RAMAN-Spektren, meist die Banden zwischen 800 und 1000 cm^{-1} vorgezogen werden. 1-Olefine besitzen hier zwei Banden bei 910 und 990 cm^{-1}. trans-2-Olefine zeigen eine Schlüsselbande bei 970 cm^{-1}, während die der cis-2-Olefine um 700 cm^{-1} liegt.

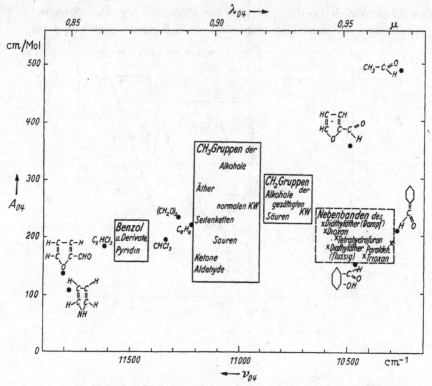

Abb. 34. 4-v-CH-Banden. Bandenlage und integraler Extinktionskoeffizient pro C—H-Bindung in verschiedenen Verbindungen.

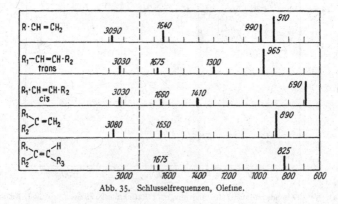

Abb. 35. Schlusselfrequenzen, Olefine.

Asymmetrisch zweifach alkylierte Olefine sind an einer Bande bei 890 cm⁻¹ und dreifach alkylierte Olefine an Banden zwischen 800 und 850 cm⁻¹ erkenntlich (Abb. 35).

Direkt an der Doppelbindung stehende polare Substituenten beeinflussen die Lage der Olefinbanden je nach ihrer Polarität [siehe z.B.

(126)]. Konjugation mit aromatischen Systemen erniedrigt die Frequenzen zwischen 1600 und 1700 cm^{-1} um etwa 20 cm^{-1}, Konjugation mit olefinischen Doppelbindungen um 20 bis 40 cm^{-1}. Eine „totalsymmetrische" Doppelbindung (z.B. Hexen-3 oder Tetramethyläthylen) ist in diesem Gebiet ultrarot-inaktiv. Sie kann also nur RAMAN-spektroskopisch nachgewiesen werden.

Infolge der gegenseitigen Beeinflussung liegen die Schlüsselfrequenzen kumulierter Doppelbindungen mehr im Bereich der Dreifach-, als im Bereich der Zweifachbindungen (ALLEN: 1980 und 1031 cm^{-1}).

c) **Acetylene.** J. H. WOTIZ, F. A. MILLER und R. J. PALEHAK verfolgen in den Spektren verschieden substituierter Acetylenverbindungen die Lage der C≡C-Bande (363), (363a). Sie liegt bei den monosubstituierten Derivaten bei etwa 2100 cm^{-1} und bei disubstituierten Substanzen zwischen 2210 und 2280 cm^{-1}. In den Propargylalkoholen und -bromiden tritt noch eine starke, bisher nicht zuzuordnende Linie zwischen 1600 und 1740 cm^{-1} auf. Auch Cycloacetylene [Cyclononin und Cyclodecin (28)] haben in dem letztgenannten Bereich ihre Schlüsselfrequenzen.

d) **Naphthene.** Unterlagen über Gesetzmäßigkeiten in den Spektren von Cyclopropanverbindungen finden sich außer in etwas älteren Arbeiten von J. D. BARTLESON und R. E. BURK (22), sowie von F. E. CONDON und D. E. SMITH (50a) neuerdings in der Zusammenstellung von WIBERLEY und BUNGE (355). Bei 890, 1010, 3025 und 3095 cm^{-1} liegen die gemeinsam für eine Analyse auszuwertenden Schlüsselbanden.

J. M. DERFER, E. E. PICKETT und C. E. BOORD (73a) beschäftigen sich neben Alkylcyclopropanen auch mit Alkylcyclobutanen und schlagen für die Bestimmung der Cyclobutylgruppe eine Bande zwischen 910 und 930 cm^{-1} vor.

Sämtliche für Cyclopentan ableitbare Schlüsselfrequenzen werden mehr oder weniger von den Banden anderer Kohlenwasserstoffe überlagert. In erster Linie wird die Bande bei 900 cm^{-1} diskutiert. Hier findet sich stets auch eine kräftige Bande des Cyclohexans. E. K. PLYLER und N. ACQUISTA (248a) untersuchen eingehend den Bereich um 2950 cm^{-1}. Bei 2960 cm^{-1} liegt die Bande der Methylgruppe. Auch die von FRANCIS (89) vorgeschlagene Frequenz (1460cm^{-1}) ist, wie bereits erwähnt wurde, für Analysenzwecke nicht gut brauchbar, selbst wenn man von den apparativen Erfordernissen einmal absieht.

Solange man sich auf Kohlenwasserstoffe beschränkt, liegen die Verhältnisse für die Cyclohexylgruppe günstiger, da in diesem Fall eine Bande bei 1260 cm^{-1} mit gutem Erfolg ausgewertet werden kann. Ungünstiger wird es auch hier, wenn z.B. die Halogenderivate betrachtet werden, dann treten in diesem Bereich wie bei den anderen Cycloparaffinen zusätzliche Banden auf (269). Das Problem der Naphthene ist also auch ohne Berücksichtigung der möglichen Isomeren bei mehrfach substituierten Cyclohexanen noch keineswegs restlos befriedigend gelöst (Abb. 36).

Cyclopenten- und Cyclohexenderivate sind nach den Gesichtspunkten der entsprechenden offenkettigen Olefine zu behandeln (*81*). Für Terpene sollen nur einige Literaturstellen als Anhaltspunkte gegeben werden [H. W. Thompson und D. H. Whiffen (*330b*)], [D. Barnard, G. B. B. M. Sutherland und andere Mitautoren (*17c*)], [R. L. Frank und R. B. Berry (*89b*)], [J. D. Roberts und Mitarbeiter (*268*)].

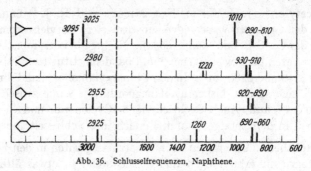

Abb. 36. Schlusselfrequenzen, Naphthene.

e) Aromaten.

Alkylbenzole (*73*), (*172*), (*244*), (*340*) und Alkylnaphthaline in den Grundschwingungen (*195*), (*243*), (*219*) und in den Oberschwingungen (*280*) sind auch in den letzten Jahren noch von verschiedenen Autoren gemessen worden.

Die C=C-Gerüstschwingungen des Phenylkernes bei 1500 und 1600 cm⁻¹ sind mittel bis stark, je nach Art der Substituenten. Sie liegen in para-disubstituierten Benzolen höher als in ortho- oder meta-disubstituierten. Auch bei höher substituierten Benzolen ist eine Erhöhung der Frequenzlage zu beobachten, sobald Substituenten para-Stellungen besetzen. Zwischen 1750 und 1950 cm⁻¹ liegen Schlüsselfrequenzen mittlerer Stärke, die für analytische Zwecke nützlich sein können, da sie durch Banden anderer Substanzgruppen verhältnismäßig wenig überlagert werden. Die zwischen 690 und 880 cm⁻¹ liegenden Schlüsselfrequenzen sind dagegen trotz ihrer Stärke weniger brauchbar, da sie in das Gebiet der Alkylbanden fallen, die bei Kohlenwasserstoffen fast immer vorhanden sein werden. Young u. a. (*365*) haben für Schlüsselfrequenzen der verschiedenen Benzolsubstitutionstypen ein Schema aufgestellt (Abb. 37).

Nielsen, Bruner und Swanson (*228a*) haben Untersuchungen an Eikosanen durchgeführt, die in 1-, 2-, 3-, 4-, 5-, 7- und 9-Stellung durch Phenyl- und durch Cyclohexylringe substituiert waren. Die sich in der Bandenlage (z. B. durch Aufspaltungen) oder in der Intensität ergebenden Unterschiede der Spektren verwischen sich um so mehr, je weiter der

Substituent in die Mitte der Kette rückt. 1-Derivate sind erwartungs-gemäß an der geringen Intensität der CH_3-Schlüsselfrequenz bei 1380 cm^{-1} zu erkennen, da nur eine CH_3-Gruppe zu ihr beiträgt. Für weitere Einzelheiten sei auf das Original verwiesen. Die Ver-änderung der bei 1600 cm^{-1} und bei 900 cm^{-1} liegen-den Banden durch Verzerrung der Phenylenringe in Brückenverbindungen von p-Alkylen-diphenylenen (Paracyclophane) behandeln CRAM und STEINBERG (57).

Auch für Naphthalinderivate lassen sich eine Reihe markanter Schlüsselfrequenzen angeben. In 1-Stellung substituierte Substanzen unterscheiden sich dabei merklich von 2-Derivaten. Die C=C-Gerüstschwingun-gen liegen für 1-Naphthaline bei 1515 und 1600 cm^{-1}, für 2-Naphthaline sind sie bei 1500, 1600 und (in 2-Alkylverbindungen) 1640 cm^{-1} zu finden. Die stärkste Bande der Stammsubstanz selber bei 1380 cm^{-1} wird zwar bei Substitution durch Alkylgruppen teilweise überlagert, ist aber doch so stark, daß sie auch dann charakteristisch ist. Sie liegt in den 1-Verbindun-gen etwa in der gleichen Höhe wie beim Naphthalin und sinkt in den 2-Derivaten um etwa 20 cm^{-1} ab. Schließlich sind noch Bandengruppen zwischen 750 und 820 cm^{-1} zu erwähnen. Sie haben in 1-Naphthalinen ausgeprägte Maxima bei 770 und 800 cm^{-1} und in 2-Naphthalinen bei 750 (790) und 820 cm^{-1}.

Die Gesetzmäßigkeiten für mehrfach substituierte Naphthaline (5) sind bei den Ultrarotspektren noch nicht zusammengestellt. Anthracen- und Phenanthren-verbindungen wurden in der letzten Zeit im Zu-sammenhang mit der cancerogenen Wirkung von poly-cyclischen Kohlenwasserstoffen durch S. ORR und H. W. THOMPSON (327b), sowie A. PACAULT und J. LECOMTE (234b) gemessen; die Autoren verweisen auf weitere Arbeiten.

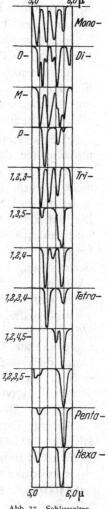

Abb. 37. Schlusselfre-quenzen der verschie-denen Benzolsub-stitutionstypen.

f) Halogenverbindungen. Die aus Ultrarotspektren abgeleiteten Schwingungsfrequenzen der Kohlenstoff-Halogenbindungen sind ultrarot und RAMAN-aktiv. Daher bringt z.B. eine Arbeit von F. S. MORTIMER, R. B. BLODGETT und F. DANIELS (27b) keine neuen Erkenntnisse über die Lage der C—Br-Banden zwischen 500 und 700 cm^{-1}, die unter anderen schon J. GOUBEAU (114a) an Hand von RAMAN-Unter-suchungen eingehend diskutiert. 652 und 724 cm^{-1} für Chlor-, 563 und 644 cm^{-1} für Brom- und 503 und 594 cm^{-1} für Jodderivate gibt

Kohlrausch [(*164*), S. 234 ff.] als Frequenzlagen der C—X-Schwingungen an. Auch ihre Veränderung bei Substitution an sekundären und tertiären C-Atomen wird dort behandelt. Sie sinken dabei etwas ab, während der Eintritt mehrerer Halogene am gleichen C-Atom einen merklichen Anstieg zur Folge hat. Besonders stark fällt das bei den durch die Entwicklung der Chemie fluorierter Kohlenwasserstoffe in der letzten Zeit besonders eingehend untersuchten C—F-Banden auf ($\geqslant$C—F: 1000 bis 1100 cm^{-1}; $>$CF$_2$ und —CF$_3$: 1200 bis 1350 cm^{-1}) (*304a*).

Als Beispiele für Messungen der Spektren von Halogen-, speziell Fluorkohlenstoffen, seien eine Arbeit über Hexadekafluorheptan (*232*) und Arbeiten von Hauptschein und Mitarbeitern (*127*), (*128*) genannt. Weitere Literatur ist dort zu finden.

g) Sauerstoffverbindungen. Über die Lage der Schlüsselfrequenzen funktioneller Gruppen der Sauerstoffverbindungen liegt erhebliches Material vor. Eine Festlegung der Banden in engen Grenzen ist meist nicht möglich, da zwischenmolekulare Wechselwirkungen in stärkerem Maße mitspielen als bei den bisher behandelten Verbindungsklassen. Die dabei im Vordergrund stehende Frage der Wasserstoffbrücken wird an späterer Stelle näher behandelt. Neben den Schlüsselfrequenzen der funktionellen Banden und ihren zwischenmolekularen Beeinflussungen interessiert auch das Verhalten der substituierten Molekülrümpfe, unter denen besonders die Alkyle und Alkenyle eingehend untersucht wurden.

Schlüsselfrequenzen von Alkoholen (*11*), (*305*), Phenolen (*96*), (*97*) (*161a*), Naphtholen (*115*), Phenanthrolen (*70*) und Kohlehydraten lassen sich aus Arbeiten mit den verschiedensten Zielsetzungen ableiten. Durch die benachbarten Molekülgruppen in verschiedenem Umfang beeinflußt, liegen die OH-Valenz-Banden entassoziierter Alkohole zwischen 3500 und 3700 cm^{-1} und sinken bei gleichzeitiger Verbreiterung in assoziierten Alkoholen zu längeren Wellen ab.

Auch die Lage der C—O-Valenz-Banden ist von der Art und der Konstitution der Nebengruppen abhängig. Bei einfach gebundenem, primärem Kohlenstoff treten sie im Mittel bei 1040 cm^{-1} auf und verschieben sich bei sekundären C-Atomen auf 1110 cm^{-1} und bei tertiären C-Atomen auf 1160 cm^{-1}. Bei doppeltgebundenem Kohlenstoff liegen sie zwischen 1200 und 1250 cm^{-1} (*368*). Bei Ätherbrücken ist die Bandenlage stark von der Brückenspannung abhängig (*20a*).

Die Carbonylbindung wird allgemein in der Arbeit von E. J. Hartwell, R. E. Richards und H. W. Thompson (*124a*) behandelt. Unterlagen über Ketten- und Ringketone finden sich in (*21*), (*257b*), (*297*), (*309*).

Die bei 1715 bzw. 1720 cm^{-1} liegenden C=O-Banden der Ketone und Aldehyde erniedrigen sich durch Konjugation um 30 bis 35 cm^{-1}. Sie verschieben sich durch intra- und intermolekulare Beeinflussungen. So kann die C=O-Frequenz des Acetons z.B. durch Entassoziation auf 1740 cm^{-1} ansteigen, in anderen aliphatischen Ketonen verändert sie sich infolge sterischer Hinderung oder infolge Masseneinflusses der Nebengruppen weniger. Auch Ringspannung (etwa in Cyclopentanen oder in Brückenstrukturen) erhöht die Bandenlage.

In Fettsäuren (2b), (311) liegt die Hauptbande (assoziierter Zustand) bei 1700 cm^{-1} und zwar bei gerader Zahl der C-Atome etwas tiefer (1698) als bei ungerader Zahl (1705) (301). Sie steigt bei Estern auf etwa 1735 cm^{-1} und bei Anhydriden auf 1750 bis 1800 cm^{-1} an. Während sie bei den Spektren fester Säuren die einzige Bande bleibt, tritt bei flüssigen oder gelösten Säuren daneben noch eine schwache Bande bei 1760 cm^{-1} auf, die dem entassoziierten Zustand zugeschrieben wird. Die C—O-Banden von Säuren liegen zwischen 1200 und 1300 cm^{-1}, sinken in Estern auf 1150 bis 1200 cm^{-1} ab und spalten in Teilbanden bei 1180 und 1280 cm^{-1} auf, wenn die Carboxylgruppe in Estern mit C=C-Gruppen konjugiert ist (z.B. in Acrylaten).

FLETT (85) behandelt die Lage charakteristischer Banden der Carboxylgruppe zusammenfassend. Die Abhängigkeit der Lage und des molaren Extinktionskoeffizienten des Estercarbonyls von den Nebengruppen untersuchen R. R. HAMPTON und J. E. NEWELL (120b) an etwa 20 Beispielen [s. auch (310b)].

JONES und Mitautoren haben eine Reihe sehr interessanter Untersuchungen über die Analyse gesättigter und ungesättigter Fettsäuren durchgeführt (147), (302). Sie kommen dabei zu dem Schluß, daß die spektralen Unterschiede bei den höheren Fettsäuren und Fettsäureestern verschiedener Kettenlänge im flüssigen Zustand zu gering sind, um darauf eine Analyse zu gründen, daß sie dagegen bei tiefen Temperaturen stärker hervortreten. Letzten Endes spielen dabei aber nicht mehr die Banden der funktionellen Gruppen, sondern weit mehr die Banden der Alkyle die Hauptrolle. So kann z.B. die Kettenlänge aus der Intensität der Bande bei 725 cm^{-1} hergeleitet werden. Erwähnenswert ist noch, daß diese Autoren erstmalig systematisch einer Bandenreihe nachgingen, deren Maxima bei geraden Ketten über C_{12} mit gleichen Abständen zwischen 1180 und 1300 cm^{-1} liegen. Mit steigender Kettenlänge nimmt die Zahl dieser (CH-Deformations-)Banden von 3 bei C_{12} auf 9 bei C_{21} zu (Abb. 38). Eine zusammenfassende Übersicht über den Nachweis verzweigter, sowie ungesättigter Fettsäuren gibt FREEMAN (91), (91a).

Um die Struktur von Aluminiumseifen aufzuklären, messen HARPLE, WIBERLEY und BAUER (122) die Spektren derartiger Verbindungen in Vergleich zu den entsprechenden Fettsäuren. Die C=O-Frequenz ist auf 1595 cm^{-1} abgesunken. „Tri"-Seifen des Aluminiums sind nicht zu finden, wohl aber Di-Seifen und Mono-Seifen.

Aus den verschiedensten Gründen ist heute auch die Erfassung der Zwischenprodukte bei der Kohlenwasserstoffoxydation von Interesse. J. E. Field, J. O. Cole und D. E. Woodford (*83a*), sowie Shreve und Mitarbeiter (*295*) beschäftigen sich mit den Nachweismöglichkeiten von Epoxyverbindungen (Äthylenoxydstruktur) der Olefine, ungesättigter Alkohole und ungesättigter Fettsäuren. Schlüsselfrequenzen der endständigen „Oxirane" liegen zwischen 830 und 910 cm^{-1}, der ungesättigten cis-Alkohole und -Säuren bei 835 und 850 cm^{-1}, der ungesättigten

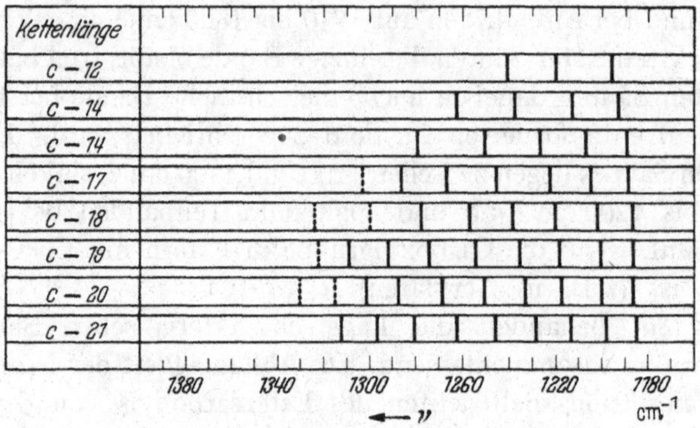

Abb. 38. Abhängigkeit der Bandenlage und Bandenhäufigkeit zwischen 1180 und 1300 cm^{-1} bei festen, gesättigten Fettsäuren (gestrichelt: fragliche Bandenlagen).

trans-Alkohole und -Säuren bei 875 und 895 cm^{-1}. Auch hier verändern sich die Spektren der langkettigen Verbindungen mit dem Aggregatzustand.

Die letztgenannten Autoren (*295a*) messen auch die Spektren einer Reihe von Hydroperoxyden und Molperoxyden. Für die Hydroperoxyde glauben sie durch Vergleich mit den Spektren der Ausgangskohlenwasserstoffe eine Schlüsselfrequenz bei 830 cm^{-1} [nach Philpotts und Thain (*242a*) 840—870 cm^{-1}] annehmen zu können, deren Verwertbarkeit aber nicht in allen Fällen gesichert erscheint, so daß ihr Fehlen bei der Untersuchung der Ozonisationsprodukte von Kautschuk- und Bunasorten (*4*) nicht beweiskräftig für das Fehlen von Hydroperoxyden erscheint. Leider sind die Angaben über die Ultrarotspektren der interessanten Acetylenhydroperoxyde (*213*) noch auf den Bereich bei 3000 bis 3500 cm^{-1} beschränkt.

Die Frequenz der Peroxydbindung ist in ihrer Lage von der Struktur der Grundsubstanz abhängig und schwankt zwischen 800 und 1000 cm^{-1} [siehe z. B. (*80*)].

h) Stickstoffverbindungen. Die NH-Gruppe zeigt weniger Tendenz zur Assoziation als die OH-Gruppe, so daß die Unterschiede zwischen den Spektren der Reinsubstanzen und der verdünnten Lösungen nicht so groß sind. Für gewöhnlich sind diese Banden scharf und besitzen mittlere Intensität. Fuson, Josien u. a. haben in einigen Substanzen die NH-Valenzfrequenz zwischen 3100 und 3500 cm^{-1} auch in Abhängigkeit von verschiedenen Lösungsmitteln neu untersucht (*100*).

Die NH-Deformationsschwingungen liegen in primären Aminen etwa bei 1600 cm^{-1} und sinken unter Abschwächung in den sekundären Aminen auf 1540 cm^{-1} ab.

Die $\geqslant$C—N$\lessdot$-Bande ist in den verschiedenen Aminen zwischen 1070 ($>$CH$_2$—NH$_2$) und 1290 cm^{-1} ($>$C$=$C—NH$_2$) zu suchen. An Hand der Spektren substituierter Guanidine geben Lieber, Levering und Patterson (*183*) die Frequenzlage einiger weiterer Stickstoffverbindungen an.

Die wichtigste Gruppe unter den Stickstoffverbindungen bilden die Aminosäuren und die sich daraus ableitenden Polypeptide. Ihre spektroskopische Untersuchung wurde im Rahmen der Penicillinforschung stark gefördert. Die Resultate haben Thompson, Brattain, Randall und Rasmussen (*328*), sowie Randall in seinem bereits zitierten Buch und Sutherland (*319b*) eingehend dargestellt. Sieben Banden werden insbesondere als Schlüsselfrequenzen der Polypeptidbindung diskutiert: Die NH-Valenzschwingung (3330 cm^{-1}) die C—H-Valenzschwingung (2900 cm^{-1}), zwei nicht immer auftretende Ober- oder Kombinationsschwingungen bei 2500 und 2000 cm^{-1}, die C$=$O-Banden zwischen 1680 und 1720 cm^{-1} und zwei Banden bei 1640 (Amid I) und 1540 cm^{-1} (Amid II). Ihre Lage variiert mit dem Aggregatzustand und der Konfiguration (gestreckt, gefaltet) (*78*), (*140d*). Blout und Linsley (*28a*) ordnen der Diglycyl-Struktur —NH—CH$_2$—C—NH—CH$_2$—C— eine Bande
$$\overset{\|}{\text{O}} \qquad \overset{\|}{\text{O}}$$
bei 1000 bis 1025 cm^{-1} zu, die nur dann kräftig auftreten soll, wenn dieser Baustein in der untersuchten Molekel vorhanden ist. Weitere Unterlagen über Aminosäuren finden sich bei Thompson (*327a*), (*329*) und bei H. Lenormant (*181*), (*182*), der eine eingehende Untersuchung über dieses Gebiet durchführte (*180*).

Kitson und Griffith (*161*) untersuchen 70 Nitrile, um die Lage der C$\equiv$N-Valenzschwingung einwandfrei festzulegen. Sie liegt für gesättigte Nitrile bei 2250$\pm$10 cm^{-1} und sinkt bei Konjugation mit olefinischen Doppelbindungen um 25 cm^{-1} ab. Bei Konjugation mit Aromaten beeinflussen Substituenten am Kern die Bandenlage.

i) **Heteroverbindungen des S, P und Si sowie anorganische Substanzen.** Eine kritische Behandlung der Schlüsselfrequenzen von Sulfiden, Disulfiden, Sulfoxyden und Sulfonen findet sich bei Cymerman und Willis (*65*). Unter Berücksichtigung früherer Arbeiten von H. W. Thompson, C. Meyrick und J. F. Trotter (*328a*), (*334*), V. C. Schreiber (*287a*),

D. Barnard, J. M. Fabian und H. P. Koch (*17c*), Amstutz, Hunsberger und Chessik (*7*) legen die Autoren folgende Schlüsselfrequenzen fest: Sulfoxyd (>SO): 1050 cm⁻¹, Sulfon (>SO₂): 1150 und 1350 cm⁻¹, Sulfid und Disulfid: (C—S): 680 bis 690 cm⁻¹, (S—S): 430 bis 490 cm⁻¹. Die charakteristischen Banden der C—S-Bindungen behandelt auch Sheppard (*291*) auf Grund eigener Messungen.

Die Gesetzmäßigkeiten in den Spektren von Phosphorverbindungen sind nach Daasch und Smith (*69*) in Abb. 39 wiedergegeben.

Mit der zunehmenden technischen Bedeutung der Silicone interessieren auch ihre Schlüsselfrequenzen. Neben den Banden der Kohlen-

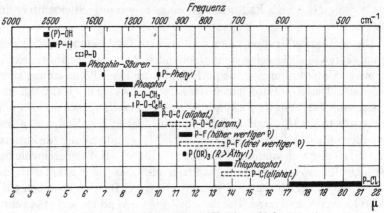

Abb. 39. Schlüsselfrequenzen von Phosphorverbindungen.

wasserstoffgruppen können Schwingungen der Si—C-Bindungen in der Gegend von 1050 und 700 bis 850 cm⁻¹ auftreten [s. N. Wright, M. J. Hunter (*364a*), R. E. Richards und H. W. Thompson (*264*)].

In neuerer Zeit hat vor allen Dingen der Mitarbeiterkreis von Lecomte die Ultrarotspektroskopie anorganischer Substanzen weitergeführt: Karbonate (*192c*) (*192d*); Persulfate (*234d*); Borate (*76c*); Acetylacetonate (*76d*). Gestützt auf die Ultrarotspektren von 155 Salzen mehratomiger Ionen leiten Miller und Wilkins (*214c*) Schlüsselfrequenzen von 33 mehratomigen Ionen ab (Zentralatome: B; C; Si; N; P; S; Se; Cl; Br; J; V; Cr; Mo; W; Mn) und stellen sie schematisch dar.

j) Lösungsmittelspektren. Sobald die zu untersuchenden Substanzen in Lösungsmitteln aufgenommen werden müssen, tritt die Frage auf, wie weit dabei ihre Schlüsselfrequenzen durch Lösungsmittelbanden überlagert werden. Abb. 40 zeigt nach P. Torkington und H. W. Thompson (*332a*) die Durchlässigkeitsbereiche verschiedener Lösungsmittel, deren Vorbereitung Pestemer (*241*) behandelt. Mit ihrer Hilfe kann man sich jeweils für den gewünschten Zweck ein Lösungsmittel aussuchen, das in dem interessierenden Spektralbereich nicht absorbiert.

Mit der Frage der Erhöhung der Lösungsfähigkeit von Lösungsmittel-gemischen beschäftigen sich ARD und FONTAINE (10). Bei geringer Lös-lichkeit oder bei der Untersuchung stark verdünnter Proben muß zur Erreichung einer brauchbaren Extinktion mit großen Schichtdicken gearbeitet werden. Bromierte Kohlenwasserstoffe wie Methylenbromid, Bromoform (325) oder Acetylentetrabromid (161) haben sich hierbei als nützlich erwiesen.

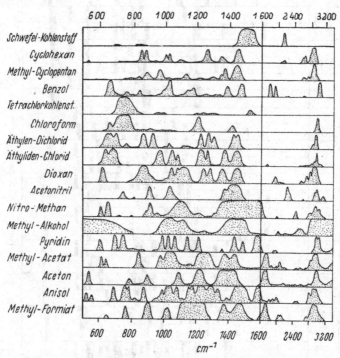

Abb. 40. Durchlässigkeit von Losungsmitteln (0,1 mm Schichtdicke).

k) Schlüsselfrequenz-Übersichtstafeln. Bei der Fülle des empiri-schen Materials können die Ergebnisse der verschiedenen Autoren ver-gleichend ausgewertet werden. Tabellarische Zusammenstellungen von Schlüsselfrequenzen finden sich daher in den verschiedensten Formen in der Literatur.

Die bis heute wohl umfangreichste Zusammenfassung bearbeitete COLTHUP (50), die in großer Zahl verbreitet ist. R. B. BARNES und Mit-arbeiter (19a) diskutieren an Hand ihrer Übersichtstafeln die Banden-lagen eingehend. Eine ähnliche, aber noch stärker aufgegliederte Dar-stellung gibt H. W. THOMPSON (327a). SEIDEL [(171), S. 352] stellt die Schlüsselfrequenzen aus dem von ihm für die Neuauflage des Landolt-Börnstein verarbeiteten Spektrenmaterial zusammen. Auch LÜTTKE (197)

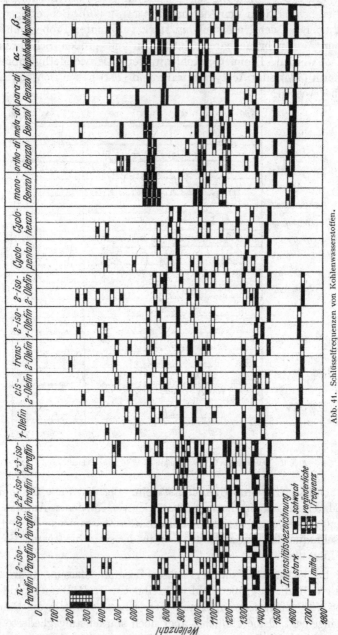

Abb. 41. Schlüsselfrequenzen von Kohlenwasserstoffen.

gibt einige Zuordnungsübersichten wieder. SIEBERT (298) hat eine Zusammenstellung veröffentlicht. RANDALL und Mitarbeiter (254) ordnen das bei der Aufklärung der Penicillinstruktur angefallene Material. Mit den Schlüsselfrequenzen der Kohlenwasserstoffe in den RAMAN- und Ultrarotspektren befassen sich LUTHER (193) (Abb. 41) und SHEPPARD (292).

Außerordentlich interessant und bedeutungsvoll sind die zusammenfassenden Arbeiten über die Konstitutionsaufklärung der Sterine, in deren Rahmen vor allen Dingen die tabellarischen Übersichten des Mitarbeiterkreises von JONES und DOBRINER zu nennen sind (144), (144a) (145), (146), (148), (149), (149c), (149d). Vgl. auch die Arbeiten von ROSENCRANTZ und Mitarbeitern (98a) (272b) sowie die von JOSIEN (150), (151) und einigen anderen Autoren (56), (129), (143b), (363b), (70a).

B. Die Strukturanalyse von Reinsubstanzen.

I. Niedermolekulare Substanzen.

Auf Grund der vorstehend behandelten Unterlagen ergeben sich für die Strukturanalyse von Reinsubstanzen mehrere Möglichkeiten:

1. Das Spektrum einer noch nicht gemessenen Substanz kann aus der angenommenen Struktur dadurch näherungsweise abgeleitet werden, daß die Strukturformel in verschiedene Teilgruppen (Bausteine) aufgegliedert wird, deren Schlüsselfrequenzen bekannt sind. Diese Schlüsselfrequenzen werden nach dem ,,Baukastenprinzip" zum Spektrum der Gesamtmolekel zusammengesetzt (114a). ,,Vorhersagespektrum" und anschließend zu messendes Spektrum der fraglichen Substanz dürfen keine grundlegenden Unterschiede aufweisen, wenn die Strukturannahme richtig war.

2. Das Spektrum einer gemessenen Substanz kann nach Schlüsselfrequenzen aufgegliedert werden. Eine teilweise oder vollständige Strukturanalyse ist dadurch möglich.

Der präparativ arbeitende Chemiker hat damit ein Mittel in der Hand, den Syntheseverlauf in verhältnismäßig kurzer Zeit durch Auswertung der Spektren von Zwischen- und Endprodukten zu verfolgen. Eine Reinheitsprüfung der Substanzen ist dabei mit eingeschlossen, da das Auftreten nicht zu erwartender Banden oder die Intensitätsveränderung von Banden in verschiedenen Fraktionen die Uneinheitlichkeit einer Probe kennzeichnen. Einige Beispiele sollen die Strukturanalyse etwas näher beleuchten.

a) **Spektrenvergleich.** Bei den unverzweigten β-Olefinen wird durch die Ultrarotspektren bestätigt, daß die tiefersiedenden Isomeren die trans-Verbindungen sind (Bande bei 970 cm^{-1}); die cis-Isomeren weisen Banden bei 680 bis 700 cm^{-1} auf. HALL und MIKOS (118) weisen darauf hin, daß jedoch bei Olefinen des Typs —CH=CH—CHR— das Isomere mit der „trans-Bande" bei 970 cm^{-1} den höheren Siedepunkt hat. Die „cis-Bande" der tiefer siedenden Komponente verlagert sich nach 735 cm^{-1} und zeigt damit Störungen in der Struktur (Behinderung der freien Drehbarkeit?) des cis-Isomeren an.

Durch Vergleich mit synthetisierten, monomethylverzweigten Paraffinen (C$_{34}$ und C$_{35}$) können S. STÄLLBERG-STENHAGEN, G. B. B. M., SUTHERLAND u. a. (310a) nachweisen, daß das aus dem Fettalkohol Phthiocol des Tuberkelbacillus hergestellte Phthioceran eine 4-Methylgruppe besitzen muß. Zwischen 900 und 1200 cm^{-1} ist das Spektrum mit den Spektren des 4-Methyl-tritriakontan und des 4-Methyl-tetratriakontan identisch. Außerdem tritt eine nur 4-Methyl-verzweigten Gruppen eigene Bande bei 740 cm^{-1} auf.

Zugleich mit den spektroskopischen Untersuchungen über die Konstitution des Lignins, die E. J. JONES (149a) und D. M. RITTER durchführten (265), vergleichen FREUDENBERG, SIEBERT und Mitarbeiter (93) die Ultrarotspektren methylierter und mit Ameisensäure behandelter Dehydrierungspolymerisate des Conyferylalkohols mit denen methylierter Fichtenlignine (Ameisensäure-Verfahren). Eine gute Spektrenübereinstimmung sieht K. FREUDENBERG als Stütze seiner Arbeitshypothesen über das Lignin an. Die Ultraviolettspektren dieser Substanzen zeigen jedoch keine völlige Übereinstimmung. Hier liegt ein Beispiel dafür vor, daß nur die gegenseitige Ergänzung aller im Arbeitsbereich liegenden chemischen und physikalischen Analysenmethoden in sich geschlossene Beweisführungen liefern kann.

Auch NORD und Mitarbeiter (168) versuchen durch Spektrenvergleich verschiedener Lignine die Konstitutionsaufklärung voranzutreiben, während HERGERT und KURTH (130a) systematisch Spektrenreihen messen, um den Einfluß der Substitution und der Chelation festzustellen.

Nach LENORMANT (181) zeigen die Natriumverbindungen der Amide im Gebiet von 6 bis 8 μ (CH$_3$—CONHNa und C$_3$H$_7$—CONHNa) die gleichen Absorptionsbanden wie die Natriumsalze der entsprechenden Fettsäuren CH$_3$—COONa und C$_3$H$_7$—COONa. Diese Substanzen müssen daher die Struktur

$$\left[R-C\begin{smallmatrix} O \\ \diagup \\ \diagdown \\ NH \end{smallmatrix} \right]^{\ominus} Na^{\oplus}$$

besitzen. Da die Spektren der Na-Verbindungen der monosubstituierten Amide R—CONR'Na sehr ähnlich den obengenannten sind, ist für sie eine entsprechende Struktur

$$\left[R-C\begin{smallmatrix} O \\ \diagup \\ \diagdown \\ NR' \end{smallmatrix} \right]^{\ominus} Na^{\oplus}$$

anzunehmen. Dagegen ist das Spektrum der disubstituierten Amide in charakteristischer Weise verschieden. Für sie ist daher eine andere

Struktur wahrscheinlich. Da ihr Spektrum dem der nichtsubstituierten Amide ähnelt, wird beiden die gleiche Struktur zugeschrieben:

$$R-C\underset{N}{\overset{O}{<}}\!\!\!{}^{R'}_{R''} \;\rightleftharpoons\; R-C\underset{\oplus N}{\overset{O^{\ominus}}{<}}\!\!\!{}^{R'}_{R''}\,,$$

wobei für die nichtsubstituierten $R'=R''=H$ zu setzen ist.

b) Vergleich mit Vorhersagespektren. Bei einer Synthese des β-Carotins ist eine der Zwischenstufen der sog. C_{18}-Aldehyd, der in zwei Isomeren denkbar ist. Ohne auf andere, ebenfalls beweiskräftige Fein-

$$\text{(I)}\quad \text{CH=CH-CH}_2\text{-C}\overset{H}{\underset{O}{<}} \qquad \text{und} \qquad \text{(II)}\quad \text{CH}_2\text{-CH=CH-C}\overset{H}{\underset{O}{<}}$$

heiten der Spektren von (I) und (II) einzugehen, genügt die Lagebestimmung der $C=O$-Frequenz, die in Aldehyden bei etwa 1720 cm^{-1} zu suchen ist. Sie sinkt erfahrungsgemäß bei Konjugation um etwa 30 cm^{-1} ab. Form (I) muß also eine (starke) Bande bei 1720 cm^{-1} und Form (II) eine Bande bei 1690 cm^{-1} besitzen. Gefunden wird eine Bande bei 1688 cm^{-1}. Damit ist die Struktur (II) bewiesen.

Das Ultrarotspektrum des angeblichen 2-Mercapto-thiazolins (I) zeigte im Gegensatz zu dem nach dem Baukastenprinzip aufgestellten Vorhersagespektrum keine Banden bei 2500 cm^{-1} (SH-Gruppe) und zwischen 1590 und 1695 cm^{-1} ($C=N$-Gruppe), sondern Banden bei

$$\text{HS-C}\underset{N-CH_2}{\overset{S-CH_2}{<}} \qquad\qquad \text{S=C}\underset{NH-CH_2}{\overset{S-CH_2}{<}}$$
$$\text{(I)} \qquad\qquad\qquad \text{(II)}$$

1515 und 3020 cm^{-1}. Diese müßten der NH-Gruppe und einer Gruppierung der Art (III) zugeschrieben werden, d.h. es konnte nur das 2-Thiothiazolidon (II) vorliegen. Versuche (I) synthetisch herzustellen, schei-

$$\underset{R_2}{\overset{R_1-NH}{>}}C=S$$
$$\text{(III)}$$

terten, nach den gewonnenen Spektren zu schließen. M. G. ETTLINGER (*81a*) beweist die Nichtexistenz von (I) endgültig.

In speziellen Fällen sind bei der heutigen Kenntnis der Regelmäßigkeiten von Spektren auch Aussagen über Feinheiten im Aufbau von Molekeln möglich. So beschäftigt sich I. M. HUNSBERGER (*140a*) mit dem Doppelbindungscharakter der Bindungen in verschieden substituierten Naphthalinen. Es ist bekannt, daß die Chelation zwischen zwei Gruppen stärker ist, wenn sie miteinander über konjugierte Doppelbindungen verbunden sind, als wenn das nicht der Fall ist. Zum Beispiel bildet die Enolform des Acetylacetons (I) eine Chelatform, die entsprechende, hydrierte

Substanz (II) dagegen nicht. Bei Verbindungen mit C=O-Gruppen verlagert sich die C=O-Bande bei Chelation zu tieferen Wellenzahlen, so daß aus der Lage dieser Bande auf Chelation geschlossen werden kann.

$$\begin{array}{ll}
CH_3{-}C{\cdots}OH & CH_3{-}CH{-}OH \\
\quad\parallel\ \ \nearrow O & \qquad\vert\ \ O \\
\quad\parallel & \qquad\vert \\
CH{-}C{-}CH_3 & CH_2{-}C{-}CH_3 \\
\quad\text{(I)} & \qquad\text{(II)}
\end{array}$$

Die Anwendung dieser Tatsache auf isomere Hydroxy-naphthaldehyde, Hydroxy-acetonaphthone und Hydroxy-naphthoate ergibt, daß die Chelation bei 1.2-Substitution größer ist als bei 2.3-Substitution. Zum Beispiel liegt die C=O-Bande im 1-Naphthaldehyd bei 1700, 2-Napthaldehyd bei 1702, 1-Hydroxy-2-naphthaldehyd bei 1651, 2-Hydroxy-1-naphthaldehyd bei 1649, 3-Hydroxy-2-naphthaldehyd bei $1670\ cm^{-1}$, d.h. der Doppelbindungscharakter der 1-2-Bindungen ist in diesen Fällen größer als der der 2-3-Bindungen. Ähnliche Messungen am Phenanthren zeigten, daß die 9-10-Bindung dieser Substanz stärkeren Doppelbindungscharakter hat als die 1-2-Bindung im Naphthalin.

c) **Die Verfolgung chemischer Reaktionen.** Einige Autoren versuchen durch die Messung von Zwischen- und Endprodukten Aussagen über den Reaktionsverlauf oder die Reaktivität bestimmter Gruppen zu gewinnen.

Bei der Reaktion von 2.5.5-Trimethyl-$\varDelta^2$-thiazolin-4-carbonsäuremethylester mit Keten ergibt sich unter Aufnahme von 1 Mol Keten und 1 Mol Wasser eine Substanz mit der Elementarzusammensetzung $C_{10}H_{17}NO_4S$. Dementsprechend können 5 Strukturen zur Diskussion gestellt werden (254):

Das Spektrum besitzt markante Banden bei 1546, 1650, 1695, 1742 und 3290 cm^{-1}. Die Formen (I) und (II) schalten danach aus, da sie keine durch die Bande bei 3290 cm^{-1} gekennzeichnete NH-Gruppe besitzen. (III) enthält wohl diese Gruppe, jedoch keine Carbonylgruppe mit der Bande bei 1695 cm^{-1}. Es bleiben also (IV) und (V) übrig. Die Banden 1546, 1650 und 3290 cm^{-1} gehören der Amidgruppe an; 1742 kennzeichnet den Ester und 1695 kann entweder dem Thiol-ester (IV) oder dem Keto-carbonyl (V) zugeordnet werden. Die darauf synthetisierte Substanz (IV) lieferte das gleiche Spektrum wie die unbekannte. Daraus wird geschlossen, daß das Ausgangs-Thiazolin beträchtliche Mengen nichtcyclisiertes N-Acetyl-β-β-dimethyl-cystein enthielt. Der Wert der spektroskopischen Strukturanalyse kann also auch darin bestehen, daß von mehreren denkbaren Konstitutionsmöglichkeiten einige mit Sicherheit ausgeschaltet werden können, so daß die Zahl der Möglichkeiten eingeschränkt wird.

Bei der Kondensation aliphatischer Ketone mit Äthanolamin können entweder SCHIFFsche Basen (I) oder ein Oxazolidinring (II) entstehen:

$$\begin{array}{c}R\\R'\end{array}\!\!>\!C{=}O + H_2{=}NCH_2CH_2OH \rightarrow \begin{array}{c}R\\R'\end{array}\!\!>\!C{=}NCH_2CH_2OH \quad \text{oder} \quad$$

(I)

$$\begin{array}{c}R\\R'\end{array}\!\!>\!\!\underset{\underset{H_2}{\overset{|}{C}}{-}\underset{|}{\overset{O}{\diagdown}}\!C\diagup}{\overset{C{-}{-}{-}NH}{\overset{|}{}}}\begin{array}{c}\\ CH_2\end{array}$$

(II)

Nach Struktur (I) müßte das Spektrum im Bereich der Doppelbindungsfrequenzen für C=N (1650 cm^{-1}) eine Bande zeigen, während (II) keine Doppelbindungen enthält. Ferner müßten für (II) N—H-Deformationsfrequenzen zwischen 1500 und 1600 cm^{-1} zu beobachten sein. In apolaren Lösungsmitteln müßten sich schließlich die OH-(I)- und NH-(II)-Valenzschwingungen oberhalb 3300 cm^{-1} unterscheiden lassen. Das Resultat (68) ist nun folgendes: Starke C=N-Banden bei 1650 cm^{-1}, keine NH-Banden bei 1550 oder 3300 cm^{-1}, so daß entgegen den teilweise anders lautenden Aussagen der Molrefraktion, der Viscosität, der Siedepunkte die Struktur der SCHIFFschen Base anzunehmen ist.

Auch in einer Gegenüberstellung der chemischen Untersuchung der Umwandlung von β-Lactonen (1-Brom-[p-brom]-benzoyl-cyclohexan-2-carbonsäure) mit Natriumhydroxyd oder Bromwasserstoffsäure durch KOHLER und JANSEN (162) und der ultrarotspektroskopischen Nachprüfung ihrer Resultate durch BARTLETT und RYLANDER (23) sind die Argumente der letztgenannten Autoren stichhaltiger. Sie klären den tatsächlichen Reaktionsverlauf nach dem Schema einer WALDENschen Umkehrung auf.

Die Verfolgung des Polymerisationsverlaufes (101b) bei der Synthese von Kunststoffen (303) und ihrem Abbau (1), ist ein wichtiges Anwendungsgebiet.

Fragen des Deuteriumaustausches und der Isomerisation sind in vielen Fällen besonders leicht spektroskopisch zu beantworten (75), (108a). Die Indizierung physiologisch wichtiger Substanzen mit N^{15} (95) ist für die spektroskopische Verfolgung biochemischer Vorgänge von Bedeutung. Verbrennungsvorgänge werden besonders von Silverman und Mitarbeitern spektroskopisch verfolgt (131), (300), (39). Die Verbindung von charakteristischen Frequenzen mit der Reaktionsfähigkeit ist allgemein (76) oder für besondere Fälle [substituierte Benzoesäuren (C=O-Frequenz) (84); N-Bromacetamide (NH-Frequenz (169c)] verschiedentlich behandelt worden.

Weiteres Material zur Frage der Strukturanalyse von anorganischen und organischen Stoffen ist in den alljährlichen Übersichtsartikeln der Analytical Chemistry unter anderem in den Abschnitten „Ultrarotspektroskopie" (113), „Charakterisierung organischer Verbindungen" (237), „Biochemische Analyse" (160), „Pharmaceutica" (203) zusammengefaßt.

2. Hochmolekulare Substanzen.

Stark bearbeitet wird das bereits bei der Behandlung der polarisierten Strahlung angeschnittene Thema einer Analyse makromolekularer Substanzen. Als Einführung in dieses Gebiet sind das Kapitel über Molekülspektren in einem Werk von Mark und Tobolsky (200) und ein Artikel von Mann (198) zu nennen.

In einigen Veröffentlichungen werden neben qualitativen Ergebnissen der Strukturanalyse auch halbquantitative der Verteilung bestimmter Gruppen (Länge gerader Ketten, Zahl der Verzweigungen, Verteilung der Doppelbindungen usw.) mitgeteilt. Bei vielen Makromolekeln kann noch nicht der Aufbau der gesamten Molekel, sondern nur die Konstitution einzelner Teile geklärt werden.

So sind je nach den Arbeitsbedingungen bei der Butadienpolymerisation (Natrium- oder Emulsionspolymerisation) die anfallenden Endprodukte verschieden (330). Wie Luft (192b) an den Ultrarotspektren zeigt, treten bei Natriumpolymerisation vorwiegend die endständige Olefine kennzeichnenden Banden bei 910 und 990 cm^{-1} auf, bei Emulsionspolymerisation dagegen in erster Linie die Schlüsselfrequenzen mittelständiger Olefine bei 970 cm^{-1}. Für den Reaktionsablauf ergibt sich also im ersten Falle das Vorherrschen der 1.2- und im zweiten Falle der 1.4-Polymerisation mit den Endsubstanzen der Gruppierungen:

$$-CH_2-CH-CH_2-CH- \atop \quad\;\; CH=CH_2 \;\; CH=CH_2 \quad bzw. \quad -CH_2-CH=CH-CH_2-CH_2-CH=CH-CH_2-.$$

Die Grundlage dieser Methode zur Bestimmung der 1.2- und 1.4-Polymerisation behandeln W. B. Treumann und F. T. Wall (333a) an

Hand einer Reihe von Olefinspektren. Sie stellen fest, daß die Bande bei 910 cm⁻¹ tatsächlich im wesentlichen nur durch Vinylgruppen bedingt ist und daß ihr Extinktionskoeffizient für verschiedene 1-Olefine in Schwefelkohlenstoff konstant ist, so daß er in Polybutadienen wahrscheinlich auch als Maß für die Zahl der Vinylgruppen gewertet werden kann. Sie dehnen die Methode auf die Analyse von Butadien-Styrol-Mischpolymerisaten aus, indem sie als Schlüsselfrequenz des aromatischen Teils eine Bande bei 700 cm⁻¹ benutzen.

Für die Unterscheidung der cis- und trans-Isomeren bei 1.4-Polymerisation zieht R. R. HAMPTON (120 b) folgende Schlüsselfrequenzen heran: 967 cm⁻¹ für trans-, 724 cm⁻¹ für cis-Polybutadiene.

SALOMON, KETELAAR und Mitarbeiter (282) beschäftigen sich mit der Lage der Doppelbindungen in Kautschuk und Kautschukderivaten. Sie stützen sich dabei zum Teil auf die obigen Arbeiten und die eingehende Untersuchung von H. L. DINSMORE und D. C. SMITH (75 a). Interessant sind ihre Untersuchungen über die Doppelbindungswanderung in Kautschuk bei der Chlorierung unter milden Bedingungen. Schon SHEPPARD und SUTHERLAND (293) hatten in Übereinstimmung mit anderen Arbeiten festgestellt, daß bei der Vulkanisation die Doppelbindungen im Kautschuk wandern.

Die Reaktion von Chlor mit Kautschuk in Lösungsmitteln oder als Latex führt zuerst zur Bildung von Allylchloriden, die weiter zu Polychloriden umgesetzt werden. Das hypothetische Zwischenprodukt (I) kann entweder das Allylchlorid (II) oder das Allylchlorid (III) ergeben.

$$
\begin{array}{ccc}
\underset{\overset{|}{\text{CH}_3}}{} & & \underset{\overset{|}{\text{CH}_3}}{} \\
-\text{CH}_2-\overset{\oplus}{\underset{|}{\text{C}}}-\text{CH}-\text{CH}_2- & \xrightarrow{-\text{HCl}} & -\text{CH}=\overset{|}{\text{C}}-\text{CH}-\text{CH}_2- \\
\overset{|}{\text{Cl}} & & \overset{|}{\text{Cl}} \\
\text{Cl}^{\ominus} & & (\text{II}) \\
(\text{I}) & &
\end{array}
$$

$$
\begin{array}{c}
\underset{\overset{\|}{\text{CH}_2}}{} \\
-\text{CH}_2-\overset{|}{\text{C}}-\text{CH}-\text{CH}_2- \\
\overset{|}{\text{Cl}} \\
(\text{III})
\end{array}
$$

Die Ultrarotspektren zeigen folgendes: Die ursprüngliche Bande des Kautschuks bei 840 cm⁻¹ wird schon in der ersten Phase der Chlorierung schwächer; proportional zu dieser Abschwächung verstärkt sich eine Bande bei 910 cm⁻¹, so daß die Bildung der Struktur (III) wahrscheinlich wird. Allgemein ist nach Ansicht der Autoren eine Doppelbindungswanderung in Kautschukmolekeln bei polaren Reaktionen möglich. Sie weisen abschließend darauf hin, daß eine Auswertung der Ultrarotspektren auf diesem Gebiet nur bei eingehender Kenntnis der chemischen Vorgänge von Nutzen ist. Eine weitere Klärung dieser Vorgänge ist von erheblichem Interesse.

Die Kettenverzweigung in Makromolekeln beeinflußt die Größe des kristallinen Anteils und damit einige physikalische Eigenschaften wie Härte, Geschmeidigkeit und Duktilität.

Der Umfang der Verzweigung wird durch den Gehalt an CH-Gruppen bestimmt. So ziehen J. J. Fox und A. E. Martin (*87a*) in einer älteren Arbeit die CH-Valenzschwingungen bei 3000 cm⁻¹ zur Analyse von Polyäthylenen heran. Thompson und Torkington (*330*) stützten sich auf die Intensität der Deformationsfrequenz bei 1375 cm⁻¹. Je nach dem Polymerisationsgrad stellten sie eine Methylgruppe auf 20 bis 50 Methylengruppen fest („Alkathen 20" z.B. 1 auf 25 bis 35).

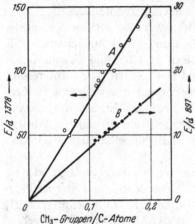

Abb. 42. Abhängigkeit des Extinktionskoeffizienten der Banden 1378 und 891 cm⁻¹ in Polyäthylenen von der Zahl der CH₃-Gruppen je Molekel.

Einen sehr eingehenden Überblick geben Cross, Richards und Willis (*61*). Aus den Spektren des *American Petroleum Institute* (*5*) leiten sie die Abhängigkeit des Extinktionskoeffizienten der Banden bei 1378 cm⁻¹ und 891 cm⁻¹ von der Zahl der CH₃-Gruppen pro Gesamt-C-Zahl in der Molekel ab (Abb. 42). Es ergeben sich gerade Linien, deren Neigung von der Art des verwendeten Spektrographen und vom Aggregatzustand abhängig ist. Gestört wird die Analyse mit der Bande bei 1378 cm⁻¹ durch ein für die Methylengruppe charakteristisches Dublett bei 1355 und 1367 cm⁻¹. Die Intensität der Bande 1378 cm⁻¹ ist für die Festsubstanz zweimal so groß wie für die Schmelze, die anderen beiden Banden verhalten sich umgekehrt. Da die Eichkurven an flüssigen Paraffinen gewonnen wurden, wird in Schmelze gearbeitet, so daß die Intensitätsverhältnisse ungünstig liegen.

G. W. King, R. M. Hainer und H. O. McMahon (*159a*) untersuchen, ob die festen Polyäthylene (auch Polystyrole, Polyvinylchloride, Kautschuksorten) bei Temperaturänderungen (bis 4° K) Lage- und Intensitätsänderungen der Banden zeigen. Sie stellen unerwartet kleine Änderungen fest. Bei Polyäthylenen zeigt eine Doppelbande in der Nähe von 720 cm⁻¹ Schwankungen. Die Autoren schreiben diese nichtebenen CH₂-Deformationsschwingungen bei cis- bzw. trans-Konfiguration zu, die nur im amorphen bzw. im kristallinen Teil der Substanz vorhanden sind.

Mit der Strukturaufklärung anderer Polymerer und ihrer Monomeren (Vinylidenchlorid, Vinylidenbromid, Vinylchlorid, Vinylbromid, Chloropren) haben sich H. W. Thompson und P. Torkington beschäftigt

(*330a*). Einen zusammenfassenden Überblick gibt Thompson in (*329*). Er unterteilt die „komplexen Molekeln" in zwei Gruppen: In die eigentlichen Polymeren mit wiederkehrenden, sowie in Molekeln mit verschiedenartigen Bauelementen, meist biologischer Herkunft. Zur ersten Gruppe zählt er Kohlenwasserstoffpolymere, Kautschukarten, Polypeptide, Cellulosen und Kunstharze, zur zweiten einfachere Kohlenhydrate, Pyrimidinabkömmlinge, Nucleinsäuren usw. Für jede dieser Klassen bringt er Unterlagen für die Schlüsselfrequenzen und die Prinzipien der Auswertung. Dabei werden weitere Beispiele für die Anwendung polarisierter Strahlung bei der Strukturanalyse angeführt. Am Beispiel der Urethane und der Harnstoffderivate zeigt er die Resonanz der verschiedenen polaren und enolisierten Formen und die Spektrenveränderungen bei Veränderung des statistischen Anteils einer dieser Formen (z.B. der polaren durch Einführung elektrophiler Substituenten).

Wegen des Abbaus von Polymeren vgl. Achhammer (*1a*). Unter den Arbeiten über Hochmolekulare seien schließlich noch einige aus dem Bureau of Standards über Cellulose (*276a*) genannt. Bei diesem Thema interessieren folgende Punkte:

1. Der Deuteriumaustausch zwischen regenerierter Cellulose und schwerem Wasser,

2. das Spektrum einer Cellulose mit Carboxylgruppen,

3. die Wasserstoffbrücken bei Cellulose und Cellulosederivaten (*276*),

4. der Einfluß der kristallinen Bezirke auf die Spektren (*87*).

Der Deuteriumaustausch ist nicht vollständig, da nach 60 min Austauschzeit neben den neu auftretenden OD-Banden bei 2500 cm^{-1} auch noch OH-Banden bei 3300 cm^{-1} zu finden sind. Die OH-Gruppen scheinen also tatsächlich entsprechend den heutigen Ansichten in den amorphen und kristallinen Bezirken verschieden stark angreifbar zu sein. Aus Spektrenvergleichen mit einem natürlichen oxydierten Polysaccharid, der Alginsäure, läßt sich nachweisen, daß Cellulose mit NO_2 nicht nur zur Säure oxydiert, sondern teilweise auch nitriert wird.

Die Lageänderung der OH-Banden in acetylierter und wieder deacetylierter Cellulose von 3500 nach 3400 cm^{-1} zeigt schließlich die Veränderung der H-Brücken an, die, wie spätere Untersuchungen der Verfasser klarstellen sollen, in den amorphen Bezirken überhaupt nicht ausgebildet zu sein scheinen.

Native und mercerisierte Cellulose zeigen verschiedene Röntgendiagramme. Auch die Ultrarotspektren dieser beiden Arten und der amorphen Cellulose sind zwischen 1100 und 1250 cm^{-1}, sowie zwischen 1250 und 1430 cm^{-1} verschieden und können daher Hinweise auf den Einfluß der Kristallstruktur geben.

3. Mikrospektrometrie.

Die Untersuchung lebender Zellen ist auch mit Hilfe der Mikrospektrometrie problematisch. Von wenigen Ausnahmen abgesehen, müssen lebende Zellen in Wasser untersucht werden oder enthalten selber Wasser. Die auftretenden Wasserbanden überlagern daher in verschiedenen Wellenbereichen die Spektren der Zellsubstanzen. Als Lösungsmittel könnte man schweres Wasser nehmen, das zwar in anderen Bereichen absorbiert, jedoch Deuterium austauschen kann. Ferner ist zu bedenken, daß, wie tatsächlich in einzelnen Fällen schon nachgewiesen werden konnte, die Ultrarotbestrahlung zu Veränderungen der Zellsubstanz führen kann.

Die Lageermittlung bestimmter Gruppen in Makromolekeln ist eine Aufgabe, die lösbar sein müßte, sobald mehr experimentelles Material vorliegt. Desgleichen wird die Veränderung von Zellen durch Temperatureinflüsse, durch Extraktion mit Lösungsmitteln (z.B. Lipoidlösung) ein weiteres dankbares Thema sein. Die Entwicklung dieses Verfahrens hängt im wesentlichen von den apparativen Fortschritten ab.

C. Die qualitative Analyse von Mehrkomponentengemischen.

1. Die Reinheitsprüfung.

Die Reinheitsprüfung von Substanzen kann sowohl als qualitatives als auch als quantitatives Problem aufgefaßt werden, je nachdem, ob man nur nach der Art oder auch nach der Menge der Verunreinigungen fragt. Die Nachweisgrenzen von Begleitsubstanzen liegen in sehr vielen Fällen weit günstiger als bei chemischen Methoden, so daß „spektroskopische Reinheit" sehr oft die Begriffe „reinst" oder „pro analysi" übertrifft. So konnten Mecke und Oswald (234) in Tetrachlorkohlenstoff p.a. mit Hilfe der 1. Oberschwingung der C—H-Valenzschwingung 3% Trichlor*äthylen* (6070 cm^{-1}) und 0,5% Chloroform (5920 cm^{-1}) nachweisen. Die destillative Reinigung konnte bis unter 0,1$^0/_{00}$ verfolgt werden.

Im allgemeinen dürften die Nachweisgrenzen in günstigen Fällen zwischen 0,1 und 0,5% und in ungünstigen Fällen zwischen 1 und 3% liegen. Dabei spielt die Lage (keine Störung durch Banden anderer Substanzen) und die Intensität der Schlüsselfrequenzen eine ausschlaggebende Rolle, wenn ein direkter Nachweis geführt werden soll. Ist keine geeignete Schlüsselfrequenz zu finden, kann auch indirekt nach Vergleichsbestimmungen aus Veränderungen an den Banden der Hauptsubstanz (z.B. Unsymmetrie) auf Verunreinigungen geschlossen werden.

Zwischen 0,5 und 2,0% Gesamtverunreinigung (aus 8 Komponenten bestehend) bestimmt Anderson (8) in Iso-oktan (2.2.4-Trimethylpentan) mit einer Genauigkeit von ±0,1%. Auch mit der Reinheitsprüfung des n-Heptans beschäftigt er sich (9).

0,2 Atom-% Deuterium wird an der C—D-Valenzschwingung (2200 bis 2300 cm^{-1}) bei einer Mischung von Deuterobenzol und Benzol erkannt.

0,2% Cyclohexan in Benzol sind im Bereich der 2. Oberschwingung direkt aus den integralen Extinktionskoeffizienten der C—H-Valenzschwingungen nachzuweisen. Umgekehrt kann auf eine Benzolverunreinigung von 0,5% in Cyclohexan nur indirekt aus der Abweichung des integralen Extinktionskoeffizienten der Cyclohexan-C—H-Valenzschwingung von dem Werte der Reinsubstanz geschlossen werden, da diese Bande bei hohen Konzentrationen die Benzol-C—H-Valenzbande überlagert. Die Nachweisgrenzen bei Messung der Grundschwingungen liegen in gleicher Größenordnung und sind bei Anwendung einer Vergleichsmethode (272) in einem Doppelstrahlgerät (Messung: Probe gegen reine Hauptkomponente in gleicher Schichtdicke) um eine Zehnerpotenz besser.

Allgemein stammen die Probleme der Prüfung auf Verunreinigungen (Begleitsubstanzen) vorwiegend aus folgenden Gebieten: Reinheitsprüfung von Synthese-Ausgangs-Produkten (Butylene, Butadiene, Vinylchlorid, Vinylacetat usw.) Prüfung auf Anwesenheit von Isomeren, Bestimmung von Zusätzen (Additives) in Kohlenwasserstoffen. Überwachung der verschiedenen Trennverfahren (Destillation, Extraktion, Adsorption, Diffusion).

2. Die qualitative Analyse.

Die qualitative Analyse von Mehrkomponentengemischen wird heute in sehr vielen Fällen nur noch als Vorstufe der quantitativen Analyse durchgeführt. In Gemischen von verhältnismäßig viel Substanzen höheren Molekulargewichtes, wie z.B. den Mineralölen, ist sie allerdings oft noch Selbstzweck und wird nur durch halbquantitative Abschätzungen der einzelnen Körperklassen ergänzt. Ihr Hauptanwendungsgebiet hat wohl von jeher auf dem Gebiet der Erdölchemie gelegen, wo sie auf die Substanzen der verschiedensten Molekulargewichte angewandt wird. Ihre Durchführung setzt, wie die der Strukturanalyse, die Kenntnis von Schlüsselfrequenzen der in Frage kommenden Stoffe voraus. Mit den Schlüsselfrequenzen werden in erster Stufe die Stoffklassen unterschieden, in denen anschließend die Bestimmung von Einzelsubstanzen durch Auswertung von Feinheiten der Spektren versucht wird. Selbstverständlich ist dabei das Auftreten *einer* Schlüsselfrequenz einer bestimmten Gruppierung noch nicht in allen Fällen für das Vorhandensein dieser Gruppe beweiskräftig. Mehrere Schlüsselfrequenzen müssen bei der Auswertung hinzugezogen werden. Das Fehlen der Hauptschlüsselfrequenzen zeigt andererseits aber das Fehlen der Gruppe an.

Natürlich werden die Analysenmöglichkeiten um so günstiger, je weniger Komponenten das Gemisch enthält. Wenn irgend möglich, sind daher stets gute Vortrennungen vorzunehmen. Gemische aus vier Substanzen bieten wohl nur selten Schwierigkeiten, Gemische aus acht Komponenten sind in besonders günstigen Fällen, wenn die Substanzen sehr verschiedenen Körperklassen angehören, ebenfalls noch zu analysieren. Bei noch höherer Zahl können eventuell noch einige Stoffe identifiziert werden, im wesentlichen wird man sich jedoch mit Gruppenbestimmungen begnügen müssen.

In manchen Fällen wird die qualitative Analyse durch das Auftreten von Kombinations- oder von Obertönen bzw. durch Bandenüberlagerungen erschwert. Zur Gewinnung von Anhaltspunkten ist dann ein Vergleich mit dem RAMAN-Spektrum nützlich. ROBERT (266) hat die heutigen Erfahrungen über die spektroskopische Analyse der Erdöle und der Erdölprodukte in einem instruktiven Überblick dargestellt [vgl. auch (194)]. Danach ist der Anwendungsbereich der Ultrarotspektroskopie am größten. Er erstreckt sich von den Gasen bis zu den schweren Maschinenölen. Die RAMAN-Spektroskopie kann von den Benzinen bis zu den leichten Maschinenölen eingesetzt werden. Die Massenspektrometrie hat heute noch ihren Hauptwert in der Gasanalyse. [Ihre Anwendung als Ergänzung der Ultrarotspektroskopie, siehe (215), (223).] Punktprobleme (Aromaten- und Olefinbestimmungen) können durch die Ultraviolettabsorption gelöst werden (207). Eine allgemeine Übersicht gibt das Referat von BRATTAIN, JONES und WIER (34) über spektroskopische Methoden der Erdölanalyse.

ROBERT, BOUCHERY und FAVRE (267) wenden chemische und physikalisch-chemische Analysenmethoden bei der Analyse eines Aramcoöles an. Nach destillativer und adsorptiver Vortrennung wird die Zusammensetzung aromatenhaltiger und durch Schwefelsäurebehandlung entaromatisierter Fraktionen bestimmt. Die Fraktionen zwischen 20 und 40° werden massenspektroskopisch und ultraspektroskopisch analysiert. Für einige Schnitte werden die Spektren gezeigt. Die aus 50 Ultrarotspektren abgeleitete Zusammensetzung der entaromatisierten Benzinfraktionen wird in einem Schaubild dargestellt.

Die Ultrarotspektren eines in 13 Fraktionen zerlegten und hydrierten Sumatraöles behandeln LECOMTE, LA LAU und WATERMAN (176). Sie stellen mit Hilfe der in den vorstehenden Abschnitten behandelten Regeln über die Lage von Schlüsselfrequenzen fest, daß Olefine und Alkylaromaten fehlen und daß als Naphthene nur Alkylcyclohexane zu erkennen sind. Sie gehen besonders auf die Kettenlänge und den Verzweigungsgrad der gefundenen Aliphaten ein.

Die Unterschiede in verschiedenen deutschen Erdölen, besonders in dem Verhältnis von n-Paraffin-, Isoparaffin- und Naphthenanteil, untersucht WALTER (*346*). Die allgemeineren Aussagen der „Ringanalyse nach WATERMAN" und der „n-d-M-Methode" (Gruppenanalysen nicht-olefinischer Kohlenwasserstoffgemische mit Hilfe des Molekulargewichtes, des Brechungsindex, der Dichte und des Anilinpunktes) (*224*) werden durch die Ultrarotspektren erweitert.

Auch Crackprodukte werden selbstverständlich mit gutem Erfolg analysiert (*154*).

Bei der Untersuchung der Mineralölfraktionen sind wegen der Vielzahl der vorhandenen Komponenten die Hauptfrequenzen infolge Bandenüberlagerung oft nicht genau festzulegen. Weiteres Erfahrungsmaterial muß gesammelt werden, um Feinheiten der Spektren analytisch auszuwerten. Durch Spektrenvergleiche mit niederen Olefinen versucht LECOMTE (*175*) die bei der Polymerisation von Penten-2 und Äthylen anfallenden Öle in ihrem prinzipiellen Aufbau aufzuklären.

Die Ultrarotspektren aromatenhaltiger Mineralölfraktionen vergleicht VOGEL (*339*) mit ihren RAMAN-Spektren. Er stellt fest, daß in diesem Falle aus den RAMAN-Spektren mehr Einzelheiten über den Aufbau der Öle zu gewinnen sind als aus den Ultrarotspektren, die breite, wenig differenzierte Banden besitzen.

Über ein vielbeachtetes Ergebnis an pennsylvanischen Erdölen berichten M. FRED, R. PUTSCHER (*90a*), R. E. HERSH und Mitarbeiter (*132*). Es wird festgestellt, daß diese Erdöle bei 970 cm^{-1} (10,3 μ) eine stärker ausgeprägte Bande besitzen als die meisten anderen Erdöle. Die Durchlässigkeit an dieser Stelle ist unter gleichen Bedingungen bei pennsylvanischen Ölen 70 bis 80%, bei Ölen anderer Provenienz 75 bis 95%. Nur bei scharfer Schwefelsäure- oder Erdenraffination nimmt die Intensität der Bande in den verschiedenen Fraktionen ab. Aus ihrer Lage und ihrem Verschwinden bei Bromierung und Hydrierung schließen FRED und PUTSCHER (*90a*), daß sie für trans-Olefine kennzeichnend sein müsse. Die Zahl der Doppelbindungen liegt nach ihren Messungen — bezogen auf die Gesamtzahl der C—C-Bindungen — in allen Fraktionen etwa bei 1%. Die gleichen Autoren behandeln in diesem Zusammenhang auch die Nachweisbarkeit verschiedener „Additives" in Mineralölen und zeigen auch hier einige Schlüsselfrequenzen auf.

Daß die Ultrarotspektroskopie in einem ganzen Industriezweig bei der Überwachung der eingehenden Rohmaterialien, der Betriebskontrolle, der Verfahrensentwicklung, der Endproduktanalyse und der allgemeinen Laboratoriumsarbeit eingesetzt werden kann, zeigt besonders instruktiv der Artikel von MARRON und CHAMBERS (*202*) über die Ultrarotspektroskopie im graphischen Gewerbe.

Bei dem heutigen Stand der Entwicklung ultrarotspektroskopischer Analysenmethoden lassen sich die qualitative und quantitative Analyse nicht streng voneinander trennen. Die Kenntnis der Schlüsselfrequenzen und ihrer intra- und intermolekularen Beeinflussungen ist auch die Grundlage der im folgenden Abschnitt behandelten quantitativen Analyse.

D. Die quantitative Analyse von Mehrstoffkomponentengemischen.

1. Das Lambert-Beersche Gesetz als Grundlage der quantitativen Analyse (121), (314).

Die quantitative Ultrarotanalyse stützt sich auf Intensitätsmessungen von Schlüsselbanden, deren maximale (Bandenhöhe) oder integrale (Bandenfläche) Extinktionen (optische Dichten) bestimmt werden. Nach dem Lambert-Beerschen Gesetz gilt für die Extinktion einer Schlüsselbande

$$E_i = \log \frac{I_0}{I} = \varepsilon_i \cdot c_i \cdot d \,. \tag{18}$$

(E = Extinktion oder optische Dichte; I_0 = Intensität des einfallenden Lichtes; I = Intensität des austretenden Lichtes nach Durchlaufen der Schichtdicke d; ε = molarer, dekadischer Extinktionskoeffizient; c = Konzentration in Mol/Liter; i = i-te Substanz.) Es besagt also, daß die Extinktion proportional der Konzentration einer Substanz und dem konzentrationsunabhängigen Extinktionskoeffizienten ist.

Wird die Schlüsselbande nicht noch durch die Schlüsselbanden anderer Komponenten in der Probe mehr oder weniger überlagert, so ist die Größe ihrer maximalen oder integralen Extinktion ein direktes Maß für die vorhandene Substanzmenge. Läßt sich jedoch für keine der zu analysierenden Substanzen eine durch Banden anderer Komponenten ungestörte Schlüsselfrequenz finden, so gilt unter Annahme einer *additiven Überlagerung*:

$$E_{(\lambda)} = \varepsilon_{1(\lambda)} \cdot c_1 \cdot d + \varepsilon_{2(\lambda)} \cdot c_2 \cdot d + \cdots \varepsilon_{i(\lambda)} \cdot c_i \cdot d \,; \tag{19}$$

für eine Bande bei der Wellenlänge λ, zu deren Extinktion die Schlüsselfrequenz der gesuchten Substanz (1) den Teil $\varepsilon_{1(\lambda)} \cdot c_1 \cdot d$ beiträgt, der durch die Extinktionen $\varepsilon_{2(\lambda)} \cdot c_2 \cdot d$ usw. überlagert wird.

Das sich für i Komponenten ergebende Gleichungssystem von i Gleichungen der Form (19) läßt sich nach den unbekannten Konzentrationen c auflösen, wenn d bekannt ist und $\varepsilon_{(\lambda)}$ sowie $E_{(\lambda)}$ experimentell bestimmt werden.

Die ε-Werte werden am besten an den Reinsubstanzen für die gewählten Schlüsselfrequenzen bestimmt; bei Gültigkeit des Lambert-Beerschen Gesetzes sind sie konzentrationsunabhängig. Bei i Substanzen sind i^2 ε-Messungen notwendig. Die Größen von E ergeben sich aus den Spektren der zu analysierenden Gemische.

Die Berechnung der anzusetzenden Simultangleichungen kann nach mehr oder weniger systematischen Substitutionsverfahren, durch graphische Näherung, nach der Determinantenberechnung (63), (34a) oder heute auch zur Abkürzung der mühsamen Arbeit bei Vielkomponentensystemen bis zu elf Substanzen mit elektrischen Spezialrechenmaschinen (27), (2) vorgenommen werden.

Die Auswahl der Schlüsselfrequenzen bei feststehender Schichtdicke bzw. umgekehrt der Schichtdicke bei bestimmten Schlüsselfrequenzen ist insofern nicht willkürlich, als die optimale Durchlässigkeit für eine möglichst große Meßgenauigkeit bei $25\% < D < 50\%$ liegt. $\left(\text{Durchlässigkeit: } D\% = \dfrac{I}{I_0} \cdot 100.\right)$

Im nahen Ultrarot (kleines ε) und bei Gasen wird mit verhältnismäßig großen Schichtdicken gearbeitet, deren Bestimmung relativ einfach ist (316). Die Schichtdicken bei Messungen von Flüssigkeiten und Festsubstanzen im mittleren Ultrarot (großes ε) liegen dagegen im Mittel bei 0,1 mm und darunter und sind dementsprechend schwieriger zu messen und zu reproduzieren. Um exakte Schichtdickenmessungen zu umgehen, empfiehlt es sich daher, bei Routine-Analysen möglichst mit konstanten Schichtdicken zu arbeiten. Ist dies nicht möglich, so werden sie interferometrisch bestimmt (321), (109), (142).

Nicht in allen Fällen ist der Extinktionskoeffizient konzentrationsunabhängig. Abgesehen von apparativen Fehlerquellen [Inkonstanz der Betriebsbedingungen, ungenügende spektrale Reinheit durch geringes Auflösungsvermögen, Streulicht, ungeeignete Spaltbreite (314), (242), (271)], führt bei Gasen die weiter oben erwähnte Druckverbreiterung, bei Flüssigkeiten und Festkörpern der Einfluß zwischenmolekularer Kräfte zu Abweichungen vom BEERschen Gesetz.

2. Messung von Absolutintensitäten zur Bindungsmomentbestimmung.

Die Messung der Absolutintensitäten bestimmten Schwingungen zugeordneter Banden ist für Probleme der Atombindung von erheblichem Wert (338a). Die „Integralabsorption" $A_{0v} = \int \varepsilon \, dv$ einer Schwingungsbande hängt von der Änderung des Dipolmomentes während der Schwingung, dem Übergangsmoment $d\mu/dr$, ab. Die Größe dieser Bindungsmomentänderung ist durch den Verlauf einer Funktion $\mu = \mu(r)$ als Abhängigkeit des Bindungsmomentes vom Kernabstand gegeben.

Die spektroskopische Bestimmung des Bindungsmomentes selber ist nach einer Reihe von Verfahren versucht worden:

1. Aus Valenzschwingungen des harmonischen Oscillators (331a).

2. Aus Deformationsschwingungen des harmonischen Oscillators (26) (49b).

3. Aus Valenzschwingungen des anharmonischen Oscillators (*184*), (*208*), (*209*).

Für eine einwandfreie Messung der absoluten Intensitäten zwei- und mehratomiger Gase muß die Konstanz des Extinktionskoeffizienten innerhalb der spektralen Spaltbreite annähernd gewährleistet sein (*360*). Man arbeitet daher mit der Druckverbreiterung durch Zusatz eines Fremdgases. Wenn man bei konstantem Gesamtdruck und variiertem Partialdruck die gefundenen Extinktionskoeffizienten auf den Partialdruck Null des zu messenden Gases extrapoliert, kann man mit niedrigen Drucken auskommen. Will man hingegen den Grenzwert durch Druckerhöhung mit Fremdgas oder im Reingas (Selbstverbreiterung) feststellen, so muß man mittlere Drucke anwenden. Zum Beispiel bestimmen Penner und Weber (*238*) die absolute Intensität der Grund- und der 1. Oberschwingung des CO allein und in H_2, He, Ar, O_2 und N_2 bei Drucken bis etwa 50 Atm. Weitere Beispiele für Messungen nach einem dieser beiden Verfahren sind: Kohlendioxyd (*151a*), Methan, Äthan (*331*), Äthylen (*331a*), Schwefelkohlenstoff (*270*).

Die absoluten Intensitäten bei den Banden 2900, 1460 und 1370 cm^{-1} mißt S. A. Francis (*89a*) für 12 aliphatische Kohlenwasserstoffe in Tetrachlorkohlenstoff und diskutiert die Verwertbarkeit seiner Ergebnisse für die Dipolmomentbestimmung nach Wilson (*331a*), sowie nach Richards und Burton (*263*). In allgemeinen Betrachtungen über Bandenstruktur und Bandenintensität bei Flüssigkeiten und über die Ermittlung des integralen Extinktionskoeffizienten diskutiert Ramsay (*253b*) die Auswertmethoden und ihre Fehlergrenzen.

Bell, Vago und Thompson (*26*) bestimmen die Intensität einer nicht ebenen CH-Deformationsschwingung des Benzols zwischen 750 und 850 cm^{-1}, deren genaue Lage von der Anzahl und von der Stellung der Substituenten abhängt und deren Moment sich längs der Bindungsrichtung nicht ändert. Aus den relativen Schwingungsamplituden der Atome in den einzelnen Bindungen werden die relativen Intensitäten abgeschätzt und mit den experimentell bestimmten verglichen.

In einem Ausdruck für den Extinktionskoeffizienten

$$\varepsilon = A\,\mu_{CH}^2\,\nu\left[\sum(x_H - x_C) + \sum(x_X - x_C)\,\frac{\mu_{CX}}{\mu_{CH}}\right]^2 \tag{20}$$

geht das Verhältnis der Bindungsmomente μ_{CX}/μ_{CH} ein. Durch Einsetzen des Bindungsmomentes $C-X$ (z.B. X=Cl) und durch Messung des Extinktionskoeffizienten der betreffenden Benzolverbindung ergibt sich ein $C-H$-Bindungsmoment von etwa 0,5 D mit der positiven Ladung am Wasserstoff.

Meßtechnisch einfach erscheint das Verfahren von Mecke, aus den Absorptionsbanden der Oberschwingungen einer Valenzschwingung das

Dipolmoment der zugehörigen Bindung zu ermitteln. Eine besonders eingehende Behandlung der Grundlagen und verschiedener Meßergebnisse gibt LIPPERT (*184*). Ausgangspunkt der Überlegungen ist der Zusammenhang zwischen dem „reduzierten" Übergangsmoment μ_{0v} und der Integralabsorption A_{0v}

$$\mu_{0v}^2 = \frac{3\,h\,c_0}{8\pi^3\,N_L} \cdot fi \cdot \frac{F_{0v}}{\nu_{0v}} \cdot A_{0v}. \tag{21}$$

(v = Schwingungsquantenzahl des oberen Zustandes; c_0 = Vakuumlichtgeschwindigkeit; h = PLANCKsche Konstante; N_L = LOSCHMIDTsche Zahl; fi = Faktor des inneren Feldes = (0,8) bis 1,0; F_{0v} = Normierungsfaktor, der durch Quantenzahl und Anharmonizität eindeutig festgelegt und im Diagramm dargestellt ist; ν_{0v} = Frequenz der maximalen Extinktion.)

Aus der Momentänderung läßt sich nur durch zusätzliche Bedingungen der absolute Betrag des Bindungsmomentes μ_0 ableiten. Da es sich um eine quadratische Gleichung handelt, bleibt die Richtung des Übergangsmomentes bzw. des Bindungsmomentes unbestimmt.

3. Wasserstoffbrücken.

Das bekannteste Beispiel für zwischenmolekulare Beeinflussungen ist die Bildung von Wasserstoffbrücken. Ultrarotuntersuchungen über dieses Problem finden sich aus den Arbeitskreisen von R. MECKE (*210a*), (*208*), (*233*), N. D. COGGESHALL (*49*) und vieler anderer Autoren in der Literatur. Sie beschäftigen sich mit der Assoziation und Entassoziation in Reinsubstanzen und Substanzgemischen. Die klassischen Beispiele sind die niederen Fettsäuren und die Alkohole. Aber auch eine ganze Reihe anderer Verbindungsklassen enthält funktionelle Gruppen, die zur Ausbildung inter- oder intramolekularer Wasserstoffbrücken neigen.

Die Assoziation kann durch sterische Verhältnisse, durch Feldwirkungen anderer Substituenten, durch Lösungsmitteleffekte beeinflußt werden.

Wenn im folgenden die Wasserstoffbrücke von Hydroxylgruppen im Vordergrund steht, so ergibt sich das zwangsläufig aus der bisherigen Arbeitsrichtung.

a) Anwendbarkeit des Massenwirkungsgesetzes auf die Dissoziation. Die Intensitätsänderung der OH-Bande des Phenols bei wechselnder Konzentration in Tetrachlorkohlenstoff ist in Abb. 43 wiedergegeben. Aus dem Verhältnis des jeweiligen Extinktionskoeffizienten der nichtassoziierte OH-Gruppen kennzeichnenden Bande bei 10330 cm^{-1} zu dem Extinktionskoeffizienten bei unendlicher Verdünnung: $\varepsilon_c/\varepsilon_\infty$ kann der Bruchteil α der nichtassoziierten Einermolekeln berechnet werden. Aus der Temperaturabhängigkeit des Extinktionskoeffizienten ε_c erhält man die Assoziationswärme $\bar{w}$ [für Phenol in CCl$_4$ = 4,35 Kcal/Mol, in Benzol = 3,55 Kcal/Mol, in Chlorbenzol = 3,48 Kcal/Mol; vgl. auch (*155*)].

Während Kempter und Mecke (153) noch glaubten, ihren Messungen entnehmen zu können, daß Assoziationskomplexe der verschiedensten Größen, die nach der Gleichung $(ROH)_n + ROH \rightleftharpoons (ROH)_{n+1}$ im Gleichgewicht miteinander stehen, gleiche Gleichgewichtskonstanten hätten, zeigte sich besonders in der Arbeit von Hoffmann (135a), bestätigt durch eine Reihe weiterer Messungen (197a), daß die verschiedenen Gleichgewichte individuelle Gleichgewichtskonstanten besitzen, die mit wachsendem n einem konstanten Wert zustreben. So scheinen bei Alkoholen Zweierkomplexe benachteiligt zu sein. Diese von Hoyer übersichtlich zusammengestellten (138a) älteren Ergebnisse sind durch neuere Messungen unter anderem von Coggeshall und Saier (49) ergänzt worden, die mit zwei Gleichgewichtskonstanten auszukommen versuchen: eine für dimere und eine für Komplexe höherer Ordnung.

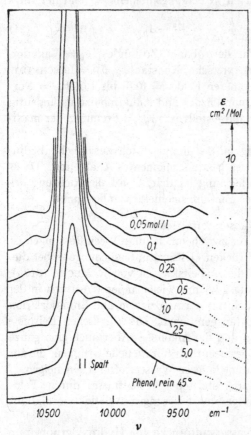

Abb. 43. Intensitätsänderung der 3-ν-OH-Bande des Phenols in Tetrachlorkohlenstoff bei verschiedenen Konzentrationen.

Über die Struktur der Assoziate von Säuren und Alkoholen lassen sich aus den Spektren Aussagen machen. Danach kann man zwei Arten der Assoziation unterscheiden:

1. Dimere Assoziation, die zu Doppelmolekeln führt (Monocarbonsäuren) (Form I).

2. Polymere Assoziation, die Kettenmolekeln ergibt (Alkohole, Phenole) (Form II).

Alkohole und Phenole bilden vorwiegend polymere Molekeln. Die höher-molekularen Ketten müssen zwei OH-Banden zeigen, nämlich die Bande der assoziierten Gruppen und die der Endgruppen. In Abb. 44 ist versucht, die drei Banden (entassoziierte OH-Gruppen des Monomeren, OH-Endgruppen, assoziierte OH-Gruppen) aus der Überlagerungsbande heraus zu analysieren.

SMITH und CREITZ (305) gehen an dem Beispiel von elf verschieden verzweigten Alkoholen in Tetrachlorkohlenstoff diesen Fragen im Bereich der Grundschwingungen nach. Sie diskutieren vier Typen von Alkohol-assoziaten, für die sie auch die Bandenmaxima angeben:

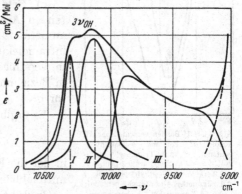

Monomeres   *Polymeres*

Einzelbrücken-Dimeres   *Doppelbrücken-Dimeres*

b) Sterische Einflüsse. Abb. 45 zeigt an den Spektren verschiedener Alkohole (305) die Behinderung der Assoziation mit Zunahme der Kettenverzweigung. Besonders amerikanische Forscher haben recht eingehend die Frage der sterischen Hinderung bei der Wasserstoffbrückenbildung bearbeitet. N. D. COGGESHALL (49 a) wertet den Wellenlängenunterschied zwischen der assoziierten und der entassoziierten Form $\Delta \lambda_c$ als Maß für die Stärke der Wasserstoffbindung. Er unterteilt in $\Delta \lambda_c >$ $0,15\,\mu$; $0,04\,\mu < \Delta \lambda_c < 0,15\,\mu$ und $\Delta \lambda_c < 0,04\,\mu$ mit zunehmender Abschwächung der Bindung. W. G. SEARS und L. J. KITCHEN (287 b) unterscheiden zwischen den Wellenlängendifferenzen, jeweils von stark verdünnter Lösung ausgehend, $\Delta \lambda_c$ (bis zu konzentrierter Lösung); $\Delta \lambda_m$ (bis zum Schmelzpunkt); $\Delta \lambda_s$ (bis zum Festzustand). Während zwischen $\Delta \lambda_c$ und $\Delta \lambda_m$ nicht allzu große Unterschiede vorhanden sind, nehmen sie

Abb. 44. Die verschiedenen Banden assoziierter Phenole [I monomere, II endständige OH-Gruppen der Polymeren, III durch Wasserstoffbrücken verbundene OH-Gruppen] (Phenol in Tetrachlorkohlenstoff).

gegen $\Delta\lambda_s$ merklich zu und kennzeichnen die stärkere Wasserstoff-brücken-Bindung. Auch für intramolekulare Wasserstoffbrücken läßt sich eine ähnliche Einteilung vornehmen (49a). Kuhn (169) leitet eine Gleichung ab, nach der er den H···O-Abstand aus der Differenz der beiden OH-Banden bei folgender Struktur einer intramolekularen Wasserstoffbrücke

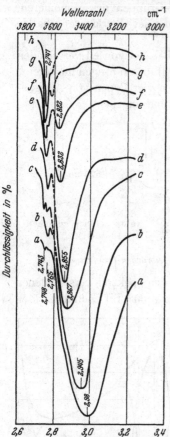

Abb. 45. OH-Banden verschiedener Alkohole. a 3-Pentanol; b 3-Methyl-3-pentanol; c 2.2.4.Trimethyl-3-pentanol; d 2.4.Dimethyl-3-athyl-3-pentanol; e 2.2.4.Trimethyl-3-athyl-3-pentanol; f 2.2.4.Trimethyl-3-isopropyl-3-pentanol; g 2.2.4.4.Tetramethyl-3-n-propyl-3-pentanol; h 2.2.4.4.Tetramethyl-3-isopropyl-3-pentanol.

(1) freies OH;
(2) intramolekular gebundenes OH

berechnen kann:

$$L = \frac{250 \times 10^{-8}}{\Delta\nu + 74} \tag{22}$$

($L = $ H O-Abstand in cm).

Dampfdruckänderungen substituierter Phenole erklären Bowman und Stevens (30) mit Änderungen der Wasserstoff-brücken durch sterische Einflüsse und belegen ihre Ansichten durch Ultrarot-spektren.

c) Feldwirkungen von Substituenten an Aromaten. Ingraham und Mit-autoren (141) setzen die Bandenlage der intramolekular gebundenen OH-Gruppen in verschieden substituierten Catecholen in Beziehungzu dem Hammettschen Faktor σ[1].

Es ergibt sich die Gleichung

$$\nu = \nu_0 + \varrho_\nu \cdot \sigma \tag{23}$$

in der die Konstanten ν_0 und ϱ_ν lösungs-mittelabhängig sind.

In den Spektren des 1-Nitronaphthol-2 und des 2-Nitronaphthol-1 (Abb. 46) (115) zeigen sich im Gebiete der CH- und OH-Valenzschwingungen Unterschiede, die auf der ungleichmäßigen Elektronenverteilung im substituierten Naphthalin beruhen. Im Gegensatz zu den Nitronaphthylaminen, bei denen nach D. E. Hathway und

[1] Die Hammetsche Regel setzt sowohl die Geschwindigkeits- als auch die Gleich-gewichtskonstanten bei Reaktionen der Substituenten aromatischer Verbindungen für die Derivate mit weiteren Substituenten neben der reagierenden Gruppe und

M. St. G. Flett (*126 a*) die 2-Nitroverbindung (II) die stärkere Wasserstoffbindung besitzt, zeigt hier die 1-Nitroverbindung (I) die stärkere

(I)　　　　　　　(II)

Beeinflussung. Ohne Zweifel spielt bei diesen Unterschieden die Beteiligung der Resonanz eine wesentliche Rolle. Aus seinen Untersuchungen über die Existenz zehngliedriger innermolekularer Wasserstoffbrückenringe hofft Hoyer (*138*) Grundlagen gefunden zu haben, um aus der Lage der OH-Banden ebener und unebener Isomerer ein Kriterium für die Beteiligung der Resonanz beim Zustandekommen der inneren Wasserstoffbrücke zu gewinnen. Vgl. auch Searles und Mitarbeiter (*287 c*). Wenn schon in den zuletzt behandelten Fällen das Gewicht der verschiedenen kanonischen Strukturen bei der Resonanz die Stärke der Wasserstoffbindung bestimmt,

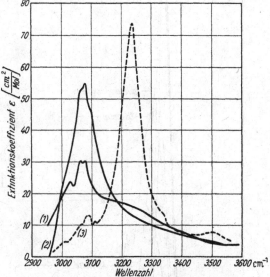

Abb. 46. Extinktionskoeffizienten der *ν*-CH- und *ν*-OH-Banden von 1-Nitro-naphthol-2 (*1*), 2-Nitronaphthol-1 (*2*), o-Nitrophenol (*3*). $c = 20 \times 10^{-3}$ Mol/l. Lösungsmittel Tetrachlorkohlenstoff.

so soll nach Voter und Mitautoren (*342*) bei den Bis(dialkylglyoxim - NN') - Nickel (II) - Verbindungen

für Verbindungen ohne die Zweitsubstituenten in folgender Weise zueinander in Beziehung:

$$\log \frac{K_s}{K} = \sigma \cdot \varrho.$$

[K_s = Konstante der zweitsubstituierten; K = Konstante der einfach substituierten Verbindung; σ = Faktor, der vom Zweitsubstituenten und seiner Stellung am Ring abhängt; ϱ = Faktor, der durch die Art der Reaktion bestimmt wird (*140*).]

überhaupt ein neuer Typ von Wasserstoffbindungen O—H--O durch die Resonanz entstehen, den sie auch aus den Ultrarotspektren glauben ableiten zu können.

d) Einfluß der Gemischpartner. Die außerordentlich starke Lösungsmittelabhängigkeit der 3ν—OH-Bande des Phenols zeigt Abb. 47. Nach den integralen Extinktionskoeffizienten der OH-Banden des Phenols für $c = 0,05$ Mol/Liter in verschiedenen Lösungsmitteln teilen Lüttke und Mecke (*210a*) die von ihnen untersuchten Lösungsmittel in vier Gruppen ein:

1. Aliphatische Kohlenwasserstoffe und ihre Halogenide, Schwefelkohlenstoff.

2. Aromatische Kohlenwasserstoffe und ihre Halogenide, Cyclohexen.

3. Nitroverbindungen, Anisol.

4. Aldehyde, Ketone, Äther, Hydroxylverbindungen.

Die Lösungsmittel der ersten Gruppe wirken entassoziierend, ohne ihrerseits starke Tendenz zur Ausbildung von Mischassoziaten zu zeigen.

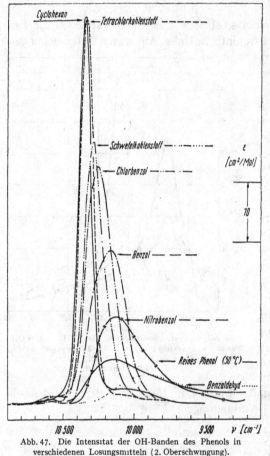

Abb. 47. Die Intensität der OH-Banden des Phenols in verschiedenen Lösungsmitteln (2. Oberschwingung).

Die Substanzen der Gruppe 2 bilden nach der Entassoziation des Phenols mit ihm Mischassoziate, die verschieden stark sein können, je nachdem, an welcher Stelle die Assoziation stattfindet. Zum Beispiel könnten sich mit dem Cyclohexen die Formen (I) und (II) ausbilden:

(I)   (II)

Eine eingehende Arbeit über die Proton-Acceptoreigenschaften von Aromaten hat TAMRES (325b) veröffentlicht. Er benutzt als Indikator CH_3OD, bei dem er die Verschiebungen der OD-Valenzschwingung besser verfolgen kann, als es im Bereich der durch CH-Valenzschwingungen gestörten v-OH-Banden möglich wäre. Der Einfluß von Substituenten (Alkyl, Halogen) tritt in diesen Untersuchungen klar hervor. Unter dem Einfluß der Lösungsmittelgruppe 3 verschiebt sich die $3v$—OH-Bande bis zu 180 cm^{-1}. Die Integralabsorption nimmt sprunghaft ab. Dies deutet auf eine erhebliche Auflockerung der OH-Bindung und eine Verkleinerung ihres Bindungsmomentes.

In den Lösungsmitteln der Gruppe 4 nimmt das Bindungsmoment noch weiter ab (Frequenzverschiebung um 500 cm^{-1} und mehr, weitere Abnahme der Integralabsorption). Es ist eine besonders feste Kopplung zwischen den beiden Molekelarten vorhanden.

Die Untersuchung der Wasserstoffbrücken liefert also nicht nur Material über Eigenschaften der einen, sondern auch über Eigenschaften der anderen Komponente.

Eine Zusammenfassung der in Lösungsmitteln zu beobachtenden Bandenveränderungen assoziierter Substanzen gibt in Anlehnung an LÜTTKE und MECKE (l. c.) Tabelle 3.

Tabelle 3. *Bandenänderungen durch Lösungsmitteleinfluß.*

Beobachteter Effekt bei Lösungsmitteleinwirkung		Zwischenmolekulare Wechselwirkung	Molekulartheoretische Deutung
Änderung der Zahl spektralaktiver Banden		Verstärkung oder Abschwächung	Übergang zu anderer Symmetrie
Frequenz- verschiebung	langwellig kurzwellig	Verstärkung Abschwächung	Kernabstand größer, Dissoziationsenergie kleiner und umgekehrt
Intensität	Abnahme Zunahme	Verstärkung Abschwächung	Abnahme $\Big\{$ des Bindungs- Zunahme momentes und der Momentänderung
Halbwerts- breite	Vergrößerung Verkleinerung	Verstärkung Abschwächung	Zunahme $\Big\{$ der Proton-Accep- Abnahme toreigenschaften des Lösungsmittels
Bandenform Bandenaufspaltung		—	Änderung des Orientierungszustands der Molekeln. Existenz von Assoziations-Isomeren

Analoge Wirkungen wie die Lösungsmitteleinflüsse können Temperaturänderungen haben.

e) Wasserstoffbrücken bei Aminen. Eine Überleitung zu der Frage der Wasserstoffbrücken bei Aminen ist die Veröffentlichung von

J. W. Baker, M. M. Davies und J. Gaunt (*14b*) über die Alkohol-Amin-Assoziation. Auch als Literatursammlung beachtenswert ist die bereits zitierte Arbeit von Fuson und Mitarbeitern (*100*) über die NH····N-Wasserstoffbindung in aromatischen Verbindungen. Im Vergleich mit Meckes (*208*) Ergebnissen am Phenol und den Resultaten anderer Autoren zeigt sich, daß die NH·N-Wasserstoffbindung schwächer ist als die OH····O-Bindung. Auch der Einfluß verschiedener Lösungsmittel wird untersucht. Die Frage der zwischenmolekularen Kräfte beim Anilin scheint nicht restlos geklärt.

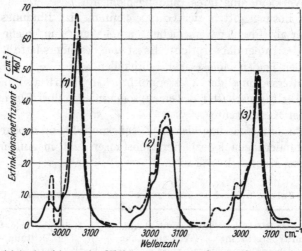

Abb. 48. Extinktionskoeffizienten der CH-Valenzschwingungsbanden von Naphthalin (*1*), Chinolin (*2*) und Isochinolin (*3*) in Tetrachloräthylen (——) und in Schwefelkohlenstoff (———) $c = 30 \times 10^{-3}$ Mol/l.

f) Zwischenmolekulare Wechselwirkungen schwach- oder unpolarer Molekeln. Ohne daß systematische Untersuchungen darüber vorliegen, ist bereits seit längerer Zeit bekannt, daß nichtpolare Substanzen, z. B. Kohlenwasserstoffe, in verschiedenen nichtpolaren Lösungsmitteln wie Benzol, Tetrachlorkohlenstoff, Schwefelkohlenstoff gelöst, sowohl Frequenzverschiebungen als auch Intensitätsänderungen bestimmter, aber nicht aller Banden — je nach dem Lösungsmittel — zeigen. So ist der integrale Extinktionskoeffizient (maximaler Extinktionskoeffizient × Halbwertsbreite) der CH-Valenzschwingung des Naphthalins (*33*) für eine CH-Bindung in Tetrachloräthylen 261×10^3 cm/Mol und in Schwefelkohlenstoff 293×10^3 cm/Mol oder des Isochinolins (*115*) in den gleichen Lösungsmitteln 208×10^3 bzw. 216×10^3 cm/Mol, wobei gleichzeitig merkliche Bandenverlagerungen zu beobachten sind (Abb. 48).

Noch auffallender tritt ein derartiger Lösungsmitteleinfluß bei den 2ν—CH-Valenzschwingungen der isomeren Hexachlorcyclohexane zutage. Es ist bekannt, daß das Cyclohexan selber, bedingt durch die verschiedene Richtung der H-Atome zum Ring, eine Aufspaltung der CH-Valenzfrequenzen zeigt, die sich in den Oberschwingungen durch Unsymmetrie der entsprechenden Bande bemerkbar macht [s. z. B. *(185)*]. Prüft man daraufhin die Spektren der isomeren Hexachlorcyclohexane *(69a)*, *(152)*, so zeigt sich, daß auch bei ihnen Aufspaltungen der C—H-Valenzfrequenzen zu beobachten sind, die bei dem γ- und δ-Isomeren besonders deutlich hervortreten. In Abb. 49 ist die 2-ν-C—H-Valenz-schwingung einiger Hexachlorcyclohexane wiedergegeben. Man erkennt, daß eine weitere Bandenaufspaltung bei der δ-Komponente eintritt mit

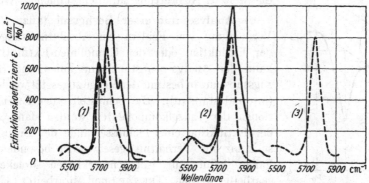

Abb. 49. 2-ν-C—H-Valenzschwingungen von Hexachlorcyclohexanen. —— Tetrachlorkohlenstoff; — — — Schwefelkohlenstoff. *(1)* δ-, *(2)* γ-, *(3)* α-Hexachlorcyclohexan.

Änderung des Lösungsmittels von Schwefelkohlenstoff zu Tetrachlor-kohlenstoff. Auch bei der γ-Komponente sind Spektrenunterschiede in den beiden Lösungsmitteln festzustellen. Die Stärke der Beeinflussung geht nicht proportional mit den Dipolmomenten ($\delta = 2{,}2\,D$; $\gamma = 2{,}8\,D$).

4. Die Analysenverfahren.

Je nach der Aufgabenstellung und nach den Sonderheiten des zu untersuchenden Systems wurden die verschiedensten Methoden für die quantitative Analyse entwickelt.

a) Extinktionsmessung an einer nichtüberlagerten bzw. additiv überlagerten Schlüsselbande. Am einfachsten liegen die Verhältnisse bei Gültigkeit des LAMBERT-BEERschen Gesetzes und additiver Über-lagerung; diese Fälle wurden schon oben erledigt [Gl. (18) und Gl. (19)].

b) Grundlinienverfahren. Die Bestimmung der Extinktion wird in vielen Fällen durch den Spektrenuntergrund gestört, so daß unter anderem W. WRIGHT *(364b)* die „Grundlinien"-Auswertung vorschlug. Abb. 50 gibt das Prinzip wieder. ν_k ist die Schlüsselfrequenz der zu bestimmenden Komponente mit der Intensität I. ν_a und ν_b sind die Frequenzen auf beiden Seiten von ν_k, bei denen die Intensität jeweils wieder ein Maximum erreicht. Die Nullinie entspricht der Intensität Null, die Absorptionskurve L_K der durchgelassenen Strahlungsintensität mit Substanz, die Untergrundlinie L_u der Strahlungsintensität ohne Substanz im Strahlengang. Die Grundlinie L_G ist dann schließlich die Tangente an die Absorptionskurve, die sie bei ν_a und ν_b berührt. Sie soll möglichst parallel zu L_u gelegt werden. An Stelle der Extinktion wird dann die sog. „Grundlinien"-Extinktion abgeleitet: $E_b = \log I_b/I$ (I_b = Grundlinienintensität bei ν_k). Da auch die Grundlinienextink-

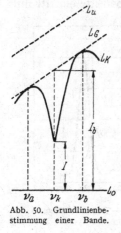

Abb. 50. Grundlinienbestimmung einer Bande.

tionen als additiv angenommen werden, erfolgt die weitere Auswertung auf dem üblichen Weg.

c) Analyse mit einer Bezugssubstanz. Zur Vermeidung von Fehlern bei Absolutmessungen der Extinktion oder der Grundlinien-Extinktion kann der Analysensubstanz eine linienarme Bezugssubstanz in bestimmter Menge zugesetzt werden (internal standard). Die Schlüsselbanden-Extinktionen der Einzelkomponenten werden dann zu der Extinktion einer Schlüsselbande der Bezugssubstanz ins Verhältnis gesetzt. In besonderen Fällen kann mit isotopenmarkierten Molekeln gearbeitet werden. Trenner und Mitarbeiter (*333*) wenden die Methode für die Analyse des γ-Hexachlorcyclohexans an. Dem zu analysierenden, in Dimethylformamid gelösten Isomerengemisch wird eine bestimmte Menge γ-Deutero-hexachlorcyclohexan zugesetzt. Die Schlüsselbande der normalen Verbindung liegt bei 845 cm^{-1}, der Deuteroverbindung bei 728 cm^{-1}. Aus dem Intensitätsverhältnis dieser Banden wird der Prozentgehalt des gesuchten Isomeren berechnet.

d) Analyse durch Eichkurvenaufstellung. Sind die Schlüsselbanden nicht nur überlagert, sondern folgen sie in ihrer Intensität auch nicht dem Beerschen Gesetz (z.B. bei Druckverbreiterung in Gasen, bei Wasserstoffbrücken in Flüssigkeiten), so müssen Eichkurven aufgenommen werden, welche die Extinktion in Abhängigkeit von der Konzentration der gesuchten Substanz darstellen.

5. Analysenbeispiele.

Da über die quantitative Ultrarotanalyse bisher noch keine eingehende Darstellung in der Literatur zu finden ist, werden im folgenden auch einige Beispiele aus der Zeit vor 1945 herangezogen. [Allgemeine Arbeiten siehe auch die früher zitierten Sammelwerke sowie (*34*) (*98*).]

a) Die Gasanalyse. Eins der bekanntesten Beispiele auf diesem Gebiet ist die Analyse einer C$_4$-Fraktion [n-Butan, Isobutan, Buten-1,

Isobuten, cis-Buten-2, trans-Buten-2 (*34a*)]. Die benötigten 36 Absorptionskoeffizienten der Schlüsselbanden werden bestimmt. Die Berechnung der 6 Simultangleichungen wird schematisiert. Die Leistungsfähigkeit der Methode wird an Gemischen bekannter Zusammensetzung geprüft. In allen Testgemischen liegt die Abweichung für die einzelnen Komponenten unter 1%. Die Analysendauer beträgt 30 bis 45 min [s. auch (*42b*)].

Acht C_5-Kohlenwasserstoffe (n-Pentan, Isopentan, Penten-1, cis- und trans-Penten-2, 3-Methyl-buten-1, 2-Methyl-buten-1, 2-Methyl-buten-2) analysieren Thornton und Herald (*332*) und bestimmen das n-Penten bis zu 0,5%.

Mit dem Einfluß der Druckverbreiterung auf die quantitative Analyse von Kohlenwasserstoffen bis C_5, Kohlendioxyd, Kohlenmonoxyd u. a. in Crackgasen, Abgasen der Katalysatorregenerierung usw. beschäftigen sich N. D. Coggeshall (*49a*), W. D. Seyfried, S. H. Hastings (*289*) und M. Cornu (*55*). Ein interessantes Anwendungsgebiet ist die Analyse der Luftverunreinigungen über Städten, bei der z.B. der Anteil der Industrie- oder der Kraftwagenabgase bestimmt werden kann (*336*), (*199*).

b) Flüssigkeitsanalyse. Grundlagen der quantitativen Analyse von Flüssigkeiten liefern verschiedene Arbeiten, die unter dem Thema der Schlüsselfrequenzen schon früher genannt wurden. Angaben über die Größe von Extinktionskoeffizienten verschiedener Gruppen enthalten, z.B. (*61*), (*83*), (*125*), (*148*), (*222*). Außerdem sind zu erwähnen: R. W. B. Johnston, W. G. Appleby und M. O. Baker (*143a*) über Intensitäten von Olefin-Schlüsselbanden (890, 910, 975, 990 cm^{-1}), sowie Cross und Rolfe (*62*) über die molaren Extinktionskoeffizienten der Carbonylgruppe.

Methodische Einzelheiten finden sich in einer Arbeit von Kent und Beach (*154*). Der spektroskopischen Analyse eines zwischen 28 und 124° C siedenden Benzins geht eine gute Vorfraktionierung voraus, bei der acht Fraktionen mit je etwa zehn Komponenten anfallen. Nach der qualitativen Analyse wird aus den Extinktionen der Schlüsselfrequenzen der festgestellten Substanzen die Zusammensetzung mit einem elektrischen Rechengerät quantitativ bestimmt.

Die Anwendung des Grundlinienverfahrens bei der Analyse der verschiedensten Kohlenwasserstoffgemische behandeln Heigl, Bell und White (*130*). Insbesondere wird die Analyse eines C_8-Kohlenwasserstoffgemisches besprochen. Die Genauigkeit der Methoden liegt zwischen 0,2 und 0,8%.

Eine sehr eingehende Arbeit über die Analyse von Ost-Texas-Erdölfraktionen bis in den C_9-Bereich, veröffentlichte Bell (*25*). Als Vergleichssubstanzen der mit sehr wirksamen Kolonnen erhaltenen Fraktionen untersucht die Verfasserin drei n-Paraffine, 34 Isoparaffine,

22 Cyclopentan- und 10 Cyclohexanhomologe, die sie vom Nat. Bureau of Standards (API-Projekt 46) bezieht.

Diäthyl- und Butylbenzole analysierte Perry (240) routinemäßig in einem vereinfachten Meßverfahren mit einer Genauigkeit von 0,5%. Sehr eingehend behandeln Williams, Hastings und Anderson (357b) die Grundlagen einer C_{10}-Aromaten-Analyse.

c) Festsubstanzanalyse. Die Analyse von Festsubstanzen ist in der Ultrarotspektroskopie teilweise mit Schwierigkeiten verbunden, da die Substanzen in vielen Fällen das Primärlicht stark reflektieren oder streuen. Sie werden daher gern in Lösung (Schwefelkohlenstoff, Tetrachlorkohlenstoff, Cyclohexan) in Suspension (Nujol, Paraffinöl, Fluorkohlenstoffe) oder nach dem Preßverfahren (287) untersucht.

Eines der am häufigsten behandelten Beispiele ist die Ultrarotanalyse der isomeren Hexachlorcyclohexane. Neben den ersten Arbeiten von Daasch (69a) und Kauer (152) sei aus neuerer Zeit noch eine von Pirlot (245) erwähnt. Die Bestimmungsgenauigkeit liegt zwischen 0,5 und 2,0%, wenn man für die verschiedenen Isomeren als Schlüsselbanden verwendet: $\alpha = 795 \, \mathrm{cm^{-1}}$; $\beta = 743 \, \mathrm{cm^{-1}}$; $\gamma = 688 \, \mathrm{cm^{-1}}$ und $925 \, \mathrm{cm^{-1}}$; $\delta = 756 \, \mathrm{cm^{-1}}$; $\varepsilon = 716 \, \mathrm{cm^{-1}}$. Die Analyse wird durch Anwesenheit von Heptachlorcyclohexanen [Spektren siehe z.B. (201), (170)] und anderen Begleitsubstanzen gestört. Die β-Verbindung wird, wenn überhaupt, in Aceton, die anderen Isomeren werden in Schwefelkohlenstoff untersucht. Auch andere Insecticide wie das DDT (75b), das Aldrin und das Dieldrin (100b) werden ultrarotspektroskopisch analysiert. Phenol, Kresole, Xylenole analysieren Friedel, Pierce und McGovern (97) nach dem Grundlinienverfahren. Freies Phenol in Phenol-Formaldehyd-Harzen bestimmen Smith, Rugg und Bowman auf $\pm 0,3\%$ (307), tertiäre Butylphenole Hales (116) und Kresole O. E. Knapp, H. S. Moe und R. B. Bernstein (161b).

Eine sehr eingehende Veröffentlichung über die Grundlagen der Ultrarotspektroskopie von pulverförmigen Substanzen schrieb Pirlot (246), in der er als Beispiel die Analyse von Cinchonidin neben Cinchonin, Chinin und Chinidin behandelt.

Arbeiten, welche die Anwendbarkeit der Ultrarotspektroskopie auf dem Fettgebiet zum Thema haben, faßt Volbert (341) in einem Sammelreferat zusammen. Grundlegend für die quantitative Analyse auf diesem Gebiete sind Veröffentlichungen von Swern und Mitarbeitern (295a), (295) über die Extinktionskoeffizienten der Schlüsselbanden einer Reihe von Säuren, Estern und Alkoholen. Sie leiten daraus z.B. eine spektroskopische Bestimmungsmethode für trans-Oktadecensäure ab (323) und vergleichen sie mit der bisher üblichen Bleisalz-Alkohol-Methode. Die Ultrarotspektroskopie ist dabei der chemischen Analyse etwa gleichwertig.

6. Betriebskontrolle mit Pseudospektrographen
(Nondispersive Instruments).

In den vor etwa 20 Jahren entwickelten Ultrarotabsorptionsschreibern können Gase und Dämpfe analysiert werden, die im Wellenlängenbereich von etwa 2 bis 6μ geeignete Absorptionsbanden besitzen. Kohlendioxyd, Kohlenmonoxyd, Methan, Äthan, Äthylen, Acetylen, Stickoxyd, Stickoxydul, Äthylenoxyd, Butadien, Aceton, Alkohol, Benzol, Dimethyläther sind eine Reihe von Substanzen, die im laufenden Betriebe bestimmt werden können. Grundsätzlich kann in jedem gewünschten Meßbereich gearbeitet werden. So erfassen CO-Schreiber Konzentrationsbereiche zwischen 0 und 0,05, sowie zwischen 0 und 100%; Äthylenschreiber wurden für 80 bis 100% gebaut. Die Empfindlichkeit ist in manchen Fällen außerordentlich groß, z.B. können noch $10^{-4}\%$ CO_2 oder $10^{-3}\%$ CO erfaßt werden (297). Ein interessantes Problem ist die Messung der Stickoxyde NO, N_2O und NO_2. Stickoxydul kann neben Stickoxyd quantitativ erfaßt werden, die umgekehrte Aufgabe ist jedoch, ähnlich wie bei der oben erwähnten Benzol-Cyclohexan-Analyse, wegen der Überlappung der Absorptionsbereiche schwieriger. NO_2 muß schließlich photometrisch bestimmt werden. In der Ausführung des Gesamtgerätes werden in einer Kompensationsschaltung zwei Absorptionsschreiber und ein Photometer zusammengefaßt. Die N_2O-Anzeige des ersten Schreibers korrigiert dabei die NO-Anzeige im zweiten.

Auch bei der Messung von Dämpfen kann der URAS erfolgreich angewendet werden, wenn man mit Träger- oder Füllgasen arbeitet, deren Absorptionsbereich ähnlich dem der zu bestimmenden Komponente ist.

Die Geräte werden nicht nur zur laufenden Betriebskontrolle eingesetzt, sondern z.B. in Verbindung mit einer Alarmanlage auch zur Raumluftüberwachung gegen giftige oder explosible Gase.

Dabei ist das technisch wichtigste Anwendungsgebiet die Überwachung der Grubenwetter auf CO- und CH_4-Gehalt (143), (257a), (296).

Auch aus der Medizin und Biologie sind Anwendungsbeispiele bekannt: Die CO-Bestimmung im Blut bei CO-Vergiftungen (275); das Studium von Assimilationsvorgängen (77).

Schließlich sei noch ein Beispiel aus der physikalisch-chemischen Grundlagenforschung angegeben, in dem MILATZ u. a. (214) C^{12} und C^{13} durch Analyse von $C^{12}O_2$ neben $C^{13}O_2$ quantitativ nebeneinander bestimmen.

Literatur.

1. ACHHAMMER, B. G., M. J. REINEY u. F. W. REINHART: Untersuchung des Polystyrolabbaus mittels Ultrarotspektralanalyse. J. Res. nat. Bur. Standards 47, 116 (1951).
1a. — Analyt. Chem. 24, 1925 (1952).

2. Adcock, W. A.: Eine Rechenmaschine für Simultangleichungen und ihr Gebrauch zur Lösung von Säkulargleichungen. Rev. sci. Instruments 19, 181 (1948).

2a. Adel, A.: Astrophysic. J. 94, 451 (1941).

— u. D. M. Dennison: J. chem. Physics 14, 379 (1946).

2b. Ahmad, K., J. Amer. chem. Soc. 70, 3391 (1948).

Guy, J.: Bull. Soc. chim. France 1949, 731.

Klotz, I. M., u. D. M. Gruen: J. physic. Colloid Chem. 52, 961 (1948).

3. Alexander, A. E., u. V. R. Gray: Aluminiumseifen, ihre Natur und ihre gelbildenden Eigenschaften. Proc. Roy. Soc. [London], Ser. A 200, 165 (1950).

3a. Alexander, E. R., u. R. E. Burge: Desaminierung von Diazoniumsalzen durch unterphosphorige Säure. J. Amer. chem. Soc. 72, 3100 (1950).

3b. Allen jr., H. C., P. C. Cross u. G. W. King: J. chem. Physics 18, 1412 (1950).

4. Allison, A. R., u. I. J. Stanley: Zerstörung elastischer Materialien durch Ozon. Vorläufige Ergebnisse einer Ultrarotuntersuchung. Analyt. Chem. 24, 630 (1952).

5. American Petroleum Institute Research Project 44. National Bureau of Standards. Katalog von Ultrarotspektren.

6. Ames, J., u. A. M. D. Sampson: Dünne Selenfilme für ultrarotdurchlässige Polarisatoren. J. Sci. Instruments 26, 132 (1949).

7. Amstutz, E. D., I. M. Hunsberger u. J. J. Chessik: Schwefelverbindungen. VIII. Ultrarotabsorptionsspektren und Struktur einiger substituierter Diphenylsulfone und Sulfoxyde. J. Amer. chem. Soc. 73, 1220 (1951).

8. Anderson jr., J. A.: Bestimmung von Verunreinigungsspuren in Test-Isooctan durch Ultrarotabsorptionsspektrographie. Analyt. Chem. 20, 801 (1948).

9. — u. C. E. Zerwekh jr.: Bestimmung der Verunreinigungen in n-Heptan-Konzentraten durch Ultrarotabsorption. Analyt. Chem. 21, 911 (1949).

9a. Anderson, W. E., u. E. F. Barker: J. chem. Physics 18, 698 (1950).

10. Ard, J. S., u. T. D. Fontaine: Ultrarotdurchlässige Lösungsmittel. Triäthylaminzusatz als Hilfsmittel von steigender Bedeutung. Analyt. Chem. 23, 133 (1951).

11. Ashdown, A., u. T. A. Kletz: Ultrarotspektren von Aldehyd- und Alkoholgemischen. J. chem. Soc. [London] 1948, 1454.

11a. Avery, W. H., u. J. R. Morrison: J. appl. Physics 18, 960 (1947).

11b. Axford, D. W. E., u. D. H. Rank: J. chem. Physics 17, 430 (1949); 18, 51 (1950).

12. Badger, R. M.: Eine Beziehung zwischen Kernabständen und Bindungskraftkonstanten. J. chem. Physics 2, 128 (1934).

— Die Beziehung zwischen Kernabstand und Kraftkonstanten von Molekülen und ihre Anwendung auf mehratomige Moleküle. J. chem. Physics 3, 710 (1935).

13. — u. L. R. Zumwalt: Die Bandenumhüllungen von symmetrischen Kreiselmolekülen. I. Berechnung der theoretischen Umhüllungen. J. chem. Physics 6, 711 (1938).

14a. Badische Anilin- und Sodafabrik: D.R.P. 730478.

14b. Baker, J. W., M. M. Davies u. J. Gaunt: J. chem. Soc. [London] 1949, 24.

15. Barceló, J. R.: Das Ultrarotspektrum von zwei Fluorderivaten des Äthylens. An. Real. Soc. españ. Física Quim., Ser. A Física 45, 449 (1949).

16. — Das Ultrarotspektrum von Hexafluoräthan und Chlorpentafluoräthan. J. Res. nat. Bur. Standards 44, 521 (1950).

16a. Pace, E. L., u. Aston: J. Amer. chem. Soc. 70, 566 (1948).

17. BARER, R.: Entwicklung der Ultraviolett- und Ultrarot-Mikrospektrographie mit Hilfe des Reflexionsmikroskopes von BURCH. Discuss. Faraday Soc. 9, 369 (1950).

17a. — A. R. H. COLE u. H. W. THOMPSON: Nature 163, 198 (1949).

17b. BARKER, E. F., u. W. W. SLEATOR: J. chem. Physics 3, 660 (1935).

17c. BARNARD, D., J. M. FABIAN u. H. P. KOCH: J. chem. Soc. [London] 1949, 2442.

— — G. B. B. M. SUTHERLAND u. Mitarb.: J. chem. Soc. [London] 1950, 915.

18. BARNES, R. B., u. R. E. GORE: Ultrarotspektroskopie. Analyt. Chem. 21, 7 (1949).

19. — — U. LIDDEL u. V. Z. WILLIAMS: Ultrarotspektroskopie. Industrielle Anwendung und Literaturübersicht. New York 1944.

19a. — u. Mitarb.: Analyt. Chem. 20, 402 (1948).

20. BARRIOL, J., u. J. CHAPELLE: Die Schwingungen langer Kohlenstoffketten. J. Physique Radium 8, 8 (1947).

20a. BARROW, G. M., u. S. SEARLES: Einfluß der Ringstruktur auf die UR-Spektren cyclischer Äther. J. Amer. chem. Soc. 75, 1175 (1953).

21. CHERRIER, EL.: C. R. hebd. Séances Acad. Sci. 225, 997, 1063 (1947); 226, 1979 (1948).

22. BARTLESON, J. D., R. E. BURK u. H. P. LANKELMA: Die Darstellung und Identifizierung von Alkylcyclopropanen: 1.1.2-Trimethylcyclopropan und 1.2-Dimethyl-3-äthylcyclopropan. J. Amer. chem. Soc. 68, 2513 (1946).

23. BARTLETT, P. D., u. P. N. RYLANDER: WALDENsche Umkehrung bei der Bildung von β-Lactonen. Die Konfiguration der bromierten Säuren von KOHLER und JANSEN. J. Amer. chem. Soc. 73, 4275 (1951).

23a. BECK, C.: J. chem. Physics 12, 71 (1944).

24. BECKER, J. A., W. H. BRATTAIN u. H. R. MORE: „Thermistor"-Bolometer. J. opt. Soc. America 36, 354 (1946).

24a. BECKETT, C. W., K. S. PITZER u. R. SPITZER: J. Amer. chem. Soc. 69, 2488 (1947).

25. BELL, M. F.:,Analyse von Erdölfraktionen aus Ost-Texas mit dem Siedepunkt bis 270° F. Analyt. Chem. 22, 1005 (1950).

26. BELL, R. P., H. W. THOMPSON u. E. E. VAGO: Intensitäten von Schwingungsbanden. I. Deformationsschwingungen von Benzolderivaten und das Moment der C—H-Bindung. Proc. Roy. Soc. [London], Ser. A 192, 498 (1948).

26a. — u. H. C. LONGUET-HIGGINS: Proc. Roy. Soc. [London], Ser. A 183, 357 (1945).

26b. BELL, E. E., u. H. H. NIELSEN: J. chem. Physics 18, 1382 (1950).

26c. BERNSTEIN, H. J., u. W. G. BURNS: J. chem. Physics 18, 1669 (1950).

— u. J. POWLING: J. chem. Physics 18, 685 (1950).

— u. G. HERZBERG: J. chem. Physics 16, 30 (1948).

— u. D. H. RAMSAY: J. chem. Physics 17, 258, 262, 556 (1949).

— J. chem. Physics 18, 478 (1950).

27. BERRY, C. E., D. E. WILCOX, S. M. ROCK u. M. W. WASHBURN: Eine Rechenmaschine zur Lösung linearer Simultangleichungen. J. appl. Physics 17, 262 (1946).

27a. BIGELEISEN, J., u. L. FRIEDMAN: J. chem. Physics 18, 1656 (1950).

27b. MORTIMER, F. S., R. B. BLODGETT u. F. DANIELS: J. Amer. chem. Soc. 69, 822 (1947).

27c. BERGMANN, E. D., E. GIL-AV u. S. PINCHAS: Chelation bei 2-Aminoalkoholen. J. Amer. chem. Soc. 75, 68 (1953).

28. BLOMQUIST, A. T., R. E. BURGE, L. H. LIU, J. G. BOHRER, A. G. SUESY u. J. KLEIS: Vielgliedrige Kohlenstoffringe. IV. Synthese von Cyclononin und Cyclodecin. J. Amer. chem. Soc. **73**, 5510 (1951).

28a. BLOUT, E. R., H. S. G. LINSLEY: Ultrarotspektren und die Struktur von Glycin- und Leucinpeptiden. J. Amer. chem. Soc. **74**, 1946 (1952).

28b. — M. FIELDS u. R. KARPLUS: J. Amer. chem. Soc. **70**, 194 (1948).

28c. BLOUT, E. R., G. R. BIRD: J. opt. Soc. America **40**, 304 (1950); **41**, 547 (1951).

29. BOVEY, L. F. H.: Küvetten für Reflexions- und Durchlässigkeitsmessungen im Ultraroten bei der Temperatur der flüssigen Luft. J. opt. Soc. America **41**, 381 (1951).

29a. — u. G. B. B. M. SUTHERLAND: J. chem. Physics **17**, 842 (1949).

30. BOWMAN, R. S., u. R. D. STEVENS: Stellungseinfluß substituierter Gruppen auf den Dampfdruck alkylierter Phenole. J. org. Chemistry **15**, 1172 (1950).

31. BOYD, R. J., H. W. THOMPSON u. R. L. WILLIAMS: Innere Rotation in Zink- und Quecksilberdimethyl. Discuss. Faraday Soc. **9**, 154 (1950).

32. BRADFORD, B. W.: Die Kohlenwasserstoff-Forschungsgruppe des „Institute of Petroleum", ihre Entwicklung und Aufgaben. 3. Welt-Erdöl-Kongreß, Proceedings, Sect. VI., 240 (1951).

33. BRANDES, G.: Die Molekülschwingungsspektren partiell deuterierter Naphthalinderivate. Diss. Braunschweig 1952.

34. BRATTAIN, R. R., L. C. JONES u. T. P. WIER: Spektrometrische Methoden der Petroleumanalysen. 3.Welt-Erdöl-Kongreß, Proceedings Sect.VI., 81(1951).

34a. — R. S. RASMUSSEN u. A. M. CRAVATH: J. appl. Physics **14**, 418 (1943).

35. BROCKWAY, L. O., u. L. E. COOP: Eine Untersuchung der Dämpfe der Chlorsilane und von Chlor- und Bromacetylen mit Hilfe der Elektronenbeugung und der Messung der elektrischen Dipolmomente. Trans. Faraday Soc. **34**, 1429 (1938).

36. BROWN, J. K., u. N. SHEPPARD: Rotationsisomerie in 2-Methylbutan und 2.3-Dimethylbutan. J. chem. Physics **19**, 976 (1951).

37. — — u. D. M. SIMPSON: Ultrarotspektroskopische Untersuchungen der Rotationsisomerie. I. Die Zuordnung der Grundschwingungen einiger Äthylendihalogenide. Trans. Faraday Soc. **48**, 128 (1952).

37a. — — Discuss. Faraday Soc. **9**, 261 (1950).

38. BRÜGEL, W.: Physik und Technik der Ultrarotstrahlung, S. 94ff. Hannover 1951.

39. BULLOCK, B. W., G. A. HORNBECK u. S. SILVERMAN: Notiz über die Ultrarotabsorption bei Kohlenoxyd-Sauerstoffexplosionen. J. chem. Physics **18**, 1114 (1950).

40. BUNN, C. W.: Molekülstruktur und gummiähnliche Elastizität. Proc. Roy. Soc. [London], Ser. A **180**, 40 (1942).

41. — u. H. S. PEISER: Mischkristallbildung in Hochpolymeren. Nature **159**, 161 (1947).

42. BURCH, C. R.: Reflexionsmikroskope. Proc. physic. Soc. [London] **59**, 41 (1947).

42a. BURGESS, J. S.: Physic. Rev. **76**, 302 (1949).

42b. BURK, O. W., C. E. STARR u. F. D. TUEMMLER: Analyse niederer Kohlenwasserstoffe. New York 1951.

43. CANDLER, C.: Praktische Spektroskopie. London 1949.

44. CAROL, J.: Die Bestimmung von α-Oestradiol und den anderen oestrogenen Diolen mit Hilfe der Ultrarotspektroskopie. J. Amer. pharmac. Assoc. **39**, 425 (1950).

45. CAROL, J., J. C. MOLITOR u. E. O. HAENNI: Bestimmung von Oestron, Equilin und Equilinin durch Ultrarotspektrophotometrie. J. Amer. pharmac. Assoc. **37**, 173 (1948).

45a. CARPENTER, G. B., u. R. S. HALFORD: J. chem. Physics **15**, 99 (1947).

46. CARTER, G. K., u. G. KRON: Analysator für einen Vergleich mit schwingenden vielatomigen Molekülen. J. chem. Physics **14**, 32 (1946).

46a. CLAASSEN, H. H.: J. chem. Physics **18**, 543 (1950).

47. COGGESHALL, N. D.: In A. FARKAS', Physikalische Chemie der Kohlenwasserstoffe, S. 113ff. New York 1950.

48. — u. E. L. SAIER: Druckverbreiterung im Ultraroten und optische Stoßquerschnitte. J. chem. Physics **15**, 65 (1947).

49. — — Ultrarotabsorptionsuntersuchung von Gleichgewichten der Wasserstoffbrücken. J. Amer. chem. Soc. **73**, 5414 (1951).

49a. — J. Amer. chem. Soc. **72**, 2836 (1950).

— Analyt. Chem. **22**, 381 (1950).

— J. Amer. chem. Soc. **69**, 1620 (1947).

— J. chem. Physics **18**, 978 (1950).

49b. COLE, A. R. H., u. H. W. THOMPSON: Trans. Faraday Soc. **46**, 103 (1949).

49c. — — Proc. Roy. Soc. [London], Ser. A **200**, 10 (1949).

50. COLTHUP, N. B.: Beziehungen zwischen Ultrarotspektren und Struktur. J. opt. Soc. America **40**, 397 (1950).

50a. CONDON, F. E., u. D. E. SMITH: J. Amer. chem. Soc. **69**, 965 (1947).

51. O'CONNOR, R. T., E. T. FIELD u. W. S. SINGLETON: J. Amer. Oil Chemists' Soc. **28**, 154 (1951).

52. COPE, A. C., u. M. BURG: Cyclische Polyolefine. XIX. Chlor- und Bromcyclooctatetraëne. J. Amer. chem. Soc. **74**, 168 (1952).

53. — u. H. C. CAMPBELL: Cyclische Polyolefine. XXII. Cyclooctatetraëne aus substituierten Acetylenen. J. Amer. chem. Soc. **74**, 179 (1952).

54. — u. H. O. VAN ORDEN: Cyclische Polyolefine. XXI. Alkylcyclooctatetraëne und Alkylcyclooctatriëne aus Cyclooctatetraën und Alkyllithiumverbindungen. J. Amer. chem. Soc. **74**, 175 (1952).

55. CORNU, M.: Analyse von gasförmigen Raffinerie-Produkten mit Hilfe der Ultrarotspektroskopie. 3. Welt-Erdöl-Kongreß, Proceedings Sect. VI, 105 (1951).

55a. COWAN, R. D.: J. chem. Physics **18**, 1101 (1950).

56. FÜRST, A., H. H. KUHN, R. SCOTANI, Hs. H. GUNTHARD: Helv. chim. Acta **35**, 951 (1952).

57. CRAM, D. J., u. H. STEINBERG: Macro-Ringe. I. Darstellung und Spektren der Paracyclophane. J. Amer. chem. Soc. **73**, 5691 (1951); **74**, 5388 (1952).

58. CRAWFORD, B.: Schwingungsintensitäten. II. Der Gebrauch von Isotopen. J. chem. Physics **20**, 977 (1952).

59. CRAWFORD, B. L., W. H. FLETCHER u. D. A. RAMSAY: Ultrarotspektren von CH_2N_2 und CD_2N_2. J. chem. Physics **19**, 406 (1951).

60. — H. L. WELSH u. J. L. LOCKE: Ultrarotabsorption von Sauerstoff und Stickstoff, hervorgerufen durch intermolekulare Kräfte. Physic. Rev. **75**, 1607 (1949).

— — Ultrarotabsorption von Wasserstoff und Kohlendioxyd, hervorgerufen durch intermolekulare Kräfte. Physic. Rev. **76**, 580 (1949).

60a. — — Physic. Rev. **80**, 469 (1950).

60b. CREITZ, E. C., u. F. A. SMITH: J. Res. nat. Bur. Standards **43**, 365 (1949).

61. CROSS, L. H., R. B. RICHARDS u. H. A. WILLIS: Das Ultrarotspektrum von Äthylenpolymeren. Discuss. Faraday Soc. **9**, 235 (1950).

860   R. Suhrmann und H. Luther:

62. Gross, L. H., u. A. C. Rolfe: Die molaren Extinktionskoeffizienten gewisser funktioneller Gruppen mit besonderer Berücksichtigung der Verbindungen, die Carbonyl enthalten. Trans. Faraday Soc. **47**, 354 (1951).

63. Crout, P. D.: Eine kurze Methode zur Ausrechnung von Determinanten und zur Lösung von Systemen linearer Gleichungen mit reellen oder komplexen Koeffizienten. Trans. Amer. Inst. electr. Engr. **60**, 1235 (1941).

64. McCubbin, T. K., u. W. M. Sinton: Neue Untersuchungen im fernen Ultrarot. J. opt. Soc. America **40**, 537 (1950).

65. Cymerman, J., u. J. B. Willis: Die Ultrarotspektren und die chemische Struktur einiger Disulfide, Disulfone und Thiosulfonate. J. chem. Soc. **1951**, 1332.

66. Czerny, M.: Messungen im Rotationsspektrum des Chlorwasserstoffes im langwelligen Ultrarot. Z. Physik **34**, 227 (1925).

67. —, u. H. Röder: Fortschritte auf dem Gebiet der Ultrarottechnik. Ergebn. exakt. Naturwiss. **17**, 70 (1938).

68. Daasch, L. W.: Ultrarotspektren und Struktur der Reaktionsprodukte von Ketonen mit Äthanolamin. J. Amer. chem. Soc. **73**, 4523 (1951).

69. — u. D. C. Smith: Ultraspektren von Phosphorverbindungen. Analyt. Chem. **23**, 853 (1951).

69a. — Analyt. Chem. **19**, 779 (1947).

70. Dannenberg, H., u. D. Dannenberg-von Dresler: Darstellung von cis-trans-isomeren Diolen des Tetrahydrophenanthrens. Z. Naturforsch. **7b**, 265 (1952).

70a. Dauben, W. G., E. Hoerger u. N. K. Freeman: Die UR-Spektren der Dekalole. J. Amer. chem. Soc. **74**, 5206 (1952).

71. Davis, A., F. F. Cleveland u. A. G. Meister: Substituierte Methane. VIII. Schwingungsspektren, Kraftkonstanten und berechnete thermodynamische Eigenschaften für Dibrom-Dichlormethan. J. chem. Physics **20**, 454 (1952).

72. Decius, J. C.: Die vollständige Bestimmung der Kraftkonstanten unter Benutzung isotoper Moleküle. I. Lineare Moleküle. J. chem. Physics **20**, 511 (1952).

72a. Dennison, D. M.: Rev. mod. Physics **12**, 175 (1940).

73. Clark, R. D., u. M. J. Schlatter: t-Alkylderivate des Toluols und Äthylbenzols. J. Amer. chem. Soc. **75**, 361 (1953).

73a. Derfer, J. M., E. E. Pickett u. C. E. Boord: J. Amer. chem. Soc. **71**, 2482 (1949).

74. Derksen, W. L., u. Th. I. Monahan: Ein Refektometer zur Messung der diffusen Reflexion im sichtbaren und ultraroten Gebiet. J. opt. Soc. America **42**, 263 (1952).

75. Dibeler, H. V., u. T. I. Taylor: Massenspektrometrische und Ultrarotuntersuchungen der Geschwindigkeit des Deuteriumaustausches, der Isomerisation und der Hydrierung von n-Butenen. J. chem. Physics **16**, 1008 (1948).

75a. Dinsmore, H. L., u. D. C. Smith: Analyt. Chem. **20**, 11 (1948).

75b. Downing, J. R., u. Mitarb.: Ind. Engng. Chem., analyt. Edit. **18**, 461 (1946).

76. Duchesne, J.: Vergleich von Molekülschwingungen mit der chemischen Reaktionsfähigkeit. J. chem. Physics **18**, 1120 (1950).

76a. Edgell, W. F.: J. Amer. chem. Soc. **69**, 660 (1947).

76b. —, u. D. G. Weiblen: J. chem. Physics **18**, 571 (1950).

76c. Duval, Cl., u. J. Lecomte: UR-Spektren von BO_2^- u. BO_3^{---}. Bull. Soc. chim. France (V) **19**, 101 (1952).

76d. DUVAL, CL., R. FREYMAN u. J. LECOMTE: UR-Spektren von Metall-acetyl-acetonaten. Bull. Soc. chim. France (V) 19, 106 (1952).

77. EGLE, K., u. A. ERNST: Die Verwendung des Ultrarotabsorptionsschreibers für die vollautomatische und fortlaufende CO_2-Analyse bei Assimilations- und Atmungsmessungen an Pflanzen. Z. Naturforsch. 4b, 351 (1949).

78. ELLIOTT, A., u. E. J. AMBROSE: Nachweis für die Kettenfaltung in Polypeptiden und Proteinen. Discuss. Faraday Soc. 9, 246 (1950). Proc. Roy. Soc. A 205, 47 (1951).

78a. — — u. R. B. TEMPLE: Proc. Roy. Soc. [London], Ser. A 199, 183 (1949).

79. — — Die Polarisation der Ultrarotstrahlung. J. opt. Soc. America 38, 212 (1948).

79a. ELLIS, J. W., u. J. BATH: J. chem. Physics 7, 862 (1939).

80. ENTEL, J., C. H. RUOF u. H. C. HOWARD: Die Natur des Sauerstoffes in Kohle: Darstellung und Eigenschaften von Phthalan. J. Amer. chem. Soc. 74, 441 (1952).

81. EPSTEIN, M. B., K. S. PITZER u. F. D. ROSSINI: Wärmetönungen, Gleichgewichtskonstanten und freie Energien der Bildung von Cyclopenten und Cyclohexen. J. Res. nat. Bur. Standards 42, 379 (1949).

81a. ETTLINGER, M. G.: J. Amer. chem. Soc. 72, 4699 (1950).

82. EUCKEN, A.: Lehrbuch der chemischen Physik, 3. Aufl., Bd. II/1, S. 102ff. Leipzig 1948.

83. EVANS, A., R. R. HIBBARD u. A. POWELL: Bestimmung von CH-Gruppen in Kohlenwasserstoffen mit hohem Molekulargewicht. Analyt. Chem. 24, 1604 (1952).

83a. FIELD, J. E., J. O. COLE u. D. E. WOODFORD: J. chem. Physics 18, 1258 (1950).

84. FLETT, M. ST. G.: Charakteristische Ultrarotfrequenzen und chemische Eigenschaften von Molekulen. Trans. Faraday Soc. 44, 767 (1948).

85. — Die charakteristischen Ultrarotfrequenzen der Carboxylgruppe. J. chem. Soc. 1951, 962.

86. FOLEY, H. M.: Die „Druckverbreiterung" der Spektrallinien. Physic. Rev. 69, 616 (1946).

86a. —, u. H. M. RANDALL: Physic. Rev. 44, 391 (1933); 59, 171 (1941).

87. FORZIATI, F. H., u. J. W. ROWEN: Einfluß der Zustandsänderung in der kristallinen Struktur auf das Ultrarotabsorptionsspektrum der Cellulose. J. Res. nat. Bur. Standards 46, 38 (1951).

87a. FOX, J. J., u. A. E. MARTIN: Proc. Roy. Soc. [London], Ser. A 175, 208 (1940).

88. FRANCEL, R. J.: Polarisierte Ultrarotstrahlung zur Untersuchung der Molekülstruktur von substituierten Nitrobenzolen. J. Amer. chem. Soc. 74, 1265 (1952).

89. FRANCIS, S. A.: Ultrarotspektroskopische Unterscheidung von Gruppen mit Paraffin-, Cyclopentyl- und Cyclohexylstruktur. Analyt. Chem. 24, 604 (1952).

89a. — J. chem. Physics 18, 861 (1950).

89b. FRANK, R. L., u. R. B. BERRY: J. Amer. chem. Soc. 72, 2985 (1950).

90. FRANKLIN, J. L.: Voraussage über Wärmeinhalt und freie Energie organischer Verbindungen. Ind. Engng. Chem. 41, 1070 (1949).

90a. FRED, M., u. R. PUTSCHER: Analyt. Chem. 21, 900 (1949); 34, 1551 (1952).

91. FREEMAN, N. K.: Ultrarotspektren von Fettsäuren mit langen verzweigten Ketten. J. Amer. chem. Soc. 74, 3583 (1952).

91a. — UR-Spektren einiger langkettiger 2-Alkensäuren. J. Amer. chem. Soc. 75, 1859 (1953).

92. FRENKEL, J.: Über die Drehung von Dipolmolekülen in festen Körpern. Acta physicochim. URSS 3, 23 (1935).

93. Freudenberg, K., W. Siebert, W. Heimberger u. R. Kraft: Ultrarot-spektren von Lignin und ligninähnlichen Stoffen. Chem. Ber. **83**, 533 (1950).

94. Freyman, R.: Ultrarotspektren und Molekularstruktur. Paris 1947.

95. Friedberg, F., u. L. M. Marshall: Über die Ultrarotspektroskopie von mit N^{15} markiertem Phtalylglycin-Äthylester. J. Amer. chem. Soc. **74**, 833 (1952).

96. Friedel, R. A.: Ultrarotspektren von Phenolen. J. Amer. chem. Soc. **73**, 2881 (1951).

97. — L. Pierce u. J. J. McGovern: Ultrarotanalyse von Phenolen, Kresolen, Xylenolen und Äthylphenolen. Analyt. Chem. **22**, 418 (1950).

98. Fry, D. L., R. E. Nusbaum u. H. M. Randall: Die Analyse von Mehrkomponentengemischen von Kohlenwasserstoffen mit Hilfe der Ultrarotspektroskopie. J. appl. Physics **17**, 150 (1946).

98a. Furchgott, R. F., H. Rosenkrantz u. E. Schorr: J. biol. Chem. **163**, 375 (1946); **164**, 621 (1946); **167**, 627 (1946); **171**, 523 (1947); **198**, 903 (1952).

99. Fuson, N., M. L. Josien u. R. L. Powell: Ultrarotspektroskopie von Verbindungen, die biologisches Interesse haben. II. Eine umfassende Untersuchung von Mercaptosäuren und verwandten Verbindungen. J. Amer. chem. Soc. **74**, 1 (1952).

100. — — — u. E. Utterback: Die NH-Valenzschwingung und die NH···N-Wasserstoffbindung in einigen aromatischen Verbindungen. J. chem. Physics **20**, 145 (1952).

100a. Ganz: Privatmitteilung.

100b. Garhart, M. D., F. J. Witmer u. C. A. Tajima: Mikrobestimmung von Aldrin und Dieldrin durch UR-Spektroskopie. Analyt. Chem. **24**, 851 (1952).

101. McGee, P. R., F. F. Cleveland u. S. I. Miller: Ultrarotspektroskopische Daten und ihre versuchsweise Zuordnung für CF_3Br und CF_3J. J. chem. Physics **20**, 1044 (1952).

101a. Giguère, P. A.: J. chem. Physics **18**, 88 (1950).

101b. Gilbert, A. D., H. L. Williams: Geschwindigkeitskonstanten bei der Emulsionscopolymerisation von Dienen. J. Amer. chem. Soc. **74**, 4114 (1952).

102. Glasstone, S.: Theoretische Chemie. New York 1944. — Thermodynamik für Chemiker. New York 1947.

103. Glatt, L., u. J. W. Ellis: Ultraroter Dichroismus in unverzweigtem Polyäthylen und Parowax. J. chem. Physics **15**, 884 (1947).

104. — — Pleochroismus im nahen Ultrarot. II. Das 0,8—2,5 μ-Gebiet einiger linearer Polymere. J. chem. Physics **19**, 449 (1951).

104a. — — J. chem. Physics **16**, 551 (1948).

104b. — Webber, D. S., C. Seaman u. J. W. Ellis: J. chem. Physics **18**, 413 (1950).

105. Glockler, G.: Die Bindungsenergien der Kohlenstoff-Kohlenstoff- und der Kohlenstoff-Wasserstoff-Bindung. J. chem. Physics **16**, 842 (1948).

106. — Geschätzte Bindungsenergien in Kohlenstoff-, Stickstoff-, Sauerstoff- und Wasserstoffverbindungen. J. chem. Physics **19**, 124 (1951).

107. — u. Jo-Yun Tung: Kraftkonstanten dreiatomiger Moleküle. J. chem. Physics **18**, 388 (1945).

107a. — u. G. Matlack: J. chem. Physics **14**, 531 (1946).

107b. Görlich, P.: Die Photozellen. Leipzig 1951.

108. GOLAY, M. J. E.: Theoretische Betrachtungen über Wärme- und Ultrarot-Empfänger mit besonderer Berücksichtigung des pneumatischen Emp-fängers. Rev. sci. Instruments 18, 347 (1947).
— Ein pneumatischer Ultrarot-Empfänger. Rev. sci. Instruments 18, 357 (1947).
— Die theoretische und praktische Empfindlichkeit des pneumatischen Ultrarot-Empfängers. Rev. sci. Instruments 20, 816 (1949).
108a. GORE, R. C., R. B. BARNES u. E. PETERSEN: Analyt. Chem. 21, 382 (1949).
109. GORDON, R. R., u. H. POWELL: Küvetten mit variabler Schichtdicke zur Absorptionsmessung von Flüssigkeiten im ultraroten Spektralgebiet. Rev. sci. Instruments 22, 12 (1945).
110. GORDY, W.: Eine Beziehung zwischen Bindungskraftkonstanten, Bindungs-ordnungen, Bindungslängen und den Elektronegativitäten von gebunde-nen Atomen. J. chem. Physics 14, 305 (1946).
111. GORE, R. C.: Ultrarotspektroskopie. Analyt. Chem. 22, 7 (1950).
112. — Ultrarotspektroskopie. Analyt. Chem. 23, 7 (1951).
113. — Ultrarotspektroskopie. Analyt. Chem. 24, 8 (1952).
114. — u. J. L. JOHNSON: Ultrarotuntersuchung über die Halogenierung un-gesättigter Verbindungen. Physic. Rev. 68, 283 A (1945).
114a. GOUBEAU, J.: Z. Elektrochem. angew. physik. Chem. 54, 505 (1950).
115. GÜNZLER, H.: Diplomarbeit. Braunschweig 1953.
115a. GUTOWSKY, H. S.: J. Amer. chem. Soc. 71, 3194 (1949).
— J. chem. Physics 17, 128 (1949).
—, u. E. M. PETERSEN: J. chem. Physics 18, 564 (1950).
116. HALES, J. L.: Die ultrarotspektrometrische Bestimmung von 4-Methyl-2.6-di-tert-buthylphenol in Mischungen, die 2-Methyl- und 3-Methyl-4.6-di-tert-buthylphenole enthalten. Analyst 75, 146 (1950).
117. HALFORD, R. S.: Molekülbewegungen in kondensierten Systemen. I. Aus-wahlregeln, relative Intensitäten und Orientierungseffekte in RAMAN-und Ultrarotspektren. J. chem. Physics 14, 8 (1946).
117a. — u. O. A. SCHAEFFER: J. chim. Physics 14, 141 (1946).
118. HALL, H. J., u. I. A. MIKOS: Ein neuer Olefintyp. Analyt. Chem. 21, 422 (1949).
119. HALL, M. B., u. R. G. NESTER: Ein Zirkonstift als Strahlungsquelle für die Ultrarotspektroskopie. J. opt. Soc. America 42, 257 (1952).
120. HALLETT, L. T.: Bericht über das „Infrared Punch-Card Committee." Analyt. Chem. 22, 27 A (Heft 10) (1950).
120a. HALVERSON, F., u. R. J. FRANCEL: J. chem. Physics 17, 694 (1949).
— u. V. Z. WILLIAMS: J. chem. Physics 15, 552 (1947).
— Rev. mod. Physics 19, 87 (1947).
120b. HAMPTON, R. R.: Analyt. Chem. 21, 923 (1949).
— u. J. E. NEWELL: Analyt. Chemie 21, 914 (1949).
121. HARDY, A. C., u. F. M. YOUNG: Zur Verteidigung des BEERschen Gesetzes. J. opt. Soc. America 38, 854 (1948).
121a. MILLER, F. A., u. S. D. KOCH: J. Amer. chem. Soc. 70, 1980 (1948).
121b. DRAYTON, L. G., u. A. W. THOMPSON: J. chem. Soc. [London] 1948, 1416.
121c. HARP, W. R., u. R. S. RASMUSSEN: J. chem. Physics 15, 778 (1947).
122. HARPLE, ST., E. WIBERLEY u. W. H. BAUER: Ultrarotabsorptionsspektren von Aluminiumseifen. Analyt. Chem. 24, 635 (1952).
123. HARRIS, P. M., u. E. P. MEIBOHM: Die Kristallstruktur von Lithiumbor-hydrid $LiBH_4$. J. Amer. chem. Soc. 69, 1231 (1947).
124. HARRISON, G. R., R. G. LORD u. J. E. LOOFBOUROW: Praktische Spektro-skopie. New York 1948.

124a. Hartwell, E. J., R. E. Richards u. H. W. Thompson: J. chem. Soc. [London] **1948**, 1436.

125. Hastings, S. H., A. T. Watson, R. B. Williams u. J. A. Anderson: Bestimmung funktioneller Gruppen von Kohlenwasserstoffen durch Ultrarotspektroskopie. Analyt. Chem. **24**, 612 (1952).

126. Hatch, L. F., J. J. D'Amigo u. E. V. Ruhnke: Darstellung und Eigenschaften von 1.2.3-Trichlorpropylenen. J. Amer. chem. Soc. **74**, 122 (1952).

126a. Hathway, D. E., u. M. St. G. Flett: Trans. Faraday Soc. **45**, 818 (1949).

127. Hauptschein, M., R. L. Kinsman, E. A. Nodiff u. A. V. Grosse: Perfluoralkylhalogenide, hergestellt aus den Silbersalzen der Perfluorfettsäuren. J. Amer. chem. Soc. **74**, 849, 1347 (1952).

128. — E. A. Nodiff u. Ch. S. Stokes: Thiolester von Perfluorfettsäuren. J. Amer. chem. Soc. **74**, 4005 (1952).

129. Hirschmann, H.: Bestimmung Δ^5-ungesättigter Sterine durch UR-Spektroskopie. J. Amer. chem. Soc. **74**, 5357 (1952).

130. Heigl, J. J., M. F. Bell u. J. U. White: Anwendung der Ultrarotspektroskopie zur Analyse flüssiger Kohlenwasserstoffe. Analyt. Chem. **19**, 293 (1947).

130a. Hergert, H. L., u. E. F. Kurth: UR-Spektren von Lignin I. Carbonyl- und Hydroxylfrequenzen von Flavanonen, Flavonen, Chalkonen und Acetophenonen. J. Amer. chem. Soc. **75**, 1622 (1953).

131. Herman, R. C., H. S. Hopfield, G. A. Hornbeck u. S. Silverman: Photographische Ultrarot-Emissionsbanden von Sauerstoff in der CO—O_2-Flamme. J. chem. Physics **17**, 220 (1949).

132. Hersh, R. E., M. R. Fenske, H. J. Matson, E. F. Koch, E. R. Booser u. W. G. Braun: Identifizierung von pennsylvanischen Schmierölen. Analyt. Chem. **20**, 434 (1948).

133. Herzberg, G.: Ultrarot- und Raman-Spektren von vielatomigen Molekülen. New York 1945.

133a. — u. L.: J. chem. Physics **18**, 1551 (1950).

133b. — u. K. N. Rao: J. chem. Physics **17**, 1099 (1949).

133c. — u. L.: Canad. J. Res., Sect. B **27**, 332 (1949).

133d. Hettner, G., R. Pohlmann u. H. J. Schumacher: Z. Physik **91**, 372 (1934).

134. Hibbard, R. R., u. A. P. Cleaves: Kohlenstoff-Wasserstoff-Gruppen in Kohlenwasserstoffen. Charakterisierung durch Ultrarotabsorption zwischen 1,10 und 1,25 μ. Analyt. Chem. **21**, 486 (1949).

135. Hoffmann, R. E., u. D. F. Hornig: J. chem. Physics **17**, 1163 (1949). Diss. Brown University 1949.

135a. Hoffmann, L. G.: Z. physik. Chem. B **53**, 179 (1943).

135b. Holden, R. B., R. W. J. Taylor u. H. L. Johnston: J. chem. Physics **17**, 1356 (1949).

136. Hornig, D. F.: Die Schwingungsspektren von Molekülen und komplexen Ionen in Kristallen. I. Allgemeine Theorie. J. chem. Physics **16**, 1063 (1948).

137. — Ultrarotspektren von Kristallen bei tiefen Temperaturen. Discuss. Faraday Soc. **9**, 115 (1950).

137a. — u. F. P. Reding: Physic. Rev. **78**, 348 (1950).

138. Hoyer, H.: Über die Existenz zehngliedriger innermolekularer Wasserstoffbrückenringe. Angew. Chem. **64**, 424 (1952).

138a. — Molekülspektren. In Fiatberichte: Physik der Elektronenschalen, S. 28 ff. Wiesbaden 1948.

139. HROSTOWSKI, H. J., u. G. C. PIMENTEL: Deutung der Ultrarot- und RAMAN-Spektren von Mischkristallen. J. chem. Physics 19, 661 (1951).
140. HÜCKEL, W.: Theoretische Grundlagen der organischen Chemie. 4. Aufl., Bd. II, S. 496ff. Leipzig 1943.
140a. HUNSBERGER, I. M.: J. Amer. chem. Soc. 72, 5626 (1950); 74, 4839 (1952).
140b. HYDE, W. L.: J. opt. Soc. Amer. 38, 663 (1948).
140c. INGOLD u. Mitarb.: J. chem. Soc. [London] 1946, 222ff.
140d. HURD, CH. D., L. BAUER u. I. M. KLOTZ: UR-Spektren synthetischer Polypeptide. J. Amer. chem. Soc. 75, 624 (1953).
141. INGRAHAM, L., J. CORSE, G. F. BAILEY u. F. STITT: Beziehungen zwischen O—H-Valenzfrequenzen in Phenolen und Catechinen und ihrer chemischen Reaktionsfähigkeit. J. Amer. chem. Soc. 74, 2297 (1952).
142. JAFFE, J. H., u. H. JAFFE: Messung der Schichtdicken von Ultrarotküvetten. J. opt. Soc. America 40, 53 (1950).
143. JÄGER, A., u. W. GREBE: Der Ultrarotschreiber und seine Verwendung im Bergbau. Teil III: Die Entwicklung und Anwendung des Verfahrens zur Kohlenoxydbestimmung in Grubenwettern mit Hilfe von Ultrarotschreibern und Beschreibung von Vergleichsversuchen nach dem Jodpentoxydverfahren. Glückauf 85, 294 (1949).
143a. JOHNSTON, R. W. B., W. G. APPLEBY u. M. O. BAKER: Analyt. Chem. 20, 805 (1948).
143b. JOHNSON, D. R., D. R. IDLER u. a.: J. Amer. chem. Soc. 75, 52 (1953).
144. JONES, R. N., u. K. DOBRINER: Vitamine und Hormone, S. 294. New York 1949.
144a. — — u. Mitarb.: J. Amer. chem. Soc. 70, 2024 (1948); 71, 241 (1949).
145. — R. HUMPHRIES u. K. DOBRINER: Untersuchungen über Sterin-Metabolismus. IX. Weitere Beobachtungen an den Ultrarotspektren von Ketosterinen und Sterinestern. J. Amer. chem. Soc. 72, 956 (1950).
146. — F. HERLING u. K. DOBRINER: Untersuchungen über Sterin-Metabolismus. X. Der Einfluß der stereochemischen Konfiguration von Substituenten in 3- und 5-Stellung auf die Ultrarotspektren von 3-Acetoxy-Sterinen. J. Amer. chem. Soc. 73, 3215 (1951).
147. — A. F. McKAY u. R. S. SINCLAIR: Bandenfolgen in den Ultrarotspektren der Fettsäuren und verwandter Verbindungen. J. Amer. chem. Soc. 74, 2575 (1952).
148. — D. A. RAMSAY, D. S. KEIR u. K. DOBRINER: Die Intensitäten der Carbonylbanden in den Ultrarotspektren von Sterinabkömmlingen. J. Amer. chem. Soc. 74, 80 (1952).
149. — A. R. H. COLE, u. K. DOBRINER: 3-Hydroxysterine und ihre UR-Spektren. J. Amer. chem. Soc. 74, 5571 (1952).
149a. JONES, E. J.: J. Amer. chem. Soc. 70, 1984 (1948).
149b. JONES, L. H., u. R. M. BADGER: J. chem. Physics 18, 1511 (1950).
149c. — u. A. R. H. COLE: Bestimmung von Methyl- und Methylengruppen in Sterinen durch die UR-Spektroskopie. J. Amer. chem. Soc. 74, 5662 (1952).
149d. — E. KATZENELLENBOGEN u. K. DOBRINER: UR-Spektren von Sterin-sapogeninen. J. Amer. chem. Soc. 75, 159 (1953).
150. JOSIEN, M. L., u. N. FUSON: Der Cyclopropanring im Ultrarotspektrum. C. R. hebd. Séances Acad. Sci. 231, 1511 (1950).
151. — — u. A. S. CARY: Ultrarotspektroskopie von Verbindungen, die biologisches Interesse haben. I. Eine vergleichende Untersuchung von n- und iso-Steroiden. J. Amer. chem. Soc. 73, 4445 (1951).

151a. Kaplan, L. D.: J. chem. Physics 18, 186 (1950).

152. Kauer, K. C., R. B. Du Vall u. F. N. Alquist: Das ε-Isomere von 1.2.3.4.5.6-Hexachlorcyclohexan. Ind. Engng. Chem. 39, 1335 (1947).

152a. Keller, W. F., u. R. S. Halford: J. chem. Physics 17, 26 (1949).

153. Kempter, H., u. R. Mecke: Spektroskopische Bestimmung von Assoziationsgleichgewichten. Z. physik. Chem. [B] 46, 229 (1940/41).

154. Kent, J. W., u. J. Y. Beach: Quantitative Ultrarotspektralanalyse von Mehrkomponentengemischen flüssiger Kohlenwasserstoffe. Analyt. Chem. 19, 290 (1947).

155. Ketelaar, J. A. A.: Die Energieverhältnisse der Wasserstoffbindung. J. Chim. physique 46, 425 (1949).

156. — u. K. J. Palmer: Die Untersuchung von Nitrosylchlorid und Nitrosylbromid mit Hilfe der Elektronenbeugung. J. Amer. chem. Soc. 59, 2629 (1937).

157. Kilpatrick, J., C. W. Beckett, E. J. Prosen, K. S. Pitzer u. F. D. Rossini: Wärmeinhalt, Gleichgewichtskonstanten und freie Energien der Bildung von C_3- bis C_5-Diolefinen, Styrol und Methylstyrolen. J. Res. nat. Bur. Standards 42, 225 (1949).

157a. King, G. W.: J. chem. Physics 15, 85 (1947).

158. — P. C. Cross u. G. B. Thomas: Der asymmetrische Kreisel. III. Lochkartenmethode zur Berechnung von Bandenspektren. J. chem. Physics 14, 35 (1946).

159. — R. M. Hainer u. P. C. Cross: Der asymmetrische Kreisel. I. Berechnung und Zuordnung von Energieniveaus. J. chem. Physics 11, 27 (1943).

159a. — — u. H. O. McMahon: J. appl. Physics 20, 559 (1949).

159b. Hainer, R. M., u. G. W. King: J. chem. Physics 15, 89 (1947).

159c. Grady, H. R., P. C. Cross u. G. W. King: Physic. Rev. 75, 1450 (1949).

159d. Allen jr., H. C., P. C. Cross u. M. K. Wilson: J. chem. Physics 18, 691 (1950).

160. Kirk, P. L., u. E. L. Duggan: Biochemische Analysen. Analyt. Chem. 24, 124 (1952).

161. Kitson, R. E., u. N. E. Griffith: Eine Ultrarotabsorptionsbande, die der Nitril-Valenzschwingung zuzuordnen ist. Analyt. Chem. 24, 334 (1952).

161a. Kletz, T. A., u. W. C. Price: J. chem. Soc. [London] 1947, 644.

161b. Knapp, O. E., H. S. Moe u. R. B. Bernstein: Analyt. Chem. 22, 1408 (1950).

162. Kohler, E. P., u. J. E. Jansen: Die Reaktionen einiger γ-Ketosäuren. V. Keto-β-Lactone und die Waldensche Umkehrung. J. Amer. chem. Soc. 60, 2142 (1938).

163. Kohlrausch, K. W. F.: Der Smekal-Raman-Effekt, Bd. II, S. 16 ff. Berlin 1938.

164. — Raman-Spektren. Leipzig 1943.

165. Kortüm, G.: Über das Auftreten von Rotations- und Schwingungsstruktur in Gas- und Flüssigkeitsspektren. Naturwiss. 38, 274 (1951).

165a. — u. H. Verleger: Proc. physic. Soc. [London] 63 A, 462 (1950).

165b. Kreuzer, J., u. R. Mecke: Z. physik. Chem. [B] 49, 309 (1941).

165c. Luck, W.: Z. Naturforsch. 6a, 191, 305, 313 (1951).

166. Krishnan, R. S.: Das Raman-Spektrum von Ammoniumchlorid und seine Veränderung mit der Temperatur. Proc. Indian Acad. Sci., Sect. A 26, 932 (1947); 27, 321 (1948).

167. Kron, G.: Elektrische Schwingungskreise als Modelle für die Schwingungsspektren vielatomiger Moleküle. J. chem. Physics 14, 19 (1946).

168. KUDZIN, S. F., R. M. DE BAUN u. F. F. NORD: Untersuchung über Lignin und seine Bildung. J. Amer. chem. Soc. 73, 4615, 4619, 4622 (1951).

168a. KUHN, L. P.: Ultrarotspektren von Kohlenhydraten. Analyt. Chem. 22, 276 (1952).

169. — Die Wasserstoffbindung. I. Intra- und intermolekulare Wasserstoffbrücken in Alkoholen. J. Amer. chem. Soc. 74, 2492 (1952).

169a. LAGEMANN, R. T., A. H. NIELSEN u. F. P. DICKEY: Physic. Rev. 72, 284 (1947); 76, 159 (1949).

169b. — T. G. MILLER: Thalliumbromidjodid als UR-Polarisator. J. opt. Soc. Amer. 41, 1063 (1951).

169c. LACHER, J. R., G. G. OLSEN u. J. D. PARK: J. Amer. chem. Soc. 74, 5578 (1952).

170. LAMPE, F.: Die alkalische Zersetzung der Hexachlorcyclohexane. Diss. Braunschweig 1952.

171. LANDOLT-BÖRNSTEIN: Zahlenwerte und Funktionen, 6. Aufl., Bd. I, 2. u. 3. Teil. Berlin 1951.

172. LANNER, P. J., u. D. A. McCANLAY: Ultrarotabsorptionsspektrum von 1.2.3.4-Tetramethylbenzol. Analyt. Chem. 23, 1875 (1951).

173. LECOMTE, J.: Untersuchungen an Kristallen im Ultrarotspektrum. Proc. Indian. Acad. Sci., Sect. A 28, 339 (1948).

174. — Ultrarotstrahlung. Paris 1948/49.

174a. — Die Fortschritte der Infrarotspektrometrie. Cah. Phys. 38, 26 (1952).

175. — Bestimmung von Ölkomponenten mit Hilfe von Ultrarotspektren. Bull. Soc. chim. France 16, 923 (1949).

176. — C. LA LAU u. H. I. WATERMAN: Die Ultrarotanalyse der Kohlenwasserstoffe in Miheralölen. Grundlagen der Methode und ihre Anwendung auf Fraktionen eines Mineralöles. Bull. Soc. chim. France [5] 17, 141 (1950).

177. LEHRER, E.: Ein Ultrarotspektrograph mit Einrichtung zur direkten Registrierung des Absorptionsverhältnisses und mit linearer Wellenlängenteilung. Z. techn. Physik 23, 169 (1942).

178. — Ein Ultrarotspektrograph mit neuartiger Registrierung der Wärmestrahlung. Z. techn. Physik 18, 393 (1937).

179. LEMAIRE, H. P., u. R. L. LIVINGSTON: Nachweis eines nichtebenen Kohlenstoffringes im Octafluorcyclobutan. J. chem. Physics 18, 569 (1950).

180. LENORMANT, H.: Ultrarotspektrum und Struktur der Peptidbindung. Diss. Paris 1949.

181. — Die Struktur von Amiden nach ihrem Ultrarotspektrum. Bull. Soc. chim. France [5] 15, 33 (1948).

182. — Die Ultrarotabsorptionsspektren von Aminosäuren zwischen 5 und 8 μ. J. chem. Physics 43, 327 (1946).

182a. — C. R. hebd. Séances Acad. Sci. 221, 58, 545 (1945); 222, 1432 (1946).

183. LIEBER, E., D. R. LEVERING u. L. J. PATTERSON: Ultrarotabsorptionsspektren von Verbindungen mit hohem Stickstoffgehalt. Analyt. Chem. 23, 1594 (1951).

184. LIPPERT, E.: Diss. Freiburg 1951.

184a. — Apparative Fortschritte in der Infrarot-Spektroskopie. Z. angew. Physik 4, 390 (1952).

185. — u. R. MECKE: Spektroskopische Konstitutionsbestimmungen aus ultraroten Intensitätsmessungen an CH-Schwingungsbanden. Z. Elektrochem. angew. physik. Chem. 55, 366 (1951).

186. Lippincott, E. R., R. C. Lord u. R. S. McDonald: Schwingungsspektren und Struktur von Cyclooctatetraën. J. Amer. chem. Soc. 73, 3370 (1951).

186a. — — — J. chem. Physics 16, 548 (1948). — Nature 166, 227 (1950). — J. chem. Physics 17, 1351 (1949).

187. Lohman, E., u. D. F. Hornig: Das Ultrarotspektrum des kristallinen Schwefelwasserstoffes. Physic. Rev. 79, 235 (1950).

188. Lehman, J. B., F. P. Reding u. D. F. Hornig: Die Grundschwingungen und die Kristallstruktur von H_2S und D_2S. J. chem. Physics 19, 252 (1951).

189. Longuet-Higgins, H. C., W. C. Price, B. Rice u. T. F. Young: J. chem. Physics 17, 217 (1949).

190. Lord, R. C., u. E. Nielsen: Die Schwingungsspektren von Diboran und einigen seiner Isotopenderivate. J. chem. Physics 19, 1 (1951).

191. Lord, R. C., R. S. McDonald u. F. A. Miller: Zur Technik der Ultrarotspektroskopie. J. opt. Soc. America 42, 149 (1952).

192. Louisfert, J.: Die Absorption polarisierter Ultrarotstrahlung durch Kristalle und die Struktur und Bindung von H_2O und OH-Gruppen. C. R. hebd. Séances Acad. Sci. 222, 1092 (1946).

192a. — J. Physique Radium 8, 21, 75 (1947).

192b. Luft, K. F.: Angew. Chem. [B] 19, 2 (1947).

192c. Louisfert, J.: C. R. hebd. Séances Acad. Sci. 233, 381 (1951).

192d. — u. Th. Pobeguin: C. R. hebd. Séances Acad. Sci. 235, 287 (1952).

193. Luther, H.: Die Entwicklung spektroskopischer Methoden für die Analyse von Erdölprodukten. Erdöl u. Kohle 4, 387 (1951).

194. — In C. Zerbe, Mineralöle und verwandte Produkte. Berlin 1952.

195. — u. G. Brandes: Die Ultrarotspektren deuterierter Naphthaline. Dissert. Braunschweig 1952.

196. Naves, Y. R., u. J. Lecomte: UR-Spektren von Iononen und Ironen. C. R. hebd. Séances Acad. Sci. 223, 389 (1951).

197. Lüttke, W.: Ultrarotspektroskopie als analytisches Hilfsmittel. Angew. Chem. 63, 402 (1951).

197a. — Privatmitteilung. Spektroskopische Untersuchung der Struktur einiger Acyloine, Vortr. Dtsch. Bundesges. 1953.

197b. Mair, R. D., u. D. F. Hornig: J. chem. Physics 17, 1236 (1949).

198. Mann, J.: Quantitative Analysen mit Hilfe der Ultrarotspektroskopie; Forschungsgemeinschaft der „British Rubber Manufactures". I. B. Circ. 332 (1950).

198a. — u. H. W. Thompson: Proc. Roy. Soc. [London], Ser. A 192, 489 (1948).

199. Marder, P. P., R. D. McPhee, R. T. Lofberg u. G. P. Larson: Die Zusammensetzung des organischen Anteils der atmosphärischen Aerosole in dem Gebiet von Los Angeles. Ind. Engng. Chem. 44, 1352 (1952).

200. Mark, H., u. A. V. Tobolsky: Physikalische Chemie von hochpolymeren Systemen. New York 1950.

200a. Marrel, C. S., u. J. L. R. Williams: J. Amer. chem. Soc. 70, 3842 (1948).

201. Marrison, L. W.: Charakteristische Absorptionsbanden im 10 μ-Gebiet der Ultrarotspektren von Cycloparaffinderivaten. J. chem. Soc. [London] 1951, 1614.

202. Marron, T. U., u. T. S. Chambers: Ultrarotspektroskopie im graphischen Gewerbe. Analyt. Chem. 23, 548 (1951).

203. Marsh, M. M., u. W. W. Hilty: Synthetische und natürliche Arzneimittel. Analyt. Chem. 24, 271 (1952).

204. MATOSSI, F.: Ergebnisse der Ultrarotforschung. Ergebn. exakt. Naturwiss. 17, 108 (1938).
205. — Druckabhängigkeit der Linienbreite in Ultrarotspektren. Physic. Rev. 76, 1845 (1949).
206. — u. E. RAUSCHER: Zur Druckabhängigkeit der Gesamtabsorption in ultraroten Bandenspektren. Z. Physik 125, 418 (1949).
207. MAYER, F. X., u. A. LUSZCZAK: Absorptionsspektralanalyse. Berlin 1951.
207a. MCCONAGHIE, V. M., u. H. H. NIELSEN: Physic. Rev. 75, 606 (1949).
207b. — — Proc. nat. Acad. Sci. U.S.A. 34, 455 (1948).
208. MECKE, R.: Ultrarotspektren von Hydroxylverbindungen. Discuss. Faraday Soc. 9, 161 (1950).
209. — Dipolmoment und chemische Bindung. Z. Elektrochem. angew. physik. Chem. 54, 38 (1950).
210. — Mitt. Internat. Spektroskopikertreffen. Basel 1951. Angew. Chem. 63, 439 (1951).
210a. — u. W. LÜTTKE: Z. Elektrochem. angew. physik. Chem. 53, 241 (1949).
210b. — u. E. D. SCHMID: Das Dokumentationsproblem in der Ultrarotspektroskopie. Z. angew. Chem. 65, 253 (1953).
210c. MEISTER, A. G., u. F. F. CLEVELAND: J. chem. Physics 17, 212 (1949).
211. MELLON, M. G.: Analytische Absorptionsspektroskopie. New York 1950.
212. MEYER, K. H.: Mechanische Eigenschaften und molekularer Feinbau biologischer Systeme. Z. Elektrochem. angew. physik. Chem. 55, 453 (1951).
213. MILAS, N. A., u. O. L. MAGELI: Organische Peroxyde. XVI. Acetylenperoxyde und -hydroperoxyde. — Eine neue Klasse organischer Peroxyde. J. Amer. chem. Soc. 74, 1471 (1952).
214. MILATZ, J. M. W., J. C. KLUYVER u. J. HARDEBOL: Bestimmung von Isotopenverhältnissen durch eine Ultrarotabsorptionsmethode, z. B. bei der Indizierungsanalyse. J. chem. Physics 19, 887 (1951).
214a. MILLER, C. H., u. H. W. THOMPSON: Proc. Roy. Soc. [London] Ser. A 200, 1 (1949).
214b. MILLER, F. A., u. B. L. CRAWFORD: J. chem. Physics 17, 249 (1949).
— — J. chem. Physics 14, 282, 292 (1946).
214c. — u. CH. E. WILKINS: UR-Spektren und charakteristische Frequenzen anorganischer Ionen. Analyt. Chem. 24, 1253 (1952).
215. MILSOM, D., W. R. JACOBY u. A. R. RESCORLA: Analyse von gasförmigen Kohlenwasserstoffen. Kombination von Ultrarot- und Massenspektrometrie. Analyt. Chem. 21, 547 (1949).
216. MINKOFF, G. J.: Diskussionsbemerkung. Discuss. Faraday Soc. 9, 320 (1950).
217. MIZUSHIMA, S. I., T. SIMANOUTI, K. KURATANI u. T. MIYAZAWA: Die Entropiedifferenz zwischen Rotationsisomeren. J. Amer. chem. Soc. 74, 1378 (1952).
217a. — Y. MORINO, T. SIMANOUTI u. K. KURATANI: J. chem. Physics 17, 838 (1949).
— — u. Mitarb.: Sci. Pap. Inst. physic. chem. Res. [Tokio] 37, 205 (1940).
218. MOONEY, R. C. L.: Strukturuntersuchung von Polyvinylalkohol mit Hilfe von Röntgenstrahlen. J. Amer. chem. Soc. 63, 2828 (1941).
219. MOSBY, W. L.: Die FRIEDEL-CRAFTS-Reaktion mit γ-Valerolacton. I. Die Synthese verschiedener Polymethylnaphthaline. J. Amer. chem. Soc. 74, 2564 (1952).
220. MÜLLER, R. H.: Neue Instrumente. Analyt. Chem. 19, 29A (1947); 22, 72 (1950). J. opt. Soc. America 39, 437 (1949).
221. MULLIKEN, R. S.: Die Struktur von Diboran und ihm verwandter Moleküle. Chem. Rev. 41, 207 (1947).

221a. Murray, J. W., V. Deitz u. D. H. Andrews: J. chem. Physics **3**, 175, 180 (1935).
222. McMurry, H. L., u. V. Thornton: Vergleich von Ultrarotspektren. — Paraffine, Olefine und Aromaten. Analyt. Chem. **24**, 318 (1952).
223. O'Neal, M. J.: Kombination der ultrarot- und massenspektrometrischen Methode für die Analyse leichter Kohlenwasserstoffe. Analyt. Chem. **22**, 991 (1950).
224. Nes, K. van, u. H. A. van Westen: Der Aufbau von Mineralölen. Amsterdam 1951.
225. Newman, R., u. R. S. Halford: Ein einfacher, wirksamer Polarisator für Ultrarotstrahlung. Rev. sci. Instruments **19**, 270 (1948).
225a. — — J. chem. Physics **18**, 1276, 1291 (1950).
226. Nielsen, H. H.: Die Energie vielatomiger Moleküle. J. opt. Soc. America **34**, 521 (1944).
— Die Schwingungsrotationsenergie vielatomiger Moleküle. II. Zufällige Entartungen. Physic. Rev. **68**, 181 (1945).
— l-Typ-Verdopplung in vielatomigen Molekülen und ihre Anwendung auf das Mikrowellenspektrum von Methylcyanid und Methylisocyanid. Physic. Rev. **77**, 130 (1950).
226a. — Discus. Faraday Soc. **9**, 85 (1950).
227. —, u. R. A. Oetjen: Ultrarotspektroskopie. In W. G. Berl, Physikalische Methoden in der chemischen Analyse. New York 1950.
228. Nielsen, J. R., F. W. Crawford u. D. C. Smith: Ein Ultrarot-Prismenspektrometer hoher Auflösung. J. opt. Soc. America **37**, 296 (1947).
228a. — L. Bruner u. Mitarb.: Analyt. Chem. **21**, 369 (1949).
— H. H. Claassen u. D. C. Smith: J. chem. Physics **18**, 326 (1950).
— — — J. chem. Physics **18**, 485 (1950).
— — — J. chem. Physics **18**, 812 (1950).
— u. Mitarb.: J. Amer. Chem. Soc. **70**, 566 (1948).
— C. M. Richards u. H. L. McMurry: J. chem. Physics **15**, 39 (1947); **16**, 67 (1948).
228b. Nixon, E. R., u. P. C. Cross: J. chem. Physics **18**, 1316 (1950).
228c. Noble, R. H., u. H. H. Nielsen: J. chem. Physics **18**, 667 (1950).
229. Noether, H. D.: Eine Verhältnisformel für Molekeln mit Isotopen. J. chem. Physics **11**, 97 (1943).
230. Obrecht, E.: Der Einfluß ungesättigter Substituenten auf das Molekülschwingungsspektrum des Naphthalins. Diss. Braunschweig 1950.
230a. Oetjen, R. A., u. L. G. Roess: Photometerbauteile für Ultrarotspektrographen. J. opt. Soc. America **41**, 203 (1951).
231. Ogg, R. A., W. S. Richardson u. M. K. Wilson: Experimenteller Nachweis für die quasi-unimolekulare Dissoziation des Stickstoffpentoxydes. J. chem. Physics **18**, 573 (1950).
232. Oliver, G. D., S. Blumkin u. C. W. Cunningham: Einige physikalische Eigenschaften von Hexadecafluorheptan. J. Amer. chem. Soc. **73**, 5722 (1951).
233. Oswald, F.: Diss. Freiburg 1951.
234. — u. R. Mecke: Ultraspektroskopische Reinheitsprüfung von Tetrachlorkohlenstoff. Spectrochim. Acta **4**, 348 (1951). Angew. Chem. **65**, 291 (1953).
234a. Otting, W.: Der Raman-Effekt und seine analytische Anwendung. Berlin 1952.
234b. Pacault, A., u. J. Lecomte: C. R. hebd. Séances Acad. Sci. **228**, 241 (1949).
234c. Pace, E. L.: J. chem. Physics **16**, 74 (1948).

324d. PASCAL, D., C. DUVAL, J. LECOMTE u. A. PACAULT: C. R. hebd. Séances Acad. Si. **233**, 118 (1951).

235. PATTERSON, G. D., u. M. G. MELLON: Automatische Verfahren in der analytischen Chemie. Analyt. Chem. **23**, 101 (1951); **24**, 131 (1952).

236. PAULING, L.: Die Rotationen von Molekülen in Kristallen. Physic. Rev. **36**, 430 (1930).

237. PECK, R. L., u. P. H. GALE: Charakterisierung von organischen Verbindungen. Analyt. Chem. **24**, 116 (1952).

238. PENNER, S. S., u. D. WEBER: Quantitative Ultrarot-Intensitätsmessungen. I. Kohlenmonoxyd, unter Druck ultrarot-inaktiver Gase. J. chem. Physics **19**, 807 (1951).

— — Quantitative Ultrarot-Intensitätsmessungen. II. Untersuchungen über die erste Oberschwingung von Kohlenmonoxyd unter Normaldruck. J. chem. Physics **19**, 817 (1951).

— — Quantitative Messung der Linienbreite im Ultrarotspektrum. I. Kohlenmonoxyd, unter Druck ultrarot-inaktiver Gase. J. chem. Physics **19**, 1351, 1361 (1951).

PERSON, W. P., G. C. PIMENTEL u. K. S. PITZER: Konstitution des Cyclooctatetraen. J. Amer. chem. Soc. **74**, 3437 (1952).

239. PERKIN-ELMER: Das Ultrarotspektrometer 112. Instrument News **3**, 4 (1952). — C. D. COWLES, Analyt. Chem. **24**, 603 (1952): Das PERKIN-ELMER-Modell 99 mit einem Doppeldurchgang-Monochromator.

240. PERRY, J. A.: Ultrarotanalyse von fünf C_{10}-Aromaten. Analyt. Chem. **23**, 495 (1951).

241. PESTEMER, M.: Reinigung von Lösungsmitteln für spektroskopische Zwecke. Angew. Chem. **63**, 118 (1951).

242. PHILPOTTS, A. R., W. THAIN u. P. G. SMITH: Einfluß der Ausgangsspaltbreite auf Ultrarotabsorptionsmessungen. Analyt. Chem. **23**, 268 (1951).

242a. PHILPOTTS, A. R., u. W. THAIN: UR-Spektren tert. Peroxyde. Analyt. Chem. **24**, 638 (1952).

243. PIMENTEL, G. C., u. A. L. McCLELLAN: Die Ultrarotspektren des Naphthalins im festen und gasförmigen Zustand und in Lösungen. J. chem. Physics **20**, 270 (1952).

244. PINES, H., W. D. HUNTSMAN u. V. N. IPATIEFF: Alkylierung mit gleichzeitiger Isomerisation. VII. Reaktion von Benzol mit Methylcyclopropan, Äthylcyclopropan und mit Dimethylcyclopropan. J. Amer. chem. Soc. **73**, 4343 (1951).

245. PIRLOT, G.: Anwendung der Kompensationsmethode auf die ultrarotspektrometrische Bestimmung des γ-Isomeren in Mischungen der Hexachlorcyclohexane. Bull. Soc. chim. Belges **59**, 5 (1950).

246. — Quantitative Analyse von pulverförmigen Substanzen durch Ultrarotspektroskopie. Bull. Soc. chim. Belges **59**, 327 (1950).

247. PITZER, K. S.: Thermodynamische Eigenschaften von Kohlenwasserstoffen: Äthan, Äthylen, Propan, Propylen, n-Butan, Isobutan, 1-Butylen, cis- und trans-2-Butylen, Isobutylen und Neopentan (Tetramethylmethan). J. chem. Physics **5**, 473 (1937).

— Die Schwingungsfrequenzen und thermodynamischen Funktionen von Kohlenwasserstoffen mit langen Ketten. J. chem. Physics **8**, 711 (1940).

PERSON, W. B., u. G. C. PIMENTEL: J. Amer. chem. Soc. **75**, 33 (1953).

247a. PITZER, K. S.: J. Amer. chem. Soc. **67**, 1126 (1945).

— u. J. E. KILPATRICK: Chem. Rev. **39**, 435 (1946).

247b. — — J. Res. nat. Bur. Standards **38**, 191 (1947).

247c. — u. R. K. SHELINE: J. chem. Physics **16**, 552 (1948).

248. Plyler, E. K., u. J. J. Ball: Filter für das Ultrarotgebiet. J. opt. Soc. America 42, 266 (1952).

248a. — u. N. Acquista: J. Res. nat. Bur. Standards 43, 37 (1949).
— M. A. Lamb u. N. Acquista: J. Res. nat. Bur. Standards 44, 503 (1950); 45, 204 (1950); 46, 382 (1950).

249. — u. Fr. P. Phelps: Die Durchlässigkeit von Cäsiumbromid-Kristallen. J. opt. Soc. America 41, 209 (1951).

249a. — — u. N. Acquista: Eigenschaften der Cäsiumbromid-Prismen im Ultraroten. J. opt. Soc. America 42, 286 (1952).

249b. Pohlmann, R.: Z. Physik 79, 394 (1932).

249c. Posey, L. R., u. E. F. Barker: J. chem. Physics 17, 182 (1949).

250. Powling, J., u. H. J. Bernstein: Innere Rotation. VI. Die spektroskopische Bestimmung der Energiedifferenz zwischen Rotationsisomeren in verdünnten Lösungen. J. Amer. chem. Soc. 73, 1815 (1951).

251. Pozefsky, A., E. L. Saier u. N. D. Coggeshall: Ultrarotabsorptions-Untersuchungen der CH-Valenzfrequenzen. Analyt. Chem. 20, 812 (1948); 23, 1611 (1951).

252. Price, W. C.: Die Ultrarotabsorptionsspektren einiger Metallborhydride. J. chem. Physics 17, 1044 (1949).

252a. — A. D. B. Fraser, T. S. Robinson, u. H. C. Longuet-Higgins: Discuss. Faraday Soc. 9, 131 (1950).

252b. — J. chem. Physics 16, 894 (1948).

253. Pulford, A. G., u. A. Walsh: Das Ultrarotspektrum und die thermodynamischen Konstanten von Nitrosylchlorid. Trans. Faraday Soc. 47, 347 (1951).

253a. Ramsay, D. A.: J. chem. Physics 17, 666 (1949).

253b. Ramsay, D. H.: Intensitäten und Umriße der UR-Banden von Flüssigkeiten. J. Amer. chem. Soc. 74, 72 (1952).

254. Randall, M. M., R. G. Fowler, N. Fuson u. J. R. Dangl: Bestimmung organischer Strukturen mit Hilfe der Ultrarotspektroskopie. New York 1949.

254a. Rank, D. H., N. Sheppard u. G. J. Szasz: J. chem. Physics 16, 698, 704 (1948); 17, 83, 1354 (1949).
— — — J. chem. Physics 17, 86, 93 (1949).
— u. E. L. Pace: J. chem. Physics 15, 39 (1947).
— E. R. Shull u. E. L. Pace: J. chem. Physics 18, 885 (1950).

255. Rao, K. N.: Die Struktur der Cameron-Banden des Kohlenmonoxydes. Astrophysic. J. 110, 304 (1949).

255a. — J. chem. Physics 18, 213 (1950).

256. Rasmussen, R. S.: Ultrarotspektroskopie in der Strukturbestimmung und ihre Anwendung für das Penicillin, in L. Zechmeister: Fortschritte der Chemie organischer Naturstoffe. Wien 1948.

257. — R. R. Brattain u. P. S. Zucco: J. chem. Physics 18, 131, 135 (1950).

257a. — — J. Amer. chem. Soc. 71, 1073 (1949).

257b. — D. D. Tunnicliff, R. R. Brattain: J. Amer. chem. Soc. 71, 1068 (1949).
— J. chem. Physics 16, 712 (1948).
— u. R. R. Brattain: J. chem. Physics 15, 120 (1947).
Redlich, O.: Z. physik. Chem. B 28, 371 (1935).

257c. Reid, C.: J. chem. Physics 18, 1512 (1950).

258. Reinkober, O.: Die experimentellen Methoden der Ultrarotspektroskopie. In Eucken-Wolf, Hand- und Jahrbuch der chemischen Physik, Bd. 9/II. Leipzig 1934.

259. REMICK, A. E.: Elektronentheorie der organischen Chemie. New York 1943.
260. REYNOLDS, J. G.: Einige Kennzeichen handelsüblicher Spektrometer. J. Inst. Petroleum **37**, 125 (1951).
261. RICE, B., J. M. G. BARREDO u. T. F. YOUNG: Das RAMAN-Spektrum von Tetramethyldiboran. J. Amer. chem. Soc. **73**, 2306 (1950).
262. RICHARDS, R. E.: Die Kraftkonstanten einiger OH- und NH-Bindungen. Trans. Faraday Soc. **44**, 40 (1948).
263. — u. W. R. BURTON: Einige Anwendungen der Intensitätsmessungen im Ultraroten. Trans. Faraday Soc. **45**, 874 (1949).
264. — u. H. W. THOMPSON: Ultrarotspektren von Verbindungen mit hohem Molekulargewicht. Teil IV. Silicone und verwandte Verbindungen. J. chem. Soc. [London] **1949**, 124.
264a. — — Proc. Roy. Soc. [London], Ser. A **195**, 1 (1949).
264b. RICHARDSON, W. S., u. J. H. GOLDSTEIN: J. chem. Physics **18**, 1314 (1950).
— u. E. B. WILSON: J. chem. Physics **18**, 155 (1950).
265. RITTER, D. M.: Oxydation von Salzen der Ligninsulfonsäuren. J. Amer. chem. Soc. **73**, 2552 (1951).
266. ROBERT, L.: Diskussionsbemerkung. 3. Welt-Erdöl-Kongreß, Proceedings, Sect. VI., 103 (1951).
267. — J. BOUCHERY u. J. FAVRE: Untersuchung der Fraktionen eines Aramco-Rohöls. 3. Welt-Erdöl-Kongreß, Proceedings, Sect. VI., 53 (1951).
268. ROBERTS, J. D., W. BENNETT u. R. ARMSTRONG: Reaktionsfähigkeit von Nortricyclyl-, Dehydronorbornyl- und Norbornylhalogeniden; sterische Einflüsse auf die Resonanz bei Hyperkonjugation. J. Amer. chem. Soc. **72**, 3329 (1950).
269. — u. V. G. CHAMBERS: Verbindungen mit kleinem Kohlenstoffring. VII. Physikalische und chemische Eigenschaften von Cyclopropyl-, Cyclobutyl-, Cyclopentyl- und Cyclohexylderivaten. J. Amer. chem. Soc. **73**, 5030 (1951).
— — Verbindungen mit kleinem Kohlenstoffring. VIII. Einige nucleophile Reaktionen von Cyclopropyl-, Cyclobutyl-, Cyclopentyl- und Cyclohexyl-p-Toluolsulfonaten und -halogeniden. J. Amer. chem. Soc. **73**, 5034 (1951).
270. ROBINSON, D. Z.: Die experimentelle Bestimmung der Intensitäten von Ultrarotabsorptionsbanden. IV. Messung der Schwingungsfrequenzen von OCS und CS_2. J. chem. Physics **19**, 881 (1951).
271. — Quantitative Analyse mit Ultrarotspektrophotometern. Analyt. Chem. **23**, 273 (1951).
272. — Quantitative Analyse mit Ultrarotspektrophotometern. Kompensationsanalyse. Analyt. Chem. **24**, 619 (1952).
272a. ROSE, E. W.: J. Res. nat. Bur. Standards **20**, 129 (1938). Siehe auch Appl. Spectrose. **6** (5), 29 (1952).
272b. ROSENKRANTZ, H., u. L. ZABLOW: UR-Spektren von Sterinen im Bereich von 9—10 μ. J. Amer. chem. Soc. **75**, 903 (1953).
273. ROSSINI, F. D.: Chemische Thermodynamik. New York 1950.
274. — Sammlung von Daten über die Eigenschaften von Kohlenwasserstoffen und verwandten Verbindungen. 3. Welt-Erdöl-Kongreß, Proceedings, Sect. VI., 157 (1951).
275. ROSSMANN, H.: Über eine neue empfindliche Methode der Bestimmung von Kohlenoxyd im Blut. Klin. Wschr. **1949**, 280.
275a. ROTHMAN, E. S., M. E. WALL u. C. R. EDDY: Sterin-sapogenine, J. Amer. chem. Soc. **74**, 4013 (1952). Sterin-sapogeninacetate. Analyt. Chem. **25**, 266 (1953).

276. ROWEN, J. W., u. E. K. PLYLER: Einfluß der Deuterierung, Oxydation und Wasserstoffbindung auf das Ultrarotspektrum der Cellulose. J. Res. nat. Bur. Standards 44, 313 (1950).

276a. — C. M. HUNT u. E. K. PLYLER: J. Res. nat. Bur. Standards 39, 133 (1947).

277. EL-SABBAN, M. Z., A. G. MEISTER u. F. F. CLEVELAND: Substituierte Äthane. III. RAMAN- und Ultrarotspektren, Zuordnungen, Kraftkonstanten und berechnete thermodynamische Eigenschaften für 1.1.1-Trichloräthan. J. chem. Physics 19, 855 (1951).

278. SACHSSE, H., u. H. KIENITZ: Einige Gesichtspunkte zur Thermodynamik der Kohlenwasserstoffsynthese. Z. Elektrochem. angew. physik. Chem. 53, 254 (1949).

279. SADTLER, S. R.: Spektrenkatalog der Fa. S. R. Sadtler, 2100 Arch Street, Philadelphia.

280. SADUMKIN, S.: Absorptionsspektren einiger Naphthalinderivate im nahen Ultrarot (0,7—1,3 μ). J. analyt. Chem. [russ.] 6, 88 (1951).

281. SAIER, E. L., A. POZEFSKY u. N. D. COGGESHALL: Olefin-Gruppenanalyse mit Hilfe der Ultrarotabsorption. Analyt. Chem. 24, 604 (1952).

282. SALOMON, G., A. CHR. VAN DER SCHNEE, J. A. A. KETELAAR u. B. J. VAN EYK: Ultrarotanalyse von Kautschuksorten. Discuss. Faraday Soc. 9, 291 (1950).

283. SANDS, J. D., u. G. S. TURNER: Entwicklung der Ultrarotspektroskopie fester Substanzen. Analyt. Chem. 24, 791 (1952).

283a. SAUNDERS, R. A., u. D. G. SMITH: J. appl. Physics 20, 953 (1949).

284. SAVITZKY, M., u. R. S. HALFORD: Ein Ultrarot-Doppelstrahlenspektrophotometer mit einem Empfänger. Rev. sci. Instruments 21, 203 (1950).

284a. — u. J. C. ATWOOD: Bichromator-Analysator. Analyt. Chem. 24, 1228 (1952).

285. SAWYER, R. A.: Experimentelle Spektroskopie. New York 1951.

286. SCHAEFER, CL., u. F. MATOSSI: Das ultrarote Spektrum. Berlin 1930.

287. SCHIEDT, U., u. H. REINWEIN: Zur Infrarotspektroskopie von Aminosäuren. I. Eine neue Präparationstechnik zur Infrarotspektroskopie von Aminosäuren und anderen polaren Verbindungen. Z. Naturforsch. 7b, 270 (1952); 8b, 66 (1953).

287a. SCHREIBER, V. C.: Analyt. Chem. 21, 1168 (1949).

287b. SEARS, W. G., u. L. J. KITCHEN: J. Amer. chem. Soc. 71, 4110 (1949).

287c. SEARLES, S., M. TAMRES, G. M. BORROW: Wasserstoffbrückenbindungen von Estern und Lactonen. J. Amer. chem. Soc. 75, 71 (1953).

288. SEEL, F.: Neuere Anschauungen über die Konstitution und Reaktionsweise der Borwasserstoffverbindungen. Z. Naturforsch. 1, 146 (1946).

289. SEYFRIED, W. D., u. S. H. HASTINGS: Ultrarotanalyse im begrenzten Spektralbereich. Analyt. Chem. 19, 298 (1947).

290. SHAND, W., u. R. A. SPURR: Die Molekülstruktur von Ozon. J. Amer. chem. Soc. 65, 179 (1943).

290a. SHELINE, R. K., u. J. W. WEIGL: J. chem. Physics 17, 747 (1949).

290b. — J. chem. Physics 18, 602 (1950).

291. SHEPPARD, N.: Die Schwingungsspektren einiger organischer Schwefelverbindungen und die charakteristischen Frequenzen der C—S-Bindungen. Trans. Faraday Soc. 46, 429 (1950).

292. — Die Ultrarot- und RAMAN-Frequenzen von Kohlenwasserstoffgruppen. J. Inst. Petroleum 37, 95 (1951).

293. —, u. G. B. B. M. SUTHERLAND: Das Ultrarotspektrum von vulkanisiertem Kautschuk und die chemische Reaktion zwischen Kautschuk und Schwefel. J. chem. Soc. [London] 1947 1699.

294. SHREVE, O. D., u. M. R. HEETHER: Methode zur Erleichterung der Registrierung, der Einordnung und des Vergleichs von Ultrarotspektren. Analyt. Chem. **22**, 836 (1950).

295. — — H. B. KNIGHT u. D. SWERN: Ultrarotspektren einiger Epoxyverbindungen. Analyt. Chem. **23**, 277 (1951).

— — — — Ultrarotabsorptionsspektren einiger Hydroperoxyde, Peroxyde und verwandter Verbindungen. Analyt. Chem. **23**, 282 (1951).

295a. — — — — Analyse ungesättigter Säuren, Ester und Alkohole in Mischungen. Analyt. Chem. **22**, 1261, 1498 (1950).

296. SIEBERT, W.: Der Ultrarotabsorptionsschreiber und seine Verwendung im Bergbau. Teil I, Das Gerät und die Untersuchung seiner Einsatzmöglichkeit. Glückauf **81/84** 113 (1948).

297. — Anwendungsbeispiele der Ultrarotspektroskopie. Chem.-Ing.-Techn. **24**, 215 (1952).

298. — Z. Elektrochem. angew. physik. Chem. **54**, 512 (1950).

299. SILBIGER, G., u. S. H. BAUER: Die Struktur von Borhydriden. VII. Berylliumborhydrid, BeB_2H_8. J. Amer. chem. Soc. **68**, 312 (1946).

300. SILVERMAN, S., u. R. C. HERMAN: Die Ultrarotemissionsspektren der Sauerstoff-Wasserstoff- und Sauerstoff-Deuterium-Flammen. J. opt. Soc. America **39**, 216 (1949).

300a. SIMANOUTI, T.: J. chem. Physics **17**, 245, 734, 848 (1949).

300b. SIMPSON, D. M.: J. chem. Physics **15**, 846 (1947).

301. SINCLAIR, R. C., A. F. McKAY u. R. N. JONES: Die Ultrarotabsorptionsspektren von gesättigten Fettsäuren und Estern. J. Amer. chem. Soc. **74**, 2570 (1952).

302. — — G. S. MYERS u. R. N. JONES: Die Ultrarotabsorptionsspektren von ungesättigten Fettsäuren und Estern. J. Amer. chem. Soc. **74**, 2578 (1952).

303. SMELTZ, K. G., u. E. DYER: Der Einfluß von Sauerstoff auf die Polymerisation von Acrylnitrilen. J. Amer. chem. Soc. **74**, 623 (1952).

304. SMITH, D. C., G. M. BROWN, J. R. NIELSEN, K. M. SMITH u. G. Z. LIANG: Ultrarot- und RAMAN-Spektren von fluorierten Äthanen. III. Die Serien $CH_3—CF_3$, $CH_3—CF_2Cl$, $CH_3—CFCL_2$ und $CH_3—CCl_3$. J. chem. Physics **20**, 473 (1952).

304a. — J. R. NIELSEN u. Mitarb.: Spektroskopische Eigenschaften von Fluorkohlenstoffen und fluorierten Kohlenwasserstoffen. Naval Res. Lab. Rep. 2567, Washington 1949.

305. SMITH, F. A., u. E. C. CREITZ: Ultrarotuntersuchungen über die Assoziation in elf Alkoholen. J. Res. nat. Bur. Standards **46**, 145 (1951).

306. SMITH, J. C., G. WADDINGTON, D. W. SCOTT u. H. M. HUFMAN: Experimentelle Bestimmung der spezifischen Wärme und der Verdampfungswärme von 2-Methylpentan, 3-Methylpentan und 2.3-Dimethylbutan. J. Amer. chem. Soc. **71**, 3902 (1949).

307. SMITH, J. J., F. M. RUGG u. H. M. BOWMAN: Ultrarotbestimmung des freien Phenols in Phenol-Formaldehydharzen. Analyt. Chem. **24**, 497 (1952).

307a. SMITH, L. G.: J. chem. Physics **17**, 139 (1949).

308. SOLDATE, A. M.: Die Kristallstruktur von Natriumborhydrid. J. Amer. chem. Soc. **69**, 987 (1947).

309. SOLOWAY, A. H., u. S. L. FRIESS: Die Frequenz der Carbonylgruppe in den Ultrarotspektren substituierter Acetophenone. J. Amer. chem. Soc. **73**, 5000 (1951).

310. Souders, M., C. S. Matthews u. C. O. Hurd: Beziehung zwischen thermodynamischen Eigenschaften und Molekülstruktur. Spezifische Wärme
und Wärmeinhalt von Kohlenwasserstoffdämpfen. Ind. Engng. Chem.
41, 1037 (1949).

310a. Ställberg-Stenhagen, S., G. B. B. M. Sutherland u. a.: Nature **160**, 580
(1947).

310b. Stahl, W. H., u. H. Pessen: UR-Spektren einer homologen Reihe von
Dialkylsebacaten. J. Amer. chem. Soc. **74**, 5487 (1952).

311. Stafford, R. W., R. J. Francel u. J. F. Shay: Identifizierung von Dicarbonsäuren in polymeren Estern. Herstellung und Eigenschaften der
Dibenzylamide von acht typischen Dicarbonsäuren. Analyt. Chem.
21, 1454 (1949).

312. Starr, C. E., u. T. Lane: Genauigkeit der Analyse von Gemischen niederer
Kohlenwasserstoffe. Analyt. Chem. **21**, 572 (1949).

313. Stimson, M. M., u. M. J. O'Donell: Die Ultrarot- und Ultraviolettabsorp-
tionsspektren von Cytosin und Isocytosin im festen Zustand. J. Amer.
chem. Soc. **74**, 1805 (1952).

314. Strong, E. C.: Die theoretische Grundlage des Strahlungsabsorptions-
gesetzes von Bouguer-Beer. Analyt. Chem. **24**, 338 (1952).

315. Stroupe, J. D.: Über die Frequenzen von Olefingruppen im Ultrarotspektrum. Analyt. Chem. **24**, 604 (1952).

316. Suhrmann, R.: Lage und Gestalt der Absorptionsbanden von Flüssigkeiten
im nahen Ultrarot. Angew. Chem. **62**, 507 (1950).

316a. — u. P. Klein: Z. physik. Chem. [B] **50**, 23 (1941).

317. — u. H. Luther: Aufbau und Verwendung von Ultrarotgeräten. Chem.-
Ing.-Techn. **22**, 409 (1950).

318. Sutherland, G. B. B. M., u. A. V. Jones: Die Verwendung polarisierter
Ultrarotstrahlung zur Analyse. Nature **160**, 567 (1947).

319. — — Die Anwendung polarisierter Ultrarotstrahlung auf Probleme der
Molekülstruktur. I. Polyisoprene. Discuss. Faraday Soc. **9**, 281 (1950).

319a. — Proc. physic. Soc. [London] **59**, 77 (1947).

319b. — Adv. Protein Chem. **7**, 291 (1952).

320. — u. D. M. Simpson: Schwingungsspektren von Kohlenwasserstoffen.
II. Gerüstschwingungen in einigen verzweigten Paraffinen. Proc. Roy.
Soc. [London], Ser. A **199**, 169 (1949).

321. — u. H. A. Willis: Messung der Schichtdicke von Küvetten. Trans.
Faraday Soc. **41**, 181 (1945).

322. Swerdlow, L. M.: Beziehungen zwischen den Frequenzen isotoper Moleküle. Ber. Akad. Wiss. UdSSR **78**, 1115 (1951).

323. Swern, D., H. B. Knight, O. D. Shreve u. M. R. Heether: Vergleich der
ultrarotspektrometrischen mit der Bleisalz-Alkohol-Methode zur Bestimmung von trans-Octadecensäuren und ihren Estern. J. Amer. Oil
Chemists' Soc. **27**, 17 (1950).

324. Syrkin, Y. K., u. M. E. Dyatkina: Molekülstruktur und chemische Bindung. London 1950.

324a. Szasz, G. J., N. Sheppard u. D. H. Rank: J. chem. Physics **16**, 704 (1948).

325. Tarpley, W., u. C. Vitiello: Ultrarotspektren von Sterinen. Neue Lösungsmittel für Sterine, die in Schwefelkohlenstoff schwer löslich sind. Analyt.
Chem. **24**, 315 (1952).

325a. Taylor, R. C.: J. chem. Physics **18**, 898 (1950).

325b. Tamres, M.: Aromaten als Donormolekeln bei Wasserstoffbrückenbindungen.
J. Amer. chem. Soc. **74**, 3375 (1952).

326. TELLER, E.: Hand- und Jahrbuch der chemischen Physik, Bd. 9/II. Leipzig 1934.

327. THOMAS, J. R., u. W. D. GWINN: Die Rotationsstrukturen und die Dipolmomente von 1.1.2-Trichloräthan und 1.1.2.2-Tetrachloräthan. J. Amer. chem. Soc. 71, 2785 (1949).

327a. THOMPSON, H. W.: J. chem. Soc. [London] 1948, 328.

327b. — u. S. ORR: J. chem. Soc. [London] 1950, 218.

327c. — Z. Elektrochem. angew. physik. Chem. 54, 495 (1950).

328. — R. R. BRATTAIN, H. M. RANDALL u. R. S. RASMUSSEN: Ultrarotspektroskopische Untersuchungen über das Penicillin. In: The Chemistry of Penicillin. Princeton 1949.

328a. — C. MEYRICK u. J. F. TROTTER: J. chem. Soc. [London] 1950, 225.

329. — D. L. NICHOLSON u. L. N. SHORT: Die Ultrarotspektren von komplexen Molekülen. Discuss. Faraday Soc. 9, 224 (1950).

330. — u. P. TORKINGTON: Ultrarotspektren von Verbindungen mit hohem Molekulargewicht. Trans. Faraday Soc. 41, 246 (1945).

330a. — u. P. TORKINGTON: Proc. Roy. Soc. [London], Ser. A 184, 21 (1945).

— — Proc. Roy. Soc. [London], Ser. A 184, 3 (1945).

330b. — u. D. H. WHIFFEN: J. chem. Soc. [London] 1948, 1412.

331. THORNDIKE, A. M.: Die experimentelle Bestimmung der Intensitäten von Ultrarotabsorptionsbanden. III. Kohlendioxyd, Methan und Äthan. J. chem. Physics 15, 868 (1947).

— Indirekte Messung der Spektrallinienbreite im Ultraroten. J. chem. Physics 16, 211 (1948).

331a. — A. J. WELLS u. E. B. WILSON: J. chem. Physics 15, 157 (1947).

332. THORNTON, V., u. A. E. HERALD: Ultrarottechnik zur Analyse von C_5-Mischungen. Analyt. Chem. 20, 9 (1948).

332a. TORKINGTON, P., u. H. W. THOMPSON: Trans. Faraday Soc. 41, 184 (1945).

332b. — — Trans. Faraday Soc., 41, 236 (1945).

332c. — Trans. Faraday Soc. 45, 445 (1949).

332d. TRENKLER, F.: Physik. Z. 36, 162, 423 (1935); 37, 338 (1936).

333. TRENNER, N. R., R. W. WALKER, B. ARISON u. R. P. BUHS: Bestimmung des γ-Isomeren des Hexachlorcyclohexans. Analyt. Chem. 21, 285 (1949).

333a. TREUMANN, W. B., u. F. T. WALL: Analyt. Chem. 21, 1161 (1949).

334. TROTTER, J. F., u. H. W. THOMPSON: Die Ultrarotspektren von Thiolen, Sulfiden und Disulfiden. J. chem. Soc. [London] 1946, 481.

335. TYLER, J. E.: Optimale Absorption. J. opt. Soc. America 39, 264 (1949).

335a. UREY, H. C., u. C. A. BRADLEY: Physic. Rev. 38, 1969 (1931).

336. URONE, P. F., u. M. L. DRUSCHEL: Ultrarotbestimmung chlorierter Kohlenwasserstoffdämpfe in der Luft. Analyt. Chem. 24, 626 (1952).

337. VLECK, J. H. VAN, u. H. MARGENAU: Stoßtheorie der Druckverbreiterung von Spektrallinien. Physic. Rev. 76, 1211 (1949).

338. — u. V. F. WEISSKOPF: Über die Gestalt von stoßverbreiterten Linien. Rev. mod. Physics 17, 227 (1945).

338a. VINCENT, I.: Die Intensität der UR-Banden. J. Physique rad. 13, 52 (1952).

339. VOGEL, H.: Über die Eignung natürlicher und synthetischer Kohlenwasserstoffgemische als Isolieröle. Diplomarbeit. Braunschweig 1950.

340. VAGO, E. E., E. M. TANNER u. K. C. BRYANT: J. Inst. Petroleum 35, 293 (1949).

341. VOLBERT, F.: Die Infrarotspektroskopie und ihre Anwendung auf dem Fettgebiet. Fette u. Seifen 53, 559 (1951).

342. VOTER, R. C., CH. V. RANKS, V. A. FASSEL u. P. W. KEHRES: Natur der Wasserstoffbindung in 1.2-Bis(vic-dioxim-N.N')Nickel(II)-Verbindungen. Analyt. Chem. **23**, 1730 (1951).

343. WAGNER, E. L., u. D. F. HORNIG: Rotation in Ammoniumhalogeniden. J. chem. Physics **17**, 105 (1949).

343a. — — J. chem. Physics **18**, 296, 305 (1950).

343b. WAGNER, J.: Z. physik. Chem. B **53**, 85 (1943).

344. WALSH, A.: Aufbau eines Mehrfach-Monochromators. Nature **167**, 810 (1951). — J. opt. Soc. America **42**, 94 (1952).
    — Mehrfach-Monochromatoren. II. Aufbau eines Doppel-Monochromators in der Ultrarotspektroskopie. J. opt. Soc. America **42**, 96 (1952).

345. — u. J. B. WILLIS: Ultrarotabsorptionsspektren bei tiefen Temperaturen. J. chem. Physics **17**, 838 (1949).

345a. — — J. chem. Physics **18**, 552 (1950).

346. WALTER, E.: Die spektroskopische Analyse deutscher Erdöle. Diplomarbeit. Braunschweig 1952.

347. WARD, H. K.: Eine Röntgenuntersuchung der Struktur von flüssigem Benzol, Cyclohexan und ihren Mischungen. J. chem. Physics **2**, 153 (1934).

348. WASHBURN, W. H., u. E. O. KRUEGER: Bestimmung von Aspirin, Phenacetin, Coffein. J. Amer. pharmac. Assoc. **39**, 437 (1949).

348a. WEBB, A. N., J. T. NEU u. K. S. PITZER: J. chem. Physics **17**, 1007 (1949).

349. WELSH, H. L., P. E. PASHLER u. A. F. DUNN: Einfluß fremder Gase bei hohem Druck auf die Ultrarotabsorptionsbande des Methans bei 3,3 μ. J. chem. Physics **19**, 340 (1951).

350. WENNER, R. R.: Thermochemische Berechnungen. New York 1949.

351. WEST, W.: Spektroskopie und Spektrophotometrie. In A. WEISSBERGER, Physikalische Methoden der organischen Chemie, S. 1241. New York 1949.

351a. WESTENBERG, A. A., J. H. GOLDSTEIN u. WILSON: J. chem. Physics **17** 1319 (1949).

352. WHITE, J. U., u. M. D. LISTON: Konstruktion eines Doppelstrahl-Ultrarotspektrophotometers. J. opt. Soc. America **40**, 29 (1950).

353. — — Aufbau des Verstärkers für ein Doppelstrahl-Ultrarotspektrophotometer. J. opt. Soc. America **40**, 36 (1950).

354. — — Leistung eines Doppelstrahl-Ultrarotspektrophotometers. J. opt. Soc. America **40**, 93 (1950).

355. WIBERLEY, ST. E., u. ST. C. BUNGE: Ultrarotspektren zur Identifizierung von Cyclopropanderivaten. Analyt. Chem. **24**, 623 (1952).

355a. — u. L. G. BASSET: Analyt. Chem. **22**, 841 (1950).

356. WILLARD, H. H., L. L. MERRITT u. J. A. DEAN: Instrumente bei physikalisch-chemischen Analysenmethoden. New York 1951.

357. WILLIAMS, V. Z.: Ultrarot-Instrumente und Technik der Ultrarotmessung. Rev. sci. Instruments **19**, 135 (1948).

357a. — J. chem. Physics **15**, 232, 243 (1947).

357b. WILLIAMS, R. B., S. H. HASTINGS, J. H. ANDERSON: Bestimmung aromatischer Kohlenwasserstoffe. Analyt. Chem. **24**, 1911 (1952).

358. WILLIAMS, V. Z.: Das Ultrarotspektrometer der Zukunft. Angew. Chem. **63**, 439 (1951).

358a. WILSON, E. A., u. P. C. CROSS: J. chem. Physics **15**, 687 (1947).

359. WILSON, E. B.: Entwicklung einer Säkulargleichung für die Schwingungsfrequenzen eines Moleküls. J. chem. Physics 7, 1047 (1939).
— Einige mathematische Methoden zur Untersuchung von Molekülschwingungen. J. chem. Physics 9, 76 (1941).

360. — u. A. J. WELLS: Die experimentelle Bestimmung der Intensitäten von Ultrarotabsorptionsbanden. I. Theorie der Methode. J. chem. Physics 14, 578 (1946).

361. WILSON, M. K., u. R. M. BADGER: Eine Neubestimmung des Schwingungsspektrums des Ozons. J. chem. Physics 16, 741 (1948).

361a. — — J. chem. Physics 18, 998 (1950).

361b. — u. R. A. OGG: J. chem. Physics 18, 766 (1950).

362. WOLTZ, P. J. H., u. A. H. NIELSEN: Das Ultrarotspektrum von CF_4 und GeF_4. J. chem. Physics 20, 307 (1952).

362a. WOODS, G. F., u. L. H. SCHWARTZMAN; J. Amer. chem. Soc. 70, 3394 (1948); 71, 1396 (1949).

363. WOTIZ, J. H., u. F. A. MILLER: Die Ultrarotspektren einer Reihe isomerer normaler Acetylenverbindungen. J. Amer. chem. Soc. 71, 3441 (1949).

363a. — — u. R. J. PALEHAK: J. Amer. chem. Soc. 72, 5055 (1950).

363b. WOODWARD, R. B., F. SONDHEIMER, D. TAUB, K. HEUSLER u. W. M. McLAMORE: Die Totalsynthese von Sterinen. J. Amer. chem. Soc. 74, 4227 (1952).

364. WRIGHT, N.: Ein für die Ultrarotstrahlung durchlässiger Polarisator. J. opt. Soc. America 38, 69 (1948).

364a. — u. M. J. HUNTER: J. Amer. chem. Soc. 69, 803 (1947).

364b. WRIGHT, W.: Ind. Engng. Chem. anal. Edit. 13, 1 (1941).

365. YOUNG, C. W., R. B. Du VALL u. N. WRIGHT: Charakterisierung der Substitution am Benzolring durch Ultrarotspektren. Analyt. Chem. 23, 709 (1951).

365a. — J. S. KOEHLER u. D. S. McKINNEY: J. Amer. chem. Soc. 69, 1410 (1947).

366. ZBINDEN, B., E. BALDINGER u. E. GANZ: Meßanordnung zur Registrierung von Ultrarotspektren. Helv. physica Acta 22, 411 (1949).

367. ZWORYKIN, V. K., u. E. G. RAMBERG: Photoelektrizität und ihre Anwendung. S. 189. New York 1949.

368. ZEISS, H. H., u. M. TSUTSUI: Die C-O-Bande in den UR-Spektren von Alkoholen. J. Amer. chem. Soc. 75, 897 (1953).

(Abgeschlossen 1952.)

Prof. Dr. R. SUHRMANN, (20b) Braunschweig,
Inst. f. Physik. Chemie u. Elektrochemie der Technischen Hochschule.

Doz. Dr.-Ing. HORST LUTHER, (20b) Braunschweig,
Inst. f. Chem. Technologie der Technischen Hochschule.

Namenverzeichnis.

(*Kursiv* gedruckte Ziffern bedeuten Seitenzahlen der einzelnen Literaturverzeichnisse.)

Abdel Kader, M. M. 193, 196, *208*.
Abel 454.
Abelson, P. H. 486, *535*.
Abraham, B. M. 499, 500, 501, 503, *531, 533*.
Achhammer, B. G. 835, *855*.
Achterberg, F. 445, 454, 459, *483*.
Ackermann, P. 345, *373*.
— W. W. 173, 174, 176, 178, *205, 222*.
Acquista, N. 774, 817, *872*.
Adam, N. K. 232, *270*.
Adams, Ch. E. 324, 338, 357, *371*.
Adcock, W. A. 841, *856*.
Adel, A. 786, 787, *856*.
Adkins, H. 319, 327, 334, 340, 349, 356, *371, 373, 374*.
— K. 312, 319, 322, 330, 335, 341, 352, 353, 354, 355, 356, 358, 363, 364, 365, 367, 368, 369, *370, 371*.
Adolf, R. 463, *482*.
Aebi, F. 709, 710, 711, 714, *751*.
Agliardi, N. 328, *372*.
Ahmad, K. 821, *856*.
Ajl, S. J. 191, *205*.
Albers, V. M. *591, 603*.
Albert, A. 574, 583, *600*.
Albertson, M. F. 450, *474*.
Alexander, A. E. *856*.
— E. R. *856*.
Allam, F. 301, *308*.
Allen, E. 629, 632, 648, *668*.
— jr., H. C. 787, 799, 817, *856, 866*.
Allendörfer, A. 514, *531*.
Allison, A. R. 822, *856*.
— F. E. 185, *205*.
— S. K. *55*.
Alquist, F. N. 851, 854, *866*.

Alverson, C. M. 199, *224*.
Ambrose, E. J. 763, 808, 809, 823, *861*.
American Petroleum Institute Research Project 44 810, 812, 819, 834, *856*.
Ames, D. P. 501, *534*.
— J. 763, *856*.
Amiard, G. 155, 162, *225*.
D'Amigo, J. J. 817, *864*.
Ammann, R. 707, *751, 753*.
Ammann-Brass, H. 377, *438*.
Amstutz, E. D. 824, *856*.
Anastasewitsch, V. S. 375, 431, *438*.
Anderlik, B. 204, *215*.
Anderson 328.
— A. A. 150, 159, *227*.
— H. H. 501, 502, 504, *532*.
— J. A. 813, 853, *864*.
— jr., J. A. 836, *856*.
— J. G. 181, *220*.
— J. H. 854, *878*.
— J. S. 517, *532*.
— W. E. 791, 792, 793, 794, *856*.
Andrews, D. H. 770, *870*.
Angla, B. 102, *143*.
Anschütz 623, *665*.
Anson, M. L. 470, *474*, 546, 547, 549, *591, 592*.
Antweiler, H. J. 230, 234, 236, 237, 238, 239, 240, 243, 253, *270, 272*.
Appel, I. 464, 465, 466, 467, 470, *475, 477*.
Appleby, W. G. 853, *865*.
Ard, J. S. 825, *856*.
Ardenne, M. v. 60, 67, 72, 73, 86, *88*.
Arens, H. 379, 380, 402, 421, 422, 423, 426, 438, *438, 440*.
Arison, B. 852, *877*.
Armstrong, K. F. 586, *596*.

Armstrong, R. 818, *873*.
— jr., S. H. 14, 25, 28, *51, 55*.
Arnfelt, H. 283, 290, 291, 293, 295, *305*.
Arnold, H. 83, *88*.
— W. 588, *603*.
Aronoff, S. *595*.
Asahina, Y. 556, *607, 608*.
Ashdown, A. 820, *856*.
Asinger, F. 353, *373*.
Asprey, L. B. 509, 510, *532*.
Astle, M. J. *665*.
Aston 774, *856*.
Atkin, L. 155, 165, *222*.
Atwood, J. C. 764, *874*.
Auerbacher, F. 550, 573, *603*.
Auhagen, E. 182, 187, *205*.
Avery, W. H. 798, *856*.
Axelrod, A. E. 186, 191, 192, 198, *205, 211*.
Axford, D. W. E. 801, *856*.
Ayrault, A. 197, *220*.

Baas Becking, L. M. G. 541 *591, 592*.
Bachmann, G. B. *665*.
— G. S. 73, *88*.
Backus, R. C. 34, *55*.
Badger, A. E. 73, *88*.
— R. M. 49, *51*, 772, 787, 788, 790, *856, 865, 879*.
Badische Anilin- und Sodafabrik 762, 764, *856*.
Bäumler, R. 558, *596*.
Bailey, C. F. 586, *595, 596*.
— G. F. 846, *865*.
Baker, J. W. 850, *856*.
— M. O. 853, *865*.
Bakken, R. 520, *533*.
Bakunin, M. 650, *665*.
Baláž, F. 583, 584, *601, 602*.
Baldinger, E. 762, *879*.
Baldwin, I. L. 152, *225*.

Sachverzeichnis.

FORTSCHRITTE
DER
CHEMISCHEN FORSCHUNG

HERAUSGEGEBEN VON

F. G. FISCHER   **H. W. KOHLSCHÜTTER**   **KL. SCHÄFER**
WURZBURG   DARMSTADT   HEIDELBERG

SCHRIFTLEITUNG:

H. MAYER-KAUPP
HEIDELBERG

2. BAND
MIT 260 TEXTABBILDUNGEN

SPRINGER-VERLAG BERLIN HEIDELBERG GMBH 1951

Inhalt des 2. Bandes.

Mikroskopische und chemische Organisation der Zelle

2. Colloquium der Gesellschaft für Physiologische Chemie am 6./7. April 1951 in Mosbach/Baden. Mit 25 Textabbildungen. IV, 102 Seiten. 1952.

Steif geheftet DM 9.60

Inhaltsverzeichnis: **Mikroskopische und submikroskopische Bauelemente der Zelle.** Von F. E. Lehmann - Bern. — **Lokalisation der Fermente und Stoffwechselprozesse in den einzelnen Zellbestandteilen und deren Trennung.** Von K. Lang - Mainz. — **Nucleoprotamine und Nucleoproteide.** Von K. Felix - Frankfurt a. Main. — **Makromolekulare Struktur der Nucleinsäure.** Von G. Schramm - Tübingen. — **Zellkernäquivalente der Bakterien.** Von G. Piekarski - Bonn.

Einer der modernsten Aspekte der Biochemie ist die Verknüpfung der Erkenntnisse über den chemischen und morphologischen Bau einerseits, die chemische Leistung der Zelle und der einzelnen Zellbestandteile andererseits. Ihr war das „Mosbacher Colloquium 1951" der Gesellschaft für Physiologische Chemie gewidmet. Die Ergebnisse werfen so viel Licht auf die erzielten Fortschritte wie die durch sie neu aufgeworfenen Problemstellungen, daß mit der Veröffentlichung einem vielfach geäußerten Wunsch entsprochen wird.

Die Chemie und der Stoffwechsel des Nervengewebes

3. Colloquium der Gesellschaft für Physiologische Chemie am 26./27. April 1952 in Mosbach/Baden. Mit 23 Textabbildungen. IV, 153 Seiten. 1952.

Steif geheftet DM 15.60

Inhaltsverzeichnis: **Chemische Komponenten der Nervenzelle und ihre Veränderungen im Alter und während der Funktion.** Von H. Hydén - Göteborg, Schweden. Mit 11 Textabbildungen. — **Der chemische Aufbau der Nervenzelle und der Nervenfaser.** Von E. Klenk - Köln. — **Der Energiestoffwechsel des Nervengewebes und sein Zusammenhang mit der Funktion.** Von H. Weil - Malherbe - Nr. Wickford, England. Mit 4 Textabbildungen. — **Energieumsatz des Gehirns in situ unter aeroben und anaeroben Bedingungen.** Von E. Opitz - Kiel. Mit 6 Textabbildungen. — **Neuere Theorien der Nervenleitung.** Von R. Stämpfli - Bern, Schweiz. Mit 2 Textabbildungen. — **Wechselwirkung zwischen Gehirn und Leber.** Von E. Albert - Frankfurt a. Main.

Das „Mosbacher Colloquium" hat sich auch im Jahre 1952 wieder als lebendige Aussprache zwischen Vertretern verschiedener Disziplinen gestaltet und als wissenschaftlich besonders fruchtbar erwiesen. Wenige Monate danach erschienen die Vorträge und Diskussionen gesammelt im Druck und dürfen nicht nur das Interesse der unmittelbar beteiligten Fachrichtungen, sondern auch darüber hinaus allgemein naturwissenschaftliches und sogar ärztliches Interesse für sich beanspruchen — es sei nur auf den im Rahmen dieser Tagung behandelten Zusammenhang zwischen Geisteskrankheiten und Stoffwechselvorgängen hingewiesen.

SPRINGER-VERLAG / BERLIN · GÖTTINGEN · HEIDELBERG

Aromatische Kohlenwasserstoffe
Polycyclische Systeme

Von **E. Clar**, Universität Glasgow-Schottland. (Organische Chemie in Einzeldarstellungen, Band 2.) Zweite, verbesserte Auflage. Mit einem Geleitwort von **J. W. Cook**. Mit 138 Abbildungen. XXII, 481 Seiten. 1952.   Ganzleinen DM 69.—

Inhaltsübersicht: Einleitung. Allgemeiner Teil. I. Die Nomenklatur der aromatischen Kohlenwasserstoffe. II. Vergleiche über Konstitution, Reaktivität und Farbe an aromatischen Kohlenwasserstoffen. III. Die Resonanz in aromatischen Kohlenwasserstoffen. IV. Versuche zum Beweis der Stabilisierung von KEKULÉ-Formen. V. Über die Möglichkeit der Lokalisierung von π-Elektronen in einzelnen Ringen polycyclischer Systeme. VI. Resonanz und der Atomabstand der C—C-Bindung. VII. Resonanz in nichtuniplanaren aromatischen Kohlenwasserstoffen. VIII. Die Bedeutung der KEKULÉ-Strukturen für die Resonanz und die Stabilität der aromatischen Kohlenwasserstoffe und eine Definition des aromatischen Zustandes. IX. Cancerogene Eigenschaften aromatischer Kohlenwasserstoffe. X. Allgemeine Darstellungsmethoden aromatischer Kohlenwasserstoffe. Besonderer Teil. A. *kata*-anellierte Kohlenwasserstoffe. B. *peri*-kondensierte Kohlenwasserstoffe aus sechsgliedrigen Ringen. C. *peri*-kondensierte Kohlenwasserstoffe aus sechsgliedrigen Ringen, die sich nicht nach dem Kondensationsprinzip einteilen lassen. D. *peri*-kondensierte Kohlenwasserstoffe aus sechsgliedrigen und fünfgliedrigen Ringen, in denen kein C-Atom mit mehr als einem H-Atom verbunden ist. E. *peri*-kondensierte Kohlenwasserstoffe aus sechsgliedrigen Ringen, in denen ein C-Atom mit zwei H-Atomen verbunden ist. F. *peri*-kondensierte Kohlenwasserstoffe aus sechsgliedrigen Ringen, in denen zwei C-Atome mit je zwei H-Atomen verbunden sind. Namen- und Patentverzeichnis.

Die Theorie der Destillation und Extraktion von Flüssigkeiten

Von Dr. **G. Kortüm**, Professor für Physikalische Chemie an der Universität Tübingen und Dr. **H. Buchholz-Meisenheimer**, Heidelberg. Mit 139 Abbildungen. VIII, 381 Seiten. 1952.   Steif geheftet DM 39.60

Inhaltsübersicht: Vorwort. — Tabelle der benutzten Formelzeichen. — **I. Graphische Darstellung von Gleichgewichtszuständen:** Reine Stoffe. Zweistoffsysteme. Dreistoffsysteme. — **II. Allgemeine Thermodynamik der Mischphasen:** Chemische Potentiale und ihre Konzentrationsabhängigkeit. Gleichgewichtsbedingungen und Phasenstabilität. Aufrechterhaltung des Gleichgewichts bei Änderung der Zustandsvariablen. — **III. Systematik der Mischphasen:** Ideale Mischungen. Ideale verdünnte Lösungen. Athermische, reguläre, irreguläre Mischungen. — **IV. Aktivitätskoeffizienten binärer und ternärer Systeme:** Anwendung der GIBBS-DUHEMschen Gleichung. Reihenentwicklungen für die Aktivitätskoeffizienten binärer Systeme. Anwendung und Prüfung dieser Ansätze (praktische Beispiele). Reihenentwicklungen und Interpolationsverfahren für die Aktivitätskoeffizienten ternärer Systeme. Prüfung der verschiedenen Berechnungsmethoden an Hand experimenteller Meßdaten in ternären Systemen. — **V. Systeme beschränkter Mischbarkeit:** Zweistoffsysteme. Dreistoffsysteme. — **VI. Dampf-Flüssigkeitsgleichgewichte:** Einstoffsysteme. Zweistoffsysteme ohne Mischungslücke. Zweistoffsysteme mit Mischungslücke. Dreistoffsysteme ohne Mischungslücke. Dreistoffsysteme mit Mischungslücke. — **VII. Trennung von Flüssigkeitsgemischen:** Rektifikation. Extraktion. — Sachverzeichnis.

SPRINGER-VERLAG / BERLIN · GÖTTINGEN · HEIDELBERG

Printed in the United States
By Bookmasters